大气科学前沿译丛

许健民气象卫星创新中心 资助

云动力学

Cloud Dynamics

（Second Edition）

第二版

小罗伯特 · A. 霍兹（Robert A. Houze，Jr.） 著

张鹏 覃丹宇 王新 等 译

许健民 校

内 容 简 介

《云动力学》(第二版)介绍了云对天气和气候影响的基本知识。作者把观测、理论和数值模拟结合在一起,揭示了各种不同的云发生、发展、消亡的观测事实和内在的物理机制:雾、层积云、卷云相互之间的区别,雷暴、锋面、温带和热带气旋,以及受山脉影响的云系为什么有不同的外观表现。

本书阐述了与云有关联的各种尺度的物理过程,其内容全面涵盖雨滴和冰晶内部的微观尺度过程,以及风暴云系发展中的宏观尺度过程。

随着地球系统观测和数值模拟的功能发展得越来越强大,它们已经有能力处理诸如气候变化、极端天气对社会的影响、风暴预报这样的重要议题了。了解云在大气中的作用,变得越来越重要。本书提供了理解地球上的云所需要的基本知识。

本书的内容有三个关键要点:(1)全面准确地介绍了关于云的知识,这些知识对于研究地球大气的物理过程至关重要;(2)深入地阐述了从地球上极地到赤道各个地区云的类型和特征;(3)细致地洞察地球大气中各种尺度的云中发生的物理和动力过程。

图书在版编目(CIP)数据

云动力学 : 第二版 / (美) 小罗伯特·A.霍兹著 ; 张鹏等译. -- 北京 : 气象出版社, 2022.8(2024.7重印)
书名原文: Cloud Dynamics, Second Edition
ISBN 978-7-5029-7782-5

Ⅰ. ①云… Ⅱ. ①小… ②张… Ⅲ. ①大气动力学 Ⅳ. ①P433

中国版本图书馆CIP数据核字(2022)第150932号

北京版权局著作权合同登记:图字 01-2022-0158 号

云动力学(第二版)
Yun Donglixue (Di-er Ban)

出版发行: 气象出版社
地　　址: 北京市海淀区中关村南大街 46 号　**邮政编码:** 100081
电　　话: 010-68407112(总编室)　010-68408042(发行部)
网　　址: http://www.qxcbs.com　**E-mail:** qxcbs@cma.gov.cn
责任编辑: 黄红丽　**终　　审:** 吴晓鹏
责任校对: 张硕杰　**责任技编:** 赵相宁
封面设计: 楠竹文化
印　　刷: 北京建宏印刷有限公司
开　　本: 787 mm×1092 mm　1/16　**印　　张:** 38.5
字　　数: 984 千字
版　　次: 2022 年 8 月第 1 版　**印　　次:** 2024 年 7 月第 2 次印刷
定　　价: 280.00 元

Cloud Dynamics, Second Edition
Robert A. Houze, Jr.
ISBN: 978-0-12-374266-7

Authorized Chinese translation published by China Meteorological Press.
《云动力学》(第二版)(张鹏　覃丹宇　王新 等译)
ISBN 978-7-5029-7782-5

序

《云动力学》(第二版)是美国华盛顿大学小罗伯特·A.霍兹教授撰写的一部经典专著,该书系统介绍了地球上不同类型云的形成机制和动力特征,理论价值颇高。正如作者讲到的,云是地球系统模式中最复杂的过程之一,同时也是一个充满活力的研究领域。气象卫星为深入理解云的各种宏观和微观物理过程提供了新的观测视角,已经成为检验验证和改进模式中云过程的重要手段之一。

在党中央和国务院的关心支持下,经过五十多年的发展,风云气象卫星取得了举世瞩目的成就。我国已经成功研制和发射了两代四型共十九颗卫星,目前七颗卫星在轨运行,成为服务经济社会发展和人民安全福祉的国之重器、体现大国担当的重要名片、气象现代化的重要标志。今年,国务院印发了《气象高质量发展纲要(2022—2035年)》,系统部署加快推进气象高质量发展,充分发挥气象防灾减灾第一道防线作用,全方位保障生命安全、生产发展、生活富裕、生态良好,更好满足人民日益增长的美好生活需要。站在新起点,面对新形势,要有新作为,强化卫星遥感应用,加快科技自立自强,是气象服务国家、服务人民的重要体现。新时期高质量发展的基础和关键是科技创新,科技在推动气象卫星发展的同时,也要带动卫星气象进一步发展。为了全面发挥气象卫星的应用效益,强化气象卫星对气象主业务的支柱作用,不仅需要对应用开展常态化复盘工作,更要从中发现和研究科学问题,逐步建立起中国的"卫星气象学",使之成为卫星气象发展的不竭动力。

在建立中国的卫星气象学过程中,也需要兼收并蓄国内外优秀的知识。在许健民院士的指导下,国家卫星气象中心的同事经过四年的努力和打磨,终于将霍兹教授的《云动力学》(第二版)翻译成中文。本书的出版,有助于广大大气科学、卫星遥感等专业的学生和科研人员，系统地学习、借鉴和应用本书中对于云的观测和动力学理论，充分利用风云四号卫星分钟级的观测资料，结合我国天气气候特点，在全球极端天气频发的背景下，深入分析研究我国云的内在动力机理，不断在灾害天气观测和预报中补短板、强能力，形成卫星气象应用实践与理论研究的良性循环，推动国内相关学科的建设和研究工作的发展，最终建立中国的卫星气象学。

中国气象局局长：

2022 年 7 月

译者前言

《云动力学》是一部把大气中各类云的动力过程讲得非常透彻的专著，其内容不仅涉及大气动力学的基本知识，云的目视和遥感观测，云和降水的微物理学，各种不同的云形成、维持和消散的物理机制，云和地形之间的相互作用；还重点描述了云在各种不同尺度的天气系统形成和发展中的重要作用。可以这样说：如中尺度对流、热带气旋、温带气旋这样的天气系统，它们的三度空间结构和生命周期，是由系统中大气的运动和云的相互作用共同形成的。如果没有云的参与，天气系统不可能是这样的结构和发展过程。在对每一种物理机制进行剖析的时候，作者不仅用简单的物理公式浅显地表达，还用观测和数值模拟加以证实。本书既有非常强的理论知识，又对卫星新资料的应用、特别是风云四号高时间分辨率资料在天气尺度和中尺度的天气分析有非常高的指导价值。

从着手组建翻译队伍到出版成书，我们翻译团队历经了整整四年的时间。我要借此机会感谢参与翻译的同事们，由于工作性质，我的同事们基本都是用晚上或者周末的时间来完成这本书的翻译和校对工作的。特别是，书中第5—12章各种云的动力学内容对于参与翻译的大多数同事而言都是过去基本没有涉及过的，我们一起讨论、相互切磋、不断提高，伴随着这本书的翻译我们逐渐形成了卫星气象学的研究团队，并通过“卫星气象学理论学习交流汇”的形式进行交流，大家结合值班工作中的实际案例讲解这本书里面的知识点，从写出来再到讲出来的过程，更是深入思考的过程，每一期交流汇都吸引了不同领域专家、学生的参与，讨论中收集来的问题也对本书的翻译和修改给予了很多启示。书稿在翻译过程中，许健民院士对全书进行了两次校阅，他认真、投入的精神，始终影响带动着团队中的每一位同志。

本书共分为12章，翻译工作主要由12位同事完成，第1章曹治强翻译、刘清华校对，第2章蒋建莹翻译、寿亦萱校对，第3章闵敏翻译、曹治强校对，第4章王富翻译、任素玲校对，第5章刘清华翻译、李博校对，第6章李博翻译、闵敏校对，第7章覃丹宇翻译、张鹏校对，第8章任素玲翻译、王新校对，第9章寿亦萱翻译、蒋建莹校对，第10章王新翻译、廖蜜校对，第11章廖蜜翻译、任素玲校对，第12章第1—3节李博翻译、第4—6节廖蜜翻译，王富校对。原版前言张鹏翻译，符号列表闵敏翻译，索引和专业词汇列表由各章节作者翻译并由任素玲汇总校对。张鹏对全书内容进行了审校和把关，许健民院士对全书的翻译做了译校。黄红丽作为本书的责任编辑对文字、图表和排版做了认真细致的工作。感谢中国科技大学的傅云飞教授为本书封面提供了他自己拍摄的精美的云图照片。本书由许健民气象卫星创新中心资助。我们在此感谢为了本书出版工作做出贡献的每一位专家和同事。

本书涉及的知识面广，公式符号繁多，每章节的译者在翻译过程中还做了大量的工作，翻阅参考很多其他文献书籍，从英文到中文既努力保证原汁原味、风格统一，又争取做到站在读者的角度通俗易懂、思维连贯。希望本书能够为读者带来专业上的收获、借鉴，并通过我们的翻译稿去领略国际大气科学的顶尖专家小罗伯特·A.霍兹对于云动力学的观点见解和研究成果。

张鹏

2022年7月

原版前言

云是日复一日生活的一部分，它们可以是夸张和给人灵感的，可以是看起来很有趣的，也可以是凶险和令人不安的。几个世纪以来，云赋予散文、诗歌、绘画和音乐以灵感。作为科学的研究对象，云是连接全球气候和水循环的关键环节，风暴云更是天气预报和分析的主要部分。云最令人着迷的特点之一是总在千变万化而不重复，各种各样的物理和动力机制决定了云的表象、特征和行为。本书的目的是帮助科研人员和学生理解大气中决定不同类型云形成的各种过程。大气模式依靠对流体力学、气团运动的热动力学、水滴和冰晶的微物理特征和地球下垫面的地形地貌作用的理解，可以成功地用于预报天气、评估世界各地的气候、预测全球水汽的循环。云是大气模式中最复杂的过程之一，它涉及的空间尺度从微米到几千千米，变化很大，并且很难观测。辐射理论可以用于云的研究，也可以用于地面、机载和空基仪器遥感探测云的特征。遥感测量是验证模式、改进模式中云过程表征的主要方式。

《云动力学》(第二版)延续了第一版的结构，全面平衡地强调了地球上不同类型的云。第一部分有四章，回顾了专业术语的基本规范、大气运动的动力和热力特征、水滴和冰晶粒子的微物理过程以及云和降水遥感的物理学原理。第二部分有八章，深度诊视了大气中主要类型云的动力特征。本书的两部分结构和每一部分分章的结构同第一版是相同的(尽管调整了章节的标题，使得标题更加与时俱进)，主要的素材内容也没有大的变化。云研究是一个充满活力的领域，新的卫星、更为先进的模式、大量的外场观测研究都提高了我们对不同类型云的认识和了解，我把这些最新的进展都汇总进了第二版。

作者非常感谢众多同事和技术专家的慷慨帮助。本书第一版得益于我在华盛顿大学同事们的实质上的贡献,包括:Marcia Baker、Chris Bretherton、Dale Durran、Clifford Mass,特别是后期参与的 Peter Hobbs、James Holton、Richard Reed,第一版的前言也列出了其他很多的贡献者。本书的第二版得益于 Hannah Barnes、Casey Burleyson、Megan Chaplin、Jennifer DeHart、Anthony Didlake、Deanna Hence、Yolanda Houze、Scott Powell、Jay Mace、Lynn MaMurdie、Hugh Morrison、Kristen Rasmussen、Angela Rowe、David Schultz、Katrina Virts、Roger Wakimoto、Robert Wood、Sandra Yuter、Manuel Zuluaga 的贡献。Beth Tully 指导了全书的图表制作和编辑。

本次修订大量新的素材来源于作者的研究工作,美国国家科学基金会、美国国家航空与航天局、美国能源部、美国国家海洋大气局慷慨地支持了作者的研究。

小罗伯特·A. 霍兹

2014 年 6 月于西雅图

符号列表

A　地区，区域

$\mathscr{A}$　一个任意变量

$\mathscr{A}^{\#}$　离 $\mathscr{A}_r(r)$ 的湍流偏差

A_c　在微观物理学中，指云水自动转化为雨水；在对流云中，指沉积在中尺度对流系统对流区砧状云部分的凝结水量

A_s　中尺度对流系统层状区域砧状云中凝结水的沉积量

$\mathscr{A}_c$　云中变量 $\mathscr{A}$ 的值

$\mathscr{A}_e$　云所在环境中变量 $\mathscr{A}$ 的值

A_m　质量为 m 粒子的有效横截面积

A_T　给定区域内降雨覆盖总的面积

A_X　无量纲压力扰动在 x 方向上的梯度

A_Z　平流和湍流对无量纲压力扰动 z 方向梯度的贡献

$\mathscr{A}_{BL}$　充分混合边界层中 $\overline{\mathscr{A}}$ 的值

$\mathscr{A}_{SFC}$　海洋表面 $\overline{\mathscr{A}}$ 的值

A_o, B_o　积雨云的冰云外流区里辐射通量散度表达式中的正值常数

$\hat{A}, \hat{B}, \hat{C}$　常数

$A_E(r)$　以 r 为中心的环形测距内回波覆盖的总面积

$A(\mathscr{R}_\tau)$　降雨率超过 $\mathscr{R}_\tau$ 的地方所覆盖的区域

$A(Z_e, r)$　反射系数在 Z_e 和 $Z_e + \mathrm{d}Z_e$ 之间，以 r 为中心的环形测距内回波覆盖的区域

$(\Delta\mathscr{A}_c/\Delta t)_S$　当气块与环境未发生质量交换时，$\mathscr{A}_c$ 的变化率

α　膨胀系数

a　(1)正值常数

(2)兰金(Rankine)涡旋内切向速度和半径的比例常数

a_H　山脊的半宽

a_I　N_I 表达式中的常量

a_o, a_1, b_1, a_2, b_2　平均雷达径向速度的傅里叶(Fourier)分解系数

a_T　自动转换阈值

$\hat{a}$　$\equiv \dfrac{2\sigma_{LV}}{\rho_L R_v T}$

$\tilde{a},\tilde{b},\tilde{a}_1,\tilde{b}_1,\tilde{a}_2,\tilde{b}_2$　雷达反射率和降雨率、雨水混合比和降水粒子下落速度之间相关经验公式中的正值常数

α　比容（ρ^{-1}）

α_a　雷达波束指向方位角（从北方开始顺时针测量）

α_e　雷达波束仰角

α_i　多面体体积与内接球体体积的比例系数

α_o　云底感热通量与云顶感热通量的可调节参数

α_ε　实验室测试中获得的湍流元经验常数

$\tilde{\alpha}$　自动转换公式中的比例常数

$\hat{\alpha},\hat{\beta}$　常数

$\mathscr{B}$　通过热直接（间接）扰动产生（破坏）的涡动动能

B　浮力

B_T　$=\bar{u}\dfrac{\partial\bar{\theta}_a}{\partial x}+\bar{w}\dfrac{\partial\bar{\theta}_a}{\partial z}$

B_X　x 方向上表观位温的梯度

B_λ　单色黑体辐照度

BPGA　浮力压力梯度加速度

b　（1）Rankine 旋涡外部切向速度与逆径向速度之间的比例常数

（2）在第 7 章中，b 表示湍流元的半径；在第 11 章中，定义为 $g\theta/\hat{\theta}$；在其他情况下，它只是一个常数

$\hat{b}$　$\equiv\dfrac{3i_{vH}m_sM_w}{4\pi\rho_LM_s}$

β_i　多面体表面积与内接球体表面积的比例系数

β_T　云虚位温的湍流涡旋通量表达式中的比例因子

$\mathscr{C}$　当出现下梯度的涡通量动量通量时，通过从平均流动能转换产生 $\mathscr{K}$ 的速率

C　水蒸气凝结率

C_A　$\mathscr{A}$ 表面通量的体积空气动力学公式中的经验系数

C_c　云水凝结

C_D　阻力系数

C_d　沉积速率

C_{cu}　对流上升气流中的凝结

C_{su}　中尺度对流系统里层状云上升气流中的凝结

C_T　中尺度对流系统中已凝结的水汽从对流云区向层状云区的输送

C_{gr}　径向群速度

$C_{g\lambda}$　方位角方向上的群速度

C_R　雷达设备特征常数

C_S　表面通量 $\mathscr{A}=c_p\ln\theta$ 体积空气动力学公式中的经验系数

$CAPE$　对流有效势能

CIN　对流抑制能

$\widetilde{C}$　类似于电容的形状因子

c　(1)在一个或两个单体涡旋内水平辐合的一半

(2)行进中的波动的相速度；在其他情况下只是一个常数

c_o　光速

c_p　定压干空气的比热

c_s　土壤的定压比热

c_v　干空气的定容比热

c_w　水的比热

$\hat{c}$　均质流体的比热

D　粒径

$\mathfrak{D}$　雷达观测范围

$\mathscr{D}(<0)$　涡流或分子摩擦对 $\mathscr{K}$ 的摩擦耗散

D_i　第 i 类颗粒的直径

D_R　上升气泡垂直压力梯度加速度(“阻力”)的参数

D_h　冰雹直径

D_v　水蒸气在空气中的扩散系数

D_P　含有雨滴大气层的深度

$\delta\rho$　流体均质层之间的密度差，$\delta\rho\equiv\rho_1-\rho_2$

$\widetilde{\mathscr{D}}$　$\equiv\overline{\boldsymbol{V}}\cdot\boldsymbol{F}$，平均湍流耗散的一种度量方法

$\hat{D}$　黏度

d　(1)正常数

(2)与切向速度和单体涡旋半径的倒数联系起来的常数比例因子

δ　一个有限增量

δ_4　在 -40 ℃以下将过冷水转换成冰的开关

$\boldsymbol{E}$　电场矢量

E_c　云水蒸发量

E_r　雨水蒸发量

E_z　电场矢量向上的分量

E_{cd}　对流的下曳气流中的蒸发

E_{sd}　中尺度对流系统层状云区下曳气流中的蒸发

e　水汽压

e_s　平的水面上的饱和水汽压

e_{si}　相对于冰平面的饱和水汽压

$e_{si}(\infty)$　平的冰面上的饱和水汽压

ΔE　水或冰粒子核化所需的净能量[吉布斯(Gibbs)自由能]

Σ_c　碰并效率

Σ_{rc}　雨滴收集云滴的碰并效率

ε　一个小的厚度

$\hat{\varepsilon}$　锋面云离湿对称中性状态的微小正偏差，在模式参数化中使用

ε_λ　波长 λ 处的发射率

$\boldsymbol{F}$　分子摩擦力

F　液态水相对于空气垂直通量的净辐合（液态水沉降）

F_B　非随机压力扰动的浮力源

F_D　$\equiv R_v T(\infty) D_v^{-1} e_s^{-1}(\infty)$（第 3 章）；非随机压力扰动诊断方程中的动力源（第 7－9 章）

F_g　霰的沉积作用

F_{drag}　作用在下落粒子上的阻力

F_r　雨水的沉降

F_s　雪的沉降

F_ζ　涡度垂直通量

$\mathscr{F}_r$　$\overline{q}_r$ 方程中的湍流项

$\mathscr{F}_T$　总水混合比方程中的湍流项

$\mathscr{F}_u$　运动方程 x 分量中的湍流项

$\mathscr{F}_v$　水汽垂直通量

$\mathscr{F}_w$　运动方程垂直分量中的湍流项

$\mathscr{F}_e$　θ_e 的垂直通量

$\mathscr{F}_\theta$　θ 的垂直通量

F_κ　$\equiv L^2 \kappa_a^{-1} R_v^{-1} T^{-2}(\infty)$

F_{Di}　$\equiv R_v T(\infty) D_v^{-1} e_{si}^{-1}(\infty)$

$F_{\kappa i}$　$\equiv L_s^2 \kappa_a^{-1} R_v^{-1} T^{-2}(\infty)$

$\mathscr{F}$　涡旋动量通量的三维收敛

$\mathscr{F}_H$　涡流动量通量辐合的水平分量（$\overline{\boldsymbol{v}}_H$ 方程中的湍流项）

$F(\mathscr{R}_\tau)$　超过临界降雨率 $\mathscr{R}_\tau$ 的降雨覆盖面积在区域面积中的份额

$\overline{F}_B$　平均压力扰动的浮力源

$\overline{F}_D$　平均压力扰动的动力源

$\overline{F}_M$　平均压力扰动的湍流源

Fr　弗劳德(Froude)数

f　科里奥利(Coriolis)参数

G　天线增益

$\mathscr{G}$　涡旋动能的产生

g　重力加速度的大小

g_m　粒子质量分布函数

Γ　环流

Γ_c　涡旋环流

γ　$\equiv -\partial \overline{T}/\partial z$，基本状态下的温度直减率

γ_E　$\equiv \sqrt{f/2K_m}$

H　垂直距离；在第 5 章中，H 代表积雨云中冰云外流区的半深度；在第 12 章中，它表示均质流体层的垂直厚度

H_1, H_2　分别代表上游和下游位置流体的垂直厚度，它们是常数

H_s　$\equiv \hat{p}/(\hat{\rho} g)$

$\dot{H}$　加热率

H_{int}　综合螺旋度

$\dot{\mathscr{H}}$　$\equiv \dfrac{1}{c_p}\left(\dfrac{\hat{p}}{p}\right)^{\kappa}\dot{H}$

$\dot{\mathscr{H}}_I$　红外辐射对 $\overline{\mathrm{D}}\,\overline{\theta}/\mathrm{D}t$ 的贡献

$\dot{\mathscr{H}}_L$　潜热对 $\overline{\mathrm{D}}\,\overline{\theta}/\mathrm{D}t$ 的贡献

$\dot{\mathscr{H}}_S$　太阳辐射对 $\overline{\mathrm{D}}\,\overline{\theta}/\mathrm{D}t$ 的贡献

$\dot{\mathscr{H}}_T$　湍流混合对 $\overline{\mathrm{D}}\,\overline{\theta}/\mathrm{D}t$ 的贡献

h　垂直距离；在第 2 — 11 章中，它表示流体层的垂直深度；在一些讨论中，它代表行星边界层顶部的高度；在另一些讨论中，它是重力流冷池的深度；在第 12 章中，它用于表示地形的高度

$\mathscr{h}$　湿静力能

$\mathscr{h}_c$　云中的湿静力能

$\mathscr{h}_e$　环境中的湿静力能

h_a　二维地形的振幅

h_E　埃克曼(Ekman)层的厚度

h_s　描述地形高度的函数中，Fourier 分量的振幅

$\hat{\mathscr{h}}$　$\equiv c_v T + p\alpha + L q_{vs}$

$\hat{h}$　地形高度

$\hat{h}_c$　一个依赖于 Froude 数和流体厚度的正数，如果二维流动没有被阻断，它一定超过地形的高度

$\hat{h}_m$　山的最高高度

η　涡度的 x 分量；颗粒标准偏差与颗粒平均半径的比值

η_r　雷达反射率

$I_1(m)$　因为与所有其他尺寸液滴合并，质量为 m 的液滴数密度减少的速率

$I_2(m)$　通过并合质量较小的液滴质量为 m 的液滴产生的速率

I_θ　利用多普勒(Doppler)雷达资料的变分分析求位温场

I_p　利用 Doppler 雷达资料的变分分析求压力场

i_{vH}　范特霍夫(van't Hoff)因子

$\boldsymbol{i}, \boldsymbol{j}, \boldsymbol{k}$　x、y 和 z 方向上的单位向量

J_v　土壤中水汽的垂直通量

J_w　土壤中液态水的垂直通量

K　恒定湍流交换系数

K_{DP}　单位差分传播相位

$\hat{K}$　内核碰并

$\mathcal{K}$　涡动动能

K_A　变量 $\mathcal{A}$ 的湍流交换系数

K_c　云水碰并

K_H　q_H 的湍流交换系数

K_i　第 i 类水的湍流交换系数

K_L　液态水的湍流交换系数

K_m　水平动量的湍流交换系数

K_v　水汽的湍流交换系数

K_θ　θ 的湍流交换系数

K_ξ　涡度的湍流交换系数

$\hat{K}$　$\equiv \hat{\kappa}/\rho\hat{c}$(第 2 章);质量为 m 的粒子作为碰并的核,并合成质量为 m' 的粒子(第 3 章)

$|K|^2$　一个复折射率的函数

k　x 方向的波数

k_c　与碰并核中的云滴相关的常数

k_r　取决于文章内容:与碰并核中雨滴有关系的一个常量;径向波数

k_{ri}　初始径向波数

k_B　玻尔兹曼(Boltzmann)常数

k_s　描述地形高度函数的 Fourier 分量(用下标 s 表示)在 x 方向的水平波数

κ　R_d/c_p

κ_a　空气导热系数

κ_s　土壤导热系数

$\hat{\kappa}$　导热系数

L　汽化潜热

L_f　融化潜热

L_s　升华潜热

L_{af}　沿锋面方向的长度尺度

L_{cf}　跨锋面方向的长度尺度

L_λ　单色辐照度

$\hat{L}$　干燥和有云锋生带之间的边界

LCL　抬升凝结高度

LES　大涡模拟

LDR　线性去极化率

LZB　零浮力高度

LFC　自由对流高度

$\widetilde{L}$　风标高度

l　y 方向的波数

ℓ　当作为一个单位使用时，ℓ 代表升；当用作数学符号时，为斯科勒(Scorer)参数的平方根

ℓ^2　Scorer 参数

ℓ_L^2, ℓ_U^2　分别代表低层和高层的 Scorer 参数

Λ　夹卷率(每单位高度)

λ　用于表示动力学、辐射和遥感中的波长；用于表示马歇尔-帕尔默(Marshall-Palmer)指数函数参数中的粒径系数，或在 γ 分布中表示云或降水粒子谱

λ_R　罗斯贝变形半径

M　$\equiv v + fx$，绝对动量

$\mathscr{M}$　$\equiv f(M - M_o)$

M_g　地转绝对动量

M_s　溶解盐的分子量

M_w　水的分子量

M_{ev}　蒸发效率系数

$M^{(k)}$　k 时刻粒子尺度的分布

MAUL　湿绝对不稳定层

m　云或降水粒子的质量

$\bar{m}_c$　云滴的平均质量

m_i　第 i 类尺寸的云或降水颗粒的质量

m'　大小不同于 m 的云或降水颗粒的质量

m''　大小不同于 m' 的云或降水颗粒的质量

m'''　粒径为 m 和 m' 的液滴聚合的质量

m^*　液滴大小分布中，区分云粒子和降水粒子的液滴质量值

$(\Delta m)_i$　i 类粒子质量尺寸的宽度

m　(1)上升云粒子的质量

(2)在某些情况下，m 表示 z 方向上的波数；在其他情况下，是柱坐标系中围绕坐标轴的角动量

m_k　k 型晶体的质量

m_l　$\equiv \sqrt{l_L^2 - k^2}$

m_s　溶解的盐的质量(第 3 章)；用于描述流经二维地形上面的气流垂直速度函数的 Fourier 模态(用下标 s 表示)的垂直波数(第 12 章)

m_{SFC}　热带气旋中海面上的角动量

$\dot{m}$　m 的时间变化率

$\dot{m}_{col}$　碰并引起的 m 的时间变化率

$\dot{m}_{dif}$　水蒸气扩散引起的 m 的时间变化率

$\dot{m}_{mel}$　融化引起的冰粒子质量的时间变化率

$(\Delta m)_\delta$　卷出到环境中的空气质量

$(\Delta m)_\varepsilon$　从环境中卷入的空气质量

μ　粒子尺度 γ 分布中的 D 指数

μ_f　z 高度急流中的垂直质量通量

μ_l　液体分子的 Gibbs 自由能

μ_u　$\equiv \sqrt{k^2 - l_U^2}$

μ_v　水汽分子的 Gibbs 自由能

$\hat{\mu}$　决定重力波在垂直方向上指数衰减的正数

$\hat{\mu}^2$　$\equiv - m^2$

N　在动力学中，N 是浮力频率的平均状态；在云微物理和雷达气象学的中，N 是粒径分布函数（数密度），单位为每单位大小间隔内每单位体积空气的数

$\mathcal{N}$　涡动动能消耗

N_c　每单位体积空气中云滴的数量

N_r　每单位体积空气中雨滴的数量

N_I　每升空气中冰核的数量

N_i　i 类大小粒子的粒子尺度分布函数

N_{ij}　j 类大小 i 种类型冰粒的粒子尺度分布函数

N_k　k 型晶体的粒子尺度分布函数

N_o　参考状态的浮力频率；在第 3 章中，N_o 表示 Marshall-Palmer 粒子尺度分布函数的截距参数

$N_{aer,0.5}$　直径大于 0.5 μm 的气溶胶粒子在每标准立方米中的数量浓度

$N_{im}(T)$　在给定温度下悬浮在液态水中的冰核数密度

$\widetilde{N}$　假高度坐标系中的浮力频率

n　垂直于流线的坐标；方位波数

N_{CCN_i}　粒径类别 i 中云凝结核 CCN 的数量分布函数

$\mathbb{N}$　自然数的集合，1，2，…

n_i　每单位体积中冰的分子数

n_l　每单位体积液体中水的分子数

n_j　第 j 类云凝结核的质量

ν　频率；空气黏度

Ω　地球自转的角速度

$\boldsymbol{\omega}$　涡度

$\boldsymbol{\omega}_a$　$\equiv \eta \boldsymbol{i} + \xi \boldsymbol{j} + (\zeta + f)\boldsymbol{k}$，绝对涡度

$\boldsymbol{\omega}_{ag}$　地转绝对涡度

P　埃尔特尔（Ertel）位涡度；在第 4 章中，P 表示概率密度函数

P_e　等效位涡

P_g　物理空间中的地转位涡

P_{eg}　地转等效位涡

$\mathcal{P}_g$　地转空间中的地转位涡

$\mathcal{P}_{eg}$　地转空间中的地转等效位涡

$\mathscr{P}_m$　空气饱和时 $\mathscr{P}_m \equiv \mathscr{P}_{eg}$，不饱和时 $\mathscr{P}_m \equiv \mathscr{P}_g$

$P_B(m)$　每单位时间内，质量为 m 的液滴破裂的概率

$\hat{P}$　在时间间隔 Δt 内，质量为 m 的液滴碰并质量为 m' 的液滴的概率

P_t　传输功率

$\bar{P}_r$　平均转动功率

PRF　脉冲重复频率

p　气压

p_a　热带气旋外边界的气压

p_c　热带气旋中心的气压

$\hat{p}$　表示参考压力，通常代表地球表面（通常取 1000 hPa）附近条件下的气压；在第 9 章中，该符号表示 p 的 Fourier 变换

p_B^*　与浮力场有关的压力扰动

p_D^*　与风场有关的压力扰动

$\hat{P}$　在时间间隔 Δt 内，一个质量为 m 的液滴碰并一个质量为 m' 的液滴的概率

PBL　行星边界层

Φ　位势

$\widetilde{\Phi}$　$\equiv \Phi + v_g^2/2$

ϕ　纬度

ϕ'　扰动流的速度势

ϕ_p　反射雷达回波的相位

ϕ_{HH}　雷达信号水平发射和水平接收的能量之间，传播相位的移动

ϕ_{VV}　雷达信号垂直发射和垂直接收的能量之间，传播相位的移动

ϕ_{DP}　$\equiv \phi_{HH} - \phi_{VV}$，雷达信号的单向差分传播相位

Π　埃克斯纳（Exner）函数

π　$\equiv p^*/\rho_o$

ψ_s　土水势

φ, Ψ, Ψ'　流函数

$\boldsymbol{Q}$　$\boldsymbol{Q}$ 矢量

Q　平均位温变化率

$\hat{Q}$　Q 的 Fourier 变换

Q_1, Q_2　$\boldsymbol{Q}$ 矢量的分量

Q_1'　地转（X）空间中的 $\boldsymbol{Q}$ 矢量分量

Q_F^2　包含水跃的体积中湍流的综合效应

$Q_B(m', m)\mathrm{d}m$　一个质量为 m' 的液滴破碎形成的质量 m 到 $m + \mathrm{d}m$ 的液滴的数目

$\dot{Q}_c$　冰雹通过向空气传导而散失热量的速率

$\dot{Q}_f$　冰雹通过淞附作用而产生热量的速率

$\dot{Q}_s$　冰雹通过淀积获得热量的速率

$\widetilde{Q}$　$\equiv \bar{u}H$（在均匀流体中）

q_c　单位质量空气中云液态水的质量

q_d　单位质量空气中毛毛雨的质量

q_g　单位质量空气中霰的质量

q_H　单位质量空气中的液态水和/或冰的总质量(水汽混合比)

q_h　单位质量空气中冰雹的质量

q_I　单位质量空气中云冰的质量

q_i　单位质量空气中第 i 类水的质量(给定类型水物质的混合比)

q_L　单位质量空气中液态水的质量

$q_m, q_{m'}$　单位质量空气中质量为 m 或 m' 的液滴所含液态水的质量

q_r　单位质量空气中所含雨水的质量

q_s　单位质量空气中所含雪的质量

q_s　土壤中水汽的混合比

q_T　单位质量空气中水的总质量

q_v　单位质量空气中水蒸气的质量(空气中水蒸气的混合比)

q_{vs}　饱和混合比

q_{dep}　每质量空气中水蒸气生成冰的质量

q_{rim}　每质量空气中的淞附冰的质量

R　物体的半径(球形粒子、云、下曳气流、气泡等)

R'　大小与 R 不同的液滴的半径

$\mathscr{R}$　垂直方向的辐射热通量(向上为正)

$\mathfrak{R}$　降雨率

R_c　微物理中液滴的临界半径;中尺度对流系统中的对流雨量

R_d　干空气的气体常数

R_s　涡旋中流线的曲率半径;中尺度对流系统中的层状云降水量

R_v　单位质量水汽的气体常数

$\mathfrak{R}_{area}$　区域综合降雨率

R_{ci}　内接球体的临界半径,用于表示冰粒子的体积

$\mathfrak{R}_\tau$　临界降雨量

Ra　瑞利(Rayleigh)数

Re　雷诺(Reynolds)数

Ri　里查森(Richardson)数

RH　相对湿度

$\widetilde{R}$　$\equiv N\widetilde{L}/U_o$

$\hat{R}$　表示湍流射流中 e 折叠半径的常数

$\langle\mathfrak{R}\rangle_o$　某地区的平均降雨量

$\langle\mathfrak{R}\rangle_\tau$　超过临界降雨率 $\mathfrak{R}_\tau$ 的区域内的平均降雨率

r　径向坐标(在雷达气象学中称为距离)

r_a　热带气旋外边界的半径

τ_c　圆锥体与雷达上方固定高度的水平面相交，所得圆的半径

r_c　初始时刻流体深度变化的半径（第 2 章）；涡旋内部区域的半径（第 8 章）

$r_{\max}$　雷达可以探测到目标的最大距离

ρ　空气密度

ρ_a　空气密度，仅包括气体成分

ρ_{HV}　共极相关系数

ρ_L　液态水密度

ρ_s　土壤密度

ρ_v　水汽密度（单位体积空气中的水蒸气质量）

ρ_{vs}　平的水面上饱和水汽的密度

ρ_{vsfc}　粒子表面的水汽密度

ρ_1，ρ_2　两个均匀流体层的密度

$\hat{\rho}$　地球表面附近恒定参考状态的密度

$\boldsymbol{S}$　$\equiv \frac{\partial}{\partial z}(\overline{u}\boldsymbol{i}+\overline{v}\boldsymbol{j})$，平均水平风的垂直切变

S　视上下文而定：微物理中的术语；围绕某体积 $\mathscr{V}$ 的表面

S_c　与冰相微物理过程相关的云水的源汇

S_g　与冰相微物理过程相关的霰的源汇

S_I　与冰相微物理过程相关的云冰的源汇

S_i　某个水的特殊类别的源汇

S_r　与冰相微物理过程相关的雨水的源汇

S_s　与冰相微物理过程相关的雪的源汇

S_v　与冰相微物理过程相关的水汽的源汇

S_{HH}　水平极化发射接收雷达信号的散射振幅

S_{VV}　垂直极化发射接收雷达信号的散射振幅

SST　海表面温度

$S(V_R)$　Doppler 速度谱

$\mathscr{S}(\mathfrak{R}_\tau)$　把 $\langle\mathfrak{R}\rangle_o$ 和 $F(\mathfrak{R}_\tau)$ 联系起来的比例因子

$\widetilde{S}$　$\equiv e(\infty)/e_s(\infty)-1$，相对于液水平面的环境过饱和度

$\widetilde{S_i}$　$\equiv e(\infty)/e_{si}(\infty)-1$，相对于冰平面的环境过饱和度

$\hat{S}$　饱和湿熵

s　沿辐射束的距离

σ　一个粒子的有效雷达反向散射截面

σ_{il}　冰液界面的自由能

σ_{vl}　液-气界面的表面能（表面张力）

$\sigma_{a\lambda}$　波长为 λ 的吸收系数

$\sigma_{s\lambda}$　波长为 λ 的散射系数

T　温度

T_A　含有雨滴的大气层的温度

T_B　边界层顶部温度

T_{BB}　黑体温度

T_{BR}　微波亮温

$T_{BS\uparrow}$　地球表面上行的辐照度,以亮温表示

$T_{BS\downarrow}$　亮度温度表示地球表面下行的辐射度

$T_{BT\uparrow}$　亮温,表示在含有雨滴的大气层顶上行的辐照度

T_G　特定晶体生长的温度

T_e　环境的空气温度

T_m　等角动量面上的温度

T_o　从热带气旋眼墙流出气流的温度

$\widetilde{T_o}$　从热带气旋的眼墙流出气流的平均温度

T_S　地球表面温度

$\mathscr{T}_s$　土壤温度

T_s　温度为 T 、水蒸气混合比为 q_v 和压力为 p 的空气块,通过干绝热降压而达到饱和的温度

T_v　虚温

T_w　液滴温度

t　时间

τ　$\tau \equiv e^{-\sigma_{ak} D_P}$,表示包含雨滴的大气层吸收辐射的一个因子

τ_A　$\mathscr{A}$ 的垂直涡通量

τ_e　对流云中蒸发的时间尺度

τ_m　对流云中混合的时间尺度;热带气旋海面动量的垂直通量

τ_p　发射雷达脉冲的持续时间

τ_S　热带气旋中海洋表面显热的垂直通量

τ_x　x 方向的垂直动量通量

τ_y　y 方向的垂直动量通量

Θ　圆柱坐标系的方位角

θ　位温

$\hat{\theta}$　位温的 Fourier 变换

θ_o　系统在参考状态(基本状态)时的位温

θ_a　表观位温度扰动

θ_e　相当位温

θ_{ea}　热带气旋边界外的相当位温

θ_H　水平波束宽度角

θ_v　虚位温

$\bar{\theta}_{ec}$　热带气旋中心的相当位温

θ_{es}　饱和相当位温

θ_{cv}　云的虚位温

$\hat{\theta}$　代表地球表面附近条件的恒定参考状态的位温

θ_v　垂直波束宽度角

$\mathcal{U}$　用户选择的加权函数，确保在从 Doppler 雷达观测反演空气热性质时，计算的积分中尺寸的均匀性，并确定积分中垂直和水平梯度的相对权重

U_a　$\equiv \frac{\widetilde{w}}{f}\frac{\partial v_g}{\partial Z}+u_a$

U_f　重力流前缘的运动速度

U_o　地面平均风

U_{af}　沿锋面方向的速度尺度

U_{cf}　跨锋面方向的速度尺度

$U_1, U_2, \delta U$　流体上、下层分别的水平速度分量及其差值，$\delta U \equiv U_1 - U_2$

u　径向速度分量

u_g, v_g　地转风分量

u_a, v_a　非地转风分量

u　x 方向的风分量

u_s　对流层下部一个较低层面之上的风速，其中风速随高度增加

V　下落末速度（>0）

V_i　大小类别为 i（>0）的粒子的下落末速度

V_{ij}　第 i 种类型的冰粒子中尺寸为 j（$j>0$）粒子的下落末速度

$\mathcal{V}$　体积

V_a　雷达方位角方向上水平风速分量的大小

V_F　通风系数

V_k　k 型晶体的下落速度（>0）

V_R　雷达径向速度(沿雷达波束的观测目标速度分量)；v 的特例

V_s　距涡旋中心距离为 R_s 处的风速

V_T　Doppler 雷达探测到的影响径向速度的观测目标下落速度(>0)

V_{Fc}　传导通气系数

V_{Fs}　升华通风系数

V_{ice}　冰晶和雪的下落速度尺度(>0)

$V_{ice,typical}$　冰晶和雪的典型下落末速度(>0)

$V_{\max}$　Doppler 雷达径向速度的可测最大值

$\mathcal{V}_{res}$　雷达的体积分辨率

$\mathbf{V}_c$　$= u_c\boldsymbol{i} + v_c\boldsymbol{j}$，云或单体相对于地面的移动

$\mathbf{V}_p$　新单体发展产生的风暴传播速度分量

$\mathbf{V}_s$　多单体雷暴的速度

$\hat{V}$　液滴的质量加权下落速度

$\hat{V}_N$　数量加权下降速度

$\hat{V}_q$　冰粒的质量加权下落速度

$\hat{V}_H$　冰粒子水凝物的质量加权平均粒子下落速度（>0）

$\boldsymbol{v}$　空气团的三维速度

$\hat{v}$　风速的 Fourier 变换

v　y 方向的风分量

v_s　沿流线的风分量

$\frac{\partial v_n}{\partial z}$　垂直于流线方向的风切变分量

v　切向速度分量

$\bar{v}_o$　涡旋基态的切向速度分量

$\boldsymbol{v}_a$　$\equiv (u-u_g)\boldsymbol{i}+(v-v_g)\boldsymbol{j}$，非地转风

$\boldsymbol{v}_g$　$\equiv u_g\boldsymbol{i}+v_g\boldsymbol{j}$，地转风

$\boldsymbol{v}_H$　水平风矢量

v_n　垂直于边界的风分量

v_t　与边界相切的风分量

$\bar{v}_{\max}$　涡旋中的最大平均切向速度

W　$\equiv \tilde{w}f/\zeta_{ag}$

$\mathscr{W}$　某个 $\mathscr{K}$ 值由压力-速度相关性建立的

w　z 方向的风分量

w_B　背景垂直速度

w_e　夹卷速度

w_{eb}　云底夹卷速度

w_{et}　云顶夹卷速度

w_l, w_u　分别为下层和上层的垂直速度

$\hat{w}$　离背景垂直速度 w_B 的偏差（第 5 章）；正弦变化垂直速度的幅度（第 12 章）

$\tilde{w}$　$\equiv \mathrm{D}_{\mathfrak{z}}/\mathrm{D}t$，伪高度坐标系中的垂直速度

δW　由水平径向距离隔开的两块流体之间垂直速度的差异

X　$\equiv x+v_g/f$，地转坐标

x　水平坐标

ξ　涡度的 y 分量

y　水平坐标

Z　雷达反射系数，除了 $\partial/\partial Z$（见下文）

Z_e　等效雷达反射系数

Z_{DR}　微分反射率

Z_{HH}　水平发射和水平接收的雷达反射系数

Z_{HV}　水平发射和垂直接收的雷达反射系数

Z_{VV}　垂直发射和垂直接收的雷达反射系数

z　高度

$\mathfrak{z}$　伪高度

z_b　积雨云中冰云流出层底部的高度

z_f　涡流漏斗顶部的高度

z_{in}　在中尺度对流系统中流入发生的高度

z_m　积雨云中的冰云流出层中间的高度

z_o　涡流漏斗下端高度

z_s　对流层底层顶部的高度，其中风速随高度增加

z_t　从积雨云中流出的冰云顶部的高度

ζ　涡度的 z 分量

ζ_a　绝对涡度的 z 分量

ζ_g　地转涡度的垂直分量

ζ_{ag}　地转绝对涡度的垂直分量

$\bar{\zeta}_o$　基本状态涡旋的垂直涡度

$\frac{\mathrm{d}}{\mathrm{d}t}$　仅为时间函数变量的个别导数算子

$\frac{\mathrm{D}}{\mathrm{D}t} \equiv \frac{\partial}{\partial t} + \boldsymbol{v} \cdot \nabla$，全导数

$\frac{\bar{\mathrm{D}}}{\mathrm{D}t} \equiv \frac{\partial}{\partial t} + \bar{u}\frac{\partial}{\partial x} + \bar{v}\frac{\partial}{\partial y} + \bar{w}\frac{\partial}{\partial z}$

$\frac{\mathrm{D}_g}{\mathrm{D}t} \equiv \frac{\partial}{\partial t} + u_g\frac{\partial}{\partial x} + v_g\frac{\partial}{\partial y}$

$\frac{\mathrm{D}_A}{\mathrm{D}t} \equiv \frac{\partial}{\partial t} + (u_g + u_a)\frac{\partial}{\partial x} + v_g\frac{\partial}{\partial y} + w\frac{\partial}{\partial z}$

$\left(\frac{\mathrm{D}}{\mathrm{D}t}\right)_S$　拉格朗日云粒子模型中的源项

$\frac{\mathrm{D}}{\mathrm{D}Z}$　气块随高度的拉格朗日导数

$\frac{\mathfrak{D}}{\mathfrak{D}\tau} \equiv \frac{\partial}{\partial \tau} + u_g\frac{\partial}{\partial x} + v_g\frac{\partial}{\partial y}$

$\frac{\partial}{\partial x}, \frac{\partial}{\partial y}, \frac{\partial}{\partial z}, \frac{\partial}{\partial t}$　关于 x，y，z，t 的偏导数

$\frac{\partial}{\partial Z}$　地转坐标系中对高度的偏导数

$\frac{\partial}{\partial \tau}$　地转坐标系中对时间的偏导数

$\left(\frac{\partial}{\partial t}\right)_{break}$　粒子由于破碎引起的变化速率

$\left(\frac{\partial}{\partial t}\right)_{col}$　粒子由于碰并引起的变化速率

$\left(\frac{\partial}{\partial t}\right)_{c/e}$　由于凝结或蒸发引起的变化速率

$\left(\frac{\partial}{\partial t}\right)_{d/s}$　由于沉积或升华而引起的变化速率

$\left(\frac{\partial}{\partial t}\right)_{fall}$ 由于粒子落入或落出单位体积空气而产生的变化率

$\left(\frac{\partial}{\partial t}\right)_{nucl}$ 由粒子核化引起的变化率

$\left(\frac{\partial}{\partial t}\right)_{au}$ 自动转换的变化率

$\left(\frac{\partial}{\partial t}\right)_{rc}$ 由于降雨落入云中而增加的云的变化率

$\left(\frac{\partial}{\partial t}\right)_{rr}$ 由于自我碰并引起的变化率

$\left(\frac{\partial}{\partial t}\right)_{sub}$ 由于升华引起的变化速率

$\left(\frac{\partial}{\partial t}\right)_{frz}$ 由于冻结而引起的变化的速率

$\left(\frac{\partial}{\partial t}\right)_{mlt}$ 与温度为>0 ℃的空气接触而融化的变化率

$\left(\frac{\partial}{\partial t}\right)_{enh}$ 冰增强引起的变化率

$\left(\frac{\partial}{\partial t}\right)_{agg}$ 由冰粒子聚合引起的变化率

$\left(\frac{\partial}{\partial t}\right)_{mltc}$ 在上述冻结条件下,冰雨碰撞中冰的融化所造成的变化率

$\left(\frac{\partial}{\partial t}\right)_{accc}$ 由于云滴撞冻而产生的变化率

$\left(\frac{\partial}{\partial t}\right)_{accr}$ 由于雨滴撞冻而产生的变化率

$\overline{(\ )}$ 一个平均;在讨论大气中空气的运动时,通常采用空间体积或区域的平均值;在雷达测量的讨论中(第 4 章),上面的横杠用于指示其他类型的平均值(随时间变化的,功率谱上的);在实验室实验的讨论(第 7 章)中,表示平均时间

$\overline{\overline{(\ )}}$ 圆柱体周长的平均值

$(\ )_c$ 云的属性

$(\ )_r$ 雨的属性

$(\ )_o$ 在整本书中,下标 o 表示流体静力平衡参考状态的性质:它也用于地转风平衡和梯度风平衡的调整中,以表示流体深度初始不连续的半幅值(第 2 章);在 Doppler 雷达(第 4 章)中表示以雷达为中心的圆心;在讨论云顶边界层(第 5 章)和地形上的流动(第 12 章)中表示地球表面的条件;在描述龙卷涡旋(第 8 章)时,表示漏斗云下尖端的高度;以及在讨论热带气旋(第 10 章)时,表示从眼墙流出物的温度

$(\ )_{x,y,r,z,p,t}$ 这些下标表示偏导数

$(\ )_\varepsilon$ 卷入空气的性质

$(\ )_\delta$ 排出空气的性质

$(\ )_g$ 一个变量的地转值

$(\ )_b$ 云底条件

$(\ )_t$　云顶的情况；在某些情况下，下标表示对时间的导数

$(\ )_h$　边界层顶部的条件

$(\ )'$　离 $\overline{(\ )}$ 或〈　〉的偏差；当与水滴质量或半径一起使用时，表示水滴大小的不同

$(\ )^*$　离静压平衡参考状态的偏差

〈　〉在浅层云的讨论中，这些括号表示相对于混合层高度的积分(第 5 章)；在讨论云模型的时候(第 7 章)，表示以云的中心垂直轴为中心的圆形区域上给定高度的水平平均值

$|_{(\ )}$　在常数(　)处进行的计算

∇　三维梯度算子

$\nabla_p \quad \equiv \boldsymbol{i}\left(\frac{\partial}{\partial x}\right)\bigg|_{y,p,t} + \boldsymbol{j}\left(\frac{\partial}{\partial y}\right)\bigg|_{x,p,t} + \boldsymbol{k}\left(\frac{\partial}{\partial p}\right)\bigg|_{x,y,t}$

∇_H　水平梯度算子

目　录

第一部分　基础原理

第一部分

基础原理

第1章

地球大气中云的类型

这里狮群咆哮，那里大象列队，骆驼脖子变成了蒸汽龙……

——Goethe,《纪念霍华德》[①]

天上的云变化莫测，这使歌德把它们想象成狮子、大象和骆驼变成的龙。虽然云是由无数的微小水滴和冰晶组成，但是我们在天空中看到的云，却只是来自这些微小粒子反射光的总效果。它们表现的是空气中反射光线的小粒子组成了什么样的形状：气泡状的白塔、蓝天背景下的薄云条纹，以及无数其他的形态。这引起了很多诗意的想象，如鱼鳞天、马尾云、雷雨云砧、漏斗、旗帜等。从科学的观点来看，认识和识别这些不同形态的云是重要的，因为它们显示了产生云的空气流动。我们称这样的空气流动为"云动力学"。当空气上升时，水汽凝结（凝华）形成水滴或冰晶，个体水凝物的形成和增长过程被称为"云微物理学"。在第 2 章和第 3 章，我们将要复习控制云形成的基本动力和微物理关系式。因为云难以直接观测，对云的研究需要通过遥感手段，对这类技术的回顾放在第 4 章。本书的第二部分探索动力学和微物理学如何联合起来，在大气中产生不同类型的云。

在开始这些章节之前，我们首先介绍用来描述云基本类型的专用术语。就像它们被眼睛直接看到，或者通过卫星看到的那样，这里不试图用物理或动力学去解释它们。对于云的识别而言，纯粹描述性的途径既传统又切实可行。描述性的术语持续地在全世界统一执行，为各地的天气观测员提供了简单直接的方式编报云，而不需要对他们之所见做物理解释。而对于我们来说，这样的描述帮助我们认识和识别在本书后面章节中要解释说明的主要云类。在第 1.1 节，我们将简单地回顾用来描述大气现象垂直和水平尺度的一些术语。在第 1.2 节，我们考查国际公认的云分类体系，它完全基于人眼在地球上或飞机上对云形态的观察。

观测员在地面上或飞机上对云进行观测，不能看到云的某些重要形态。从 1960 年以后，气象卫星开始从太空观测云，揭示了云的大尺度结构。它们太大了，个别观测员的肉眼看不见它们。这样的云大尺度结构，和大尺度风场与气压场有关系，包括有组织的风暴系统中的云，

---

① 歌德(Goethe)的《纪念霍华德》是一首为了表达他对卢克·霍华德(Luke Howard)的赞美和钦佩而写的关于云的诗。卢克·霍华德是 19 世纪初期英国的制药学家和气象学家，他设计了至今还在使用的云的命名系统。歌德狂热地喜爱云，并和霍华德有书信往来。在本书的后面还引用了歌德的一些其他诗句。更多关于霍华德和歌德的关系，请参见 Scott (1976)。

如锋面和热带气旋。第 1.3 节描述了各种主要大气风暴标志性的云型。最后,卫星遥感技术已经为确定基本云型的全球气候特征创造了条件。第 1.4 节从这个视角看地球上的云,通过专门的卫星已经做了这方面的工作。

1.1 大气结构和尺度

大气通常根据平均温度的垂直廓线分为几层(图 1.1)。大部分(但不是所有的)云出现在最低的那一层,叫作"对流层"。对流层里几乎包含了大气中所有的水分。在对流层里,平均温度随高度下降。对流层的顶部叫作"对流层顶"。对流层顶出现在大约 12 km 的高度,它在极地较低,赤道区域较高。在对流层顶以上,平均温度廓线先是随高度向上而等温,然后在"平流层"里,温度随高度增加。在平流层以上是"中间层",这里也是另一个可以出现云的大气层(第 1.2.6 节),虽然云量极少。

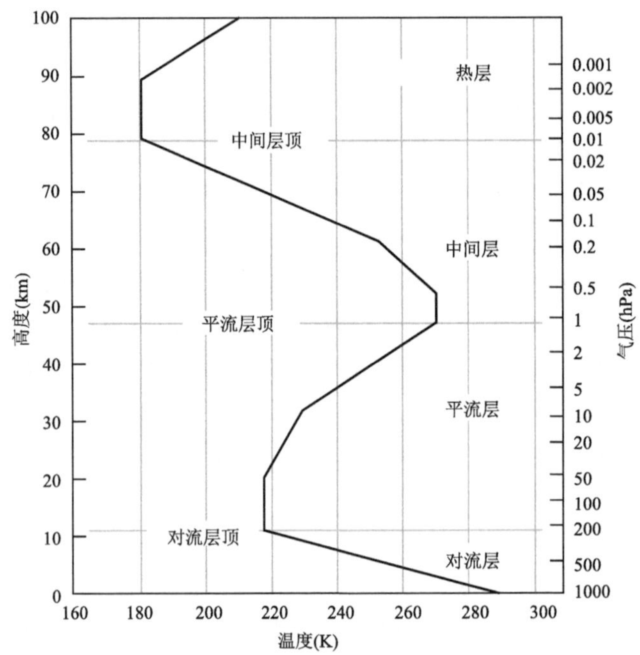

图 1.1　美国标准大气的垂直温度廓线。引自 Wallace 和 Hobbs (1977),爱思维尔出版公司(Elsevier)版权所有

在对流层的底部,通过热量和动量的传输,大气受到地球表面的影响。这个能感受地球表面影响的层叫作"行星边界层"(图 1.2)。像我们将要在第 2.11.2 节里讨论的那样,行星边界层的厚度是变化非常大的,它的范围可以从大约 10 m 到 2～3 km。行星边界层最下面的 10% 被叫作"近地面层"。在行星边界层以上的区域被称为"自由大气"。

云动力学需要处理的大气运动尺度,可以粗略地划分为三种范围。"天气尺度"所包含的大气运动现象,在水平尺度上超过大约 2000 km。"中尺度"涵盖尺度为 20～2000 km 的现象。"对流尺度"覆盖的现象尺度为 0.2～20 km。[①] 这种划定方法是粗略的,有时互相重叠。相对

① 这些范围的划分由 Orlanski 在 1975 年提出,Orlanski 在云和气溶胶微物理过程领域里更多的论述,参见 Hobbs(1981)。

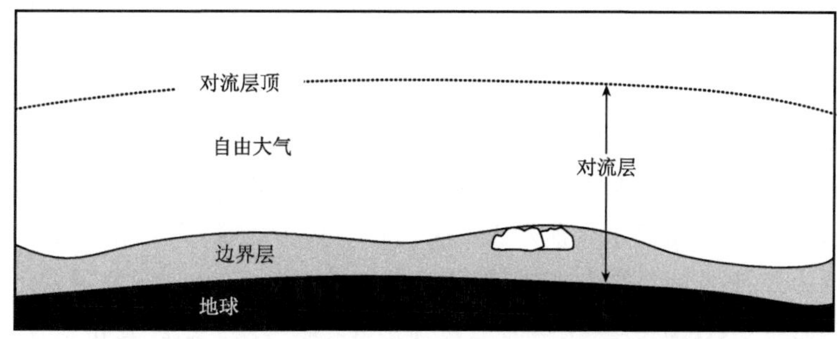

图 1.2 大气被分为两层:靠近下垫面的边界层和边界层以上的自由大气。边界层顶的高度通常约 1 km,但是也可以很低,例如:约 100 m。这取决于靠近下垫面的空气的风和热力特征。在高纬度,对流层顶高度大约 10～12 km,在热带大约 14～18 km。引自 Stull (1988), Elsevier 版权所有, 再版得到了 Springer Science + Business Media B V 的许可

于现象而言,关于这些尺度之间物理意义上(而不是表观现象)的区别,还没有达成广泛接受的共识。① 本书所讲述和讨论的内容,并不非常依赖这三种尺度的区别,但是领会这些范围是有指导意义的。

1.2 云的目测分类

1.2.1 云属、云族和云类

对云的目视观测表明,云通常表现为几种不同的形状。这些形状有国际公认的名字。它使得公职天气观测员用一种容易理解的方式记录并报告当地的天空状况,而不需要借助于照片。全世界天气观测站的观测员们每 6 h 一次对天空中出现的云量和云状进行观测。这些信息被传送到各地即时使用,同时也被存档以便在气候领域使用。许多观测站还每个小时对天空状况进行更特别的观测。

国际公认的云的命名方法,为我们开展云动力学方面的讨论提供了方便。观测员所报告云的类型,完全是根据他们见到的云的外观形状划分的。因此,不要求观测员对云进行物理解释。而作为科学工作者,我们的任务是对每种类型的云提供一种动力方面的解释,这是本书关注的重点。第 5 — 8 章和第 12 章致力于讲述地面观测员可以目视分类的那些云的动力学。第 9 — 11 章关注更大的云组合体的动力学。这些云组合体的空间范围太大,单靠地面观测员目视观测不能识别,必须借助卫星观测手段来识别和确认。

本书中对云进行目视识别和分类的方法,基本上遵循世界气象组织的《国际云图》②,它是

① 关于中尺度系统物理定义问题的讨论,参见 Emanuel(1986b)。

② 这个图集有几个版本。最初的版本是《国际云图集和天空状况研究,通用图集》,由国际云研究委员会 1932 年出版。世界气象组织(成立于 1951 年)于 1956 年出版了第一版《国际云图集》的第一卷和第二卷。第一卷包含描述性和解释性的文字,第二卷包含 224 个例证性的插图。1969 年,一个结合原来两卷主要内容的缩略版出版。1975 年,第一卷的修订版出版,书名叫《云和其他大气现象观测手册》。1987 年,一个包含 196 页插图的对第二卷全面更新的版本出版。

全世界公职天气观测员的观测指南①。按照这个云分类体系，云的类型命名为描述性的词汇，它们基于拉丁语词根②。"Cumulus"是堆积、垛起的意思。"Stratus" 是动词的过去分词，它的意思是变平或者盖上一层。"Cirrus"的意思是一绺头发或一簇马鬃。"Nimbus"指产生降雨的云。"Altum"表示高。这 5 个拉丁词根，或者单独使用或者组合使用，定义了 10 个互不从属的"云属(genera)"。与云底的典型高度(相对于当地地面的高度)相对应，它们被划分为 3 组或者 3 个"云族(etages)"，如表 1.1 所示③。这些云族互相重叠，并且范围随高度变化。每一个云属可以表现为几种不同的形式，它们被定义为云类(species)，在《中国云图》上称为云状，云类又被细分为云种(varieties)。在本书中，我们只涉及一小部分云类和云种，但是会考虑全部 10 种云属。

表 1.1　目视观测云分类中的云属和云族

云属(Genus)	云族(Etage)	云底高度		
		极地	温带地区	热带地区
积云(Cumulus)	低云	低于 2 km	低于 2 km	低于 2 km
积雨云(Cumulonimbus)				
层云(Stratus)				
层积云(Stratocumulus)				
雨层云(Nimbostratus)				
高层云(Altostratus)	中云	2～4 km	2～7 km	2～8 km
高积云(Altocumulus)				
卷云(Cirrus)	高云	3～8 km	5～13 km	6～18 km
卷层云(Cirrostratus)				
卷积云(Cirrocumulus)				

除了表 1.1 中的 10 种云属，我们把"雾"当作第 11 种云属。雾通常是其底部接触地面的云。根据国际专门规定的气象数据编报和存档流程，天气观测员不把雾编报为云，而编报为"一种能见度低的天气现象"，因此，它没出现在表 1.1 中的云属列表里。在本书中，我们打破这个常规，把雾当作一种类型的云。由于它的底部接触地面，所以把它划分在最低的那个云族。

在第 1.2.2—1.2.4 节，我们将对表 1.1 中的 10 个云属和雾进行定义和简单描述，并举例说明。根据它们所在的云族，我们将对这 11 种云属分组介绍：先是低云，然后是中云，最后是高云。这个介绍顺序大致遵从一个训练有素的观测员常规的观测流程。天气观测员的工作是根据所有出现的云，来描述整个天空的状况：首先识别低云，然后在没有被低云遮挡的范围里

---

① 其他有用的云画页指南包括：《云图集，一个艺术家的视角面对活跃的云》，作者 Itoh 和 Ohta，1967 年出版；《世界上的云：一个全面的彩色百科全书》，作者 Scorer，1972 年出版；《大气野外作业指南》，作者 Schaefer 和 Day，1981 年出版；《中国云图》，1984 年由中国气象局编写；《广阔的天空》，作者 Scorer 和 Verkaik，1989 年出版。

② 拉丁命名方案是 1803 年由 Luke Howard 提出的。从 19 世纪中期以后，拉丁名字迅速流行开来并被气象教科书使用。

③ 把生成云的大气层在垂直方向上分为三层的方法是 1802 年由法国博物学家 Jean Babtiste Lamarck 提出的。他提出了一套由法语命名的云分类名字，但是没有被广泛采纳。今天的云分类方案，结合了霍华德给出的拉丁名字和 Lamarck 原来把云分为 3 个族的方法。

确定中云的云类和云量，最后在没有被低云和中云遮挡的范围里估测高云。

在第1.2.2—1.2.4节根据3种云族的次序讨论过11种基本的云属之后，在第1.2.5节我们将讨论某些由地形导致的特殊形态的云。许多这种地形云被称为荚状云(lenticularis)[①]，它是层积云、高积云或卷积云中的一种。然而由于荚状云的形态是如此之独特，它本身就可以被当成一种云属，本书将单独对它讲述。第5—9章关注除荚状云以外11种基本云属的动力学问题，荚状云在第12章地形云的动力学中专门讲述。

1.2.2 低云

最低的云族包含6种云属：表1.1中的5种云属加上雾。这6种云属可以被分为2个小组：积状(cumuliform)云和层状(stratiform)云。积状云(积云和积雨云)由快速上升的气流形成，云体呈现出气泡状和塔状。层状云(雾、层云、层积云和雨层云)是一大片"静态"的云，云中没有垂直运动，或只有较弱的垂直运动气流。

积状云包含2个云属，它们的区别取决于是否产生降雨。不产生降雨的叫积云，它被描述为："独立的云体，一般比较浓密并且轮廓清晰，垂直伸展像土墩、圆穹顶或塔，它向上凸出的部分往往组成花椰菜的形状。受阳光照射的云体大部分表现为亮白色，它的云底相对较暗，几乎是水平的。有时积云的形状紊乱。"[②]积云的大小变化较大。在积云发展的早期阶段，其水平方向和垂直方向的尺度小于1 km，并且一般不会比这个尺度更大(图1.3a)，特别是当个别、孤立的云体单独发展时，更是如此。然而，当积云倾向于聚集在一起的时候，它们可以发展得更大(图1.3b)。这些大积云(云类为浓积云)由许多快速起伏的球状塔体组成，这些球状塔体使得浓积云呈现出"花椰菜"的外观。它的云顶可以伸入中云族的高度，但是它总是被认为是低云，因为它的云底一般在低云族的高度。

图1.3 美国华盛顿州阿纳科特斯附近的普吉特湾(Puget Sound near Anacortes, Washington)上空的淡积云(a)、浓积云(b)。照片(a)由Ronald L Holle拍摄，照片(b)由Steven Businger拍摄

产生降水的积状云叫作积雨云。它被描述为："浓密的云，有相当高大的垂直伸展，外形像高山或高塔。上部至少有一部分是平的，呈纤维状或条纹状，有时几乎全是平的。这部分云经常向外伸展出去，呈现出'砧(anvil)'或巨大的羽毛状。这类云的云底通常比较暗，云底的下面经常有不规则的低云，它们或者和积雨云融合在一起，或者脱离积雨云。降水有时以雨幡(没有到达地面的降水)的形式出现。"积雨云是积云发展的高级阶段，随浓积云继续生长，它开始产生降水(这也是积雨云名字的由来)，云的顶部通常转变为冰相态。从动力活跃的积雨云

① 拉丁语中意思为像小扁豆状的形状，或者用现代的词汇说，凸透镜形状。

② 引号中对云属的定义引自《国际云图集》(在所有版本的云图集里采用同样的定义)。

里落下的降水,常常叫作对流性降水。图 1.4a — d 显示了一个从浓积云发展到积雨云阶段的例子。在它发展的后期阶段,云顶部的冰结构呈现出纤维状,高空风能把云顶吹向下风方向,因而形成砧状的结构(图 1.4c 和图 1.4d)。最高的云顶部的云砧,通常非常接近对流层顶,因为云中的上升气流不能很深地穿入极其稳定的平流层,云顶平铺开来。随着冰相云砧的老化,大量的冰云物质被注入到对流层的上部(图 1.5)。从卫星上往下看,向下风方向伸展的云砧,是识别积雨云的主要特征(图 1.6)。因为积雨云的云底在最低的一类云族中,像浓积云一样,它被地面观测员划分为低云一族。积雨云的高度经常在高、中、低 3 个层里伸展,它的云砧出现在最高的云族中。因为积雨云的顶部高度较高,卫星资料的使用者经常把它当作高云。

冰相的云砧不是积雨云的本质特征。在热带,塔状积云的云顶高度远低于 0 ℃层高度,因而没有云砧,但经常产生较强的阵性降雨。既然有降雨出现,塔状积云的命名便改为积雨云。在纬度非常高的地方,即使产生降水积状云的上部由冰粒子构成,如果周围的环境风切变弱,也可能看不到云砧。

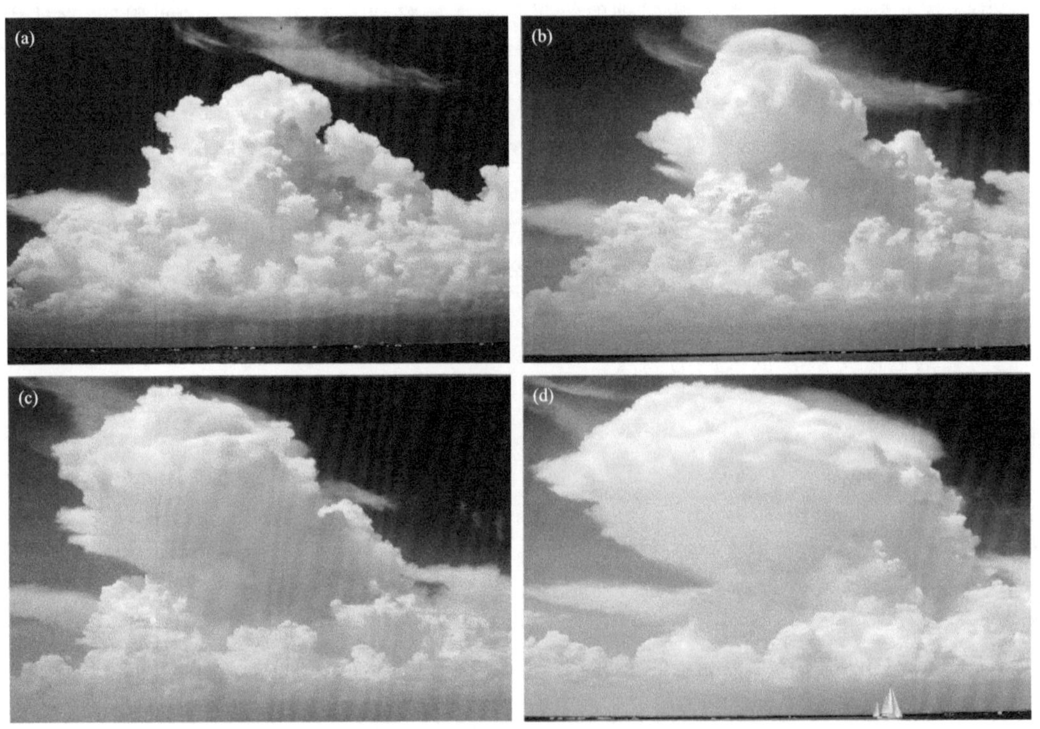

图 1.4 一系列照片显示美国佛罗里达州比斯坎湾(Key Biscayne, Florida)南部浓积云发展成积雨云的过程。照片由 Howard B. Bluestein 拍摄

低云中的层状云和积状云,区别非常清楚。层状云内部的大气运动,完全达不到积状云那样活跃的升、降程度。按观测规范,雾是底部接触地面的任何一种云。因而,当云和山相接时,在山上被云包围的观测员,可能把它报告为雾;而位于云底以下的观测员,可能把它当作表 1.1 里 10 种云属中的任何一种云。那些我们认为真正的雾,是大气和下垫面正在相互作用而形成的,这样的雾在 10 种云属中的任何一种里都没有提及。蒸汽雾是当冷空气位于暖水面上时,湍流蒸汽从水面上升而形成的(图 1.7a)。最常见并且广泛出现的一类雾,形成于一层暖空

图 1.5　从美国科罗拉多州锡马龙(Cimarron,Colorado)看到的积雨云云砧。云砧被分类为积雨云生成的密卷云。如果云砧范围更大,从一排或一簇积雨云里发展出来,它就被分类为积雨云生成的卷层云。照片由 Ronald L Holle 拍摄

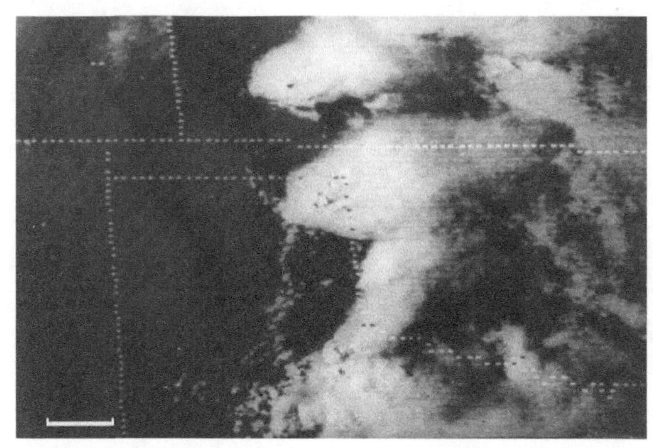

图 1.6　卫星可见光波段图像中的超级雷暴单体积雨云云砧,位于美国堪萨斯州(Kansas)、俄克拉何马州(Oklahoma)和得克萨斯州(Texas)上空。(标尺约 100 km)

气与冷的下垫面相接触时。辐射雾形成于下垫面的红外辐射降温。辐射雾的形成需要空气非常平静稳定,因为任何一点点风产生的湍流,都可能把雾破坏。图 1.7b 给出了一个辐射雾的例子。出现辐射雾的区域可以很大,覆盖地球上中尺度或天气尺度系统所占据的范围(例如:图 1.7c 中覆盖整个美国加利福尼亚中部山谷的雾)。平流雾形成于暖空气移动到一个先前存在的冷下垫面上。图 1.7d 中加利福尼亚沿海的冷水区是经常生成平流雾的地方。由于我们无法看到下垫面,很难确定云底是否真的与海洋表面相接。

层云描述为:"通常是灰色的云层,云底几乎是一致的,可能产生毛毛雨、冰粒或雪粒,当可以透过云层看到太阳时,它的轮廓清晰可辨。有时层云看起来呈破碎的片状。"因为层云的水平尺度经常很大,像盖在我们头顶上的一个大毯子,不可能在地面上看到它的顶部和边界,所以很难从地面上完整地看到这种云(图 1.8a)。当从云的上面向下看时,如图 1.8b,太阳没有被中云或高云遮挡,层云的云顶可以是闪亮的白色,和从云下看到的浅灰色大不相同。透过云

层可以看到太阳的轮廓这一事实表明,层云通常不厚(厚度≤1 km)。

图 1.7 (a)池塘上面的蒸汽雾;(b)一浅层辐射雾,有时叫作“地面雾(ground fog)”;(c)卫星所见美国加利福尼亚中部山谷里的雾;(d)卫星所见沿美国西海岸的平流雾和层云。
照片(a)是来自 cepolina.com 的免费图片。照片(b)由 Matthias Suessen 拍摄。(c)是美国航空与航天局(NASA)的图像,标尺约 100 km。(d)是 NASA 的卫星照片,标尺约 100 km

层积云是指“灰色的或灰白色的,或者灰色、灰白色兼有的,小片的或大片的,或者几乎总是包含暗色部分的一层云,暗色部分由网格状分布的小云块、圆形团块、滚轴等组成,它们不是纤维状的(雨幡除外),可以融合在一起也可以不融合;通常大部分规则排列的小云块,表观视角宽度大于 5°。”像一个覆盖在低空的毯子那样,层积云像层云的地方是云低、云的伸展范围大。它和层云的区别在于它含有清晰可辨的云块。在图 1.9a 的例子中,云块排列成一条条长线或镶嵌成网格状。层积云另一个特征是其中的云块呈马赛克块状,像图 1.9b 中从飞机上看到的那样。

当层积云呈长线状出现时,它们有时又被称为云街(或拉丁语 radiatus)。云街沿风切变的方向形成,这种过程将在第 5 章中深入讨论。云街可以相当长,云街中的个别云体,可以沿着云街风切变的方向,向下风方向延伸到端点,在那里它们表现为小的或中等大小积云的形态(图 1.10)。

图 1.8 (a)从地面上看到的层云;(b)从华盛顿州斯诺夸尔米山口、丹尼山(Denny Mountain. Snoqualmie Pass, Washington)看到的层云。照片(a)由 Reid Wolcott 拍摄。照片(b)由 Steven Businger 拍摄

图 1.9 (a)南达科他州米切尔(Mitchell. South Dakota)附近的层积云;(b)英格兰的西南海岸的西边从飞机上看到的大西洋上空的层积云,飞机向北飞。照片(a)由 Arthur L. Rangno 拍摄。照片(b)由 Ronald L Holle 拍摄

图 1.10　从飞机上看到的"云街"。照片由 Daniel Melconian 拍摄，在 Gavin Pretor-pinney 和 lan Loxley 的帮助下，通过"云鉴赏学会"获得了摄影师的许可

卫星影像显示，层云和层积云的覆盖范围在水平尺度上可以达到 1000 km 的量级(图 1.11)。它们还显示：层云区和层积云区经常是不分离的。在南美洲西海岸以外的层云和层积云区的例子中(图 1.11a)，离海岸线最近的云，纹理较少，由层云和(或)雾组成；离海岸线较远的云，变成了层积云，云的纹理逐渐增多，云层破碎为逐渐变大的层积云簇。在图 1.11b 显示的北美洲东海岸和东南海岸以外的云型中，从大陆吹过来的强冷地面风，经过大西洋湾流和墨西哥湾的暖水时，层积云被组织为云街。越往海洋的中部深入，云街的宽度越宽，最后变成了层积云簇。像图 1.10 一样，云街中的某些云体，成为小到中等的积云或积雨云，而不是层积云。

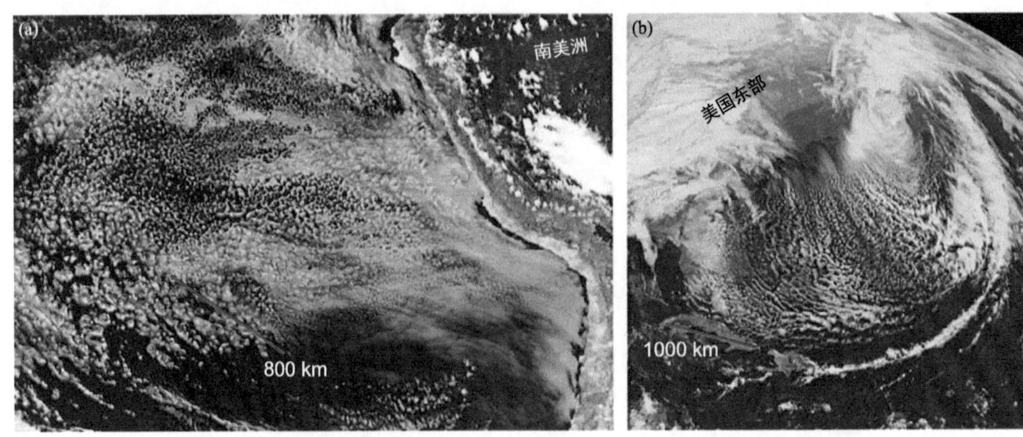

图 1.11　(a)卫星看到的南美洲西海岸的层积云；(b)卫星看到的北美洲东海岸和东南海岸以外的层积云。图片来自 NASA

雨层云是一种"灰色的云层，通常颜色较暗，它能产生或多或少持续性的降雨或降雪，大部分情况下降水会落到地面。云层厚到足以遮住太阳。云层下面经常有破碎的低云，这些破碎

的低云，有时和雨层云融合在一起，有时相互分离。"雨层云和层云的主要区别是：雨层云可以非常厚，云顶可以达到对流层顶的高度。另外，层云从不造成显著的降水，而雨层云的降水通常比较显著。因而，深厚的雨层云像积雨云一样，可以在高、中、低3层中延伸，其最上层完全由冰晶组成。从照片上难以解释雨层云的外观表现，它就是一种覆盖整个天空的、黑暗的、产生降水的云(图1.12)。另外，雨层云的云底可在低云族中也可以在中云族中。雨层云产生的降水区范围较大，降水影响水平能见度。像图1.12中的岛屿那样，随着离观测者距离的增加，远处的物体逐渐变得模糊。为了和活跃的积雨云产生的对流性降水区别，从雨层云里落下的降水通常叫作层状云降水。就像在第6章中我们将看到的那样，一个云的复合体可以既包含活跃的积雨云，又包含雨层云，在云复合体中区分对流性降水和层状云降水有时是重要的。

图1.12　雨层云。从格梅斯岛(Guemes Island)向华盛顿州普吉特湾的奥卡斯岛(Orcas Island, Puget Sound, Washington)方向看。照片由Steven Businger拍摄

1.2.3　中云

中云族仅仅包含两个云属(表1.1)。高层云是一种"浅灰色的或浅蓝色的片状或层状云，有条纹的、纤维状的，或均匀一致的外观，全部或部分覆盖住天空，有些部分足够薄，至少可以显示出太阳模糊的影子，像隔着一层毛玻璃。高层云不产生晕[①]现象。"高层云和层云的区别是：它的云底在中层。图1.13例子中显示的高层云，云底远高于山顶。高层云和雨层云的区别是：高层云产生的降水不到达地面，并且不总是完全挡住太阳光。透过高层云，有时可以看到包含彩色光环的华[②]出现在太阳或月亮的周围。

高积云是一种"白色的或灰色的，或白色灰色兼有，呈块状、片状或层状的云，通常有阴影，由一些叶片状、圆形的团块、滚轴等组成，有时部分结构纤维化或分散呈絮状，它们或者融合或者不融合；大部分规则排列的小云块视角宽度在1°～5°之间。"高积云通常很薄。它区别于其

① "晕"是一种光学现象，它是由太阳光通过一种特殊类型的冰晶云产生的。它和高云有关，见下一小节对卷层云的定义。

② "华"是小水滴对光的衍射产生的，它的角半径小于等于15°。

图 1.13 高层云。挪威波多(Bodϕ,Norway)。照片由 Steven Businger 拍摄

他云的特征是:它由清晰的独立云块组成。云块可能呈现出不同的形态,据此定义了几种不同的高积云云类和云种。薄的片状云层,破碎为一些独立的云块被叫作层状高积云,它类似于层积云,只是它的云底在中层。有时高积云的云块结成簇,它们或者彼此互相分离或者紧靠在一起,像一块块的马赛克(图 1.14a)。在另一些情况下,云块像长的滚轴[①](图 1.14b)。堡状高积云(意思像城堡的形状,见图 1.14c)是由抬升的小积云组成,而不是由抬升的层积云组成。

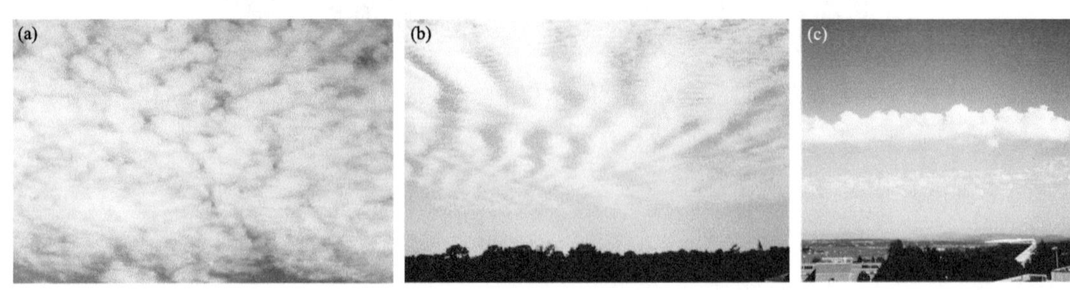

图 1.14 (a)细胞团块形的层状高积云;(b)长滚轴形的(波形的)层状高积云;(c)堡状高积云。华盛顿州西雅图(Seattle, Washington)。照片(a)和(b)由 Ron Holle 拍摄,照片(c)由 Arthur L. Rangno 拍摄

1.2.4 高云

根据表 1.1,高云包含 3 个云属:卷云、卷层云和卷积云。下面对高云的这 3 个云属进行详细的描述。

卷云是"白色的彼此互相分离的云,呈纤细长丝状,或者是白色的或大部分白色的块状,或窄带状。这些云有纤维状的(像头发似的)外观,或者有像丝绸那样的光泽,或者二者兼有。"

卷层云是一种"透明的、乳白色的云盖,呈纤维状(像头发似的)或光滑的外观,全部或部分

① 这种类型的高积云有时又叫"鱼鳞天"。

覆盖天空，一般会产生晕①现象。”

卷积云是一种“白色的薄片状、碎块状，或层状的云，没有阴影，由一些谷粒状、波浪状等形态的微小云块组成，它们融合在一起或互相分离，或多或少按一定的规则地排列；大部分云块的视角小于 1°。”

除了上面这 3 种传统高云属，还有一种叫作隐形卷云，它可以通过安装在高空飞行的飞机上的粒子采集器或者某些雷达检测到，但由于这种云里冰粒子的含量极低，所以肉眼看不到它②。

图 1.15 给出了这 3 种高云的例子。其中的逐幅小图，是按卷状云发展过程中的生命阶段排列的。图 1.15a 中的云层是层状卷积云。云层中单个云块的形状既像谷粒又像波纹，类似于图 1.14a 和图 1.14b 中的层状高积云。与图 1.15b — d 中卷云的形态相比，这些云块的外观相对密实、无纤维状的外观。这些卷云块密实的外观特征表明，这是卷状云发展的早期阶段。云块内的上升气流正在制造冰粒子或极少量水滴的过程中。随着云块的老化，它们逐渐弥散开来，呈现出纤维状的外观。

卷状云几乎完全由冰晶粒子组成。许多冰晶粒子的个体变得足够大，它的饱和水汽压足够低，以至于由这些冰晶粒子组成的云，蒸发得非常慢。因而高空的强风可以把这些冰粒子平流输送到很远的地方，使卷状云呈现出长纤维状或像头发状的外观。随着卷状云的老化，它覆盖的范围更加扩大。图 1.15b — d 给出了这个老化的过程。图 1.15b 中的卷状云叫絮状卷云。和图 1.14c 中看到的絮状高积云的(位于图像下侧)外观类似，它代表了卷状云发展过程中一个略微高级的阶段，在这个阶段，像图 1.15a 中看到的其中密实的、易碎的云块已经变弱，并开始变得模糊不清和纤维化。虽然它们早期阶段块状结构的残余仍然很明显，但缓慢蒸发的冰晶粒子，已经开始从正在消散的云块中散开。图 1.15c 中在上风端带钩的长绺卷云，被叫作钩卷云(uncinus:拉丁语，钩状的)。它代表一个比图 1.15b 中的絮状卷云更高级的发展阶段。在这个例子中，产生冰晶的细胞云或云块已经退化为非常弱的特征，从云块中脱离的冰晶粒子形成的飘带已经变得很长。这种类型的卷云有时被叫作马尾云或雨幡。最后一绺绺没有钩状结构的卷云(图 1.15d)被叫作毛卷云，它是卷云发展的最高级阶段。在这个阶段，这些随风飘散在长条纹里的冰晶粒子，它们的来源已无法追溯。图 1.15d 是一个特殊的例子:脊状毛卷云，指的是其中所包含的云单元，其组织结构像鱼的骨架一样排列。

图 1.16 显示了另一种形态的卷云，它叫密卷云(spissatus:拉丁语，动词的过去分词，意思是变密集或变浓厚)。它由浓密的冰云组成，可以有也可以没有降水云幡从它下面降落。在图 1.16 中，密卷云的外形像一个粗大的卷云钩，它有一个浓密的产生中的云体和厚的云幡，被高层的切变风吹成钩状。卷云钩是一种重要的云型，在第 5.4.4 节将会对它进行详细的介绍。密卷云不必要呈现出钩状。例如它可以由冰云的外流冰物质产生，或者就是积雨云云砧的残留物。大气中许多卷云，特别是在热带，都是由这种方式产生的。

若卷状云是一层没有分散谷粒状或波纹状结构的云，它便叫作卷层云。卷层云可以由很

---

① “晕”是一个围绕太阳的角半径为 8°、22°或 46°的亮圆。它是由六棱柱体冰晶对太阳光的折射产生的。22°晕是最常见的。对这一现象的解释，参考 Wallace 和 Hobbs(2006，图 4.17 和图 4.18)。

② 20 世纪 90 年代以后，科研人员开始意识到隐形卷云。从此以后，一些文献对它进行了广泛的讨论。一些基本参考文献是 Jensen 等 (1996)、Gierens 等 (2002)和 Kubbeler 等(2011)。

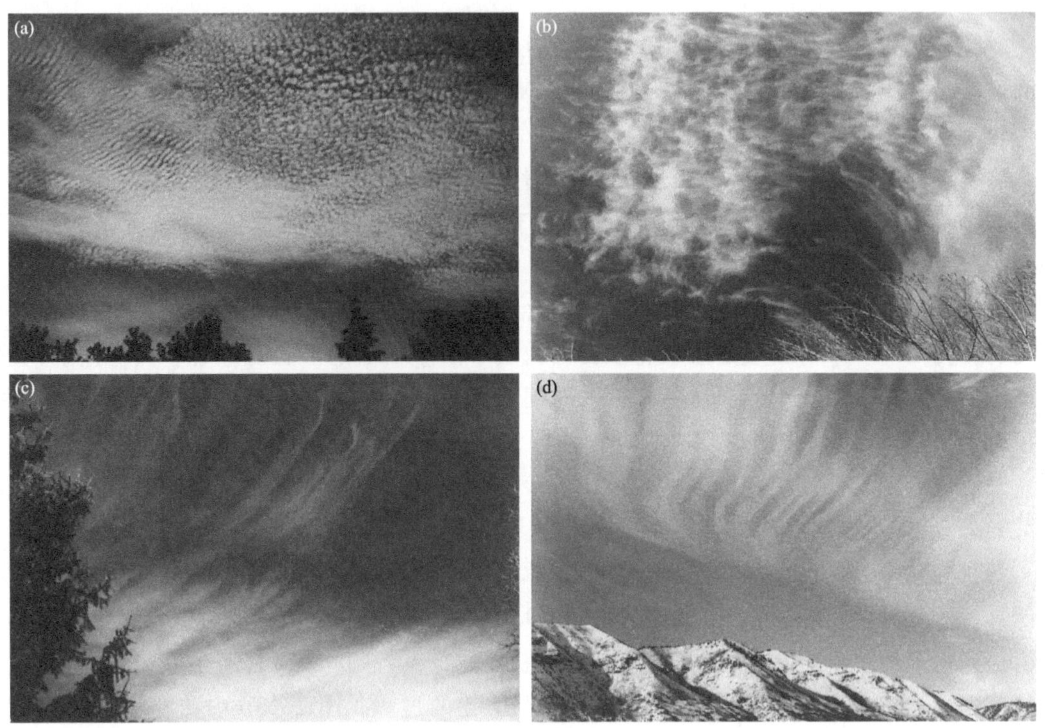

图 1.15　(a)呈波浪起伏状和细胞状的层状卷积云。华盛顿州西雅图(Seattle，Washington)。(b)絮状卷云。科罗拉多州杜兰戈(Durango，Colorado)。(c)钩卷云。科罗拉多州杜兰戈(Durango，Colorado)。(d)脊状毛卷云。科罗拉多州杜兰戈(Durango，Colorado)。照片由 Arthur L. Rangno 拍摄

图 1.16　带有云幡(例如：降水从云中下落，但是没有到达地面)的密卷云。华盛顿州西雅图(Seattle，Washington)。照片由 Steven Businger 拍摄

多种不同的方式产生。有时卷层云由积雨云的外流产生(像图 1.5，但是范围更大)。然而，它也可以是雨层云高层前缘或尾部的云盖。常见的卷层云是锋面云系前缘的云盖(就像接下来在第 1.3.3 节卫星图像里看到的那样)。卷层云一个常见的特征是：当太阳光通过它的冰粒子

层时，会产生晕(图 1.17)。

图 1.17　带有晕的卷层云。照片由 Reid Wolcott 拍摄

1.2.5　地形云

越过或绕过陡峭地形或山脉的空气，经常会影响云的形成。前面介绍过的许多基本云属和云类可以受地形强迫、激发或加强。例如山脉是典型的有利于出现雾、层云、层积云、积云、积雨云的区域，它还影响与天气系统(像锋面)有关的雨层云结构和降水。山脉之间的山谷经常有利于雾的产生。除了可以改变任何地方都可以发生的云以外，地形也可以产生一些独特的云。前面提到的荚状云就属于这种云。荚状云是气流经过山脉上空形成的。第 12 章致力于讲述这些真正地形云的动力学。如果山脉是孤立的山峰，帽子形状的云可以在山峰的顶部直接形成(图 1.18)。荚状云也可以在山峰的下风方向形成，这种现象的例子可以见图 1.19，图中山峰下风方向的荚状云形状像马蹄。有时山峰下风方向的地形云以重叠荚状云的形式存在(图 1.20)[①]。

---

① 这些出现在山顶的圆盘形状的云似乎能解释许多关于“飞碟”的报道。第一个关于飞碟的现代报道(1947 年)发生在美国华盛顿州雷尼尔山的上空，在它的山顶有时可以看到重叠荚状云壮观的景象。

图 1.18　华盛顿州雷尼尔山(Mount Rainier, Washington)上的山帽云。照片由 Ken Vensel 拍摄

图 1.19　日本富士山(Mt. Fuji. Japan)背风坡上空马蹄形状的云。照片拍摄于 1930 年，由 Masanao Abe 拍摄，详见 Abe(1932)

关于荚状云形成的原因将在第 12 章里讨论，图 1.18 — 1.20 显示的荚状云是某种“波状云(wave cloud)”。如果波状云和准二维的长山脊，而不是和孤立的山峰有关，它可以形成非常长的云带。这个波状云带中的云像光滑的豆荚(图 1.21)。经常有一系列的荚状云在山脊或山峰的背风坡方向形成，排列成波状。这一系列的荚状云，可以在图 1.22 中的科罗拉多州大陆分水岭东部下风方向平原的上空看到。

有时极其猛烈的下坡风可以发生在山脊的背风坡。和这些强风相伴的是滚轴云。滚轴云是紧邻山脊的下风方向出现的一条云线。滚轴的名字意味着云中的空气可以在一个卷轴里垂直翻滚，这个卷轴的轴线平行于上风方向的山脊(第 12.2.5 节)。滚轴云的主要特征是：空气在云里突然上升，结果造成空气的运动有特别强的湍流。图 1.23 和图 1.24 显示了从飞机上看到的滚轴云的例子。在这两个例子中，紧挨着山脊下风方向的山谷上空，是晴空无云区，这里强烈的下坡风抑制了任何云的形成。图 1.23 中吹起的灰尘，戏剧性地标记了剧烈上升运动，上升空气注入到滚轴云里。

图 1.20　华盛顿州雷尼尔山(Mount Rainier，Washington)背风坡上空的重叠荚状云，这种云有时被报道为飞碟。照片由 Ian Bond 拍摄

图 1.21　向上风方向看在大陆分水岭背风坡形成的排列成波状的荚状云带(最前面的景观)，最前面的景观离山麓地带很远。科罗拉多州博尔德(Boulder，Colorado)。照片由 Dale R. Durran 拍摄

图 1.22　向下风方向看在大陆分水岭的背风坡形成的排列成波状的荚状云带，科罗拉多州博尔德(Boulder，Colorado)。照片由 Dale R. Durran 拍摄

图 1.23　靠近加利福尼亚州 Bishop(Bishop. California)的内华达山脊(Sierra Nevada mountain range)下风方向的欧文斯(Owens)山谷中的湍流滚轴云(照片中的左侧)。下坡风收集山谷地面的灰尘，它充当示踪物，显示了突然上升到云里的空气。在山脊自身上面(照片中的右侧)，可以看到焚风墙的一部分。照片由 Morton G. Wurtele 提供

图 1.24　迪纳拉山脉(Dinaric Alps)上的焚风墙云(照片中的右侧)和山脉下风方向的湍流滚轴云(照片中的左侧)。照片由 Andreas Walker 在大约 6 km 高度处的一架飞机上拍摄

在图 1.23 和图 1.24 中，都可以看到有低云悬挂在山脊的正上方。这种叫“焚风[①]墙(Föhn wall)”的云在图 1.24 中特别清楚，可以看到它的前向边界悬挂在山脊的边缘上并且

① “焚风”是一个表示干下坡风的德语词。它在奥地利、瑞士和德国被用来描述从南部阿尔卑斯山上吹过来的干风。这个词的来源已无据可靠。它有时和古代腓尼基(de Rudder, 1992)有关系。根据希腊和罗马的 12 块风玫瑰图，一种来自腓尼基方向的风和通常的阿尔卑斯山焚风的风向相一致，直到 19 世纪这种风向指示系统一直在德国地图上使用。然而，一个更广泛被接受的观点，是这个词来自拉丁语的“favonius”，意思是温暖的西风(zephyr)。

薄，在那里下坡风开始跌落到平原上。从平原上看，图 1.25 中所显示的焚风墙外观具有不祥的预示征兆。

图 1.25　焚风墙云。科罗拉多州博尔德(Boulder, Colorado)。照片由 Dale R. Durran 拍摄

另一种有时产生在孤立陡峭山峰背风坡的云型是旗云(图 1.26)。这种现象也被叫作冒烟的山，因为起源于山顶的云，好像是烟从烟囱里出来一样。

图 1.26　瑞士马特霍恩峰(Matterhorn, Switzerland)上的旗云。照片由 Roger Colbeck 拍摄

1.2.6　夜光云

有一种类型的云，不出现在对流层而是出现在中间层(图 1.2)，高度为 75～85 km。这种云非常纤细微弱，所以在白天看不到。但是，由于它们的高度很高，有时可以在夜晚看到，因而把它们叫作夜光云。因为它们只出现在非常高的高度，它们有时也被叫作极地中间层云。图 1.27 示意地表示当太阳在地平线以下时，太阳光是怎样被这些特别高的云反射，进入到地面观测员眼睛的。图 1.28 显示了从国际空间站的有利位置上看到的一薄层极地中间层云。图 1.29 是一个位于北半球高纬度的地面观测员拍摄的夜晚照片。

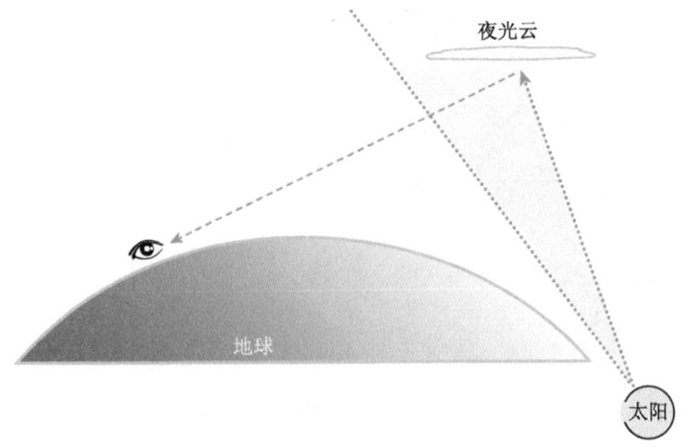

图 1.27　夜光云被地平线以下的太阳光照亮时光线的几何传播路径

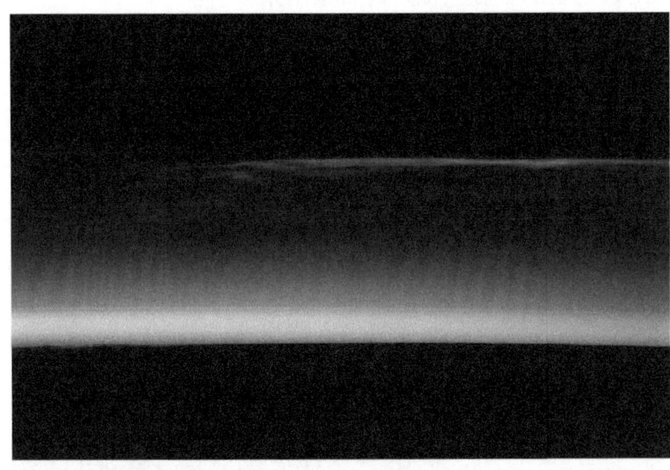

图 1.28　NASA 从国际空间站拍摄的照片。可以看到一薄层夜光云在中间层，从地平线以下射出的太阳光线穿过对流层，照亮了夜光云。NASA 照片

图 1.29　从地面上看到的夜光云。照片由 Martin Koitmae 拍摄

1.3 降水云系

前面的讨论局限于观测员如何从地面上、飞机上或低轨航天器上目视识别大气中的云。然而，从这些有利的位置进行观测，受到观测员的视野和人眼本身生理特征的限制。目视观察不可能看到许多云的全貌和结构。气象卫星提供了一种手段，气象卫星有更宽广的视野、更多的波长、更高的灵敏度，超过人类视觉能力的极限，气象卫星可以观测到范围更宽广的云的形状和组成。一个特别重要的事实是：对地球上大部分降水作出了贡献的云，它们的分布范围太广大了，用目视观测手段只看到其中很少的一丁点。从尺度上说，这些云型倾向于是从中尺度到天气尺度的大小。我们经常把它们叫作云系，因为它们经常由不同类型的云共同组成，它们在一起构成了降水复合体。第 9 — 11 章将详细介绍 3 种主要降水云系的动力学。接下来的 3 小节将描述它们在卫星影像上的外观表现。

1.3.1 中尺度对流系统

对流云有时出现在有组织的结构中，包含积雨云（对流性）和雨层云（层云性）这两种主要成分。这些云系的顶部形成一个中尺度的卷云盖，它可以毫不费力地从卫星图像上识别出来。这种类型的云结构被认为是中尺度对流系统。第 9 章致力于描述和解释这种重要的现象。图 1.30 用卫星红外图像给出一个出现在美国上空中尺度对流系统的例子。红外数据指示了云顶的低温，这证实云盖一定是卷状云，并且接近对流层顶。在这个例子中，云盖比单个雷暴（图 1.4—1.6）的云砧大得多。中尺度对流系统在热带特别盛行，在那里它们贡献了大部分降雨。在陆地上，它们还产生相当大的一部分中纬度暖季降雨。

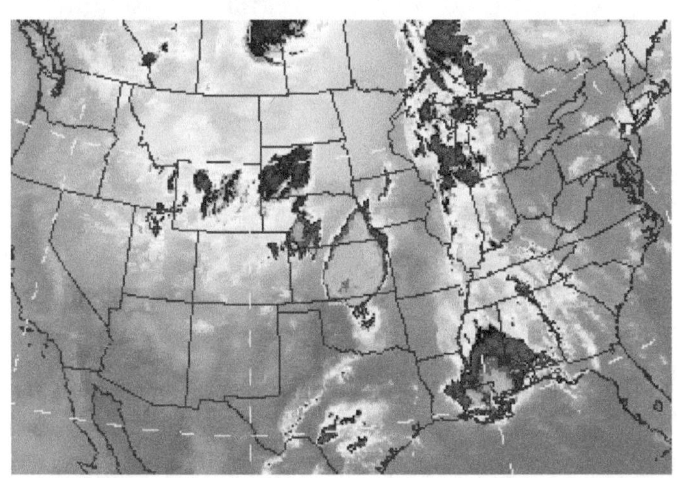

图 1.30　卫星红外通道观测的出现在美国堪萨斯州、俄克拉何马州和内布拉斯加州（Kansas、Oklahoma 和 Nebraska）上空的中尺度对流系统。灰度色阶和彩色与云顶的红外辐射亮温成比例，在云系内部最低温度用紫色表示。这个中尺度对流系统云系的尺度，可以和图 1.6 中俄克拉何马州（Oklahoma）、堪萨斯州（Kansas）和得克萨斯州（Texas）上空较小孤立雷暴单体云砧的大小相比较。（标尺约 300 km，译者注：无标尺）

1.3.2 热带气旋

有些热带中尺度对流系统发展成强热带气旋[①]。由于这类气旋风暴的高层云盖在卫星图像上具有准圆形的形状,典型的情况下在气旋中心还有一个无云的眼,因而很容易从卫星图像上把它们识别出来(图 1.31)。在一系列时间的图像上,可以看到高层的云从风暴中心呈反气旋性流出,而低层的积云和层积云呈气旋性弯曲向风暴中心流入。第 10 章讲述了与热带气旋相关的云动力学。

图 1.31 卫星可见光通道观测的飓风"卡特里娜(Katrina)"(2005 年),影响北美的最严重的热带气旋之一

1.3.3 温带气旋

中纬度最重要的降水制造者是在中纬度西风带里十分常见的温带气旋。它们经常随着西风带里的天气尺度波动生成、移动和消亡。最大最盛行的温带气旋是锋面气旋,特别是在海洋上,经常有沿着锋面排列的系统性云型,锋面符号标记在密集水平温度梯度区的暖侧边界。在陆地上,云围绕气旋的排列可以更加复杂。

图 1.32 显示了一个大锋面气旋云系的例子。它的标志是一条长的螺旋状云带,从南边很远的地方开始弯曲,最终卷入气旋中心。气旋南侧的这条长云带和冷锋相联系。从冷锋云带向上弯曲的端点向东延伸,是一个更宽、更短粗的云区,它与暖锋相联系。

在图 1.32 中冷锋云带以西,可以看到有一个小的逗点云系统。它具有它名字里标点符号的形状,并且和主锋面系统后面冷空气里形成的高层低压系统有关系,高层低压系统或称为短

① 热带气旋是这类风暴的通用名字。它在西半球被称为"飓风",在西太平洋区域被称为"台风",在南太平洋和印度洋被称为"气旋"。

图 1.32　卫星可见光通道观测的北太平洋上空向东移动的锋面云系(大云带)和一个逗点云(尾随在大云带后面尺度较小的云系)。图像上叠加了地面锋面的位置。在图像的右边美国和墨西哥的西海岸隐约可见。图像上显示了一个大概的标尺(标尺约 500 km),有助于判断云区的大小。引自 Businger 和 Reed(1989),经美国气象学会(American Meteorological Society)许可再版

波。这个短波云系的例子,属于一类叫作极地低压的温带扰动。通常,极地低压发生在海洋上空的冷气流里,并且表现出各种各样的大小和云型①。在卫星图像上,极地低压云的结构大部分表现为逗点状或螺旋状。如图 1.32 所示,虽然大部分极地低压,甚至大锋面气旋本身,都具有逗点状的云型,逗点云一词经常被用于靠近大锋面气旋形成的那一类极地低压。

某些极地低压出现在冷气团里,比图 1.32 中的逗点云更远离锋面系统。这些极地低压往往尺度更小,有时发展出一个螺旋状结构和眼,这让人联想起热带气旋的眼。图 1.33 给出了这类风暴的一个例子。在第 11 章,我们将探讨与锋面气旋和极地低压相关的云动力学问题。

1.4　卫星云气候学

因为卫星日复一日地连续观测,它有能力收集云状的统计信息,这允许我们看清楚地球上哪部分区域受哪些云的影响,这些不同类型的云我们在本章里讨论过。携带红外辐射计的卫星接收到来自地球的上行辐射,据此可以确定云顶温度和云层的光学厚度②。知道了云底高度和云顶高度,就可能把卫星观测到的云和在天气观测中传统使用的云型联系起来。这些云型列举在表 1.1 中。图 1.34 给出了一个已经开发出来的,把卫星的红外数据和传统的云型关联起来的方案。它把云型作为云顶高度(这里卫星观测到的云顶温度已经被转化为云顶处的近似大气气压和高度)和光学厚度的函数,并利用光学厚度和云顶高度,一起估计云底高度。

① 关于极地低压发生类型的全面讨论,参见 Businger 和 Reed(1989)的综述论文。

② 光学厚度是电磁辐射透过率的度量,在这里指光的透过率。更具体地说,云层的光学厚度被定义为沿着辐射传输路径通过云层,没有被云层散射或吸收的那部分辐射,占总辐射中比例的负自然对数。

图 1.33　1987 年 2 月 27 日,挪威北部海岸线外极地低压的卫星红外通道图像(标尺约 200 km)

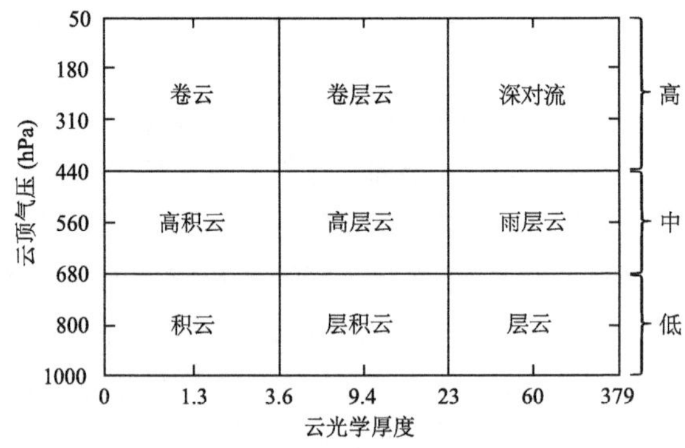

图 1.34　基于卫星红外观测的云型分类定义。引自 Rossow 和 Schiffer (1999),经美国气象学会(American Meteorological Society)许可再版

从 2000 年以后,更专业的仪器被搭载在卫星上,用来确定地球上基本云型的全球分布。这些仪器包括雷达和激光雷达。这些遥感仪器将在第 4 章中介绍。它们是“主动”传感器,意思是它们发射电磁波信号,遇到卫星下面特定高度的目标物后反射回去,因而可以精确地确定云层所在的高度。

图 1.35 显示了由卫星上雷达和激光雷达观测所确定的,云底高度低的低云在全球的分布①。图 1.35a 显示了云底和云顶高度都低的低云的全球分布,它们是层云和层积云。注意

① 21 世纪初 10 年的早期到中期,为了使用多个空基遥感器近乎同时进行观测,几颗卫星被放置在同一个极地轨道上,叫作“列车(A—Train)”(Stephens et al.,2002)。这些卫星中的两颗分别是“云探测卫星(CloudSat)”和“云气溶胶激光雷达和红外探测卫星(CALIPSO)”。CloudSat 的特色是携带一个 94 GHz(波长 32 mm)的云探测雷达。CALIPSO 携带一个激光雷达,探测大气中的气溶胶和非常薄的云(Winker et al.,2002,2007)。

它们在东部副热带海洋上空比较流行。这些浅薄的低层云把大量的太阳光反射回太空，因而构成了控制全球温度的一个重要因子。图 1.35b 显示了在地球上的什么地方，云具有低的云底和中等的厚度。这样的云包括积云、中等厚度的积雨云，以及与温带气旋相关的锋面云，它们在锋面活跃的中高纬度特别多。图 1.35c 显示了云底很低的深厚云出现的频率，这些云包括锋面上的云、深厚的积雨云和中尺度对流系统。这些发展很深厚的云，在中纬度和热带（地球上大部分降水降落的纬度）都盛行。这类云在赤道辐合带出现的频率最高，在那里深对流云持续不断地向地球大气释放潜热。赤道大气太阳加热强、有温暖的海洋，十分有利于对流云的生成。这里大气的对流层顶最高，这使得这里的对流云可以发展得特别深。

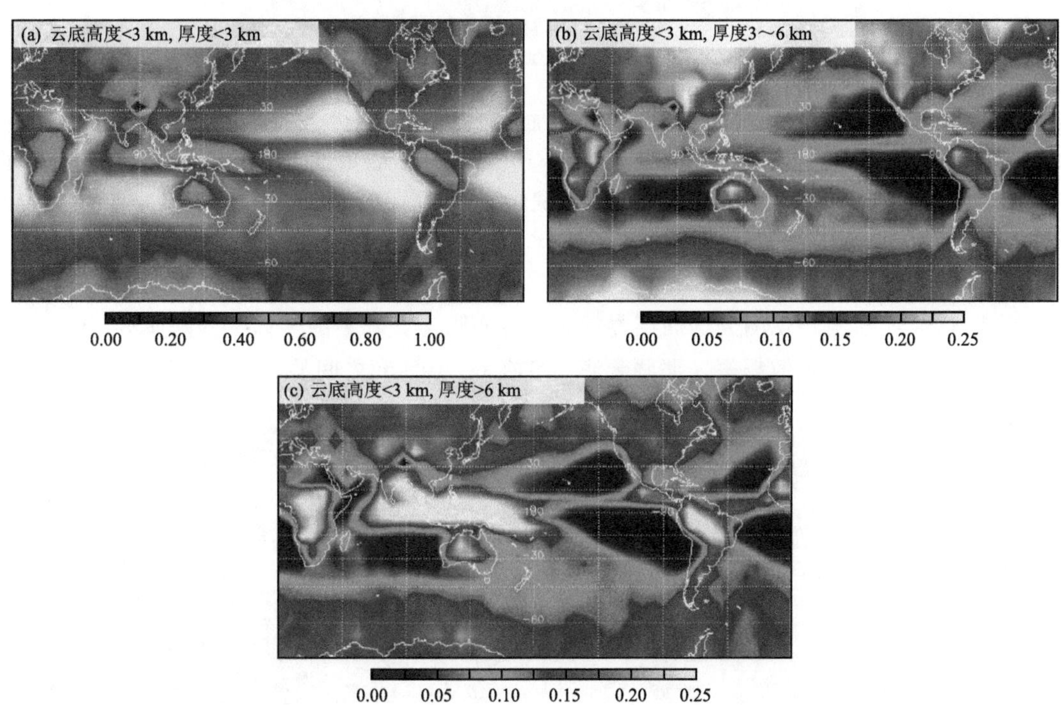

图 1.35 CloudSat 和 CALIPSO 卫星观测到的云底高度低的低云量。云量由网格点里观测到的低云面积占网格面积的百分数表示。(a)层云和层积云出现的频率，这些低云的云底高度小于 3 km，云层厚度小于 3 km。(b)中等厚度的云（最可能是中等深度的对流云或锋面云）出现的频率，云底高度小于 3 km，云层厚度在 3～6 km 之间。(c)深厚的云（最大可能是深对流云或锋面云）出现的频率，云底高度小于 3 km，云层厚度大于 6 km。这些图片的原始版本出现在 Mace 等(2009)的文章里。在获得美国地球物理联合会(American Geophysical Union)许可的情况下重新出版。然而，它们已更新为一个更大的每 4 年一次的数据集，并在 5 km 分辨率，而不是 80 km 分辨率下进行了分析，图片由 Gerald Mace 和 Qiuqing Zhang 提供

图 1.36 显示了所有云底高度位于 3～6 km 云的全球分布。这些云包括所有种类的高积云、高层云和卷状云。这些云可以独立形成。然而，图中的出现频率分布形态相当类似于图 1.35b 和图 1.35c 中的具有低的云底，并且中等厚度或非常深厚的云。这些云层一定是经常从锋面云或对流云的前部伸出的，或尾随在其后面的。图中的一个细节与地形有关，喜马拉雅地区的最大值是因为那里地面的高度在海平面以上几千米，这里的许多云都被地面观测员当作云底高度低的低云。

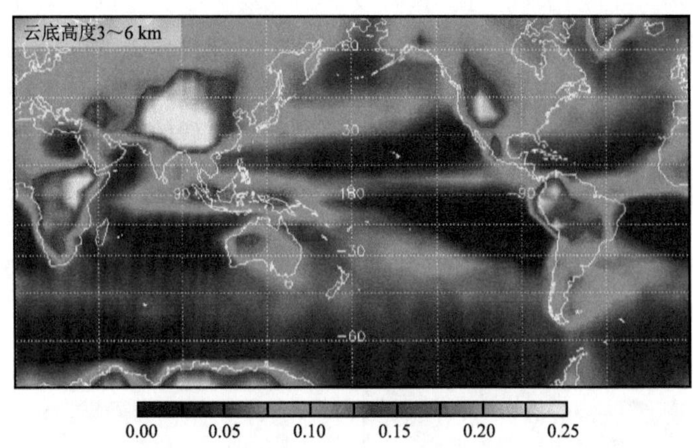

图 1.36　CloudSat 卫星和 CALIPSO 卫星观测到的云底高度高于 6 km 的云量。这些图片的原始版本出现在 Mace 等(2009)的文章里。在获得美国地球物理联合会(American Geophysical Union)许可的情况下重新出版。然而，它们已更新为一个更大的每 4 年一次的数据集，并在 5 km 分辨率，而不是 80 km 分辨率下进行了分析。图片由 Gerald Mace 和 Qiuqing Zhang 提供

图 1.37 给出了卫星观测到的高层卷状云的分布形态。其中的三幅图分别显示：随着云底高度的增加，这些云出现的频率。那些云底高度在 6～10 km 之间的云(图 1.37a)，全球分布格

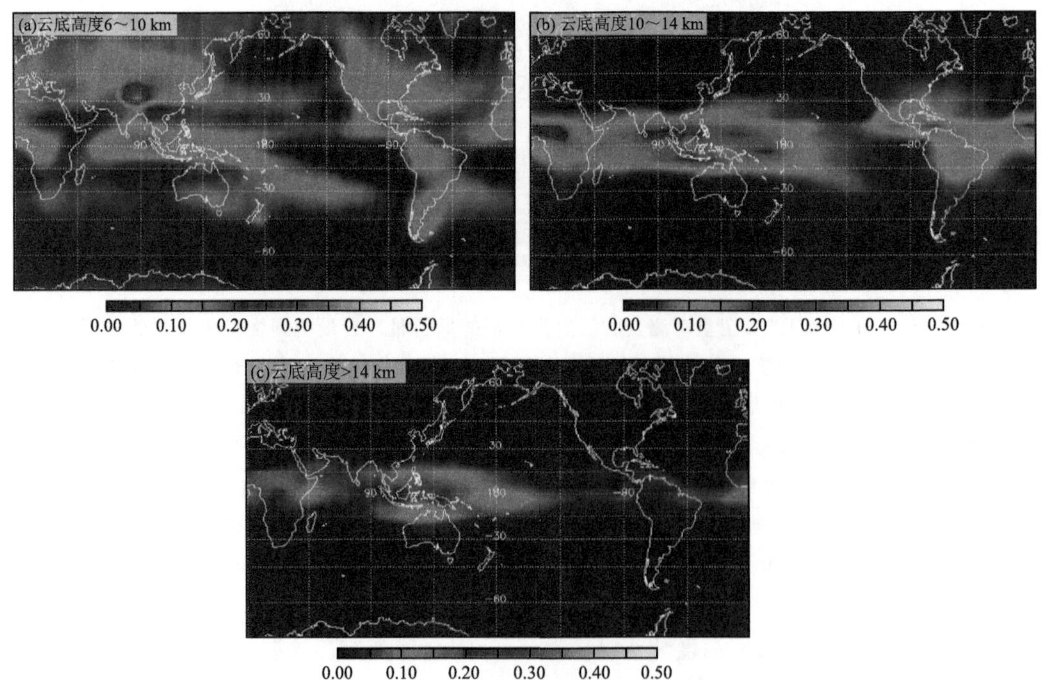

图 1.37　CloudSat 卫星和 CALIPSO 卫星观测到的云量。(a)云底高度在 6～10 km 之间的云；(b)云底高度在 10～14 km 之间的云。(c)云底高度大于 14 km 的云。这些图片的原始版本出现在 Mace 等(2009)的文章里。在获得美国地球物理联合会(American Geophysical Union)许可的情况下重新出版。然而，它们已更新为一个更大的 4 年数据集，并在 5 km 分辨率，而不是 80 km 分辨率下进行了分析，图片由 Gerald Mace 和 Qiuqing Zhang 提供

局与云底高度低的中等厚度和深厚的云(图 1.35b 和图 1.35c),以及云底高度中等的云(图 1.36)类似。这表明它们也和中纬度锋面云和对流云,以及赤道附近的深对流云相关。当云底高度更高时(图 1.37b),云集中在赤道区域,那里的深对流云砧,占了冰云的大约一半以上。云底最高的卷状云出现在赤道区域(图 1.37c)。有证据表明:热带地区大部分高度非常高的卷状云,是由大尺度空气运动产生的,这种大尺度空气运动,与赤道波有关。赤道波发生在对流层上部至平流层下部之间的过渡层里,那里是热带最高和最冷的地方①。这些非常高的卷状云有时太薄,以至于用肉眼不能看到它们。用卫星遥感仪器可以探测到热带这些亚可视卷云。这些亚可视卷云和其他高度很高的卷状云,将在第 5.4 节里详细讨论。

---

① Jensen 等 (1996)提出:大尺度抬升可以产生高度很高的云。Luo 和 Rossow (2004)和 Reverdy 等 (2012)用轨迹分析的方法指出:赤道区域大约一半的卷状云直接由深对流云产生,而另一半当地云的形成,与更大尺度的动力学有关系。Boehm 和 Verlinde (2000)、Immler 等 (2008)、Virts 和 Wallace(2010)、Virts 等 (2010)、Dinh 等(2012)特意把赤道地区高层卷云的发生和赤道开尔文(Kelvin)波联系起来。关于赤道 Kelvin 波,在 Kiladis 等(2009)的赤道波综述文章里有相关的描述。

第2章

大气动力学

……为我们传递大气信息的云消逝了……

——Goethe,《纪念霍华德》[①]

大气动力学把流体动力学的原理应用于地球大气。云动力学则专注于用流体动力学的原理分析云内、外大气的运动。本章概述的大气动力学基本原理,对第 5 — 12 章中云动力学的深入讨论至关重要。

2.1 基本方程组[②]

2.1.1 运动方程

大气中气块的运动遵循牛顿第二运动定律,它可以写为如下形式:

$$\frac{\mathrm{D}\boldsymbol{v}}{\mathrm{D}t}=-\frac{1}{\rho}\nabla p-f\boldsymbol{k}\times\boldsymbol{v}-g\boldsymbol{k}+\boldsymbol{F} \tag{2.1}$$

式中,t 是时间,$\boldsymbol{v}$ 是气块的三维速度,∇是三维梯度算子,$\frac{\mathrm{D}}{\mathrm{D}t}$ 是全导数,它是随气块的时间导数,可以写为:

$$\frac{\mathrm{D}}{\mathrm{D}t}\equiv\frac{\partial}{\partial t}+\boldsymbol{v}\cdot\nabla \tag{2.2}$$

气块的速度 $\boldsymbol{v}$ 称为风速。如果这样定义坐标系:水平方向用 x 和 y 表示,垂直方向用 z 表示,那么气块的风速由以下三维风矢量来表示,$\boldsymbol{v}=u\boldsymbol{i}+v\boldsymbol{j}+w\boldsymbol{k}$。这里,$\boldsymbol{i}$、$\boldsymbol{j}$ 和 $\boldsymbol{k}$ 分别为 x、y 和 z 方向上的单位矢量,u、v 和 w 分别是水平和垂直方向上风的分量。式(2.1)中其余的变量是大气的密度 ρ 和压强 p 。式(2.1)中右侧的项代表影响单位质量气块运动的四种力。它们分别是气压梯度力、科氏力、重力和摩擦力。标量 g 是重力加速度的大小,f 是科里奥利参数

① 这里,Goethe 认为云在本质上受悬浮它的大气控制。

② 大尺度动力气象学的权威参考书是 Holton 和 Hakim (2012)的《动力气象学引论》。另一本非常有用的教科书是 Gill(1982)的《大气和海洋动力学》。

$2\Omega\sin\phi$，其中 Ω 是地球自转角速度，ϕ 是纬度。

2.1.2 状态方程

干空气的热力学状态可以相当准确地由理想气体的状态方程近似给出，其形式如下：

$$p = \rho R_d T \tag{2.3}$$

式中，R_d 是干空气的气体常数，T 是温度。当大气中含有水汽时，该方程就改写为：

$$p = \rho R_d T_v \tag{2.4}$$

式中，T_v 是虚温，其近似表达式(2.5)表现优异：

$$T_v \approx T(1 + 0.61 q_v) \tag{2.5}$$

式中，q_v 是气块中的水汽混合比(单位质量气块中水汽的质量)。

2.1.3 热力学方程

气块的温度变化遵循热力学第一定律，理想气体的热力学第一定律可以写为：

$$c_v \frac{\mathrm{D}T}{\mathrm{D}t} + p \frac{\mathrm{D}\alpha}{\mathrm{D}t} = \dot{H} \tag{2.6}$$

式中，$\dot{H}$ 是加热率，c_v 是固定体积干空气的比热(定容比热)，T 是温度，α 是比容 ρ^{-1} 。式(2.6)左侧第一项是气块内能的变化率，第二项是气块对环境大气所做的功。借助于状态方程(2.4)，热力学第一定律式(2.6)可以写为如下形式：

$$c_p \frac{\mathrm{D}T}{\mathrm{D}t} - \alpha \frac{\mathrm{D}p}{\mathrm{D}t} = \dot{H} \tag{2.7}$$

式中，c_p 是定常压力下干空气的比热(定压比热)。一般更倾向于把热力学第一定律写成位温的表达式。其中，位温定义为：

$$\theta \equiv \left(\frac{\hat{p}}{p}\right)^{\kappa} T \tag{2.8}$$

式中，$\kappa = R_d / c_p$，R_d 是干空气的气体常数(定压和定容比热之差)，$\hat{p}$ 是参考气压，通常假定为 1000 hPa。使用位温 θ 以后，热力学第一定律式(2.7)可以简化为如下形式：

$$\frac{\mathrm{D}\theta}{\mathrm{D}t} = \dot{\mathscr{H}} \tag{2.9}$$

式中，

$$\dot{\mathscr{H}} \equiv \frac{1}{c_p} \left(\frac{\hat{p}}{p}\right)^{\kappa} \dot{H} \tag{2.10}$$

在云动力学中，非绝热加热 $\dot{H}$ 包括所有的加热和冷却过程：水的相变、辐射、分子扩散等。在绝热等熵条件下，式(2.9)可以简化为：

$$\frac{\mathrm{D}\theta}{\mathrm{D}t} = 0 \tag{2.11}$$

在云动力学领域，一般不使用这种绝热等熵条件下的热力学第一定律的简化形式(2.11)。因为相变释放的潜热和(或)辐射，可以改变云中的能量状况，使之变得非等熵。如果只考虑与水的凝结和蒸发有关的相变加热，那么热力学第一定律式(2.7)可以写成：

$$c_p \frac{\mathrm{D}T}{\mathrm{D}t} - \alpha \frac{\mathrm{D}p}{\mathrm{D}t} = -L \frac{\mathrm{D}q_v}{\mathrm{D}t} \tag{2.12}$$

这个方程忽略了水汽和水凝物对比热和比容的贡献。代入式(2.8)后,式(2.12)可以改写为:

$$\frac{\mathrm{D}\theta}{\mathrm{D}t}=-\frac{L}{c_p\Pi}\frac{\mathrm{D}q_v}{\mathrm{D}t} \tag{2.13}$$

式中,q_v 是水汽的混合比(每千克大气中水质量的千克数),L 是汽化潜热,Π 称为埃克斯纳(Exner)函数,定义为:

$$\Pi=\left(\frac{p}{\bar{p}}\right)^{\kappa} \tag{2.14}$$

在热力学第一定律的位温表达式中,一个非常有用的变量就是相当位温 θ_e。它定义为:如果气块里所有的水汽全部凝结成水,所释放的潜热完全转化为感热,用于加热气块,此时气块的温度。对式(2.13)进行积分,结果表明饱和空气的相当位温是:

$$\theta_e=\theta(T,p)\exp\left[\int_0^{q_{vs}(T,p)}\frac{L}{c_pT}\mathrm{d}q_v\right] \tag{2.15}$$

式中,$q_{vs}(T,p)$ 是饱和混合比,定义为具有温度 T、气压 p 的饱和空气的混合比。对式(2.15)沿着始终保持大气饱和的路径积分,数值计算结果表明:式(2.15)可以很好地近似为:

$$\theta_e\approx\theta\mathrm{e}^{Lq_{vs}(T,p)/c_pT} \tag{2.16}$$

对于不饱和空气,相当位温定义为:

$$\theta_e\equiv\theta(T,p)\mathrm{e}^{Lq_v/c_pT_s(T,q_v,p)} \tag{2.17}$$

式中,$T_s(T,q_v,p)$ 是温度 T、水汽混合比 q_v、气压 p 的气块,干绝热地把气压降低到饱和,所具有的温度。如式(2.17)所定义,θ_e 在干绝热运动中守恒。因为在这种情况下,表达式右侧所有的变量都是常数。此外,在气块的气压小于或等于饱和气压的情况下,式(2.15)和式(2.17)是相同的。$\mathrm{D}(2.16)/\mathrm{D}t$,并假定 T^{-1} 能够移到式子的外面,以确保 θ_e 在饱和的情况下近似于守恒,那么,不管大气是否饱和,我们都可以得到:

$$\frac{\mathrm{D}\theta_e}{\mathrm{D}t}\approx 0 \tag{2.18}$$

当仅有凝结和蒸发这两种非绝热效应起作用时,我们经常用式(2.18)所表示的 θ_e 的守恒形式,来代替式(2.11)。注意式(2.16)和式(2.17)都可以近似地写为:

$$\theta_e\approx\theta(1+Lq_v/c_pT) \tag{2.19}$$

这个式子的意思是:只要大气饱和,$q_v=q_{vs}$ 就成立。

2.1.4 质量连续方程

除了运动方程、状态方程和热力学第一定律之外,气块还要遵循两个质量连续性原理的约束。气块总质量的守恒可以用连续方程表示为:

$$\frac{\mathrm{D}\rho}{\mathrm{D}t}=-\rho\nabla\cdot\boldsymbol{v} \tag{2.20}$$

2.1.5 水连续性方程

气块中水物质的守恒,受如下一组水连续性方程控制:

$$\frac{\mathrm{D}q_i}{\mathrm{D}t}=S_i,i=1,\cdots,n \tag{2.21}$$

式中,q_i 是某一种水物质的混合比(单位质量空气中水物质的质量)。除了水汽要计算混合比

q_v 之外，气块中还有液态水和固态水也要计算混合比。液态水和固态水还可以进一步细分。在液态水的情况下，可以根据水滴的大小细分。在冰相（固态水）的情况下，则要根据冰粒的类型和大小，分为更多的种类。由于水物质种类繁多，我们简单地说：包含水汽在内，总共有 n 种水物质，每一种水物质有不同的源和汇。某种特定水物质的源和汇用 S_i 表示。在第 3.3—3.7 节中，我们还会进一步讨论水连续方程式(2.21)。

2.1.6　完整方程组

方程式(2.1)、(2.4)、(2.9)、(2.20)和(2.21)构成了一组包含 $\boldsymbol{v}$、ρ、T、p、q_i、$\dot{\mathscr{H}}$、S_i 和 $\boldsymbol{F}$ 这 8 个变量的方程组。如果 $\dot{\mathscr{H}}$、S_i 和 $\boldsymbol{F}$ 这 3 个变量都能写出自己的表达式，那么这套方程组就是一个闭合的微分方程组。从中可以解出风、热力学变量和水物质，它们是 x、y、z 和 t 的函数。这套方程组经常被称为原始方程组。

2.2　平衡流

大气的运动通常是通过一系列准平衡状态逐渐改变的。尽管一些小的加速度一直在改变着气流，但是运动方程中的作用力，是如此地接近平衡，以至于瞬间气流在很大程度上可以被描述为某种近似的平衡状态。在云动力学学科领域里，可以出现某些作用力的近似平衡状态。这些平衡状态的基本性质，总结在下面几节中。

2.2.1　准地转运动

云通常参与中尺度或对流尺度的大气运动。然而，毫无疑问，认识云镶嵌在其中的更大尺度的环境流场动力学，是非常重要的。典型的天气尺度或更大尺度环境流场，是指这样一种情况：在摩擦层的上面，科氏力和水平气压梯度力处于准地转平衡状态（在中纬度地区尤其如此）。在这种类型的平衡状态下，x 和 y 方向的水平速度和长度尺度具有大尺度大气运动的特征。如果气压、高度和垂直速度的尺度也具有大尺度气流的特征，那么，在一级近似的条件下，水平风可以由地转风给出：

$$\boldsymbol{v}_g = u_g\boldsymbol{i} + v_g\boldsymbol{j} \equiv \frac{1}{\rho f}(-p_y\boldsymbol{i} + p_x\boldsymbol{j}) \tag{2.22}$$

地转风是水平风，在 x 和 y 两个方向上，式(2.1)中的科氏力都被认为和气压梯度力处于平衡状态[①]。地转风的微小加速度（地转偏差），由作用在非地转风上的科氏力确定：

$$\frac{\mathrm{D}_g\boldsymbol{v}_g}{\mathrm{D}t} = -f\boldsymbol{k} \times \boldsymbol{v}_a \tag{2.23}$$

式中，

$$\boldsymbol{v}_a \equiv (u - u_g)\boldsymbol{i} + (v - v_g)\boldsymbol{j} \tag{2.24}$$

且

① 用作下标的独立变量表示偏导数。因此，在式(2.22)，$p_x \equiv \partial p/\partial x$ 这种简写符号将在正文中经常用来指偏导数。

$$\frac{D_g}{Dt} \equiv \frac{\partial}{\partial t} + u_g \frac{\partial}{\partial x} + v_g \frac{\partial}{\partial y} \tag{2.25}$$

式中，假设 f 为常数。一般来说，f 随纬度变化。在本书中，我们不需要考虑这种变化。当我们关注较大尺度的运动时，f 随纬度的变化就必须考虑在内，但仍然可以用类似于式(2.23)的方程。当然，想要获得更加普适的方程的分析过程超出了本书的范围①。

虽然式(2.23)说明了改变地转风分量作用力的物理特性，但这个方程只对地转气流才成立，因为实际风 u 和 v 未知，所以方程还解不出来。这个问题可以通过构造一个位势涡度方程得到解决，这将在第 2.5 节中进行讨论。

2.2.2 半地转运动

锋面是中纬度产生云的主要天气系统之一。在锋面附近，跨越锋面方向和沿着锋面方向的运动尺度，差别非常大。作为惯例，我们取 x 和 u 作为跨越锋面的方向，y 和 v 作为沿着锋面的方向。如果我们把 L_{cf} 和 U_{cf} 分别作为跨越锋面方向的长度和速度尺度，L_{af} 和 U_{af} 作为沿着锋面方向的长度和速度尺度，并且假定 $L_{cf} \ll L_{af}$，$U_{cf} \ll U_{af}$ 和 $D/Dt \sim U_{cf}/L_{cf}$，那么跨越锋面方向和沿着锋面方向的加速度大小，分别与科氏加速度进行比较，获得如下方程：

$$\frac{\left(\frac{Du}{Dt}\right)}{fv} \sim \left(\frac{U_{cf}^2}{U_{af}^2}\right)\left(\frac{U_{af}}{fL_{cf}}\right) \tag{2.26}$$

$$\frac{\left(\frac{Dv}{Dt}\right)}{fu} \sim \left(\frac{U_{af}}{fL_{cf}}\right) \tag{2.27}$$

如果锋面很强，沿锋面方向的加速度足够大，那么 $U_{af}/fL_{cf} \sim 1$，因此

$$\frac{\left(\frac{Du}{Dt}\right)}{fv} \ll 1 \tag{2.28}$$

这意味着风的 v 分量是地转的。同时，

$$\frac{\left(\frac{Dv}{Dt}\right)}{fu} \sim 1 \tag{2.29}$$

这意味着 fu 与气压梯度力并不平衡(即 u 是非地转的)。这种情况通常被称为半地转，沿锋面方向的运动方程②变成：

$$\frac{D_A v_g}{Dt} = -fu_a \tag{2.30}$$

$$\frac{D_A}{Dt} \equiv \frac{\partial}{\partial t} + (u_g + u_a)\frac{\partial}{\partial x} + v_g \frac{\partial}{\partial y} + w\frac{\partial}{\partial z} \tag{2.31}$$

半地转与地转情况的区别在于：非地转环流 (u_a, w) 在与其垂直的方向上改变了沿锋面的气流，从而产生了沿地转风方向的平流。公式(2.30)和(2.31)可以通过坐标变换进行数学简化，从而得到与地转方程组形式相同的一组方程。这种坐标变换将在第 11 章中进行讨论。与地转平衡的情况类似，这里也必须构建位势涡度方程，才能预报气流(第 11.2.2 节)。

---

① 详见 Holton 和 Hakim(2012)以获得导出准地转方程尺度分析的全部讨论。

② 与锋面相关的半地转近似的详细综述，参见 Hoskins(1982)。

方程式(2.30)和(2.31)是更加普适的地转动量近似的一个特例。根据地转动量近似，时间尺度大于 $1/f$ 的运动方程，可以近似地写成矢量运动方程：

$$\frac{\mathrm{D}\boldsymbol{v}_g}{\mathrm{D}t} = -f\boldsymbol{k} \times \boldsymbol{v}_a \tag{2.32}$$

这个方程是式(2.30)的延伸，其中用到了式(2.2)中定义的全导数 $\frac{\mathrm{D}}{\mathrm{D}t}$，它包含了所有方向上的非地转平流 (u_a, v_a, w)。方程式(2.32)与地转运动方程式(2.23)相似，只是保留了地转动量的非地转平流和垂直输送[①]。地转动量近似的广义形式可以利用坐标变换进行改写，由此获得一组半地转方程，这组方程与地转方程组类似。

2.2.3 梯度风平衡

当水平气流变成环状时(譬如热带气旋)，这时如果设想大气运动发生在一个以环流中心为原点的柱坐标系中，就会非常方便。如果假定环流轴对称且无摩擦，那么运动方程式(2.1)的水平分量为：

$$\frac{\mathrm{D}u}{\mathrm{D}t} = -\frac{1}{\rho}\frac{\partial p}{\partial r} + fv + \frac{v^2}{r} \tag{2.33}$$

$$\frac{\mathrm{D}v}{\mathrm{D}t} = -fu - \frac{uv}{r} \tag{2.34}$$

式中，u 和 v 分别代表径向和切向的水平速度分量 $\frac{\mathrm{D}r}{\mathrm{D}t}$ 和 $r\frac{\mathrm{D}\Theta}{\mathrm{D}t}$，这里 r 是径向坐标，Θ 是坐标系的方位角。式(2.33)中的离心力项 $\frac{v^2}{r}$，以及式(2.34)中的 $-\frac{uv}{r}$ 项，很明显是由于采用柱坐标系而多出来的两项。梯度风平衡指的是式(2.33)中气压梯度力、科氏力和离心力这三者之间的平衡。热带气旋和其他从中尺度到天气尺度的强涡旋通常处于这样一种平衡状态中。

利用围绕柱坐标轴的角动量 m 改写梯度风平衡方程是很方便的。

$$m \equiv rv + \frac{fr^2}{2} \tag{2.35}$$

在梯度风平衡的情况下($\frac{\mathrm{D}u}{\mathrm{D}t} = 0$)，式(2.33)和式(2.34)变成：

$$0 = -\frac{1}{\rho}\frac{\partial p}{\partial r} + \frac{m^2}{r^3} - \frac{f^2 r}{4} \tag{2.36}$$

$$\frac{\mathrm{D}m}{\mathrm{D}t} = 0 \tag{2.37}$$

最后一个方程表明围绕环流中心的角动量守恒。注意，不管环流是否平衡，只要它是轴对称的，这个方程都适用。

2.2.4 静力平衡

上述关于地转流和梯度流的讨论是指水平方向上力的近似平衡。大气在垂直方向上也经

---

① 地转动量近似由 Eliassen(1948)最先提出，并由 Hoskins(1975,1982)进一步发展。参见 Bluestein(1986)了解地转动量近似的推导过程。

常处于力的平衡状态。当式(2.1)中的重力项与气压梯度力的垂直分量近于平衡时,由于这两项远大于净的垂直加速度和科氏力的垂直分量,这时称大气处于静力平衡状态。这种平衡可以表示为:

$$\frac{\partial \Phi}{\partial p}=-\alpha \tag{2.38}$$

式中,Φ 是位势,定义为 gz +常数。天气尺度和更大尺度的环流通常是静力平衡的,譬如锋面、热带气旋以及其他各种中尺度现象中的环流。在静力平衡的条件下,式(2.1)中的气压梯度力可以写为:

$$-\frac{1}{\rho}\nabla p=-\nabla_p \Phi \tag{2.39}$$

式中,

$$\nabla_p \equiv \boldsymbol{i}\left(\frac{\partial}{\partial x}\right)\bigg|_{y,p,t}+\boldsymbol{j}\left(\frac{\partial}{\partial y}\right)\bigg|_{x,p,t}+\boldsymbol{k}\left(\frac{\partial}{\partial p}\right)\bigg|_{x,y,t} \tag{2.40}$$

2.2.5 热成风

当一个环流同时满足静力平衡和地转平衡时,不同高度上的风通过热成风方程联系起来:

$$f\frac{\partial \boldsymbol{v}_g}{\partial p}=\frac{\partial \alpha}{\partial y}\boldsymbol{i}-\frac{\partial \alpha}{\partial x}\boldsymbol{j} \tag{2.41}$$

它是通过对式(2.38)所表示的比容与位势高度之间的关系求水平偏导数,然后把地转风表达式(2.22)代入,并利用气压梯度力的位势高度表达式(2.39)获得的。当一个轴对称环流同时满足静力平衡和梯度风平衡时,不同高度上的风(用 m 表示)在一定程度上与更普适的热成风方程联系起来,即:

$$\frac{2m}{r^3}\frac{\partial m}{\partial p}=-\frac{\partial \alpha}{\partial r} \tag{2.42}$$

这是通过对式(2.38)求径向偏导数,然后用梯度风方程式(2.36)代入,并利用式(2.39)获得的。从状态方程式(2.4)可以明显看出:在某一等压面上,α 与虚温成正比。因此,热成风关系式(2.41)和(2.42)意味着只要这些平衡条件适用,水平风的垂直切变与水平温度梯度成正比。

2.2.6 旋衡平衡

一个圆柱状的流体可以绕着与垂直方向成任意角度的轴旋转,我们可以让描写气流柱坐标系的轴,与流体旋转轴的方向一致。如果气压梯度力比运动方程式(2.1)中其他所有的力都大,那么式(2.1)可以简化为:

$$\frac{\mathrm{D}\boldsymbol{v}}{\mathrm{D}t}=-\frac{1}{\rho}\nabla p \tag{2.43}$$

如果再假定气流是轴对称的,那么在径向和方位角方向上的加速度分量就是:

$$\frac{\mathrm{D}u}{\mathrm{D}t}=-\frac{1}{\rho}\frac{\partial p}{\partial r}+\frac{v^2}{r} \tag{2.44}$$

$$\frac{\mathrm{D}v}{\mathrm{D}t}=-\frac{uv}{r} \tag{2.45}$$

式中,与梯度流一样,u 和 v 分别代表运动的径向和切向速度分量 $\frac{\mathrm{D}r}{\mathrm{D}t}$ 和 $r\frac{\mathrm{D}\Theta}{\mathrm{D}t}$。然而在这种情

况下，这些分量不一定是水平的。无论坐标轴取什么方向，风的 u、v 分量都在与坐标系中心轴正交的平面上。在径向力平衡的情况下（$\frac{\mathrm{D}u}{\mathrm{D}t}=0$），式(2.44)可以简化为气压梯度和离心加速度之间的简单平衡状态：

$$\frac{v^2}{r}=\frac{1}{\rho}\frac{\partial p}{\partial r} \tag{2.46}$$

从式(2.46)可以明显看出，不管旋转方向如何，距离涡旋中心越近气压越小。在给定半径的情况下，气压梯度的强度与切向速度的平方成正比。当然，这种平衡状态在涡旋中心是不适用的，在那里，气压梯度趋于无穷大。旋衡流可以出现在雷暴中的任何地方和热带气旋的眼区附近。

2.3 滞弹性近似和布西内斯克近似

通常，大尺度环境流场是静力平衡的。因此，很容易把运动方程式(2.1)改写成气压和密度与流体静力平衡参考状态的偏差。在静力平衡参考状态下，气压和密度只随高度变化。如果我们用下标 o 标注此参考状态，用星号 * 标注与参考状态的偏差，那么式(2.1)可以近似写为：

$$\frac{\mathrm{D}\boldsymbol{v}}{\mathrm{D}t}=-\frac{1}{\rho_o}\nabla p^*-f\boldsymbol{k}\times\boldsymbol{v}+B\boldsymbol{k}+\boldsymbol{F} \tag{2.47}$$

式中，B 是浮力，定义为：

$$B\equiv -g\frac{\rho^*}{\rho_o} \tag{2.48}$$

将运动方程式(2.47)用于研究云动力学时，必须考虑大气中水凝物的重量。由于大气中的水滴和冰粒很快达到它们下降的末速，因此，作用在水凝物颗粒上的大气摩擦拖曳力与重力可以看成是平衡的。根据牛顿第三运动定律，颗粒作用于大气的拖曳力是 $-gq_H$，这里 q_H 是颗粒的混合比[单位质量大气中液态水和(或)冰的总质量]。把这个拖曳力写入式(2.47)的一种办法，就是简单地把这个额外的加速度添加到方程的右边。还有一种等效的方法，不需要对方程做任何修改，就是扩充密度 ρ 的定义，使之既涵盖大气本身，又包含其中的水凝物。如果我们把 ρ_a 定义为不含水凝物的大气密度，那么含水凝物大气的密度 ρ 就是

$$\rho=\rho_a(1+q_H) \tag{2.49}$$

根据 ρ 的这个定义，自动考虑了水凝物对浮力的作用，即它对浮力有负的贡献。将式(2.49)和状态方程式(2.4)代入式(2.48)，可以得到

$$B\approx g\left(\frac{T^*}{T_o}-\frac{p^*}{p_o}+0.61q_v^*-q_H\right) \tag{2.50}$$

式中，水凝物的拖曳力表示为最后一项，其他三项分别代表温度、气压扰动和水汽对浮力的贡献。因为大气的基本态并不包含水凝物，所以式(2.50)中水凝物的混合比，就是大气中所有水凝物的混合比，故 q_H 不加星号。

浮力也可以用虚位温来表示。虚位温定义为：干空气达到与湿空气相同的气压和密度时所具有的位温。它可以近似写为：

$$\theta_v\approx\theta(1+0.61q_v) \tag{2.51}$$

把这个表达式代入式(2.50)，我们得到：

$$B \approx g\left[\frac{\theta_v^*}{\theta_{vo}} + (\kappa - 1)\frac{p^*}{p_o} - q_H\right] \tag{2.52}$$

如果我们利用式(2.14)定义的埃克斯纳函数，就可以把运动方程改写为如下形式：

$$\frac{\mathrm{D}\boldsymbol{v}}{\mathrm{D}t} = -c_p\theta_{vo}\nabla\Pi^* - f\boldsymbol{k}\times\boldsymbol{v} + g\left(\frac{\theta_v^*}{\theta_{vo}} - q_H\right)\boldsymbol{k} + \boldsymbol{F} \tag{2.53}$$

在这种形式的运动方程中，气压扰动没有出现在浮力项中，因为它已经并入到修改后的气压梯度项里了。由于这个以及其他各种各样的原因，现在云动力学和中尺度气象学的其他分支中，常常使用一个基于 θ_v 和 Π（而不是基于 T 和 p ）的热力学变量体系。但是在本书的大部分地方，我们还是使用基于 T 和 p 的热力学变量体系。

连续方程式(2.20)可以写成更高阶的近似：

$$\nabla\cdot\rho_o\boldsymbol{v} = 0 \tag{2.54}$$

这种形式的连续方程保留了最根本的密度随高度的变化。方程中没有写入密度随时间的导数，这样做忽略了方程中的声波。声波在云动力学中一般不予考虑。用式(2.47)和式(2.54)替代式(2.1)和式(2.20)的方程组通常被称为滞弹性近似。实际上，在最纯粹的形式下，滞弹性近似要求的参考状态是等熵和流体静力的。在实际应用中，参考状态通常是非等熵的。譬如，假定参考状态是用无线电探空仪观测到的环境场。使用非等熵形式后，因为这整套方程组的能量不严格守恒，所以必须非常小心。另一方面，大气的基本状态大体上是非等熵的，因此，假定非等熵的基本状态，似乎也不会带来特别大的误差①。

如果大气运动的垂直伸展仅局限于浅层，运动方程式(2.47)和连续方程式(2.54)中的 ρ_o 可以用常数来代替。那么，连续方程可以写成不可压缩的形式：

$$\nabla\cdot\boldsymbol{v} = 0 \tag{2.55}$$

用式(2.47)和(2.55)代入式(2.1)和(2.20)，通常被称为布西内斯克(Boussinesq)近似。在云动力学的很多应用中，布西内斯克方程所采用的近似，在云动力学领域里既够用了，又易于进一步推广到更接近实际大气的情况。只要用式(2.54)代替式(2.55)，就可以将其推广到考虑流体可压缩效应的情况。这样做并没有改变对方程的物理解释。而这样的物理解释可以从形式更简单的方程中找到。在本书中，我们将经常用到布西内斯克近似。

2.4 涡度

流体的一种内在固有特性，就是它倾向于围绕着某个轴旋转。与云有关的大气运动，很容易发生旋转。因此，认识流体旋转的规律，对理解云动力学非常有用。旋转的局地度量就是涡度，它定义为风速的旋度，即：

$$\begin{aligned}\boldsymbol{\omega} &\equiv \nabla\times\boldsymbol{v} = (w_y - v_z)\boldsymbol{i} + (u_z - w_x)\boldsymbol{j} + (v_x - u_y)\boldsymbol{k} \\ &\equiv \eta\boldsymbol{i} + \xi\boldsymbol{j} + \zeta\boldsymbol{k}\end{aligned} \tag{2.56}$$

制约矢量 $\boldsymbol{\omega}$ 的三个分量随时间变化的方程组，是通过对布西内斯克运动方程求旋度，忽略摩擦力，并利用式(2.55)获得的。得到的方程组如下：

① 关于这些问题的进一步讨论，详见 Ogura 和 Phillips(1962)，他们提供了严格的推导过程；Wilhelmson 和 Ogura(1972)介绍了一种常用的非等熵形式的滞弹性方程，并断言在数值云模式中，非等熵形式精确到 10%以内；而 Durran(1989)重新检查了所有以前的滞弹性近似形式的方程，并提出了进一步的改进。

$$\frac{\mathrm{D}\eta}{\mathrm{D}t} = B_y + \eta u_x + \xi u_y + (\zeta + f) u_z \tag{2.57}$$

$$\frac{\mathrm{D}\xi}{\mathrm{D}t} = - B_x + \xi v_y + (\zeta + f) v_z + \eta v_x \tag{2.58}$$

$$\frac{\mathrm{D}(f + \zeta)}{\mathrm{D}t} = (f + \zeta) w_z + (\xi w_y + \eta w_x) \tag{2.59}$$

式中，B_x 和 B_y 项构成了水平涡度的斜压生成项。$\zeta + f$ 是风的涡度的垂直分量 ζ 和地球自转涡度的垂直分量 f 之和。把地球自转涡度的垂直分量 f 加在风的涡度上，得到绝对涡度：

$$\boldsymbol{\omega}_a \equiv \eta \boldsymbol{i} + \xi \boldsymbol{j} + (\zeta + f)\boldsymbol{k} \tag{2.60}$$

绝对涡度中包含了地球坐标系的旋转运动。式(2.57)—(2.59)中的 ξv_y、ηu_x 和 $(f + \zeta) w_z$ 项叫涡旋拉伸项，它们表示涡管被拉伸时气块旋转程度的变化。每个方程的最后两项[即 $(\zeta + f) v_z + \eta v_x$、$\xi u_y + (\zeta + f) u_z$ 和 $(\xi w_y + \eta w_x)$]是倾斜(或扭转)项，它们表示当涡管的旋转方向发生变化时，围绕某一个坐标轴旋转的涡度，转变成围绕另一个坐标轴旋转的涡度。

在云动力学中，天气现象的尺度通常小到足以忽略科氏力效应，因此，f 可以从式(2.57)—(2.59)中忽略。我们还经常遇到某种准两维的气流(譬如锋面和飑线)。当二维气流在 x-z 平面上，且 f 可以忽略时，水平涡度分量方程式(2.58)可以简化为：

$$\xi_t = - B_x - u\xi_x - w\xi_z \text{或} \frac{\mathrm{D}\xi}{\mathrm{D}t} = - B_x \tag{2.61}$$

因此，在这种情况下，涡度只能由斜压作用产生，并且在 x-z 平面上通过平流重新分配。

2.5 位势涡度

埃尔特尔(Ertel)位势涡度是大气的一种重要性质，它定义为：

$$P \equiv \frac{\boldsymbol{\omega}_a \cdot \nabla\theta}{\rho} \tag{2.62}$$

对于干绝热、非黏滞气流，位势涡度守恒，即：

$$\frac{\mathrm{D}P}{\mathrm{D}t} = 0 \tag{2.63}$$

在半地转条件下，P 可以近似地写为：

$$P_g \equiv \frac{\boldsymbol{\omega}_{ag} \cdot \nabla\theta}{\rho} \tag{2.64}$$

式中，

$$\boldsymbol{\omega}_{ag} \equiv - \frac{\partial v_g}{\partial z}\boldsymbol{i} + \frac{\partial u_g}{\partial z}\boldsymbol{j} + (\zeta_g + f)\boldsymbol{k} \tag{2.65}$$

下标 g 表示变量的地转近似值。对于 x-z 平面上的二维气流(即 $\partial/\partial y \equiv 0$)，式(2.64)变成：

$$P_g = \rho^{-1}\left[- \frac{\partial v_g}{\partial z}\frac{\partial\theta}{\partial x} + (\zeta_g + f)\frac{\partial\theta}{\partial z}\right] \tag{2.66}$$

位势涡度一个有用的特征就是它可以完全根据位势场 Φ 算出来。这是很容易证明的。从式(2.64)和(2.66)右边的项出发，首先，根据流体静力学关系式(2.38)以及比容 α 的定义 ρ^{-1}，我们得到：

$$\rho^{-1} = - \frac{\partial\Phi}{\partial p} \tag{2.67}$$

然后,利用地转风的定义式(2.22),及流体静力学条件下等压面上水平气压梯度力的表达式(2.39),那么式(2.65)中的地转风和垂直涡度可以表示为:

$$u_g = -\frac{1}{f}\Phi_y,\ v_g = \frac{1}{f}\Phi_x \tag{2.68}$$

和

$$\zeta_g = \frac{1}{f}\nabla_p^2\Phi \tag{2.69}$$

第三步,利用式(2.8)中 θ 的定义以及比容 α 的定义 ρ^{-1},根据状态方程式(2.4)和流体静力学方程式(2.38),我们可以得到:

$$\theta \equiv -\frac{\hat{p}^{\kappa}}{R_d p^{\kappa-1}}\left(\frac{\partial\Phi}{\partial p}\right) \tag{2.70}$$

把式(2.67)—(2.70)代入式(2.64)和(2.66),结果表明:在气压坐标系中,地转位势涡度只依赖于一个变量(Φ)。根据由式(2.63)表示的位势涡度的守恒性,以及由式(2.68)表示的位势场和风场之间的关系,那么位势场 Φ 和地转风都可以预报。地转平衡流的这种行为特征不仅非常重要,而且极其有用。

在饱和的条件下,θ 不守恒,因此,P 也不守恒。故定义一个类似于 P 的量,我们称之为相当位势涡度:

$$P_e \equiv \frac{\boldsymbol{\omega}_a \cdot \nabla\theta_e}{\rho} \tag{2.71}$$

根据式(2.18),当大气饱和时,P_e 的行为特征规律与 P 类似;因此,在饱和的条件下,P_e 守恒。当然,在不饱和条件下,P_e 并不守恒。因此,通过在式(2.64)中用 θ_e 代替 θ,我们得到地转相当位势涡度 P_{eg}。

2.6 扰动形式的方程组

为了在各种各样的诊断分析工作中使用,可以考虑把描写大气运动的变量,重组为某个任意空间体积(例如,数值模式中一个格点的体积)的平均值,和与这种均值的偏差。任意变量 $\mathscr{A}$ 可以表示为:

$$\mathscr{A} = \overline{\mathscr{A}} + \mathscr{A}' \tag{2.72}$$

式中,上划线代表平均值,符号′代表与均值的偏差。用这种方法分解变量以后,基本方程可以分成两组:预示平均变量行为特征规律的平均变量方程组和预示对平均状态偏差的扰动方程组。在下面的这些小节中,我们将会写出滞弹性方程组的平均变量和扰动变量方程。因为 Boussinesq 方程是滞弹性方程的一种简化,因此,滞弹性情况下的结论在 Boussinesq 情况下也适用。除了所有平均变量和扰动变量的基本方程组之外,本节也给出了涡旋运动的动能方程[①]。

2.6.1 状态方程和连续方程的平均和扰动形式

由于状态方程式(2.4)和滞弹性流的连续方程式(2.54)都不包含时间导数,因此,拆分出

① 有关本节中用到的关于平均技术的进一步讨论,参见 Stull(1988)的第 2 章。

来的平均变量和扰动变量方程非常简单。在大气中，密度和虚温的扰动值与它们的平均值相比，通常都很小。因此，如果变量 p、ρ 和 T_v 写成式(2.72)的形式，并对式(2.4)求平均，我们得到平均变量的近似状态方程：

$$\bar{p} \approx \bar{\rho} R_d \bar{T}_v \tag{2.73}$$

如果从式(2.4)中减去这个方程，我们就得到扰动变量的状态方程：

$$\frac{p'}{\bar{p}} \approx \frac{T'_v}{\bar{T}_v} + \frac{\rho'}{\bar{\rho}} \tag{2.74}$$

如果将 $\boldsymbol{v}$ 写成式(2.72)的形式，并对式(2.54)求平均，我们可以得到平均变量的连续方程：

$$\nabla \cdot \rho_o \bar{\boldsymbol{v}} = 0 \tag{2.75}$$

为了得到这个方程，我们必须假定对变量的空间平均值再求空间导数，等于变量对空间求导数后的空间平均。只要与平均值的偏差发生在比取平均值的区域小得多的尺度上，这个假定是合理的。这个假定有时也被称为尺度分离。如果从式(2.54)中减去这个方程，我们得到扰动风的连续方程：

$$\nabla \cdot \rho_o \boldsymbol{v}' = 0 \tag{2.76}$$

2.6.2 热力学方程与水连续方程的通量形式和线性化形式

如果把热力学第一定律式(2.9)和连续方程式(2.54)结合在一起，我们得到

$$\frac{\partial \theta}{\partial t} + \rho_o^{-1} \nabla \cdot \rho_o \theta \boldsymbol{v} = \dot{\mathscr{H}} \tag{2.77}$$

由于 $\rho_o \theta \boldsymbol{v}$ 是三维位温通量，因此，这种形式的方程称为通量形式方程。如果把变量 θ、$\dot{\mathscr{H}}$ 和 $\boldsymbol{v}$ 写成式(2.72)的形式，然后对式(2.77)的两侧求平均，并且再次使用尺度分离的假定，那么平均变量的热力学方程就变成：

$$\frac{\bar{\mathrm{D}}\bar{\theta}}{\mathrm{D}t} = \bar{\dot{\mathscr{H}}} - \rho_o^{-1} \nabla \cdot \rho_o \overline{\boldsymbol{v}'\theta'} \tag{2.78}$$

式中，

$$\frac{\bar{\mathrm{D}}}{\mathrm{D}t} \equiv \frac{\partial}{\partial t} + \bar{u}\frac{\partial}{\partial x} + \bar{v}\frac{\partial}{\partial y} + \bar{w}\frac{\partial}{\partial z} \tag{2.79}$$

变量 θ 和 $\boldsymbol{v}$ 的乘积出现在式(2.77)中，若这些变量(即 $\overline{\boldsymbol{v}'\theta'}$)相互之间存在关联，那么它们的正、负协方差可能导致气块平均位温 $\bar{\theta}$ 的变化。这个协方差的大小与位温的涡动通量 $\rho_o \overline{\boldsymbol{v}'\theta'}$ 成正比。使用平均热力学方程式(2.78)时，涡动通量的辐合就产生了一个额外的非绝热效应。

如果从式(2.77)中减去式(2.78)，并且调用式(2.75)，我们得到扰动热力学方程：

$$\frac{\bar{\mathrm{D}}\theta'}{\mathrm{D}t} = (\dot{\mathscr{H}})' - \rho_o^{-1}\left[\nabla \cdot \rho_o \bar{\theta} \boldsymbol{v}' + \nabla \cdot \rho_o \theta' \boldsymbol{v}' - \nabla \cdot \rho_o \overline{\theta' \boldsymbol{v}'}\right] \tag{2.80}$$

如果扰动足够小，(方程的)最后两项可以忽略。在这种情况下，这个方程对于平均运动 $\bar{\boldsymbol{v}}$ 和平均位温 $\bar{\theta}$ 而言，是线性方程。

水连续方程式(2.21)和热力学方程式(2.9)形式相同，只是用 q_i 代替 θ，用 S_i 代替 $\dot{\mathscr{H}}$。因此，与式(2.78)和式(2.80)类似，水连续方程式(2.21)的平均变量形式和扰动形式方程可以写为：

$$\frac{\overline{\mathrm{D}}\overline{q}_i}{\mathrm{D}t} = \overline{S}_i - \rho_o^{-1}\,\nabla\cdot\,\rho_o\,\overline{\boldsymbol{v}'q'_i},\ i = 1,\cdots,n \tag{2.81}$$

和

$$\frac{\overline{\mathrm{D}}q'_i}{\mathrm{D}t} = S'_i - \rho_o^{-1}\left[\nabla\cdot\,\rho_o\overline{q}_i\boldsymbol{v}' + \nabla\cdot\,\rho_o q'_i\boldsymbol{v}' - \nabla\cdot\,\rho_o\,\overline{q'_i\boldsymbol{v}'}\right], i = 1,\cdots,n \tag{2.82}$$

式中，如式(2.21)，$i=1,\cdots,n$ 代表所考虑的各种水物质。

2.6.3 运动方程的通量形式和线性化形式

现在考虑 Boussinesq 流的运动方程式(2.47)。如果把 $\boldsymbol{v}$、p^*、B 和 $\boldsymbol{F}$ 写成式(2.72)的形式，代入式(2.47)，然后对式(2.47)求平均，并遵循尺度分析的假设，我们得到运动方程的平均变量形式：

$$\frac{\overline{\mathrm{D}}\overline{\boldsymbol{v}}}{\mathrm{D}t} = -\frac{1}{\rho_o}\nabla\overline{p^*} - f\boldsymbol{k}\times\overline{\boldsymbol{v}} + \overline{B}\boldsymbol{k} + \overline{\boldsymbol{F}} + \mathscr{F} \tag{2.83}$$

式中，

$$\mathscr{F} \equiv -\rho_o^{-1}\left[(\nabla\cdot\,\rho_o\,\overline{u'\boldsymbol{v}'})\boldsymbol{i} + (\nabla\cdot\,\rho_o\,\overline{v'\boldsymbol{v}'})\boldsymbol{j} + (\nabla\cdot\,\rho_o\,\overline{w'\boldsymbol{v}'})\boldsymbol{k}\right] \tag{2.84}$$

方程式(2.83)是类似于式(2.78)的动量方程的平均形式。$\mathscr{F}$是涡动动量通量的三维辐合项。运动方程中的 $\overline{\boldsymbol{F}}$ 是较小尺度的分子摩擦力，它可以看成是与大气中涡旋运动相关的摩擦力。从式(2.47)中减去式(2.83)，我们可以得到速度的扰动方程：

$$\frac{\overline{\mathrm{D}}\boldsymbol{v}'}{\mathrm{D}t} = -(\boldsymbol{v}'\cdot\nabla)\overline{\boldsymbol{v}} - (\boldsymbol{v}'\cdot\nabla)\boldsymbol{v}' - \frac{1}{\rho_o}\nabla(p^*)' - f\boldsymbol{k}\times\boldsymbol{v}' + B'\boldsymbol{k} + \boldsymbol{F}' - \mathscr{F} \tag{2.85}$$

如果扰动足够小，且分子摩擦力可以忽略不计，那么式(2.85)的最后两项可以忽略，我们就得到扰动运动方程的线性化形式。

现在，我们已经得到了滞弹性流的整套方程组，分解为平均变量方程组(2.73)、(2.75)，(2.78)、(2.81)和(2.83)，以及扰动变量方程组(2.74)、(2.76)、(2.80)、(2.82)和(2.85)。在 Boussinesq 流的情况下，用连续方程式(2.55)取代式(2.54)，由此可以获得与式(2.73)—(2.85)基本相同的方程组，只是密度项 ρ_o 从式(2.75)—(2.78)、(2.80)—(2.82)和(2.84)中消除了。

2.6.4 涡动动能方程

如果用 $\boldsymbol{v}'\cdot$式(2.85)，然后对方程两边求平均，我们可以得到涡动动能方程：

$$\frac{\overline{\mathrm{D}}\mathscr{K}}{\mathrm{D}t} = \mathscr{C} + \mathscr{B} + \mathscr{W} + \mathscr{D} \tag{2.86}$$

式中，

$$\mathscr{K} \equiv \frac{1}{2}(\overline{\boldsymbol{v}'\cdot\boldsymbol{v}'}) \tag{2.87}$$

$$\mathscr{C} \equiv -\overline{u'\boldsymbol{v}'}\cdot\nabla\overline{u} - \overline{v'\boldsymbol{v}'}\cdot\nabla\overline{v} - \overline{w'\boldsymbol{v}'}\cdot\nabla\overline{w} \tag{2.88}$$

$$\mathscr{B} \equiv \overline{w'B'} \tag{2.89}$$

$$\mathscr{W} \equiv -\rho_o^{-1}\,\overline{\boldsymbol{v}'\cdot\nabla(p^*)'} \tag{2.90}$$

$$\mathscr{D} \equiv \overline{\boldsymbol{v}' \cdot \boldsymbol{F}'} - \overline{\boldsymbol{v}' \cdot \mathscr{F}} - \overline{\boldsymbol{v}' \cdot (\boldsymbol{v}' \cdot \nabla) \boldsymbol{v}'} = \overline{\boldsymbol{v}' \cdot \boldsymbol{F}'} - \overline{\boldsymbol{v}' \cdot \mathscr{F}} - \overline{\boldsymbol{v}' \cdot \nabla \mathscr{K}} \tag{2.91}$$

式中，$\mathscr{K}$是涡动动能，$\mathscr{C}$是由平均流的动能转换为涡动动能的速率。如果平均风朝着风的下游方向越来越小，此时平均流的动能就可以转换为涡动动能。这种平均流动能向涡动动能的转变，称为顺梯度涡动动量通量。$\mathscr{B}$是通过直接(间接)环流的热扰动产生(破坏)的涡动动能$\mathscr{K}$。在直接(间接)的热扰动环流中，垂直速度与浮力呈正(负)相关，即暖(冷)空气上升、冷(暖)空气下沉，它可以产生(破坏)涡动动能。$\mathscr{W}$是通过压力与速度的相关产生的涡动动能$\mathscr{K}$。从物理上来说，就是作用在气块上的扰动气压梯度力，对扰动气块做了功，使扰动速度在给定距离上增加了，从而涡动动能就变大了，反之亦然。$\mathscr{D}$(总是负值)是涡旋或分子摩擦作用对涡动动能$\mathscr{K}$的摩擦耗散。

2.7　振荡和波

2.7.1　浮力振荡

如果我们把由无线电探空仪测得的平均大尺度环境场，作为大气的参考状态，并认为在这样的环境里，位温随高度增加($\partial\theta_o/\partial z > 0$)，那么干绝热上升或下沉的气块会受到一个回复力的作用；上升(下沉)的气块，会受到向下(向上)浮力的作用。在大气层结稳定的情况下，浮力使得气块围绕其平衡高度作垂直振荡。为了从数学上说明这种振荡趋势，我们可以利用气块理论进行解释。气块理论这个名字，是对气块的运动进行数学解析分析时所使用的。它假定气块运动时，它受到的压力不会偏离大尺度环境场[即在式(2.47)中，$p^* = 0$]。正如我们将在第7章中看到的一样，零气压扰动通常不是一个很好的假设。为了保持质量的连续性，受到浮力的气块，一定伴有与之相对应的气压扰动。无论我们怎么看这个问题，气块分析理论还是有助于我们直观地认识到：当气块受浮力的作用而加速或者减速时，究竟发生了什么事。

按这种方式分析问题，我们考察一种干燥、无摩擦的 Boussinesq 气流。在这股气流中，所有的气块在运动时都不会对气压产生扰动，即$p^* = 0$。浮力式(2.52)可以简写为：

$$B = g\frac{\theta^*}{\theta_o} \tag{2.92}$$

而运动方程的垂直分量式(2.47)和热力学第一定律式(2.21)可以简化为：

$$\frac{\mathrm{D}w}{\mathrm{D}t} = B \tag{2.93}$$

和

$$\frac{\mathrm{D}B}{\mathrm{D}t} \approx -wN_o^2 \tag{2.94}$$

式中，

$$N_o^2 \equiv \frac{g}{\theta_o}\frac{\partial\theta_o}{\partial z} \tag{2.95}$$

把式(2.93)和式(2.94)组合起来，我们得到：

$$\frac{\mathrm{D}^2 w}{\mathrm{D}t^2} + wN_o^2 = 0 \tag{2.96}$$

这是一个无阻尼谐波振荡的方程,振荡频率是 $\sqrt{N_o^2}$ 。方程中垂直速度的解,具有如下形式:

$$w = \hat{w}e^{i\sqrt{N_o^2}t} \tag{2.97}$$

式中,$\hat{w}$ 是复振幅①。振荡频率 N_o 叫作浮力(振荡)频率。这里用下标 o 强调这个频率值是参考态的,以此区分平均态的浮力频率值。平均态的浮力频率值没有下标,写为:

$$N^2 \equiv \frac{g}{\bar{\theta}}\frac{\partial\bar{\theta}}{\partial z} \tag{2.98}$$

这样的区分有点学究。我们一般认为参考态的变量(通常用下标 o 表示)和平均态的变量(用上划线表示)取值相同。在这种情况下,$N^2 = N_o^2$ 。浮力(振荡)频率对大气垂直稳定度有重要的指示意义。如果,$N_o^2 > 0$,受扰动的气块在垂直方向上作正弦振荡;$N_o^2 < 0$ 的情况我们将在第 2.9.1 节中进行讨论。

2.7.2 重力波

浮力是重力作用在密度异常的流体块上造成的。它是一种回复力。由于存在这样的回复力,才导致波动的产生。在某种理想情况下,这样的浮力波动很容易被识别出来。这种情况就是:一层具有均一密度 ρ_1 的流体,位于另一层具有较小均一密度 ρ_2 流体的下面。假定这两层流体都是静力平衡的,下面那层流体的平均高度是 $\bar{h}$ 。若高度受到一个小的扰动 h' ,那么下面那层流体的实际高度可以写为 $h = \bar{h} + h'$ 。为了简单起见,我们假定上层流体没有水平气压梯度力②,那么下层流体在 x 方向的水平气压梯度力是 $-g(\delta\rho/\rho_1)h'_x$,这里,$\delta\rho \equiv \rho_1 - \rho_2$ 。为了简单分析问题起见,假定 y 方向上没有变化,没有科氏力,流体无黏性。对于仅在 x 方向才存在的定常平均运动流体,Boussinesq 运动方程和连续方程(第 2.3 节)的线性化扰动方程可以写为:

$$u'_t + \bar{u}u'_x = -g\frac{\delta\rho}{\rho_1}h'_x \tag{2.99}$$

和

$$u'_x + w'_z = 0 \tag{2.100}$$

在 h 处的垂直速度为 $w(h) = h_t + uh_x$,如果下层流体的底部边界为坚硬水平刚体,那么 $w(0) = 0$ 。然后,对式(2.100)从高度 $z=0$ 到 h 进行积分,得到:

$$h'_t + \bar{u}h'_x + u'_x\bar{h} = 0 \tag{2.101}$$

把方程式(2.99)和(2.101)结合起来,就可以得到以下方程式:

$$\left(\frac{\partial}{\partial t} + \bar{u}\frac{\partial}{\partial x}\right)^2 h' - \frac{g\bar{h}\delta\rho}{\rho_1}h'_{xx} = 0 \tag{2.102}$$

它的解有如下形式:

$$h' \propto e^{ik(x-ct)} \tag{2.103}$$

式中,

$$c = \bar{u} \pm \left(\frac{g\bar{h}\delta\rho}{\rho_1}\right)^{1/2} \tag{2.104}$$

---

① 在本书中,当以复数形式给出波动方程的解时,不难理解,只有解的实部才有物理意义。

② 如果上层流体无限深,那么这种情况就可能发生。

因此,下层流体的高度的扰动以波数 k 和相速 c 这种形式的波动传播。当浮力持续不断地试图把流体的高度恢复到它在某一地点的平均高度时,多余的质量就被转移到它附近沿 x 轴的另一个地方。在这个地方,一个新的扰动就产生了。浮力一定还会作用在这个新的扰动上。这样的过程会一直延续下去。若平均流为零($u=0$),上层流体是空气,下层流体是水($\delta\rho\approx\rho_1$),那么 $c=\pm\sqrt{g\bar{h}}$ 。该速度就是高度为 $\bar{h}$ 的水的重力波速。通常它被称为浅水波速,故式(2.99)和(2.101)被称为线性浅水方程组。

浅水波这种典型的范例对某些类型的大气运动是有用的近似。当然,这样的近似是非常有限的,因为浅水波只在水平方向上传播。由于大气是连续分层的,因此重力波既可以水平传播,也可以垂直传播。这个事实可以从水平涡度方程式(2.61)的二维线性化扰动形式推导出来。如果我们继续考虑只在 x 方向存在定常平均运动,并且忽略摩擦力和非绝热加热,那么方程变为:

$$\left(\frac{\partial}{\partial t}+\bar{u}\frac{\partial}{\partial x}\right)(u'_z-w'_x)+B'_x=0 \tag{2.105}$$

把扰动热力学方程式(2.80)的不可压(密度为常数)形式,乘以 g/θ_o ,代入式(2.98),并忽略气压扰动、水汽和水凝物对式(2.52)中 B 的贡献,那么方程变为:

$$B'_t+\bar{u}B'_x=-w'\,\overline{B}_z=-w'N^2 \tag{2.106}$$

借助于式(2.106)和(2.100),可以从式(2.105)中去掉 u' 和 B' ,得到:

$$\left(\frac{\partial}{\partial t}+\bar{u}\frac{\partial}{\partial x}\right)^2(w'_{xx}+w'_{zz})+N^2w'_{xx}=0 \tag{2.107}$$

它的解具有如下形式:

$$w'\propto \mathrm{e}^{\mathrm{i}(kx+mz-\nu t)} \tag{2.108}$$

式中,频率由频散关系给出

$$\nu=\frac{\bar{u}k\pm Nk}{(k^2+m^2)^{1/2}} \tag{2.109}$$

这些解代表的波叫作重力内波。它的传播相速度既有水平分量,也有垂直分量。式(2.109)中 N 的乘数是等位相面与垂直方向夹角的余弦。如果流体是静力平衡的,即 $m^2\gg k^2$,那么由式(2.109)可知: $c=\bar{u}\pm N/m$,所以相速度就是 $c=\nu/k$ 。在两层均质流体的情况下,这等同于式(2.104)。它进一步表明①,重力内波在定义为矢量 $(\partial\nu/\partial k,\partial\nu/\partial m)$ 的群速度方向上传播能量。这个矢量与等位相面平行。

2.7.3 惯性振荡

对于偏离静力平衡基本态的小扰动来说,浮力起到了垂直方向回复力的作用。同样道理,对于偏离地转平衡基本态的小扰动来说,科氏力起到了水平方向回复力的作用。为了说明这个事实,假设平均状态的地转风完全位于 y 方向,取值 $\bar{v}=v_o$,当 $\bar{u}=\bar{w}=0$ 时,它仅仅依赖于 x。在干燥、无黏性的 Boussinesq 方程中,我们再次运用气块理论,假定 $p^*=0$,并假定气流是二维的,在 y 方向没有变化,那么绝对动量定义为:

$$M\equiv v+fx \tag{2.110}$$

---

① 详见 Durran(1990)或 Holton 和 Hakim(2012)。

式(2.47)的 x 和 y 分量可以写为：

$$\frac{\mathrm{D}u}{\mathrm{D}t}=f(M-M_o) \tag{2.111}$$

和

$$\frac{\mathrm{D}M}{\mathrm{D}t}=0 \tag{2.112}$$

式中，M_o 是基本态的绝对动量 v_o+fx 。因此，二维地转流中绝对动量所起的作用，与梯度流中角动量 m［参见式(2.37)］所起的作用类似。方程式(2.111)和(2.112)可以另写为：

$$\frac{\mathrm{D}u}{\mathrm{D}t}=\mathscr{M} \tag{2.113}$$

和

$$\frac{\mathrm{D}\mathscr{M}}{\mathrm{D}t}=-uf\frac{\partial M_o}{\partial x} \tag{2.114}$$

式中，

$$\mathscr{M}\equiv f(M-M_o) \tag{2.115}$$

方程式(2.113)和(2.114)与(2.93)和(2.94)类似。因此，u 是受谐振子方程的作用而产生的。

$$\frac{\mathrm{D}^2u}{\mathrm{D}t^2}+uf\frac{\partial M_o}{\partial x}=0 \tag{2.116}$$

谐振子方程式(2.116)与式(2.96)类似。其解具有如下形式：

$$u'\propto \mathrm{e}^{\mathrm{i}\nu t},\nu=\pm\sqrt{f\partial M_o/\partial x}=\pm\sqrt{f(\partial v_o/\partial x+f)} \tag{2.117}$$

因此，科氏力和基本气流绝对动量的水平切变决定了振荡的频率；就像根据式(2.97)，重力和基本态位温的垂直梯度决定了浮力振荡的频率一样。由式(2.117)表示的振荡叫惯性振荡。从式(2.117)括号中的量可以明显看出：基本气流绝对动量的水平切变，就等于基本气流的绝对涡度 (ζ_o+f) 。

2.7.4 惯性重力波

由于科氏力引起水平振荡，而浮力引起垂直振荡，那么当科氏力和浮力共同作用提供净回复力时，存在波的传播就不足为奇了。这样的波叫作惯性重力波。它是三维、干绝热、无黏滞Boussinesq 方程在静止、流体静力平衡基本态下的线性化解。在这些假定下，扰动运动方程式(2.85)的 x 和 y 分量为：

$$u'_t=-\pi'_x+fv',\quad v'_t=-\pi'_y-fu' \tag{2.118}$$

式中，$\pi\equiv p^*/\rho_o$，垂直运动方程为：

$$w'_t=-\pi'_z+B' \tag{2.119}$$

还有热力学方程：

$$B'_t=-w'N^2 \tag{2.120}$$

这些方程结合起来可以得到波动方程：

$$w'_{tt}+\pi'_{zt}+N^2w'=0 \tag{2.121}$$

连续方程是：

$$u'_x+v'_y+w'_z=0 \tag{2.122}$$

这些方程具有如下形式的解：

$$u',v',w',\pi' \propto \mathrm{e}^{\mathrm{i}(kx+ly+mz-\nu t)} \tag{2.123}$$

式中，

$$\nu^2 = N^2\left(\frac{k^2+l^2}{k^2+l^2+m^2}\right)+f^2\left(\frac{m^2}{k^2+l^2+m^2}\right) \tag{2.124}$$

把式(2.123)形式的解代入式(2.118)、(2.121)和(2.122)，可以得到验证。N^2 的乘数因子是等位相面与垂直方向夹角余弦的平方，而 f^2 的乘数因子是这个角的正弦平方。在流体呈静力平衡运动的情况下(即 $m^2 \gg k^2+l^2$)，式(2.124)可以简写为：

$$\nu^2 = N^2\left(\frac{k^2+l^2}{m^2}\right)+f^2 \tag{2.125}$$

2.8 气流向地转平衡和梯度风平衡的调整

如第 2.2.1 节中所述，云系所处的大尺度环境场，通常是准地转平衡的。这种平衡一旦被破坏(譬如被云系破坏)，就会激发出惯性重力波，这种惯性重力波将会把气压场向地转平衡态调整。这种调整的物理机制，可以用式(2.118)所示的浅水方程完美诠释，即：

$$u'_t=-gh'_x+fv' \tag{2.126}$$

及

$$v'_t=-gh'_y-fu' \tag{2.127}$$

把上面的式子对一定高度的水进行积分，并使用与导出式(2.101)相似的边界条件，我们可以获得连续方程：

$$h'_t+(u'_x+v'_y)\bar{h}=0 \tag{2.128}$$

取运算 $\partial(2.126)/\partial x+\partial(2.127)/\partial y$，得到散度方程：

$$h'_{tt}-g\bar{h}(h'_{xx}+h'_{yy})+f\bar{h}\zeta'=0 \tag{2.129}$$

当没有科氏力效应($f=0$)时，该方程简化为二维浅水方程[参见式(2.102)]。它具有如下重力波形式的解：

$$h' \propto \mathrm{e}^{\mathrm{i}(kx+ly-\nu t)} \tag{2.130}$$

式中，$\nu=g\bar{h}(k^2+l^2)$ 。当 $f\neq 0$ 的时候，扰动高度场和扰动涡度场通过式(2.129)联系起来。在地转条件下，式(2.126)—(2.129)里的时间导数项消除了。式(2.129)直接告诉我们：涡度场是地转平衡的。当初始态是非地转平衡时(图 2.1)，式(2.129)描述了初始态如何逐步调整趋向地转平衡的途径。然而，为了完成这样的描述，还需要进一步写出 h' 和 ζ' 之间关系的数学表达式。为此，我们回过头来做另一件事：利用 $\partial(2.127)/\partial x-\partial(2.126)/\partial y$ 获得涡度的垂直分量方程，其结果是：

$$\zeta'_t=-f(u'_x+v'_y) \tag{2.131}$$

这是式(2.59)的线性扰动形式。这个方程可以和连续方程结合在一起，获得如下守恒方程：

$$\frac{\partial}{\partial t}\left(\frac{\zeta'}{f}-\frac{h'}{\bar{h}}\right)=0 \tag{2.132}$$

括号里的量是浅水位涡的线性形式。它在任何空间区域内都保持其初始值。由于流体的这种行为特征规律，调整到地转平衡后的最终速度场可以从式(2.129)中得到。如果在 $t=0$ 时刻，

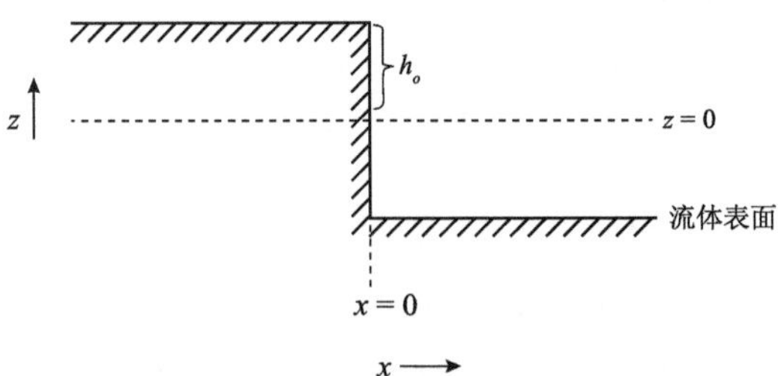

图 2.1　浅水流体表面被扭曲成阶梯的形状

(注意:在高度不连续的地方,必须施加无限大的水平气压梯度力。这不符合流体静力平衡原理)

流体是静止的 ($u' = v' = 0$) ,但它的高度 h' 被扭曲成图 2.1 中的阶梯形状,那么,根据式(2.132),在下一个时刻 t ,位涡为:

$$\frac{\zeta'}{f} - \frac{h'}{\bar{h}} = \frac{h_o}{\bar{h}}\mathrm{sgn}(x) \tag{2.133}$$

式中, $h_o \geqslant 0$, $\mathrm{sgn}(x)$ 表示" x 的符号"。把从这个关系式得到的 ζ' 值,代入式(2.129)的最后一项,得到:

$$h'_{tt} - g\bar{h}(h'_{xx} + h'_{yy}) + f^2 h' = -f^2 h_o \mathrm{sgn}(x) \tag{2.134}$$

如果流体的表面没有受到扰动($h_o = 0$),则式(2.134)具有与式(2.130)一样的浅水、惯性—重力波解:

$$\nu^2 = f^2 + g\bar{h}(k^2 + l^2) \tag{2.135}$$

这是式(2.125)的浅水版本。如果流体的表面受到了有限的扰动 ($h_o > 0$) ,式(2.134)最终的稳定态形式是:

$$-\frac{\mathrm{d}^2 h'}{\mathrm{d}x^2} + \frac{h'}{\lambda_R^2} = -\frac{h_o}{\lambda_R^2}\mathrm{sgn}(x) \tag{2.136}$$

这里,我们引入了罗斯贝变形半径①。它定义为:

$$\lambda_R \equiv \sqrt{\frac{g\bar{h}}{f^2}} \tag{2.137}$$

y 的导数从式(2.136)消失是因为扰动与 y 无关。式(2.136)的解为:

$$h' = h_o \begin{cases} -1 + \exp(-x/\lambda_R), & x > 0 \\ 1 - \exp(+x/\lambda_R), & x < 0 \end{cases} \tag{2.138}$$

把式(2.138)代入式(2.126)和(2.127),结果显示最后的扰动风场是地转(且无辐散)的,其值为:

$$u' = 0,\ v' = -\frac{g h_o}{f\lambda_R}\exp(-|x|/\lambda_R) \tag{2.139}$$

如图 2.2 所示的流场和高度场,已经调整到平衡状态。即科氏力正好被气压梯度力平衡。如果没有科氏力效应,就永远不会达到地转平衡,重力波将带走初始扰动所有的位能。最终,如果没有气压梯度,扰动风速 u' 和 v' 都将趋向于 0。然而,在存在科氏力的情况下,初始状态

① 以瑞典-美国气象学家 Carl-Gustav Rossby(1898—1957 年)命名。现代大气动力学的许多基本原理都是由他最先阐明的。

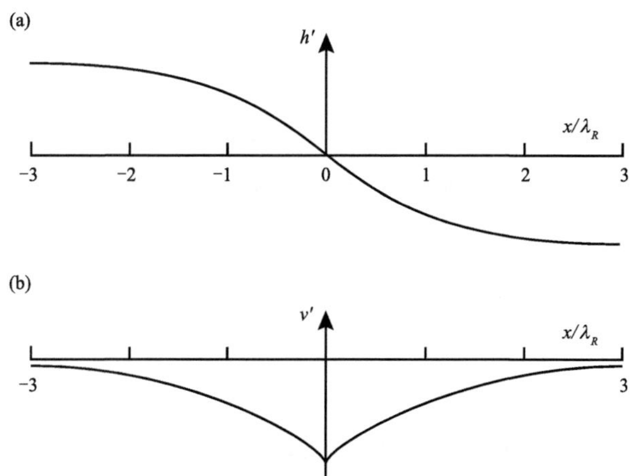

图 2.2　从初始状态调整到地转平衡状态时的解

初始状态是这样一种均匀的状态：静止，但是在 $x=0$ 处有无限小的高度落差

（对于 $x>0$，高度为 $-h_o$；对于 $x<0$，高度为 h_o）

(a) 当 $x\to\pm\infty$时，平衡面的高度扰动 h' 趋向于初始时的值。图中的距离单位是罗斯贝半径；

(b)对应的平衡速度分布。引自 Gill(1982)，Elsevier 版权所有

的气压梯度（流体的高度表现为阶梯式的跳跃）不会被重力波全部抹除，而是被分散在一个有限的距离范围内。这个距离范围是特征宽度为 $2\lambda_R$ 的指数函数的合抱。这个更加平缓的 h' 的梯度与流场之间的关系是地转平衡的。因此，初始扰动的部分位能保留为地转扰动动能，在最终稳定状态里 $v'\neq 0$ 。计算结果表明，对于这个例子，初始扰动中 1/3 的位能变成了稳定的地转流，而剩下的 2/3 被惯性重力波消耗掉了。

类似的地转适应的过程也发生在强的闭合环流系统中，譬如热带气旋。如果我们再次假定浅水流，但假定基本状态是梯度平衡的轴对称环形涡旋。在梯度平衡和旋转角速度内外一致的条件下，设平均切向速度为 $\overline{v}(\overline{v}\propto r)$，那么线性化的径向和切向风的扰动方程就变为：

$$\frac{\partial u'}{\partial t}=-g\frac{\partial h'}{\partial r}+v'(f+\overline{\zeta}) \tag{2.140}$$

$$\frac{\partial v'}{\partial t}=-u'(f+\overline{\zeta}) \tag{2.141}$$

在写式(2.140)的时候，我们利用了以下事实：在圆柱体内外旋转速度一样的情况下（第 8.5.2 节）$\overline{v}$ 和 r 之间的比例常数为 $\overline{\zeta}/2$ 。扰动连续方程为：

$$\frac{\partial h'}{\partial t}=-\frac{\overline{h}}{r}\frac{\partial(u'r)}{\partial r} \tag{2.142}$$

而浅水位涡方程为：

$$\frac{\partial}{\partial t}\left[\frac{\zeta'}{f}-\frac{(f+\overline{\zeta})h'}{f\overline{h}}\right]=0 \tag{2.143}$$

把类似的观点应用到式(2.140)—(2.143)，就与上面的应用类似，那么对应式(2.136)的最终状态的表达式就是：

$$-\frac{1}{r}\frac{\mathrm{d}}{\mathrm{d}r}\left(r\frac{\mathrm{d}h'}{\mathrm{d}r}\right)+\frac{h'}{\lambda_R'^2}=-\frac{h_o\,\mathrm{sgn}(r-r_c)}{\lambda_R'^2} \tag{2.144}$$

式中，r_c 是初始时刻高度跳跃了 h' 那个地点的半径，与图 2.1 中 $x=0$ 的地点一样，则：

$$\lambda'_R \equiv \sqrt{\frac{g\bar{h}}{(\bar{\zeta}+f)^2}} \tag{2.145}$$

这是特定圆形环流的罗斯贝变形半径。在这个例子的情况下，罗斯贝半径受到涡旋相对涡度和地球涡度 f 的共同影响。在强涡旋（如热带气旋）的情况下，相对涡度甚至占主导地位。当基本流涡旋的曲率半径为无限时（即当气流是直线时），λ'_R 减小为 λ_R 。

2.9 各种不稳定性

2.9.1 浮力不稳定、惯性不稳定和对称不稳定

在第 2.7 — 2.8 节中，我们总结了一些与云动力学相关的大气运动类型。在那两节中，我们只考虑了 $\partial\bar{\theta}/\partial z>0$ 的情况（这里 $\bar{\theta}$ 是静力平衡平均态下的位温）和 $f\partial\overline{M}/\partial x>0$ 的情况（这里 $\overline{M}$ 是二维地转平衡平均状态的绝对动量）。在这些大气基本状态稳定的例子里，我们从式(2.97)和(2.117)中可以看到：根据气块理论，浮力和科氏（回复）力在气块的初始平衡位置附近产生了稳定的正弦振荡。这些振荡，在式(2.97)的情况下是垂直的，在式(2.117)的情况下是水平的。现在我们简要地研究 $\partial\bar{\theta}/\partial z<0$ 和 $\partial\overline{M}/\partial x<0$ ①的情况。根据式(2.97)和(2.117)，基本态方程的解，不是稳定的振荡，而可能呈现指数增长。在这种情况下，环境流场被称为是不稳定的。负的热力层结 $(\partial\bar{\theta}/\partial z<0)$ 定义为浮力不稳定状态；负的绝对动量水平梯度 $(\partial\overline{M}/\partial x<0)$ 定义为惯性不稳定状态。

这两种不稳定可以通过气块理论假定（$p^*=0$），并且利用 θ 在绝热条件下守恒［根据式(2.9)］及 M 在二维、无黏条件下守恒［根据式(2.112)］的事实推导出来。根据式(2.93)，在浮力不稳定环境中，如果一个干燥空气块向上移动，那么它很快就会浮起来并向上加速。根据式(2.111)，在惯性不稳定环境中，如果一个气块在正 x 方向上（向南）移动，那么它很快获得多余的绝对动量 $(M-\overline{M}>0)$，并在正 x 方向（继续向南）加速。在这两种情况下，气块在移动方向上的位移将使其获得加速（即远离平衡位置）。

实际上，对于绝热位移来说，大气很少是不稳定的。纯粹的浮力不稳定，通常一旦形成就立即被消除。因为任何不稳定都会被扰动抹掉，不管扰动是多么的小。然而，作为由式(2.18)表示的 θ_e 守恒的结果，还存在一种类似的浮力不稳定，它与云内的运动相关。如果气块在饱和平均态环境中，在垂直方向上运动，那么，由于该气块的 θ_e 值守恒，如果 $\partial\bar{\theta}_e/\partial z<0$，气块将会受到正浮力的作用。在此情况下，饱和环境是浮力不稳定的，这与当 $\partial\bar{\theta}/\partial z<0$ 时干空气的不稳定是一样的。

由于大气通常都是潮湿（即含有水汽）但不饱和，所以还可能出现一种叫作条件不稳定的情况。这种不稳定存在的一个必要条件是：未受扰动大气的温度随高度的递减率，小于干绝热递减率，但与饱和气块（θ_e 守恒）的湿绝热递减率相比要快得多。在这样的大气中，在气块理论的假定下，潮湿但未饱和的气块被抬升到它的饱和层后继续上升，最终可能变得比未受扰动

① 本节其余部分对 M 和 f 采用的符号惯例适用于北半球（$f>0$）。

的环境大气更暖。几乎所有的对流云（积云和积雨云）都是在条件不稳定的环境中形成的，然后通过这种方式获得它们的浮力。

另一种表示条件不稳定必要条件的方式是饱和相当位温随高度减小，即 $\partial\theta_{es}/\partial z < 0$，$\theta_{es}$ 是饱和相当位温，定义为：

$$\theta_{es} \equiv \theta(T,p)e^{Lq_{vs}(T,p)/c_pT} \tag{2.146}$$

即，如果用饱和环境大气计算出来的相当位温随高度递减，那么环境是条件不稳定的。

如果在两个高度之间的整层大气，最初是潮湿不饱和的，并且 $\partial\bar{\theta}_e/\partial z < 0$。那么通过抬升，在整层大气达到饱和以后，它就变成浮力不稳定的了。这层大气就被称为潜在不稳定大气。强雷暴发生前，通常会经历一个阶段，此时整层大气是潜在不稳定的。雷暴通常发生在潜在不稳定层被抬升至饱和之时[①]。

在大气中，浮力和科氏力是同时发挥作用的。如果大尺度平均状态同时满足地转平衡和流体静力平衡，且没有摩擦或者加热作用，运动在 x-z 平面上是二维的，我们继续假定气块 $p^* = 0$，那么式(2.93)和(2.111)都适用。当一个从平衡态移动出去的气块，到达新的位置以后，与新位置的环境相比较，绝对动量的盈余或不足，会导致水平方向的加速度；而位温的过剩或不足会导致垂直方向的加速度。这样的加速度可以使气块不稳定或稳定。如果气块只进行纯粹的垂直或水平方向上的位移，大气可能是稳定的；然而，当气块斜着走的时候，大气可能是不稳定的。这种环境场被称为对称不稳定的，它能引起强烈的倾斜大气运动。

对称不稳定二维大气的平均状态如图 2.3 所示。$\bar{\theta}$ 和 $\overline{M}$ 的等值线在 x-z 平面里都是倾斜的，且 $\partial\theta/\partial z > 0$ 和 $\partial\overline{M}/\partial x > 0$。因此，这个平均状态同时满足浮力稳定和惯性稳定。一个气块从 A 点垂直向上运动时，受到负的浮力从而向下加速；同样，类似的，一个气块从 A 点沿 x 方向（向南）水平运动时，$M-\overline{M}$ 值为正，从而朝 A 的方向（向北）加速。然而，当气块在楔形阴影区沿任何路径向上倾斜运动时，都将获得正浮力和负的 $M-\overline{M}$ 值。因此，气块从其平衡位置 A 加速离开。

图 2.3 表征的对称不稳定的环境场条件为：$\overline{M}$ 面的坡度必须小于 $\bar{\theta}$ 面的坡度。坡度的差异可以用三种不同但等效的方式来表示。

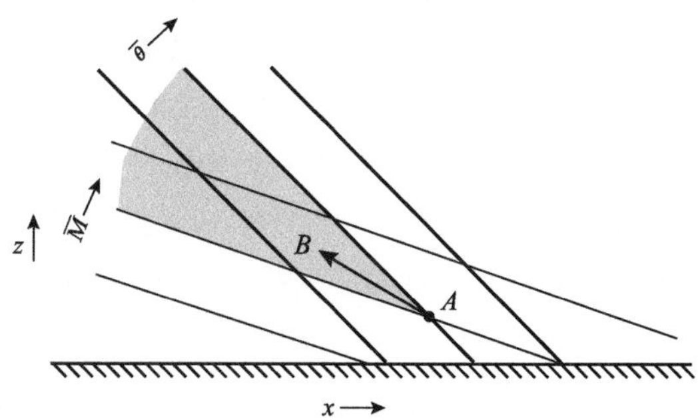

图 2.3　二维对称不稳定的平均态。$\bar{\theta}$ 和 $\overline{M}$ 的等值线在 x-z 平面都是倾斜的，$\partial\theta/\partial z > 0$ 和 $\partial\overline{M}/\partial x > 0$。如果气块从 A 移动到 B，那么它具有比环境大气更大的 $\bar{\theta}$ 值和更小的 $\overline{M}$ 值

① 关于条件和潜在不稳定的进一步讨论，见 Wallace 和 Hobbs(2006)第 3 章。

首先,当气块沿着等 $\overline{M}$ 面向高(低)处走,环境的 $\bar{\theta}$ 越来越小(大),所以气块比环境更轻(重)。因此,在等 $\overline{M}$ 面上,环境场一定是浮力不稳定的:

$$\left.\frac{\partial\bar{\theta}}{\partial z}\right|_{\overline{M}}<0 \tag{2.147}$$

式中,符号 $|_{(\ )}$ 表示:在求符号前面的那个函数时,要保持( )相等。

或者,当气块沿着等 $\bar{\theta}$ 面向南(北)走,环境场的 $\overline{M}$ 越来越小(大),受到与环境流场 $\overline{M}$ 相对应的气压梯度力的推动,气块会继续前进。这表明在等 $\bar{\theta}$ 面上,环境场是惯性不稳定的:

$$\left.\frac{\partial\overline{M}}{\partial x}\right|_{\bar{\theta}}<0 \tag{2.148}$$

最后,我们注意到因为等 $\overline{M}$ 面的坡度小于等 $\bar{\theta}$ 面的坡度,即 $\left.\frac{\partial z}{\partial x}\right|_{\overline{M}}>\left.\frac{\partial z}{\partial x}\right|_{\bar{\theta}}$。所以一定会有:

$$\frac{\partial\overline{M}}{\partial x}\frac{\partial\bar{\theta}}{\partial z}-\frac{\partial\overline{M}}{\partial z}\frac{\partial\bar{\theta}}{\partial x}<0 \tag{2.149}$$

然而,从式(2.66)可以看出,这相当于要求二维地转运动的平均态满足:

$$P_g<0 \tag{2.150}$$

即,平均态的气流必须有负的位涡。我们注意到,由于 P 在绝热无摩擦气流中守恒,那么流体块在没有加热和(或)湍流混合的情况下,无法消除自身的负位涡。

如果大气是饱和的,并且气块只经历了液-气相变这一种非绝热运动(没有经历其他非绝热运动),那么式(2.18)比(2.11)更适用。然后,如果在式(2.147)—(2.149)中 θ 被 θ_e 替代,P_g 被式(2.150)中的地转相当位涡 P_{eg} 替代,那么对称不稳定的概念可以进一步延伸到存在相变的饱和大气的情况。如果大气是不饱和的,在式(2.147)—(2.149)中用 θ_e 取代 θ,可以称之为潜在对称不稳定,它类似于上面描述的潜在不稳定。换句话说,在等 $\overline{M}$ 面上 $\bar{\theta}_e$ 随高度递减的一整层大气,被斜升运动抬升到饱和时,它是潜在不稳定的。

对未饱和湿空气来说,还可以定义这样一种不稳定条件,叫作条件对称不稳定。它类似于上面描述的条件不稳定。当未饱和湿空气环境场的温度递减率在等 $\overline{M}$ 面上为条件不稳定时,即等 $\overline{M}$ 面的坡度小于等 $\bar{\theta}_{es}$ 面的坡度时,我们可以说,存在条件对称不稳定。该条件可以通过在式(2.147)—(2.149)中用 θ_{es} 代替 θ 来表述。为了举例说明,我们设想图 2.3 中的 θ 线被 θ_{es} 线取代。如果在 A 点的气块已经被抬升到它的饱和层,并且保持 θ_e 守恒,那么,当它进一步斜升到楔形阴影区时,它既具有正浮力,也受到惯性力的作用,于是继续加速。

在梯度平衡的环状二维气流中(第 2.2.3 节),守恒的动量变量是角动量 m,而不是绝对动量 M[参见方程式(2.37)和(2.112)]。因此,类似于式(2.147)和(2.148),二维梯度流的对称不稳定条件为:

$$\left.\frac{\partial\bar{\theta}}{\partial z}\right|_{\bar{m}}<0,\left.\frac{\partial\bar{m}}{\partial r}\right|_{\bar{\theta}}<0 \tag{2.151}$$

针对 m 的潜在不稳定和条件对称不稳定的判据,可以参照上述方法进行类似的讨论。

2.9.2 开尔文-亥姆霍兹(Kelvin-Helmholtz)不稳定

在上一节中,我们已经看到,位温的垂直梯度和水平风的水平切变是气流不稳定的来源。不稳定的另一个来源是水平风的垂直切变。这种类型的不稳定,称为 Kelvin-Helmholtz 不稳定[①]，其基本概念中的主要论点，深入浅出地总结在图 2.4 中。这里有两种流体，一种位于另一种的下面，以不同的速度平行于 x 轴移动。当系统未受扰动时，这两种流体的交界面是水平的。这个界面被认为是一个极其薄的强涡度层，它或者被称为“涡片”，可以认为是由一层小的、离散的涡旋组成，它们全都沿着同一个方向旋转。这些涡旋的上下运动相互抵消，而水平分量则相互叠合，于是在涡片的顶部和底部之间，存在较大的水平速度差异。如果涡片受到一个波状扰动（如图 2.4 所示），那么涡旋之间的相互作用就产生了沿涡片的速度扰动。位于 A 和 C 处的涡旋，在波峰 B 的下方产生向左的运动，而在波谷 D 的上方产生向右的运动。这样的运动在沿涡片的方向产生涡度平流，于是在 A 处有涡度集中、C 处有涡度分散。于是涡片的强度在 A 处加大，在 C 处减弱。在 A 处较强的逆时针旋转运动，使得围绕 A 的周边地方，波峰更高、波谷更低，于是流体运动扰动的幅度增加了。

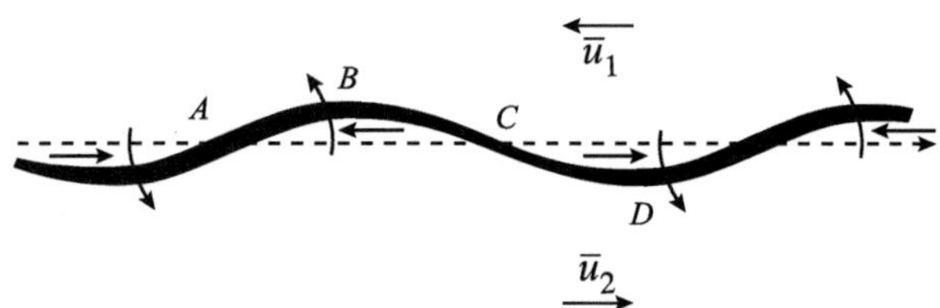

图 2.4　说明波状扰动发展的概念示意图。初始时刻有一层均匀的涡片，图中表示为虚线，位于以不同的水平速度（$\overline{u}_1$ 和 $\overline{u}_2$）移动的两层流体之间。薄片中涡度的局地强度用它的厚度表示。箭头指出涡片中所发生的扰动运动的方向，以及围绕拐点 A 附近扰动运动的旋转，在那里（A）扰动运动和平均气流相互作用增强涡度，使得涡度达到最大，并使扰动指数增长。

引自 Batchelor(1967)，剑桥大学出版社许可出版

Kelvin-Helmholtz 不稳定，与两种流体之间速度和密度的差异存在定量的相互关系。速度差异是涡旋强度的度量，如图 2.4 所示，受到扰动后，速度差异在某些地方增强。速度差异越大，不稳定性就越强。密度差异的重要性在于：下层流体的密度超过上层流体越多，浮力的回复作用就越大，于是受扰动界面的弯曲程度，受到更大浮力回复作用的抑制。从图 2.4 中可以看出，波谷上方的浮力比波峰下方大。与界面两侧速度差异相关的涡度必须足够大，才能使得界面上的扰动足以克服这些浮力回复力。

不稳定条件的经典数学表达式[②]，指出了界面两侧速度切变和密度差异的相对大小。它通过考察一个高度理想化的情况来获得。在这种情况下，界面两侧的流体都是均匀的，系统中所有的涡度都发生在一个无限薄的界面上。我们首先回顾一下这个经典个例的分析，它表明了波动如何在界面上形成。正是式(2.163)和(2.164)所表示的不稳定条件，造成了扰动振幅的增加。然后，我们将推导出适用于连续分层流体的不稳定条件式(2.170)。

经典个例是通过考虑如图 2.5 所示的场景得到的。上层流体用下标 1 表示，下层流体用下标 2 表示。平均速度和密度分别为 $\overline{u}_1$、$\overline{u}_2$ 和 ρ_1、ρ_2 。气压为 $p_1=\overline{p}(z)+p'_1(x,z,t)$ 和 $p_2=\overline{p}(z)+p'_2(x,z,t)$ ，其中

---

① 以 Lord Kelvin 和 Herman von Helmholtz 的名字命名，他们在 19 世纪末最先推导出这种不稳定的数学表达。进一步的讨论可以参考 Lamb(1932)、Turner(1973)、Batchelor(1967)、Lilly(1986)和 Acheson(1990)。

② 参见 Lamb(1932)。

$$\frac{\partial \bar{p}}{\partial z}=\begin{cases}-\rho_1 g, & z>0\\ -\rho_2 g, & z<0\end{cases} \tag{2.152}$$

未受扰动时,界面的高度设为 $z=0$,而受扰动界面(相对于未受扰动界面)的高度用 h 表示。设在 x 的范围内 $h<0$,把垂直方向的运动方程从 $z=-\infty$到 $z=\infty$进行积分。在进行积分运算时,不同高度上,垂直运动方程的线性化表达式是不一样的,一共有三种情况:

对于 $z<0$,并且 z 在界面以下:

$$\left(\frac{\partial}{\partial t}+\bar{u}_2\frac{\partial}{\partial x}\right)w'_2=-\frac{1}{\rho_2}\frac{\partial p'_2}{\partial z} \tag{2.153}$$

对于 $z<0$,并且 z 在界面以上:

$$\left(\frac{\partial}{\partial t}+\bar{u}_1\frac{\partial}{\partial x}\right)w'_1=-\frac{1}{\rho_1}\frac{\partial p'_1}{\partial z}+\left(\frac{\rho_2-\rho_1}{\rho_1}\right)g \tag{2.154}$$

对于 $z>0$,并且 z 在界面以上:

$$\left(\frac{\partial}{\partial t}+\bar{u}_1\frac{\partial}{\partial x}\right)w'_1=-\frac{1}{\rho_1}\frac{\partial p'_1}{\partial z} \tag{2.155}$$

在方程式(2.154)中包含的正浮力,它试图把扰动回复到静止状态。我们用速度势 ϕ' 表示垂直速度的扰动,速度势 ϕ' 定义为:

$$w'_1=-\frac{\partial \phi'_1}{\partial z},\ w'_2=-\frac{\partial \phi'_2}{\partial z} \tag{2.156}$$

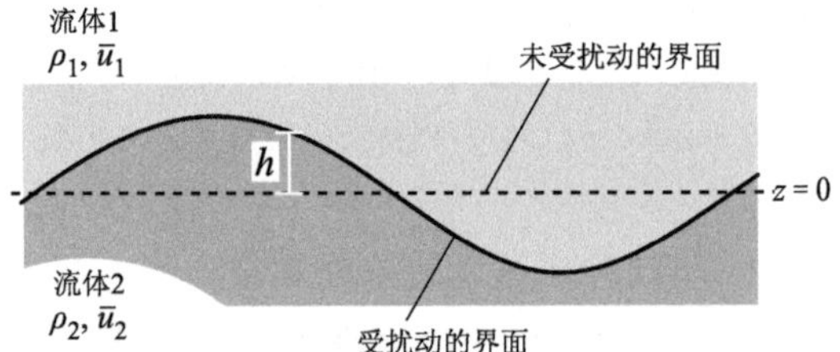

图 2.5 波状扰动的示意图。在两层不同密度(ρ_1 和 ρ_2)、以不同水平速度($\bar{u}_1$ 和 $\bar{u}_2$)移动的流体层之间,由最初均匀的涡片(虚线),发展出波状扰动

用速度势意味着在上层和下层流体的内部,气流都是无旋的(即没有涡度),这与所有涡度都集中在无限薄界面上的假定是一致的。这里还利用了这样一个事实:在扰动界面上,两层流体所受的扰动压力相同,即:

$$p'_1(h)=p'_2(h) \tag{2.157}$$

对式(2.153)—(2.155)进行积分,并把式(2.156)和(2.157)代入,得到:

$$\rho_1\left(\frac{\partial}{\partial t}+\bar{u}_1\frac{\partial}{\partial x}\right)\phi'_1+(\rho_2-\rho_1)gh=\rho_2\left(\frac{\partial}{\partial t}+\bar{u}_2\frac{\partial}{\partial x}\right)\phi'_2 \tag{2.158}$$

在界面上,下面两个关系式一定成立:

$$-\frac{\partial \phi'_1}{\partial z}=\frac{\mathrm{d}h}{\mathrm{d}t}\approx\left(\frac{\partial}{\partial t}+\bar{u}_1\frac{\partial}{\partial x}\right)h \tag{2.159}$$

$$-\frac{\partial \phi'_2}{\partial z}=\frac{\mathrm{d}h}{\mathrm{d}t}\approx\left(\frac{\partial}{\partial t}+\bar{u}_2\frac{\partial}{\partial x}\right)h \tag{2.160}$$

式(2.158)—(2.160)具有如下形式的波动解,即在 $z=h$ 的地方:

$$h \propto e^{i(kx-\nu t)}, \phi_1' \propto e^{i(kx-\nu t)} e^{kz}, \phi_2' \propto e^{i(kx-\nu t)} e^{-kz} \tag{2.161}$$

这里 k 是正数，且：

$$\frac{\nu}{k} = \frac{\rho_2 \overline{u}_2 + \rho_1 \overline{u}_1}{\rho_2 + \rho_1} \pm \sqrt{\frac{-\rho_1 \rho_2 (\overline{u}_2 - \overline{u}_1)^2}{(\rho_2 + \rho_1)^2} + \frac{g(\rho_2 - \rho_1)}{k(\rho_2 + \rho_1)}} \tag{2.162}$$

式(2.161)中，z 的系数是这样得到的：假设图 2.5 中所描述的扰动，波峰处与波谷处垂直速度大小相等、符号相反；应用连续方程式(2.100)，并略去物理上不切合实际(从而没有可能得到稳定解)的情况。如果允许式(2.161)中 z 的系数有相同的符号，那么就有可能出现物理上不切合实际的情况。这样操作之后，在式(2.162)中，将会得到一个表达式，这个表达式中根号里面的变量，一定为负值。因此，方程的解总是指数增长的。当式(2.162)中根号里的值为负的时候，式(2.161)和(2.162)的解也是不稳定(指数增长)的。然而，这些不稳定的解只在：

$$k > \frac{g(\rho_2^2 - \rho_1^2)}{\rho_1 \rho_2 (\overline{u}_2 - \overline{u}_1)^2} \tag{2.163}$$

的情况下才会出现。如果 $\rho_2 = \rho_1 + \Delta\rho$，其中，$\Delta\rho$ 远小于 ρ_1，那么式(2.163)变为：

$$k > \frac{2g\rho^{-1}\Delta\rho}{(\Delta\overline{u})^2} \tag{2.164}$$

式中，$\Delta\overline{u} \equiv \overline{u}_2 - \overline{u}_1$。显然，两层流体之间风的差异越大(即扰动涡度越大)、密度差异越小(即浮力越小、回复力越弱)时，不稳定模态更容易发生。

无限薄界面过于理想化。对于跨界面变化较平缓的情况，类似于式(2.164)的不稳定条件还是可以导出的。假设两块流体之间的界面，最初被连续地分为许多层，每层单位质量的流体是不可压(或 Boussinesq)的，层与层之间的距离 δz 非常小。流体的运动是二维的(在 y 方向没有变化)。下面流体的密度比上面大，大约大 $\delta p = -(\partial\overline{\rho}/\partial z)\delta z$，其中 $\overline{\rho}$ 是流体平均态的密度。如果两个流体块在垂直方向上交换位置，那么每单位体积流体位能的增长为：

$$g\delta\rho\delta z \tag{2.165}$$

能量交换的唯一来源是平均风 $\partial\overline{u}/\partial z$ 的切变。让 U_1 和 U_2 分别代表上层和下层流体块的初始速度，由于在交换过程中动量必须守恒，那么最终的速度可以表示为 $U_1 + \Delta$ 和 $U_2 - \Delta$。通过交换过程，单位质量动能的变化为：

$$(U_1 - U_2)\Delta + \Delta^2 \tag{2.166}$$

当

$$\Delta = \frac{U_2 - U_1}{2} \tag{2.167}$$

时，动能的变化最大。把式(2.167)，以及 $U_2 = U$ 和 $U_1 = U + \delta U$ 代入式(2.166)，结果表明：在交换过程中，单位体积流体最多可能损失以下这么多动能：

$$\frac{\overline{\rho}(\delta U)^2}{4} \tag{2.168}$$

从式(2.165)和(2.168)可以明显看出，在交换过程中以不稳定形式释放的能量一定会小于上面的值，即：

$$g\delta\rho\delta z < \frac{1}{4}\overline{\rho}(\delta U)^2 \tag{2.169}$$

或者，因为 $\delta U = (\partial\overline{u}/\partial z)\delta z$，式(2.169)可以重写为：

$$Ri \equiv \frac{-(g/\overline{\rho})(\partial\overline{\rho}/\partial z)}{(\partial\overline{u}/\partial z)^2} < \frac{1}{4} \tag{2.170}$$

式中，Ri 被称为里查森数。这里，我们再次看到水平运动的垂直切变必须足够强，扰动涡度才可能克服静力稳定度而增长。

在实验室中试验出来的由 Kelvin-Helmholtz 不稳定产生波动的例子如图 2.6 所示。在一个有盖的很长的槽里，底层注入盐水、上层注入淡水。当水槽倾斜时，盐水向下流动，而淡水向上流动。因此，界面处就产生了强的切变。界面上形成的波，开始是正弦函数形状的，然后卷曲起来并且被击碎，最后产生了湍流混合。Kelvin-Helmholtz 波随时间的发展由图 2.7 进一步说明。云顶边缘处 Kelvin-Helmholtz 波的一个例子如图 2.8 所示。在云的边界处常常可以观测到 Kelvin-Helmholtz 波，因为那里通常存在密度和风的不连续。

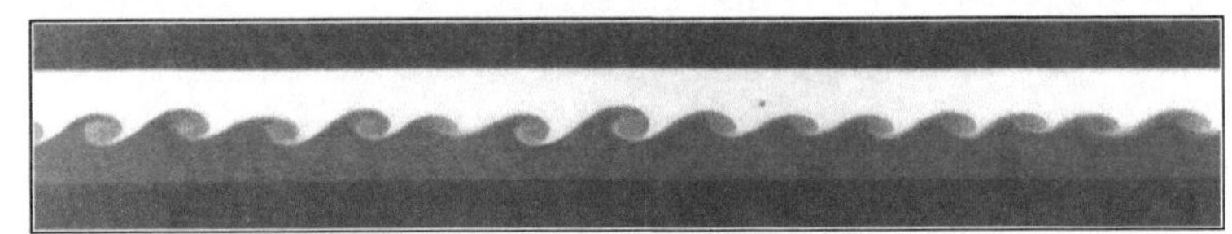

图 2.6　由 Kelvin-Helmholtz 不稳定产生波动的实验室例子。引自 Thorpe(1971)，经剑桥大学出版社许可再版

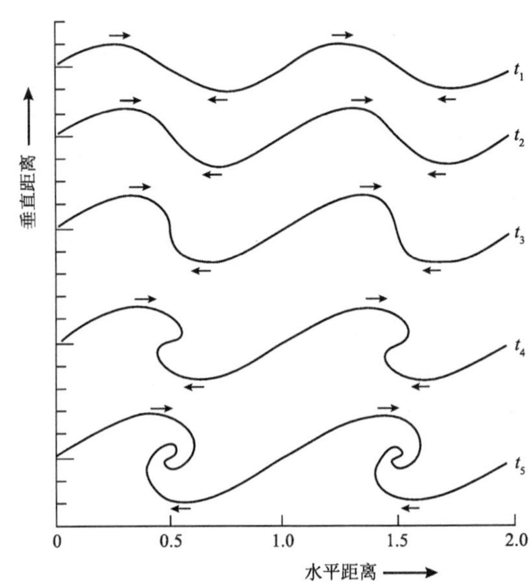

图 2.7　Kelvin-Helmholtz 波随时间的发展。图中受扰动流体界面的形状，按照它们出现时间的先后($t_1,\cdots,t_5$)展示。引自 Rosenhead(1931)，经英国皇家气象学会许可再版

2.9.3　瑞利-贝纳(Rayleigh-Bénard)不稳定

另一种与云动力学相关的不稳定，在薄层流体的顶部或底部受到热量通量时产生。由这种不稳定产生的运动称为 Rayleigh-Bénard 对流。这种不稳定在某些类型的层积云、高积云和卷积云中可以清楚地看到。其细微结构表现为滚轴状或细胞状(图 1.11b、图 1.14a 和图

图 2.8 在一小片层状云的边缘看见的 Kelvin-Helmholtz 波。
美国国家海洋大气局 Brooks E. Martner 摄影，经本人许可出版

1.14b，以及图 1.15a)。解释这种现象的不稳定理论由 Rayleigh 提出[①]。他的理论根据不可压缩流体的 Boussinesq 方程导出。对于这样的流体，温度升高、流体膨胀(第 2.3 节)，浮力由以下方程给出：

$$B = g\alpha T' \tag{2.171}$$

式中，α 是膨胀系数，定义为 $\rho'/\rho_0 = -\alpha T'$ 。用黏滞系数 $\hat{D}$ 和热导率 $\hat{\kappa}$ 把摩擦和热传导项写成参数化的形式。对于无平均运动、水平均匀温度的流体，扰动运动方程的线性化形式为：

$$\frac{\partial \boldsymbol{v}'}{\partial t} = -\frac{1}{\rho_0}\nabla p' + g\alpha T'\boldsymbol{k} + \hat{D}\nabla^2 \boldsymbol{v}' \tag{2.172}$$

连续方程为：

$$\nabla \cdot \boldsymbol{v}' = 0 \tag{2.173}$$

及热力学方程为：

$$\frac{\partial T'}{\partial t} - w\gamma = \hat{K}\nabla^2 T' \tag{2.174}$$

式中，$\hat{K} \equiv \hat{\kappa}/\rho\hat{c}$ ，$\hat{c}$ 是均质流体的比热，γ 是基本状态的温度递减率($\gamma \equiv -\partial \overline{T}/\partial z$)，由底层加热和(或)上层冷却维持。把如下形式的解[②]：

$$w', T' \propto \sin mz \ \mathrm{e}^{\mathrm{i}(kx+ly)}\mathrm{e}^{\nu t} \tag{2.175}$$

$$u', v', p' \propto \cos mz \ \mathrm{e}^{\mathrm{i}(kx+ly)}\mathrm{e}^{\nu t} \tag{2.176}$$

代入式(2.172)—(2.174)，可以得到频散关系：

$$\begin{aligned}&\nu^2(k^2+l^2+m^2)+\nu(\hat{K}+\hat{D})(k^2+l^2+m^2)^2\\&+\hat{D}\hat{K}(k^2+l^2+m^2)^3-\gamma g\alpha(k^2+l^2)^2=0\end{aligned} \tag{2.177}$$

---

① Thomson(1881)描述了这种类型的对流。当他在客栈窗户后面擦玻璃时，观察到盆里温暖的水被搅动成细胞状结构。当时水的上表层正蒸发到寒冷的空气中。Bénard(1901)设计了一个实验来复现这样的细胞状结构，并指出了这种实验现象和“鱼鳞状云”的相似，“鱼鳞状云”这个名字有时用于描述高积云。Rayleigh 勋爵(1916)提出了一种不稳定理论来解释细胞状云。这就是本节所提到的 Rayleigh-Bénard 不稳定。

② 当流体具有刚性底部或顶部时，瑞利假设的垂直形式实际上是不切实际的，因为水平速度扰动不需要在 $z=0$ 或 D 处消失。做了顶部和底部水平速度为零的假定，使得分析变得更加困难。

求解这个二次方程进一步得出结论:不稳定解(ν 为正实数)发生在下述情况下:

$$-\gamma g a\ (k^2+l^2)+\hat{D}\hat{K}\ (k^2+l^2+m^2)^3<0 \tag{2.178}$$

如果没有摩擦($\hat{D}=0$),那么上述关系式可以简化为:

$$\gamma>0 \tag{2.179}$$

即,温度递减率必须是正的,才有可能发生不稳定增长。如果摩擦和传导都是有限的,那么式(2.178)中的项可以重新排列为:

$$Ra>\frac{(k^2+l^2+m^2)^3h^4}{k^2+l^2} \tag{2.180}$$

式中,Ra 是瑞利数,定义为:

$$Ra\equiv\frac{h^4\gamma g a}{\hat{D}\hat{K}} \tag{2.181}$$

h 是流体的高度。Ra 包含了流体中所有的重要属性。如果假定垂直波数与 h 的关系如下式所示:

$$m=\frac{\pi}{h} \tag{2.182}$$

那么,显然,(ⅰ)不管 k 和 l 之间如何组合,都有可能产生不稳定。因此,任何形状的云都可以出现,包括细胞状单体($k=l$)或滚轴状涡旋($k=0,l\neq0$);(ⅱ)按式(2.180),瑞利数 Ra 必须比描写流体性质的某个最小值大,不稳定才可能发生。这个最小值是水平波数 $\sqrt{k^2+l^2}$ 的函数,在图 2.9 中表示为斜线阴影区与白色区域之间的一条曲线。为了说明在什么情况下,无论水平波数是多少,流体总归不稳定,引入另一个变量——临界瑞利数:

$$(Ra)_c=\frac{27\pi^4}{4} \tag{2.183}$$

把式(2.180)的右侧项对 (k^2+l^2) 求导数,就可以得到临界瑞利数。下面在 $\hat{K}=\hat{D}$ 的特殊情况下,求扰动最不稳定的条件。把式(2.177)对 $(k^2+l^2+m^2)$ [或 (k^2+l^2)]求导数,使 $\mathrm{d}\nu/\mathrm{d}(k^2+l^2+m^2)=0$,就可以获得 ν 达到最大值的条件。由此得到关于 ν 的第二个方程,把它和式(2.177)结合起来消除 ν,得到:

$$\frac{m^2}{k^2+l^2+m^2}=1-\frac{Ra}{h^4}\left(\frac{m}{k^2+l^2+m^2}\right)^4 \tag{2.184}$$

这个式子表示当波数为多少时,ν 达到它的极大值。再设 $m=\pi/h$,并且云的细胞状单体大致是方形的,即 $k=l=2\pi/S$,这里 S 是单体的水平尺度,那么式(2.184)告诉我们,细胞状云的水平尺度 S 对垂直尺度 h 的预期比率。在实验室条件下,这个比率约为 3∶1。对于更一般的情况 $\hat{K}\neq\hat{D}$,很难得到类似于式(2.184)的简单关系。

2.10 涡旋通量的表达

在上面的分析中,我们已经看到[复习式(2.78)、(2.81)以及(2.83)—(2.84)中的涡旋通量项],如果对于我们感兴趣的尺度,偏离平均运动(平均运动用上划线定义)的偏差相互之间存在系统性的相关,那么,这样的偏差可以改变平均运动,从而构成涡旋通量,所以这样的偏差是非常重要的。这通常涉及到存在云的情况,以及在行星边界层里面的情况(在第 2.11 节中讨论)。这些涡旋通量 $\rho\overline{v'\mathscr{A}'}$(这里 $\mathscr{A}$ 可以代表任何变量 θ、π、q_i、u、v 或 w),变成了平均变量方程中额

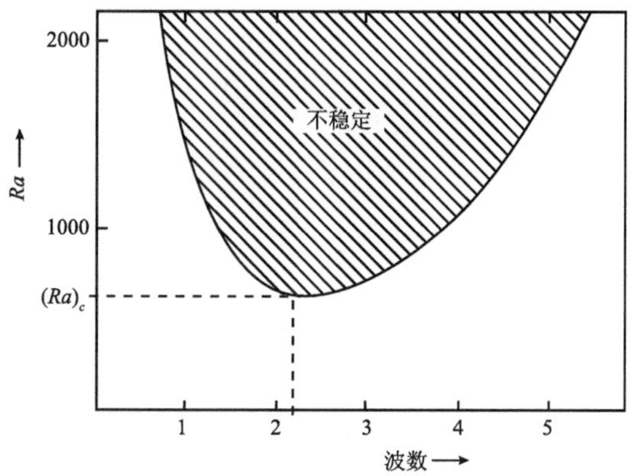

图 2.9　为了达到 Rayleigh-Bénard 不稳定，Ra 必须超过值 $(Ra)_c$，$(Ra)_c$ 称为临界瑞利数

外的变量[如式(2.78)中的 $\rho_o\overline{\mathbf{v}'\theta'}$ 和式(2.83)中的 $\rho_o\overline{\mathbf{v}'u'}$]。于是一个重要的问题产生了，为了使控制大气运动的方程组保持闭合，必须有一些合理的方法来描述这些涡旋通量。而它们的描述是极其困难的。为了达到这个目的所采用的方法，首先依赖于平均变量所在区域的尺度。这个尺度，反过来又决定了涡旋通量所代表的运动的尺度。当平均值代表非常大尺度的运动（比如，与天气预报和分析相关的天气尺度）时，所有的云和云系都是扰动运动的一部分。若在较小尺度（比如，中尺度或者对流尺度）上求平均，平均变量要毫无例外地明确描述云的内部及云周围的气流；而涡旋通量只是云的内部，那些尺度比中尺度或者对流尺度更小的湍流造成的。在云动力学中，这些涡旋通量总归是非常重要的，即使在雾和层云那样表现得最为安静的云中也是如此。

在平均变量方程中，还有几种表示涡旋通量的方法。下面简要总结其中的三种方法①。

2.10.1　*K* 理论

如果湍流运动足够小，那么一个大小为 $\mathscr{A}$ 的湍流通量可视为类似于分子扩散，后者以与 $\overline{\mathscr{A}}$ 的空间梯度成比例的（速度）沿着顺梯度方向运动，即：

$$\rho\overline{\mathbf{v}'\mathscr{A}'} = -K_A\rho\nabla\overline{\mathscr{A}} \tag{2.185}$$

在大气流体运动中，通常假定交换系数 K_A 与涡旋的大小和速度的乘积成比例。这个系数很大程度上依赖于风切变和热力学层结（即里查森数 Ri）。这种依赖关系是可以理解的，因为我们从式(2.170)中可以看出，当 $Ri<1/4$ 时，流体的任一层都是不稳定的，且容易受小尺度波和湍流的影响。相反，当 Ri 足够大时，这些流体运动的破坏会受到强烈的抑制。在地面附近，K_A 成为其他变量的函数，如地面以上的高度以及下垫面的粗糙度。当用所有这些参数定量地表示 K_A 时，由于它们是已知的，那么平均变量的基本方程可以说是闭合的。这种方法被称为 K 理论或一阶闭合。

在很多大气的情况下，包括在行星边界层里，垂直涡旋通量都是占主导地位的。最常提到

① 为了更广泛地讨论如何表示涡旋通量，我们推荐 Panofsky 和 Dutton(1984)、Arya(1988)和 Sorbjan(1989)的书，尤其是 Sorbjan 的第 6 章。

的有如下几个。

x 方向的动量通量

$$\tau_x \equiv \rho \overline{u'w'} = -\rho K_m \frac{\partial \overline{u}}{\partial z} \tag{2.186}$$

y 方向的动量通量

$$\tau_y \equiv \rho \overline{v'w'} = -\rho K_m \frac{\partial \overline{v}}{\partial z} \tag{2.187}$$

感热流

$$\mathscr{F}_\theta \equiv \rho c_p \overline{w'\theta'} = -c_p \rho K_\theta \frac{\partial \overline{\theta}}{\partial z} \tag{2.188}$$

水汽流

$$\mathscr{F}_v \equiv \rho \overline{w'q'_v} = -\rho K_v \frac{\partial \overline{q_v}}{\partial z} \tag{2.189}$$

2.10.2 更高阶的闭合

当湍流通量变得很重要时，有时会用一个更细致的方法来使方程闭合，叫作高阶闭合。协方差方程（即 $\overline{w'\theta'}$、$\overline{w'u'}$ 等）从基本运动方程通过一个类似于获得湍流动能方程式（2.86）的步骤导出。湍流动能方程是一个速度协方差方程。所导出的协方差方程预报了涡旋通量 $\rho \overline{\mathbf{v}'\mathscr{A}'}$ 的任何分量。然而，这些新的方程包含了三个变量连乘的项［类似于湍流动能方程式（2.86）中的 $\mathscr{D}$］，因此必须依次处理，且方法通常非常复杂。

2.10.3 大涡模拟

当湍流是主因子时，实现方程闭合的第三种方法被称为大涡模拟（LES）。这种方法使用非常精细的网格（约 1～10 m・s），使得在比网格更小的子区域内部，湍流涡旋均可由运动方程明确算出。只有尺度很小、能量极低的涡旋，才用类似于扩散的参数化方法求解，即用 K 理论求解。

2.11 行星边界层

所有类型的低云（雾、层云、层积云、积云和积雨云）要么发生在行星边界层内，要么与行星边界层发生强烈的相互作用。行星边界层简称 PBL，在 PBL，大气的运动强烈地受到地球表面的影响。这些相互作用以动量、热量、湿度和质量垂直交换的方式产生。这些交换大多通过大气湍流实现。由于风速必须在地球表面消失，因此，边界层经常具有湍流动能切变项［式（2.86）中的 $\mathscr{C}$］的特征。浮力产生项可能增强也可能减少湍流的程度［式（2.86）中的 $\mathscr{B}$］。然而，通常至少有小量的混合存在，而这样的混合，不管大小，都会对低云的发展产生显著的影响。反过来，通过凝结、蒸发、辐射、下曳气流和降水等过程，云对边界层有重要的反馈作用。

2.11.1 埃克曼层

在第 2.2 节中讨论过的平衡流，如准地转、半地转和梯度流等，都适用于自由大气。自由大气是位于边界层上面的那部分大气。为了得到这样的平衡状态，与分子摩擦和湍流[式(2.83)中的 $\overline{F}$ 和 $\mathscr{F}$]相关的作用力都被忽略了。尽管在自由大气中，存在中尺度和云内对流尺度运动的情形，在那里湍流不可忽略。但是，在自由大气的大尺度气流中，湍流确实可以忽略不计。然而在边界层中，湍流不可以忽略。事实上，边界层可以被认为是湍流力与气压梯度力和科氏力大小相当的那个大气层。我们假定这三个力的水平分量在 Boussinesq 版本的运动方程式(2.83)中相互平衡。那么，在 Boussinesq 假定下，密度项 ρ_o 从式(2.84)中消失。如果我们假定水平通量小于垂直通量，对方程求水平平均，并用 K 理论以及一个常数值的 K_m 表示涡旋通量动量，我们可以得到：

$$K_m\overline{u}_{zz} + f(\overline{v} - v_g) = 0 \tag{2.190}$$

$$K_m\overline{v}_{zz} - f(\overline{u} - u_g) = 0 \tag{2.191}$$

如果进一步假定地转风分量是常数，即 $z=0$ 时，$\overline{u} = \overline{v} = 0$ ，$z \to \infty$时，$\overline{u} \to u_g$ ，$\overline{v} \to v_g$ 。为了方便起见，假定坐标轴方向取为 $v_g = 0$ 。于是，式(2.190)和(2.191)有如下解：

$$\overline{u} = u_g(1 - \mathrm{e}^{-\gamma_E z}\cos\gamma_E z), \overline{v} = u_g \mathrm{e}^{-\gamma_E z}\sin\gamma_E z \tag{2.192}$$

式中，$\gamma_E \equiv \sqrt{f/2K_m}$ 。这些分量组成的风矢量表现为螺旋状的高空风分析图(图 2.10)，这些解被称为埃克曼螺线[①]。埃克曼层的厚度如下：

$$h_E \equiv \pi/\gamma_E = \pi\sqrt{2K_m/f} \tag{2.193}$$

在这个高度上，风平行于地转风，并且近似等于地转风。

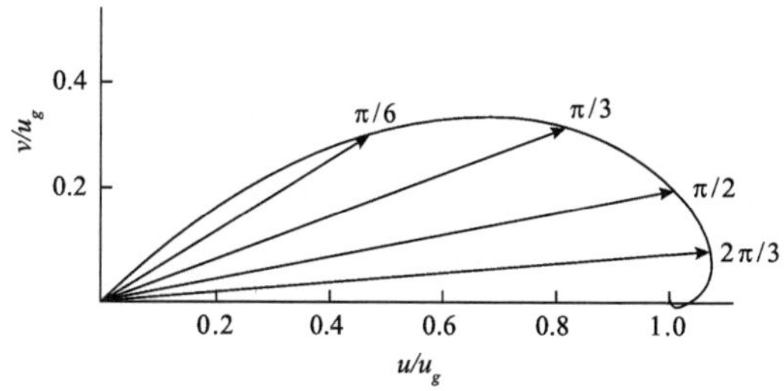

图 2.10 埃克曼螺线解的高空风分析图。标记在曲线上的点是 $\gamma_E z$ 的值，它是高度的无量纲函数。引自 Holton 和 Hakim(2012)，Elsevier 版权所有

理想的埃克曼层在边界层中并不常见。(造成)这样的事实有如下几个原因。首先，K_m不是一个常数。其次，对于动量通量来说，K 理论近似常常不太准确。第三，埃克曼解实际上是不稳定的。如果式(2.192)的解假定为平均态，那么依赖于时间的扰动方程有不稳定的解，这样的解可以增大到有限大小，并改变平均状态[②]。

2.11.2 边界层的稳定性

尽管埃克曼层是理想化的，但它提供了一种有用的办法，就是把边界层的厚度 h_E 与混合程度联系起来。从式(2.193)中可以明显看出，决定这个厚度的重要因子是：动量通量 K_m的

① 以瑞典海洋学家 V. W. 埃克曼命名，他首先用这样的螺旋线来解释在海洋边界层中洋流随深度的变化(Ekman，1902)。进一步的讨论参见 Sverdrup 等(1942)。

② 关于这个主题的进一步讨论，详见 Brown(1980，1983)的评论。

混合系数和科氏参数 f。如果 $K_m = 5\ \mathrm{m^2 \cdot s^{-1}}$，$f = 10^{-4}\mathrm{s^{-1}}$，那么 $h_E \approx 1$ km，这是边界层厚度一个相当常见的值。然而，这个厚度的变化可以非常大，主要是由于 K_m 随里查森数（Ri）而变化。

当里查森数足够大时，在湍流动能能量方程式(2.86)中的浮力项 $\mathscr{B}$ 就会造成一个很强的负效应。因此，由切变产生的湍流 $\mathscr{C}$ 被浮力 $\mathscr{B}$ 所抑制，即浮力回复力抑制了切变的结果。在这些条件下，K_m 的值也许会被大幅度降低。在极端情况下：譬如，当地面发生强的辐射冷却时，边界层的顶就可能低至 10 m 左右。雾和层云经常与这些稳定的边界层条件有关。

相反，当边界层的层结趋于不稳定时，里查森数很小，湍流动能能量的浮力产生项 $\mathscr{B}$ 就会增强或者完全主宰了切变项 $\mathscr{C}$。在这种情况下，K_m 就会急剧增加，且湍流层会变得非常深厚，大约有 2～3 km。在这些情况下，边界层的厚度可能取决于位于它们之上的自由大气的条件。譬如，高空大气中大尺度的下沉运动可能在对流层低层产生一个稳定层，而在边界层中生成的湍流涡旋，不可能越过这个稳定层向上发展。这种确定边界层厚度的机制在热带极其重要，因为在热带 f 很小，而式(2.193)则失去了它的意义。

位于大尺度下沉气流下面的不稳定边界层，经常出现在混合层的顶部，以层云或层积云为标志。在那里，受到浮力上升的涡旋，会一直抬升到凝结高度以上。云层一旦形成，就会对边界层的结构产生辐射反馈。稳定和不稳定边界层中的云，将在第 5 章中进行更详细的讨论。

2.11.3 近地面层

当然，边界层中湍流的量通常随高度递减。一个合理且有用的近似就是认为：在边界层最低的 10%高度以下，湍流通量几乎不随高度变化。正如我们将在第 5 章中看到，事实证明这个观点在分析雾的时候非常有用，因为雾通常在贴近地面的地方发生。还有一个有用的使风应力矢量(τ_x，τ_y)接近不变的简化方法，就是让风向不随高度变化。

第3章

云微物理学

……毛绒堆散融在露水里……

——Goethe,《纪念霍华德》①

云物理学包括两个分支:云微物理学和云动力学。虽然这本书的主题是后者,但要将云动力学与微物理学的知识完全分开讨论是不可能的。第 5 — 12 章的讨论是假设读者具备一定水平的大气动力学背景知识,此处也假设一些云微物理学的背景知识。为了提供这些背景知识,本章总结了对后面的章节至关重要的云微物理学观点。首先,我们描述一些基本的微物理过程,它们与云和降水粒子的形成、生长、减少、破裂和落出有关②。在第 3.1 节中,我们描述温度普遍都在 0 ℃以上的暖云微物理过程。第 3.2 节将云微物理过程的总结扩展到冷云,在冷云中温度下降到 0 ℃以下,冰相和液态颗粒可能并存。在考察了云中可能发生的个别微物理过程以后,我们在第 3.3 至 3.7 节中,考虑这些微物理过程如何在真实的云中同时发生,以及如何通过一组水体连续性方程,将它们与云动力学联系起来。

3.1 暖云微物理学

云中的液态水滴通常开始于水分子凝结到云凝结核(CCN)上,该凝结核的尺度约为十分之一微米。液态水滴一旦出现,就会长大,首先它们变成直径约为 1～100 μm 的云滴。然后云滴的生长可以持续到它们形成降水颗粒。缓慢下落的极小降水颗粒被称为毛毛雨滴,直径从 50 μm 到几百微米,而雨滴的尺度为几百到 1000 μm。出现在环境空气中类似这样尺度范围的云滴,具有各种各样的横截面积和表面曲率 (图 3.1),这在云滴形成、生长和蒸发的微物理过程中必须仔细考虑。

---

① Goethe 认识到云是由微观粒子组成的。

② 在云微物理学的教科书中,详细描述了这些微物理过程。例如,Fletcher (1966)、Mason (1971)、Pruppacher 和 Klett (1997)、Rogers 和 Yau (1989)以及 Wallace 和 Hobbs (2006)的第 6 章中。Hobbs (1974)对冰的物理学进行了非常详尽的描述。

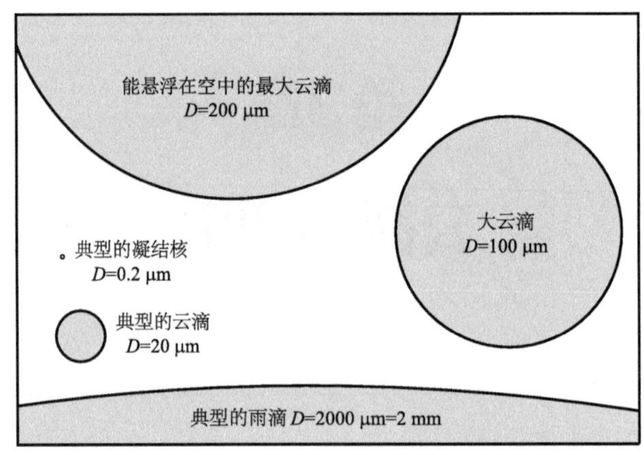

图 3.1　大气中液态水凝物和气溶胶的典型直径

3.1.1　云滴核化

云中粒子是通过核化过程形成的，在核化过程中水分子从低有序状态，变为高有序状态。例如，空气中的水汽分子可能通过偶然碰撞而聚合在一起，形成液相云滴。为了理解这种过程如何发生，考虑从水汽形成一滴纯水所需要的条件。这种情况被称为均质核化，以区别于异质核化的情况。异质核化是指分子聚合到外来物质上的过程。如果纯水胚胎云滴的半径为 R，则完成核化所需的净能量为

$$\Delta E = 4\pi R^2 \sigma_{vl} - \frac{4}{3}\pi R^3 n_l (\mu_v - \mu_l) \tag{3.1}$$

右边第一项是在水滴周围产生液-气界面所做的功。因子 σ_{vl} 是创建单位面积的界面所需的功。它被称为表面能量或表面张力。公式(3.1)右边的第二项是与水汽分子进入液相有关的能量变化。它被表示为系统吉布斯(Gibbs)自由能的变化。单个水汽分子的吉布斯自由能为 μ_v，而液体分子的 Gibbs 自由能为 μ_l，因子 n_l 为单位体积的水中，水滴的分子数。一个水分子由汽相进入液相的能量表达为[①]

$$\mu_v - \mu_l = k_B T \ln \frac{e}{e_s} \tag{3.2}$$

式中，k_B 是玻尔兹曼常数，e 是水汽压，e_s 是平表面的饱和水汽压。把这个式子代入公式(3.1)右边的第二项，可以看出，水汽分子进入液相所需要的能量，取决于核化水滴周围空气的湿度。如果在给定湿度的空气中，有一个半径已知的核滴，它具有一定的能量 ΔE，如果 ΔE 随 R 的增加而增加，则水滴没有进一步增长的机会；相反，它会蒸发。将式(3.2)代入式(3.1)，求 $\partial(\Delta E)/\partial R = 0$ 的条件，得到平衡条件下水滴临界半径 R_c 的表达式。这个表达是

$$R_c = \frac{2\sigma_{vl}}{n_l k_B T \ln(e/e_s)} \tag{3.3}$$

① 参见 Wallace 和 Hobbs (2006)公式(6.2)。

它称为开尔文方程①。很明显,该半径密切依赖于相对湿度(定义为 $e/e_s \times 100\%$)。当相对湿度为 100%($e/e_s=1$)时,空气称为饱和空气。然而,从公式(3.3)可以清楚地看出,当 $e/e_s \to 1$ 时 $R_c \to \infty$,所以在饱和条件下,云滴尚不可能形成。为了使 R_c 为正,空气必须过饱和($e/e_s>1$)。过饱和度[定义为(e/e_s-1)×100%,以百分比表示]越大,分子的初始碰并成为云滴得以发生的尺度越小。

值得注意的是,R_c 还是温度的函数。不仅 T 直接出现在式(3.3)的分母中,而且分母中的 σ_{vl} 和 e_s 也是 T 的函数。但是在大气温度下,R_c 对温度的依赖性相对较弱。考虑到 R_c 主要依赖于环境湿度,所以具有超过临界尺度 R_c 的水滴,其核化速率是过饱和程度的函数,这并不令人惊讶。水汽分子碰撞形成各种尺度聚合体的速率,可以用统计量子力学的原理来计算。把该原理用于其分子运动处于随机②状态的理想气体,就可以求出有关的速率。这种超过临界尺度水滴的形成速率,就是核化速率。计算表明在非常窄的 e/e_s 范围内,核化速率可以从小到不可检测,增加到极端大。核化速率上升的 e/e_s 值,在 4～5 的范围内。因此,为了使一滴纯水发生均质核化,空气必须过饱和达到 300%～400%。由于大气中的过饱和程度很少超过 1%,人们得出结论:在自然云中,水滴的均质核化是不起作用的。然而不管怎么说,均质核化过程的物理学还是成立的,这在下面的论述中将显得更加清楚。

异质核化是云滴实际形成的过程。大气中充满了微小的气溶胶粒子,水汽分子可以积聚在气溶胶粒子的表面上,如图 3.2 所示。如果水和核化面之间的表面张力足够低,则称这个核是可以弄湿的,水可以在颗粒表面上形成球形帽。以这种方式搜集水分子的颗粒,被称为云凝结核。

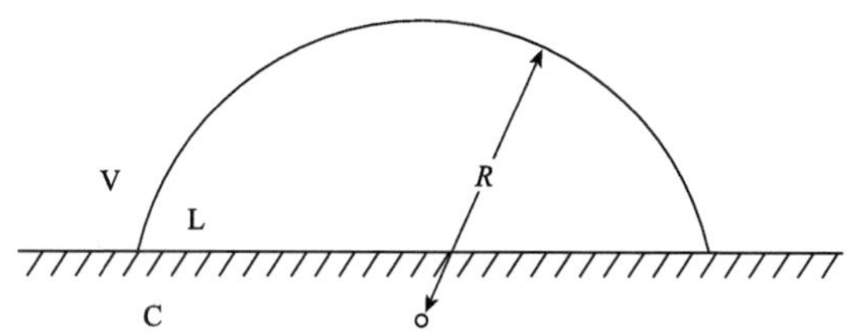

图 3.2　液态(L)的球形帽胚与水汽(V)和核化表面(C)之间的交界面。R 是胚胎的曲率半径。引自 Fletcher(1966),经剑桥大学出版社许可再版

如果云凝结核不溶于水,则控制胚胎云滴存活的物理过程,与均质核化的情况相同。可以表明方程式(3.3)仍然适用。但是临界尺度 R_c 具有更一般的解释,与胚胎云滴的临界曲率半径有关。由于在颗粒上形成的云滴,其曲率半径一定大于相同数量分子在没有凝结颗粒情况下聚合时的曲率半径(图 3.2),因此,水汽分子有更大的机会在大颗粒上积聚,从而产生超过临界半径的云滴。如果积聚上来的水分子形成了一个液体膜,完全包围了颗粒,那么所形成的全云滴,其半径一定大于无核情况下云滴的半径。很明显,这样的核越大,在围绕着它的膜上,越有利于云滴形成。由于这个原因,较大的气溶胶颗粒,似乎就是自然云中云滴形成的地方。

如果云凝结核恰好是由可溶于水的成分组成,则核化过程的效率会进一步提高。由于液

① 以 Kelvin 勋爵命名,他首先得出此表达式。

② 参见 Fletcher (1966)第 2 章。

体溶液上的饱和水汽压,通常低于纯水表面上的饱和水汽压,所以 e/e_s 更大。根据式(3.3),其临界半径更小,在环境水汽压下更容易实现核化。

空气中通常有足够多的可以弄湿的气溶胶颗粒,适用于所有云滴的形成。然而,前面描述的核化过程物理学表明,云中的第一个云滴将倾向于在最大和最可溶于水的云凝结核周围形成。因此,空气样本中气溶胶颗粒的尺度和组成,对云中核化颗粒的尺度分布,具有深远的影响。

3.1.2 凝结和蒸发

一旦水滴形成,水汽向水滴扩散,水滴可继续生长。这种过程叫作凝结。相反的过程称为蒸发,若水汽从水滴中扩散出去,水滴的尺度就减小。假设水汽分子通过空气的通量,与水汽分子浓度的梯度成比例,可以定量地描述由凝结或蒸发引起的粒子大小变化[①]。在这种情况下,水汽的密度 ρ_v(定义为每单位体积空气中水汽的质量)由扩散方程控制。

$$\frac{\partial \rho_v}{\partial t} = \nabla\cdot(D_v \nabla\rho_v) = D_v \nabla^2 \rho_v \tag{3.4}$$

式中,$D_v \nabla\rho_v$ 是分子扩散造成的水汽通量,D_v 是水汽在空气中的扩散系数(假定为常数)。假设在半径为 R 球形纯水滴的周围,水汽的浓度以水滴为中心对称,并且假设扩散处于稳定状态。在这些假设下,ρ_v 仅依赖于距水滴中心的径向距离 r,式(3.4)简化为

$$\nabla^2 \rho_v(r) = \frac{1}{r^2}\frac{\partial}{\partial r}\left(r^2 \frac{\partial \rho_v}{\partial r}\right) = 0 \tag{3.5}$$

水滴表面的水汽密度为 $\rho_v(r)$ 。当 $r \to \infty$ 时,水汽密度接近环境或自由大气的值 $\rho_v(\infty)$ 。式(3.5)满足这些边界条件的解是

$$\rho_v(r) = \rho_v(\infty) - \frac{R}{r}[\rho_v(\infty) - \rho_v(R)] \tag{3.6}$$

如果水滴的质量为 m,则分子的通量使水滴的质量增大或减小的速率由下式给出:

$$\dot{m}_{dif} = 4\pi R^2 D_v \left.\frac{\mathrm{d}\rho_v}{\mathrm{d}r}\right|_R \tag{3.7}$$

式中,$D_v \mathrm{d}\rho_v/\mathrm{d}r|_R$ 是跨过半径为 R 的球面,在径向方向上水汽的通量。将式(3.6)代入式(3.7)得到

$$\dot{m}_{dif} = 4\pi R D_v[\rho_v(\infty) - \rho_v(R)] \tag{3.8}$$

由于 $m \propto R^3$,在式(3.8)中有两个未知数:$\rho_v(R)$和 m 或 R。假定环境($r=\infty$)中的条件是已知的。为了获得 m 或 R 的解,需要其他的关系式。首先,引入热平衡方程。水汽凝结在水滴上时,以速率 $L\dot{m}_{dif}$ 产生潜热。L 为汽化潜热。假设热量被传导离开水滴的速度,与它被释放的速度一样快,我们可以由式(3.8)类推得到

$$L\dot{m}_{dif} = 4\pi\kappa_a R[T(R) - T(\infty)] \tag{3.9}$$

式中,κ_a 是空气的导热率,T 是温度。

在饱和条件下,纯水表面上,水汽的理想气体状态方程为:

$$e_s = \rho_{vs} R_v T \tag{3.10}$$

① 这个假设首次被 Lord Kelvin 称为菲克(Fick)扩散第一定律。

式中，R_v 是单位质量水汽的气体常数，e_s 和 ρ_{vs} 是水表面上的饱和水汽压和密度。由于 e_s 只与温度有关[①]，从式(3.10)中可以明显看出 ρ_{vs} 是 T 的已知函数。如果是，那么假设水滴表面处水汽的密度，就是饱和水汽密度，我们可以写出

$$\rho_v(R)=\rho_{vs}[T(R)] \tag{3.11}$$

于是式(3.8)、(3.9)和(3.11)可以用数值法求解，得到 $\dot{m}_{dif}$、$T(R)$ 和 $\rho_v(R)$。此外，对于水滴在饱和环境中生长或蒸发的特殊情况(即对于 $e(\infty)=e_s[T(\infty)]$ 的情况)，这些方程可以用解析的方法组合起来。在这种特殊情况下，使用克劳修斯-克拉珀龙(Clausius-Clapeyron)方程[②]：

$$\frac{1}{e_s}\frac{\mathrm{d}e_s}{\mathrm{d}T}\approx\frac{L}{R_vT^2} \tag{3.12}$$

结合式(3.10)和(3.12)，得到

$$\frac{\mathrm{d}\rho_{vs}}{\rho_{vs}}=\frac{L}{R_v}\frac{\mathrm{d}T}{T^2}-\frac{\mathrm{d}T}{T} \tag{3.13}$$

然后式(3.8)、(3.9)、(3.11)和(3.13)可以在饱和环境条件下组合起来，从而获得[③]：

$$\dot{m}_{dif}=\frac{4\pi R\widetilde{S}}{F_\kappa+F_D} \tag{3.14}$$

式中，$\widetilde{S}$ 取决于环境的湿度，F_κ 取决于热导率，F_D 取决于水汽扩散率。更具体地，是环境的过饱和度(以分数表示)：

$$\widetilde{S}\equiv\frac{e(\infty)}{e_s(\infty)}-1 \tag{3.15}$$

其他因素是：

$$F_\kappa\equiv\frac{L^2}{\kappa_aR_vT^2(\infty)} \tag{3.16}$$

和

$$F_D\equiv\frac{R_vT(\infty)}{D_ve_s(\infty)} \tag{3.17}$$

从式(3.14)—(3.17)，很明显，水滴的扩散生长速率取决于环境的温度、湿度以及水滴的半径。

在推导式(3.14)中使用的关系式(3.11)假设：水滴表面处的饱和度，可以近似为如同在水的表面上获得的一样(即，增长中的水滴足够大，以至于水滴表面的曲率对平衡水汽压的影响可以忽略)。假设溶解入水滴的核或其他杂质已经被充分稀释，使得水滴可被认为由纯水组成。然而，对于极其小的水滴，曲率和溶解的作用必须包括在内。如果云滴在水溶性核上生长，$\rho_v(R)$被表示为

$$\rho_v(R)=\rho_{vs}[T(R)]\left(1+\frac{\hat{a}}{R}-\frac{\hat{b}}{R^3}\right) \tag{3.18}$$

式中，$\hat{a}/R$ 表示云滴曲率对高于云滴的平衡水汽压的影响。系数 $\hat{a}$ 由下式给出：

---

① 参见 Wallace 和 Hobbs (2006) p80—81。

② 参见 Wallace 和 Hobbs (2006) p221—222。

③ 有关这个公式的详细推导，参见 Roger 和 Yau (1989) p99—102。

$$\hat{a} = \frac{2\sigma_{vl}}{\rho_L R_v T} \tag{3.19}$$

式中，σ_{vl} 是液一汽界面的表面张力，ρ_L 是液态水的密度。$\hat{b}/R^3$ 项表示溶解在云滴中的盐对高于云滴的平衡水汽压的影响。系数 $\hat{b}$ 由下式给出：

$$\hat{b} = \frac{3i_{vH}m_s M_w}{4\pi\rho_L M_s} \tag{3.20}$$

式中，i_{vH} 是范特霍夫因子[①]，m_s 和 M_s 分别是溶解盐的质量和分子量，M_w 是水的分子量。

用式(3.18)代替式(3.11)，遵循与推导式(3.14)类似的步骤，得出以下方程：

$$\dot{m}_{dif} = \frac{4\pi R}{F_\kappa + F_D}\left(\widetilde{S} - \frac{\hat{a}}{R} + \frac{\hat{b}}{R^3}\right) \tag{3.21}$$

这在空气饱和时适用。当空气不饱和时，必须数值求解式(3.8)、(3.9)和(3.18)，以获得水滴蒸发的速率 $\dot{m}_{dif}$ 。

当水滴相对于周围空气下落时，水汽和热的扩散改变。为了说明这种过程，式(3.8)和(3.9)的右侧项可以乘以通风因子 V_F。在这种情况下，水滴在饱和条件下的生长和蒸发速率式(3.14)和(3.21)，分别变为[②]

$$\dot{m}_{dif} = \frac{4\pi R V_F \widetilde{S}}{F_\kappa + F_D} \tag{3.22}$$

和

$$\dot{m}_{dif} = \frac{4\pi R V_F}{F_\kappa + F_D}\left(\widetilde{S} - \frac{\hat{a}}{R} + \frac{\hat{b}}{R^3}\right) \tag{3.23}$$

3.1.3 云滴下落速度

云滴受到向下重力的作用会落出云体。然而，当云滴受重力作用向下加速时，其运动越来越受到摩擦力的阻碍。其最终速度称为下落末速度 V。对于空气中的水滴，V 是水滴半径 R 的函数。小于 100 μm 云滴(第 3.1 节，图 3.1)的下落速度非常低($<1\ \mathrm{m\cdot s^{-1}}$)，几乎检测不到。这样的云滴是形成所有非降水云的小颗粒，如第 1 章中所描述的众所周知的云(层云、层积云、积云、高层云、高积云和卷云)。尽管它们的下落速度很小，为了准确地描述某些类型的云，必须解释清楚云滴的这种缓慢沉降(云滴确实经历了非常缓慢的沉降)[③]。降水粒子是下落速度更快的粒子，通常下落速度大于 $1\ \mathrm{m\cdot s^{-1}}$。最小的液态降水粒子称为毛毛雨，如第 3.1 节中的图 3.1 所述，直径为 50 μm 到几百微米的粒子通常被认为是毛毛雨。毛毛雨滴和雨滴的下落末速度，随着雨滴半径的增加而单调增加。我们将这个函数表示为 $V(R)$。对于半径小于 500 μm 的云滴，V 随云滴半径的增大近似线性增大(图 3.3)。对于较大的云滴，$V(R)$ 以较慢的速率增加(图 3.4)，在半径达到约 3 mm 的情况下，下落末速度变得恒定。云滴下落末速度随云滴尺寸呈渐近线形状的改变，这是因为大云滴变得越来越变扁，在尺度非常大的情况下，云滴成为水平的盘状(见图 3.5)。

---

① 参见 Wallace 和 Hobbs (2006) p123。这个因子等于每个盐分子离解成的离子数。

② 参见 Pruppacher 和 Klett (1997) p546—567。

③ 例如，Bretherton 等(2007)表明，云滴的下落对于正确预测海洋层积云的行为非常重要。

3.1.4 连续碰并

云滴通过与其他云滴并合而增长，可以视为一个质量为 m 的水滴，通过另一个质量为 m' 的水滴，从而发生碰并增长。假定水滴中含有的水质量为 m'，它们均匀地分布在具有液态水含量 $\rho q_{m'}$（$g \cdot m^{-3}$）的云中，其中 $q_{m'}$ 是云水混合比（单位质量空气中云水的质量）。当质量为 m 的颗粒下落时，假定质量 m 以连续碰并方程给出的速率，连续地增加，

$$\dot{m}_{col} = A_m \left| V(m) - V(m') \right| \rho q_{m'} \Sigma_c(m, m') \tag{3.24}$$

式中，A_m 是质量为 m 的颗粒扫出的有效横截面积，V 表示质量为 m 和 m' 的云滴的下落速度（图 3.3 和图 3.4），ρ 是空气的密度，$\Sigma_c(m, m')$ 是碰并效率。为了计算集体增长，水滴通常假设是球形的。在这种情况下，式(3.24)中的因子 A_m 由下式给出：

$$A_m = \pi(R + R')^2 \tag{3.25}$$

式中，R 和 R' 分别是质量为 m 和 m' 云滴的半径。该有效横截面积根据于两个云滴半径之和算得，因为在半径 R 的云滴中心周边，距离 $R+R'$ 以内的任何其他云滴，都可以被该云滴截获。绝对值符号用在式(3.24) 中，是因为对于碰并增长而言，只有粒子的相对运动才重要。对于大粒子碰并较小粒子的情况，绝对值符号是多余的，因为大粒子的下落速度总是超过小粒子。然而，式(3.24) 也可用于计算小粒子并合大粒子，从而小粒子质量增加的情况。在这种情况下如果不使用绝对值，将计算出负增长。此外，在下文将看到，式(3.24) 也适用于冷云，其中在一些特殊情况下（例如，冰晶颗和粒碰并水滴），较大颗粒下落的速度可能并不比较小的颗粒快。

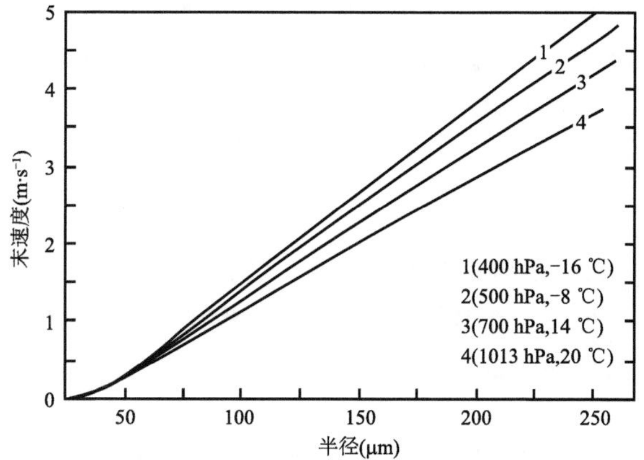

图 3.3 各种大气条件下半径小于 500 μm 水滴的下落速度。引自 Beard 和 Pruppacher (1969)，经美国气象学会许可再版

若质量为 m 的颗粒相对于一群尺度不同的颗粒下落，可以把式 (3.24) 改写为更普通的形式。在这种情况下，广义连续碰并方程为

$$\dot{m}_{col} = \int_0^\infty A_m \left| V(m) - V(m') \right| m' N(m') \Sigma_c(m, m') \mathrm{d}m \tag{3.26}$$

式中，$N(m')\mathrm{d}m'$ 是单位体积空气中大小为 m' 到 $m'+\mathrm{d}m'$ 的颗粒数。

在上述表达式中，碰并效率 $\Sigma_c(m, m')$ 是云滴拦截并与它所赶上的云滴结合的效率。它是

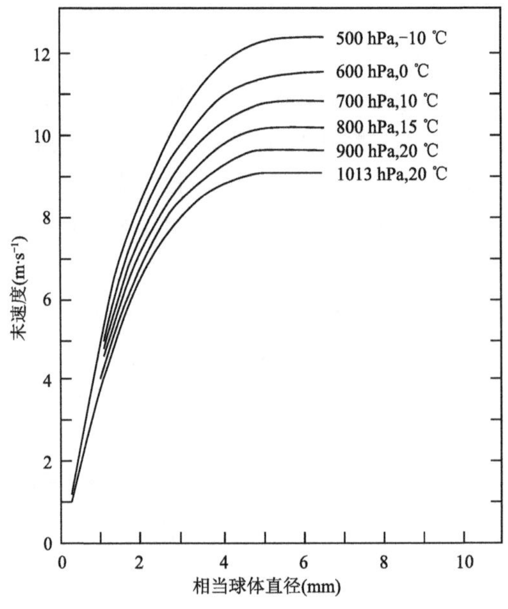

图 3.4 半径大于 500 μm 水滴的下落速度。引自 Beard (1976) ,经美国气象学会许可再版

碰撞效率和并合效率的产物。碰撞效率(图 3.5)主要由下落云滴周围的相对气流决定。较小的粒子可能被带出较大粒子的轨迹(这种情况效率<1);或者不在较大粒子直接轨迹上的小粒子,被大粒子拉入其尾流,从而发生碰撞(这种情况效率>1)。并合效率表达这样的情况:两个云滴之间的碰撞不能保证并合。理论或建模研究中的常见做法是:假设并合效率为 1、把碰撞效率降低,粒子碰并的效率都算入碰撞效率。然而,这样的假设应当谨慎地做出。实验结果表明,在一定条件下,特别是在强降雨条件下,碰撞云滴只能暂时结合在一起。

3.1.5 随机碰并

如式(3.24)中所假设的,云滴通过并合增长,实际上并不是一个连续的过程,而是以离散的、逐步的、概率的方式进行的。在时间间隔 Δt 内,特定初始尺度的云滴并非均匀一致地增长。一些云滴可能经历比平均数量更多的碰并,因此,比其他云滴增长得更快。结果发展出云滴的尺度分布。

如果将并合效率取为 100%,则可以直接计算出碰并的概率性质。实验室结果表明,对于各种不同尺度的云滴,并合效率不一定都能达到 100%。当大小约为 300~500 μm 的小雨滴,与较大的雨滴碰撞时,会有小的"卫星"云滴从两个被并合的云滴中溅出,使得结合在一起云滴的总质量,不一定是两个云滴的质量之和①。在这里,我们将暂时忽略这一事实,认为不存在因为"卫星"云滴溅出产生的复杂性,以说明并合的概率性质。在第 3.1.6 节中,我们将回过头来讨论云滴碰撞期间的溅出问题。

① 这个尺寸范围是 Brazier-Smith 等(1972,1973)发现最有可能产生溅出卫星液滴的地方。

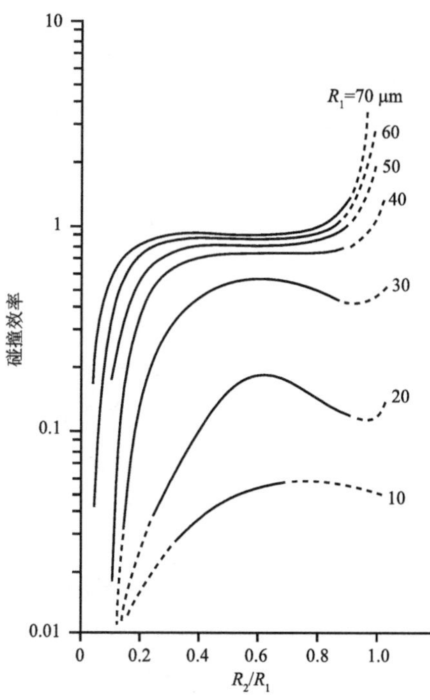

图 3.5　半径为 R_1 的收集液滴与半径为 R_2 的液滴碰撞的效率。曲线的虚线部分表示精度没有把握的区域。引自 Wallace 和 Hobbs (1977)[①],Elsevier 版权所有

首先,我们考虑粒子尺度的分布 $N(m,t)$,其中 $N(m,t)\mathrm{d}m$ 是在时间 t 处、质量 m 至 m' 的范围里、单位体积空气里的颗粒数。$N(m,t)$ 随时间的变化计算如下。质量为 m' 的粒子处在某个空间里,该空间被质量为 m 的粒子扫过的速率,用碰并核函数表示,核函数定义为:

$$\hat{K}(m,m') \equiv A_m \left| V(m) - V(m') \right| \Sigma_c(m,m') \tag{3.27}$$

质量为 m 的特定粒子,在时间间隔 Δt 内下降,碰并质量为 m'粒子的概率是:

$$\hat{P} \equiv N(m',t)\mathrm{d}m'\hat{K}\Delta t \tag{3.28}$$

式中,假设 Δt 足够小,以至于可以忽略在该时间段内出现多于一次碰并的概率。利用式(3.27)和(3.28),我们注意到质量为 m 的云滴,在 Δt 时间段内,碰并质量为 m'云滴的平均数量是:

$$\hat{P}N(m,t)\mathrm{d}m = \hat{K}(m,m')N(m',t)N(m,t)\mathrm{d}m\mathrm{d}m'\Delta t \tag{3.29}$$

把这个表达式重新排列,我们得到

$$\frac{\hat{P}N(m,t)}{\Delta t} = \hat{K}(m,m')N(m',t)N(m,t)\mathrm{d}m' \tag{3.30}$$

由于与单位体积空气中质量为 m' 的粒子并合,而使得质量为 m 的粒子数量减少了。上面的式子表示质量为 m 的粒子数量减少的速率。若质量为 m 的粒子与所有其他尺度的粒子并合,那么,质量为 m 的粒子数量浓度的降低速率由积分给出。

$$I_1(m) = \int_0^{\infty} \hat{K}(m,m')N(m',t)N(m,t)\mathrm{d}m' \tag{3.31}$$

①Brazier-Smith 等(1972,1973)在实验室条件下证明了雨滴聚结过程中卫星水滴的产生。

通过与上面类似的推理，由于并合较小的粒子，质量为 m 的粒子产生的速率可以表示为：

$$I_2(m) = \frac{1}{2}\int_0^m \hat{K}(m-m',m')N(m-m',t)N(m',t)\mathrm{d}m' \tag{3.32}$$

式中，包括一个 1/2 的系数，以避免对每次碰撞进行两次计数。质量为 m 的粒子数密度的净变化率，通过从式(3.31)中减去式(3.32) 而获得，并且可以写为：

$$\left[\frac{\partial N(m,t)}{\partial t}\right]_{col} = I_2(m) - I_1(m) \tag{3.33}$$

这个结果称为随机碰并方程。

公式(3.33)的计算要从某一任意的初始云滴尺度分布 $N(m, 0)$开始。通过随时间积分式(3.33)，获得由于随机碰并过程而改变的云滴尺度分布。除了初始分布之外，还必须假定出现在式(3.31)和式(3.32)中碰并效率和下落速度的合理值。在实际情况下，通常发现大部分液态水聚合在分布域的尾部。这种计算的一个例子如图 3.6 所示。接续几个时间云滴尺度的分布，绘制为质量分布 $g_m \equiv mN(m)$，而不是数量分布 $N(m)$，这样做使得每条分布曲线下部的面积，与液态水的总含量成比例。质量分布与质量为 m 粒子半径之间的关系曲线，绘制为对数尺度。该绘图惯例强调了下述结论：大部分的液态水随着时间的推移而越来越集中到大云滴中。30 min 后的质量分布中有两个峰值，对应包含在云滴（半径约 10^{-3} cm）和雨滴（半径约 10^{-1} cm）中的水量。在两个峰的中心之后的两条虚线，对应于数量和质量浓度的平均值。数量分布的平均值和云滴的峰值一致。该结果说明云滴的数目比雨滴多得多。尽管如此，在随机碰并半小时之后，雨滴的质量仍然是液态水的主体。这说明随机碰并能快速地将云水转变成雨水。

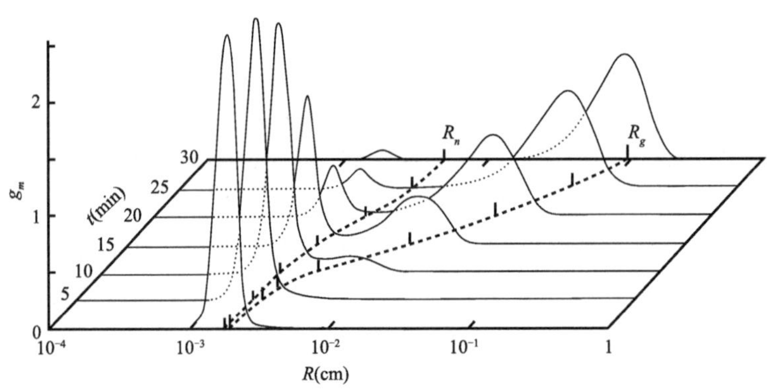

图 3.6　随机碰导致液滴尺寸分布演变的示例。函数 g_m 是质量分布函数，R 是液滴半径。虚线分别表示液滴尺寸半径的平均值，R_n 和 R_g 分别相对应液滴数量和液滴质量分布的均值。引自 Berry 和 Reinhardt (1974)，经美国气象学会许可再版

3.1.6　液滴的自发破碎、碰撞破碎和随机碰并形成机制的建模

当雨滴达到一定尺度时，它们变得不稳定，并且自发地破裂成较小尺度的云滴。实验室试

验得到了定量描述破裂的实验函数[①]。例如，实验室数据表明，对于半径小于约 3.5 mm 的液滴，质量为 m 的粒子单位时间破裂的概率 $P_B(m)$ 几乎为零，而对于半径大于该值的云滴，破裂的概率 $P_B(m)$ 随尺度呈指数增加(图 3.7)。在图中所示的函数是

$$P_B(m) = 2.94 \times 10^{-7} \exp(3.4R) \tag{3.34}$$

式中，R 是质量为 m 的液滴半径，单位为 mm，$P_B(m)$ 的单位为 s^{-1}。第二个实验函数是 $Q_B(m',m)$，它是这样定义的：把一个质量为 m' 的粒子破裂，使之形成许多质量为 m 至 $m+dm$ 的粒子，$Q_B(m', m)dm$ 是粒子数。$Q_B(m',m)$ 近似为指数函数，表达成：

$$Q_B(m',m) = 0.1R'^3 \exp(-15.6R) \tag{3.35}$$

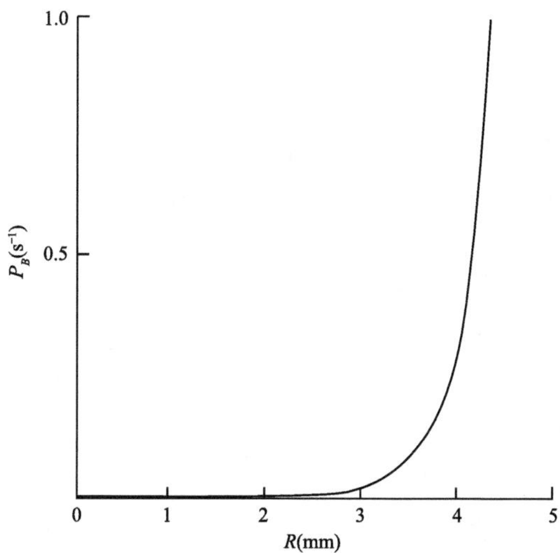

图 3.7　单位时间内半径 R 液滴破裂的概率 P_B。基于 Srivastava (1971)的实验公式

式中，半径以 cm 为单位。实验函数 $P_B(m)$ 和 $Q_B(m',m)$ 表明，自发破裂对云滴尺度分布 $N(m, t)$ 的净影响为：

$$\left[\frac{\partial N(m,t)}{\partial t}\right]_{break} = -N(m,t)P_B(m) + \int_m^{\infty} N(m',t)Q_B(m',m)P_B(m')dm' \tag{3.36}$$

除了自发破裂外，当云滴超过 300 μm 时[②]，液滴之间的相互碰并还会产生溅出的卫星液滴，那是不完美碰并过程的副产品[③]。计算表明，当自发破裂过程发生时，因碰并破裂而产生溅出卫星液滴的情况极其普通。因此，有时将碰并破裂融合到计算方案中去是非常重要的。因为这种类型的分裂是碰并的副产品，为了定量地说明溅出云滴的产生，随机碰并的公式(3.33)必须由一个更通用的计算方案来代替。当小的卫星液滴在并合期间形成时，随机碰并公式变得更加复杂，因为由并合所形成液滴的质量，不再等于两个碰撞液滴的质量之和。式(3.28)中的概率 $\hat{P}$ 必须用更一般的概率来代替，即质量为 m' 和 m'' 的液滴相互碰撞，导致质量

① 本小节中提出的自发破裂公式是由 Srivastava (1971) 提出的。

② Brazier-Smith 等(1972,1973)在实验室中证明并测量了卫星液滴的碰撞破碎和形成过程。

③ 参见 Young (1975)。

为 m 的液滴的形成，其中 $m \neq m' + m''$。因此，在每次相互作用中，必须至少考虑四种尺度类别：两个碰撞液滴的尺度、由它们的并合所产生的较大液滴的尺度，以及从并合的云滴溅落出来的子液滴的尺度。“卫星”液滴的数量和尺度基于实验室测量得到[①]。一个似乎合理的简化方案是：正好产生三个“卫星”液滴，并且它们都具有相同的尺度，其尺度设定与实验室结果一致。利用该假设，在每个时间步骤，把质量为 m' 和 m'' 的碰撞液滴抹去，并将其添加到质量为 m''' 的三个小“卫星”液滴和一个质量为 m 的大并合云滴中。

3.2 冷云微物理学

3.2.1 冰晶粒子均质核化

原则上，冰晶颗粒能以与云滴相同的方式直接从气相核化。冰晶颗粒直接从气相均质核化的临界尺度，由类似于方程式(3.3)的表达式描述。在这种情况下，临界尺度强烈地取决于温度和环境湿度。然而，对气相中的分子聚合而形成临界尺度冰晶颗粒的速率进行理论估算表明，核化仅仅在温度低于－65 ℃、并且过饱和度近似达到 1000%时才会发生。这种高过饱和度不可能在大气中发生。这表明冰晶的直接汽相均质核化，不是导致自然冰云形成的过程。

真实云中冰晶粒子的均质核化直接从液相发生。冰粒从液相的均质核化，类似于云滴从气相的核化。胚胎冰晶颗粒可以被认为是体积为 $\alpha_i 4\pi R^3/3$ 和表面积为 $\beta_i 4\pi R^2$ 的多面体，其中 R 是恰好可以把粒子多面体包在它内部的球体半径，且 α_i 和 β_i 都大于 1，但是当多面体趋向于球形时，它们接近于 1。与推导式(3.3)的理由类似，内接球体临界半径 R_{ci} 的表达式是

$$R_{ci} = \frac{2\beta_i \sigma_{il}}{\alpha_i n_i k_B T \ln(e_s/e_{si})} \tag{3.37}$$

式中，σ_{il} 是冰-液界面的自由能，n_i 是单位体积里冰的分子数，e_{si} 是相对于一个平的冰表面的饱和水汽压。分母中液体和冰的饱和水汽压，以及分子中的自由能，都是温度的函数。因此，临界半径也是温度的函数。

理论和实验结果表明，液态水的均质核化发生在低于约－40～－35 ℃的温度下。在自然云中发生均质核化的确切温度，取决于相对于冻结云滴的环境过饱和度。云滴在云凝结核上核化，在如此小的尺度下，溶解性云凝结核的浓度，影响云滴的平衡水汽压，并且云滴中溶解盐较高的浓度，提高了通过均质核化冻结的可能性[②]。云滴尺度也影响过饱和度，较大的云滴比较小的云滴在稍高的温度下均匀冻结。通常在高于约－38 ℃的温度下，均质核化速率足够低，使得通常仅活化水滴[③]。在较低温度下，溶液云滴在达到水饱和之前均匀冻结。因此，自然条件下云在－38～0 ℃的温度范围内具有未冻结的液体是可能的(例如：过冷水云)[④]。然而无论在云哪个部分，若温度在－38 ℃以下，云通常完全由冰晶颗粒组成，即冻结成冰(glaciated)。

---

① 建议由 Brazier-Smith 等(1972，1973)提出。

② Heymsfield 和 Sabin(1989)以及 Koop 等(2000)讨论了液滴均相核化形成冰云粒子的物理和化学过程。后者的研究提供了核化公式。这些研究也为卷云中的冰粒子与理论的一致性提供了证据。

③ 参见 Rogers 和 Yau (1989，p151)。

④ 参见 Heymsfield 和 Sabin (1989)。

3.2.2 云中的异质核化和其他形成小冰晶的过程

观测表明，在 0 到大约 −38 ℃之间的温度下，云通常包含冰晶。由于在该温度范围内不发生均质核化，因此冰晶只能通过多相过程形成。与云滴异质核化的情况类似，冰晶颗粒在外部表面上核化，降低了临界尺度，这只有通过分子的偶然聚合才能达到。然而，在云滴从气相核化的情况下，大气不缺少可以湿化的核。相反，在空气中发现的许多颗粒上，并不容易形成冰晶。冰晶异质核化的主要困难在于：固相的分子以高度有序的晶格排列。为了允许在冰胚和外来物质之间形成界面表面，外来物质应当具有类似于冰的晶格结构。图 3.8 示意性地表示出了在结晶基底上形成的冰胚，该结晶基底具有与冰不同的晶格。有两种方式可以形成这样的冰胚。或者在界面上冰的晶格就保持其原来的大小，在片状界面中分子有错位；或者冰晶格弹性变形，以接合衬底的晶格。错位的作用是增加冰——衬底界面的表面张力。弹性应变的作用是提高冰分子的自由能。这两种效应都会降低物质的冰晶核化效率。

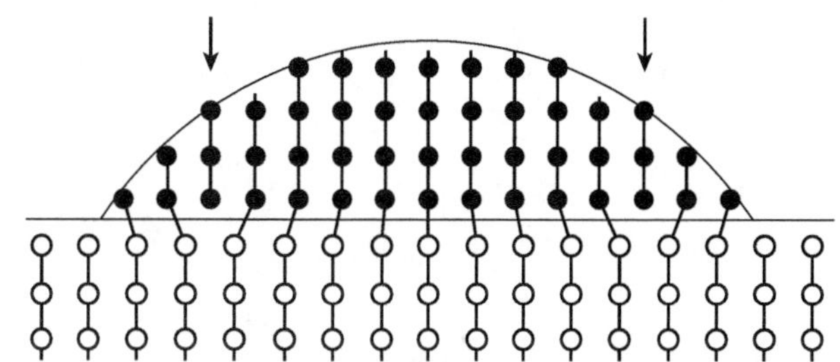

图 3.8　一个冰胚在轻微不匹配的晶体基底上生长的示意图。界面的错位用箭头表示。引自 Fletcher(1966)，经剑桥大学出版社许可再版

冰核可以通过几种作用方式触发冰晶的形成。包含在过冷云滴内的冰核，在云滴的温度降低到核化过程可被激活的程度时，会引发非均匀冻结。在这种情况下有两种可能性。如果在其上面形成云滴的云凝结核是冰核，则该过程称为凝结核化。如果核化是由悬浮在过冷水中的任何其他核引起的，则该过程被称为浸润冻结。如果空气中的冰核与云滴接触，则云滴也可能冻结，这一过程称为接触核化。最后，冰可以直接从气相形成在核上，在这种情况下，该过程被称为沉降核化。这些异质核化和冻结过程如图 3.9 左侧所示。如图的中间和右侧所示，其他机制也可导致在云中形成小冰晶颗粒。这些额外的冰晶颗粒源，包括云或环境中原先存在的冰，而不是直接从水汽或液相核化的。这些过程将在后面讨论(第 3.2.6 节)，因为它们需要某些尚未描述的物理学知识。

在云滴形成的情况下，核化效率取决于环境中水汽的含量和暴露于空气中凝结核的表面积。此外，更高温度对应更高表面张力，从而弹性应力增加，表面张力作用高度依赖温度。对温度的依赖性是如此之强，以至于它主导了云物理学早期理论的思路。冰晶颗粒核化的概率，随着温度的降低而增加，并且具有类似冰的晶格结构的物质，提供了最好的核化表面。后面一个事实所依赖的一个重要结论是：冰晶本身就提供了最好的核化表面；当任何温度 $\leqslant 0$ ℃的

过冷云滴与冰表面接触时,它会立即冻结[①]。具有类似于冰的晶格结构,并且在其上面可以形成冰晶颗粒的非冰晶颗粒,被称为冰核。除了冰之外,最常见的具有类似冰的晶格的天然物质,是矿物粉尘(主要是黏土矿物,约占天然冰核的一半)和生物颗粒(主要是腐烂的叶子材料和来自植被的细菌[②])。黏土矿物以 10^{-5}～1 cm^{-3} 的浓度在约 −37～−10 ℃的温度下使冰核化。在约 −10～−1 ℃的较高温度下,叶中的细菌似乎是主要的天然冰核,产生浓度低得多的冰晶颗粒,浓度为 10^{-14}～10^{-5} cm^{-3}(图 3.10)[③]。在高温(低过冷)下,天然冰核的低浓度促使人们使用非天然存在的核,例如碘化银(其在约 −7 ℃下使冰核化)来撒播云,以便将液体输送至冰。这种转化可在过冷雾中产生暂时改善能见度,尽管湍流混合将迅速填充。碘化银撒播已被频繁尝试,但从未被证明有效地在积云中产生足够的融化潜热,以增强上升气流,并因此通过浮力而增加降水。

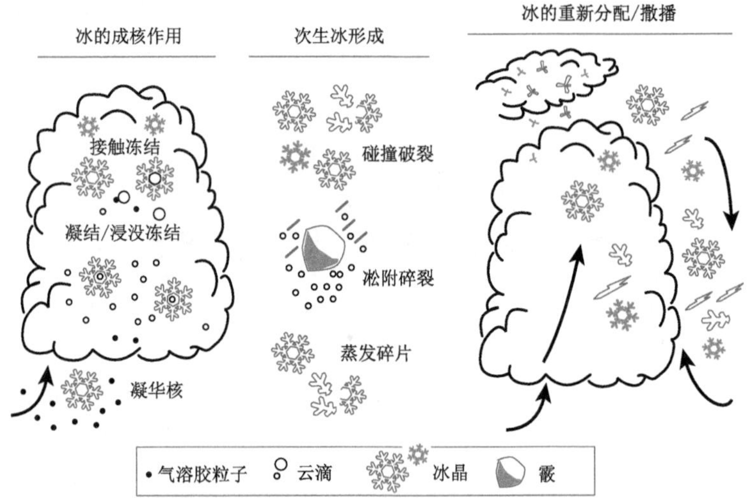

图 3.9 两种冰核形成过程的区别:发生在气溶胶粒子上的冰核形成过程,以及其他影响云粒子组成的冰核形成过程。后者的例子如:包括原先存在的冰晶相互之间碰撞在内的次生过程(Vardiman,1978)、在云粒子加速的过程中霰里面冰粒子的破裂(Hallett 和 Mossop,1974),以及暴露在干空气层中冰晶的破裂(Oraltay 和 Hallett,1989)。引自 Demot 等(2011),经美国气象学会许可出版

在实验室和飞机上使用专门的仪器来确定,在不同的环境温度和湿度下以及使用不同类型和数量的气溶胶(例如,图 3.10 中的星号)可以激活多少冰核[④]。众所周知,冰核的数量大

① 当碰并速率变得非常大时,例如在某些冰雹的生长的例子中,冰粒子碰并液体,也会发生瞬时冻结,这是一种例外情况。第 3.2.5 节讨论了这种"湿生长"过程。

② 尤其是丁香假单胞菌。

③ 有关大气中发现的各种类型冰核的实验室研究的深入评论,请参见 Murray 等(2012)。

④ 早期的工作利用膨胀室来确定随环境温度降低,冰粒子形成的频率。近年来,实验室对冰颗粒核化的研究主要采用连续流动扩散室(CFDC),它可以区分温度、湿度和颗粒特性的影响。参见 DeMott 等(2011)对这些仪器历史的综述和对连续流动扩散室的描述。

致随着温度降低而指数地增加[①]。然而，如果仅考虑温度，则气溶胶浓度和环境湿度的自然可变性会有很大的不确定性。更完整的异质核化理论，考虑了冰核的具体组成、表面积以及相对湿度和温度[②]。气溶胶的所有这些细节特性，在实践中是难以知道的，并且理论的简化版本是基于以下事实：即冰核最重要的性质，是颗粒的表面积。简化的理论建立在以下测量事实的基础上：直径大于 0.5 μm 气溶胶颗粒的总浓度，与气溶胶净表面积有较好的相关性。此外，总气溶胶浓度是容易测量的环境特性，并且关于冰核浓度，用直径大于 0.5 μm 的颗粒浓度，代表净暴露核的表面积，是很好地近似[③]。在各种不同的大气条件情况下，该简化方案合理良好地预期(或"参数化")了观察到的冰核浓度 N_I。图 3.11 显示了由简化理论预测的浓度 N_I 与观测浓度 N_I 之间的对比。简化理论预测的浓度 N_I 由下列实验公式算出：

$$N_I = a(273.17 - T)^b (N_{aer,0.5})^{c(273.16-T)+d} \tag{3.38}$$

式中，N_I 是每标准升的冰核数浓度，$N_{aer,0.5}$是直径大于 0.5 μm 的气溶胶颗粒每标准立方米[④]的数浓度，T 是以 K 为单位的云温度，$a=0.0000594$，$b=3.33$，$c=0.0264$，$d=0.0033$。图 3.11 中实线对角线代表完美的预测。总共 62%的点位于虚线内，虚线表示不确定度为两个标准差的范围。这张图表显示了大气中活跃的冰核浓度的巨大范围。它们的范围超过三个数量级，从约 0.1～100/L。

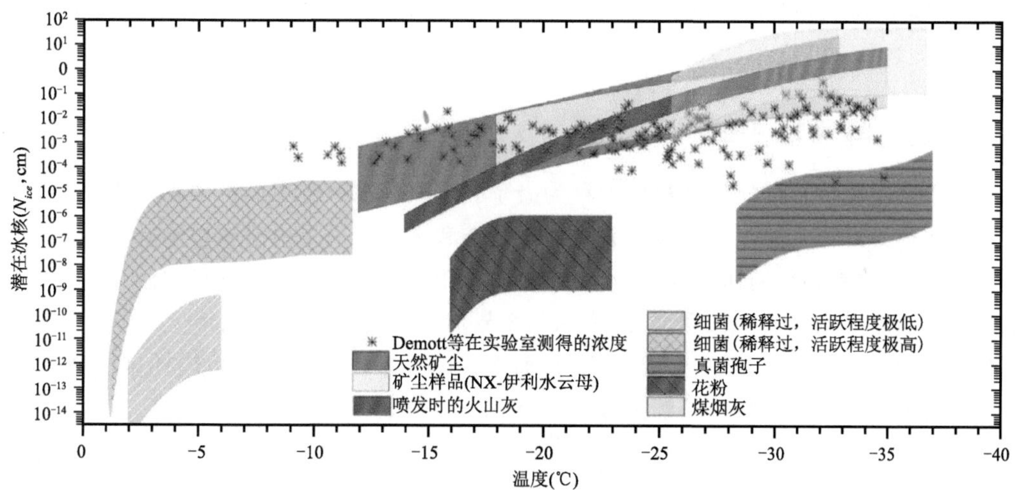

图 3.10 用浸润法测出的潜在冰核浓度与大气气溶胶粒子温度之间的函数关系。图中还显示了 Demot 等(2010)论文中的冰晶数浓度，他们在水饱和的条件下使用 500 m 高的连续流动扩散云室测得该浓度。引自 Murray 等(2012)，经英国皇家化学学会许可再版

① 早期的膨胀室测量是由 Fletcher (1966)给出的。它显示冰核的浓度随温度呈指数变化，即 $\ln N_I = a_I(253\ \mathrm{K} - T)$，其中 a_I 随位置而变化，但其值在 0.3～0.8 范围内。注意，根据这种关系，在 −20 ℃的情况下每升只有一个冰核。若 $a_I=0.6$，温度每降低 4 ℃，浓度大约增加 10 倍。如文中所述，由于不考虑湿度和气溶胶特性的可变性，该最佳拟合公式所代表的实验数据，具有非常大的推广价值。

② Phillips 等(2008)引入了一种理论，该理论给出了适用于云滴核化模型的冰粒子异质核化的参数。在这个模型中，核化取决于气溶胶的类型、表面积以及温度和湿度。

③ 参见 DeMott 等(2010)，以了解该理论修改的细节。

④ 标准立方米和标准升是指在标准大气温度和压力下的体积。

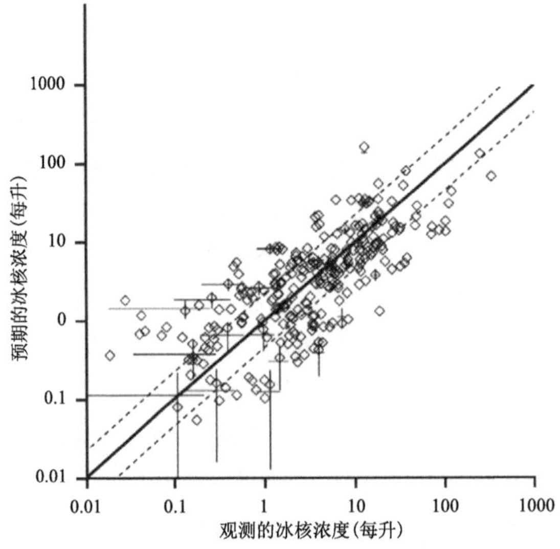

图 3.11　冰核浓度预期值与观测值的比较。预期是用一个参数化方法算出的，这取决于气溶胶浓度超过 0.5 mm 和温度。不确定度(不确定度指一个标准差)显示在选定的数据点上。虚线用 1∶1 的比例尺勾勒出不确定度为两个标准差的范围。引自 Demot 等(2010)，经美国国家科学院院刊许可再版

3.2.3　水汽凝华和升华

环境水汽向冰粒扩散而使冰粒生长称为凝华。水汽从冰粒子表面扩散到环境而造成冰粒子质量损失称为升华。这些冰相过程是类似于凝结和蒸发。但是由于冰粒子有各种不同的形状，所以在计算冰晶颗粒的质量变化时，不能总是套用粒子几何形状为球形的假设。在评估由于水汽扩散而造成液滴的生长和蒸发(第 3.1.2 节)时，假设液滴为球形。

在式(3.8)中用形状因子 $\widetilde{C}$ 代替的 R，从而在式(3.14)和(3.22) 中也同样这样做，可以估计水汽朝向或远离非球形冰粒子的扩散①，形状因子 $\widetilde{C}$ 类似于电容。

$$\dot{m}_{dif} = 4\pi\widetilde{C}D_v[\rho_v(\infty) - \rho_{vsfc}] \tag{3.39}$$

式中，ρ_{vsfc} 是颗粒表面处的水汽密度。用类似的方法处理式 (3.14)和(3.22)，得：

$$\dot{m}_{dif} = \frac{4\pi\widetilde{C}\widetilde{S}_i}{F_{\kappa i} + F_{Di}} \tag{3.40}$$

和

$$\dot{m}_{dif} = \frac{4\pi\widetilde{C}V_F\widetilde{S}_i}{F_{\kappa i} + F_{Di}} \tag{3.41}$$

除了潜热 L 被式(3.16) 中的升华潜热 L_s 代替，$e_s(\infty)$ 被冰面上的饱和水汽压 $e_{si}(\infty)$ 代替之外，$\widetilde{S}_i$、$F_{\kappa i}$ 和 F_{Di} 与式(3.15)—(3.17) 中的 $\widetilde{S}$ 、F_κ 和 F_D 相同。如式(3.14)和(3.22)一样，式(3.40)和(3.41) 仅在空气饱和时适用(在冰面的情况下，指相对于冰面的饱和水汽压)。如在云滴的情况下一样，如果空气是不饱和的，则 $\dot{m}_{dif}$ 必须通过数值计算获得。

① 在冰晶体周围的水汽场，与相同尺寸和形状导体周围静电势场之间进行类比分析这种方法，是首先由 Houghton (1950)使用的。参见 Hobbs (1974)关于类比分析法起源的进一步说明。

通过水汽扩散生长的冰晶所采取的形状或晶体结构，是温度 T 和空气过饱和度 $\tilde{S}_i$ 的函数。它们的生长模态可以通过实验室实验和对云自身进行观测得知[①]。基本的晶体结构表现为六边形。可以把晶体想象为有一个轴，垂直于六边形的面。如果这个轴的长度比六边形面的宽度大很多，那么它就是柱状的(有时也称为棱镜状)。如果这个轴的长度与六边形面的宽度相比较短，则晶体就是板状的。图 3.12 中示意地表示了晶体的基本形态。随着环境温度的变化，晶体的形态在柱状和板状之间来回变化(表 3.1)。增加环境过饱和度的效果是增加晶体的表面积和体积之比。额外的表面积为增加的环境水汽提供了更多的淀积空间。在−16～−12 ℃的温度下出现的多臂、蕨类晶体有六个主臂和几个次分支(图 3.12c)。

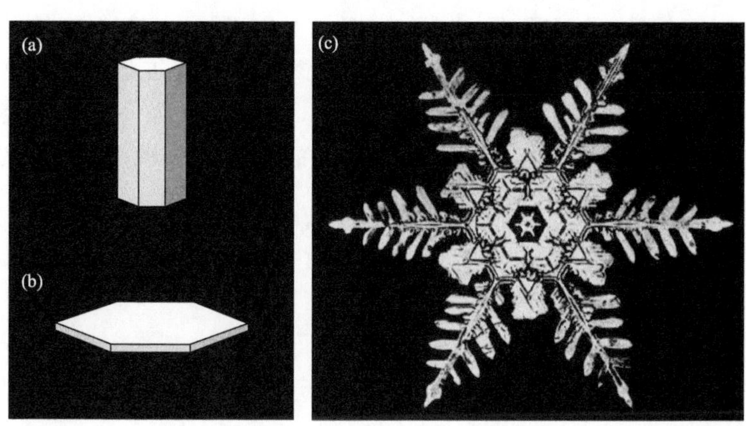

图 3.12　冰晶主要的外形示意图：柱状或棱镜状冰晶(如柱状晶)(a)、板状(b)和枝晶状(c)。引自 Rogers 和 Yau (1989)，Elsevier 版权所有

表 3.1　冰晶的基本形态随温度的变化，引自 Wallace 和 Hobbs (2006)

温度(℃)	基本形态	在水略有过饱和的情况下冰粒的类型
−4～0	板状	薄六面体
−10～−4	棱镜状	针状(−6～−4 ℃) 巨大的柱体(−10～−5 ℃)
−22～−10	板状	扇板状(−12～−10 ℃) 枝晶体(−16～−12 ℃) 扇板状(−22～−16 ℃)
−50～−22	棱镜状	巨大的柱体

它们可以被认为是六边形板，其截面被删除，以增加晶体的表面积与体积之比。它们发生在水的饱和水汽压(接近许多冷云中的实际水汽压)和冰的饱和水汽压(接近晶体表面的条件)之间差别最大的温度范围内。

① 参见 Hobbs (1974)的第 8 章和第 10 章。

3.2.4 聚合和凇附

如果冰晶颗粒碰并其他冰晶粒子，则该过程称为聚合。如果冰晶颗粒碰并液滴，液滴在接触冰粒时冻结，则该过程称为凇附。连续碰并方程式(3.24)可用于描述冰晶颗粒通过聚合或凇附过程的生长。

聚合过程强烈地依赖于温度。若温度升高到−5 ℃以上，冰晶表面变得黏稠，碰撞的冰晶粒子黏合的可能性变得更大。影响聚合的另一个因素是晶体类型。复杂的晶体，如枝晶，当它们的分支缠绕在一起时，就会聚合在一起。这些事实可以从实验室实验和对天然雪的观察中得知。在图 3.13 中，被碰并的雪聚合体的尺度，显示为它们被观察到温度的函数。当温度高于−5 ℃时，冰粒的表面变得较为黏滞，其尺度急剧增加，而当温度低于−20 ℃时，似乎看不到聚合过程的存在。次级最大值出现在−16～−10 ℃之间，在这样的温度下生长出来的枝晶臂，明显地缠结在一起。根据对冰晶粒子形状和尺度的观察，几乎没有定量的实验信息说明这

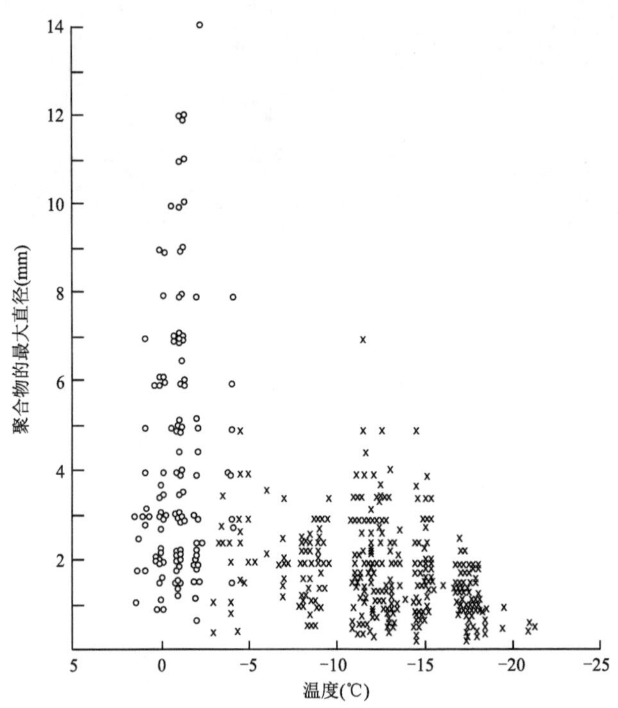

图 3.13 冰晶自然聚集体的最大尺寸与冰晶碰并的地点空气温度之间的函数关系。用×表示的点是在飞机上观察到的晶体。圆圈代表地上收集的冰晶。引自 Hobbs 等(1974)，经美国地球物理联合会许可再版

些存在定性事实。到目前为止知道的另一个可以影响聚合的因素是过饱和程度，它可以影响冰晶粒子的湿度，从而影响冰晶粒子的粘附效率。一种方法是在使用式(3.24)或(3.26)进行计算的过程中，假设聚合效率随温度的增加而呈现指数函数的增加[①]。然而，该方法忽略了过饱和度和粒子类型对聚合效率的影响。更理想的方法使用假定的查找表，它把聚合效率表示

① 参见 Lin 等(1983)。

为温度、粒子类型和过饱和度的函数(表 3.2)。该表显示:晶体形态更复杂、过饱和程度更高的条件下,聚合效率的数值越高。为了简单起见,许多应用简单地假定聚合效率为恒定值 0.1[①]。

表 3.2 在不同的冰晶形状下聚合概率的加权因子(Mitchell,1988)

类别编号	温度(℃)	湿度接近或高于水饱和条件时冰晶的形状	权重	湿度低于水饱和条件时冰晶的形状	权重
1	$T<-20$	柱状 侧板状 锥形体	0.25	柱状 锥形体	0.10
2	$-20\leqslant T<-17$	板状	0.40	板状	0.10
3	$-17\leqslant T<-12.5$	枝状晶体	1.00	板状	0.10
4	$-12.5\leqslant T<-9$	板状	0.40	板状	0.10
5	$-9\leqslant T<-6$	贝壳状 柱状	0.10	柱状	0.10
6	$-6\leqslant T<-4$	针状	0.60	柱状	0.10
7	$T\geqslant-4$	板状	0.10	板状	0.10

淞附碰并的效率主要取决于被冰晶颗粒碰并的过冷云滴的尺寸。云滴的半径主要在 10~100 μm 之间。理论计算表明,若冰晶穿过具有半径小于 10 μm 微小云滴的云体落下,那么在云中冰晶的碰撞效率接近于零;但随着云滴尺度接近 10 μm,碰撞效率迅速上升(图 3.14);对于最大的云滴,效率再次下降到接近零。效率还密切的依赖于雷诺数 $Re\equiv 2VD/\nu$,其中 V 是冰晶粒子的最终下降速度,D 是其直径(或特征长度尺度),ν 是空气的黏度。Re 的变率指示碰撞效率随碰并冰晶粒子的尺度和/或下落速度而增加。

淞附生长的机制和速度取决于冰晶粒子的类型,并且淞附的生长机制可以随着粒子的生长过程而变化,轻微的淞附形成自然清澈的晶体,重度的淞附则形成更加坚硬的固态结构。支链状颗粒似乎首先通过“填充”[②]生长。该过程导致颗粒质量增加,但不会导致粒子的长度增加。最终,填充了未被枝杈占用的那部分体积以后,形成更密集的准球形颗粒(初始霰)。从此以后,颗粒的进一步生长既增加质量又增加尺度。一旦填充以后,它们就会长成球形粒子。随着粒子向更重的淞附结构发展,它的增长速度变得更加平缓。

轻微到中等的淞附晶体,仍然保留碰并晶体原始习性的痕迹(图 3.15a — d)。在重度淞附下,碰并原来的印记会丢失,粒子被称为霰,它可能呈团块状或锥状(图 3.15e 和图 3.15f)。

3.2.5 冰雹

极端结晶产生冰雹。这些粒子通常直径为 1 cm,已经观察到 10~15 cm 那么大的冰雹。它们以霰或冷冻雨滴的方程产生,碰并过冷却的云滴。如此多的液态水以这种方式积聚,当碰

① 例如 Reisner 等(1998)、Morrison 和 Grabowski(2008a)以及 Field 等(2006)发现,随机碰并计算中的这种简化,得到了卷云砧中符合实际的云粒子大小分布。

② 淞化冰晶“填充”式增长的概念模型,是由 Heymsfield (1982)首先提出的。

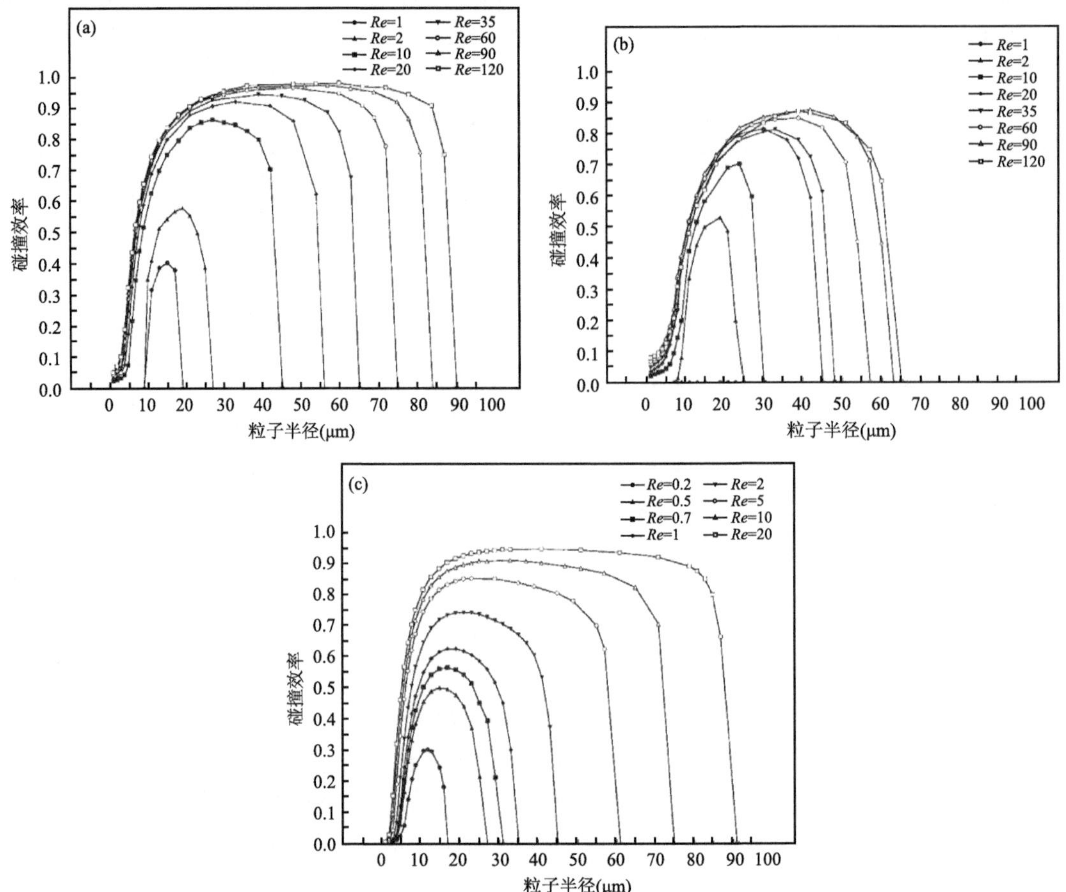

图 3.14 冰晶粒子与过冷液滴的碰撞效率。对六边形板(a)、枝晶(b)和柱状冰晶(c)粒子进行计算得到。引自 Wang 和 Ji(2000),经美国气象学会许可再版

并的水冻结时,所释放的溶解潜热显著地影响冰雹的温度。冰雹温度可能比其环境高几度。在计算冰雹粒子的生长时,必须考虑这种温差,这是通过考虑冰雹的热平衡来确定的。

质量为 m 的冰雹由于淞附而获得热量的速率是:

$$\dot{Q}_f = \dot{m}_{col}\{L_f - c_w[T(R) - T_w]\} \tag{3.42}$$

因子 $\dot{m}_{col}$ 是由于碰并液态水而导致冰雹质量增加的速率。它由式(3.26)给出。冰雹被假定为半径为 R 的球形。L_f 是云滴与冰雹接触时冻结而释放的融化潜热。卷曲括号中的第二项是:当所碰并的温度为 T_w 的水滴与冰雹达到温度平衡时,每单位质量获得的热量。系数 c_w 是水的比热。如果粒子周围的空气是不饱和的,则温度 T_w 与空气的湿球温度近似,湿球温度是在给定空气压力下,经历蒸发的水面上方的平衡温度①。当空气的湿度非常低时,该温度可以比实际空气温度低几度。如果粒子周围的空气是饱和的,$T_w = T(\infty)$。

冰雹通过凝华获得热量(或通过升华失去热量)的速率,由式(3.8)改写获得:

$$\dot{Q}_s = 4\pi R D_v[\rho_v(\infty) - \rho_v(R)]V_{Fs}L_s \tag{3.43}$$

① 参见 Wallace 和 Hobbs (2006) p83—84。

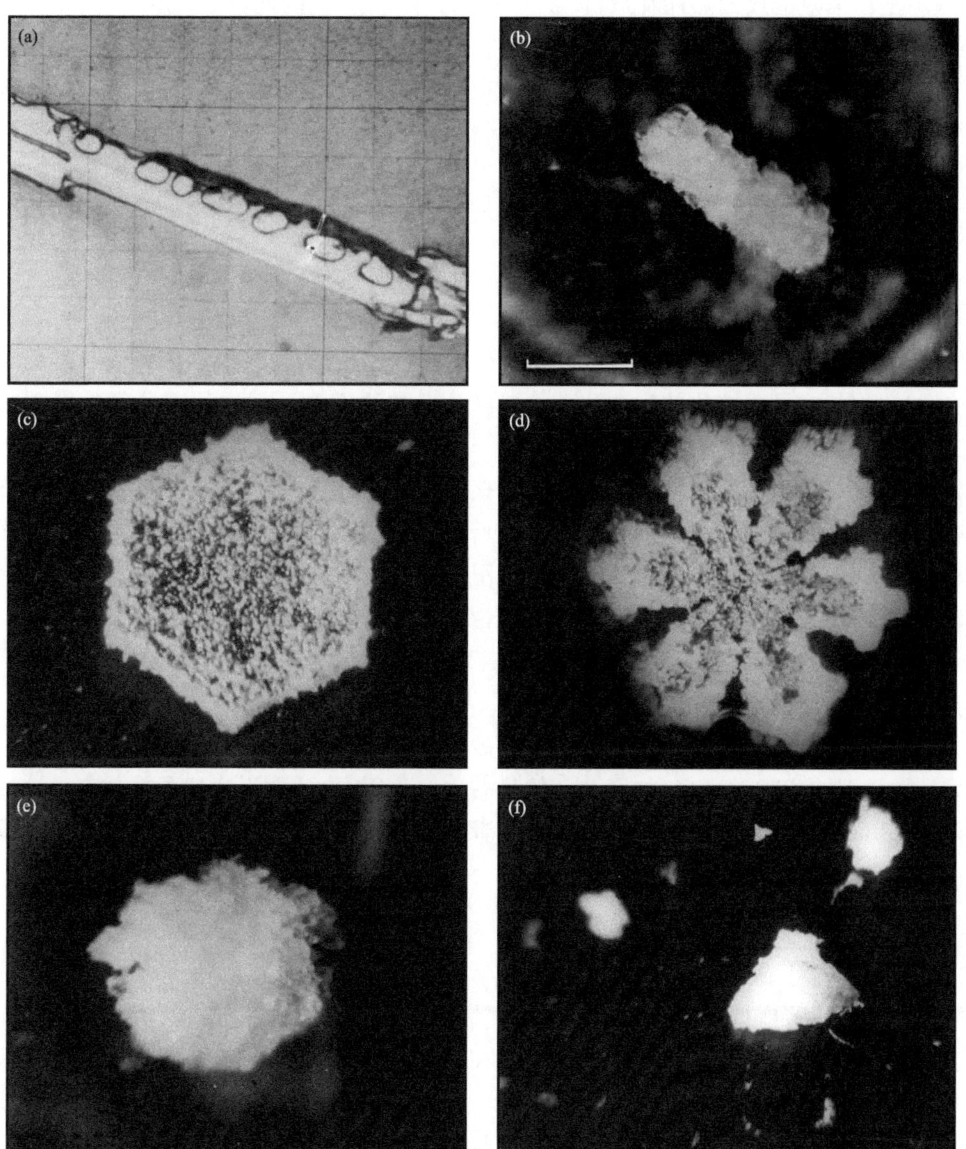

图 3.15 (a)针状轻微凇附;(b)密实的柱状凇附;(c)密实的板状凇附;(d)密实的星状凇附;(e)团块状霰;(f)锥状霰。引自 Wallace 和 Hobbs (1977),Elsevier 版权所有

式中,V_{Fs}是升华的通风因子,而 L_s 是升华的潜热。

通过传导向空气损失热量的速率,从式(3.9)的修改版本获得,其可以写为:

$$\dot{Q}_c = 4\pi R\kappa_a[T(R) - T(\infty)]V_{Fc} \tag{3.44}$$

式中,V_{Fc}是用于传导的通风因子。

在平衡状态中,我们有

$$\dot{Q}_f + \dot{Q}_s = \dot{Q}_c \tag{3.45}$$

把式(3.42)—(3.44)代入,可以求解冰雹的平衡温度,它是冰雹尺度的函数。只要该温度保持在 0 ℃以下,冰雹表面就能保持干燥,其发展被称为干生长。然而,热能从冰雹的扩散通常太慢，而跟不上由凇附造成的热能释放（淀积生长远小于凇附）。因此，如果冰雹在过冷云中停留足够长的时间，其平衡温度可以上升到 0 ℃。在该温度下，碰并的过冷云滴在与冰雹接触时不再自发冻结。然后，一些碰并得来的水可能由于脱落而损失到温暖的冰雹中。然而，所碰并的水中相当大的一部分，被结合到水-冰相间的网状结构中，形成所谓的海绵状冰雹。这个过程被称为湿生长。冰雹在其寿命期间，当其通过不同温度的空气时，可通过干燥和潮湿过程交替生长。当冰雹被切开时，它们通常呈现层状的结构，这是交替生长模式的证据。

3.2.6 冰粒子富集

如图 3.9 所示，小冰粒子可通过除核化之外的其他过程形成。结果，云可以具有更高的冰粒子浓度，比均匀或异质核化的观测和理论单独预期的浓度高。云中这部分额外来源的冰粒子，统称冰粒子富集[①]。

如图 3.9 中所示，小的冰粒子可以通过非核化的过程形成。结果，云中冰粒的数目可以比若只有均质核化和异质核化发生，理论和观测所期待的数目更多。这些额外的冰粒子统称冰粒子富集至少有三种可能发生的方式，如示意图 3.9 的中间部分所示。

(1)经受碰撞或热冲击的冰粒子可能破裂，并破碎成碎片。

(2)在凇附过程中，当温度为 $-8\sim-3$ ℃，尺度大于 23 μm 的过冷却云滴，以 $\geqslant1.4$ $m\cdot s^{-1}$[②]的速度撞击冰粒子时，会产生小碎冰。

(3)树枝状晶体暴露在干燥空气中蒸发时破裂[③]。

另一种类型的冰粒子富集，如图 3.9 的最右边部分所示，被称为冰粒子再分布。该过程通过从云外部引入冰来增加云的冰粒子浓度，或者冰粒子从高度较高处的云中沉降下来，或者可能通过某种横向夹卷实现。

3.2.7 冰粒子下落速度

冰粒子的下落速度拥有很宽的范围。观测表明，这些速度取决于颗粒的类型、尺度和凇附的程度，并且冰粒子凇附程度越重，其下落速度与尺度之间关系越密切。刚形成的雪晶体以 $0.1\sim0.7\ m\cdot s^{-1}$的速度向下飘落（图 3.16）[④]。如果聚合体仅由 2～3 个晶粒组成，并且是相当呈片状的，则它们以类似的速度下落，这表现出它们相对于所通过的空气，只有很小的横截面积。这些粒子属于图 3.17 中的“早期聚合体”。大多数聚合体更复杂、并且是三维的，它们以 $1\sim1.5\ m\cdot s^{-1}$的速度下落（图 3.17 上部的点）。霰粒子的尺度，随其所经历的凇附程度成比例地急剧增加。当霰粒子的直径增加到 1～5 mm 时，其下落速度增加到 $1\sim3\ m\cdot s^{-1}$（图 3.18）。

根据观测实验数据，在图 3.16 — 3.18 中用图解法展示了下落速度与粒子直径之间的函

---

① 曾经有人认为冰粒子富集比实际情况更严重。然而，正如 Korolev 等(2011)已经发现，传统上在飞行器观测中看到高浓度的冰颗粒，主要是由于测量探针本身的撞击造成的冰破碎，通过对仪器的空气动力学性能进行重新设计，这个问题可以在很大程度上消除。

② 实验室试验是由 Hallett 和 Mossop(1974)进行的。这种冰增强过程通常被称为哈利特-莫索普(Hallett-Mossop)机制。

③ Oraltay 和 Hallett (1989)在实验室实验中发现了这种破裂过程。

④ 图 3.16 中的实验数据与北海道大学 Nakaya 和 Terada(1935)早期工作中报告的基本信息相同，也与 Mitchell (1996)的下落速度测定方法一致。

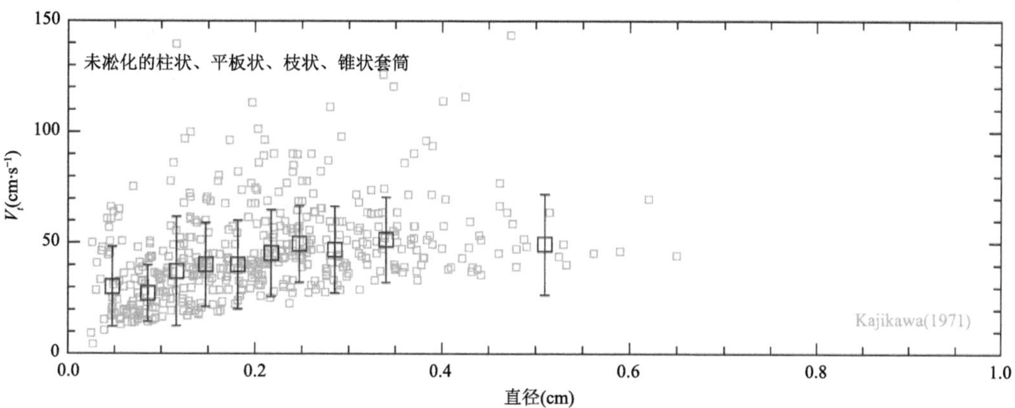

图 3.16 未凇附雪晶的下落末速度与其最大尺度之间的关系。方框表示中值，短线段表示 1 个标准差的范围。这幅图是由 Andrew Heymsfield 根据过去的数据集为这本书专门制作的，并经他许可在这里出版

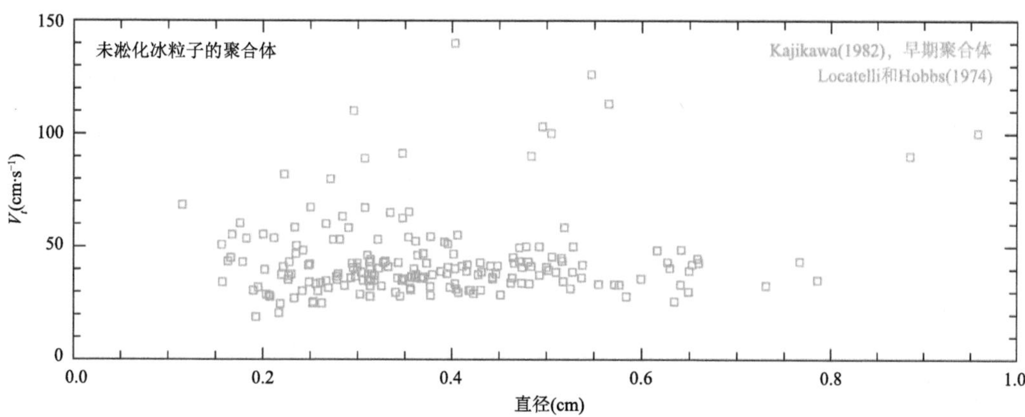

图 3.17 冰粒子聚合体的末速度和最大尺度之间的关系。Kajikawa(1982)观察到的"早期聚合体"由 2～3 个晶体组成，并且基本上是二维的。Locatelli 和 Hobbs (1974)所发现冰粒子的复杂组合体，在自然界中多数呈现出三维结构。方框表示中值，短线段表示 1 个标准差的范围。这幅图是由 Andrew Heymsfield 根据过去的数据集为这本书专门制作的，并经他许可在这里出版

数关系。然而数据表明：粒子的质量(特别是由淞附程度所决定的)也是决定下落速度的因素。从图 3.16 — 3.18 中可以看到这个事实：淞附粒子的下落速度，明显大于未淞附的粒子。为了既考虑质量又考虑尺度，我们注意到：作用在质量为 m 下落粒子上的拖曳力可以表示为：

$$F_{drag} = \frac{1}{2}\rho V^2 A_m C_D \tag{3.46}$$

式中，ρ 是空气密度，V 是粒子的终末下落速度，A_m 是粒子垂直于流动的横截面积，C_D 是阻力系数。然后假设粒子以终末速度下落，拖曳力等于重力 mg，并且式(3.46)中的下落速度变为

$$V = \left(\frac{2mg}{\rho A_m C_D}\right)^{1/2} \tag{3.47}$$

理论和实验数据表明，阻力系数 C_D 是一个最优数的函数，最优数是粒子的质量除以与周

围气流垂直的粒子横截面积①。将这样的函数代入式(3.47),表示下落速度,它是最优数的函数。由于这里所列出的下落速度关系式,是基于粒子的几何尺度和质量这样的物理特性的,它适用于任何类型的下落粒子,从而可以计算大多数粒子的下落速度,而不必在计算前先对所考虑冰晶粒子的种类(针、枝晶、凇附晶体等)做定性判断。然而,当冰晶粒子达到雪聚合体的尺度和质量时,在粒子的边界周围形成一个空气"垫板",使得其有效面积更大。如图 3.19 所示,对该面积进行修正,有效地增加了导致聚合体达到最大速度的粒子横截面积,达到了这个最大速度以后,尺度的增加不会导致下落速度进一步增加,并且甚至还可能降低下落速度。

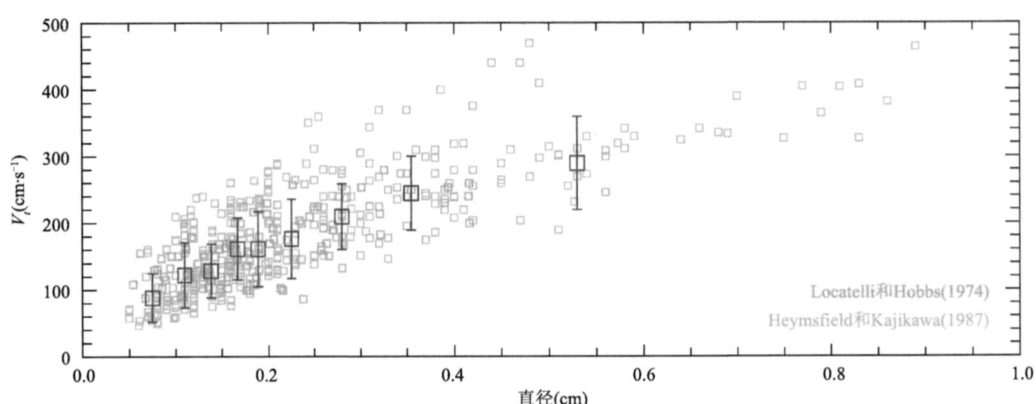

图 3.18 霰粒子的末速度与尺度之间的关系。方框表示中值,短线段表示 1 个标准差的范围。这幅图是由安德鲁·海姆斯菲尔德(Andrew Heymsfield)根据过去的数据集为这本书专门制作的,并经他许可在这里出版

冰雹是如此之大和重,以至于用上述理论和实验数据预期的冰雹的下落速度,比雪和霰的下落速度大一个数量级。图 3.20 显示:直径范围为 5～25 mm 的冰雹,下落速度为 8～19 m·s^{-1}的。冰雹可以更大,直径可达 80 mm ②。这些巨大的冰雹,下落速度可达 50 m·s^{-1}③。这么大的下落速度意味着在云层中必须存在每秒数十米量级的上升气流,以支持冰雹有足够长的时间增长。同样的原因,冰雹只能在非常强的雷暴云中被发现,这将在第 8 章和第 9 章中介绍。

3.2.8 融化

当冰粒子与高于 0 ℃的空气或水接触时,它们可以变成液态水。质量为 m 冰粒子融化速率的定量表达式,可以通过假定粒子在融化期间热平衡来获得。根据式(3.45),该平衡可以写为

$$-L_f\dot{m}_{mel} = 4\pi R\kappa_a[T(\infty)-273\ \mathrm{K}]V_{Fc} + \dot{m}_{col}c_w(T_w-273\ \mathrm{K})+\dot{Q}_s \tag{3.48}$$

① 拖曳系数和粒子质量与尺度之间的关系在 Mitchell (1996)、Khvorostyanov 和 Curry (2002, 2005)以及 Mitchell 和 Heymsfield(2005)的论文中都进行了探索。

② 冰雹的尺寸分布如 Auer(1972)所确定。

③ Pruppacher 和 Klett(1997)提出一个只取决于冰雹大小的实验公式。在气压为 800 hPa、温度为 0 ℃的情况下,这个公式预期的冰雹下落速度表示为 $V(\mathrm{m\cdot s^{-1}})=9D_h^{0.8}$,其中 D_h 冰雹的直径,单位为 cm。这个公式在冰雹的直径为 0.1～8 cm 时有效。对于直径为 8 cm 的冰雹,算出的冰雹下落为 10～50 m·s^{-1}。

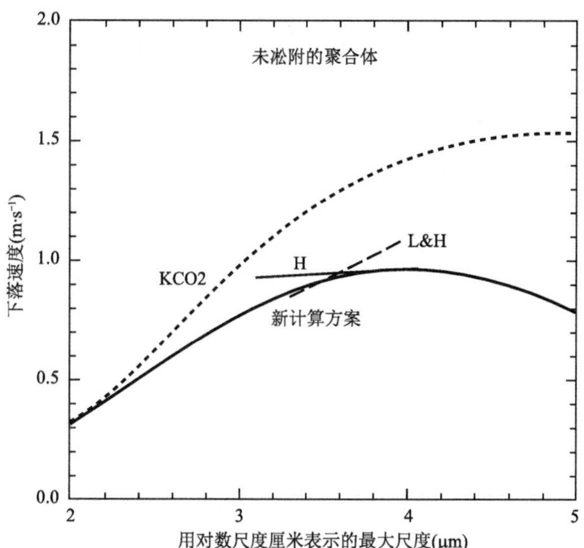

图 3.19 用 Khvorostyanov 和 Curry(2002,点状线)和 Mitchell 和 Heymsfield(2005,粗实线)提出的理论预期的未凇附聚合体的末速度。此外,图中还根据观测数据推导出幂次规律,显示了未凇附的枝状(Locatelli 和 Hobbs,1974,长虚线)和针状(Hanesch,1999,细实线)聚合体的下落速度。经美国气象学会许可再版

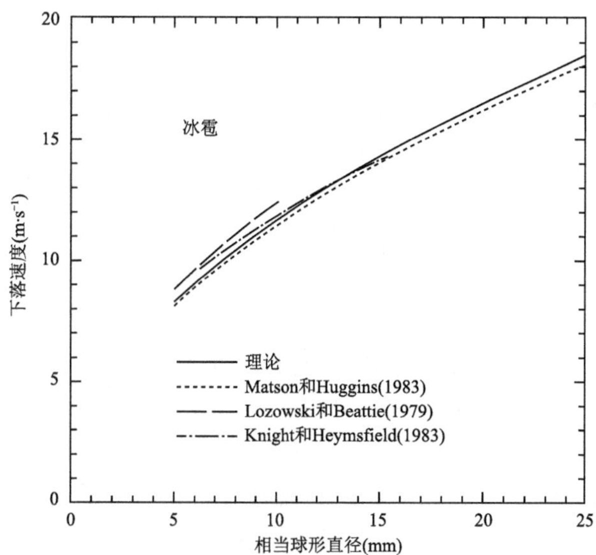

图 3.20 冰雹下落速度与粒子尺寸之间关系的理论(实线)和三组观测结果。引自 Mitchell(1996),经美国气象学会许可再版

式中,$\dot{m}_{mel}$ 是融化造成的冰粒子质量变化率。右边第一项表示热量从环境空气向粒子扩散。第二项是热量传递的速率,该热量从与融化粒子碰并的温度为 T_w 的水滴,传递到冰粒子上去。第三项,Q_s 是通过水汽扩散获得或损失的热量[由于冰雹正在融化,在球形冰雹的情况下,由式(3.43)给出,其中的 L_s 用 L 代替]。如果空气温度和下落粒子的温度都超过 273 K,则式(3.48) 中的第一项和第二项都有助于融化。

3.3 云中的微物理学过程和水物质类型

从前面对云微物理学的回顾(第 3.1 节和第 3.2 节)中可以明显看出,云中水的物质有各种各样的形式,并且这些形态在七种类型基本微物理过程的影响下发展。

(1)粒子核化。

(2)水汽扩散。

(3)碰并。

(4)粒子的破碎。

(5)下落。

(6)冰粒子富集。

(7)融化。

这些单独的过程有时可以用数值模式或实验室实验的方法分别进行研究。然而,在自然云中,当包括云的整个粒子系统形成、生长和消失时,这些过程可以几个或全部同时发生。因此,各种形态的水和冰粒子共存,并在整个云系统内相互作用。云动力学主要关注的是整个系统的行为规律,为了描述云的总体特征,通常不需要跟踪云中的每一个粒子。同时,在精确地表示云的整体情况时,也不可能忽略其中的微物理过程。

保留微物理行为规律本质作用的一种方法,是将云中各种类型的水凝物,分组为几个宽泛的种类。

(1)云液态水呈现为小的液相云滴,它们太小而没有任何可感知的下落末速度,因此,通常由悬浮它们的空气携带。它们确实略有沉降,有时这可能是决定某些薄层云结构的重要因素。云滴主要通过水汽扩散生长。

(2)降水液态水(雨),它们以液相水滴状态存在,足够大而具有可感知的朝向地球下落的速度。根据第 3.1 节的定义,这些液滴可细分为毛毛雨(半径为 0.1～0.25 mm 的液滴)和雨水(半径大于 0.25 mm 的液滴)。毛毛雨和雨滴不仅可以通过水汽扩散而生长,并且还经常通过碰并/聚合的方式生长。

(3)云中的冰粒子,这些粒子的下落速度,与降水粒子相比相对较小,但大到足以影响卷云的结构。云中的冰粒子可以是直接从气态或液态水核化而来的原始晶体形态,也可以是在某种冰粒子富集过程中产生的微小粒子。

(4)降水冰是指已经变得足够大和足够重,具有 $0.3\ \mathrm{m \cdot s^{-1}}$ 或更大下落末速度的冰粒子。这些粒子可以是原始晶体、较大的粒子碎片、淞附的粒子、聚合体、霰或冰雹。为了简化描述云的总体行为规律,这些粒子有时根据它们的密度或下落速度细分为若干个组。这种分组是任意的;然而,一个常用的方案(在下面的讨论中使用)是将这些冰粒子分成雪、霰和冰雹:雪具有较低的密度,并以约 $0.3\sim1.5\ \mathrm{m \cdot s^{-1}}$ 的速度下落(图 3.16 和图 3.17),霰以约 $1\sim3\ \mathrm{m \cdot s^{-1}}$ 的速度下落(图 3.16 和图 3.18),冰雹以约 $10\sim50\ \mathrm{m \cdot s^{-1}}$ 的速度下落)[见方程式(3.46)]。

根据这些种类,空气样品中的水物质可以用 8 种混合比表示:

$$q_v \equiv 水汽的质量/空气的质量$$

$$q_c \equiv 云中液态水的质量/空气的质量$$

$$q_d \equiv 毛毛雨的质量/空气的质量$$

$$q_r \equiv \text{雨水的质量/空气的质量}$$
$$q_I \equiv \text{云冰的质量/空气的质量}$$
$$q_s \equiv \text{雪的质量/空气的质量}$$
$$q_g \equiv \text{霰的质量/空气的质量}$$
$$q_h \equiv \text{冰雹的质量/空气的质量} \tag{3.49}$$

一种模拟云演化的方法就是跟踪这些特定的混合比。然而，在这样做时我们要认识到，必须将空气块中的水物质细分为不同的种类，多少是基于主观判定的，并且这些种类是高度相互作用的。例如，云滴在核化和凝结期间以水汽为代价生长，降水冰在淞附期间以云和降水液态水为代价生长，雨水以降水冰融化为代价产生，等等。图 3.21 显示了从一种形态到另一种形态，大量可能存在的水物质转换方式。对于一朵云而言，其中的水物质可以分成水汽、云液态水、雨水、云冰、雪和霰那么多种。图中还指出了降水落出云体可能带来的收益或损失。图 3.21 中的 6 种水物质，是上面列出的 8 种水物质的子集，省略了毛毛雨和冰雹。由这 6 种水物质组成的体系，经常被应用于云动力学中(有时用冰雹而不是霰作为第 6 类)。然而，由于存在图 3.21 所示的许多交互作用，把这些类别再组合一下可能是有利的。对于液相种类的水凝物，毛毛雨和雨水自然地结合成单一的液态水混合比。对于上面列出的冰相种类的水凝结物

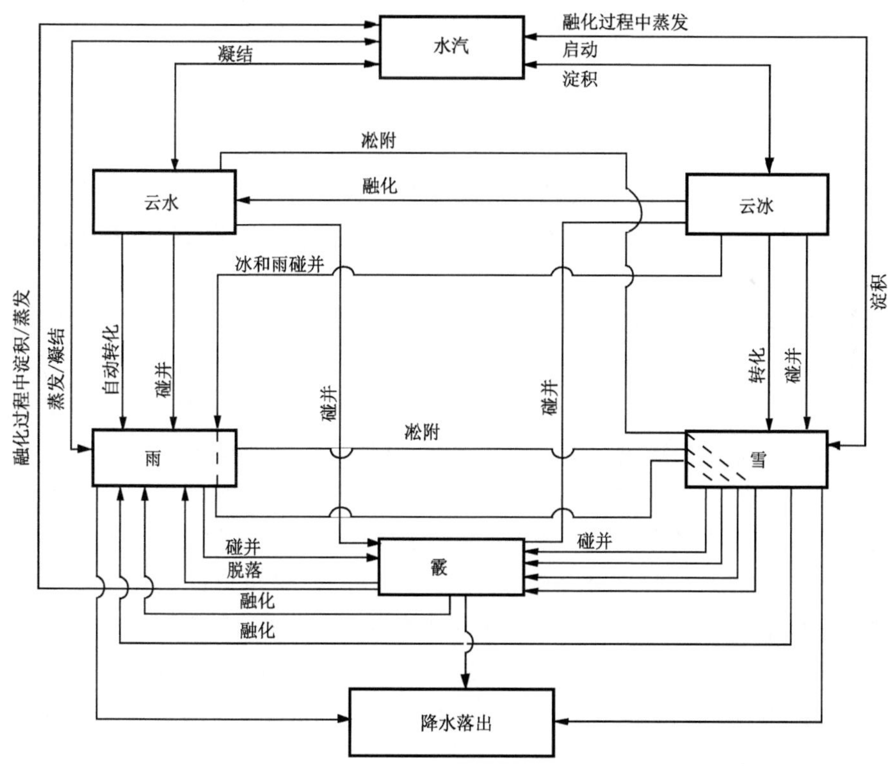

图 3.21 在具有 6 类水物质的总体水连续模型中，水物质从一种形式转化为另一种形式的途径。虚线表示导致产生霰的各种相互作用：或者由雨水冻结产生的云冰和由接触核化产生的云冰相互碰并，产生雪或霰；或者雪通过碰并云水或雨滴的淞附作用而产生霰。在模型中，由这两种过程产生的冰块暂时放在雪的类别里。引自 Rutledge 和 Hobbs (1984)，经美国气象学会许可再版

而言，淞附程度比其他任何因素更能确定它们的密度和下落速度特性，有用的方法不是跟踪对应于上述粒子种类的混合比的变化，而是预期由水汽凝华（q_{dep}）和淞附（q_{rim}）①所产生冰质量的占有比例。因此，取代式(3.49)，我们用以下变量：

$$q_v \equiv \text{水汽的质量/空气的质量}$$
$$q_{dep} \equiv \text{（水汽的质量－成长中冰的质量）/空气的质量}$$
$$q_{rim} \equiv \text{淞附冰的质量/空气的质量} \tag{3.50}$$

3.4 水连续性方程

在云动力学中，人们关注云的整体发展，其中各种类型水凝物的任何组合，可能由于某种特别的空气运动而发生。因此，有必要以一种系统的方式，随时间跟踪所有水凝物的混合比及其过程。为此，使用水连续方程式(2.21)。它们允许人们在云的整个发展演化过程中，给出包含水汽形态在内，在具有各种各样形态和尺度的粒子里，水含量的数值解。该方程组称为水连续分布模型。在式(2.21)中，每种水物质由混合比 q_i 表示，其中下标 i 指特定类别的水物质，混合比定义为每单位质量空气中类别为 i 水物质的质量。由混合比 q_i 表示的水物质类别，不仅包括水物质的混合比，而且包括水汽的混合比。水物质呈现为液滴形态和各种不同类型和/或尺度的冰粒子形态。然后，一块空气中所含有的总水量，由每个类别中水量的总和给出：

$$q_T = \sum_{i=1}^{n} q_i \tag{3.51}$$

式中，n 是空气块中水物质的总量 q_T，已被划分成的类别数。式(2.21)右侧项里水物质的源，必须用公式化表示，以允许在由 q_i 代表的不同形态的水物质之间，可以发生所有可能的相互作用。源项是根据前面提到的七种基本微物理机制（核化、水汽扩散、碰并、粒子破碎、下落、冰粒子富集和融化）来表述的。

有两种写出源项的一般策略。在总体水模式中，假设我们知道在式(2.21)中由混合比 q_i 表示的一种或多种类型的水凝物里，粒子尺度分布函数（例如，指数、伽玛函数和单分散）的形态，我们只需要预期分布函数的参数，就可以得到该种水物质的水含量。在分档模式中，不会先验地假设尺度分布函数的形状。在一种或多种水凝物内，允许尺度分布函数通过首先将相似类别的水凝物聚合在一起，然后将水物质细分成尺度类别，而自然地演化。例如，云、毛毛雨和雨被组合成单个液态水混合比 q_L。然后，水被细分成有限数量的液滴尺度范围，并且计算每个尺度范围 $N(D_i)$ 的液滴尺度分布函数，其中 $N(D_i)\mathrm{d}D$ 是单位体积的空气中，直径从 Di 到 $D_i+\mathrm{d}D$ 液滴的数浓度②。类似地，我们可以将各种冰类水凝物组合成一个或多个宽泛的类别，并且计算构成每个宽泛类别的冰粒子的尺度分布函数。下面我们在描述总体水模式之前，先描述分档模式的基本原理。因为分档模式中的水连续分布模型方程式(2.21)中的微物理源

---

① Morrison 和 Grabowski (2008a)提出了通过凝华和淞附计算冰质量累积的另一种方法。我们将在本章的最后一节进一步研究他们的方法。

② 在本书中，我们把数浓度表示为传统的形式：单位体积空气中粒子的数目。但是在模拟计算过程中，越来越普遍采用混合比，而不采用数浓度。混合比为单位质量空气中粒子的数目。无论用数浓度还是用混合比进行计算，都不会影响对过程概念的理解，过程概念是本书的核心。在预测方程的公式中，这两种表达方式的差别是风的作用如何计算：如果要计算粒子数目的集中程度，那么用数浓度；如果要计算平流，那么用混合比。

项，仅仅是从基本原理和上面描述过的粒子生长过程得出的。总体水模式要求把微物理过程以某种方式参数化，这种参数化的方式不易懂，需要进一步解释。

代表水连续分布的分档模式和总体水模式选项，为模拟云提供了多种各样的可能性，甚至包括使用分档模式和总体水模式两者组合的混合方法。选择用于任何特定研究的选项通常是针对所表示云的类型而定制的。例如，在一种极端情况下，如果要模拟的云出现在对流层下部温度>0 ℃的地方，那么所有的冰相水凝物，它们的种类和过程都一律被忽略。另一方面，如果为了理解从地面附近延伸到对流层顶的深厚云层中，各种不同的冰核群落起了什么作用，那么可能有必要建立分档模式或混合模式，允许将水物质细分为各种类型和尺度的液相和冰相粒子。大多数建模研究的一般理念，是选择对复杂物理过程有洞察力，计算强度最小的方案，同时要充分考虑云中希望研究的物理内容。以下各节不能描述每种可能的组合。相反，我们将以普通的方式考察每种方法的基本特征，给读者提供初步的背景知识，有了这样的背景知识，就可能在任何特定的建模研究中，选择合理的途径。

3.5 分档水连续分布模式

3.5.1 概述

如上所述，分档水连续分布模式，对给定类别的水类型，例如单位质量的空气中所包含的全部液态水，在若干种狭窄的尺度范围里，预期每一种尺度粒子大小的分布。我们将通过详细地检查它如何应用于只包含液相水凝物的云，来说明这种技术，然后讨论当该方法扩展到冷云时出现的一些复杂性。

3.5.2 暖云分档模式

在考虑没有冰的云时，式(3.49)中不会出现任何类型的冰，液态水的总混合比，由云中水和降水液态水组成：$q_L=q_c+q_d+q_r$。这种全液态水可以视为具有连续的液滴谱，其尺度范围从小的、新核化的云滴，到大雨滴。液滴的尺度分布函数由 $N(m)$ 表示，其中 $N(m)\mathrm{d}m$ 是质量范围为 m 至 $m+\mathrm{d}m$ 的单位体积空气中的粒子数。我们可以将该分布函数离散化为 k 个小、但是有限的尺度范围，并对每个尺度范围计算分布函数：

$$\begin{gathered}\frac{\mathrm{D}N_i}{\mathrm{D}t}=-N_i\,\nabla\cdot\boldsymbol{v}+\frac{\partial V_iN_i}{\partial z}+\\ \left(\frac{\partial N_i}{\partial t}\right)_{nucl}+\left(\frac{\partial N_i}{\partial t}\right)_{c/e}+\left(\frac{\partial N_i}{\partial t}\right)_{col}+\left(\frac{\partial N_i}{\partial t}\right)_{break}\end{gathered}\tag{3.52}$$

式中，i 指特定的粒子尺度范围。式(3.52)中等号右侧的第一项，表示与空气运动相关的 N_i 的变化。它表示液滴群体所处的空气块，与体积的膨胀(收缩)相关联的浓度的降低(增加)。第二项表示给定尺度的粒子，具有末速度 V_i(定义为正向下)，由于落入和离开单位体积的空气，而造成粒子的汇聚和疏散。粒子的末速度由例如在第 3.1.3 节中讨论的实验和/或理论关系给出。式(3.52)下面一行里的项，分档表示可以改变一定体积的空气中，特定尺度粒子数浓度的微物理过程。它们依次为：核化、凝结/蒸发、碰并和分解。这些微物理过程对应于第 3.3

节中所列出七个基本微物理机制中的前五个。名单上剩下的两个：冰粒子富集和融化，不适用于暖云。

为了完成分档模式中的水连续分布，要计算水汽的混合比，由下式给出：

$$\frac{\mathrm{D}q_v}{\mathrm{D}t}=-\frac{1}{\rho}\sum_{i=1}^{k}\left[\left(\frac{\partial N_i}{\partial t}\right)_{nucl}+\left(\frac{\partial N_i}{\partial t}\right)_{c/e}\right]m_i(\Delta m)_i \tag{3.53}$$

式中，k 是液滴尺度的分档数。因此，完整的水连续方程组由包含在式(3.52)和(3.53)中的 $k+1$ 个方程表示。通过经由分档模式计算液滴尺度的数量分布函数 N_i，我们似乎应该能够通过简单地将尺度范围中的液滴的质量 m_i，乘以该尺度类别中的粒子数量 i，来计算每个液滴尺度类别中液态水的含量：

$$q_{Li}\approx m_iN_i(\Delta m)_i \tag{3.54}$$

式中，$(\Delta m)_i$ 是第 i 类粒子尺度的宽度。虽然经常使用这种方法，但是更精确的数值方法，是同时预测数量分布函数 N_i 和质量分布函数 m_iN_i。其途径是通过采用随机碰并方程，不仅算出数量分布，也算出质量分布。①

首先，假设空气中存在的凝结核的特性，来计算式(3.52)中的核化项$(\partial N_i/\partial t)_{nucl}$。然后，根据空气的过饱和度和控制核化的关系，近似算出核化云滴的浓度（第 3.1.1 节）。核化是由不同尺度谱分布和组成成分的云凝结核造成的。在分档模式中，目标是在每个液滴尺度的档次中，算出由于异质核化而产生液滴的正确数目$(\partial N_i/\partial t)_{nucl}$。认为只要有过量的水汽，就可以形成尽可能多的具有临界尺度 R_c 的新液滴。其中，临界尺度 R_c 由式(3.3)算出、过饱和度由溶液液滴上的饱和混合比确定。液滴是由溶解在液滴中的云凝结核和液滴水组成的。这些新液滴，认为它们的核化尺度大小，就在液滴尺度分布的下端或下端的附近，据此写入液滴尺度分布函数 N_i。用这样的方式计算核化，存在各种赋值策略。一些模型简单地假设，当发生过饱和时，液滴的特定尺度分布出现在最小尺度的档中。更激进的模型预测云凝结核数分布函数 N_{CCN_i}，其中一旦云凝结核核化，就将该云凝结核从尺度类别 i 中删除，并把它挪到尺度分布为 N_i 的液滴中去。这种方案还一定要持续跟踪液滴蒸发时云凝结核的再生。②早期尝试的方案，在分档模式中同时跟踪云凝结核和液滴，预测它们的联合数量分布函数 $N(m_i,n_j)$，其中 m_i、n_j 分别表示液滴和云凝结核的质量尺度范围。这种方法多年前曾经用于少数高度专业化的案例，但没有进一步研究，很可能是因为当液滴并合时，以及当存在一种以上的云凝结核时，它遇到了概念上的困难。③

水汽扩散项$(\partial N_i/\partial t)_{c/e}$表示由于相邻尺度类别的液滴，凝结或蒸发速率不同，而导致的液滴数浓度的变化率。这个变化率表示为

$$\left(\frac{\partial N_i}{\partial t}\right)_{c/e}=-\frac{\partial}{\partial m}(\dot{m}_{dif}N)\bigg|_{m=m_i} \tag{3.55}$$

式中，$\dot{m}_{dif}$ 是质量为 m 单个液滴的扩散生长（或蒸发）速率。如果空气相对于液态水饱和，则

---

① Tzivion 等(1987)的工作表明：随机碰并的概念，除了给出数量分布函数 N_i 以外，还导出尺寸分布函数高阶矩的预测方程。质量分布是液滴尺寸分布的第三个矩。因此，这些概念使得 m_iN_i 的预测方程可以与 N_i 的方程一起求解。Khain 等(2000)讨论了这种“矩量法”和求解随机碰并方程的其他技术。

② Xue 等(2010)使用一种方案预期凝结核的数分布函数，将其写成公式，并把它用在起伏的暖云中。

③ 联合数密度 $N(m_i,n_j)$ 的预测，是由 Silverman (1970)、Tag 等(1970)、Arnanson 和 Greenfield(1972)、Clark(1973)以及 Silverman 和 Glass(1973)等使用的。

$\dot{m}_{dif}$ 由式(3.22)给出。如果不是,则通过数值求解式(3.8)、(3.9)和(3.11)获得。项$(\partial N_i/\partial t)_{c/e}$可以被认为是液滴数目浓度的汇聚和疏散,其中生长速率 $\dot{m}_{dif}$ 起汇聚和疏散速度的作用。

如果忽略碰撞破裂(第 3.1.6 节),则式(3.52)中的碰并项$(\partial N_i/\partial t)_{col}$由随机碰并方程式(3.33)给出,对于第 i 个液滴尺度类别,它可以写为:

$$\left(\frac{\partial N_i}{\partial t}\right)_{col} = I_2(m_i) - I_1(m_i) \tag{3.56}$$

通过自发分裂产生质量为 m_i 液滴的速率,可以根据式(3.36)表示为

$$\left(\frac{\partial N_i}{\partial t}\right)_{break} = -N(m_i,t)P_B(m_i) + \int_{m_i}^{\infty} N(m',t)Q_B(m',m_i)P_B(m')\mathrm{d}m' \tag{3.57}$$

然而,如第 3.1.6 节所述,碰撞破裂一旦发生,其作用远远超过自发破裂,并且当在计算方案中包括碰撞破裂时,其影响一定要在随机碰并中考虑集进去。① 具体地,式(3.56)必须被修改或替换,以包括产生溅出子云滴的影响,在发生碰撞破裂的情况下,可以忽略自发破裂。

3.5.3 冷云分档模式

冷云的分档水连续 N 分布模式是用于暖云模式的扩展。基本思想是相同的,但是必须对更多的粒子类型预测数浓度分布函数。② 基本的预测方程是

$$\frac{\partial N_{ij}}{\partial t} = -N_{ij}\,\nabla\cdot\boldsymbol{v} + \frac{\partial V_{ij}N_{ij}}{\partial z} + \left(\frac{\partial N_{ij}}{\partial t}\right)_{nucl} + \left(\frac{\partial N_{ij}}{\partial t}\right)_{f/m} + \left(\frac{\partial N_{ij}}{\partial t}\right)_{break} + \left(\frac{\partial N_{ij}}{\partial t}\right)_{col} + \left(\frac{\partial N_{ij}}{\partial t}\right)_{c/e} + \left(\frac{\partial N_{ij}}{\partial t}\right)_{d/s} \tag{3.58}$$

式中,i 指示粒子的类型。例如:水滴 $i=1$;板状为 2;柱状为 3;4 用于分枝的晶体;霰为 5;7 用于冻结的液滴或冰雹(即高密度冰);云凝结核为 8。③除了这些传统的水凝物类型之外,冰相水凝物粒子可以简单地通过它们的凇附程度来细分。④根据凇附程度对冰谱进行细分的问题,将在第 3.7 节中进一步讨论。就云凝结核和液体颗粒而言,式(3.58)下面一行中的微物理项的计算,如式(3.52)所讨论的一样。然而,冰粒子的可能存在,引入了附加效应,必须在这些项里表示。核化项$(\partial N_{ij}/\partial t)_{nucl}$进行了扩展,使之不仅包括云凝结核上云滴的核化,而且还包括通过在云凝结核上均质核化和异质核化产生的冰晶(第 3.2.1 节和第 3.2.2 节),以及通过在凇附过程中分裂产生的微小冰粒子(第 3.2.6 节)。通过浸没冻结的核化被包括在冻结/融化项$(\partial Ni/\partial t)_{f/m}$中,其中假设了函数 $N_{im}(T)$的实验关系,该实验关系定义为:在给定温度下悬浮在液态水中冰核的数密度。当温度降低时,假设第 j 个尺度范围内云滴的浓度改变了一个量。

$$\mathrm{d}N_{1j} = -\frac{4}{3}\pi r_{1j}^3 N_{1j}\,\frac{\mathrm{d}N_{im}}{\mathrm{d}T}\mathrm{d}T \tag{3.59}$$

式中,r_{1j}是液滴半径。根据式(3.48)或一些类似的公式,将冰粒子的融化计算为$(\partial N_{ij}/\partial t)_{f/m}$

---

① 参见 Brazier Smithe 等(1973),了解包括碰撞破裂在内的随机碰并方案的发展。

② Khain 等(2004)详细介绍了本文描述的冷云箱方法。

③ 这些是由 Khain 等采用的粒子类型分类。

④ Morrison 和 Grabowski(2008a)引入了根据凇附程度对冰的水凝物进行分类的主张。因为不同水凝物类型之间主要的定量差别与它们的密度有关。而这些密度又进一步和凇附程度有关。

的一部分,并且把融化的水归入液滴谱中适当的尺度类别。破碎项$(\partial N_{ij}/\partial t)_{break}$原则上应包括冰粒子的破碎,如来自热冲击或碰撞期间分支晶体的破碎。但对于如何定量表达这些效应,人们所知甚少。碰并项$(\partial N_{ij}/\partial t)_{col}$的计算方法,与式(3.52)所讨论液滴类别的算法相同。然而,该项现在必须包括类似的随机碰并表达式,以考虑冰-冰碰撞和冰-液体碰撞。用于这些其他类型碰并过程的碰并核,具有相当大的不确定性,与碰并效率、下落速度和冰粒子密度有关(第3.2.4节)。对于冰雹,碰并过程必须考虑到脱落。这是积聚上来的液体冻结时释放潜热而发生的过程(第3.2.5节),以不让所有的水都冻结。在这种情况下,未冻结的水与冰雹分离(从冰雹中脱落),并返回到液滴尺度的谱分布中。凝结/蒸发项与式(3.52)中的相同,并且凝华/升华项也类似,但是要使用适用于冰的水汽扩散方程(第3.2.3节),而不是用适用于液体的水汽扩散方程。

3.6 总体水连续分布模式

分档模式在计算上是有要求的,因为对应于每个粒子尺度的混合比,必须被预测为单独的变量。总体水连续分布模式的基本思想,是通过预测尽可能少的变量来精确地表示云。这种简化要求物理内容更多地参数化;也就是说,要以允许存在更少自由度的方式,把类似的物理过程集中在一起考虑。总体水方法在云动力学中被广泛使用,下面的小节概述总体水方法最本质的特征。

3.6.1 暖性降水云总体水连续分布模型的经典凯斯勒近似

云最简单的类型是非降水暖云。描述它的水凝物种类,最少只有两个:由q_v表示的水汽和由q_c表示的云液态水。水物质的总混合比$q_T=q_v+q_c$是守恒的,并且水连续分布模型式(2.21),简单地由两个方程组成:

$$\frac{\mathrm{D}q_v}{\mathrm{D}t}=-C \tag{3.60}$$

$$\frac{\mathrm{D}q_c}{\mathrm{D}t}=C \tag{3.61}$$

式中,C代表凝结和蒸发。当$C>0$时代表水汽的凝结,当$C<0$时代表液水的蒸发。

如果云正在降水,那么由于水凝物穿过空气块底部而离开,空气块中水凝物损失;或者由于水凝物从上部落入,空气块中水凝物增加。这样总体水连续分布方程就变得极其复杂。20世纪60年代,埃德温·凯斯勒(Edwin Kessler)通过几个大胆的假设,设计了一个计算暖云中总体水连续分布的方案。他的方法已经被使用了几十年,为总体水连续分布建模提供了简单而有指导意义的范例。然而他的方法有局限性。对这种方法已经有许多新的改进,以提高其准确程度。我们将先在本节中简要介绍回顾凯斯勒(Kessler)近似的要点;然后在下一个小节中,讨论如何扩展这种近似方法,以消除它的局限性。

凯斯勒的基本技巧是把液态水分成两类:云和雨(毛毛雨要么被忽略,要么被认为是雨水的一部分)。这样,水连续方程式(2.21),就扩展成为三个方程,而不是上面描述非降水云的两个方程:

$$\frac{\mathrm{D}q_v}{\mathrm{D}t} = -C_c + E_c + E_r \tag{3.62}$$

$$\frac{\mathrm{D}q_c}{\mathrm{D}t} = C_c - E_c - A_c - K_c \tag{3.63}$$

$$\frac{\mathrm{D}q_r}{\mathrm{D}t} = A_c + K_c - E_r + F_r \tag{3.64}$$

式中，q_r 是雨水的混合比，如式(3.49)中所定义，并且 Kessler 的源项和汇项是云水的凝结率(C_c)、云水的蒸发率(E_c)、雨水的蒸发率(E_r)，以及自动转化率(A_c)。自动转化率是云粒子通过碰并和/或水汽扩散，生长为降水尺度的粒子，而使得云水含量降低的速率。K_c 是由于云水碰并(撞冻)而导致降水粒子的含量增加(即云水含量减少)的速率。碰并指下落中大的云滴拦截和聚合位于其路径上的小云滴。F_r 是空气块中雨滴的沉降率；它是雨水相对于空气垂直通量的积累。式(3.62)—(3.64)右边的所有项都被定义为正值，但 F_r 除外。F_r 是正值还是负值，取决于是否有更多的雨落进或落出空气块。根据这个模式，云水 q_c 首先通过凝结 C_c 出现。水汽不会直接凝结在雨滴上。一旦足够的云水已经产生，则微物理过程可以使得一些云水自动转化(A_c)为雨滴。然后在自动转化已经开始起作用之后，降水粒子的含量可以通过 A_c 或 K_c 或两者同时起作用而进一步增加。一旦产生了足够的降水粒子 q_r，额外的微物理过程 E_r 和 F_r 就可以变得活跃。①

为了根据混合比 q_v、q_c 和 q_r 计算雨水的微物理源和汇 A_c、K_c、E_r 和 F_r，Kessler 进行了若干大胆的假设。为了避免计算云滴和雨滴的尺度分布，他忽略了云滴的粒子尺度分布，并且假设雨滴的尺度遵循指数分布，

$$N = N_o \exp(-\lambda D) \tag{3.65}$$

式中，N 为单位体积的空气中，具有单位直径(即，m^{-4})粒子的数量。N_o 和 λ 这两个参数控制着粒子的尺度和弥散。这个函数称为马歇尔-帕尔默(Marshall-Palmer)分布。② Kessler 把 N_o 的值取为实验常数。对于雨水，N_o 的值通常被认为是约 $8\times10^6\,\mathrm{m}^{-4}$。但数据表明，这个量具有很大的自然可变性，有时从风暴的一个部分到另一个部分，变化一个数量级。然而，许多研究使用常数 N_o，其中参数 λ 是这样预期的：使得用它从下列积分公式计算出的 q_r 值，与已知的 q_r 值一致：

$$q_r = \rho^{-1}\int_0^\infty m(D) N_o \exp(-\lambda D)\,\mathrm{d}D \tag{3.66}$$

Kessler 关于云滴尺度分布的假设，使我们有可能计算出云中总体水连续分布的粗略近似，产生了许多有信息量的成果。然而，为了获得精确的结果，不能忽略云滴的尺度分布，也不能假设 N_o 是恒定的。为了消除这些限制性假设，Kessler 的近似方法已经被扩展为预测多个瞬间云滴的尺度分布(例如，对数浓度和质量混合比两者都预测)。这种总体水分布计算方法的扩展，将在下一个小节中讨论。

Kessler 方法的另一个主要假设是：构成 q_r 的所有雨滴，以同样的平均速度下落。例如，

---

① 总体水连续分布模型首先由 Kessler(1969)提出。它由三种类型的水物质组成：水汽、云滴和雨滴。它们通过自动转换和碰并转换相互联系在一起。事实上，现在所使用的所有总体水连续分布模型，都是在 Kessler 讲座专题报告所介绍的概念基础上发展出来的。

② Marshall 和 Palmer(1948)分析了大量人工制作雨滴样本的图像。他们在雨中用过滤纸搜集了大量滴样本的图像。每个样本都用秒表记录搜集时间。图像进行了曝光处理。他们描写实验结果的文章只有一页纸多一点，但是文章被引用了1600多次。现在已经有各种各样的自动测量云滴大小分布的方法。

通常的做法是使用雨滴的质量加权下落速度

$$\hat{V} \equiv \frac{\int_0^\infty V(D)m(D)N(D)\mathrm{d}D}{\int_0^\infty m(D)N(D)\mathrm{d}D} \tag{3.67}$$

式中,$m(D)$是直径为 D 液滴的质量,$N(D)\mathrm{d}D$ 是直径为 D 到 $D+\mathrm{d}D$ 单位体积空气里的液滴数,$V(D)$是液滴的末速度。作为例子,用图 3.4 中所指出的关系给出,它是液滴尺度的函数。

上述假设允许通过对雨滴尺度分布进行积分,直接计算微物理源/汇项 K_c、E_r 和 F_r。根据连续碰并方程式(3.24),直径为 D 单个雨滴质量 m 的增加率,由下式给出:

$$\dot{m}_{col} = \frac{\pi D^2}{4}V(D)\rho q_c \Sigma_{rc} \tag{3.68}$$

式中,Σ_{rc}为雨滴碰并云滴的碰并效率。假设变量 Σ_{rc}和 $V(D)$已通过实验求出,为已知。根据第 3.3 节中给出的定义,假定云液态水的下落速度为零。Σ_{rc}通常被认为是一个近似等于 1 的常数,这是一个代表大多数降雨情况的近似值(第 3.1.4 节,图 3.5)。空气中雨滴增加从而云水耗损的速率 K_c 是由下列积分式计算得出的。

$$K_c = \rho^{-1}\int_0^\infty \dot{m}_{col}N(D)\mathrm{d}D \tag{3.69}$$

式中,$N(D)$被假定为一个具有指数形式的方程式(3.70)。执行该积分导致累积项与云和雨水混合比的乘积大致成比例,具体地,Kessler 获得

$$K_c \propto q_c q_r^{7/8} \approx q_c q_r \tag{3.70}$$

这是定性合理的,因为累积应取决于云水和雨水两者的总量。雨水质量从所有的雨滴蒸发的总速率 E_r,以类似的方式从下列积分式计算得到。

$$E_r = \rho^{-1}\int_0^\infty \dot{m}_{dif}N(D)\mathrm{d}D \tag{3.71}$$

式中,$\dot{m}_{dif}$是水汽质量从直径为 D 的单个雨滴通过不饱和空气扩散而蒸发的速率。$\dot{m}_{dif}$是 D 的函数。它们之间的关系,只能通过对式(3.8)、(3.9)和(3.11)进行数值解获得。它一般不是由式(3.22)给出的,式(3.22)只适用于空气饱和的情况(即在云中)。进行该公式的推导时,Kessler 发现雨滴蒸发的总速率 E_r,与雨水的混合比 q_r 和环境的饱和度成比例。通常情况下,雨滴正在从云底下面落出,那里的空气是相当不饱和的。由式(3.67)给出的雨水质量加权降落速度,可用于下式计算空气块中雨滴的沉降。

$$F_r = \frac{\partial}{\partial z}(\hat{V}q_r) \tag{3.72}$$

因此,在 Kessler 近似方案的假设下,雨水的累积、蒸发和沉降项都可以根据物理机制表示。

然而,在 Kessler 的物理假设下,自动转化项没有直接地参数化。为了完成该方案,Kessler 完全直观地写出自动转化率 A_c。具体地,他假设 A_c 应当与云液态水混合比超过用户选择的阈值的量成比例;也就是说,

$$A_c = \tilde{\alpha}(q_c - a_T) \tag{3.73}$$

式中,a_T 是自动转化阈值(通常假定为 1 g · kg^{-1});当 $q_c > a_I$ 时,$\tilde{\alpha}$ 是正的常数,否则 $\tilde{\alpha}$ 为 0。这样,只要云水的量超过阈值,它就以指数速率转化成雨水。尽管这种自动转化的粗略表示已经被大量使用,但它在物理上是不令人满意的,它没有考虑不同尺度的云滴所起作用的差别,

特别是这些云滴的分布又与云凝结核在环境中的浓度有关系。该自动转化假设，以及恒定 N_o 和均匀下落速度 $\hat{V}$ 的假设，在下一节中讨论的 Kessler 方法的多参数扩展中不再采用。

3.6.2 考虑云滴尺度分布的暖云总体水连续分布建模

上述 Kessler 近似方法已经促成了许多关于云建模的开创性论文，并且在许多建模工作中，仍然作为简单的参数化方法广泛地被采用。然而，为了实现更高的精度，暖云总体水连续分布模式已经朝着取消经典 Kessler 方案中更多有疑问限制性假定的方向发展。一个主要的改进是：用有物理意义的方案取代 Kessler 方案中直观的自动转化。改进方案考虑了云滴的尺度分布，这在 Kessler 的方案中是被忽略的。在考虑云中的凝结水与环境中云凝结核浓度之间的关系时，这样的改进特别重要。一种方法是假设云滴尺度分布遵循伽玛分布

$$N = N_o D^{\mu} \exp(-\lambda D) \tag{3.74}$$

式中，$\mu = \eta^{-2} - 1$，η 是标准偏差与粒子半径平均值之比。对于云滴，η 的值根据实验测出与云滴的数浓度有关，并且通常小于约 0.6。这个实验关系用在式(3.74)中。对于较大的雨滴，即毛毛雨和雨，η 的值趋于 1，在这种情况下，伽玛分布降级为马歇尔-帕尔默分布，如式(3.65)所示。①

上述 Kessler 方法被称为表示总体水连续分布的单参数方法。取消 Kessler 方法中假设的方法是多参数方法。多参数方法把第 3.1.5 节讨论的随机碰并概念加以推广而获得。如果云滴尺度分布的第 k 个参数被定义为

$$M^{(k)} \equiv \int_0^{\infty} m^k N(m) \mathrm{d}m, k \in \mathbb{N} \tag{3.75}$$

那么随机碰并方程式(3.33)可以被推广到②

$$\frac{\partial M^{(k)}}{\partial t} = \frac{1}{2}\int_0^{\infty}\int_0^{\infty} N(m) N(m') \hat{K}(m, m') [(m+m')^k - m^k - m'^k] \mathrm{d}m \mathrm{d}m' \tag{3.76}$$

已经表明，在式(3.27) 中定义的碰并核 $\hat{K}$ 可以写成下面的多项式方程：

$$\hat{K} = \begin{cases} k_c(m^2 + m'^2), m \wedge m' < m^* \\ k_r(m^2 + m'^2), m \vee m' \geqslant m^* \end{cases} \tag{3.77}$$

式中，k_c 和 k_r 是常数，质量 m^* 是区分云水和降水的液滴质量。③式(3.77) 中的符号表示如果 m 和 m' 都是云水尺度，则系数 k_c 适用；如果其中有一个是雨滴，或两个云滴都是雨滴，则 k_r 适用。与图 3.1，从而与图 3.6 的结果一致，粒子尺度的阈值通常取为约 40 μm。使用该阈值，可以将粒子的尺度分布参数划分为云粒子和降水粒子两部分，它们分别对属于本类别的粒子进行积分而获得：

$$M_c^{(k)} \equiv \int_0^{m^*} m^k N(m) \mathrm{d}m, k \in \mathbb{N}, \text{云粒子} \tag{3.78}$$

和

① 关于毛毛雨 $\eta \approx 1$ 的讨论，见 Wood(2005)的文章；关于降水的讨论，见 Seifert 和 Beheng (2001) 的文章。

② 凝结方程这样普适化的办法，是 Drake(1972)导出的。

③ Long(1974)介绍了该多项式公式的理论基础。

$$M_r^{(k)} \equiv \int_{m^*}^{\infty} m^k N(m)\mathrm{d}m, k \in \mathbb{N}, \text{降水粒子} \tag{3.79}$$

式(3.78)适用于云滴,式(3.79)适用于雨滴。云滴尺度分布这些子域的第 0 个和第 1 个参数,分别是云滴和雨滴的数浓度(N_c 和 N_r)和混合比(q_c 和 q_r)。这些参数是总体水连续分布模式的多参数方法中的预期值。与只预测混合比,并对云滴浓度作出严格假设的 Kessler 方法作对比,该方法对两类液态水的数浓度和混合比都预测。云水和雨水的混合比分别由下式给出

$$\left(\frac{\partial q_c}{\partial t}\right) = -\boldsymbol{v} \cdot \nabla q_c + \left(\frac{\partial q_c}{\partial t}\right)_{c/e} - \left(\frac{\partial q_r}{\partial t}\right)_{au} - \left(\frac{\partial q_r}{\partial t}\right)_{rc} \tag{3.80}$$

和

$$\left(\frac{\partial q_r}{\partial t}\right) = -\boldsymbol{v} \cdot \nabla q_r + \left(\frac{\partial q_r}{\partial t}\right)_{c/e} + \left(\frac{\partial q_r}{\partial t}\right)_{au} + \left(\frac{\partial q_r}{\partial t}\right)_{rc} + \left(\frac{\partial q_r}{\partial t}\right)_{fall} \tag{3.81}$$

这两种水凝物之间的自动转化和积聚交换与 Kessler 方案一样。云滴和雨滴的数浓度由下面 2 个式子预测:

$$\left(\frac{\partial N_c}{\partial t}\right) = -\nabla \cdot N_c\boldsymbol{v} + \left(\frac{\partial N_c}{\partial t}\right)_{c/e} + \left(\frac{\partial N_c}{\partial t}\right)_{au} + \left(\frac{\partial N_c}{\partial t}\right)_{rc} \tag{3.82}$$

和

$$\left(\frac{\partial N_r}{\partial t}\right) = -\nabla \cdot N_r\boldsymbol{v} + \left(\frac{\partial N_r}{\partial t}\right)_{c/e} + \left(\frac{\partial N_r}{\partial t}\right)_{au} + \left(\frac{\partial N_r}{\partial t}\right)_{rc} + \left(\frac{\partial N_r}{\partial t}\right)_{rr} + \left(\frac{\partial N_r}{\partial t}\right)_{fall} \tag{3.83}$$

在式(3.83) 中,$(\partial N_r/\partial t)_{rr}$项表示雨滴的自碰并,当雨滴合并时,它系统地将雨滴挪到尺度更大的类别中。这个项不出现在式(3.81) 中,因为自碰并不会从雨滴种类中去除质量;它只按尺度重新分布质量。在云滴的情况下,自碰并表现为自转化,其不仅影响数浓度,而且将质量从云滴种类移动到雨滴种类。由式(3.82)和(3.83)表示的数浓度预测值是相对于 Kessler 方案的主要进步,Kessler 方案依赖于对粒子浓度的刚性约束。

上述方程式(3.80)—(3.83)用于双参数近似方法,其中粒子的浓度和质量是由式(3.75)定义的质量分布的第 0 个和第 1 个参数。也可以采用三参数近似方案,该方案使用雷达反射率因子(第 4.4 节)作为附加变量。雷达反射率是粒子尺度的第 6 个参数[方程式(4.23)和(4.32)]。因此根据式(3.75),反射率因子可以被认为是质量分布的第三个参数。使用反射率作为第三个参数预测值具有两个主要优点。首先,不再需要先验地规定颗粒质量分布函数的形状(例如,作为伽玛函数)。其次,由于雷达是对云和降水进行详细观测的主要手段,因此,总体水连续分布模式模拟的结果更容易与观测结果相关联。①

除了水凝物种类的预测方程之外,还必须根据以下公式计算水汽的混合比:

$$\left(\frac{\partial q_v}{\partial t}\right) = -\boldsymbol{v} \cdot \nabla q_v - \left(\frac{\partial q_r}{\partial t}\right)_{c/e} - \left(\frac{\partial q_c}{\partial t}\right)_{c/e} \tag{3.84}$$

该计算是关键的,并且已经做了许多工作,以使该计算在数值上准确、物理上合理。②

为了进行云和雨的数浓度和混合比的预测,需要做自转化项、撞冻项和自碰并项的参数化。也就是说,正如在经典的 Kessler 方案中,这些项必须根据云滴尺度分布的总体性质来计算。

---

① 参见 Milbrandt 和 Yau(2005),以了解水连续模拟三参数近似方案的细节。

② 参见 Morrison 和 Grabowski (2007, 2008b)的例子。

将式(3.77)—(3.79)代入式(3.76)，以获得这些所需的参数化。[①] 自动转化项采用的方程是

$$\left(\frac{\partial N_c}{\partial t}\right)_{au} \propto N_o^2 q_c^2 \tag{3.85}$$

和

$$\left(\frac{\partial q_c}{\partial t}\right)_{au} \propto (q_c)^a (\overline{m}_c)^b \tag{3.86}$$

式中，$\overline{m}_c$ 是云滴的平均质量，指数 a 和 b 在 1.5～3.5 的范围内，这取决于推导中选择的假定。撞冻项和自碰并项的方程为

$$\left(\frac{\partial N_c}{\partial t}\right)_{rc} \approx - k_r N_c q_r \tag{3.87}$$

$$\left(\frac{\partial q_c}{\partial t}\right)_{rc} \approx - k_r q_c q_r \tag{3.88}$$

和

$$\left(\frac{\partial N_r}{\partial t}\right)_{rr} \approx - k_r N_r q_r \tag{3.89}$$

这些关系是定性合理的，因为撞冻项取决于存在的云和水凝物的总量，而自碰并既取决于雨水的数浓度，又取决于雨水的质量浓度。增长项的方程与在 Kessler 方案中获得的增长项的方程相同[见方程式(3.70)]。

3.6.3 基于凯斯勒（Kessler）延伸方案的冷云总体水建模

对冷云进行整体建模的一种方法是延伸 Kessler 方法，以预测云冰、雪和霰(或者冰雹)的混合比。这种方法是单参数的，因此与凯斯勒暖云水连续分布有相同的缺点，由于它必须表示的冰形态多种多样，缺点更明显。然而，这种方法在文献中已被广泛地引用，因此我们将首先描述它。然后在第 3.7 节中接着讨论冷云总体水连续分布的多参数方法。

通过添加用式(3.49)定义的混合比 q_I、q_s 和 q_g 表示的云冰、雪和霰等类型的水凝物(也可以用冰雹代替霰)，可以把第 3.6.1 节中描述的 Kessler 总体水连续分布方案扩展到冷云。[②] 因此，我们得到了图 3.21 所示的六类水连续分布方案。水连续方程式(2.21)可以写成：

$$\frac{\mathrm{D}q_v}{\mathrm{D}t} = (-C_c + E_c + E_r)\delta_4 + S_v \tag{3.90}$$

$$\frac{\mathrm{D}q_c}{\mathrm{D}t} = (C_c - E_c - A_c - K_c)\delta_4 + S_c \tag{3.91}$$

$$\frac{\mathrm{D}q_r}{\mathrm{D}t} = (A_c + K_c - E_r + F_r)\delta_4 + S_r \tag{3.92}$$

$$\frac{\mathrm{D}q_I}{\mathrm{D}t} = S_I \tag{3.93}$$

$$\frac{\mathrm{D}q_s}{\mathrm{D}t} = F_s + S_s \tag{3.94}$$

---

① 详见 Beheng 和 Doms (1990) 以及 Seifert 和 Beheng (2001)。

② 这种适用于冷云的总体水连续方案，是由 Lin 等(1983)推导的。

$$\frac{Dq_g}{Dt} = F_g + S_g \tag{3.95}$$

式中,S 项表示与冰相微物理过程相关的所有源和汇,除了雪和霰的沉降,雪和霰分别由项 F_s 和 F_g 表示。项 δ_4 被定义为

$$\delta_4 = \begin{cases} 0, T < -40\ ℃ \\ 1, 其他 \end{cases} \tag{3.96}$$

因此,假设如果空气温度下降到 -40 ℃以下,则所有过冷水都会因均质核化而冻结(第 3.2.1 节),因此,模型中所有关于液态水的项都被设置为零。

式(3.90)—(3.95)右边的项包括 6 类水物质之间所有可能的相互作用,如图 3.21 所示。在这些交互作用中有几个形式为式(3.69) 的总体碰并项。这些项表示霰碰并了云水和雨水、雪碰并了云冰等。还存在几个形式为式(3.71) 的蒸发项。这些项包括雪、霰和云冰的升华和凝华生长。另外,由于雪和霰的融化,还存在表示雨水混合比增加的融化项。还包括去除液态水的过程,这些液态水被霰粒子或冰雹粒子碰并,但并未冻结到其表面。还有三种方式的相互作用可以发生,如雨碰并云冰,产生霰或冰雹。

为了获得式(3.90)—(3.95) 中的 F_g、F_s 和 S 项的数学表达式,在冷云方案中,对降水冰粒子采用了与暖云方案中雨滴降水基本相同的假设。冰粒子碰并效率的知识(总结在第 3.2.4 节中)比液滴碰并的知识更不确定。碰并其他冰粒子的效率,有时被假定为温度的函数,该温度从 0 ℃时近似为 1 的值,指数地下降到较低温度时的零。这种假设反映了这样的观测事实:当下落粒子接近融化层时,它们更频繁地聚合(图 3.13)。凇附过程中的碰并效率,通常假定为 1,但该假定可根据图 3.14 进行细化。与 Kessler 暖云方案一样,对粒子尺度分布作了严格的假定。假定降水粒子呈指数分布,如式(3.65),但 N_o 值不同。例如,N_o 对于雪[①]可以假定约为 $8\times10^6 \sim 2\times10^7\,\mathrm{m}^{-4}$,对于霰[②]可以假定约为 $4\times10^6\,\mathrm{m}^{-4}$,对于冰雹[③]可以假定约为 $3\times10^4\,\mathrm{m}^{-4}$。对云冰种类的粒子尺度分布,可以做出各种各样的假定。例如,通常假设云冰种类是单一谱分布的。假定雪和高密度冰粒子的下落速度与尺度之间的函数关系,与第 3.2.7 节中讨论的关系一致,并且假定一块空气中的每种降水粒子,都以质量加权下落速度下落,类似于用式(3.67) 所表示雨滴的下落速度。[④]

3.7 利用广义质量-尺寸和面积-尺寸关系进行冷云水连续分布建模[⑤]

上面介绍的延伸 Kessler 方法,具有与经典 Kessler 暖云总体水连续分布模式相同的缺点。若把它应用于存在多种水凝物的冷云中,其缺点将会大大增加(图 3.21)。这些缺点包括:忽略不同云的尺度分布、有关降水水凝物中 N_o 为恒定的刚性假设,以及自转化函数的不

① 该值表现出温度依赖性。见 Houze 等(1979)。

② 参见 Rutledge 和 Hobbs (1983, 1984)。

③ 参见 Lin 等 (1983)。

④ 有关冷云总体参数化项如何写成公式的进一步细节,请参见 Lin 等(1983)。Rutledge 和 Hobbs (1983)对这项技术作了简要的总结。

⑤ 本节以 Morrison 和 Grabowski (2008a)的工作为基础,他介绍了用这种方法来对大块冷云水的连续分布进行近似建模。他们的论文包括一个信息丰富的介绍部分,详细阐述了云微物理建模的历史。

确定性。后者本来就困扰着暖云 Kessler 方法。在暖云中云和降水尺度的水凝物之间的区别不那么明显。通过随机碰并过程，水滴的分布迅速分叉成云滴和雨滴两个种群(图 3.6)。冷云中就不一样了。通过水汽凝华和碰并，冰粒子可以生长到降水粒子的尺度，并且可以形成几种不同类型的降水粒子(原始冰晶、聚合体、凇附的冰晶、霰、冰雹等)。而且，与云和雨不同的是，这些粒子的类型和尺度界限往往并不清晰。一种类型的冰粒子缓慢、逐渐地演化为另一种类型，是典型的常态。不是如在延伸 Kessler 公式中表现的那样，会发生从一种类别到另一种类别的突然转变。这些概念和数量上的困难，启发我们开发了一种允许粒子的尺度分布自然演变的方法。实现这种改进需要重新定义冰相水凝物的种类，以允许从一种粒子类别到下一种类别，实现逐渐自然的过渡。

冰相水凝物种类的重新定义是基于下面的事实，即尽管冰粒子具有无数的形状和结构，但是预测冰粒子的数量和质量浓度所需的主要因素，依赖于粒子的质量和粒子长边的横截面积。根据质量-尺度关系，可以用冰粒子的方程式(3.75)计算出粒子的尺度分布谱。模拟诸如冰粒子碰并云滴那样的过程，要用到方程式(3.24)的表达式，需要掌握关于冰粒子面积-尺度之间关系的知识。如果我们认识到决定这些关系的两个主要因素：(ⅰ)粒子是准球形还是准板状，以及(ⅱ)粒子的凇附程度，那么关于冰粒子微物理的文献，已经提供了足够的知识信息，来确定所需的质量-尺度和面积-尺度关系。图 3.22 展示出了利用这两个因素以及冰粒子的性质求出的冰粒子的质量-尺度和面积-尺度分布，方法从文献中搜集得到。粒子质量和尺度首先通过气相淀积增加，然后随着粒子变得更大，它们通过凇附过程填充冰晶的缝隙生长，最后通过积累了更多的水质量，粒子变得更加球形、致密(成为霰或冰雹)。这些区别随着粒子变大而逐渐发生，而不是像延伸的 Kessler 方法那样，粒子的种类突然改变。粒子性质的改变更自然地发生，不同类型粒子之间的转变没有固定的方程式。使用图 3.22 中的连续分布函数，可以预期冰粒子谱的参数，和决定冰粒子数量和质量谱(数浓度和混合比)的物理过程。由于图 3.22 中的质量-尺度和面积-尺度关系，取决于粒子所经历的凇附生长，以及与其相伴的淀积生长的程度，从而可以分别计算出气相淀积 q_{dep} 和凇附 q_{rim} 所累积的质量。注意，根据冰的三维几何形状(板状与球形)和凇附程度对冰类别的重新定义，可应用于任何水连续分布方案(单参数或多参数，总体水方案或分档方案)。为了说明如何使用该方法，下面的方程指示如何利用该新方法来写双参数总体水连续分布方案的公式。这种情况下的预测方程(忽略亚网格尺度湍流效应)是：

$$\frac{\partial N}{\partial t}=\left(\frac{\partial N}{\partial t}\right)_{nucl}+\left(\frac{\partial N}{\partial t}\right)_{sub}+\left(\frac{\partial N}{\partial t}\right)_{frz}+\left(\frac{\partial N}{\partial t}\right)_{mlt}+\left(\frac{\partial N}{\partial t}\right)_{enh}+\left(\frac{\partial N}{\partial t}\right)_{agg}+\left(\frac{\partial N}{\partial t}\right)_{mltc}+\nabla\cdot \boldsymbol{v}N+\frac{\partial N\hat{V}_N}{\partial z} \tag{3.97}$$

$$\frac{\partial q_{dep}}{\partial t}=\left(\frac{\partial q_{dep}}{\partial t}\right)_{nucl}+\left(\frac{\partial q_{dep}}{\partial t}\right)_{dep}+\left(\frac{\partial q_{dep}}{\partial t}\right)_{sub}+\left(\frac{\partial q_{dep}}{\partial t}\right)_{frz}+\left(\frac{\partial q_{dep}}{\partial t}\right)_{mlt}+\left(\frac{\partial q_{dep}}{\partial t}\right)_{mltc}+\nabla\cdot \boldsymbol{v}q_{dep}+\frac{\partial q_{dep}\hat{V}_q}{\partial z} \tag{3.98}$$

$$\frac{\partial q_{rim}}{\partial t}=\left(\frac{\partial q_{rim}}{\partial t}\right)_{frz}+\left(\frac{\partial q_{rim}}{\partial t}\right)_{mlt}+\left(\frac{\partial q_{rim}}{\partial t}\right)_{sub}+\left(\frac{\partial q_{rim}}{\partial t}\right)_{accc}+\left(\frac{\partial q_{rim}}{\partial t}\right)_{accr}+\left(\frac{\partial q_{rim}}{\partial t}\right)_{mltc}+\nabla\cdot \boldsymbol{v}q_{rim}+\frac{\partial q_{rim}\hat{V}_q}{\partial z} \tag{3.99}$$

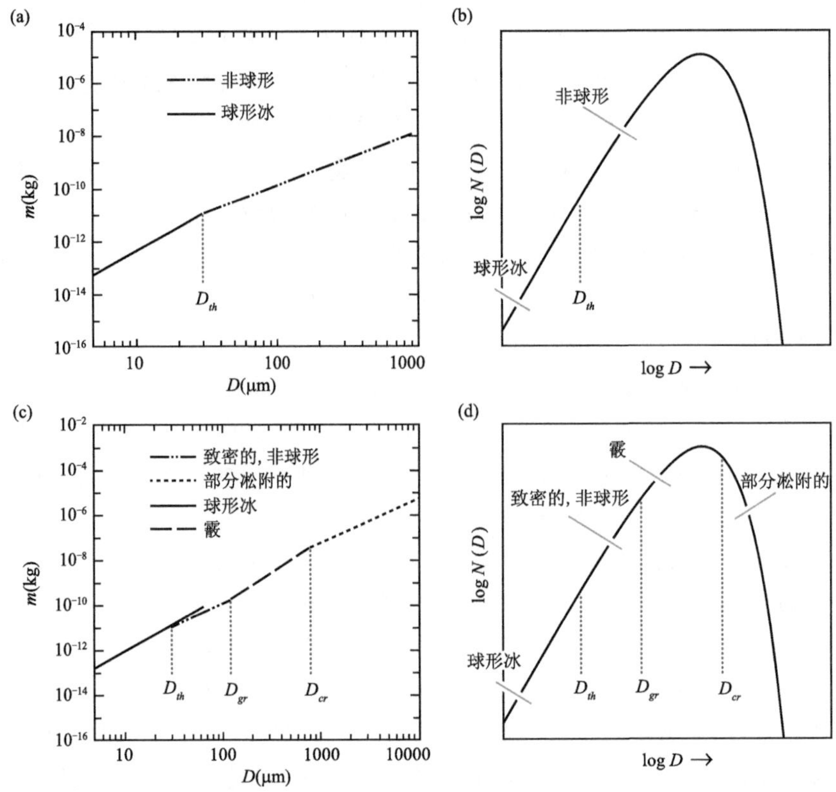

图 3.22 (a)末凇附条件下的固体球形冰，和非凇附非球形冰之间的质量-尺寸关系，以及区分这两种类型粒子的边界 D_{th}。(b)粒子尺寸伽玛分布 $N(D)$ 的示意图，分布随 D_{th} 分为两个区域。(c) 在凇附条件下的固体球形冰、霰、致密非球形冰和部分凇附冰之间的质量-尺寸关系，以及它们的临界尺寸 D_{th}、D_{gr} 和 D_{cr}。(d)根据 D_{th}、D_{gr} 和 D_{cr} 将 γ 粒子尺度分布 $N(d)$ 分为四个区域的示意图。引自 Morrison 和 Grabowski(2008a)，经美国气象学会许可再版

式中，$\boldsymbol{v}$ 是风矢量，$\hat{V}_N$ 和 $\hat{V}_q$ 分别是数量和质量加权平均粒子下落速度，类似于式(3.67)中的 $\hat{V}$。式(3.97)—(3.99)右边的符号项表示 N、q_{rim} 和 q_{dep} 的源/汇项。它们包括通过凝华或凝结冻结($nucl$)、气相沉降核化(dep)、升华(sub)、云滴和雨的冻结(frz)、融化(mlt)、冰粒子(enh，仅影响 N)、冰的聚合(agg)在气溶胶上的初级核化、云滴的碰并($accc$；仅 q_{rim})、在亚冻结条件下由于冰-雨碰撞引起的雨的冻结($accr$；仅 q_{rim})，以及由于在高于冻结条件下的冰-雨碰撞而导致的冰融化($mltc$)。这些公式项基于本章前几节中的讨论。

第4章

云和降水的遥感

触不及、握不住……

——Goethe,《纪念霍华德》[①]

云主要出现在中尺度和对流尺度的天气系统中。这些天气系统(其定义见第 1.1 小节)的尺度,比标准的地面和探空气象观测网小,又比单个站点的观测区域大,因而其观测数据最难获得。虽然飞机偶尔可以提供云内部的观测,但是这些观测数据的时间和空间覆盖度太有限了,无法提供关于云和降水位置和特征等信息。因此,我们需要依赖遥感观测。遥感仪器通过测量来自观测目标物(云/降水)的电磁辐射,来获取它们位置和特征等信息。云和降水观测和研究工作中所采用的遥感观测手段分为两类:被动遥感和主动遥感。被动遥感探测和处理大气中水凝物自身发射或散射的辐射。被动遥感仪器的传感器通常是某种类型的辐射计,它设计成专门观测一个或者多个特定波段的入射辐射,如微波波段。经过适当的处理以后,辐射计的测量结果能反映出遥感观测到的云/降水所在位置的特征。

被动遥感仪器探测到的目标特征,是辐射沿天线探测方向累积的结果,因此,不具备沿天线所指的方向探测空间变化的能力。主动遥感仪器快速发出一系列电磁脉冲信号,这些脉冲信号若在传播路径中遇到目标物体,会“反弹”回一部分电磁波信号(回波信号),通过分析处理回波信号,能得到特征沿天线探测方向变化的信息。脉冲从发出到返回的时间间隔确定了目标物在空间的确切位置,同时提供了在该特定位置上目标物的特征信息。雷达是最常见的主动遥感仪器,通常工作在电磁波谱中的微波波段。在第二次世界大战期间[②],雷达原来被用于对军事目标进行探测和定位。战争结束后,发现回波信号中包含丰富的目标物信息,气象学家注意到这些信息,尝试利用它们研究天气现象。最初气象雷达只用来探测降水雨滴,后来的改进使得雷达能探测到更小的云滴,以及行星边界层里的湍流涡旋等有用的天气信号,甚至昆虫

① 歌德在这里说,云的遥远使地面上的观察者无可奈何。

② 第二次世界大战期间,英国和美国首先在实验室里研制出雷达,把它作为一种防空系统,确定飞机相对于雷达的方位和距离。RADAR(RAdio Detection and Ranging)这个词本身是一个缩略词,意思是用无线电探测方位和距离。更多关于雷达历史的信息,请参见 Page(1962)。

和鸟类等。激光雷达[①]是另一种主动遥感仪器,通过发射可见光波段的激光光束,来探测大气中的非降水云、气溶胶等粒子,包括极薄的云层。激光雷达能获取某些气溶胶和云层的光学厚度信息,其主要优势在于确定气溶胶和云是否存在,以及它们的垂直空间分布特征。

大气遥感观测仪器已被安装在陆地、船、飞机和航天器上。它们在研究中的应用非常广泛,因而遥感观测知识也是云动力学研究者必须了解的。其中特别重要的,是关于这些遥感仪器工作机制的知识。正是这些遥感仪器测得的参数,间接提供了云的物理学和动力学所需要的信息。本章将介绍用于定量探测大气中云和降水等水凝物粒子的主被动遥感仪器[②],包括它们的基本原理,以及如何将其测值转换为理解云/降水过程的参数。第 4.1 节,将介绍云和降水遥感用到的辐射物理学基础知识;第 4.2 节,概要介绍被动微波遥感降水;第 4.3 — 4.9 节讨论主动遥感雷达。

4.1 吸收、散射和微波观测波段的选择

观测云和降水的遥感仪器通常在微波频段里工作。这种观测手段所依赖的基本物理原理,与辐射在大气中传输的基础知识有关。假设 L_λ 是波长为 λ 的脉冲沿 s 方向传播的单色辐照度,则:

$$\frac{\mathrm{d}L_\lambda}{\mathrm{d}s}=\left(\frac{\mathrm{d}L_\lambda}{\mathrm{d}s}\right)_a+\left(\frac{\mathrm{d}L_\lambda}{\mathrm{d}s}\right)_s+\left(\frac{\mathrm{d}L_\lambda}{\mathrm{d}s}\right)_\varepsilon \tag{4.1}$$

式中,下标 a 和 s 分别表示入射辐射的吸收和散射,ε 表示发射。吸收和散射项也可以合写为下式:

$$\left(\frac{\mathrm{d}L_\lambda}{\mathrm{d}s}\right)_a+\left(\frac{\mathrm{d}L_\lambda}{\mathrm{d}s}\right)_s=-(\sigma_{a\lambda}+\sigma_{s\lambda})L_\lambda \tag{4.2}$$

式中,$\sigma_{a\lambda}$ 和 $\sigma_{s\lambda}$ 分别表示吸收和散射系数,两者之和为总消光系数。米(Mie)散射理论导出了估计这些参数的表达式:

$$\sigma_{a\lambda}=\int_0^\infty \pi D^2\chi \mathrm{Im}|K|N(D)\mathrm{d}D \tag{4.3}$$

和

$$\sigma_{s\lambda}=\int_0^\infty \frac{2}{3}\pi D^2\chi^4K^2N(D)\mathrm{d}D \tag{4.4}$$

式中,$N(D)$ 是粒子的尺度分布函数,$N(D)\mathrm{d}D$ 代表在单位体积的大气中,大小在 D 到 $D+\mathrm{d}D$ 之间颗粒的数量,K 是介电常数,其取值与球形颗粒的成分[液态水、冰或者(在大多数云物理和动力学中)两者的混合物]相关,其中 χ 是粒子的周长与照射在粒子上辐射的波长之比:

$$\chi\equiv\frac{\pi D}{\lambda} \tag{4.5}$$

---

① 和雷达(RADAR)一样,激光雷达(LIDAR)也是一个首字母缩略词,原意为,光强探测方位和距离(LIght Intensity Detection and Ranging)。

② 关于被动遥感详细介绍,参见 Stephens(1994)、Kidder 和 Vonder Haar(1995)。主动雷达应用的扩展阅读资料,包括 Battan(1973)、Atlas(1990)、Doviak 和 Zrnic(1993)、Rinehart(1997)以及 Bringi 和 Chandrasekar(2001)。雷达技术的细节,参见 Skolnik(1980)。还可以参考一些较精炼的短文。其中包括多普勒雷达的应用(Burgess 和 Ray, 1986);雷达用于非降水云(Kollias et al. ,2007);雷达用于降水云(Yuter,2014)。

如果 χ 较小，即如果水凝物颗粒的大小远小于波长，则式(4.4)中的 χ^4 使得散射系数非常小，从而总的消光主要由吸收效应造成。这样的情况被称为瑞利(Rayleigh)散射，此时 $\sigma_{a\lambda} \gg \sigma_{s\lambda}$，只有式(4.3)起作用。图 4.1 显示了在大多数大气微波和雷达遥感仪器的工作波长范围内，χ 与波长和粒子半径之间的关系。Rayleigh 散射主导的区域，是图中 $\chi < 0.1$ 的部分。若 χ 超过 50，即水凝物颗粒的大小比照射到粒子上辐射的波长大很多，$\sigma_{s\lambda} \gg \sigma_{a\lambda}$，且式(4.4)的值趋于常数，这样的物理过程可以简化为用几何光学来描述。χ 在 0.1 和 50 之间情况更常见，此时散射和吸收同时对照射在粒子上的辐射光束起作用，被称为 Mie 散射。

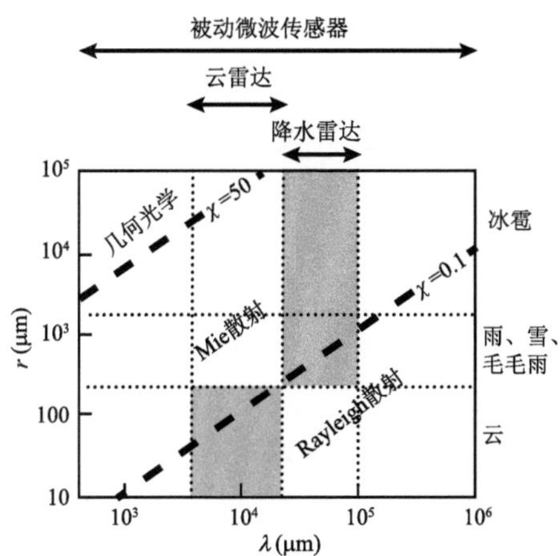

图 4.1　大气中云和降水的粒子半径，与主被动遥感仪器波长之间的关系。图中虚线表示 χ 的取值为常数 0.1 或 50。若 $\chi < 0.1$，散射极低，为 Rayleigh 散射；若 $\chi > 50$，几何光学适用。蓝色阴影区域为云雷达工作的大致区域，红色阴影区域为降水雷达工作的大致区域

用于观测大气中水凝物的雷达包括降水雷达和云雷达两类。这两种雷达工作在不同的粒子半径/波长范围，如图 4.1 中的阴影所示。如第 4.3 节和第 4.4 节将要说明，让雷达在 Rayleigh 散射范围里工作，对于探测云和降水粒子是非常合适的。在实际工作中，使用波长较短的雷达进行观测还有其他的优点。这是由于云滴比降水粒子(雨滴)小很多，利用波长较短的 Rayleigh 波段范围的波长就可以测量云滴。但是波长越短，雷达信号受雨滴的衰减作用越大。因此，降水雷达往往在 Rayleigh 波段范围内用较长的波长工作。这些波长较长的雷达，其功率不够大，不足以探测到云滴。如果增加雷达的功率，虽然雷达能接收到云滴的回波信号，但其信息仍然较少(这将在第 4.3 节中讨论)。

4.2　被动微波遥感降水

利用卫星平台观测全球云和降水的分布具有重要意义。卫星平台上搭载有包括可见光、红外辐射计在内的遥感仪器，可以获取云覆盖、云顶高度和云光学厚度的全球图像。但是这些图像并没有指出云中降水区的确切位置。星载被动微波辐射计则能提供这方面的信息。在微波波段，水凝物吸收、发射和散射辐射的性质，反映出了大气中雨滴和降水冰晶的存在及其数量密度。因此，观测云中降水区位置的一种方案，是选择受降水雨滴散射特性影响极小的波段，通过测量该波段的大气层发射辐射，得到雨滴辐射，进一步估算降水区位置。

按惯例,星载辐射计测得的辐照度用亮温表示。根据普朗克定律,在长波频段,黑体单色辐亮度满足下式:

$$B_{\lambda} \approx c\lambda^{-4} T_{BB} \tag{4.6}$$

式中,c 是大于零的常数,T_{BB} 是黑体温度。这个观测事实启发我们把微波频段的亮温定义为下式:

$$T_{BR} \equiv \frac{L_{\lambda}}{c\lambda^{-4}} \tag{4.7}$$

这个近似关系式在微波频段是比较准确的。代入式(4.2),可得

$$\frac{\mathrm{d}T_{BR}}{\mathrm{d}s} = \sigma_{a\lambda}(T_{BB} - T_{BR}) \tag{4.8}$$

现在把这个关系式用于从含有雨滴的大气层上行进入空间被卫星辐射计截获的微波辐射。为了简化,假设含雨滴层的垂直厚度为 D_p,温度为 T_A,波束是垂直向上的,那么 s 就是高度,即 $s = z$,若对式(4.8)两边同时乘以 $\mathrm{e}^{\sigma_{a\lambda} z}$ 可得:

$$\frac{\mathrm{d}}{\mathrm{d}z}(T_{BR}\mathrm{e}^{\sigma_{a\lambda} z}) = \sigma T_A \mathrm{e}^{\sigma_{a\lambda} z} \tag{4.9}$$

将 τ 定义为:

$$\tau \equiv \mathrm{e}^{-\sigma_{a\lambda} D_p} \tag{4.10}$$

假设在雨滴层顶处波长 λ 没有下行辐射,那么我们将式(4.9)先从 D_p 向下积分到 0,再从 0 积分到 D_p,得到:

$$T_{BS\downarrow} = T_A(1-\tau) \tag{4.11}$$

和

$$T_{BT\uparrow} = T_{BS\uparrow}\tau + T_A(1-\tau) \tag{4.12}$$

式中,$T_{BS\uparrow}$ 是地表的上行辐照度,表征为亮温;$T_{BS\downarrow}$ 和 $T_{BT\uparrow}$ 分别为地表的下行辐照度和雨滴层顶的上行辐照度,也表示为亮温。由于地表不透明,其反射率可用 $1-\varepsilon_{\lambda}$ 表示,ε_{λ} 为地表发射率,将式(4.10)代入,地表上行辐照度可表示为

$$T_{BS\uparrow} = \varepsilon_{\lambda} T_S + (1-\varepsilon_{\lambda})(1-\tau)T_A \tag{4.13}$$

式中,T_S 为地表温度,将式(4.13) 代入式(4.12) 可得

$$T_{BT\uparrow} = T_A\left[1 + \varepsilon_{\lambda}\left(\frac{T_S}{T_A} - 1\right)\tau - (1-\varepsilon_{\lambda})\tau^2\right] \tag{4.14}$$

雨滴层顶 D_p 的上行亮温值与降水率有关,降水率由式(4.10)给出的参数 τ 定义。在遥感探测水凝物的微波波段,冰晶的吸收率比液态水小很多①,因而大气中的液态水决定了式(4.3)中的吸收系数。我们进一步注意到降水率 $\mathcal{R}$ 由下式得到:

$$\mathcal{R} = \frac{\pi\rho_L}{6}\int_0^{\infty} V(D)D^3 N(D)\mathrm{d}D \tag{4.15}$$

式中,$V(D)$ 表示直径为 D 雨滴的经验下落速度[另见式(3.67)]。由于粒子谱的分布同时决定了 $\sigma_{a\lambda}$ 和 $\mathcal{R}$,两者之间的函数关系可由下式表示

$$\sigma_{a\lambda} = f(\mathcal{R}) \tag{4.16}$$

且

① Stephens(1994)中的图 4.9 进一步说明了这一事实。

$$\tau = e^{-\sigma_{a\lambda}(\mathcal{R})D_p} \tag{4.17}$$

代入式(4.14)可得：

$$T_{BT\uparrow} = T_A\left[1+\varepsilon_\lambda\left(\frac{T_S}{T_A}-1\right)\tau(\lambda,\mathcal{R})-(1-\varepsilon_\lambda)\tau^2(\lambda,\mathcal{R})\right]=f(\lambda,\mathcal{R}) \tag{4.18}$$

这个关系式是海洋上被动微波遥感测雨的基础。某些波长的海面发射率非常小，比如波长1.6 cm(频率大约在19 GHz)的波段就具有这样的特征，常用于降水的微波遥感。为了说明这样的波段遥感测雨的工作原理，我们可以考虑两个极端例子，如果没有雨，则 $D_p=0$ ，$\tau=1$ ，则式(4.18)简化为

$$T_{BT\uparrow} = \varepsilon_\lambda T_A \tag{4.19}$$

因为发射率很小，遥感得到的亮温值会非常低。与此相反，如果存在深厚的降雨层，即 $D_p\rightarrow\infty$，$\tau\rightarrow 0$，则式(4.18)可简化为：

$$T_{BT\uparrow} = T_A \tag{4.20}$$

在这两个极端情况之间，亮温随降水率单调上升，可用于估计降水率。由于产生信号的降水粒子是雨滴，而不是冰晶粒子，我们可以假设降水层顶部 D_p 的高度是 0 ℃层，则式(4.3)中粒子谱分布函数 $N(D)$ 中的介电常数采用液态水的值，式(4.3)和(4.15)中粒子大小的谱分布接近雨滴的情况。假设粒子大小的谱分布满足由式(3.65)表示的马歇尔-帕尔默指数形式，图4.2显示了针对不同的 0 ℃层高度模拟得到的 19 GHz 亮温。

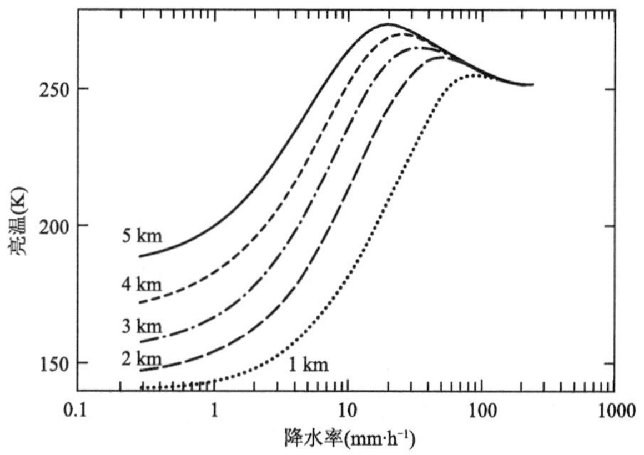

图 4.2　若 0 ℃层位于 1～5 km 之间不同的位置，计算出的波长 1.55 cm 的亮温与降水率之间的关系

图 4.2 显示，亮温先随着降水率增加而单调增大，达到最大值，然后下降。这种亮温“饱和”的现象，是由于水凝物数量的增长而引起的。尽管个别水凝物粒子对辐射的散射作用相对较小，但是若在 D_p 高度层的下面有数量足够多的水凝物，那么它们把相当一部分上行波束中的辐射能量，散射出原来的路径，从而显著地改变了遥感观测到的辐射能量。在辐射计所观测的垂直大气柱中，粒子越多，上行辐射中被散射作用移到其他方向去的能量越多。

陆地表面微波波段的发射率大，这限制了 19 GHz 通道观测陆地降水中的应用。在陆地上需通过其他微波波段来估计降水率，而所使用的物理原理就是上述“饱和”现象。在频率高于 19 GHz 的微波波段，大气水凝物的散射系数更大。频率为 85 GHz 附近的微波通道可用于估计陆地降雨，相应的波长约为 0.35 cm。由式(4.4)可知，该波段 χ 值更大，即在这个微波波段，降水粒子的散射效率更高；而冰晶粒子散射的折射指数并不显著小于液态粒子。因此，在

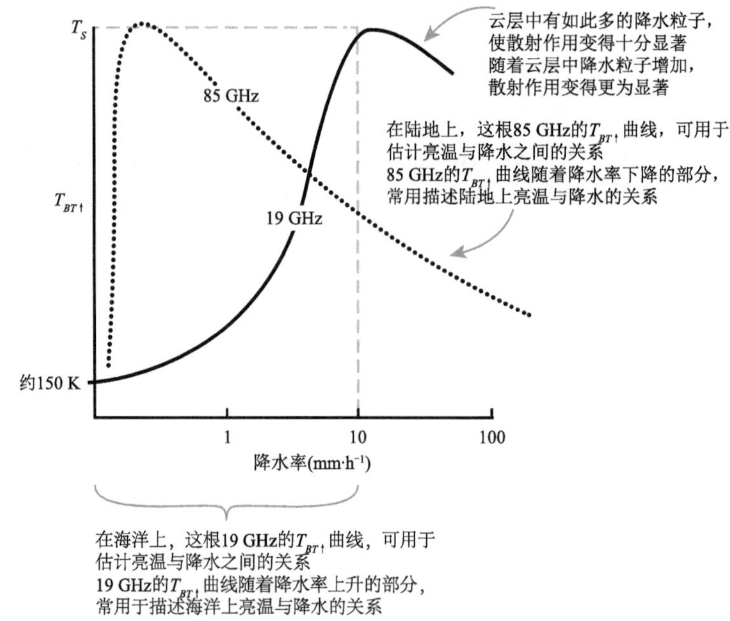

图 4.3　微波亮温和降水率之间函数关系的示意图

85 GHz 波段的微波遥感探测深对流降水云时，其饱和降水率非常小，而在达到饱和降水率之后，随着降水率增大亮温反而减小，这可以用于指示深对流云的降水率。图 4.3 给出了相关的定性说明，包括 19 GHz 的亮温为什么可以用于估算海洋上的降雨率，以及 85 GHz 的亮温为什么可以用于估算陆地上的降雨率。

4.3　云和降水的雷达探测

雷达是大气科学中最常见的主动遥感仪器。雷达通过同一个天线交替发射和接收微波辐射脉冲(图 4.4)。这个天线将辐射聚焦在一个狭窄的波束里，使发射信号沿特定的方向传播，接收的则是在波束传播路径上的目标物体反射回来的信号，并且可以从发射和接收信号之间的时间间隔，精确地确定目标物离雷达的距离或范围。通过数据处理将接收到的信号转换为与云物理和云动力相关的物理量。从返回信号中测量的基本参数包括：(ⅰ)接收功率，用它可以导出目标物的反射率；(ⅱ)多普勒频移，指示目标物沿雷达波束方向的位移速度；(ⅲ)偏振信息，用它可以获取目标物体形状、方向的信息。对这些物理量进行解释，需要简单了解雷达的工作原理。

如图 4.4 所示，从接收和处理雷达信号中所获得的信息中，提供给雷达用户的主要包括三类参数。其中，目标物体的范围 r 已有定义。另外两个参数，是返回信号的强度和相位。根据信号强度推导出的参数 Z_e，称为等效雷达反射率，将在第 4.4 节中具体介绍。由相位可推得的径向速度 V_R，是目标物的速度在雷达波束方向上的分量。径向速度表示在以雷达天线为中心的极坐标系中，远离雷达发射信号传播方向的位移速度。如果雷达发射和接收多个偏振信号，那么在这三种参数以外，还能得到其他的附加信息。天线接收到的不同偏振条件下的辐

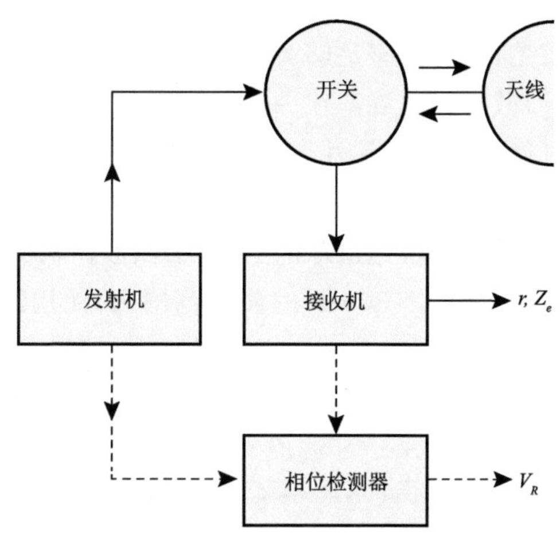

图 4.4　天气雷达简图。图中用虚线连接的设备为多普勒雷达的功能。非多普勒雷达的设备测量目标物的距离 r 和等效雷达反射率因子 Z_e，多普勒雷达的设备还提供目标物的径向速度 V_R

射，能提供更多有关粒子性质的信息。例如，水平偏振和垂直偏振在信号强度和相位上的差异，有助于区分目标物粒子是水滴、冰晶、雪、霰还是冰雹，以及这些粒子的含水量。

只测量距离和反射率的天气雷达称为非相干雷达或常规雷达。能测量目标物速度的雷达系统称为多普勒雷达。能同时发射和接收水平偏振和垂直偏振辐射的雷达称为双偏振雷达。

如下一节将详细叙述，从云和降水粒子反射回来的雷达信号强度与 λ^{-4} 成正比。根据这样的事实，用于观测云和降水的雷达，其波长越短越好。然而，波长非常短的微波信号，会很快被大气中的气体成分吸收，无法用于观测云和降水。能用于云探测的波长在 1～50 mm 之间。在这个波段范围内工作的雷达，也被称为毫米波雷达或云雷达①。它们对观测各种类型的非降水云（积云、层云、层积云、高层云、高积云和各种卷云）都很有用。然而，降水粒子通常能强烈地吸收毫米波段的微波辐射，因此它不适合观测云中的降水。毫米波雷达观测非降水云的功能，可以用激光雷达来补充和加强。波长大约在 0.3～10 μm 之间的激光可以探测极薄的云和大气气溶胶粒子②。波长在特高频（UHF，75 cm）和甚高频（VHF，6 m）波段的雷达，通常被用于晴空大气的垂直廓线探测，这些雷达通常被称为风廓线仪，它们所测量的多普勒频移速度，还用于确定云系中环境风的廓线③。有些这种类型的廓线仪，甚至可以探测到降水云区域及其周围的垂直运动。

简单来说，毫米波雷达用于探测云的结构，激光雷达和廓线仪用于探测较薄的云，及云周围环境中的气溶胶和风等。为了探测云系中的降水核，则需要使用在波长 $\lambda=1\sim30$ cm 范围内工作的厘米波雷达，其中 2、3、5、10 cm 的波段最常用。这些波段的电磁波受降水粒子的散

① 毫米波云雷达详细介绍，参见 Kollias 等(2007)。

② 激光雷达通常利用望远镜收集反射回来的激光能量，通过光电倍增管放大、数字化并记录。激光雷达的应用方式本质上类似于雷达，因此被称为“激光＋雷达”。它的光束可以扫描某个大气块，还可以被改进为具备多普勒和偏振测量的功能。参阅 Stull(1988)第 412 页，该书进行了简短的、非专业的介绍，并列举了一些测量案例。

③ 这些波长较长的雷达通常不扫描，而是用几个固定方向的波束工作：例如，一个波束垂直向上，另两个波束和垂直方向成 15°的夹角。它们不仅被用于探测大气中悬浮粒子的反射，而且可探测到由于折射率的变化而引起的反射率微小变化（见 Rottger 和 Larsen，1990 年综述文章）。

射非常强烈,但由于它们的波长较长,除非雷达功率极大,否则很难探测到非降水云。有些波长在 10 cm 左右的研究型雷达,由于功率足够大因而能够观测到非降水云。然而,非降水云的回波信号易与布拉格(Bragg)散射回波混淆在一起,影响探测精度。后者发生在雷达波束在强密度梯度区域遇到湍流的时候①。因而探测非降水云的最佳手段,仍是毫米波雷达。而湍流在厘米波段的回波,本身也包含了云内部和云周围大气结构的信息,比如雷达附近昆虫、鸟类和示踪物(被大风吹到空气中可以被雷达追踪的杂物)的回波。被昆虫反射的回波在探测对流风暴的外流边界方面特别有用。在 1~30 cm 的波段范围内,使用波长中短的一端,能更敏感地观测到反射能力较弱的目标物。这些雷达并不需要用大口径天线聚焦波束,但却受制于在大雨情况下信号的衰减。基本上消除了雨衰,而又能够在一个较为宽广的范围内观测到各种强度降水的雷达,其波长最短约为 10 cm(S 波段)。但是,10 cm 雷达往往需要用很大的天线聚焦用于波束(宽度为 1°的波束,需要直径约为 8 m 的抛物面碟形天线来聚焦),这样的设备用于气象探测,往往体积过于庞大,价格过于昂贵。不管受到什么样的限制,陆地上降水雷达通常要用 10 cm 波段。而在舰船和飞机上,由于空间限制,往往配备的 5 cm(C 波段)或 3 cm(X 波段)雷达系统。航天器上搭载的降水雷达波长只有 1~2 cm,必须采取措施纠正波束的衰减。找到雷达真实反射率与同时间测得的表观反射率和衰减之间的关系表达式,就可以寻求它们之间的一致性,从而进行这样的校正。另一种方法是将卫星对目标地点进行观测的反射率,与邻近无降水地区观测的反射率进行比较②。

有些用于观测云和降水的雷达,其天线固定指向一个方向,例如,从地面垂直向上,或从飞机(卫星)垂直向下。而大多数气象雷达都装备有可扫描的天线,使得雷达波束可以向一系列指定的方向发射。雷达通过对不同的方位角和高度角进行连续地扫描,可以得到雷达周围一定空间范围内高时间分辨率的三维数据。根据扫描扇区的大小,大约每 2~10 min 就可以获得一组三维数据,当然未来可能会有扫描速度更快的天线③。大多数 S、C 和 X 波段的扫描天气雷达可以探测 200~400 km 水平范围内的降水,但定量探测降水的范围通常只能覆盖 100~200 km。虽然范围有限,仍可在中尺度区域里绘制连续覆盖的高分辨率降水图。每个雷达脉冲延续的时间,换算成脉冲在空间中传播的距离增量,都非常小(约 100 m)。空间分辨率主要受雷达波束宽度的限制(半功率点之间的角距离),大多数降水雷达的波束宽度在 1~2°之间④。由于波束分辨率的限制,降水数据在雷达附近的分辨率小于 1 km,在探测距离极限处的分辨率为几千米。

---

① 关于布拉格散射及其用气象雷达进行探测的讨论,详见 Knight 和 Miller (1993,1998),以及相关著作(Doviak 和 Zrnic,1993)

② Iguchi 和 Meneghini(1994)详细讨论了这两种方法。Iguchi 等(2000)发展了一种结合两种方法的算法,用于校正热带降水测量卫星(TRMM)上搭载的 2 cm 波长降水雷达的反射率。这种修正处理流程,是在业务运行中常规使用的,是使 TRMM 雷达的数据在空间测量降水中定量有用的关键。

③ 相关案例可见 Joss 和 Collier(1991)

④ 通常,水平和垂直的波束宽度是相同的。然而,一些机载系统受到天线尺寸的限制,因而垂直方向的波束宽度更宽。例如,美国国家海洋大气局(NOAA)的 WP-3D 研究飞机有一个 C 波段雷达,天线安装在机身下方,水平波束宽度为 1.5°,而垂直波束宽度为 4°。

4.4 从回波功率中计算雷达反射率

雷达射线同时照射到许多散射粒子,因此,由气象雷达探测到云和降水粒子通常被称为分散目标物。包含被照射粒子的体积被称为雷达的解析体积。解析体积 $\mathscr{V}_{res}$ 由波束宽度和发射辐射脉冲的持续时间决定。由于不同的下落速度、风切变、和/或者湍流风等原因,分散目标物之间通常存在相对运动,这使得从某一中心距离 r 处的解析体积反射回来回波信号的功率(以及相位)随时间脉动变化。回波的瞬时功率取决于散射体的排列。在 0.01 ~ 0.1 s 时间段内的取平均值,可以消除这种脉动变化,平均回波功率 $\overline{P_r}$ 由下式表示:

$$\overline{P_r} = \frac{P_t G^2 \lambda^2 \theta_H \theta_V \tau_p C_o \eta_r}{512(2\ln 2)\pi^2 r^2} \tag{4.21}$$

式中,P_t 是传输功率,G 是天线增益(代表天线聚焦效应的无量纲数),τ_p 是雷达发射脉冲的持续时间,C_o 表示光速,θ_H 和 θ_V 是波束的水平和垂直张角(即半功率点之间的角度),η_r 表示单位空气体积的雷达反射率。雷达反射率是单位体积空气截面的等效散射,由于式(4.21)右边的所有其他项均为已知,雷达反射率可以由平均回波功率直接推得。雷达方程式(4.21)是根据几何关系导得的,在推导时假设不存在干涉引起的衰减,在解析体积里充满均匀分布的粒子,雷达系统本身不存在信号损耗,天线增益在波束的宽度范围里是均匀分布的①。式(4.21)中"2ln2"项是一个变换因子。这个变换因子把半功率波束宽度变换为有效波束宽度。由于式(4.12)中假设了天线增益是常数,这样的变换必须要做。

雷达反射率 η_r 为解析体积中个别散射体的散射截面之和。它由求和公式 $\sum \sigma_{s\lambda}$ 计算得到,$\sigma_{s\lambda}$ 是雷达波长为 λ 时,解析体积内一个粒子的有效后向散射截面,求和是指对解析体积内所有的粒子求和。由式(4.4)给出的变量 $\sigma_{s\lambda}$ 是散射截面指雷达能够接收到实际测得的反射回波能量其各向同性(碰撞出的散射辐射在所有的方向都一样)散射体的截面。通常散射截面是受 Mie 散射理论制约的。为了计算解析体积内所有粒子的散射截面,需要假设个别粒子的散射,而实际目标物的散射辐射不是各向同性的。但是如果雷达探测到的粒子为球形,并且足够小,即直径 $D \ll \lambda$,则式(4.5)中的比值 χ 也很小,这种情况要用 Rayleigh 散射②近似代替 Mie 散射近似③。对于 Rayleigh 散射,一个直径为 D 粒子的散射截面为:

$$\sigma_{s\lambda} = \pi^5 \, |K|^2 D^6 \lambda^{-4} \tag{4.22}$$

式中,$|K|^2$ 是一个复杂的指数函数,它表示构成散射体物质的反射率④。式(4.22)中,在 $\sigma_{s\lambda}$ 与 λ^{-4} 两个变量之间,存在相互依赖关系,这就是为什么在其他参数不变的情况下,雷达波长越短,灵敏度越高的原因(正如第 4.3 节中所提到的)。

用式(4.22)中的 $\sigma_{s\lambda}$ 计算 $\sum \sigma_{s\lambda}$,替换式(4.21)中的 η_r,并对该等式进行代数移项运算,

---

① 参见 Battan(1973)的第 4 章,以及 Rinehart(1997)的第 4 章和第 5 章。

② 就是第 2.9.3 节中推导了对流理论的 Rayleigh 勋爵。

③ 对厘米波雷达而言,适用于毛毛雨及大多数雨、雪、霰,但是不包括直径 1~15 cm 的冰雹、聚合成非常大的雨滴或雪花,该波段中较短的波长尤其如此。但对于毫米波雷达来说,几乎所有降水粒子的大小对 Rayleigh 散射近似来说都太大了。

④ 参见 Battan(1973)的第 4 章或 Rinehart(1997)的第 4 章和第 5 章。对于散射详细解释,参见 Bringi 和 Chandrasekar (2001)的书。

则在某一个中心距离为 r 的解析体积 $\mathscr{V}_{res}$ 内,已知散射体物质的反射率 $|K|^2$,就可以从平均回波功率中求出雷达的反射率因子:

$$Z \equiv \frac{1}{\mathscr{V}_{res}} \sum D^6 = \frac{r^2 \, \overline{P_r} C_R}{|K|^2} \tag{4.23}$$

式中,

$$C_R = \frac{64\lambda^2 r^2}{P_t G^2 \pi^2 \mathscr{V}_{res}} \tag{4.24}$$

且

$$\mathscr{V}_{res} = \pi\theta_H\theta_V \left(\frac{r}{2}\right)^2 \frac{C_o\tau_p}{2} \tag{4.25}$$

式(4.23)中的 $\sum D^6$,表示解析体积 $\mathscr{V}_{res}$ 内所有散射体直径的 6 次方之和。由于 $\mathscr{V}_{res}$ 与 r^2 成正比,所以式(4.24)中的 C_R 与 r^2 无关,仅由特定雷达设备自身的性能决定,被称为雷达常数。

通常 $|K|^2$ 的具体数值很难确定,这些散射体通常包含有液体、冰晶、融化中的冰晶、昆虫、湍流涡旋或者其他悬浮物。因此,通常约定用探测得到的 $\overline{P_r}$、r 和式(4.23),来计算等效雷达发射率因子:

$$Z_e \equiv \frac{r^2 \, \overline{P_r} C_R}{0.93} \tag{4.26}$$

式中,0.93 是液态水的 $|K|^2$ 值,Z_e 表示距离 r 处所有的反射粒子都是纯净的液态水时,回波信号 $\overline{P_r}$ 的反射率因子。冰晶的 $|K|^2$ 值通常设置为 0.197。如果已知反射物体为冰相粒子,则真实的反射率因子可以简单地通过乘以 0.93/0.197 这个比值进行调整。然而由于散射体的组分通常是不确定的,雷达数据通常用 Z_e 来表示,单位为 $\mathrm{mm^6 \cdot m^{-3}}$,它表示单位体积的空气里,粒子大小的 6 次方。$Z_e$ 的值通常除以 $1\ \mathrm{mm^6 \cdot m^{-3}}$ 转换为分贝单位来表示:

$$\mathrm{dB}Z_e \equiv 10\ \lg Z_e \tag{4.27}$$

数值 $\mathrm{dB}[Z_e(\mathrm{mm^6 \cdot m^{-3}})]/(1\ \mathrm{mm^6 \cdot m^{-3}})$ 的典型阈值,对于非降水云和刚刚发生的降水约为 0～50,其中 0～10 为毛毛雨,10～30 为中雨或大雪,30～45 为融雪,30～60 为中到大雨,60～70 及以上为冰雹。

4.5 偏振雷达

为了解释某个体积大气中水凝物的回波信号,我们可以利用电磁波的四个基本参数:振幅、相位、频率和偏振。在用偏振信息进行探测时,这些特征与粒子的大小、形状、在空间中的取向,以及下落方式有关。为了获得这些信息,双偏振雷达在若干个特定的方向发射和接收有偏振的辐射①。圆偏振雷达发射的电场矢量,其方向垂直于辐射路径,且随时间旋转。线偏振雷达通常在垂直和水平两个相互正交的方向上,交替发射和接收偏振的辐射脉冲。圆偏振雷达在云研究中应用较少,因此,本小结主要介绍线偏振雷达。

---

① 关于多偏振气象雷达应用的进一步讨论,见 Bringi 和 Chandrasekar(2001)的教科书。也可以参考 Bringi 等(1986a,1986b)、Wakimoto 和 Bringi (1988)、Bringi 和 Hendry (1990)、Jameson 和 Johnson (1990)、Herzegh 和 Jameson(1992)、Vivekanandan 等(1999)、Yuter (2014)、Cifelli 等(2011)以及其他很多的工作。

4.5.1 双偏振雷达测量的参数

尽管原则上可以使用任意两个正交的平面，线偏振雷达通常采用水平和垂直两个方向发射和接收辐射。选择这两个方向观测，是因为随着雨滴增大，其形状会逐渐趋于扁圆①，而且下落时雨滴长轴的走向大致是水平的(见图 4.5)。在水平和垂直方向上工作的线偏振雷达，可以获得两个有用的参数：差分反射率因子（Z_{DR}）和线性退偏振比（LDR）②，它们定义为：

$$Z_{DR} \equiv 10\lg\left(\frac{Z_{HH}}{Z_{VV}}\right) \tag{4.28}$$

和

$$LDR \equiv 10\lg\left(\frac{Z_{HV}}{Z_{HH}}\right) \tag{4.29}$$

式中，Z_{HH}、Z_{VV} 和 Z_{HV} 表示反射率数值，而其下标 HH 表示水平发射水平接收，VV 表示垂直发射垂直接收，HV 表示水平发射垂直接收。

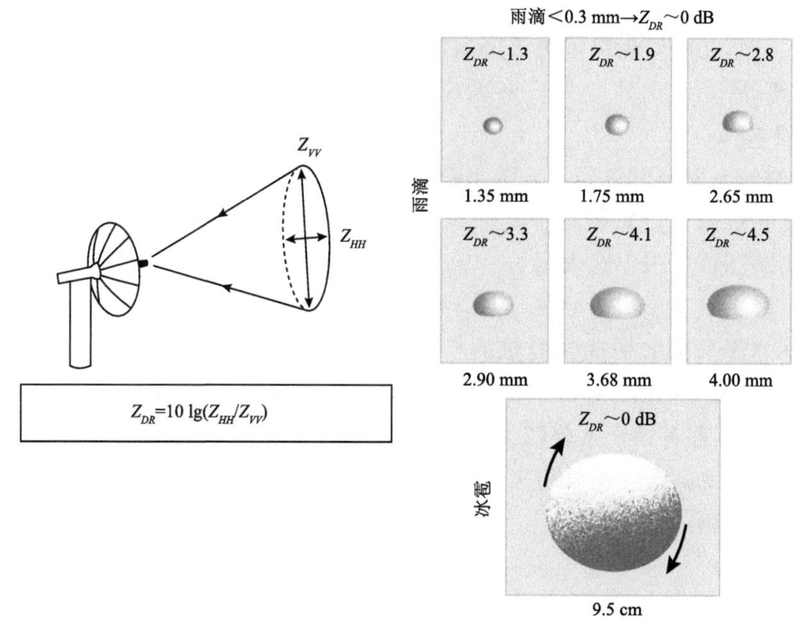

图 4.5 不同大小的雨滴和冰雹典型的 Z_{DR} 值。冰雹粒子上的黑色箭头代表翻滚运动。引自 Wakimoto 和 Bringi(1988)，经美国气象学会许可再版

由于雨滴一般呈水平方向扁圆形，其 Z_{DR} 为正值，一般在 0～5 dB 范围内，如图 4.5 所示。由于扁率随雨滴的增大而增大，雨滴越大则 Z_{DR} 值越大。聚合的雪团也往往是沿水平方向扁平的，由于其水平尺寸大，同时融化增加了粒子的折射率，其 Z_{DR} 值更大。如第 3.2.4 节所述，雪团的聚合效应在接近 0 ℃时最明显。当这些雪团融化时，Z_{DR} 高值区域是融化层的标志。

① Pruppacher 和 Klett(1978)提供了对雨滴扁率的讨论。

② LDR 更精确地表示交叉极信号与同极信号的比值。这里给出的表达式表示水平发射，垂直接收。LDR 也可用于表示垂直发射，水平接收，但不常用。

小冰粒或冰雹的 Z_{DR} 值接近于 0。这些小冰粒的折射系数通常很低，而小冰雹在下落过程中由于会发生旋转或翻滚，而没有一个固定的方向(图 4.5)。

根据式(4.29)，*LDR* 是水平传输信号退偏振到什么程度的度量。一般来说，降水粒子只有在它们是非球形，而且没有与波偏振方向平行的对称轴的情况下，才会使传播的电磁波退偏振。举例来说，一个被水平辐射照射的球形粒子，会产生一个纯水平偏振的脉冲回波信号。这是由于球内所有被水平偏振辐射波激发电场振荡的垂直分量均被对称性抵消了，即不发生净退偏振。因此，雷达接收的回波信号中只包含水平分量，且 $LDR = -\infty$。如果一个粒子被拉长，并且不是单一的水平或垂直方向，则平行于该粒子长轴方向的振荡占主导地位，并且返回的信号同时具有水平和垂直分量(即，部分传输回来的信号已退偏振)，因此，$LDR > -\infty$。降水粒子雷达回波的退偏振作用越强，后向散射的交叉偏振信号越强则 *LDR* 越大(即负值变小)。由于交叉偏振信号通常小于同偏振信号，因此，*LDR* 总为负值。降雪由不同主轴方向扁平冰粒子组成，它们的集合效应会产生可测量的 *LDR* 值。而冰的折射率较小可能会使得形状效应比预期的小(*LDR* 较小)。由于复折射率增加，湿冰粒子的 *LDR* 值显著增强(负值变小)。融化冰的典型 *LDR* 值为$-20\sim-10$ dB，冰粒子或雨的典型值为$-30\sim-25$ dB。*LDR* 是判断融化层的绝佳指标，它同时提供了关于降水粒子形状和下落方式的信息，可检测处于湿生长过程中的冰雹或霰(第 3.2.5 节)。后一种效应的产生，是因为部分结冰影响了粒子的介电常数，从而使 *LDR* 增大[①]。

当雷达发射的电磁辐射遇到云或降水粒子时，电磁波的前向散射部分与自由空间中的波位相比较，发生相位偏移。如果粒子是非球形的，水平偏振波与垂直偏振波相位的偏移量不同，单向差分传播相位可用下式表示：

$$\phi_{DP} = \phi_{HH} - \phi_{VV} \tag{4.30}$$

式中，ϕ_{HH} 表示水平发射水平接收能量的相位偏移，ϕ_{VV} 表示垂直发射垂直接收能量的相位差。因为大雨滴是扁平的(图 4.5)，其水平和垂直相位的偏移量不同，会产生一个有限的相位差信号 ϕ_{DP} 。这种相移有助于区分较大的雨滴和其他水凝物。当电磁波经过一个存在扁平雨滴的区域时，相位差 ϕ_{DP} 就会积累起来。为了消除区域大小对位相偏移量的影响，我们把 ϕ_{DP} 对 r 求导，得差相移率：

$$K_{DP} = \frac{\mathrm{d}\phi_{DP}}{\mathrm{d}r} \tag{4.31}$$

因为 ϕ_{DP} 的测量值包含噪声，通常采用几千米范围内的积分 K_{DP} ，得到去噪声后的值。冰雹和其他冰粒子 K_{DP} 的值，通常在 0 (°)·km^{-1}(干燥的粒子)至+1 (°)·km^{-1}(较湿的粒子)之间。雨滴的动态范围更大，为 0～7 (°)·km^{-1}，且随着粒子大小和密度增加而增大。当雨中夹有冰雹，或雨水蒙在冰雹上时，数值将超过 2.5 (°)·km^{-1}。

另一个有用的参数是零延迟水平垂直偏振波相关系数 ρ_{HV} 。这个量是 *HH* 和 *VV* 信号相关性的标准化度量。由 *HH* 通道复振幅与 *VV* 通道复振幅共轭乘积的平均值计算得到，即归一化的 *HH* 和 *VV* 通道功率乘积的平方根。如果解析体积 $\mathcal{V}_{res}$ 中的散射物质具有优势的方向，如大的雨滴，则 ρ_{HV} 接近于 1。冰雹和潮湿聚合体的 ρ_{HV} 值较低，在 0.85～0.95 之间；因此，ρ_{HV} 可以帮助区分冰粒子和雨滴。此外非气象目标，如鸟类和昆虫等外形复杂且较大的物

---

① 请参阅 Bringi 和 Chandrasekar(2001)中利用 *LDR* 识别冰雹的湿增长有关的讨论。

体，$\rho_{HV} < 0.75$ 。有湍流的气团可以产生接近于零的数值。

4.5.2 用双偏振雷达识别水凝物类型

由于大气雷达观测到解析体积 $\mathscr{V}_{res}$ 范围内所有的水凝物，我们必须寻求对水凝物的类型进行统计识别的方法，以确定解析体积里主要的粒子类型。观测变量 Z、Z_{DR}、LDR、K_{DP} 和 ρ_{HV} 中含有粒子类型的信息，几种常见算法对这些信息进行综合分析，可求出解析体积 $\mathscr{V}_{res}$ 里占主导地位水凝物类型的最佳估计。模糊逻辑算法是最常用的方法之一。该方法首先确定一组水凝物，其中可能包括如下的粒子类型：毛毛雨雨滴、不同下落速率的雨滴、不同大小的干燥冰粒子、潮湿的雪花簇、霰或冰雹。有时，粒子类型可能并不具体，比如，雷达回波可能简单地分为雨、混合降水和冰粒子降水等类型。给每种分类假设一个隶属度函数，用这个偏振参数的函数指示这类水凝物存在的概率。例如，特定的 Z_{DR} 值指征存在冰雹类型粒子的概率很高，而其他 Z_{DR} 则表示概率很低。对于每一种偏振变量和水凝物类型的组合，都假设这么一个隶属度函数。在雷达采样的解析体积空气里 Z、Z_{DR}、LDR、K_{DP} 和 ρ_{HV}（或这些变量的某个子集）的测值，以及探测器得到的温度，被输入这些隶属度函数中，利用模糊逻辑算法评估解析体积中最可能存在的主要水凝物类型。采用这种方法，可以通过雷达回波得到一个最可能的水凝物类型场[①]。

4.6 用雷达探测水凝物密度、降水、落速和云系结构

气象雷达最常见和最重要的应用，是估计云内和从云中落下水凝物的整体特性。这样的整体特性中，包括空气中凝结或冻结水的含量、降水率和降水的落速。在本节中，我们概述利用雷达反射率和偏振变量估算这些参数最常用的方法。

4.6.1 粒子大小估算方法

从式(4.15)中可知，降水率 $\mathfrak{R}$ 与水滴谱分布函数 $N(D)$ 中粒子大小的三次方、雨滴的下落速度，以及直径为 D 雨滴的密度有关系。因为雷达反射率因子 Z 还与粒子大小有关，因此，把下落速度与反射率关联起来具有一定的物理依据。根据式(4.23)的定义，雷达反射率与粒子大小分布的六次方成正比。如果雷达采样体积中的粒子为球形、数量非常多、并且满足 Rayleigh 散射的标准，则可采用式(4.23)的连续积分形式：

$$Z = \int_0^\infty D^6 N(D) \mathrm{d}D \tag{4.32}$$

式中，$N(D)$ 为粒子的大小谱分布函数，$N(D)\mathrm{d}D$ 为单位体积空气中直径为 D 至 $D + \mathrm{d}D$ 的粒子数。由式(4.32)可知，Z 与水滴谱分布函数中粒子大小的六次方有关系。式(4.15)中已知，降水率 $\mathfrak{R}$ 与水滴谱分布函数中粒子大小的三次方、水滴质量和下落速度有关系。由式(4.15)和(4.32)可知，由于 Z 和 $\mathfrak{R}$ 均与 $N(D)$ 相关，只要雷达观测到的散射体为液体雨滴，则两者之间存在物理关系，实测的等效雷达反射率 $Z_e = Z$ 。雨水在空气中的混合比，也与水滴

① 更多细节参见 Vivekanandan 等(1999)或 Bringi 和 Chandrasekar(2001)。

谱分布函数 $N(D)$ 中粒子的大小有关系：

$$q_r = \frac{\pi \rho_L}{6\rho}\int_0^\infty D^3 N(D)\mathrm{d}D \tag{4.33}$$

式中，ρ_L 为液态水的密度，ρ 为空气的密度。

由式(4.15)、(4.32)和(4.33)可知，水滴粒子谱分布 $N(D)$ 决定了 Z、q_r 和$\mathcal{R}$ 。通过在给定的气候条件下，对某一特定类型的降雨反复测定其粒子的谱分布，可以确定水滴谱分布函数 $N(D)$ 中粒子大小的阶乘。由此得到的经验曲线显示测量参数，把 $\log Z$ 和 $\log\mathcal{R}$ 、$\log Z$ 和 $\log\rho q_r$ 联系起来，往往是近似线性的关系，因此，经验关系式可写成：

$$Z = \tilde{a}\mathcal{R}^{\tilde{b}} \tag{4.34}$$

$$Z = \tilde{a}_1\ (\rho q_r)^{\tilde{b}_1} \tag{4.35}$$

式中，$\tilde{a}$、$\tilde{b}$、$\tilde{a}_1$ 和 $\tilde{b}_1$ 为正常数，从由 log-log 对数关系图中得到的斜率和截距求出。由式(4.33) 和(4.15)可知，比值 $\mathcal{R}/(\rho q_r)$ 就是式(3.69)中所定义的质量加权粒子落速 $\hat{V}$，由式(4.34)和(4.35)可知，该比值为 Z 的函数，即：

$$\hat{V} = \tilde{a}_2 Z^{\tilde{b}_2} \tag{4.36}$$

式中，$\tilde{a}_2$ 和 $\tilde{b}_2$ 是常数，在落速公式中包含一个表征粒子下落过程中空气密度变化的因子[①]。根据式(4.34)—(4.36)，可用雷达反射率测值估算降水率、水凝物混合比和粒子下落速度。对雪及其他满足 Rayleigh 散射条件的粒子类型，也可以得到类似的关系。经验常数的值，可通过测量特定降水类型的粒径来确定。

为了能利用式(4.34)中类似于 Z 和 $\mathcal{R}$ 之间的关系，从雷达探测数据中得到的相当雷达反射率因子 Z_e，需要首先转换成一个恰当的 Z 值。由于数据采样中几种类型的问题，使得这样的转换非常困难：(ⅰ)需假定粒子的组成成分(液体还是冰)。若波束扫过的体积中一部分充斥着液体，另一部分充斥着冰粒子或融化的冰，或者遇到了地面目标，这个问题就很难解决。(ⅱ)由于地球表面的曲率和波束的高度角，雷达波束距离雷达越远，它离开地面就越高。因此，雷达探测到的解析体积 $\mathcal{V}_{res}$ 通常距离地表有一定的高度，但是粒子谱分布的测量通常是在地面上进行的(用飞机进行粒子谱分布的观测是一个重要的例外)。由于扩散和聚集生长、蒸发、破碎或沉降等原因，单位体积内雨滴的分布，在落到地面之前，已经经历了演变的过程，所以雷达解析体积里的粒子谱，与到达地面时的粒子谱是不同的[见式(3.52)]。如果低仰角雷达波束被山脉阻挡，这个问题就更加严重。在后一种情况下，必须假设一个雷达反射率的垂直廓线[②]，把最低高度角以下无法测得的那部分降水补回来。(ⅲ)由式(4.6)，Z_e 是假设分散目标物完全充满解析体积 $\mathcal{V}_{res}$，通过返回功率 $\overline{P_r}$ 算出的。因此如果解析体积没有完全充满，则返回功率会被低估。由于式(4.25)中波束的宽度角是固定的，所以观测目标距离雷达越远，这个问题就越明显。

以上采样问题会导致通过观测粒子谱分布，根据回波强度与降水率之间的 Z-$\mathcal{R}$ 关系估算出来的降水，其不确定性达到实际情况的 2 倍(在受地形遮挡的情况下，甚至更高)。通过对雷

① 参见 Foote 和 Du Toit(1969)或 Beard(1985)。

② 以气候平均值为基础，假设反射率的垂直廓线。关于山脉屏蔽问题的讨论，参见 Joss 和 Waldvogel(1990)。

达的长时间或大面积测量数据进行积分，可以消除部分误差[①]。精确的 $Z\text{-}q_r$ 和 $Z\text{-}\hat{V}$ 关系了解较少，但情况应该与 $Z\text{-}\mathfrak{R}$ 关系类似。以下两小节将探讨如何通过增加与雨滴大小分布和水凝物类型相关的观测资料减小其不确定性，包括利用地面雨量计数据（参见第 4.6.2 节）和在 Ze 基础上增加 Z_{DR}、K_{DP} 等双偏振雷达数据（参见第 4.6.3 节）。

4.6.2 雨量计法

上一小节最后提到了一种改善由粒子谱分布引起降水率不确定性的方法，即建立雷达反射率 Z_e 测值和地面雨量计数据之间的经验关系，省略了将 Z_e 转换为 Z 的中间步骤。这种方法适用于主要水凝物为雨滴。测量雪和冰雹的仪器配备数量不够多，无法获得满足统计可靠性要求的数据。如果雷达观测的范围内有足够多的雨量计，则可以得到概率密度函数 $P(\mathfrak{R})$。概率密度函数 $P(\mathfrak{R})$ 是这样定义的：降水率（单位为 $\mathrm{mm \cdot h^{-1}}$）为 $\mathfrak{R}$ 到 $\mathfrak{R}+\mathrm{d}\mathfrak{R}$ 之间降水的概率为 $P(\mathfrak{R})\mathrm{d}\mathfrak{R}$。对于降雨云，雷达能确定另一个概率密度函数 $P(Z_e)$。它是这样定义的：在有雷达回波的情况下，等效雷达反射率为 Z_e 到 $Z_e+\mathrm{d}Z_e$ 之间时，$P(Z_e)\mathrm{d}Z_e$ 为雷达探测范围内降雨的概率。在整个环形区域里，回波所覆盖的面积为 $A_E(r)$，则反射率为 Z_e 到 $Z_e+\mathrm{d}Z_e$ 之间的回波所覆盖的面积可写为 $A(Z_e,r)$，则在离雷达中心距离为 r 的区域里，概率密度函数 $P(Z_e)$ 可写为：

$$P(Z_e)|_r\mathrm{d}Z_e = \frac{A(Z_e,r)}{A_E(r)} \tag{4.37}$$

由于 Z_e 和 $\mathfrak{R}$ 两个变量之间存在函数相关关系[②]，只要这两个变量之间能正确地相关转换，所得到的概率是一样的，如下式所示：

$$P(\mathfrak{R}_i)\mathrm{d}\mathfrak{R} = P(Z_{ei})\mathrm{d}Z_e \tag{4.38}$$

式中，$(Z_{ei},\mathfrak{R}_i)$ 这一对变量定义了 Z_{ei} 与 $\mathfrak{R}_i$ 之间的函数关系，上式也可以归结为：

$$\int_{\mathfrak{R}_i}^{\infty} \mathrm{P}(\mathfrak{R})\mathrm{d}\mathfrak{R} = \int_{Z_{ei}}^{\infty} P(Z_e)\mathrm{d}Z_e \tag{4.39}$$

把式(4.37)代入上式的右边。在离雷达中心距离为 r 的环形区域内，用雨量计数据推导 $P(\mathfrak{R})|_r$，就可以得到在该区域里适用的 $\mathfrak{R}$ 概率密度函数。这个经验概率密度可以置换式(4.39)中等式左边的部分。找出使积分值相等的积分下限，那么关系式成立，就可以得到解。因此，经验概率密度函数 Z_e 和 $\mathfrak{R}$ 可用来得到 Z_e 和 $\mathfrak{R}$ 这两个变量之间存在的函数相关关系，并把这样的关系用于特定的雷达探测范围里。通过对不同的雷达观测范围重复这样的计算过程，可以获得适用于整个雷达视场的 $Z_e\text{-}\mathfrak{R}$ 关系。这种技术把 Z_e 和 $Z_e\text{-}\mathfrak{R}$ 关系直接联系起来，而无需考虑雷达波束的几何公式，或 Z_e 和 Z 这两个变量之间的差异。限制这种方法实际应用的主要问题是：在特定的观测区域里雨量计的数量，不足以提供可靠的概率分布函数 $P(\mathfrak{R})|_r$。

4.6.3 用偏振方法改善降水率估算的精度[③]

如果有双偏振雷达数据，在确定降水率和其他由雷达探测的水凝物整体属性时，第 4.5 节

① 更多细节请参见 Joss 和 Waldvogel(1990)或 Austin(1987)。

② 参见 Calheiros 和 Zawadzki(1987)。

③ 参见 Bringi 和 Chandrasekar(2001)和 Yuter(2014)。

中描述的参数可以用来减少和粒子谱分布及水凝物类型相关的不确定性。散射理论表明，Z_{DR} 和 K_{DP} 都是粒子谱分布的高阶矩：

$$Z_{DR}=\int_0^\infty D^6\frac{|S_{HH}|^2}{|S_{VV}|^2}N(D)\mathrm{d}D \tag{4.40}$$

且

$$K_{DP}=\lambda\int_0^{D_m}D^3C_{FS}(1-a/b)N(D)\mathrm{d}D \tag{4.41}$$

式中，S_{HH} 和 S_{VV} 为 HH 和 VV 散射振幅，C_{FS} 为常数，a/b 为用椭圆粒子的长短轴之比定义的偏心率。$N(D)$ 合理的函数形式是伽玛分布，它有三个参数：Z 、Z_{DR} 和 K_{DP} 。使用这一套三个测量参数，可以求出和雷达测值时空变化一致的粒子谱分布。由于降水率 $\mathcal{R}$ 也是粒子谱分布的高阶矩，据此可以确定 $\mathcal{R}$ 和 Z_{DR} 之间的关系，以及 $\mathcal{R}$ 和 K_{DP} 之间的关系，作为式(4.34)中 Z 和 $\mathcal{R}$ 基本关系的补充。在实际使用中，当降水率小于 6 $\mathrm{mm\cdot h^{-1}}$ 时，Z_{DR} 能改善 Z 和 $\mathcal{R}$ 之间关系的估算；当降水率为 6～50 $\mathrm{mm\cdot h^{-1}}$ 之间时，Z_{DR} 和 K_{DP} 都能发挥作用；而当降水率＞50 $\mathrm{mm\cdot h^{-1}}$ 时，使用 $\mathcal{R}$ 和 K_{DP} 之间的关系效果最好。

用模糊逻辑方法(第 4.5.2 节)或其他偏振决策树方法，对于确定水凝物的类型更加有效。把降水量和雷达观测这两个变量之间关系的使用范围，限制在特定的水凝物类型里(如只有降雨，雨和冰的混合物等)，可以改善雨量估算的精度。

4.7 用雷达数据估算区域降水

雷达数据的一个重要用途，是估计某一区域的降水量。直接方法是将 Z_e 和 $\mathcal{R}$ 关系应用于 x-y 坐标平面中区域内所有的低高度角雷达反射率，用 Z_e 和 $\mathcal{R}(x,y)$ 之间的关系来估计降水率。则区域内总的降水率与雷达测值之间的 Z_e 和 $\mathcal{R}_{area}$ 关系(单位时间降水量)由如下的积分表达式得到：

$$\mathcal{R}_{area}=\iint_{A_T}\mathcal{R}(x,y)\mathrm{d}x\mathrm{d}y \tag{4.42}$$

式中，A_T 为降雨区总面积。

另一种获得区域积分降水率的方法，是采用降雨特征的统计知识来估计该区域内的降水量[①]，从而估计该区域内的降水率。设 $A(\mathcal{R}_\tau)$ 为降水率超过给定阈值 $\mathcal{R}_\tau$ 的区域。则大降水区 $A(\mathcal{R}_\tau)$ 相对于整个降水区面积的比值为：

$$F(\mathcal{R}_\tau)\equiv\frac{A(\mathcal{R}_\tau)}{A_T}=\int_{\mathcal{R}_\tau}^\infty P(\mathcal{R})\mathrm{d}\mathcal{R} \tag{4.43}$$

如第 4.6.2 小节所述，式中 $P(\mathcal{R})$ 为降水率的概率密度函数。因此，$F(\mathcal{R}_\tau)$ 是降水率超过阈值 $\mathcal{R}_\tau$ 的面积和总降水面积之比。式(4.43)右边表示了这样的事实：即大降水区面积相对于整个降水区面积的比值，等于强度大于 $\mathcal{R}_\tau$ 以上降水的积累概率。在降水率超过阈值的区域里，平均降水率为：

$$\langle\mathcal{R}\rangle_\tau=\frac{\int_{\mathcal{R}_\tau}^\infty\mathcal{R}P(\mathcal{R})\mathrm{d}\mathcal{R}}{\int_{\mathcal{R}_\tau}^\infty P(\mathcal{R})\mathrm{d}\mathcal{R}} \tag{4.44}$$

① 参见 Doneaud 等(1981,1984)、Atlas 等(1990)和 Rosenfeld 等(1990)。

总的平均降水率为：

$$\langle \mathfrak{R} \rangle_o = \int_0^\infty \mathfrak{R} P(\mathfrak{R}) d\mathfrak{R} \tag{4.45}$$

将式(4.43)和(4.44)的右边相乘，代入式(4.45)可得：

$$F(\mathfrak{R}_\tau) \langle \mathfrak{R} \rangle_\tau = \langle \mathfrak{R} \rangle_o \left[\frac{\int_{\mathfrak{R}_\tau}^\infty \mathfrak{R} P(\mathfrak{R}) d\mathfrak{R}}{\int_0^\infty \mathfrak{R} P(\mathfrak{R}) d\mathfrak{R}} \right] \tag{4.46}$$

括号中的部分和 $\langle \mathfrak{R} \rangle_\tau$ 都由经验概率密度函数 $P(\mathfrak{R})$ 决定。由此可见，$\langle \mathfrak{R} \rangle_\tau$ 与括号内项的比值也只取决于 $P(\mathfrak{R})$ 。设这个比值为 $\mathcal{S}(\mathfrak{R}_\tau)$ ，则大范围区域的平均降水率可写为：

$$\langle \mathfrak{R} \rangle_o = F(\mathfrak{R}_\tau) \mathcal{S}(\mathfrak{R}_\tau) \tag{4.47}$$

因此，如果概率密度函数 $P(\mathfrak{R})$ ［以及 $\mathcal{S}(\mathfrak{R}_\tau)$ 参数］已从其他信息源（如雨量计）获得，那么大范围区域的平均降水率可以通过雷达测量得到的降水率高于阈值 $\mathfrak{R}_\tau$ 的那部分降水区里的比值获得。区域总降水 $\mathfrak{R}_{area}$ 由总的平均降水率 $\langle \mathfrak{R} \rangle_o$ 乘以降水覆盖面积得到：

$$\mathfrak{R}_{area} = \langle \mathfrak{R} \rangle_o A_T \tag{4.48}$$

这种估算区域总降水方法的局限性在于，需要已知各种气候条件下不同的概率密度函数 $P(\mathfrak{R})$ 。多单体风暴比单一单体风暴的 $P(\mathfrak{R})$ 值更复杂。在某些情况下，利用卫星或机载雷达估算区域降水可能是唯一有效的手段。

4.8 用雷达数据确定云的形态

雷达最强大的用途之一，是确定复杂云系的结构。为此，首先要勾画出云系中降水云和非降水云的形状及内部结构。正如前面所介绍的，没有一部雷达能够同时观测到这两种云。较灵敏的毫米波雷达检测到低、中、高层的非降水云，并勾画出它们的结构，但是在降水云中，它们会受到衰减。厘米波长雷达对于探测降水云中的水凝物很好用，但是它们灵敏度较低，并且在有非降水云的区域容易受到布拉格散射的影响。因此，两全其美的办法是使用双波长混合雷达。图 4.6 从概念上描述了在热带海洋上经常看到的降水云和非降水云同时存在的对流云

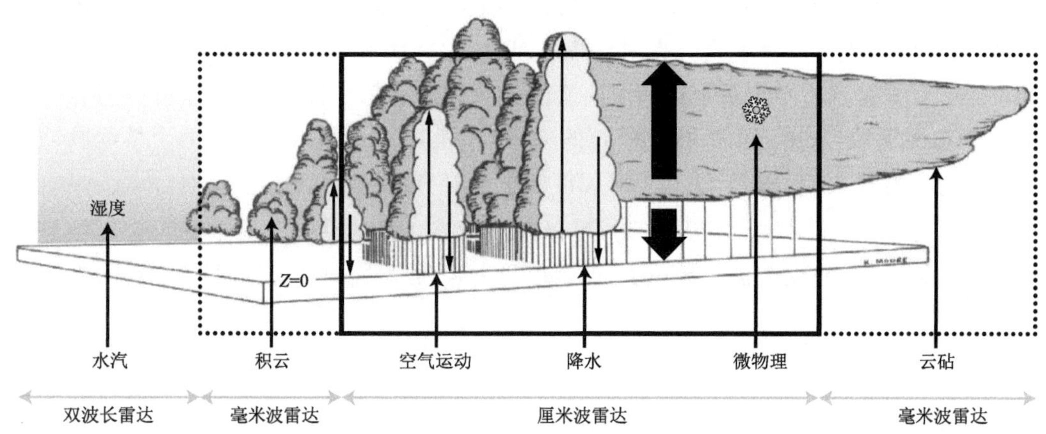

图 4.6 热带海洋上云系的示意图，图中指出雷达如何对云系中每个组成部分进行探测。引自 Houze 等(1980)，经美国气象学会许可再版

结构,以及多波段雷达如何探测到它们。毫米波雷达探测低层非降水积雨云和高层的积雨云砧,厘米波雷达探测积雨云中降水粒子尺度的水凝物。反射率数值可以定量估算降水率,偏振参数探测降水过程中主要冰粒子的类型。下一节将介绍通过探测水凝物的多普勒频移,获取含水凝物空气的运动。

4.9 多普勒雷达

云动力学研究的重点是空气的运动和云的微物理过程如何协同生成单体云或云系。在如图 4.6 所示的云系中,重要的是要理解云系内的上升气流、下曳气流和翻转环流是如何促成水凝物场的生成,及其反馈机制。这些信息由雷达反射率和偏振数据中导出,如第 4.4 — 4.8 节所述,它们主要与产生雷达回波信号的降水粒子的物理性质有关,因此,可以描绘和测量水凝物的特征场。这些相同的信号可以被进一步加工处理,以获得有关降水粒子及其周围空气运动的信息,从而同时观测到云系的微物理和动力学结构。

获取空气运动的过程利用了雷达天线发射和接收能量脉冲之间的多普勒频移。以这种方式导出的动力学信息,可以在获取了降水风暴环流特征的前提下测量降水。由于雷达有时对来自晴空(主要是空气折射率的湍流波动或昆虫等)的回波足够敏感,因此,也可以探测到风暴所在环境中空气的运动特征。这些"晴空回波"主要来自边界层,对于绘制边界层空气流入流出风暴、确定能触发对流风暴的辐合线,以及其他特征特别有用①。本文描述的多普勒技术主要适用于处理晴空回波、非降水云和降水粒子回波。

4.9.1 径向速度

如果雷达探测到的目标物是移动的,其反射波的相位 ϕ_p 随时间的变化率如下:

$$\frac{\mathrm{d}\phi_p}{\mathrm{d}t}=\frac{4\pi V_R}{\lambda} \tag{4.49}$$

式中,径向速度 V_R 为目标物的速度沿平行于雷达波束方向的分量。因此,由 $\mathrm{d}\phi_p/\mathrm{d}t$ 可以确定 V_R 。该原理类似于警察的测速雷达检测汽车的速度,区别在于测速雷达探测的是单个目标,而降水雷达的后向散射辐射来自大量的小目标(通常是降水粒子),而这些小散射体都在以不同的速度运动②。对于一个被雷达发射接收的回波,雷达探测到电场矢量 $\boldsymbol{E}$ 的净振幅($|\boldsymbol{E}|$)和相位(ϕ_p),$\boldsymbol{E}$ 是所有单个散射体回波向量的矢量和。从每个接续的脉冲,可得到另一个新的净 $\boldsymbol{E}$ 的探测参数,从接续两个脉冲净 $\boldsymbol{E}$ 的矢量差,可得到其相位差 $\Delta\phi_p$,两个接续脉冲的净 $\boldsymbol{E}$ 矢量平均值为 $\overline{\boldsymbol{E}}$,其振幅为 $|\overline{\boldsymbol{E}}|$ 。则从每个脉冲对,可得到一个新矢量($|\overline{\boldsymbol{E}}|$, $\Delta\phi_p$)。对多个接续脉冲对的($|\overline{\boldsymbol{E}}|$, $\Delta\phi_p$)取平均,可以改进对该矢量的估计。矢量的相位平均值可写为 $\overline{\Delta\phi_p}$,它是净相位变化较优的估计值,把 $\overline{\Delta\phi_p}$ 代入式(4.49),可得平均径向速度 $\overline{V_R}$ 。

---

① 关于雷达晴空边界层观测参见 Gossard (1990)、Doviak 和 Zrnic (1993)、Wilson 等(1994)、Rinehart (1997)、Martin 和 Shapiro(2007)等。

② 实际上,警察测速雷达比气象雷达简单得多,因为它只能测量速度而不能测量目标的位置,而这个目标的速度是由两次观测的相角变化率换算得到。

由若干对脉冲($|\overline{\boldsymbol{E}}|$ ，$\Delta\phi_p$)平均得到的矢量振幅,与平均回波功率 $\overline{P_r}$ 相关。由于通过上述矢量平均估算得到的平均径向速度 $\overline{V_R}$ 与 $|\overline{\boldsymbol{E}}|$ 相关,其可以被视为多普勒速度谱的均值,它是来自采样体积回波功率的分布,是径向速度的函数。该回波功率的分布频谱,可以表示为 $S(V_R)$,其中 $S(V_R)\mathrm{d}V_R$ 为径向速度介于 V_R 和 $\overline{V_R}+\mathrm{d}V_R$ 之间的目标所占的回波功率,它与 $\overline{P_r}$ 关系如下：

$$\overline{P_r}=\int_{-\infty}^{\infty}S(V_R)\mathrm{d}V_R \tag{4.50}$$

平均径向速度 $\overline{V_R}$,即上述多普勒速度谱的均值,即一阶矩,可写为：

$$\overline{V_R}\equiv\frac{\int_{-\infty}^{\infty}V_RS(V_R)\mathrm{d}V_R}{\int_{-\infty}^{\infty}S(V_R)\mathrm{d}V_R} \tag{4.51}$$

多普勒速度谱 $S(V_R)$ 包含多种有用的信息。例如,当天线水平指向时,径向速度急速变化的双峰谱模态,可以指示雷达波束范围内存在龙卷(第 8.9 节)。如果天线垂直指向,则多普勒谱与下落降水粒子大小的谱有关(第 4.9.3 节)。多普勒速度谱的方差(即其二阶矩),包含产生多普勒速度的大气运动中,切变和湍流的信息。

虽然径向速度谱包含许多有用信息,大多数使用多普勒雷达数据的研究工作,只用到功率加权平均径向速度 $\overline{V_R}$ 。这意味着目标物的速度,与穿过天线指向角几何区域空气的运动和粒子的下落速度相关。如果我们假设雷达探测到的散射体随风水平运动,散射体的垂直运动则是空气的垂直运动和(降水粒子)下降速度 V_T 之和,则

$$\overline{V_R}=(u\sin\alpha_a+v\cos\alpha_a)\cos\alpha_e+(w-V_T)\sin\alpha_e \tag{4.52}$$

式中,α_a 是雷达波束指向的方位角(自北开始顺时针方向计算),而 α_e 是仰角。这些角度是已知的,它们可以通过天线指向或扫描的不同方向来改变。可以设计出这样的观测方案,让一个或多个雷达波束,指向同一观测目标体,获得有关风分量(u,v,w)的信息,从而求出风矢量 $\overline{V_R}$ 和下降速度 V_T 。其中主要的方法,将在第 4.9.3 — 4.9.6 节分别概述。

4.9.2 速度与距离校正

由于雷达按照设定的频率(脉冲重复频率,PRF)依次发射脉冲,比较天线所收到两个接续回波脉冲的相位,可以确定径向速度 $\overline{V_R}$ 。雷达探测到的接续脉冲相角之间的差别 $\Delta\phi_p$ 在 $-\pi$ 和 $+\pi$ 之间。由于两个脉冲之间的时间间隔为有限的 Δt ,理论上可由式(4.49)得到 $\overline{V_R}$ 。然而,由于在时间间隔 Δt 以内,相位不是连续监测的,因此没有办法确定真正的相位差是否被加上了 $\pm2\pi$ 的整倍数。因此,只有当目标物的实际速度不足以产生大于 $\pm\pi$ 的相变时,才能获得准确的观测径向速度。即在两个脉冲之间的时间间隔内,目标物的移动距离须小于雷达波长的四分之一[见式(4.49)],此时实际的速度范围为：

$$|V_R|\leqslant\frac{PRF\cdot\lambda}{4}\equiv V_{\max} \tag{4.53}$$

如果真实的径向速度超出了这个范围[或“奈奎斯特(Nyquist)间距”],则称为折叠。通常可以通过在检测到的径向速度上加上或减去正确的奈奎斯特间距($2V_{\max}$)数目,来校正被折叠的数据。由于水平风速对径向速度的贡献最大,因而修正(或称为去折叠)是可行的:(ⅰ)对于盛

行风速的大小,通常有独立来源的知识,可用于确定在当前情况下正确的奈奎斯特间距;(ⅱ)由于风的梯度往往是连续,可通过修正 V_R 场中梯度的不连续,进一步确定正确的奈奎斯特间距。

距离去折叠的过程比较烦琐,可以通过将脉冲重复频率 PRF 设置为一个足够高的值来避免折叠。然而,高 PRF 会产生另一种类型的折叠。在发出下一个脉冲之前,可以检测到的目标的最大范围是:

$$r_{\max} = \frac{c_o}{2PRF} \tag{4.54}$$

式中,c_o 是光速。常数因子 2 是因为在发出下一个脉冲之前,脉冲必须到达最远距离 $r_{\max}$ 并返回。在理想情况下,PRF 应设置为一个足够低的值,使 $r_{\max}$ 超过雷达设备能够探测到的最大范围。否则,在前一个脉冲从远端目标返回天线之前,第二个脉冲已经发出,雷达将自动把从远处目标返回的回波定位为从第二个脉冲返回的反射。因此,回波将被识别为 $r_{\max}$ 范围以内距离雷达更近的地方。这种类型的错误称为距离折叠,错位的回波称为二次回波。

因此,我们希望将 PRF 设置为尽可能低的值以避免距离折叠,并将 PRF 设置为尽可能高的值以避免速度折叠。通常会做出妥协,将 PRF 设置为一个中间值,这两种类型的折叠都会发生但均为中等程度。因此,多普勒雷达分析的一个重要步骤是通过数据的处理,使得折叠数据被删除或校正[①]。

4.9.3 垂直入射观测

天线保持在垂直指向的位置可大大简化式(4.52)中几何问题。则,

$$\overline{V_R} = w - V_T \tag{4.55}$$

如果天线保持在这个位置,就可以得到($w - V_T$)关于高度的时间序列函数。在层状降水中 $|w| \ll |V_T|$(见第 6 章),这些数据就可转化为降水落速的时间序列,它是高度的函数。而在对流降水情况下,其中 $w \sim V_T$ 数值相当,如果能得到雨滴落速的独立观测并且代入式(4.55),则垂直观测到的 $\overline{V_R}$ 时间-高度序列,可以转化为垂直风速 w 的时间-高度图。

在层状云条件下 $|w| \ll |V_T|$,也可以使用垂直入射的多普勒数据研究雨滴的大小范围。此时,$V_R \approx V_T$。则 V_T 是一个仅与雨滴半径有关的函数,则径向速度谱 $S(V_R)$ 可以转换成 $S(D)$,$S(D)$ 为粒子半径范围从 D 到 $D+\mathrm{d}D$ 之间的回波功率。由于回波功率正比于与所有粒子散射辐射的 6 次方之和,即 $S(D)$ 与 $D^6N(D)$ 成正比,则测量速度谱显然可以倒推得到粒子谱分布 $N(D)$。但是在实际处理中会遇到困难。在进行小雨滴观测时,由于要除以一个 D^6 小量,使得小误差被放大很多。此外,湍流中的空气运动不影响空气的平均速度,与粒子大小无关,却能使得多普勒速度谱变宽。这种反演方法计算冰粒子谱更加困难,因为雪的下落速度不仅取决于粒子的大小,还取决于粒子的形状和密度。原则上,如果大气运动已知,则多普勒谱反演粒子尺度谱可应用于对流降水。然而实际上,此时湍流对雷达谱的影响往往占主导地位。

---

① 可以运行一个以上 PRF,或者连续切换 PRF,或在高、低 PRF 之间快速交替,消除雷达数据中距离和速度混叠的问题。

4.9.4 距离-高度数据

式(4.52)中另一种简化几何关系的方法，是考虑一个单独方位角的数据，而仰角 α_e 则是在 0°～20°之间扫描，在这些准水平的角度上，式(4.52)中的第二项很小，则

$$\overline{V_R} \approx V_a \cos\alpha_e \tag{4.56}$$

式中，V_a 为水平风速在方位方向上分量的大小。这种方法可用于研究准二维现象，如锋面、热带气旋或飑线[①]。如果方位角 α_a 是沿着回波方向的，则由式(4.56)决定的速度分量 V_a，是气流在径向上的分量。如果气流沿轴向的方向变化不大，则可以计算 V_a 轴向上的导数，对二维形式的滞弹性质量连续性方程式(2.54)进行垂直积分，可以得到气流的垂直分量。

4.9.5 速度-方位显示法

如果雷达周围的风在整个区域近似线性变化(水平方向上)，如晴空回波或层状降水的区域，那么可以获得大量的关于水平风的信息，如散度、形变，以及区域内空气的垂直运动。在保持高度角 α_e 不变时，将方位角扫过整个区域，从 $\alpha_a = 0$ 扫到 360°，这样就获得了以雷达为中心某个倒圆锥形面上，回波所伸及范围内的测量值。

利用速度-方位显示(VAD)法，对在倒圆锥面上获得的数据进行分析[②]。该方法考虑一个半径为 τ_c 的圆，这个圆是固定于雷达探测范围中某个高度上的水平面，与雷达探测圆锥平面相交所确定的。假设风的 u 和 v 分量在圆形区域内沿 x 和 y 轴线性变化，并且在观测期间随时间保持不变。假设 V_T 该区域上是一个常数。则 u、v 分量为：

$$u = u_o + (\partial u/\partial x)_o \tau_c \sin\alpha_a + (\partial u/\partial y)_o \tau_c \cos\alpha_a \tag{4.57}$$

$$v = v_o + (\partial v/\partial x)_o \tau_c \sin\alpha_a + (\partial v/\partial y)_o \tau_c \cos\alpha_a \tag{4.58}$$

下标 o 表示在那个高度上，雷达观测圆中心($\tau_c = 0$)处，变量的估计值。利用三角恒等式[③]，式(4.52)可改写为：

$$\overline{V_R} = a_o + a_1 \sin\alpha_a + b_1 \cos\alpha_a + a_2 \sin2\alpha_a + b_2 \cos2\alpha_a \tag{4.59}$$

其中，

$$a_o = [(\partial u/\partial x)_o + (\partial v/\partial y)_o]\frac{\tau_c \cos\alpha_e}{2} + (w - V_T)\sin\alpha_e \tag{4.60}$$

$$a_1 = u_o \cos\alpha_e \tag{4.61}$$

$$b_1 = v_o \cos\alpha_e \tag{4.62}$$

$$a_2 = [(\partial u/\partial y)_o + (\partial v/\partial x)_o]\frac{\tau_c \cos\alpha_e}{2} \tag{4.63}$$

和

$$b_2 = -[(\partial u/\partial x)_o - (\partial v/\partial y)_o]\frac{\tau_c \cos\alpha_e}{2} \tag{4.64}$$

某个地点附近风场在水平方向上的线性变化，可以分解为平移、辐散、旋转、拉伸变形和切

---

① 如第 9 章所述，飑线是一种呈现积雨云线的中尺度对流系统，有时可近似为二维。

② Browning 和 Wexler(1968)提出了基本方法。Srivastava 等(1986)和 Matejka 和 Srivastava(1991)改进了这项技术。

③ 具体地说：$\sin^2 x = (1-\cos2x)/2$，$\cos^2 x = (1+\cos2x)/2$ 和 $\sin x\cos x = (\sin2x)/2$。

变等分量[①]。以雷达位置为中心点,除旋转分量以外,其他所有的分量均可由式(4.59)中的傅立叶系数推导出。则雷达观测到的附近圆形区域内的速度$\overline{V_R}$为式(4.59)等式右边的部分,它们是关于α_a的函数,其中的系数可以用标准调谐函数分解的方法求出。

由于风的旋转分量取决于中心点周围的切向运动,因此,不能通过以上系数直接获取,而雷达测量的$\overline{V_R}$是沿着脉冲方向的速度分量,它总是垂直于雷达脉冲方向,因此,雷达数据中不包含风旋转分量的信息。

风场的平移分量(u_o,v_o),是在圆心处风矢量的水平分量。方位角固定时,它由系数a_1和b_1确定。通过在一定的高度范围内分析数据,就能得到风速的垂直廓线。因为在雷达波束的方向上,水平速度的方位角分量为0,即与矢量风方向正交,在极坐标下径向速度为零的轮廓线,显示了圆锥面上径向速度的切变。如图4.7所示,径向速度的零值线呈S形,表示顺转风(即,风矢量的方向随高度沿顺时针方向转,即由向北变为向东、向南、向西转动),而反S型则表示逆转风(风的方向沿逆时针方向变化)。厘米波长雷达可使用该方法确定晴空大气边界层和层状云降水情况下风的廓线。类似的方法从UHF和VHF廓线中提取风的信息。

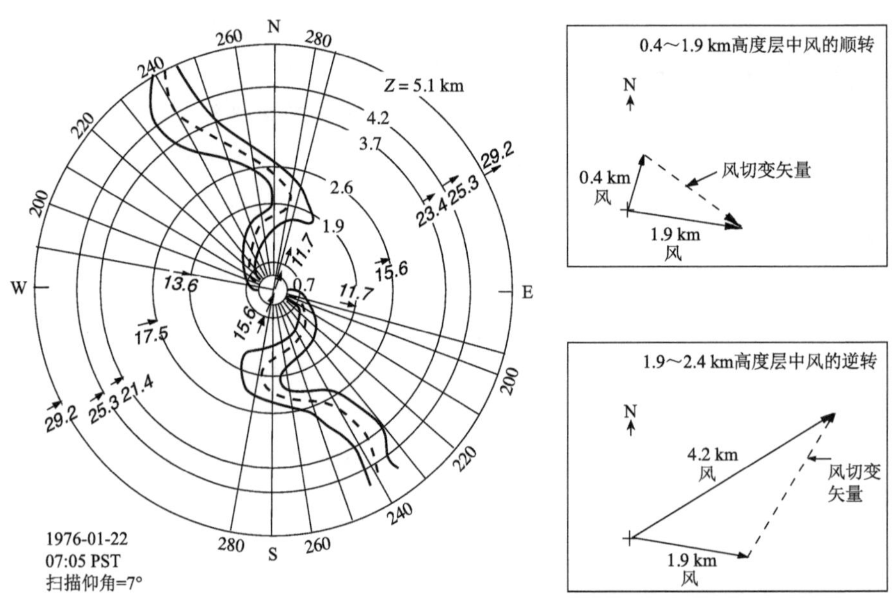

图4.7　单个多普勒雷达扫描显示区内所覆盖的层状云降水能得到的信息

雷达视场内,天线以仰角7°的指向,围绕360°进行全方位扫描。虚线表示径向速度=0的等值线。两侧的实线表示径向速度,相邻等值线之间的风速差为±0.5 m·s^{-1}。风向从零径向速度等值线所在地点的方位角算出。在图中雷达位置的西北(西南)方向,该方位角减去(加上)90°,为风向。图中在这两个地方,方位角的标尺已经做过这样的调整。从完整的速度显示图上,可以读出上风方向和下风方向风的速度。它们显示了风的垂直廓线。右侧的两幅小图是从雷达显示图中导出的。它们显示风随高度的变化,在低层顺转,在高层逆转。

引自Baynton等(1977),经美国气象学会许可再版

式(4.63)括号中的项代表风场中中心位置在$\tau_c=0$处的切变形变,而式(4.64)括号中的

① 参见Haltiner和Martin(1957,第292—293页),Saucier(1955,第316—319页)。

项则代表拉伸形变。它们分别由系数 a_2 和 b_2 确定。我们将在第 11 章中看到，风场的形变分量在锋生过程中起着重要的作用，因此，风场的这些性质在锋面降水系统的分析中特别有用①。

式(4.60)括号中的项代表风场的散度。然而，风场散度无法由系数 a_o 直接确定，因为这个系数依赖于两个未知数，散度和 $(w-V_T)$ 。因此，必须要在同一个高度上围绕至少两个圆圈测量 $\overline{V_R}$ 。从 a_o 的两个估计数可以同时确定散度和 $(w-V_T)$ 。当然最好能多次测量，确定最适合所有数据的散度和 $(w-V_T)$ 。得到散度后，可代入式(2.54)的滞弹性连续性方程，在合理假设边界条件(如回波顶部垂直速度为零)的情况下，垂直积分得到垂直风速 w 。

速度-方位显示法(VAD)是获得层状云降水区空气垂直运动最佳的方法之一。这也是估计粒子下落速度 V_T 最佳的方法之一。正如在第 4.9.3 小节用垂直入射回波进行测量中所讨论的，层状云降水区的特征为：空气的垂直运动比降水粒子的下降速度数量级小。因此，由上述过程确定的 $(w-V_T)$ 值，近似为 $-V_T$ 。如果空气的垂直运动是通过质量连续性求得的，则不需要这么假设，V_T 可以由下降速度 w 中减去 $(w-V_T)$ 得到。

4.9.6 多台多普勒雷达合成分析

若两个雷达波束从不同的方向对准同一个目标体，就可以获得两个 $\overline{V_R}$ 测量值。这两个测值可以由两个相隔一定距离的雷达，同时指向空间中同一个点来获得。它们也可以由快速移动平台(如飞机)上的同一部雷达获得。雷达首先从平台上第一个位置指向目标，然后在短时间内从另一个位置指向目标。这些获取双多普勒雷达数据的方法可能是最常见的，然而，还可以设想许多其他策略。无论使用何种策略，都是来自不同位置的两支波束，对同一个目标进行探测，获得了形式为式(4.52)的两个关系式。两支波束中的每一波束，获得一对不同的方位和高度 (α_a,α_e) 角参数，算出一个不同的 $\overline{V_R}$ 值。但是，对于两支波束所探测到的每个点，都需要知道四个变量 u、v、w 和 V_T 。为了得到 V_T ，必须做一些假设。由于每个计算 $\overline{V_R}$ 值的点，都测得有雷达反射率，典型的处理方法就是用式(4.33)中雷达反射率和下落速度之间的关系。仍需确定空气的垂直运动 w 。为此，需引入式(2.54)中表示的滞弹性连续方程。由于这个方程把风的 u、v、w 分量相互联系起来，它提供了解决这个问题所需的最终物理关系。然而，由于连续性方程是一个将 u 和 v 的水平偏微分与 w 的垂直偏微分联系起来的微分方程，因此又出现了一些问题。首先，连续性方程必须在垂直方向上积分，这要用到雷达回波体积顶部和(或)底部的边界条件。由于回波并不总是扩展到云顶或地面(这两处的 w 可假设为零)，所以边界条件的选择有时是困难的。其次，需提供基本状态的密度廓线 $\rho_o(z)$ 。通常，它可以用附近的探测数据，或者简化为气候平均值。这种指数变化的密度加权在滞弹性连续性方程中的作用是，方程通常必须向下积分，以避免在高度较低处由于空气密度大而导致误差迅速累积。第三，由于应用连续性方程时需要对速度在水平方向求偏微分，因此，需要三维的 u 和 v 场。通常首先猜测每个格点的 w 值，代入式(4.52)，获得 u 和 v 的初始估计场，然后将求得的 u、v 值代入连续性方程，第二次估算出 w ，并代入式(4.52)，反复地进行迭代。直到 u、v 和 w 收敛为止。当 u、v、w 收敛时，我们认为雷达回波区域内的三维风场被合成了。

---

① 有关雷达数据应用的例子，参见 Carbone 等(1990a,1990b)。

刚才描述的迭代并非总是必需的。相隔一定距离的两台多普勒雷达,通过协同扫描,同时扫描与它们的基线相交的同一倾斜平面①。则连续性方程可以写在以基线为中心的柱坐标系里。如果再次假设下降速度已经得到,在已知扫描平面里径向速度的情况下,用这种形式的连续性方程可以求解与扫描平面正交的速度。得到的速度可以通过几何换算成 u、v、w 。这种技术叫作共面扫描②。

如果将第三部雷达波束对准给定区域内所有的目标,则多台多普勒雷达推导风场的不确定性可以降低。来自第三部雷达的额外信息可以有两种使用方式。从理论上,可以通过代入式(4.52)而获得每个数据格点的第三个方程,而不再需要采用连续性方程。但一般建议保留连续性方程,这样推导出来的风场才能满足质量守恒条件。而利用统计(变分)方法可求解得到满足质量连续性且与径向速度相匹配的 u、v、w 场。如此,通过增加雷达观测数据(无论是增加雷达,还是通过增加雷达扫描速率)以减少其不确定性的方法,其需求的雷达观测数量是没有限制的③。尽管多普勒合成方法困难很多,但它是迄今为止最重要和应用最广泛的确定降水云系内大气运动的方法④。

4.9.7 热力学和微物理参数反演

一旦从多普勒雷达数据中构造出 u、v、w 场,就可以利用运动方程、热力学第一定律和水汽连续性方程来诊断(或反演)与观测速度场一致的热力学和微物理参数场。这种反演方法能执行的基本前提,是所探测到的速度场有较高的空间和时间分辨率,通过雷达探测到了风加速度的水平和垂直分量。然后通过求解基本方程,得到产生加速度的浮力场和压力梯度场。

反演计算有多种方法和策略⑤。为了说明基本思想,我们考虑一个简化的情况,风暴随时间稳定、只在 x 和 z 二个方向有变化,微物理参数可以用第 3.6.2 小节中讨论的大块暖云参数化来描述,忽略分子摩擦。在这些条件下,式(2.53)中滞弹性运动方程的水平分量可以写成平均变量形式(参见第 2.6 节):

$$\frac{\partial \overline{\Pi^*}}{\partial x} = A_X \tag{4.65}$$

式中,

$$A_X \equiv -\frac{1}{c_p\theta_o}\left(\overline{u}\,\frac{\partial \overline{u}}{\partial x} + \overline{w}\,\frac{\partial \overline{u}}{\partial z} - \mathscr{F}_u\right) \tag{4.66}$$

式(2.53)中的 θ_{vo} 已经 由 θ_o 近似表达,作为式(4.66)中的分母。除了这里定义的新术语外,本节方程中使用的符号与第 2 章和第 3 章中使用的符号相同。在第 2.3 节中,星号表示在滞弹性动力学方程中,相对于静力平衡基准态的扰动分量,下标 o 代表基状态。Π 表示无量纲的压强,或由式(2.14)定义的埃克斯纳函数。符号 $\mathscr{F}_u$ 表示运动方程中湍流项的 x 分量[参见式

---

① 需要着重提到的是,沿雷达基线实际上不能反演风,而反演风的面积随着与雷达的分离距离的增加而增加。这些几何因子在双多普勒技术的实验设计中很重要。多个多普勒雷达网络设计讨论参见 Davies-Jones (1979), Ray 等(1979)和 Ray 和 Sangren(1983)

② 共面扫描参见 Lhermitte(1970)。

③ Kessinger 等(1987)讨论了多台多普勒雷达合成的变分方法。

④ 关于多台多普勒雷达合成技术讨论参见 Ray(1990)。

⑤ 从多普勒雷达风场中提取热力学变量、水凝物混合比的方法由 Gal-Chen(1978)提出,Hane 等(1981)、Roux (1985)、Hauser 等(1988)等进一步发展了该方法。

(2.83)和(2.84)]。

如果精确的多普勒合成风提供加速度的水平分量 A_X ,则根据式(4.65)可确定压力扰动的水平梯度。运动方程式(2.53)的垂直分量可以写成:

$$\frac{\partial \overline{\Pi^*}}{\partial z} = A_Z + \frac{g\,\overline{\theta_a}}{c_p\theta_o^2} \tag{4.67}$$

式中,

$$A_Z \equiv -\frac{1}{c_p\theta_o}\left(\overline{u}\,\frac{\partial \overline{w}}{\partial x} + \overline{w}\,\frac{\partial \overline{w}}{\partial z} - \mathscr{F}_w\right) \tag{4.68}$$

且

$$\theta_a \equiv \theta^* + \theta_o(0.61q_v^* - q_r - q_c) \tag{4.69}$$

式(4.67)中的 θ_a 代表浮力,对应于式(2.53)式中的浮力项,代表位温扰动。下标 o 表示基准态。$\mathscr{F}_w$ 是运动方程垂直分量中的湍流混合项。水平涡度方程[类似于式(2.61)]对式(4.65)和(4.67)求偏导数,[即 $\partial(4.65)/\partial z - \partial(4.67)/\partial x$],得到 $\overline{\theta_a}$ 的水平梯度表达式:

$$\frac{\partial \overline{\theta_a}}{\partial x} = B_X \tag{4.70}$$

式中,

$$B_X \equiv \frac{c_p\theta_o^2}{g}\left(\frac{\partial A_X}{\partial z} - \frac{\partial A_Z}{\partial x}\right) \tag{4.71}$$

因此,多普勒测量的加速度分量,不仅通过式(4.65)可得到气压扰动的水平梯度,而且通过式(4.70)可得到浮力的水平梯度。由于浮力出现在式 (4.67) 的垂直运动方程中,雷达观测并不直接指出扰动气压 Π^* 的垂直梯度。

由于如式(2.53)中等式右边第三项所表示的浮力,是空气热力学性质和含水量的函数,因此符合热力学第一定律和水汽连续性方程。在假设条件下,热力学第一定律式(2.13)可以写成平均变量形式:

$$\overline{u}\,\frac{\partial\overline{\theta}}{\partial x} + \overline{w}\,\frac{\partial\overline{\theta}}{\partial z} = -\frac{L}{c_p\Pi_o}\left(\overline{u}\,\frac{\partial\,\overline{q_v}}{\partial x} + \overline{w}\,\frac{\partial\,\overline{q_v}}{\partial z} - \mathscr{F}_v\right) + \mathscr{F}_\theta \tag{4.72}$$

式中,$\mathscr{F}_v$ 和 $\mathscr{F}_\theta$ 代表了湍流混合效应对 $\overline{q}_v$ 和 $\overline{\theta}$ 的影响。在式(4.72)的帮助下,式(4.69)中 $\overline{\theta}_a$ 的平流可以通过写为

$$\overline{u}\,\frac{\partial\overline{\theta}_a}{\partial x} + \overline{w}\,\frac{\partial\overline{\theta}_a}{\partial z} = B_T \tag{4.73}$$

式中,

$$\begin{aligned} B_T \equiv & -\frac{L}{c_p\Pi_o}\left(\overline{u}\,\frac{\partial\overline{q}_v}{\partial x} + \overline{w}\,\frac{\partial\overline{q}_v}{\partial z} - \mathscr{F}_v\right) + \mathscr{F}_\theta - \\ & \overline{w}\,\frac{\partial\theta_o}{\partial z}(1 - 0.61\,\overline{q_v^*} + \overline{q}_r + \overline{q}_c) + \\ & \theta_o\left(\overline{u}\,\frac{\partial}{\partial x} + \overline{w}\,\frac{\partial}{\partial z}\right)(0.61\,\overline{q_v^*} - \overline{q}_r - \overline{q}_c) \end{aligned} \tag{4.74}$$

根据经典的暖云体积水连续模型(第 3.6.1 节),空气中雨水的含量可以由式(3.64)算出,在当前假设下也可写成

$$\overline{u}\,\frac{\partial\overline{q}_r}{\partial x} + \overline{w}\,\frac{\partial\overline{q}_r}{\partial z} - \frac{\partial}{\partial z}(\hat{V}q_r) - \mathscr{F}_r = A_c + K_c - E_r \tag{4.75}$$

式中，$\mathscr{F}_r$ 湍流混合效应对 $\overline{q_r}$ 的影响。式(3.62)—(3.64)指出，总水物质的连续性遵循水连续性方程，从而：

$$\bar{u}\frac{\partial \bar{q}_T}{\partial x}+\bar{w}\frac{\partial \bar{q}_T}{\partial z}-\frac{\partial}{\partial z}(\hat{V}\bar{q}_r)-\mathscr{F}_T=0 \tag{4.76}$$

式中，$\mathscr{F}_T$ 为湍流混合对总水汽混合比的影响，定义为

$$q_T\equiv q_c+q_r+q_v \tag{4.77}$$

记住式(4.47)，还有 $A_c+K_c-E_r=f(\bar{q}_r,\bar{q}_c,\bar{q}_v)$、$\hat{V}=f(\bar{q}_r)$、$q_v^*=\bar{q}_v-q_{vo}$ 以及 $\theta^*=\bar{\theta}-\theta_o$，$A_X$ 和 A_Z 可由雷达测得，于是式(4.65)、(4.67)、(4.70)、(4.73)、(4.75)和(4.76)组成一组包含 $\overline{\Pi^*}$、$\bar{\theta}$、$\bar{q}_r$、$\bar{q}_c$ 和 $\bar{q}_v$ 等变量的方程，其中湍流混合效应项 $\mathscr{F}_u$、$\mathscr{F}_w$、$\mathscr{F}_\theta$、$\mathscr{F}_r$ 和 $\mathscr{F}_T$ 能被参数化。由于式(4.70) 的信息与式(4.65)和(4.67) 的信息是重复的，并没有多出一个方程。其意义在于，在求解过程中把水平梯度 θ_a 写成观测值 A_X 和 A_Z 直接表达的项。

这套热力学和微物理变量之间的关系式，是一组非常难解的微分方程。其中一种解法是给出 $\bar{q}_r$、$\bar{q}_c$ 和 $\bar{q}_v$ 的初始猜测值，反复地迭代，利用式(4.65)、(4.67)、(4.70)和(4.73)，算出 $\overline{\Pi^*}$ 和 $\bar{\theta}$，再把 $\overline{\Pi^*}$ 和 $\bar{\theta}$ 代入式(4.75)和(4.76)，并基于以下假设，算出 $\bar{q}_r$、$\bar{q}_c$ 和 $\bar{q}_v$ 。

$$\begin{cases}\bar{q}_c=\bar{q}_T-\bar{q}_r-\bar{q}_{vs}\ \text{和}\ q_v=q_{vs}\text{，如果}\ \bar{q}_T-\bar{q}_r-\bar{q}_{vs}>0\\ \bar{q}_c=0\ \text{和}\ \bar{q}_v=\bar{q}_T-\bar{q}_r\text{，如果}\ \bar{q}_T-\bar{q}_r-\bar{q}_{vs}<0\end{cases} \tag{4.78}$$

式中，q_{vs} 为饱和混合比。通过反复迭代直到五个变量的值稳定下来。

$\overline{\Pi^*}$ 和 $\bar{\theta}$ 的值与风观测值一致性最好的结果这样导得的：先反演 $\overline{\Pi^*}$ 和 $\bar{\theta}_a$ 场，再通过反复迭代，使它们与 A_X、A_Z、B_X 和 B_T 等观测项的值最佳匹配。由于在这个计算过程中水汽被认为是已知量，而根据式(4.69)，可由 θ 直接确定 θ_a 。值得注意的是，即便不知道和水汽相关的参数，仍能确定 $\bar{\theta}_a$ 和 $\overline{\Pi^*}$ 值，这个热力学参数是方程中唯一能反演的参数。然而，根据 $\bar{\theta}_a$ 不能分解得到 $\bar{\theta}$ 和 $\bar{\theta}_v$ 。

为了反演浮力 $\bar{\theta}_a$ 和气压扰动 $\overline{\Pi^*}$ 两个场，第一步是找到合适于观测数据的 $\bar{\theta}_a$ ，在最小二乘意义上，通过最小化积分得到：

$$I_\theta=\iint_{\mathscr{D}}\left\{\left(\frac{\partial\bar{\theta}_a}{\partial x}-B_X\right)^2+\left[\frac{w}{\mathscr{U}}\frac{\partial\bar{\theta}_a}{\partial z}-\frac{1}{\mathscr{U}}(B_T-\bar{u}B_X)\right]^2\right\}\mathrm{d}x\mathrm{d}z \tag{4.79}$$

式中，$\mathscr{D}$ 为雷达观测区域。作为水平边界条件，假设积分号里面第一个平方项在雷达回波区域的水平边界上为零。第一项的积分值最小，确保了水平梯度 $\bar{\theta}_a$ 是观测值 B_X 的最小二乘拟合[见式(4.70)]，因而也在任意高度上同时符合水平和垂直运动方程。第二项的最小化确保 $\bar{\theta}_a$ 场在垂直方向上的一致性，而 $\bar{\theta}_a$ 的垂直梯度也尽可能与观测和 B_X 和 B_T 包含的微物理反演参数一致[见式(4.73)]，同时满足运动方程和热力学第一定律。速度 $\mathscr{U}$ 是用户选择权重函数，确保积分维度的一致性，并且确定 $\bar{\theta}_a$ 与观测值拟合过程中垂直和水平梯度的相对权重。

一旦确定了浮力场 $\bar{\theta}_a$，通过积分的最小化，可拟合得到与数据相适应的压力扰动场 $\overline{\Pi^*}$ ：

$$I_p=\iint_{\mathscr{D}}\left\{\left(\frac{\partial\overline{\Pi^*}}{\partial x}-A_X\right)^2+\left[\frac{\partial\overline{\Pi^*}}{\partial z}-\left(A_Z+\frac{g\bar{\theta}_a}{c_p\theta_o^2}\right)\right]^2\right\}\mathrm{d}x\mathrm{d}z \tag{4.80}$$

应用与式(4.79)相同的水平边界条件。式(4.80)中第一项的最小化确保反演 $\overline{\Pi^*}$ 场的水平梯度与观测到的 A_X 值拟合最优［见式(4.65)］，从而使得各个层面的水平运动方程相互一致。第二项的最小化确保 $\overline{\Pi^*}$ 的垂直梯度与 A_Z 中的观测结果最佳匹配［见式(4.67)］，从而所

获得的分析结果不仅与热力学第一定律和水物质连续方程最优一致，而且与垂直和水平运动方程最佳匹配。

热力学场和微物理场反演的整体精度难以确定。通过航空或其他直接手段很难获得验证数据。将反演技术应用于数值云模型生成的风场和雷达反射率场时[①]，在对流系统稳态、水平均匀和非湍流区域，反演场与模拟场比较效果良好。当降水在时间上变化迅速时，必须将上述技术推广到包含时间的偏导数，而这非常难以观测到。未来，更快速扫描的雷达可能提供估计这些项所需要的时间分辨率。

① 关于将反演技术应用于模型输出的例子，请参见 Hane 等(1981)和 Sun 和 Houze(1992)。

第二部分

观测现象

第5章

高中低层的浅薄层状云

满天飘落着鱼鳞云，仿佛海洋里的鱼群。

——John Updike,《兔子，跑吧》

在本书的其余部分，我们将研究各种类型云的动力学。在本章，我们首先研究在相对较薄的气层中形成的云。致使这种云形成的大气，冷却率相当小。这些云包括雾、层云、层积云、高层云、高积云、卷云、卷层云和卷积云。虽然这些云可以产生毛毛雨或雨幡，但是它们不会产生落到地面的、可以测量的降水。本章中我们唯一不讨论的层状云就是雨层云。它们非常深厚，能产生持续的降雨或降雪。第 6 章将把雨层云作为一个专题深入探讨。除了一些例外的情形，浅薄层状云的含水量大多$<1\ g \cdot kg^{-1}$，平均垂直速度一般为 $1 \sim 10\ cm \cdot s^{-1}$或更小。如此弱的垂直运动，与对流云中强烈的上升和下曳气流形成了鲜明的对比。我们将在第 7 — 9 章中讨论对流云。浅薄层状云的垂直伸展一般仅为 1 km 或更薄，偶尔能达到几千米厚。因为浅薄层状云中的平均垂直速度很小，所以不能认为水汽的凝结只是由上升运动产生的。其他物理机制，特别是辐射和湍流混合过程，也对水汽的凝结起重要的作用。在本章中，我们将看到：弱垂直运动、辐射和湍流混合三个因素如何相互作用，造成浅薄层状云独特的外观特征。

从第 5.1 节开始研究层状云的动力学时，我们将以雾和层云为例，研究在高度稳定的大气层结条件下，边界层从下面受到冷却的机制（第 2.11.2 节）。这样的冷却可以由辐射、空气在冷的下垫面上平流，或两者共同产生。在后面的分析中我们甚至会看到，即便大气总体上是静止和稳定的，湍流混合对于雾和层状云的发展和维持仍然至关重要。此外，随雾的厚度不同而引起的辐射加热不均匀，以及在有雾的大气层里面风和切变的加强，湍流也会受到影响。当边界层从下面受到加热时，也能出现层云和层积云。这种浅薄的层状云最常发生在洋面上，那里边界层的上面有一个下沉运动区，边界层的垂直伸展受到限制。我们将在第 5.2 节中研究这种类型的层云和层积云。第 5.3 节和第 5.4 节将研究远离边界层、在非常高的地方发生的浅薄层状云，如高层云、高积云、卷云、卷层云和卷积云。

5.1 由边界层里来自下面的冷却作用产生的雾和层云

5.1.1 概况

在大气的层结稳定、没有平均抬升运动的情况下,地表附近的潮湿空气可以通过辐射或热传导而冷却,形成雾,雾是云的一种形式①。由于诸多的因素,这个看似简单的物理机制实际上非常复杂。这些因素包括:下垫面的热力学特征、云粒子在其上面形成的凝结核的组成和大小、粒子生长的微物理过程、大气中液滴或冰晶粒子的沉降,以及最为关键的大气湍流运动。湍流运动使得冷却作用和云粒子在空间上重新分布。

在本节中,我们将研究平坦地面上雾和层云的动力学,地面一直比它上面的空气冷。在这种情形下,控制大气运动的主要动力学特征是高度稳定的边界层,其中湍流通常受到抑制。可能产生辐射雾的大气层结条件是最稳定的,不仅温度垂直递减率非常小,而且平均风也很弱或甚至几乎没有。因此,湍流动能的来源接近于零。但是,即使在这种情况下,湍流也并非完全不存在。事实上,有一点湍流存在对于雾的发展至关重要。观测事实是:湍流是很弱的,但是对于雾的发展而言是不可缺少的,这使得雾的定量模拟和预测非常困难。

为了说明在稳定边界层里雾中的湍流混合的重要性,我们将在第 5.1.2 节中讨论人工消雾的问题。人工消雾指人为地改变雾的微物理特性,暂时地提高局地能见度。湍流的作用是如此之厉害,它可以在消雾作业以后几分钟到一小时的时间里,重新填充雾之间的空隙。接下来,我们将讨论雾形成、维持和消散的预报。雾的预报问题是要预测雾的总体特征,例如:雾的厚度和总含水量在小时到天的时间尺度里如何变化。在第 5.1.3 节中,我们将研究夜间的辐射冷却如何使雾在地面上形成,以及日出以后太阳辐射的增加如何使雾消散。第 5.1.4 节中,我们将研究北极地区雾和层云的形成,以此来说明:若边界层温度较低、太阳辐射的加热作用既弱又稳定、没有日变化、雾演变成为稳定状态的雾或层云,这时候会发生什么情况。

5.1.2 雾中的湍流混合

在完全由小的非过冷水滴组成的暖雾中试图改变局地能见度的作业,非常显著地说明了湍流对雾的关键作用②。为了研究这个问题,我们做一个简化的热力学计算。假设平均温度在我们所关注的半小时时间尺度上是恒定的。假定湍流是唯一的动力过程,它由定常混合系数($K=4\ \mathrm{m^2\cdot s^{-1}}$)表示。除了湍流之外,假定大气是几乎静止的。因此,我们不采用常规的运动方程。平均风分量是恒定的且很小,平流项在所有的方程中都可以忽略不计。在这些假

---

① “蒸汽雾”(“北极海烟”)不是由辐射或热传导产生的,它是由于温度差异很大的两个气团相互混合,达到过饱和状态而发生的。然而这种现象只发生在冷空气移经暖水面而形成的不稳定边界层中。

② 这里以 Silverman(1970)的研究工作为例,他研究了一种人工清除机场跑道上雾的技术。在一次人工影响天气的会议上,他报告的论文中试图找到这种技术所依据的理论基础。在同一次会议上,Tag 等(1970)报告了类似的研究。但是这种类型的研究随后很快就终止,也未有相关的论文正式公开出版。对暖雾撒播工作突然终止的可能原因是:初步结论表明,由于通过人工撒播在暖雾中产生的空洞,会被自然湍流迅速填充,填充速度几乎和空洞产生的速度一样快。研究工作终止的原因显然是由于湍流还在起作用,因此,该技术不会有效。应该指出的是,这种撒播无效的情况只发生在暖雾中。本节的后面将指出,由于受到冰化作用的帮助,在冷(如过冷却)的雾中撒播会产生更有效的结果。

设条件下，唯一需要预测的方程是水连续方程，这个方程要写成能体现人工撒播作业效果的形式。

本例中，水连续方程以分档模式的形式表示(第3.5节)。假设当前的雾在100 m厚、300 m宽的范围里发生。假设在当前存在的天然雾滴里只含有足够小的凝结核，它们的组成成分无关紧要。假定初始状态下雾的液态水含量为0.3 g·m^{-3}。温度保持10 ℃不变，时间尺度足够短，以至于辐射或其他可以改变温度的过程不重要。假设起始时刻的滴谱分布使得水平能见度为85 m。进一步假设在40 m厚、50 m宽的范围内，用飞机撒播0.35 g·m^{-3}的具有非常大氯化钠核的液滴。根据扩散生长方程(3.23)，由于尺寸较大和溶解效应，这些撒播下来的大颗粒，在相对湿度较低的情况下生长；而未撒播情况下组成雾的小纯净水滴，需要在大气处于过饱和的状态下才能生长。随着可溶性液滴的增长，它们消耗了周围环境中的水汽，使大气变成不饱和的状态。可溶性液滴继续生长并向下落出，附近的小雾滴因为环境湿度低而蒸发。这样就在雾区中产生了一个“空洞”。

在雾区内，平均液滴尺寸分布 $\overline{N}_{ij}$ 演变的方程如下：

$$\frac{\partial\,\overline{N}_i}{\partial t}=-\frac{\partial}{\partial m}\left(\dot{m}_{dif}\overline{N}\right)\bigg|_{m=m_i}+\frac{\partial V_i N_i}{\partial z}+K\nabla^2\overline{N}_i \tag{5.1}$$

式(5.1)是式(3.52)经过求平均得到平均变量的形式，其中 i 表示液滴的尺寸大小。湍流混合的影响需要体现在平均变量的方程中(第2.6节)，这里用 K 理论表示为 $K\nabla^2\overline{N}_i$ (第2.10.1节)。由于该问题的时间和空间尺度都很小，水平湍流涡旋混合与垂直混合同样重要，混合系数 K 对于水平和垂直湍流涡旋混合同样适用。式(5.1)中的其他项表示水汽扩散和落出对液滴尺寸大小分布的影响。水汽扩散项来自式(3.55)式的右侧，$\dot{m}_{dif}$ 由式(3.21)给出。为了得到式(5.1)，根据想象的暖雾撒播条件，将式(3.52)右侧的一些项设为零。这些想象的条件包括：由于雾层浅薄、碰并是无效的；并且由于雾滴较小，雾滴的破碎并不重要(图3.7)。由于撒播物质的注入，相对湿度保持在100%或以下，新液滴的成核作用假设为零。因为平均风为零，式(3.52)右侧的辐散项和左侧的平流项可以忽略。水汽混合比 q_v 根据式(3.53)计算得到。

式(5.1)的右侧项体现了问题的物理本质，即水汽扩散、落出和湍流混合之间的相互作用。大的溶液液滴由于较小的自然雾滴扩散在其上面而生长，然后落出。从而降低了液态水含量和小雾滴的数浓度，增加了雾区的能见度。如果没有以 $K\nabla^2\overline{N}_i$ 为代表的湍流混合作用，就能成功地消雾。湍流混合作用迅速地填充了撒播产生的雾中“空洞”，使得消雾作业无法成功地清除雾。

数值计算的结果展示了水汽扩散、落出和湍流之间强烈的相互作用(图5.1)。撒播后1 min，高空液态水含量最高，其中含有撒播的粒子和原有的雾滴。在撒播4 min后，由于落出作用，液态水含量的高值区迅速向下移动，最大值的位置到达地面，在高空留下液态水含量低、能见度高的区域。在此处，原来存在的小雾滴蒸发，它们携带的水汽吸附在大的液滴上，液滴达到一定尺度后落出，形成“空洞”。在撒播后的8～12 min，该“空洞”最为清晰。撒播后18 min时，湍流作用使能见度再次降低，到30 min时，能见度与最初状态下的能见度相当，高空液态水的含量恢复到0.1 g·m^{-3}。这些计算结果既说明了雾中湍流作用的重要影响，也说明了撒播消除暖雾的方法为什么不那么有效的原因。

研究发现，撒播过冷却物质消雾或对“冷”雾撒播更为有效。这种方法通过撒播干冰或某

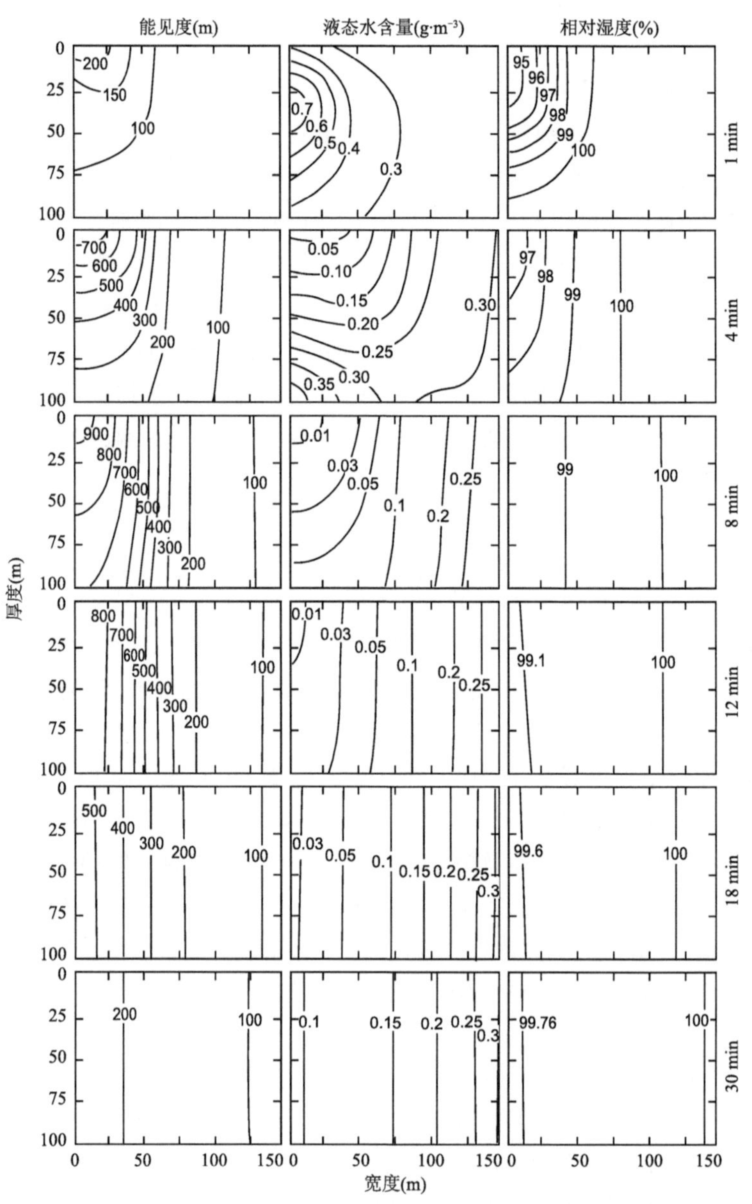

图 5.1　在暖雾中撒播粒子以后,模式计算出的能见度、液态水含量和相对湿度随时间的演变。这些参数的初始值分别为能见度 85 m、液态水含量 0.3 g·m^{-3}和相对湿度 100%。引自 Silverman(1970),经美国气象学会许可再版

些多相态的凝结核,将一些液滴转化为冰粒。由于冰的饱和水汽压比液态水低,这些冰粒迅速生长,从而液滴得以清除①。小液滴的浓度降低使能见度提高。在这种情况下,一旦雾区中的某个地方开始冻结,这个地方会在较长时间内保持较高的能见度,因为任何混合进入冻结区域的液滴,或者由于与冰粒子接触而快速冻结,或者被蒸发。由于冰粒子通过水汽扩散而生长,

① 在自然条件下从上面的云层中有冰粒子飘落下来时,或者飞机撒播冰粒子时,同样的过程显然会在云层中产生"空洞"。对于这些现象奇妙的讨论,请参阅 Hobbs(1985)所著的书:"云中的洞:科学健忘症"。

大气中的水汽含量降低到相对于液态水的次饱和状态。最终，虽然撒播的是冰粒子，如上面大溶解液滴落出的情况一样，冰粒子也会落出，然后能见度较高的区域还是由于湍流混合而被小粒子填充，就像在暖雾中撒播的情况一样。

5.1.3 辐射雾

在第 5.1.2 节中，我们用人工影响原来存在的雾所遇到的问题，来说明湍流作用对雾的巨大影响。我们看到，湍流的作用在大约 0.5 h 的时间里迅速地使雾中的不连续均匀化。在本节，我们将讨论雾形成、加深、向层云转化以及消散的过程。预报雾的时间尺度约为 12～24 h，远远大于湍流均质化的时间尺度。大部分雾是由于辐射和平流作用在一定程度上结合而形成的。最简单的情形是辐射雾，辐射雾出现在风很弱、平流项对运动方程没有什么影响的情况下。与其他类型的天气预报相同，雾的数值预报以流体动力学方程为基础。其中动量守恒方程(牛顿第二运动定律)和热量守恒方程(热力学第一定律)起着关键作用。在下面的讨论中，为简单起见，我们将首先用一个忽略微观物理过程细节的模型，来说明辐射雾形成的总体过程。在该模型中，假设平均风很弱，垂直运动的平均值为零，水平风速约$<2\ \mathrm{m \cdot s^{-1}}$。湍流通过假定的混合系数来表示。图 5.2 展示了这个问题的物理参数。它们包括地面的辐射冷却和感热的湍流通量 $\mathscr{F}_\theta$ [由式(2.188)中的左边项定义]，由于强烈的地面冷却，感热的湍流通量主要是向下的。由于在雾形成之前的冷却作用使得边界层非常稳定，因此，湍流动能式(2.86)中的浮力生成项 $\mathscr{B}$ 起抑制湍流的作用。产生湍流动能的唯一方法是通过 $\mathscr{C}$ 项，它代表涡旋动量通量，平均气流的动能转换为涡旋的动能。因此，即使平均气流很弱，也必须准确地表示它(由图 5.2 中的风廓线表示)，以便定量求出实际上正在发生的湍流混合。

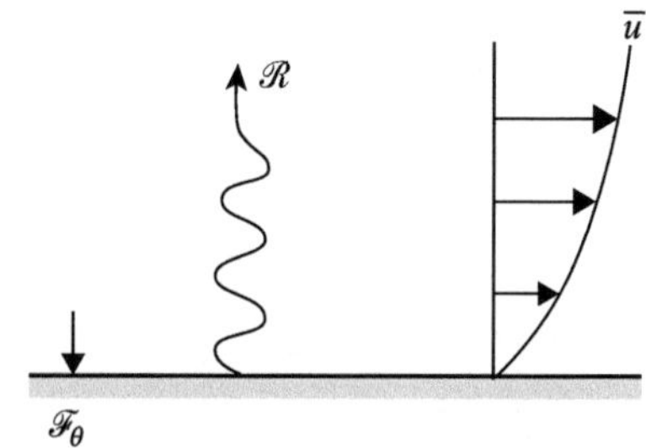

图 5.2 辐射雾的物理参数：净向上的辐射热通量 $\mathscr{R}$，它主要是红外辐射，在地面强烈地向上输送；感热的湍流通量 $\mathscr{F}_\theta$，由于强烈的地面冷却，它主要是向下的；平均风廓线 $\bar{u}$

虽然在稳定边界层的顶部及其正上方邻近风速非常小(这里假设约$<2\ \mathrm{m \cdot s^{-1}}$)，但这个速度无论如何已经足够强了，足以产生湍流混合，并对雾的形成、演化和消散起重要的作用。适用于在辐射雾存在的情况下，预测行星边界层中风的动量方程，其形式由平均变量的运动方程式(2.83)表示。前面我们已经假设在静稳的条件下，平均垂直运动为零，式(2.83)中仅有的风速水平分量是可以预测的。让我们进一步假设气流为 Boussinesq 流[即在式(2.84)中密度项 ρ_o 消失]，平均水平风速是如此之弱，以至于水平平流项可以忽略不计，并且水平气压梯度在整个边界层为常数。那么运动方程式 (2.83) 的水平分量可以写成

$$\frac{\partial \overline{\mathbf{V}}_H}{\partial t} = -fk \times (\overline{\mathbf{V}}_H - \mathbf{V}_g) + \mathscr{F}_H \tag{5.2}$$

式中,水平气压梯度用它相应的地转风 $\mathbf{V}_g$ 来表示[参见式(2.22)],下标 H 表示矢量的水平分量。假设初始地转风非常小,就可以重现近似静止的状态。这样式(5.2)就能够体现风廓线对湍流通量的响应是如何演变的。如第 2.10 节所示,$\mathscr{F}_H$ 可以用不同的办法计算。在这里,我们在数学复杂度最低的情况下,用 K 理论公式来说明雾形成的物理机制,假设在我们关注的时间尺度(约 10 h)上,垂直混合远大于水平混合。然后,根据式(2.84)、(2.186)和(2.187),摩擦应力表示如下:

$$\mathscr{F}_H = -\frac{\partial}{\partial z}\left(-K_m \frac{\partial \overline{\mathbf{V}}_H}{\partial z}\right) \tag{5.3}$$

混合系数 K_m 与里查森(Richardson)数 Ri [其定义见式(2.170)] 成反比。近地面的辐射冷却产生逆温,相应的 Ri 值高,混合被限制在接近地面的一个浅层内。雾在逆温层里形成以后,辐射作用驱动温度递减率回到不太稳定的状态,Ri 值减小,混合系数变大,使混合增强。

虽然地面的辐射冷却最终导致了辐射雾的形成,但是辐射的微弱不平衡、热量的湍流混合,以及水的相变这些物理过程,才是雾进一步发展直至最终消散的决定性因素。因此,重要的是要写出一个准确和恰当的热力学方程来预测辐射雾。其中本质的过程包含在热力学第一定律的平均变量形式[式(2.78)]之中。如果我们简单地假设雾完全由液滴组成(即没有冰),那么根据我们对空气运动做的所有假设,式(2.78)可以写成:

$$\frac{\partial \overline{\theta}}{\partial t} = \frac{LC}{c_p \overline{\overline{\Pi}}} - \frac{\partial \mathscr{R}}{\partial z} - \frac{1}{\rho_o c_p}\frac{\partial \mathscr{F}_\theta}{\partial z} \tag{5.4}$$

式中,潜热项用式(2.13)表示,C 为净凝结[单位为 kg(水)·kg(空气)$^{-1}$·s^{-1}],$\mathscr{R}$ 是净辐射热通量(向上为正)。因为我们认可了 Boussinesq 假设,所以密度 ρ_o 不变。由于我们用 K 理论表示所有的湍流通量,$\mathscr{F}_\theta$ 由式(2.188)的右侧项表示。因此,式(5.4)中的涡旋通量辐合随着混合系数 K_θ 的变化而变化:

$$\frac{\partial \mathscr{F}_\theta}{\partial z} = c_p \rho_o \frac{\partial}{\partial z}\left(-K_\theta \frac{\partial \overline{\theta}}{\partial z}\right) \tag{5.5}$$

为了正确计算与凝结和辐射相关的热源,必须准确地跟踪以水汽和液态水的形式存在的含水量。因此,需要写出一个适合于平均变量的水连续方程式(2.81)。在当前的假设条件下,这个水汽方程可以写成:

$$\frac{\partial \overline{q}_v}{\partial t} = -C - \frac{\partial}{\partial z}\left(-K_v \frac{\partial \overline{q}_v}{\partial z}\right) \tag{5.6}$$

每种液滴尺寸 i 的水汽混合比由下式给出:

$$\frac{\partial \overline{q}_i}{\partial t} = S_i - \frac{\partial}{\partial z}\left(-K_i \frac{\partial \overline{q}_i}{\partial z}\right), i = 1, \cdots, k \tag{5.7}$$

式中,k 表示某种尺寸液滴的数目。式(5.6)中水蒸气的湍流通量用 K 理论表示为式(2.189),水凝物的涡旋通量利用式(5.7)中的类似项表示。S_i 代表水凝物的微物理源和汇。

为了说明辐射雾的形成、演变和消散在 10 h 的时间尺度里如何预报问题,我们不考虑不同尺寸和类型水粒子的分布。如果我们要预报雾中的能见度,那么我们需要首先预报液滴的尺寸分布,以便计算雾对太阳光的散射。为了说明现在的问题,只要知道在大约 10 h 的时间尺度里液态水的总体混合比就够了。在这种情况下,预报水凝物混合比的方程式(5.7)可以简

化为只考虑一种类别,即总体液态水的情况,这种情况可以用混合比 q_L 来表示。在这种情况下,

$$\overline{q_i} \equiv \overline{q_L} \tag{5.8}$$

进行这种简化所需的主要假设是落出率,落出率取决于液滴的大小,可以通过参数化来确定。水物质落出的通量辐合可以表示为:

$$F = \frac{\partial}{\partial z}(\hat{V}\overline{q_L}) \tag{5.9}$$

式中,$\hat{V}$ 是式(3.67)定义的粒子质量加权平均下落速度。式(5.9)与式(3.72)表达式类似,区别仅在于式(5.9)中的下落粒子不是大雨滴,而是缓慢下落的云滴或小雨滴(第 3.1.3 节)。一种简单的方法是使用根据经验确定雾的滴谱 $N(D)$,并将其代入式(3.67)以获得 $\hat{V}$ 的代表值。用类似的方法,实验室测得的 $N(D)$ 可以代入式(4.33)右侧的积分来计算 q_L 的值。反复测量 $N(D)$,可以获得 $\hat{V}$ 和 q_L 之间的相关关系。用这种方式获得的公式为①:

$$\hat{V} = a\,q_L \tag{5.10}$$

式中,$a = 6.25$,q_L 的单位是 $\mathrm{g \cdot kg^{-1}}$,$\hat{V}$ 的单位是 $\mathrm{cm \cdot s^{-1}}$。

由于我们只考虑一种类型的水凝物 q_L,水凝物方程式(5.7)简化为一个方程,其中微物理源项为 C 和 F 。因此,把式(5.9)和(5.10)代入(5.7):

$$\frac{\partial \overline{q_L}}{\partial t} = S + \frac{\partial}{\partial z}(a\overline{q}_L^2) - \frac{\partial}{\partial z}\left(K_L \frac{\partial \overline{q_L}}{\partial z}\right) \tag{5.11}$$

式中,K_L 是液态水的混合比。

在 10 h 的时间尺度上对雾进行计算对地面温度和湿度的要求非常高。我们必须设定在 $z = 0$ 的高度上:

$$\overline{T} = \mathscr{T}_s \text{ 且 } \overline{q}_v = \boldsymbol{q}_s \tag{5.12}$$

式中,$\mathscr{T}_s$ 和 $\boldsymbol{q}_s$ 分别是地-气界面上土壤的密度和土壤中水汽的混合比。一种传统但过于简单的处理下垫面土壤的方法就是引用简单的扩散方程:

$$\rho_s c_s \frac{\partial \mathscr{T}_s}{\partial t} = -\frac{\partial}{\partial z}\left(\kappa_s \frac{\partial \mathscr{T}_s}{\partial z}\right) \tag{5.13}$$

式中,ρ_s、c_s 和 κ_s 分别是在地-气界面上土壤的密度、等压比热和热传导系数。在地-气界面处,假定存在下列平衡关系:

$$0 = \rho c_p \overline{\Pi}\mathscr{R} - \rho c_p K_\theta \frac{\partial \overline{\theta}}{\partial z} + \kappa_s \frac{\partial \mathscr{T}_s}{\partial z} - \rho L K_v \frac{\partial \overline{q}_v}{\partial z} \tag{5.14}$$

土壤表面的湿度用如下所示的参数化方法估算②:

$$\overline{q}_v = M_{ev}\overline{q}_{vs} + (1 - M_{ev})\overline{q}_v\big|_{(z=\varepsilon)} \tag{5.15}$$

式中,$\overline{q}_{vs}$ 是饱和混合比;M_{ev} 是有效蒸发因子,它是一个设定的参数,其变化范围从干燥土壤的 0 到饱和土壤或露水的 1,ε 是某个很小的空间距离,例如 1 cm。

式(5.14)假设的物理平衡是:通过土壤表面上行的感热扩散,恰好平衡了净辐射通量加上涡流向大气输送的感热和潜热的通量,而土壤中的水分通量则忽略不计。为了引入这个通量,需要对土壤水分和热力学进行更复杂的处理。尽管这样的处理是可行的,但是过于复杂。复

① 这是由 Brown 和 Roach(1976)提出的。

② 参见 Atwater(1972)的论文,如 Sievers 等(1985)引用的相关内容。

杂模型给出的结果在数量上与简单模型相比略有不同。为了更加准确，需和热力学扩散方法一起计算土壤中的水汽和液态水。土壤“系统”可以认为由四种成分组成：“土壤基质”、干燥空气、水汽和液态水[①]。假定土壤的“疏松度”为土壤基质在土壤系统中所占的体积份额。热力学第一定律与表示土壤系统四种成分的质量连续性表达式，共同构成了土壤温度和液态水含量的耦合诊断方程。这些方程很复杂，在此不做足够详细的说明。直观表达土壤系统的界面条件是：

$$0 = \rho c_p \overline{\Pi}\mathcal{R} - \rho c_p K_\theta \frac{\partial \overline{\theta}}{\partial z} + \kappa_s \frac{\partial \mathcal{T}_s}{\partial z} + \left(-\rho K_v \frac{\partial \overline{q}_v}{\partial z} - J_v\right)(L - \psi_s) \tag{5.16}$$

和

$$0 = -J_v - J_w - \rho K_v \frac{\partial \overline{q}_v}{\partial z} \tag{5.17}$$

式中，J_v 和 J_w 分别是土壤中水汽和液态水的通量，ψ_s 是“土壤湿度潜势”[②]。式(5.16)表明，土壤感热和潜热的扩散，恰好平衡了净辐射通量与通过大气的感热和潜热的湍流通量之和。因为土壤中潜热的传递已经包含在方程中，所以需要增加另一个公式(5.17)，该式表示：土壤里扩散出来的水汽和液态水，在地气界面完全通过水汽涡流通量进入大气，两者恰好相互平衡。

无论什么时候，只要土壤温度低于露点温度，露水就会形成。来自大气向下的液态水通量和来自土壤蒸发向上的水汽的通量，共同提供了露水的质量。

热力学方程式(5.4)的适用性，取决于它与适当的辐射传输模式之间相互耦合的严密程度。由于辐射通量不仅受到液滴和气体成分的影响，还受到气溶胶粒子的影响，因此，正确了解干气溶胶颗粒的浓度和性质是很重要的。这就需要增加一个或多个预测方程来计算气溶胶颗粒的浓度。

把上面概括出来的物理机制写成模式，计算结果用图 5.3 说明了辐射雾形成、演化和消散的过程。假设地转风速度为 2 m·s^{-1}，以代表大气的平静状态[③]。初始状态为地方时间(LST)18:00，地面温度 14 ℃，在 0.1 m 高度处，温度降低至 12 ℃。假设大气从这里向上到 0.5 km 的高度之前，保持等温为 12 ℃，到 1 km 高度处降至 11 ℃，到 3 km 高度处降至 −3 ℃。初始时间的土壤温度假设在深度为 −5 cm 处增加到 15.5 ℃，然后到深度为 −1 m 处逐渐减小到 15 ℃。初始时间从地面向上至 0.5 km 高处的相对湿度假设为 80%，然后向上线性降低至 3 km 高度处为 60%。假设在这个区域的顶部(3 km 高度处)，风为地转风，其速度为 2 m·s^{-1}。大气中的气溶胶颗粒是活跃的，在其上面形成胚胎液滴的可能性是相对湿度的函数，采用适当的方案计算太阳光和红外辐射。用显式方程来预测地下 1 m 以内的土壤温度和液态水含量。

在这个例子中，从地方时间 18:00—20:00，可以看到辐射冷却迅速地产生了逆温层。因

---

① 关于如何把土壤系统的模型写成公式的详细讨论，参见 Sieverset 等(1983)、Forkel 等(1984)以及 Welchet 等(1986)。这些过程的参数化由 Noilhan 和 Planton(1989)以及 Noilhan 和 Mahfouf(1996)开发。

② 土壤湿度潜势被定义为土壤水的化学蕴藏量和自由水蕴藏量之间的差异。这种差异的出现是因为对于土壤水分而言，吸收和表面张力范德华力(Van der Waals farces)是不可忽略的，参见 Sievers 等(1983)。

③ 这个模型计算由 Welch 等(1986)提出。除了这里总结的模拟结果外，他们还展示了相关的观测信息来证实模型的结果，并讨论了模型对湍流参数化的敏感性。此外，他们还进一步提供了初始条件和边界条件的详细信息，以及如何计算湍流混合系数、写辐射传输公式、估计气溶胶浓度和指定土壤参数的方法。

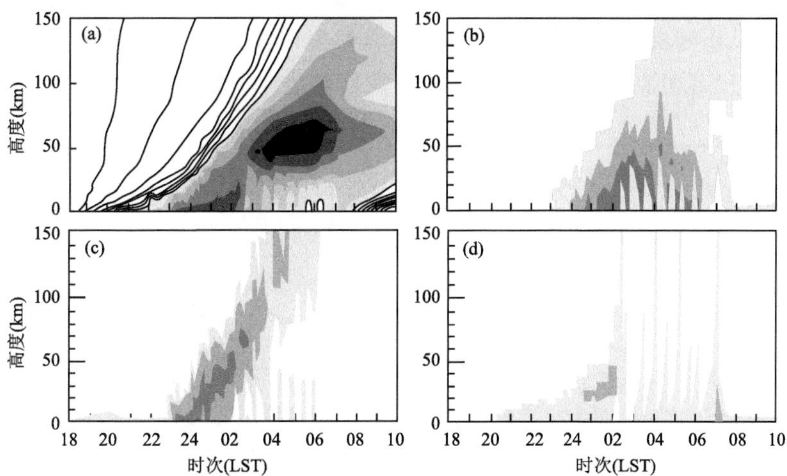

图 5.3　计算得到的辐射雾随地方时间发展演变过程。(a)温度等值线间隔为 0.48 ℃。越冷填色越深。最浅的填色表示 8.7 ℃,最深的填色表示 6.3 ℃。(b)液态水含量,不同的填色分别表示 0、0.15、0.25 和 0.35 $g \cdot m^{-3}$。在某些地方，数值梯度很大，无法看到所有的等值线。(c)非绝热加热率，填色分别表示－1、－2 和－3 $℃ \cdot h^{-1}$。(d)混合系数,填色分别为 0.001 和 1 $m^2 \cdot s^{-1}$,引自 Welchet 等(1986),经美国气象学会许可再版

此,边界层的高度迅速降低到地面附近,紧邻边界层上面的地转风层也几乎降至地面。在地方时间 20:00 之后,地面冷却率显著降低,但是逆温的强度继续增强。随着湍流混合的增强,逆温开始在地面之上上升,如图 5.3d 中交换系数的增加所示。混合的增强与跨越逆温层切变的增强有关。稳定层中的混合将部分地面冷却传递到紧邻逆温层下面较高的高度上。在地方时间 23:00,逆温层下面的冷却已经足够强了,此时雾开始形成,如图 5.3b 中出现液态水所示。此时,雾对辐射的强烈影响,以及由于高空冷却而产生的湍流,使得逆温层突然向上跃升约 10 m(图 5.3a)。从地方时间 00:00—02:00,逆温层继续上升,最强的冷却开始发生在雾层的顶部,而非地面(图 5.3c)。随着逆温层继续上升,湍流继续增强,因为湍涡在加深的边界层中更自由地来回移动了。湍流继续向下传递热量,在地方时间 02:00 之后,最低温度从地面抬升到雾的顶部紧邻逆温层下面的地方。这个时间点标志着雾中一系列振荡的开始,这可能是模型试图产生对流混合层,以响应雾层顶部的辐射冷却。混合的净效果是把液态水抬举到较高的高度,在整个夜间雾层变厚。地方时间 06:00 之后,雾的上部与下部不再相互影响,内部振荡停止。此后,上部发展成为层云,下面只剩一层薄雾。正如我们将在第 5.1.4 节中看到的那样,这种上下分开通常发生在稳定边界层里的雾和层云中。在上面的层云下面,温室效应太强了,使得在层云和下面的薄雾之间的高度层里,无法发生凝结。在日出时,下层薄雾消散成更薄的地面雾,在地方时间 07:50 之后,随着露水和土壤水分的蒸发,地面雾的厚度反而增加。地方时间 10:30 后,随着日照的增强,只留下较高的相对湿度和霾。

上面的例子说明了辐射雾形成的总体特征。不过,更高分辨率的大涡模拟模型(第 2.10.3 节)能更准确地再现临界湍流。图 5.4 给出了一个法国辐射雾发展过程中大涡模拟模式再现的湍流例子。在最初的几个小时里(图 5.4a),与图 5.3 类似,雾中的湍流分布相对均衡。随着雾层发展成熟,在约 03:00 世界时(UTC)(地方时间约 04:00)以后,湍流集中在雾顶部附近(图 5.4b)。大约在 09:00 UTC(地方时间约 10:00)之后,太阳加热引起的湍流在低层

变强，雾逐渐消散并形成层云。对大涡模拟结果的检验表明，在绝大部分雾层里，湍流单体具有三维特征。与风切变廓线相关的两个例外是：在雾层顶部附近，湍流单体发展成近似二维的结构；在雾内部的浅薄切变层中，湍流以开尔文-亥姆霍兹波的形式出现（第 2.9.2 节）①。

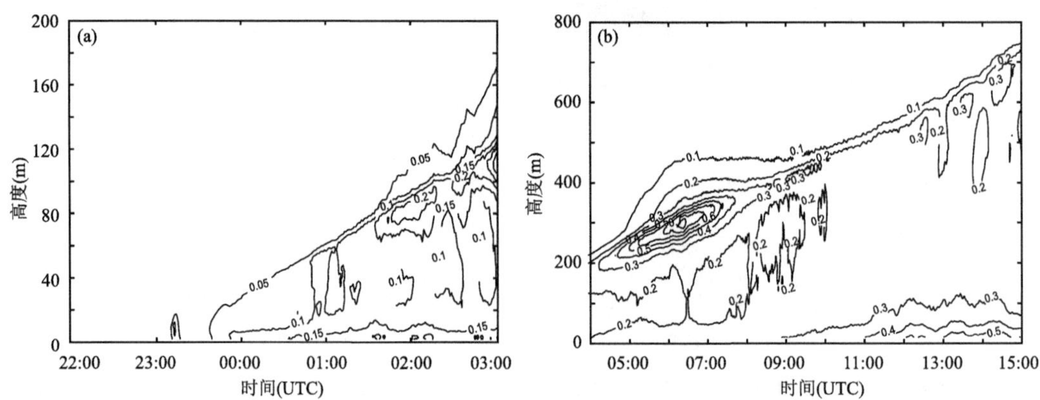

图 5.4　对一次法国辐射雾数值模拟算出的湍流动能时间-高度剖面图（等值线间隔为 0.05 $m^2 \cdot s^{-2}$）。图(b)继续图(a)中的结果。引自 Bergot(2013)，经英国皇家气象学会许可再版

5.1.4　北极的层云和层积云

在图 5.3 和图 5.4 所示的辐射雾发展过程模拟结果中，湍流混合使雾加深，雾顶部的辐射冷却使湍流混合更强，从而雾层进一步加厚，直至最后云层的主体与其下面的弱雾层分离，成为脱离地面的层云。但是在这种情况发生后不久，太阳升起，太阳对边界层的加热导致云消散。一旦没有日变化，地面温度保持恒定，层云和其下面的薄雾层则可能达到平衡，并且一直存在下去。这后一种假设的情况类似于夏季北极海盆实际上发生的情况。在夏季的北极，融化的浮冰使得大气的下边界均匀（温度为 0 ℃）且范围广，来自南方的暖空气在它上面流动。随着暖空气被冷却，边界层下部发生凝结。层云发展起来。由于太阳一直保持在天空中高度较低的位置，层云不会消散。正是由于这种过程的存在，北极海盆以其几乎一直广泛维持的夏季层云而闻名。在夏季，该地区的月平均云量超过 80%，主要是低云（图 5.5）②。由于覆盖的地域广泛，以及对地面能量的收支具有重要的辐射效应，北极地区的层云和层积云在极地气候中具有重要作用③。

图 5.6 显示了北极层云形成的数值模拟结果。数值计算采用了与第 5.1.3 节中描述夜间辐射雾相同的基本方程[式(5.2)—(5.7)] ④。方程中使用了一些与第 5.1.3 节不同的关于辐射、湍流和凝结的参数化方法；但是，基本的计算思想相同，只是在北极的情况下，存在一个更强的基本（地转）水平运动 v_g ，其中空气被假定为在较低的冰面上沿 x 方向移动。假设基本气

---

① 细节参见 Bergot(2013)。

② 最近基于地面和卫星观测的气候学研究表明，图中所示的云层是典型的（例如，参见 Curry(1986)）。随着全球变暖、海冰融化，以这些统计数字为特征的北极冰的比例可能会减少。

③ 关于北极层云和层积云与北极海冰减少之间的关系的研究，参见 Kay 和 Gettelman(2009)。

④ 有关如何设置方程式的详细说明，请参阅 Herma 和 Goody(1976)的经典论文。

流在所关注高度层中是恒定的。由于时间导数是在跟随基本气流一起移动的坐标系中进行的，式(5.2)—(5.7)的形式保持不变。如前所述，对方程进行时间积分，但约束条件更加简单。由于下边界为融化的冰层，因此，不需要对下边界进行复杂的处理。地面温度保持为 0 ℃不变。同时，假设太阳辐射没有日变化，太阳天顶角保持 74°。流经冰面的气流温度最初是 4 ℃，具有潜在稳定的递减率，其值是 $\frac{\partial \theta_e}{\partial z}=1\ ℃ \cdot \mathrm{km}^{-1}$，相对湿度为 90%。为了对应极区的条件，假设平均的垂直速度向下(大约零点几毫米每秒)，并且垂直平流项被考虑在热力学方程中。与辐射和湍流项相比，垂直速度项可以忽略不计，但是把它包含在方程里，还是说明了层云的存在不需要依靠平均上升运动。事实上，层云可以在平均垂直运动为向下的环境中发展。

图 5.6 中的计算结果表明，层云在发展大约一周后达到稳定状态。云层具有分层结构，上层较密集，而下层较稀薄。产生这种结构的辐射和湍流过程如图 5.7 所示。该图中的术语“扩散”和“对流”分别指在稳定和不稳定的条件下，湍流通量的辐散。当暖空气在冰面上移动时，边界层通过与下垫面接触而迅速冷却，下面的冷空气通过湍流混合作用迅速向上扩散。在比一天略长的时间里，扩散冷却与红外辐射冷却两种作用一起导致凝结。云一旦形成，液滴的吸收性质立即使辐射作用的格局发生质的变化。由于云顶的长波辐散耗散，上部更密集的云层变得不稳定，辐射-对流平衡在云层的上部建立起来。在云的顶部，对流加热大致等于辐射冷却；而在云的内部，对流冷却平衡了吸收太阳辐射的加热作用。上层的云若维持这种特征一周的时间，稳定状态就会建立起来。穿透上方云层下行的太阳辐射加热作用，和自下而上的扩散冷却作用，相互之间一般是平衡的。这是低层较薄云层的特征。分隔上、下两层云之间的晴空区，处于纯粹的辐射平衡状态。温室效应机制产生的强烈加热，阻止了这个高度层里的凝结作用①。另一个这样的辐射平衡层存在于低层云底的下面。

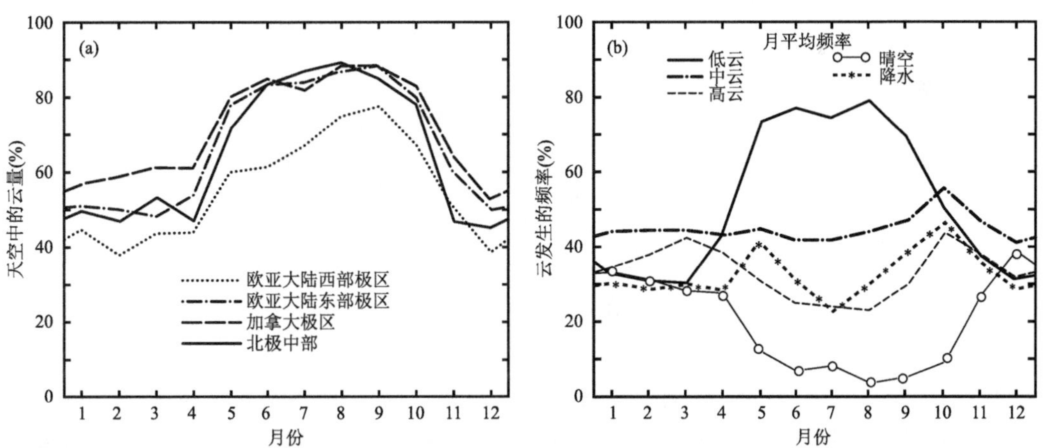

图 5.5 北极海盆的月平均云量。(a)总云量，(b)不同类型云和降水的发生频率。
引自 Huschke(1969)，经兰德(RAND)公司许可再版

① 温室机制的理论处理方法，见 Herman 和 Goody(1976)论文中的附录 B。

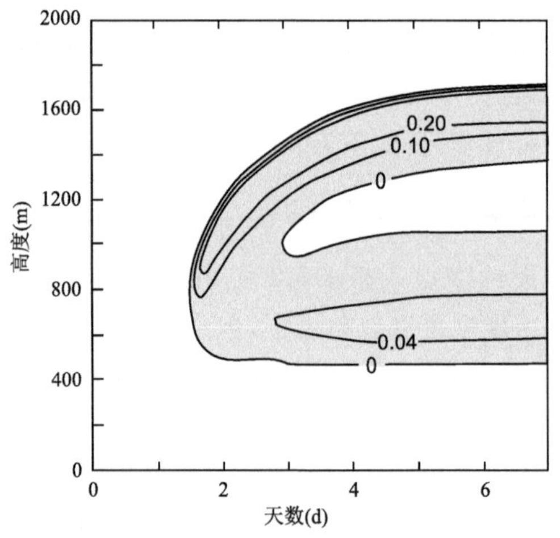

图 5.6　模式计算出的北极层云的发展过程。图中液态水的混合比(单位:g・kg^{-1})是时间和高度的函数。引自 Herman 和 Goody(1976),经美国气象学会许可再版

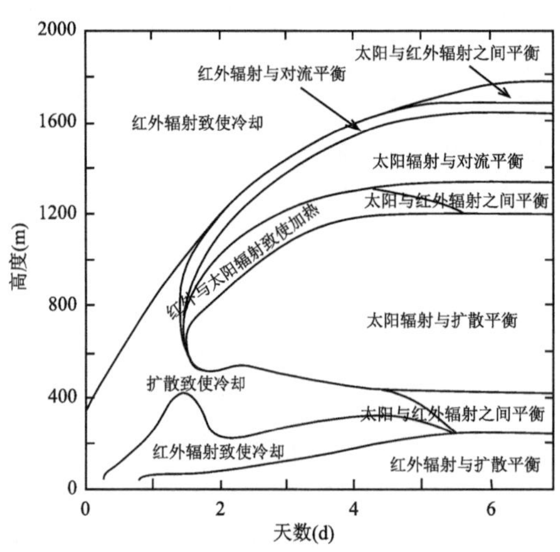

图 5.7　产生图 5.6 中大气结构的辐射和湍流过程。引自 Heman 和 Goody(1976),经美国气象学会许可再版

事实上,在第一个小时内,地面上没有雾形成,这是使用湍流参数化方法进行计算的一个特点。若采用另一个湍流涡旋混合作用较弱的方案进行计算,得到图 5.8 中所示的结果。这再次说明了雾和层云的形成对湍流混合作用的敏感性。在这种情况下,雾首先在地面附近形成,然后抬升,与辐射雾的情况类似(图 5.3);然而,与辐射雾的情况不同,这里没有随着太阳升高而发生的日变化周期作用来使得云层消散,因此,北极的雾能够达到并保持稳定的状态。若在模式中不考虑湍流通量,下部的云层一直维持在地表附近,但 3.5 天后云层仍然分裂成两层。这些结果表明,在北极地区,通常会盛行持久分层的层状云,当混合特别弱时,偶尔会出现雾。这种由计算得出的推论,实际上起源于观测事实。例如,在国际地球物理年期间,在北极海盆漂流浮冰站上的观测者观察到,在 1957 年和 1958 年的夏季,天空中云的覆盖率平均超过

十分之八(图 5.9)。已故的 N. Untersteiner 教授,以他的对北极地区的研究和幽默感而闻名,他在冰站上停留了 366 天[①],将几乎连续不断出现的低层云描述为"无聊"的,这些低层云只是偶尔被云层破裂和极少出现的雾打断。

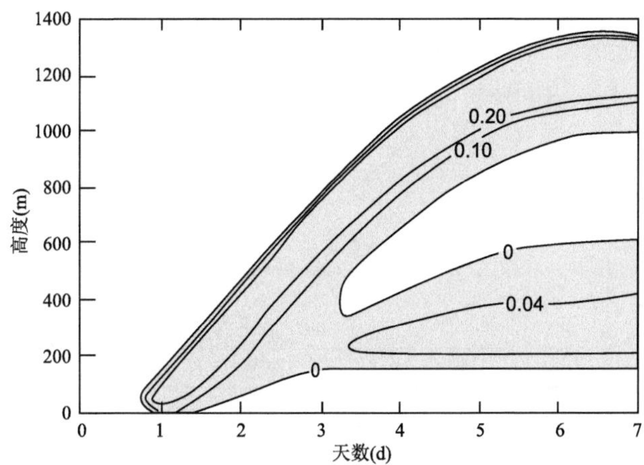

图 5.8　北极层云发展的计算结果。与图 5.6 相同,只是设定的扩散系数较弱。
引自 Herman 和 Goody(1976),经美国气象学会许可再版

自从图 5.6—5.9 所示的经典工作以来,利用地基和卫星上搭载的遥感仪器进行的观测研究,详细地揭示了北极层云的内部结构。图 5.10 显示了地基垂直指向雷达得到的结果:北极层云中气流的垂直速度、冰水含量和液态水含量。在这个典型的云层例子里,充满了几种尺度上升和下沉交替出现的区域。整个云区在 1～2 min 的时间尺度内发生湍流波动。这些垂直速度和其他性质的波动可以得出这样的结论:相比于层云,这些云可能更适合称之为层积云。

图 5.10 所示的小尺度湍流波动叠加在一个较长的时间变化周期上,两个峰值之间的周期约为 15～20 min。冰水和液态水含量的最大值发生在 15～20 min 振荡的上升支。在上升运动发生时,冰粒子在阵雨中下落到地面,图 5.11 是该时间尺度动力学和动力结构的概念模型。

由于在北极层云和层积云中基本上不存在平均的上升运动,这些云中若出现过冷却水,表明云层中有旺盛的湍流,如图 5.10 所示。液态水和冰的共存,是通过下列机制相互之间平衡而维持的:云层中由辐射驱动的湍流、湍流中一部分向上运动的空气产生的液态水滴、在众多过冷却液滴的包围之中水汽在数量相对较少的冰晶上沉积生长、生长到可沉降的尺寸以后冰粒子的下落。水汽借助于消耗过冷却水而在冰粒子上沉积,形成降水的过程,称为冰相过程,或贝吉龙-芬德森(Bergeron-Findeisen)过程[②]。由于冰面上饱和水汽压较低,水汽从液滴扩散到冰粒子上去。在低温条件下冰粒子的浓度很低(第 3.2.2 节),数量相对较少的冰粒子夺走了储存在众多小过冷却液滴中的水分。上述过程使得冰粒子长得足够大,最终以米每秒级的末速度从云中落出(第 3.2.7 节)。一些细致的数值计算模拟研究,特别是采用大涡模拟技术

① 他曾经想说,他在冰上待了一年多!

② 关于冰相过程的讨论,见 Mason(1971)。虽然经常被引用的是 Bergeron(1935)和 Findeisen(1939),但 Wegener(1911)在更早提出了这一观点,认为这是一种在冷云中产生降水颗粒的机制。

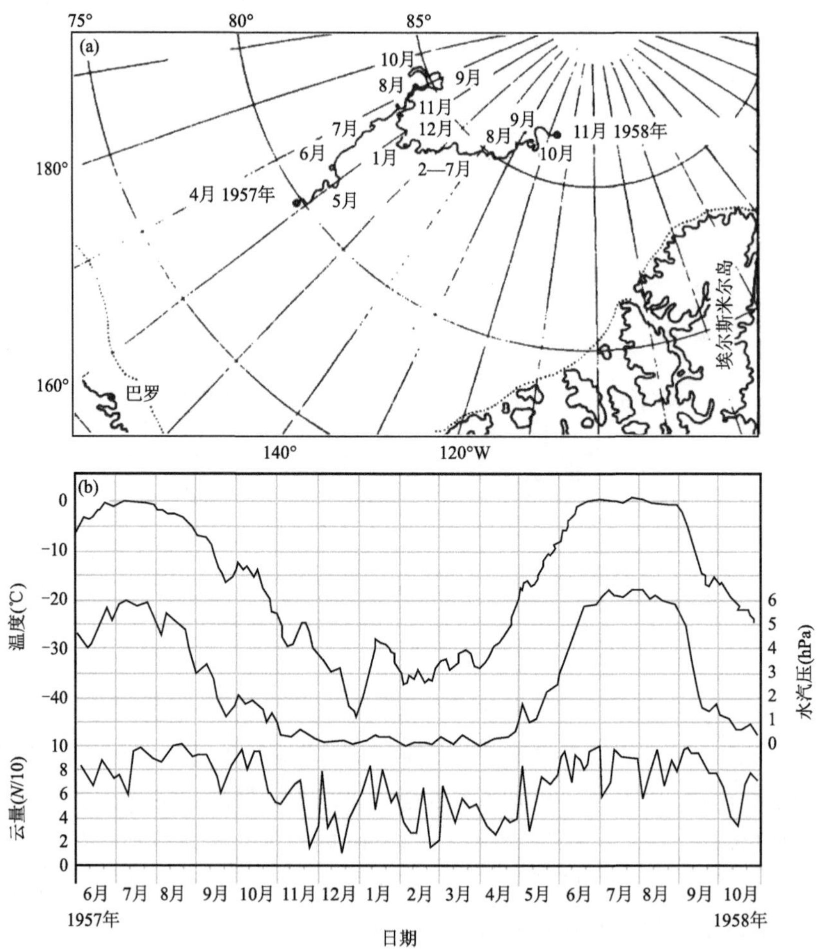

图 5.9 国际地球物理年期间在北极海盆一个漂流浮冰站上进行的观测。(a)该站的位置;(b)温度(11 天滑动平均)、水汽压(5 天平均)和云量(5 天平均)观测。引自 Untersteiner(1961),版权归 Elsevier 所有

(第 2.10.3 节)和多动态微物理参数化方案(第 3.6 节和第 3.7 节)的研究,正在试图研究和理解北极层云和层积云中,下面的因素相互之间微妙的平衡过程:湍流产生的辐射、湍流产生的过冷水、消耗过冷水的冰粒子核化,以及冰粒子落下至地面[①]。

---

① Harrington 等(1999)、Klein 等(2009)、Sednev 等(2009)和 Morrison 等(2011)在论文中对用模式模拟北极层云和层积云中动力学和微物理的细节进行了广泛的讨论。

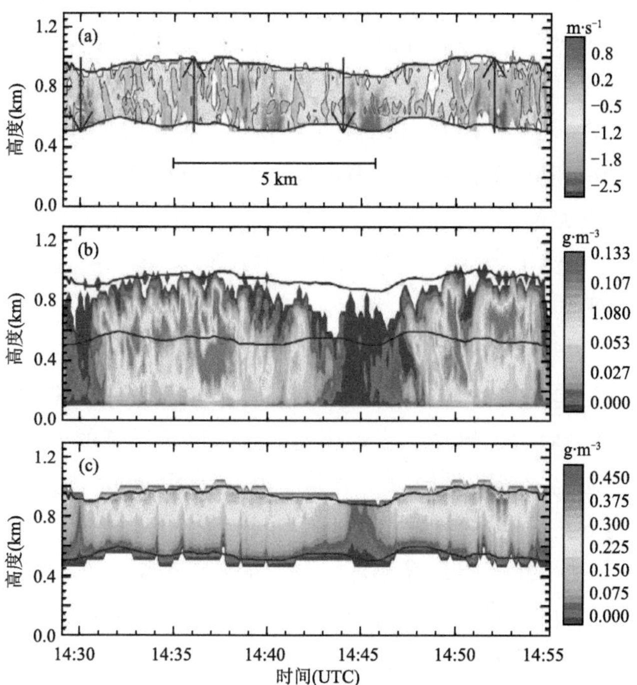

图 5.10　波长为 8.6 mm(Ka-波段)垂直指向多普勒雷达观测到的北极层云:(a)垂直速度($m \cdot s^{-1}$);(b)冰水含量($g \cdot m^{-3}$);(c)液态水含量($g \cdot m^{-3}$)。黑线表示云边界。引自 Shupe 等(2008),经美国气象学会许可再版

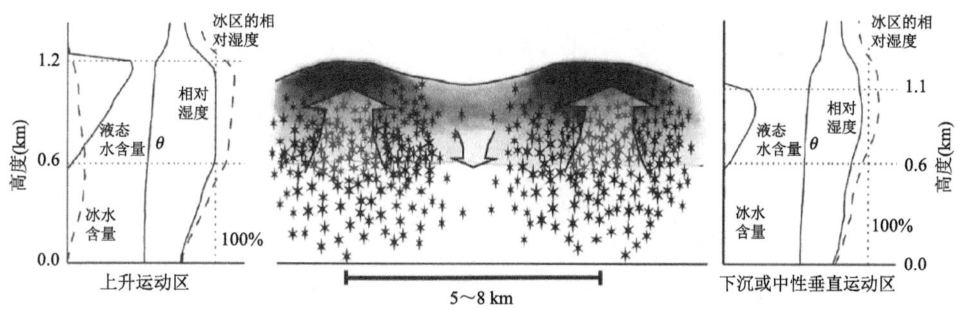

图 5.11　在阿拉斯加海岸附近观测到的秋季北极混合相态层云的概念模型。阴影代表液态水总量,星形的密度表示冰的总量,箭头表示大气的运动,图中显示了水平距离标尺。引自 Shupe 等(2008),经美国气象学会许可再版

5.2　由边界层里自下而上的加热产生的层积云

5.2.1　气候特征

卫星图像显示,在副热带地区,大陆以西海洋上副热带反气旋所在的地方,几乎总是出现

大量的层积云(图 1.11a)。在中高纬度地区,大范围的层积云发生在冷空气跨越冷大陆的海岸线或冰面,流向海洋的地方,当冷空气离开海岸线或冰面突然与温暖的海洋下垫面接触时,形成一层低云(图 1.11b)。这两种情况是边界层顶部的云从下面受到加热的例子。这种浅薄层状云形成的过程,与第 5.1.3 节和第 5.1.4 节中所述的雾和北极层云形成的过程完全不同。雾和北极层云形成于边界层从下面冷却。当边界层从下面加热时,大气的层结条件可能变得条件不稳定,有时候云以大范围小积云的形式存在,而不是层云或层积云。

边界层顶部的云是海洋上如此广泛存在的一种现象,以至于它对全球气候具有重要的意义。图 5.12 所示的年平均云量图说明层积云覆盖的区域极其广泛。层积云最集中出现的地方在大西洋和太平洋的副热带地区,靠近这两个海洋东部的美洲和非洲海岸。这些地区位于信风带里,地面东风有指向赤道的分量。在这些地区,海表温度不是很高,但已经暖得足以有净的感热和潜热通量从海面向上输送。赤道南北副热带高压系统的下沉运动区使得边界层以上的空气干燥且稳定,向上的热通量局限在边界层中,层积云形成于边界层的上部。在中纬度地区,层积云最多的地方在北半球冬季北美洲和亚洲的东海岸、格陵兰岛以南和南半球冬季南极洲以北。那些地方冬季层积云出现最多,是对大陆冷空气爆发的响应。这种层积云也形成于边界层的顶部,这里来自大陆的冷空气由于接触温暖的海面而受到加热。此地紧随离岸冷气团前面的锋面系统,边界层的上面是高压系统中的下沉运动区。

如图 5.12 所示,这些海洋层积云区域伸展的范围是如此之广,以至于有人估计,"全球受低层积云覆盖的区域只要增加 4%,就足以抵消全球温度 2~3 K 的上升。预计由于二氧化碳加倍而导致的全球温度上升,就是这么多。"因此,二氧化碳增温和层积云冷却相互之间的抵消作用,是评估全球气候变化的首要问题①。

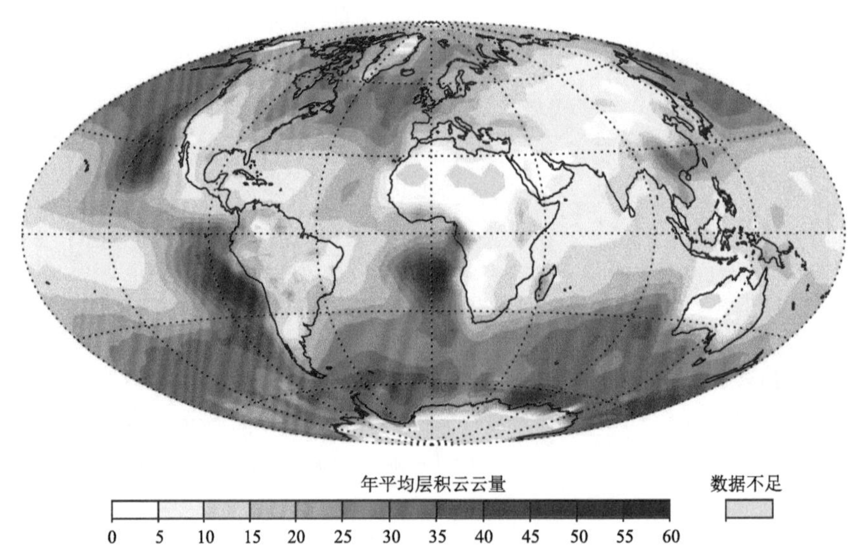

图 5.12 层积云的年平均覆盖率。灰色阴影表示没有层积云的地区(或者是没有层积云发生,或者是有层积云发生而没有观测到)。数据来自 Hahn 和 Warren(2007)综合的陆地-海洋云图数据库。引自 Wood(2012),经美国气象学会许可再版

① 这种早期的估计结果是由 Randall 等(1984)做出的。此后,政府间气候变化专门委员会报告(即 IPCC,2007)广泛地对二氧化碳增温和层积云冷却之间相互抵消的效应进行定量的记录。

5.2.2 顶部有云的混合层形成的概念模型

边界层里从下面加热形成层积云的基本物理现象是：由于浮力和风产生了湍流团和湍涡、空气在边界层中充分混合、饱和发生在边界层的上部，于是云层在边界层的顶部附近形成。云一旦形成，辐射、云物理、弱降水和中尺度环流等作用，共同使得层积云具有多变化的结构、纹理和生命周期行为特征。这里，我们将从概念上描述这种顶部有云的混合层是如何形成的。在随后的小节中，我们将从数学上描述云的形成，然后进一步研究层积云的成熟阶段和晚期阶段。

由于大范围层积云往往发生在海洋上(图 5.12)，传统的做法是用处理海洋边界层的办法来构建顶部有云的混合层形成的物理框架。若考虑到感热和潜热输送的性质在陆地上和海洋上的差别，这些原则也适用于陆地上的层积云。图 5.13 描绘了海洋上顶部有云的混合层形成过程的概念模型。在下面的讨论中，我们将反复地提到这个概念模型。图 5.13a 代表云出现以前边界层的结构。边界层里包含有大量的湍流浮体从温暖的洋面上升。由于向上的感热和潜热通量极其强烈，这些湍流浮体得以充分混合。这里的情况和辐射雾的情况不同。辐射雾中浮力是被热力稳定性抑制的，这里湍流动能是由浮力产生的[式(2.86)中的 $\mathscr{B}$ 项]。在信风区有大量的副热带积云，因此由切变产生的边界层湍流[式(2.86)中的 $\mathscr{C}$ 项]是持续存在的。在深度为 h 的层内，混合使整层空气保持一样的平均相当位温度 $\bar{\theta}_e$。在它的上面，有一层具明显不同 $\bar{\theta}_e$ (通常 $\bar{\theta}_e$ 的值更高)的层，从而在上面限制了这个混合层的厚度。对流层下部大尺度的下沉运动维持了上面的高值 $\bar{\theta}_e$，并保持边界层上面的大气稳定而干燥。在副热带和热带海洋层云和层积云的情况下，下沉运动与哈得来环流的下沉支有关，主要集中在副热带海洋反气旋的东部。在冬季远离大陆的极地气流中，下沉运动区发生在锋后的冷气团中。热带气旋眼区里的下沉运动覆盖着具有强烈混合的边界层，层积云常常占据热带气旋的中心(第 10 章)。在厚度为 h 的高度里 $\bar{\theta}_e$ 的变化以 $\Delta\theta_e$ 表示[①]。上层具有比较高 $\bar{\theta}_e$ 值的空气被湍流夹带到下层，从而“稀释”了边界层，但同时增加了其深度 h。

随着边界层深度的增加，湍流团的顶部上升到抬升凝结高度(抬升凝结高度定义为抬升过程中水汽开始凝结的高度)之上，形成小的云体(图 5.13b)。随着云体逐渐加厚，它们可以在混合层的顶部形成一个连续的云层(图 5.13c)。随着这层云在边界层的上部形成，特别是由于云顶部的红外辐射冷却，物理过程发生了显著变化，辐射开始起更加重要的作用。图 5.14 显示了副热带海洋层积云典型的可见光加热和红外加热和冷却廓线。尽管对可见光辐射的吸收加热绝大部分发生在云的上层，但是这种加热作用向下一直到云底都存在。云底的红外加热略为正值，因此，云底会变暖，结果，云层下面的大气会略微趋向于稳定。在云顶附近，红外辐射的冷却作用非常强，而且在一天中的任何时候，它都压倒云对可见光辐射的吸收作用；在夜间，可见光辐射没有了，只发生红外辐射冷却。这种红外辐射的冷却作用使得云层不稳定，维持了云层中强烈的浮力，并产生湍流；但是在云下面的边界层里，由于大气层结稳定而使湍流有所减弱。在云层的上部，辐射使大气层结趋于不稳定，由于云顶的夹卷作用，湍流层的深度继续增加。层积云上部强烈的辐射冷却和不稳定导致的夹卷过程，发生在非常小的尺度上，

① 在这里的讨论中，Δ 表示上层值中减去下层值所得的差值。

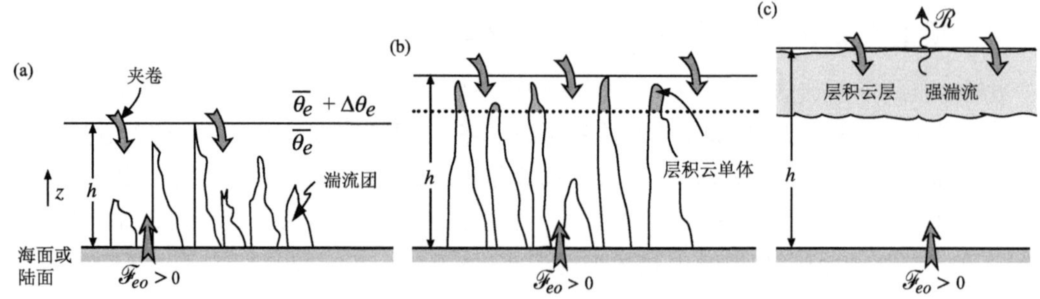

图 5.13　海洋上空顶部有云的混合层发展的概念模型。(a)不饱和的湍流团发生在深度为 h 的充分混合的气层中。$\mathscr{F}_{eo}$ 是跨越海面的热通量，$\overline{\theta}_e$ 是混合层里的平均位温。大箭头表示跨越混合层顶部的夹卷。(b)达到抬升凝结高度以上的大湍流团在混合层的上部有层积云单体。(c)一层密蔽的层积云连续地伸展开来，覆盖在充分混合的边界层上部。在这个阶段，云层上部的冷却使得红外辐射通量 $\mathscr{R}_h$ 变得重要

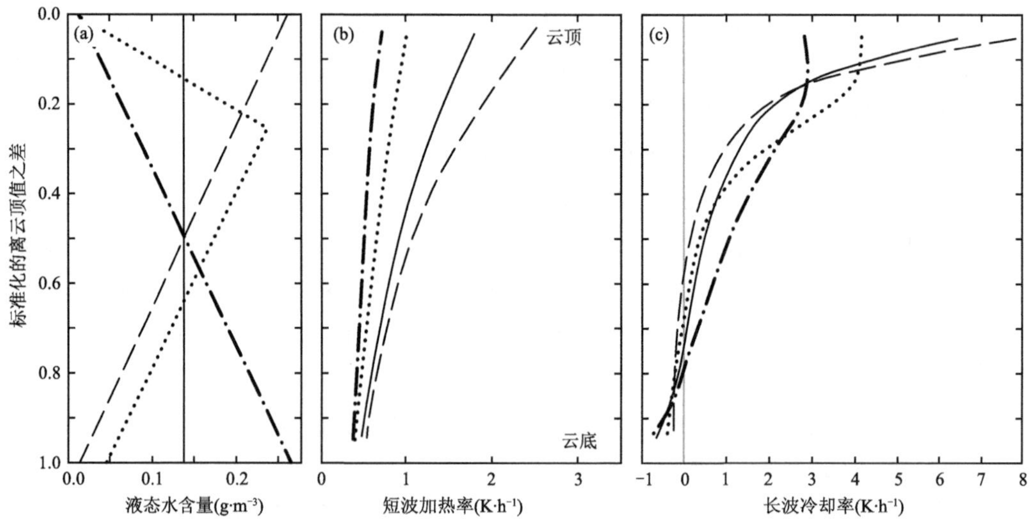

图 5.14　理想状态下的层积云云层中，不同情况下：液态水含量的垂直廓线(a)、短波加热率(b)和长波冷却率(c)。引自 Stephens(1978)，经美国气象学会许可再版

集中在云顶附近的夹卷界面层里(图 5.15)。这个高度层是辐射冷却、温度和湿度的垂直梯度最强的地方，因此混合的影响最有效。湍流单体的向下运动分支使得云水蒸发，蒸发消耗的潜热补充到这个受到辐射冷却的高度层里。

5.2.3　顶部有云的混合层形成的数学模拟

图 5.13 a — c 中所示的顶部有云的混合层的概念模型，可以通过将热力学和水汽连续性方程在边界层的厚度 h 里进行积分来定量表达①。我们假设云为暖云(不含冰)，这是副热带海洋上大量层积云的实际情况。在中高纬度地区，层积云可能含有冰晶，那里辐射和云的物理

① 这里所介绍的边界层顶部云层的处理方法是 Lilly(1968)在一篇讨论会论文中介绍的。

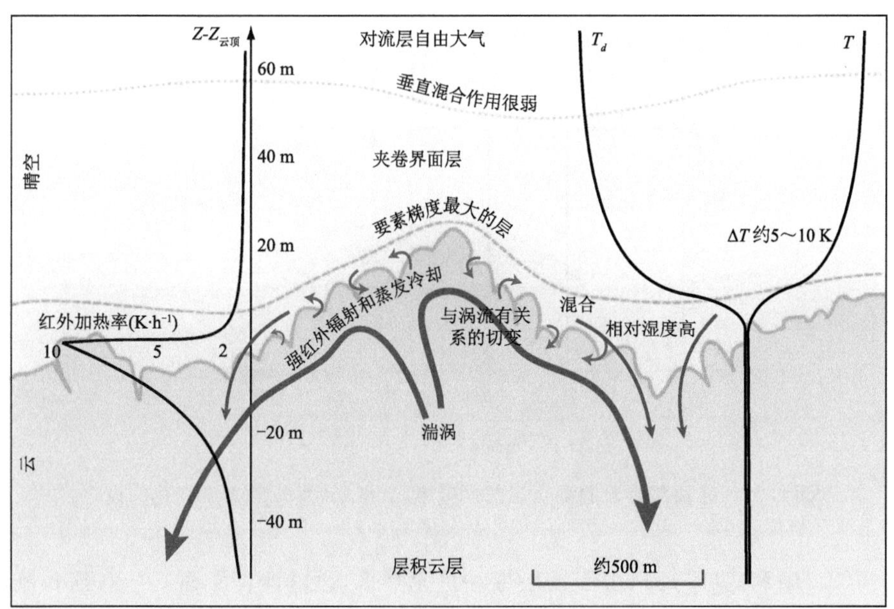

图 5.15　海洋层积云顶部夹卷界面层里物理过程的示意图。引自 Wood(2012)，经美国气象学会许可再版

特征需要相应地进行修改。但是暖云的情况能够很好地说明基本的动力学过程。在理论上，我们也认为层积云是非降水性的，尽管实际上层积云中不仅会发生毛毛雨，而且还会产生重要的动力反馈，对此我们将在第 5.2.4 节和第 5.2.5 节中进行讨论。在这些简化假定下，总水混合比由液态水和水汽两部分组成：

$$q_T = q_v + q_L \tag{5.18}$$

式中，q_v 是水汽的混合比，q_L 是液态水的混合比。由于假设云中没有降水的，因此，不必将液态水进一步细分为云滴和雨滴，q_T 是守恒量。作为热力学变量，我们使用由式(2.15)和式(2.17)定义的相当位温 θ_e 。

混合层的基本假设是：在混合层里，q_T 和 θ_e 的水平平均值与高度无关(图 5.16)，$\bar{\theta}_e$ 的平均值保持不变。由于下部边界处的加热作用(和/或云层一旦形成，云顶部的辐射冷却)条件不稳定的垂直递减率持续地产生，实际上由于垂直混合作用所造成的不稳定的释放，这样的不稳定一旦形成，在短暂的瞬间立即被消除。由于混合和 q_T 是常量，总水含量随高度是不变的。自由大气下部的下沉运动使紧邻边界层上面的大气保持高位温和低露点，$\bar{\theta}_e$ 和 $\bar{q}_T$ 的平均值在边界层的顶部突然改变。从低于到略高于 h 的那个地方，$\bar{\theta}_e$ 净增加。

在云层发展和维持的过程中，$\Delta\theta_e$ 为正的高度以下，质量守恒要求混合层厚度的变化率为：

$$\frac{\mathrm{d}h}{\mathrm{d}t} = w_e + w(h) \tag{5.19}$$

式中，$w(h)$ 是 $z = h$ 时空气的平均垂直速度(即混合层中与净水平辐合或辐散相关的高度变化率)。w_e 为夹卷速度，或水汽含量较少的空气汇入到水汽含量较多的湍流层中的速率。通常边界层顶部的云是辐散的，因此，$w(h) < 0$；而夹卷速度是正的，因为边界层通过从它上面卷入的空气而增长。

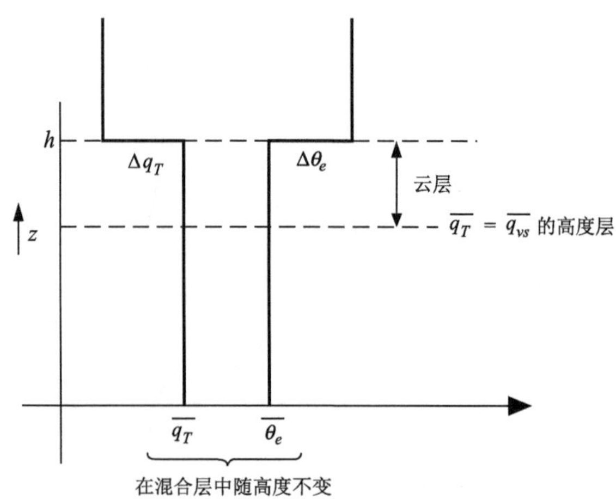

图 5.16　在顶部有云的混合层的模拟中,变量 q_T 和 θ_e 随高度变化的设定

根据式(2.16)和式(5.18),由于云层饱和且无降水,通过计算层面 $z=0$ 到 h 范围内的平均值 $\overline{q}_T$ 和 $\overline{\theta}_e$,得到云中 $\overline{q}_L$ 、$\overline{q}_v$ 和 $\overline{\theta}$ 水平平均值的垂直分布。因此,有必要找到 $\overline{q}_T$ 和 $\overline{\theta}_e$ 的预测方程。$\overline{q}_T$ 的方程是从 Boussinesq 版本平均值变量形式的水连续方程式(2.81)中获得的。对于只有一类水物质的情况 ($\overline{q}_T=\overline{q}_i$) ,$\overline{S}_i$ 的源和汇都是零。Boussinesq 假设意味着密度项不出现在式(2.81)中。由于 $\overline{q}_T$ 在水平和垂直方向上都没有变化,因此,没有水平或垂直平流项。式(2.81)中的个别导数 $\overline{\mathrm{D}}/\mathrm{D}t$ 简化为局地导数 $\mathrm{d}/\mathrm{d}t$,式(2.81)简化为

$$\frac{\mathrm{d}\overline{q}_T}{\mathrm{d}t}=-\frac{\partial}{\partial z}(\overline{w'q'_T}) \tag{5.20}$$

同理,$\overline{\theta}_e$ 的预测方程从 Boussinesq 版本的热力学第一定律均值变量形式式(2.78)中获得。辐射和相变(凝结或蒸发)引起的潜热,都包括在式(2.78)的加热率项 $\overline{\dot{\mathscr{H}}}$ 中。水平和垂直平流项再次为零。因此,式(2.78)可写为

$$\frac{\mathrm{d}\overline{\theta}_e}{\mathrm{d}t}=-\frac{\partial}{\partial z}(\overline{w'\theta'_e}+\mathscr{R}) \tag{5.21}$$

式中,上划线代表水平平均值,主要项是湍流偏离平均值的波动,$\mathscr{R}$ 是纯辐射通量,如式(5.4)所示。我们已经在式(5.21)中用 θ_e 写出了湍流扰动项,所以 $\mathscr{R}$ 是唯一以显式出现的热源/汇。

因为,根据混合层假设,$\overline{q}_T$ 和 $\overline{\theta}_e$ 随高度不变,式(5.20)和(5.21)意味着

$$\frac{\partial}{\partial z}(\overline{w'q'_T})=\text{常数} \qquad \text{当 } 0\leqslant z\leqslant h \text{ 时} \tag{5.22}$$

以及

$$\frac{\partial}{\partial z}(\overline{w'\theta'_e}+\mathscr{R})=\text{常数} \qquad \text{当 } 0\leqslant z\leqslant h \text{ 时} \tag{5.23}$$

地面的水和热通量表示为:

$$(\overline{w'q'_T})_o=\mathscr{F}_{To} \tag{5.24}$$

$$(\overline{w'\theta'_e})_o=\mathscr{F}_{eo} \tag{5.25}$$

假定混合层顶部的湍流通量,是由混合层内部正在稀释之中的 q_T 和 θ_e 的平均值决定的。

因为纯的稀释率是由来自混合层上面空气的比率决定的。混合层上面空气的 q_T 和 θ_e 值，不同于混合层内部空气的 q_T 和 θ_e 值，它们之间有 Δq_T 和 $\Delta\,\theta_e$ 这么大的差别。因此，我们写出：

$$\left(\overline{w'q'_T}\right)_h = -\,w_e\Delta\bar{q}_T \tag{5.26}$$

和

$$\left(\overline{w'\theta'_e}\right)_h = -\,w_e\Delta\bar{\theta}_e \tag{5.27}$$

式中，下标 h 指边界层顶部的值。前面已经假设了，混合层顶部以速率 w_e 卷入的空气，立即混入湍流层里，因此在整个湍流层里 $\bar{q}_T$ 和 $\bar{\theta}_e$ 保持为常数。将式(5.24)—(5.27)代入式(5.22)和(5.23)，得到：

$$\frac{\partial}{\partial z}\left(\overline{w'q'_T}\right) = \frac{-\,w_e\Delta\bar{q}_T - \mathscr{F}_{To}}{h} \tag{5.28}$$

和

$$\frac{\partial}{\partial z}\left(\overline{w'\theta'_e} + \mathscr{R}\right) = \frac{-\,w_e\Delta\bar{\theta}_e - \mathscr{F}_{eo} + \mathscr{R}_h - \mathscr{R}_o}{h} \tag{5.29}$$

把上面两个式子代入式(5.20)和(5.21)，得到下面的 $\bar{q}_T$ 和 $\bar{\theta}_e$ 的预测方程：

$$\frac{\mathrm{d}\bar{q}_T}{\mathrm{d}t} = \frac{w_e\Delta\bar{q}_T + \mathscr{F}_{To}}{h} \tag{5.30}$$

和

$$\frac{\mathrm{d}\bar{\theta}_e}{\mathrm{d}t} = \frac{w_e\Delta\bar{\theta}_e + \mathscr{F}_{eo} - \mathscr{R}_h + \mathscr{R}_o}{h} \tag{5.31}$$

对于我们的研究目的而言，q_T 和 θ_e 在地面的通量(分别为 $\mathscr{F}_{To}$ 和 $\mathscr{F}_{eo}$)、辐射通量之差($\mathscr{R}_h - \mathscr{R}_o$)、垂直速度 $w(h)$ 可以认为是已知的①。在这种情况下，式(5.19)、(5.30)和(5.31)形成一组三个方程，具有四个未知数：h 、$\bar{q}_T$、$\bar{\theta}_e$ 和 w_e 。这个问题简化为以一种物理上合理的方式来确定夹卷率，以便使得方程组闭合。如果能做到这一点，就可以计算出混合层的演化情况，其特征是高度(h)、热力学结构($\bar{\theta}_e$)和含水量($\bar{q}_T$)。

根据混合层的方程是诊断解还是预测解，有两种方法可以使方程闭合。在诊断解的情况下，夹卷率及其时间导数是由观测值确定的，然后将方程中的湍流通量与观测通量进行比较。在预测解的情况下，夹卷由湍流动能方程确定，计算夹卷的时间导数以确定边界层的演化。

我们将简要考察诊断解和预测解的例子。首先要注意，无论在哪种情况下，我们都需要首先将 q_T 和 θ_e 的通量分解为分量。为此，我们利用相当位温的近似表达式(2.19)和云中虚位温的定义，

$$\theta_{cv} \equiv \theta(1 + 0.61q_v - q_L) = \theta_v - \theta q_L \tag{5.32}$$

对 θ 和 q_v 进行适当的尺度分析，式(2.19)意味着位温的湍涡通量可近似写为：

$$\overline{w'\theta'} \approx \overline{w'\theta'_e} - \frac{L\theta}{c_pT}\,\overline{w'q'_v} \tag{5.33}$$

对于没有液态水的云下层，式(5.18)、(5.32)和(5.33)意味着：

$$\overline{w'q'_v} = \overline{w'q'_T} \tag{5.34}$$

---

① 地面通量和辐射也可用其他变量进行参数化。但是，为了用来说明混合层模型的基本思想，这种额外的复杂性并不需要。

$$\overline{w'\theta'_{cv}} = \overline{w'\theta'_v} \approx \overline{w'\theta'_e} - \theta\left(\frac{L}{c_p T} - 0.61\right)\overline{w'q'_T} \tag{5.35}$$

在云层中，空气是饱和的，存在液态水。饱和混合比 q_{vs} 是温度和压力的函数。然而，它更大程度上是一个温度的函数，在边界层的特定高度上，压力几乎是常数。因此，对于云层，将水汽通量写为下式是一个很好的近似。

$$\overline{w'q'_v} \approx \frac{T}{\theta}\left(\frac{\partial q_{vs}}{\partial T}\right)\overline{w'\theta'} \tag{5.36}$$

根据式(5.32)、(5.33)，式(5.36)表达为：

$$\overline{w'\theta'_{cv}} \approx \beta_T\,\overline{w'\theta'_e} - \theta\,\overline{w'q'_T} \tag{5.37}$$

式中，

$$\beta_T = \frac{1 + 1.61T(\partial q_{vs}/\partial T)}{1 + (L/c_p)(\partial q_{vs}/\partial T)} \tag{5.38}$$

因子 β_T 是一个随温度缓慢变化的函数，在混合层顶部有云的条件下，其值约为 0.5。

在求诊断解的情况下，通过观测混合层顶部附近总的水汽涡流通量 $\overline{w'q'_T}$，使方程闭合。将观测值代入式(5.26)即可得到夹卷速度 w_e 。在式(5.30)和(5.31)的右侧把 w_e 代入时，根据式(5.20)和(5.21)，$\mathrm{d}\bar{q}_T/\mathrm{d}t$ 和 $\mathrm{d}\bar{\theta}_e/\mathrm{d}t$ 为已知，这就得到了通量 $\overline{w'q'_T}$ 和 $\overline{w'\theta'_e} + \mathscr{R}$ 的垂直分布。如果设定辐射通量 $\mathscr{R}$ 的垂直廓线，那么由方程可以解出 $\overline{w'q'_T}$ 和 $\overline{w'\theta'_e}$ 的值。如果根据式(5.33)—(5.37)进一步分解这些通量，可以得到 $\overline{w'\theta'}$ 、$\overline{w'\theta'_v}$ 、$\overline{w'q'_L}$ 、$\overline{w'\theta'_e}$ 、$\overline{w'q'_T}$ 和 $\overline{w'q'_v}$ 的廓线。因此，利用混合层方程，可以通过度量 h 高度上的 $\Delta\theta_e$ 、Δq_T 、h 和 $\overline{w'q'_T}$ 值，诊断湍流通量。

通过诊断计算得到的通量廓线分布示例如图 5.17 所示。这些示例结果说明：正如图 5.13c 所指出的那样，连续、持久的云层一旦形成，辐射对层云维持的重要性。有一组结果将辐射通量设置为零。在这种情况下，如式(5.22)和(5.23)所要求的，$\overline{w'q'_T}$ 和 $\overline{w'\theta'_e}$ 是混合层中高度的线性函数。通量 $\overline{w'\theta'}$ 、$\overline{w'\theta'_v}$ 、$\overline{w'q'_T}$ 和 $\overline{w'q'_v}$ 也是线性的，尽管它们在云底是不连续的。这些解决方案中一个不能令人满意的方面是，$\overline{w'\theta'_v}$ 在云层中是非常大的负值，根据式(2.86)和(2.89)，这意味着云层中的湍流动能正在被消耗掉，这与云自己本身就是一个湍流夹卷层的特征是自相矛盾的。设定对云层适用的合理的向上辐射通量分布，上述结果可以修正为如图 5.17 所示的情形。在这种情况下，云顶的辐射热量损失足够大，以至于虚位温的湍流通量(即浮力通量)在整个云层中都是正的。根据式(2.86)，正浮力通量产生湍流动能，因此，云层作为湍流夹卷作用活跃的云层得以维持。因此，云形成以后，云层中的辐射成为一个关键的因素，它通过不断地使垂直递减率变得不稳定，使得云层保持为垂直递减率不稳定的、有湍流的层。

在理想的混合层方程用预测值求解的情况下，不能依靠观测来确定夹卷速度 w_e 。通常使用的处理方法是考虑混合层中湍流动能 $\mathscr{K}$ 的收支，用式(2.86)表示。在从下面受到加热的边界层里，和从顶部受到辐射冷却的云层里，浮力 $\mathscr{B}$ 是重要的湍流动能源，而湍流动能耗散 $\mathscr{D}(<0)$ 是式(2.86)中唯一的湍流动能汇。若边界层中切变较大，式(2.86)中所出现的来自平均气流动能 $\mathscr{C}$ 的转换，也可能对湍流动能有所贡献，但它通常不如浮力的贡献那么重要。从这个角度来看问题，混合层顶部的云与第 5.1 节中所考虑的雾，动力学有很大的不同。在雾的情况下，浮力产生的湍流动能为零或负值，所有的湍流必须由弱的平均气流来驱动。为了使我们的讨论尽可能简单，我们考虑浮力产生是唯一湍流源的情况。通过 $\mathscr{C}$ 和通过压力-速度相关

$\mathscr{W}$产生湍流的情况被忽略。我们还假设涡流动能$\mathscr{K}$在混合良好的边界层中没有垂直或水平变率，从而个别导数 $\overline{\mathrm{D}}/\mathrm{D}t$ 简化为局地导数 $\mathrm{d}/\mathrm{d}t$，在这些假设下，式(2.86)变为：

$$\frac{\mathrm{d}\mathscr{K}}{\mathrm{d}t}=\mathscr{B}+\mathscr{D} \tag{5.39}$$

由式(2.89)可知，浮力的产生源于浮力和垂直速度的相关性。浮力产生项的垂直积分可写为：

$$\langle\mathscr{B}\rangle=\int_0^h\mathscr{B}\mathrm{d}z=\int_0^h g\left(\frac{\overline{w'\theta'_v}}{\bar{\theta}_v}\right)\mathrm{d}z \tag{5.40}$$

这个积分的单位是(速度)^3，w_e^3 可以被认为是动能产生项的一部分。它在方程中用来使得夹卷作用变得有效。设想了各种各样的方案来确定这个值，这是目前研究工作的一个热点①。

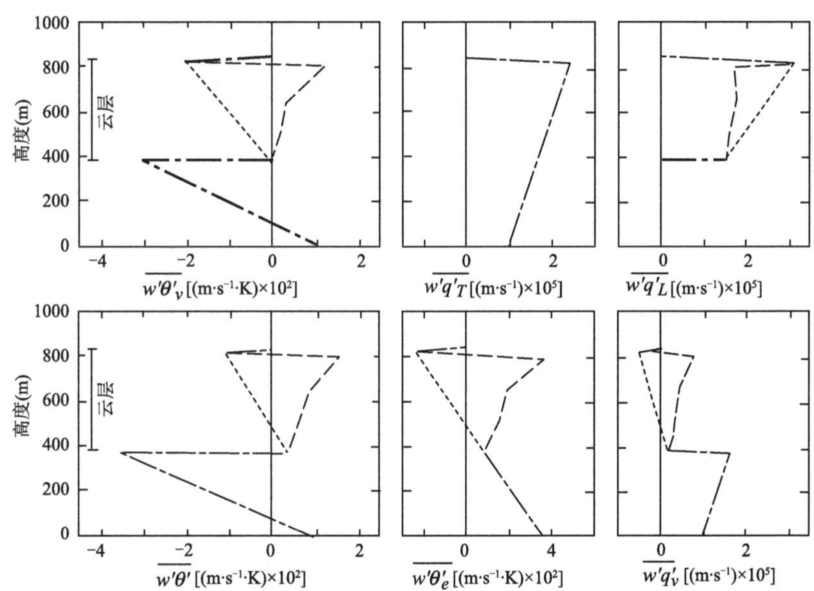

图 5.17 根据飞机测量的 $\Delta\theta_e$、Δq_T、$\overline{w'q'_T}$ 以及文中所描述的边界层顶部云层模型诊断出的湍流通量。短虚线是指辐射通量设置为零的情况。长虚线是指在云层中假设存在辐射通量分布廓线的情况。点虚线为短虚线与长虚线重合的地方。改编自 Nicholls(1984)，经英国皇家气象学会许可再版

5.2.4 有毛毛雨的层积云

在第 5.2.2 节和第 5.2.3 节中，我们研究了非降水性层积云发展的情况。这种方法很好地解释了层积云的早期发展。然而，随着云层的发展，组成层积云的粒子通过并合(第 3.1.4 节和第 3.1.5 节)而增长，如果在局部空气的上升运动足够强烈和持久，使得云中能够连续不断地添加新的云滴，则较大的云滴可以碰并到足够多的小液滴，从而以毛毛雨(或小雨)大小的

① 有关其中一些方案的评论，见 Nicholls 和 Turton(1986)。

降水粒子从云层中落出(第 3.1 节)。图 5.18a 说明了位于亚热带海洋上空的成熟层积云的结构。以上第 5.2.2 节和第 5.2.3 节中描述的所有过程都如图 5.18 所示,包括:感热和潜热的地面通量、湍流混合、云顶的长波辐射冷却和云层对太阳短波辐射的吸收。此外,该图还显示,在上升运动强的区域,毛毛雨从较厚的云层中落下;当空气中向下运动的气流比湍流运动大得多时,云层较薄。尽管从降水的角度来看,作为毛毛雨落到地面的降水量可以忽略不计,但是云下层中水滴的蒸发可以产生反馈作用,如下一小节所述。

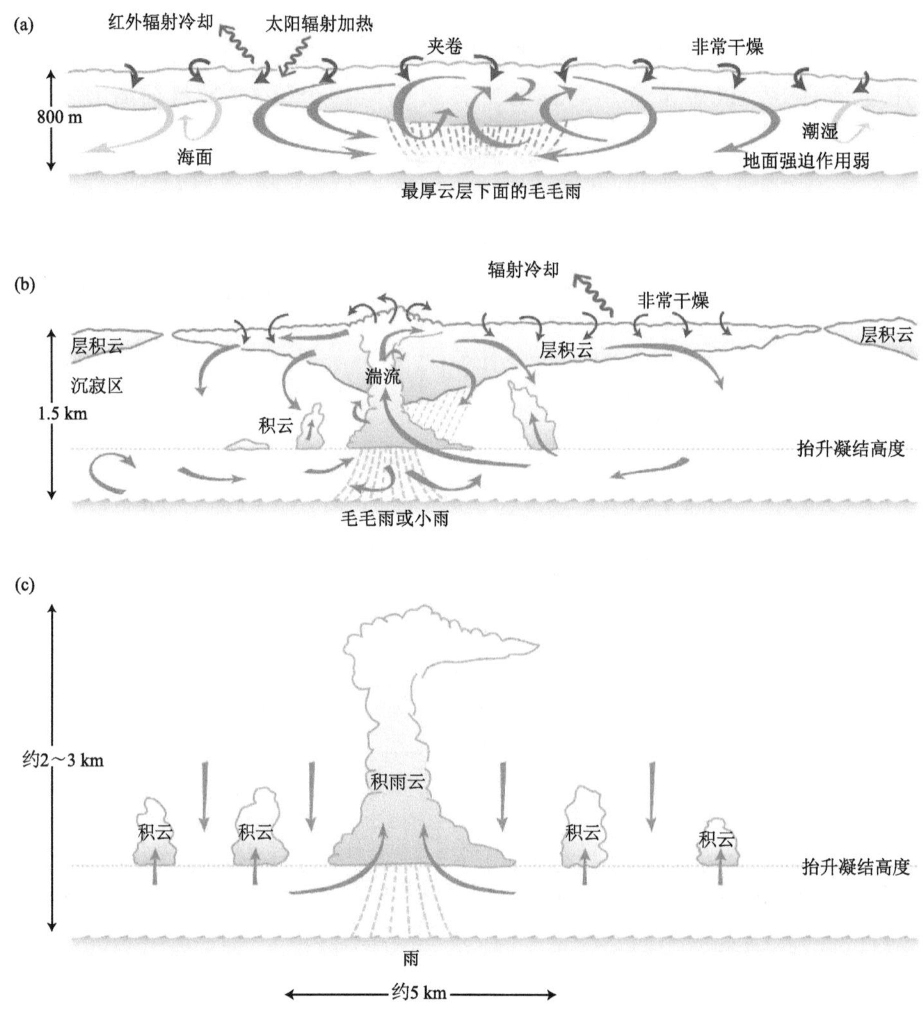

图 5.18 海洋层积云发展过程中三个晚期阶段的示意图。(a)在湍流云层与边界层尚未分离之前,覆盖浅薄海洋混合层顶部的层积云。(b)层积云变厚,已经上升到信风逆温层的高度,有积云与混合层相连。而在远离存在与层积云相连的积云之处,由于存在补偿的向下运动,层积云变薄,在抬升凝结高度(LCL)上出现更小的积云。灰色的流线表示边界层尺度的主要运动,而较小的红色箭头表示尺度更小的夹卷混合气流,它发生在残余层积云顶部逆温层的高度上。图(c)由图(b)中解体的层积云演变而来的对流云。改编自 Wood(2012),经美国气象学会许可再版

5.2.5 层积云生命史的晚期

第5.2.2节和第5.2.3节描述了在层积云发展到成熟阶段之前，云顶边界层的形成和发展。在本小节中，我们将研究层积云的进一步发展演化。图5.18a描述了云层的成熟阶段，从较厚的层积云块中有毛毛雨落下。在这个阶段，云层位于一个浅薄的混合充分的边界层之上，这个边界层的发展方式如上所述。按照第5.2.2节和第5.2.3节讨论的原理，随着时间推移，强烈的湍流继续将云上面的空气带入云中，混合层的顶部继续上升。然而，随着云顶上升，云顶辐射冷却产生的强大湍流难以向下延伸到地面，混合良好的云层与边界层分离。如图5.18b所示，相对沉寂的层(湍流较弱的层)位于被抬升层积云块的下面。然而，与此同时，层积云中较厚的有降水的那部分云，云底仍然在抬升凝结高度上，并呈现出更像积云的特征，即大气具有平均的向上运动。在较厚的湍流云区以外，补偿的向下运动发展起来，减弱了较深厚降水云层以外区域的层积云块，甚至在混合层顶部的云层中产生裂口。在残余层积云块的下面，远离较深层积云块的地方，小的积云以抬升凝结高度为底部开始向上发展。最后，如图5.18c所示，许多小到中等规模的积云和积雨云取代了层积云。

5.2.6 层积云的细胞状结构和分布

我们正在研究形成于湍流层顶部的那种层积云。层积云的不规则起伏在一定程度上是由湍流维持的。湍流是流场从外部较大的尺度破裂为较小尺度的过程。在这个过程中，能量进入湍流气流。湍流是由能量耗散的过程维持的。在这种过程中，随着气流分裂成更小的涡旋，能量从大尺度向小尺度跌落，最小的尺度是云内部的尺度，能量在那个尺度上被耗散[①]。副热带海洋层积云外部的尺度，其水平方向被认为在5～100 km的范围内[②]，与叠加在层积云之上有组织的中尺度环流有关。其内部的尺度并不精确地知道，但可以认为是最小可观测的尺度。外部尺度和内部尺度之间的尺度，其水平范围位于惯性运动的区域内，在该区域内，能量可以在不同的尺度之间流动，但既无输入也无消散。垂直运动限制在混合层深度的范围内，大约为1 km。因此，层积云单体的水平尺度和垂直尺度之比，往往远大于1。

在已经达到成熟阶段的大片层积云中，最大可观测云单体的水平尺度往往是1～10 km。这些变化对应于在这样的尺度上，空气的垂直运动正在发生上升和下沉的相互交替。上升和下沉运动受到中尺度系统增强的区域，可以用图5.18b和图5.18c的概念模型中，层积云较深和较薄的部分相互交替的模态来解释。通常，层积云的中尺度单体以闭合细胞和开口细胞的形式出现(图5.19)。通常认为闭合细胞是指：有相对狭窄的晴空区或薄云区，将光学厚度较厚的云区分隔开来(图5.19a)。开口细胞是指：在范围较大的晴空区之间，有云的区域呈狭窄的沟状(图5.19b)。决定层积云单体典型尺度的影响因子尚不清楚。开口或闭合的云细胞偶尔呈现六边形的几何形状，有时引起层积云单体类似于瑞利-贝纳对流的假想，在狭窄的实验室环境中，若一薄层液体从下面加热，六边形的翻转运动发生。然而实际上，六边形这种形状

① 关于湍流长度尺度的简单讨论，请参见气象学词汇表(glossary.amessoc.org)。有关大气圈湍流更广泛的讨论，请参见Stull(1988)。

② 见Wood(2012)及其参考文献。

并不表明存在任何动力学的相似性。六边形就是一种多边形的形状,用这样的有规则形状来填充一个空间,需要使用最少的栅栏。这就是为什么自然界中的许多网格是六边形的;例如,蜂窝。经典的实验室单体长宽比约为 1∶1,层积云单体更加平坦,其水平尺度大大超过垂直尺度,如上文所述[①]。虽然瑞利-贝纳对流的对流现象可能表明:大气中一个很薄的不稳定层可能有潜在的呈准几何阵列形状的翻转运动倾向,但大气层积云并不是瑞利-贝纳对流的简单类比。大气是一个气相的、开放的系统,其中存在各种各样的复杂因素:相变、风切变、天气尺度的形势变化等。图 5.19 显示了层积云的分布中所出现的各种各样的开口和闭合的细胞状云。

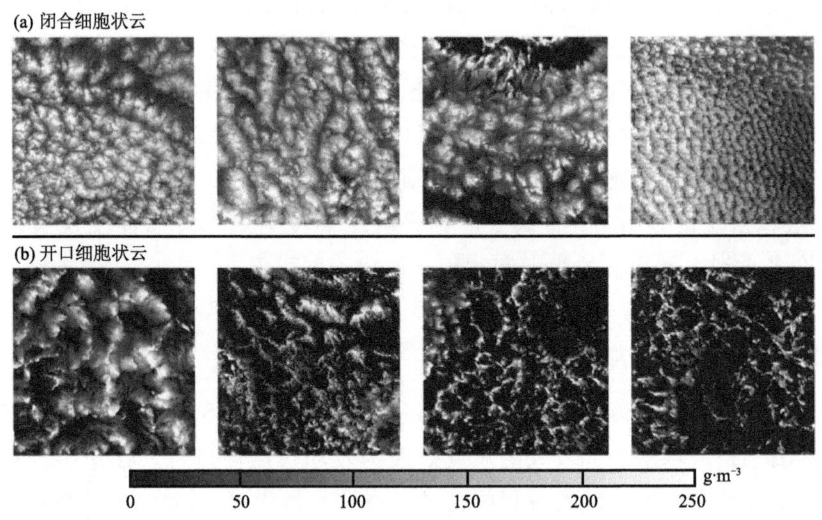

图 5.19 在海洋层积云中出现的各种类型的中尺度结构。每张图像为 256 km×256 km,液态水含量的单位为 $g \cdot m^{-3}$。注意,这些可见光反射率图像上云的分布规律看起来几乎一样。引自 Wood 和 Hartmann(2006),经美国气象学会许可再版

一个重要的问题是,为什么有些云是开口的,而有些云是闭合的。观察表明,开口细胞状云发生在先前含有弱降水的闭合细胞状云所在的地方。通过并合作用,云滴长大成为落出云的毛毛雨,云中的液态水被消耗掉了。雨滴也清除了云中的凝结核,在云中可用凝结核较少的情况下,更大的液滴有利于提高水汽的碰并和并合过程。在云底的下面,毛毛雨滴蒸发并冷却空气,造成气流的下曳运动。扩散下曳气流边缘的辐合,维持了围绕开口细胞周边的云[②]。在广泛分布的层积云中出现的一种更罕见的模态是:闭合细胞状云突然转变为开口细胞状云(图 5.20)。这些区域称为开口细胞云囊(POCs)。已观察到在开口细胞云囊和闭合细胞状云之间的边界处,存在频繁的弱降水。这表明下曳辐合气流有助于维持开口和闭合云之间清晰的边界[③]。

---

① 关于实验室对流与云的结构之间相互比较的讨论,参见 Agee(1982)的综述。

② 参见 Terai 和 Wood(2013)。

③ 参见 Comstock 等(2007)、Wood 等(2011)和 Wood(2012)。

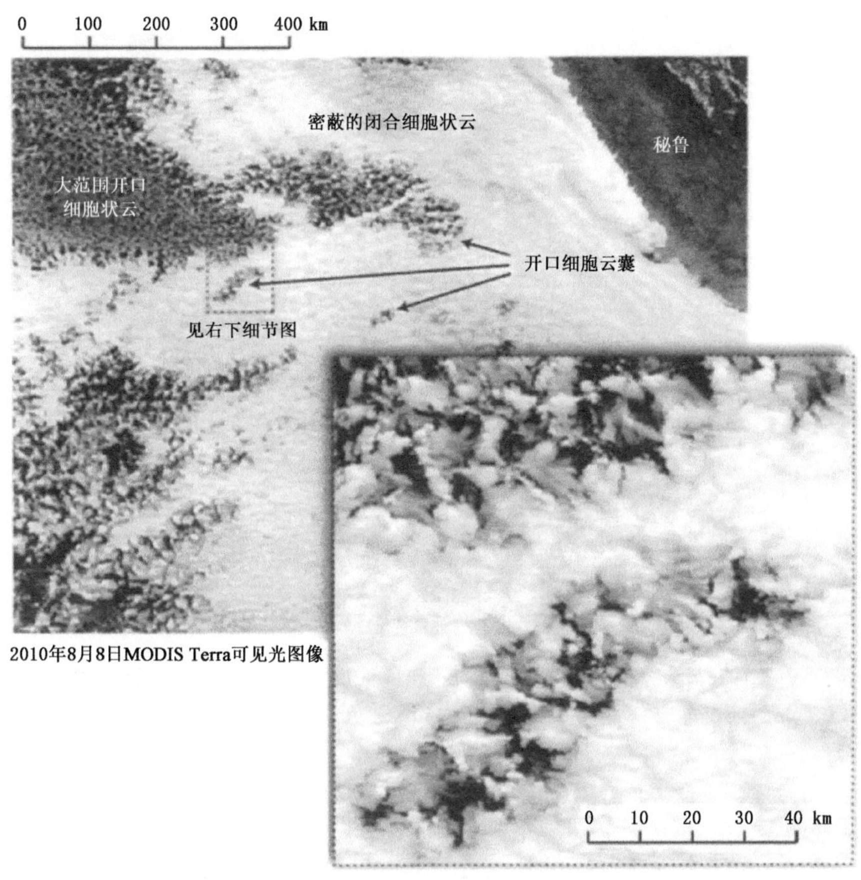

图 5.20 美国国家航空与航天局 Terra 卫星上 MODIS 的可见光图像显示，在太平洋热带东南部的海洋层积云中嵌入了大量的开口细胞云囊(POCs)。插图显示了一个开口细胞云囊里放大的细胞状结构细节。引自 Wood (2012)，经美国气象学会许可再版

5.2.7 边界层滚轴云和云街

层积云有时以云街的形式出现(第 1.2.2 节)，当冷空气从寒冷的陆地或冰面冲出，在相对温暖的水面上越过时尤其是这样(图 5.21；另见图 1.11b 和图 1.33)。当边界层风有强切变时，就会出现云街。在第 2.9.2 节中已经说明：当里查森数 $Ri<1/4$ 时，切变流本质上是不稳定的；在两个相邻的、水平均匀的、二维无黏性不可压缩流体不同密度和速度气流的界面处，切变气流本质上是不稳定的，这种不稳定性是由 Kelvin-Helmholtz 波动的机制维持的(图 2.4－2.8)。这些波动是更一般波动最简单的形式，只要风速的垂直廓线具有拐点(即曲率的符号改变)①，这样的波动就可以在切变气流中发生。图 5.22 显示了其他导致 Kelvin-Helmholtz 波的切变气流廓线。每个切变气流廓线都有一个拐点。

无论是风速的切变，还是风向随高度的变化，都可能形成具有拐点的风廓线。图 5.23 是

① 本文给出的拐点不稳定性的讨论主要基于 Brown(1980,1983)的综合评论文章。

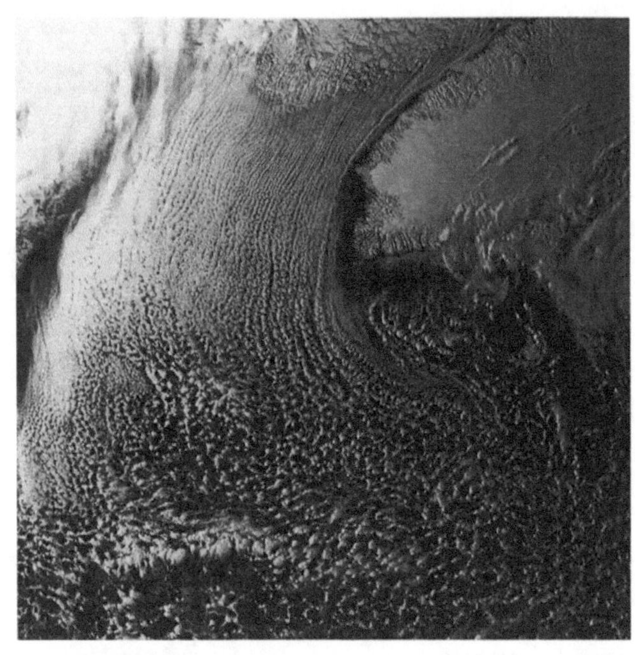

图 5.21　显示云街细节的图像。在靠近格陵兰岛南端(右上角)的大西洋上空,冷空气从冰面上流出形成云街。图像来自于格林尼治时间 1984 年 2 月 19 日 17:03(GMT)NOAA-7 拍摄的卫星可见光照片。由邓迪大学 A. van Delden 提供

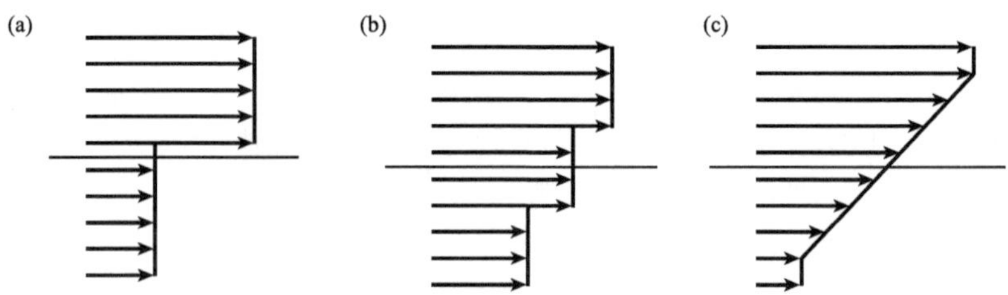

图 5.22　用于分析 Kelvin-Helmholtz 不稳定的二维切变气流剖面图。水平线将流体分成两层。箭头表示流体速度。引自 Brown(1980),经美国地球物理联合会许可再版

一个包含气层顶部和底部两个速度矢量端点的垂直剖面图,在图中解析地表示一条反正切风速廓线。这些具有拐点的廓线,分别与纯速度大小的切变、速度大小加方向转动的切变,以及纯方向转动的切变有关系。在层结为中性条件下对稳定性进行分析表明,所有这些廓线在开尔文-亥姆霍兹的意义上都是不稳定的,并且它的解最适当的几何形状是长条滚轴状。滚轴的方向取决于流体的风速廓线是由速度大小的切变构成的,还是由速度方向的转动构成的(图 5.24)。由纯速度大小构成的风切变廓线造成的滚轴垂直于气流(图 5.24a)。这样的波动本质上是开尔文-亥姆霍兹涛动。它们的特征波长大约是气层厚度的两倍。由纯方向转动构成的风切变廓线(图 5.24c)造成的滚轴大致平行于层中的平均气流,特征波长是气层厚度的 2～4 倍。然而,云街不会出现在浮力不稳定为中性的大气层结中。浮力不稳定为中性的大气层结,与来自下面的边界层加热有关,因此,通常是热力不稳定的。

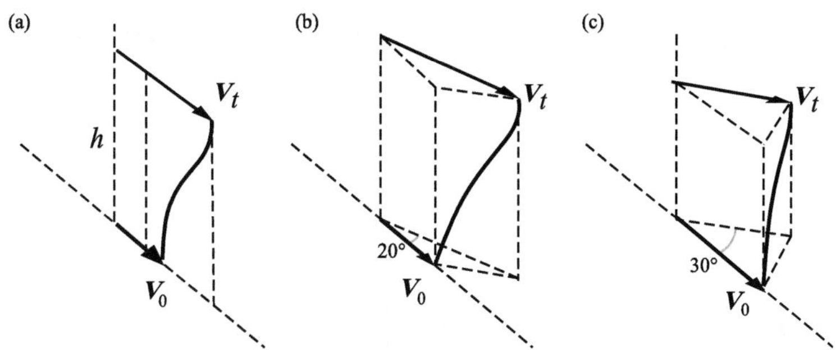

图 5.23　地面风 $\boldsymbol{V}_0$ 和高度为 h 的风 $\boldsymbol{V}_t$ 之间速度变化的反正切函数关系。(a)纯速度切变；(b)速度加方向切变；(c)纯风向切变。引自 Brown(1980)，经美国地球物理联合会许可再版

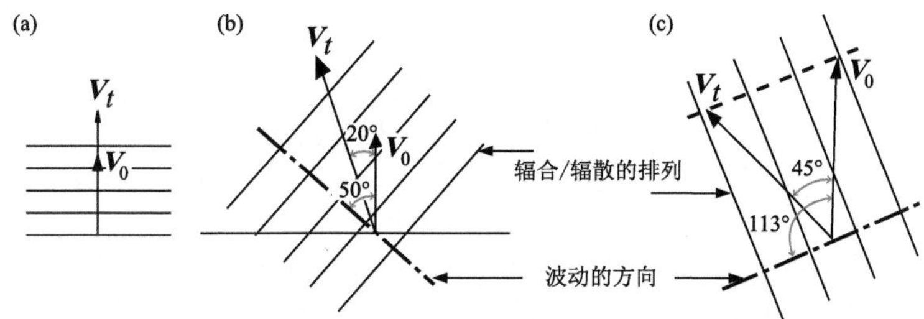

图 5.24　发展最快的波动(和云街)等位相线的走向和来源。(a)纯速度切变；(b)速度加旋转切变；(c)纯旋转切变。引自 Brown(1980)，经美国地球物理联合会许可再版

行星边界层中的切变受到风随高度变化而产生的摩擦转向的影响。理论埃克曼(Ekman)层(第 2.11.1 节)具有带拐点的速度廓线(图 5.25)，埃克曼层拐点的不稳定产生了扰动，该扰动可以增大到一定的大小，并与平均气流达到平衡。图 5.26 显示了与埃克曼层相关的次级滚轴状环流。次级环流的向上分支有助于维持大致平行于行星边界层中平均气流的云线，从而把层积云单体或小积云组织起来成为云街①。然而，只用拐点切变的不稳定性一个因子来解释云街是有问题的。通常，行星边界层也存在一定程度的热力不稳定。研究结果表明，若水平风速随高度的变化出现在一个存在浮力不稳定层结的高度层中，对流的解具有完美的几何形式。具体来说，它们出现的形式呈现为平行于切变矢量的滚轴(图 5.27)。这样，就在理论上考虑了热力不稳定和不稳定切变流体层的一般情况②。在一个从下面加热的高度层里，若基本态的风场设定为理论的埃克曼层，只要里查森数较低(即加热随高度的变化大)，平行于切变气流的滚轴占主导地位。若里查森数较高，廓线的拐点导致的不稳

---

① 恰好位于边界层顶部附近的一长排云，被滑翔机飞行员称为“云街”。由于这些排列成行的云中某一个云的顶部标志着上升气流的顶部，并且这样排列成行的云会向下风方向延伸，因此云街包含了向下风方向吹的气流和上升气流的最佳组合，从而有利于实现长距离的滑翔。1935 年，E. Steinhoff 博士首次报告了云街上的滑翔飞行。他从德国西部的拜罗伊特出发，最终降落在捷克斯洛伐克的布鲁恩，距离超过 500 km，超过了当时的世界纪录。在那里他遇到了另外三个滑翔机飞行员，他们刚刚完成了同样的壮举。云街由 Kuettner(1947，1959，1971)描述。他在 1959 年指出，虽然滑翔机飞行员已经变得“喜欢”云街了，“但是当我们把在柱状热气流中进行冗长盘旋的技术，替换为在云街下进行舒适顺风飞行的技术时，这项技术的发明权应当归功于海鸥。它们似乎已经享受这项技术数百万年了。”Woodcock(1942)报道了观察海鸥翱翔的结果。

② 在 Asai(1964，1970a，1970b，1972)以及 Asai 和 Nakasuji(1973)的一系列文章中，可以找到特别清晰的表述。

定性占主导地位，滚轴的走向沿地转流向左侧偏转 20°。还发现了一个与拐点无关的“平行不稳定”模态，其滚轴的走向沿地转流右侧偏转 10°。然而，平行不稳定模态发生的条件在大气中似乎不会出现①。

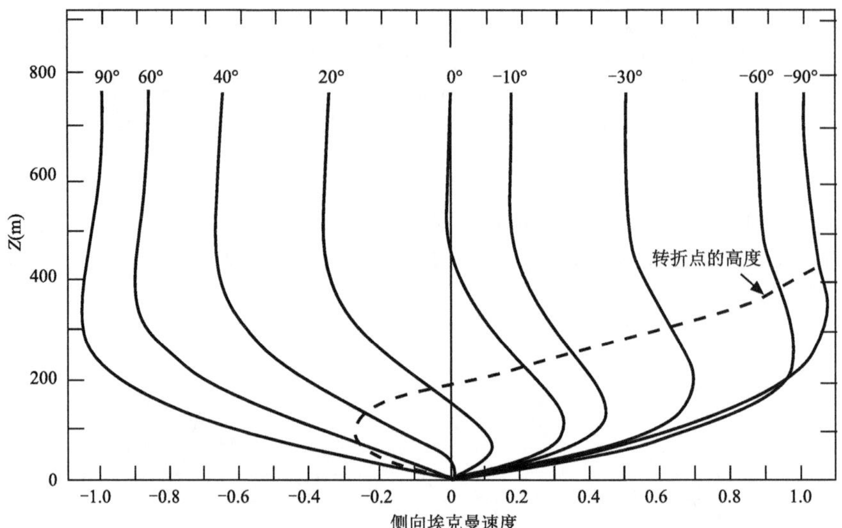

图 5.25　在与自由气流（地转流）呈不同角度的垂直平面上，理论埃克曼层的速度剖面。所显示的侧向埃克曼速度，是埃克曼层里风的组成分量，它垂直于地转气流，以不同的角度指向地转气流的左侧。速度的尺度以地转风速的分数标记。引自 Brown(1980)，经美国地球物理联合会许可再版

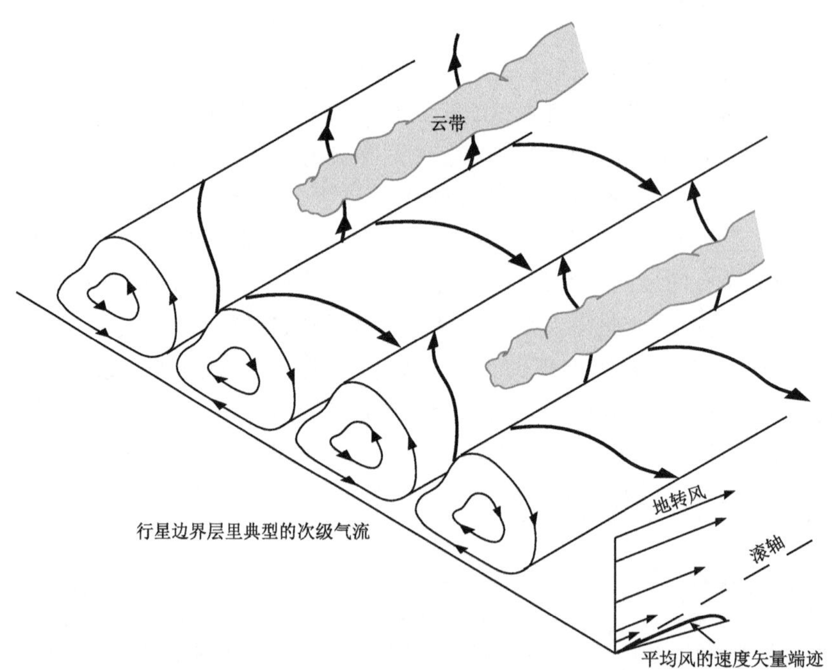

图 5.26　埃克曼边界层中次级滚动气流的示意图，平均风的速度矢量端迹显示在图中。引自 Brown(1983)，Elsevier 版权所有

① 关于平行和拐点模态相对重要性的讨论，参见 Brown(1980)。

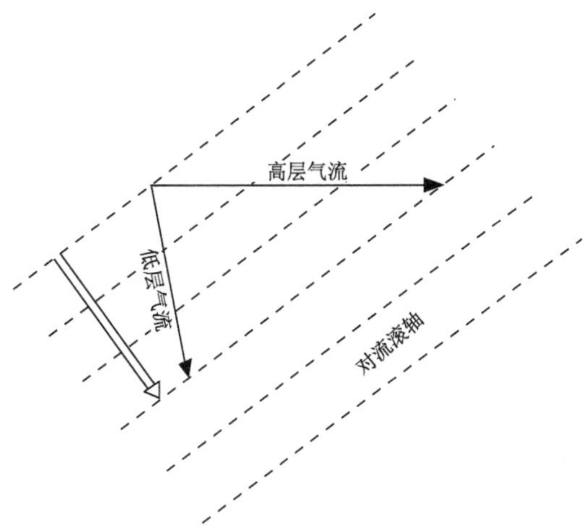

图 5.27　显示热对流滚轴云特征与基本气流之间关系的示意图。虚线表示对流滚轴最倾向于出现的地方。宽箭头表示滚轴对流的相速度。引自 Asai(1972),经日本气象学会许可再版

当冷空气吹离寒冷的陆地气团或冰面在邻近的暖水区上空流动时,如图 5.21 所示,会出现明显的云街。在这种情况下,边界层中切变气流和平均气流的方向大致相同;因此,不容易通过云街的走向来区分它们是起源于热力不稳定因素,还是起源于纯粹的动力切变。然而,当冷空气覆盖在暖水上方时,有强的地面向上的热通量。这表明里查森数很低,滚轴最有可能是热力不稳定类型的。在空气到达暖水面之前,滚轴可能发生,但由于没有示踪的云,难以用卫星图像证实其存在。当风比较温和($>5\ m \cdot s^{-2}$)且层结仅为弱的不稳定时,云街的组织更有可能受埃克曼层拐点不稳定控制①。

回过来看图 5.21,我们注意到,随着空气向海洋进一步流动,滚轴云变得更宽、更厚。最后,云的分布变得更复杂,与层积云比较(图 5.18c)具有更多积云或小积雨云的特征。滚轴云加宽和加深至今尚未不能很好地理解。在有限尺寸扰动气流不稳定的作用下,滚轴环流可以增长。在积雨云发生的情况下,降水也影响这个阶段云型分布的结构。

无论滚轴的性质如何,滚轴的向上分支是形成云街的有利环境。当冷空气从寒冷的陆地或冰面流出,并流经温暖的水面时,充分混合的边界层会导致云的形成,并在每个滚轴的上升运动分支内形成如图 5.13 中所示上升的混合层。随着滚轴进一步向海洋延伸,每个滚轴中的层积云向下游迅速演化为积云/积雨云,如图 5.18c 所示。因此,混合层里的层积云,以及由它们演化为积状云的生命周期,沿每一条云街都在发生。

5.3　高层云和高积云

5.3.1　由其他云的残留产生的高层云和高积云

如高层的卷云一样,中层的高层云和高积云也可以由雨层云或积雨云的残留产生。图

① Lemone(1973)已经提出了这种作用的证据。

5.28 是热带积雨云发展的数值模拟结果（使用第 7.3.6 节中讨论的模型），可以看出，热带积雨云不仅在低层，也在中层产生向外突出的云层①。云的这种行为规律与云中和云周围的水平风场有关。

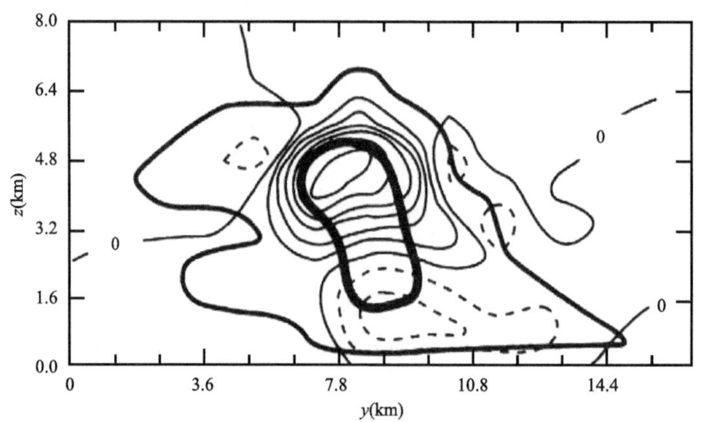

图 5.28　模型模拟的热带东大西洋上一次浓积云。剖面通过三维区域向南北方向延伸。粗等值线表示液态水含量，单位为 $g \cdot m^{-3}$。细的等值线表示垂直速度，间隔为 $1\ m \cdot s^{-1}$；虚线表示下曳气流。引自 Simpson 和 van Helvoirt(1980)，版权归 Elsevier 所有

5.3.2　从云底高的对流云演化来的高积云

高层云和高积云也可以在高空完全由深厚的雨层云或积雨云演化而来。其中一种重要的类型就是云底在中层的积云或积雨云（即堡状高积云，图 1.14c）。这类云的动力学特征，在第 7 章和第 8 章所讨论的积云和积雨云动力学中，有详尽的描述。

5.3.3　具有高空浅薄层状云特征的高层云和高积云

许多高层云和高积云既不是其他云的残留物，也不是高空的积云或积雨云。这些云包括如图 1.13 所示的高层云和层状的高积云（图 1.14a 和图 1.14b）。这些是与层云和层积云非常类似的层状云。然而，它们并不出现在行星边界层，而是出现在高空自由大气中的浅薄层状云。这种高层云和高积云的动力学，可以通过二维数值模型进行研究②。该模型采用 x-z 坐标系，如图 5.29 所示。模拟的区域是一个浅薄层，其中 Boussinesq 涡度方程(2.61)描述了在 y 方向上没有变化的大气运动。若用 K 理论（第 2.10.1 节）表示层中的湍流混合，且混合系数 K_ξ 恒定，则式(2.61)的平均变量形式可写为：

$$\bar{\xi}_t = -\bar{u}\bar{\xi}_x - \bar{w}\bar{\xi}_z - \bar{B}_x + K_\xi \nabla^2 \bar{\xi} \tag{5.41}$$

式中，在二维情况下，$\nabla^2 = \partial^2/\partial x^2 + \partial^2/\partial z^2$ 。上划线是有限网格单元的平均值。因此，有上划线的物理量代表模型可分辨尺度的运动。假设平均垂直速度具有以下形式：

① Warner 等(1980)通过云的立体摄影，证实这些数值模拟结果代表赤道大西洋上空真实的云结构。

② Starr 和 Cox(1985a,1985b)在两篇论文中描述了这个数值模型。这里的讨论是以该项研究工作为基础的。

$$\overline{w} = w_B + \hat{w} \tag{5.42}$$

式中，w_B 是背景场的垂直运动，在整层中保持不变，$\hat{w}$ 是离背景场的偏差。平均气流的质量连续性方程[通过对式(2.55)取平均获得]由流函数给出，定义如下：

$$\overline{u} = \Psi_z, \hat{w} = \Psi_x \tag{5.43}$$

然后通过式(5.44)给出涡度：

$$\overline{\xi} = \nabla^2 \Psi \tag{5.44}$$

将式(5.42)和(5.43)代入式(5.41)，得到

$$\overline{\xi}_t = -\Psi_z \overline{\xi}_x + \Psi_x \overline{\xi}_z - w_B \overline{\xi}_z - \overline{B}_x + K_\xi \nabla^2 \overline{\xi} \tag{5.45}$$

如果将式(5.42)和(5.43)用于热力学第一定律的均值变量形式 Boussinesq 版本的平流项式(2.78)中，θ 的涡流辐合用 K 理论表示，混合系数 K_θ 恒定，则式(2.78)变为：

$$\overline{\theta}_t = -\Psi_z \overline{\theta}_x + \Psi_x \overline{\theta}_z - w_B \overline{\theta}_z + \frac{L_s C_d}{c_p \overline{\Pi}} - \frac{\partial \mathcal{R}}{\partial z} + K_\theta \nabla^2 \overline{\theta} \tag{5.46}$$

式中，$\mathcal{R}$ 是净辐射热通量，而 $L_s C_d / c_p \overline{\Pi}$ 是水汽沉积在冰面上释放的潜热。后三项与式(5.4)相同，只是升华潜热 L_s 代替汽化潜热 L，凝华速率 C_d 代替凝结速率 C。为了完成该模型，平均变量水连续方程式(2.81)的 Boussinesq 版本，以类似于式(5.6)和(5.11)的形式写为：

$$\overline{q}_{vt} = -\Psi_z \overline{q}_{vx} + \Psi_x \overline{q}_{vz} - w_B \overline{q}_{vz} - C_d + K_v \nabla^2 \overline{q}_v \tag{5.47}$$

和：

$$\overline{q}_{Ht} = -\Psi_z \overline{q}_{Hx} + \Psi_x \overline{q}_{Hz} - w_B \overline{q}_{Hz} + C_d + \frac{\partial}{\partial z}(\hat{V}_H \overline{q}_H) + K_H \nabla^2 \overline{q}_H \tag{5.48}$$

式中，q_H 是水凝物(即冰)质量的混合比，K_v 和 K_H 是恒定的混合系数，$\hat{V}_H$ 是质量加权平均粒子下落速度：

$$\hat{V}_H = \frac{\sum_k \int_0^\infty N_k(D) m_k(D) V_k(D) \mathrm{d}D}{\sum_k \int_0^\infty N_k(D) m_k(D) \mathrm{d}D} \tag{5.49}$$

式中，k 表示冰晶的特定类型(类型指微物理行为特征)，D 表示冰晶的直径，冰晶的类型是冰晶大小的函数，$N_k(D)$ 表示直径为 D 的第 k 类冰晶的数密度，m_k 表示第 k 类冰晶的质量，V_k 表示第 k 类冰晶的下落速度。式(5.49)的表达方式与式(3.67)是类似的。将式(5.44)代入式(5.45)消除 $\overline{\xi}$，在适当的边界和初始条件下，用式(5.45)—(5.48)可以解出 Ψ、$\overline{\theta}$、$\overline{q}_v$ 和 $\overline{q}_H$，它们是时间的函数。二维风场可以从式(5.43)中诊断出来。最重要的边界和初始条件是：假设初始时间存在 0.5 km 厚的云层(图 5.29)。假设该层是饱和的，具有恒定的 θ_e，浮力弱的空气中存在随机脉冲，随着云层的演化，这些随机脉冲气流可能发展成对流单体。图 5.30—5.32 显示了模式计算得出的结果，模式计算所使用的假设条件有：辐射吸收系数、适用于云中液态水滴的下落速度、在相对湿度为 100%的情况下才会发生液态水的凝结和蒸发①。图 5.30 代表粒子下落速度为 0.9 cm · s^{-1} 的情况。由于粒子的下落速度较小，被模拟的对流层中部层状云，在其整个生命周期内能保持云中的水粒子。云层的上部有强烈的辐射冷却，而

① 这个模式计算是由 Starr 和 Cox(1985a,1985b)做出的。尽管他们的计算最初被描述为代表高层云，但是实际上可能更能代表高积云。因为高层云通常比模拟中假设的云更深，并且在层状高积云较浅、包含翻转对流单体、并且至少是在其早期阶段倾向于由过冷却液态水组成时，高积云通常不结冰。

云层的下部受到辐射升温,所以辐射加热作用在中层云所在的高度里致使不稳定。结果,受辐射驱动的高空混合作用填满了云层所在的高度层,湍流动能在云的整个生命周期内得以维持不变(图 5.32)。这个理论可以恰当地描述对流层中部的中层云(高积云)生成的机制。

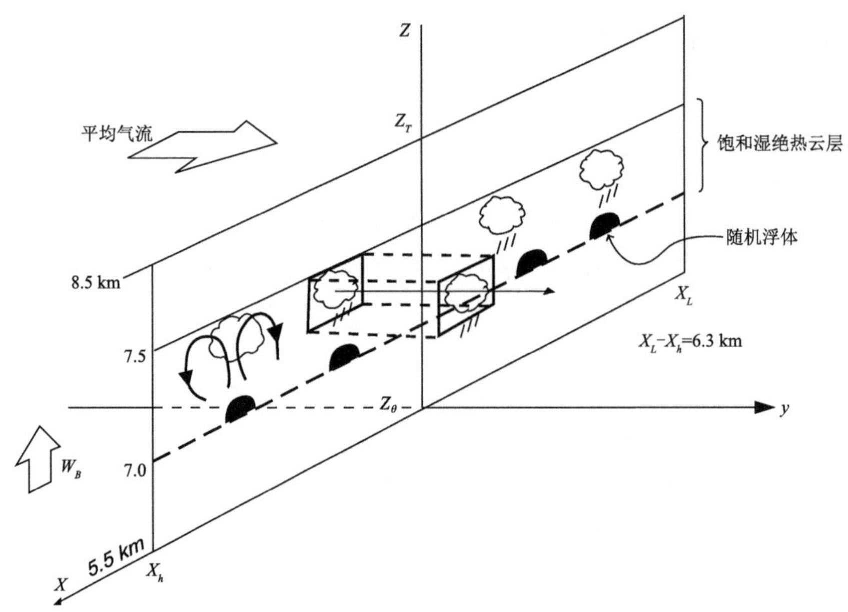

图 5.29　一种用于研究浅薄高度层里所形成卷状云的模型设计。改编自 Starr 和 Cox(1985a),经美国气象学会许可再版

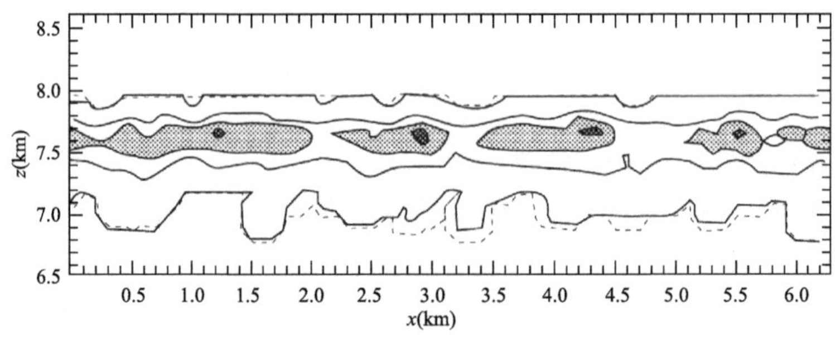

图 5.30　中层云形成的模拟结果。假设模拟在夜间进行,基本状态的垂直运动为 $w_B=2\ \mathrm{cm\cdot s^{-1}}$。用等值线表示的液态水混合比分别为 0.001、1、50、100 和 150 $\mu\mathrm{g\cdot g^{-1}}$。引自 Starr 和 Cox(1985b),经美国气象学会许可再版

把层状高积云解释为受辐射驱动的混合层有助于解释其结构,因为它们通常由细胞状单体(图 1.14a)或滚轴状云(图 1.14b)组成。风切变可能决定了云单体是否表现为滚轴状(图 5.27)。在某些情况下,高积云的滚轴是由切变不稳定产生的,可能是 Kelvin-Helmholtz 型(第 2.9.2 节)的,或者也可能是热力不稳定和切变不稳定共同作用的结果。在云的目视观测中很难对此进行识别。据报道,高积云滚轴之间的平均距离,在 39%的个例中<0.25 km,在

78%的个例中<0.5 km,在93%的个例中<0.75 km①。

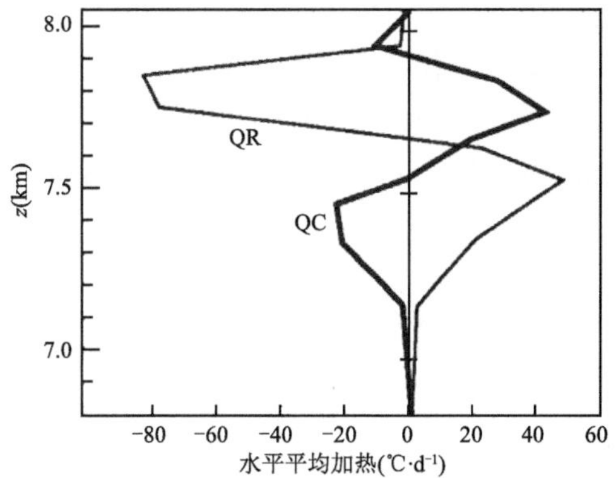

图5.31 中层云形成的模拟结果。假设模拟在夜间进行,基本状态的垂直运动为 $w_B=2\ \mathrm{cm\cdot s^{-1}}$。水的相变(QC)和红外辐射(QR)造成水平平均加热的垂直分布。引自 Starr 和 Cox(1985b),经美国气象学会许可再版

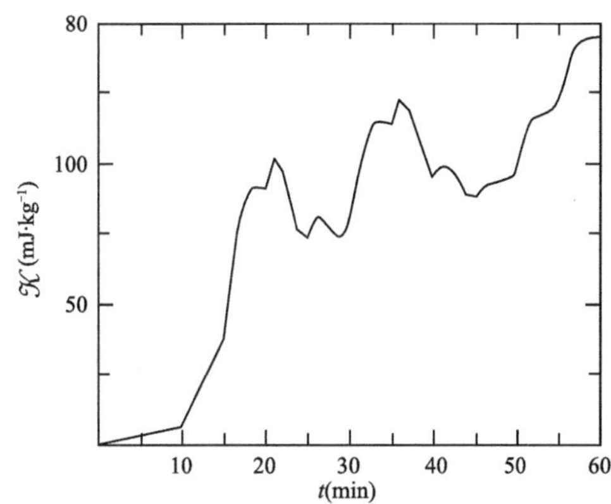

图5.32 中层云形成的模拟结果。假设模拟在夜间进行,基本状态的垂直运动为 $w_B=2\ \mathrm{cm\cdot s^{-1}}$。区域平均湍流动能是时间的函数。引自 Starr 和 Cox(1985b),经美国气象学会许可再版

5.3.4 高积云单体生成的冰粒子

层状高积云的单体(滚轴状或细胞状)一般会冰晶化,并在其生命史的晚期阶段产生由落出的冰粒子组成的雪幡(图5.33)。在它们冰晶化的阶段,高积云单体可能具有细胞状高积云的外观(图1.14a),类似于絮状的卷云(图1.15b)。或者它们可能会形成条纹,看起来有点类似于带有幡的密卷云(图1.16),或者在原始云单体消失以后非常晚的阶段,与钩卷云类似(图1.15c)。也观察到更像积云的堡状高积云(图1.14c)在其晚期阶段产生落出的冰粒子。

① 数据由 Suring(1941)报告,并由 Borovikov 等(1963)进一步讨论。Borovikov 等(1963)的书作为对云动力学进行综合处理的第一次尝试之一,引起了人们的兴趣。

5.3.5 高积云和低层云的相互作用

当层云或层积云出现在高积云单体的下面时,冰粒子可能从高积云落入高积云下面的低云里。这种过程如图 5.34 所示。在这种情况下,由于两个云层之间的相互作用,层积云被激发产生降水。在高积云单体的晚期阶段所产生的雪幡(图 5.33)穿过它下面的层积云层。在穿越过冷却相态层状云的过程中,来自雪幡的冰粒子通过凇附和淀积作用而生长。因此,在层状云中凝结出来的水,被转移到高空产生的冰粒子上,最终作为降水的一部分落到地面。否则,层状云中的水,是不会以降水的形式落到地面的,这是因为层状云中的液态水粒子太小了,无法从低层的云中落下①。

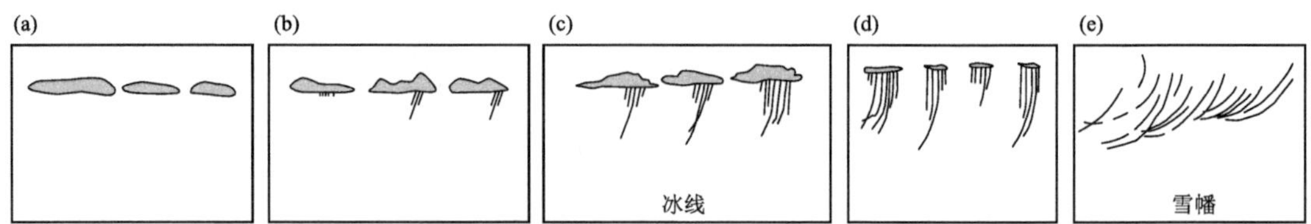

图 5.33 显示高积云冰化不同发展阶段的示意图。从图(a)中所描述的发展早期阶段过冷却水初生,到图(e)中的冰粒子雪幡,时间间隔可以是几个小时。引自 Hobbs 和 Rangno(1985),经美国气象学会许可再版

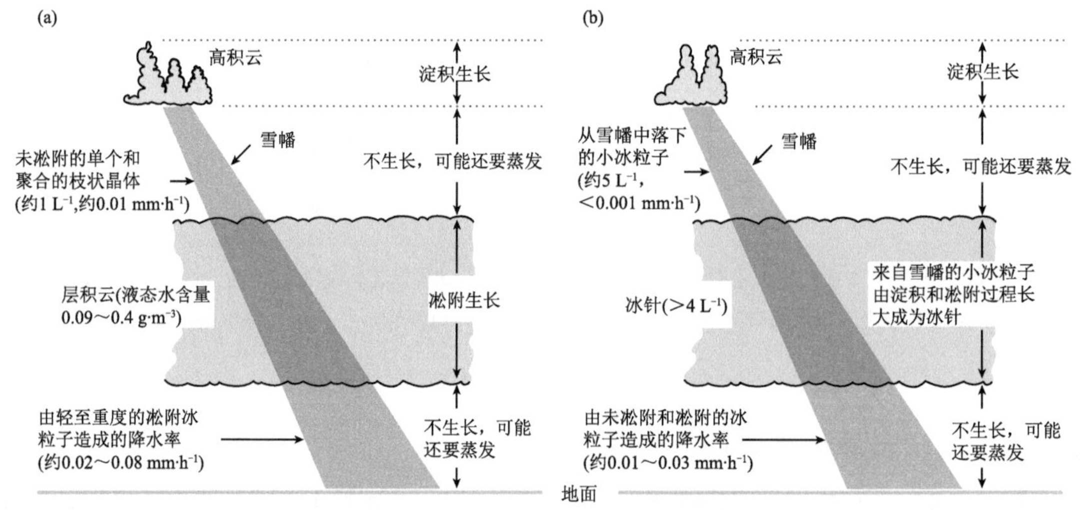

图 5.34 高积云与层积云相互作用示意图。(a)从高积云落下的枝状冰晶落入层积云中,它们在层积云中通过凇附过程生长,以弱降水的形式到达地面;(b)高积云下面的雪幡中细小的冰粒子在层积云中生长成针状,对地面降水略有贡献。引自 Locatelli 等(1983),经美国气象学会许可再版

① 从高层云中落下的冰粒在低层云中碰并水,本质上是通过 Bergeron(1935)所描述的"撒播-受播"机制,如第 12.4.2 节所述。但是 Bergeron 仅在低层云翻越山坡或丘陵向上流动的情况下,才使用"撒播-受播"这一术语。

5.4 卷云

5.4.1 名词的定义

正如我们在第 1.2.4 节中所见，在大约－85～－20 ℃的温度下存在的对流层上部冰云，包括卷云、卷层云和卷积云(图 1.15 — 1.17)。这些名称表示地面上的观测者目视看到云的形状和厚度。正如我们在第 1.4 节中所提到的，若这些云发生在极其低的温度之下(约－75 ℃或更低)，它们的厚度可能很薄(约<1 km)，肉眼看不到。这些非常冷的薄冰云，只能通过专门的仪器才能观测到，并且被称为“看不见”的卷云。有时把所有的冰云统称为“卷云”，但是“卷云”这个词通常是指对流层上部的冰云。但为了避免语义上的混淆，我们将整个冰云系称为“卷状云”。这些云可能是自己发展起来的，也可能是深厚降水云系(孤立的积雨云，中尺度对流系统、锋面或热带气旋的云系，如图 1.5、1.6、1.30 — 1.33 所示)上部的残留物或从它们之中剥离出来的云。从活跃的深厚对流降水云顶部伸出的卷云通常被称为云砧。通常情况下，云砧会随它与产生它的深厚降水云之间距离的增加而变薄。如果云砧是一片连续的云，那么在云下面的观测者，会正确地将其识别为卷层云。如果云砧是破碎的，它会以独立卷云块的形式出现，其中较厚的部分会被识别为钩卷云或密卷云。若由对流云延伸出来的砧状云底部位于中云的高度范围里，它就被认为是积雨云生成的高层云。对于云物理和动力学的大多数研究目的，我们不需要对由较深厚的云所产生的卷云进行如此详细的分类。因此，如果云层仍然附着在活跃的深厚云系上，我们就将其称为云砧，如果活跃的降水云下部已经消散了，只有冰云被保留下来，我们将其称为残留卷云。云砧和残留卷云在空间分布上非常广泛，并且可以持续很长的时间，这是因为：(ⅰ)由于冰面上的饱和水汽压很低，组成这些云的冰粒子升华非常缓慢；(ⅱ)当它们缓慢升华时，它们在对流层上部被强风传播到很远的地方。

5.4.2 卷云的气候特征和起源

浏览随便一幅全球卫星图片，就可以看到卷云覆盖了全球大部分地区，众所周知，这些无处不在的冰云是地球辐射收支的一个主要影响因素[①]。全球大部分卷云来自降水云的上部。卷云的气候分布与纬度关系很大，在原始的业务红外和可见光卫星云图上，卷云出现频率的峰值区位于热带和中纬度降水带(图 5.35a 和图 5.35b)。然而，更敏感的遥感仪器显示有看不见的卷云存在，这在如图 5.35b 这样的图件中没有表示出来。例如，利用激光雷达和太阳辐射掩星进行的星载测量，记录了整个中纬度和热带地区都有可视和亚可视的冰云存在[②]。图 5.36 显示了这些特殊卫星观测数据的统计结果，这些卷云是随纬度和高度而变化的[③]。这种卷云的气候学根据光学厚度来划分。亚可视的云包含在光学薄的类别中。光学薄和光学厚的

---

① 关于卷云在全球气候中作用的讨论，见 Stephens(2002)。

② 这里提到的探测卷云的卫星数据来自云气溶胶激光雷达和红外探路卫星(CALIPSO)上搭载的激光雷达和 1984 年发射的 SAGE II 卫星太阳辐射掩星的光谱仪(Wang et al.，1996)。CALIPSO 在 2006 年作为 A-Train 卫星星座的一颗卫星发射(Winker et al.，2002，2007；Stephens et al.，2002，2008)。

③ Nazaryan 等(2008)介绍了星载激光雷达观测到的卷云随纬度、高度和季节变化的更多细节。

类别之间区别的一个重要方面是，光学薄的卷云（包括亚可视的卷云）主要出现在 14 km 以上的高度。此外，在这些高度上薄的冰云几乎没有例外是热带地区的一种现象，这里对流层顶非常高而且很冷。更具体地说，它们被认为是对流层顶过渡层（TTL）的一种特征，从对流层顶向平流层内部，温度随高度的递减率朝更加稳定的状态过渡[①]。

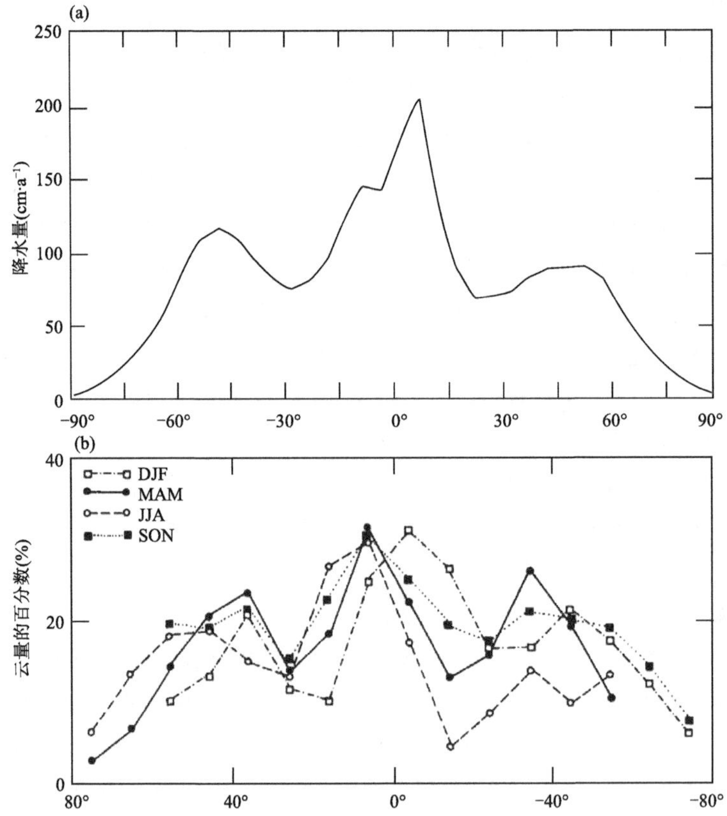

图 5.35　降水（a）和卷云（b）的全球气候学。卷云的观测结果来自卫星。DJF 代表 12 月、1 月、2 月的观测，MAM 代表 3 月、4 月、5 月的观测，JJA 代表 6 月、7 月、8 月的观测，SON 代表 9 月、10 月、11 月的观测。全球降水数据来自 Hartmann（1994）；Elsevier 版权所有。云量数据来源于 Barton（1983），经美国气象学会许可再版

与图 5.35 一致，图 5.36 显示：在所有的高度上，卷云发生频率最大的地方都在赤道和中纬度，即在降水云系出现的纬度。它们发生频率最低的地方在亚热带地区，那里降水较少。问题在于卷云是深厚降水云系外流产生的，还是自主形成的。利用轨迹分析与降水的雷达观测进行对比研究表明，虽然中纬度和热带地区约有一半的卷云是深厚降水云系直接产生的（云砧和残留卷云），另一半则是由与大尺度波动相关的广泛稳定的上升运动产生的[②]。当然，自主形成的卷云通常是深厚降水云的间接产物，它们将水汽输送到高度极高的地方。

① 更多细节见 Fueglistaler 等（2009）关于对流层顶过渡层的综述，包括其云和湿度特性。

② Menzel 等（1992）通过考察卫星图像和地面雷达观测到的卷云与高空波动和急流之间的交叉重叠，得出的结论：美国周围地区的大部分卷云是由于大规模上升运动引起的。Luo 和 Rossow（2004）和 Rewardy 等（2012）利用轨迹分析确定，只有约一半的热带卷云可以追溯到起源于积雨云。

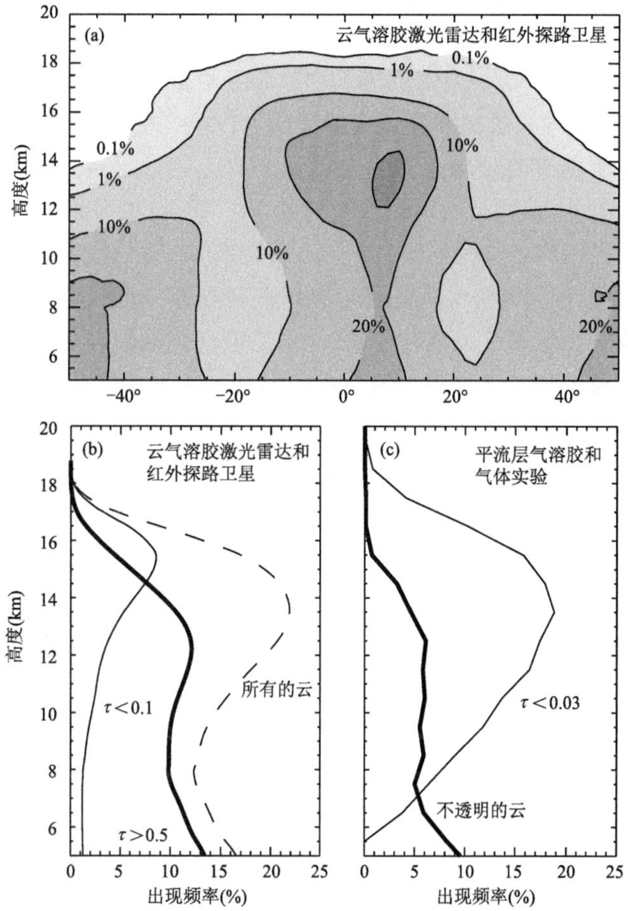

图 5.36 (a)云的纬向平均发生频率(2006 年 6 月—2007 年 2 月);(b)20°S—20°N 之间地区低光学厚度云(τ<0.1,细线)、高光学厚度云(τ>0.5,粗线)和所有云(虚线)出现频率的垂直廓线。(a)和(b)中的数据来自云气溶胶激光雷达和红外探路卫星(CALIPSO)观测(Winker et al.,2002,2007)。(c)10°S—10°N 之间地区云的光学厚云(粗线)和亚可视卷云(细线)出现频率的垂直廓线,数据来自平流层气溶胶和气体实验(SAGE II)。引自 Fueglistaler 等(2009),经美国地球物理联合会许可再版

5.4.3 卷云的微物理、垂直运动和辐射特征

卷云形成于−35 ℃以下,它是高度很高、光学厚度很薄的云,其中包括出现在−65 ℃以下的亚可视卷云。卷云中上升运动的速度通常为 0.1～0.2 $m \cdot s^{-1}$;然而,在零星和局部的浅薄对流单体中,它们向上和向下的运动速度都可以短暂地达到 1～2 $m \cdot s^{-1}$。在如此低的温度和如此弱的垂直运动下,过冷却水很难维持①。由于在这么低的温度下可以被激活的冰核浓度很低,因此,难以实现从汽相到固相的非均质成核过程(第 3.2.2 节)。因此,由卷云组成的冰粒子通常出现在云凝结核上,然后通过均质成核过程快速冻结(第 3.2.1 节)。液相的存

① 参见 Heymsfield(1975a,1975b,1975c,1977)、Gultee 和 Heymsfield(1988)、Gallagher 等(2005)、Deng 和 Mace(2006),Gallagher 等的论文报道:云层中有许多嵌入的对流单体,其中上升和下沉气流都存在。

在时间是如此短暂，以至于飞机观测在卷云中几乎从未遇到过液态水[①]，虽然数值计算表明，卷云中可能存在液态水含量小于 0.5 g・m^{-3}的孤立的囊状区域[②]。尽管人们普遍认为形成在云凝结核上溶液粒子的均质冻结过程，是卷云中冰粒子形成的主要过程，但是均质冻结过程要求冰的过饱和度大于 45%，在过饱和度较低的情况下只能发生多相核化[③]。因此，当冰核浓度足够大且过饱和度阈值足够低时，两种成核过程会争夺可用的水汽。微物理过程的模拟表明，当两种过程相互竞争时，会形成持续时间更长的卷云[④]。一旦粒子形成，飞机采集的卷云样本中冰水含量的变化范围很广：0.001～0.5 g・m^{-3}，较高的冰水含量出现在厚的云砧中[⑤]。这些粒子的大小范围为 10～5000 μm。最常见的可识别晶体一般是柱状、子弹状、玫瑰状和板状。玫瑰状表明冰粒子在低温下成核和生长，当水或液滴冻结时形成多个表面，从中心点长出冰臂。卷云中的许多粒子具有无法识别的不规则形状。图 5.37 显示了在中纬度非砧状卷云中观测到冰粒子的例子。图 5.38 显示玫瑰状远不是这些非砧状云中冰粒子最常见的形状。

砧状云含有更为复杂的冰粒子，在它仍然与深厚的母体云紧密相连接的云砧部分尤其如此。云砧中可见聚合和凇附的颗粒[⑥]。图 5.39 显示了在热带非洲积雨云砧中观测到的冰粒子。复杂的粒子混合物包括形状不确定的大颗粒，这些大颗粒是冰粒子的聚合体，有些可能是凇附作用形成的。图 5.40 说明了积雨云活跃的上升气流中形成的聚合体和凇附颗粒，如何在活跃积雨云单体中被辐散的顶部气流挤压出来，从云砧里脱落。较重的颗粒具有较快的下落速度（第 3.2.7 节）会迅速下落到靠近活跃深厚对流单体云砧的底部，而聚合体则在与活跃单体的水平距离稍远的地方向云砧下部缓慢下落。较小的颗粒则会平流到离母体云砧最远的地方。除了对流单体中产生的凇附和聚合的冰粒子以外，玫瑰状和其他形状的初生晶体新粒子可能继续在云砧的底部形成，尽管它们经常被淹没在由对流产生的更大的旧粒子里。

如在雾和层云中一样，辐射与卷云之间也有强烈的动力学相互作用。在卷云里，辐射的作用比雾和层云里更加复杂。因为卷云里的粒子是各种形状的冰粒子（图 5.37 和图 5.39），它们的散射作用不是各向同性的，而且冰粒子通常以非常低的浓度存在。对卷云里辐射传输的详细研究超出了本文的范围，对这些问题如何进行处理已经有非常广泛的研究[⑦]。辐射传输方程可以在各种不同的假设条件下求解。在图 5.41 所示的辐射加热例子中，假设晶体是柱状的，并使用了光学厚度、散射对光学厚度的贡献，以及对散射相函数进行归一化处理的经验信息。考虑到这些因素，已经根据穿过不同厚度卷云的净辐射通量散度，估算出大气受到的加热[⑧]。太阳辐射通过云层时，对云层起加热作用，而红外长波通过冷却云层顶部和加热云层底部使层结不稳定。

---

① 据 Lawson 等(2006)的报道，“……在卷云中很少观测到过冷却水和飞机结冰，即使是偶尔也从未发生过。”

② 在 Heymsfield(1975c)的早期研究中，对勾状卷云中的液态水含量进行了计算。

③ Koop 等(2000)检查了均匀冻结阈值，而 Demott 等(2003)和 Mohler 等(2006)描述了在较低的过饱和度下允许冰形成的各种异质核。

④ Spichtinger 和 Gierens(2009)使用详细的冰微物理方案进行了实验，该方案区分了非均质和均匀成核，并发现两种成核过程在竞争中的运行时间延长了 30%。

⑤ 参见 Liou(1986)和 Lawson 等(2006, 2010)。

⑥ Heymsfield 和 Knight(1988)注意到卷云中存在的聚合物。Lawson 等(2006,2010)在后来的工作中把聚合物和凇附颗粒更具体地与砧状云联系起来。

⑦ 参见 Liou(1980)的书和 Stephens(1984)和 Liou(1986)的综述文章。

⑧ 参见 Liou(1986)。

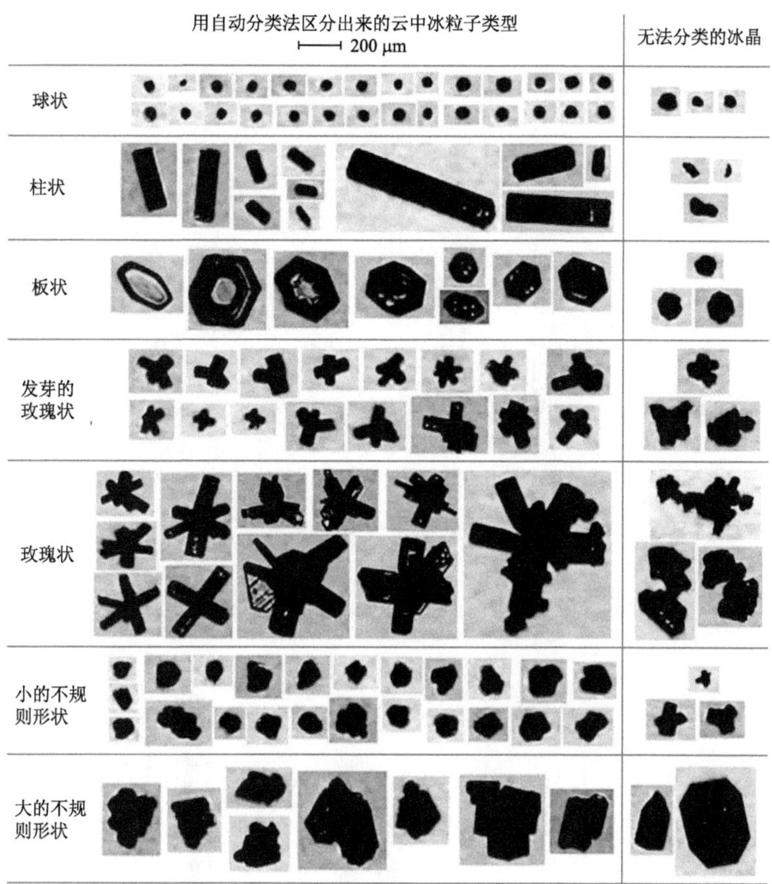

图 5.37　中纬度非砧状卷云中获得的冰粒子图像。引自 Lawson 等(2006)，经美国气象学会许可再版

5.4.4　小卷云对流单体——“生成中的单体”

高空小对流云单体有时被称为生成中的单体。它由一个浓密的头部和一条长长的纤维状尾部(下降雪幡)组成。经验模态如图 5.42 和图 5.43 所示①。这种云单体更正式的名称是钩卷云(图 1.15c 和图 1.16)。钩卷云是卷云中一个基本的普遍存在的类别。懂得了钩卷云，才能理解卷云的普遍特征。钩卷云/雪幡这样的结构通常单独出现，但也可能嵌在一层卷云或一簇钩卷云中出现，一群钩卷云可能减弱并转变为卷层云②。

根据图 5.42 和图 5.43 中的经验模态，勾状云的头部出现在它上面和下面都是稳定层结的不稳定层中。头部的大气垂直运动速度约为 $1\ \mathrm{m \cdot s^{-1}}$。当风切变如图 5.42 所示时，云的

① Heymsfield(1975b)在飞机和多普勒雷达观测的基础上构建了钩卷云的这种经验模态，这样的经验模态与 Yagi 等(1968)、Yagi(1969)和 Harimaya(1968)的早期工作是一致的。

② 术语“生成中的单体”起源于雷达气象学，最早由麦吉尔大学的科学家 Gunn 和 Marshall(1955)提出。在将雷达应用于气象观测的早期工作中，他们注意到，在高空一层水凝物的雷达观测中，经常会出现生成中的单体和相关的雨幡。这些雷达回波与卷云具有相同的结构，实际上是同一过程的结果。

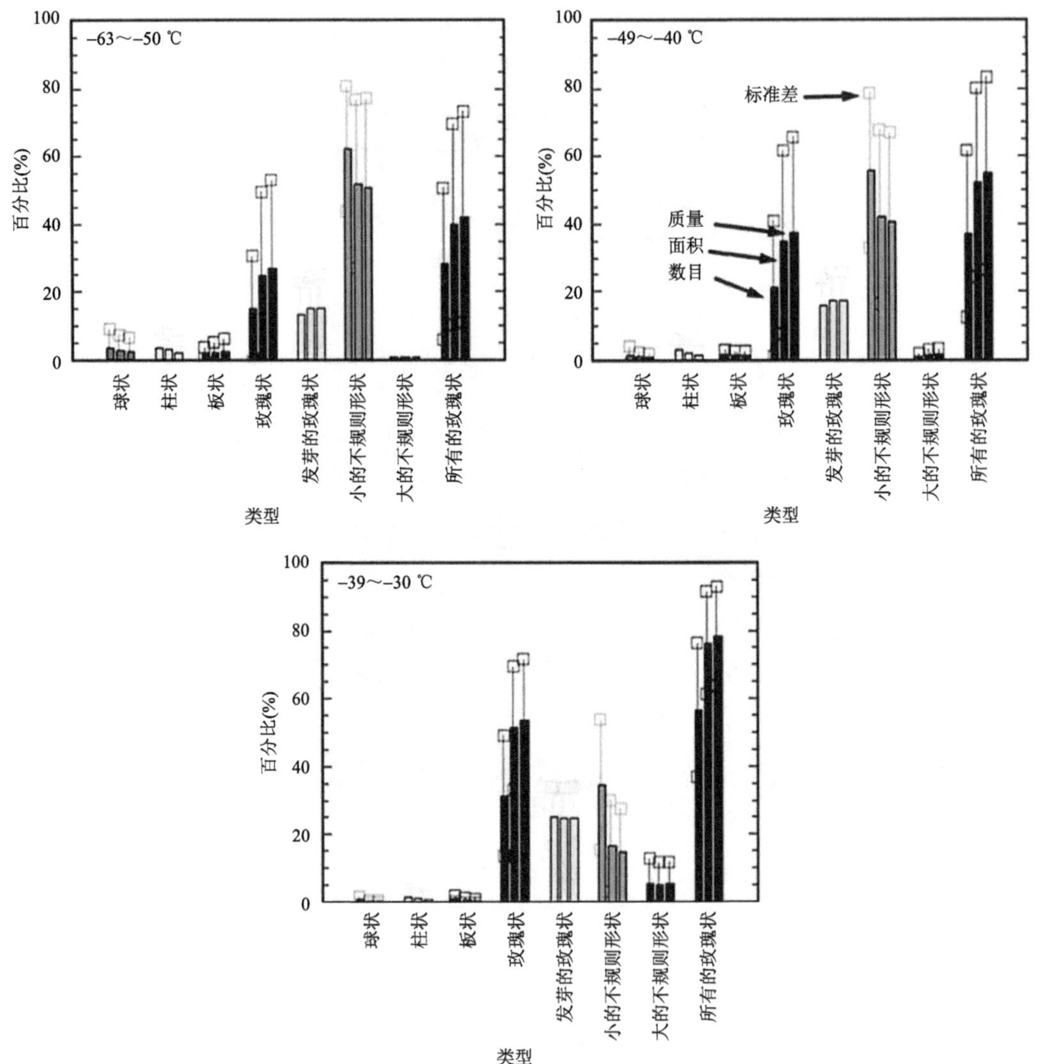

图 5.38　机载仪器观测到的冰粒子类型直方图。显示了中纬度无砧卷云里三个不同的温度范围内，不同类型冰粒子的数目、面积和质量。这里显示的标准差不是误差，它表示了在不同飞行航段之间粒子分布的可变性。引自 Lawson 等(2006)，经美国气象学会许可再版

头部会出现一个无云的空洞，随上升气流产生并运送到勾状云顶部的冰粒子，被平流至无云空洞的上面。无云空洞左侧的雪幡里有下曳气流，雪幡与下落冰粒的蒸发和/或拖曳作用有关。当粒子下落穿过云头部下面的稳定层时，蒸发会持续。如果在云的头部所在高度层里风切变的方向相反，那么无云的空洞和下曳气流的轨迹将位于上升气流的右侧(图 5.43a)。若在云的头部所在的高度层里没有风切变，那么冰粒子出现在上升气流里，而下曳气流则出现在上升气流的外围(图 5.43b)。

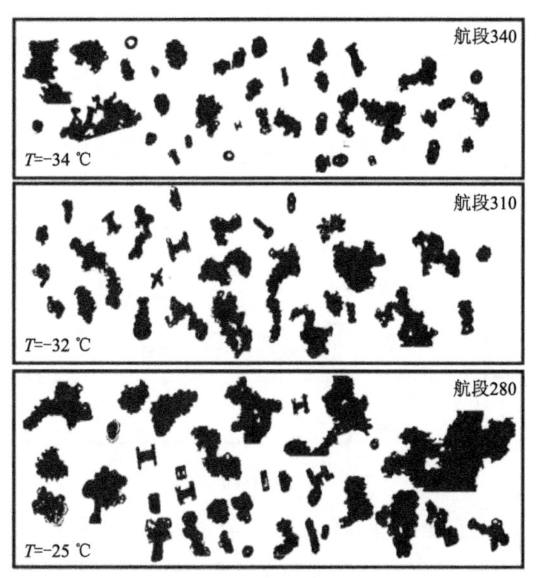

图 5.39　从热带砧状卷云中获得的冰粒子图像。引自 Lawson 等(2010)，经美国地球物理联合会许可再版

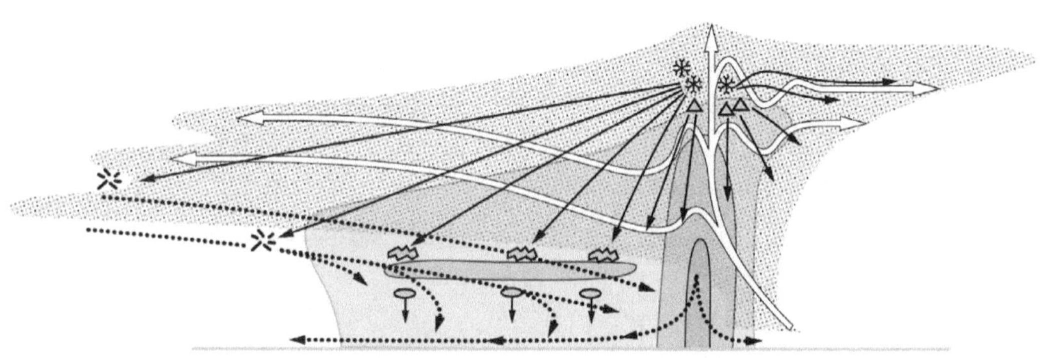

图 5.40　线状对流(从左向右移动)的运动学、微物理学和雷达回波结构概念模型，从垂直于线状对流的垂直剖面上观察。点线表示云的结构。灰色阴影表示 C 波段或 S 波段雷达观测的降水结构，中等和较强的反射率由逐渐加深的阴影表示。水平雷达回波最大值在前缘对流线的后面，对应大冰粒在紧邻 0 ℃层以下融化所产生的雷达回波亮带。亮带把层状降水区和沿前缘对流线的对流降水区分开来。整个系统的水平范围约为 100～500 km。黑色虚线箭头表示中尺度和对流尺度的下曳气流；白色箭头表示伴有上升运动的气流。实心黑色箭头表示小冰粒子(星号)和霰粒子(三角形)的下落轨迹，其中一些粒子落入云砧，并最终在云尾云底的下面升华，另一些聚合成雪花(雷达亮带上方形状不规则的粒子)并最终融解成为雨滴落出(亮带下的椭圆形)。引自 Cetrone 和 Houze(2011)，经美国气象学会许可再版

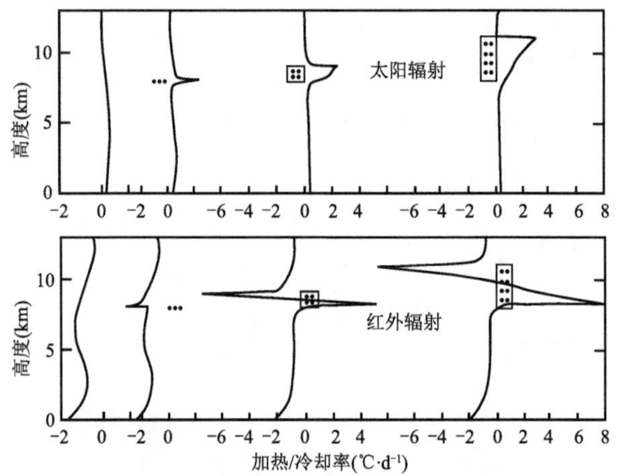

图 5.41　在厚度为 0、0.1、1 和 3 km(厚度用虚线框表示)的有卷云的大气层中,由净辐射通量辐散造成的大气加热。卷云的底部位于 8 km 处。假设大气条件符合标准大气。云层平均含冰量为 0.13 g·m^{-3},太阳天顶角余弦为 0.5。上图是太阳可见光辐射通量。下图为红外辐射通量。改编自 Liou(1986),经美国气象学会许可再版

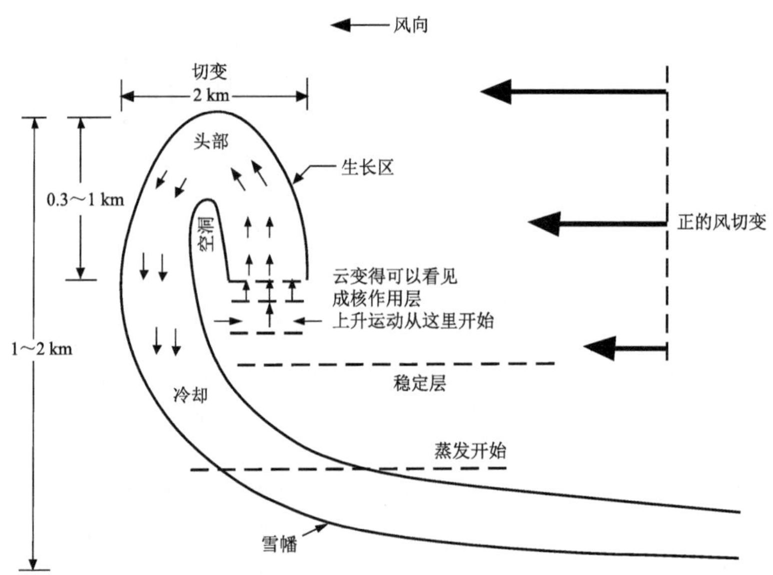

图 5.42　正的风切变条件下钩卷云的经验模态。改编自 Heymsfield(1975b),经美国气象学会许可再版

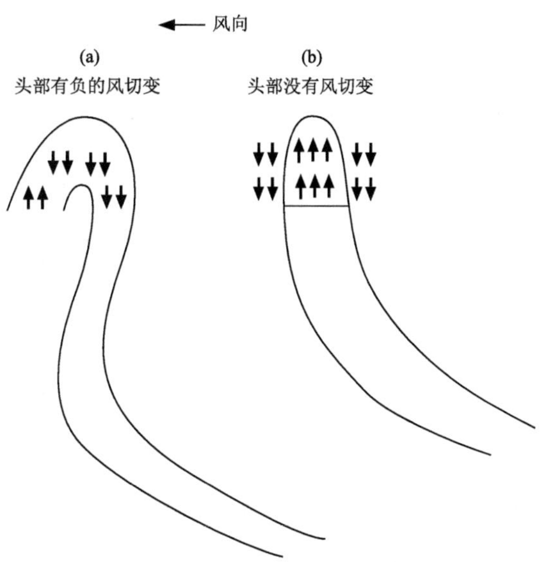

图 5.43 钩卷云单体的经验模态。(a)与图 5.42 相反的风切变;(b)无风切变。引自 Heymsfield(1975b),经美国气象学会许可再版

5.4.5 浮力云砧的动力学

某些卷云的存在与深对流降水云有关系。它们或者从深对流降水云的上部切离出来,或者是深对流降水云在高空留下的残留物,深对流降水云的下部已经消散了。在深厚积雨云的情况下,砧状云或残留的云体由深厚积雨云中分离出来的浮力大气组成,这些残余浮体中的云,由微弱的上升运动自己维持。即便云砧里没有从母体深厚降水云输送来的浮力,由于辐射的加热作用,云砧自己会变成有浮力的大气(图 5.41)。

在这里,我们考虑一个装满了悬浮冰粒子的云砧,其浮力均匀,湍流各向同性,周围环境大气层结稳定(图 5.44)[①]。当云砧向下游移动时,设想它经历两个阶段的过程。当它在稳定的环境中移动时,它会经历崩溃的过程,类似于物体穿过稳定的流体运动时产生的尾迹(例如潜艇穿过海洋的温跃层)。在这种崩溃的过程中,尾流被环境气流压平,并横向扩散(图 5.45)。流出气层上部的空气比环境空气密度更大而下沉,流出气层下部的空气比环境空气密度更小而上升。在云砧的外部结构崩溃的同时,其内部结构也被破坏,其中卷云羽中的湍流缓慢减弱,能量转移到波动和尺度更大的二维湍流中[②]。

在云砧通过稳定的环境移动的第二个发展阶段,流出层里由辐射造成的层结不稳定变得重要了。这种过程类似于如第 5.2 节和第 5.3 节中所述混合层里的物理过程,积云或高积云维持着冰云的存在。如图 5.41 所示的计算表明,维持湍流的能量是由卷云层里辐射作用造成

① 这个问题的处理遵循 Lilly(1988),他在他的具有里程碑意义的论文(Lilly,1968)之后 20 年,建立了辐射驱动边界层层云的理论框架,并将类似的概念应用在起源于积雨云顶部的湍流冰云层。本节中的讨论基于他对这个问题的贡献。

② Lilly(1988)假设在扩散运动的过程中存在有效位能向动能的转换,从这样的考虑定量地描述云砧外部结构的崩溃。在一个简化的例子中,他发现湍流团的半径在不到 10 min 的时间里内扩大了三倍,并且在约 20 min 后达到最大纵横比。

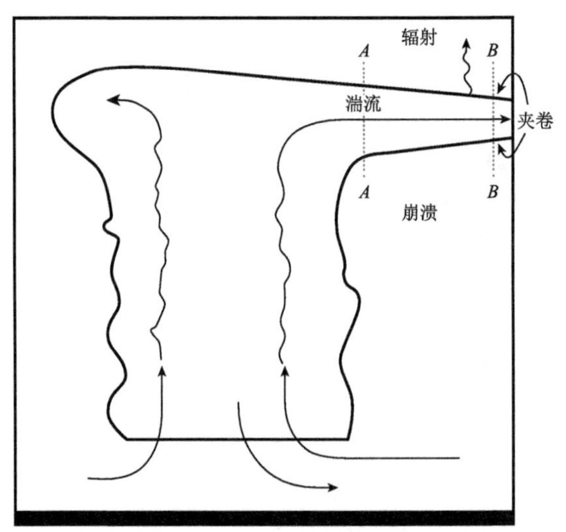

图 5.44 卷云从积雨云中流出的理想化示意图。垂直线 AA 和 BB 表示在图 5.45 中标记的位置。改编自 Lilly(1988),经美国气象学会许可再版

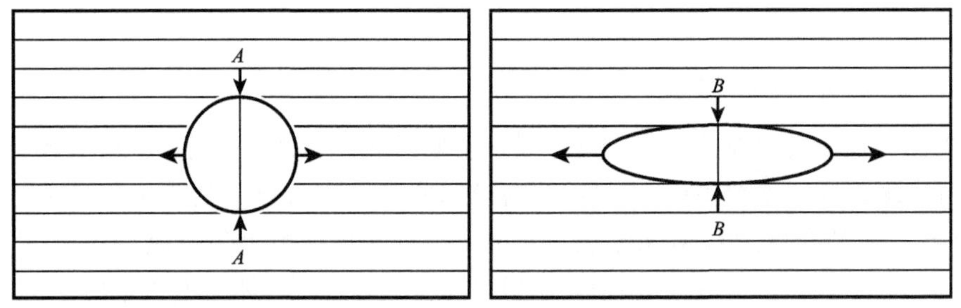

图 5.45 积雨云砧的崩溃。在图 5.44 中标示的 AA 和 BB 位置,显示了卷云羽的剖面图。水平线表示环境中的位温;箭头表示由向外流出的卷云羽和环境之间的浮力差引起的运动。引自 Lilly(1988),经美国气象学会许可再版

的层结不稳定性机制提供的。与边界层的情况的主要区别在于:包围在不稳定层结上面和下面的高度层都是稳定的。

辐射是冰云外流层中唯一重要的热源,因为在这些高度上潜热的释放可以忽略不计。因此,问题简化为干混合层的问题,在这种情况下,平均位温 θ 相对于 z 是常数,

$$\frac{\mathrm{d}\bar{\theta}}{\mathrm{d}t}=-\frac{\partial}{\partial z}(\overline{w'\theta'}+\mathscr{R})=\text{常数} \tag{5.50}$$

上式与式(5.21)相同,只是忽略 θ_e 和 θ 之间的差别。假设辐射通量的散度为线性函数式(5.51):

$$\frac{\partial\mathscr{R}}{\partial z}=B_o(z-z_m)-A_o \tag{5.51}$$

式中，A_o 和 B_o 为正常数，z_m 为云层中部的高度[①]。从云底 z_b 到云顶 z_t 积分表明式(5.50)中常数为式(5.52)：

$$\frac{\mathrm{d}\bar{\theta}}{\mathrm{d}t}=A_o-\frac{\left(\overline{w'\theta'}\right)_t\left(\overline{w'\theta'}\right)_b}{2H} \tag{5.52}$$

式中，

$$H=\frac{z_t-z_b}{2} \tag{5.53}$$

若 z_t 和 z_b 处的通量值都是由混合层边界处湍流的夹卷率决定的。相应地，我们将云层顶部和底部的通量分别设定为：

$$\left(\overline{w'\theta'}\right)_t=-w_{et}(\Delta\theta)_t \tag{5.54}$$

和

$$\left(\overline{w'\theta'}\right)_b=w_{eb}(\Delta\theta)_b \tag{5.55}$$

式中，$(\Delta\theta)_t$ 和 $(\Delta\theta)_b$ 是跨越云层顶部和底部 θ 的变化，w_{et} 和 w_{eb} 是跨越云层顶部和底部的夹卷速度。跨越冰云层顶部和底部 θ 的变化定义为正值：

$$(\Delta\theta)_b=\bar{\theta}-\theta_{ob},z=z_b \tag{5.56}$$

$$(\Delta\theta)_t=-\bar{\theta}+\theta_{ot},z=z_t \tag{5.57}$$

假设环境中位温 θ_o 的探测值，包括冰云混合层顶部和底部特定的值 θ_{ot} 和 θ_{ob}，均为已知。

可见，式(5.54)和(5.55)的表达方式类似于式(5.27)，它表示在层云和层积云的情况下边界层顶部的混合。这里所代表的冰云层不同于边界层云，但是，在云层的顶部和底部都有夹卷过程发生。在边界层云的情况下，夹卷速度是根据混合层深度的范围内由动能所产生浮力 $\mathscr{B}$ 的积分来推断的。这里我们遵循类似的处理办法，其中式(5.40)简化为：

$$\langle\mathscr{B}\rangle=\frac{g}{\bar{\theta}}\int_{z_b}^{z_t}\overline{w'\theta'}\mathrm{d}z \tag{5.58}$$

由于 $\partial\mathscr{R}/\partial z$ 是已知的高度线性函数[见式(5.51)]，加上 $\left(\overline{w'\theta'}\right)_b$ 为已知的假设，可以计算出该表达式中的积分，这意味着 $\overline{w'\theta'}$ 已知，是 z 的二次函数，由 z_b 到 z 积分式(5.50)得到：

$$\overline{w'\theta'}=\left(\overline{w'\theta'}\right)_b-\frac{\mathrm{d}\bar{\theta}}{\mathrm{d}t}(z-z_b)-\int_{z_b}^{z}\frac{\partial\mathscr{R}}{\partial z}\mathrm{d}z=\left(\overline{w'\theta'}\right)_b+(z-z_b)\left[\frac{B_o}{2}(z_t-z)+A_o-\frac{\mathrm{d}\bar{\theta}}{\mathrm{d}t}\right] \tag{5.59}$$

把这个表达式代入式(5.58)，我们得到：

$$\langle\mathscr{B}\rangle=\frac{g2H}{\bar{\theta}}\left[\left(\overline{w'\theta'}\right)_b+H\left(A_o-\frac{\mathrm{d}\bar{\theta}}{\mathrm{d}t}\right)+\frac{B_oH^2}{3}\right] \tag{5.60}$$

为了完成对冰云层的数学表达式，必须作出一些假设，将净的浮力动能产生项 $\langle\mathscr{B}\rangle$ 与云层顶部和底部的夹卷速度联系起来。正如与混合层顶部层云的情况一样，混合层顶部的夹卷速度与 $\langle\mathscr{B}\rangle$ 有关[如在公式(5.40)中讨论的那样]。为了建立冰云流出层里的关系，把式(5.58)所表达的动能浮力生成细分为正贡献和负贡献两项：

$$\langle\mathscr{B}\rangle=\langle\mathscr{G}\rangle-\langle\mathscr{N}\rangle \tag{5.61}$$

① Lilly(1988)将这一假设建立在 Ackerman 等计算的基础之上。他们在研究赤道对流层顶附近卷云的物理过程时，考虑了辐射传输理论。

式中,

$$\langle \mathscr{G} \rangle = \frac{g}{\overline{\theta}} \int_{z_b}^{z_t} (\overline{w'\theta'})_{\mathscr{G}} \mathrm{d}z \tag{5.62}$$

$$\langle \mathscr{N} \rangle = -\frac{g}{\overline{\theta}} \int_{z_b}^{z_t} (\overline{w'\theta'})_{\mathscr{N}} \mathrm{d}z \tag{5.63}$$

符号 $\mathscr{G}$ 表示涡流动能的生成 $[(\overline{w'\theta'}) > 0]$,而 $\mathscr{N}$ 表示涡流动能的损耗(即负生成)$[(\overline{w'\theta'}) < 0]$。

这种分解的方法有时用于考虑地面上的干性(非云顶)混合层。负通量与夹卷有关,并认为在混合层的顶部最强烈,所有卷进来的湍流团都要通过混合层的顶部;而在地表附近夹卷只有微弱的影响,因为只有穿透最多的湍流团才会伸及这些层次。通常假定 $(\overline{w'\theta'})_{\mathscr{G}}$ 和 $(\overline{w'\theta'})_{\mathscr{N}}$ 都是线性变化的,其中 $(\overline{w'\theta'})_{\mathscr{G}}$ 从层底部的 $\overline{w'\theta'}$ 减少到层顶的 0;并且 $(\overline{w'\theta'})_{\mathscr{N}}$ 从层底部的 0 减小到层顶部的 $\overline{w'\theta'}$。这样,净通量从地面的正值线性减小到湍流层顶部的负值。在冰云外流的情况下,所遵循的处理办法是这种干性混合层处理办法的延伸。假设云顶处夹卷的影响 w_{et} 在云底处线性减小至零,而云底处夹卷的影响 w_{eb} 在云顶处线性减小至零(图 5.46)。在这种情况下,

$$\langle \mathscr{N} \rangle = -\frac{g}{\overline{\theta}} \int_{z_b}^{z_t} (\overline{w'\theta'})_{\mathscr{N}} \mathrm{d}z = -\frac{gH}{\overline{\theta}} \left[(\overline{w'\theta'})_b + (\overline{w'\theta'})_t \right] \tag{5.64}$$

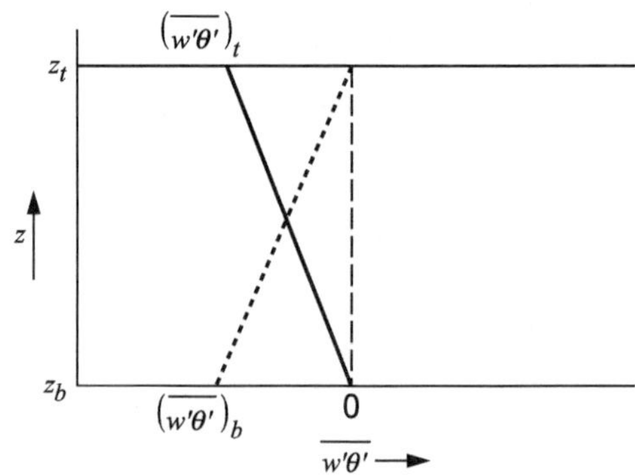

图 5.46 在从积雨云里流出的冰云里,与云顶夹卷和云底夹卷有关的涡流通量。假设与云顶夹卷有关的涡流通量在 z_t 处具有最大值 $(\overline{w'\theta'})_t$,在 z_b 处减小到零。假设与云底夹卷有关的涡流通量在 z_b 处具有最大值 $(\overline{w'\theta'})_b$,在 z_t 处减小到零

对于干性混合行星边界层的情况,假设:

$$\langle \mathscr{B} \rangle = a \langle \mathscr{G} \rangle \tag{5.65}$$

式中,a 是一个正常数①。将这种假设推广到冰云流出层,我们可以将式(5.52)、(5.60)、(5.61)、(5.64)和(5.65)结合起来得到:

---

① 这种方法归功于 Stage 和 Businger(1981a,1981b)。他们根据对干性边界层的经验研究提出了这样的思路。Lilly(1988)使用了一个 $a=0.8$ 的值来计算积雨云的流出量。

$$\left(\overline{w'\theta'}\right)_b + \left(\overline{w'\theta'}\right)_t = \frac{(a-1)2H^2B_o}{3} \tag{5.66}$$

和

$$\langle\mathscr{B}\rangle = \frac{2aB_oH^3g}{3\bar{\theta}} \tag{5.67}$$

这表明边界里总的夹卷通量 $\left[\left(\overline{w'\theta'}\right)_b + \left(\overline{w'\theta'}\right)_t\right]$ 和净的积分平均涡流热通量 $\langle\mathscr{B}\rangle$，都是由冰云层中辐射加热 ($B_o$) 的垂直梯度驱动的。

由于式(5.66)只给出边界通量值的总和。为了使方程闭合，需要把 $\left(\overline{w'\theta'}\right)_b$ 和 $\left(\overline{w'\theta'}\right)_t$ 关联起来。为了简单起见，假设两个通量成任意比例，这样：

$$\left(\overline{w'\theta'}\right)_b = \alpha_o\left[\left(\overline{w'\theta'}\right)_b + \left(\overline{w'\theta'}\right)_t\right] \tag{5.68}$$

式中，α_o 只是一个可调的参数。然后把式(5.66)和(5.68)代入式(5.52)：

$$\frac{\mathrm{d}\bar{\theta}}{\mathrm{d}t} = A_o + (1-2\alpha_o)\left[\frac{(1-a)B_oH}{3}\right] \tag{5.69}$$

该方程预测了冰云混合层的平均位温。参数 A_o 表示净辐射加热，如果为正值，则会导致云层变暖，在云层的顶部 θ 的值跳跃减小，而在云层的底部 θ 的值跃变增加。第二项与 B_o 成正比，B_o 代表辐射加热的垂直梯度，它驱动湍流和夹卷。如果可变参数 $\alpha_o > 0.5$，则混合层温度上升的幅度小于净辐射提供的升温幅度，因为在云的底部夹卷进来的位温低的空气，比在云的顶部卷进来的位温高的空气更多。如果 $\alpha_o < 0.5$，则情况相反。

将式(5.66)和(5.68)代入式(5.54)和(5.55)，得到：

$$\frac{\mathrm{d}z_b}{\mathrm{d}t} = -\frac{2\alpha_o(1-a)B_oH^2}{3\,(\Delta\theta)_b} \tag{5.70}$$

和

$$\frac{\mathrm{d}z_t}{\mathrm{d}t} = \frac{2(1-\alpha_o)(1-a)B_oH^2}{3\,(\Delta\theta)_t} \tag{5.71}$$

这两个式子和式(5.69)一起使方程闭合，用于计算 $\bar{\theta}$、z_b 和 z_t，这些变量是时间的函数。对于 $A_o = 0$（无净辐射加热）和 $\alpha = 0.5$（云顶和云底的夹卷效应相等）这样的取值，发现混合层的深度变化缓慢，与边界层里的层云相似。如果 α 仍然设定为 0.5，但是 $A_o > 0$（即辐射使云层平均温度升高），则 $\bar{\theta}$ 随高度增加，直到 $(\Delta\theta)_t$ 在云顶处变得很小，然后根据式(5.71)，云层厚度增加的速率变大①。

5.4.6 层状卷云中辐射造成的层结不稳定和切变的作用

无论层状的卷云是由深厚的降水云派生出来的，还是由稳定的天气尺度或中尺度抬升运动自主产生的，它都会经历由辐射过程和风切变造成的改变。在本节中，我们将研究两个问题：(ⅰ)类似于层积云(第 5.2 节)或高积云(第 5.3 节)中发生的由辐射导致的层结不稳定如何维持和改变云层；(ⅱ)说明云层中的风切变如何将响应层结不稳定造成的对流单体转变为第 5.4.4 节中所述的“生成中的单体”。

① 关于这些结果的进一步讨论，参见 Lilly(1988)。

图 5.41 说明了红外辐射是如何通过冷却其上部和加热其下部来使卷云所在的高度层变得不稳定。辐射使卷云所在的高度层变得不稳定这种基本的行为特征,可以用第 5.3.3 节中与高积云相同的建模方法,通过在冰云条件下求解式(5.45)—(5.48)得到。把卷云中冰晶的数据代入式(5.49),得出适合卷云的 $\hat{V}_H$ 的经验值。用类似的方法,在式(4.33)的右侧,把卷云中冰晶粒子大小分布的经验函数 $N_k(D)$ 代入积分号,得到 q_H 值。$N_k(D)$ 的统计度量得到适合于卷云的 $\hat{V}_H$ 和 q_H 之间的经验相关。把环境湿度调整为对于冰过饱和的值,来计算凝华/升华的 C_d 值。用吸收系数适合于卷云的辐射传输方程,计算式(5.46)中的辐射加热项。假设云层中的基本状态垂直运动 w_o 为 2 cm·s^{-1}。在这些假设条件下,用式(5.45)—(5.48)算出图 5.47 和图 5.48 中所示云的演变过程。除了通过涡流混合项对小的次网格尺度湍流参数化以外,薄的卷云层中还包含有尺度可以分辨的对流单体。在真实的云中,这些对流单体以钩卷云(图 1.15c 和图 1.16)、絮状卷云(图 1.15b)、卷积云细胞或滚轴(图 1.15a)的形式出现。图 5.47 中最明显的特征,是组成云的冰晶对下落速度的强烈影响。随着时间的推移,云底的高度,以及最大冰粒子浓度出现的高度和数量,都会持续降低,特别在冰云生命周期的前 20 min 尤其如此。图 5.48 显示,细胞状的结构在卷云层的整个生命周期内都很明显,但在后期强度降低。随着时间的推移云层变得更平滑,可能是由辐射造成的层结不稳定在这种情况下相当弱的结果①。图 5.49 显示了一个大涡模型模拟的结果,其中卷云单体受切变而变形,具有生成中单体的结构(如图 5.42 和图 5.43)。机载激光雷达的观测结果与这些模型模拟得到的单体结构高度一致(图 5.50)。在机载激光雷达对云层进行观测的同时,还对冰粒子进行

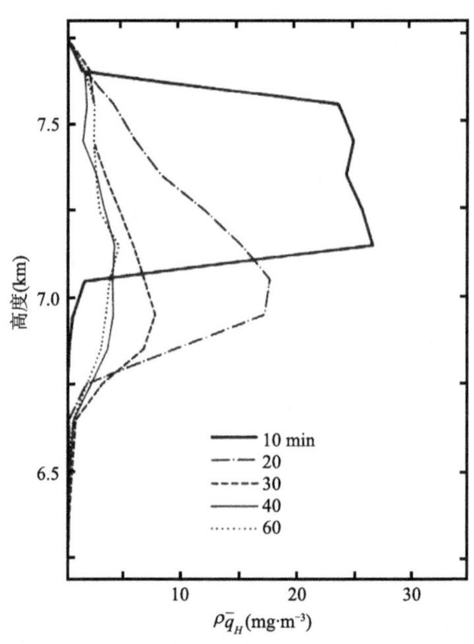

图 5.47 在背景垂直运动 w_B =2 cm·s^{-1}的大气中卷云形成的模拟结果中,不同时间水平平均冰水含量 $\bar{q}_H$ 的垂直廓线。引自 Starr 和 Cox(1985a),经美国气象学会许可再版

① 有关辐射计算的详细信息,请参见 Starr 和 Cox(1985a)。

了飞机现场取样。结果显示，云层的上部的过饱和区，起粒子生成区的作用，成核过程很快，与钩卷云头部预期的情形类似（如图 5.42 和图 5.43 的概念模型所示）。与其他飞机观察到的非砧状卷云层中冰粒子的类型一致（图 5.37 和图 5.38）。新成核的颗粒往往是小的不规则体或球状颗粒，当它们下落时，会生长为玫瑰状和柱状晶体。

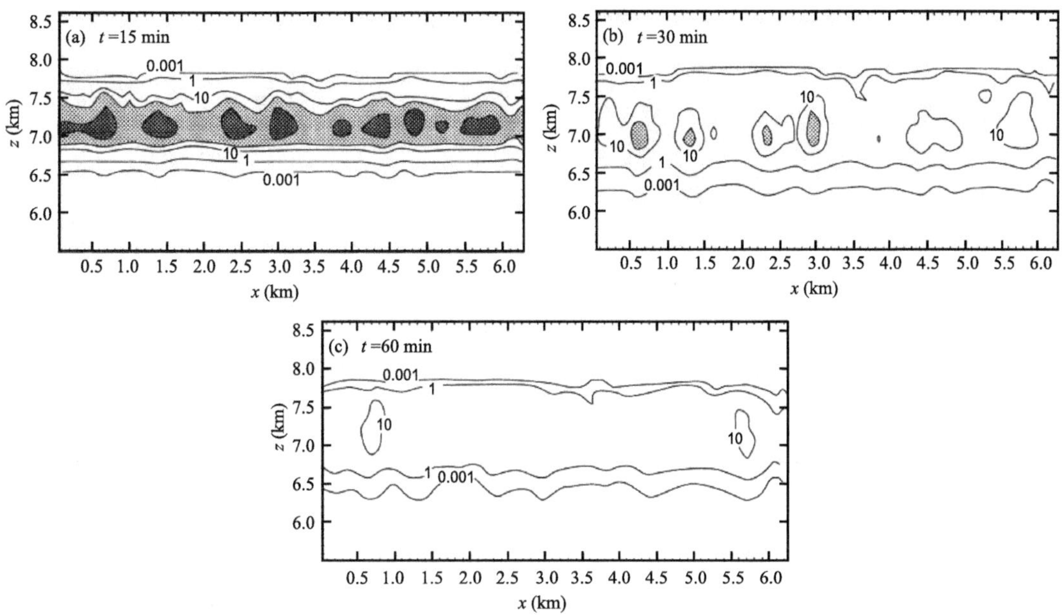

图 5.48　在基本状态垂直运动 $w_o=2\ \mathrm{cm\cdot s^{-1}}$ 的大气中卷云形成的模拟结果。不同时间的冰水混合比单位为 $\mu\mathrm{g\cdot g^{-1}}$。20 和 40 $\mu\mathrm{g\cdot g^{-1}}$ 的值用阴影表示。引自 Starr 和 Cox(1985a)，经美国气象学会许可再版

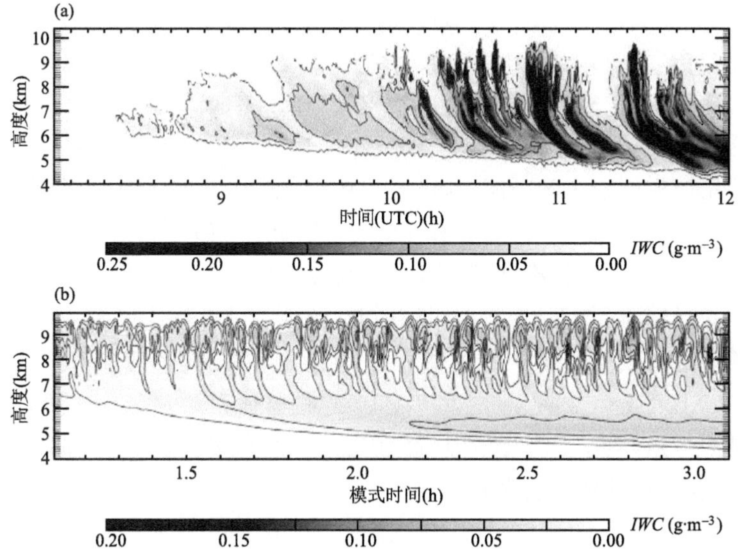

图 5.49　(a)Hogan 和 Illingworth(2003)对卷云进行雷达观测得到的冰水含量（IWC）。等值线为 0.01、0.05、0.1 和 0.2 $\mathrm{g\cdot m^{-3}}$。在 8 km 高度上，1 h 相当于大约 180 km。(b)由大涡模式模拟出的冰水含量时间-高度剖面图。引自 Marsham 和 Dobbie(2005)，经英国皇家气象学会许可再版

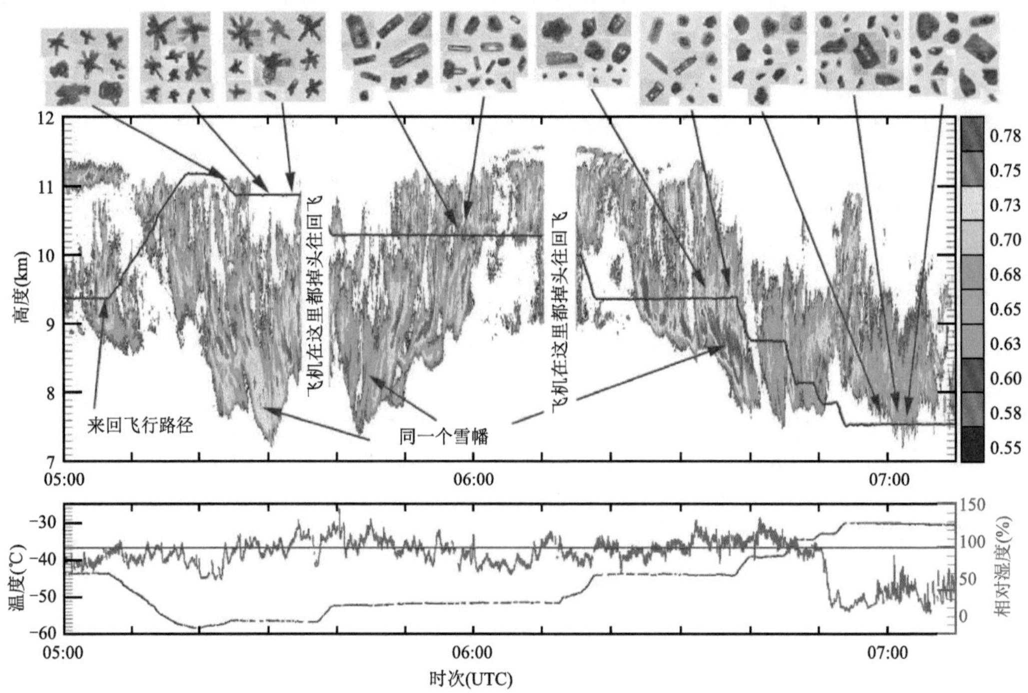

图 5.50　卷云的机载激光雷达观测。黑线表示飞机的位置。图像显示了不同位置典型的冰晶。下图显示了飞机上测得的冰粒子的温度(℃)和相对湿度(%)。引自 Gallagher 等(2005)，经英国皇家气象学会许可再版

5.4.7　卷云中辐射加热产生的中尺度环流

在第 5.4.5 节中我们看到，由积雨云产生的冰云浮力层是如何在稳定的大气环境中上升和演变的。同样的物理和动力学原理适用于任何具有浮力的卷云，无论浮力是如何产生的。实际上，卷云不仅在其存在的高度层里造成不稳定，并且还加热了卷云(图 5.41)，卷云在某种程度上总是有浮力的，卷云的行为类似于具有浮力的云砧。图 5.51 显示了对流层顶过渡层里卷云层中辐射作用产生的中尺度环流，这里大尺度的大气抬升运动是由赤道大气开尔文波导致的①。大部分云层都受到辐射加热(图 5.51a)，因此，大部分云层比环境大气温度高(图 5.51b)。然而，云顶和云底温度都比同高度的环境空气凉。平均向上的空气运动产生了不饱和空气的绝热冷却，红外辐射也有助于云顶冷却。由于浮力，云层中产生了平均上升运动，正如第 5.3.3 节的讨论所预期的那样，不稳定气层中包含有小规模的上升气流单体，它们之间由下沉气流或较弱的上升气流分隔开(图 5.51c)。这些单体在云顶最为明显，那里由热力作用导致的不稳定最为强烈(图 5.51b)。引起重力波环流的水平分量显示，有组织地流入气流从云层底部进入，在云层顶部辐散出去②。

① 参见 Kiladis 等(2009)关于赤道大气波动动力学的评论。

② 关于浮力卷云层里中尺度重力波动力学的分析，参见 Durran 等(2009)。

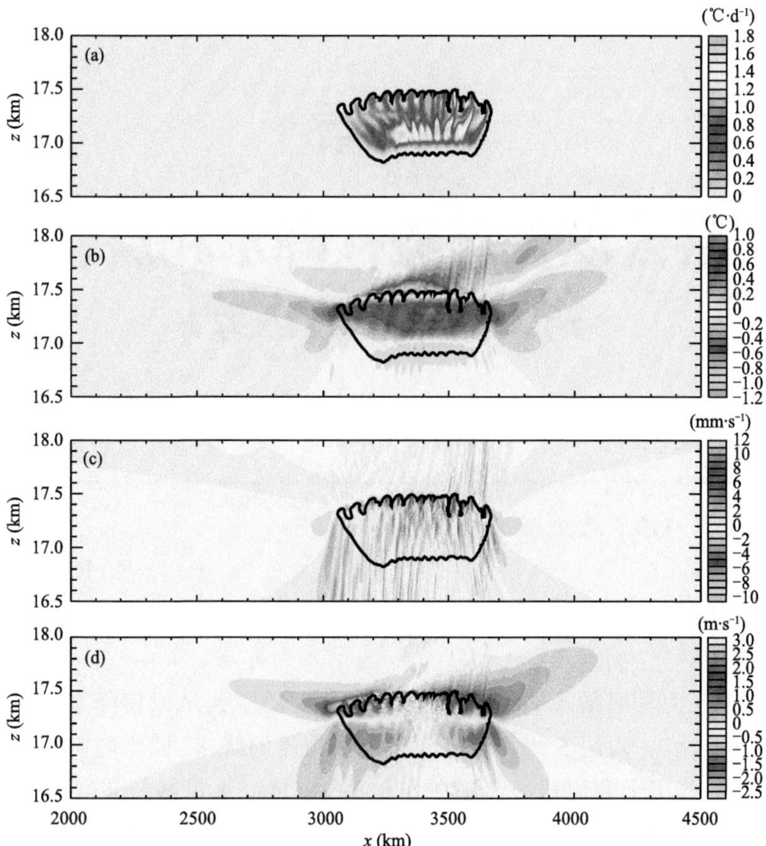

图 5.51 模式模拟的热带高层卷云的辐射加热(a)、导致的温度扰动(b)、垂直速度(c)和水平速度(d)。图中黑色廓线表示辐射加热率为 0.01 K· d^{-1}的等值线。垂直和水平比例尺的放大比例约为 103：1。引自 Dinh 等(2012)，经美国气象学会许可再版

第6章

雨层云以及对流性降水和层状云降水之间的区别

……云聚集起来布满了天空，雨滴从云中徐徐落下。

——J. R. R. Rolkien，《指环王》

雨层云生成于热力学层结基本稳定的大气中，其云层厚到足以使降水粒子在其中增长到形成雨滴和雪粒的尺度。雨层云的垂直厚度和与之相伴的降水，使之与第5章所述的浅层云和层积云区分开来，浅层云和层积云无法在垂直方向上伸展至足够的高度，因而不足以产生较强的降水。在层云和层积云中，确实也有极少数粒子可以增长到足以产生降水的尺寸，但是当这些粒子生长到小雨或小雪晶的尺寸时，通常就已经从云中落出了。在本章中，我们重点描述深厚雨层云的基本特征，它们能够产生大粒子和大量的降水/雪。雨层云（定义和简要描述请见第1.2.2节）在中纬度和热带地区广泛存在，它们通常不单独发生，而是产生在有组织的风暴系统中，即中尺度对流系统、热带气旋、锋面云系（图1.30—1.33）①。有时，在高山和其他地形起伏区域产生的大范围上升气流，也会激发或加强雨层云。第9—12章将详细讨论这些大型复杂风暴系统的云系结构和动力学特征。作为后续讨论的背景知识，本章将概括这些云系中雨层云的共性特征。

对雨层云的生成至关重要的大范围垂直上升运动，主要来自较大的风暴系统（中尺度对流系统、热带气旋、锋面系统、地形气流等），在不同类型的风暴系统中，产生雨层云的大尺度大气运动动力学特征是不一样的。后续章节将针对各种特定类型风暴，详细讨论相关的动力过程。现在假定某些动力学机制已经使得云中普遍存在上升运动，我们将重点讨论如下问题：除了云中普遍存在上升运动以外，在不同的系统中发展出来的雨层云，还有哪些共同的特征？微物理和对流过程使得雨层云有特定的结构特征。这样的结构特征，可以通过观测降水粒子的微观特征，以及分析产生云和降水的雷达回波得到。通过对降水粒子微观特征的观测，我们可以在不深究大气运动动力来源的情况下，推断出雨层云产生时一定会存在某些大气运动特征。从雷达观测资料可知，雨层云很少单独出现，而与某种对流云系中的对流过程紧密关联。有时

① 某些研究认为雨层云是中纬度现象，主要与温带气旋有关，这是错误的概念。

候，浅的对流单体嵌在雨层云的上部。在另外的某些情况下，雨层云可能紧邻活跃深对流云系的外流气流，或者依赖于这样的外流气流。还有一些过程中，雨层云可能是早期活跃的深对流云系的残余部分，或者在雨层云里，包含有嵌入在里面的残余对流单体。为了理解深厚的降雨云系，把活跃的对流单体从雨层云的其他部分中区分开来，是非常重要的一步。我们把这种分析称为“对流/层状云区分”。最后需要注意的是，由于雨层云的生命史较长，可见光和红外辐射加热和冷却过程可以影响其稳定性、内部的大气运动和微物理过程。

本章的第 6.1 — 6.3 节将首先通过考察降水的雷达回波和微物理特征，揭示雨层云的一些基本特征。第 6.4 — 6.6 节将探讨雨层云与对流之间的关系。第 6.7 节简要考虑发生在雨层云中的辐射过程和湍流混合过程。最后，第 6.8 节将介绍区分对流/层状云降水的方法。

6.1 层状云降水的定义及其与对流性降水的差异

降水有两种截然不同的类型：层状云降水和对流性降水。层状云降水来自雨层云，而对流性降水则来自活跃的积云或积雨云。这些类型的云可能分别独自发生，也可能混合在一起出现。图 6.1 对比了这两种不同类型的降水及云型显著的特征。本章的主题是层状云降水。但是由于对流性降水和层状云降水通常一起出现，因此有必要同时对对流性和层状云两种降水的概念定义进行对比，通过相互比较，才能更透彻地理解它们。

云顶温度在 0 ℃以下的暖层云可能产生降水。我们已经在第 5 章说明，层云和层积云可能产生毛毛雨。若低层的暖层云增厚或较活跃，可能会产生小雨。尽管如此，目前所知的大部分层状云降水，都产生自云顶高于 0 ℃层，并且包含冰晶的雨层云。考虑到上述事实，我们可根据大气垂直运动与冰粒子下落速度之间的关系，来定义层状云降水和对流性降水。大多数深厚的雨层云中的降水过程，依赖于冰粒子在缓慢下降的过程中生长的能力。若大气的垂直运动速度比冰晶和雪粒子的下降速度小，则把这种降水过程定义为层状云降水。更具体地说，如果含有层状云降水大气块的平均垂直速度 $\overline{w}$ 满足如下条件，那么其中的降水就被定义为层状云降水：

$$0 < |\overline{w}| \ll V_{\text{典型冰晶}} \tag{6.1}$$

式中，$\overline{w}$ 是含有层状云降水区域中大气的平均垂直运动，$V_{\text{典型冰晶}}$ 为典型的冰晶和雪的最终下落速度（通常在 $1 \sim 3\ \mathrm{m \cdot s^{-1}}$ 之间，见第 3.2.7 节）。若平均垂直速度在公式(6.1)的范围以内，大气的运动不能扰乱冰晶的下落。需要注意的是，公式(6.1)针对的是雨层云中气块的平均垂直运动速度，实际上雨层云中局部的垂直速度 w，通常是可能超过冰晶下落速度的。因此层状云降水是否存在，不应依据局部地点的垂直速度 w 来判断，而是应该根据平均意义上的垂直速度 w 来判断，而且取平均值的空间范围，应该大到足以包含若干个已经正在发展和消亡中的活跃对流单体。

层状云降水有两种重要的子类，虽然二者都满足公式(6.1)，但是它们在物理和动力学特征上有较大的差异。我们将大气的垂直运动总体为上升的区域，定义为活跃的层状云区，所以式(6.1)满足更加严格的条件：

$$|\overline{w}| \ll V_{\text{典型冰晶}}，且 \overline{w} > 0 \tag{6.1a}$$

在平均大气垂直速度总体为正的条件下，冰粒子可以在缓慢上升的空气中通过淀积作用而生长，并且在长得足够重以后，开始相对于地面落下。

平均垂直速度满足公式(6.1)，并且大气的平均垂直速度总体为向下的区域，定义为不活跃的层状云区，即：

$$|\overline{w}| \ll V_{典型冰晶}，且\overline{w} \leqslant 0 \tag{6.1b}$$

在这种情形下，层状云区中的降水粒子在平均的意义上不会增长，若大气平均垂直运动速度为 0 或为向下运动，粒子甚至会变小。有时将这类层状云降水称为“降水碎片”或“沉降物”。

在含有高空冰粒子的深厚雨层云中，活跃层状云降水过程的示意图见图 6.1。最终作为雨滴下落至地面的降水粒子，在其生长过程的早期阶段是位于云体上部的冰晶。关于这些降水粒子为什么起源于云层上部的重要原因，我们将稍后讨论。目前，我们仅注意到这些粒子可能是在本地形成的，但它们也可能是从雨层云的两侧或上方卷入的，或者源自云的内部。一旦进入雨层云，冰晶就开始生长。正的垂直速度使得水汽维持过饱和状态，并不断地淀积到冰粒子的表面(第 3.2.3 节)。根据式(6.1a)，大气的平均垂直速度 $\overline{w}$ 必须为正，并且大到能够维持过饱和状态。但垂直速度又必须小于典型冰晶的下落速度，$|\overline{w}| \ll V_{典型冰晶}$。需要注意，通常来说，在雨层云上部，其大小能够产生降水的冰粒子是在下降的。除非偶尔在雨层云中遇到了嵌入在其中的局地上升气流区，它们在增长的过程中，不会随大气运动而悬浮或上升。因此，在纯的雨层云中，大气平均垂直运动符合式(6.1a)，数值一般不超过每秒几十厘米，这使得冰晶在下降过程中能够通过水汽淀积而不断地生长。

由于在雨层云的内部，空气存在平均的垂直上升运动，冰晶形成或从外部卷入雨层云的高度越高，它们能够通过水汽淀积而生长的时间越长。从云顶落下的冰晶，可以用来增长的时间约为 1～3 h(假定粒子从 10 km 高度以 1～3 m·s^{-1}的速度下降)。这个时间长度足以使冰粒子通过水汽淀积而生长到中等尺度大小。通过水汽淀积过程边下降边生长的冰晶，若降落到 0 ℃层附近约 2.5 km 的范围内，就能发生聚合和淞附过程，使得粒子的尺度进一步变大。最重要的是，粒子开始聚合，并形成大而形状不规则的雪花。在这种较暖的高度层中，每秒数十厘米的大气垂直速度足以在冰粒子下降时，能托住少量的液态水滴，于是粒子甚至可能通过淞附过程而生长。在第 3.2.4 节中提到，在 0 ℃层上下大约 1 km 以内，冰晶的聚合过程更频繁。这种粒子的聚合过程并没有改变空气中降水粒子的质量，而是改变了粒子的尺度分布，把较多的小粒子聚合成较少的大粒子，使得粒子的下落速度更快。如下所述，大雪花融化的高度在雷达图像上表现为一个厚度约为 0.5 km 在水平方向上伸展的强的回波亮带，其位置恰好在 0 ℃层以下。在层状云降水区中，粒子融化产生的亮带和雷达回波的其他垂直结构特征提供了丰富的信息，指示出了雨层云中降水的主要机制。第 6.2 节中将对此进行详细讨论。

图 6.1b 描绘了对流性降水过程的示意图。对流性降水的雷达回波型式与层状云降水截然不同。对流性降水雷达回波的最大值组成垂直方向的柱体，而不是层状云降水情形下呈水平分布。对流性降水过程不满足公式(6.1)。相反，在某些高度上，区域平均大气垂直运动的速度数量级 $\overline{w}$ 约为 1～10 m·s^{-1}，与典型的冰晶和雪粒子下降的速度相当，甚至更大。

观测表明：对流性降水过程中降水粒子生长的时间是有限的，雨滴通常在云形成以后半小时之内就落至地面，远小于层状云中降水粒子生长的时间（1～3 h）[①]。由于生长的时间较短，在云形成之初，能够触发降水的粒子一定起源于离云底不远的地方（见图 6.1b 中的 t_0时刻）。很可能在那个时候，云滴的生长过程就已经开始了。因为对流单体内上升运动很强，能够带动正在生长的粒子共同上升，直到这些粒子长得足够重，可以克服云内的上升运动，并相对于地面下落（见图 6.1b 中粒子的轨迹）。使得云粒子升长得这么快的微物理过程只有液态水的撞冻。相反，在层状云降水过程中，液态水的撞冻是最不重要的，起主要作用的微物理机制是水汽淀积和冰粒子的聚合。在云中大量的液态水凝结生长的阶段，由于强对流的上升运动携带正在生长的粒子一起上升，所以这些上升粒子（无论是液相还是冰相）可通过液态水的撞冻迅速地增长成大粒子。飞机在对流云中对冰粒子的观测，也进一步确认了上升气流中的粒子可以通过淞附过程生长到较大的尺度。由于对流系统中的上升运动范围通常很窄（典型宽度约几千米或更窄），与活跃对流相关的降水雷达回波，形成了明显的最大反射率呈垂直分布的核区。

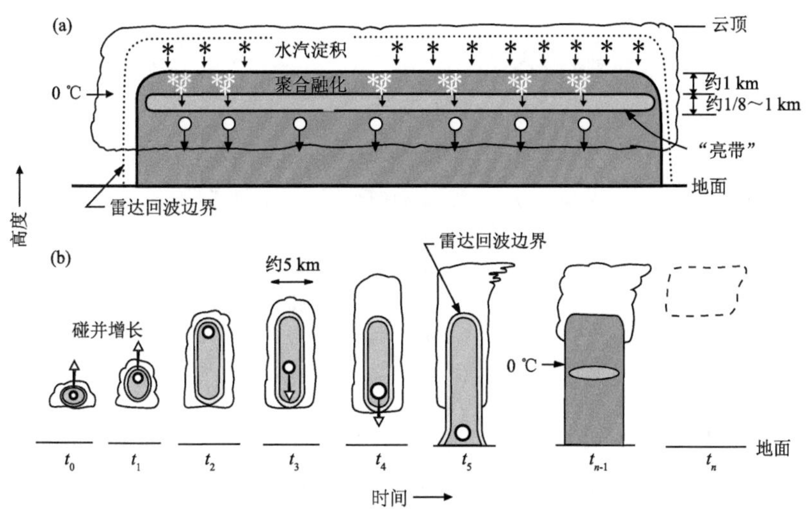

图 6.1　(a)层状云降水的特征；(b)对流性降水的特征。阴影表示较强的雷达回波区，颜色越深对应的雷达回波越强。图(b)中，从左至右表示云随时间的生长变化，生长的降水粒子随云内上升气流升高直至 t_2时刻，之后下落，t_5时刻落到地面，之后云可能消亡，也可能稳定地维持一段时间后于 t_{n-1}至 t_n时刻之间消亡。虚线勾勒出蒸发中的云。引自 Houze(1981)，经美国地理学会许可再版

在降水对流云单体消散的阶段（图 6.1b 中 t_5时刻之后），强烈的上升运动停止，云内的气流无法携带降水粒子继续上升。此时，由已停止的上升气流带到上层的悬浮粒子，表现出层状云降水的特征，在雷达回波上亦有回波亮带。事实上，对流云团在某个区域减弱时，也可以产

① 根据云中垂直运动的大小和微物理降水生长过程的时间尺度区分对流性降水和层状云降水的主张，是由云物理学的开创者 Henry Houghton 在他最终的几篇论文之一（Houghton，1968）中提出的。Houghton 的区分标准，抓住了这两类降水的物理本质。比他更早的时候，雷达气象学家 Louis Battan 在他的气象雷达教科书（Battan，1959，1973）中，用雷达观测到的对流性降水和层状云降水的结构来区分这两类降水。他把这两种类型的降水称为对流性降水和连续性降水。其中后者就是我们所使用术语中的层状云降水。在描写连续性降水时，他强调了雷达回波中的亮带、回波中嵌有非均匀一致的结构、连续性降水以及在它们发展过程中的后期对流回波如何呈现出白亮的带状结构。图 6.1a 和图 6.1b 中所描绘的示意图，在很大程度上是 Houghton 和 Battan 观点的综合。

生大范围的层状云降水。

6.2 层状云降水和对流性降水雷达回波结构的对比

图 6.1a 定性描述了活跃层状云降水的雷达回波结构,融化层对应的雷达回波亮带是其中最显著的特征。层状云的雷达观测结果,使得我们可以将降水区按高度清晰地分为不同的层,各层中包含不同的起主导作用的微物理过程。图 6.2 是层状云区雷达回波的理想廓线。反射率廓线上的点 0～4 分别表示高度层中存在不同的物理过程特征。图 6.2 还给出了由垂直探测雷达和差分雷达反射率 Z_{DR} 表征的径向速度垂直廓线。

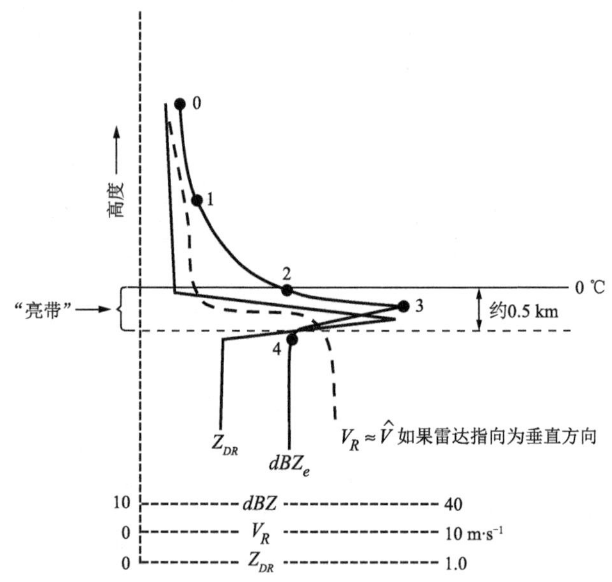

图 6.2 层状云降水区的厘米波段雷达回波资料垂直廓线示意图。实线表示雷达反射率。虚线表示多普勒雷达天线垂直扫描时的径向速度 V_R 。在层状云条件下,V_R 与粒子的质量加权的终末下落速度 $\hat{V}$ 密切相关。点 0～4 勾勒出不同的微物理过程起主导作用的区域

在图 6.2 中 0～1 层之间的区域,冰粒子主要通过水汽的淀积而增长,这是一种最缓慢的微物理生长方式。由于冰粒子在雨层云中下落的同时并未快速地生长,等效雷达反射率 Z_e 与粒子尺度分布的 6 次幂成正比[见式(4.23)和(4.32)],在高度 0～1 之间,等效雷达反射率并不随高度降低而快速地增强。在第 1～2 之间的高度层,粒子通过水汽淀积以及可能存在的一些凇附过程而继续生长。但是在接近融化层的时候,粒子也较频繁地通过碰并而有效地生长,这种碰并过程可产生尺度非常大的粒子。由于等效雷达反射率 Z_e 取决于于粒子尺度的 6 次幂,因此在第 1～2 层之间,雷达反射率随粒子尺度的增大而迅速地增加。

雷达反射率在第 2(0 ℃层)～4 层之间的变化,与粒子的融化过程有关。这个高度层的中心(第 3 层)以雷达反射率 Z_e 的极大值为标志,即融化层恰好就是雷达回波的亮带。在融化层中有几种过程会影响雷达反射率的大小。在第 2～3 层雷达反射率随高度降低而快速增加,是两种作用共同影响的结果。首先,如在第 1～2 层中一样,粒子的碰并过程继续在发生。第二个影响因子是:随着融化过程粒子的复折射指数[即 $|K|^2$,见式(4.26)]由 0.197(冰粒子)增

长到 0.93(液态水粒子)。部分融化的冰粒子在维持其大小的同时,具有水的电磁波特性。低密度粒子直到融化过程结束(即第 4 层)才会分裂成较小的粒子。因此,等效雷达反射率 Z_e 在第 2～3 层之间增长了约 5 倍。根据式(4.23)和式(4.26),$Z_e = (|K|^2/0.93)Z$,湿冰粒子的 $|K|^2$ 为 0.197,而水粒子的 $|K|^2$ 为 0.93。如上所述,在第 2～3 层中 Z_e 增加了 约 5 倍,但这本身不足以充分解释雷达反射率在亮带中的极值。因此人们认为,碰并作用与折射率的变化共同起作用,在第 3 层处产生了雷达反射率的极值。

在第 3～4 层中融化层的下部,两种过程导致 Z_e 急剧减小。若融化过程在第 3 层中已经完成且所有粒子崩裂成了小雨滴,那么两件事情发生了,它们对雷达反射率有影响。首先粒子尺度变小了,根据式(4.23),雷达反射率 Z_e 是粒子直径的 6 次幂函数,则 Z_e 相应变小;其次,粒子下落的速度由雪粒子的 $1\sim3\ \mathrm{m \cdot s^{-1}}$ 增加到雨滴的 $5\sim10\ \mathrm{m \cdot s^{-1}}$。如果下落降雨的质量通量在第 3～4 层中是一样的,即降水为稳定的层状云降水,则在第 3～4 层中,雨水的平均浓度(单位大气体积中水分的质量)必然急剧减小。因为雨水的质量浓度是液滴大小的 3 次幂,而 Z_e 与尺度分布的 6 次幂成正比[见式(4.32)和(4.33)],则在第 3～4 层间,质量密度与雷达反射率 Z_e 减小的趋势是一致的。

双偏振雷达的观测结果进一步证实了前面所描述的层状云降水融化层中的微物理过程。如第 4.5 节所论,差分雷达反射率 Z_{DR} 的值越高,粒子在水平方向越扁平,这就是大雪花和大雨滴的情况。如图 6.2 所示,典型 Z_{DR} 廓线与 Z_e 廓线之间的不同之处在于,它不随冰层高度(第 2 层以上)的降低而显著增加。由于冰的折射率(介电常数)低,阻碍了厘米波雷达探测正交极化信号的能力,所以导致该层中 Z_{DR} 的值较低。当粒子部分融化时,正交极化信号变强,融化层出现 Z_{DR} 的峰值。与粒子融化相关的 Z_{DR} 的峰值出现在 Z_e 的峰值附近,但二者的位置并不重合。根据式(4.32),Z_e 的数值向下增大,反射率取决于 $N(D)D^6$ 的乘积。随着大尺寸 D 粒子的数浓度 $N(D)$ 增加,反射率也随之增大。根据公式(4.28)的定义,Z_{DR} 是两个不同极化方向反射率之间的比率,它对粒子的数浓度并不敏感。反射率对粒子浓度的依赖性解释了反射率的极大值为什么出现在比 Z_{DR} 最大的高度还要高的高度上。反射率随着湿粒子的聚合而出现最大值,但随融化过程,雨滴以较快的速度下降,反射率随粒子浓度的下降而降低。而由于 Z_{DR} 对粒子的数浓度并不敏感,故仍然受粒子聚合体的细长形状和水平方向所影响,直到粒子聚合体分裂成雨滴。

图 6.2 中第 4 层以下的层次以降雨为主。在这个最低层中,物理过程差别很大,主要取决于气象上的原因。在某些情形中,这个较低区域里的降水粒子,就以同样的质量流一直落到地面。而在另外一些情形下,雨滴在穿过云的下部落下时,由于大气中存在上升运动,下部的云还在不断地形成中,雨滴在融化层以下下降至云的低层时,通过云粒子的聚合而继续生长,从而使得雨水的质量通量随高度的降低而增加。在其他场景下,雨滴在融化层以下降落至空气中,部分蒸发。因此,雨水在达到地表时的通量比融化层小,在融化层以下的大气由于蒸发作用而冷却。这种蒸发和融化作用使得空气变凉,对云和风暴的动力学都有重要反馈作用,将在后面章节予以讨论。

6.3 雨层云中的微物理观测事实和其中蕴含的大气垂直运动信息

为了研究与雨层云有关系的中尺度对流系统、锋面和热带气旋,研究者曾经进行过大量的飞机观测研究，观测到雨层云中 0 ℃层以上降水冰粒子的尺度和形状特征。这些场地观测事实证实了雨层云中微物理特征的层状结构，如图 6.2 中的雷达回波所示。图 6.3 是从一个热带中尺度对流系统中获得的雨层云观测实例。在温度介于－23～4 ℃之间的飞机飞行高度上，观测到了云中的粒子。当冰粒子在飞机机翼下方激光照射的空间里经过时，冰粒子的阴影会在传感器上形成一个二维图像。这个装置所获取的大多数图像，对应冰粒子的结构都无法确认，仅有少数粒子的形状比较明确。研究者重新梳理了此数据集中各种类型的冰粒子出现的频率，并把它们作为飞机飞行高度上温度的函数绘制成图。

图 6.3a — b 中各种类型的粒子（针状、柱状、板状和枝状）是在一定的环境温度（表 3.1）下生长的。若粒子在被飞机观测到以前从它们所生长的高度下降了 0.5～1 km（在 1～3 m・s^{-1}的下降速度下，冰粒子下降这个距离只需 5～15 min）[①]，则其生长时的温度 T_G 应该比图 6.3 上飞机所在高度层的温度低 3～6 ℃。考虑到这个差异，图 6.3a — b 中针状、柱状、板状和枝状曲线的最大和最小值都在飞行层温度的范围内，分别与表 3.1 所示的 T_G 相对应。结果表明，正如图 6.2 中的雷达回波廓线所示，在 0 ℃层以上，冰粒子通过水汽扩散而生长。其中凇附过程可能已经正在发生了，凇附过程对应的粒子图像中，有许多形状难以确定的粒子。由图 6.3c 可见，大冰晶聚合体出现的频率显示出一个宽广的大值区，与图 6.3b 中枝状粒子出现频率的大值区有所重叠。这与冰晶下落到接近 0 ℃层时，粒子的聚合作用更频繁这个事实（图 3.13）相符合。此外，这些飞机观测资料表明，在热带中尺度系统中的层状云区里，主要的粒子聚合机制（第 3.2.4 节）之一，是冰晶在下落的过程中，粒子的枝状臂纠缠在一起，从而形成更大的粒子。图 6.3c 中，在高度低于 0 ℃层的地方，当冰粒子融化并形成雨滴时，近圆形的粒子出现的频率突然增大。

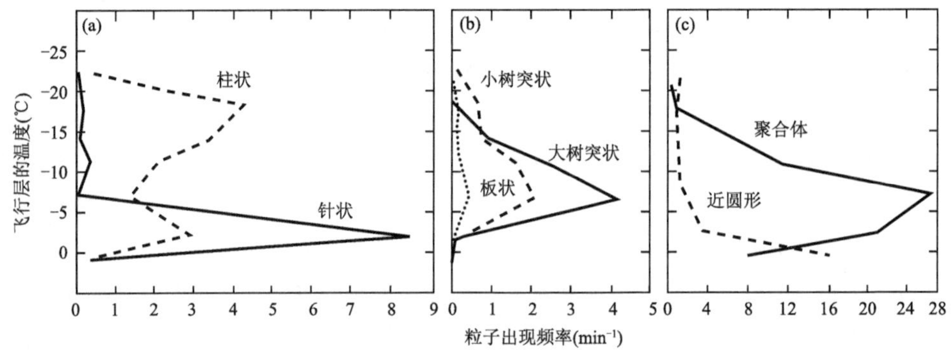

图 6.3 在孟加拉湾地区的热带中尺度对流系统中，飞机穿过雨层云时观测到的冰粒子分布特征。图 6.3a — c 为飞机穿云时每分钟内不同类型的冰粒子出现的频率，它是飞机飞行高度上温度的函数。引自 Houze 和 Churchill（1987），经美国气象学会的许可再版

图 6.3 中利用场地观测数据归纳出的雨层云中微物理图像与图 6.2 中雷达反射率的垂直廓线一致。在融化层之上，粒子主要通过水汽扩散而生长并下落，若垂直运动强到可以凝结足够多的水汽，从而使得空气维持饱和状态时，则可能同时伴随凇附过程。因为大气中的水汽含量随高度的上升而呈指数函数式地减小，故凇附过程最可能发生在非常靠近 0 ℃层上面附近

① 在下落速度为 1～3 m・s^{-1}时，冰粒子下落这么长的距离只需要 5～15 min。

的地方。尽管大气的垂直上升运动可能很强，使得在水汽扩散的同时能发生部分淞附过程，但是大气的垂直运动速度也不能过大，因为还需保持粒子持续下落[即必须保证满足式(6.1)]。随着粒子的下降，粒子的聚合过程在融化层以上 2～2.5 km 处产生尺度更大的粒子，最强的聚合作用发生在 0 ℃以上约 1 km 处。这种结构对于雨层云动力学的意义在于：在云体中 0 ℃以上的区域里，必须有广泛而缓慢的大气抬升。这种抬升必须能提供粒子通过水汽扩散而生长(可能还发生一定的淞附)的动力，但又不能阻碍冰粒子的沉降。由于粒子降落的速度约为 $1\ m \cdot s^{-1}$，故雨层云里典型的大气垂直速度约为 $1～10\ cm \cdot s^{-1}$，满足式(6.1)。

6.4 层状云降水区中对流的作用

中尺度对流系统(第 9 章)、热带气旋(第 10 章)、锋面云系(第 11 章)和地形抬升区(第 12 章)中，均存在活跃的降水性层状云，伴有较温和的平均上升运动，上升速度满足公式(6.1a)。但是，这些层状云很少脱离对流而单独地出现。事实上，对流单体通常镶嵌在层状云中，或者出现在层状云的边缘。因此，活跃雨层云的动力学并不是大范围区域里存在温和的上升运动那么简单。相反，另外还存在一种标志性的物理机制，强的对流尺度垂直上升运动和更大范围的上升运动都在其中起作用。通过进一步分析层状云降水中的微物理和动力过程，可以总结出对流在雨层云中的重要作用。

在第 6.2 节和第 6.3 节可见，上升运动满足公式(6.1a)定义了活跃的雨层云区，降水粒子在雨层云里降落至地面的过程中，在高层通过水汽的淀积而生长(图 6.2 中的第 0～1 层)。我们至今还没有考虑这些粒子的源地。在图 6.2 和图 6.3 中，雷达和飞机观测结果显示出有序，而且清晰的物理轮廓。这些观测仪器仅在粒子形成并达到一定的尺寸之后才对其具有观测能力。高层温度足够低，重要的冰粒子核化过程在雨层云的上部十分活跃(第 3.2.1 节和第 3.2.2 节)。然而难以想象，雨层云上部粒子的核化作用是最终增长到降水尺度冰粒子的唯一来源。雨层云中的层状云降水区的水平伸展尺度通常是有限的，而且通常有相对于云运动的风吹过云层。新核化的冰晶通过水汽扩散生长的过程是相当缓慢的①。因此，在雨层云本身里面核化的冰粒子，在生长到足以对雨层云下面的降水做出贡献之前，可能已经穿过云体平流出去了。雨层云里降水的效率一定会受到某种机制的作用而加强，这种机制能够加快粒子的早期生长速度。

对流就是这样的一种机制。因为在对流中大量聚集起来的水物质凝结、淞附和聚合的过程，可以迅速地建立起来。甚至在最小的对流上升气流里，较强的垂直上升运动也能相对较快地产生可以降水的粒子。如果在对流中产生，并生长到可降水尺度的粒子，被输送到雨层云的上部，那么它们不必非要在活跃的层状云里温和的上升运动中缓慢地生长到可以降水的大小。它们可以立即穿过层状云开始其下落过程，并在下落时进一步生长，且通过图 6.1a、图 6.2 和图 6.3 所示的过程完成相态的转化。因此，对流可以作为生长以前粒子的主要来源，这些粒子随后以前述图片中所描绘的次序从雨层云中下降并落出云体。

对流和雨层云结合起来产生层状云降水主要有两种方式。第一种是对流发生在雨层云上

① 在－5 ℃那样相对较暖的温度条件下，小粒子可以在大约半小时内通过沉积作用长大到毛毛雨降水粒子的大小，但其生长速度随后减慢(Wallace 和 Hobbs，2006)。

部的浅薄的高度层里，冰粒子落入它们下面的雨层云中。在第二种情形中，雨层云位于深对流云区的邻近，在深对流云中生长并由强对流的上升运动带到高层的冰粒子被输送到相邻的层云区，在那里下降。在下一节，我们将讨论嵌在雨层云上部的浅对流，第 6.6 节将讨论深对流如何产生雨层云。

6.5 伴有高空浅对流的层状云降水

在锋面雨层云和地形云上方的高空经常发生浅而弱的对流单体（第 11 — 12 章）。这种初生的对流单体，也常出现在中尺度对流系统或热带气旋的雨层云中（第 9 — 10 章）。本节的讨论主要针对锋面云系的研究展开。

图 6.4 显示了与层状云降水区中高空生成对流单体的雷达回波结构。除了嵌入在其中正在生成的对流单体以外，图 6.4 与图 6.1a 十分相似，融化层中一条白亮的回波带表示基本的层状云结构。若浮力扰动不稳定（$\frac{\partial \theta_e}{\partial z} < 0$），或由于强切变导致里查森数[式(2.170)]较小，在层状云中就可能形成一层浅的对流单体。在这两种情形下都可能形成一层小尺度的翻转单

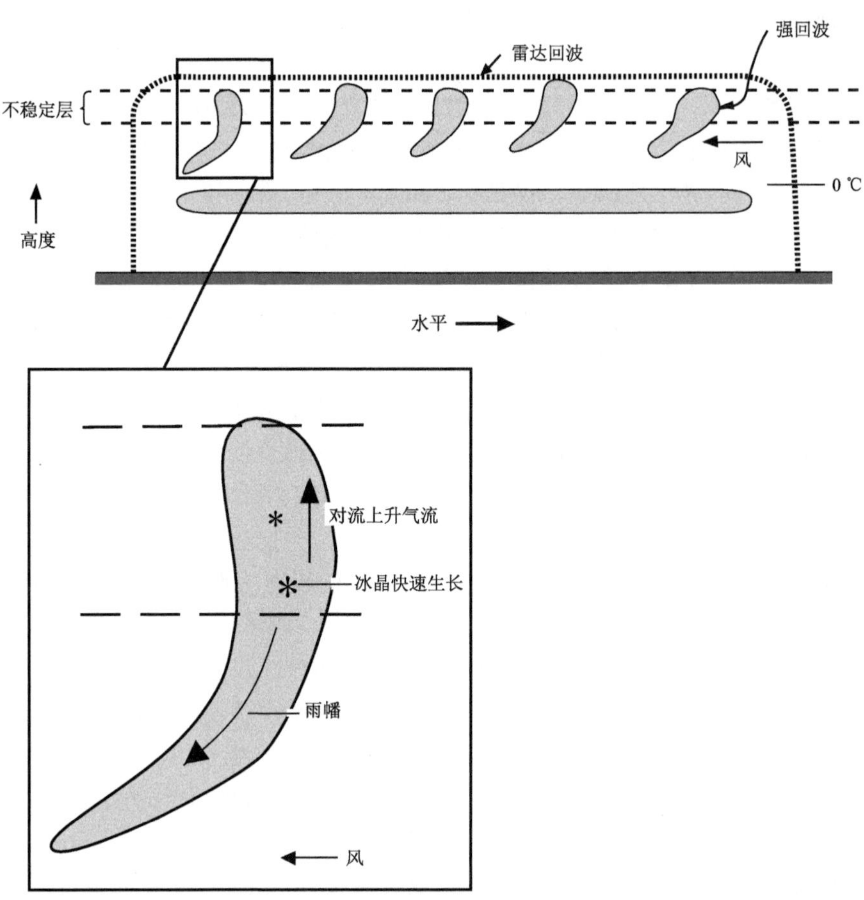

图 6.4 具有高空生成中单体层状云降水的理想结构示意图

体。如图 6.4 中的插图所示，这些单体中强烈的上升运动使得可降水的冰粒子快速生长，然后冰粒子从对流体中落出，在雷达图像上表现为雨幡。由于在生成过程中对流单体的下面有风切变，因此雨幡的形状一般是弯曲的。生成中对流单体及其所产生雨幡的结构本质上与第 5.4.4 节所述的钩状卷云相同，它们之间主要的区别在于：初生单体嵌在云层或降水区中，而钩状卷云出现在晴空大气中①。图 6.5 — 6.6 为嵌在层状云降水区里初生对流单体的雷达回波图例。

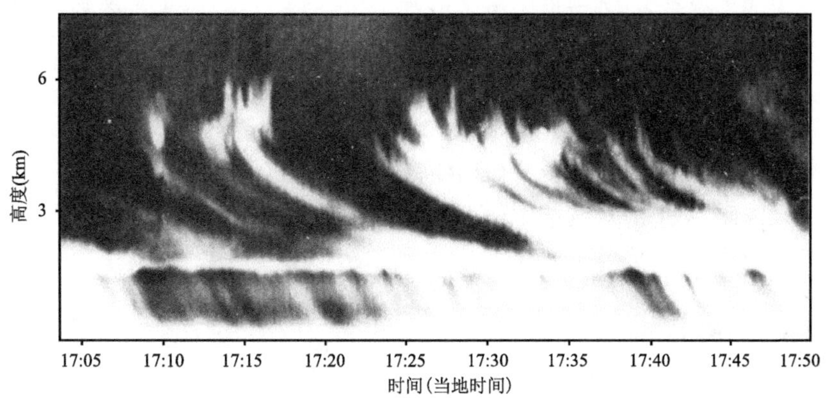

图 6.5　雷达回波强度的时间-高度剖面图，表示嵌在层状云降水区里(约 6 km 高度)生成中对流单体。数据来自加拿大魁北克的垂直指向雷达(感谢麦吉尔大学的罗迪·罗杰斯)

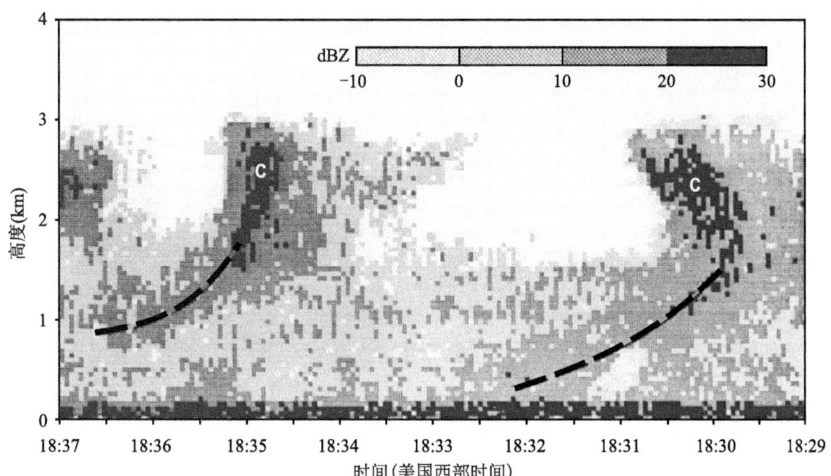

图 6.6　华盛顿州太平洋沿岸层状云降水区里 8.6 mm 波长的雷达测得的反射率时间-高度剖面图。C 表示生成中的对流单体。虚线表示从对流单体中落下的雨幡。引自 Businger 和 Hobbs (1987)，经美国气象学会许可再版

① 层状云降水区里的初生对流单体，首先由 Marshall(1953)注意到。他指出：层状云降水区里的初生对流单体与钩状卷云具有类似性，表现为“雷达垂直剖面图上观测到的由下落的雪组成的标志性的马尾形状”。他还注意到：对流单体和它们的尾巴有“类似于雨幡的毛发状的质地”。

图 6.7 — 6.8 是锋面层状云降水区两个个例的分析图。它们根据多普勒雷达反射率图像、其测得的垂直运动、无线电探空资料分析而得到,显示了大气的热力学结构以及飞机飞行观测得到的雨层云微物理特征。在图 6.7 所示的个例中,融化层位于冷锋的高度附近,在该高度以下,大气垂直运动较弱。在该高度之上,产生凝结的上升运动区完全位于 0 ℃层之上。上升运动较强的区域其水平伸展范围大致在 50 km 以内,在图 6.7 中用阴影区表示。在第 11 章我们将讲到,锋面中的抬升区域通常集中发生在这样的中尺度“雨带”中,而不是均匀地散布在锋面云系中。图 6.7 还表明,从雨带中落下的降水中,约 20%的质量是从初生的单体里脱落下来的冰粒子。产生这种单体的层面被称为“播撒区”,因为它把冰粒子从这个层面降落到下面的云层里。播撒区下面的云层被称为“受播区”,由于活跃的水汽淀积(或可能是凇附)生长作用,冰粒子通过受播区时质量大大增加①。其余 80%的降水质量是在受播区中通过水汽的凝结作用而获得的,雨带中强烈的抬升作用使得有足够多的水汽,凝结到从初生的对流单体里产生的冰晶上。因此,初生的对流单体和雨带动力作用联合起来,在活跃的雨层云中产生增强的大范围上升运动区,共同成就了层状云降水。

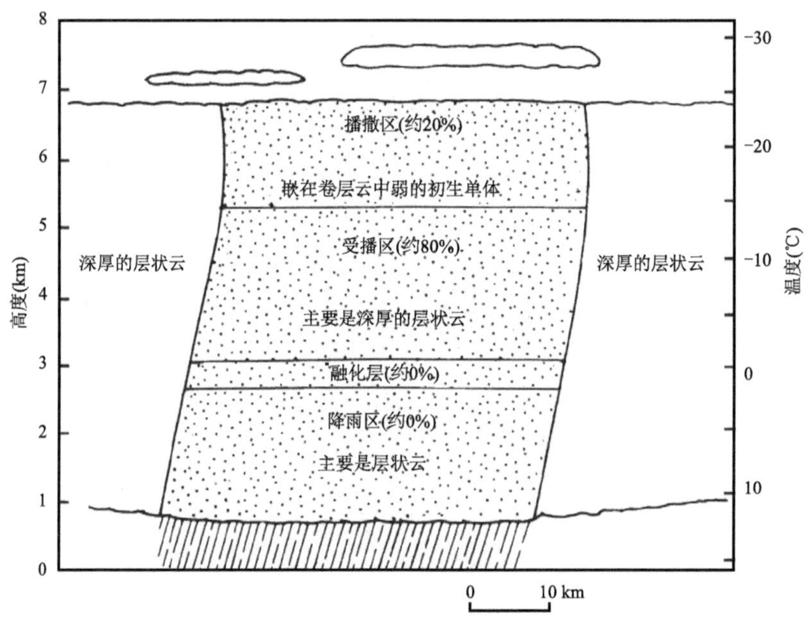

图 6.7 华盛顿州西部锋面过境时冷锋云系的剖面示意图。引自 Hobbs(1980),经美国气象学会许再版

图 6.8 中所表示的锋面降水个例,属于雨层云降水机制的另一种情况。在该个例中,在雷达回波的亮带上方可见生成单体产生的雨幡②。这个个例与图 6.7 中个例的差别在于,该个例中雨带的中尺度上升运动延伸到了低层,使得降水粒子通过碰并亮带中和亮带下面的云水

① 播撒-受播机制的基本概念是由 Bergeron(1950)提出的。他提出这个概念是专门为了解释地形云的形成机制。但是后来发现这个概念有更广泛的应用价值。它在解释雨层云的行为规律时非常有用。

② 雨幡可能都起源于位于某个高度层面(即 5~6 km)初生对流单体中。但是图 6.8 中左边的两个雨幡,其母体对流单体可能已经消亡了,或者在剖面图外面的某个地方。

而继续生长。如图所示，65%的降水质量源于 0 ℃以下的初生对流单体所产生的粒子。我们可借助数值模拟来证明：图 6.6 — 6.8 里从锋面雨层云中获得的观测事实，与观测到的大气运动和第 3 章所述的微物理过程都一致。图 6.9 为数值试验的设计图。数值模拟计算在受播区执行。该区域里的垂直和水平运动根据多普勒雷达的测量结果设定。垂直运动的廓线如图所示，速度范围在 20～50 $cm \cdot s^{-1}$之间，它满足式(6.1a)表示的活跃层状云降水过程的理想垂直速度。假定冰粒子从上部的初生对流单体进入受播区。为了表示冰粒子的源地来自初生单体，在整个计算过程中设定下落雪粒子的混合比在受播区的上边界为 1 $g \cdot kg^{-1}$。随着雪花不断落入模拟区域，对二维(在 y 方向无变化)的平均变量热力学方程式(2.78)和水连续方程式(2.81)进行积分，直到模式中的变量达到稳定状态。忽略扰动通量项，不考虑辐射的作用，因此，$\overline{\mathscr{H}}$中所包含的非绝热加热项只和水汽相变释放的潜热有关系。水连续性方程中假定：水物质的种类，为第 3.6.3 节中讨论的水汽连续性模型里，冷云中水物质的类别，包括：水汽(q_v)、云水(q_c)、雨水(q_r)、云冰(q_I)和雪(q_s)。由于此类雨层云中并不大量存在霰和雹，故方程中不包含这两种类型的水物质。计算结果如图 6.10 所示。在受播区的顶部层，水汽淀积生长是从初生单体中落下雪粒子的唯一生长方式(图 6.10a)。在紧邻 0 ℃层的上面，存在一个厚度为 1～1.5 km 的高度层。在这个高度层里，凇附是最重要的粒子生长方式。该个例的数值模拟结果与飞机对这个风暴观测的结果一致。飞机观测显示在这个区域有一些凇附粒子(图 6.8)。该区域下部 0 ℃层以上的地方，满足公式(6.1a)的垂直速度大约为 10 $cm \cdot s^{-1}$上下，该速度足以维持水汽饱和，并在降雪从上面落下来的地方，有少量的液态水存在。模式能

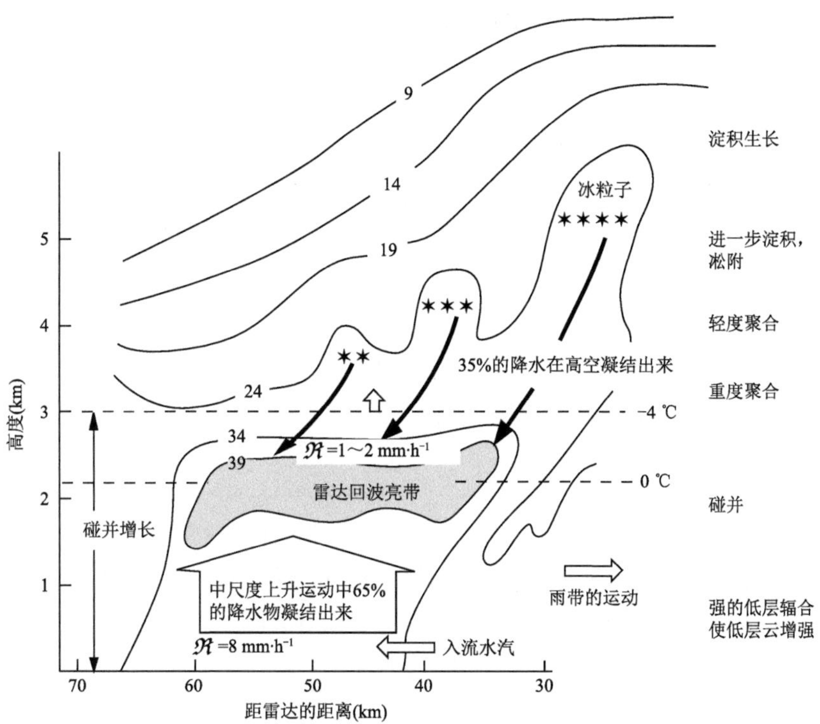

图 6.8　华盛顿州西部的一个层状云锋面降雨区中动力和微物理过程的示意图。引自 Houze(1981)，经美国气象学会许可再版

够模拟出明显的融化层(图 6.10c)。在 0 ℃层高度的下面(图 6.10d),由雪融化形成的雨滴,在它们刚刚产生,并生长为冰粒子之前,由于大气中的上升运动,可通过云滴的碰并作用而继续增长,因此,受播区可以向下伸展至比 0 ℃层高度更低的暖空气中。

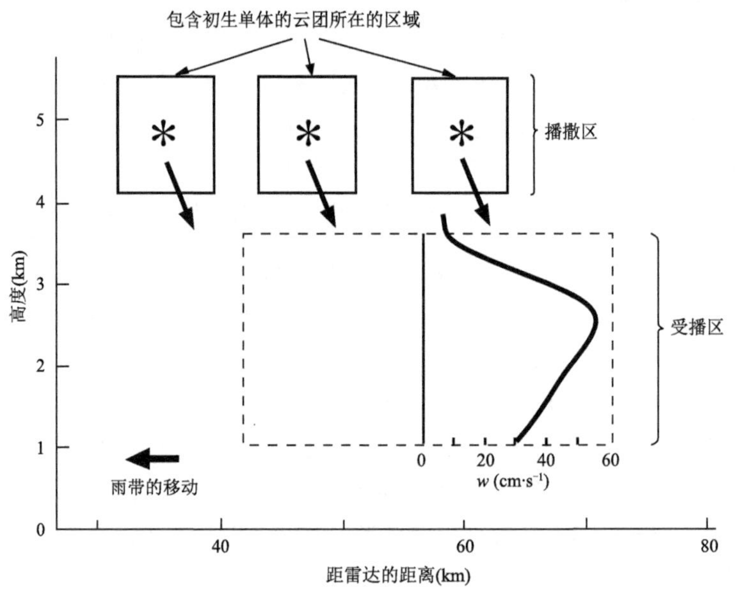

图 6.9 锋面层状云中降水过程的数值模拟设计图。虚线包围模拟区的边界。星号表示在初生单体中生成并下落到模拟区域的冰粒子。引自 Rutledge 和 Hobbs(1983),经美国气象学会许可再版

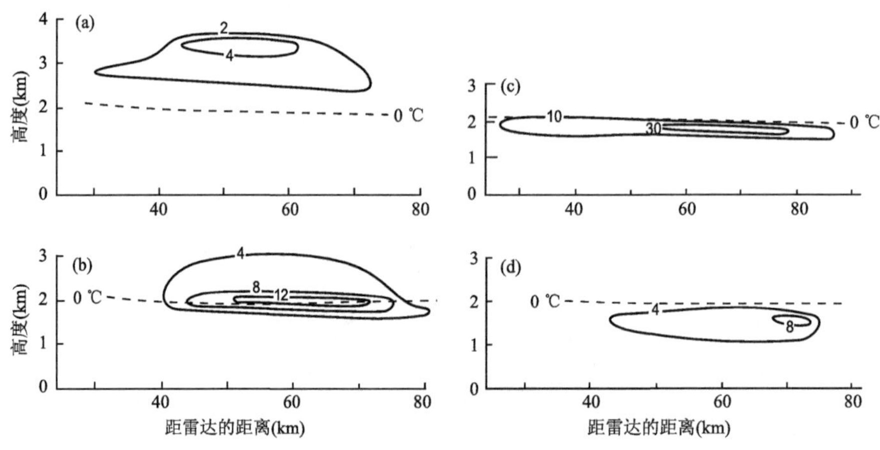

图 6.10 锋面层状云中降水过程的数值模拟结果。(a)雪的淀积增长;(b)雪碰并云水的淞附过程;(c)融雪;(d)雨水碰并云水而生长。所有变量的单位为 10^{-4} g·kg^{-1}。引自 Rutledge 和 Hobbs(1983),经美国气象学会许可再版

这个例子说明了在满足公式(6.1a)的活跃层状云降水区中,可能出现的降水物质生长全过程。如果大气中的垂直运动在垂直方向的分布与图 6.9 所示的不同,则从紧邻融化层的上面向下降落到雨层云的下部,可能发生其他各种分层的过程。如果温和的正值上升运动区范

围向下扩展到了 0 ℃层(但没有延伸到 0 ℃层以下),则将依次发生如图 6.10a — c 所示的过程,但不会发生如图 6.10d 所示的并合过程。若仅在 3 km 以上的高度层里存在上升运动,则既不会发生并合过程,也不会发生凇附过程,而只会发生如图 6.10a 所示的淀积增长,然后是如图 6.10c 所示的融化过程。如果在 0 ℃层高度以下大气中,垂直运动为向下而非向上(这种情形在锋面和中尺度系统的雨层云中都很常见),那么随后出现的水汽淀积、凇附和融化过程(图 6.10a — c),将通过蒸发而使得雨滴的质量减少,而不是通过粒子的并合而使得雨滴的质量增加(图 6.10d)。因此,当高空初生单体向下面撒播冰粒子时,所产生雨层云的确切类型,依赖于初生单体下面各个高度层中,大范围平均垂直运动速度 $\overline{w}$ 在垂直方向上的分布。实际的 $\overline{w}$ 垂直分布,还取决于云层所在的中尺度动力背景场类型。

6.6 深对流产生的层状云降水

6.6.1 粒子喷泉和深对流单体向雨层云的演变

降水冰粒子可以被深对流携带到对流层上部,并广泛地扩散。图 6.11 是发生在孤立对流单体中上述过程的示意图。气块受到浮力的作用跨越深厚的垂直距离上升,在此过程中随气压下降而膨胀,因此,上升对流单体的水平伸展范围在高层大于低层。图 6.12 简单地表示在一组翻转深对流单体中上述过程如何发生的示意图。图 6.12b 说明粒子在被对流上升气流携带着上升的过程中,如何主要通过碰并(并合、凇附、聚合)而生长(见图 6.1 的相关描述)。较重的降水粒子通过碰并而快速生长,在低层就离开了浮力气块,落入一个相对较窄的水平区域。从对流单体中落下的阵雨,大部分源于这些粒子。但是,当上升气块所处的高度层较高时,它向扩展以后的对流单体下面大范围的水平区域里播撒冰粒子,类似喷泉向上和向外喷水的情景(图 6.12b)。在这个"粒子喷泉"中,较重的粒子从接近上升气流区域中心部位的低层

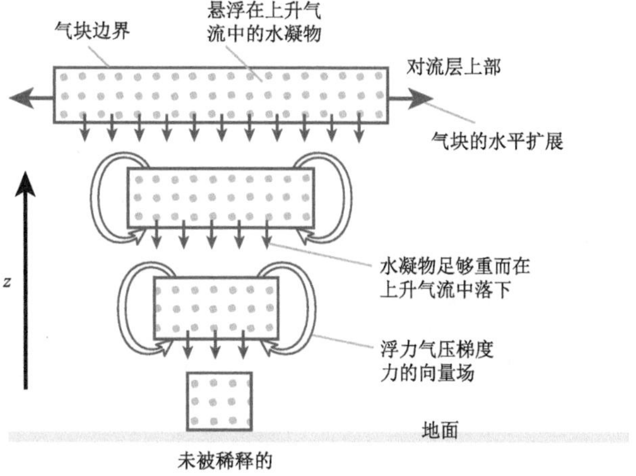

图 6.11 浮力上升单体的概念模型。实心点表示在上升气流中悬浮的水凝物,向下的箭头表示粒子足够重而在上升气流中落下,水平箭头表示气块在水平方向上的扩展。空心箭头表示浮力气压梯度力(图 7.1)的向量场。引自 Yuter 和 Houze(1995b),经美国气象学会许可再版

落出,而较轻的粒子则由上升气流上层的辐散部分携带着向上、向外,从而降落在对流上升气流周围一个较大的区域中①。如图 6.11 所示,包含在拓展中对流上升单体中的冰粒子后来也降落到低层。由于对流单体中的大气在上层弱浮力条件下缓慢地上升,使得冰粒子在下降过程中继续生长。通过这种方式,每个深对流单体都可以在对流层上部产生大量的雨层云。

当几支深厚的上升气流位置彼此靠近时,扩展中的粒子喷泉在高层融合,在由单体下部降落的大粒子所形成的狭窄的集中降水区之间形成雷达回波较弱的弱降水区。雷达回波的特征是:在包含对流单体的大尺度和中尺度区域里较弱的回波中,嵌有垂直伸展范围较大的高反射率中心(图 6.12c)。由于从粒子喷泉上部落下了冰粒子,夹杂在弱降水区之间,在雷达回波上可能出现亮带。但是,由于对流单体之间存在向下的补偿运动,以及(或)对流单体之间大气的垂直运动速度本来就接近于 0,使得 $\overline{w} \leqslant 0$ 。因此这种出现在活跃单体之间的中间区域,其平均垂直运动通常满足式(6.1b)而非式(6.1a)。在这种情形下,由单体间粒子喷泉沉降而形成的弱降水,是第 6.1 节所定义的不活跃的层状云降水。

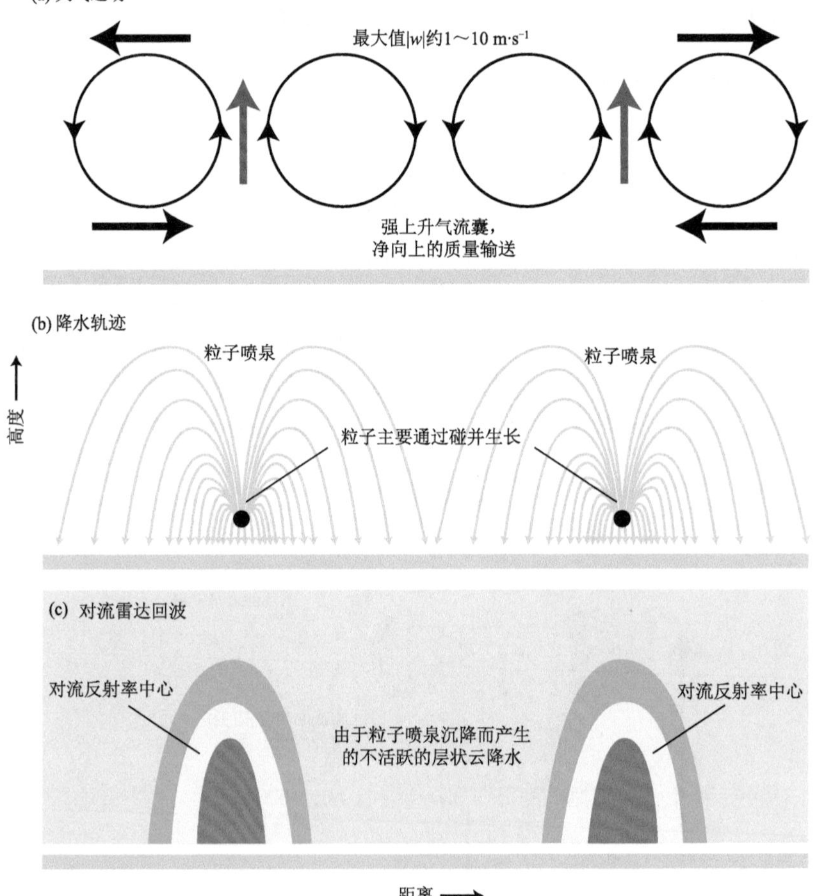

图 6.12 在环境场无垂直切变的情况下,产生强降水的旺盛对流在其早期阶段的理想化的垂直剖面概念图。引自 Houze(1997),经美国气象学会许可再版

① 对流上升运动起粒子喷泉那样的作用,其概念模型是由 Yuter 和 Houze(1995b)提出的。

图 6.12a 中，在紧邻浮升气块的外面，翻转对流单体的向下运动，代表了环境对上升单体大气运动的响应。我们将在第 7.2 节中进一步讨论:浮力单体外面的大气压力，迫使外部空气卷入气块的尾迹，使气块在上升加速时保持质量守恒。在图 6.11 中用宽箭头矢量场表示大气压力。随着气块的浮力减弱，气块的上升和周围的向下拖曳力减弱，对流区域的上部同时存在弱的上升和下沉运动(图 6.13a)。观测表明大气平均垂直运动为正，但是很弱，满足式(6.1)。在本阶段，除了稍活跃的对流区中孤立残留的对流体以外，在其他区域冰粒子不再向上输送。相反，粒子缓慢地向下降落，同时通过扩散、聚合和凇附生长，直至到达 0 ℃层。在紧邻 0 ℃层的下面，粒子融化，并在雷达上生成亮带(图 6.13c)。如第 6.2 节所述，亮带是层状云降水的典型标志。通过这种途径，深对流区演变为层状云降水区。雷达观测特征也由图 6.12 说明的对流区模态演变为如图 6.13 那样的层状云区模态。之后的图块表明:雷达亮带变得略为破碎和不规则，层状云降水起源于各种类型的对流单体，这些原来活跃的对流单体后来以不同的方式衰弱。如果降水区中存在风切变，旧单体中的冰粒子沉降下来，那么有些衰亡阶段单体的下

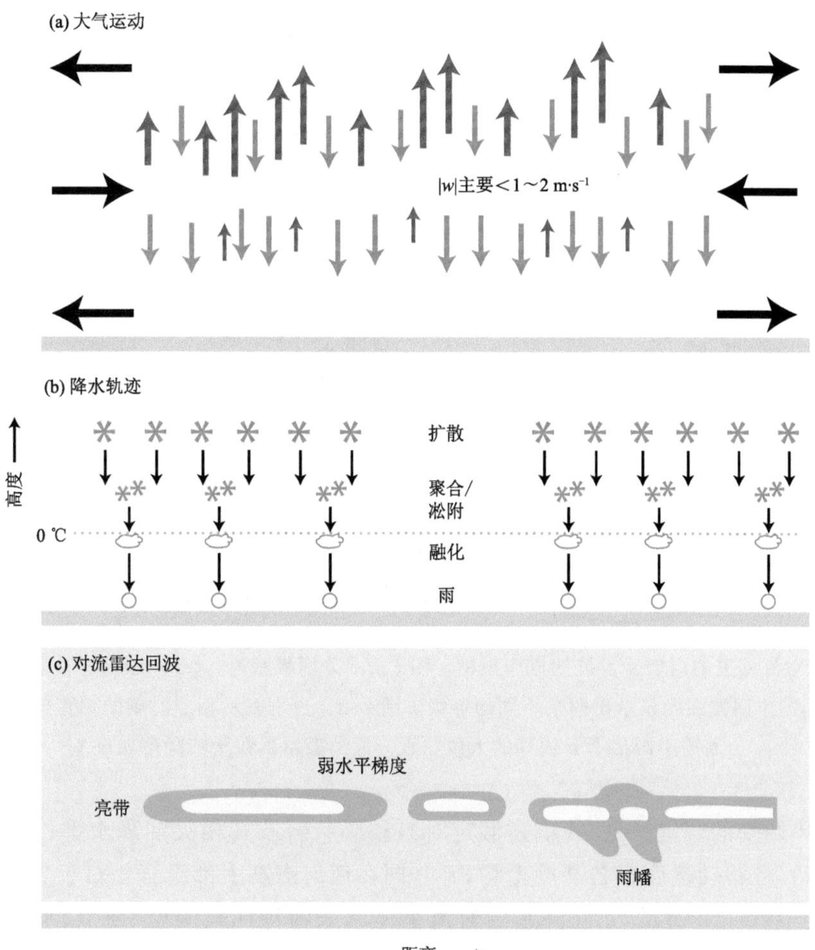

图 6.13　出现层状云结构衰亡对流的垂直剖面概念模型。引自 Houze(1997)，经美国气象学会许可再版

面会出现如初生单体那样的雨幡①。

6.6.2 深对流接续发展产生的层状云降水

图 6.11 — 6.13 阐述了以高度理想化的方式从一组对流单体生成雨层云和层状云降水的过程。在实际的风暴中,这种过程发生在各种不同的环境条件下,这些环境条件由局地风切变、湿度场的空间变化、热力层结以及随机触发机制(地形、锋面、干线等)共同决定。这些组织因素经常导致对流单体系统性地存在于层状云降水区的某个边缘。在这种情形下,云和降水的结构发展如图 6.14 所示。图 6.14 中所有小图的坐标系都是随云系而移动的。我们在本节中关于图 6.14 的所有讨论,都假定没有风切变。在下一节中,我们将讨论风切变对层状云生成过程的影响。

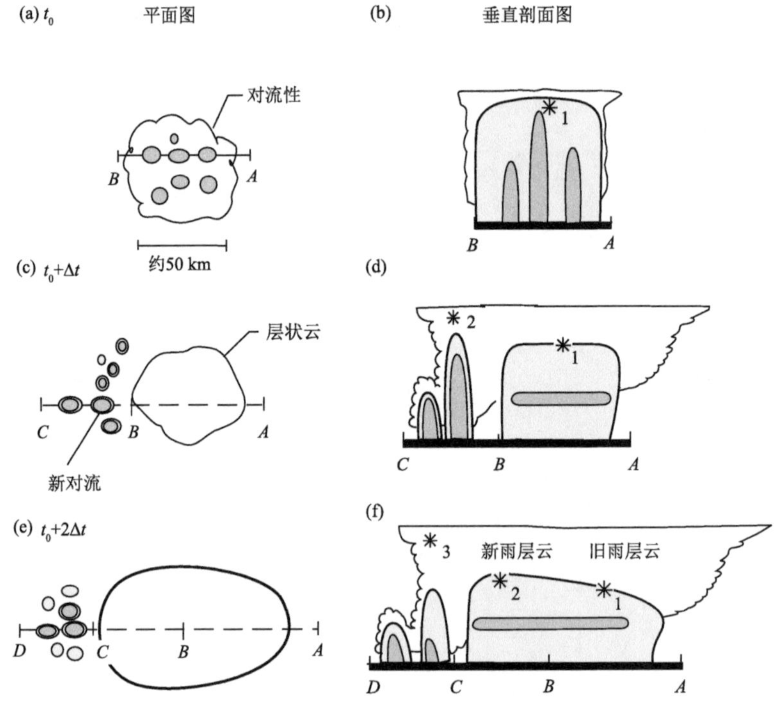

图 6.14 与深对流相关的雨层云发展的概念模型。图 a、c、e 分别表示为 t_0、$t_0+\Delta t$、$t_0+2\Delta t$ 时刻地面的水平雷达回波结构,图中回波强度显示出两个不同的等级。图 b、d、f 分别表示相应时刻的垂直剖面图。在垂直剖面图中画出了云边界的大致位置。星号表示冰粒子的降落轨迹

与没有风切变的假定一致,我们还假定对流和层状云及其相关的降水都以同样的速度向同一方向移动,且移动速度在各高度上均相同(即在任何高度上都没有相对于坐标系的水平大气运动)②。如图 6.1b 所示,正在降水的对流单体原来的特征是局地、强烈、垂直伸展的降水

---

① Yuter 和 Houze(1997)提供了热带中尺度对流系统中嵌在层状云区里一些雨幡的例子,这些个例由飞机的高分辨雷达在融化层附近观测得到。

② 这里不存在风切变的假定,忽略了为了补偿云系中的垂直运动连续方程所需要的微小水平运动分量。对于定性讨论,这种近似处理问题不大。因为这些微小的水平运动分量只会略微改变这个解释中所提出的理想化图像。

中心，在生命史的后期才演变为层状云的结构（特点为雷达回波的亮带）。由此可知，如果所有的对流单体在时刻 t_0 排列为一组（图 6.14a — b）并同时减弱，随时间推移，在 $t_0 + \Delta t$ 时刻，如图 6.14c — d，整个对流区域逐渐演变为由早期对流单体衰亡后的残余部分构成的层状云降水区。如果在同样的时段里，一组新的对流单体（图 6.14c — d 的左侧）形成了，那么云系的总体结构就会变为图 6.14d 所示的情形，即积雨云和雨层云组合在一起，其中积雨云位于层云区的一侧。云的右侧（介于 A 和 B 之间）为由最初的对流减弱形成的雨层云，而左侧（B 和 C 之间）为新生的积雨云。若 $t_0 + \Delta t$ 时刻新生的对流随后减弱并演变为雨层云，并在左侧形成另一个对流区，那么 $t_0 + 2\Delta t$ 时刻的云和对流结构如图 6.14e — f 所示。在最右侧的区域（A 和 B 之间）是由最初的对流形成的最早期的雨层云，中间区域（B 和 C 之间）是由 $t_0 + \Delta t$ 时刻减弱的对流形成的新生的雨层云，最左侧（C 和 D 之间）是最新形成的积雨云。

这样，当接连不断地有一系列对流单体减弱并成为层状云的一部分时，就可以形成一个范围相当宽广的雨层云区。在这个过程中，重要的是：在这种类型的雨层云中，许多降水尺度的冰粒子，并非在雨层云里而是在邻近的对流区里核化的。整个雨层云区上部存在满足式(6.1a)的大范围平均上升运动，使得层状云降水长时间维持。这种大范围的大气平均上升运动是积雨云顶部大气中小而向上的正浮力的残余效应，积雨云减弱而形成层状云。上升速度要快到足以为冰粒子的生长提供水汽，但又要慢到使得粒子容易向下飘落。这种可降水的冰粒子是在云发展过程中的积雨云阶段产生的。当积雨云消亡并呈现层状云特征时，可降水的冰粒子已经存在，并且正处在下落的过程中。冰粒子生命期的三个阶段如图 6.14 所示。如图 6.14b 所示，粒子 1 在 t_0 时刻接近对流单体的顶部。它形成于云的下部，在被对流云里强烈的上升运动携带至高层的过程中生长到可降水的尺度。当对流上升气流减弱时，粒子穿过雨层云上部缓慢地上升至运动区而降落。在 $t_0 + \Delta t$ 时刻，如图 6.14d 所示，粒子到达云顶和融化层之间的位置，这里位于示意图中 t_0 时刻粒子位置的正下方。示意图的坐标系是随云和降水移动的，不存在风场的垂直切变。同时，粒子 2 已经在 B 和 C 之间的新生对流中生成了，并已经到达上层。当 B 和 C 之间的对流减弱时，粒子 2 以与粒子 1 相同的方式下落。在 $t_0 + 2\Delta t$ 时刻，粒子 2 正在穿过新生雨层云的上部向下降落的途中。此时，粒子 1 已经落到更下面了，恰好位于融化层（图 6.14f）的上面邻近区域。粒子 3 已经在 C 和 D 之间的新生对流区顶部出现，当这个新生的对流区减弱时，粒子 3 将以上述同样的方式下落。

6.6.3 不同风切变环境下对流再发展产生的层状云降水

从图 6.14f 中位于 1、2、3 地点的粒子，我们看到了以下的过程：可降水尺度的冰粒子生成，在深对流单体的上升气流中被携带到高空进入雨层云上部，然后缓慢地降落到融化层。在没有风切变的情况下，不存在相对于云系的大气运动，每个粒子的运动轨迹在随云系而移动的坐标系中都是垂直上下的。然而在有风切变存在的情况下，如图 6.14 中所表示的过程那样，对流有规则地独立再生发展，更加常见。图 6.15 显示了一种发展方式，在这种发展方式中，风切变使得风暴演变成如图 6.14f 所示的结构。图 6.15 中假定对流单体和与其相关的粒子喷泉接连不断地产生，使得风暴向图右下角的方向运动。如图所示，在对流气块上升的过程中推动对流线向前移动，同时切变气流把对流气块以及其中喷泉状散开的粒子向后平流，朝着对流线运动方向的后部扩散。气块升到顶部时水平膨胀，正在降水的上升气块在那里滞留，把高空冰粒子播撒到层状云的上部,它们成为降水层状云中冰粒子的主要来源。在先前活跃的浮力对流气块中,强烈的上升气流已经预先使得冰粒子生长到可以降水的尺度,所以它们在高层无需重新核化。在如此构想的物理过程中,图 6.14f 中标记为 3、2、1 的冰粒子,可以被认为是在一系列接续的时间,同一个粒子的位置。也就是说,一个粒子的运动轨迹是这样的:它在上升的深对流中生成,然后沿水平方向朝系统的后部输送并进入雨层云。连接 3、2、1 各点倾斜的粒子运动轨迹线由环境大气相对于系统的水平运动和冰粒子的下落速度两者共同决定。这样的解释与没有风切变的情况形成了鲜明的对比。在没有风切变的情况下,点 3、2、1 是不同的对流单体中不同的粒子在不同发展阶段的位置。

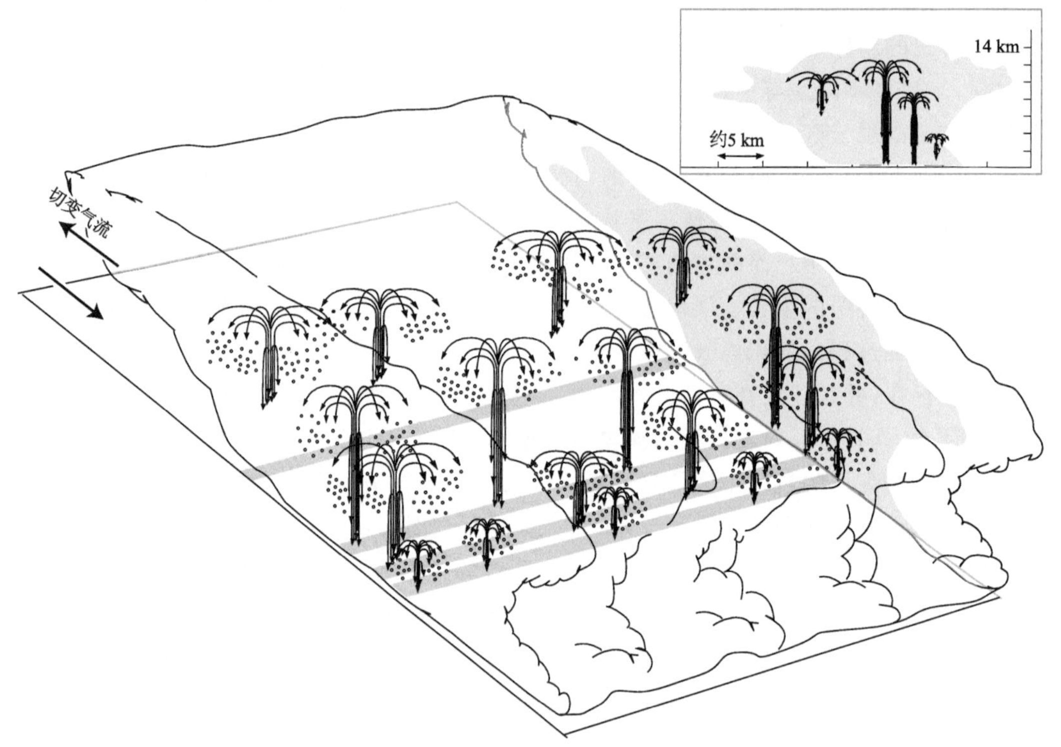

图 6.15 多个上升单元的中尺度对流复合体里"粒子喷泉"的概念模型。阴影区表示沿垂直于对流区剖面的雷达反射率。扇贝形线表示云区的边界。插图为最大粒子喷泉的大致尺度和在雷达回波中的排列。引自 Yuter 和 Houze(1995b),经美国气象学会许可再版

图 6.15 所示的风切变环境中再生对流单体的排列方式十分常见。然而,其他的切变结构与连续再生的对流单体,会共同产生其他类型的对流单体及层状云降水。例如:

(1)特殊情况之一是在没有风切变的环境气流中对流退化,在最初的一群对流单体(图 6.14a — b)消亡后,没有新的对流单体产生,因此,在 $t_0 + \Delta t$ 时刻层状云降水并不伴有如图 6.14b 所示的新生对流,降水完全在雨层云中产生。尽管如此,在这种对流退化的情况下,从雨层云中降落下来的冰粒子,仍然起源于早期的对流,该过程与在雨层云的侧面继续有对流再生和存在的情况完全相同。

(2)另一种情况发生在有风切变的环境气流中,与图 6.15 的情况相似,但是高层相对于系统的水平气流非常强烈。在这种情形下,图 6.14f 的层状云区和对流区在水平方向上是相互

分离的。示意图 6.16 解释了这类结构。从对流单体上部落下大量的粒子，造成强烈的层状云降水，并在雷达回波上产生明显的亮带。这个亮带与对流单体之间，有弱回波，或无回波的过渡区。高层风场很强，能够将缓慢降落的冰粒子携带到足够远的下游，因而在中间产生无回波区①。

(3)在某些情况下，随低层风场快速移动的对流单体，可能与另一区域里原来存在的、由深对流产生的降水性层状云碰撞，并且合并到它的里面去。图 6.17 说明了这类结构的风暴如何在赤道附近的印度洋地区发生的过程，该地区在低层西风之上存在强烈的东风带(即存在强烈的风切变)②。

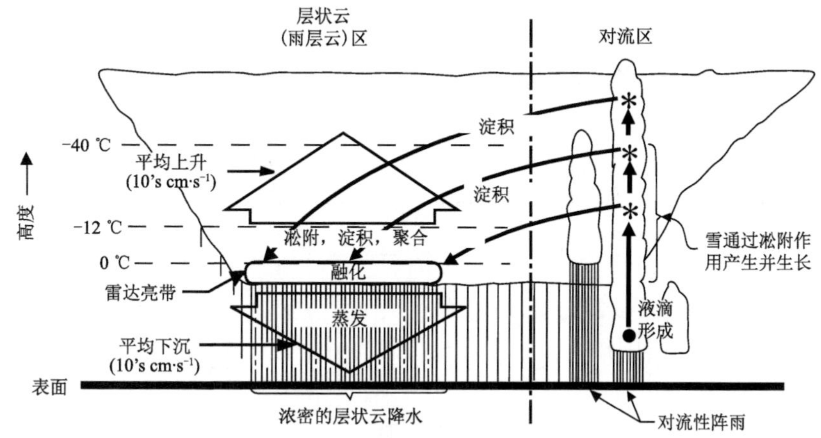

图 6.16　中尺度对流系统中降水机制的示意图。实线箭头表示粒子运动轨迹。引自 Houze(1989)，经英国皇家气象学会许可再版

6.6.4　与深对流云有关系的层状云降水微物理过程

图 6.1 — 6.2 定性地解释了雨层云里各个高度层上主要的微物理过程。图 6.13 更具体地说明了在由原来旺盛的深对流发展而来的雨层云中，这种微物理过程的分层是如何发生的。我们利用模式模拟了一次具有图 6.16 所示结构的风暴里与深对流有关的层状云降水过程，这为这种微物理过程分层分布的格局提供了证据。示意图表明，对流上升气流中冰粒子生长的主要机制是凇附。当粒子被平流至层状云区以后，在−12～0 ℃的高度层中，粒子质量增加的最主要的方式是水汽淀积，高层大范围的上升运动使得水汽淀积可能发生。在温度大约为−12 ℃高度层的下面，聚合过程产生尺度大的粒子，但聚合过程并不增加降水物质的总质量。在这个高度层中，特别是在融化层的上面，凇附过程可以增加降水粒子的总质量。粒子在融化以后穿过下沉的空气落下，第 9 章将讨论在这个较低的高度层里空气下沉的原因。雨滴在下落过程中经过下部的这个高度层时会部分蒸发。

通过与图 6.9 — 6.10 中所述类似的方法，确定了上述微物理过程的概念图。如前述的数

① 对流区和层状云降水区之间的空隙，首先由 Ligda(1956)注意到，之后由 Biggerstaff 和 Houze(1993)以及 Braun 和 Houze(1994)描述细节并进行物理解释。这个空隙称为过渡带，将在第 9.5.1 节中进一步讨论。

② 细节见 Yamada 等(2010)。

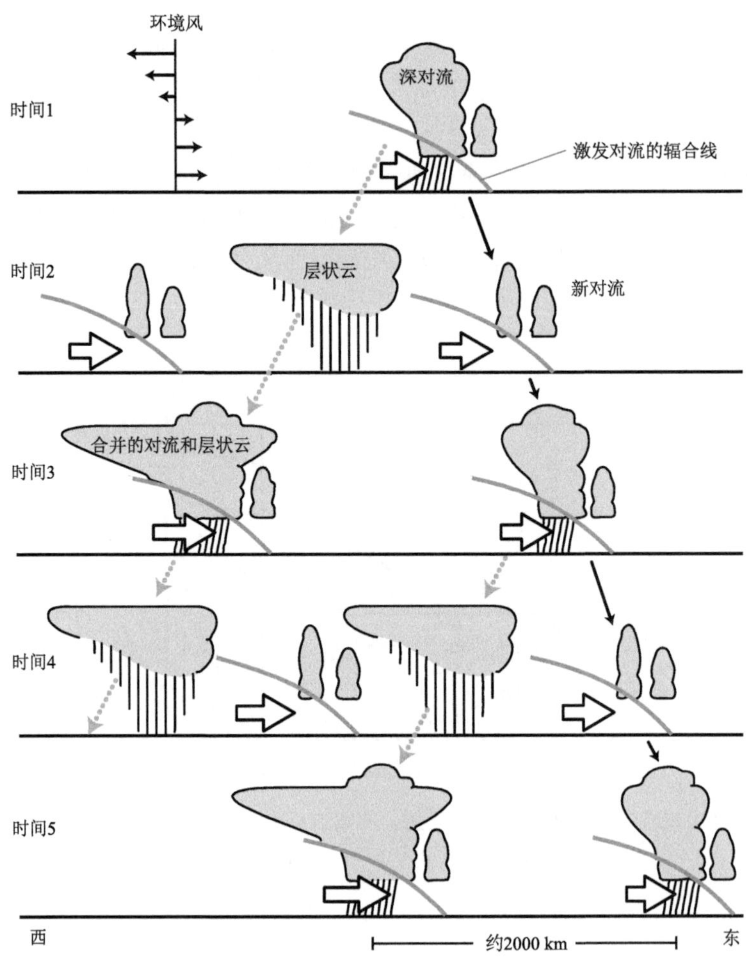

图 6.17　在邻近赤道的印度洋地区的对流演变示意图。向东移动的辐合线激发产生了对流，对流层下部的风场把新的边界层初生对流向东平流。高层风场将对流在东边成熟时形成的层状云和降水区向西平流，它阻碍西部新的对流形成。引自 Yamada(2010)，经美国气象学会许可再版

值模拟中的做法一样，空气的运动速度采用多普勒雷达测量的结果，并在计算中将其设成常数。对二维热力学方程和总体微物理水连续性方程进行积分，直到模式达到稳定状态。假设对流区已经正在跨越雨层云的侧边界提供降水冰粒子。图 6.18 为多普勒雷达观测的水平风和垂直运动。如图 6.15 所示，气流通常从右至左穿过对流区，使得在对流区中产生的云中的冰和雪被平流进入层状云，并随后穿过层状云区。高层大气中的上升运动为由对流区进入层状云区的冰粒子在下落至 0 ℃层高度(在该个例中位于 3～4 km 高度之间)之前继续生长提供了环境场。在水连续性方程(见第 2.1.5 节和第 3.4 — 3.7 节)中，假定水物质的种类有水汽(q_v)、云水(q_c)、雨水(q_r)、云冰(q_I)及其他两类降水冰粒子。低密度雪(用混合比 q_s 表示)的典型下降速度约为 1 $m \cdot s^{-1}$，而高密度雪(用混合比 q_g 表示)的典型下降速度约为 3 $m \cdot s^{-1}$。

低密度雪、高密度雪和雨水的混合比 q_s 、q_g 、q_r 在稳定状态下的分布见图 6.19。通过撞冻过程，低密度的雪被清除，而图 6.19a — b 中密度较高的雪积累下来。由图 6.19b 可明显地

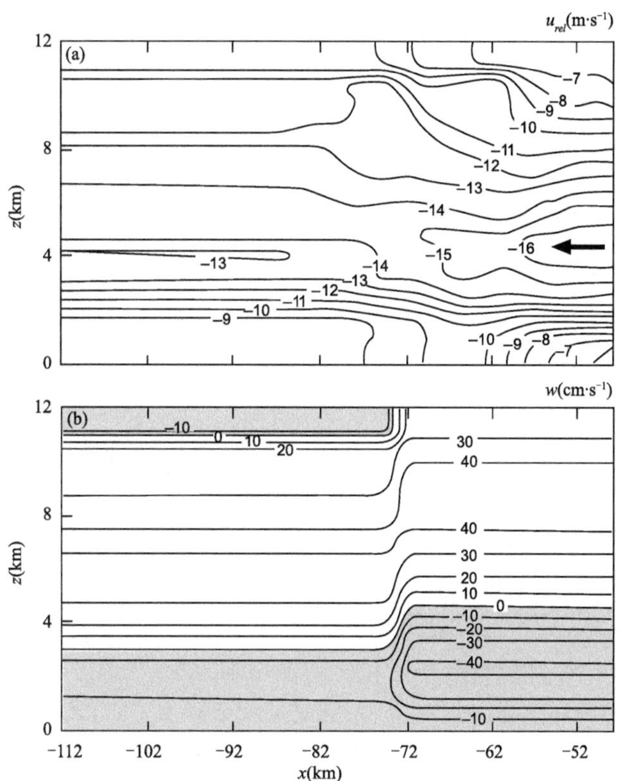

图 6.18　层状云数值模拟试验中假定的模拟范围里水平风场和垂直大气运动的分布图。假定深对流位于该区域的右侧。数据来自美国俄克拉何马州观测到的一次飑线中尺度对流系统。引自 Rutledge 和 Houze(1987)，经美国气象学会许可再版

看出高密度雪粒子落下的倾斜路径。当更多高密度的雪到达融化层时，最高密度的 q_g 出现在水平坐标为－90～－70 km 之间的地方(见图 6.19b)。雪随后融化并迅速下落，因此此处低层雨水的浓度最大(图 6.19c)。图 6.20 进一步证实了最大降水率和雷达反射率对应更浓稠的雪和雨。因此，雨层云里最强降水发生的位置取决于对流区里所产生的雪下落的方式。

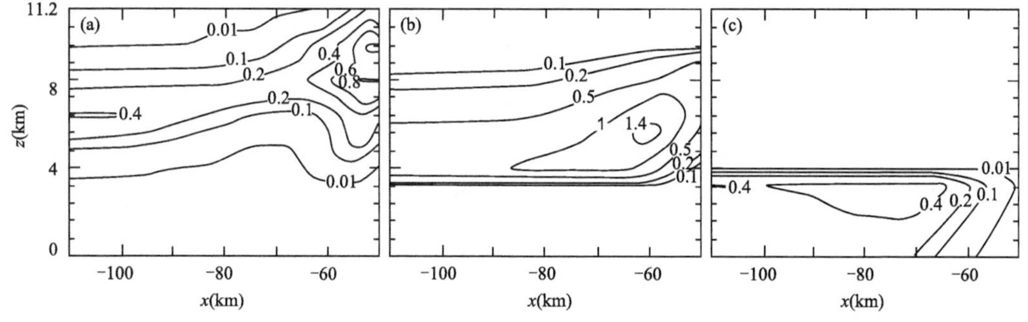

图 6.19　与深对流相关的层云数值模拟区中雪、霰和雨水的混合比 q_s (a)、q_g (b)和 q_r (c)在稳定状态时的分布，单位为 g·kg^{-1}。深对流位于计算区域右侧。引自 Rutledge 和 Houze(1987)，经美国气象学会许可再版

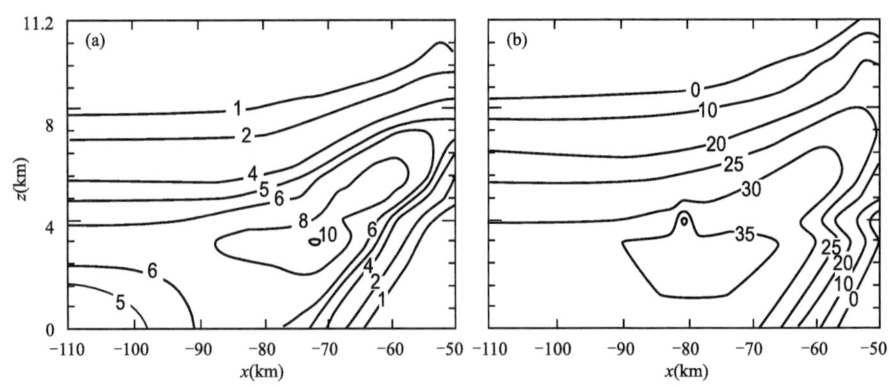

图 6.20　同图 6.19,但(a)为降水率(mm·h^{-1}),(b)为雷达反射率(dBZ)。引自 Rutledge 和 Houze(1987),经美国气象学会许可再版

尽管在这种类型的雨层云中最强降水的位置取决于相邻对流区里所产生的雪粒子落下的轨迹,但是层状云中的降水量却是由多种因素综合决定的。对流产生了最初进入雨层云并随后降落的雪。在这些雪粒子穿过深厚的层状云降落的过程中,它们捕获了许多水物质。在融化之前(图 6.21c)通过水汽淀积(图 6.21a — b)而增加质量,在通过融化层以下的高度层降落时又部分蒸发(图 6.21d)。模式中产生了大量的层状云降水,与观测结果一致。

两个关于层状云降水的数值模拟试验给出了进一步结果。在第一个试验中,将整个层状云区里的大气垂直速度设为 0 而非图 6.18b 中的分布。层状云区内在无大气垂直运动的情况下,降水粒子由对流区进入层状云区,在落下的同时随平流而水平运动。在层状云区内粒子不发生水汽淀积生长过程。在这种情形下,降水的类型保持定性不变,但到达地面的降水总量减少了四成。这证明了层状云区里粒子生长过程的重要性:大气的垂直运动通过凝结作用产生液态水滴,然后淀积到下落的降水粒子上。尽管冰粒子起源于对流单体,但是在雨层云上部大范围的中尺度上升运动区里,粒子后来的继续生长对层状云区里的降水量有很大贡献。在第二个试验中,将大气垂直速度仍然保持为图 6.18b 所示的分布,但切断试验区域右边界(即来自对流区)冰粒子的流入通量。没有降水尺度冰粒子的流入,几乎没有降水落到地面。在这种情形下,雨层云中所有的冰粒子,都需要自己核化和生长。在被平流出模式模拟区域之前,粒子无法达到可以产生降水的尺度。

上述数值试验的结果表明,对流上升运动和层状云内大范围上升运动的共生关系,对于伴有深对流的雨层云降水具有重要作用。深对流的重要作用,是产生尺度大到可以从雨层云里的中尺度区域落出来的冰粒子;雨层云区内部大范围的上升运动也是非常重要的,它使得冰粒子在落出云区以前进一步生长,增加降水粒子的质量。

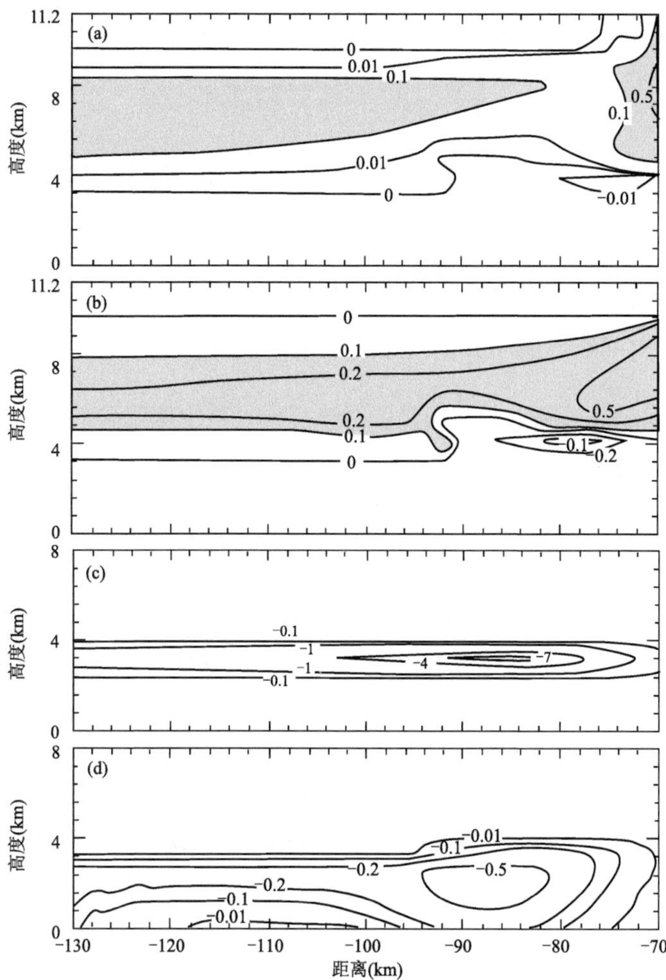

图 6.21　同图 6.19,但(a)为低密度雪的淀积生长率,(b)为高密度雪的淀积生长率,(c)为融化率,(d)为雨的蒸发率。单位为 10^{-3} g · kg^{-1}。由 Rutledge 提供

6.7　辐射对雨层云的作用

由第 5 章可知,较浅的层状云经常以层状湍流夹卷的形式出现。其中的湍流通常是受层结不稳定的驱动而产生的,云的辐射造成了层结不稳定。边界层里的层云、高层云和卷层云均提供了此种类型云动力学的例子。本章中的雨层云是相当深厚以至于它们无法完全用上述物理过程来解释。典型的雨层云的云底通常为 4 km 或更低,向上可以延伸到对流层顶(约 12～16 km,依赖于纬度和其他因素)。对流层中上部 8～12 km 的厚云远比较浅的层状云复杂。较浅的层状云只是受辐射驱动而造成的层状气流混合现象。如前面几节所述,其中一定还有其他重要的驱动因子同时对雨层云产生影响,例如锋面抬升、热带气旋的气流翻转、大范围地形上升运动或深对流等。不管怎样,深厚的雨层云一旦形成,就能够维持较长时间,这表明辐射过程可以通过使层结变得不稳定和产生湍流来改变雨层云的结构和动力过程。

为了研究辐射可以在多大程度上在雨层云中驱动湍流，对用于得到图 6.18 — 6.21 所示结论的数值模式进行了改动，在热力学方程中加入辐射和湍流混合项。为此，热力学方程式(2.78)写为：

$$\frac{\overline{D}\,\overline{\theta}}{Dt}=\overline{\dot{\mathscr{H}}}_L+\overline{\dot{\mathscr{H}}}_I+\overline{\dot{\mathscr{H}}}_S+\overline{\dot{\mathscr{H}}}_T \tag{6.2}$$

式中，右侧的项表示与相态变化有关的潜热加热($\overline{\dot{\mathscr{H}}}_L$ ，包括凝结、蒸发、升华、凝华、融化、冻结)；红外辐射加热($\overline{\dot{\mathscr{H}}}_I$)；短波辐射加热($\overline{\dot{\mathscr{H}}}_S$)；以及由湍流混合所引起的热量的重新分布($\overline{\dot{\mathscr{H}}}_T\equiv-\rho_o^{-1}\,\nabla\cdot\rho_o\,\overline{\mathbf{v}'\theta'}$)。假设云中水汽饱和，湍流混合由云中温度递减率的调整决定。模式计算中无论在什么情况下，只要温度递减率出现潜在不稳定($\frac{\partial\theta_e}{\partial z}<0$)，大气的层结就立即恢复到中性状态($\frac{\partial\theta_e}{\partial z}=0$)。$\overline{\dot{\mathscr{H}}}_T$ 实际上是在恢复层结稳定的过程中所隐含的加热或冷却。扰动通量的辐合包含在采用 K 理论公式(第 2.10.1 节)的水连续性方程中，选择合适的 K 值，使其所产生的混合，与对流调整 $\overline{\dot{\mathscr{H}}}_T$ 的量一致。对热力和水连续性方程的二维(y 无变化)形式进行时间积分，直到含有中尺度对流系统的雨层云区域达到稳定状态(与图 6.16 类似)。在积分过程中，雨层云里的大气运动设定为观测值，并保持为常数。

积分中公式(6.2)里各项水平平均稳定状态值的分布，如图 6.22 所示。云底位于 4 km 的高度，这也是 0 ℃层所在的高度，云顶高度大约为 13 km。在夜晚(图 6.22a)和白天(图 6.22b)，在云层里绝大部分地点，主要的非绝热加热是水汽淀积到冰上所释放的潜热。在云底以下，融化和蒸发作用产生冷却，这使得浅薄的云下层里产生不稳定。为了使温度递减率恢复稳定，出现了对流翻转，产生了薄的层状云。这解释了在 2～3 km 高度层之间净加热产生的原因。

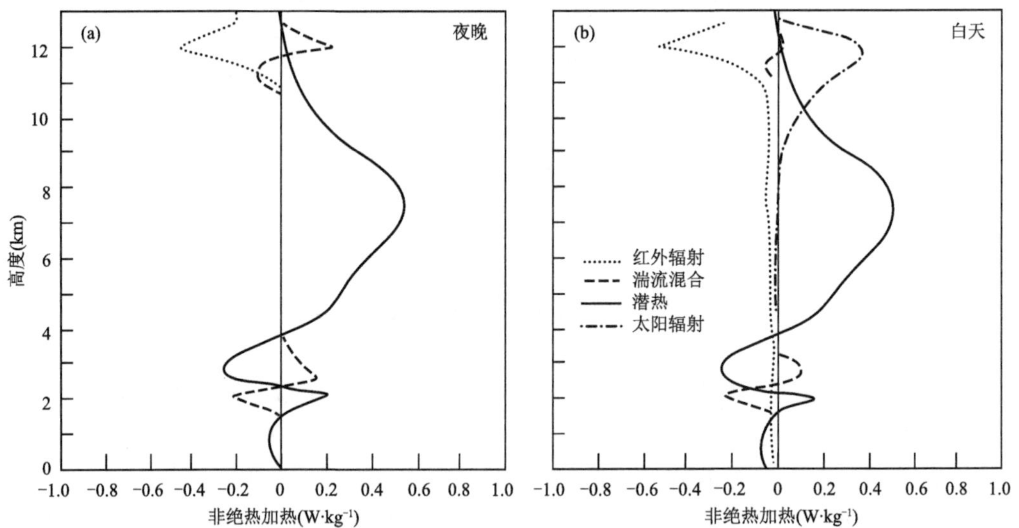

图 6.22 在有深对流的雨层云模式里模拟出的水平平均稳定状态的非绝热加热项。(a)夜晚；(b)白天。引自 Churchill 和 Houze (1991)，经美国气象学会许可再版

在夜晚(图 6.22a)，雨层云上部约 2.5 km 范围内通常由于红外辐射而冷却。这种冷却作用使得雨层云的上层产生不稳定，湍流的对流翻转通过加热 12 km 以上云顶部的 1 km 处，

并冷却紧邻 12 km 以下约 1.5 km 厚的云层，来恢复温度递减率。因此，深厚雨层云的最顶层变为辐射驱动的混合层。然而在雨层云的顶部，由于高度非常高、环境温度非常低，因此无法产生大量的雪向下层播撒。雪主要来源于与雨层云相邻的深对流区（图 6.16）。在云顶较低的雨层云中，辐射产生的不稳定可能对降水有更显著的影响。

在白天将太阳高度角设定为 30°，计算结果（图 6.22b）显示了太阳辐射如何改变雨层云上部的非绝热加热过程和廓线。虽然上层的短波吸收最强，但是其向下延伸的范围要远大于红外冷却。因此，太阳辐射加热在雨层云上部 4～5 km 的范围内形成最显著的热源。与太阳辐射相反，红外冷却非常强烈，使得云的顶部产生不稳定。所以白天也可能在云顶产生对流翻转。

6.8 对流性降水和层状云降水的分离

由于对流降水和层状云降水的动力和微物理特征大不相同，因此，在各种类型的分析中，把降水区分离为对流降水区和层状云降水区两部分十分必要。因为对流性降水和层状云降水之间的差别主要是垂直速度，因此，确定降水类型的主要依据就是大气的垂直速度。利用模式模拟结果或垂直指向多普勒雷达的观测数据，可以获得大气的垂直运动速度。通常情况下，可以获得的主要信息来自雷达反射率。根据雷达扫描时是否主要以垂直指向的模式工作（即：从卫星向下看，或从地基雷达向上看），获得降水的类型通常有两种方法。如果雷达波束以近于垂直的方向入射，穿过含有降水的气块，则雷达回波上的亮带可以用于确定降水是否为层状云降水（第 6.2 节）。沿着光束的空间分辨率几乎总是小于亮带的垂直厚度[①]。但是由于以下几种原因，可能无法检测到雷达回波亮带：(ⅰ)降水层完全由雪组成，在这种情况下没有融化层，因此，也没有回波亮带发生。(ⅱ)雷达波长较短，因此，电磁波被亮带衰减。(ⅲ)位于地面、船或飞机上的雷达天线由于仰角过低而没有指向亮带。(ⅳ)层状云降水可能强度较弱，不足以产生可被雷达有效识别的亮带。后一个原因与电磁传感器的光束填充特性有关。当雷达的垂直分辨率大于亮带的厚度时，亮带内较高的雷达反射率与亮带上下较低的反射率值相结合，所得出单位体积里的后向散射之和比亮带本身的后向散射低。由于有效雷达波束宽度随距离的增大而增大，在雷达以低仰角（近水平）扫描更远的范围时，波束过滤问题更为普遍。在使用陆基、舰载和机载雷达时，必须寻找另一种方法，不依赖于亮带，来区分层状云降水和对流降水的雷达回波。

图 6.23 给出一种用于分离对流性降水和层状云降水雷达回波的通用方法，该方法可尽量减少对雷达回波亮带的依赖[②]。这种技术的原理是首先识别出对流性降水，并把层状云降水回波视为尚未识别出的对流回波。在雷达回波场用直角坐标系表示的假设下，这种方法是最易可视化的。如果直角坐标系上某个像元的反射率值，超过了给定的反射率阈值，或超过了周围像元（约 10 km 直径范围内）的背景反射率和指定因子的乘积（该因子随对流中心反射率的降低而增加），则将该像元被检测为对流中心。若某个像元被检测为对流中心，则该像元周围的区域（通常是直径 4～5 km 范围内）就被定义为对流性降水区。通常几个对流中心是相互靠近的，对流区相互之间还有重叠，所以这些对流区域联合在一起，可以定义出尺度为数十至数百千米的连续对流区。这种分离方法并不试图识别个别上升气流产生的回波，而是关注如

---

① 在卫星和雷达数据中用亮带作为层状云降水主要指标的方法，是由 Awaka 等(1997)提出的。

② 这种方法由 Churchill 和 Houze(1984)提出，由 Steiner 等(1995)以及 Yuter 和 Houze(1997)进一步发展。

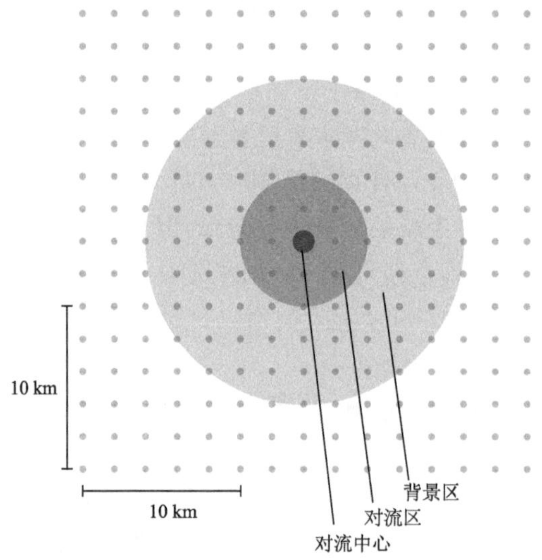

图 6.23 把对流性降水与其他降水分开的方法示意图。示意图假设数据位于 2 km 分辨率的直角坐标格点上(该方法可用于其他任何分辨率,也能适用于极坐标系)。算法检查每个格点的雷达反射率,如果该点反射率大于给定的阈值,或大于"背景区"(浅色阴影区,其大小约为半径 10 km)的平均反射率,并且围绕该点格点上的反射率符合一定的标准,则指定该点为对流中心。如果某个点被检测为对流中心,则该点及其周围 4～5 km 半径范围内的点,组成一个以该点为中心的"对流区"。对每个点重复这种检测计算,则得到的一系列对流区,它们联合在一起共同组成总的对流降水区。引自 Houze(1997),经美国气象学会许可再版

图 6.12a 所描绘的活跃对流区。水平雷达反射率图中任何未被识别为对流的像元,被定义为层状云降水像元或不可确定的类型。如果可以获取到三维雷达体数据,则可以进行一些额外的分类,例如识别降水是否到达地面。非对流性且未到达地表的回波被识别为层状云降水。为了确认这样的区分办法是否能够正确地识别回波是否应该归属于对流或层状云降水部分,需检查靠近雷达处(此处的波束足够窄而能够分辨亮带)雷达回波的垂直截面,以确认为了检测出对流回波而选择的标准(回波强度、回波强度与地面回波之比及对流中心周围的对流区范围)是否偶尔会把层状云回波算进来(即:由算法检测出的对流回波,是否包含有亮带)。如果发现该方法对某些回波进行了错误分类,则需调整检测标准和阈值,直到其能够对雷达附近的垂直回波结构准确地进行降水类型的分离。通常有某些回波难以确定是对流性还是层状云降水回波,此时可用一些合适的标准对此类回波进行滤除。最后,需要注意的是,在算法中只用一套阈值就进行对流/层状云降水的区分是不可能的,因为观测到的雷达回波强度与空间尺度(与雷达硬件以及如何将数据处理成空间网格相关)、雷达数据校准(或定标),以及与不同的地区和季节风暴特征的差别有关。

图 6.23 所示的方法在将雷达数据插值到直角坐标网格后得到了广泛应用,由于只要使用雷达的反射率场就可以进行判识,因此该方法非常实用。在双多普勒雷达提供与垂直大气运动相关的雷达反射率数据情况下,对该方法的测试证实,在基于反射率算法确定出的对流区域中,对流比层状云区域更为剧烈①。

---

① 这种测试的细节参见 Steiner 等(1995)。

第7章

积云动力学基础

……翩然欲飞，仿佛听到上天的呼唤

抛到天堂最精致的大厅里；……

——Goethe，《纪念霍华德》

空气浮力增大，在局地（水平尺度约 0.1～10 km）加速上升形成的云，归类为对流云或积状云。积云和积雨云都属于这类云，它们与第 5 章和第 6 章中所介绍的层状云相比较，不仅在表观形态（第 1 章），而且在动力和微物理成因上都截然不同。它们的垂直运动更强，凝结和降水更猛烈。当对流发展时，它们都表现为迅速涌动的气泡向上猛涨，就像歌德诗歌里形容的那样“飙升”。

积状云有一系列形态，包括：

（1）晴天积云，水平和垂直尺度约 1 km（如图 1.3a 中的淡积云）；

（2）浓积云（高耸的积云），宽度和高度都可达几千米，由离散的小浮泡聚合而成，它们在云中一个接着一个上升，陆续升到更高的高度（图 1.3b 和图 1.4a）；

（3）孤立积雨云，时常能够产生大雨、冰雹、闪电、雷暴、外流强风和龙卷等剧烈天气。这类云或单独存在，或排列成线状，宽几十千米，通常垂直延伸到对流层顶附近，云顶向外扩展，形成砧状，或“雷雨云砧”的外观（图 1.4d、图 1.5 和图 1.6）；

（4）中尺度对流系统，云顶扩展延伸到几百千米的区域，产生大量的雨水，其中包含与积雨云有关的层状云降水。除了发展出对流尺度的空气运动以外，它还能发展出中尺度环流（图 1.30）。

这些形态各异和发展程度不同的对流云现象，有几种共同的动力学特征。从根本上说，它们都是由浮力引起的。若局地潮湿空气的密度比周围更大尺度环境空气的密度小，就会引发垂直加速度。浮力加速度使得空气的垂直上升速度达到每秒约 1～10 m，并伴随出现与局地空气快速上升和下沉有关的几种重要的动力和物理现象。对流云内部和云周围空气中的质量场，必须适应云中穿透性的垂直运动，结果产生了一个浮力气压扰动场以适应这种调整。对流云里快速流动的空气是湍流，它导致周围的环境空气夹卷，夹卷又反过来调整了云中的动力和微物理过程。最后，云中的气流发展出旋转运动。这样的旋转运动能增强夹卷，并产生动力气压扰动，从而改变云的结构。

在本章中,我们将介绍浮力、气压扰动、夹卷和旋转的概念,因为它们于对流云有用。在以后的各章中,随着我们更详细地探讨孤立积雨云(第 8 章)和中尺度对流复合体(第 9 章)的动力学,这些概念将得到进一步的论述。

7.1 浮力

所有的对流云都是由于空气在局地(少于 10 km)浮升造成的。我们首先简要回顾浮力 B 的性质。浮力对垂直加速度的贡献表现在方程式(2.47)中。在不考虑摩擦的情况下,动量方程的垂直分量是:

$$\frac{\mathrm{D}w}{\mathrm{D}t}=-\frac{1}{\rho_o}\frac{\partial p^*}{\partial z}+B \tag{7.1}$$

式中,如第 2 章所述,w 是垂直速度,ρ_o 是参考状态密度,是气压 p^* 离开其参考状态的偏差。根据式(2.48),浮力项 B 正比于密度相对于参考状态的偏差。根据式(2.50),浮力可以分解成几部分的贡献:温度、水汽、气压扰动,以及悬浮在空气中或从空中坠落水凝物的重量。在对流云中,式(2.50)中所有的四个项具有相同的数量级。绝对值为 1 K 的温度扰动,相当于水汽混合比为 0.005、气压为 3 hPa,或水凝合物混合比为 0.003 的扰动。

7.2 与浮力相关的气压扰动场

凭直觉可以知道,如果不是同时存在气压场的扰动,浮力是不会存在的。一个有限宽和高的气块,若其密度比周围均匀大气低,那么在气块底部的高度上,气块内部的气压会低于环境的气压,水平气压梯度就会使环境空气加速流向浮升气块的底部。这个向内的加速度,与同样高度上补偿空气浮升所要求的量是一致的,否则气块上升将形成真空。在基本方程里当然隐含有一个完整的、与局地浮升气块相关联的物理图像,该图像中包含有质量、气压和动量场内部的一致性。我们可以联合水平和垂直运动方程,以及连续方程来获得这个图像。假设忽略摩擦力和科氏力,运动方程式(2.47)可写成欧拉形式:

$$\frac{\partial \boldsymbol{v}}{\partial t}=-\frac{1}{\rho_o}\nabla p^*+B\boldsymbol{k}-\boldsymbol{v}\cdot\nabla\boldsymbol{v} \tag{7.2}$$

把这个方程两边乘以 ρ_o,求三维空间散度,得到:

$$\frac{\partial}{\partial t}(\nabla\cdot\rho_o\boldsymbol{v})=-\nabla^2 p^*+\frac{\partial}{\partial z}(\rho_o B)-\nabla\cdot(\rho_o\boldsymbol{v}\cdot\nabla\boldsymbol{v}) \tag{7.3}$$

采用滞弹性流体近似假设,质量连续性服从方程式(2.54),则在滞弹性流体系统里三维质量辐散为 0,从而式(7.3)等号左边项为 0,可获得气压扰动的诊断方程:

$$\nabla^2 p^*=F_B+F_D \tag{7.4}$$

这里

$$F_B\equiv\frac{\partial}{\partial z}(\rho_o B) \tag{7.5}$$

并且

$$F_D\equiv-\nabla\cdot(\rho_o\boldsymbol{v}\cdot\nabla\boldsymbol{v}) \tag{7.6}$$

因此,在滞弹性流体中,压力扰动场的拉普拉斯算子,必须与浮力的垂直梯度 F_B 和平流场

F_D 的三维辐散相一致。F_B 被称为浮力源，F_D 为动力源。压力扰动可以被认为是两个分压 p_B^* 和 p_D^* 之和。

$$p^* = p_B^* + p_D^* \tag{7.7}$$

$$\nabla^2 p_B^* = F_B \tag{7.8}$$

$$\nabla^2 p_D^* = F_D \tag{7.9}$$

后面，在第 7.4 节和第 8 章里，我们将解释云中的动压扰动如何从旋转风中产生，这个过程在剧烈深对流风暴的发展中尤为重要。在这些相对比较少见的个例中，p_D^* 在云中的某些部分起支配作用。然而，在大多数对流云的情况下，浮力扰动 p_B^* 起支配作用，根据式(7.5)，浮力垂直梯度主导 p^*。现在，我们将专门讨论压力扰动场这个问题。

为了确定浮力扰动 p_B^* 的性质，我们注意到，式(7.8)类似于静电场中的泊松方程，其中 $-F_B$ 项起着电荷密度的作用，p_B^* 就像是静电位势，并且 $-\nabla p_B^*$ 相当于电场。若浮力空间分布简单，我们可以用泊松方程已知的数学解来求得矢量场 $-\rho_o^{-1}\nabla p_B^*$。我们称这个场为浮力的气压梯度加速度场(BPGA)，类似于电荷密度特定空间分布所产生的电场。

这个解可以用图 7.1 中有限大小均匀一致的浮力块来定性说明。图中的加号和减号分别表示 $-F_B$ 沿浮力块顶部和底部的符号。根据公式(7.8)可知：当 $-F_B > 0$ 时，气压梯度加速度场(即 $-\rho_o^{-1}\nabla p_B^*$)辐散；而当 $-F_B < 0$ 时，气压梯度加速度场辐合。除了气块的顶部和底部，其他地方 $F_B = 0$。气压梯度加速度场用流线表示，就像具有正负电荷密度的两块有限水平平行板之间的电场线一样。气压梯度加速度场线的方向，在气块内部向下，气块顶部辐散、底部辐合。在气块的外部，气压梯度加速度场线在气块上面向上，在气块两侧向下，在气块下面向上。这些线表示环境中所产生的补偿运动作用力的方向，当浮升气块向上运动时，需要存在这样的补偿运动，以满足质量连续性的要求。

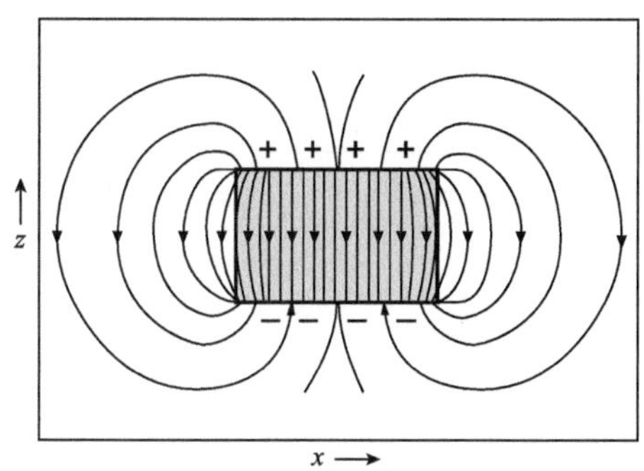

图 7.1　x-z 平面里有限大小均匀浮力块所受到的压力梯度力矢量场。加号和减号分别表示浮力强迫函数 $-\partial(\rho_o B)/\partial z$ 沿气块顶部和底部的符号

图 7.1 中气块内部下行的力线，意味着浮力向上的加速度在一定程度上被向下的气压梯度加速度抵消掉了。这种反作用一定要发生，因为气块的一部分浮力，不得不用来把它上升运动路径上的环境空气挤出去，以保持质量的连续性。若要使向下的气压梯度加速度不存在，唯一的可能就是气块的厚度缩小至零——这样很荒谬，但仍然说明了一个事实：就一定强度的浮力而言，气块越小，则向上的加速度就越大。在积云和积雨云里，浮力项 B 是这样分布的：气压梯度加速度往往与浮力 B 有相同的数量级，气压梯度加速度在增长的云顶附近尤为重要，

那里上升中的云塔主动地把环境空气推开。

气压梯度加速度最大能大到与浮力项 B 一样大。如果令 $B_o^* = 0$，则

$$B = \frac{1}{\rho_o}\frac{\partial p^*}{\partial z} = -BPGA \tag{7.10}$$

这是静力平衡的情况(见第 2.2.4 节)。在严格的数学意义上，这种情况发生在图 7.1 中浮体的水平伸展尺寸变为无穷大的情况下。这可以通过将式(7.10)乘以 ρ_o，对方程的两边进行 $\partial/\partial z$ 运算，整理后得到：

$$\frac{\partial \rho_o B}{\partial z} = p_{zz}^* \tag{7.11}$$

然后根据式(7.4)、(7.5)和(7.11)这三个式子，意味着在气压梯度加速度与浮力项 B 一样大的情况下，

$$\nabla_H^2 p^* = 0 \tag{7.12}$$

式中，∇_H 是水平梯度算子。因此，如果 p^* 的水平梯度在至少一个地方是平的，就是没有 p^* 的水平变化。在静力平衡的情况下，图 7.1 就应该画为图 7.2。图中显示了水平尺度无限大均匀浮升气块的作用力线。

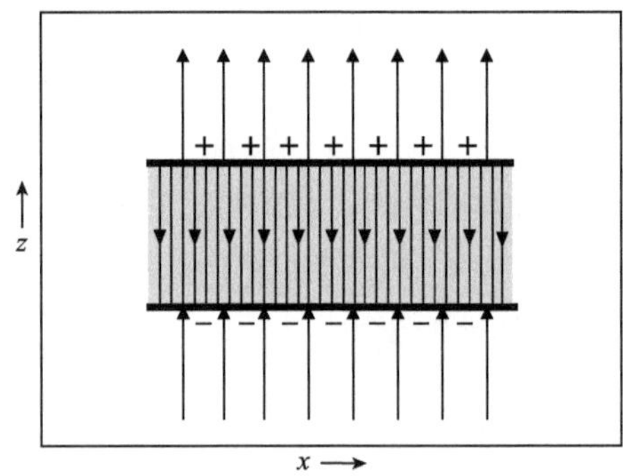

图 7.2　水平尺度无限大均匀浮升气块的压力梯度力矢量场。加号和减号分别表示浮力强迫函数 $-\partial(\rho_o B)/\partial z$ 在气块顶部和底部的符号

7.3　卷入和卷出

7.3.1　概述

各种形式对流云的另一个重要的共同特征是具有高度的湍流性。在对流云里，浮力和速度分量的梯度两者都很强。因此，湍流动能的重要来源是由式(2.86)中的切变项 $\mathscr{C}$ 和浮力产生项 $\mathscr{B}$ 转换得到。云中的湍流强度比周围环境大得多。在第 5 章中，我们看到了在浅薄混合层状云的顶部和底部，云中的湍流如何使空气横跨云的边缘进行混合，从而导致云稀释。在本章所考虑的对流云里，产生夹卷的内部运动更加剧烈，混合不仅发生在云体的顶部和底部，也同时发生在云的每个侧面。正如我们将要看到，云侧面的湍流混合是积云更重要的动力作用。

把环境空气吸入云中称为卷入，而把云中的空气排入到层流的环境中称为卷出。对于积

云，卷入和卷出不仅是因为有跨越云边界的湍流混合，还有跨云边界的平流，这样才能满足质量连续性要求。此外，空气可以被吸入到积云里面去，是云的内部其尺度如云体本身那么大的运动，有组织地翻转和旋转的结果。

在本节中，我们探讨影响对流云的卷入和卷出过程。我们首先要研究一些早期的观点，如何近似地表达云边缘的混合。这些传统的观点认为，混合作用在时间上是连续的、在空间上是均匀的。然后，我们将讨论一个更实际的观点，即认为混合作用在时间上是间歇性的、在空间上是不均匀的。

7.3.2 云与环境空气混合的早期观点

在 20 世纪 40 年代末，海洋学家 Henry Stommel 认为[①]云和其环境物质之间的湍流交换，可以粗略地近似为一个上升云块与它周围环境之间的相互作用，如图 7.3 所示的。假设在 t 时刻，上升中的云块具有质量 m，在 t 和 $t+\Delta t$ 之间，一团空气 $(\Delta m)_\varepsilon$ 从环境以外被吸入，而另一团空气 $(\Delta m)_\delta$ 被带出到云外面的环境里。考虑有一些物理量用 $\mathscr{A}$ 表示，它们可以是单位体积气块的能量、质量和动能。$\mathscr{A}$ 的值，在上升的云块中表示为 $\mathscr{A}_c$，在环境中表示为 $\mathscr{A}_e$。假设对云内和云外进行水平平均，

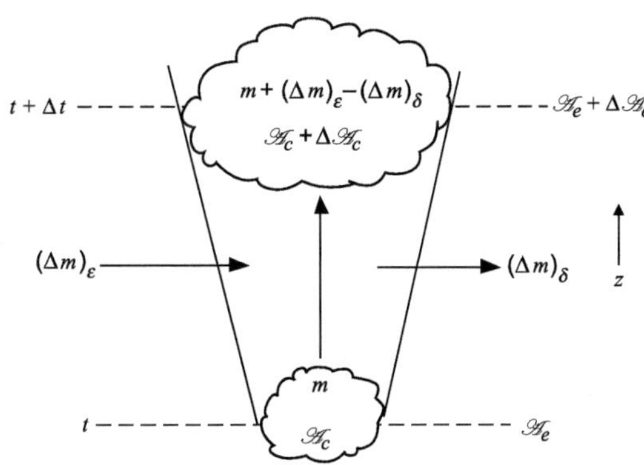

图 7.3 上升云块与环境相互作用的理想示意图

则：

(1)卷入的空气从侧面(即横向)带进；

(2)卷入的空气瞬间彻底地混入云块；

(3)云块上升时这种过程连续地发生。

这些假设是连续均匀夹卷概念的基础。根据这些假设，云块中 $\mathscr{A}$ 的守恒可以写成

① 根据从加勒比海科考中获得的信风及其周围积云的飞机观测数据，Stommel(1947) 注意到，观测温度几乎不能对云中和环境的温度进行区分。这个结果与大家原来期待的不一致。由于 θ_e 守恒[见式(2.18)]，大家原来期待：未受干扰的环境和在饱和绝热条件下上升空气之间，温度应该不一致。这显然是因为云中的空气被稀释了。为了解释这种现象，他提出了连续侧向夹卷的想法。

$$
\begin{aligned}
&[w+(\Delta m)_{\varepsilon}-(\Delta m)_{\delta}](\mathscr{A}_c+\Delta\mathscr{A}_c) \\
&=m\mathscr{A}_c+\mathscr{A}_e(\Delta m)_{\varepsilon}-\mathscr{A}_c(\Delta m)_{\delta}+\left(\frac{\Delta\mathscr{A}_c}{\Delta t}\right)_S m\Delta t
\end{aligned} \tag{7.13}
$$

式中,即便气块没有和环境空气发生质量交换,$\mathscr{A}_c$ 的变率 $(\Delta\mathscr{A}_c/\Delta t)_S$ 也会存在。重置式(7.13)中的各项,并求 $\Delta t\rightarrow 0$ 的极限,可以得到:

$$
\frac{\mathrm{D}\mathscr{A}_c}{\mathrm{D}t}=\left(\frac{\mathrm{D}\mathscr{A}_c}{\mathrm{D}t}\right)_S+\frac{1}{m}\left(\frac{\mathrm{D}m}{\mathrm{D}t}\right)_{\varepsilon}(\mathscr{A}_e-\mathscr{A}_c) \tag{7.14}
$$

如前面式(2.2)所述,其中的符号 $\mathrm{D}/\mathrm{D}t$ 表示随流体气块的个别变化。式(7.13)中的卷出项被取消了,在式(7.14)中不再出现,因为质量的卷出不会影响变量在云中的质量平均值①,只有卷入会影响到云内的平均值,因为它用环境流体稀释了云内的气块。正如我们在第7.3.3—7.3.6节中将要看到的那样,现代观测表明,卷入和卷出过程不是连续、瞬间、彻底的。一个完全准确地代表这种过程的公式,必须无例外地把这些事实都考虑进去。尽管如此,上面的简单视图仍然具有相当大的价值,它提供了一个简单的和易于处理的积云动力学第一近似。

夹卷在热力学第一定律中的作用,可以通过把式(7.14)应用于湿静力能量得到,如

$$
h\equiv c_pT+Lq_v+gz \tag{7.15}
$$

在没有夹卷和其他非绝热过程的情况下,只考虑凝结或蒸发的潜热释放(忽略冰相过程),热力学第一定律由式(2.12)给出。如果气块压力的个别变化遵循流体静力平衡作为第一近似,那么取个别导数 $\mathrm{D}(7.15)/\mathrm{D}t$,用式(2.12)和(2.38)代入,可以得到

$$
\left(\frac{\mathrm{D}h_c}{\mathrm{D}t}\right)_S=0 \tag{7.16}
$$

在这种情况下,式(7.14)变为:

$$
\frac{\mathrm{D}h_c}{\mathrm{D}t}=\frac{1}{m}\left(\frac{\mathrm{D}m}{\mathrm{D}t}\right)_{\varepsilon}(h_e-h_c) \tag{7.17}
$$

式中,h 替换了 $\mathscr{A}$。利用式(7.15)的定义,我们可以把式(7.17)改写为:

$$
\frac{\mathrm{D}T_c}{\mathrm{D}t}=\underbrace{-\frac{g}{c_p}w_c}_{(\text{i})}\underbrace{-\frac{L}{c_p}\frac{\mathrm{D}q_v}{\mathrm{D}t}}_{(\text{ii})}+\underbrace{\frac{1}{m}\left(\frac{\mathrm{D}m}{\mathrm{D}t}\right)_{\varepsilon}\left[(T_e-T_c)+\frac{L}{c_p}(q_{ve}-q_{vc})\right]}_{(\text{iii})} \tag{7.18}
$$

式中,等式右边项的意义是(ⅰ)干绝热冷却,(ⅱ)潜热加热以及(ⅲ)混合效应。

形式为式(7.14)的方程也可以写成用积云中垂直速度或水连续性变量代替 $\mathscr{A}$ 的形式。在垂直速度的情况下,式(7.14)中的源项变为 $(\mathrm{D}w_c/\mathrm{D}t)_S$(即无论是否存在夹卷,云中 w 发生的变化),这在式(7.1)的右侧已经给出。因此,式(7.14)变成

$$
\frac{\mathrm{D}w_c}{\mathrm{D}t}=-\frac{1}{\rho_e}\frac{\partial p^*}{\partial z}+B-\frac{1}{m}\left(\frac{\mathrm{D}m}{\mathrm{D}t}\right)_{\varepsilon}w_c \tag{7.19}
$$

这相当于给式(7.1)加上了夹卷项。基准状态的密度取环境值,其状态可以从无线电探空数据获得。由于假设环境的垂直速度小于云中的垂直速度,环境的垂直速度没有出现在夹卷

---

① 根据定义,卷出确实影响环境,因此,它是对流参数化方案中最重要的考虑因素,表现了当格点尺度大于对流云尺度时,云对格点条件的调制效果。

项里。

若 $\mathscr{A}$ 被水物质的混合比代替，不考虑夹卷，混合比的变化 $(\mathrm{D}q_{ic}/\mathrm{D}t)_S$，由设定的源和汇 S_i 表示，它是水连续方程式(7.21)的等号右边项。水连续方程因此可以写成下式形式

$$\frac{\mathrm{D}q_{vc}}{\mathrm{D}t}=-C+\frac{1}{m}\left(\frac{\mathrm{D}m}{\mathrm{D}t}\right)_{\varepsilon}(q_{ve}-q_{vc}) \tag{7.20}$$

和

$$\frac{\mathrm{D}q_{ic}}{\mathrm{D}t}=S_i+\frac{1}{m}\left(\frac{\mathrm{D}m}{\mathrm{D}t}\right)_{\varepsilon}(q_{ie}-q_{ic}),i=1,\cdots,k \tag{7.21}$$

式中，C 表示净凝结率(或蒸发率)，是水汽混合比的汇(或源)项。k 是水凝物的分类数目，这些混合比的源和汇项，取决于假定的各种类型水物质连续模型，在这里以 S_i 符号表示。

以上构成的方程组(7.18)—(7.21)将用来计算积云中上升气块的属性 T_c、w_c、q_{vc} 和 q_{ic}。如果有办法确定气压扰动 p^* 和夹卷率 $m^{-1}(\mathrm{D}m/\mathrm{D}t)_{\varepsilon}$，那么这个方程组就是一维拉格朗日积云模型的基础。通常情况下，这种模式以 z 而不是 t 作为坐标。垂直速度 $w=\mathrm{D}z/\mathrm{D}t$ 被用作坐标变换的基础。通过将方程组(7.18)—(7.21)中的 $\mathrm{D}/\mathrm{D}t$ 替换为 $w\mathrm{D}/\mathrm{D}z$，并且所有方程除以 w(假定流体中存在有限的，而且为正的上升质量)，我们得到：

$$\frac{\mathrm{D}T_c}{\mathrm{D}z}=-\frac{g}{c_p}-\frac{L}{c_p}\frac{\mathrm{D}q_{vc}}{\mathrm{D}z}+\Lambda\left[(T_e-T_c)+\frac{L}{c_p}(q_{ve}-q_{vc})\right] \tag{7.22}$$

$$\frac{\mathrm{D}}{\mathrm{D}z}\left(\frac{1}{2}w_c^2\right)=-\frac{1}{\rho_e}\frac{\partial p^*}{\partial z}+B-\Lambda w_c^2 \tag{7.23}$$

$$\frac{\mathrm{D}q_{vc}}{\mathrm{D}z}=-\frac{C}{w_c}+\Lambda(q_{ve}-q_{vc}) \tag{7.24}$$

和

$$\frac{\mathrm{D}q_{ic}}{\mathrm{D}z}=\frac{S_i}{w_c}+\Lambda(q_{ie}-q_{ic}),i=1,\cdots,k \tag{7.25}$$

式中，

$$\Lambda\equiv\frac{1}{m}\left(\frac{\mathrm{D}m}{\mathrm{D}z}\right)_{\varepsilon} \tag{7.26}$$

应当注意的是，作为方程组(7.22)—(7.25)的解，可获得 T_c、w_c、q_{vc} 和 q_{ic} 的值，它们是这些变量沿着云滴路径在各个点上升或下沉时的值。这些解不是瞬时的云中廓线，除非在特殊的稳定状态下，云中类似的气块连续不断地相互跟随着上升。

方程式(7.22)可以用来理解大气的热力状态。等号左侧给出了气块温度随高度的变化。右侧的前两项描述了在有凝结发生但是不考虑夹卷的情况下，气块温度随高度的变化。这个温度随高度的变化为负值，是湿绝热递减率。如果夹卷是活跃的，气块的温度递减率 $(-\mathrm{D}T_c/\mathrm{D}z)$ 落在湿绝热递减率和环境温度递减率之间，这是具有不同温度和湿度的环境空气混合到气块里的结果。如果夹卷效应强，气块温度与环境温度之间只有微小的差别。因此，这个简单的观点似乎可以定性地解释斯特摩尔(Stommel)所关注到的观测事实(请参阅前面的脚注)。

为使一维拉格朗日积云模型闭合，必须找到某种方式来表达夹卷 Λ 和扰动压力 p^*。传统的方法是引用某种形式的质量连续性，考虑积云的行为类似于某些实验室现象。三种类型的实验室现象为：喷流、热流和初期的羽状卷流。

在喷流模式中,取第一近似值,考虑上升气流是稳定的、受机械力驱动的喷射气流(图7.4)。在这样的喷射气流中,环境流体被夹卷,并且由于环境气流是相对的层流运动,没有气流从喷流中卷出(即环境不从喷流中卷入空气)。考虑如图7.5所示的理想化稳态喷流,在高度 z 和 $z+\Delta z$ 之间,质量为 m 的任意气块,在 Δt 时间内,原来的质量 m 被相等的质量取代。因此,

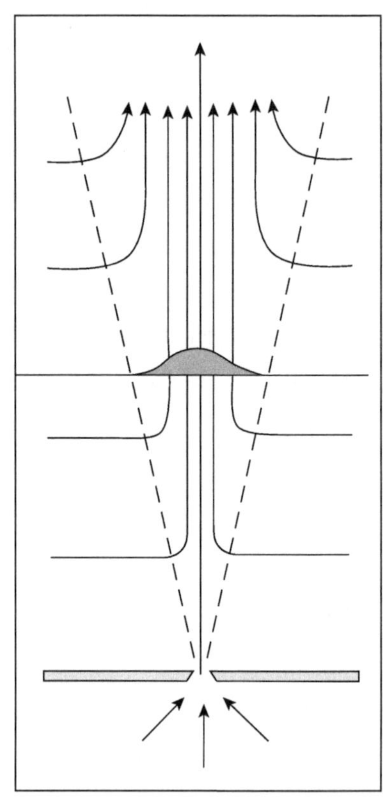

图7.4　机械驱动流体喷射流的流线图。垂直剖面图表示喷射流体从其源头将环境流体夹卷进入并扩展到下游区域。中间阴影区表示速度分布轮廓。引自 Byers 和 Braham(1949)

$$m=\mu_f\Delta t \tag{7.27}$$

式中,μ_f 是在喷流高度 z 的地方质量的垂直通量(单位为 $\mathrm{kg\cdot s^{-1}}$)。此外,在时间 Δt 里,原来气块卷入的质量为

$$(\Delta m)_\varepsilon=(\Delta\mu_f)_\varepsilon\Delta t \tag{7.28}$$

根据式(7.27)和(7.28),对于稳定状态的喷射流,

$$\frac{1}{m}(\Delta m)_\varepsilon=\frac{1}{\mu_f}(\Delta\mu_f)_\varepsilon \tag{7.29}$$

对于稳态喷流,式(7.26)定义的卷入率 Λ 可以通过让式(7.29)除以 Δz,并求 $\Delta z\to 0$ 的极限而获得。其结果是:

$$\Lambda=\frac{1}{\mu_f}\left(\frac{\mathrm{d}\mu_f}{\mathrm{d}z}\right)_\varepsilon \tag{7.30}$$

在这里我们利用了这么一个事实,即在稳定喷流状态的特例下,气块在垂直方向的个别导

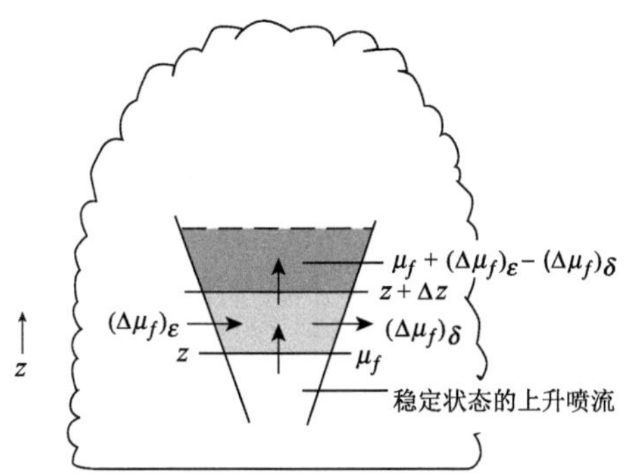

图 7.5　积云内部稳定状态的上升喷射气流理想化示意图

数 D/Dz，与同一高度上某个瞬间稳定态喷流的垂直偏导数 d/dz 是等价的。

实验室喷流的平均流，是近似稳态、不可压缩和圆形对称的。在这些条件下，Boussinesq 质量连续性方程式(2.55)的平均变量形式适用。在以喷流轴为中心的圆柱坐标系中，假定围绕中心轴线圆形对称，该方程变为

$$\frac{1}{r}\frac{\partial(r\overline{u})}{\partial r}+\frac{\partial\overline{w}}{\partial z}=0 \tag{7.31}$$

式中，r 是径向坐标，u 是径向速度，横杠表示时间平均。对这种类型喷流的实验室研究表明，

$$\overline{w}=W(z)\mathrm{e}^{-(r/\hat{R})^2} \tag{7.32}$$

式中，$\hat{R}$ 是一个常数[①]。其他动力学变量也有类似的径向分布。为了进行数学简化，该高斯分布往往用头上顶了一个大帽子那样形状的气流廓线取代：

$$\overline{w}=\begin{cases}w_c(z),0<r<b\\w_e(z),r\geqslant b\end{cases} \tag{7.33}$$

将其代入式(7.31)，沿半径从 0 到 b 进行积分，我们获得

$$\frac{\mathrm{d}}{\mathrm{d}z}(w_cb^2)=-2b\overline{u}(b) \tag{7.34}$$

由此可知，质量通量随高度增加是与水平流入相匹配的。

在早期的实验室喷流实验中，假设[②]并验证了在给定高度上，水平流入正比于该高度向上运动的速度，即：

$$-\overline{u}\big|_{r=\hat{R}}=\alpha_\varepsilon W \tag{7.35}$$

式中，α_ε 表示从实验室实验确定的常数。如果用“帽子顶”近似，我们可以把 $\hat{R}$ 和 b 联系起来，用式(7.34)和(7.35)把它们之间的关系表达清楚。推导后得到

$$\frac{\mathrm{d}}{\mathrm{d}z}(w_cb^2)=2\alpha_\varepsilon bw_c \tag{7.36}$$

由于 w_cb^2 正比于喷流 (μ_f) 中的垂直质量通量，式(7.36)可改写为

$$\frac{1}{\mu_f}\frac{\mathrm{d}\mu_f}{\mathrm{d}z}=\frac{2\alpha_\varepsilon}{b} \tag{7.37}$$

---

① 参见 Turner(1973，第 6 章)。

② Morton 等(1956)。

回顾式(7.30),事实上,实验室喷流里只有卷入没有卷出,我们看到式(7.37)给出了夹卷率的表达式:

$$\Lambda = \frac{1}{\mu_f}\left(\frac{\mathrm{d}\mu_f}{\mathrm{d}z}\right)_\varepsilon = \frac{2\alpha_\varepsilon}{b} \tag{7.38}$$

式(7.36)描述的喷流形状表示为

$$\frac{\mathrm{d}b}{\mathrm{d}z} = -\frac{1}{2}b\frac{\mathrm{d}\ln w_c}{\mathrm{d}z} + \alpha_\varepsilon \tag{7.39}$$

实验室数据显示,α_ε 的值约为 0.1。

式(7.38)适用的实验室喷流是不可压缩的。积云和实验室喷射流之间的类比,是基于不可压缩和滞弹性连续性方程的相似性。不可压缩方程和 Boussinesq 方程式(2.55)相同,滞弹性连续性方程式(2.54)和它的不同之处仅在于包含了密度加权因子 ρ_o 。这里,我们假定它等于环境密度 ρ_e ,对于稳定状态圆柱体形状的喷流,滞弹性连续性方程为

$$\frac{1}{r}\frac{\partial(\rho_e r\overline{u})}{\partial r} + \frac{\partial(\rho_e\overline{w})}{\partial z} = 0 \tag{7.40}$$

除了密度因子,这个方程类似于式(7.31)。通过与不可压缩的情况进行类比,式(7.39)可表达为

$$\frac{\mathrm{D}b}{\mathrm{D}z} = -\frac{1}{2}b\frac{\mathrm{D}}{\mathrm{D}z}\ln(\rho_e w_c) + \alpha_\varepsilon \tag{7.41}$$

式中,我们用 $\mathrm{D}/\mathrm{D}z$ 替换 $\mathrm{d}/\mathrm{d}z$,以强调在稳态喷流的情况下,这个方程可以与方程组(7.22)—(7.25)同时解出。

为了写出适用于实验室喷流模型的一维拉格朗日积云方程,假设压力扰动为零,在方程式(7.38)和(7.41)中,通常使用实验室导出的经验值 $\alpha_\varepsilon = 0.1$ 。垂直运动方程式(7.23)变为

$$w_c\frac{\mathrm{D}w_c}{\mathrm{D}z} = B - \frac{0.2}{b}w_c^2 \tag{7.42}$$

从第 7.2 节显然可知,零压力扰动(或它的垂直梯度为零)假设违背质量连续性。但在稳定喷射流这种情况下,零压力假设是部分合理的,因为稳定状态喷流一旦建立起来,由于喷流里的气块在它的路径上已经在运动了,上升气块不必做功就可以把气块前面的流体推开。因此,垂直压力梯度加速度并不大。这样,稳态喷流积云对流模拟模型,由方程式(7.22)、(7.24)、(7.25)、(7.38)、(7.41)和(7.42)构成,其中的变量为 T_c、w_c、q_{vc}、q_{ic}、Λ 和 b 。源汇项 C 和 S_i 都用这些变量表示,以便使方程组闭合。

把实验室喷流模拟类比用在积云对流的模型里会引起许多问题,因为这使得模式里无法考虑气流不稳定的情况,但是气流不稳定在许多对流云里是会出现的。为了解决这些问题就产生了气泡模型①。在气泡模型中,积云被设想为是一系列上升的浮力气泡。由于每个气泡上升时,环境空气被推向气泡周围,并在气泡的后面混合成湍流尾流。当环境空气围绕气泡运动时,它不断地侵蚀气泡的表面层,直到整个气泡消失。一个新的气泡可以通过前一个气泡的尾流上升。由于尾流比周围的环境含有更多的水汽,新的气泡会比前面的气泡受到更小的侵蚀,从而比先前的气泡达到更高的高度。一朵积云可以设想为在前面一系列气泡的尾流中不断地有新的气泡产生。云顶由云中上升得最高的气泡顶盖组成(图 7.6)。气泡模型的概念

① 由 Ludlam 和 Scorer(1953)提出。

得到定性认同,它符合大多数发展积云的外观特征。

气泡模型的定量表达式[①]假设上升气泡都是球形的,在其缩小的过程中形态不发生变化。在这种情况下垂直动量方程式(7.23)可改写为:

$$w_c \frac{\mathrm{D}w_c}{\mathrm{D}z} = - D_R + B \tag{7.43}$$

式中,$-D_R$ 是参数化表达的垂直压力梯度加速度项[②]。根据这个模型,$\Lambda=0$。即由于气泡受到侵蚀,环境空气没有卷入只有卷出。根据假设,侵蚀速率与周围环境的热力学条件相关。然而,环境空气没有被卷入残余浮体中未受侵蚀的核心部位,从而在方程中不出现任何夹卷项。垂直运动方程式(7.43)中的浮力,完全被压力梯度加速度抵消了,即:浮力不是通过环境空气的夹卷来抵消的。正如 Stommel 在讨论中提到,气泡模型的这种特性,与观测到积云中的空气被稀释的现象,两者是相互矛盾的。由于这个原因,气泡模型多年来一直被忽视。然而,正如我们将在后续章节 7.3.3 — 7.3.6 中阐述的,这样的判断或许说得太早了。

20 世纪 50 年代中期,关于喷流和气泡理论的讨论,最终促成了一些具有启发性的实验室实验[③]。例如,把盐溶液滴入水中,人们发现带浮力的盐滴并没有收缩,反而增大了(见图 7.7)。这揭示了一个事实:气泡不仅受到侵蚀,同时还发生夹卷。这些受到夹卷的浮力气泡被认为是热力作用造成的。实验还发现,侵蚀(卷出)只发生在分层稳定的环境中。在大气中,上升云体边缘周围的蒸发冷却,使得混合物被残留下来,增强气泡发展的趋势。

图 7.6　对流的气泡模型。改编自 Malkus 和 Score (1955),经美国气象学会许可再版

实验观察到在中性环境中热流呈类似于圆锥体的形状膨胀,热流的半径由下式给出:

$$b = \alpha_\varepsilon z \tag{7.44}$$

式中,z 是热流中心的高度,$\alpha_\varepsilon = 0.2$ 。由于此热流没有卷出,其卷入率为:

---

① 参见 Malkus 和 Scorer(1955)。

② Malkus 和 Scorer(1955)把这个加速度按"形成拖曳(form drag)"的方式参数化 ,它与速度的平方成正比。其比例系数与其上升气泡的大小和形状有关。另一种常用的简单参数化方案则设 $D_R = -0.33B$,该方案假设浮力的 1/3 被用于把浮力单体前面的空气从浮体的路径上推出去。设定值为 1/3 显得相当随意,Turner(1962)对此给出了调整。

③ 参见 Scorer(1957,1958)和 Woodward(1959)。Woodawrd 关注此问题是由于他对于滑翔的兴趣和他对鸟类在热气流中翱翔的观察。

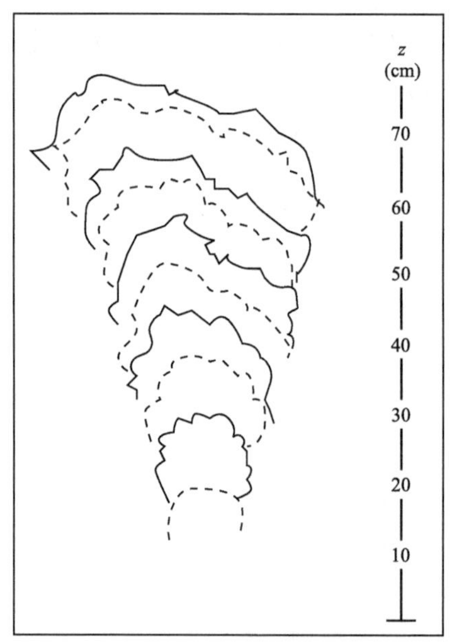

图 7.7　实验室照片追踪得到的热流的接续轮廓。热流是往水中滴入加盐的溶液产生的,其浮力是反方向的。图像反过来看可指示正浮力影响下类似的上升过程。改编自 Woodward(1959),经英国皇家气象学会的许可再版

$$\frac{1}{m}\left(\frac{\mathrm{D}m}{\mathrm{D}t}\right)_{\varepsilon}=\frac{1}{(4/3)\pi b^{3}}\frac{\mathrm{D}}{\mathrm{D}t}\left[(4/3)\pi b^{3}\right] \tag{7.45}$$

将式(7.44)代入,除以 w_c 可得:

$$\Lambda=\frac{1}{m}\left(\frac{\mathrm{D}m}{\mathrm{D}z}\right)_{\varepsilon}=\frac{3\alpha_{\varepsilon}}{b} \tag{7.46}$$

式中,$\alpha_\varepsilon=0.2$。比较式(7.38)和式(7.36),我们注意到,喷流和热流的卷入率都与上升流区域的半径成反比,但热流的卷入率比喷流大 3 倍。

根据式(7.46)和经验值 $\alpha_\varepsilon=0.2$ 可以将热流条件下的垂直动量方程写为下式:

$$w_c\frac{\mathrm{D}w_c}{\mathrm{D}z}=-D_R+B-\frac{0.6}{b}w_c^2 \tag{7.47}$$

喷流和气泡的两个动量方程式(7.42)和(7.43)所描述的关系有相似之处。和喷流公式一样,气泡公式中有一个夹卷项。夹卷的速率正比于 $0.6/b$,是喷流稀释速率的三倍。此外,在比率为 $0.6/b$ 的情况下,由于温度和混合比方程所包括的夹卷项稀释了云中的热力学参数,使得浮力 B 减小;同时,参数化的压力梯度加速度也再次考虑在内,和气泡类似,热流必须将上升路径上的环境空气推开,因此,热流会同时受到高夹卷和气压拖曳,使得其减速并且降低浮力。

如图 7.7 所示,实验不仅揭示了热夹卷,还指出了力学夹卷现象。实验结果发现热流的内部环流类似于希尔(Hill)涡旋(图 7.8 和图 7.9a)。希尔涡旋理论[①]已经用来导出上升积云单体中所观察到内部环流的解析表达式[②]。根据此模型,云单体由两部分组成:其上部为希尔涡旋,在

① 由 Horace Lamb 爵士在水流体动力学一书中详述(1932)。

② Levine(1959)。

比云单体中心部位以下某处更低的地方，为湍流尾流(图 7.9b)。在希尔涡旋所描述的云体中心部位处，上升环流受到了力学夹卷。进入云体的上升流，由未被稀释的云中气团和任意数量的环境空气混合组成。

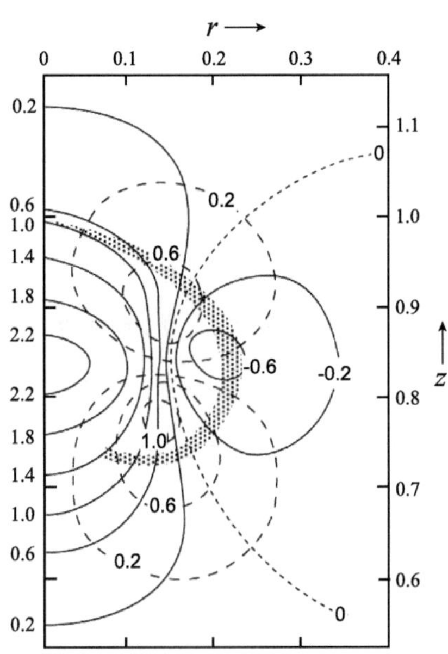

图 7.8　实验室热流的速度分布。阴影表示浮力流体的轮廓。垂直速度(实线)和径向速度(虚线)的值表示为热流顶盖垂处直速度的倍数。改编自 Woodward(1959)，经英国皇家气象学会的许可再版

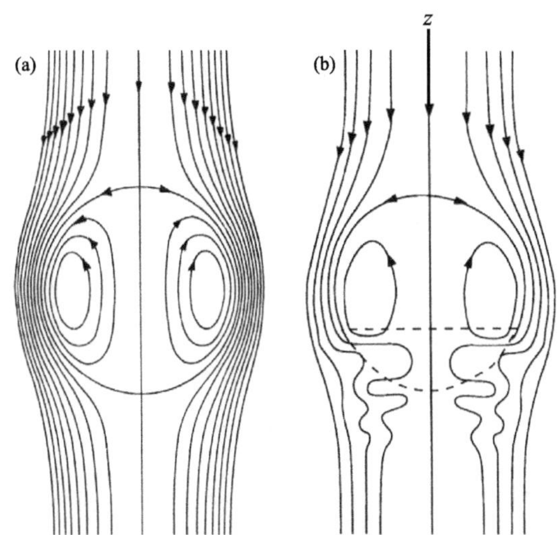

图 7.9　(a)理论“希尔涡旋”内外的流函数线；(b)上升积云单体中内部环流的理想化模型。上部由希尔涡旋组成。位于单体云体中心以下的下部是一个湍流的尾流。图(a)引自 Lamb(1932)，经多佛出版社许可再版。图(b)引自 Levine(1959)，经美国气象学会许可再版

随着连续不断的实验室实验工作进行到 20 世纪 60 年代，喷流和热流之间的关系被揭示

出来[①]。特别是发现喷流的建立,需要在其上面顶一个热流的帽子(见图 7.10)。这种架构通常被称为羽状卷流。假设顶部为热流,顶部以下为稳定状态的喷流,建立了气流的数学模型。也就是说,向上吸入帽子的流体,来自于喷流,它已经是云内空气和环境空气的混合物。因此,其顶部应该稀释得非常慢,比类似环境条件下、相同尺寸独立的热流慢很多。喷流中的垂直速度,符合式(7.32) 所描述的高斯廓线分布,它几乎完全符合球形涡流中垂直速度分布的解析表达式(图 7.11)。考虑在帽子底部从羽状卷流进入气柱的气流符合高斯廓线分布,可以导出一组适合于描写初生云柱顶部气流的方程[②]。由这些方程预测的夹卷率,与帽子的半径成反比。实验室实验证实了这种关系,并显示比例常数为 0.2,即:

$$\Lambda = \frac{1}{m}\left(\frac{\mathrm{D}m}{\mathrm{D}z}\right)_{\varepsilon} = \frac{0.2}{b} \tag{7.48}$$

该方程用于表征羽状卷流的顶部。帽子的垂直运动的方程可写为下式:

$$w_c\frac{\mathrm{D}w_c}{\mathrm{D}z} = -D_R + B - \frac{0.2}{b}w_c^2 \tag{7.49}$$

该式与热流方程式(7.47) 类似,其夹卷率等于稳定状态喷流的夹卷率[见式(7.38)]。

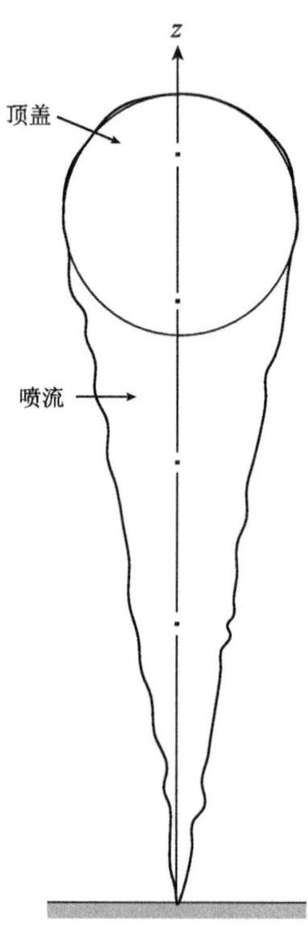

图 7.10　由湍流性喷流引起的羽状卷流。改编自 Turner(1962)。经剑桥大学出版社的许可再版

作为一种预测对流云最大高度的方法,一维拉格朗日模型在 20 世纪 60 年代中后期得到了广泛的检验。在这些检验中,云单体半径 b 被认为是一个观测量,由飞机在云附近飞行时通过目测得到。为简化起见,假设对于某个特定的云,参数 b 为常数。周围的环境热力学结构由

① 参见 Turner(1962)。

② 参见 Turner(1962)。

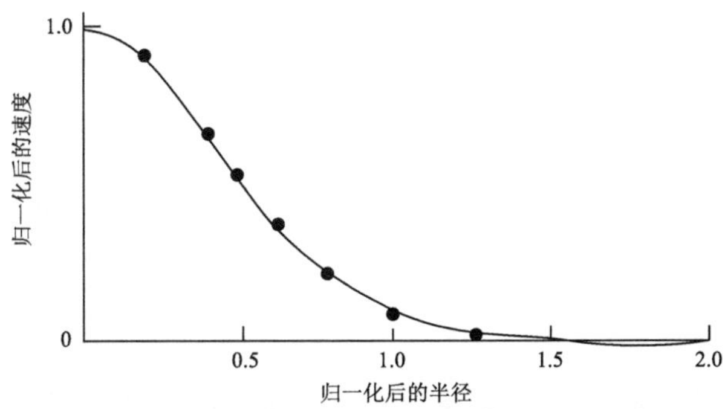

图 7.11　羽状卷流上部球形涡旋的大小(横坐标)和喷流垂直速度(纵坐标)之间的相互关系(点子和拟合线)。引自 Turner(1962),经剑桥大学出版社许可再版

附近的无线电探空仪获取。结果发现,夹卷率约为 $0.2/b$ 时,云顶部的高度计算最准确,对喷流和初生云柱都是如此[①]。然而,用云顶高度来检验云动力学并不特别好,因为云顶高度基本上是由周围环境的稳定度控制的,而不是受云模型属性中的任何假定控制。大量的实验已经表明,一维拉格朗日模型不能同时预测云顶高度和云中液态水含量[②]。认识到这一点,就开始在模式模拟的运动中考虑不连续、不均匀夹卷的新概念,这将在下一节中进行讨论。

7.3.3　更符合实际的卷入和卷出观点

上面讨论的快速、连续、均匀、侧向夹卷的概念,对于解释和预测积云和积雨云的某些总体特征有用。在积云参数化模式中,若试图表示众多积云单体的大尺度总体纯效应,这种概念表现尤其出色[③]。然而,这种夹卷的观点却经不起详细的推敲。如前面提到的,一维连续均匀侧向夹卷模型不能同时准确地预测液态水含量和云高。而且如果假设夹卷是连续的,那么积云里云滴的大小谱也不能准确计算。随着连续夹卷气块的上升,所计算出的云滴谱变得更加狭窄。但是观测资料却显示:积云里云滴谱的宽度既不增加,也不随云的高度而发生大的变化[④]。观测到的积云与连续混合模型所模拟出的云之间的差异,导致对卷入/卷出理论基本前提进行重新审视。真实的云和那些连续均匀的卷入和卷出理论所描述的云之间的差异,可以归结到这样的事实:混合过程既不连续、也不均匀。过去二十年来,场地观测资料和模式模拟结果已经带来了新的看法。

从这些研究得到的一个重要认识是:夹卷不是连续发生的,而是存在脉动的,它在时间和

---

① 参见 Weinstein 和 MacCready(1969) 和 Simpson 和 Wiggert(1971)。

② 这个事实最初是由 Warner(1970)在一篇开创性的论文中证明的,在小型非降水积云里同时获得了飞机微物理和运动学观测参数的条件下,他认真地把观测事实与模式模拟结果进行了比较。

③ 许多论文研究了在夹卷云模型中,把众多对流云的总体效应进行参数化表达的策略。Arakawa 和 Schubert(1974)的经典论文提供了特别清晰的讨论,表明在大尺度环流模式中,如何使用简单的一维夹卷方案来表达云涌(第 7.3.2 节),使得模式在数学上能够追踪对流云的群体特征。最近,de Rooy 等(2013)讨论了积云模式参数化中的问题,指出了模拟积云夹卷的大涡旋方案。包含在大量论文中的研究进展已经在许多论文中总结,特别是 Randall 等(2003) 和 Arakawa 和 Wu(2013)。

④ 这个观测事实是从对积云的飞机观测中知道的。飞机观测在很多地方进行,包括在澳大利亚 Warner(1969a,1969b)、美国北部的高平原 Rodi(1978,1981)、Blyth 和 Latham(1985)和夏威夷 Raga(1989)。

空间上都有间歇性。现在认为:积云上升气流中的湍流类似于实验中的涌,如图 7.12 所示,其中见到湍流夹卷是一股股或一块块地发生的。这些实验表明,夹卷的发生比后来环境空气混入湍流上升气流要快得多。上一节的传统观点认为,(连续均匀的)夹卷是即刻发生的,即当

$$\tau_m \ll \tau_e \tag{7.50}$$

式中,τ_m 表示混合的时间尺度,τ_e 表示蒸发的时间尺度。然而在实际的湍流上升气流中,情况刚好相反,

$$\tau_e \ll \tau_m \tag{7.51}$$

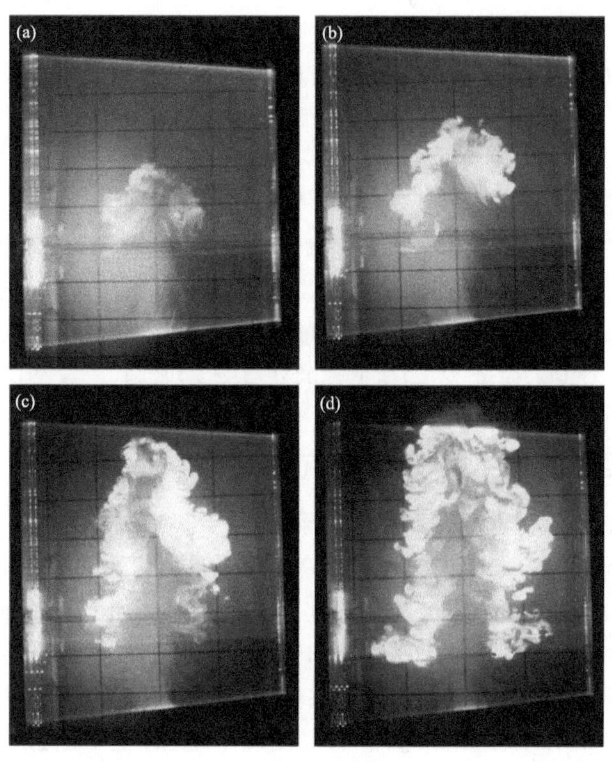

图 7.12 实验室喷流中的湍流。(a)—(d)显示了四个连续的瞬间所拍摄的照片。照片由 Robert Breidenthal 提供

因此,我们应该期待,如果飞机在固定的高度上水平地飞过一片对流云,则在其路径上会遇到不同的气块,这些气块是从云底上升的气块与上升过程中在不同的高度上注入的环境空气的混合物(图 7.13)。此图明显地不同于经典理论的观点。经典理论的观点认为连续的侧向夹卷进入上升云涌。图 7.14 展示了一次真实跨积云飞行所探测到的气块不均匀性。在方括号区域内,云液滴含量较低且分布零散。刚飞过方括号区域以后,飞机立即遇到液滴浓度高且分布均匀的区域,这是稳定的未受夹卷云的特征。在方括号时间段内飞机遇到的气块,曾吸入干燥的环境空气,其中的云水经历了蒸发,而在其他时间段液滴的浓度并没有受到夹卷的影响[①]。实验室和场地观测数据均表明,云中的上升气块仅偶尔被夹卷绞入的空气混合(即,混合的发生是间歇性的)。当混合发生时,它不是瞬间完成的,而是慢到足以使混合仍然局限在

① 参见 Baker 等(1980)研究中长时间混合对液滴浓度影响的详细分析。

气团被吸入的区域。因此，云的上升气流中混合程度的空间分布极不均匀。

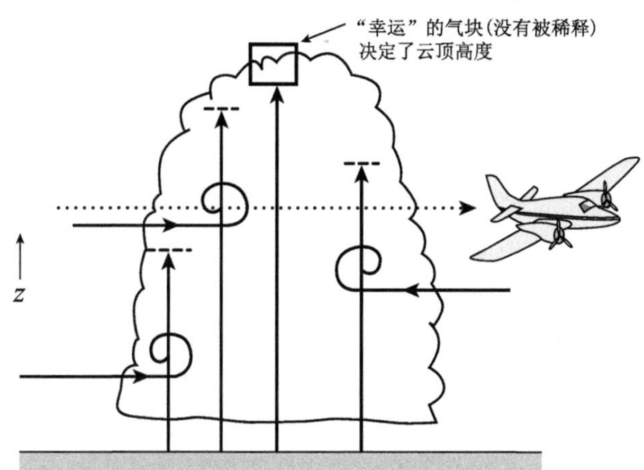

图 7.13　经历间歇性夹卷的理想化积云。在不同的高度上卷入云中的环境气块，上升到虚线所示的飞机飞行高度，它们失去了浮力，并停止加速向上。升到云顶部的气块足够“幸运”，它们没有经历到任何环境空气的夹卷。这样的过程使云的内部极不均匀。飞机在飞行高度上所遇到的气块，由云中的空气与从不同的高度上卷进来的环境空气混合组成

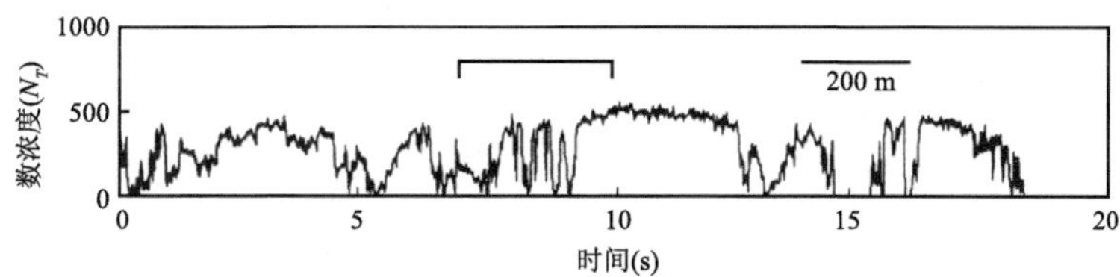

图 7.14　飞机飞过积云获取的数据显示均匀特征中有间断的区域。这里，在稳定非夹卷云中，其特征为液滴数量一致的区域里，发现了液滴数浓度 N_T 变化较大的区域（带方括号的，单位为每单位体积内的数量，体积可变，但通常为 0.3 cm^3），引自 Austin 等(1985)，经美国气象学会许可再版

不连续、不均匀夹卷的概念模型，解决了传统的连续夹卷思想的一个主要困境，即便云顶很高，该模型允许云中某一特定高度上平均的液态水含量，可以比未被稀释的状态低很多，云顶的高度是由被稀释得最少的那个气块的最大上升高度确定的。图 7.13 中的概念图演示了“幸运的”气块是如何没有经历夹卷、没有受到稀释而上升。因为它们在途中没有受到混合而减速，它们决定了云顶的高度。图 7.13 的概念模型本质上是第 7.3.2 节所讨论的旧气泡模型的改进。正如在气泡模型中所述的那样，构成云塔、确定了积云最高处的气块，没有受到环境空气的夹卷而到达了那里。新模型与旧模型的区别在于：那些没有到达云顶的气块之所以被阻断了上升过程，是由于夹卷，而不是由于侵蚀。当然，气块经历多次夹卷的可能性是存在的。但是在组成积云的一大群气块中，只要每个气块在一个高度上、并且只在一个高度上与卷入的环境空气发生混合，就可以较好地再现观测得到的结果①。

① 参见 Raymond 和 Blyth(1986)。

7.3.4 夹卷对浮力以及云边缘附近向下运动的影响

图 7.1 展示了一个有正浮力的气块，它一定伴有一个相关联的压力梯度力场以保持质量的连续性。浮力的压力梯度力驱离气块上升路径中的空气，并迫使周围空气挤入气块的尾流，以消除会自然产生的真空。然而，这种力场不应与空气运动场本身相混淆。在任何瞬间，这个力场会在紧邻上升浮体的周边产生向下运动。如果气团周围是干环境，向下运动将产生一个正温度浮力扰动，并随之产生一个重力波运动。粗略地说，上升气块是可压缩的，与石头落入池塘过程类似（但符号反转），重力波从云体传播出来就像池塘中的涟漪①。这样，由浮体诱发的环境空气向下运动就会向四周传播出去。但是观测和模拟研究表明，向下运动只发生在云与环境空气混合十分活跃的云边缘区域。正如图 7.15 所显示的，在紧邻云边缘的区域，由混合过程引起的水凝物蒸发，使得这里有负浮力发生。负浮力引起在云的边缘发生向下运动。图 7.1 展示了浮力压力梯度力为何在一个正浮体的内部是向下的。相反地，负浮体的浮力压力梯度力必定是向上的。大涡旋模拟（见第 2.10.3 节）证实，在对流云周围蒸发产生的负浮力区域中，浮体的压力梯度力是向上的②。

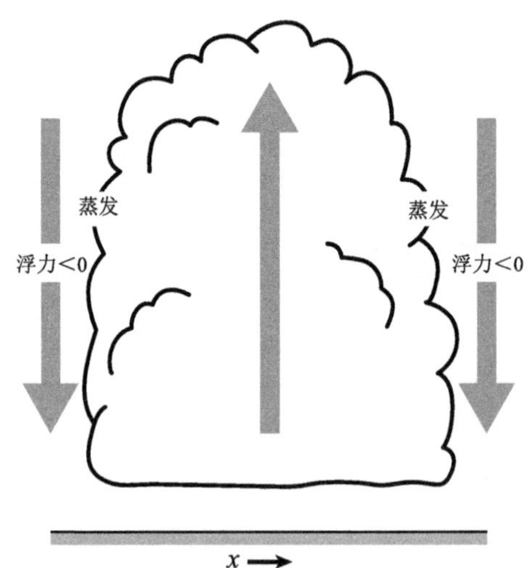

图 7.15 示意图表示向下运动在积云的边缘区域发展起来，这是由于云的边缘周围干空气混合蒸发所产生的负浮力（$B<0$）引起的。引自 Jonker 等（2008），经美国地球物理学会许可再版

7.3.5 侧面与云顶的夹卷

湍流混合发生在一个上升浮力云单体中所有的边界处。因此，我们有理由迫切地想要知道，云顶边界处的夹卷是否与对流云的变化具有重要的影响。人们一度认为在积云的顶部干燥空气混入单体所产生的负浮力，可能会产生负的浮力单体，加速下沉到云的内部。然而，精细尺度的大涡模拟（第 2.10.3 节）已经模拟出云边缘混合过程的细节，大涡模拟允许自定义对

① 参见 Mapes 和 Houze（1995）以及他们的多篇论文，以了解他们对深对流云的环境响应所作的更深入的分析。

② 参见 Heus 和 Jonker（2008）、Jonker 等（2008）和 de ROOY 等（2013）以了解进一步的细节和讨论。

流云内部每一个气块的作用。这些研究得到的图 7.16,表明积云顶边界处的夹卷不起显著的作用。该图展示了云块的相对进入高度和观测高度的概率密度曲线图。相对进入高度指气块初次入归一化云体的高度,观测高度指在图中引用的时刻,气块在云中的相对高度。深色水平带代表在云底入云的气块。深色对角带代表在观测高度附近的侧面边缘入云的气块。浅灰色右下三角形(图 7.16b)显示了在低于观测高度的侧面边缘卷入的气块碎片。然而,图 7.16 最重要的特征是在白色的左上三角区域,这表明在统计意义上几乎不存在从云的顶部夹卷入云的气块。

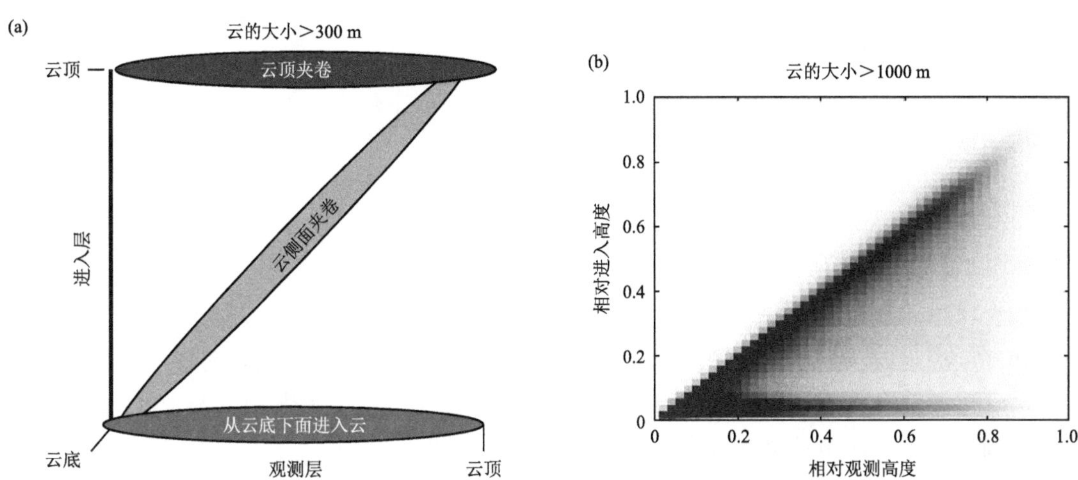

图 7.16 气团进入云层的相对高度关于相对观测高度的函数,包括所有垂直大小超过 1000 m 的云。(a)如何理解图的不同部分的表征意义;(b)大涡模拟计算结果。引自 Heus 等(2008),经美国气象学会许可再版

7.3.6 固定柱体中的对流云

上面大部分的讨论内容是围绕下面的议题进行的:跨越云边界的混合是如何发生的?由于周围空气的卷入和卷出,会不会引起云的大小增加还是减少?对流云动力学的另一种研究途径,是考虑云在固定空间中体积的生长和消散。最简单的观察视点是,看云在一个固定、窄小的柱状体内如何随时间形成、生长和消散的。这种研究方法被称为对流云的一维时间模型。云的各种属性为在一个固定层上各变量的平均值,以这些平均值随时间的变化来描述云的发展历史。在这种情况下,以空气如何穿过个别片层边缘的思路,来写卷入和卷出的公式。这些片层可以上升或下降。典型情况下,受云周围条件不稳定环境的作用,初生浮力在云柱的底部产生,导致整个片层都向上运动。后来,由于云中的水凝物增加和蒸发,负浮力可把上升运动转变成下降运动。这种方法允许浮力压力扰动 P_B^* 是非零的,因此放宽了第 7.3.2 节中一维拉格朗日模型的假设的条件之一。然而受单一垂直柱体的限制,而且模型中不存在水平运动,造成下沉气流和上升气流无法在云中共存,这不符合实际。尽管如此,一维时间模型还是深刻揭示了对流云动力学中一些基本的道理。

在这种模型中,卷入和卷出以欧拉固定柱体(而不是一个拉格朗日云体)片层空气边缘处的要素来表达。如图 7.17 所示,影响片层空气混合过程的因素由三个部分组成。

(1)动力卷入和卷出。图 7.17a 通过质量的水平卷入,来补充从片层底部到顶部质量通量

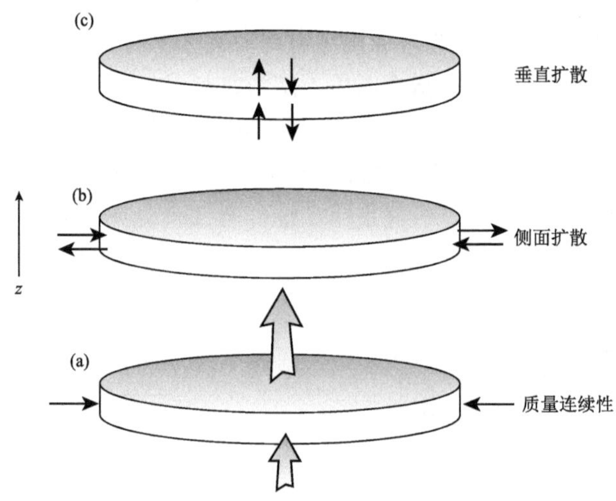

图 7.17　积云一维时间模型夹卷构成示意图

的增加。这样，片层在底部附近会产生对流上升气流。相反地，在云的顶部附近，垂直质量通量会随高度减小，在片层的边界处会发生水平卷出。这种质量连续性效应传统上被称为动力卷入和卷出。然而，这个名称并不恰当，因为实际上这里空气并没有加速和减速①。这种卷入和卷出确实是在一种相对稳定的状态下发生的。

(2)侧面涡流混合。图 7.17b 显示片层水平边界处的湍流运动如何导致片层外的空气进入片层，或片层里的空气跑出片层。与由于质量连续性而摄入环境空气相对比，侧面夹卷的吸气量取决于片层的半径，就像一维拉格朗日卷吸量取决于上升气块的尺寸一样[方程式(7.38)和(7.46)]。

(3)垂直涡流混合。如图 7.17c 所示，片层顶部和底部的垂直扩散，影响片层内部空气的性质。从图 7.16 中，我们可以预期，这种影响较为轻微，在云的顶部除外，如图 7.8 和图 7.9 所示，云塔内、外垂直运动是相反的，这样环境空气被吸入片层的尾流中。

为明确表达固定柱内每个片层里要素随时间的变化，从而描写柱体中云的发展，假设不受科里奥利效应影响，在柱体的圆弧上对滞弹性的连续性方程式(2.54)、热力学方程式(2.9)、合适的水连续方程组(2.21)和运动矢量方程式(2.47)求平均。在云中的要素场是轴对称的，不存在科里奥利力的情况下。对这些方程做前向时间积分，以预测柱中面积平均变量垂直廓线的变化。初始条件通常是柱底附近所设定的浮力或垂直速度扰动。平均面积的滞弹性连续性方程可以分解为上述三种夹卷成分，如图 7.17 所示。

一维时间模型优于一维拉格朗日模型，通过假设压力扰动 p^* 的分布形式为半径的函数，模型中的压力扰动项可以被包含在垂直和水平运动方程中。由于假设轴对称云柱中没有旋转运动，所以压力扰动只由浮力的垂直梯度决定 ($p^* = P_B^*$)，即由式(7.8)决定。如果 p^* 的分布被假设为 r 的余弦函数且最大值在柱体的中心，则 $\nabla^2 p^* \propto - p^*$，且式(7.8) 所提供的 p^* 值与浮力场一致②。另一种方法是假设 p^* 的分布为一个三角形的廓线，且其最大值位于圆柱的

① 在大气科学中，动力一词通常用来描述由力引起的运动。

② 这个在对流云一维时间模型中诊断压力扰动的方法，是由 Holton(1973)提出的。

中心。我们用 $\langle p^* \rangle$ 代表某个高度 z 处的面积平均压力扰动。则 $\langle p^* \rangle$ 可以由式(2.47) 的水平分量来诊断,写成:

$$\frac{Du^*}{Dt}=-\frac{1}{\rho_e}\frac{\partial p_c}{\partial r} \tag{7.52}$$

式中,u^* 为径向速度扰动,ρ_e 为基础密度,而 p_c 是云柱中的气压。为得到式(7.52),假设环境径向风为零,环境压力 p_e 没有水平变化,则,$u=u_c=u^*$ 且 $\partial p^*/\partial r=\partial p_c/\partial r$。从云的边缘开始对式(7.52) 求积分,$r=R$,对于云中任意的半径 r',可得:

$$p_c(r')=p_c(R)-\rho_e\int_R^{r'}\frac{Du^*}{Dt}dr' \tag{7.53}$$

如果两边去掉环境压力 p_e,取云区面积的平均值,假设要素为圆对称分布的,则改写为

$$\langle p^* \rangle=\overline{\overline{p^*}}-\rho_e\frac{2}{R^2}\int_0^R\left[\int_R^{\xi}\frac{Du^*(r)}{Dt}dr\right]\xi d\xi \tag{7.54}$$

式中,双划线表示圆柱体周长的平均值。假设垂直速度廓线为 $w(r)$,将其代入连续性方程,从云的中心积分到 r 得到 $u^*(r)$。因此,模式预测的垂直速度隐含预测的 u^* 与质量连续性保持一致的规律,并且预测的 u^* 反过来意味着云中的压力扰动是由式(7.54)决定的①。

图 7.18 为在热带海洋对流区环境特征的条件下,利用一维时间模型算出的柱对流云结果示例。在 0.4 km 高度上保持 $w=2\ \mathrm{m\cdot s^{-1}}$ 的垂直速度强迫,并假定压力扰动和垂直速度的廓线呈三角形分布,20 min 以后云块形成。式(2.21) 中所包含水物质的类型为水蒸气、云中液态水和雨水(定义见第 3.3 节)。其源和汇根据第 3.6.1 节中所描述的暖云总体水连续性方案制定②。

图 7.18 中的图件显示柱内对流云稳定增长 30～35 min,最大高度达到 13 km。在对流云生长的大部分时间里,云中各个高度层上都有上升气流,其中中层的上升气流最强(图 7.18a)。在增长中的上升气流里,位温和水汽混合比的扰动一般为正(图 7.18b 和图 7.18c),提供正的浮力(图 7.18d)。随着液态水含量的增加(图 7.18e),由于水凝物的质量增加,浮力减小[见式(2.50)中的 q_H]。这种负浮力逆转了垂直速度。下沉气流在低处形成,那里液态水的含量首先变大(图 7.18a 和图 7.18e),结果在越来越高的地方出现下沉气流,液态水含量最大的区域也在越来越高的地方出现。40 min 后,大部分水已成为降水落出云体,弱的上升气流又回来了。35～40 min 后,模型模拟的云结构就可能会脱离实际。

模型云中的压力扰动在地面和云顶最为明显(图 7.18f)。在最初的 20 min,需要地面正压力扰动来支持施加在云层底部的上升气流。25 min 后低层正压力扰动与下曳气流有关,下曳气流在接近地面时必须减速。云顶的正压力扰动与那个地方浮升造成热力层结反转有关。与热力层结有关的压力梯度加速度(图 7.18g)与图 7.1 中的理想结构一致。在理想的情况下,云层顶部的浮力梯度需要在云块的上面有向上的力,将云顶上面的环境空气推开。模型实验证明,如果在云的上面没有这种向上的力(通过将压力扰动设置为零可以产生这种情况),云就无法达到实际的高度。紧邻云顶下面向下的压力梯度加速度,是气块在浮力作用下抬升所受到的阻力。这种阻力的作用是使垂直速度的垂直廓线变得平滑,因为与没有压力扰动的情况相比,它使得其下面的空气上升得更慢。

---

① 这个在一维时间相关的对流云模型中诊断压力扰动的方法,是由 Ferrier 和 Houze(1989)提出的。

② 这个计算是由 Ferrier 和 Houze(1989)完成的,他们使用了一个在其底部向外展开的圆柱,半径向上减小。有关模型设置的其他细节,请参阅他们的论文。

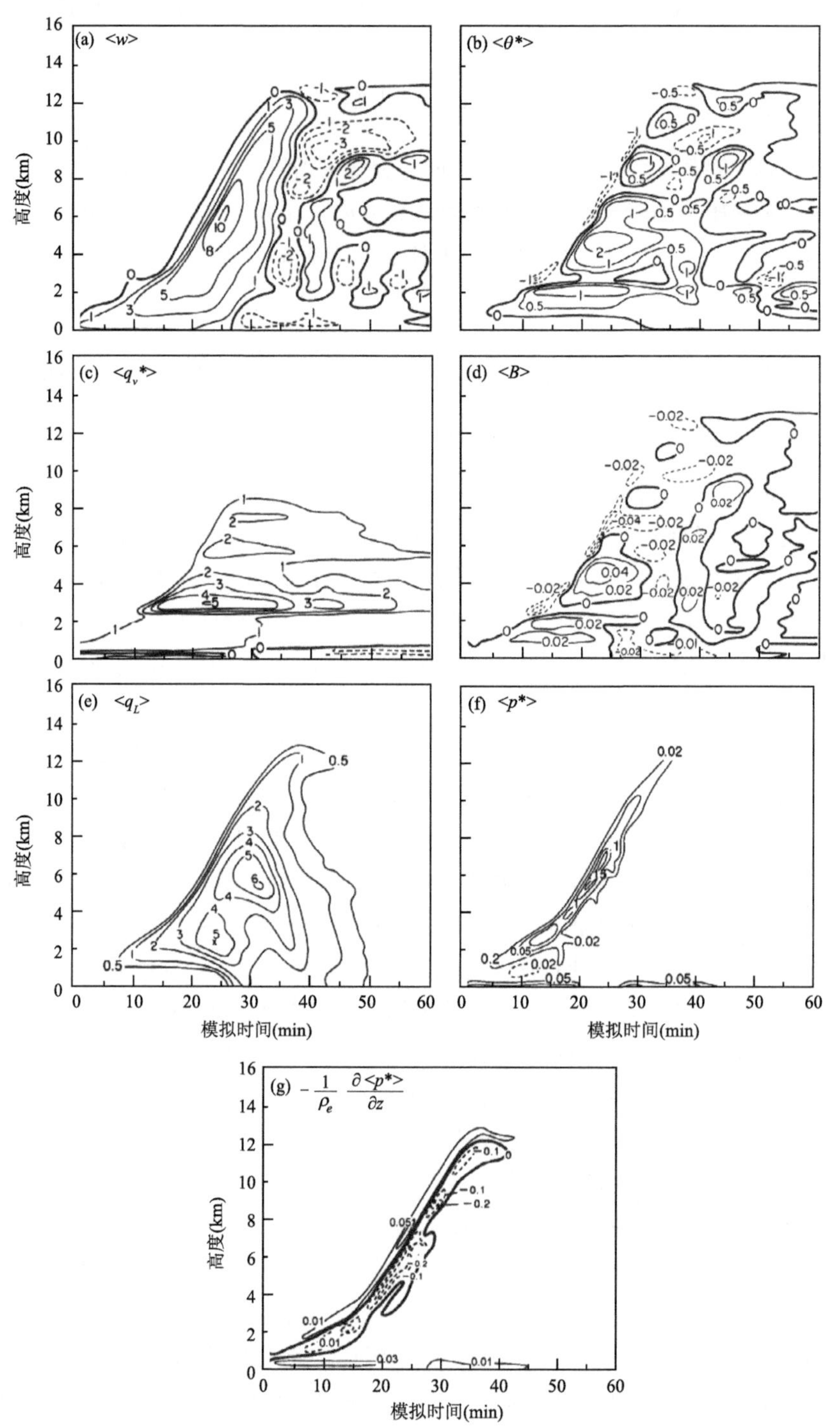

图 7.18　热带海洋环境特征的一维时间模型的模拟结果。(a)垂直速度($m\cdot s^{-1}$);(b) 位温扰动(℃);(c)水汽混合比扰动,单位为 $g\cdot kg^{-1}$;(d)浮力加速度($m\cdot s^{-2}$);(e)液态水混合比,单位为 $g\cdot kg^{-1}$;(f)压力扰动,单位为 hPa; (g)压力扰动的垂直梯度引起的垂直加速度($m\cdot s^{-2}$)。引自 Ferrier 和 Houze(1989),经美国气象学会许可再版

7.3.7 多维对流云模型中混合过程的表达

为了更多地了解对流云卷入和卷出的物理本质，我们一直在强调混合过程总体特征的表达，它用云与环境之间的净质量交换项来表示。一维拉格朗日模型(第 7.3.2 节)和一维时间模型(第 7.3.6 节)也采用了这种总体观点。然而，由于这些一维模型没有采用运动方程[式(2.47)]的水平分量，一维模型的输入变量中不包含任何关于环境风切变廓线的信息。因此大气探测资料中丰富的信息(温度、湿度、压力和风，它们是高度的函数) 在模式里没有使用。正如我们将在下文(第 7.4 节)中看到的，大尺度环境中的风的切变可以显著地影响对流云内部空气的运动，特别是云吸入环境空气的能力。为了考虑切变对夹卷的影响，有必要建立二维和三维的对流云模型，这些模型利用了全部大气探测的信息，不仅能够准确地预测云中空气的垂直运动，还能预测其水平运动。

三维模型由运动方程式(2.47)的所有三个分量与热力学式(2.12)和水连续性方程式(2.21)联合起来组成。x，y，z 三个方向的平流项都包含在 $\mathrm{D}/\mathrm{D}t$ 中。在模拟区域里指定了所有地点两个水平风分量的初始值。如果使用大气探测数据作为输入，则环境水平风两个方向的分量和环境热力学状态的测值都被纳入，从而利用了环境探测数据中包含的所有信息。模型中空气的运动，是在风向和风速都随高度变化的环境风的响应下构成并发展的。二维模型是三维模型的简化形式，其中假设在某一水平方向上是均匀的。如果风切变主要发生在某个特定的风向，例如线状的对流云或热带气旋的眼壁云，二维模型可能是有用的。

通过使用所有的环境变量作为输入，计算云中每一个点风矢量的所有三个分量，三维云模型模拟了云中所发生各种各样的动力学效应。对所模拟云的特性描写的细致程度，主要取决于模型中表示变量的空间网格分辨率。

三维对流模型有一类是基于滞弹性方程的。第一个三维模型就是这种类型的①。在这种类型的云模型中，在模拟区域中任意一个地方设定一个初始扰动，同时求解矢量运动方程式(2.83)、热力学方程式(2.78)、水连续性方程式(2.81)、状态方程式(2.73)和连续性方程式(2.75)中变量的均值。压力扰动由类似于式(7.4) 的诊断方程计算。获得这个方程，我们需要对式(2.83)求 $\nabla\cdot\rho_o$，并使用平均变量的滞弹性连续性方程式(2.75)，得到

$$\nabla^2\overline{p^*}=\overline{F}_B+\overline{F}_D+\overline{F}_M \tag{7.55}$$

式中，$\overline{F}_B$ 和 $\overline{F}_D$ 与式(7.4) 中的同类项相似，但是在这里它们从浮力和风的平均变量值计算得到，$\overline{F}_M$ 是式(2.83) 中的扰动涡流混合项。早期的三维建模采用了这种非常精确的公式。通过式(7.55) 能精确地诊断出压力扰动。方程中唯一缺少的要素是声波，它在对流云动力学中可以忽略不计。然而，由于式(7.55) 含有更高阶的空间导数，如果将该模型应用于网格复杂的模型，计算起来就会变得很困难。比如气流越过复杂的地形，或需要其他特殊的边界条件、需要一个嵌套的网格或拉伸的网格用于计算更大尺度气流中嵌入的详细特征(例如积雨云中的龙卷)等。为了解决这种困难，发展了一种更灵活的对流云三维模型，它使用完全可压缩的质量连续性方程式(2.20) 而不是滞弹性方程式(2.54)②。这种类型的模型在模拟并解释包括

① 例如，参见 Wilhelmson(1974)、Schlesinger(1975)和 Clark(1979)。

② 参见 Klemp 和 Wilhelmson (1978b)。

强对流风暴在内各种类型大范围云的动力学方面非常成功。

在二维和三维积云模型中，卷入和卷出没有明确的定义，因为和一维模型类似，没有预先指定的云边界。相反，风场是根据风和热力学变量的初始条件，在一个较大的空间范围里计算出来的。在模型模拟的范围里，云在模型预测的运动所指出的任何时间和地点形成。湍流混合用未解决的次网格尺度空气运动的参数化来表示。在第 7.3.6 节的术语表述中，已经对动力夹卷进行了专门的解释，由侧向和垂直涡流混合产生的夹卷，是由次网格湍流参数化表达的。

三维对流云模型参数化了次网格尺度的湍流。在网格尺寸较大的情况下，一种方法是把所有变量的混合系数，表示为次网格尺度涡流动能 $\mathcal{K}$ 的函数。将涡流动能方程式(2.86)与三个分量的运动方程、诊断压力扰动方程、热力学方程和水连续性方程同时求解。用这样的方法所计算出的次网格尺度湍流，与模式预测的其他变量是内部协调一致的[①]。通过湍流理论可以把混合系数与预测的涡流动能联系起来，用混合系数对其他方程中的湍流混合进行参数化。假定涡流发生在云内部的小范围里，并且具有弥散的性质。

随着计算能力的提高，考虑剧烈混合的云模型越来越多地在三维对流云建模中采用大涡模拟方法(第 2.10.3 节)。正如第 7.3.4 节和第 7.3.5 节所讨论的，大涡模拟方法对于深入地了解卷入和卷出过程特别有用。到目前为止，对流云的大涡模拟主要用于较小的云。随着计算能力的不断提高，这种方法无疑将揭示更大对流云的动力学中更多的细节。

7.3.8 大尺度大气模型中对流云的表示

在主要目标是计算大尺度环流变化的大气模型中，有必要对小尺度对流云的作用进行参数化表达。通常用一维模型作为云对大尺度温、湿度场的作用进行参数化的基础[②]。不仅要考虑云与热力场和水汽场之间的相互作用，还要更好地考虑云与大尺度风场之间的相互作用。一些大尺度环流模型在网格空间中嵌入二维云解析模型，用于计算对流云与大尺度大气环流之间的相互作用[③]。随着大尺度模型空间分辨率的提高，云中的物理过程最终将在三维空间中精确地计算出来[④]。

7.4 涡度和动力气压扰动力

7.4.1 从涡度的视点理解对流云中的旋转和动力气压场

对流云的一个重要特征是它们在云的内部产生涡旋运动。例如，我们已经看到，有浮力的气块在上升时往往会以希尔涡旋(图 7.9)的方式发生翻转，就像一个上升的烟圈。然而，

---

① Klemp 和 Wilhelmson (1978a,1978b)提出了把压力扰动和涡流动能作为诊断变量包括进来的模型，通常被称为“克莱普-威廉森(Klemp-Wilhelmson)模型”。

② 关于对流云参数化的经典参考文献是 Arakawa 和 Schubert(1974)。Emanuel(1994)的教科书对这个问题进行了大量的理论讨论。de Rooy 等(2013)的综述文章讨论了近期关于夹卷的研究工作与对流参数化之间的连带关系。

③ 参见 Randall 等(2003)和 Randall 及其同事随后就此问题发表的许多论文。

④ 在全球大气环流模型中明确表示对流云的最初尝试之一是非静力二十面体大气模型(Nonhydrastatic Icosahedral Atmospheric Model, NICAM)，该模型由 Tomita 和 Satoh 等在日本发展起来 (Miura et al. ,2007;Satoh et al. ,2008)。

这只是对流云中旋转运动几种重要的表现形式之一。由于这些转动往往形成气旋(第 2.2.6 节),它们会诱发持续的动力压扰动 p_D^* ,由式(7.9) 确定。由于一维拉格朗日模型忽略了所有的动力压力扰动(第 7.3.2 节),而一维时间模型(第 7.3.6 节)只包含由式(7.8) 确定的浮力压力扰动,所以到此为止,我们还没有讨论 p_D^* 在对流云动力学中的作用。我们将在第 8 章中看到,若对流云的转动使得动力压力扰动变得很大,它可以完全改变云的性质。为了解云中的转动如何改变对流云的动力学特性,可以方便地通过分量涡度方程式(2.57)—(2.59)来确定对流空气的运动。这些方程认为:空气的旋转是由于涡度被扭转、拉伸、平流,以及受浮力梯度的作用而产生。在这里,我们将初步介绍对流空气运动中涡度的基本概念。第 8 章和第 9 章在研究积雨云和中尺度对流系统的动力学时,再进一步扩展这方面的知识。

7.4.2 水平涡度

Boussinesq 流体中,水平涡度 $\eta \boldsymbol{i} + \xi \boldsymbol{j}$ 的产生受式(2.61) 的约束。在二维气块中,围绕水平轴旋转的涡度发展起来的唯一途径,是浮力水平梯度(B_x 或 B_x)的作用。对于对流云,水平涡度主要由斜压作用产生的情况,如图 7.19 所示。在图 7.19a 中,正浮力上升单体像 Hill 涡一样翻转(第 7.3.2 节)。在这种情况下,正浮力的最大值位于上升单体的中心,因此在单体的中心线的两侧,浮力的水平梯度 B_x 大小相等、符号相反,从而在云的两边产生了反向转动的两个涡旋。这些涡旋和与运动场有关系的浮力压力梯度力场一致(图 7.1)。在图 7.19b 中,对流云阵雨中所伴随的蒸发冷却和降水拖曳作用,造成了负浮力下曳气流。这是上升气流颠倒过来头朝下的版本。最大的负浮力在下曳气流的中心,因此,浮力的水平梯度 B_x 在该单体的两侧再次大小相等、符号相反,从而又产生大小相等、符号相反的两个涡旋。当稠密的下曳气流沿地面扩散时,在外流边界的前缘维持强的浮力梯度和旋涡(图 7.19c)。

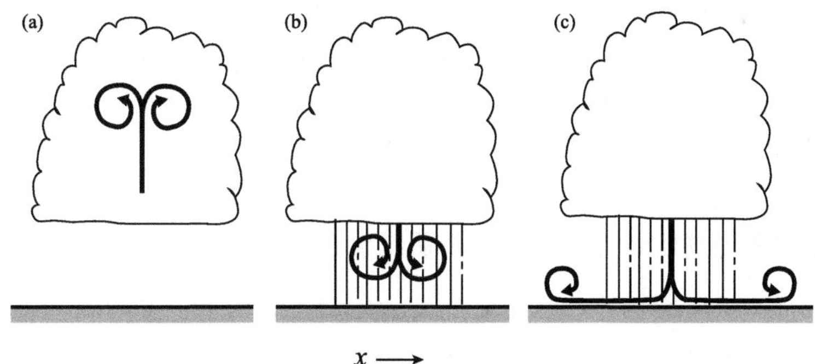

图 7.19　水平浮力梯度产生水平涡旋。(a)正浮力上升气流;(b)雨中的负浮力下曳气流;(c)负浮力下曳气流沿地面扩散

图 7.19 说明由于自身的正浮力和负浮力,云的内部如何产生水平涡度。另一个重要的因素是,云可能对云所在的大气中原来存在的涡度起作用。为了说明这种作用,我们考虑一个没有垂直运动的大尺度环境大气。根据式(2.56)和 (2.60),环境涡度的水平分量为:

$$\overline{\eta} = -\frac{\partial \overline{v}}{\partial z} \text{ 和 } \overline{\xi} = \frac{\partial \overline{u}}{\partial z} \tag{7.56}$$

式中,变量上面的短横线代表大尺度水平均匀的基本状态。假设 x 方向是沿着风的方向,则 $\overline{\eta}$

是环境气流沿流线方向的涡度,它定义为环绕且平行于环境风方向的涡度,$\bar{\xi}$是环境气流的横向涡度,它定义为环绕垂直于环境风方向的涡度。在对流云系发展的过程中,沿流线方向和横向的涡度都重要,它们通常同时发生。然而分别考虑它们,对说明和理解很有帮助。在这里,我们将考察横向涡度的某些效应。在第 8 章中,我们将研究沿流线方向涡度的作用,特别在龙卷风暴发展的过程中,它起特殊重要的作用。

7.4.3 由环境水平涡度的扭转引入的垂直涡度

数值模拟和多普勒雷达观测的对流云和风暴表明:围绕垂直轴 (ζ) 的局地强涡度,通常起源于水平涡度。云中垂直涡度产生的一个重要途径,是由环境中横向涡度扭转而来。这种涡度方向转变的过程可以这样想象:在一个大尺度的环境里,其中平均气流 $\bar{u}$ 是一致地沿 x 方向的,并且随着高度的增加而增加。此时环境具有跨流线方向的水平涡度 $\partial\bar{u}/\partial r$,如图 7.20 所示,云外为南北向排列的涡管。当对流云的上升气流叠加在涡管上时,涡管向上弯折变形,从而在上升气流中心的两侧各出现一个涡,它们绕垂直轴转动,转动的方向相反。

我们可以把这样的直觉理解写成公式。在积云尺度上,科里奥利力可以忽略不计算,将平均气流 $\bar{\boldsymbol{v}}=(\bar{u},0,0)$ ①的垂直涡度方程式(2.59)线性化。在这种情况下,我们得到了方程的扰动形式

$$\zeta'_t+\bar{u}\zeta'_x=\bar{u}_z w_y \tag{7.57}$$

如果我们考虑一个高度层,在这个高度上平均风速 $\bar{u}$ 接近云相对于地面的速度。在一个随云移动的系统中,式(7.57)成为

$$\zeta'_t\approx\bar{u}_z w_y \tag{7.58}$$

因此,平均气流切变涡度的扭转,是扰动涡度 ζ' 唯一重要的来源。如图 7.20 所示,这个过程会使得上升气流的南边产生正向 ζ',北边产生反向的 ζ'。

因为几乎所有的积云和积雨云,都是在至少有一些切变的环境中形成的,所以在上升气流周围形成反向旋转的涡旋,如图 7.20 所示,是所有对流云在发展早期阶段几乎普遍具备的特征。

7.4.4 旋涡对夹卷和压力扰动的影响

如图 7.20 所示,反向旋转的一对涡旋 ζ' 对云的动力有两个重要的影响。首先,它构成了一种夹卷机制。图 7.20 所示的涡旋在中层将环境空气吸进对流风暴的东侧。我们之前关于夹卷的讨论(第 7.3 节)着重说明了由于湍流引起的夹卷过程,无论是否存在环境切变,这样的夹卷过程都会发生。然而,我们也注意到,夹卷有时表现为比随机分布的湍流更大尺度上的组织性,图 7.20 中的涡旋对就起了这种重要的组织作用。结果是在具有强烈切变的环境中,夹卷作用会大大增强,叠加在上升气流上的涡旋吸入云中的空气远大于其他形式的夹卷。

除了影响环境空气卷入对流云以外,反向旋转的垂直涡度中心,还会影响云内的压力场。为了解涡旋如何对云的动力学发生反馈,并改变云的发展,使其超越图 7.20 所示的阶段,我们

---

① 本小节提出的数学论证及其数值模拟验证来自 Rotunno(1981)和 Klemp 的综述文章(1987)。

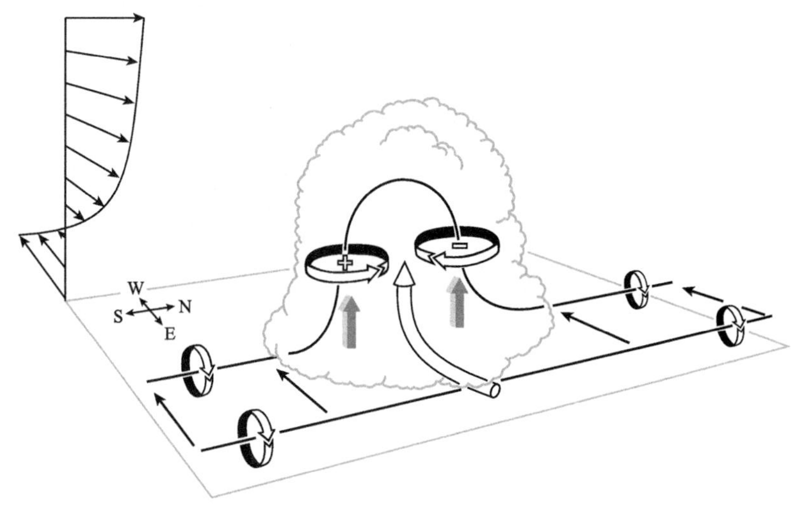

图 7.20 积云环境气流中跨流线方向的水平涡度向垂直涡度的转变。旋转方向相反的一对涡旋出现在上升气流的两侧。正、负号表示垂直涡度的旋转方向。平均环境气流 $\bar{u}$（用细箭头表示）是一致的东西风，风速随着高度而增加。在云的外面呈南北走向的涡管，表示环境的水平涡度。实线表示旋转的涡旋线，其旋转方向用圆形箭头表示。由于云中的垂直运动，使得环境的水平涡度扭转，导致图中所示的一对垂直涡旋。阴影箭头表示垂直压力梯度力，它与扭转所产生的涡旋有关。圆柱形箭头表示相对于云运动气流的方向。引自 Klemp (1987)，经 Annual Review 许可再版

首先要注意：在云内涡度的发展中，非线性效应如何变得重要。数值模拟表明[①]，涡度方程中的扰动项可以更准确地表示为

$$\zeta'_t + \bar{u}\zeta'_x \approx \bar{u}_z w_y + \zeta' w_z \tag{7.59}$$

上式与式(7.57)的不同之处在于，除了扭转项以外，现在非线性拉伸项 $\zeta' w_z$ 也非常重要。在对流上升气流的下部，垂直速度随高度变化 $|w_z|$ 大的区域，垂直速度随高度的变化与强涡旋的伸展特别有关系。这种局地拉伸作用，大大地增强了由环境切变的扭转所产生的一对反向旋转的涡旋。正如我们在第 8 章中将要讨论的那样，这些涡旋趋向于气旋性转动的平衡（第 2.2.6 节），按式(2.46)，它们的特征是中心压力最小。这些气旋性转动的极小值产生了一个动力压力扰动 p_D^*，该动力压力扰动 p_D^* 场可以利用风场由式(7.6)诊断出来。浮力扰动根据式(7.5)由浮力场 B 得到。浮力扰动场与动力扰动场结合起来，得到了云内联合的压力扰动场 $p^* = p_B^* + p_D^*$。在大多数情况下，浮力扰动场 p_B^* 比压力扰动场的垂直梯度产生更大的垂直加速度［式(2.47)右侧第一项］。然而，当对流层低层的切变成为中等强度时，压力扰动场的垂直梯度 p_D^* 项变强，甚至可以在云中的某些地方超过浮力扰动场。

图 7.20 显示了压力扰动场如何影响对流云发展的过程。在运动方程式(2.47)中，由压力扰动场的垂直梯度引起的净垂直加速度为

$$-\frac{1}{\rho_o}\frac{\partial p^*}{\partial z} = -\frac{1}{\rho_o}\frac{\partial p_B^*}{\partial z} - \frac{1}{\rho_o}\frac{\partial p_D^*}{\partial z} \tag{7.60}$$

式中，p_B^* 由式(7.8)确定。当环境涡度的向上扭转造成的涡旋较强时，在对流风暴两侧的

① 详见 Klemp(1987)的综述。

$-\partial p_D^*/\partial z$ 项会显著增强。向上的压力扰动梯度力(用向上的箭头表示)能被向上引导到两个涡流的中心。这些风暴侧面的动力压力扰动力,可以导致积雨云分裂成两半,各自在垂直于环境切变矢量的方向,反向传播。对流风暴的这种行为被称为分裂,在形成龙卷的强积雨云发展过程中非常重要,我们将在第 8 章中进一步讨论。

上述讨论仅仅说明了对流云如何把环境中横向水平涡度转化为云中的垂直涡度。在第 7.4.2 节中,我们注意到:特别是在下曳气流的边缘(图 7.19c),云自己是如何产生水平涡度的。除此以外,若沿流线方向的水平涡度指向并且进入云、发生扭转,也可以对对流云中与气旋性旋转气压异常有关的垂直涡度发展做出贡献。在第 8 章中,我们将继续讨论对流云中的涡度,并了解所有三种涡度的发展与非线性拉伸作用结合在一起,如何产生强烈的龙卷积雨云。

第8章

积雨云和强风暴

震耳的雷声……灼热的闪电直入山中。随后，一阵狂风……雷声再次响起，雨也开始下了起来……还夹杂着冰雹……

——J. R. R. Tolkien,《指环王》

第 7 章主要讨论了所有类型对流云的基本动力学特征，包括浮力、气压扰动、夹卷和云内涡度。本章将集中讨论属于对流云的深厚积雨云。正如第 1 章中所述，深厚积雨云可以既是孤立的系统(第 1.2.2 节)，也是较大中尺度对流系统的组成部分(第 1.3.1 节)。本书下一章将专门讲解中尺度对流系统的结构和动力机制，因此，本章将集中论述不属于较大中尺度对流系统组成部分的深厚积雨云的性质。单个风暴不仅自身可以造成重要天气，也是比它们大的中尺度对流系统的组成部分，因此，对单个风暴的理解很重要。

孤立积雨云或许是所有云类中最具有视觉冲击力和拍照效果的一类云(图 1.4d)。本章中，我们并不太多关注这类云的外在形态特征，而是重点讨论其内部结构和动力过程。首先讲述较小的孤立积雨云(第 8.1 节)，然后分析较大的孤立积雨云，较大的孤立积雨又可分为多单体风暴和超级单体风暴两类(第 8.2 — 8.5 节)。第 8.6 — 8.11 节中，我们将讨论龙卷、下击暴流和阵风锋这三类较大积雨云的重要环流特征。最后，第 8.12 节将介绍由多个对流风暴组织形成的线状对流风暴的有利环境特征。

8.1 积雨云的基本类型

暖积云(即：云里无冰晶)由于产生降水因而被归类为积雨云，这类小的降水积状云在热带地区很常见。然而在其他地区，多数积雨云里有冰晶。区别积雨云与其他云的最显著特征之一(第 1.2.2 节)是：它的上部常常由冰晶组成，并且以光滑、纤维状或丝缕状的云砧的形态向外伸展，而下部则表现为山脉形状的球状云塔。当云伸展到足够高的高度而形成云砧时，这种基本结构特征在从小到大各种尺度的积雨云中都可以见到。图 8.1 显示了一个非常小的孤立积雨云的动力和微物理结构经验模型。该图根据 90 次积状云飞行试验数据合成，表明积雨云的一侧为初生和发展的云，而另一侧为消亡和减弱的云。在云发展的一侧有上升运动，该区域存在几个强的浮力上升中心，每个上升中心的顶部存在水平尺度约 1～3 km 的云塔，在云塔内部,气流受热力作用而产生对流交换(图 7.8 和图 7.9),在垂直速度最大的地方,即在正浮力上升核的侧面,有水平涡旋生成(图 7.20)。在每个云塔上叠加了直径 100~200 m 左右的球状云泡,那里有更小尺度的气流在翻滚,造成环境空气的夹卷(第 7.3 节)。跨过积雨云观察,由于云的发展一侧不断有新的上升气流注入,云塔的顶部变得越来越高。图 8.1 中最高的云塔已达到 0 ℃层以上,从而具有冰粒子形成的条件。冰粒子首先在云泡内部约 5~25 m 非常有限的区域内形成,表现为小而不规则的粒子,随后冰粒子在云中垂直展开而形成冰链,在云的低层边缘发展而形成霰。积雨云内部强烈的上升速度有利于提高凝结速度。上升气流中丰富的过冷水在冰粒子凝结核的作用下形成霰。较重的冰粒子在减弱的上升气流中降落,在云底以下,降水中可能出现条纹状雨幡。较小的冰粒子被上升气流带到更高处后随着云砧向外流出,一般而言,云砧里冰粒子浓度最大,且呈现较长的丝缕状特征。因为冰粒子更加均匀,它们慢慢飘落,在紧邻 0 ℃层以上位置聚积,然后冰粒子融化后,以层状云降水的方式降落到地面。

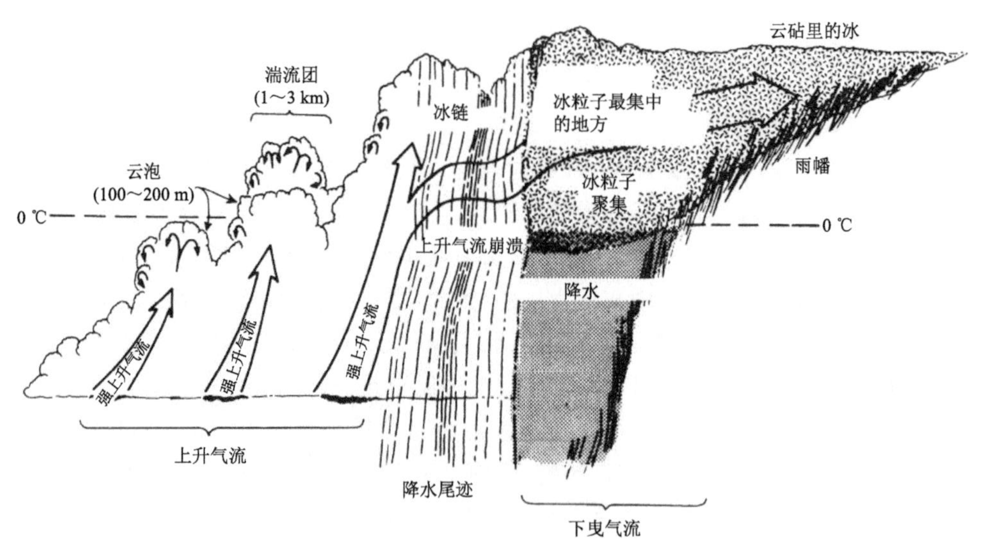

图 8.1 根据约 90 次小积雨云和大积状云飞行试验数据合成的小积雨云经验模型。引自 Hobbs 和 Rangno(1985),经美国气象学会许可再版

图 8.1 中孤立的小积雨云有时被称作单体风暴(如果出现雷和闪电也被称作单体雷暴)。它只造成一次较大的阵性降雨,其生命史如图 6.1b 的概念模型所示。图 8.2 为观测得到的一个单体风暴生命史中的雷达回波,开始时雷达回波增强,18:18 GMT(世界时)左右发展成一个垂直中心,最后演变成一个层状结构,在融化层形成一个亮带。

闪电是风暴带电的证据,正负电荷在云和降水区域内分离开来,也就是某些区域的云具有净正电荷,而其他区域的云则具有净负电荷。闪电把电荷从云的一个区域输送到另一个区域,或者在云和地面之间传输①。在闪电发生的狭窄通道内,温度会被快速加热到约 30000 K,并且基本没有时间向外扩散,闪电通道内气压增加 1~2 个数量级。然后,高压通道快速向周围

① 有关闪电物理的简要讨论,请参阅 Wallace 和 Hobbs (2006, pp 254—256),更深入的讨论参见 Wang (2013)第 14 章。

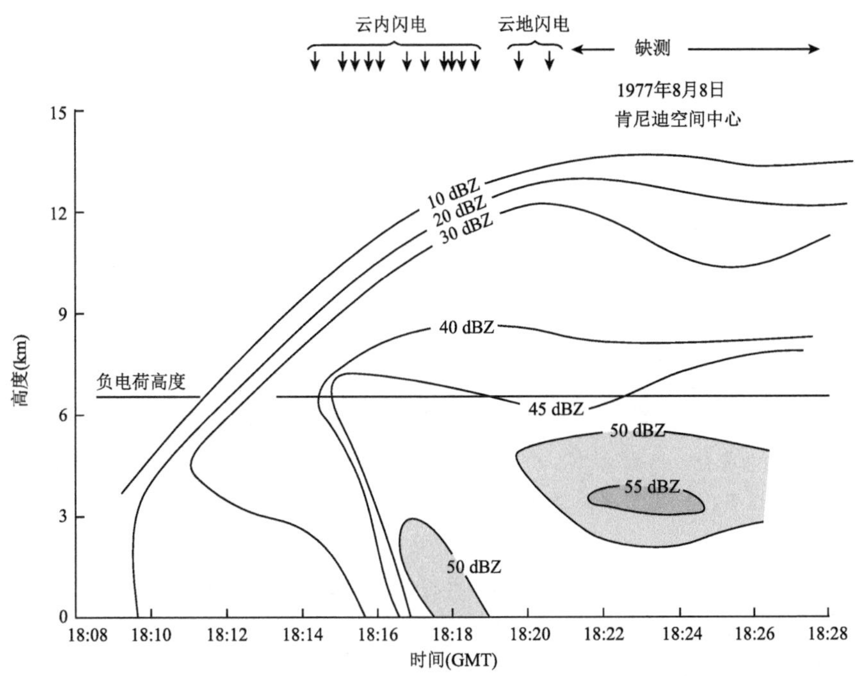

图 8.2　佛罗里达州肯尼迪角附近雷暴雷达反射率时间-高度剖面，图中标注了云内(IC)闪电和云地(CG)闪电次数。引自 Williams 等(1989)，经美国地球物理联合会许可再版

的空气扩散，并产生一个冲击波(该冲击波传播速度比声音快)和声波。后者是可以听见的声音信号，也就是人们听到的雷声，因此，积雨云也被称作雷暴、雷雨云、雷暴云砧、雷阵雨等。

积雨云内部电荷典型分布如图 8.3 所示。主要负电荷区夹在两个正电荷区域之间，其中，上面的正电荷区更大①。主要负电荷区呈很特别的薄饼状，厚度小于 1 km，而水平方向则延伸几千米甚至更大的范围，它存在的高度层温度约为－15 ℃。负电荷也存在于积雨云上部周围的一个薄层里，包括云砧的区域，该层出现负电荷的原因为宇宙射线引起环境中产生的负离子被积雨云上部的正电荷吸引，离子吸引到云边缘的小云粒子上形成屏蔽层。云层中部的主要负电荷区会引起风暴下方地面上的树木、植被和其他的尖锐裸露的物体顶部产生点放电或电晕，从而在近地表大气中产生正电荷。

积雨云的电化过程可能包含多个机制②，其中一个重要机制是：在强上升区域里，霰粒子和比它更小的冰粒子碰撞。在这个过程中电荷发生转移，这种过程已经在实验室中得到证实③，碰撞造成电荷转移的极性取决于温度和液态水含量，临界温度为－20～－10 ℃，也称作

① 关于雷暴中电荷分布的论断有着丰富的历史。首先，18 世纪末，美国革命家和科学家 Benjamin Franklin 开始对此产生兴趣。20 世纪初，英国诺贝尔奖获得者 C. T. R. Wilson 开始关注，他首先确定了由积雨云中部的主要负电荷区域和上部的主要正电荷区域构成的偶极子。

② 关于积雨云电离化的经典总结为 Krehbiel(1986)、Beard 和 Ochs(1986)和 Williams(1988)的评论。

③ 这些实验的回顾参见 Williams(1989)。

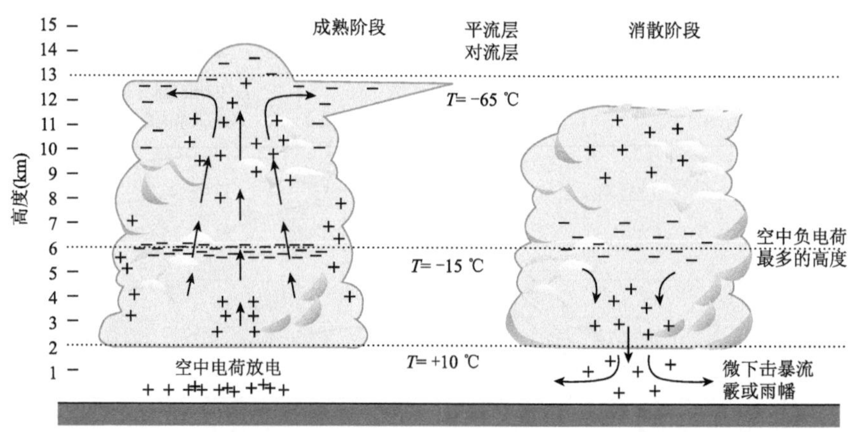

图 8.3 积雨云的电荷分布结构示意图，正负号（＋，－）表示不同位置电荷的极性，流线表示气流方向。引自 Williams（1988），经许可再版，© Scientific American，Inc. 版权所有

电荷反转温度，低于临界温度时负电荷转移到霰，当温度高于该温度时，则正电荷转移到霰[①]。

通常用电荷反转温度来解释图 8.3 中电荷的分布，该图中－15 ℃附近的主要负电荷区，位于高层和底层两个正电荷区之间。根据降水假说，降落霰颗粒造成这样的结构，在高层冷区域，碰并过程中负电荷被传送到霰颗粒，从而霰颗粒带负电荷，而没有降落的粒子则带正电荷；由高层降落下来的带有负电荷的霰粒子使得低层云中主要为负电荷，负电荷层位于－15 ℃附近；在这个高度层以下，霰粒子在碰并过程中开始获得正电荷，从而出现与上面相反的过程。对高层正电荷区的另一种解释为对流假说，认为由地球表面释放到行星边界层的正电荷，在上升运动的作用下，穿过云下大气层进一步向上输送达到更高的高层，进而形成高层正电荷区。实际应用时，在利用以上两种假说解释积雨云中电荷的分布时，什么情况下使用哪一种假说更合理，或者两者如何一起应用，还没有确切的定论。

图 8.2 为典型孤立积雨云闪电发生时间序列，在雷达回波顶达到－20～－15 ℃高度以上（图 8.2 中大约 7 km）之前，闪电活动不频繁。当顶部达到该高度时，具备图 8.3 中所说的电离化所需的条件时，形成过冷水和霰。通常先出现云内（IC）闪电，此时云和雷达回波处于发展阶段，云地（CG）闪电（没有云内闪电活动频率高）一般在云内闪电活动峰值 5～10 min 之后开始活跃，此时雷达回波等值线变得平坦，或者在某些个例中回波开始随时间下降。在积雨云早期阶段云内闪电时，由主要负电荷区向高层正电荷区输送负电荷（图 8.4a）。云地闪电发生较晚，出现在风暴的成熟阶段，通常从主要负电荷区向地面输送电荷（图 8.4b）。极少数情况下，正电荷被输送到地面。

① Takahashi（1978）和 Saunders 等（1991）研究了液态水在电荷反转中的作用。

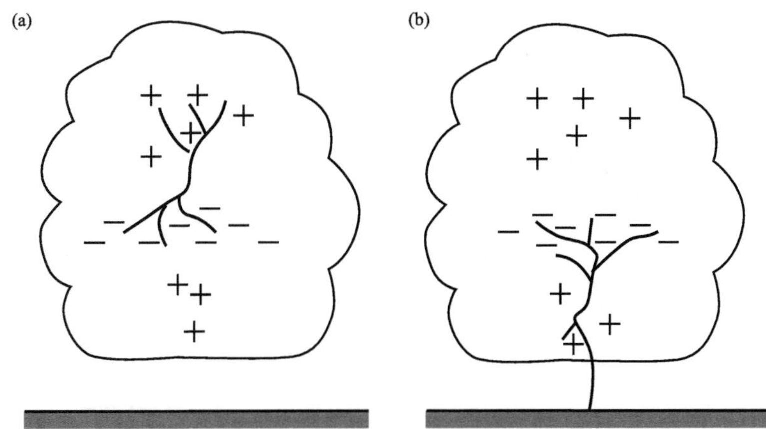

图 8.4　静电结构模型中的闪电分布：云内闪(a)和云地闪(b)，正负号(＋，－)表示电荷在不同位置的极性。引自 Williams 等(1989)，经美国地球物理联合会许可再版

8.2　多单体风暴

第 8.1 节中阐述的基本类型的积雨云通常是孤立发生的，此类单体云是最常见的积雨云，然而单体风暴的降水或风暴危害(闪电除外)相对较小，单体风暴的重要性和受关注程度相对较小①。当单体积雨云成为一个更大的多单体风暴的一部分时，它才变得更为重要。首次现代化野外风暴加密观测实验项目揭示了多单体积雨云内部结构，该项目为"雷暴项目(The Thunderstorm Project)"，20 世纪 40 年代后期开始启动，随后第二次世界大战开始，该项目首次使用了雷达、飞机和其他观测设备对风暴精细结构进行协同观测，研究结果作为重要的专著出版在《雷暴》一书中②。

"雷暴项目"发现，一个深对流风暴可能包含多个不同发展阶段的单体云(图 8.5)，单体初期具有活跃的上升运动，内部水凝物快速发展，成熟的单体上升和下曳气流均活跃，下曳气流中伴随着强降水。水物质对浮力加速度项的贡献引起下曳运动[式(2.50)]，因此，下曳气流和强降水相伴，降水粒子对空气的摩擦拖曳力，对不稳定环境空气施加向下的冲力，该拖曳力在方程式(2.50)中表现为大气中的总含水物质混合比 q_H ，为云微物理过程和云动力过程相互作

---

① Simpson 等(1980)提出单体雷暴相对于多单体雷暴对降水量产生的作用较小，Chisholm 和 Renick(1972)提出单体雷暴相对于多单体雷暴的风暴灾害较小。

② 本报告由 Byers 和 Braham(1949)编辑。雷暴计划是由当时芝加哥大学的 Byers 教授主持的。在第二次世界大战结束之前，已经清楚地表明，无论是军事航空还是商业航空都不能避免在雷雨中及其周围飞行。为了提高这类航空的安全性，"需要有关雷暴的内部结构和行为的信息。"这句话在历史上很有意思，因为当时还没有意识到许多积雨云不会出现雷电。实际上，在海洋上空，很少有积雨云出现闪电。因此，尽管雷暴项目在气象学史上极为重要，但由于其结果广泛应用于积雨云，而不仅仅是那些高度带电的云，因此，它的名称欠妥。该项目由美国空军、海军、国家航空咨询委员会和气象局共同组织。它利用了战争结束时大量可用的设备和经验丰富的人员。22 辆满载地面设备的货车(不包括许多卡车和吉普车)和 10 架 Northrup P-61C"黑寡妇(Black Widow)"飞机可用于该项目。首次在战争中使用的雷达设备，以及无线电探空设备和地面仪器都被有效利用。在调查"为此项工作提供志愿服务的空军高水平仪表飞行员……反馈非常令人欣慰，为项目带来了经验丰富的人员，他们中的大多数人曾担任过仪表飞行教员。"此外，作为项目的一部分，美国飞行协会的一个小组自愿驾驶携带仪表的滑翔机开展了进入雷暴内部的飞行。

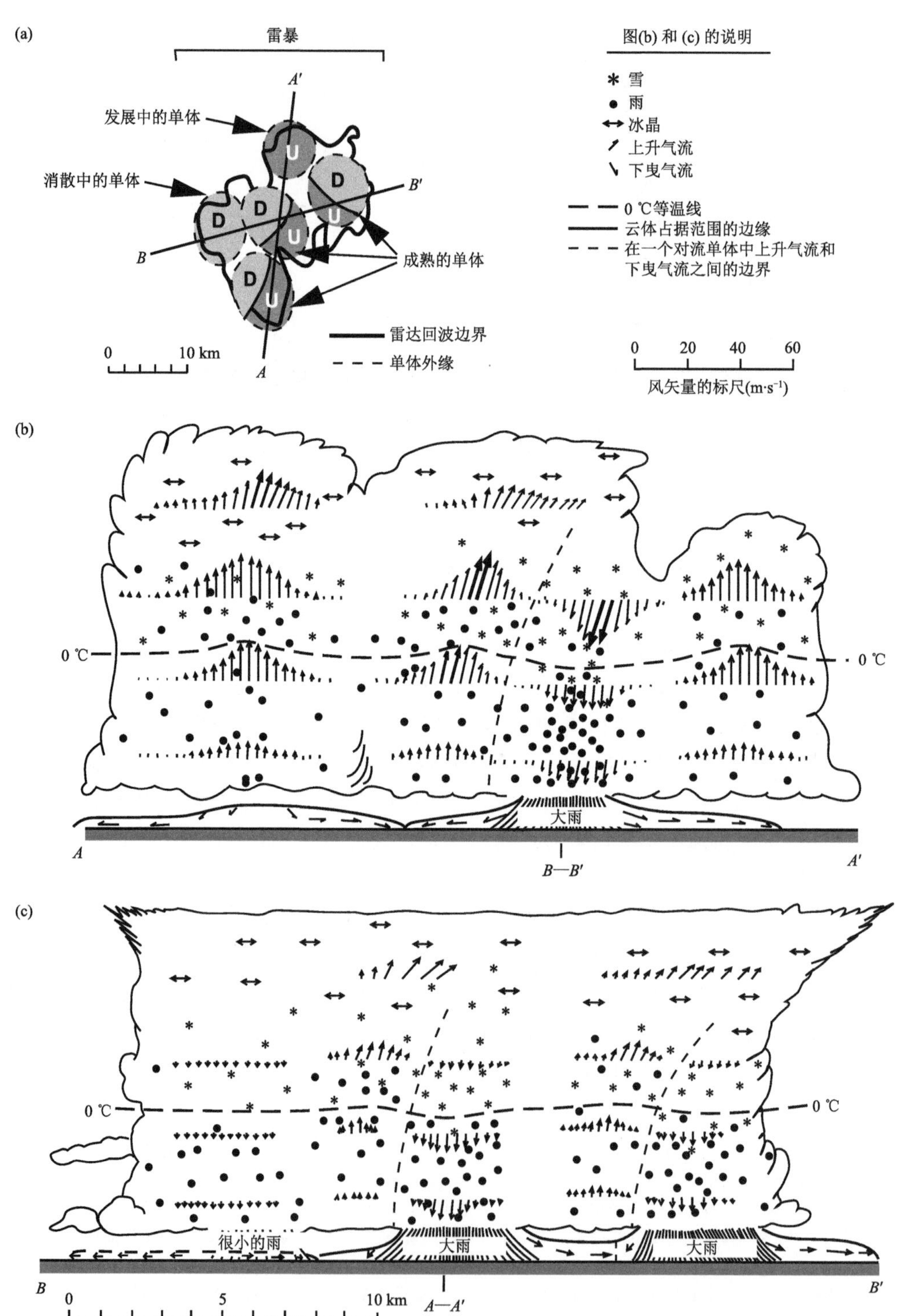

图 8.5　在雷暴研究项目中观测到的俄亥俄州多单体雷暴示意图，风暴由处于不同发展阶段的单体组成。(a)平面图；(b)沿 $A—A'$ 的垂直剖面；(c)沿 $B—B'$ 的垂直剖面。引自 Byers(1959)，经 McGraw Hill, Inc. 许可再版

用的主要方法之一。一旦下曳气流建立，空气的下曳运动造成一部分粒子蒸发，伴随的潜热冷却作用通过式(2.50)中浮力项中温度扰动进一步使得负浮力增加，因此，下曳气流到达地面时，气流温度低并且以密度流的方式向外扩散，驱使周围的暖空气向上进入附近的上升气流中。消亡中的单体仅存在下曳气流和没有降落到地面或没有被蒸发的降水粒子。在《雷暴》一书中，多单体风暴被认为是所有单体的总和，它的生命史为几个小时，大于单体风暴生命史(1 h左右)。因此，随着下曳气流在边界层内向外扩散并触发新的单体，多单体风暴里单体的分布方式持续发生改变，不同成熟阶段的单体被包裹在一个云团里，造成在地面或者飞机上仅能观察到一大块云团，需要雷达或飞机探测才能看到云内部单体的形态。

图 8.6 给出了多单体雷暴电荷分布结构，典型风暴假说包括以下四个连续过程。第一阶段(图 8.6a)，风暴中存在两个成熟的单体，每个单体的电荷分布类似于图 8.3，−15 ℃高度层附近的负电区域位于高层和低层两个正电区之间，如图 8.4a 所示，最初出现云内闪电把负电荷传输到高层正电区，然而在多单体风暴中，有些闪电可以在一个单体的负电荷区和另一个邻近单体的高层正电之间传播。第二阶段(图 8.6b)，开始出现云地闪，在单体风暴情况下(图 8.2)，云地闪主要出现在云内闪开始阶段之后，同样从主要负电区携带负电荷输送到地面，这些电荷可能具有较大的水平尺度，并且能够伸展到邻近单体的主要负电区。第三阶段(图 8.6c)，云砧变得更加伸展，云内放电从风暴主体部分进入云砧，有时也能观测到从云砧中发出的云地放电(图像中没有给出)，另外，在该阶段，其中处于消散阶段的单体表现为该单体在发展过程中的具备层状云的结构特征(图 6.1b 和图 8.2)。图 8.6c 和图 8.6d 中的阴影表示融化层和雷达亮带，温带气旋和中尺度对流系统内层状降水的气球电场探测表明，负电荷可能在亮带内，或在其临近的下方堆积(详细分析参见第 9.2.6 节)[①]，这一特征用来解释图 8.6c 和图 8.6d 中消亡单体的融化层。第四阶段(图 8.6d)，活跃单体主要负电区域和另一个相同高度上正处于消亡阶段单体的正电区发生水平方向的云内闪。观测显示，水平方向多次放电时间间隔为几分钟或更长时间。少数情况下，消亡阶段的单体可以向地面发出正闪击，进而减少所在高度的正电荷。

在特定风切变情况下(本章后面讨论)，多单体风暴的组织形式如图 8.7 所示，该图既可看作是具有不同发展阶段多个单体的风暴的瞬时图像，也可看作是风暴内一个单体生命史中的不同连续发展阶段。新单体(图 8.7 的 $n+1$)在风暴前部边缘或者紧邻区域生成，当单体移入风暴内部就开始了它们的生命周期。在 $n+1$ 和 n 时刻，单体处于发展阶段，此时单体内部主要为上升气流，降水粒子发展抬升并且没有降落到地面。在 $n+1$ 时，降水粒子最先在云底附近生成，并且通过吸收云水而增长。0 ℃层以上，聚集的主要为冰粒子，冰粒子形成后，主要为雾凇冰，继续发展可形成霰粒子或冰雹，最终发展到足够大时降落到地面。图中的冰雹轨迹示意图基于这一假定，即粒子一旦生成，在其整个生命史中始终保持在同一个单体中。其他情况下冰雹生成还可以出现在多单体风暴中。例如，较小单体中霰和冰雹粒子随着平流进入最强单体风暴的上升气流中，多单体风暴中的冰雹最初大多是由此形成的[②]。

多单体风暴可能存在多种组织形式。图 8.7 显示了多单体风暴垂直剖面，例如在图 8.8a 中，在单体运动方向的右侧，生成有组织的新单体，形成一个向右移动的风暴。类似的图 8.8b

① 参见 Chauzy 等(1980，1985) 和 Stolzenburg 等(1998)。

② 参见 Heymsfield 等 (1980)。

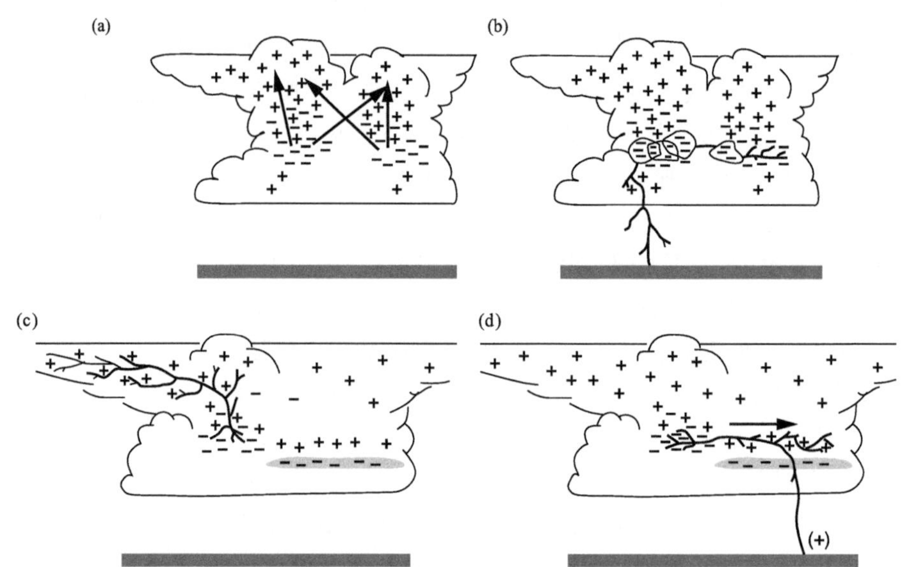

图 8.6　由多个观测结果得到的多单体雷暴中闪电的电性结构和演变。(a)和(b)为成熟风暴，(c)和(d)为消散风暴，除(a)中所示的多单体放电外，其他情况下都认为存在闪电的支状结构。(c)和(d)中的阴影区域表示融雪形成的雷达亮带。正负号(+,−)表示不同位置电荷的极性。引自 Krehbiel(1986)，经美国国家学术出版社(华盛顿特区)许可再版

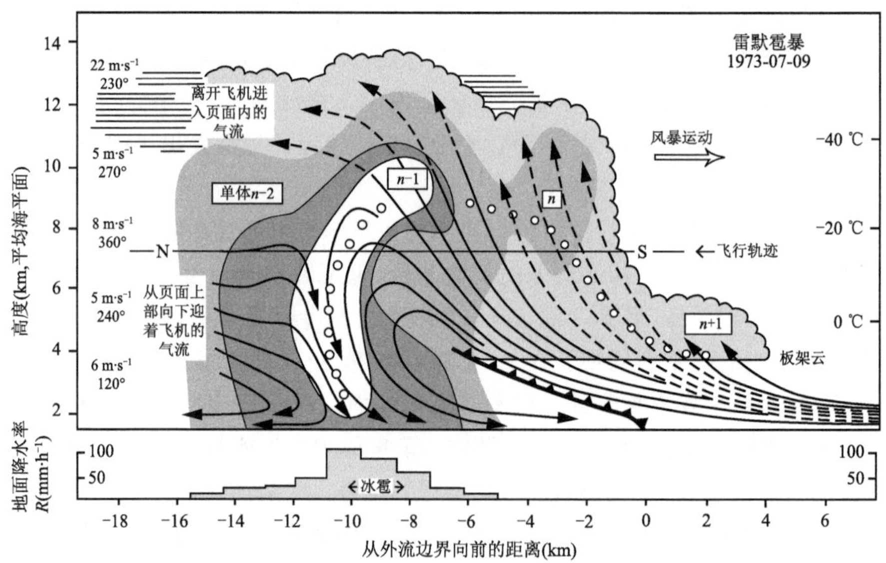

图 8.7　科罗拉多州雷默(Raymer, Colorado)附近观测到的多单体雷暴模型示意图。图中为沿着风暴南北(N-S)方向穿越一系列不同发展阶段的多个单体的垂直剖面，其中，$n-2$ 是最早生成的单体，$n+1$ 是最新生成单体。实流线为相对于该移动系统的气流，图左侧中断的流线表示流入和流出平面的气流，图右侧流线表示在距离图中区域几千米远处，平面内一直维持的气流。空心圆曲线代表由云底小颗粒发展成冰雹的生长过程轨迹。浅阴影代表云的范围，两个较暗的不同等级的阴影分别代表 35 dBZ 和 45 dBZ 雷达反射率。包含冰雹轨迹的白色区域雷达反射率为 50 dBZ。图左侧给出了与风暴相关的环境场风速（单位：m·s^{-1}）。引自 Browning 等(1976)，经英国皇家气象学会许可再版

代表一个向前移动的风暴。无论哪种情况,风暴移动具有不连续性,由于系统性的新生单体导致风暴向前跳跃到新单体生成的位置。新单体的非连续传播和环境风场对风暴的平流作用,两个矢量的合成方向即为风暴的最终移动方向。

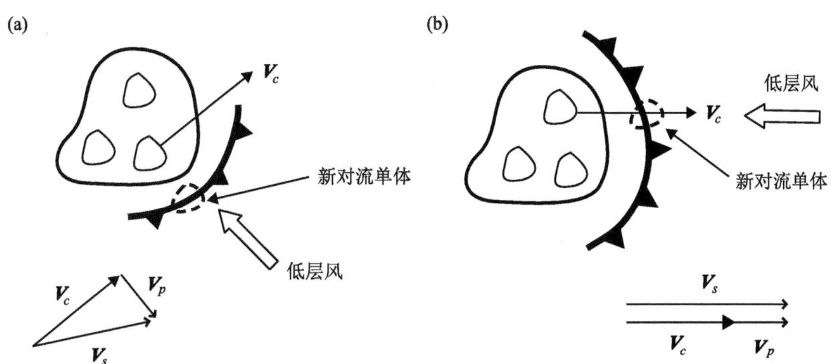

图 8.8　多单体风暴中可能出现的单体水平排列方式。实轮廓线表示两种不同强度的雷达回波,锋面符号表示阵风锋位置,矢量 V_c 表示单个单体的速度,矢量 V_p 表示由新生单体引起的风暴传播速度,矢量 V_s 为风暴的整体移动速度

8.3　超级单体风暴

到目前为止,本章仅讨论了单体和多单体积雨云,后者的特征为生命史相对较短的多个单体的集合。另一类积雨云为超级单体风暴,虽然超级单体风暴不常见,但由于其强度大且伴随着剧烈的天气而备受关注。超级单体风暴能产生最强的冰雹和龙卷。超级单体是指:尽管这类风暴的尺度和多单体风暴相当,但是在单个风暴的环流尺度范围里,只有一对巨大的上升-下曳气流,该上升-下曳气流主导了单体内的云结构、气流的运动和降水过程。

图 8.9 描述了一支上升气流及其相伴的降水粒子轨迹,图中灰色阴影表示降水雷达观测到的强反射区,超级单体内的上升气流非常强,有利于非常大的冰雹生长。并且,在上升气流中心的粒子,只有到达一定高度时,粒子尺寸才能发展到足够大而被雷达观测到,因此,低反射区一般被称作穹窿,它是受强回波包围的弱回波区,标志着超级风暴上升气流的中心[①]。图 8.10 在一定程度上给出了超级单体发展过程,各种各样的冰雹轨迹都可以出现,这取决于冰雹胚胎刚出现时的大小,以及它们在大体量上升气流团内部的位置。依据雷达反射率和大气运动观测数据可知,图中的轨迹是可信的。和所有积雨云一样,通过降水向下的拖曳力和蒸发,降水过程为超级单体下曳气流提供了负的浮力。正如第 2.9.1 节提到的,空气必须通过外力抬升才能释放其条件不稳定,在超级单体内下曳气流巨大,下曳气流在边界层向外扩散可使得环境空气被抬升而释放潜热,这是造成空气浮力上升的重要机制。和多单体风暴一样,在下曳扩散气流和进入超级单体风暴的暖环境空气之间的边界,出现阵风锋,并且超级单体情况下,下曳气流的尺度更大。

---

① 在一篇会议论文中,Browning(1964)从一次强雷暴的雷达回波中出现的穹顶推断了超级单体上升气流的存在。他的猜想是在多普勒雷达和三维高分辨率云模型出现之前。后来雷达和云模型才证实超级单体雷暴的结构。

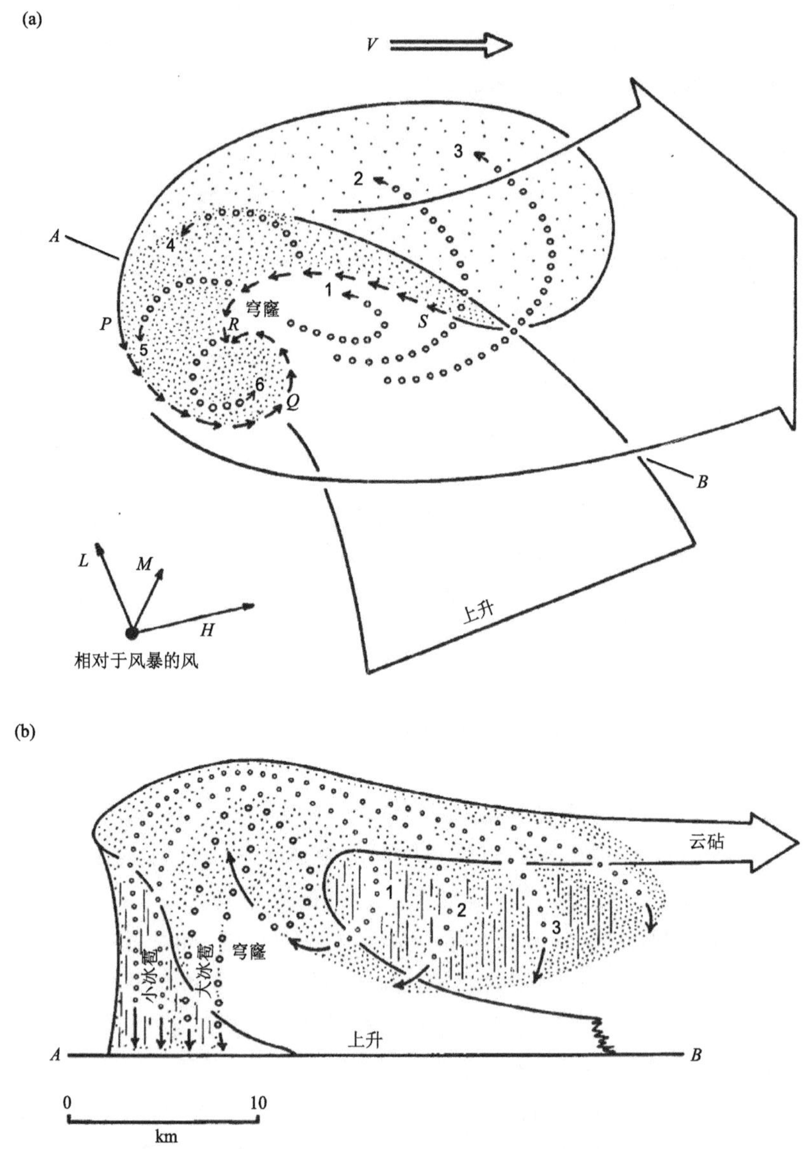

图 8.9　在环境速度为 V 时，超级单体风暴不同区域降水轨迹的水平(a)和垂直(b)示意图。两图中，实心曲线表示上升气流的范围，虚线表示降水轨迹。在水平剖面中，稀疏和密集的点代表了近地面的降雨和冰雹的范围，$PQRS$ 周围的箭头表示低层雷达回波边缘突出部位的运动方向。沿 AB 的垂直剖面为平均风切变方向，在中低层，内部的上升气流是倾斜的。在垂直剖面中，垂直虚线表示具有强法向分量的下曳气流，在上升气流的顺切变一侧(页面右侧)，分量朝向页面；在上升气流下方逆切变一侧，分量由页面朝外。引自 Browning (1964)，经美国气象学会许可再版

对于地面上的观测者，超级单体积雨云具有如图 8.11 描述的独特的外观特征。大多数超级单体为图 8.11a 所示，这种类型被称为强降水超级单体，图 8.11b 所示的类型为弱降水超级单体。以上两种类型为极端情况，还有处于这两个极端类型之间的超级单体积雨云。弱降水

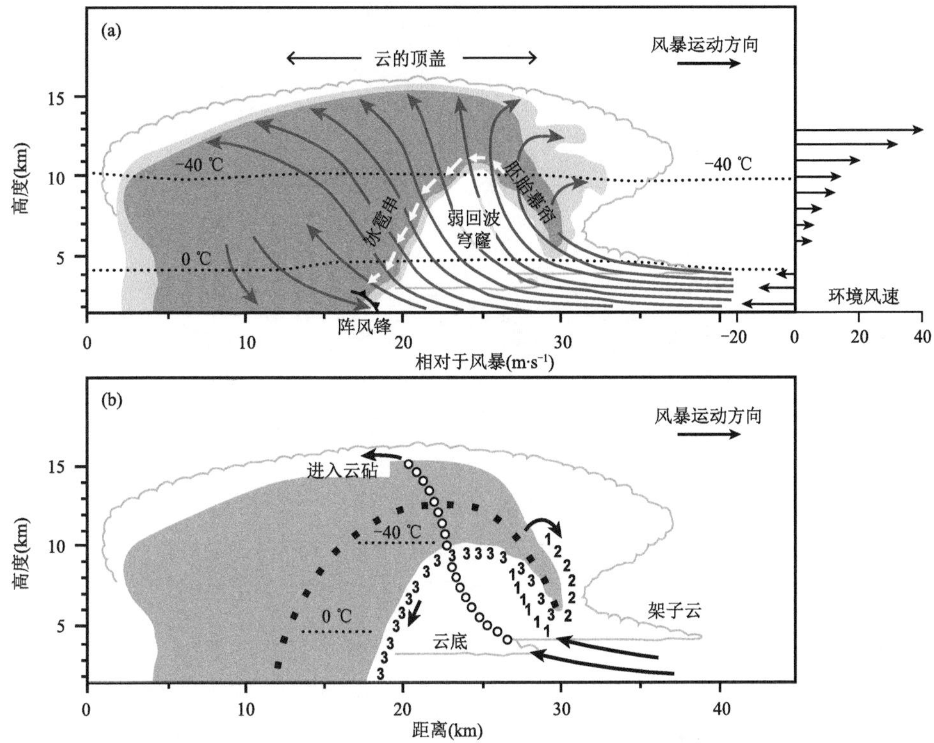

图 8.10 (a)科罗拉多州东北部超级单体雷暴云和雷达回波结构垂直剖面。该剖面沿着风暴的移动方向并穿过主要上升气流中心，不同灰度的阴影表示雷达反射率强度，围绕穹窿边界的白色短箭头代表冰雹轨迹，流线为相对于风暴的气流，右侧为沿风暴移动方向的风分量廓线。(b)为与(a)相同的垂直截面，云和雷达回波和前面一致，轨迹 1、2 和 3 分别代表大冰雹生长的三个阶段，从第 2 阶段向第 3 阶段的过渡时，冰雹胚重新进入主上升气流，在主上升气流里，冰雹反复地上升、下降，并在此过程中变大，特别当它在穹窿部边界附近生长时，更是如此，如轨迹 3 所示。另外，有些冰雹会在离穹窿边缘稍远的地方生长，并沿着图中虚线轨迹运动。在达到能形成降水的尺度之前，在上升气流中心区内生长的云粒子，会沿着图中空心圆轨迹迅速地向上运动并进入云砧。引自 Browning 和 Foote(1976)，经英国皇家气象学会许可再版

超级单体并没有被大量文献记载，但它们发生在非常干燥的环境大气中这一事实已成共识①，弱降水超级单体有趣的特征之一为云内部所出现的纹理特征，这表明云内的主要上升气流具有旋转性。弱降水超级单体的表现说明，这种超级单体风暴的基本动力学，并不高度依赖于降水微物理，而是源于强大的涡度动力学，该内容将在后面的第 8.4 节和第 8.5 节中讨论。

本章后面部分将重点介绍强降水超级风暴，这类风暴常常造成灾害性天气，因此，有大量的观测、研究和实验。如示意图 8.11a 所示，通过强降水超级单体的外观形态可识别其多数云动力特征。云在深厚的对流层不稳定区域中形成，上冲云顶穿过了位于深对流上面约束它的稳定层，突出来被看见，那里就是对流上升运动的顶部达到的位置。在示意图中左侧边缘粗糙云塔的内部附近，有湍流上升气流。如果出现龙卷，它从主要上升气流的底部向下伸展(不一

① Bluestein 和 Parks(1983)强调了弱降水超级单体的存在。Brooks 和 Wilhelmson(1992)对该类风暴进行了模型模拟，Doswell 和 Burgess(1993)在超级单体概念模型回顾中对弱降水超级单体进行了简要讨论。

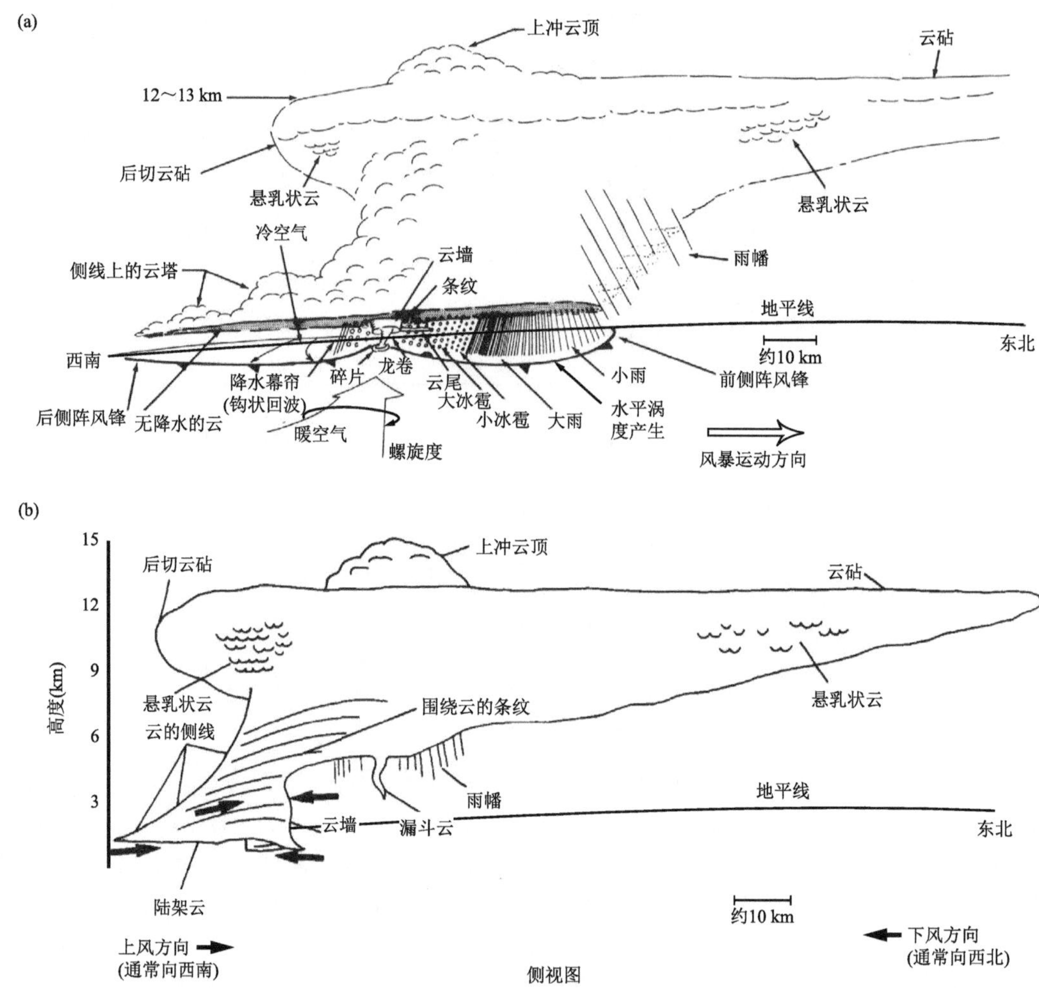

图 8.11　强降水(a)和弱降水(b)超级单体积雨云的外观示意图。引自 Bluestein 和 Parks(1983)，经美国气象学会许可再版

定来自上升气流的中心)，来自降水区的负浮力下曳气流在地面附近向外扩散，在下曳气流的边界形成阵风锋(第 8.11 节)。边界层内的环境暖空气在阵风锋处被抬升进入云内部，最强上升运动发生在主要上升气流区的底部。正如第 8.5 — 8.9 节将讲到的一样，超级单体内部正发生强烈的气旋式旋转，在位于边界层暖环境空气进入风暴主要上升气流区底部的附近位置，阵风锋中一个尖点出现在旋转中心。环境风切变和上升气流顶部的辐散流出共同决定云砧的形态结构，后切云砧出现在相对于高层切变的辐散外流区。以悬乳状云为标志的向下突出的云，起源于冰粒子落入干空气中后，升华冷却而使云体比重增加，从而形成负的浮力作用。悬乳状云向下伸展的程度受其所在高度上环境大气稳定性的影响。悬乳状云可能出现在任意类型的积雨云的云砧中，尤其是超级单体云砧，悬乳状云有时偶尔也会出现在其他类型的层云中。①

① 参见 Mammatus 和 Kanak 等(2008)关于悬乳状云的广泛讨论。参见 Schultz 等(2006，2008)试图利用模型研究悬球状云的工作。

超级单体内存在高度淞附的霰，其中一个原因为超级单体风暴比单个或多个单体风暴更容易被高度电离化。超级单体总闪电频率约为 10～40 min^{-1}，云地闪(CG)频率约为 5～12 min^{-1}。① 对于大多数一般的积雨云，总闪电频率约为 2～10 min^{-1}，云地闪频率约为 1～5 min^{-1}。除闪电频率更高外，超级单体风暴闪电比一般积雨云产生更多的正云地闪击②，这一特征表明超级单体的电荷分布与图 8.3 中所示的典型的电荷层分布有很大差别。根据图 8.12，正电荷更倾向于在穹窿回波的两侧聚集，叠加在图 8.13 中的"点"为观测到的来自超级单体穹窿两侧的正云地闪击。

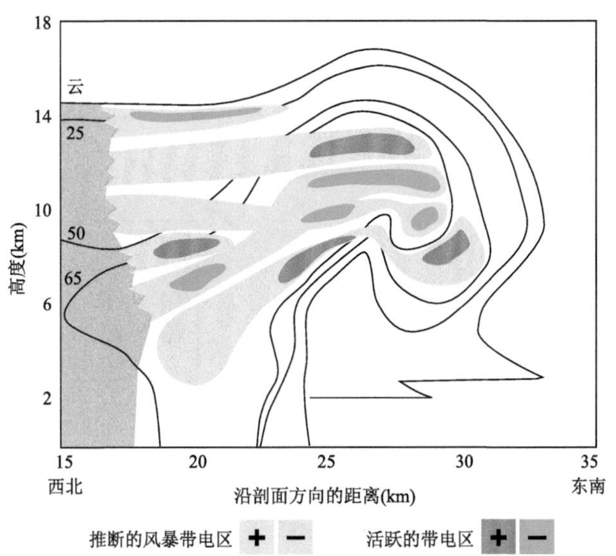

图 8.12　超级单体积雨云中电荷分布概念模型。灰色阴影表示风暴中没有分析但也可能含有电荷的区域。引自 Bruning 等(2010)，经美国气象学会许可再版

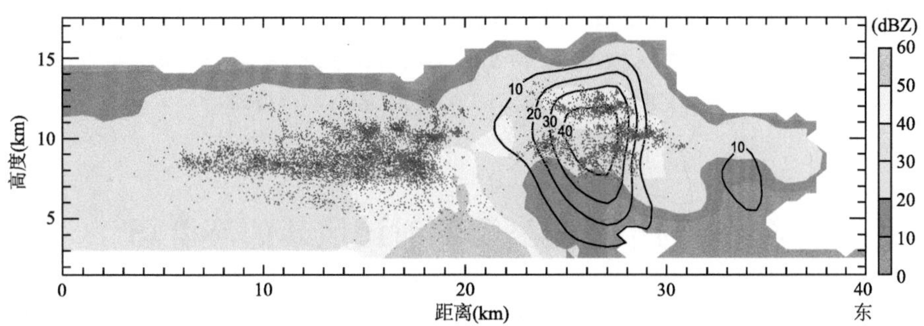

图 8.13　超级单体积雨云中的闪电位置(点)、雷达反射率(彩色阴影)和多多普勒雷达导出的垂直风速($m \cdot s^{-1}$)。引自 Lang 等(2004)，经美国气象学会许可再版

① Rust 等(1981)报告了这些比率。

② 闪电研究人员对超级单体风暴的正电闪击非常感兴趣。有关此问题的讨论和为此问题而展开的主要野外观测计划，请参阅 Lang 等(2004)的描述。

图 8.14 为超级单体云顶高度形状和降水分布的理想化水平投影示意图,该图在图 8.9—8.11 示意图的基础上添加了一些细节特征,描述了地面降水的水平分布,该分布根据粒子的大小进行分类,由于小雨、大雨、小冰雹和大冰雹的回波强度依次增强,因此,产生特定的雷达反射率分布。该图还给出了由降水区向外扩散的下曳气流边缘的阵风锋的水平分布。大冰雹在降水分布区的 V 型缺口处引起非常强的回波,为强龙卷最有可能产生的位置。容易生成龙卷的 V 型缺口周围,雷达反射率图像一般是指钩状回波,该钩状回波为风暴中可能包含龙卷的经典指标①。利用非常高分辨率雷达观测时,龙卷位于钩状回波内一个小的弱回波洞(图 8.15)。受旋转离心力的影响,使得能够被雷达探测到的水物质远离了龙卷中心,所以龙卷本身基本无回波,如图 8.16 示意图所示。

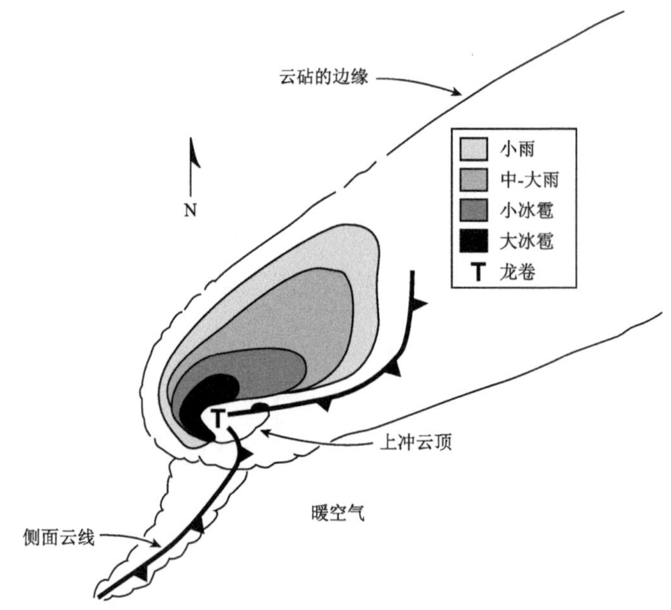

图 8.14　由卫星云图和能够探测到低层降水的雷达水平扫描给出的超级单体雷暴的理想化平面图。卫星观测到的云特征包括侧翼阶梯云、砧状云边缘和上冲云顶。还包括阵风锋(锋面符号)和龙卷(T)的位置(根据美国国家强风暴实验室的多种分析报告综合得到)

8.4　有利于不同类型深对流风暴的环境场②

对流风暴最终发展成为单体、多单体还是超级单体,取决于环境风切变和静力稳定度两个因素。浮力上升运动强度为对流风暴强度的指标,根据上升积云单元的一维拉格朗日(Lagrangian)模型(第 7.3.2 节中讨论),上升气流的动能由式(7.23)确定。如果忽略夹卷、水汽和水凝物比重、气压扰动对式(2.50)中浮力项的影响,式(7.23)中垂直加速度项简化为:

---

① 有关钩状回波的历史和理解的详细讨论,请参见 Markowski(2002)。

② 本节大部分内容是基于 Weisman 和 Klemp(1982)具有开创性的研究工作。

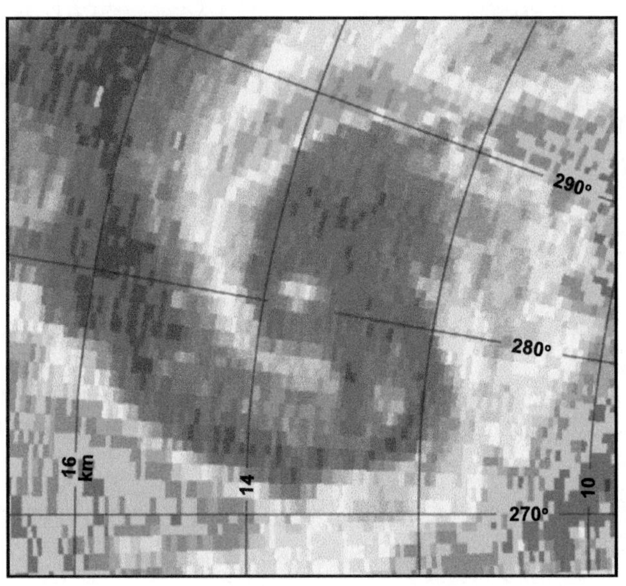

图 8.15　仰角为 1°的雷达观测到的反射率钩形回波图，图中还显示了回波所在位置的径向距离(km)和方位角。引自 Wakimoto 等(2011)，经美国气象学会许可再版

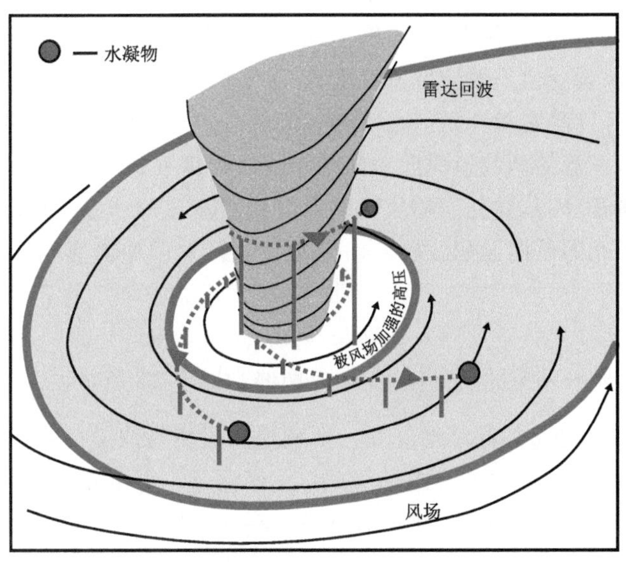

图 8.16　强龙卷环流内部和附近，水凝物受离心力的影响向外运动。引自 Wakimoto 等(2012)，经美国气象学会许可再版

$$\frac{\mathrm{D}}{\mathrm{D}_Z}\left(\frac{1}{2}w_c^2\right)=g\,\frac{T_c-\overline{T}}{\overline{T}} \tag{8.1}$$

从自由对流高度(LFC ：上升气块开始达到浮力上升的高度)至零浮力的高度(译者注：LZB 为零浮力高度，气块温度与环境温度一样，$T=\overline{T}$，即平衡高度)对式(8.1)积分，得到对流有效位能($CAPE$)为：

$$CAPE \equiv \int_{LFC}^{LZB} \frac{w_c^2}{2}\mathrm{d}z = g\int_{LFC}^{LZB} \frac{T(z)-\overline{T}(z)}{\overline{T}(z)}\mathrm{d}z \tag{8.2}$$

气象学家认为对流有效位能为假绝热图中的净正值区域，即图中气块温度和环境温度曲线在自由对流高度和零浮力高度之间的面积。假绝热图中温度为横坐标，高度（或者气压的对数）为纵坐标，调整坐标比例使得图中正区域和能量成正比。高对流有效位能值代表非常不稳定大气，具有产生强对流上升气流的潜力。

另一个重要指标为对流抑制能（Convective Inhibition，CIN）：

$$CIN \equiv -\int_{z_o}^{LFC} \frac{w_c^2}{2}\mathrm{d}z = -g\int_{z_o}^{LFC} \frac{T(z)-\overline{T}(z)}{\overline{T}(z)}\mathrm{d}z \tag{8.3}$$

该物理量表示为了将气块从 z_o 抬升到自由对流高度 LFC，单位质量的气体必须克服的能量。z_o 高度具有不确定性，有时被假定为地球表面，有时为抬升凝结高度（Lifting Condensation Level，LCL）。

对流抑制能在强对流分析中很重要，因为在强风暴爆发之前，在温度探空曲线上通常存在一个稳定层，该稳定层把近地面附近潮湿的条件不稳定层和它上面干燥但具有强条件不稳定的层隔离开来。俄克拉何马州（Oklahoma）的龙卷雷暴发生前的（图 8.17）平均探空观测表明了这一分层结构①。由于存在逆温层，对流抑制能量非常大，气团从湿润的低层向上运动时，无法到达稳定层以上的自由对流高度 LFC，因此，该层有时也被称盖板层。然后，图 8.17 中的稳定层为潜在不稳定（参见第 2.9.1 节中的定义）。环境空气在锋面、槽、下沉外流、地面局地非均匀加热或地形的抬升作用下上升，能造成深厚的条件不稳定层和深对流的突然爆发②。

在特定环境下，风切变也是对流风暴能否产生的重要决定因素。第 7.4.3 节中分析了在单向风切变环境中，环境涡度扭转如何在上升气流的两侧产生旋转方向相反的涡旋的，所产生的涡旋进一步在上升气流的两侧造成向上的扰动气压梯度强迫（图 7.20）。当足够强时，这样的气压强迫能导致风暴分裂，并且能够从性质上改变对流云原来在无环境切变时所具有的云型特征。可通过理想化的单向风廓线研究切变对积雨云发展中的影响作用，设单向风分布廓线为：

$$u = u_s \tanh(z/z_s),\ z_s = 3\ \text{km} \tag{8.4}$$

式中，u_s 为切变层顶部的风速的渐近值，此类风廓线如图 8.18 所示。

图 8.19 为在平均温度 $\overline{\theta}$ 随高度增加并且环境饱和假相当位温 $\overline{\theta}_{es}$［公式（2.146）中定义］保持不变的情况下得到的模拟结果③。式（8.2）中，气团由 $z=0$ 处抬升，保持地面温度恒定，而 $T(z)$ 取不同的数值，图 8.19 为地面混合比为 14 g·kg^{-1}时结果，地面温度约为 23 ℃，各种

① 俄克拉何马州廷克空军基地的两名美国空军军官 Ernest Fawbush 和 Robert Miller 在 20 世纪 40 年代末至 20 世纪 50 年代初的二战后几年中编制了图 8.17 中的探空。他们的工作对恶劣天气预报产生了深远影响，并记录在 Fawbush 等（1951）和 Fawbush 和 Miller（1952，1953，1954）文献中。然而，人们常常忽略了此前美国气象局的 Showalter（1943）已经确定了龙卷生成前探空的一般性质。Fawbush 和 Miller 通过严格分析龙卷环境中获得的 75 个探空结果，对 Showater 的结果进行了改进。他们发现，关键稳定层的海拔高度（约 790～810 hPa）比 Showalter（发现对流顶盖层的海拔高度约 700～720 hPa）指出的高度要低。Fawbush 和 Miller（1952）通过逐一对比他们的探空与 Showater's 的那个探空，得出了这一差异。

② 逆温层出现在世界上所有对流最强烈的地区，尤其是落基山脉下游（Carlson et al.，1983）、喜马拉雅山脉（Sawyer，1947；Houze et al，2007a；Medina et al，2010）和安第斯山脉（Romatschke 和 Houze，2010；Rasmussen 和 Houze，2011）。第 12.4.2 节和第 12.4.3 节对这个问题进行了进一步研究。

③ 这种环境被称为湿绝热。

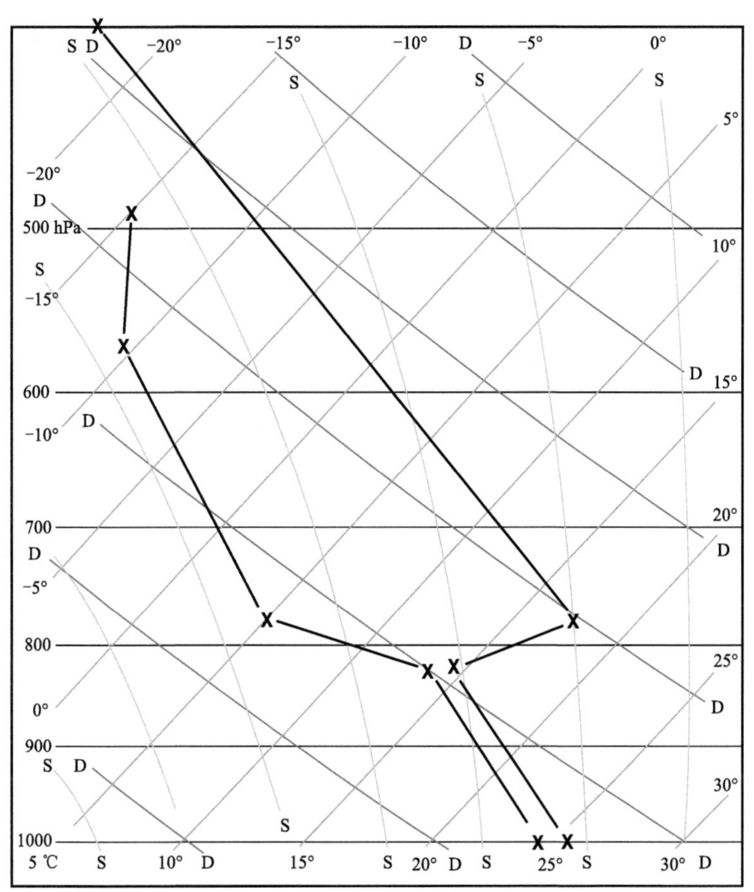

图 8.17　俄克拉何马州龙卷风暴发生前的平均探空。引自 Fawbush 和 Miller(1953)，经美国气象学会许可再版

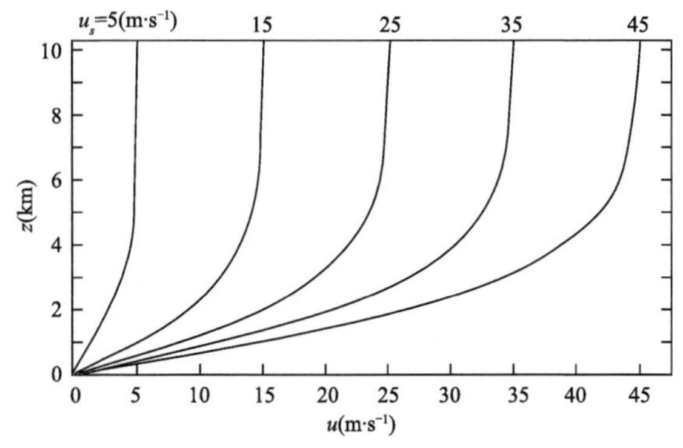

图 8.18　多单体和超级单体雷暴三维模型模拟中使用的风速 u 廓线，风速廓线渐近值为 u_s。引自 Weisman 和 Klemp(1982)，经美国气象学会许可再版

情况的风廓线显示在图 8.18 中的。对流模拟初始条件为，浮力气块的水平半径为 10 km，垂直方向半径为 1.4 km，中心温度超过 2 ℃。根据不同的环境风切变强度，模拟出对流云三种

不同的响应。图 8.19 为不同的 u_s 情况下最大垂直风速随时间变化。当环境切变为 0 时,产生单体风暴($u_s = 0$);当存在中等强度切变时($u_s = 15\ m \cdot s^{-1}$),先后出现多个单体,表现为多单体风暴结构;当环境强切变时($u_s = 25$、35 和 45 $m \cdot s^{-1}$),单体的垂直速度非常大,并且在整个发展过程中一直保持,这种持续发展状态为超级风暴的动力特征,正是这种特征,使风暴能持续较长的生命期。

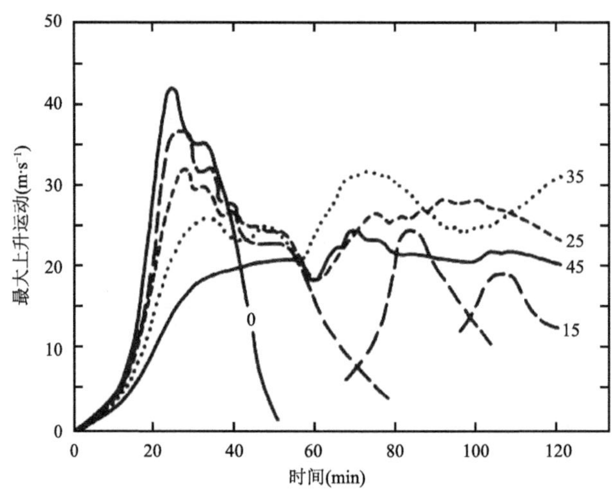

图 8.19　不同风切变情况下雷暴的三维模型模拟结果。纵坐标为最大垂直速度,它是不同大小的风切变参数 u_s ($m \cdot s^{-1}$ 每条曲线旁边的数字)随横坐标时间变化的函数。引自 Weisman 和 Klemp(1982),经美国气象学会许可再版

图 8.20 中的低层气流和中层垂直速度说明了在中等切变下得到的多单体风暴结构主要特征。40 min 后(图 8.20a),最初上升气流(单体 1)减弱,冷空气向外流推进到上升气流中心前面 10 km 远的地方。因此上升气流和暖流入气流被中心分离开来,最大辐合区位于原来上升气流中心前的阵风锋处。80 min 后,在单体 1 的前部,辐合造成新的上升气流(单体 2)(图 8.20b)。至 120 min 时(图 8.20c),单体 1 和单体 2 的上升气流消失,当单体 2 的上升气流和流入气流被切断时,第 3 个单体已经在阵风锋的位置生成。该风暴模拟出的单体依次发展过程和图 8.7 中观测到的多单体风暴结构一致①。

图 8.21 给出了在强环境风切变时得到的超级风暴模型特征,由于假定环境风切变为单向的,模拟结果关于 $y=0$ 成轴对称。因此,和图 8.20 一样,图中仅显示了模型的一半区域。在超级单体情况下,关注该对称性非常重要,有两个完全相同的风暴发展起来移离 y 轴。正如第 7.4.4 节所指出的,该过程为风暴分裂,它是超级风暴固有的内在动力特征。第 8.5.1 节中将更详细介绍风暴的分裂机制,该处简单说明向 y 轴右侧移动的风暴(图中所示),也被称为右移风暴,另一个为左移风暴(图中未给出)。超级单体风暴的阵风锋没有跑出上升气流中心,相反的,它们在准平衡的状态里一起移动,超级单体风暴内部的冷流出气流和暖流入气流基本相当。风暴旋转的动力学作用造成上升气流中心向远离 y 轴的方向移动,当环境切变强时,旋转

① Thorpe 和 Miller(1978)在早期的模拟研究中指出了多单体风暴特征,即下曳气流的流出速度如此之快,以至于超过了现有的上升气流单体,并在阵风锋的位置形成一个新单体。

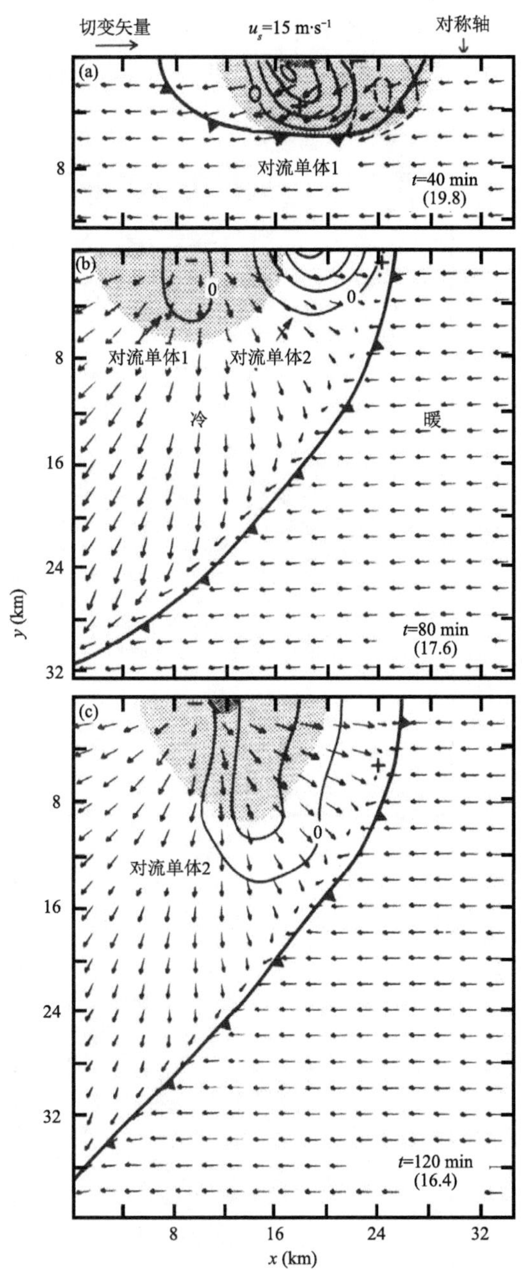

图 8.20　在中等环境风切变（u_s =15 m·s^{-1}）条件下多单体雷暴生成的模式模拟结果。图给出了三个时次的模拟结果。矢量代表 178 m 高度处相对于风暴的风场大小，每个图右下角的括号中为最大风矢量大小（m·s^{-1}）。地面降水落区用点图表示，地面阵风锋由锋面符号表示，阵风锋对应于−0.5 ℃温度扰动等值线。中层（4.6 km）垂直速度场等值线正值间隔为 5 m·s^{-1}、负值间隔为 2 m·s^{-1}，风暴活动主要区域外的零等值线没有给出。加号和减号分别表示低层（178 m）最大和最小垂直速度的位置。图中仅给出了模式模拟区域的一半的南面部分，模拟区域北面和南面参数场成镜像对称分布。引自 Weisman 和 Klemp（1982），经美国气象学会许可再版

动力非常稳定强大。风暴分裂的对称性是由于环境单向切变造成的,表现为向左和向右移动的风暴互为彼此的镜面成像。如果环境气流不仅风速随高度发生改变,风向也随高度改变,那么可造成更有利于向其中的一侧移动的风暴,而不利于向另一侧移动的风暴。

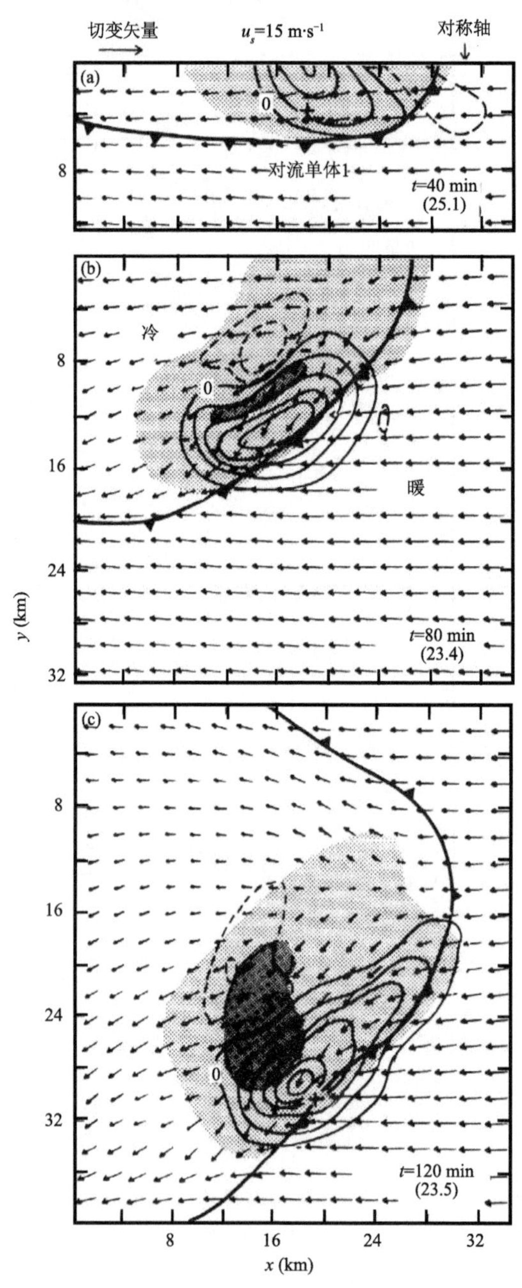

图 8.21　在强环境风切变(u_s =35 m·s^{-1})条件下发生的超级单体雷暴的模式模拟结果。图中标注与图 8.20 相同。引自 Weisman 和 Klemp(1982),经美国气象学会许可再版

通过绘制最大垂直速度随着对流有效位能和 u_s 的变化的图,可进一步探究积雨云的组织方式,图 8.22a 和图 8.22b 为多单体雷暴的结果。正如预想的一样,初生单体形成必须达到热

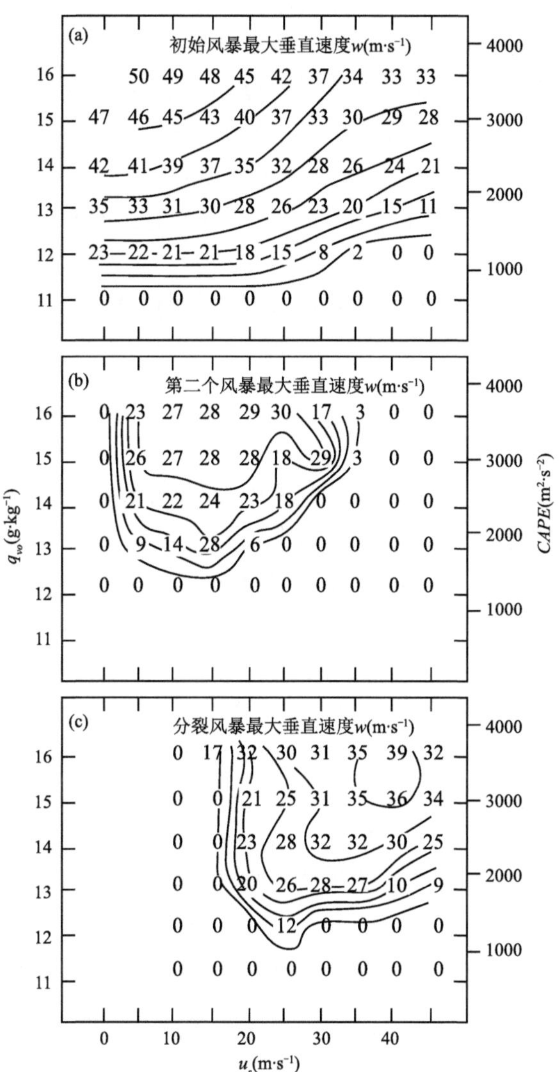

图 8.22 模式模拟雷暴最大垂直速度与对流有效位能和风切变参数 u_s 的函数关系。图(a)和(b)为多单体风暴情况,图(c)为超级单体风暴情况。引自 Weisman 和 Klemp(1982),经美国气象学会许可再版

力不稳定阈值(图 8.22a)。由于切变有利于增强夹卷作用,单体强度随不稳定增加而增加,随切变增加而减小(回顾第 7.4.4 节的讨论,对流上升区附近由环境切变扭转而产生了一对反向旋转的涡旋,这激活了一种重要的机制,使得中层空气进入上升气流区)。由图 8.22b 可以明显看到,如果环境气流中没有切变,则第二个单体将无法产生。因此,如果地面切变太小,那么低层流入气流较量不过在地面附近散开的下曳气流,不能激发新的云泡,原来的单体逐渐退化。当环境切变为弱至中等强度范围时,流入气流和流出气流旗鼓相当,支持新的云泡生成,第二个单体能够形成。当环境切变太强时,由于夹卷作用使得新单体无法维持,图 8.22c 为造成超强风暴的情况,这种情况下仅在中等至强切变情况下可能发生。图 8.22b 和图 8.22c 中垂直切变极大值的不同代表了积雨云所在环境的双模态。上面的多单体模态所对应的环境切变已经大到可以支持第二个单体生成了,但是还不足以把发展中的风暴单体自己一切为二。

下面是另一种模态:超级单体风暴。支持超级单体产生的环境切变值太高了,它无法支持第二个单体发展。因为有第二个单体,才可能进一步发展出多单体风暴,所以环境切变值特别高的情况,不属于多单体风暴的模态。但是在这类环境切变特别强的有利条件下,风暴内部的旋转变得更强了。和旋转联系在一起的,是动力气压扰动。这种由动力作用产生的气压扰动,进一步影响风暴的运动,解释了风暴的分裂,风暴传播轨迹的左偏、右偏,以及超级单体较长的生命史。我们接下来将探究和超级单体风暴旋转动力学有关的其他方面特征。

8.5 超级单体动力学①

8.5.1 风暴的分裂与传播

图 7.20 描述了在具有单向切变的环境气流中,风暴分裂和两个上升气流中心沿着切变轴传播并相互离开的前期特征。该图表明,在单向风切变环境中,边界层以外积云中的上升气流分布不均匀,使环境气流的水平涡度发生扭转,竖起来成为垂直涡度,产生一对涡旋。图 8.23 描述了风暴分裂过程中后续阶段的特征。

理解分裂过程的关键,是认识到分裂出来的两个涡旋里,都有气压扰动的最低值。这种气压扰动的性质,可以通过分析气压扰动诊断方程式(7.4)看出,气压扰动可分为两部分 p_B^* 和 p_D^*,分别与浮力及动力来源有关。运动方程式(7.2)的垂直分量可写作:

$$\frac{\partial w}{\partial t}=-\frac{1}{\rho_o}\frac{\partial p_D^*}{\partial z}-\left(\frac{1}{\rho_o}\frac{\partial p_B^*}{\partial z}-B\right)-\boldsymbol{v}\cdot\nabla w \tag{8.5}$$

数值模式计算表明,括号内的项趋于平衡。把式(7.6)代入式(7.9)并利用滞弹性连续方程式(2.54)可得:

$$\begin{aligned}\nabla^2 p_D^* &=-\nabla\cdot(\rho_0\boldsymbol{v}\cdot\nabla\boldsymbol{v})\\ &=-\rho_0\left(u_x^2+v_y^2+w_z^2-\frac{\mathrm{d}^2\ln\rho_0}{\mathrm{d}z^2}w^2\right)-\\ &\quad 2\rho_0(v_xu_y+u_zw_x+v_zw_y)\end{aligned} \tag{8.6}$$

在积雨云里被风暴涡旋占据的某些地方,最后一个括号内第一项最大。若只存在纯水平旋转气流,则 $v_x=-u_y$,通过式(2.56)中垂直涡度定义可得到以下关系:

$$v_xu_y=-\frac{1}{4}\zeta^2 \tag{8.7}$$

在强涡旋情况下,式(8.6)可得到如下关系式:

$$-\nabla^2 p_D^*\propto p_D^*\propto-\zeta^2 \tag{8.8}$$

即动力扰动气压的最低值和涡旋有关系,无论涡旋为气旋式旋转还是反气旋式旋转,都是如此。这个分析结果和涡旋加强时内部气压场随之调整到旋衡平衡状态这个事实一致式(2.46),旋衡平衡状态下涡旋中心的气压最小值和旋转方向无关。因此,强的中层涡旋在风暴的两侧造成低气压。根据式(8.5)中的右侧第一项,与其对应的动力气压扰动的垂直梯度,在风暴的侧面

① 这本书以及随后几节中的大部分内容都深受 Klemp(1987)的首创性评论文章以及近期 Markowski 和 Richardson(2010)、Bluestein(2013)和 Trapp(2013)书籍的启发,这些书籍是对对流风暴现象学的专著。

加强上升气流。由于这种作用，风暴侧面的上升气流得以维持，而不被下曳扩散气流抑制。

因此，与云正交的环境切变促进了超级单体类积雨云的组织化，环境切变极其强时，能够穿越深厚的对流层低层，在风暴侧面的中层产生涡旋。涡旋内的负动力气压扰动，使上升气流在垂直方向上加速，并在风暴两侧持续地产生新的上升气流。当先前产生的上升气流移到正在分裂的风暴的侧面，流入气流的配置如图 8.23 虚线箭头所示。由于垂直气压梯度提供了风暴侧面上升气流持续产生的机制，因此，该机制可解释超级风暴的准定常和长生命史特征。由于和漩涡联系在一起的垂直气压梯度，只出现在风暴的侧面，并不出现在风暴前缘，该机制同样可解释风暴的分裂。降水引起的下曳气流同样对风暴的分裂产生影响。然而，在数值实验中，若假设不让降水降落，也会在风暴的侧面出现风暴分裂和持续新生。这证实在风暴的上升气流一侧涡旋引起的垂直气压梯度，就是引起风暴分裂的主要因素①。

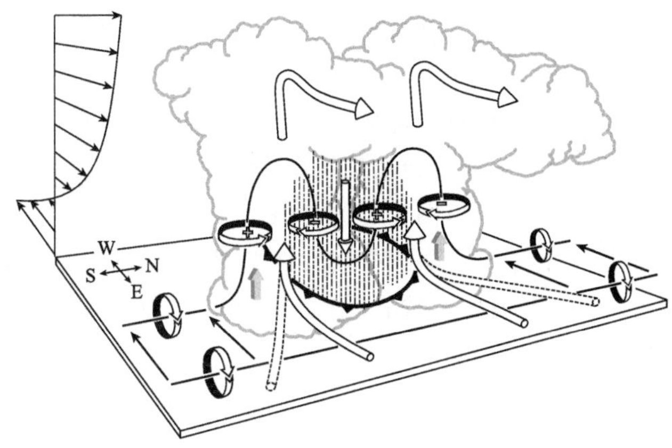

图 8.23 图 7.20 中所示的云后期持续发展过程示意图。在环境风只存在单向切变的情况下，初始上升气流扭转跨越环境水平涡度，在上升气流两侧产生两个垂直的旋转方向相反的涡旋。平均环境气流 $\overline{u}$（用细箭头表示）在所有高度上在沿 x 方向，并且随着高度的增加而增加。云外部南北向排列的涡管代表环境水平涡度，实线表示涡旋线，旋转方向用围绕它的纸环圆圈箭头表示。箭头在阴影区里面的部分代表造成积雨云两侧新的上升气流和下曳气流增长的作用力，垂直填充区表示降水，圆柱箭头表示云的相对气流方向，地面的锋面符号表示冷空气在风暴下方扩散的边界，虚线圆柱箭头指示风暴侧面上升气流形成时风暴流入气流移动到的位置。引自 Klemp(1987)，经 Annual Reviews 公司许可再版

8.5.2 积雨云环境大气中的风向切变

尽管风暴分裂是超级单体风暴形成的关键因素，两个对称发展的气旋风暴却十分罕见，美国中部发生的大多数超级风暴主要为向右移动风暴，很少能观测到向左移动的分裂风暴②。通过数值模式容易证实这种情况并不是因为科氏力的作用③，而是和风的方向切变有关，在本

① Rotunno 和 Klemp(1982,1985)和 Klemp(1987)描述了在不允许降水引发下曳气流的情况下发生风暴分裂的数值实验。

② Davies-Jones(1986)通过俄克拉何马州美国国家强风暴实验室的雷达数据发现，143 个超级单体风暴中只有 3 个为反气旋旋转。

③ 参见 Klemp 和 Wilhelmson (1978b)。

书中该作用到目前还没有讨论。

风向切变的重要作用，可通过方程式(8.6)中的平均速度 $\overline{\boldsymbol{v}}=(\overline{u},\overline{v},0)$ 进行线性化来说明，可以得到：

$$\nabla^2 p_D^* = -2\rho_o \boldsymbol{S} \cdot \nabla_H w \tag{8.9}$$

式中，∇_H 为水平梯度算子 $(\boldsymbol{i}\partial/\partial x+\boldsymbol{j}\partial/\partial y)$，$\boldsymbol{S}$ 为平均水平风的垂直切变，它定义为：

$$\boldsymbol{S} \equiv \frac{\partial}{\partial z}(\overline{u}\boldsymbol{i}+\overline{v}\boldsymbol{j}) \tag{8.10}$$

式(8.9)中，点乘 $2\boldsymbol{S}\cdot\nabla_H w$ 代表气压梯度辐散的最大值(此时为气压最小值)，位于上升运动随风切变减小的一侧，垂直速度的强水平梯度区内(图 8.24a)。由于中层上升气流和气压扰动最强，因而在风暴的顺切变方向在对流层低层产生向上的气压梯度力加速度。在单向风切变情况下，该作用诱发环流发展，进而加强流入气流，并使得流入气流方向发生转变(图 8.24a)。然而，这种机制对风暴在两个侧面增长并没有作用，风暴侧面处的增长为非线性过程，没有哪个侧面增长受到了特别的关照。

在美国最常发生龙卷的地区，典型风暴环境中的风切变远不是单方向的。一般情况下，高空风分析图显示出随高度顺时针方向旋转的风切变，风切变矢量的方向(表示为从向北的方向开始计算的角度)随着高度增加(例如，图 8.25 中由地面至 600 hPa)，在此情况下，在风切变 $\boldsymbol{S}$ 方向上气压梯度由高到低，有利于分裂涡旋中气旋性涡度的发展(向右移动)，原因为切变引起的气压扰动垂直梯度有利于风暴南侧的发展(图 8.24b)[①]，这种现象和美国超级风暴更倾向于向右移动这一气候分布特征相一致。

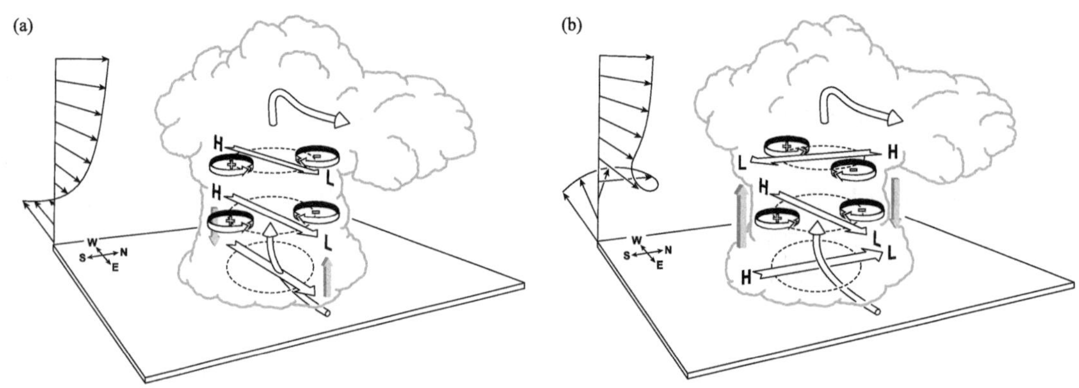

图 8.24　超级单体雷暴中，上升气流与环境风切变相互作用引起的气压扰动和垂直速度扰动的增长。图(a)为风切变随高度方向不变情况，图(b)为风切变随高度顺时针转动的情况。平行于切变矢量(平箭头)的高(H)到低(L)水平气压梯度分别对应气旋(＋)或反气旋(－)涡度，阴影箭头表示过程所产生的垂直气压梯度的方向。引自 Klemp(1987)，经 Annual Reviews 公司许可再版

① 有人曾经认为，由于分裂雷暴的右移部分有一个气旋性旋转上升气流(第 7.4.3 节)，科里奥利力可能直接有利于右移风暴的进一步发展。然而，包括科里奥利力在内的数值模型模拟表明，该力没有显著的影响(Klemp 和 Wilhelmson，1978b)。方程(8.9)进一步表明，正确判定风暴右移或左移无需考虑科里奥利力。然而，出现在方程(8.9)中的大尺度切变 $\boldsymbol{S}$ 在模式模拟的输入参数化中实际上是依赖 f 的。因此，确定风暴是否倾向于右移或左移，的确间接地依赖于 f。

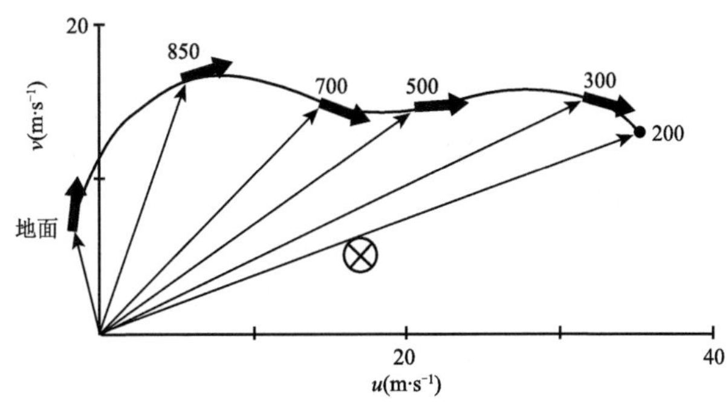

图 8.25 美国中部 62 个龙卷风暴附近的平均风速($m \cdot s^{-1}$)。粗箭头表示在标注的高度层(hPa)上的风切变矢量。估测的平均风暴运动用 ⊗ 表示。引自 Maddox(1976),经美国气象学会许可再版

8.5.3 上升气流的旋转

前面的讨论解释了在风暴侧面上升气流中发展出来的涡旋对风暴分裂所起的作用。当和风暴流入气流方向平行的平均环境风切变分量较强时,以及风暴上升气流使得环境风切变引起的正交涡度发生扭转时,这样的过程可以发生。然而,还没有讨论为什么上升气流本身也可能旋转,该问题有多种解释。

首先,我们回到图 7.20 和图 8.23 中阐述的单向切变的情况,如果对流风暴分裂是由于正交水平涡度的扭转引起的,那么在初始风暴上升气流的两侧,云和中层涡旋一起分裂(图 7.20),两部分云移向相反的方向(图 8.23),此类风暴发展状态下云相对于地面的移动可表示为:

$$\mathbf{V}_c = u_c \boldsymbol{i} + v_c \boldsymbol{j} \tag{8.11}$$

为了简化,假设在无辐散层,$\overline{u} = u_c$ 。总的来说,模式结果证实了该假设[①],如果忽略科氏力作用,在随云一起运动的坐标系中,无辐散层中垂直涡度方程式(2.59)中线性扰动形式可简化为:

$$\zeta'_t - v_c \zeta'_y \approx \overline{u}_z w_y \tag{8.12}$$

在稳定条件下,

$$\zeta' \approx -\frac{\overline{u}_z}{v_c} w \tag{8.13}$$

因此,ζ' 的最大值和 w 最大值一致,只要 $\overline{u}_z > 0$,分裂产生的向南移动的风暴总具有正涡度。通过数值模式揭示的该运动学事实,解释了风暴分裂出的上升气流中的中层涡旋为什么会演变成以这样的方式旋转。

观测显示,不仅在超级单体上升气流的高层存在旋转,低层也同样存在。仅环境正交涡度抬升还不足以解释这种现象,还必须考虑环境风流线涡度,上升气流在近地面边界层进入云内部,当上升气流进入云内部时,近地面层的风切变决定了初始涡度。图 8.24 描述了上升气流由边界层进入云内部的轨迹,如果在垂直于轨迹方向上的边界层风分量随高度增加,轨迹内存

① 参见 Klemp (1987)。

在流线涡度[参见方程(7.56)],上升气流轨迹为图 8.26 中的涡管,当涡管转为向上时,初始的水平流线涡度通过扭转转变为垂直涡度。图 8.26 中边界层切变和轨迹垂直是北半球中纬度龙卷易发地区典型的右移超级单体情况[①]。因此,超级单体内上升气流内更倾向于出现气旋式旋转,由于上升气流下部为强辐合,在云的下半部造成涡度拉伸增强。回顾图 8.24 中位于分裂风暴右侧的右移成员,由于正交涡度扭转具有气旋式旋转。依据式(8.13),上升气流中心倾向于向涡旋中心移动。以流线涡度进入云内部的低层上升气流和由于环境正交涡度扭转产生的中层涡度连接在一起,产生的旋转上升气流由云的中层向下伸展到低层。该垂直方向上连接的旋转上升气流被称为中气旋,为超级单体风暴的主要标志。

8.5.4 超级单体上升气流旋转的螺旋度与强度

螺旋度为表征中气旋潜在强度的有效参数,定义为

$$H = \boldsymbol{v} \cdot \boldsymbol{\omega} \tag{8.14}$$

式中,$\boldsymbol{v}$ 和 $\boldsymbol{\omega}$ 为三维风和涡度矢量,该点积得到的标量表示沿流线方向螺旋状运动的程度。对于水平运动的大气(例如,图 8.26 中流入气流转为上升运动之前),螺旋度简化为

$$H = v_s \frac{\partial v_n}{\partial z} \tag{8.15}$$

式中,v_s 为沿流线方向水平风速大小,$\partial v_n/\partial z$ 为正交于流线方向风分量的垂直切变。中气旋旋转是超级单体的标志性特征,一旦被多普勒雷达观测到,气象预报员就用它作为识别超级单体风暴的依据。由于超级单体上升气流的流入气流来自一定的大气厚度,因此,在此厚度内螺旋度的积分常被用来计算中气旋的潜在强度。

$$H_{int} = \int_0^h v_s \frac{\partial v_n}{\partial z} \mathrm{d}z \tag{8.16}$$

式中,h 为流入气流层的厚度[②]。

在有摩擦作用的边界层内,风的埃克曼旋转是进入上升气流轨迹螺旋度的来源,上升气流轨迹如图 8.26 所示。由图 2.10 可知,在边界层的中部,垂直于流线的风随高度的增加而增加,形成图 8.26 中的流线涡度,因此,当涡管转为向上时,上升气流为气旋式旋转。通过方程式(8.16)可定量计算上升气流的气旋式旋转的潜在强度。因此,强天气气象学家在预报超级单体风暴生成潜势时,非常关注边界层螺旋度。

虽然式(8.16)是确定环境场内旋转积雨云形成可能性的重要度量标准,但是云形成以后的动力过程由风暴相对总螺旋度决定,定义为:

$$H_{int} = \int_0^h (\boldsymbol{v} - \boldsymbol{c}) \cdot \left(k \times \frac{\partial \boldsymbol{v}}{\partial z}\right) \mathrm{d}z \tag{8.17}$$

式中,$\boldsymbol{c}$ 为风暴运动矢量,仅在风暴生成后其移动矢量才能计算出,风暴不移动时该方程简化为式(8.16)。

8.5.5 与下曳气流有关的斜压性

前面关于螺旋度的讨论聚焦于摩擦力的作用。注入积雨云上升气流的边界层环境空气由

① 同样的论据也适用于南半球左移的超级单体雷暴。

② 厚度通常被认为是 3 km,但人们越来越认识到,较浅流入层的螺旋度通常是超级单体风暴潜在强度的更好指标。

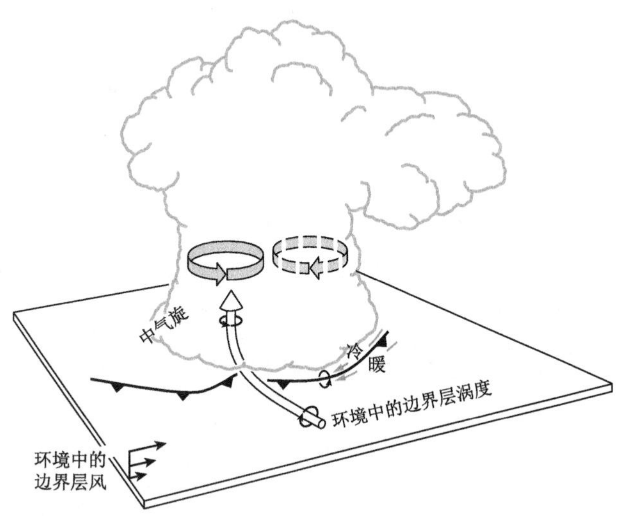

图 8.26　北半球右移超级单体积雨云中，涡度向上升气流内输送示意图。由于边界层内的风切变，边界层流入气流具有水平涡度。阵风锋和图 8.11a 所示一致，同图 8.23 和图 8.24，高空一对涡旋是由于扭转造成的。虚箭头表示该反气旋正在减弱

于摩擦而携带流线涡度。除了这种风暴环境大气中固有的螺旋度以外，在风暴下曳气流处形成的浮力梯度的作用下，风暴本身也会产生水平涡度。图 8.27 为典型超级单体风暴中下曳气流和阵风锋详细结构。在降水区产生两个宽广的下曳气流区，分别为前侧下曳气流(FFD)和更强的后侧下曳气流(RFD)。近地面，浮力梯度发生在阵风锋的冷气团中，特别是在较强冷空气平流吹向阵风锋的地方。依据式(2.57)和(2.58)，水平涡度的 x 分量和 y 分量可以分别通过浮力梯度 B_y 和 $-B_x$ 项获得。沿着前侧下曳气流(FFD)，冷暖空气的流动基本平行于阵风锋锋面，并且向风暴中心平流斜压产生的螺旋度。当由斜压作用产生的水平涡管到达风暴中心时，有可能出现向上倾斜，从而和旋转上升气流连接在一起，并继续延展。于是上升气流能够到达地面附近。

8.5.6　超级单体内的三类涡源

目前已知超级单体内有三类涡源，图 8.28 同时给出了超级单体内这三类涡源：(ⅰ)环境正交涡度扭转造成中层中气旋。(ⅱ)边界层内流线涡度相关的螺旋度，在超级单体上升气流中被向上卷起并伸展，并和中层中气旋结合使得旋转向下伸展到较低云层，尽管并不一直能伸展到地面。(ⅲ)下曳气流使阵风锋后部产生的涡度发生扭转，在地面附近产生向上的涡度。涡源(ⅱ)和(ⅲ)对龙卷产生特别重要，后面将讨论。

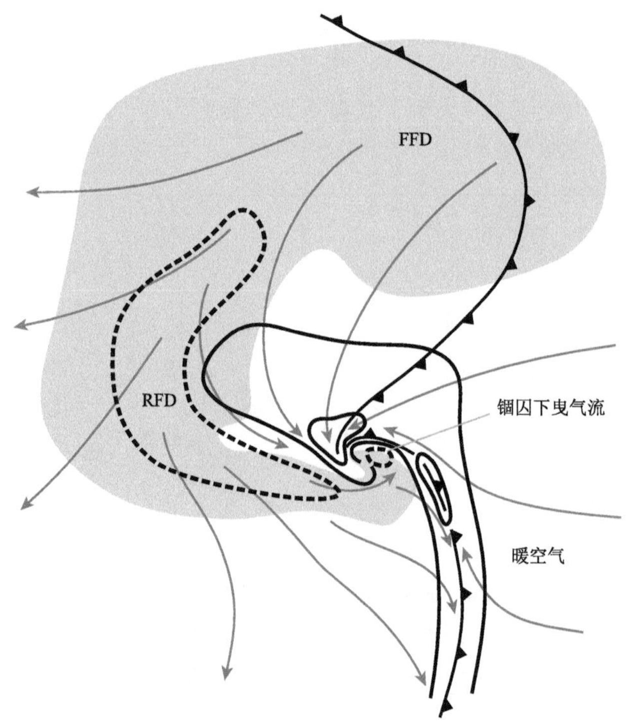

图 8.27　基于模式模拟的强降水超级单体风暴低层流场示意图。垂直速度间隔约为 2 m·s^{-1},零等值线没有画出。冷锋边界与温度异常−1 ℃等温线重合。流线箭头表示风暴相对地面的流线。阴影表示雨水混合比>0.5 g·kg^{-1}。FFD 和 RFD 分别表示前侧和后侧下曳气流,RFD 和小尺度锢囚下曳气流发生在环流中心附近。引自 Klemp 和 Rotunno(1983),经美国气象学会许可再版

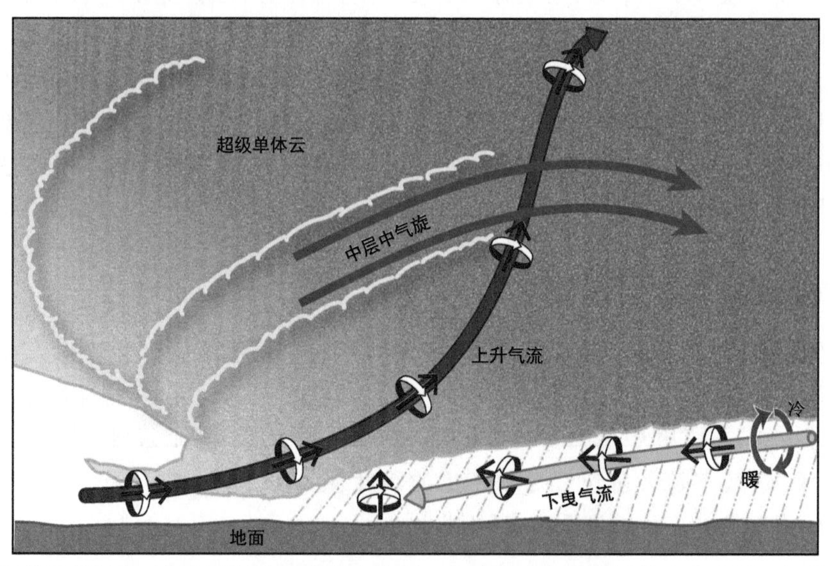

图 8.28　超级单体雷暴中三类主要涡旋源的概念模型。由环境正交涡度扭转造成中层中气旋;上升气流使边界层的流线涡度向上扭转进入云中,较低层云内辐合(即拉伸)使其增强;下曳气流造成由于斜压产生的水平涡度发生扭转,可在旋转上升气流下面的近地面附近产生垂直涡度。短箭头和圆环表示在上升和下曳气流中不同位置的涡度矢量。阴影为云区,虚线为降水区。这幅图的绘制灵感来源于 Markowski 和 Richardson(2013)以及 Paul Markowski 于 2014 年 1 月在华盛顿大学的霍布斯纪念演讲

8.6 超级单体风暴中的龙卷生成

8.6.1 超级单体中有利于龙卷生成的主要因素

从对流云内伸展出的能被看见的具有旋转特征的云，被称为“漏斗云”。有时云下面存在涡旋却无法看到，只有当涡旋内部气压低而使得云或灰尘、碎片被卷入涡旋内部时，涡旋才能被观察到。如果涡旋特别剧烈，则被称为龙卷①。超级单体龙卷最具有破坏性，常常被很多地面上追逐龙卷的人和观察者观察到，他们观察龙卷并不是出于好奇心，而是为龙卷预警提供帮助并获得科学研究数据。观察者为了在观测时确定龙卷的位置需要学习超级单体风暴的外观特征，图 8.11 为典型的北半球龙卷超级单体风暴模型图，经常传授给地面龙卷观察员。如果在阵风锋前部区域暖空气流入进入上升气流的底部尖点处看见漏斗云，那就是龙卷。在图 8.11 中经典超级风暴模型下，阵风锋后部到达地面的降水形成视觉背景，使得龙卷很容易被人眼观察到。

根据式(2.46)可知，龙卷具有旋转性，朝向涡旋中心气压剧烈降低，并且气压降低和涡旋风速的平方成正比，一般能被人眼看见。涡旋内部低气压可形成水凝物和云，成为涡旋的可以被看到的示踪物，因此，龙卷和漏斗云能被人眼看见。如图 8.11 所示，漏斗云从云墙向下伸展，为超级单体旋转上升气流底部的可视示踪物，它也可形成于旋衡风气压下降区。超级单体云墙、漏斗云和龙卷是大气中由于气压降低而形成云的主要例子(或许是仅有的例子)，而其他类型的云通过空气上升运动、辐射或湍流混合冷却作用而形成。

龙卷形成的动力机制依赖于积雨云的类型，此处，重点讨论在超级单体积雨云的中尺度气旋附近生成的超强龙卷。这类龙卷在自然界中强度最强且造成最严重的灾害。在多种情况下有时会出现强度较弱但破坏力很强的龙卷，例如沿着超级单体阵风锋后侧，甚至有时出现在非超级单体积雨云中，第 8.8 节中将讲解弱龙卷和非超级单体龙卷。造成龙卷产生的过程一般称为龙卷生成，在超级单体风暴中龙卷生成因素包括图 8.28 描述的三类涡源，关键因素为下曳气流斜压源。龙卷产生时，近地面涡度必须达到异常强的强度，而近地面的唯一强涡度源为下曳气流，它同时造成涡度向内和向下平流，使其在垂直方向上发生扭转。有趣的是，下曳气流必须达到最有利的强度，即不能太弱也不能太强。如果下曳气流太强，近地面辐散将使得涡度减弱，因此，边界层空气螺旋抬升所产生的上升气流将无法和低空集中的涡度源连接在一起。如果下曳气流产生的低空涡度达到最佳值，它必须被抬升到能够与地面上方的旋转上升气流相连，这一过程的关键因素是上升螺旋气流中心的旋衡低压扰动，它能提供一个向上的直接力，拉动下曳气流向上移动，进而和旋转上升气流相连接。因此，大尺度环境场的切变、环境场边界层里螺旋状况和下曳气流的浮力都必须最优时，超级单体才能产生龙卷。因此，很多超级单体风暴并没有龙卷，当这些理想状况都存在时，如何确定龙卷是否发生，对天气预报是重大挑战。即便当龙卷生成这些多个条件都满足时，龙卷生成的细节仍然存在疑问②。

---

① 参见美国气象学会在线气象学协会词汇表中的定义。

② 更多关于三个涡度源如何促进超级单体龙卷形成的讨论，参见 Markowski 和 Richardson(2013)。

8.6.2 锢囚下曳气流、地面中气旋和涡旋崩溃

和中气旋相比,龙卷更强且发生的水平尺度更小,超级单体风暴的某些细节特征往往与龙卷的产生有关。龙卷发生在地面中气旋附近,和典型下曳气流行为有关,有时出现在外流边界和中气旋相连的区域,有时甚至可能出现在中气旋外部紧邻的区域的外流边界处。对这些细节特征的解释和理解还远不成熟和完善,但它们仍可能对龙卷的生成和维持起重要作用。

由观测和模式模拟可知,其中一个因素为,在龙卷风暴中,靠近超级单体旋转上升气流的位置,后侧下曳气流在一个窄柱状体里有一个局地增强区。图 8.27 显示的结果是由超级单体风暴多普勒雷达观测经验和数值模拟结果得出的,该图解释了来自暖区的流入气流和后侧下曳气流,如何在靠近阵风锋前后侧尖点的气旋中心附近区域交汇在一起的。图 8.29 详细描述了气流交汇的细节,位于阵风锋后后侧的地面流线卷入钩状回波尖点附近的气旋中心,该中心位于下曳气流后侧的地面流出气流内。依据式(8.8),数值模拟显示动力气压扰动最小值与低层的涡度增加相关,通过式(8.5)中动力气压扰动梯度加速度项 $-\rho_o^{-1}(\partial p_D^*/\partial z)$,该地面动力气压扰动最小值造成局地强向下的垂直加速度,该垂直加速度能在旋转上升气流附近,产生集中在一起的强且狭窄的锢囚下曳气流①,图 8.27 显示了旋转上升气流附近的锢囚下曳气流位置。在龙卷形成时,常观测到锢囚下曳气流出现在风暴降水区内,依据式(2.50)中浮力加速度项 B 中的水汽含量 q_H ,该处水物质的重力产生向下的加速度。然而,观测结果表明,龙卷更容易出现在动力气压梯度占主导的下曳气流中,而不太容易出现在水物质重力作用占主导的锢囚下曳气流中②。图 8.30 表明,中气旋是低空扩散下曳流出气流中的低空气旋和阵风锋上面的旋转上升气流的混合体。下曳流出气流内低层气旋和阵风锋上部旋转上升气流的合并而

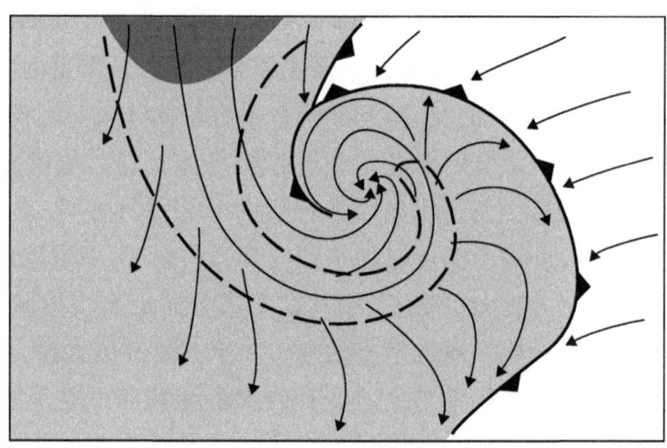

图 8.29 龙卷超级单体风暴后侧下曳区特征气流。粗虚线为钩状回波轮廓,细实心箭头为理想化流线。白色区域是注入上升气流的流入气流。浅灰色表示相对较暖的下曳流出气流(温度亏空量为 $\theta_v < 2$ K 和 $\theta_w < 5$ K),深灰色表示相对较冷的下曳出流(温度亏空量为:$\theta_v > 2$ K 和 $\theta_w > 5$ K)。引自 Markowski 等(2002),经美国气象学会许可再版

① 弯曲的前、后侧下曳气流汇聚到一个点,这个位置对应楔形暖流入气流的尖点,以及下曳气流后面冷空气中形成的气旋性涡旋,其结构类似于较小的天气尺度锢囚锋面系统。由于这样的类似性,这个阶段的超单体发展有时被称为锢囚。

② 详细参见 Markowski 等 (2002)。

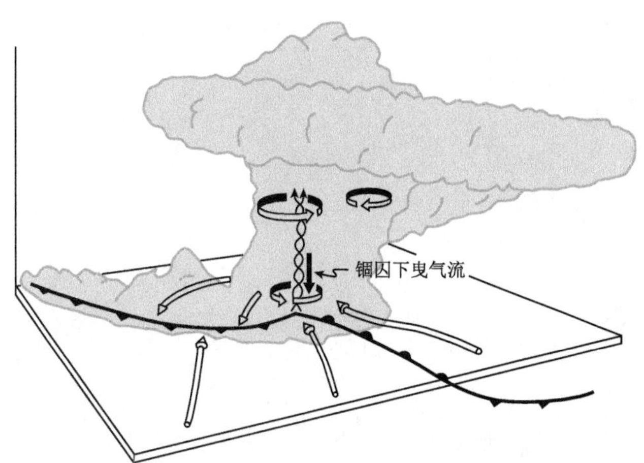

图 8.30 观测得到的具有锢囚下曳气流(黑色箭头)的超单体风暴的生命周期模型示意图。圆柱形流线表示相对于风暴的气流，带状箭头指示低层和中层涡度中心的位置，锋面符号表示阵风锋的锋前和锋后。引自 Wakimoto 等(1998),经美国气象学会许可再版

成,该图描述了位于旋转上升气流附近的锢囚下曳气流,在中气旋内部同时出现上升和下曳气流。这种分布可能是锢囚下曳气流和旋转上升气流能够彼此靠近,并在低层加强中气旋的多种方式中的一种。

强锢囚下曳气流对龙卷生成的作用尚未明确(如果存在),然而,观测到的龙卷并不总是出现在中气旋的中心,研究表明,中气旋内强下曳运动激发龙卷生成的其中一种过程被称为涡旋崩溃。依据此观点,位于气旋环流中部的下曳气流将沿着环流边缘把涡度汇聚到某一区域,在该区域环流变得正压不稳定,进而分裂成周期分布的密集涡度中心沿着涡旋边缘传播。第 8.9.3 节中将会看到,有时龙卷涡旋(比中气旋尺度小)经过涡旋崩溃过程引发多涡旋龙卷。在第 10 章中我们将看到,在中心眼区具有下曳运动的热带气旋(比超级单体中气旋尺度大很多)中,沿着热带气旋的环流也分裂成多个围绕气旋中心转动的涡旋中心,因此,超级单体中气旋能发生涡旋分裂就不足为奇了。图 8.31 为多普勒雷达观测到的边缘存在四个涡旋中心的中气旋,位于最强涡旋中心(T 处)的龙卷是标记为 A、B 和 C 的四个涡度最大值之一(另一个涡度大值中心可能位于 A 和 B 之间)。由于很难获得必需的观测数据,由涡旋崩溃引起的龙卷生成的频率还不清楚,尽管如此,这一步表明了中气旋附近区域的下曳气流是气旋生过程的重要组成部分。由于上升和下曳气流靠得很近,图 8.28 中描述的过程可能对涡旋崩溃起作用。

8.7 超级单体龙卷的地面移动路径

由于来自超级单体风暴后侧下曳气流的部分扩散外流快速向前传播,造成中气旋和其相伴的龙卷(如果龙卷是由超级单体产生的),最终从暖流入气流中切断开来,在南部形成新的风暴上升气流中心。因为产生超级单体龙卷的过程也会导致后侧下曳气流和主要上升气流与暖空气源的切断,龙卷常常和正在减弱的超级单体上升气流联系在一起。当原来的上升气流被切断,新的上升在南部生成,并且此过程可反复出现,形成新的中气旋、龙卷和后侧下曳气流。正如图 8.32 所示,这些过程的反复出现时,常常会造成一系列或多个超级单体风暴和与其相

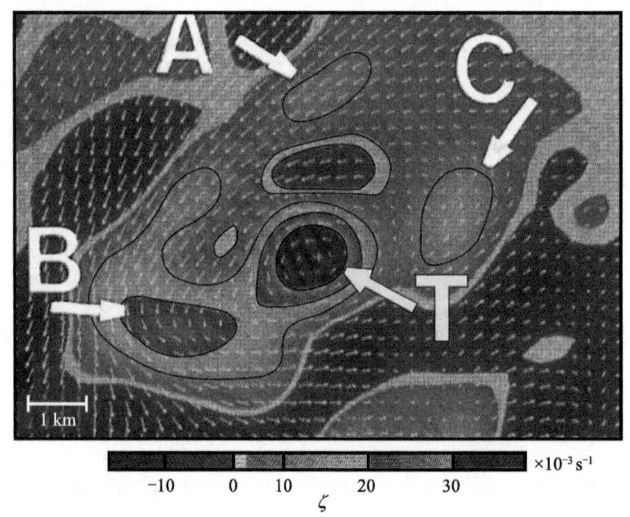

图 8.31　飞机多普勒雷达观测得到的地面以上 550 m 高度的水平风场剖面。填色场为龙卷发生后不久叠加在风暴相对风场上的垂直涡度，字母表示最大涡度中心。引自 Wakimoto 和 Liu(1998)，经美国气象学会许可再版

关的龙卷。如果做更详细的观察时，发现单个龙卷的移动并不像图 8.23 中描述的那样简单，由于龙卷有远离中气旋中心的倾向(例如图 8.31)，它围绕着中气旋中心旋转①，地面路径如图 8.33 所示呈余摆线形式②。

8.8　非超级单体龙卷和水龙卷

到目前为止，仅讨论了发生在超级单体风暴里中气旋中心的龙卷。龙卷在其他情况下也会发生，例如，它们偶尔也会发生在超级单体风暴阵风锋后侧尾部或者温带气旋冷锋处。也有大量的强涡旋和浓积云或者发展中的积雨云一起产生，它们既不属于超级单体种类，也不和阵风锋或冷锋有关。这类涡旋在水面上为水龙卷，一般情况下，这类非超级单体涡旋强度比超级单体龙卷弱。然而，特别是在陆地上，与非超级单体对流云相关的漩涡偶尔会达到龙卷强度，并具有相当大的破坏性。

图 8.34 为陆地非超级单体龙卷生命史经验模型。当发展中的对流云位于边界层内局地垂直涡度增强的上方时，就会产生这类龙卷。这类边界层涡度的局地极大值常沿着图 8.34 中 A、B、C 处的低层辐合线出现。图中同一条辐合线可提供对流云发展所需的抬升，然而，同样是位于辐合线上方的云也可能是因为其他因素而发展起来。边界层涡度极大值也可能出现在其他类型的区域内，比如可能是由于跨越锋面的切变不稳定(第 11.4.4 节中讨论)或者地形作

① 余摆线是当圆沿着直线滚动的同时，位于距圆心有限距离的固定点所描述的曲线。余摆线的一个例子是自行车沿着直线运动时，踏板尖端的轨迹。

② 龙卷的路径突然改变偏离余摆线弦方向的趋势可能解释了许多关于龙卷发生“意外”转向的事例。这也是追逐风暴可能非常危险的原因，正如著名的风暴追逐者 Timothy Samaras，2013 年在试图记录突然改变路线的龙卷时遇害。《国家地理》的封面故事记录了这一不幸事件(2013 年 10 月 23 日版)。

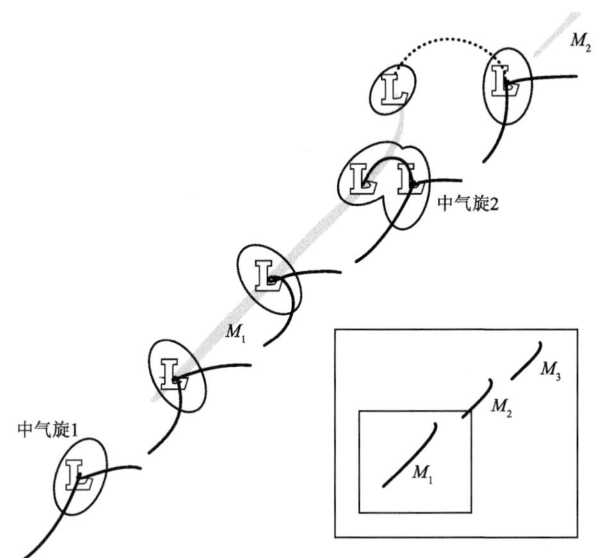

图 8.32 龙卷超级单体雷暴中涡旋中心(L)演变概念模型。粗线表示阵风锋位置,阴影区域为中气旋的地面运动轨迹,小图为三个连续发展的超级单体中气旋(M_1,M_2,M_3)的运动轨迹,小正方形区域是在大图形中展开的区域。引自 Burgess 等(1982),经美国气象学会许可再版

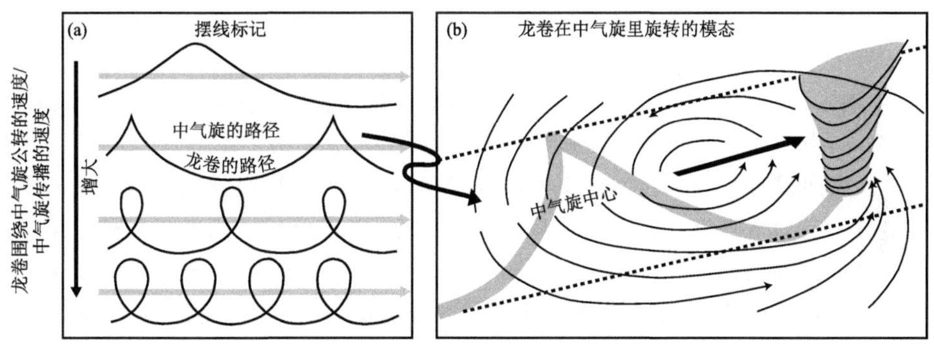

图 8.33 (a)假想龙卷围绕中气旋旋转的速度与中气旋传播速度之间的关系,它表现为基本余摆线轨迹;(b)龙卷以与中气旋的移动速度相同的速度围绕中气旋旋转时的余摆线轨迹。引自 Wakimoto 等(2003),经美国气象学会许可再版

用而造成[①]。无论云和低层涡度极大值来自哪里,一旦发展的云和涡度极大值在垂直方向结合在一起,就可能发生龙卷,如图 8.34c 的 C 处所示。发展机制为涡度拉伸,在云底部(该处 w 约为 $1\sim10\ \mathrm{m\cdot s^{-1}}$)强上升气流和地面(该处 $w=0$)之间产生强辐合并且造成拉伸。这种现象也可在尘卷风中观测到,尘卷风和图 8.34 中模型不同之处仅在于它们是和干燥的热力环境相关,而不是和云的上升气流相关。

① 1991 年 4 月 9 日,一个非超级单体龙卷在华盛顿州附近的普吉特湾(Puget Sound)海岸发生。该龙卷似乎是由于沿海岸地区陡峭的锯齿状地形周围的气流产生边界层涡度作用下发生的(Colman,1992)。当发展中的积云簇或小积雨云移过边界层涡度区域时,龙卷形成了,华盛顿大学的大气科学地球物理大楼里的人看见了这个龙卷。

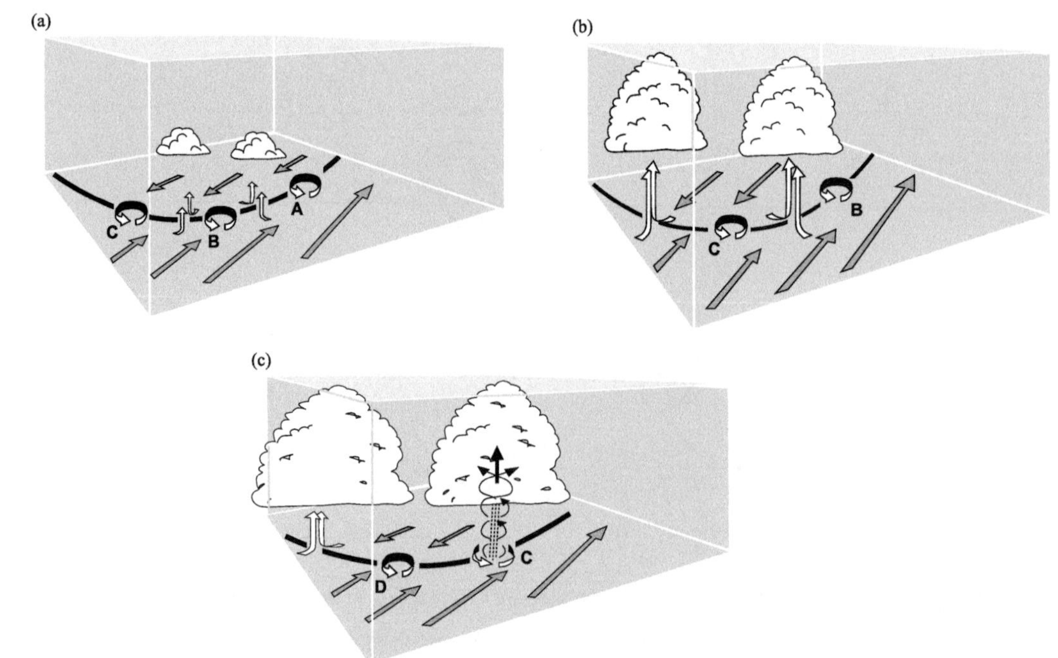

图 8.34 陆上非超级单体龙卷生命周期的经验模型。黑线为雷达探测到的边界层辐合区,箭头表示空气运动,素描图为云,字母表示低空漩涡。在图(c)的右侧云中,龙卷的形成与旋涡 C 有关。引自 Wakimoto 和 Wilson (1989),经美国气象学会许可再版

图 8.34 阐述的机制仅需要积云的上升气流,而不涉及积云动力学。边界层涡旋的生成不依赖于云,然而,由前面关于对流云内涡度的讨论(第 7.4 节和第 8.5 节)可知,在切变环境中,由环境水平涡度向垂直方向扭转所产生的涡旋存于各类积云中,增强上升气流的边界层流入气流轨迹常有一定的螺旋度(图 8.26),因此,在任何对流云中都可能发生旋转上升气流。除此以外,还有独立存在的边界层涡旋(例如图 8.34 中描述的沿着辐合线的涡旋),如果图 8.34 中云内上升气流是旋转的,它将能为类似龙卷的涡旋提供另一种涡度源。辐合(例如沿着辐合线的辐合)能把旋转上升气流中的涡度汇聚成一个狭窄的类似龙卷的涡旋伸展到云的底部。涡度的来源可能因情况而异,或者依赖边界层的涡度,或者依赖上升气流中的旋转。

在海上浓积云或小尺度积雨云造成水龙卷的情况下,由于水龙卷往往形成于对流性阵雨的阵风锋外流附近区域,造成龙卷的涡源为上升气流的旋转(图 8.35)。这类阵风锋的强辐合将旋转上升气流中的涡度聚集形成一个狭窄的水龙卷涡旋。图 8.34 和图 8.35 的不同之处在于:前者(图 8.34)辐合线为拉伸提供了涡度而云为拉伸提供了辐合;后者(图 8.35)辐合线(阵风锋)为拉伸提供辐合,而云为拉伸提供了涡度。此外,仔细观察水龙卷发现,引发水龙卷的云内环流在性质上与超级单体风暴内的气流运动类似。引发水龙卷的云下气流使得洋面发生扰动变得粗糙,因此,水龙卷运动的轨迹可被看到,在一定的距离内沿迹线比较暗。图 8.36 和图 8.37 分别为发展中的水龙卷伴随的低层气流经验模型和洋面阴影模型。图 8.36 中可看到,非常接近漏斗状水龙卷的邻近降水区。两幅图中“切变带”都表示风向转换线,类似于图 8.11、8.14、8.23、8.26、8.27 和图 8.30 中所示的阵风锋和超级单体侧边界。对比图 8.36、8.37 中的水龙卷和图 8.11、8.14 中的超级单体龙卷,它们的涡旋中心位置类似。然而和超级

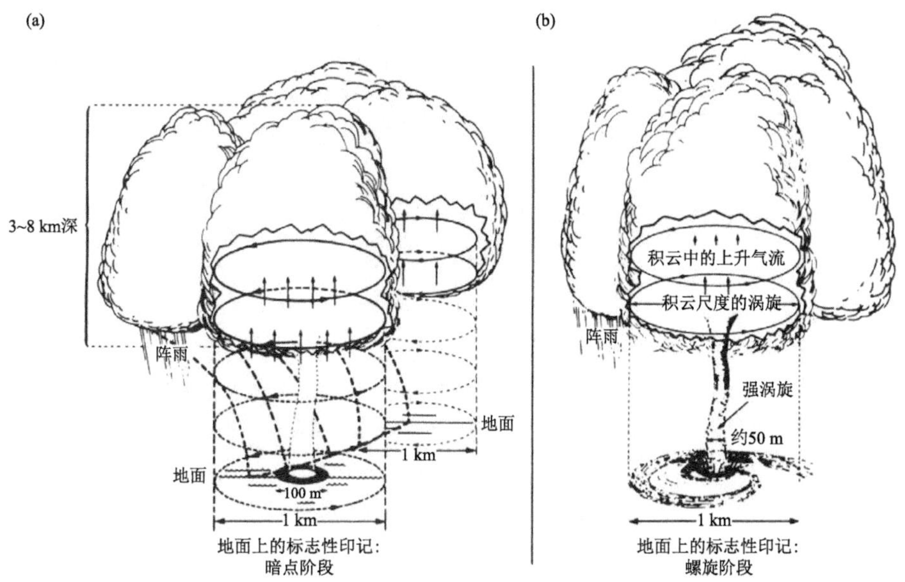

图 8.35　水龙卷发展的过程假说。(a)漏斗出现前的早期;(b)中间阶段。图中显示了不同水平尺度的母涡旋(在云内用实心圆表示,在云下面用虚线表示,如左图所示)、海面上的暗点和水凝物漏斗。(a)中的粗虚线表示下曳冷空气,它触及地面处为阵风锋。(b)中没有画下曳气流、母涡旋对中的反气旋和母涡旋的云下延伸部分。在(b)中,由于核心区的中心气压极低而产生了水凝物漏斗,使得涡旋中心可被看到。海面暗黑的浪花环表明切向风＞22 m·s^{-1}。引自 Simpson 等(1986),经美国气象学会许可再版

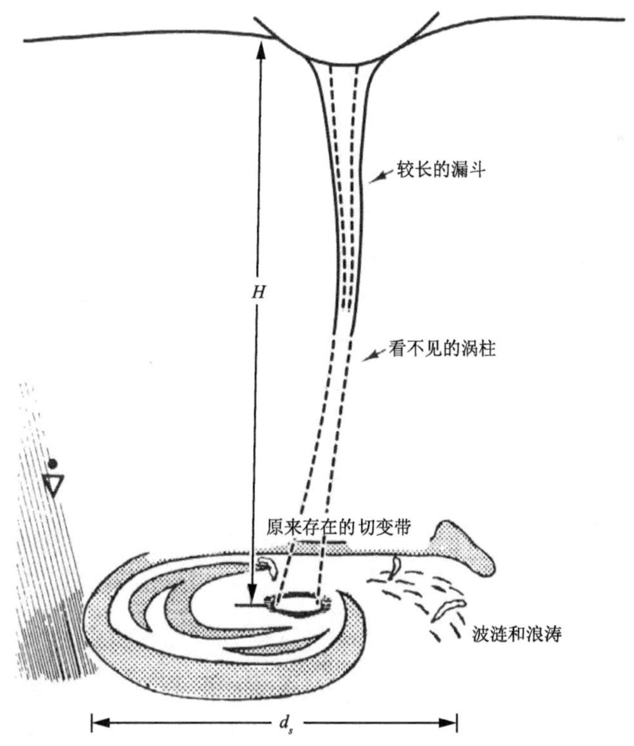

图 8.36　发展中的水龙卷经验模型。云底高度 H 为 550～670 m 之间,宽度 d_s 为 100～920 m 之间。上面有圆点的倒三角形是标准的阵雨符号。引自 Golden(1974a),经美国气象学会许可再版

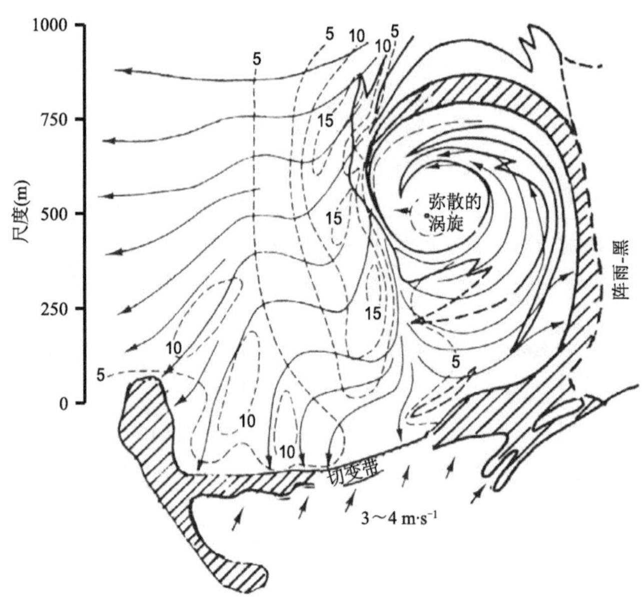

图 8.37 水龙卷和海面阴影浪花的水平分布。图中画出了边界层流线（实体）和等风速线（虚线，m·s^{-1}）。引自 Golden（1974b），经美国气象学会许可再版

单体龙卷相比，水龙卷整体气流的尺度和强度特征均明显减弱。水龙卷云的这种行为规律特征告诉我们，形成超级单体龙卷的过程可在尺度较小且强度较弱的对流云中产生。

8.9 龙卷

8.9.1 龙卷的观测结构和生命史[①]

图 8.38 为超级单体龙卷生命史不同发展阶段的结构示意图。虽然龙卷造成的灾害路径是连续的，但在龙卷组织化阶段，其可视的漏斗是间歇性不连续接触地面的。成熟阶段，龙卷发展到最大。缩小阶段，整个漏斗减小成一个窄柱状。减弱阶段，虽然漏斗破碎扭曲但仍具有破坏性[②,③]。通过拍摄影像追踪碎片的运动（图 8.39）、调查地面灾害分布、多普勒雷达探测等可确定龙卷内部和附近的气流运动（图 8.40），其最强切向风速可达 50～80 m·s^{-1}。图 8.40 中雷达数据还显示了切向、径向和垂直气流，涡旋内部为下曳气流（图 8.40b）并且强切向风速被限制在涡旋中心周围形成一个环。

① 关于龙卷的形成、结构和生命周期方面的知识的爆发性增长，源于在卡车和飞机上使用高分辨率雷达的复杂野外观测项目。其中最突出的是项目为 VORTEX（Rasmussen et al.，1994）和 VORTEX Ⅱ（Wurman et al.，2012）。本节将重点介绍这些项目的几个结果。

② 有关龙卷发展的每个连续阶段的生动图像，参见 Wakimoto 等（2011）中的图 1。

③ 水龙卷漩涡的生命周期与图 8.29 中的龙卷漩涡相似。详情请参见 Golden（1974a）。

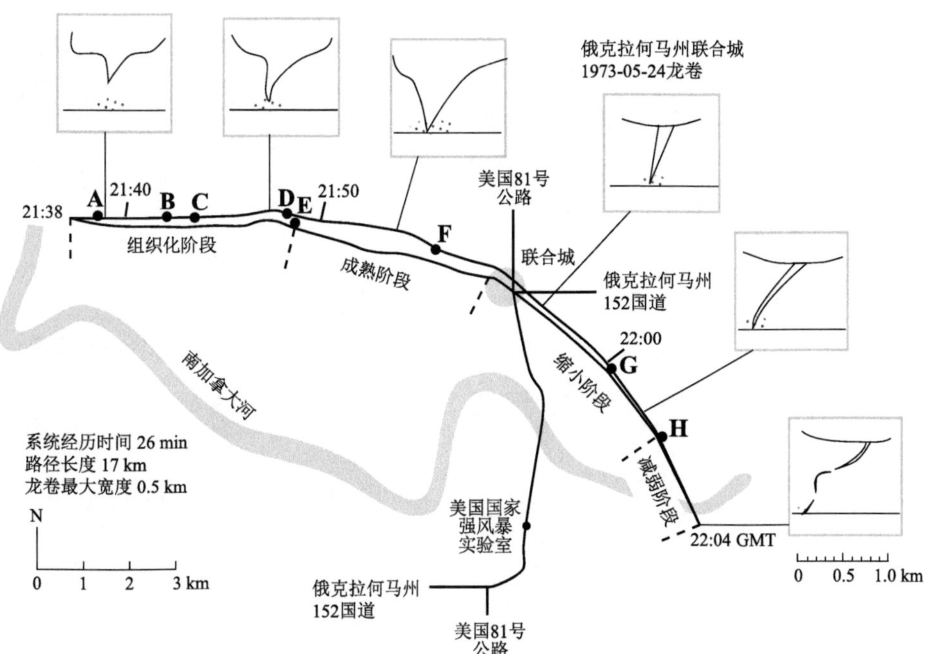

图 8.38　龙卷生命史不同发展阶段观测到的结构示意图。素描图为漏斗云和相伴的碎片，字母 A—H 表示受损的农场。引自 Golden 和 Purcell(1978a)，经美国气象学会许可再版

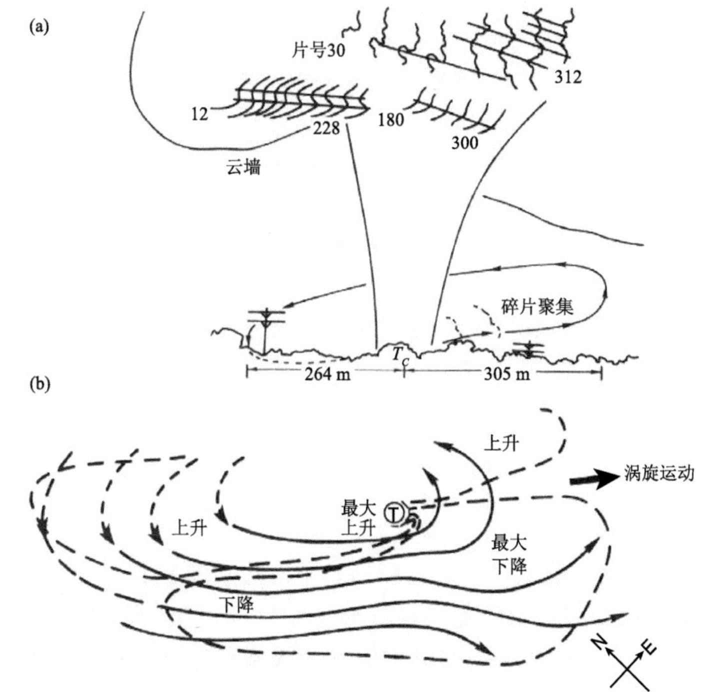

图 8.39　1973 年 5 月 24 日发生在俄克拉何马州联合城的龙卷，通过拍摄图像和灾情调查获得的龙卷结构。(a)显示了用录像跟踪示踪物运动获得的龙卷漏斗和上层云墙外形轨迹轮廓，云墙中云的下垂体和标记物出现的照片序号、按时间序列标记了流线轮廓，同时叠加了龙卷经典合成移动轨迹和碎片聚集的位移。(b)减弱阶段的龙卷周围水平流线(实线)和低层垂直运动(虚线)分布示意图。引自 Golden 和 Purcell(1978b)，经美国气象学会许可再版

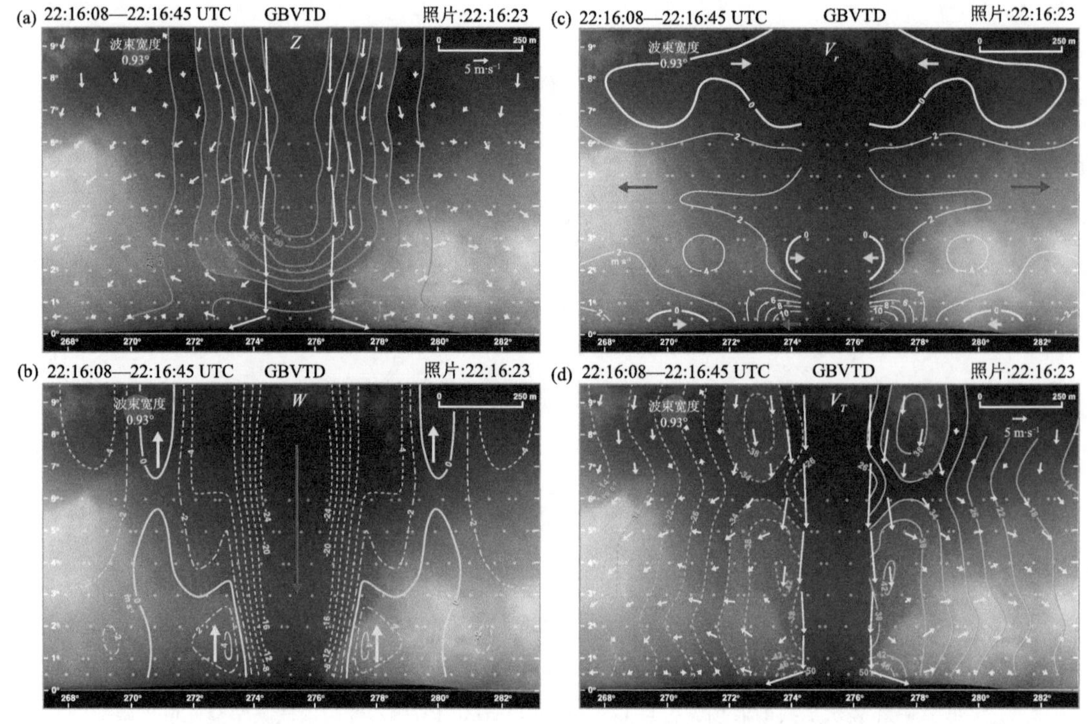

图 8.40　2009 年 6 月 5 日 22:16(世界时)发生在怀俄明州拉格兰奇的龙卷照片和雷达观测叠加图。(a)雷达反射率(dBZ)和二维风场,阴影区反射率值<40 dBZ 时。(b)垂直速度($\mathrm{m \cdot s^{-1}}$),实线和虚线分别代表正和负垂直风速,在梯度较弱的区域增加了点划线等值线。红色和黄色箭头分别表示下曳气流和上升气流。(c)径向速度($\mathrm{m \cdot s^{-1}}$),红色和蓝色箭头分别表示流出和流入气流。(d)切向速度($\mathrm{m \cdot s^{-1}}$)和二维风场,实线和虚线分别表示指向内和指向外的速度,阴影区域风速>34 $\mathrm{m \cdot s^{-1}}$。图中小圆点代表雷达原始数据点,即数据的真实分辨率。图中标注的比例尺在龙卷范围内有效。图中 GBVTD 为地基速度轨迹显示。引自 Wakimoto 等(2012),经美国气象学会许可再版

在第 8.9.2 节中将进一步深入讨论,龙卷涡旋沿着其长度方向大部分位置处于旋衡平衡状态。涡旋中心的低压产生凝结,形成漏斗云,因此,云的整体形态可作为涡旋的示踪物,而不是气流块的示踪物。回顾涡度分量方程式(2.57)—(2.59)可知,在龙卷尺度条件下,科氏力是可以被忽略的,结合式(2.57)—(2.59)可得到三维涡度方程

$$\frac{\mathrm{D}\boldsymbol{\omega}}{\mathrm{D}t} = (\boldsymbol{\omega} \cdot \nabla)\boldsymbol{v} \tag{8.18}$$

式中,方程式(8.18)右边为方程式(2.57)—(2.59)中右边所有拉伸和倾斜项的总矢量。如图 8.38 所示,通过生命史内云型显示的龙卷涡旋形态变化,形象生动地展示了式(8.18)中倾斜项和拉伸项。随着生命史的发展,初始宽广且垂直的涡旋延伸成一个狭窄的涡旋并发生扭转,因此,沿涡旋方向的涡度矢量高度倾斜,在某些地方趋于水平。由于拉伸作用,龙卷在减弱阶段依然能持续造成危害。尽管龙卷正在变窄,影响的区域越来越小,但由于龙卷底部的辐合气流持续进入涡旋,因此,所影响区域内持续保持较强的旋转风,其内部的涡度依然很强。

8.9.2 涡旋动力学[①]

为了更好地理解图 8.40 中的龙卷结构，我们考虑理想化的理论模型。当 z 轴为垂直方向，中心位于涡旋中心时，可写出圆柱极坐标(r,Θ,z)下的干 Boussinesq 方程，假定为轴对称($\partial/\partial\Theta = 0$)且忽略分子摩擦力，在以上条件下，平均变量运动方程式(2.83)的 Boussinesq 近似的分量形式为：

$$\overline{u}_t + \overline{u}\,\overline{u}_r + \overline{w}\,\overline{u}_z - \frac{\overline{v}^2}{r} = -\frac{1}{\rho_o}\frac{\partial \overline{p^*}}{\partial r} + K_m\left(\overline{u}_{rr} + \frac{1}{r}\overline{u}_r + \overline{u}_{zz} - \frac{\overline{u}}{r^2}\right) \tag{8.19}$$

$$\overline{v}_t + \overline{u}\,\overline{v}_r + \overline{w}\,\overline{v}_z - \frac{\overline{u}\,\overline{v}}{r} = K_m\left(\overline{v}_{rr} + \frac{1}{r}\overline{v}_r + \overline{v}_{zz} - \frac{\overline{v}}{r^2}\right) \tag{8.20}$$

$$\overline{w}_t + \overline{u}\,\overline{w}_r + \overline{w}\,\overline{w}_z = -\frac{1}{\rho_o}\frac{\partial \overline{p^*}}{\partial r} + \overline{B} + K_m\left(\overline{w}_{rr} + \frac{1}{r}\overline{w}_r + \overline{w}_{zz}\right) \tag{8.21}$$

平均变量热力学方程式(2.78)和连续方程式(2.75)的 Boussinesq 近似(即忽略密度 ρ_o 的影响)分别为：

$$\overline{\theta}_t + \overline{u}\,\overline{\theta}_r + \overline{w}\,\overline{\theta}_z = K_\theta\left(\overline{\theta}_{rr} + \frac{1}{r}\overline{\theta}_r + \overline{\theta}_{zz}\right) \tag{8.22}$$

$$\frac{1}{r}\,(r\overline{u})_r + \overline{w}_z = 0 \tag{8.23}$$

以上方程中，$u = \mathrm{D}r/\mathrm{D}t, v = r\mathrm{D}\Theta/\mathrm{D}t, w = \mathrm{D}z/\mathrm{D}t$ ，式(8.19)—(8.22)中的涡动通量项可通过简化的 K 理论(第 2.10.1 节)进行参数化，混合系数 K_m 和 K_θ 为常数。式(8.19)—(8.21)中和 K_m 相乘的项为矢量 $\nabla^2\overline{\boldsymbol{v}}$ 在轴对称圆柱坐标中的分量，式(8.22)中和 K_θ 相乘的项为矢量 $\nabla^2\overline{\theta}$ 在轴对称圆柱坐标中的分量。

龙卷涡旋的关键动力特征是切向风分量非常强，远远超过经向和垂直风分量(即，$|v| \gg |u|,|w|$)。在此情况下，式(8.19)表明气流为旋衡的一级近似(第 2.2.6 节)，因此，在研究龙卷涡旋的动力特征时，式(8.19)—(8.23)方程一般简化为旋衡解，下面讨论两个常见的最简化方案。

最简单的解为兰金涡旋，由分离开来的两个半径为 r_c 的区域构成。假定：在内部区域，没有径向和垂直运动($\overline{u} = \overline{w} = 0$)；无摩擦($K_m = K_\theta = 0$)；为固体旋转($\overline{v}/r$ 为常数)。由此，在中心区域切向风速和距离涡旋中心的距离成正比：

$$\overline{v} = ar, a = 常数, r \leqslant r_c \tag{8.24}$$

为了表示该常数，首先考虑(第 2.4 节)中给出的垂直涡度为 ζ，在轴对称圆柱坐标系下为：

$$\zeta \equiv \boldsymbol{k}\cdot\nabla\times\boldsymbol{v} = \frac{1}{r}\frac{\partial(rv)}{\partial r} \tag{8.25}$$

由式(8.24)和(8.25)可得到：

$$\overline{\zeta} = 2a, r \leqslant r_c \tag{8.26}$$

水平区域 A 内垂直涡度的积分为：

---

① 本小节和下一小节讨论的主要基于 Davies-Jones(1986)的一篇评论文章以及 Davies-Jones 和 essler(1974)、Rotunno(1977，1979，1986)的论文。

$$\iint_A \zeta \mathrm{d}A = \iint_A \boldsymbol{k} \cdot \nabla \times \boldsymbol{v} \mathrm{d}A = \oint v_t \mathrm{d}l \equiv \Gamma \tag{8.27}$$

式中,闭合线的积分线为环路积分,称为环流,以 Γ 表示,遵循斯托克斯定理,它是沿着区域 A 的边缘计算积分得到的,v_t 为边缘处水平风的切向分量。为了得到覆盖兰金涡旋中心区域圆圈里的环流 Γ_c,把式(8.26)代入式(8.27)的左侧项,沿着半径为 r_c 的圆周积分得到:

$$2a\pi r_c^2 = \Gamma_c \tag{8.28}$$

由该表达式可知,r_c 和 Γ_c 决定了式(8.24)中的常数项,进而确定了通过整个涡旋中心区的气流。

兰金涡旋外部区域的特征为潜在涡旋气流,气流的切向速度和 r 成反比。因此,可以得到:

$$\overline{v} = b/r, b = \text{常数}, r > r_c \tag{8.29}$$

该气流为无旋气流,即 $\overline{\zeta} \equiv 0$,由式(8.25)和(8.29)可证实这一点。既然在 r_c 外部区域没有涡度,在任意大的半径范围内环流保持为 Γ_c,即:

$$\Gamma = \oint_{r_c} \overline{v}(r) \mathrm{d}l = \overline{v}(r) 2\pi r = \Gamma_c \tag{8.30}$$

这表明式(8.29)中的常数为:

$$b = \frac{\Gamma_c}{2\pi} \tag{8.31}$$

因此,式(8.24)和(8.29)中的常数可用 Γ_c 来表示。

在假定速度($\overline{u} = \overline{w} = 0$)的条件下,容易诊断出兰金涡旋内气压扰动的基本特征,径向运动方程式(8.19)简化为完全的旋转平衡关系:

$$\frac{\overline{v}^2}{r} = \frac{1}{\rho_o} \frac{\partial \overline{p}}{\partial r} \tag{8.32}$$

由于基准气压 p_o 仅为 z 的函数,因此,式(8.32)中,已经利用总气压 p 代替了气压扰动量 p^*。假定 $\overline{w} = 0$,表明没有垂直加速度,因此,总气压满足流体静力平衡关系式(2.38),在此假定下,平均变量形式可写为:

$$\frac{\partial \overline{p}}{\partial z} = -\rho_o g \tag{8.33}$$

由式(8.29)和(8.31),最大切向速度为:

$$\overline{v}_{\max} = \frac{\Gamma_c}{2\pi r_c} \tag{8.34}$$

该速度越大,涡旋内的气压亏空越多,该结论可通过从涡旋中心至 $r = r_c$ 处对式(8.32)积分获得,同时结合式(8.24)、(8.28)和(8.34)可得:

$$\overline{p}(r_c) - \overline{p}_o = \int_0^{r_c} \rho_o \frac{1}{r} \left(\frac{\Gamma_c r}{2\pi r_c^2} \right)^2 \mathrm{d}r = \rho_o \frac{\overline{v}_{\max}^2}{2} \tag{8.35}$$

此关系式表明,如果空气密度为 1 kg·m^{-3},且龙卷内最大风速为 50 m·s^{-1},那么跨越涡旋的气压落差为 12.5 hPa。由式(8.32)同样可以看出,气压梯度最大值位于 $r = r_c$ 处,为 $\rho_o \overline{v}_{\max}^2 / 2r_c$。

根据龙卷图像拍摄以及对比观测的龙卷外形和兰金涡旋外形可知,龙卷为一级近似的兰金涡旋。通过和兰金涡旋等压面形状比较,龙卷漏斗云轮廓为等压面。由式(8.32)和(8.33)可得等压面倾斜为:

$$\left.\frac{\partial z}{\partial r}\right|_{p}=-\left.\frac{\partial \overline{p}}{\partial r}\right|_{z}\bigg/\left.\frac{\partial \overline{p}}{\partial z}\right|_{r}=\frac{\overline{v}^{2}}{rg} \tag{8.36}$$

沿着漏斗边界处的一个点 (r,z) 到漏斗顶部对式(8.36)积分得到：

$$z=\begin{cases}z_{f}-\dfrac{\overline{v}_{\max}^{2}r_{c}^{2}}{2gr^{2}}, r>r_{c}\\ z_{f}-\dfrac{\overline{v}_{\max}^{2}}{2g}\left(2-\dfrac{r^{2}}{r_{c}^{2}}\right), r\leqslant r_{c}\end{cases} \tag{8.37}$$

如果漏斗的形状被看到，假定漏斗为兰金涡旋，可利用式(8.37)来估算涡旋的最大风速。如果漏斗底部尖点被观测到高度为 z_o，且假定漏斗半径为 r_c，则由式(8.37)可得 $\overline{v}_{\max}^{2}=\sqrt{2g(z_f-z_o)}$。

能出现二级环流(即 r 和 z 方向的运动)的最简单涡旋方案为单体涡或 Burgers-Rott 涡旋[①]，在此方案中，水平辐合(散度为负)假定为一正常数。该情况下，轴对称分布为：

$$\frac{1}{r}\frac{\partial}{\partial r}(r\overline{u})=-2c=\text{常数}<0 \tag{8.38}$$

式中，假定

$$\overline{u}=-cr \tag{8.39}$$

连续方程式(8.23)变为：

$$-2c+\frac{\partial \overline{w}}{\partial z}=0 \tag{8.40}$$

如果在 $z=0$ 处 $\overline{w}=0$，那么

$$\overline{w}=2cz \tag{8.41}$$

由式(8.39)和(8.41)中给出的 $\overline{u}$ 和 $\overline{w}$，在没有湍流混合情况下代入式(8.20)后可得：

$$\overline{v}=d/r, d=\text{常数}, r>\varepsilon \tag{8.42}$$

ε 为任意正小量，此表达式和式(8.29)形式相同，在式(8.29)情况下，气流为无旋的，环流 Γ 为常数，所有涡度集中在 $r\leqslant\varepsilon$ 内。如果考虑湍流混合，式(8.42)变换为：

$$\overline{v}=\frac{d}{r}[1-\exp(-cr^{2}/2K_{m})] \tag{8.43}$$

因此，$\overline{u}$ 和 $\overline{v}$ 均不是 z 的函数，水平环流和高度无关。图 8.41a 为单体涡旋的三维环流结构，伴随着涡旋中心的上升运动，水平气流向内旋转。在有湍流混合的情况下，和兰金涡旋类似，由湍流引起的黏性形成一个接近的固体旋转中心，最大切向速度出现在半径 $r_c=1.12\sqrt{2K_m/c}$ 处。

另一个简化方案为两个单体或 Sullivan 涡旋[②]，如图 8.41b 所示，除了中心区有第二个环流外，它和 Burgers-Rott 单涡旋相似。单体内外部边界位于 $r_c=2.38\sqrt{2K_m/c}$ 处。在单体外部区域的气流向内旋转并向上运动，在对称轴附近下沉，在内单体的外部边缘处气流向外并向上运动。通过拉伸作用涡度集中在横跨两个单体之间边界的环形辐合区里。这种结构描述了图 8.40 中所示的真实龙卷的多个特征，奇怪的是，无摩擦假定并没有影响到一些重要过程，例如边界层因素和隅角效应，这些内容在本文中不作讨论。

① Burgers(1948)和 Rott(1958)在早期的论文中描述了单体漩涡。

② 由 Sullivan (1959)发现。

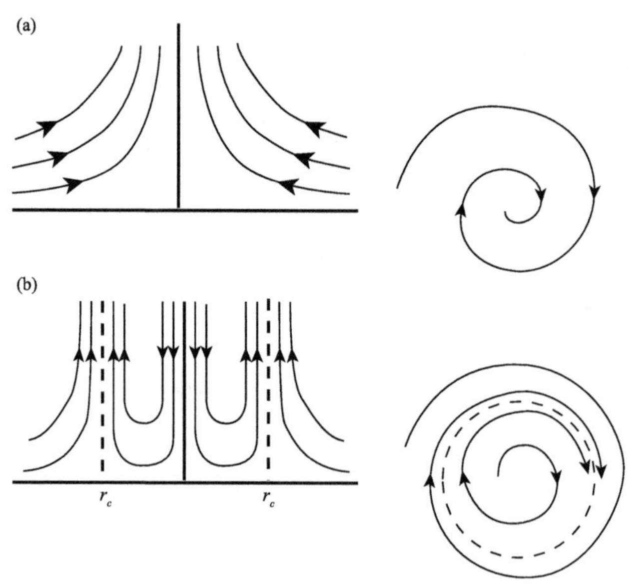

图 8.41　涡旋流线在穿过涡旋轴的垂直平面和水平面上的投影。(a)单体 Burgers-Rott 涡旋;(b)两个单体 Sullivan 涡旋。引自 Sullivan(1959),经美国航空航天学会许可再版

基于以上讨论的单/两个单体的理论、实验室模拟、真实龙卷的肉眼观测和图像、数值模拟等,建立了如图 8.42 所示的龙卷涡旋结构的定性模型。在该定性概念模型中,气流被定义为弯曲比参数的函数,弯曲比为涡旋中切向流与垂直流的总比值。当弯曲比增加时,如图 8.42 中所示,气流将发生改变。当旋转上升气流弱时,沿着地面的水平气压梯度会发生反转,外部的气流离开地面,不能到达中心对称轴处,使得地面附近无法形成强涡旋(图 8.42a)。当弯曲比加大时,首先出现一个单体涡旋(图 8.42b),然后出现下曳气流没有到达地面的两个单体涡旋(图 8.24c),最后出现下曳气流到达地面的两个单体涡旋(图 8.42d)。

8.9.3　涡旋崩溃

实验室数值实验表明,两个单体涡旋在图 8.42c 和图 8.42d 中所示的两个阶段之间的演变,和低层对称轴中心处气旋性气压扰动最小值有关①。随弯曲比增加,该气压扰动最小值加强,在低层沿对称轴中心向下的垂直气压扰动梯度加速度发展,因此,涡旋从上向下填塞。

在中等弯曲比条件下,产生的中间形态的配置如图 8.42c 所示,该模态下,低层为一个单体结构,而较高的地方为两个单体结构,这种现象被称为涡旋崩溃。这种现象出现在多种环流形态下,特征为伴随着弯曲比的急剧减少和垂直气流的逆转(即,转为方向向下),高度旋转的狭窄薄片式急流突然转变为宽广的湍流式气流,图 8.43 为实验室环境中涡旋崩溃的例子。图 8.42c 中,崩溃点位于涡旋直径快速变大位置的高度,沿着中心轴的下沉运动遇到了低层强涡旋的上升运动,在该停滞点之上中心区域气流具有湍流性。

---

①　该物理解释基于 Rotunno(1977)和 Rotunno(1986)。

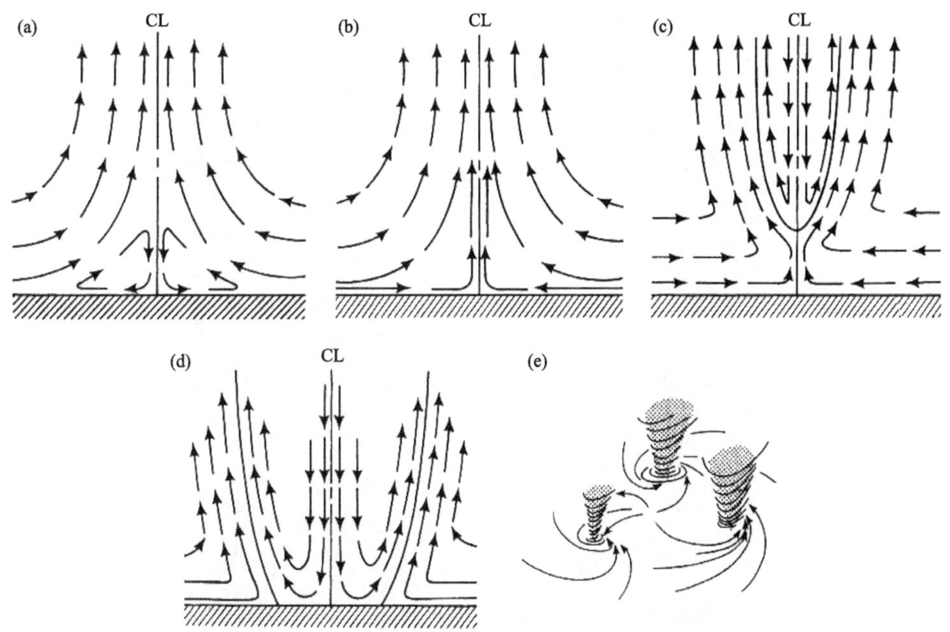

图 8.42 龙卷涡旋结构概念模型。图(a)—(e)为接续显示具有更高弯曲比龙卷涡旋的结构。(a)弱弯曲比情况:边界层中的流动在拐角区域分离并穿过拐角区域;(b)单体涡旋;(c)涡旋崩溃;(d)下曳气流到达地面的两个单体涡旋。(e)多单体涡旋。CL 表示中心线。引自 Davies-Jones(1986),经俄克拉何马大学出版社许可再版

涡旋崩溃非常复杂,有多个观点解释涡旋崩溃①。其中之一为,重力作用下的分层流与旋转流之间存在部分相似性,其中重力加速度在分层流中的作用类似于旋转流中的离心加速度的作用。当二维 x-z 平面的分层气流内的水平流速超过重力波水平移动的最大速度时,气流被认为是超临界状态,此时扰动无法向上游传播。在稳定气流中,通过在某个位置突然把流速减小到亚临界,并相应增加流体深度,使上、下游之间的边界条件得以匹配,这一现象为著名的水跃。超临界、亚临界和水跃将在第 12.2.5 节中讲解地形气流时做深入讨论。涡旋崩溃类似于这一转换,当流体沿涡旋垂直轴的运动速度超过向下传播的"惯性波"最快的速度时,涡旋崩溃可在旋转气流中产生,惯性波的形成是对离心回复力的响应(它在惯性振荡中的作用类似于第 2.7.3 节中的科里奥利回复力)。涡旋崩溃的特征为涡旋的核突然扩大,就像水跃时流体深度的快速增加一样。然而,涡旋崩溃时沿着对称轴的停滞点及反转速度,不同于水跃的情况。

前面提到在崩溃点以上涡旋具有湍流特征,为了认识这种湍流是如何形成的,同样可以和重力作用下的垂直分层流做类比。依据式(2.170),如果里查森数 $Ri \geqslant 1/4$,分层流是稳定的层流(非湍流)。这个标准是通过考虑两个流体气块得到,此时,在沿 y 方向没有变化且基准态水平风切变 $\partial\overline{u}/\partial z$ 不变的二维流体 x-z 平面内,两个气块分开的距离为 δz 。现考虑在二维涡旋 r-z 平面内(在 Θ 方向上无变化),z 方向风基准态量切变为 $\partial\overline{w}/\partial r$ 的情况下,距离为 δr 的两个单位质量的气块,且不存在湍流、分子摩擦和科氏力时,平均变量运动方程式(2.83)在 r 方

① Rotunno(1979)对这些想法进行了总结,并通过一组生动的数值模拟演示了详细阐述这些想法的各个方面。

图 8.43 普渡大学实验室中获得的涡旋崩溃的例子。引自 Rotunno(1979),经美国气象学会许可再版

向的分量为:

$$\frac{\overline{\mathrm{D}}u}{\mathrm{D}t} = -\frac{1}{\rho_o}\frac{\partial \overline{p}}{\partial r} + \frac{\overline{v}^2}{r} \tag{8.44}$$

离心力项 $\overline{v}^2/r$ 和式(2.1)中重力加速度 g 的垂直分量作用相同。单位体积空气在交换气块位置时所做的功小于交换过程中释放的动能,因此有:

$$\rho_o \delta(\overline{v}^2/r)\delta r < \frac{1}{4}\rho_o (\delta W)^2 \tag{8.45}$$

和式(2.169)类似,两个气块的垂直速度差 δW 代替式(2.169)中 δU。角动量为 $\overline{m} = \overline{v}r$,垂直速度差可表示为 $\delta W = (\partial \overline{w}/\partial r)\delta r$,在此类条件下,并且由于 δr 和 r 相比较小,不稳定条件式(8.45)可写为:

$$\frac{r^{-3}(\partial \overline{m}^2/\partial r)}{(\partial \overline{w}/\partial r)^2} < \frac{1}{4} \tag{8.46}$$

此关系式和式(2.170)相似。因此,为了产生湍流运动,垂直速度径向切变必须足够强,以克服由正值 $\partial \overline{m}^2/\partial r$ 引起的惯性稳定。兰金涡旋近似下龙卷中心为惯性稳定,即式(8.24)中

$\partial\overline{m}^2/\partial r > 0$。因此，涡旋中心观测到的湍流可能是由于垂直速度强切变不稳定引起的，垂直速度强切变使得式(8.46)的左侧项的值较低。

8.9.4 多重涡旋龙卷

当弯曲比变得足够大时，涡旋中心下曳气流到达地面时，低空的垂直涡度被高度集中在涡旋周围的一个圆环内(图 8.42d)。弯曲比进一步加强，会导致沿着初始涡旋轴的圆形轨道内"卷起"多个涡旋并绕轨道运动(图 8.42e)。图 8.42 中所示图像序列是基于龙卷实验室实验、图片拍摄、肉眼观测和以上讨论的理论结果得出。式(8.46)给出的稳定条件是指，流体环仅在径向上发生位移。实验室结果显示，即便当气流为纯径向移动的稳定情况下，对于非轴对称扰动而言，在非常高的弯曲比情况下涡旋是不稳定的。

真实的龙卷具有"卷起"多个涡旋的行为特征，一个龙卷漏斗可能包含 1～6 个小的次涡旋，每个直径约为 0.5～50 m。这些抽吸涡旋在龙卷涡旋外围的强切向风切变处形成(图 8.40d)。它们一般围绕龙卷中心移动(图 8.44)，会出现龙卷的最强风，并在龙卷的常规路径上，留下狭窄的碎片轨迹以及异常强的灾害，它们的分布极其复杂。抽吸涡旋内涡度的聚积使它们异常危险，在小尺度扰动下，局地辐合增强引起的涡旋拉伸，使得初始龙卷的涡度被聚集到抽吸涡旋。实验室模拟涡旋和实际龙卷极其相似，包括由弯曲比增加形成的多重涡旋情况(图 8.45a)[①]。图 8.45b 为著名的双涡旋龙卷，和图 8.45a 中的实验室模拟的多涡旋相对比。随着弯曲比改变次涡旋数量也发生改变，图 8.46 为数值模拟出的龙卷状涡旋，它分裂出约 7～8 个次涡旋。

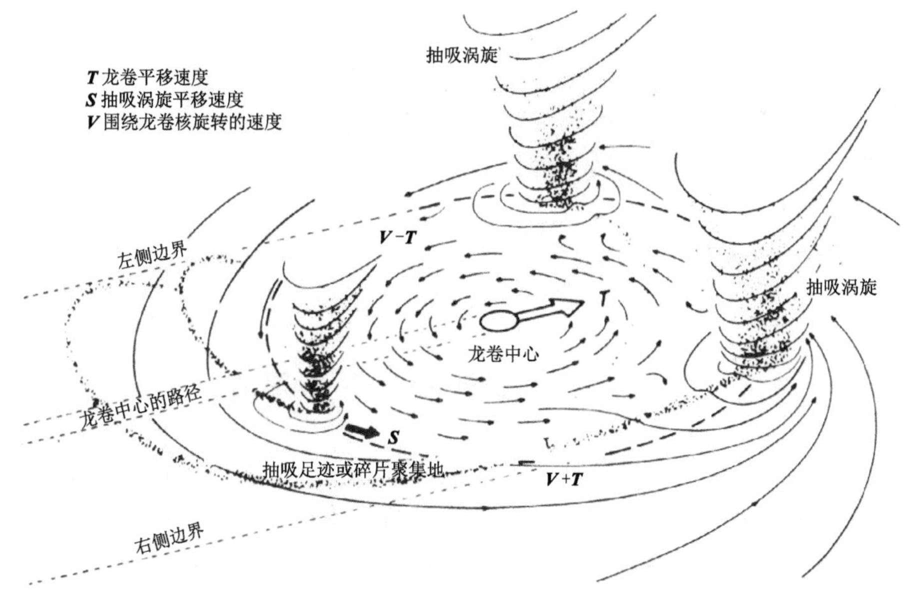

图 8.44 龙卷漏斗分裂为更小的抽吸涡旋概念模型。引自 Fujita(1981)，经美国气象学会许可再版

① 关于实验室实验的讨论，参见 Davies-Jones 和 Kessler (1974) 、Davies-Jones (1986)。

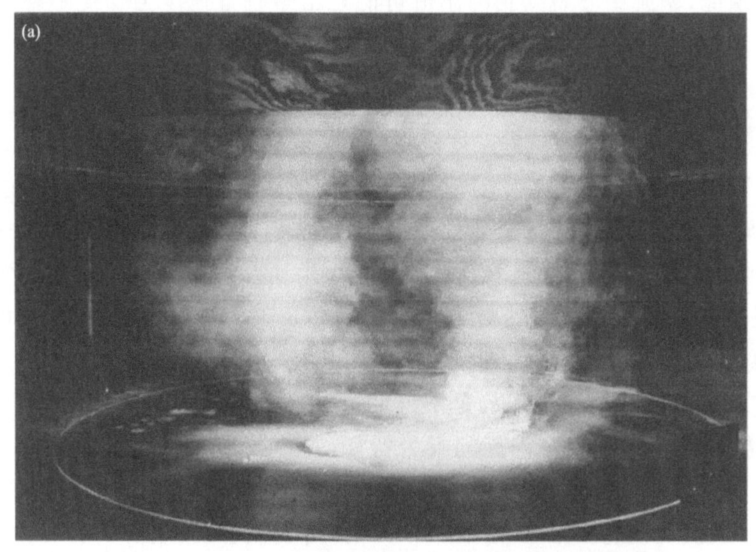

图 8.45　实验室涡旋对(a)与 1965 年 4 月 11 日发生在印第安纳州埃尔克哈特的双龙卷(b)对比。Davies-Jones(1986)的实验室实例,经俄克拉何马大学出版社许可再版;龙卷照片为 Paul Huffman 拍摄

8.10　下击暴流和微下击暴流

下曳气流是对流风暴环流的重要特征,我们已经知道它和上升气流相互作用,在多单体风暴中造成新单体的发展,并且使得超级单体上升气流维持长时间生命史(第 8.2 — 8.5 节)。有时,在短时间内下曳气流在局地异常加强,该情况为被称为下击暴流,更强的下击暴流被称为微下击暴流。

8.10.1　定义与描述模型

公众和科学对于下击暴流和微下击暴流的认识,在很大程度上来自芝加哥大学 T. Fujita

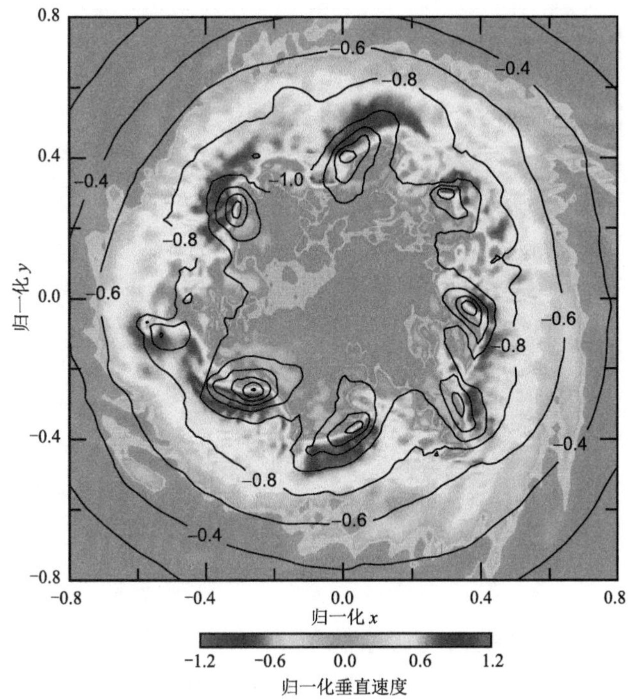

图 8.46　模拟龙卷的气压扰动(标注数值的实线等值线)和归一化垂直速度(彩色阴影)瞬时水平剖面。引自 Lewellen 等(2000),经美国气象学会许可再版

教授的研究成果①。在调查由极其猛烈的强风造成的飞机事故、农作物损毁和财产损失分布时,他呼吁需要关注下击暴流和微下击暴流的存在及其重要性,根据龙卷的涡旋环流模型无法解释这类强风。以下定义和他的发现一致②:

下击暴流——在水平方向小于 1～10 km 由下曳气流造成的强风速区。

大型下击暴流——大于 4 km 区域的下击暴流,典型持续时间为 5～30 min。

微下击暴流——小于 4 km 区域的下击暴流,典型持续时间为 2～5 min,跨辐散中心的速度差大于 10 $m \cdot s^{-1}$。

湿微下击暴流——降水大于 0.25 mm 或雷达回波强度大于 35 dBZ 的微下击暴流。

干微下击暴流——降水小于 0.25 mm 或雷达回波强度小于 35 dBZ 的微下击暴流。

引起 Fujita 注意的是:下击暴流与龙卷的涡旋截然不同。尽管都具有破坏性和危险性,下击暴流反映了地面的强辐散和空气的外流运动。Fujita 调查了对流风暴辐散风产生的灾害分布,这使他假设下击暴流内空气运动模型如图 8.47 所示,图 8.48 和图 8.49 所示的多普勒雷达观测和数值模式模拟结果可证明 Fujita 的概念模型的正确性。除了中心有一个强下曳风速轴,微下击暴流的特征还包括:当它到达地面时在中心处有强辐散,强水平风在风向急剧倒

① Fujita 以对风暴和风暴灾害顽强而热情观测研究而闻名。他创造并推广了"下击暴流(downburst)"和"微下击暴流(rnicroburst)"这两个术语,他在研究这一问题的过程中所做的多种调查和冒险都在自己出版的两本书中描述过(Fujita,1985,1986)。

② 这些定义来自 Fujita(1985)、Fujita 和 Wakimoto(1983)、Wilson 等(1984)使用过的,略有差异但基本一致。

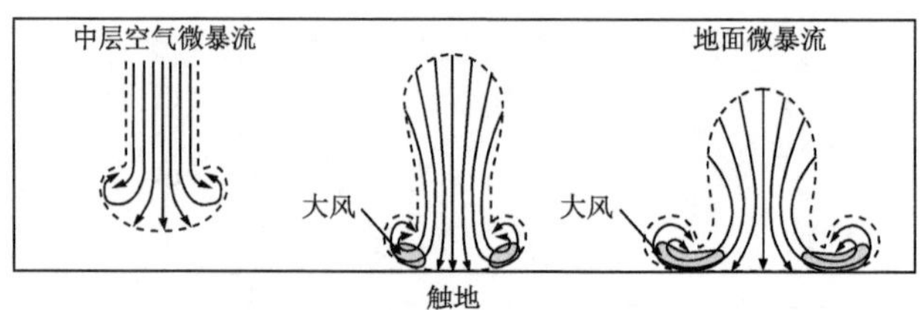

图 8.47　用于解释地面灾害分布的假想微下击暴流概念模型,图中显示了三个发展阶段,半空中的微下击暴流可能会下降到地面,也可能不会下降到地面。当触地时,会立刻引起风的突然增大。引自 Fujita(1985),经国家风能研究所许可再版

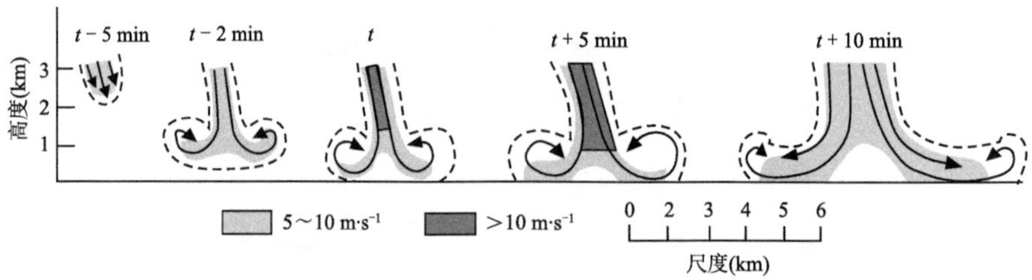

图 8.48　基于多普勒雷达观测的微下击暴流经验模型。时间 t 是指辐散流出气流到达地面的时间,阴影表示风速。引自 Wilson 等(1984),经美国气象学会许可再版

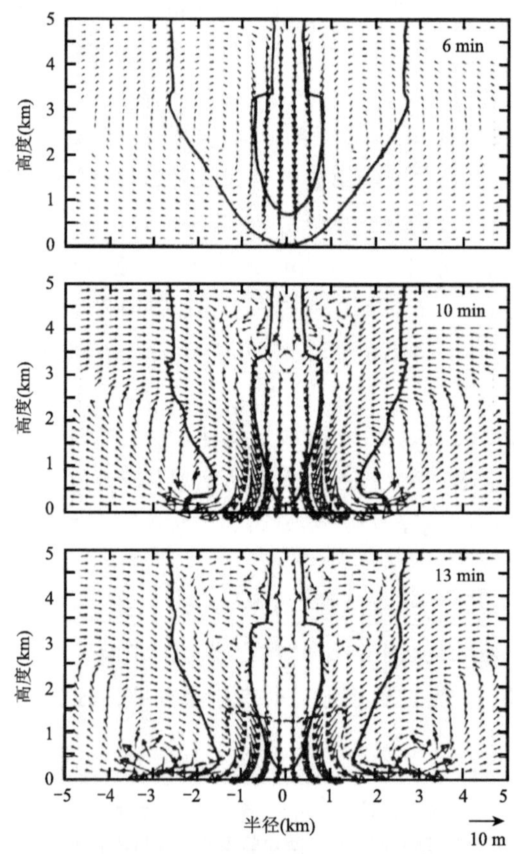

图 8.49　数值模式启动积分 6、10 和 13 min 后,微下击暴流的模拟结果。粗线分别代表 10 和 60 dBZ 雷达反射率等值线(即降水场),虚线区域内的温度与环境温度的偏差小于−1 K。引自 Proctor(1988),经美国气象学会许可再版

转的阵风锋头部向外加速爆发，其传播方向或多或少几乎对称地远离下击暴流点。当微下击暴流出现降水、沙尘或其他来自地面的物质时，可被肉眼观测到(图 8.50)。Fujita 进一步给出了三维概念模型，如图 8.51 所示，这些素描图说明了地面风向各个方向流出的特征，在阵风锋

图 8.50 科罗拉多州丹佛市斯台普顿机场微下击暴流照片。由于降水、灰尘或其他来自地面物质的存在，微下击暴流的结构可被肉眼观测到。图片由 W. Schreiber Abshire 提供

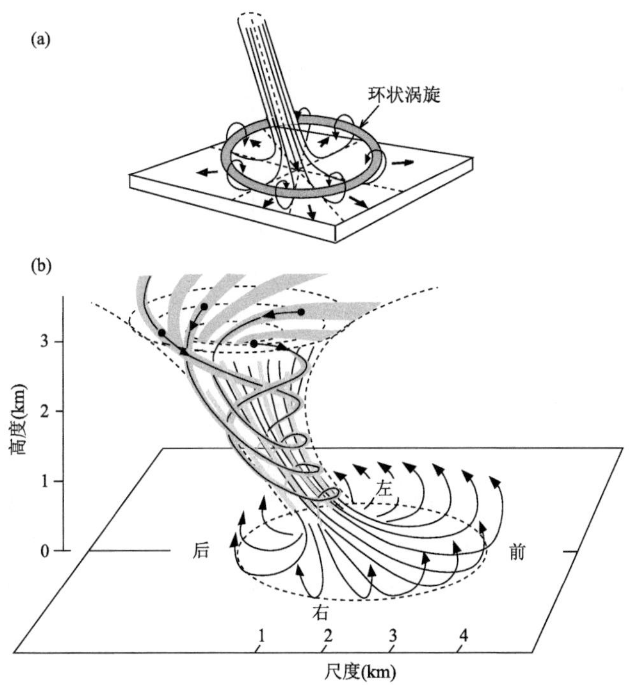

图 8.51 下击暴流三维结构示意图。(a)阵风锋边缘的环状涡旋；(b)微下击暴流内部的旋转。引自 Fujita(1985)，经国家风能研究所许可再版

圆形的头部区域形成环形涡旋,向外扩展。图 8.51b 阐述了在有些微下击暴流中,高空会伴有小尺度气旋环流,然而在气块到达地面之前,该气旋式涡旋被辐散气流大幅度减弱[即,由于 $w_z < 0$,式(2.59)中拉伸项 ζw_z 是负值]。

8.10.2 微下击暴流对航空的影响

Fujita 的概念模型被用来解释许多飞机事故。当穿越微下击暴流飞行时,飞行员必须进行快速精确的调整。如图 8.52 所示,在跨过微下击暴流起飞时,飞机在跑道上加速时逆风增加,随后飞机在加速的逆风中上升并开始爬升(位置 1)。在位置 2 附近,飞机遇到微下击暴流的下曳气流,爬升性能降低。经过位置 3 时,逆风消失,因此飞机空速减小,抬升和上升性能进一步降低,此外,微下击暴流中心也为强下曳气流。经过位置 4 时,顺风开始持续增强,因此飞机所有的能量被用来维持飞行,而没有其他的任何能源来增加其势能(爬升)。大型飞机的一般是配置为平衡状态的:推力、阻力、升力和重量都恰好处于平衡状态,因此,不需要飞行员增加操作就可以维持既定的航线。在位置 4 处,由于飞机空速低于平衡空速(抬升和阻力减弱),飞机系统会自动响应,通过机头朝下再次达到平衡状态。图注中,飞行员需要干预使得这种影响得到补偿,如果飞行员没有完全补偿这种影响,将产生更剧烈的下降。当飞机经过位置 5 时下降速度持续增加,可能无法挽回撞向地面①。迅速下降是否能够被控制,取决于事件的强度、发生的高度、飞机性能、飞行员对危险的认识和反应快慢等。当试图在下击暴流中着陆时,会遇到类似的困难。

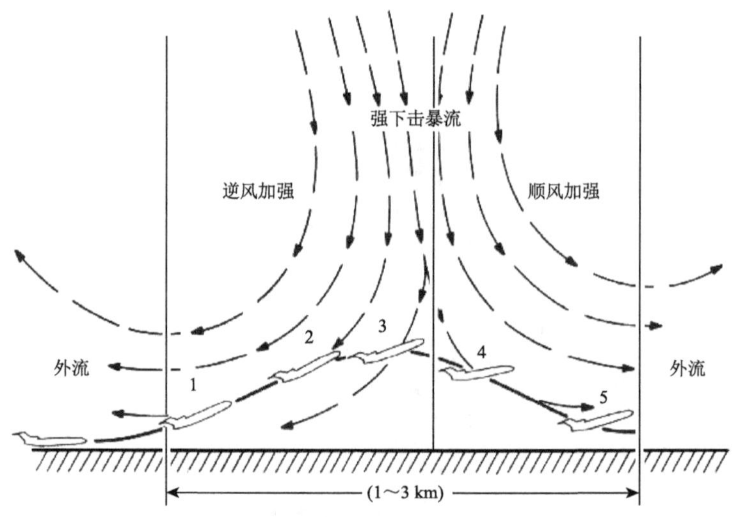

图 8.52 飞机起飞过程中穿过微下击暴流的理想化示意图。飞机升起后在标记 1 处逆风加强;在标记 2 处逆风开始减弱,飞机进入下曳气流区;在标记 3 处飞机经历逆风急剧减少,随后停止爬升;在标记 4 处顺风增加,飞机开始下降;通过标记 5 处飞机经历加速下降。引自 Elmore 等(1986),经美国气象学会许可再版

① 本图引自 Elmore 等(1986)。

8.10.3 微下击暴流驱动机制

不考虑摩擦力，式(2.47)中运动方程的垂直分量为：

$$\frac{\mathrm{D}w}{\mathrm{D}t}=-\frac{1}{\rho_o}\frac{\partial p^*}{\partial z}+B(\theta_v^*,p^*,q_H) \tag{8.47}$$

式中，浮力 B 项所依赖的热力学参数 (θ_v^*,p^*,q_H) 在式(2.52)中给出。对多普勒雷达观测到的下击暴流，进行第 4.9.7 节那种类型的热力学分析表明：式(8.47)中气压梯度加速度项小于浮力项①。这一结果是可以预见的，因为微下击暴流的特征为在地面形成气压大值区，造成向上的气压梯度力，抵抗下击暴流，这是微下击暴流的特征。

因此，微下击暴流问题简化为对浮力项 B 负贡献的理解。在同一研究中，多普勒雷达数据还表明，微下击暴流内垂直加速度[式(8.47)左侧项]约为 0.1 $\mathrm{m \cdot s^{-2}}$。由雷达反射率观测[方程式(4.53)]的降水中水凝物的混合比表明，总加速度仅有 20%是由于降水拖曳造成的[即，式(2.52)中 $-q_H$ 对 B 项的贡献]。如果 p^* 对式(2.52) 中 B 项的贡献较小，那么在下击暴流中 80%的负浮力和 θ_v^* 有关，因此估计 $\theta_v^*=-2.5$ ℃。该 θ_v^* 值和多普勒雷达观测流场经过热力学反演得到的数值一致。如果水凝物全为冰相态，融化作用仅造成 $\theta_v^*=-0.4$ ℃，因此，造成下击暴流负浮力的大部分冷却应该是由液态水凝物的蒸发引起的。

其他情况下的雷达观测事实显示，对微下击暴流生成起关键作用的由微物理过程造成的负浮力，有时候可以受到粒子融化冷却作用的强烈影响。图 8.53 中，双偏振雷达(第 4.5 节所述雷达类型)观测显示，在风暴最强反射率区，存在差分反射率 Z_{DR} [方程式(4.5)] 接近零的窄带，该 Z_{DR} 洞为强降水内部狭窄的冰雹带，接近零的差分反射率 Z_{DR} 代表冰粒子，而正 Z_{DR} 代表降水。该冰雹轴和微下击暴流的形成一致，它的位置由朝各个方向疏散的地面最大风指示(图 8.53 中箭头处)。这一分布间接地表明，冰雹融化对这次微下击暴流的动力过程非常重要。

观测结果显示，蒸发和融化是造成下击暴流加速的关键因素，通过第 7.3.6 节中描述的一维、非定常流体非静力学模式计算进一步证实了这一结果②。模式区域为半径为 R 的圆柱，顶部气压为 550 hPa，开放性底部气压为 850 hPa。假定在顶部分布有特征尺度的雨和冰雹粒子，采用分档(bin)微物理方案(第 3.5 节)来预测粒子分布的演变，并且假定夹卷率和 R 成反比[和第 7.3.2 节中考虑的连续夹卷模型一致，例如式(7.38)、(7.46)和(7.48)]，设定环境递减率和湿度，在水连续方程中仅包含雨滴。以上条件下，尝试研究造成>20 $\mathrm{m \cdot s^{-1}}$ 的下曳气流的微物理和环境状况，该下曳气流强度为下击暴流的标志。在零夹卷情况下(半径约 1 km)，且降落到该区域顶部雨滴为初始马歇尔-帕尔默(Marshall-Palmer)分布[方程(3.65)]时，结果如图 8.54 所示。这个结果表明，当递减率接近干绝热递减率(9.8 $℃ \cdot \mathrm{km^{-1}}$)且降水率(雷达反射率)增加时，下击暴流最容易出现。图中没有显示的结论还包括，雨滴越小(由于小雨滴比大雨滴更容易蒸发)、边界层混合越不充分(假定环境中的相对湿度而不是混合比为

---

① 这项分析是利用科罗拉多州一次对流风暴爆发期间获得的多普勒数据进行的，在此次风暴中发生了多次下击暴流。有关对流风暴爆发的描述，请参见 Kessinger 等(1988)。

② 该模型由 Srivastava(1985,1987)设计并用于两项研究。在 1985 年的研究中，他对只包含降水的下击暴流进行了计算。1987 年的研究扩展了这一结果，不仅考虑了降水还考虑了冰雹对下击暴流的影响。除了作为详细介绍下曳气流动力学机制的里程碑文章，这些论文还有效说明了一个简单的一维模型的有用性。

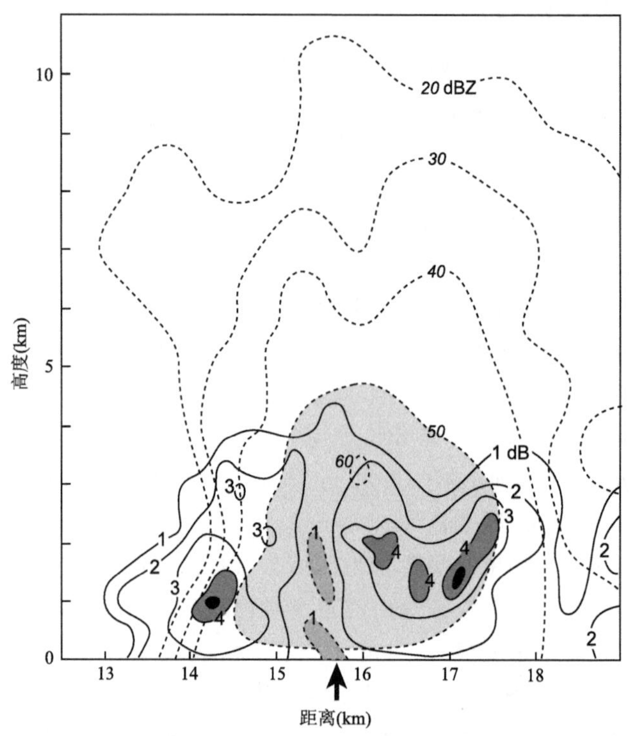

图 8.53　发生在亚拉巴马州北部的双偏振多普勒雷达观测垂直剖面。反射率以 dBZ 的等值线表示,差分反射率 Z_{DR} 的单位为 dB,箭头表示地面微下击暴流中心位置。引自 Wakimoto 和 Bringi(1988),经美国气象学会许可再版

常数)、环境相对湿度越大,下击暴流出现的可能性越大。最后两个结果跟直觉有些相反,因为微下击暴流经常发生在干燥和/或充分混合的边界层中。然而,该物理机制却很清楚,在特定的温度廓线条件下,环境相对湿度(RH)增加时,特别是在下曳气流顶部附近,下曳气流相对于环境大气的浮力负值增加[即,当 RH 增加时,由于 $q_v = q_{vs}(T)$,$q_{ve} = RH \cdot q_{vs}(T_e)$,且 $T < T_e$,则 $q_v^* \equiv q_v - q_{ve}$ 减小,其中 T_e 为环境大气温度]。在无冰粒子情况下,下击暴流生成的最佳条件为:环境大气接近干绝热、云底附近雨水含量高、最小下沉气流半径为 1 km 左右。需要注意的是,这些计算中并没有指出为什么下击暴流尺度应该较小。

当降落到模式顶部的降水中不仅包含雨还包含冰雹时,计算结果表明,当递减率比干绝热更稳定时,融化提供的额外负浮力会产生下击暴流。较高的环境稳定度、强降水中包含更多的冰相态粒子、相对高的小降水粒子浓度有利于产生强下曳气流。在较低的环境稳定条件下,干下击暴流和湿下击暴流均可出现。当稳定性增加时,只有越来越湿的下击暴流可能产生。当环境变得更加稳定时,仅包含大量冰相态降水的湿下击暴流可能发生。

第 7.3.7 节中利用二维模式对下击暴流进行数值模拟与前面介绍的一维模式结论一致。图 8.49① 中的结论是根据微物理过程为简单整体冷云方案(第 3.6 节)的模式得出的,模式区域为高度为 5 km,宽度为 10 km,计算的初始化条件为给定的边界顶部冰雹分布。计算结果

① 引自 Proctor (1988)。

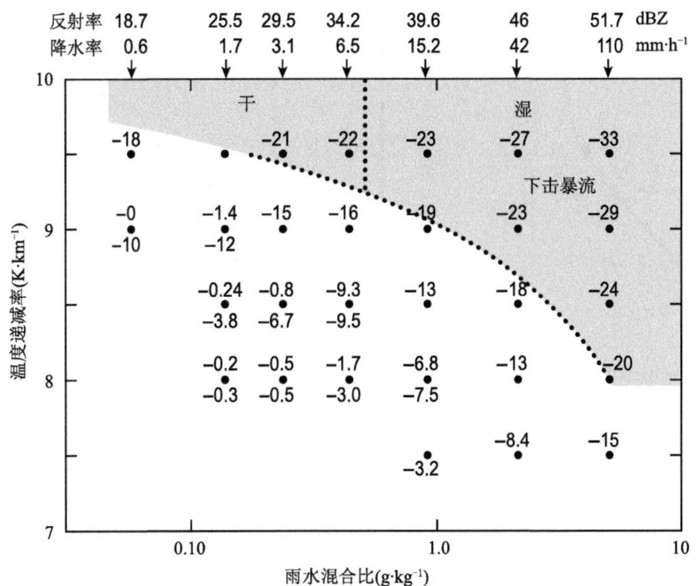

图 8.54 利用一维时变非静力学云模型计算的下曳气流结果。图中标记的数字是下曳气流顶部以下 3.7 km 处的垂直风速($m \cdot s^{-1}$),该垂直风速是环境递减率和下曳气流顶部的总液态水混合比的函数。图上部刻度数字分别表示下曳气流顶部的雷达反射率和降雨率。虚曲线为下击暴流(>20 $m \cdot s^{-1}$)与较弱的下曳气流分界线,垂直虚线为干(<35 dBZ)和湿(>35 dBZ)下击暴流的分界线。下曳气流顶部的气压为 550 hPa、温度为 0 ℃、相对湿度为 100%。环境相对湿度为 70%,且不存在环境空气夹卷。引自 Srivastava(1985),经美国气象学会许可再版

再次表明,融化和蒸发在强迫产生下曳气流过程中同样重要,其中蒸发的作用更强。二维模式提供了更详细的演变过程时空分布特征。初期融化更为重要,后期低层以蒸发为主。研究还发现,下曳气流是由降水拖曳作用引起的,在下曳气流生成以后,蒸发和融化变得越来越重要,占主导地位。

8.10.4 下击暴流旋转环流和外暴流

图 8.47 — 8.51 中,二维模式还给出下击暴流旋转环流和外暴流的结构。下击暴流头部外流中的涡旋是由于穿过外流边界的浮力水平梯度造成的,即水平涡度方程式(2.61)中的斜压项 B_x 和 B_y 。由于冷下曳气流和环境空气的密度差异引起的强斜压不稳定,在沿着水平对称轴周围产生涡旋。由于地面附近下沉气流内部负温度异常最大,因而在地面附近产生最强的斜压性。图 8.55 为利用和图 8.49 中相同模式的模拟结果,表明在地面附近,向下运动速度大大减慢,没有绝热下沉效应的增温补偿,蒸发冷却作用继续进行。因此,在大约 1 km 以下,在向外扩散的下曳气流头部会产生强温度对比和强斜压性环流,使地面风水平向外爆发,形成外暴流。

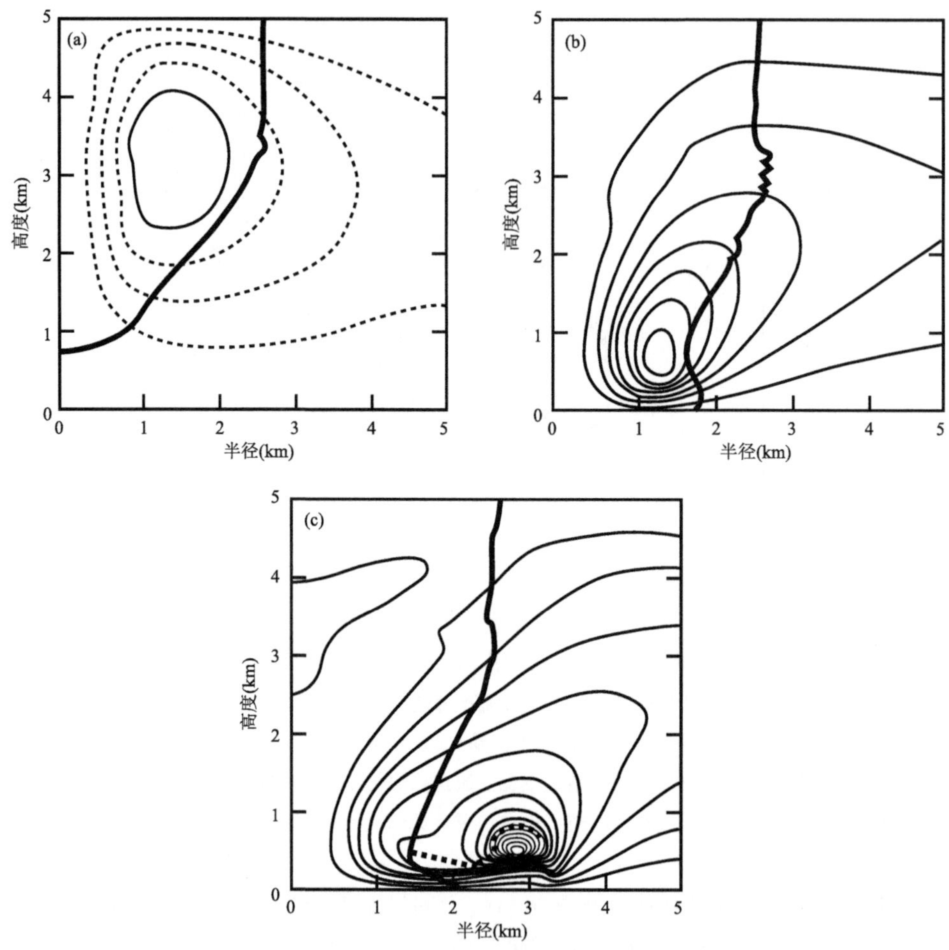

图 8.55　二维模式计算的微下击暴流地面旋转环流和地面外暴流。(a)—(c)中的径向垂直剖面为连续三次 4 min 间隔的流函数,粗实线表示 10 dBZ 雷达反射范围,粗虚线包围了降水范围以外与周围环境的温度偏差小于 −1 K 的区域。流函数等值线间隔为 8×10^5 kg·s^{-1},其中小于等值线间隔的中间等值线为虚线。引自 Proctor (1988),经美国气象学会许可再版

8.11　阵风锋、线状风暴和弧状云

8.11.1　阵风锋现象和术语

对流风暴下曳气流沿着地面外流是降水对流云的普遍特征。下曳气流的扩散传播是决定风暴为多单体还是超级单体的关键因素,因为它们不仅有利于新积雨云单体的产生,并且还能把原来的单体从供给它们浮力的空气中切断开来(第 8.2 — 8.5 节)。外流前进的边界为阵风锋,锋面经过总是标志着地面气象条件的变化。多数情况下,在阵风锋两侧仅出现微小的风场不连续,然而在某些情况下,由于风变化很剧烈,以至于当阵风锋经过时会产生强大的破坏。随着阵风锋的推进,环境空气被抬升,这类抬升是边界层大气能克服对流抑制能[方程式

(8.3)],这是上升到积雨云上升气流底部的主要方式。阵风锋是地球物理现象中被称为重力流的一种,重力流的定义为:密度较大的流体,沿着水平底部流动,并取代密度较小的环境流体①。其他类型重力流的例子包括,河口处咸水侵入淡水,或在湖的底部含有泥沙的水取代清水。在积雨云情况下,当冷下曳流气流与地球表面接触并侵入大气边界层时,就形成了密度流。图 8.56 为给出了下曳气流产生的密度流动力特征经验模型,该素描图为综合利用观测塔、天气雷达、云观测和地面气象站连续观测等多源数据合成。该合成图的特征之一为弧状云(有时称为板架云),弧状云形成于阵风锋边缘空气被抬升的位置。在阵风锋顶部前缘(将在后面讨论)气压降低可能有利于凝结,并且和抬升冷却作用一起,产生了这类细长的低云,图 8.57 为弧状云。

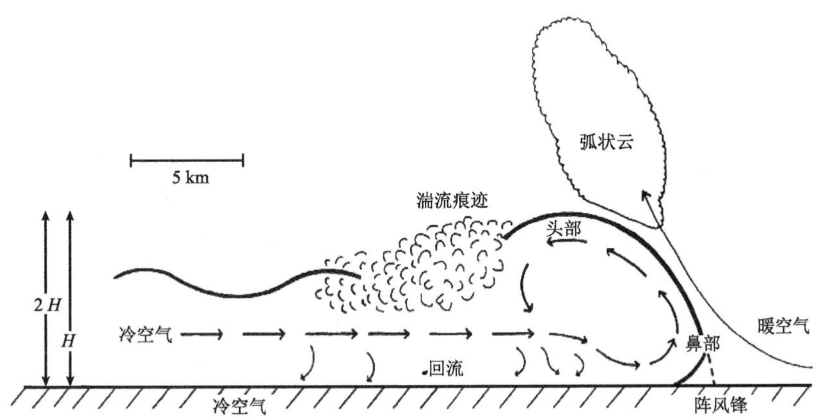

图 8.56 穿过雷暴阵风锋的剖面示意图。引自 Droegemeier 和 Wilhelmson(1987),基于 Charba(1974)、Goff(1975)、Wakimoto(1982)和 Koch(1984)的早期研究,经美国气象学会许可再版

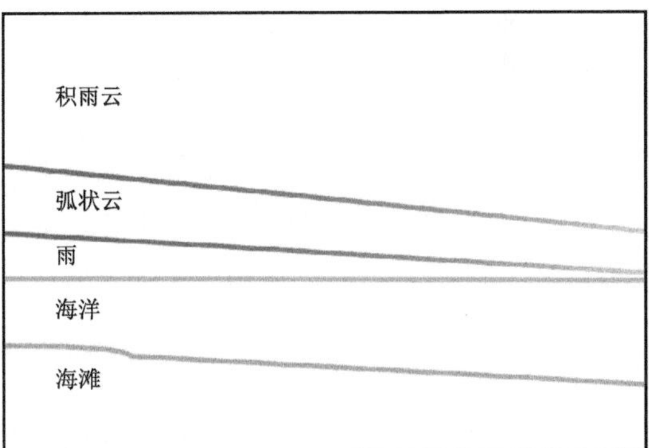

图 8.57 向马尔代夫阿杜环礁方向移动的含弧状云的积雨云。来自作者拍摄的照片

第 8.10 节中讨论的微下击暴流,为异常强的下曳气流外流形式,当下曳气流达到地面时,下曳气流的垂直运动动能突然完全转化为水平风动能,可能会造成严重的损害和危险。如图 8.51 所示,微下击暴流在地面以辐散的形式向外扩散,该扩散的冷空气表现为重力流的机制。

① 有关地球和行星科学中重力波的概述,请参见 Simpson 的"Gravity Currents"(1997 年)一书。

微下击暴流强风造成的灾害有时接近龙卷,由于这类风是辐散的而没有旋转性,因此,需要定义一个名称来区分这类阵风锋和龙卷,发生在阵风锋后部的异常强风被称为"直线风或线状风暴"①。如果阵风锋的风造成的灾害范围超过 400 km,并且包含 30～35 m·s^{-1}的阵风,那么天气预报员把该事件归类为线状风暴。当线状风暴位于低层强平均风速环境中时,线状风暴的风辐散沿着平均风向平流,这种类型的线状风暴被称为"前进线状风暴"(图 8.58a)。如果多个线状风暴沿着平行于对流层下部风方向排列,称为"线状风暴序列"(图 8.58b)②。当为下曳气流外流边界的部分阵风锋异常快速前移时,会在雷达图像上形成弓形回波,这一现象将在第 9.4.6 节中讨论。

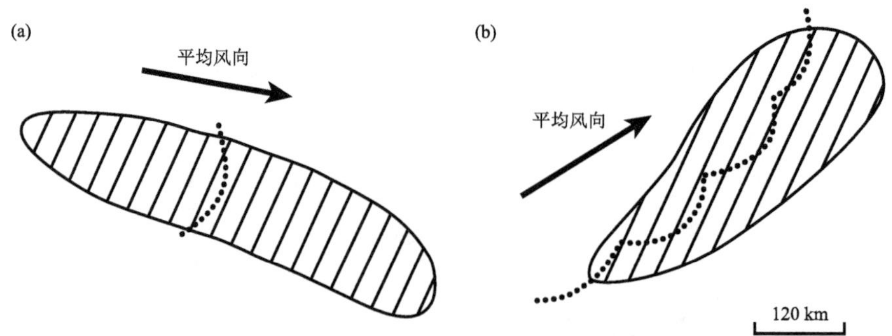

图 8.58　前进线状风暴(a)和线状风暴序列(b)影响区域(阴影)示意图。
引自 Johns 和 Hirt(1987),经美国气象学会许可再版

8.11.2　重力流动力学

所有重力流都是由作用在两种流体之间陡峭横截面上的水平气压梯度力造成的。图 8.59 表示重力流在 x 方向上以速度 U_f 移动的理想化物理状态。在无摩擦和科氏力条件下,气压梯度力对气流速度的作用可由 Boussinesq 运动方程 x 分量式(2.47)得到:

$$\frac{\mathrm{D}u}{\mathrm{D}t}=-\frac{1}{\rho_o}\frac{\partial p^*}{\partial x} \tag{8.48}$$

如果将此表达式应用于随阵风锋移动的坐标系中,并且为定常水平气流,该表达式可写为:

$$\frac{\partial(u^2/2)}{\partial x}=-\frac{1}{\rho_o}\frac{\partial p^*}{\partial x} \tag{8.49}$$

如果重力流厚度为 h,密度为 $\rho_o+\Delta\rho$,其中 $\Delta\rho>0$,且经过定常基准态环境,穿过重力流前部边缘对式(8.49)积分可得:

---

① Derecho(线状风暴)为西班牙语。该术语描述了强烈阵风锋后面的风,起源于爱荷华大学(Iowa)物理学家 Gustavus Hinrichs。1883 年,在明尼阿波利斯举行的美国科学进步协会会议上,他向科学界介绍了这一术语。他在已经停版的《美国气象杂志》(Hinrichs,1888a,1888b)的由两部分组成的一篇文章中正式发表了该词。在文章中,他讨论了龙卷中的旋转风和阵风锋后的直线风之间的区别。他用手绘地图说明了 1883 年 7 月在 Iowa 发生的龙卷的路径、位置和线状暴流。

② Johns 和 Hirt(1987)在科学文献中介绍了该类型的线状暴流,并在气象业务服务网站上上以实例对其进行了详细描述。

$$\frac{U_f^2}{2} = g\,\frac{\Delta\rho}{\rho_o}h \tag{8.50}$$

因此,重力流的厚度和密度差决定了穿越交界面的阵风锋的移动速度。

尽管上述对密度流的简单分析,适用于计算所有阵风锋移动速度,但如图 8.56 所示,下曳密度流还包含多个细节分布的重要动力学特征。实验池实验和数值模拟可揭示这类细节特征,例如图 8.60 中为实验池密度流,其前部有球状的头部,表示密度流的前沿,头内部为翻滚的内部环流。紧随头部的是湍流尾流,其后面为多个波动,使得密度外流区的上部边界发生形变。

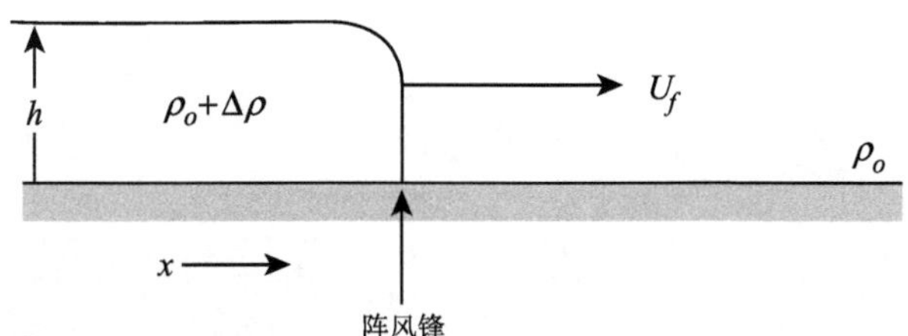

图 8.59 密度为 $\rho_o + \Delta\rho$ 、厚度为 h 的重力流,沿 x 方向以 U_f 的速度穿过密度为 ρ_o 的流体

对流性下曳气流阵风锋数值模拟[①]的结果如图 8.61 — 8.64 所示。沿地面移动的浅薄冷空气,从侧面进入二维(x-z)模式区域,进入模式区域的入流气流具有设定的温度廓线、厚度和垂直平均位温扰动。当冷空气层移过该模式区域时,地面气压扰动特征为,在移动前沿出现气压扰动高值(图 8.61a),这一高值反映了在移动前沿产生的动力气压峰值,辐合最大值和气压最大值一致(图 8.61b)。由运动方程式(8.48)可知,该气压扰动是由朝向阵风锋相对运动的低层气流的动能引起的,在这里低层相对气流在阵风锋处被密度更高的流体墙挡住了。如果追踪一个气块,并且该气块在以水平速度 $u = \mathrm{D}x/\mathrm{D}t$ 在 x 方向上移动,那么把时间导数改写为空间导数:则有 $1/\mathrm{D}t = u/\mathrm{D}x$,式(8.48)可写为:

$$\frac{\mathrm{D}}{\mathrm{D}x}\left(\frac{u^2}{2} + \frac{p^*}{\rho_o}\right) = 0 \tag{8.51}$$

式中,$\mathrm{D}x$ 表示气块在两个接续位置间的距离。如果将此表达式沿着气块的地面移动路径做积分,即从远离阵风锋的前方某处(该处朝向阵风锋的相对运动为 U_f 且气压扰动为零)至阵风锋前紧邻阵风锋的位置(该处流体块相对运动减小为零)做积分,阵风锋处的气压扰动可表示为:

$$p^* = \rho_o\,\frac{1}{2}U_f^2 \tag{8.52}$$

因此,位于密度流正前方的地面气压扰动是由于水平动能向内能 (p^*/ρ_o) 转化引起的。由于停滞出现在重力流前缘之前,该处流体静力对 p^* 没有贡献。

头部后方的第二个气压大值中心是流体静力贡献造成的,它就是上面流体的重力作用。然而,两个大值中间的气压低值中心是非静力的,它和旋转有关。如图 8.62 所示,这可以根据图 8.62b 和图 8.62c 中水平和垂直运动分量判断出,头部中间的低压中心和旋转中心一致。

---

① 对图 8.41—8.44 中的研究细节参见 Droegemeier 和 Wilhelmson(1987)。关于大气重力波动力学的更深入的数值模拟研究参见 Bryan 和 Rotunno(2008,2014a,2014b)。

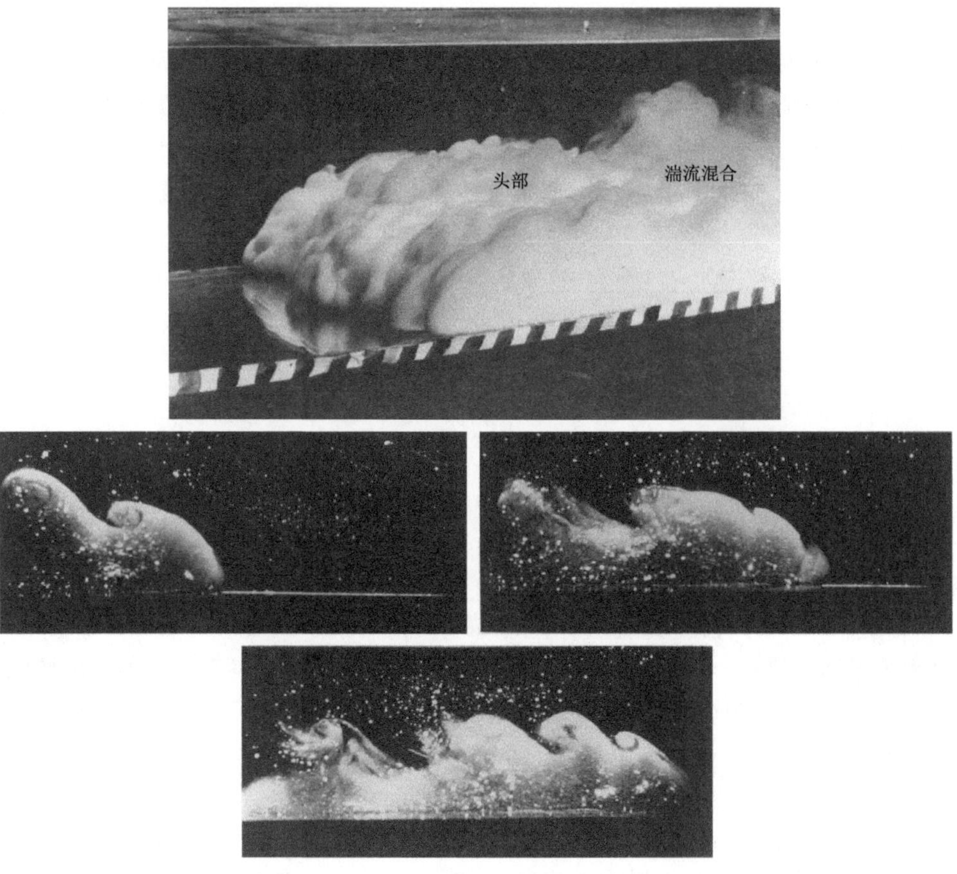

图 8.60 实验池中观察到的密度流。引自 Simpson(1969)，经英国皇家气象学会许可再版

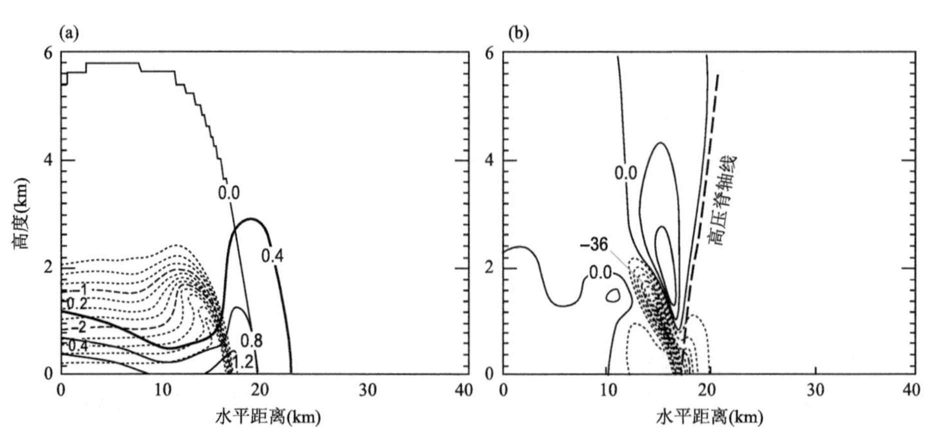

图 8.61 数值模式模拟的雷暴外流结构，描述了与出流有关的地面气压扰动最大值的性质。(a)位温扰动(K，细等值线，虚线为负值)和气压扰动(hPa，粗等值线)表明最大压力扰动在静力稳定区的左侧；(b)水平辐散(单位：$10^{-4}\,s^{-1}$，虚线为负值)。引自 Droegemeier 和 Wilhelmson(1987)，经美国气象学会许可再版

此外，在 x-z 平面内，低压周围的气压梯度近似为旋衡平衡，即：

$$\frac{1}{\rho}\frac{\partial p}{\partial n}=\frac{V_s^2}{R_s} \tag{8.53}$$

式中，n 为垂直于流线且径向向外的坐标，R_s 为弯曲流线的半径，V_s 为距离环流中心为 R_s 处的风速。方程式(8.53)为方程式(2.46)的特殊情况，此时涡旋轴是水平的。图 8.62 所示的结果可证明该旋衡平衡。如果半径为 1 km，V_s 的典型值为 6 m·s^{-1}，则方程式(8.53)右侧项的值为 0.36 m·s^{-2}。气压场显示左侧项的值约为 0.40 m·s^{-2}。因此，气压最小值是通过动力作用引发的，该过程类似于超级单体风暴环流外侧[第 8.5 节，方程式(8.8)，图 8.24]或龙卷涡旋的中心[第 8.9.2 节，方程式(8.32)]气压最小值的(代表涡旋)形成方式。数值模拟进一步证实，穿越阵风锋的浮力水平梯度造成了头部强水平涡度翻转，该内容已在第 7.4.2 节中讨论。

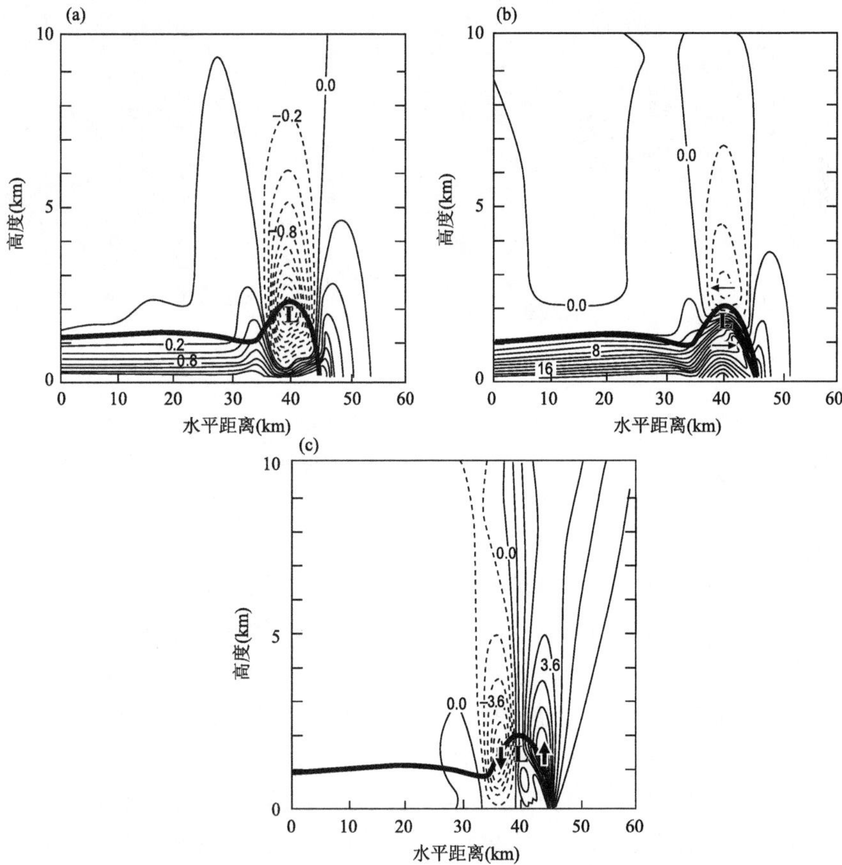

图 8.62　数值模式模拟的雷暴出流结构，显示了阵风锋出流头部的气压扰动最低值和相关的气流。(a)气压扰动(单位：hPa，虚线为负值)；(b)水平风等值线(m·s^{-1})；(c)大气垂直运动等值线(m·s^{-1})。粗实线表示出流边界(−0.1 ℃位温扰动)。引自 Droegemeier 和 Wilhelmson(1987)，经美国气象学会许可再版

阵风锋头部旋衡气压降低是云动力学的显著特征。气压降低可能与阵风锋前空气的抬升一起形成了弧状云(图 8.56)。由图 8.57 及其他许多常见的弧状云照片可知，弧状云发生在积雨云底部以下，产生下曳气流和阵风锋。积雨云底部出现凝结层，是由于宽广的环境边界层

大气抬升而形成,如果没有与阵风锋头部相关的局地动力气压降低,弧状云则无法出现在该高度以下。

由图 8.63 中模式计算的位温和气压扰动场可知,外流上边界内的每个波动具有反过来的旋衡气压扰动,和头部的扰动类似。模式场中的里查森数 Ri 约为 0.2,根据式(2.170),该数值属于开尔文-亥姆霍兹(Kelvin-Helmholtz)不稳定范围。波动最后演变为图 2.4 — 2.7 给出的 Kelvin-Helmholtz 大波类型,每个波动都起源于头部,然后向后传播并逐渐受到抑制和消散,此时在斜压的作用下新的环流在头部生成。图 8.64 中模式模拟的冷池演变说明了波动的生成过程,位于重力流顶部的波动最终演变成湍流[①]。

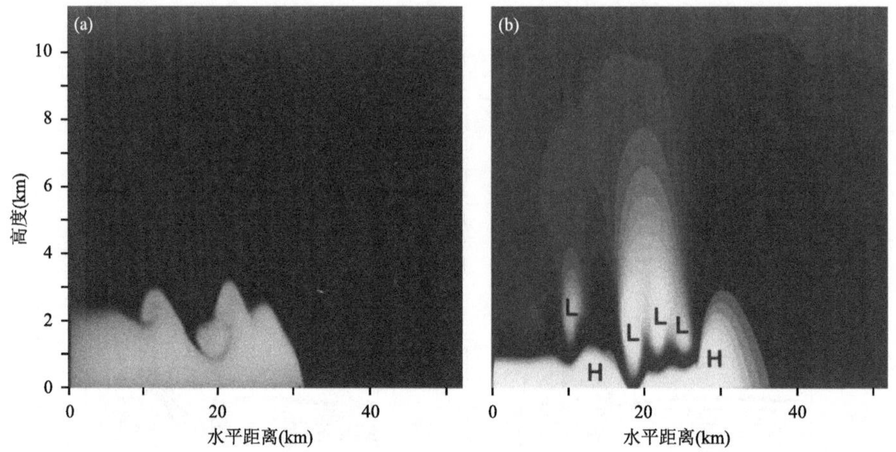

图 8.63 数值模式模拟的雷暴外流结构,描述了外流顶部的多波结构。(a)阴影表示负位温扰动(冷空气),阴影越白,空气越冷;(b)气压扰动,标注了高(H)和低(L)气压异常。根据 Droegemeier 和 Wilhelmson(1987)的研究结果,由 Kelvin Droegemeier 再次绘制并出版

以上数值模拟说明了成熟对流风暴外流的动力机制。然而,还没有涉及阵风锋生命史的全部过程。图 8.65 为通过多普勒雷达和其他信息分析的对流风暴全生命史的经验模型[②],再次发现反转头部依然是其显著特征。第Ⅱ阶段和第Ⅲ阶段对应着数值模拟中的成熟阶段,在后期第Ⅳ阶段,反转头部从母风暴分离并在远离母风暴的位置传播。当阵风锋的移走时,可激发新的积云或积雨云。卫星研究表明[③],这些与母风暴分离的云线,在产生下曳气流的风暴消散后的几个小时内,可以保持其弧形积云线的特性,并可以在距母风暴可达 200 km 的地方触发新的深对流发展。当移动的弧状云线相交时,或弧状云线遇到已经存在对流的地方,特别有利于新的深对流发展。

---

① Bryan 和 Rotunno(2008,2014a,2014b)研究了密度流上的波向湍流的转变。

② 该模型由 Wakimoto(1982)发展。

③ Purdom(1973,1979)、Purdom 和 Marcus(1982)、Sinclair 和 Purdom(1982)。

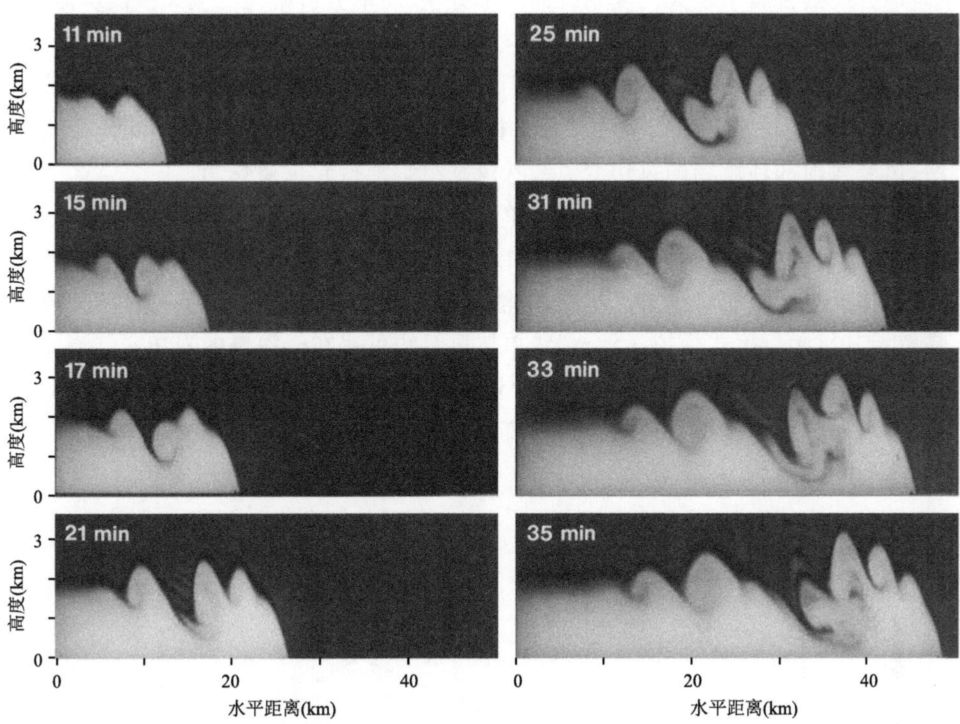

图 8.64 数值模式模拟的雷暴外流结构，描述了外流顶部波动的生成顺序。阴影表示负位温扰动(冷空气)，阴影越白，空气越冷，最低值出现在地表附近约为−5 ℃。根据 Droegemeier 和 Wilhelmson(1987)的研究结果，由 Kelvin Droegemeier 再次绘制并出版

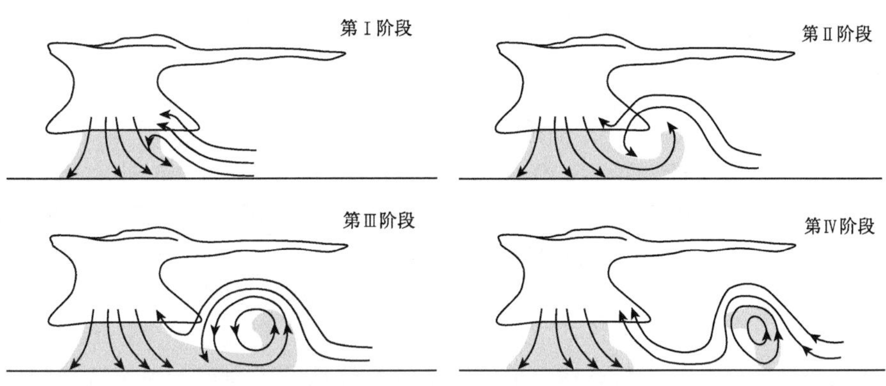

图 8.65 雷暴外流生命史经验模型。引自 Wakimoto(1982)，经美国气象学会许可再版

8.12 对流风暴线

直到现在，我们讨论的对流风暴都是独立的积雨云体。然而，对流风暴通常是成群出现的，这些有组织的风暴通常会沿着直的或弯曲的水平线排列。风暴线有时独立出现，有时作为较大的中尺度对流系统的一部分。第 9 章将讨论作为较大风暴系统组成部分的积雨云线。本

节中,不考虑云线是否属于较大尺度系统的一部分,仅简单分析维持对流风暴线所需要的环境场条件。

观测发现,对流风暴线的生命史一般长于组成该风暴线的风暴单体。第 7.3.7 节中,利用二维和三维模式模拟开展研究①,关注了什么样的环境条件能促使风暴线如此长命这个问题。结果表明,风暴线前部环境场的风切变对线状风暴组织维持起重要作用。

长生命史风暴线包括两类,一类为超级单体风暴线,另一类为普通多单体风暴线。此处的"普通"是指和超级单体相比多单体风暴更加常见,因此不奇怪,典型的多单体风暴线经常出现,而超级单体风暴线则相对少见。尽管如此,超级单体风暴线仍然引起人们极大的兴趣,并且更容易解释其机制。模式模拟显示,超级单体风暴线可存在于深厚的强切变气流环境中(这是形成高度旋转超级单体所需的条件),此处切变矢量和风暴线方向的夹角为 45°(图 8.66)。在此配置下,风暴的排列使得它们各自的环流相互不受干扰②。

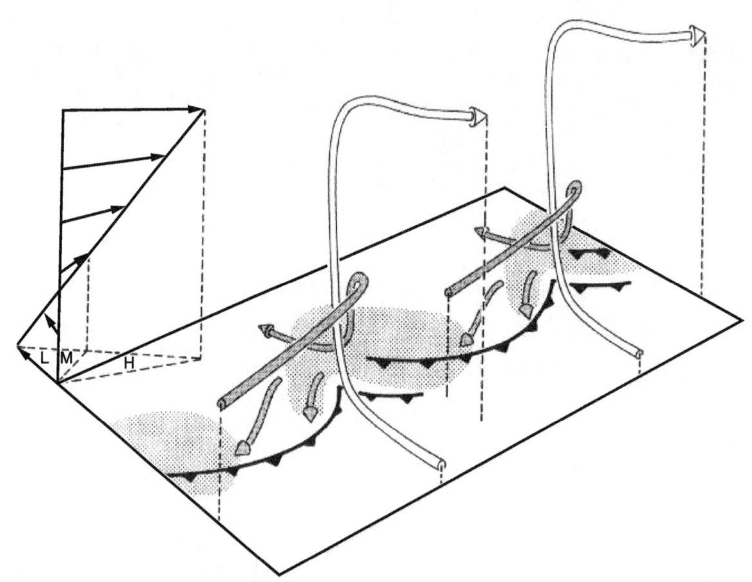

图 8.66 深厚的强切变环境中超级单体雷暴线概念模型。流线(圆柱箭头)为相对于组成该雷暴线的单个风暴的气流,阴影流线表示下曳气流。环境切变矢量与雷暴线的方向夹角为 45°。风暴的排列使其气流互相不受干扰。图像左侧垂直剖面为低(L)、中(M)和高(H)层的相对风切变。点画区域为雷达观测到的雨区钩状回波。由 Rotunno 等(1988)改编自 Lilly(1979),经美国气象学会许可再版

更具有挑战性的问题是如何解释多单体风暴线有较长的生命期。关于这个问题,风暴线前部低层风切变可以认为是主要因素,基于二维水平涡度方程式(2.61)③可得出该论证。图 8.67a 和图 8.67b 描述了两种情况,在无切变的情况下(图 8.67a),上升到阵风锋之上的浮力气块必须沿着后向倾斜路径移动。如果气块中心为浮力最大值,那么在气块中心两侧,将发展出反向旋转涡旋,并且气块中心将垂直上升。然而在低层,阵风锋两侧空气密度不同提供了额

① Rotunno 等(1988)、Weisman 等(1988)、Fovell 和 Ogura (1988, 1989)。

② 这种组织形式是由 Lilly(1979)提出的。

③ 由 Rotunno 等(1988)提供。

外的浮力梯度，在图中表现为一个低层的负涡度，气块浮力造成垂直上升，叠加在阵风锋引起的负涡度上，造成阵风锋附近的气流是倾斜的，反映了这种情况下，形势整体上盛行负涡度。在阵风锋前部低层存在切变的情况下（图 8.67b），流入气流的初始涡度（即，和切变相关的环境涡度）为正，阵风锋的斜压负涡度，有可能抵消入流气流初始正涡度。因此，当气块上升到边界层以上时，正负涡度基本抵消，从而能够垂直地上升。随着时间发展，由下曳气流形成的冷池可能扩展和/或加强，在此阶段，风暴线可能会向图 8.67c 所示的结构演变，气块沿着向后倾斜的路径移动。在某些模式模拟中①，倾斜阶段似乎出现在对流减弱期，此时冷池和阵风锋继续增强且占据整个系统。倾斜阶段也可以是平衡的，因此，可持续较长时间②。

需要强调的是，图 8.67 中概念图代表一个气块流入上升气流中的情景。模式模拟显示，沿着风暴线的对流风暴为多单体风暴，多单体风暴的生命史和风暴线持续的时间相比较短。对于单一的多单体风暴（第 8.2 节和第 8.4 节），扩展的冷池使得成熟单体被切断并且触发新生单体，因此在某一时刻，情况可能如图 8.68 所示，在阵风锋处形成一个新的单体，即所描述的情况为：穿越阵风锋产生的负涡度抵消了环境正涡度，使得浮力气块直线上升（图 8.67b 中的情况）。被切断的旧单体上升气流位于后部（和图 8.7 中描述的孤立多单体风暴相似），如果穿越阵风锋的浮力梯度产生的负涡度比环境正涡度还要大，除了新旧单体的上升气流向后倾斜外，形势会变得和图 8.68 相似。

图 8.67b 和图 8.68 中的情况被认为是“最优”状态③，由于气块没有水平运动，因此，环境对流有效位能可完全转化成垂直运动的动能。该模式下发展起来的单体比后期冷池加强后形成的单体更强（即上升气流更强），后期冷池加强后，由阵风锋引起的更强的水平涡度造成上升气流的倾斜，因此，部分对流有效位能转化成水平后向运动，倾斜状态（图 8.67a 和图 8.67c）是指“次优”状态。

图 8.69 为“最优”模式下积雨云线模式模拟的例子，显示了在一个单体发展过程和另一个新单体形成过程内发生的现象。起初，降水单体略微顺切变倾斜，而上升气流接近垂直（图 8.69a）。来自风暴头部的高 θ_e 边界层空气注入并加强上升气流。在中层，源自成熟单体头部标记为 A 的气块可追溯至风暴内部，它朝着单体移动并进入降水轴。在降水轴处，它合并到下曳气流中，且下沉到发展单体的冷池中，此时原来的上升气流从高 θ_e 空气源切断（图 8.69b 和图 8.69c），在新冷池（图 8.69d 中轨迹 E）的阵风锋前部激发新上升气流，与此同时，气块 A 进入地面冷池向后移动的气流。这一过程在风暴线发展过程中反复出现，为普通多单体风暴线的一个重要特征。形成下曳气流进入冷池的一部分中层低 θ_e 环境空气可在风暴线之前出现，由前方向后流动，穿过风暴线，在中层进入并消失在低层。由于多单体发展和消亡过程的交替性，因此，该流动气流是可能出现的。在短时间内中层空气能流入降水区，它加强了冷池和阵风锋，从而把成熟单体从暖空气源中切断，并在原来上升气流头部触发新的上升，把低层高 θ_e 空气向上携带。因此，多单体风暴线在风暴的前侧，通过交替向下携带中层低 θ_e 空气和向上携带低层高 θ_e 空气，使得环境状况发生反转。

实际发生的对流风暴线常常为中尺度对流系统的一部分，具有中尺度环流特征，其尺度介

---

① Rotunno 等(1988)和 Weisman 等(1988)。

② Fovell 和 Ogura (1988, 1989)。

③ 依据 Rotunno 等(1988)。

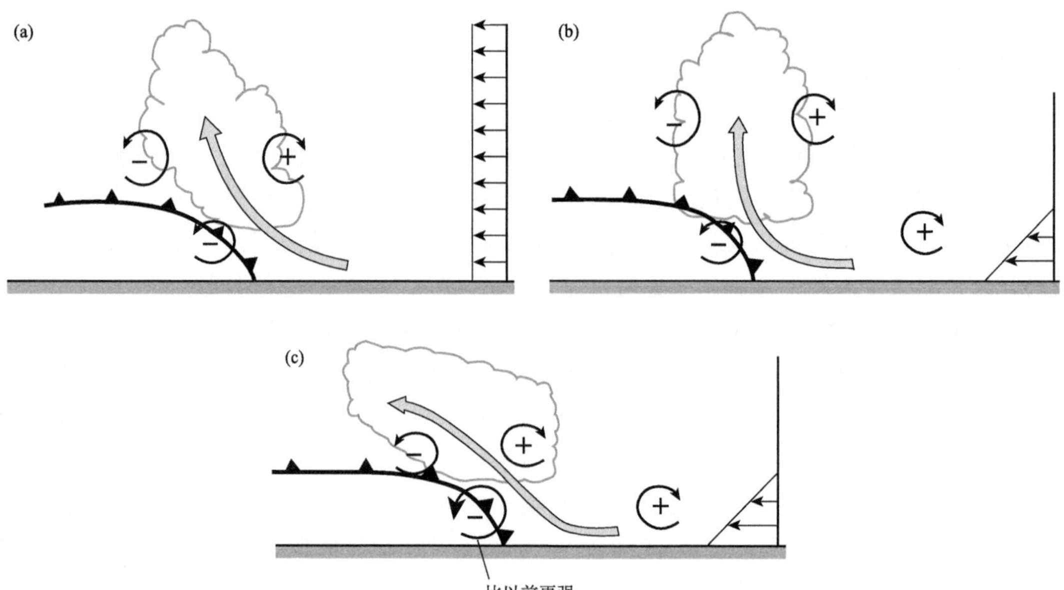

图 8.67　长生命史多单体风暴线附近水平涡度（＋和－）示意图。图右侧为垂直于该风暴线的水平风分量剖面，锋面符号为外流边界。(a)在环境中没有垂直于风暴线的风切变的情况；(b)阵风锋前低层存在风切变时，风暴线发展的早期阶段；(c)阵风锋前低层存在风切变时，风暴线发展的后期阶段。图(a)和(b)引自 Rotunno 等(1988)，经美国气象学会许可再版

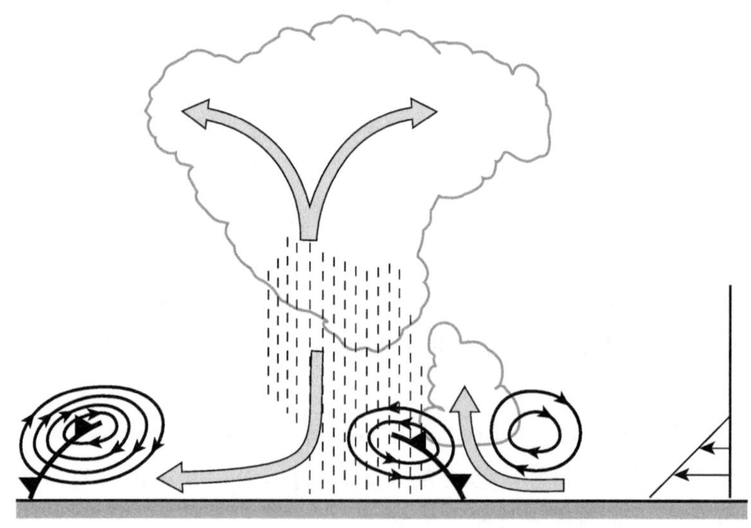

图 8.68　当风暴线前部存在垂直于风暴线的低层风切变时（如图右侧剖面所示），多单体风暴线的多单体理想结构。单体发展后期，内部上升气流向上抬升，并由于阵风锋的传播与低层空气源分离。细和粗流线为相对于风暴的气流。引自 Rotunno 等(1988)，经美国气象学会许可再版

于雷暴尺度和较大的天气尺度扰动之间。中尺度对流系统的一个尤其重要的环流特征为后侧流入急流，它提供低 θ_e 空气进入冷池中，因此并不是简单对流单体自身的发展。对流风暴线及和它们相关的冷池更详尽地分析，最终一定要考虑它们和中尺度环流的相互作用。因此，下章将讨论作为中尺度对流系统的组成部分时，对流云线的动力机制。

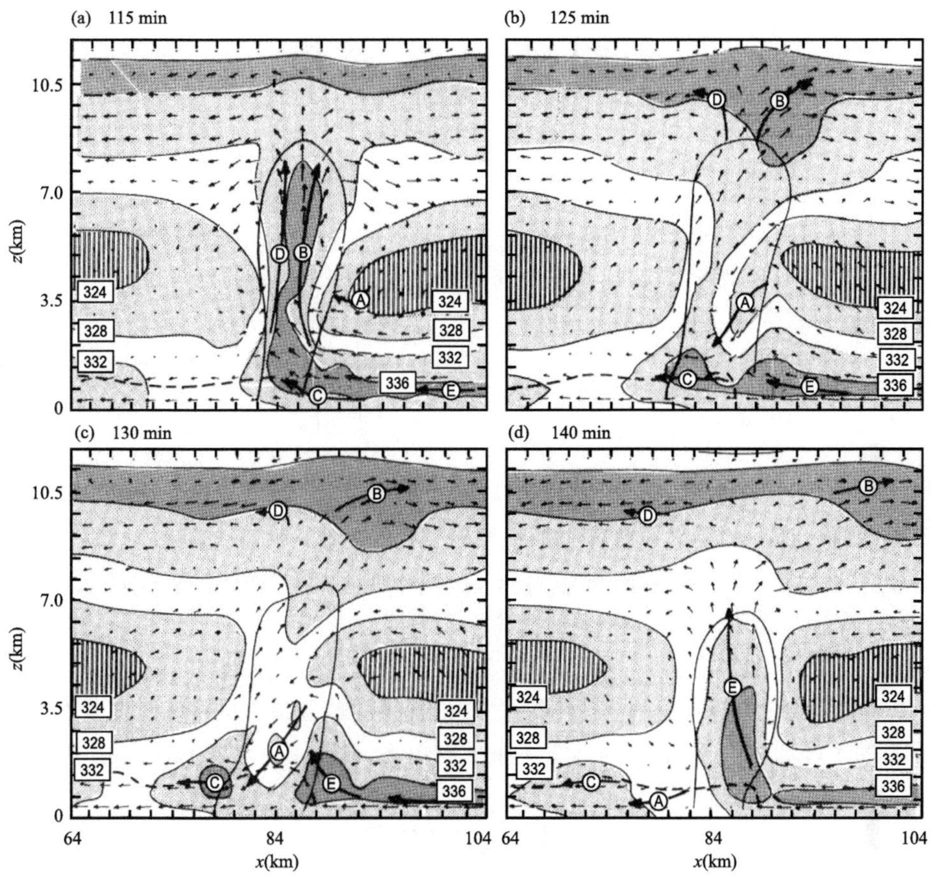

图 8.69　雷暴线的二维模式模拟结果。θ_e（间隔 4 K）等值线以阴影突出显示，粗虚线是 −1 K 位温扰动等值线。实线为 2 g·kg^{-1} 可降水等值线。风矢量长度和水平网格间距成正比，一个水平网格间隔代表 16 m·s^{-1}。所选气块轨迹按照时间顺序进行跟踪；每个时次位置用字母表示，路径为气块前后各 5 min 内的移动轨迹，A—E 标记在每条路径的开始或结尾时，表示没有绘制另一半时间内的路径。(a)上升气流充分发展，高 θ_e 空气被向上输送，降水区向顺切变倾斜（D、B 气块在早期来自前侧）。(b)顺切变倾斜的可将水区在前侧的中、低层空气中蒸发；C 气块穿过雨水区，A 气块从前侧下降。(c)来自前侧的中低层空气加强了冷池。(d)新单体被触发（E 气块）。引自 Rotunno 等(1988)，经美国气象学会许可再版

第9章

中尺度对流系统

在圣路易斯下面的第五个夜里，我们经历了一场大风暴，伴随着电闪雷鸣，大雨倾注到干涸的地面上。

——Mark Twain，《哈克贝利·费恩历险记》

在第 7 章中，我们考察了孤立的和呈线状分布的积雨云。积雨云通常成群出现，或者以复合体的形式出现。孤立的或者线状分布的积雨云，还只是更大尺度云团的组成成分。那些被我们称为中尺度对流系统(Mesoscale Convective Systems 简称 MCSs，参考第 1.3.1 节)的复合体，通常比孤立的和线状分布的积雨云大得多。复合体里会产生中尺度环流，其尺度比孤立积雨云里的上升或下曳气流更大。我们从第 7 章就开始讨论对流云，中尺度对流系统象征对流云家族中绝大多数的成员。全球云和降水中，相当大的部分是由中尺度对流复合体引起的。与它们有关的风场和天气现象，与当地重大事件有关系，常常一定要在短时预报中报出来。

9.1 基本特征

9.1.1 卫星观测到的云顶和最强的中尺度对流系统

如第 1.3 节所述，中尺度对流系统是这样一类云，它是如此之大，以至于可以从太空中被识别出来。图 9.1 显示的例子是卫星观测到的一个成熟中尺度对流系统云砧的红外亮温。这个冷云中云顶温度<－70 ℃云区的面积，接近一个密苏里州的大小(面积约 10^5 km^2)，比孤立积雨云的面积大 2～3 个数量级。像图 9.1 这样的红外图像，现在已经被用来对中尺度对流系统进行识别和分类。其依据是卫星观测到云顶的大小、形状、冷的程度以及生命史。那些尺度最大、生命期最长、云顶温度最低的中尺度对流系统，被称为中尺度对流复合体(MCC)。表 9.1 中给出的具体标准，用于识别中尺度对流复合体。从表 9.2 中给出的一些个例可以看到，这些云砧顶部亮温在 221 K 以下的面积一般可达到 200000 km^2。图 9.2 中给出的中尺度对流复合体地域分布图显示，中尺度对流复合体在中纬度和热带、海洋和陆地都可以出现。比较起来它们在陆地上更常见。在西半球，由于指向极地一侧的低空急流将暖湿的海洋气团向山区输送，中尺度对流复合体最容易沿着北美洛基山和南美洲安第斯山脉的东部边缘形成，并向

东移动。此外,受低空急流日变化特征的影响,它们的强度通常在夜间达到最强①。

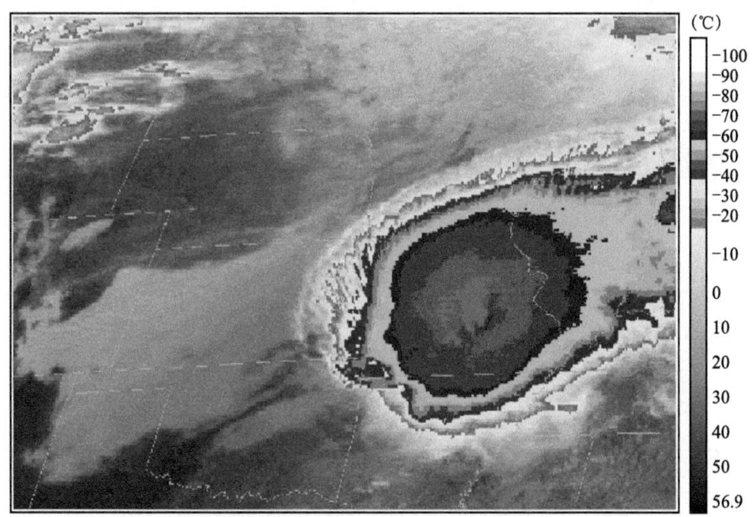

图 9.1 美国密苏里州上空的一个中尺度对流系统的 NOAA 卫星(美国国家海洋大气局第三代实用气象卫星)红外监测图像

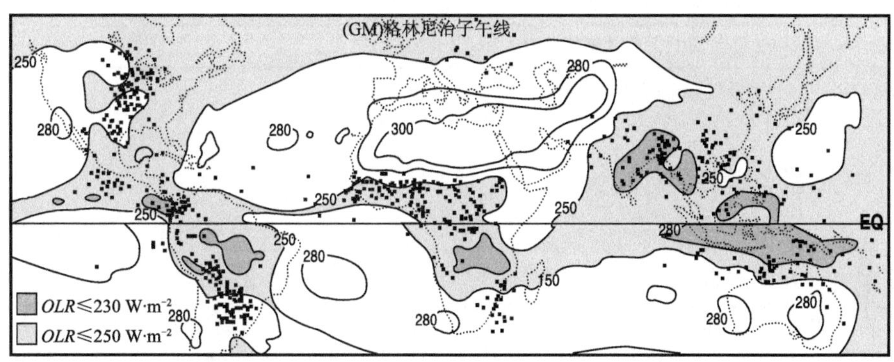

图 9.2 7 月赤道(EQ)以北以及 1 月赤道以南,中尺度对流复合体(点)的全球分布与射出长波辐射(OLR)低值区的对应关系。引自 Laing 和 Fritsch(1997),经英国皇家气象学会的许可再版

9.1.2 降水和中尺度对流系统一般的定义

虽然卫星红外图像可以识别最强的中尺度对流系统(MCCs),但是云顶结构本身还不足以识别中尺度对流系统完整细致的观测事实和特征。卫星上搭载的降水测量仪器,如被动微波辐射仪或雷达,可以看到红外传感器所观测到高云砧内部的降水。中尺度对流系统展现出大而连续的降水区,由层状云和对流性降水两部分组成。我们可以借助下面的事实来定义中尺度对流系统:它是在至少一个方向、约 100 km 以上的范围里,产生连续降水区的积雨云系

① Bonner(1968)描述了落基山脉附近的低空急流的气候特征。Banta 等(2002)在此基础上进行了进一步讨论,指出该地区低空急流的形成、发展机制和日变化特征,与安第斯山脉附近类似。

统。这样的定义虽然有点随意，但是把它用在具有高云顶中尺度特征的对流系统上，可以捕捉到大部分对流性降水云系①。

图 9.3 表示全球热带三种不同尺度的中尺度对流系统出现频率分布图。这张图的分析是通过将 Aqua 卫星②上搭载的两个仪器的数据融合得到的。中分辨率成像光谱仪 MODIS 的资料给出了包围云砧的云顶温度；而地球辐射系统高级微波扫描辐射仪 AMSR-E 的资料给出了云砧内部活跃的降水区。用满足某些门槛条件的对流云团云顶面积和云顶最低温度，以及内部降水区的面积和强度，可以筛选出中尺度对流系统。结果发现：在某个特定时段里发生的热带降水中，56%由处于发展活跃期的中尺度对流系统产生。判别中尺度对流系统处在发展活跃期的方法，参考了上述云顶温度和降水特征门槛条件的定义③。如果把那些处在发展初期和消散阶段的中尺度对流系统也考虑进来，将会发现有更高比例的热带降水与中尺度对流系统有关。

表 9.1　中尺度对流复合体(MCC)

尺寸	A——连续冷云砧(红外亮温≤241 K)的面积必须≥100000 km^2
	B——亮温≤221 K 的冷云内部区域面积必须≥50000 km^2
初生	尺寸 A 或 B 中最先满足要求的时刻
持续时间	尺寸大小满足条件 A 和 B 的持续时间长度必须≥6 h
最大范围	连续冷云砧(红外亮温≤241 K)达到的最大面积
形状	在达到最大面积时，偏心率(短轴/长轴)≥0.7
消亡	尺寸 A 和 B 的要求不再满足

基于增强红外卫星云图分析得到；引自 Maddox(1980)。

9.1.3　中尺度对流系统的大小

图 9.3 中用多种卫星传感器资料获得的中尺度对流系统气候特征显示，较大的中尺度对流系统最多出现在暖洋面上，而较小的中尺度对流系统则较多出现在陆地上。当对流和层状云降水区的总面积覆盖范围最大的时候，中尺度对流系统可能达到了它最大的尺寸。层状云区形成于对流单体减弱，并向层状结构过渡的过程中。它们可能出现在原来单体的位置上，也可能与原来的对流体分离，移动到活跃单体旁边的区域。有观点认为：当中尺度对流系统里新对流单体产生的速度和对流消散为层状云降水的速度达到平衡时，中尺度对流系统达到其最大尺寸。根据这个观点，中尺度对流系统的最大尺寸是由环境场的对流可持续性决定的。在热带暖洋面上，对流维持时间很长，但日变化很弱，因此，暖湿边界层可以从早到晚持续不断地供应对流单体发展所需的能量和水汽。对流单体产生和层状云降水消散的速度达到平衡，从而会不受外界干扰地持续产生层状云降水。在热带陆地上，加热/冷却的日变化很强。受其影响，夜间新单体的形成可能被中断，进而导致整个系统在层状云区达到最大面积之前就提前消

① 参见 Yuan 和 Houze (2010)。

② NASA 的 Aqua 卫星是一个太阳同步轨道卫星，它与其他卫星以组队形式飞行，这种组队称为 A-Train (Stephens et al.,2002)。Aqua 卫星上搭载 6 个载荷，分别由美国、日本和巴西提供。

③ 参见 Yuan 和 Houze (2010)。

亡了。由于缺乏对流的可持续性，因此在陆地上空，中尺度对流系统的尺寸就相对较小①。与对流可持续性理论一致的一个观测事实是：总体上，层状云降水在总降水中所占的比例，热带大陆小于热带海洋②。

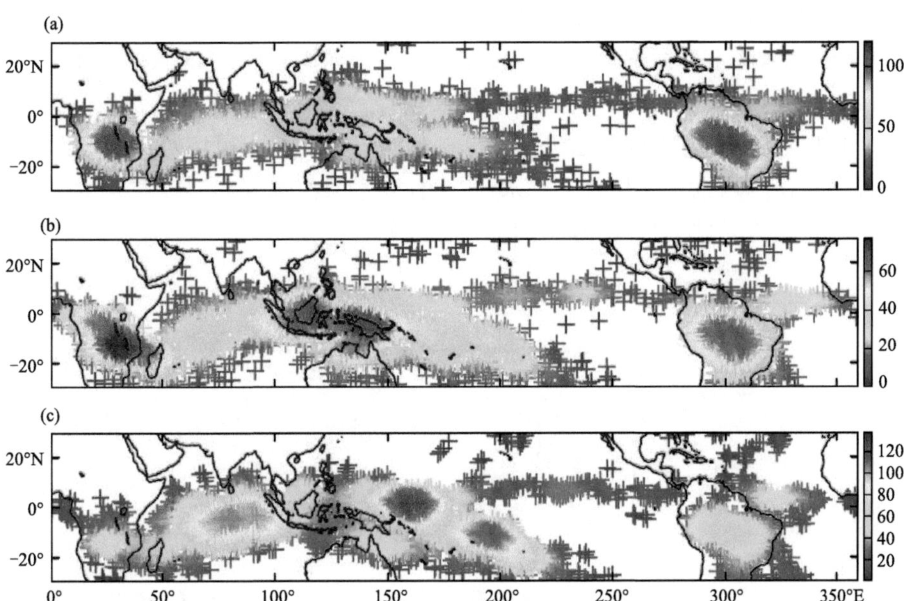

图 9.3 Aqua 卫星资料分析得到的 12 月、1 月和 2 月热带地区小而孤立的(a)、大而孤立的(b)、相连的(c)中尺度对流系统出现的频率；小和大的中尺度对流系统所对应的云砧加降水区面积，分别为$<10^4$ km^{2}和$>2.25\times10^4$ km^2；云砧范围和降水区大小分别根据 Aqua MODIS 11 μm 通道亮温和 Aqua AMSR-E 被动微波通道观测结果估计得到。相连的中尺度对流系统通常表现为云顶红外亮温区分离，但降水区相连。引自 Yuan 和 Houze(2010)，经英国皇家气象学会的许可再版

另外一个和这个理论一致的事实是：如果夜间在边界层内有一支低空急流，将暖湿的海洋气团输送到中尺度对流系统出现的地区，那么虽然有日变化的夜间冷却作用，大陆边界层在一定程度上仍然能帮助对流维持，因为环境场还是可以为新单体形成提供一些能量和水汽。在以往的观测中，就曾发现在这样的大气条件下，大陆上出现过很大的中尺度对流系统。例如，在美国洛基山脉和阿根廷安第斯山脉以东的地区。

表 9.2　美国中部中尺度对流复合体的特征

年份	样本数(个)	生命期(h)	最大面积	
			≤241 K ($\times10^3$km^2)	≤221 K ($\times10^3$km^2)
1981	23	15	310	190
1982	37	14	280	180
1983	30	16	300	160

引自 Maddox 等 (1982) 和 Rodgers 等 (1983,1985)。

① 由环境场的对流可持续性决定中尺度对流系统可达到的最大尺寸的思想是由 Yuter 和 Houze(1998)提出的，该思想解释西太平洋“暖池”上空的中尺度对流系统的特征，该地出现过面积最大的中尺度对流系统。

② Schumacher 和 Houze(2003)已经绘制了热带地区层状降水区部分。

9.1.4 中尺度对流系统的基本组成成分

根据以上的定义，一个中尺度对流系统至少在某一个维度上，具有约 100 km 尺寸的大雨区。而且降水区要呈现系统性的变化。图 9.4 是一个理想的中尺度对流系统降水分布格局，它包含对流和层状云降水区两部分。这种分布反映出除了单体的和线状的积雨云（即第 8 章中讨论的现象）以外，中尺度对流系统还具有中尺度环流的特征。这种中尺度环流太大了，以至于它无法与单个积雨云直接联系起来。图 9.5 给出一个成熟中尺度对流系统理想的垂直结构，其中既包含对流降水也包含层状云降水，这两种降水从内部互相连接的云体中落下。重要的是，云的结构表现为云砧的形式，延伸到降水区以外。

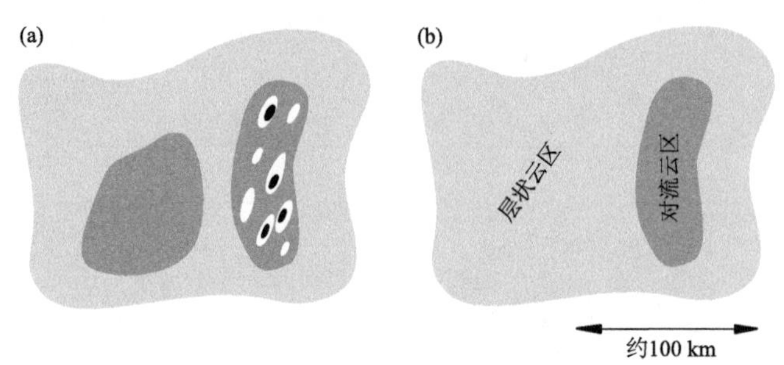

图 9.4 (a) 中尺度对流系统雷达反射率的概念模型图；(b) 反射率概念模型图中的对流区和层状云区。引自 Houze(1997)，经美国气象学会许可再版

图 9.5 中的理想化模型是一个概略图。其中对流降水区代表在中尺度对流系统内可能分布的所有对流单体的集合。对流降水由强的浮力上升运动产生。概略图中在对流上升运动中形成的最大、最强的降水粒子，很快在对流附近以大阵雨方式落下。这些大降水粒子的重量在低层引发对流尺度的下曳运动。这与引起下击暴流（第 8.10 节）和阵风锋（第 8.11 节）的下曳运动类似。从深厚的雨层云中落下的层状云降水由第 6.6 节中描述的过程引起。一种是由于活跃的对流单体减弱，转变为层状云而形成；另一种则是通过云系内风垂直切变，将老单体的上部平流到旁边区域而产生。因此，构成层状云区上部的雨层云，包含来自对流单体的气团和水凝物。层状云区高层部分的气团，还保留着它们在对流区内的一部分浮力和上升运动，因此层状云区里在中-高层总体上是上升的。这种上升运动有时候是中尺度上升运动，它由图 9.5 中向上指的宽箭头表示。在层状区中深厚雨层云内的雪粒子，在中尺度上升区里的抬升作用下持续增长。当这些冰晶粒子下落并穿过 0 ℃层时，它们就会融化，并以层状云降水的形式落下。在本章后面的小节中，我们还会介绍干空气侵入中尺度对流系统层状云降水区中层的内容。这种干空气的加入，使得中层降水粒子产生升华和蒸发，融化过程又使得中层气团降温，从而引起层状云降水区内产生从中层到低层的下曳运动。这种下曳运动由图 9.5 中向下指的宽箭头表示，被称为中尺度下曳运动。

在图 9.5 中，中尺度对流系统各个组成部分之间高度相关。它们之间的关系可以从云系的水分收支角度来阐释，具体可写为：

$$C_{cu} - C_T = R_c + E_{cd} + A_c \tag{9.1}$$

和

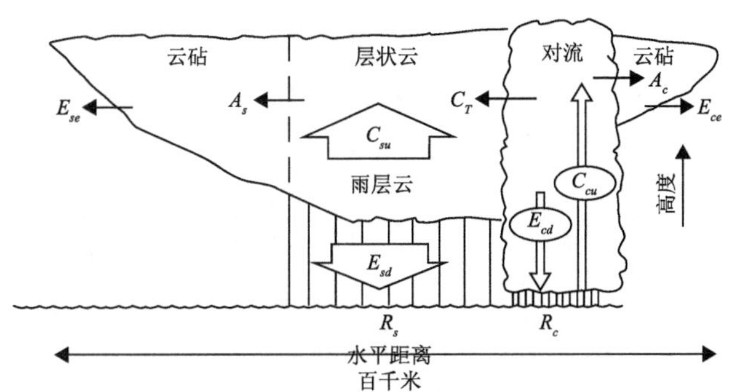

图 9.5　中尺度对流系统基本组成结构的垂直剖面概念图。其包含对流区、层状云降水区以及不产生降水的云砧，图中的符号代表中尺度对流系统水分收支的各个组成部分。根据 Houze 等(1980)改编，经美国气象学会许可再版

$$C_{su} + C_T = R_s + E_{sd} + A_s \tag{9.2}$$

上述变量表示水凝物含量的组成，C_{cu} 和 C_{su} 分别代表对流和层状云降水区里上升运动引起的水凝物含量，C_T 表示从对流降水转换成层状云区降水的水凝物含量。R_c 和 R_s 是对流性和层状云降水量。E_{cd} 和 E_{sd} 是对流和层状云区下曳运动蒸发的水汽量。而 A_c 和 A_s 是与对流和层状降水区附属的云砧内凝结沉积的水汽量。

9.1.5　内部结构

图 9.4 和图 9.5 所示的是一个中尺度对流系统内部结构的理想示意图。在实际的中尺度对流系统里，对流降水区内包含大量水平尺度为 1～10 km 量级的强降水中心(或者强雷达回波区)，这些强降水中心被中等偏强的降水区包围着。层状云降水区的降水强度略弱，且水平梯度较小。每个中尺度系统中，对流和层状云降水区的水平分布各不相同，非常复杂。图 9.6 中的例子，显示了一个热带海洋上的中尺度对流系统里，嵌在层状云降水区里对流降水的分布。其中对流降水的中心用 × 表示，轮廓线圈出以此为中心与对流核直接相关的降水区。对流单体的分布比这个例子所示更加随机，它们会杂乱无章地分布在整个层状云回波区内。然而，这些单体在很多时候会呈线状或带状分布。有时对流带的边界变得非常分明，如图 9.7 所示。这类中尺度对流系统被称为飑线，它们通常呈弧状且移动迅速($10～15\ m \cdot s^{-1}$)。在这类中尺度对流系统中，层状区降水通常尾随在强对流线后面。

至今，已经对带有尾随层状云区的飑线中尺度系统开展了广泛的研究。图 9.8 显示了在低仰角雷达回波图上一条飑线的概念模型。该模型是研究了俄克拉何马地区春季连续 6 年里出现的中尺度系统①后得到的。理想的雷达回波分布特征总结如下。

前缘对流线具有如下属性。

(1)弧状(凸出朝向前缘)。

(2)方向多变；飑线发生和移动的方向由当地的气候特征、地形以及当时的天气条件决定。俄克拉何马地区的飑线通常呈西南—东北走向，但是有的飑线会接近南北走向，还有呈东西走

① Schiesser 等(1995)在瑞士中部阿尔卑斯山以北出现的中尺度对流系统中也得到了类似的结果。

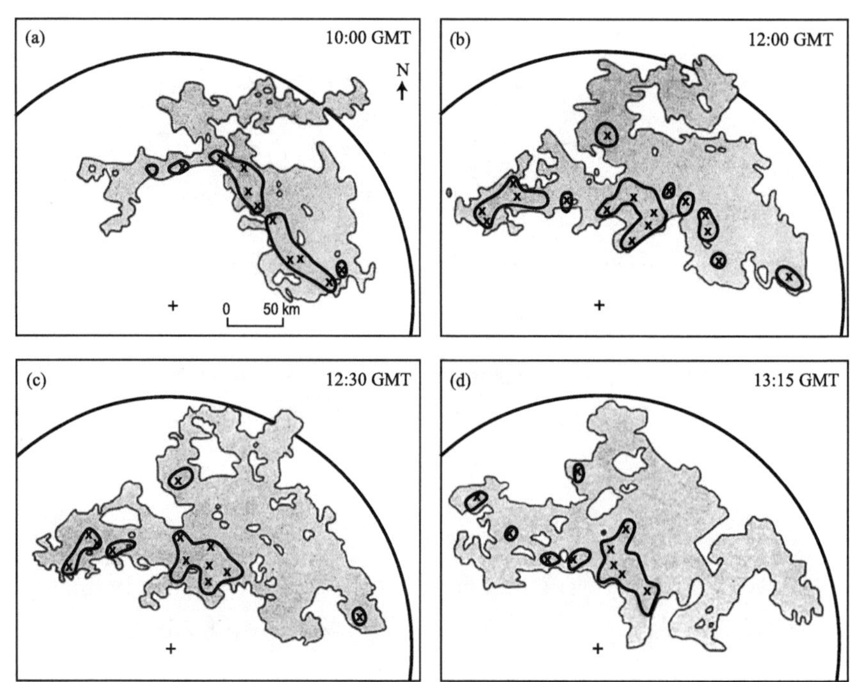

图 9.6　热带东大西洋上一个中尺度对流系统的雷达回波分布。它显示了层状云降水区里的对流区（粗实线所围的为对流区）。半圆弧表示船载雷达的观测范围（＋表示雷达位置）。× 表示最大反射率位置。引自 Cheng 和 Houze (1979)，经美国气象学会许可再版

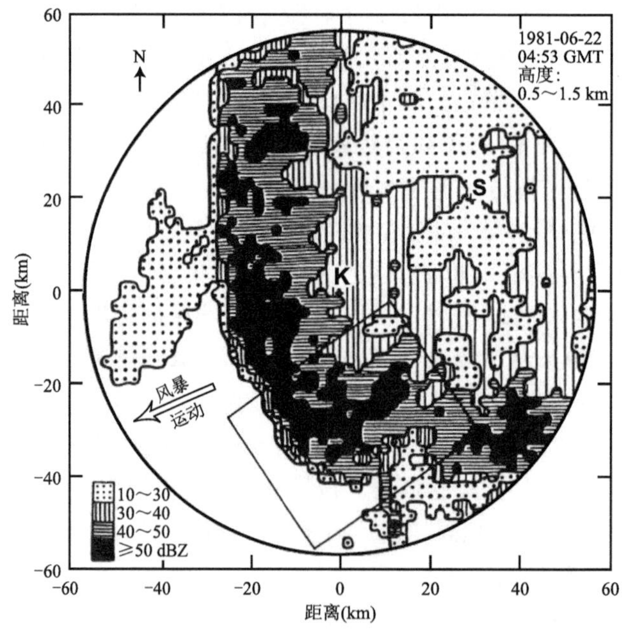

图 9.7　1981 年 6 月 22 日西非象牙海岸观测到的一条热带飑线的雷达回波图。第一部雷达位于科霍戈（图中“K”所示），第二部雷达位于锡内马佳利（图中“S”所示）。回波图是 0.5 和 1.5 km 高度回波图的合成结果。图中长方形标示出根据两部雷达联合反演得到三维风场的区域。有关这个风暴其他方面的情况，会在图 9.35、9.52 和图 9.64 中进一步介绍。引自 Chong 等(1987)，经美国气象学会许可再版

向的。世界上其他地区飑线的走向特征，会与俄克拉何马地区完全不同。例如图 9.7 中所示的热带飑线，前缘的对流线面向西，并向西传播。

(3)在与飑线走向垂直的方向上快速移动($>10\ m\cdot s^{-1}$)。

(4)密实的外观表现(中等强度回波将一连串强回波单体紧密相连)。

(5)前缘具有很强的反射率梯度(即对流区反射率梯度前沿大于后沿)。

(6)呈锯齿状的前缘(系统前沿的回波呈锯齿状，向前延伸的波状凸起，波长约为 5～10 km)。

(7)拉长的单体相对于飑线呈 45°～90°角倾斜(拉长的单体似乎与锯齿状前沿以及上升气流中的滚轴结构有关，参见第 9.4.4 节内容)。

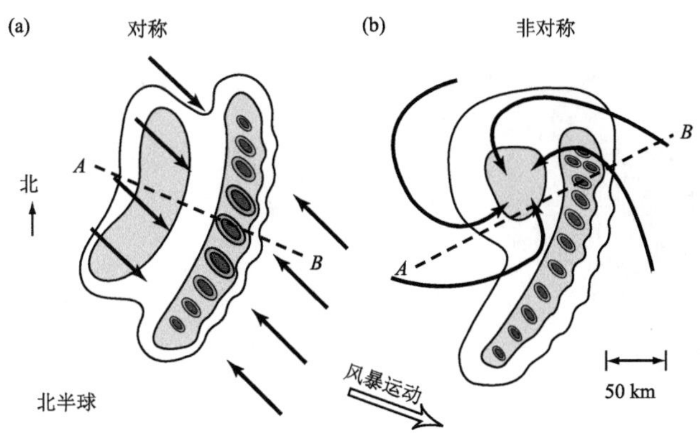

图 9.8　北半球中纬度中尺度对流系统常见的雷达回波概念图。在对称和非对称个例中，对流的前缘线都由尾随的层状云降水区相连，大矢量箭头表示系统整体的运动方向。分级填色区表示雷达反射率，颜色最深的阴影区表示回波强度最强的对流单体核。带有箭头的线表示相对于系统的低层气流。线 *AB* 指示的是图 9.15 中的垂直剖面的方向。引自 Houze 等(1990)，经美国气象学会许可再版

尾随层状云区域具有如下属性。

(8)面积大(水平范围$>10^4\ km^2$)。

(9)后沿有凹槽状的缺口(相信这与中尺度干空气入流有关，这部分气流侵蚀了部分层状云回波。在极端情况下，它还与弓形回波的形成有关系，在第 9.4.6 节中将进一步讨论)。

(10)出现第二个强回波区(这个强回波与对流线主体分离，两者之间夹着一条很窄的弱回波区)。

以上 10 个特征可能呈现的两种组织形式，以雷达回波概念图的形式，展示在图 9.8a 和图 9.8b 中。图 9.8a 中的称为对称型，图 9.8b 中的称为非对称型。

在对称的情况下：

(1)对流线上最强的单体会出现在对流线前沿的任何地方，没有特别固定的位置。新生单体都沿着对流线前沿生长，有时就在前边缘上，有时则会在对流线前方。

(2)层状区的中心就在对流线中心的后面。

在非对称的情况下：

(1)对流线在靠近赤道一端的更强。也就是说，新生单体会在对流线靠近赤道一端形成并发展，而弱的、即将消亡变成层状云区的单体，则多出现在对流线靠近极地一端。

(2)层状区的中心偏向对流线靠极地一端。受科氏力的作用(将在第 9.6.3 节中详细讨论)，

这种形式的飑线通常与气旋性环流相伴。由于这个原因,热带飑线系统中通常不会出现非对称结构。

在俄克拉何马地区观测到的,降水区组织成对称和非对称结构形式的中尺度对流系统实例,显示在图 9.9a 和图 9.9b 中。大约 2/3 的降水区在某种程度上具有对称或非对称结构特征。但是,除了在雷达回波分布上接近或者部分类似这些原型的中尺度对流系统以外,还有一些中尺度对流系统的降水区和这些原型特征完全不同。在这些系统中,相对于层状云降水区,对流单体分布呈现混乱无序状态。图 9.9c 中所示的就是一个降水区结构非常无序的中尺度系统。这使人想起图 9.6 中所示的热带对流系统。

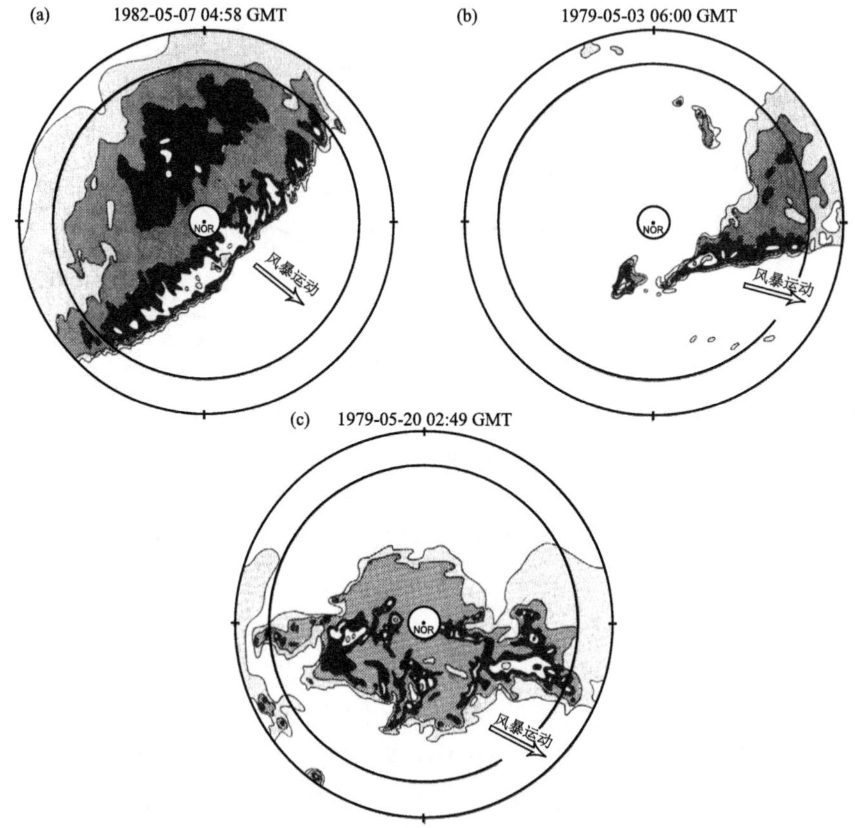

图 9.9 中纬度中尺度对流系统降水区的雷达回波图。这些个例取自位于美国俄克拉何马州诺曼市(NOR)的国家强风暴实验室(National Severe Storms Laboratory)提供的低仰角雷达回波图。其中阴影填色区表示雷达反射率,浅灰色对应 20～24 dBZ,深灰色对应 25～34 dBZ,黑色对应 35～44 dBZ,白色对应 45～54 dBZ,浅灰色对应 55～64 dBZ,深灰色对应≥65 dBZ。观测半径分别为 20、200 和 240 km。在最外圈用记号表示以 90° 为间隔的方位角(北指向页面的顶)。引自 Houze 等(1990),经美国气象学会许可再版

9.1.6 生命史

中尺度对流系统的内部结构随着发展阶段不同而不断变化。图 9.10 所示为美国中部出现的中尺度对流系统生命期中不同阶段的情况。其中最常见的景象(如图 9.10 中路径I所示)是:

首先在早期形成的对流单体线附近并排对称地产生一个层状云区，然后逐渐发展为非对称形式。在第 9.6.3 节中我们将会进一步讨论，当科氏力作用影响越久，或者当气旋性环流在线状对流朝向极地一侧的后部层状云降水区内发展时，系统的非对称特征就会越显著。第二个最为常见的演变过程(如图 9.10 中路径Ⅱ所示)是：随着线状对流体西南端新生对流的产生和老对流体的消亡，层状云降水区仅在线状对流体的东北端形成。随着时间的推移，它也会逐渐表现出非对称结构的特征，即系统中线状对流的北部的层状云降水区旋转到系统的后部。第三种最常见的回波发展形式(图 9.10 中的路径Ⅲ所示)是：在线状对流体前面发展出层状云降水区。

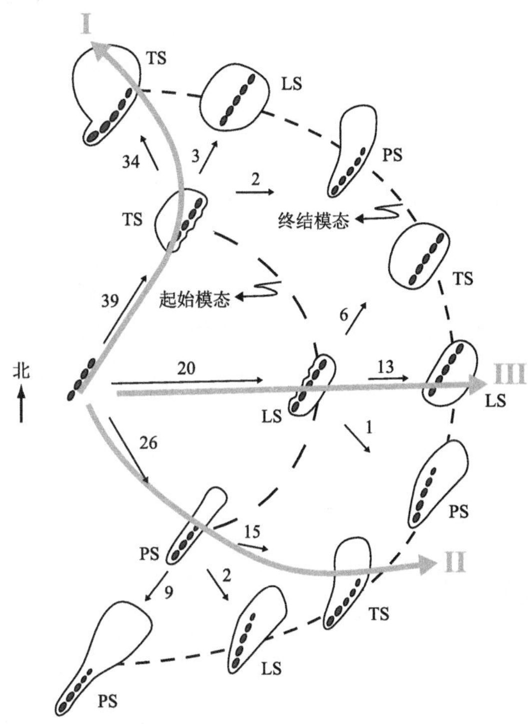

图 9.10　美国上空飑线中层状云降水的发展形式。虚线表示沿着每个发展路径层状云降水初始和最终的模态。每一阶段都标示出了所参考的样本个数。最常见的发展路线图标示为灰色箭头Ⅰ、Ⅱ和Ⅲ。图中给出了在发展路线图上的每个阶段，对流体和层状云降水区的理想组合位置，尾随层状云区、先导层状云区以及平行层状云区的缩略词分别对应为 TS、LS 和 PS。根据 Parker 和 Johnson(2000)改编，经美国气象学会许可再版

有时，一个中尺度对流系统包含不止一个降水区。每个降水区都具有独特的生命演化过程。图 9.11a — c 中大致描绘了这种过程在雷达回波图像上的表现。在它的形成阶段(如图 9.11a 所示)，雷达图像上的降水区表现为一组孤立的单体，它们可能在水平空间上无序分布或者排列成线状。概念图描绘了一个线状排列对流单体的演变过程。在降水区加强阶段，单体先独立发展再合并(图 9.11b)，从而表现为一片连续降水区的特征。这片降水区上相对强的降水核之间，又间隔有弱降水区。当老的单体开始减弱彼此相连，并发展成一个大的层状区时，降水区就达到成熟阶段(图 9.11c)。每个对流部分都经历一个完整的生命演化过程，在演化过程的末期，它们减弱并成为层状云降水区的一部分，然后就会从中尺度对流系统层状云盖的中部落下。当很多相邻的单体达到这个阶段时，它们彼此之间很难被区分，从而形成一个带有连续融化层的大范围层

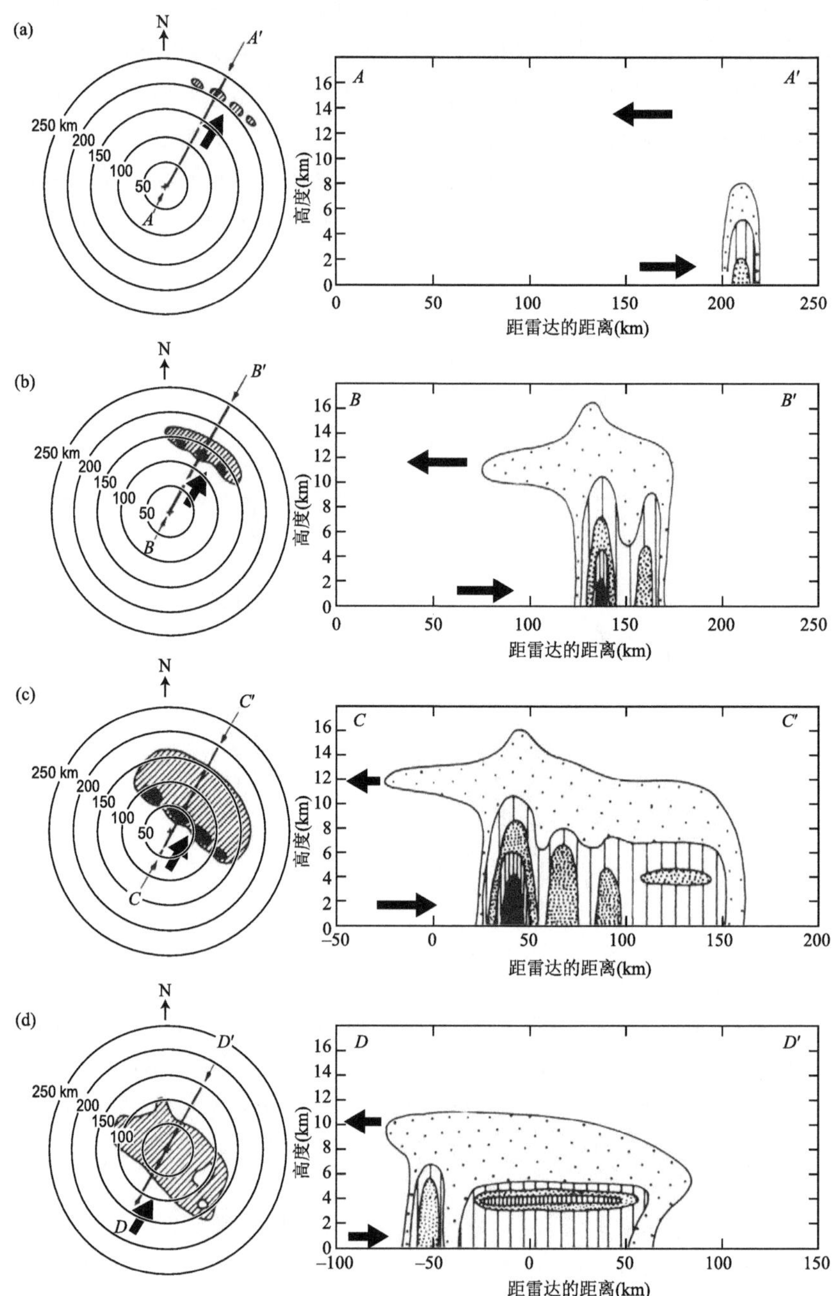

图 9.11　中尺度对流系统降水区生命期内不同阶段的雷达反射率水平和垂直剖面概念图。(a)初生；(b) 加强；(c) 成熟；(d) 消散阶段。雷达反射率最外围的廓线代表可以识别的最弱回波。内部等值线标志依次增大的反射率值。粗箭头表示相对于系统的风向。引自 Leary 和 Houze (1979a)，经美国气象学会许可再版

状云降水区。通过这种方式形成的层状云降水区的水平范围可能达到 200 km。在前面图 6.14 和图 6.15 中我们已经介绍了这种层状云降水区形成的模态。如图 9.11c 概念模型图所示，在风切变的作用下，水凝物可以从雨区的中心平流出去，从而形成雷达回波上悬垂回波结构。另一方

面，如果高空风将它所夹带的水凝物输送到降水区中心，被夹卷的水凝物就会与老单体形成的层状云和降水相互结合。只要新单体持续形成，成熟阶段的降水区就得以维持，它们由活跃的、减弱的单体以及层状云降水区组成。在雨区的消散阶段（图 9.11d），新生的对流单体减少，这个阶段的特点是具有大范围缓慢减弱的层状云区，其内部嵌有弱的对流单体。

图 9.12 给出以另一种途径从对流发展为层状云区的雷达回波演变过程。一个垂直剖面上用等值线表示的频率（contoured frequency by altitude diagram，CFAD）显示了某个强度的雷达信号在特定高度上出现的概率①。反射率出现频率等值线（图 9.12 左列）随时间变得越来越密。随着对流区变为层状云区，反射率分布也变得更均匀一致。由垂直速度的出现频率等值线图可见，上升和下曳运动随时间逐渐减弱。在所有的时间段，所有高度上都出现上升和下曳运动。在对流最旺盛的阶段（图 9.12 中前三个时次），出现了两组下曳运动。高层的下曳运动由浮力气压梯度力强迫产生（第 7.2 节中图 7.1 所示）而低层的下曳运动则由强对流性降水产生的降水拖曳作用引起（例如第 8.10 节中的下击暴流）。当对流减弱变成层状云降水时（图 9.12 中最后时次），高层盛行弱上升运动而非下曳运动，而低层则与之相反，从而在层状云降水区构建了一个高层上升、低层下沉的平均运动结构。

一个中尺度对流系统（MCS）的降水区汇集形成的大量降水，是在刚才所讨论的中尺度对流系统生命期内积累起来的。图 9.13 显示了一个从中尺度对流系统产生降水的典型个例。在开始的 6～8 h 期间，即对应降水区的形成和加强阶段，降水大部分来自对流单体引起的对流性降水。在这之后至降水区生命期的中期（即层状云和对流降水区对总降水的贡献基本相等的时候），层状区降水在整个降水中所占的比例逐渐上升。尽管层状云区的降水率比对流单体里小很多，但是层状云降水区覆盖的范围大，所以可以推测从层状云中落下的降水，在区域总降水中占比非常大。因为层状云区的降水率在成熟阶段还会继续加强，一直维持到降水区进入消散阶段。在进入消散阶段后，对流和层状云降水才都随时间逐渐减弱。所以在有些个例中，层状云降水量实际上会超过对流降水量。在整个中尺度对流系统的生命期内，层状云降水一般占总降水的 25%～50%。如图 9.13 所示的个例，层状云降水占总降水量约 40%。

根据图 9.11 — 9.13 所给出的例子，导出了图 9.14 所示的中尺度对流系统生命期概念模型。一开始中尺度对流系统表现为孤立对流单体的形式（图 9.14a）。降水从这些孤立单体开始，经历了如图 9.11 所示生命期的各个阶段，直到中尺度对流系统进入成熟阶段（图 9.14b）。在中尺度对流系统进入成熟阶段时，降水区已经发展出层状云降水区，而中尺度对流系统则具备了如图 9.5 所示的所有的基本组成部分。随着时间推移，降水逐渐停止，高层厚云还存在（图 9.14c），但逐渐变薄并破碎（图 9.14d）。

---

① 雷达资料的 CFAD 图是由 Yuter 和 Houze（1995a）提出的，用来推演出雷达反演的定量信息垂直分布统计特征的一种方法。利用这种方法，大气三维空间内看到的所有的回波可以在一张图上显示出来，使得我们在需要获知在一个三维空间内每一层高度上定量信息的统计分布情况时，可以忽略这些定量信息的水平位置。

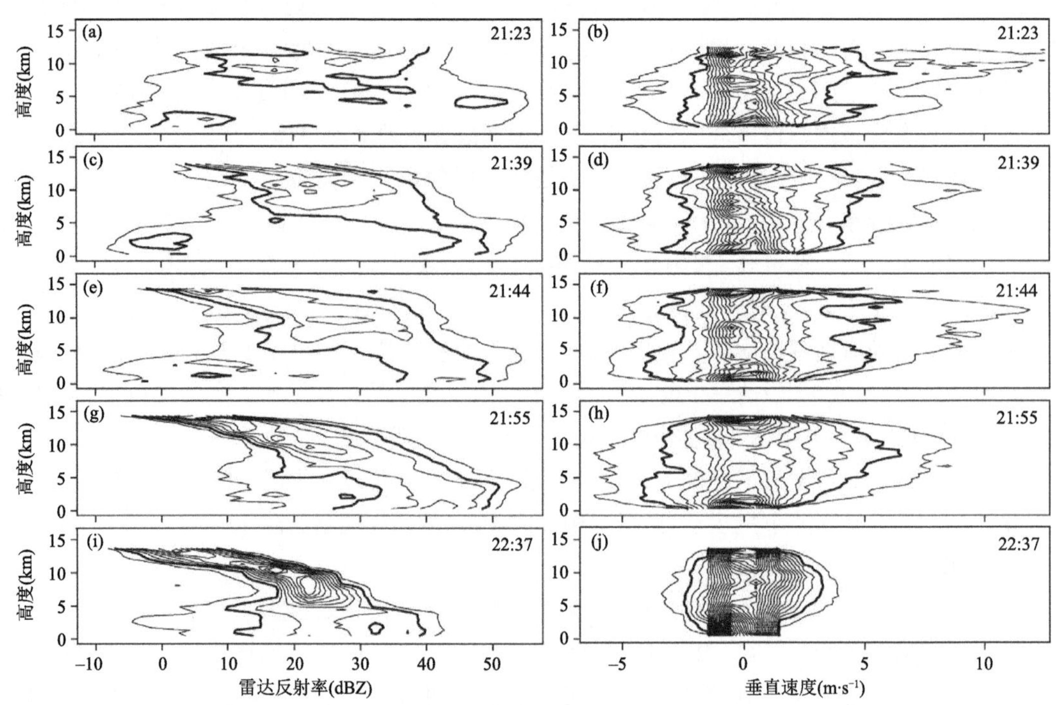

图 9.12 双多普勒雷达合成分析得到的雷达反射率(dBZ)和垂直速度($m \cdot s^{-1}$)的 CFAD 时序图(时间为世界时 UTC)。对于反射率的 CFAD 图,单位大小为 dBZ,图中等值线以每千米每 dBZ 出现频率 2.5%为间隔,其中突出显示了出现频率间隔 5%的等值线;在垂直速度的 CFAD 图中,单位大小为 1 $m \cdot s^{-1}$,图中等值线以每千米每 $m \cdot s^{-1}$ 出现频率 5%为间隔,并突出显示了出现频率间隔 10%的等值线。引自 Yuter 和 Houze(1995a),经美国气象学会的许可再版

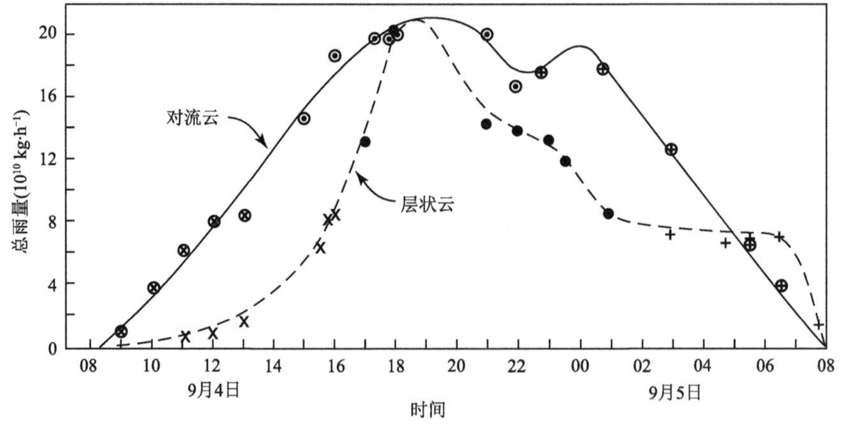

图 9.13 一个位于热带大西洋东部的中尺度飑线系统中,对流性(空心圆点)降水和层状云降水随时间的演变。资料取自三个船载雷达观测,符号·、+ 和×分别表示对三个雷达信息所使用三种不同合成方法。引自 Houze (1977),经美国气象学会许可再版

9.2 前缘线状/尾部层状的结构

9.2.1 雷达回波结构和大气的垂直运动

我们注意到在热带和中纬度地区，都会出现一种中尺度对流系统，它们带有轮廓分明的线状对流，尾部有层状云降水区。这种结构表示为图 9.7、9.9a 和图 9.9b 中的实例，以及图 9.8 中的理想化概念模型。前缘线状/尾部层状的这种组织结构，通常在中尺度对流系统中具有压倒性优势。但是在其他系统中，这种组织类型可能只能在一个系统的部分区域，或者在它生命期的某个阶段才能看到。尽管这样，它似乎还是最常见的中尺度对流系统组织类型。在本节中，我们进一步考察中尺度对流系统中所看到的前缘线状/尾部层状的结构。

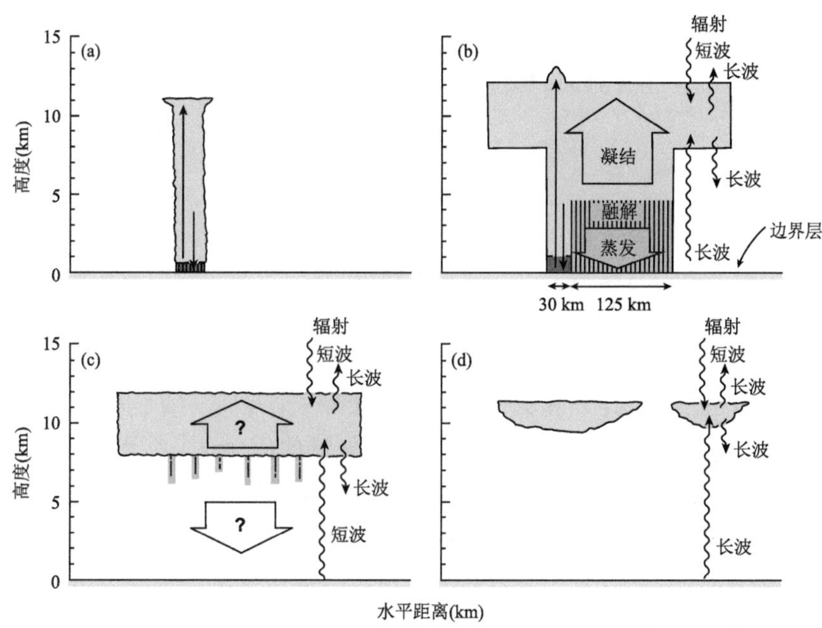

图 9.14　中尺度对流系统的各个发展阶段。根据 Houze (1982)改编，经日本气象学会许可再版

图 9.15 所示是一个前缘线状/尾部层状对流的概念模型。它展现一个垂直剖面图，其走向垂直于前缘对流线的方向。粗黑实线表示雷达观测的降水区边界。边缘呈扇贝形状的细线表征云的水平和垂直伸展范围。这个范围由目视观测、卫星图像以及无线电探空仪资料综合判识出来。中等灰色和黑色阴影区表示增强的雷达反射率区域。垂直走向高反射率中心用灰色阴影区表示，它标注出在风暴前缘的对流区里有大暴雨。雷达亮带(第 6.1 — 6.2 节)表征了图 9.15 所示的尾部层状云区。

图 9.15 中所示的气流流线表示系统中有普遍的上升运动。上升气流从阵风锋附近的边界层开始，穿透对流区向上伸展，然后以缓和得多的坡度在中高层进入层状云区。与此同时，在尾部入流区里，有普遍的下曳气流，它在尾随层状云区的底部附近运动，恰好在 0 ℃层以上流入层状云区，下降至雷达反射率亮带层，穿过融化层，最后在低层进入对流区的后部。在这

里,这股气流促使阵风锋前缘的辐合加强,方向逆转。在对流区的前方,入流气流进入风暴,然后向上穿过扰动区,在风暴云砧中逆转,向前流出。

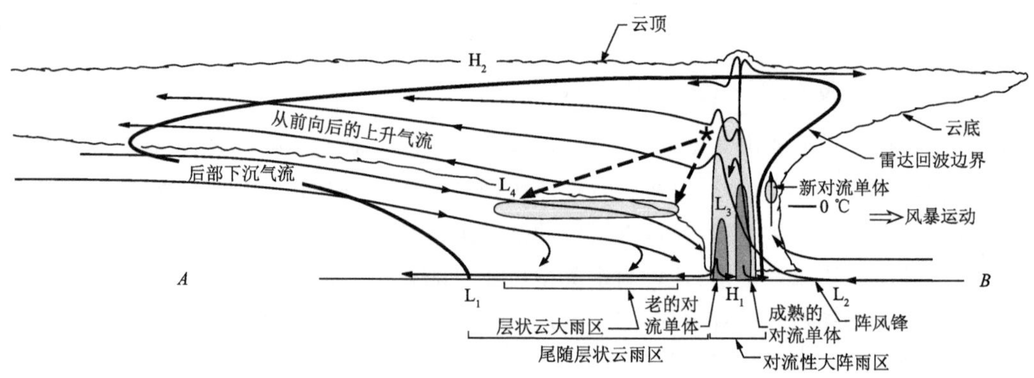

图 9.15　伴有尾随层状云降水区的对流线运动学、微物理特征、雷达回波垂直结构概念模型图。概念模型图画在与对流线垂直的剖面上(剖面水平走向如图 9.8 所示)。灰到深灰的阴影区表示中等和强的雷达反射率。引自 Houze 等(1989),经美国气象学会许可再版

9.2.2　多单体结构

在图 9.15 中对流区里普遍的上升气流之上,叠加有与大雨相伴的局地强升降气流。新的对流单体往往在紧邻强对流降水区前面,上升气流逆转的带状区域里形成。雷达回波首先出现在高空,很明显它与强的对流上升气流相伴。这个发展中的单体后来变为成熟单体,具有深厚的强反射率中心,并伴有地面强降水。成熟单体包含一个强而窄的上升气流区,这股气流能向上穿透宽大卷云砧的顶部。通常在紧邻这股上升气流的后面,中高层会出现一股对流尺度的下曳气流。伴随浮力上升运动的气压梯度力(第 7.2 节,图 7.1)驱动着这股高层下曳气流。随后成熟单体衰老。尽管此时对流单体已进入减弱阶段,这些老单体的内部仍然有作为它标志性特征的上升运动中心,所以还会有另外的中高层对流尺度下曳气流接踵而来。在一层密实的下沉风暴上面,较老的单体相对于尾部入流气流向后运动。在由成熟和衰老单体产生的强降水中,低层对流尺度的下曳气流在边界层内辐散并向外散开。辐散气流中一部分在阵风锋的后面继续向前流,而另一部分气流流向系统的尾部。活跃的对流单体中的对流下曳气流,属于与孤立或线状积雨云内蒸发有关的那种类型(见第 8.1 — 8.3 节、第 8.10 节以及第 8.12 节)。对流区内的单体按照它们发展阶段为顺序排列,类似于前面讨论的多单体风暴(如图 8.7 所示)和第 8.12 节中的线状积雨云(如图 8.68 和图 8.69 所示)。对流区内多单体风暴的特征,在第 9.4.4 节中还将详细讨论。

图 9.15 中所示的垂直剖面概念模型图,代表中尺度对流系统生命期中的成熟阶段(中尺度对流系统所经历的生命期类型如图 6.14 和图 9.11 所示)。在产生和加强阶段,层状云降水区还没有出现的时候,对流单体往往更强。对第 8.12 节中所讨论那种类型积雨云线,进行了演变过程的数值模拟,结果代表这些风暴发展的早期阶段。在风暴产生的最初几小时内,单体会周期性地再生。随着降水落下,低层冷池加强,倾斜环流发展起来,在这个环流上又会不断地形成新的对流单体,叠合在一起。随着老的单体在倾斜气流中向(对流系统)后部移动,就会

产生如图 9.15 所示的系统成熟阶段的结构特征(向后部移动的较老单体在第 9.5.1 节中进一步讨论)。这种结构会保持 5～10 h。与之相伴,尾随区内产生大量的层状云降水。

9.2.3 向前悬垂、尾部入流以及从前向后倾斜上升的气流

如图 9.15 所示的云和降水区向前悬垂的结构,并非一定会出现。它的产生主要与环境气流中与对流线正交的风切变有关。若高层存在朝向对流线尾部的强相对气流,就不会出现高层向前悬垂的结构。

不同的个例,进入成熟风暴层状云区后部入流气流的强度差异很大,这与水平环流分布的差别有关。图 9.8 显示了两种可能与图 9.15 中垂直剖面结构有关系的水平环流配置。在非对称的情况下,后部入流可以是对流层中部中尺度涡旋里的一支气流,这个中尺度涡旋位于非对称飑线尾随的层状云降水区内(如图 9.8b 所示);在对称的情况下,水平环流配置可能伴随着一条风切变线,风切变的大小在沿着对流线的方向或多或少是一样的(如图 9.8a 所示)。

在尾部入流气流之上的层状云区里,从线状对流上部产生的由前向后的倾斜上升气流,把从对流单体中落下的冰晶粒子向后部输送(如图 9.15 中的星号所示)。这些粒子的运动轨迹(与图 6.14f 中冰晶粒子位置 3,2,1 的顺序一致)在雷达回波上形成了一条强回波带(亮带)。在对流上升运动区里,通过活跃的凇附过程,形成了冰晶粒子,于是层状云降水区产生。当冰晶粒子从前向后通过缓慢上升的气流时,离开对流下曳气流,由于淀积作用而长大。在它们接近 0 ℃层时,这些冰晶粒子会碰并比它更小的冰晶粒子,或者相互聚合在一起,形成较大的雪粒子。当它们掉落穿过 0 ℃层时,它们融化并在雷达回波上形成一条亮带,这条亮带对应较强的层状区降水。

9.2.4 降水过程和气流轨迹

当我们讨论出现在深对流附近层状区降水的雨层云时,图 6.16 已经给出了图 9.15 中所示类型层状云降水区上降水过程的概念模型图(第 6.6 节)。我们注意到,在图 9.15 所示类型的风暴中,冰晶粒子掉落的轨迹只是解释了尾随区内较强层状云降水区的位置,而确切的层状云降水量,只有考虑冰晶粒子在穿越中尺度上升运动区的过程中,所发生的由于水汽淀积而造成的冰晶粒子增长,才能计算出来。层状云降水区内由前向后的倾斜上升气流,对层状云区的结构至关重要,它的水平风分量将粒子播撒到雷达回波的亮带区域内,而它的垂直风分量则为冰晶粒子淀积增长提供了水汽。在第 9.5.1 节中我们还将继续讨论层状区内降水过程。

9.2.5 气压分布

与线状对流和尾随层状云降水区相伴的气压场,以几个特征性的低压和高压为标志(在图 9.15 中 L 和 H 分别表示低压和高压)。在层状云降水区的后沿靠地面附近有尾流低压(L_1),它伴随不饱和气流的下沉增温。在对流区下面有一个高压(H_1),它是第 8.11 节中讨论的一种静力阵风锋高压。在阵风锋前沿还可以看到另外一个由动力过程引起的高压,在这里没有标示。此外,由补偿性中高层气流下沉增温产生的地面低压(L_2),通常出现在对流线之前。在对流层中部、高层倾斜浮力上升气流的下面,通常还会出现一个静力平衡的小低压(L_3)。在离后部较远的地方,在融化层附近或者在融化层之上,还有一个低压(L_4)。这个低压范围

较大,与它上面层状云里的正浮力有关。在整个中尺度对流系统的高层顶部会出现一个高压(H_2),这个高压由对流区内占主导地位的上升气流,以及从前向后的倾斜上升气流造成。在第 9.4.2 节和第 9.5.2 节中我们将进一步详细阐述这些气压最大和最小值的问题。

9.2.6 电荷结构

与较小的积雨云一样,中尺度对流系统也存在活跃的电荷活动。在带有尾随层状云降水的对流线中,电荷的垂直分布随个例各不相同,因此,很难概括它们的特征①。图 9.16 显示的是一种文献记载的电荷结构,它看上去与图 9.15 概念模型中的运动学和反射率结构很相似。图 9.16 中对流区具有与单体和多单体积雨云类似的电荷廓线(图 8.3、8.4 和图 8.6)。过渡带和层状云区的电荷廓线,一部分是由对流系统高层从前向后倾斜上升气流平流而来,与此同时,在层状区内也有局地放电过程②。在液态水含量较低的情况下,层状区内中高层的正电荷,可能部分由冰晶粒子之间的相互作用造成③。中层正电荷区处在亮带所在的位置,这个电荷层可能全部或者部分由融化过程中产生的正电荷引起④。在融化层的较高处,有一层正电荷堆积层。融化层的下面紧邻负电荷层的顶部。这与我们在多单体积雨云(图 8.6d)中消散单体区内看到的融化层里的电荷分布相似。它也与层状云区的电荷分布一致,层状区是由构成老对流单体的物质组成的。

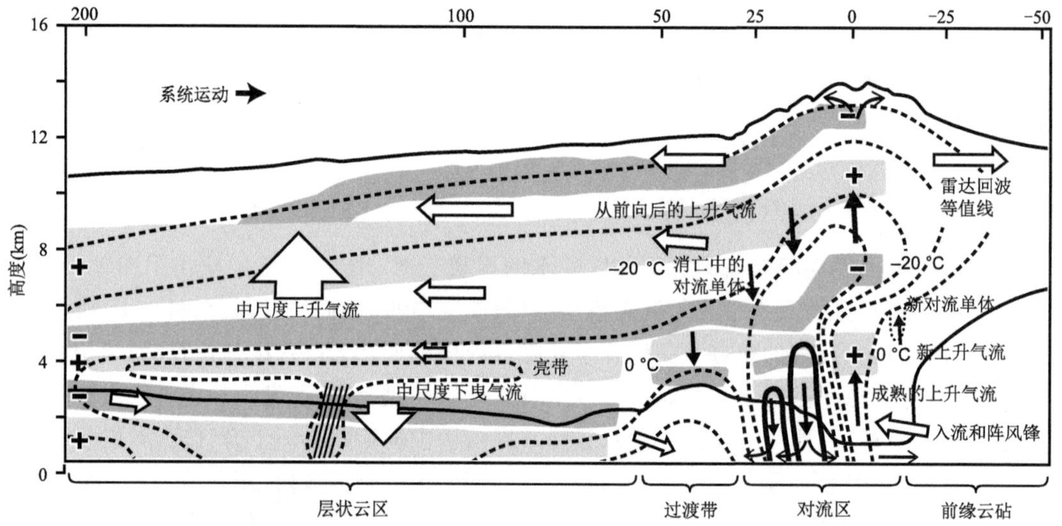

图 9.16 中尺度对流系统的概念模型图和一个真实观测到的中尺度对流系统里的电荷结构。雷达反射率的虚线等值线分为五层,大小约为 10～50 dBZ。实心箭头表示对流区内的上升和下曳气流。大的空心箭头表示中尺度上升和下曳气流,小的空心箭头是相对于系统的气流。在前面的云砧内没有画出电荷结构。电荷层在底部被标记的各个区域之间是彼此相连的。蓝色和绿色阴影区分别表示负和正电荷区域。雷达亮带以及它下面的雨带用虚线勾出。根据 Stolzenburg 等(1998)改编,经美国地理联合会许可再版

① 参见 MacGorman 和 Rust(1998)对带有尾随层状降水的飑线的电荷结构的变化性所作的进一步讨论。
② 参见 Schuur 等(1991)和 Stolzenburg 等(1998)。
③ 参见 Rutledge 等(1990)。
④ 参见 Stolzenburg 和 Marshall(1994)、Stolzenburg 等(1998)以及 Shepherd 等(1996)。

图 9.17 显示一条飑线的云地闪电水平分布图，其尾部伴有层状云降水。其前缘高雷达反射率的对流线内主要以负闪电为主，这与积雨云一致（图 8.3、图 8.4 和图 8.6a、图 8.6b）。然而，层状云降水的尾随区则以正闪电为主。这样的特征与多单体积雨云相似，其中活跃的对流区主要以负闪为主，而伴有亮带的消散单体则以正闪为主（图 8.6d）。

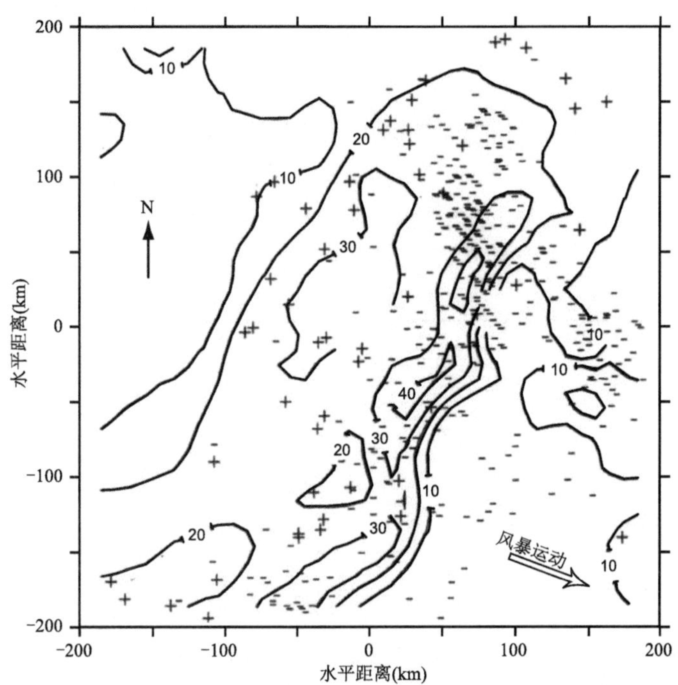

图 9.17 低层雷达反射率水平分布图以及 1985 年 6 月 11 日 03:51 GMT 时在堪萨斯州观测到的带有尾随层状云区的飑线内云地闪的位置。在这个时间前后 30 min 内的正负闪用相应的符号表示，图 9.32、9.47、9.50、9.57、9.58、9.60 — 9.62 以及图 9.65 中还描述了关于这个风暴其他方面的特征。引自 Rutledge 和 MacGorman (1988)，经美国气象学会的许可再版

9.3 动力特征概观

图 9.15 所示中尺度对流系统前缘线状/尾部层状的细微结构，还可以从概略平均的角度来观察，以便把中尺度的动力特征，从其内部的对流尺度中区分开来。对流尺度比中尺度更小，具有更强的局地浮力上升和下曳运动。本节中我们集中讨论中尺度系统的概观动力特征。在第 9.4 节和第 9.5 节中，我们再分别详细考察对流和层状云区里更小尺度系统的内部结构和动力机制。

9.3.1 分层的中尺度气流

从成熟中尺度对流系统的资料里通常观测到，注入倾斜上升运动区的入流层有几千米厚。中尺度对流系统中这层上升运动的特征，与纯粹的积云不同。原始积云的上升运动源自大气边界层（如图 7.13 所示的概念模型）。当中尺度运动组织起来时，这样的层状上升运动模态就开始

起作用了。

对带有尾随层状云区的飑线数值模式模拟结果按时间进行平均,就会发现对流区里瞬变的单体细胞结构特征消失,代之以一种均匀分布的形式(图 9.18)。平均流场(如图 9.18b)包括三支气流:(i)为主的一支上升气流从风暴前面对流层中下部出发,沿水平方向流向风暴,穿过对流降水区倾斜上升,然后以更缓和的升速朝向层状云降水区尾部运动,在那里从风暴的中高层流出。这支主要的上升气流与图 9.15 所示的由前向后倾斜的上升气流相对应。这支气流又称为跳跃上升气流[①]。(ii)在对流区达到高层的气流中,有时候上升气流的主体分裂,其中的一部分在对流层高层从风暴的前方流出。这部分气流被称为逆转上升气流。(iii)图 9.18b 中所示的第三支主要气流是逆转的下曳气流,图 9.15 中我们将这支气流看作是下沉的后部入流。这支气流从风暴后方 3～4 km 高度上进入,并逐渐下沉到对流区后面的冷堆里。与逆转上升气流相似,下曳气流会在地面附近改变水平运动的方向,形成一层很薄的由前向后运动的气流。

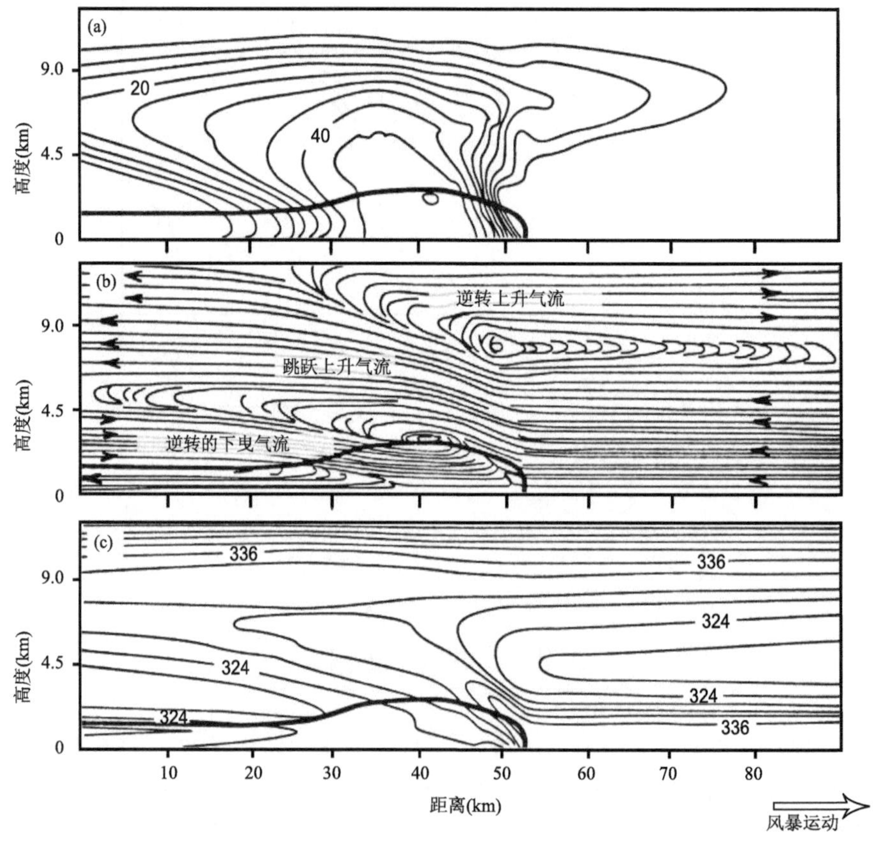

图 9.18 伴有尾随层状云降水区的飑线数值模拟结果的时间平均。(a)模拟的雷达反射率(5 dBZ 间隔);(b)相对于系统的流场;(c)相当位温 (间隔 3 K),粗实线圈出冷堆的位置(负位温扰动区)。引自 Fovell 和 Ogura(1988),经美国气象学会许可再版

① Thorpe 等(1982)提出的术语。

9.3.2 二维稳态上升和下沉流场[①]

图 9.18b 的流线表示了气流的三个组成层(逆转上升气流、跳跃上升气流以及逆转下曳气流),它体现了在条件性不稳定和风切变环境气流条件下涡度守恒的特征。为了用一个简单的数学模型说明这个观测事实,在状态稳定、没有摩擦或科氏力的作用、二维布西内斯克(Boussinesq)的流场里,考察 x-z 平面里的涡度。涡度在 x-z 平面里的分量 ξ 由公式(2.61)确定,其公式可写为:

$$\frac{\mathrm{D}\xi}{\mathrm{D}t}+g\frac{\partial}{\partial x}\left(\frac{\theta^*}{\hat{\theta}}\right)=0 \tag{9.3}$$

式中,用式(2.52)表达浮力项,忽略气压扰动、水汽以及水凝物对浮力 B 的影响。我们可以把流函数 Ψ 定义为

$$(u,w)=(\Psi_z,-\Psi_x) \tag{9.4}$$

该流函数符合二维布西内斯克质量连续方程式(2.55)。所以涡度 $\xi\equiv u_z-w_x$ [参见公式(2.56)]写为:

$$\xi=\Psi_{zz}+\Psi_{xx} \tag{9.5}$$

将式(9.4)和(9.5)代入式(9.3)并应用稳定状态假设,我们得到

$$\Psi_z\frac{\partial}{\partial x}(\Psi_{zz}+\Psi_{xx})-\Psi_x\frac{\partial}{\partial z}(\Psi_{zz}+\Psi_{xx})+g\frac{\partial}{\partial x}\left(\frac{\theta^*}{\hat{\theta}}\right)=0 \tag{9.6}$$

这个形式的涡度方程告诉我们:在 x-z 平面里的流型,是由风暴的大尺度环境和浮力的水平梯度所定义的边界条件确定的。在条件性不稳定的环境下,浮力场就是流场本身作用的结果。凝结发生在空气上升的地方,其所产生的凝结潜热,决定了流线上每个地点的位温扰动值 θ^* 。图 9.19 是在与图 9.15 所示的飑线系统近似的切变和稳定度条件下,公式(9.6)的求解结果。它包括一个输入从后向前倾斜上升气流中的深厚流入层,一个流入尾部的逆转下曳气流,以及在系统前面的逆转上升气流。示意图 9.20 表示了这三种基本气流的概念模型。图中 u 分量的垂直廓线显示了有利于这类中尺度环流型式发展起来的环境风切变垂直分布。为了维持由后向前的倾斜上升运动(即跳跃的上升运动),需要强的低层风切变。

对式(9.6)也可以采用拉格朗日法求解。拉格朗日法可以表示个别气流的特征(如图 9.20 所示)。在稳定状态下,在切变和条件不稳定环境中的二维流场,存在多个 $\mathscr{A}$ 值。流线上这个函数值的大小,仅取决于这些粒子被抬升到距离它上游入流层 z_{in} 多高的地方。由于 z_{in} 仅与 Ψ 相关,因此,$\mathscr{A}$ 的属性可以写为:

$$\mathscr{A}(x,z)=\mathscr{A}[\Psi(x,z),z(t)-z_{in}] \tag{9.7}$$

为了计算流线的属性,我们需要使用微积分中的莱布尼茨法则:

$$\frac{\partial}{\partial x}\int_{f(x)}^{g(x)}F(x,x')\mathrm{d}x'=F[x,g(x)]\frac{\partial g}{\partial x}-F[x,f(x)]\frac{\partial f}{\partial x}+$$

① 这种认识中尺度对流系统气流的方法源自 Ludlam(1980)的工作。而 M. W. Mocrieff 在其系列论文(Moncrieff 和 Green, 1972;Moncrieff 和 Miller,1976;Moncrieff,1978,1981,1985,1992;Thorpeet al. ,1982;Miller 和 Moncrieff,1983;Moncrieff 和 Klinker,1997)中做了大量的工作将这个方法进行了定量应用。这里的相关论述是 Moncrieff 方法的浓缩和精炼。

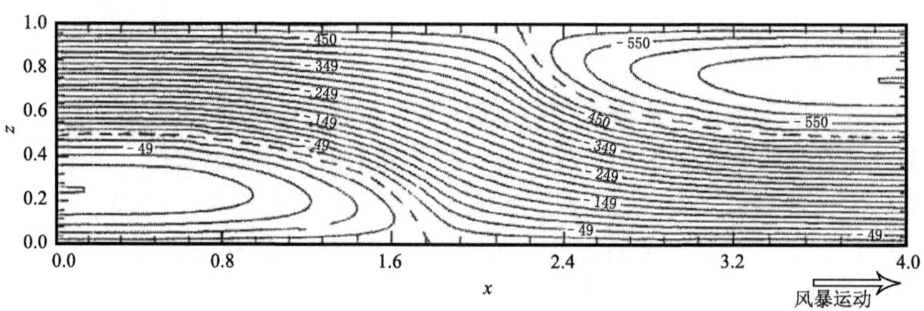

图 9.19　在具有飑线结构的中尺度对流系统条件下，计算出的相对流函数 Ψ 的二维分布图。高度 z 和水平距离 x 的单位是任意的。引自 Moncrieff(1992)，经英国皇家气象学会许可再版

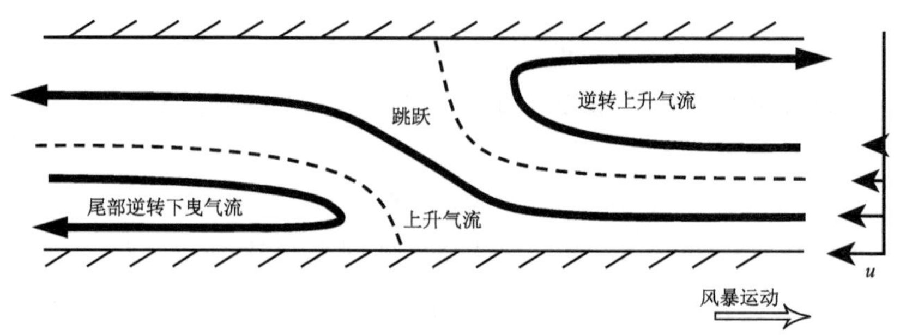

图 9.20　发生在具有低层切变（右侧箭头所示）环境下，一个有飑线的中尺度对流系统中的气流分布概念模型图。气流由三个特征成分组成：跳跃上升气流、尾部逆转下曳气流以及逆转上升气流。引自 Moncrieff(1992)，经英国皇家气象学会许可再版

$$\int_{f(x)}^{g(x)} \frac{\partial F(x,x')}{\partial x} \mathrm{d}x' \tag{9.8}$$

将这条规则应用到计算一条特定流线（定常 Ψ）上的 $\mathscr{A}$，我们发现 $\mathscr{A}$ 遵守等式：

$$w\mathscr{A} = \frac{\mathrm{D}}{\mathrm{D}t}\int_{z_{in}}^{z(t)} \mathscr{A}(z,t)\mathrm{d}z \tag{9.9}$$

对 $\mathscr{A}$ 沿特定的流线（定常 Ψ）求拉格朗日时间导数，其形式为：

$$\frac{\mathrm{D}\mathscr{A}}{\mathrm{D}t} = w\left(\frac{\partial \mathscr{A}}{\partial z}\right)_{\Psi} = \frac{\mathrm{D}}{\mathrm{D}t}\int_{z_{in}}^{z(t)} \left(\frac{\partial \mathscr{A}}{\partial z}\right)_{\Psi}\mathrm{d}z \tag{9.10}$$

式中，等式右边可根据莱布尼兹法则导出。在稳定态下 $\mathscr{A}$ 的水平梯度，二维流场表示为：

$$\begin{aligned}\left(\frac{\partial \mathscr{A}}{\partial x}\right)_z &= \frac{\partial \psi}{\partial x}\left(\frac{\partial \mathscr{A}}{\partial \Psi}\right)_z = -w\left(\frac{\partial \mathscr{A}}{\partial \Psi}\right)_z \\ &= \frac{\mathrm{D}}{\mathrm{D}t}\int_{z_{in}}^{z(t)}\left(\frac{\partial \mathscr{A}}{\partial \Psi}\right)_z \mathrm{d}z\end{aligned} \tag{9.11}$$

通过代入式(9.4)，得到第三项，等式右边的项仍然用莱布尼兹法则得到。

使用等式(9.9)、(9.10)和(9.11)的定义，我们得到沿流线守恒的几个变量的表达式。热力学第一定律式(2.9)可以写为：

$$\frac{\mathrm{D}}{\mathrm{D}t}\left[g\left(\frac{\theta^*}{\hat{\theta}}\right)\right] - \frac{g\dot{\mathscr{H}}}{\hat{\theta}} = 0 \tag{9.12}$$

如果我们假设：沿着流线加热完全是与垂直运动有关的凝结潜热释放引起的，则式(9.12)和(9.10)可以写为

$$g\left(\frac{\theta^*}{\hat{\theta}}\right)+\frac{gL}{c_p\Pi\hat{\theta}}\int_{z_{in}}^{z}\left(\frac{\partial q_v}{\partial z}\right)_{\Psi}\mathrm{d}z=\text{沿流线为常数} \tag{9.13}$$

即，气块沿流线运动过程中任何浮力变化都与其本身水汽含量的变化有关。当用式(9.12)计算时，$(\partial q_v/\partial z)_{\Psi}$ 通常用气块与周围环境之间温度递减率的差来表示。

根据气块沿着流线移动时动能的变化，推导出一个特别重要的守恒量。用 v 点乘式(2.47)，采用布西内斯克近似，忽略摩擦，使用等式(9.9)，我们可以得到伯努利(Bernoulli)公式：

$$\frac{1}{2}(u^2+w^2)+\frac{p^*}{\rho_o}-\int_{z_{in}}^{z(t)}g\left(\frac{\theta^*}{\hat{\theta}}\right)\mathrm{d}z=\text{沿流线为常数} \tag{9.14}$$

该公式说明由浮力(即由对流有效位能 CAPE)转化来的能量，不一定表现为垂直运动。它可以转换为水平运动、垂直运动以及焓(用 p^*/ρ_o 表示)，或者这三者的组合。这个结果使得对流风暴中可能出现各种各样的流型。也使得由浮力驱动的运动散布到更广的(中尺度)水平区域里，而不是只局限在一小部分不稳定的空气里。

我们还可以得到水平动量和涡度沿流线守恒的性质。将等式(9.11)代入运动学方程式(2.47)的 x 分量，忽略摩擦和科氏力，我们可以得到：

$$\begin{aligned}\frac{\mathrm{D}u}{\mathrm{D}t}&=-\frac{1}{\rho_o}\left(\frac{\partial p^*}{\partial x}\right)_z=-\frac{1}{\rho_o}w\left(\frac{\partial p^*}{\partial \Psi}\right)_z\\&=\frac{\mathrm{D}}{\mathrm{D}t}\left[\frac{1}{\rho_o}\int_{z_{in}}^{z(t)}\left(\frac{\partial p^*}{\partial \Psi}\right)_z\mathrm{d}z\right]\end{aligned} \tag{9.15}$$

它表示了动量的守恒性，

$$u-\frac{1}{\rho_o}\int_{z_{in}}^{z(t)}\left(\frac{\partial p^*}{\partial \Psi}\right)_z\mathrm{d}z=\text{沿流线为常数} \tag{9.16}$$

将式(9.11)代入式(9.3)，我们可以得到涡度守恒，

$$\xi-\int_{z_{in}}^{z(t)}\left(\frac{\partial}{\partial \Psi}g\frac{\theta^*}{\hat{\theta}}\right)_z\mathrm{d}z=\text{沿流线为常数} \tag{9.17}$$

它可以用上述式(9.13)—(9.16)中的守恒量求解出。如果我们认为风暴上游和下游质量连续，其中流场是水平的，且 $w=0$，那么流函数式(9.4)的差分形式可表示为

$$\Delta\Psi=\Psi_z\Delta z=u\Delta z \tag{9.18}$$

利用这个关系，我们可以计算式(9.16)和(9.17)中位于风暴上游和下游的导数。将式(9.18)、(9.13)和(9.14)联立，假定二维流场稳定，可计算出流线的几何形状。以图 9.21 中两条流线为例，由于风暴的两侧 $\Delta\Psi$ 相同，因此，式(9.18)需满足

$$u_{in}(\Delta z)_{in}=u_{out}(\Delta z)_{out} \tag{9.19}$$

由于两条侧边界上 $w=0$，且在入流一侧，入流空气没有浮力或者气压扰动，因此，由式(9.14)可得

$$\frac{u_{out}^2}{2}+\frac{p_{out}^*}{\rho_o}-\int_{z_{in}}^{z_{out}}g\frac{\theta^*}{\hat{\theta}}\mathrm{d}z=\frac{u_{in}^2}{2} \tag{9.20}$$

等式两边除以 $u_{in}^2/2$，把式(9.19)代入，重新整理后可以得到

$$\left[\frac{(\Delta z)_{in}}{(\Delta z)_{out}}\right]^2=1-\frac{2}{u_{in}^2}\frac{p_{out}^*}{\rho_o}+\frac{2}{u_{in}^2}\int_{z_{in}}^{z_{out}}g\frac{\theta^*}{\hat{\theta}}\mathrm{d}z \tag{9.21}$$

这个表达式有时候被称为位移方程。按图 9.21 中所示的假想流线配置，则有

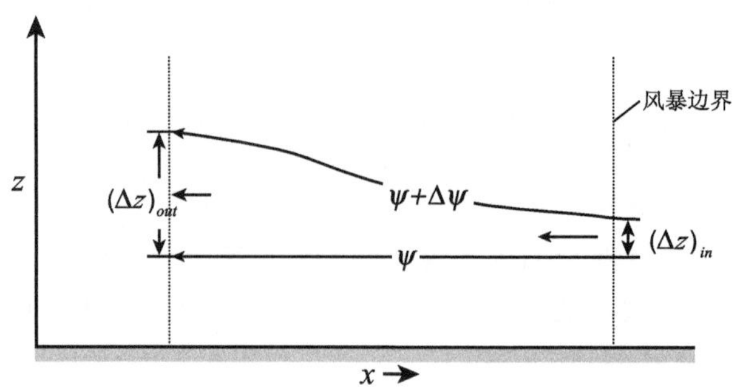

图 9.21　在跳跃上升气流条件下的两条假定的流函数线(Ψ 和 $\Psi+\Delta\Psi$)

$[(\Delta z)_{in}/(\Delta z)_{out}]^2<1$。由式(9.21)可以看到,只有在气流从风暴下游流出时气流发展出一个正气压扰动的情况下,即只有在由凝结潜热释放产生的浮力能量中,一部分被用于增加上升气流中气块焓的情况下,这种环流形势才会出现。上面的表达式证明:在图 9.15 以及图 9.18 — 9.20 中所看到的由后向前倾斜上升的流场分布,与沿流线能量守恒是一致的。这种分析所预期的厚抬升层,与西太平洋上较大中尺度对流系统的观测事实吻合。那里入流层的典型厚度是 0.5～4.5 km,有的时候甚至更厚(图 9.22)。我们还可以使用式(9.13)、(9.14)、(9.16)以及式(9.17)中的守恒特性,通过假设流线的几何特征,入流速度,以及由抬升产生的浮力廓线,进一步研究由后向前倾斜上升的入流层以及其他流场(例如下沉的后部入流以及逆转上升气流)其他方面的特征。

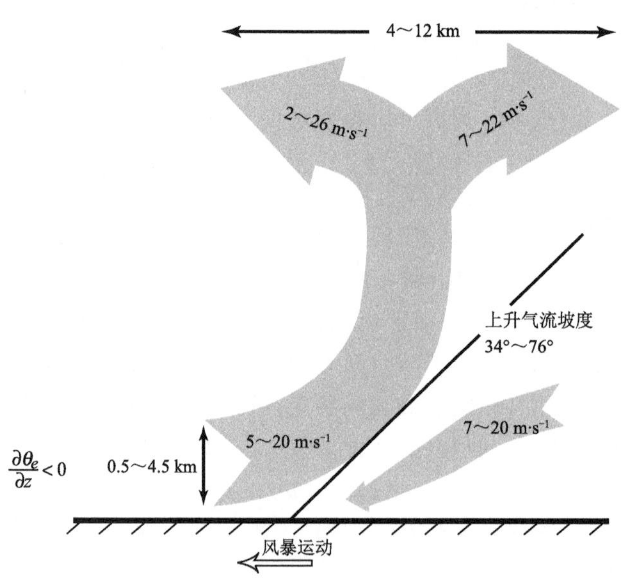

图 9.22　TOGA COARE 试验中机载多普勒雷达观测到的西太平洋上空一个中尺度对流系统对流区里气流的概念模型图。从下往上的数字分别表示入流层的厚度的观测值的范围、入流和出流气流的水平相对速度、上升气流的坡度(相对海表面测量的角度)、水平相对出流速度,以及高空辐散区域的宽度。低层上升入流和中层下曳入流的水平风向常常相反。基于 Kingsmill 和 Houze(1999)给出的图和表,经英国皇家气象学会许可再版

9.3.3 对波动的解释

由于在第9.3.2节中所讨论的拉格朗日理论是针对稳定态以及特定的环境稳定度和风切变条件，因此，它不能解释为什么中尺度对流系统会诱发层状入流以及由前向后的上升运动①。重力波理论解释了中尺度对流系统入流层产生的物理机制。一种观点认为：几千米尺度条件性不稳定释放引发的对流上升运动，可以与中尺度重力波产生结构性的相互作用。这个观点被称之为波动第二类条件性不稳定(Wave-CISK)机制②。为了说明这个理论的公式如何推导，我们用写在上面的平均符号$\overline{(\quad)}$表示一个水平尺度为约10～50 km的中尺度格点区域里的平均状态，并预测这个格点尺度上变量的平均值。为了预测格点尺度的平均风分量，用运动方程式(2.83)计算。如果忽略摩擦、非线性项、科氏力、气压扰动、水汽以及水凝物对浮力的作用，式(2.83)可写为：

$$\frac{\overline{\mathrm{D}}\,\overline{\boldsymbol{v}}}{\mathrm{D}t}=-\frac{1}{\rho_o}\nabla(\overline{p}-p_o)+\left(\frac{\overline{\theta}-\theta_o}{\theta_o}\right)\boldsymbol{k} \tag{9.22}$$

将运动方程与热力学方程式(2.77)联合，其中热力学方程如下：

$$\frac{\overline{\mathrm{D}}\,\overline{\theta}}{\mathrm{D}t}=Q \tag{9.23}$$

式中，

$$Q\equiv\overline{\dot{\mathscr{H}}}-\rho_o^{-1}\nabla\cdot\rho_o\overline{\boldsymbol{v}'\theta'} \tag{9.24}$$

假设加热$\overline{\dot{\mathscr{H}}}$仅由潜热释放产生，则$Q$将潜热加热与由次网格尺度运动引起的感热通量辐合结合，形成一个加热项。结合滞弹性连续方程式(2.54)，方程式(9.22)和式(9.24)可写为一组由变量$\overline{p}$、$\overline{\boldsymbol{v}}$和$\overline{\theta}$构成的方程。这组方程可以用于描述响应了其中嵌入的对流尺度加热的中尺度气流。Q的形式是确定的，这个方程决定了流体对方程所预报加热属性响应的性质。在波动第二类条件性不稳定机制研究中，假定加热与低层参考层z_o上格点尺度风的垂直分量成正比：

$$Q\propto\overline{w}(z_o) \tag{9.25}$$

为了研究流体响应这种方式所表达的加热而产生的波状运动，我们将格点尺度项分解为

① 中尺度对流系统中的运动可能包含重力波动力过程的观念，最早是由第二次世界大战期间在尼日利亚值勤的两名皇家空军预报员R. A. Hamilton和J. W. Archbold提出的。他们使用飞行记录，地面天气观测资料以及非正式的探空资料拼凑出一个图9.15所示的非常准确的包含飑线中尺度对流系统基本要素的模型。用他们的话说，这种"扰动线"表现为一种行波扰动，即"在这种扰动的影响下，不同的气块改变位置，有点类似海面上波浪的样子"。在分析控制系统运动的因素时，他们指出："我们总是想说：扰动线一定是沿着云的主体部分所在的高空盛行气流传播的。但是这样说忽视了扰动线周围风的变化。我们暂且假定我们所面对的是一种波动性的扰动。"他们将扰动线的运动与管道里层状流体简单的重力波进行了比较，得出结论认为简单的波动的运动不像观测到的扰动线。Hamilton和Archbold对"尼日利亚及其周边区域的气象学"的详细报告内容可以参见1945年11月21日出版的英国皇家气象学会期刊(参见Hamilton和Archbold，1945)。

② Wave-CISK理论是在Hayashi(1970)、Lindzen(1974)、Raymond(1976，1983，1984)、Davies(1979)、Emanuel(1982)、Silva Dias等(1984)、Xu和Clark(1984)、Nehrkorn(1986)、Cram等(1992)以及很多其他学者工作的基础上形成的。在这些研究中，Lindzen(1974)描绘了一个类似于热带气旋的动力机制。Charney和Eliassen(1964)引入了"第二类条件性不稳定(CISK)"的概念，用来描述一种假想的协同相互作用。即热带气旋中的摩擦层辐合引起深对流和加热增强，进一步加强或者维持暖心气旋的发展。在这个理论基础上，Lindzen将这种波动和对流云的相互作用合在一起称之为"波动第二类条件性不稳定"机制，即指在一个无黏性的中尺度或者大尺度波动中，辐合(不是摩擦辐合)和上升运动可以维持深对流热源，而深对流热源又会进一步加强或者维持波动发展。

傅里叶分量。为了简单地说明问题,假定只存在 x-z 方向的二维运动,则加热项 Q 可以写为

$$Q = \int_0^\infty \hat{Q}(z)\,\mathrm{e}^{\mathrm{i}(kx-\omega t)}\,\mathrm{d}k \tag{9.26}$$

式中,k 是 x 方向的波数,ω 是频率。$\hat{Q}$ 是 Q 的傅里叶变换系数。其他变量 $\overline{p}$、$\overline{v}$ 和 $\overline{\theta}$ 的格点值也可以用相同的傅里叶变换进行分解,代入式(9.22)、(9.24)以及式(2.54)中,得到一组 $\hat{p}(z)$、$\hat{v}(z)$ 和 $\hat{\theta}(z)$ 的线性齐次方程。求解这组方程,可以得到频散关系 $\omega(k)$ 的诊断方程,它可以用于识别出最快增长的波模态。因为计算结果对式(9.25)中 Q 的参数化细节很敏感,这类分析不会准确地识别出可以解释中尺度对流系统尺度的不稳定模态。然而计算结果表明,在典型的飑线环境风和热力层结特征条件下,会出现一种主导性的增长模态,它具有实际飑线中观测到的层状抬升结构。图 9.23 显示了这种飑线模态的结构。它是由一组与这里给出的方程相类似的方程计算得到的,其中环境条件与真实大气中的飑线相似,Q 的参数化方法由式(9.25)所示。图 9.23 中清楚地呈现了图 9.15、图 9.18 — 9.20 以及图 9.22 中分别给出的由前向后的上升气流、尾部中尺度下曳入流以及前部逆转的上升气流。中尺度由后向前的倾斜上升气流,来自一个厚度约为对流层 1/3～1/2 的入流层。

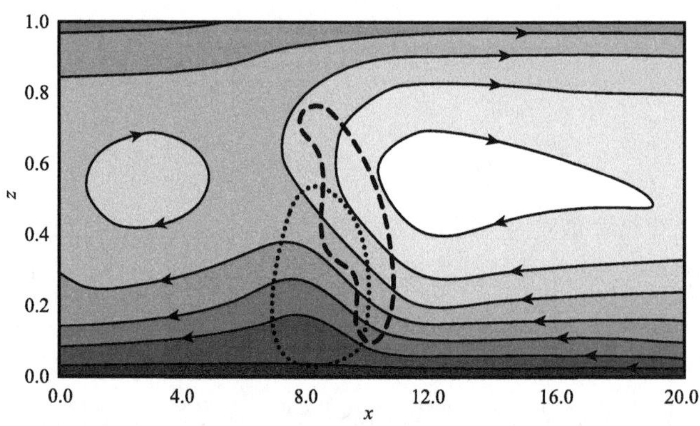

图 9.23　使用波动第二类条件性不稳定假设来代表潜热加热,模拟得到一个中尺度对流系统的流场。虚线和点线所标示的区域分别是上升和下曳区。引自 Raymond(1984),经美国气象学会许可再版

用另一种分析策略,可以看到由前向后的深厚上升气流,是重力波活动的一部分。从一个真实的飑线中尺度对流系统模拟结果中,可以计算出潜热加热和冷却的时间平均场(如图 9.24a 所示)。加热伴随着对流线前缘的对流上升气流,冷却伴随着低层降水驱动的对流下曳气流。如果在加入了以平均形式分布的加热场以后再运行模式,所产生的流场(图 9.24b)就是大气重力内波对稳定加热和冷却源响应的结果。具有几千米厚的入流层就是这种响应结果的一部分(灰色阴影)。这支入流气流在连续气层内抬升,从系统的尾部流出。图 9.25 是一个类似的研究得到的结果,对流加热的中心在图 9.25 比在图 9.24 位置略高。图 9.24 和图 9.25 中水平速度场的分布显示,进入对流区的入流层可以有 3～6 km 厚。随后该入流层在中、高层从前向后倾斜抬升。这个结果表明,一旦对流单体组织起来,或聚集成一个中尺度对流簇,其中包含稳定的热源,深厚的入流层就会产生。从这个视点来看,入流层贯穿整个对流系统是重力波对加热的响应。从对流体后部进来的中层入流,也是这种流型的一部分。这支中层入流气流下降到低层,并与在距地面 3 km 高度内进入系统的风暴前部气流汇合。系统前面的

高层流出气流，也是重力波对平均加热分布的响应。

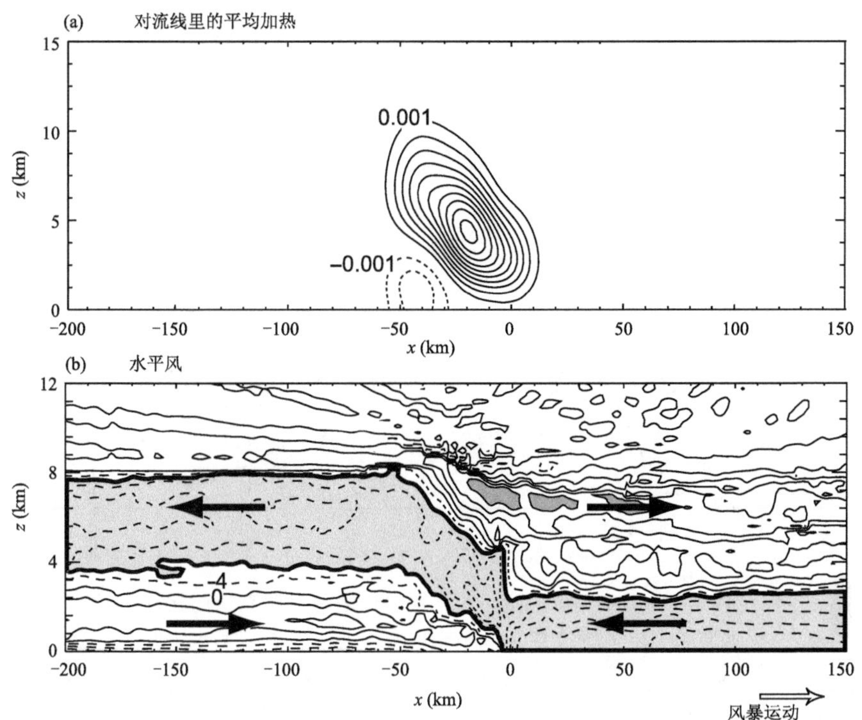

图 9.24　一个前缘线状/尾部层状飑线中尺度对流系统的二维模式模拟结果。(a)时间平均热力强迫，其含义只代表来自前缘对流线的强迫。等值线间隔为 0.001 K・s^{-1}；(b)由图(a)中热力强迫产生的 $t=6$ h 时的水平速度场。其中水平速度场等值线的间隔为 4 m・s^{-1}。箭头表示水平气流的方向。冷池前边界位于 $x=0$ 处。加粗轮廓线以及阴影突出显示源于风暴前面、穿过系统上升的层状入流层。引自 Pandya 和 Durran(1996)，经美国气象学会许可再版

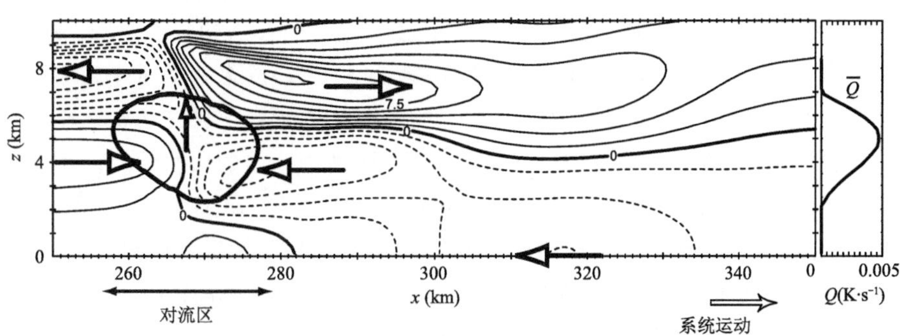

图 9.25　在模拟的中尺度对流系统内对流区加热的响应。黑色圆圈表示加热发生的区域。对流区平均加热廓线如图右侧所示。等值线表示水平风对该加热廓线的响应。垂直剖面图上扰动水平风场等值线的间隔为 1.5 m・s^{-1}，其中虚线表示在垂直剖面上由右向左的气流。箭头突出显示气流相对于系统的运动。根据 Fovell (2002)改编，经英国皇家气象学会许可再版

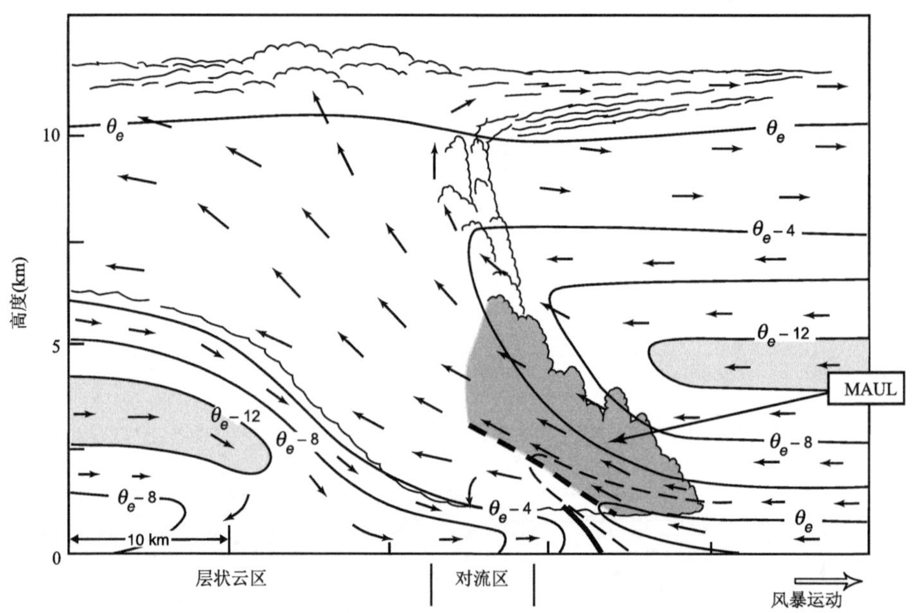

图 9.26 穿越深对流逆转气流的理想垂直剖面。气流方向代表相对于系统的运动,扇形饰边线代表云的边界,实线是 θ_e 的等值线,间隔为 4 K(细虚线是中间间隔线,粗虚线代表最大值的轴线)。粗实线表示外流边界或者锋区,浅灰色的阴影区表示中层 θ_e 低值区,而深灰色阴影区则表示湿绝热不稳定层(Moist Absolutely Unstable Layer,MAUL),根据 Bryan 和 Fritsch(2000)改编,经美国气象学会许可再版

9.3.4 交叉区

从前向后上升、后部入流下曳,以及逆转的上升气流(图 9.18b)是中尺度环流系统的主要组成成员。通过这些成员,中尺度对流系统得以颠覆风暴发生前环境场里存在的潜在不稳定条件。然而,这种颠覆过程不能简单地用这些平均量来解释。在对流层中、下部进入从前向后上升气流的气块,具有强 θ_e 垂直梯度(图 9.18c 中显示在图的最右边)。若这层潜在不稳定的气层抬升并达到饱和,空气变成绝对浮力不稳定(第 2.9.1 节)。多普勒雷达观测资料显示:尽管入流层的空气绝对不稳定,它仍然维持一致连贯、由前向后倾斜上升的结构。显然,不稳定能量的释放,不足以快速或者强大到这样的程度,可以破坏这个基本的层状结构。图 9.26 所标识出的从前向后倾斜上升的这部分气流,作为一个湿绝热不稳定层(MAUL)[①],已经抬升到云底的上面。图 9.27 显示了机载双多普勒雷达观测到的一个湿绝热不稳定层的例子。图 9.27a 给出的是深对流系统雷达回波的反射率分布图。一个倾斜的辐合层标示出由前向后倾斜上升气流的底部(图 9.27b)。在不稳定能量释放的地方,倾斜上升运动($w>0$)会出现一个局地最大值(图 9.27c)。这个倾斜层用水平风 u 分量零线所围区域来表示(图 9.27d 中 $u<0$ 的带状区域)。这样的运动学结构在多普勒雷达资料中会反复出现。对西太平洋上空出现的较大中尺度对流系统周围所获取的飞机观测资料进行统计分析发现,供给中尺度上升运动的气层,平均厚度约 0.5~4.5 km,有时会更深厚。气层内的空气具有潜在不稳定的特征(图 9.22)。

① 该术语是由 Bryan 和 Fritsch(2000)引入。

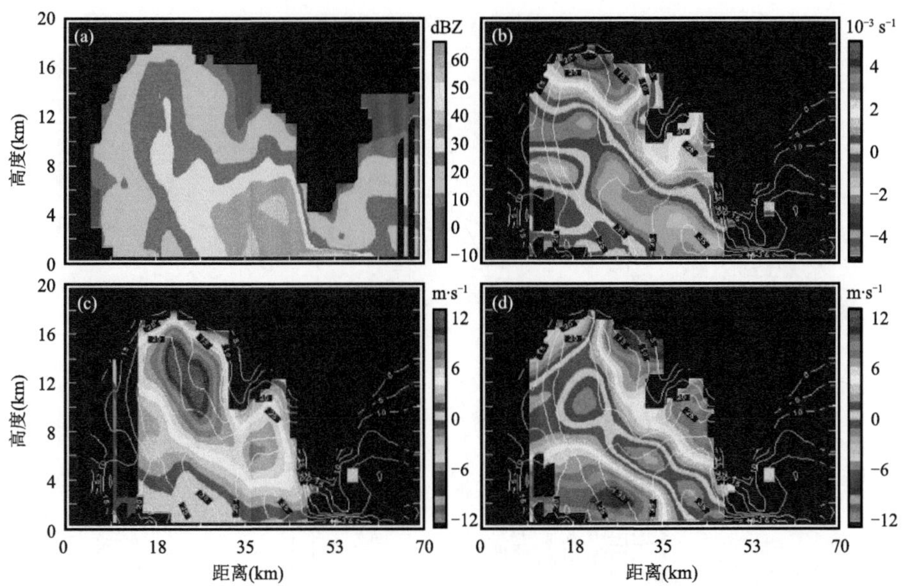

图 9.27　1992 年 12 月 15 日 16:47 UTC NOAA WP-3D 飓风"猎人(Hunter)"飞机上搭载的双多普勒雷达观测所获取的资料绘制的垂直剖面图。剖面图呈西南—东北走向(SW－NE)，经过一个深对流单体。(a)雷达反射率(dBZ)；(b)水平散度(s^{-1})；(c)双多普勒雷达反演风场的垂直分量(w)；(d)双多普勒雷达反演风场的径向分量(u)。(b)—(d)中的浅黄等值线表示图(a)中的雷达反射率。引自 Houze 等(2000)，经美国气象学会许可再版

若这个潜在不稳定层在冷池的上面被迫抬升，位于不稳定层底部的高 θ_e 空气会形成局地向上加速运动的自由对流热泡(例如，在图 9.15 中对流区内新的、成熟的、衰老的单体)。位于潜在不稳定层顶部的低 θ_e 空气，可能通过第 7.3 节和第 7.4 节中所讨论的过程被夹卷，并入源自该层底部的上升气流核里。夹卷的空气会随着上升气流抬升，但是由于夹卷的稀释作用，浮力减小了，上升运动逐渐减缓，或者把一部分能量补充给对流下曳运动(这会在第 9.4.3 节中进一步阐述)。因此，对流区是气流交叉区，那里对流层中下部的空气进入风暴的前部，在瞬变的对流尺度运动里朝各个方向流出。这种气流的交叉过程以示意的形式描绘在概念图 9.28 中。数值模拟结果表示在图 9.29 中。其中对流区内气流的交叉表现为垂直速度 w 和 θ_e 具有最大的正相关。存在这种关系是由于瞬间的对流上升和下曳气流，系统性地分别与正和负的 θ_e 扰动相对应。气流交叉的结果是 θ_e 在由前向后倾斜上升的平均气流中不再守恒。最终从这个区域的后部边界约 7 km 高度上流出的气流，最大相当位温(θ_e)$<$330 K，而低层入流中最大相当位温则约为 336 K。图 9.18c 中所示 θ_e 的层结特征，在由前向后倾斜上升的气流遇到冷池时，立即显著改变。

在由前向后倾斜的上升气流中，气流的转向是高度三维空间的。图 9.30 表示模拟出的进入一个中尺度对流系统前缘对流区的气流轨迹。所有轨迹线的源地都从系统前一个 6 km 厚的气层里出发。轨迹图显示气流呈层状抬升(图 9.30b)。图 9.30b 中气流轨迹的垂直投影进一步显示了气流在抬升层里发生转向的情况。起源于上升气流层底部的入流气流最后升到该层的顶部(注意黄色和紫色轨迹线在上升过程是如何交叉的)。从这些轨迹线可以看到，即使在上升运动层里维持着协同一致结构的情况下，混合过程也会使 θ_e 的垂直廓线发生颠倒。它

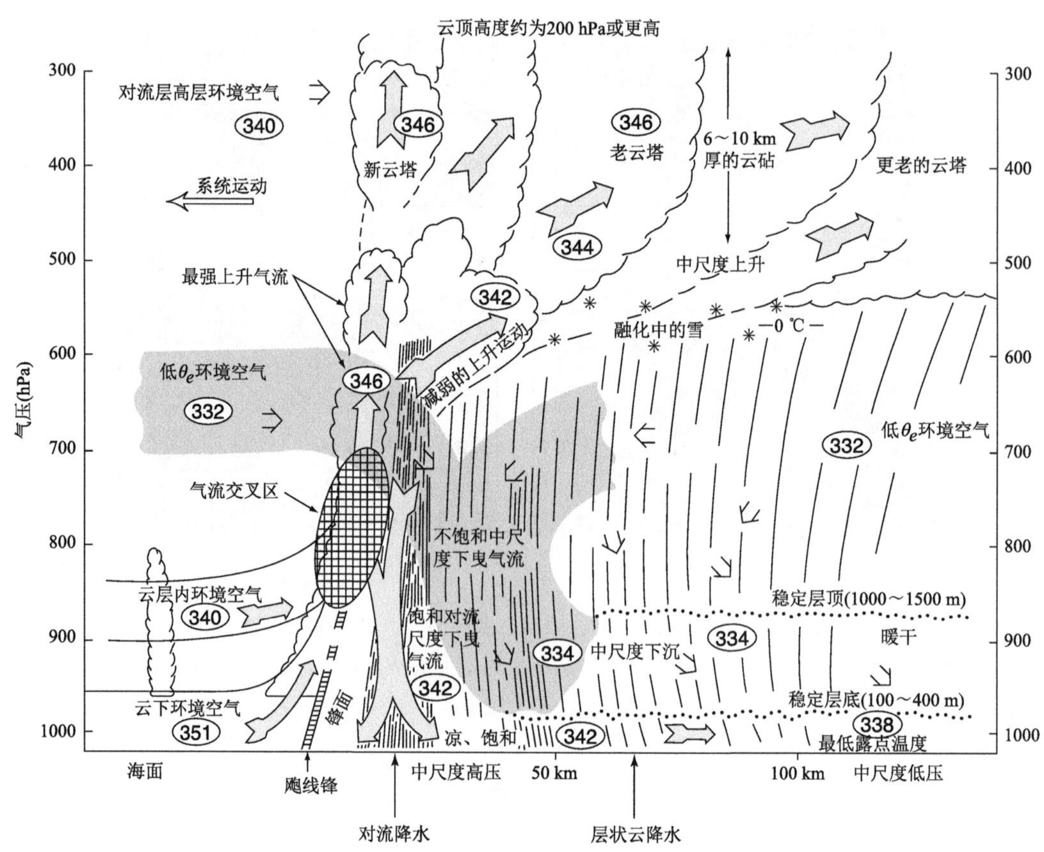

图 9.28 带有尾随层状云降水区热带海洋飑线的概念模型图。所有气流的方向都相对于飑线的运动方向(从右向左运动)。在椭圆上的数字是典型的相当位温(单位:K)值。引自 Zipser(1977),经美国气象学会许可再版

们同时也说明层结改变,要求存在三维空间里交叉的气流。由轨迹线的水平投影结果可以看到:模型的轨迹线在气流转向的过程中是向外散开的(图 9.30c)。这说明在次网格尺度上也会出现混合过程。用于计算轨迹的模式对次网格混合过程进行了参数化,因此,根据模式得到的轨迹,很难推测实际过程的真相。在下一节中我们将对对流区内转向过程的细致结构进行详细讨论。

9.4 对流区的细节特征

9.4.1 观测气流

图 9.31 显示根据多个多普勒雷达合成分析(第 4.9.7 节)得到的,一个中尺度对流系统对流区里气流的典型分布。图中可以清楚地看到主气流歪歪扭扭地倾斜上滑,向系统尾部流去。在这支主上升气流上,叠加有尖锐的突起部分,对应跨过对流区的剖面里一个个对流单体。气流中每个突起部分,都对应有反射率的极大值,连续的突起部分阶梯状地把上升气流逐渐抬高。其中位于第二级阶梯上的对流单体反射率最强。图 9.32 给出了另一个例子,图中等值线

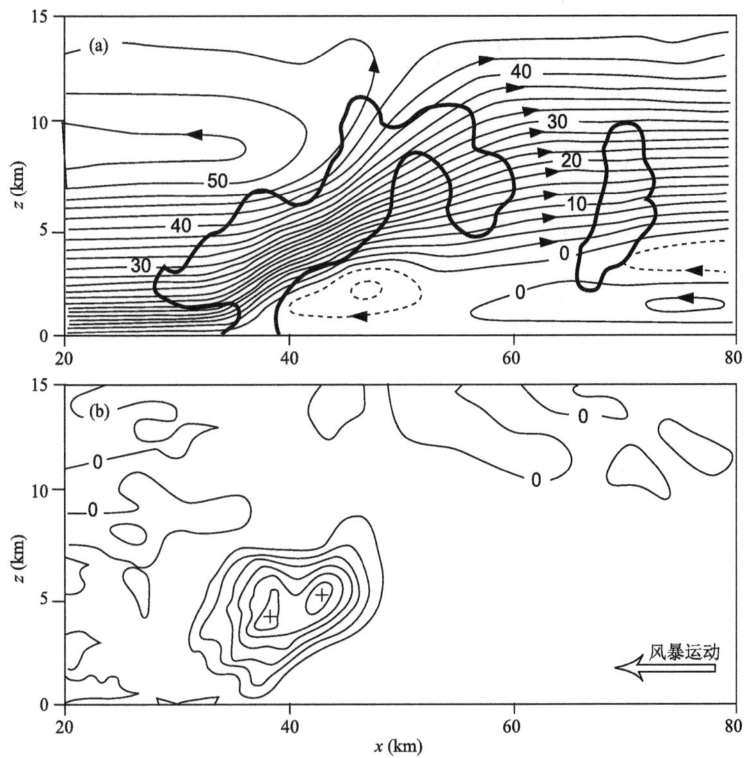

图 9.29　带有尾随层状云降水区飑线的二维模拟所示的上升-下曳气流交叉区。(a)二维气流的流函数(相对单位)以及具有显著正相关的 w 和 θ_e 扰动相互叠合的区域(圈出的区域里相关系数大于 0.6);(b) 与 w 和 θ_e 扰动有关系的 θ_e 垂直涡动通量,间隔为 5 K·m·s^{-1},+ 表示极值。由 w 和 θ_e 的正相关关系表明:气流交叉区为一个具有强涡动通量的区域,其中心位于 $x\approx 40$ km,$z\approx 5$ km 的上升运动区内。引自 Redelsperger 和 Lafore (1988),经美国气象学会许可再版

为垂直速度。在这个例子中我们又一次看到,上升气流接续出现在较高的高度上。在这个例子中,对流区内也看到强的下曳气流。这种对流尺度的下曳气流可以分为两类。其中低层的下曳气流与强降水有关,而且可以很明显看到,由降水引发的这类下曳气流通常与积雨云的雨柱或雹区相伴(第 8.2 节、第 8.3 节和第 8.10 节)。低层下曳气流不断输入到堆积在对流区下面冷空气池里,该冷池的前沿就是阵风锋,即中尺度系统的前沿(图 9.15)。除了低层下曳气流以外,位于高层的下曳气流则会在浮力上升气流中心的两侧出现。浮力上升气流两侧的高层下曳气流,是向下的气压扰动力造成的。对式(7.8)应用适当的边界条件,结果表明当浮升云体接近坚韧的上边界时,这个向下的气压扰动力会变强。

9.4.2　气压扰动场

中尺度对流系统的热力结构比气流更难解释,气流还可以用多普勒雷达观测。飞机观测任务中获取了一些关于热力结构的观测数据。飑线的一个突出的热力结构特征是具有一个小的低压中心,该中心大约 10 km 宽,位于对流区里向上向后倾斜浮力上升气流通道的下面。图 9.33 是几次穿越飑线飞机测量结果的平均,低压中心位于对流区内最强单体的下方,与扰

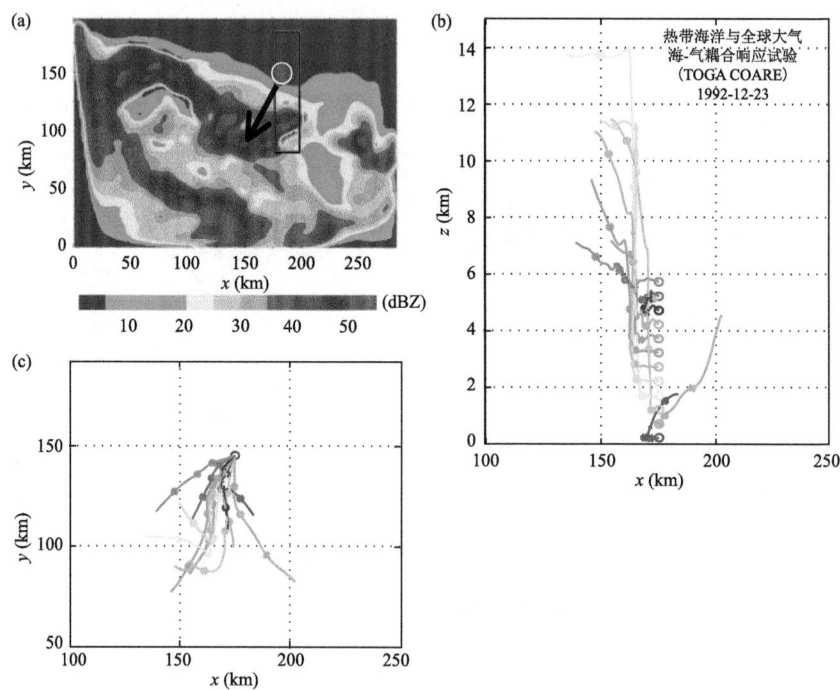

图 9.30 (a)模式模拟的西太平洋上空一个中尺度对流系统的反射率(dBZ);图(a)中的方框表示用于计算轨迹的初始示踪物分布的水平跨度。在模式积分的 3.5 h 内计算出 12 条轨迹。示踪物的初始位置位于距离垂直气柱 500 m 远的地方。初始位置用一个小圆圈表示。箭头表示低层气流的主要方向。(b)轨迹投影到 x-z(东-西)垂直平面上的结果。(c)投影到 x-y 平面(水平)上的结果。起始位置用圆圈表示,每小时的位置用 x 表示。引自 Mechem 等(2002),经英国皇家气象学会许可再版

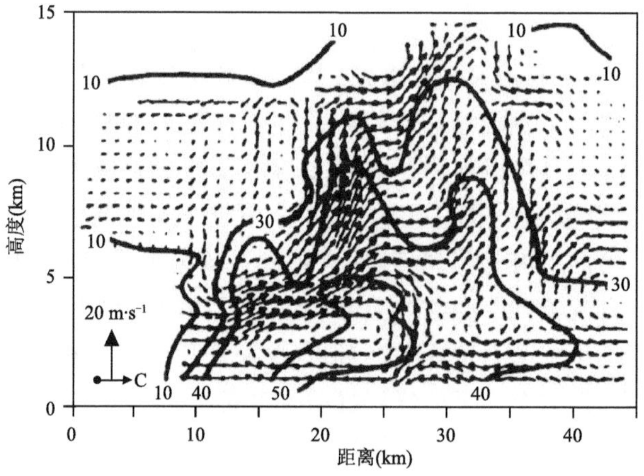

图 9.31 一个热带中尺度对流系统对流区里的气流分布,1981 年 6 月 23 日在西非象牙海岸由多部多普勒雷达观测合成分析得到。系统正在从右向左移动。垂直箭头表示气流矢量的大小。水平箭头 C 表示个别对流单体的速度。气流运动的矢量是相对于单体计算得到的。等值线表示雷达反射率(dBZ)。这个风暴的其他特征在图 9.36 以及图 9.53 中也显示了。引自 Roux(1988),经美国气象学会许可再版

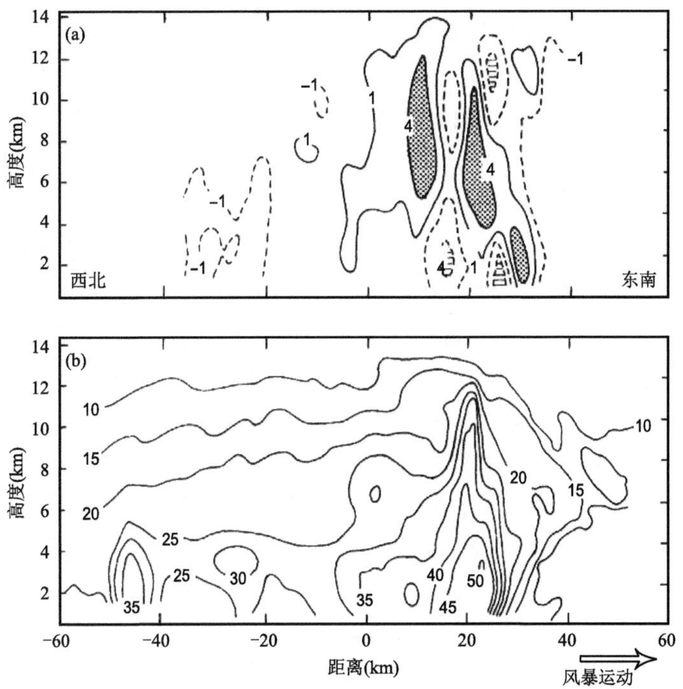

图 9.32 带有尾随层状云降水区飑线的对流区内垂直速度($m \cdot s^{-1}$)(a)以及雷达反射率(dBZ)(b)的等值线。图 9.17、9.47、9.50、9.57、9.58、9.60 — 9.62 以及图 9.65 中,介绍了有关这个风暴的其他方面的特征。引自 Houze(1989),经英国皇家气象学会许可再版

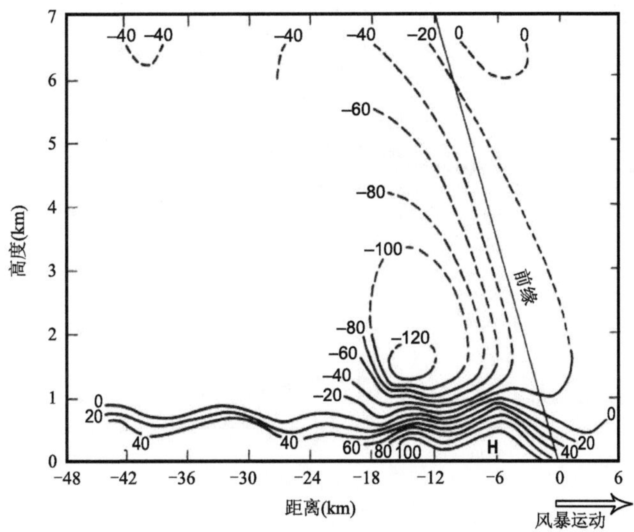

图 9.33 基于对移速超过 7 $m \cdot s^{-1}$ 的热带飑线所进行的一系列飞机观测资料,合成分析得到的气压扰动场(等值线间隔 20 Pa)。引自 LeMone 等(1984),经美国气象学会许可再版

动气压(p_B^*)的浮力分量有关。在浮升气柱的底部,扰动气压要求达到最小值,如图 7.1 中气块的受力线所示。飞机测量的气压扰动最小值大致与浮力扰动处于静力平衡状态。飞机在气

柱里略高处观测的结果也是这样的。单从飞机观测资料来看,很难明显地看出,除了浮力以外是否还有别的动力机制,导致这种气压扰动最低值的产生。

模式模拟结果表明气压扰动的最小值在很大的程度上是静力的,但是在强的飑线环流中,与阵风锋前部特征性的涡旋[第 8.11 节中式(8.52)以及图 8.62]有关系的动力气压扰动(p_D^*),也做出了重要的贡献。图 9.34 所示的气压扰动分布,与图 9.18 中所示的时间平均模式环流,是相互对应的。总的气压扰动 p^*(图 9.34a)分布上可以看到在冷池头部的顶端有一个小尺度低压,该低压正位于由前向后倾斜上升的气流之下,具体可参见图 9.33 所示的飞机资料合成图。此外,还有三个 p^* 的极大值:一个小尺度的 p^* 最大值位于冷池前沿地面附近,另一个浅薄的 p^* 次大值位于冷池头部正下方的边界层里,还有一个范围较广的高空最大值几乎占据了整个尾随层状云区。在图 9.34b 和图 9.34c 中,总的气压扰动可以分解为浮力引起的扰动 p_B^* 以及动力过程引起的扰动 p_D^*。从这些补充的垂直剖面图上,可以看到各个扰动分量对图 9.34a 中总气压扰动所作的贡献。对比图 9.34a 和图 9.34b 可以看到,总的气压扰动主要受浮力分量的控制。一个例外是图 9.34a 所示的冷池前沿靠近地面的小尺度的 p^* 最大值,它在浮力气压扰动场中并不明显。它完全是一个由动力过程引起的现象,在图 9.34c 中表现得很明显。在第 8.11 节中描绘了这种特征,其数学表达式是式(8.52)。这是一种由动力过

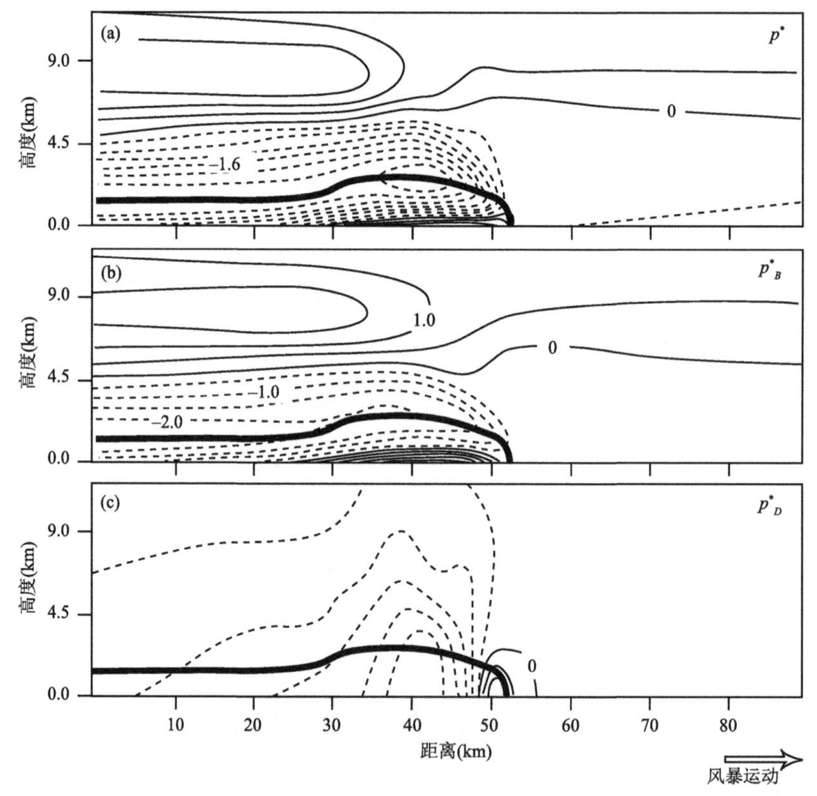

图 9.34 伴有尾随层状云降水区飑线模拟的时间平均结果中,对流区内气压扰动的分布情况。该气压扰动的分布与图 9.18 所示的其他要素分布是相互匹配的。(a)总的气压扰动,间隔 0.4 hPa;(b)气压扰动的浮力项,间隔 0.5 hPa;(c)气压扰动的动力项,间隔 0.2 hPa。负值用虚线表示。引自 Fovell 和 Ogura (1988),经美国气象学会许可再版

程产生的现象。它发生在低层入流气流停滞下来，并且运动学能量转化为焓的地方。它只出现在 p_D^* 场中，这样的表现进一步肯定了这种解释。在 p_D^* 分布场上另一个有趣的特征是气压的最小值出现在前部冷池的中段。这个最小值与一个涡度场有关。涡度场位于冷池的上面向后流动的气流，和它下面冷池里向前流动气流之间的交界面上。如图 9.18b 所示，平均流场上气压最小值地方对应为一个涡旋中心。这个涡旋，以及它伴随的旋转气压最小值，表现为第 8.11 节中所描述的密度流外流的头部，其数学表达为式(8.52)。从图 9.34b 和图 9.34c 中可以看到，这个气压扰动分量的最小值正好位于浮力扰动分量最小值之前。这是位于该点之上的一个深厚浮力上升运动层作用的结果。与只有浮力作用的情况相比，两个最小值的叠加，使得总的气压场上气压最小值范围更大、强度更强(图 9.34a)。由此看来，认为如图 9.33 中那些资料所示的气压最小值，单纯是一个静力的，或者单纯是一个动力的气压最低值，都是过于简单化的想法。

9.4.3 温度和水汽扰动

由于穿越中尺度对流系统高质量的飞机观测热力资料很少，因此，有必要借助间接手段，从(时空)覆盖范围更大的资料中，反演出带有尾随层状云降水飑线的各种信息，其中不仅包括云和降水含量，也包括热力场。使用第 4.9.7 节中所描述的方法，从双多普勒风场来推导热力

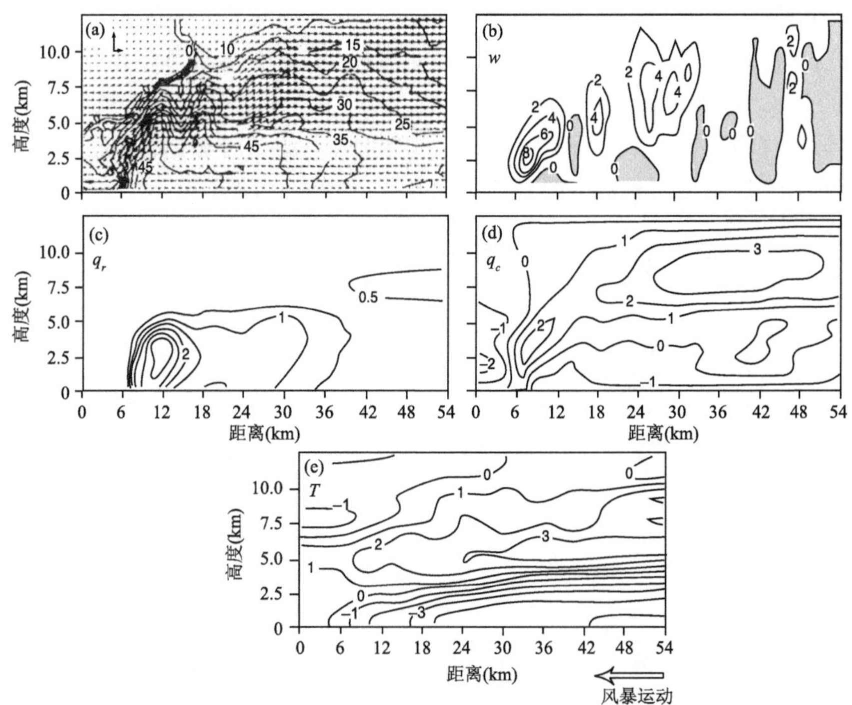

图 9.35 图 9.7、9.52 以及图 9.64 中所示的伴有尾随层状云降水区的西非热带飑线对流区内的气流、水汽以及热力场分布。气流根据双多普勒雷达观测合成分析得到，其他要素场信息根据第 4.9.7 节中描述的反演方法计算得到。(a)风场(矢量 15 m·s^{-1}，左上角标注了长度)以及反射率(dBZ)；(b)垂直速度场(m·s^{-1})；(c)降水(6 km 以下为雨，以上为霰)混合比(g·kg^{-1})；(d)云水(正)和饱和差(负)混合比(g·kg^{-1})；(e)温度扰动(K)。引自 Hauser 等(1988)，经美国气象学会许可再版

结构是一种有效的方法。图 9.35 所示的是根据这种方法反演得到的一个热带飑线系统的水汽和温度场分布示例。图 9.7 是该系统对应的雷达反射率的结构特征。第一个垂直剖面(图 9.35a)所示的是在对流区内观测的多普勒雷达反射率和风(与图 9.31 中给出的例子非常相似)。而图 9.35b 给出的是垂直速度分量的等值线(与图 9.32 相似,不过在本例的分析中下曳气流没有很好地描述)。图 9.35c — e 分别给出的是反演的雨水、云水以及扰动位温的分布。图 9.35c 中反演的雨水场与图 9.35a 中反射率场的分布很相似,而图 9.35d 所示的云水含量与图 9.35b 的垂直速度场很一致。云水最大值位于上升运动最大的地方。而云水的饱和差(负值区)出现在低层下曳区内。图 9.35e 反演的温度场显示了外流池内温度扰动为 −5～0 ℃的冷空气。图 9.35b 中,把 0 ℃等温线叠加在垂直速度场上,说明上升气流是如何在冷池前沿被激发,越过冷池,作为冷池上方的空气向后流动的。在这个过程中,可以看到在这支上升空气下面的冷空气下沉。图 9.35e 中上升运动区的空气里,存在一个达到 3 ℃的正温度扰动。在比图 9.35b 所示的上升运动还要强的例子中,温度扰动可能会更高——也许会达到本例中所看到的 2 倍。

图 9.36 给出了另一个热带飑线对流区内反演出的热力场示例。图 9.36a 是反演的总浮力,总浮力在这里依照公式(2.50)定义,因此,它不仅包含温度、水汽、气压的贡献,还包括凝结水的作用。这里用位温 θ_a 来表示总浮力,本例中不将其进一步分解成不同的分量。凝结过程由于抵消了一部分与正位温和水汽异常有关的正浮力,对总浮力起反作用。因此,总浮力的最大值(通常达到约 4 ℃,对应最强上升运动)意味着实际上出现了比这个值还要大的温度扰动。这个结论与这个区域内出现的雷达反射率大值是相符的,即水含量对浮力有大的负贡献。因此,最大温度扰动可能比 4 ℃要高出好几度,如图 9.36b 所示的气压扰动场上可以看到,就在主要对流单体正浮力区的正下方,出现一个气压扰动最小值。这个根据雷达资料反演的气压分布场,与图 9.33 所示的飞机观测得到的扰动气压 p^* 是一致的。

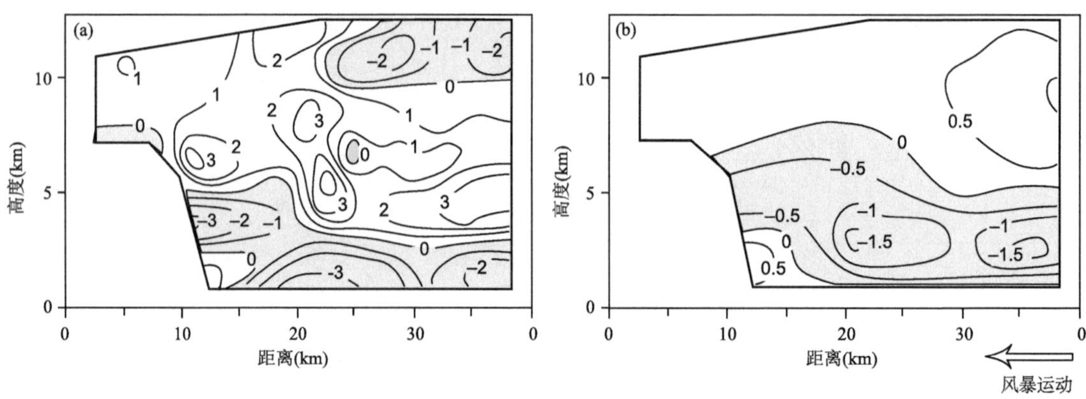

图 9.36 图 9.31 和 9.53 中的热带飑线系统反演的热力场分布。(a)用位温 θ_a(单位:K)表示的浮力;(b)气压扰动 p^*(单位:hPa)。引自 Roux(1988),经美国气象学会许可再版

9.4.4 对流线的多核特征和单体生命史

关于中尺度对流系统内部风、热力结构以及水含量的观测资料非常匮乏。而模式可以捕捉到那些在观测中一闪而过的现象,以及它们的发展过程。所以第 7.3.7 节中所讨论的云模

式模拟结果，是进一步理解和认识这些云系统的重要工具。图 9.37 显示一个飑线系统中对流部分二维模拟结果。这个模拟没有考虑冰相微物理过程，因此，尾随层状云区没有被很好地模拟出来。在本章的后面部分我们会看到，若在模式中考虑了冰相微物理过程，层状云区就会被较好地模拟出来。尽管缺少冰晶粒子，如图 9.37 所示，对流区还是很好地被模拟出来了。模拟对流区的基本演变过程与第 8.12 节中讨论的线状多单体风暴很相似。一连串对流单体分布在整个对流区内，其中每个单体都经历如图 8.69 所示的生命演化过程。图 9.37a 中这些单体都具有清晰的强雷达回波反射率核。穿过对流区的相对于系统的气流与图 9.31 和图 9.35 中所观测的个例相同。从图 9.37c 可以看到，在冷池上面倾斜上升的气流，由源自风暴前部边界层里的高 θ_e 空气组成。当这股气流在阵风锋上面被抬升时，浮力上升气流产生，并在阵风锋附近发展出一个单体。根据图 9.37d 和图 9.37f 所示，这股上升气流的最大上升速度超过 8 m・s^{-1}，位温扰动最大值约为 8 ℃。这些数值与图 9.35 和图 9.36 中雷达资料的反演结果在总体上是一致的(在图 9.35 的例子中，温度扰动只有本例的一半，但是那个例子比图 9.37 的模拟结果，以及图 9.36 的雷达反演结果都要弱)。每个单体在倾斜向上的气流中相对于系统向后平流。因此，在系统前沿后面的第二个单体相对要更成熟。与前面的单体一样，这个单体也具有强的上升气流和暖湿空气特征。靠近尾部的第三个单体正处于减弱阶段，根据反射率、w 以及温度扰动的大小判断，它比前两个单体所处的高度更高，而且更弱。如图 8.69 所示，从

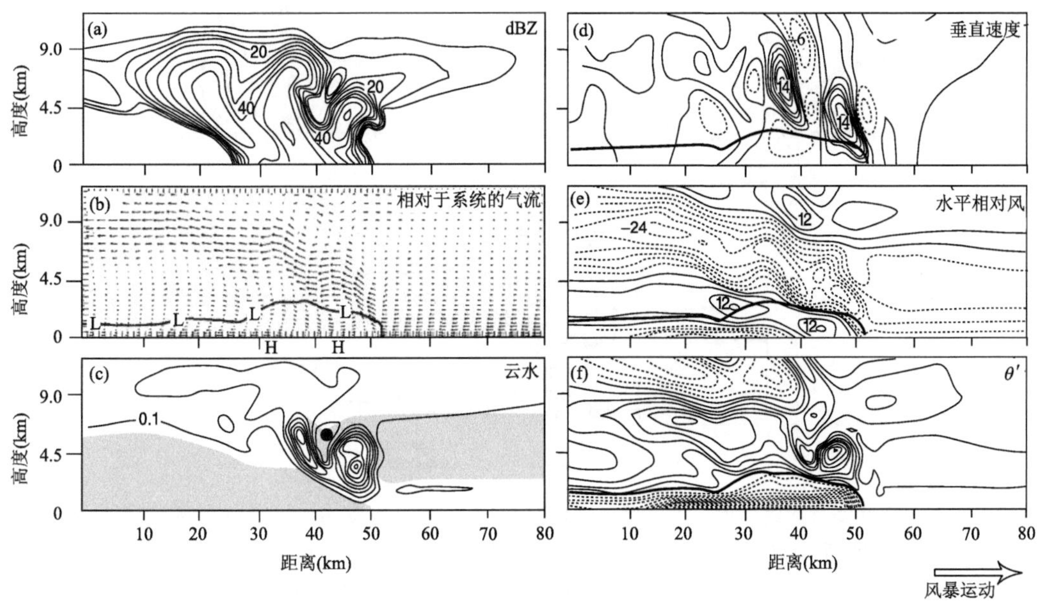

图 9.37　二维数值模拟的飑线系统的对流部分。(a)模拟的雷达反射率(间隔为 5 dBZ)；(b)相对于系统的气流。标示了风矢量的大小，每个格点长度代表 14 m・s^{-1}；低压和高压中心分别用 L 和 H 表示；(c)云水混合比(等值线从 0.1 g・kg^{-1}开始，间隔 0.5 g・kg^{-1})。阴影区表示相当位温 $\theta_e < 327$ K 的区域，大圆点表示被追踪的气块；(d)间隔为 2 m・s^{-1}的垂直速度，其中负值(向下)用虚线表示，数字表示某些极大和极小值；(e)垂直于前缘对流线的相对系统的水平风，间隔 4 m・s^{-1}，负值(从右到左)用虚线表示，数字表示某些极大和极小值；(f)扰动位温(K)等值线，间隔为 1 K，(b)、(d)、(e)和(f)中的粗实线标示冷池(负扰动位温区)。引自 Fovell 和 Ogura(1988)，经美国气象学会许可再版

风暴前方对流层中部产生的具有低 θ_e 的气块,夹在第一和第二个单体之间汇入下曳气流。图 9.37c 中大圆点标示了一团具有低 θ_e 的气块,它下沉到前面两个单体之间的下曳气流里,最终进入冷池。位于每个对流上升气流两侧的对流尺度下曳气流,是对流单体结构的组成部分。它们与图 9.32a 中多普勒雷达反演的垂直速度 w 场上,两股对流上升气流之间的高层下曳气流相对应。而在图 9.37d 中第二和第三个上升气流中心的下面出现的下沉运动,是由降水产生的低层下曳气流。图 9.37e 中位于向后流动的上升气流层下面,由后向前流的气流层,则是图 9.15 概念模型中描绘的下沉尾部入流气流。这股气流从层状云区进入对流区,然后下沉到强对流单体下面的冷池中。

图 9.38 是基于模拟结果,对冷池(图 9.38a)前沿形成并向风暴尾部移动的单体生命演化过程的物理解释。被抬升的气块成为浮力上升体(图 9.38b 中椭圆阴影区),浮力上升体伴有受浮力气压梯度力的作用而产生的环流(第 7.2 节)。上升气流层内的平均风,将这些浮力上升体以及与其相伴的受气压梯度力驱动产生的环流,在冷池的上面向后平流。随着其不断向后移动,悬浮气块最终将与冷池前端的突出部分分离(图 9.38c)。

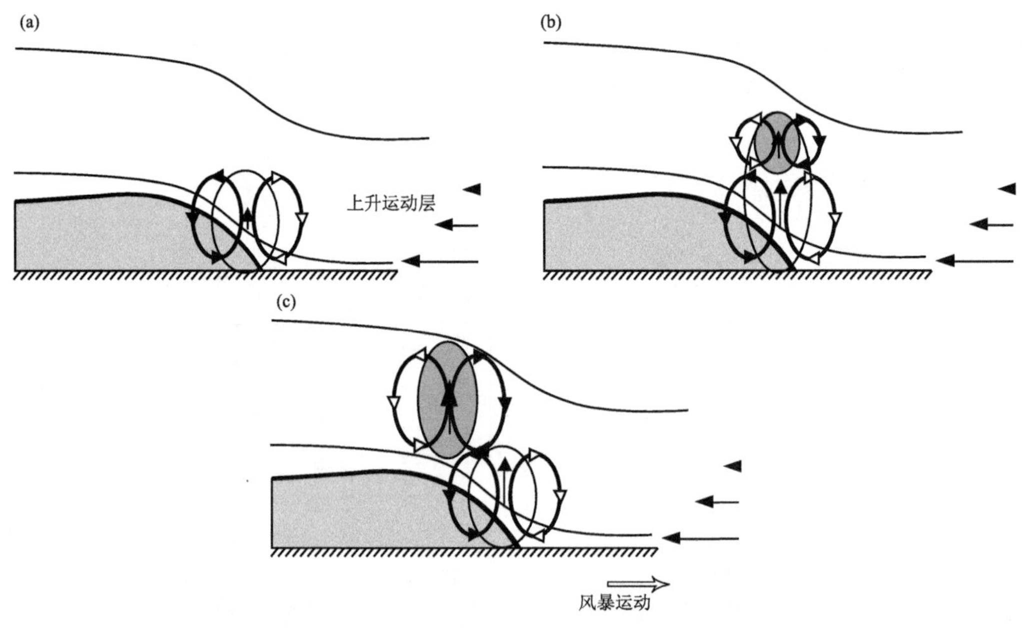

图 9.38 中尺度对流系统对流区内一个浮升单体(椭圆)的说明。(a)冷池前端的环流倾向(阴影区);(b)正浮力区(填色的椭圆区)和与其有关的受扰动气压场强迫产生的环流倾向;(c)与(b)相同但在时间上晚于(b)。引自 Fovell 和 Tan(1998),经美国气象学会许可再版

尽管图 9.37 中所表示一系列对流单体的特征是由二维模式模拟得到的,但是这个模拟结果的结构特征,与真实观测到的带有尾随层状云降水区的飑线对流体非常相似。特别当垂直剖面的走向与跨越飑线的相对气流方向平行时,模拟结果与实际观测结果几乎相同。然而在真实大气中的飑线系统内,沿飑线方向的结构差异是很大的。图 9.39 所示的是一个模拟的带有尾随层状云降水区的飑线三维结构的平面图。它的垂直结构与图 9.37 非常相似。但是图 9.39 所示的水平分布显示,唯一的二维共性的特征是:上升运动出现在低层阵风锋附近。图 9.39a 中,在 1 km 高度上的上升气流连续分布在一个狭窄的条带内。在这条前缘上升气流后

面的对流下曳气流，则具有单体状的结构特征。上升气流连续分布的二维线状结构，随着高度升高很快消失。至 2.8 km(图 9.39b)处，上升和下曳气流都表现出高度单体状的结构特征。

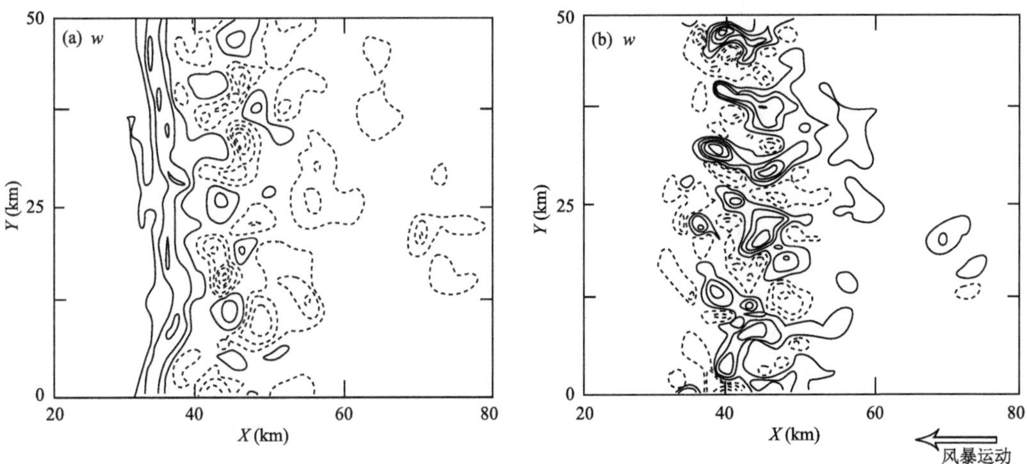

图 9.39 带有尾随层状云降水区的一个飑线，三维模拟中对流区内垂直速度的水平分布。(a)在 1 km 高度上，正值(实线)等值线从 1 $m \cdot s^{-1}$ 开始，间隔 2 $m \cdot s^{-1}$；负值(虚线)从 -0.5 $m \cdot s^{-1}$ 开始，间隔 1 $m \cdot s^{-1}$；零等值线没有显示。(b) 2.8 km 高度上，正值(实线)从 2 $m \cdot s^{-1}$ 开始，间隔 4 $m \cdot s^{-1}$；负(虚线)值从 -1 $m \cdot s^{-1}$ 开始，间隔 2 $m \cdot s^{-1}$；零等值线没有显示。引自 Redelsperger 和 Lafore(1988)，经美国气象学会许可再版

在雷达反射率观测资料上，经常会看到在飑线系统前缘对流线里的对流单体呈拉长的雪茄状，并与阵风锋呈 45°角(图 9.8)①。图 9.39b 中所示的垂直速度分布与雷达观测到的那种拉长的单体结构非常相似。从极高分辨率的模拟结果可见，在整体为上升气流的气层内，浮升的气块沿着切变方向排列，并呈滚轴状(上下)翻转(图 9.40)。

9.4.5 重力波以及它与平流层的相互作用

我们现在看到在飑线对流区里，对流上升气块在阵风锋附近不断地形成、上升，然后相对于风暴向后移动(图 9.38)。当对流上升气块向后平流并向上运动时，它们会嵌进饱和、大范围、稳定的深厚层状云系里，在那里它们具有重力波的特征(图 9.41)②。当上升气块达到对流层顶时，它们扰动了平流层的底部。在这个过程中，它们如同行进中的机械振荡器，在温度几乎一样的平流层低层激发重力波。图 9.42 中模式模拟的结果说明了这样的波动③。所使用的模式属于第 7.3.7 节中讨论的那种，其本质与图 8.69 中描述的用于对流线模拟的模式相同。在图 9.42 中给出的例子里，假设基本态是在平流层高度上不存在相对于风暴的气流。当平流层的响应由波动组成，其等位相线向后倾斜，其周期与对流层上升运动强迫的主周期匹配时，图中所示的风暴就进入了它的成熟阶段。一些非常弱的向前倾斜的波动也会出现，但是在

① 拉长单体的现象最早是由 Ligda(1956)发现的，但是他的这个重要发现却被忽视了几十年，因为这篇论文发表在法国召开的一个滑翔运动会议的一个鲜为人知的学报上。

② 详见 Yang 和 Houze(1995)以及 Fovell 和 Tan(1998)。

③ Fovell 等(1992)所作的模拟试验。

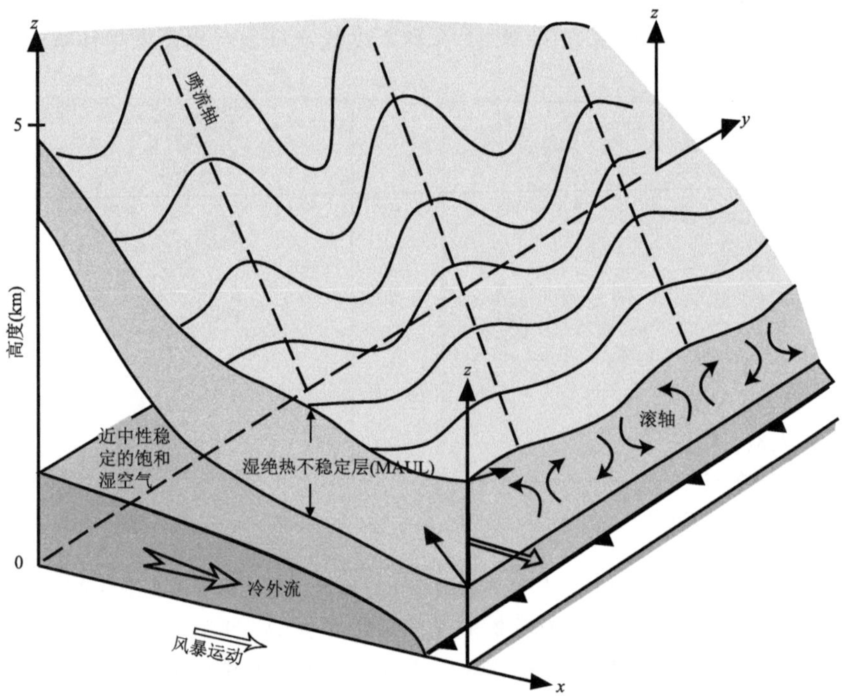

图 9.40　中尺度对流系统对流区内滚轴涡旋概念图。在湿绝热不稳定层（MAUL）顶部和底部的粗实线箭头标示相对地面气流。双线箭头表示风切变矢量。在这个概念图中，云羽轴与地面阵风锋并不垂直（当它们在模拟中存在的时候）。注意风切变矢量可以不与阵风锋垂直。引自 Rryan 和 Fritsch（2003），经美国气象学会许可再版

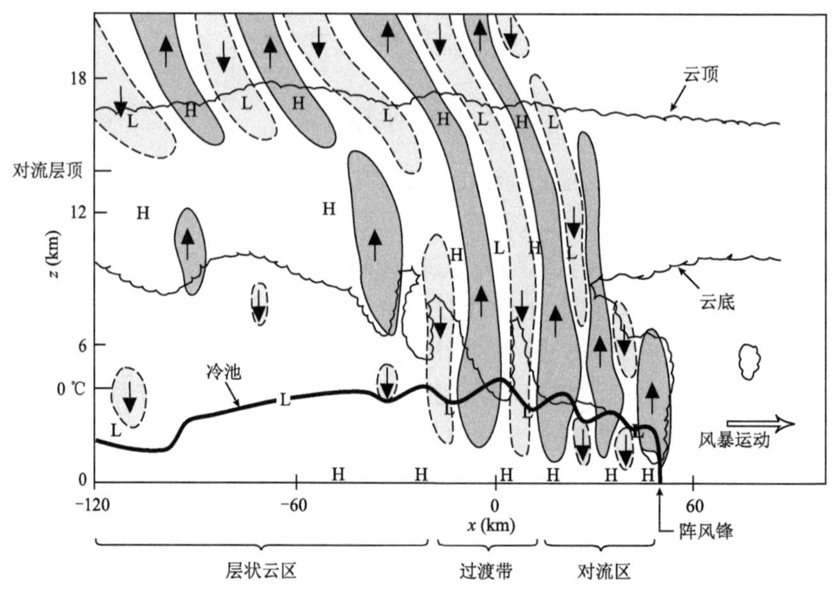

图 9.41　模拟的一个成熟阶段多单体中尺度对流系统重力波结构的概念模型。深色阴影区表示上升运动 $>1\ \mathrm{m \cdot s^{-1}}$ 的区域，浅色阴影区表示下沉运动 $<-1\ \mathrm{m \cdot s^{-1}}$ 的区域。粗线表示用位温扰动 −1 K 定义的冷池区。云区用非降水的水凝物混合比为 $0.5\ \mathrm{g \cdot kg^{-1}}$ 的等值线表示，L 和 H 分别代表扰动气压的低值和高值中心。引自 Yang 和 Houze（1995），经美国气象学会许可再版

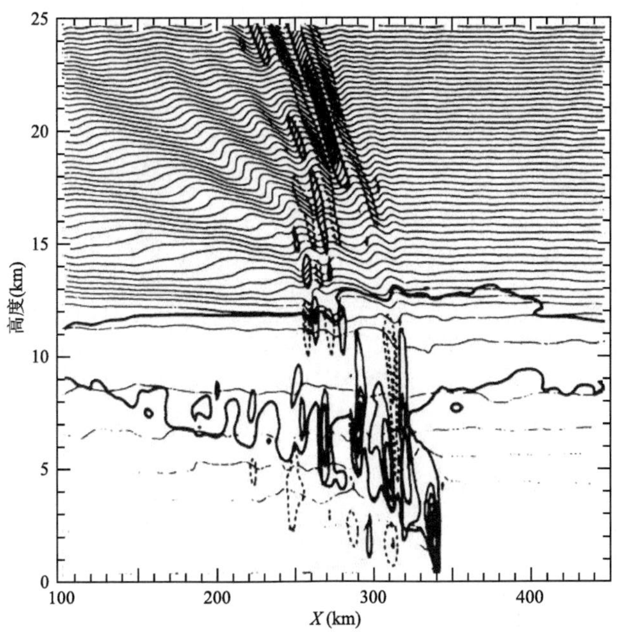

图 9.42 带有尾随层状云降水飑线的数值模拟结果。计算结果给出了平流层低层(从 13 km 向上)重力波的结构。细线表示位温等值线(4 K 间隔)。粗实线代表云的边界,加粗等值线给出的是垂直速度(间隔为 3 m·s^{-1},下沉运动区用虚线表示)。引自 Fovell 等(1992),经美国气象学会许可再版

图上很难辨识。在飑线发展的早期阶段,对流上升气流会产生数量几乎相等的向前向后传播的平流层重力波。飑线的早期阶段具有单股垂直上升运动的特点,这股气流在一个位置上冲击对流层顶,同时激发出向前和向后移动的波动。如第 8.12 节中所讨论,飑线会逐渐发展为不太垂直的配置结构,系统内一连串弱单体嵌在上升并向后倾斜的气流中。由于这种不太垂直的配置结构,穿入平流层的单体系统性地向后移动,因此,向后传播的波动逐渐占据主导地位。

9.4.6 弓形回波的形成以及层状云区对对流区的作用

在图 9.15 所示的前缘对流/尾随层状云区中尺度对流系统中,对流区的动力过程与层状云区是有关系的。如第 8.11.1 节中所介绍,当一股强的中层尾部入流气流,撞击到对流区的后部,与对流下曳气流相结合,造成对流线呈弓形回波的形状向前弯曲的时候,层状云区对对流区的作用,表现得最为明显。图 9.43 给出了一个弓形回波的示例。图中多普勒雷达观测的风场上,可以看到强的中层气流,朝向弯曲对流线的后边界。图 9.44 给出的是穿过对流线弓形回波部分的垂直剖面图。来自层状云区下沉的尾部入流穿入对流区内,在那里与对流尺度的下曳气流结合,推动位于主要上升单体下面的阵风锋向前移动。

图 9.45 给出的是来自层状云区的中层尾部入流对线状对流作用的概念模型图。在穿越位于层状云云底正下方的尾随层状云降水区后,位温 θ_e(干)低的尾部入流空气从后部进入对流区内,并下沉到冷池的头部。冷池头部低 θ_e 空气的第二个来源,是气流交叉区内短暂的下沉运动引起,来自飑线前部的干空气也在那里从高处下降进入冷池头部(见图 9.45 中从风暴前面发出的虚线箭头)。在第 8.11 节和第 8.12 节中,我们完全从冷池空气第二种来源的角度,

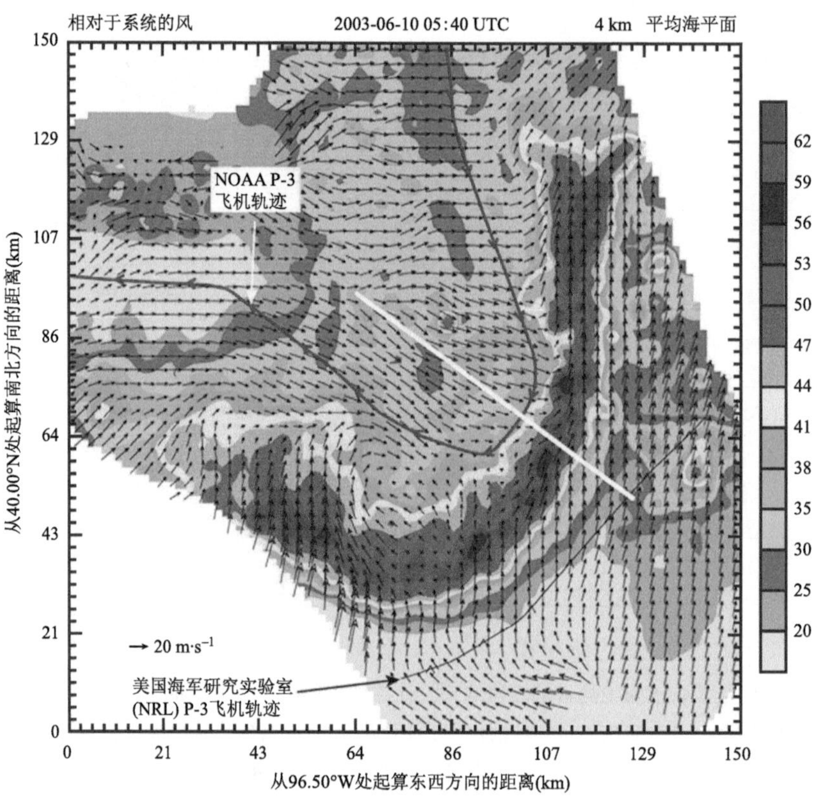

图 9.43 2003 年 6 月 10 日一个弓形回波内根据机载多普勒雷达反演得到的 4 km 高度上的相对于系统的风场。飞机路径叠加在图上，彩色区表示雷达反射率(单位为 dBZ)，白线表示图 9.44 垂直剖面的位置。引自 Davis 等(2004)，经美国气象学会许可再版

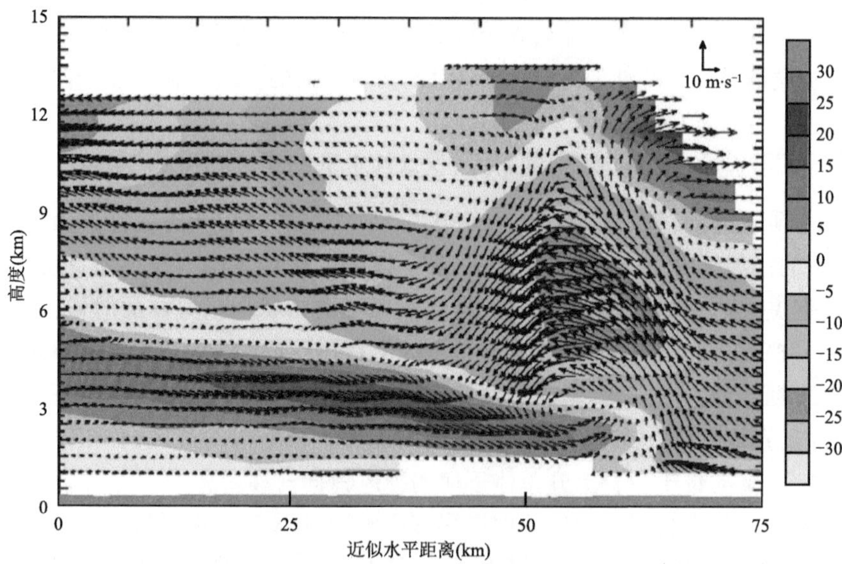

图 9.44 2003 年 6 月 10 日 06:50 UTC(比图 9.43 中观测时间晚 70 min)沿着图 9.43 中白色线所标示的方向，多普勒雷达反演的相对于风暴气流的垂直剖面图。负速度(黄、绿和蓝色)远离对流线，而正速度(棕、红和紫色)则靠近对流线。风矢量的大小(图右上所示)在垂直方向拉伸了，以便和图的纵横显示比例相匹配。引自 Jorgensen 等(2004)。经美国气象学会许可再版

对冷池的动力特征进行了讨论。然而模式模拟的结果表明，来自层状云区的尾部入流，占冷池气团质量的大部分。

在第 8.12 节中，我们根据二维涡度方程[公式(2.61)]讨论了一连串多单体风暴维持的机制。如果把那个公式(其中浮力的水平梯度是水平涡度分量 ξ 的唯一来源)沿着轨迹线积分，例如沿图 9.45 中风暴概念模型中的尾部入流气流轨迹，那么我们可以获得沿流线任意一点 ξ 的表达式[例如式(9.17)]。那个涡度可以通过上游尾部入流气流在进入风暴地方的涡度 ξ，加上气团沿轨迹线移动过程中由斜压作用产生的涡度($-B_x$)得到。由于尾部入流气流的轨迹向下倾斜，穿过前方为正浮力后面为负浮力的区域，在它到达风暴前沿的过程中，会因为斜压性而使气流的涡度累积增大。在这个过程中最后积累的涡度，对冷池的涡度收支有重要的贡献。因此，当分析带有尾随层状云降水区[①]的一连串积雨云的维持机制时，需要考虑这个最后累积出的涡度的贡献作用。

图 9.45 描绘了对流区里几支气流的理想化模型。从图上来看，在带有尾随层状云降水的飑线系统里，对流区与层状云区的动力特征是分不开的。来自层状云降水区的尾部入流气流，向对流区的冷池同时提供了质量和涡度。负浮力空气增加的质量，有助于维持冷池头部下方的地面高压区，以及地面外流气流的强度(图 9.45)。在下一节中，我们将对层状云区的结构和动力学进行进一步的研究，尾部入流只是其中一个重要的方面。

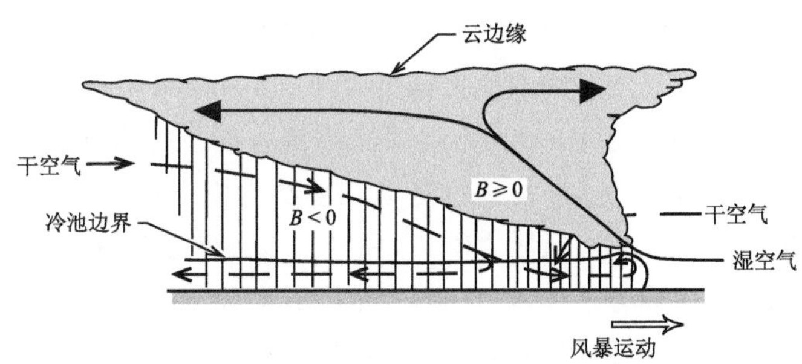

图 9.45 带有尾随层状云降水区飑线对流部分的概念模型图，其中突出显示了流入和流出系统的水汽流。B 表示浮力。引自 Fovell(1990)，经美国气象学会许可再版

9.5 层状云降水区的细节特征

我们在第 9.3.1、9.3.2 节以及第 9.4.6 节中已经看到，在带有尾随层状云降水的飑线系统中，由于尾部入流是层状云降水区反馈对流的重要作用力，因此，前缘对流区与尾随层状云降水区的动力机制是内在相连的。当层状云降水区的环流产生并与对流区相互作用时，后者不仅受大尺度未受扰动环境场的控制，也受层状云区动力过程的影响。我们将在下面讨论层状云降水区的中尺度环流。

---

① 对这个问题的进一步讨论参见 Lafore 和 Moncrieff(1989)。

9.5.1 层状云中的上升运动和降水发展

图 9.18 中我们看到模式模拟的一个有尾随层状云降水区飑线的时间平均结构。一个真实的对流区模拟出来了,但是因为模式中没有考虑冰晶形成的机制,因此,模拟结果中没有出现实际上存在的层状云降水区。图 9.46 中展示的结果使用了与前面相同的模式,但是在模拟过程中加入了冰相微物理过程,模拟得到了一个线状结构的时间平均。第 3.6 节中所描述的总体微物理方案被用在液态水连续方程的计算中。在方案中降水中的冰只能以雪①的形式出现。图 9.46a 给出了一个雷达回波的分布。到达地面的降水区向外延伸到方圆约 80 km 的范围里。雷达亮带以及一个地面降水强度的次大值中心,出现在层状云降水区里。降水的结构与图 9.15 所示的非常相似。图 9.46b 和图 9.46c 所示的时间平均的热力和动力结构,与图 9.18 中给出的没有考虑冰相过程的例子相比,没有定性差别,但是存在数值上的差别,考虑冰相过程的个例与雷达观测更接近。例如,图 9.47 中雷达反射率以及由多普勒雷达资料反演得到的垂直速度场,几乎与图 9.46a 和图 9.46e 中所示的模拟结果完全一样。图 9.47 所示的观测结果是通过对一个中尺度系统多普勒雷达观测资料进行时空合成得到的。图 9.46a 和图 9.46e 中的模拟结果与观测的相似程度非常令人振奋。然而,风暴结构的模拟结果并不像真实观测中看到的那么宽广和高大。造成这种大小差异的主要原因,与所使用模式的具体设置有关。例如,带有最新微物理方案的模式(第 3.4 — 3.7 节)以及其他具有精细化架构的模式,会得到更加接近真实飑线中尺度系统的模拟结果。

在时间平均模式垂直剖面图(图 9.46e)和观测个例合成分析图(图 9.47)中可以看到:在层状云降水区的中、高层任何地方,平均垂直运动几乎都为正。唯一例外的地方是:在对流区和亮带下面层状云区降水强度次大值区之间,存在一个雷达反射率最小的区域,这里有整层的下沉运动。这个区域有时被称为过渡区,是在最强上升气流(如图 9.32 所示)的后面,高层下曳气流(在第 9.2.2、9.4.1 节以及第 9.4.4 节中描述过)倾向于出现的地方。这些强的高层下曳气流对平均垂直速度场的作用,就是使得整个气柱里产生平均下沉运动。在平均下沉运动区的后面,中、高层之间存在普遍的上升运动,这是带有尾随层状云降水区飑线系统的典型特征。通常而言,在 0 ℃层之上 0～2 km 高度上垂直速度的平均值为 0。在该层以上气流上升(对应于图 9.15 中由前向后倾斜上升气流),而在该层以下气流下沉(对应于图 9.15 中的尾部入流)。为了理解层状云降水区中的降水过程,要领是关注层状云区内平均上升运动的大小。垂直速度通常(尽管不完全是这样)$<0.5\ \mathrm{m \cdot s^{-1}}$。层状云由活跃对流线中残存减弱单体里的物质,以及由前向后倾斜上升气流(图 9.15、9.31 和图 9.32)里向后平流的物质构成。在残存减弱对流单体里,弱的正浮力和上升运动占主导地位(图 6.13),当这些单体被夹带着向后移动时(图 6.15),单体里的粒子还在增长。冰降水粒子(冰晶、冰水混合物,霰)下落速度约为 $0.3 \sim 3\ \mathrm{m \cdot s^{-1}}$(第 3.2.7 节、图 3.16 — 3.18)。由于大部分层状云区之上的垂直速度,比这些粒子降落的速度小,因此大部分冰晶粒子在向下拖曳运动的过程中,继续在平均气流为上升运动的环境中增长,最终融化,作为层状云雨水降落下来。

图 9.48 和图 9.49 给出了另一个模式的模拟结果。这个模拟与图 9.46 中所描述的情况

---

① 由于霰降落太快,因此,如果模式中允许冰晶以霰的形式降落,则会产生与实际不相符的结果。

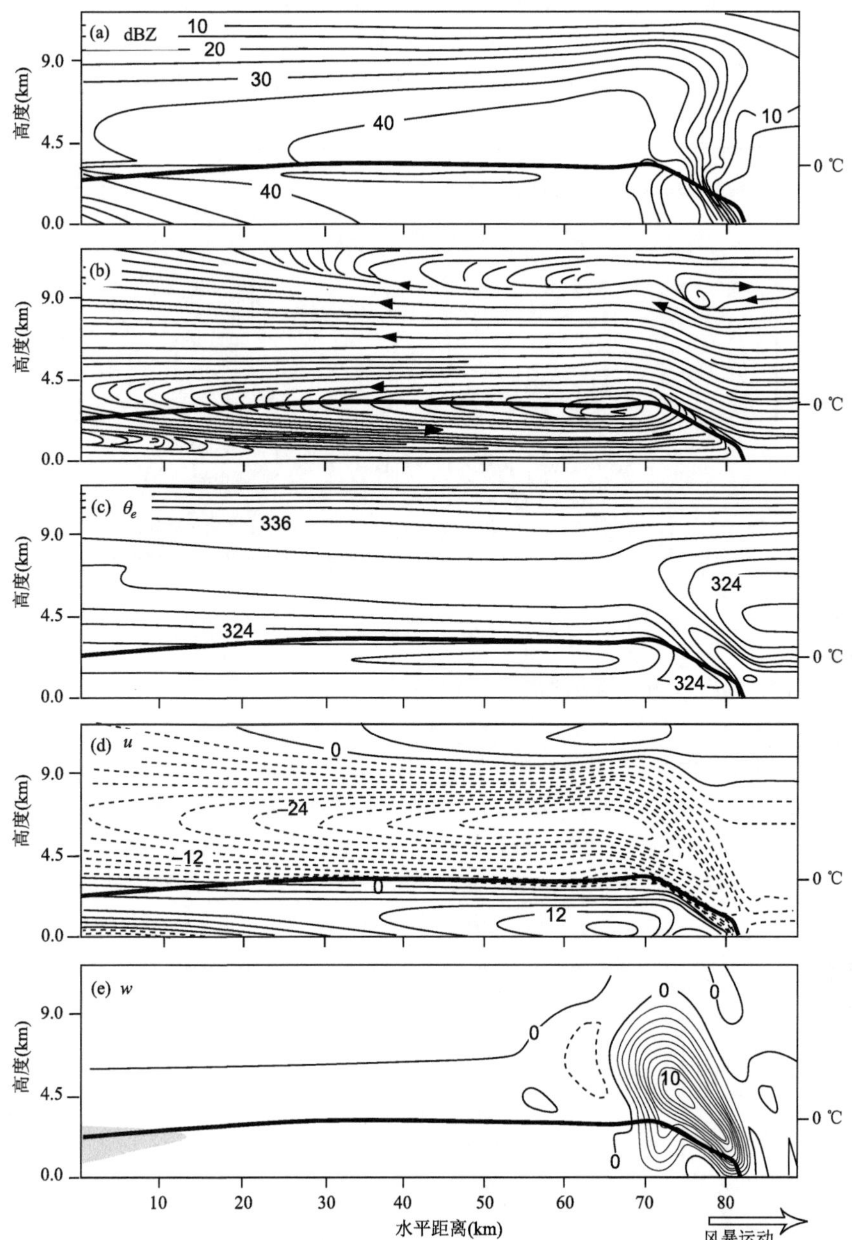

图 9.46　带有尾随层状云区飑线系统数值模拟结果的时间平均，模拟中考虑了冰相微物理过程。(a)模拟的雷达反射率(间隔为 5 dBZ)；(b)相对于系统的气流流线；(c)相当位温(间隔 3 K)；(d)相对于系统的水平风场(间隔为 3 m·s^{-1}，从左到右粗实线，从右到左虚线)；(e)垂直速度(m·s^{-1})；阴影区表示相对湿度＜60%的区域。粗实线勾画出冷池的区域(即位温扰动负值区)。引自 Fovell 和 Ogura(1988)，经美国气象学会许可再版

非常相似。计算中使用了一个总体的冰相微物理参数化方案(第 3.6 节)，结果在对流线的后面形成了一个层状云降水区。在最初的 2 h 内，降水主要由前缘对流线产生，而在之后的 4 h 内，对流降水和层状云降水量基本相等(图 9.48)。在风暴生命史内对降水进行积分，结果约 37%的降水为层状云降水。这个结果与图 9.13 例子所示的对流和层状云降水比例，以及观测

到的典型降水演变过程非常一致。但是,真实大气中的中尺度对流系统,比这个模式所模拟例子的生命史要长得多[①]。图 9.49 给出了模拟得到的对流降水和层状云降水总量相近时风暴的结构。地面降水范围达到方圆 100 km,层状云降水区可以很好地用融化层雷达亮带表示。

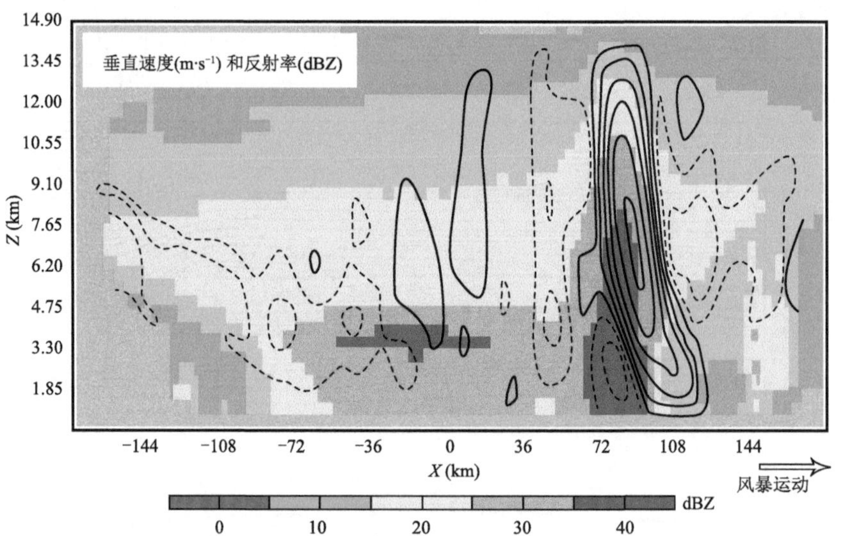

图 9.47 根据多普勒雷达观测资料构建的雷达反射率(dBZ)和垂直速度($m \cdot s^{-1}$)场合成图。观测资料取自一个处于不同时间阶段的带有尾随层状云区的飑线内的不同位置。图 9.17、9.32、9.50、9.57、9.58、9.60—9.62 以及图 9.65 介绍了这个风暴的其他特征。与对流线垂直并跨过系统方向上 60 km 宽的范围内获取的所有观测资料都进行了合成、平均和滤波,以获得平均的垂直剖面。X 是与这条线垂直的坐标轴,风暴从左向右移动,阴影区表示雷达反射率 (dBZ)。等值线代表垂直速度场,等值线分别取 −0.9、−0.45、−0.15、0.15、0.45、0.9、1.5、2.4 以及 3.6 $m \cdot s^{-1}$,虚线表示负值。引自 Biggerstaff 和 Houze(1993),经美国气象学会许可再版

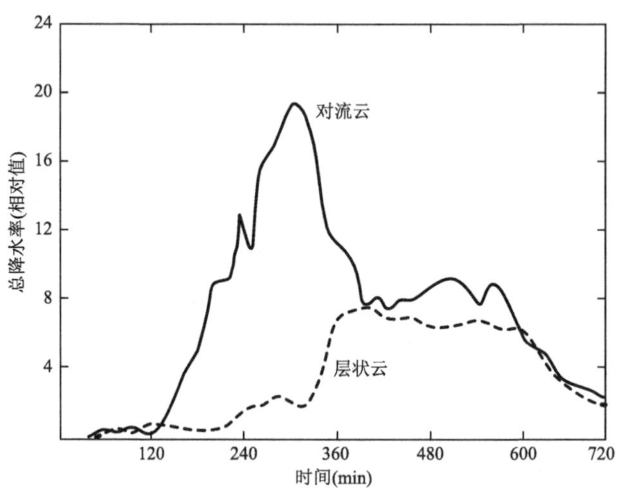

图 9.48 带有尾随层状云区飑线系统二维数值模拟结果中的区域累积降水率。模拟中考虑了冰相微物理过程。对风暴生命史期间每个时间步,落在格点中的对流和层状云降水分别求和。引自 Tao 和 Simpson(1989),经美国气象学会许可再版

① 图 9.13 中的个例生命史特别长,在带有尾随层状降水得飑线系统中,更加普遍的生命史长度为 12 h 左右。

图 9.46、9.48 以及图 9.49 中提到的两个模式模拟得到的层状云降水区，无论在雷达反射率的结构还是地面降水量及其演变规律方面，都与观测非常相似。而这种一致性是在模式模拟中加入了冰相微物理过程以后才得到的。对流区高层冰粒子的产生，以及由前向后的倾斜上升气流将其向系统尾部平流，都对尾随层状云降水区的形成至关重要。通常而言，冰相微物理参数化越准确(第 3.4 — 3.7 节)，中尺度对流系统的模拟越接近真实。由图 9.46d 中水平风场分布可见，从对流区内单体的高层缓慢下降的雪粒子，会以图 5.40、6.14f、6.15 以及图 6.16 中所示的某种形式进入层状云降水区。

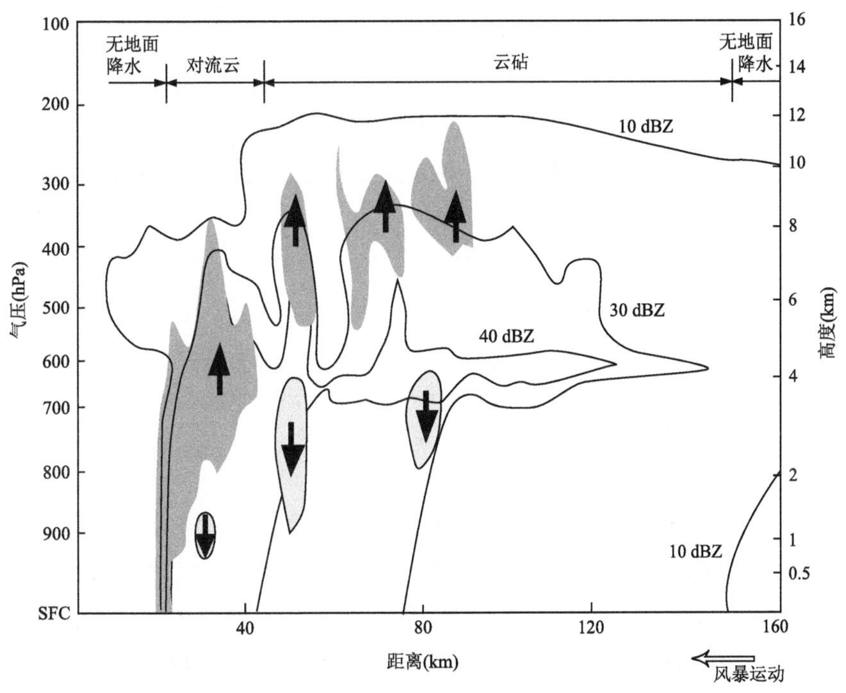

图 9.49　带有尾随层状云降水飑线系统数值模拟结果的垂直剖面。图 9.48 给出了它的降水率。这里所示的是在某个时间(模拟积分开始后 504 min)，当总的对流性和层状云降水率接近相等的时候的风暴结构。模拟的雷达反射率用 dBZ 等值线给出，在较深的阴影区内，$w>0.5\ \mathrm{m\cdot s^{-1}}$，在浅的阴影区 $w<-0.5\ \mathrm{m\cdot s^{-1}}$。引自 Tao 和 Simpson(1989)，经美国气象学会许可再版

图 6.15 所示这个过程的三维概念模型图，显示了由于上升运动层的不稳定度增加而发展起来的单个对流单体，像粒子喷泉一样(第 6.6 节)将降水粒子均匀洒布在整个中尺度对流系统中。每个粒子喷泉，都在小尺度强上升运动中心所在的地方，为降水粒子的增长宜暂重力筛选的作用。如图 5.40、6.12b 和图 6.15 所示，强降水和霰粒子更容易直接从上升气流中掉落，从而形成在雷达观测中被称为“单体”的雷达反射率中心。而掉落速度没那么快的冰粒子，会随着气块上升而在高空维持得更久一些。气块在它上升过程中随着气压下降会向外膨胀，这使得冰粒子得以在它们落下之前，分布到更广的空间。这些膨胀的降水性上升气块中的残留物，是降水性层状云的原材料，于是降水性层状云块逐渐变厚，并在成熟的中尺度对流系统中维持。当向后倾斜上升的入流将一股稳定的喷泉状气流输入中尺度对流系统后部的高层时，在对流区中浮升对流体里形成的冰粒子，就会被洒落到层状云区里面去。这样的层状云，是由

从前向后倾斜的上升气流维持的。

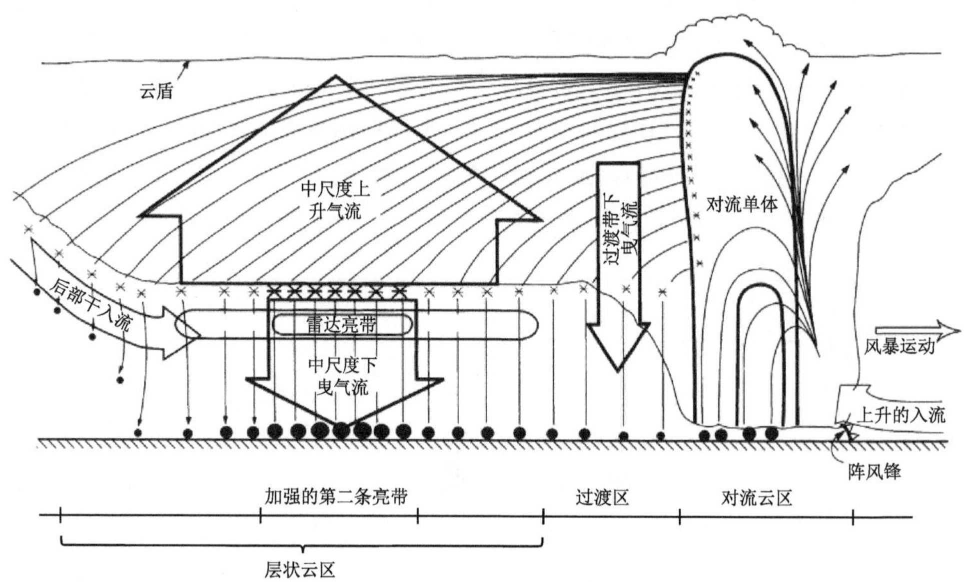

图 9.50 穿过带有尾随层状云降水飑线系统的层状云水凝物的二维运动轨迹概念模型图。轨迹线是基于多普勒雷达测量的空气运动和水凝物降落速度得到的。图 9.17、9.32、9.47、9.57、9.58、9.60 — 9.62 以及图 9.65 对该风暴的其他方面进行了描述。引自 Biggerstaff 和 Houze(1991),经美国气象学会许可再版

尾随雨层云就是通过粒子喷泉得以补充降水性冰粒子的。图 9.50 给出的是冰粒子运动轨迹的二维图。在很多具有前缘对流线/尾随层状云的飑线系统中,平均下沉运动的过渡区(第 9.5.1 节中讨论)就位于对流区后面。在这个区域里,降水粒子的质量不会增加,反而还会有一部分粒子蒸发,地面降水率在过渡区里确实最低。但是,来自对流区高层下降得更慢的粒子,会快速平流穿过过渡区,进入中尺度上升气流内。在中尺度上升气流中,这些粒子会通过水汽淀积作用显著增长,同时继续缓慢地朝融化层下降(降落速度约为 1～3 $m \cdot s^{-1}$;可以回忆一下图 3.16 — 3.19)。由于层状云区内大部分地区的上升运动量级在每秒 10 cm 左右,空气中净的上升运动足以让大量水汽凝结,同时垂直运动又足够弱,允许大部分冰粒子落下,从而达到了层状云降水的条件(在第 6.1 节中详述)。在到达融化层之前,或者在融化层内,层状云区内的冰粒子会聚合成大的湿粒子,并在雷达反射率上形成一条亮带(第 6.2 节)。这里需要特别指出的是:在雷达反射率上产生出亮带的粒子的聚合和融化过程,是通过改变下降粒子的大小和湿度来实现的;这些过程并不增加下雪的总量,或者到达地面的降水量。

9.5.2 层状云区的热力结构

模式模拟结果显示了层状云的热力结构。图 9.51 显示了图 9.46 模拟出的时间平均的位温、水汽混合比以及气压扰动场的分布。层状云区可以用风暴中层从前边界到后边界,位温扰动最大值约为 5 ℃的区域来表示(图 9.51a)。这个特征与一个正的水汽扰动相伴(图 9.51b)。在这个暖上升运动层的下面,是冷的下沉运动层,该层位温扰动的量级约为几度。夹在冷暖层之间的是一个非常显眼的静力扰动气压最小值(图 9.51c)。

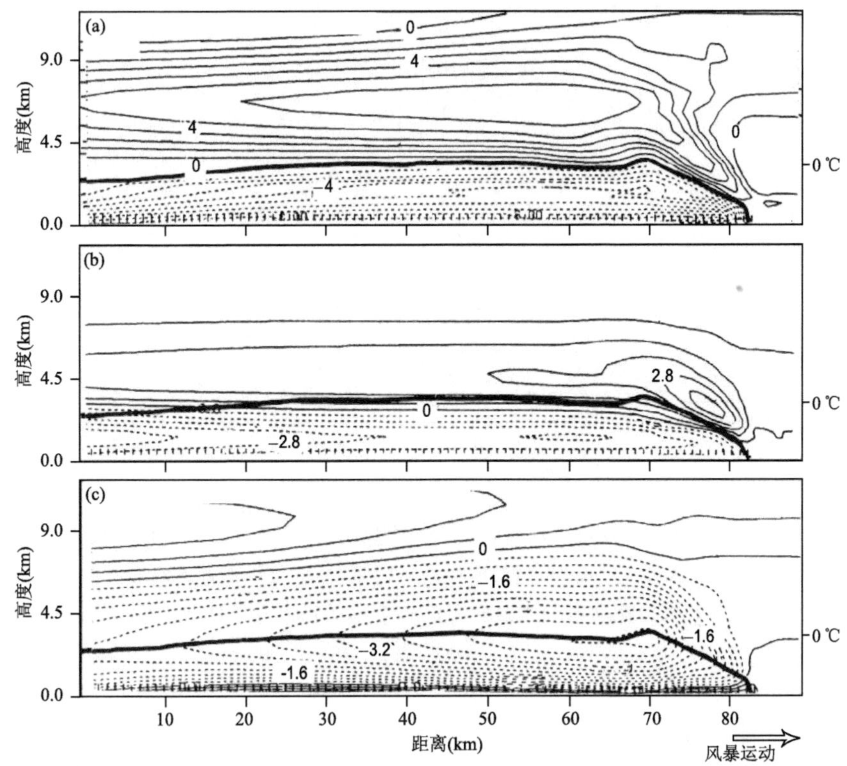

图 9.51 带有尾随层状云区飑线系统数值模拟结果的时间平均。模拟中加入了冰相微物理过程。(a)位温扰动(K);(b)水-汽混合比扰动(间隔为 0.7 g·kg^{-1});(c)气压扰动(间隔为 0.4 hPa)。引自 Fovell 和 Ogura (1988),经美国气象学会许可再版

模式热力场与观测资料分析结果非常一致。图 9.52 — 9.54 所示的是:使用多普勒雷达风场作为热力和动量方程(第 4.9.7 节)的输入,推导出的热力场分布。图 9.52 所示的是穿过层状云区前部,紧靠对流区后面(位于垂直剖面的左侧)的热力场分布情况。图 9.53 是层状云区中间靠后区域的热力场分布情况。在整个层状云区中间靠后的区域内,亮带都很明显,但是越靠近系统尾部(朝 x 增大的方向)强度越弱。图 9.54 所示的是接近层状区后沿的热力场分布情况。在这三张图中,热力结构都与垂直运动场有关。

从图 9.52 — 9.54 可见,上升运动主要出现在 4 km 以上的地方,其下面是下沉运动区。从图 9.52 — 9.54 中图(b)可以看到,对流区后边界的中尺度上升运动大小约为 50 cm·s^{-1},层状云区中心附近的上升运动大小约为 20 cm·s^{-1},而在整个系统后边界上的上升运动大小约为 0～2 cm·s^{-1}。这些值都是平滑后的平均值。一些零星的小尺度强上升运动主要出现在平均上升运动区内(图 9.55)①。这些零星小尺度上升运动区是图 6.15 中粒子喷泉的残留。低层的中尺度下曳运动的最大值约为 25 cm·s^{-1}(图 9.52b)。

由图 9.52 — 9.54 中图(c)和(d)里的热力结构可见,在层状云的中尺度上升运动区里普遍是正浮力,而在中尺度上升运动的底部有一个气压扰动的最小值。这个诊断得到的结果与

① 在 Houze(1997)中深入讨论了这些中心是如何经常使上升气流减弱,后者曾经构成中尺度系统的活跃对流部分。

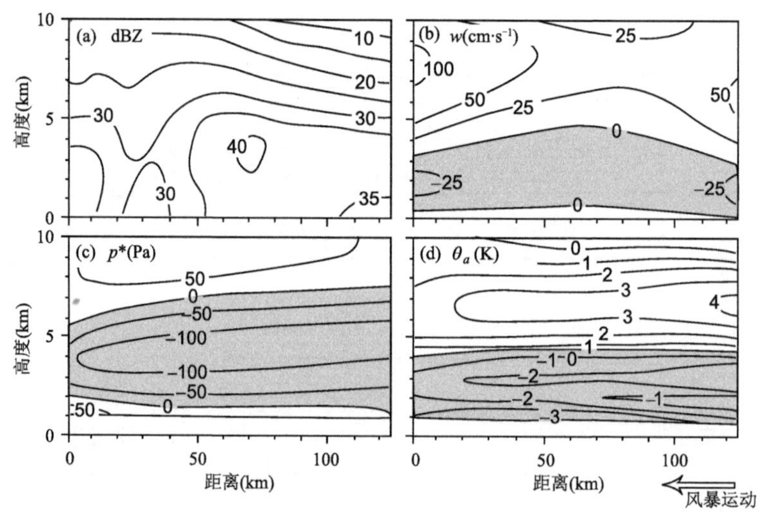

图 9.52　多普勒雷达反演的热带飑线尾随层状云区的热力场结构,飑线系统的对流结构如图 9.7、9.35 和图 9.64 所示。垂直剖面通过层状云区的前部,紧挨前面的对流区,后者位于垂直剖面的左侧。(a)雷达反射率;(b)垂直速度;(c)气压扰动;(d)用温度变量 θ_a 表示的浮力。引自 Sun 和 Roux(1988)

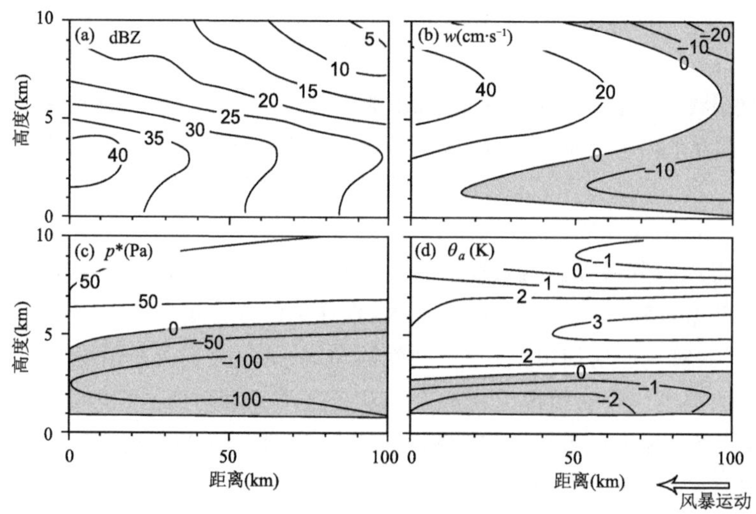

图 9.53　多普勒雷达反演的热带飑线尾随层状云区的热力场结构,飑线系统的对流结构如图 9.31 和 9.36 所示。垂直剖面穿过层状云区的中后部。(a) 雷达反射率;(b)垂直速度;(c)气压扰动;(d) 用温度变量 θ_a 表示的浮力。引自 Sun 和 Roux(1988)

图 9.51 所示的模拟结果是一致的。在图 9.51 中气压扰动的最小值,位于冷池顶部由前向后倾斜上升正浮力层的底部。总浮力扰动的大小,用图 9.52—图 9.54 中图(d)里的温度变量 θ_a 表示,其最大值在 2~4 ℃之间。同时在低层中尺度下曳气流中,可以看到具有类似大小的负浮力。在层状云区内,由于其液态水和冰的含量都不大,这个总浮力扰动近似为位温扰动本身,因此,可以用来和图 9.51a 中的模拟结果相比较,最大值约为 4~5 ℃。虽然模式结果代表的是一个中纬度风暴,而反演结果代表的是一个热带风暴,且在模式和反演方法中存在很多不

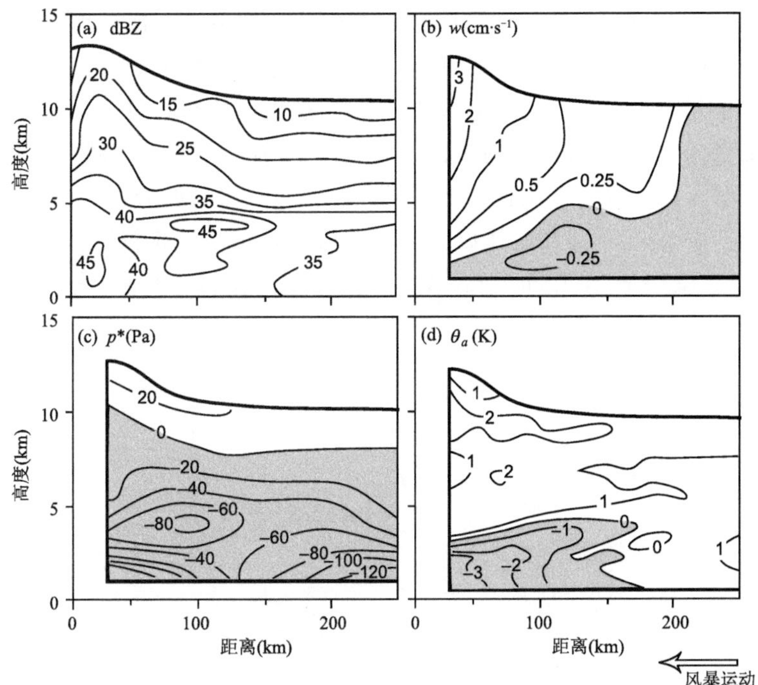

图 9.54 根据象牙海岸和西非双多普勒雷达观测反演的 1981 年 5 月 27 — 28 日热带飑线尾随层状云区的热力场结构。垂直剖面位于层状云区后边界附近。(a)雷达反射率;(b)垂直速度;(c)气压扰动;(d)用温度变量 θ_a 表示的浮力。引自 Sun 和 Roux(1989),经美国气象学会许可再版

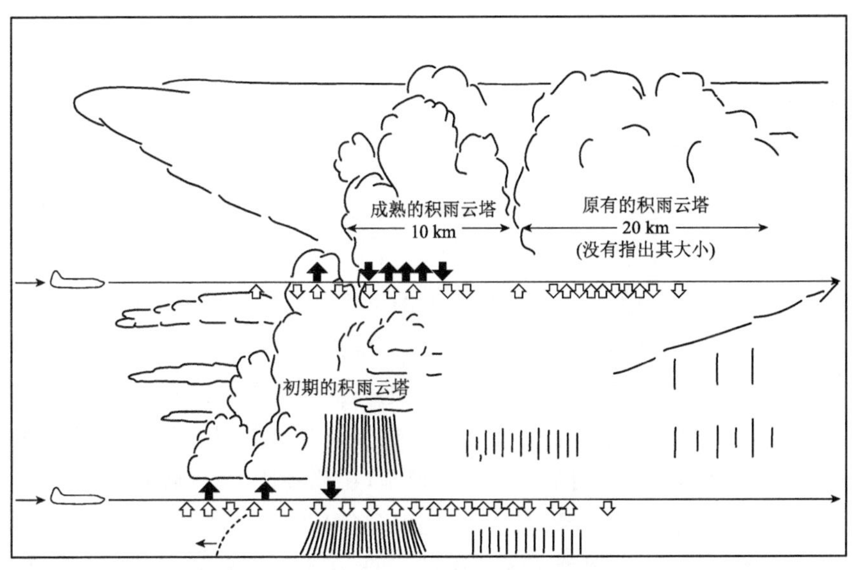

图 9.55 飞机穿越带有小尾随层状云区对流带的典型概念模型图。箭头表示靠近云底,对流层中层的上升和下曳气流的中心。引自 Zipser 和 LeMone(1980),经美国气象学会许可再版

确定性,但是我们可以认为这些值本质上是相互一致的。

图 9.56 所示的概念模型,把尾随层状云区里的浮力、浮升中云底的气压扰动最小值,以及尾部入流气流等方面联系在一起进行说明。就像我们之前在图 9.51 — 9.54 中所看到的,尾随层状云层具有正浮力。紧靠对流区尾部的地方,云层更厚且浮力更大。越靠近系统的尾部,浮力减小且云层变薄。因此,在紧邻对流区的后面,气压扰动的大小在浮力层底部比系统内部大。这种穿过层状云区的水平气压扰动差,使得气流加速从后向前运动。所造成的中尺度气压扰动差(图 9.56 中 Δp)驱动气流从后向前穿越层状云区。当冰粒子从层状云落下进入从后向前的气流中时,受凝华、融化和蒸发等物理过程被急剧冷却,于是水平流向对流区的气流逐渐下沉。

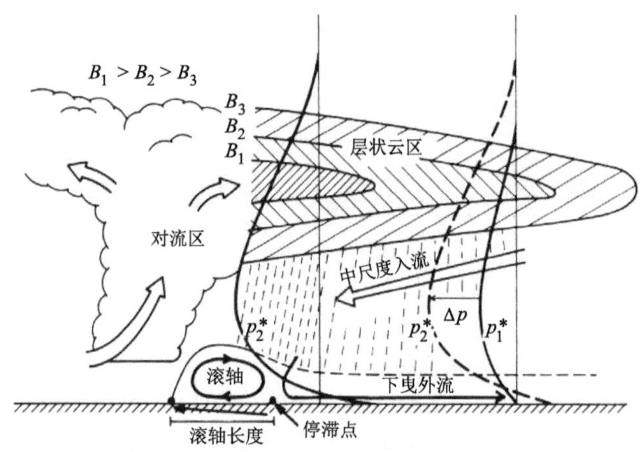

图 9.56 描述层状云区内浮力与气压扰动(p^*)关系的垂直剖面概念模型(用值 $B=B_1, B_2, B_3$ 表示),层状云区的后边界上气压扰动(p_1^*)和前边界上的扰动(p_2^*)的差用 Δp 表示。引自 Lafore 和 Moncrieff(1989),经美国气象学会许可再版

9.5.3 中尺度下曳运动

中尺度对流系统通常由对流层中部相对湿度低、具有位温 θ_e 极小值的气团构成。在具有正浮力的高层层状云底部,气流在中层辐合,把具有低 θ_e 的干空气带进风暴中。落入低 θ_e 空气的降水粒子的升华或蒸发,使得紧邻云底下面的空气具有负的浮力。此外,融化的冰粒子从高层的云中落下,在 0.5～1 km 厚的融化层内,产生约 1～10 ℃・h^{-1}冷却作用(融化层在图 9.15 中如雷达亮带所示)①。这样的冷却作用,又进一步促使层状云降水区内形成中尺度下曳运动。这种下曳运动不仅出现在我们这里所讨论的带有尾随层状云降水区的飑线中,还常出现在绝大多数发育良好的中尺度对流系统中。但是,在飑线这类特别的系统里,由前向后倾斜上升的气流,会将冰粒子散布到风暴的整个尾随部分(图 9.15)。

不同的中尺度系统内,在中尺度下曳气流里(以及在上面提到的中尺度上升气流里),垂直速度的垂直廓线显示出很大的相似性。图 9.57 显示了图 9.32、9.47 以及图 9.50 所示的风暴

① 在对 5 个热带飑线的研究中,Leary 和 Houze(1979b)发现融化引起的冷却率的范围约为 1～7 ℃・h^{-1}。

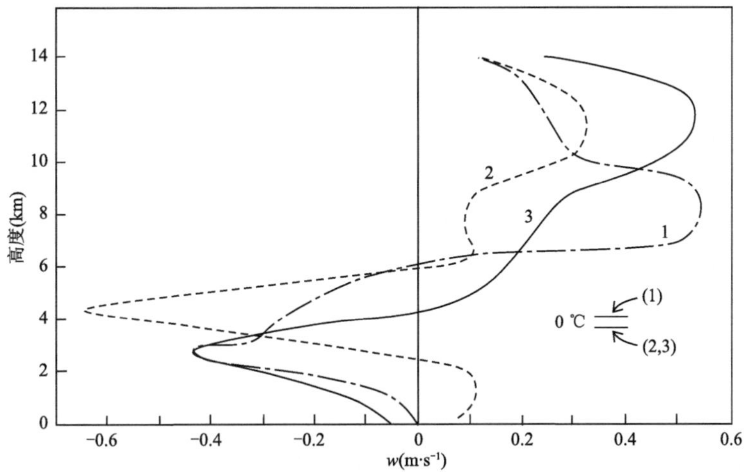

图 9.57　飑线尾随的层状云降水区里垂直运动的廓线，所有这三根廓线都是由一个多普勒雷达资料反演分析得到的。图 9.17、9.32、9.47、9.50、9.58、9.60 — 9.62 描述了风暴其他方面的特征。引自 Houze(1989)，经英国皇家气象学会许可再版

层状云区里，三个不同地点 w 的垂直廓线。w 廓线在对流层低层的最大值的范围为 45～65 $cm \cdot s^{-1}$，而高层最大上升速度约为 50～60 $cm \cdot s^{-1}$。曲线 1 和 2 取自层状云区靠近北部边缘、中尺度下曳运动的顶部位于 0 ℃层之上 2 km 的地方。曲线 3 取自层状云区更南、更靠近层状云中心的地方，下曳运动的顶位于 0 ℃层附近。这些廓线是典型的。把上升和下曳运动隔开的层，通常位于 0 ℃层之上 0～2 km，具体取决于它们在层状云区内部的具体位置①。在曲线 2 中靠近地面的地方，出现约 10 $cm \cdot s^{-1}$的上升速度。这是因为这根廓线取在尾流低压附近(第 9.2.5 节和第 9.5.5 节)。

图 9.58 从另一个角度看中尺度下曳气流与融化层之间的联系。图 9.58a 给出了对同一个中尺度对流系统层状云区和对流云区的大范围区域平均垂直速度廓线，所取的廓线具体位置参见图 9.57。在图 9.58b 中，层状云区的廓线在三个子区域里显示。曲线 A 和 B 代表层状云降水中心处的垂直速度廓线(位于图 9.8 所示的尾随层状云区内雷达回波次最大值的位置，在第 9.1.5 节和第 9.5.1 节中曾经讨论过)。它们代表低层雷达反射率超过 25 dBZ，并持续至少 2.5 h 的层状云降水区。这个降水区位于图 9.47 所示强雷达亮带的正下方。在图 9.58b 中，曲线 A 代表这个区域里最强的层状云降水(雷达回波＞35 dBZ、持续时间超过 1.5 h)，而曲线 B 则代表这个区域里中等强度的层状云降水中心(雷达回波在 25～35 dBZ 之间、持续时间超过 2.5 h)。曲线 C 代表在次最大值区域外略弱的层状云区。从这三根曲线可见，中尺度下曳运动主要集中在最强的层状云降水区内，也就是说它与亮带所表征的融化层相伴(曲线 A 和 B)。在强层状云降水中心以外的区域，没有中尺度下曳气流(曲线 C)。与此同时，中尺度上升运动在三个子区域里强度相仿。显然，中尺度下曳运动的水平伸展是由强融化区域的范围决定的，而较高层的中尺度上升运动的水平尺度则要大得多。随着来自对流区上部的正浮

① 更多的例子可以参考 Houze(1989)，其中包括根据热带，中纬度地区，大陆和海洋上空的中尺度对流系统的探空，多普勒雷达以及廓线仪资料分析获得的 w 垂直廓线。

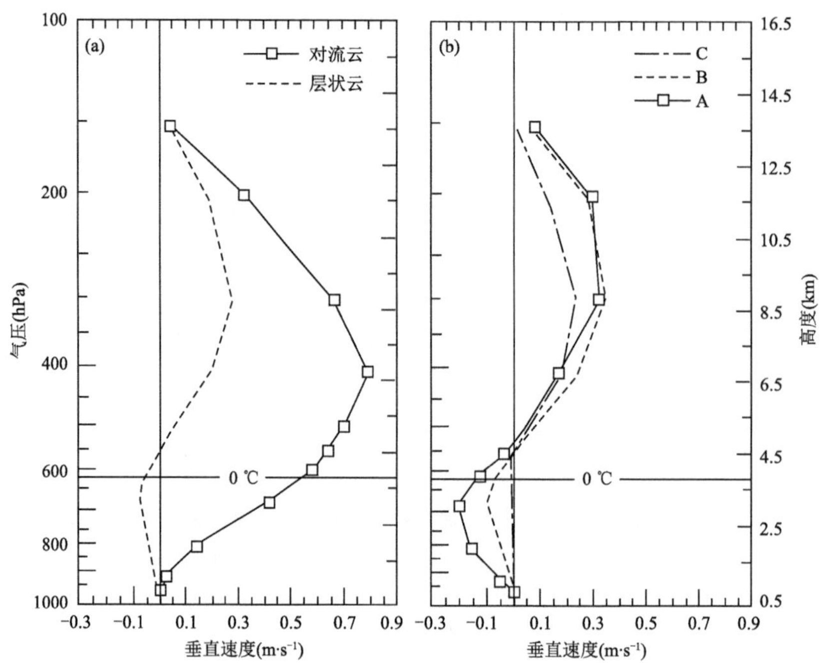

图 9.58　带有尾随层状云降水飑线系统里的平均垂直速度。图(a)中的曲线代表对流云(实线)和整个层状云区(虚线)里的情况;图(b)中的曲线表示层状云区里不同地点的情况,曲线 A 代表最强层状云降水区以及亮带所在位置的情况,曲线 B 和 C 分别代表层状云区内强度较弱的部分。气流运动是由双多普勒雷达观测资料反演得到的。图中给出了 0 ℃层的高度,该风暴与图 9.17、9.32、9.47、9.50、9.60 — 9.62 中所示是同一个风暴。引自 Biggerstaff 和 Houze(1991a),经美国气象学会许可再版

力空气,在高层受由前向后倾斜上升气流的作用而分布到整个层状云区里,中尺度上升运动也相当一致地延伸到整个层状云区里。

9.5.4　层状云顶部的运动学和热力学结构

到目前为止,我们仅对正在下雨的层状云尾部进行了分析。其中一个原因是因为雷达只能观测到被降水粒子占据的区域。无线电探空测风仪的资料,可以用于验证在雨区以外的区域里热力结构和风场的情况。但是,这些探空资料的时空分辨率较低。有时,可以将风暴还没有发生快速改变的时间段里,风暴内部及其周围的探空资料,通过时空转换合成,分析出风暴的结构。图 9.59 给出了这种探空资料合成分析的某些结果。垂直剖面被划分为四个区域:飑线前的环境场、对流降水区、尾随层状云降水区以及层状云后部的降水区。温度和水汽扰动场,符合图 9.51 — 9.54 中所示的对流降水和层状云降水区的典型特征。然而,层状云区内温度扰动的最大值只有约 1 ℃,这比之前讨论的要小得多。但是,由于探空资料分辨率较低,又经过坐标系合成和客观分析,因此,扰动被平滑了。由此看来,这些场与那些之前所示的结果并非真的不一致。从这些低分辨率分析中所获得的认识,是关于紧靠对流和层状云降水区前端、上方以及尾部区域的特征。这些认识无法直接从雷达观测中获得。在这种分析中所看到的新特征,主要出现在层状云区后半部分的高层,以及层状云区域的后面。这些地方出现了一个负的温度扰动。这可能是尾随层状云高层辐射冷却的结果。

另一个在无线电探空资料中发现的中尺度尾随层状云区的特征是：在云顶及其以上的由前向后倾斜上升气流中，有一个很薄的下沉运动层（图 9.60）①。我们猜想，这个尾随层状云区的特征，与传播中的对流运动把对流层顶抬举上去以后再落下有关。层状云云顶的下落也是前缘对流线内积雨云外流层崩溃的表现，与第 5.4.5 节描述的孤立积雨云高层外流过程类似（图 5.44 和图 5.45）。

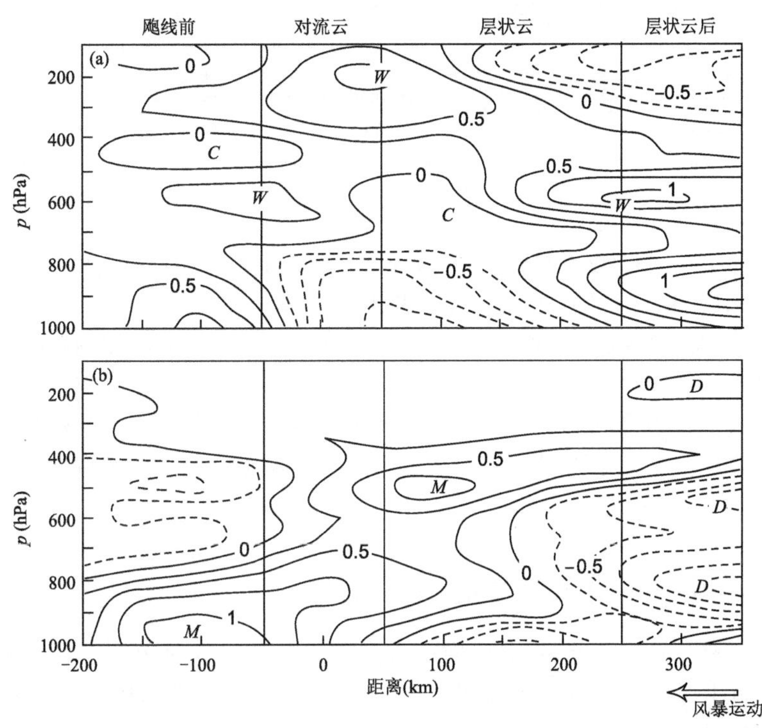

图 9.59 大西洋东部上空一个热带飑线系统内及其周边的探空资料合成分析结果。垂直剖面沿与前缘对流区垂直的方向。(a)温度扰动(K)，最大值用 W 表示，最小值用 C 表示；(b)水汽混合比扰动($g \cdot kg^{-1}$)，最大值用 M 表示，最小值用 D 表示。这个风暴的其他特征，在图 9.67 和图 9.68 中描述。引自 Gamache 和 Houze(1985)，经美国气象学会许可再版

9.5.5 尾流低压

在图 9.59 所示的探空分析结果上看到，紧邻层状云降水区尾部区域的主要特征，是在低层有一个强的正温度最大值。这个暖区在层状云降水区的后边界处诱发出了一个尾流低压（图 9.15）。图 9.61 给出的是产生低压过程的概念模型图。它说明尾流低压是一部分后部入流不饱和空气下沉到地面的表现。由于在层状云降水区的后边界附近，下沉气流特别强，蒸发冷却不足以抵消强的非绝热加热，所以那里增温最强。

① 这个特征在热带地区获得的廓线资料上被发现(Balskley et al.，1988)。

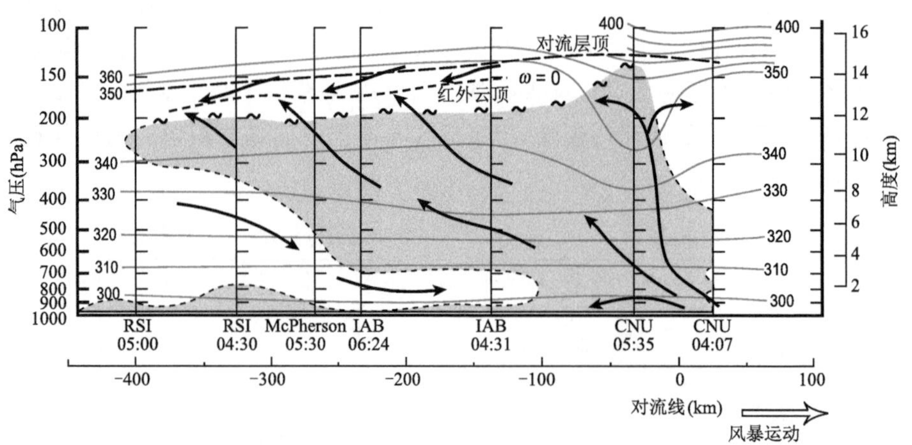

图 9.60 带有尾随层状云降水飑线系统的顶部及其以上结构的分析。该系统的特征曾在图 9.17、9.32、9.47、9.50、9.57、9.58、9.61、9.62 以及图 9.65 中表示过。这个垂直剖面图沿飑线在发展后期运动的方向。图中显示了流线,它是相对于系统运动的气流,位温等值线(K,灰色等值线),以及相对湿度(图中用阴影区表示低于冻结温度并且相对湿度大于 80%的冰)。红外(IR)卫星资料用于确定云顶高度,根据探空资料和假设的云顶红外辐射冷却率,推导出的气流和热力结构,点线代表诊断的垂直气流(表达为 $\omega \equiv Dp/Dt$)为 0 的地方。RSI、IAB、CNU 为俄克拉何马州的一些控空站。引自 Johnson 等(1990),经美国气象学会许可再版

9.5.6 进入中尺度下曳气流中的中层气流

尽管图 9.15 中的概念模型图,示意表示了在层状云区后部流入风暴的下沉尾部入流气流,但它并没有指出尾部入流气流的强度。图 9.62 显示了一个特别强的尾部入流气流的例子。通过多普勒雷达资料显示,这股气流以相对于风暴超过 15 $m \cdot s^{-1}$的速度,进入层状云降水区后边界的雷达回波里。但是,这个速度相当少见。考察了很多带有尾随层状云降水区飑线尾部环境场的探空资料后发现,伴有环境场强入流的例子很少见。从这样的风暴个例的尾部探空观测里,提取相对于风暴的气流廓线,对它们进行平均,显示在图 9.63 中。我们将这些例子归类为具有强尾部入流的例子。图 9.62 所示的例子属于这种类型的平均情况。很多例子在中层有较弱的尾部入流,还有很多其他的例子基本上没有相对气流。后面那种情况的个例被称为"停滞区"。但是,所有这三种例子都具有类似的风切变。在层状云区的后部边缘,与对流线正交的相对气流在高层和低层都由前向后流动,这种由前向后的气流在中层减小。尾部入流的例子则属于这样一种情况:在中层(风速)最小的地方,相对气流的方向相反了,在这种情况下环境气流穿过降水区的后边界进入系统。用于制作图 9.63 的风暴个例中,几乎近一半是停滞区的例子。这些停滞区的例子主要发生在热带飑线的情况下,但不局限于热带飑线的情况,而强尾部入流例子主要出现在中纬度大陆上。

比较停滞区的例子和具有强尾部入流的例子,在尾随层状云区的中尺度环流系统里,散度和垂直速度的分布,没有本质的差别。层状云里由前向后倾斜上升的气流保持如图 9.15 所示的形式,中层辐合出现在倾斜向上和向下气流的交界面上。在停滞区的例子中,由后向前的气流纯粹受风暴自身动力机制的作用而在风暴内部产生。在尾随降水区里,即便没有来自风暴尾部环境气流的进入,相对于风暴向前移动的气流(也会)产生,并向前穿进对流区的冷池里。

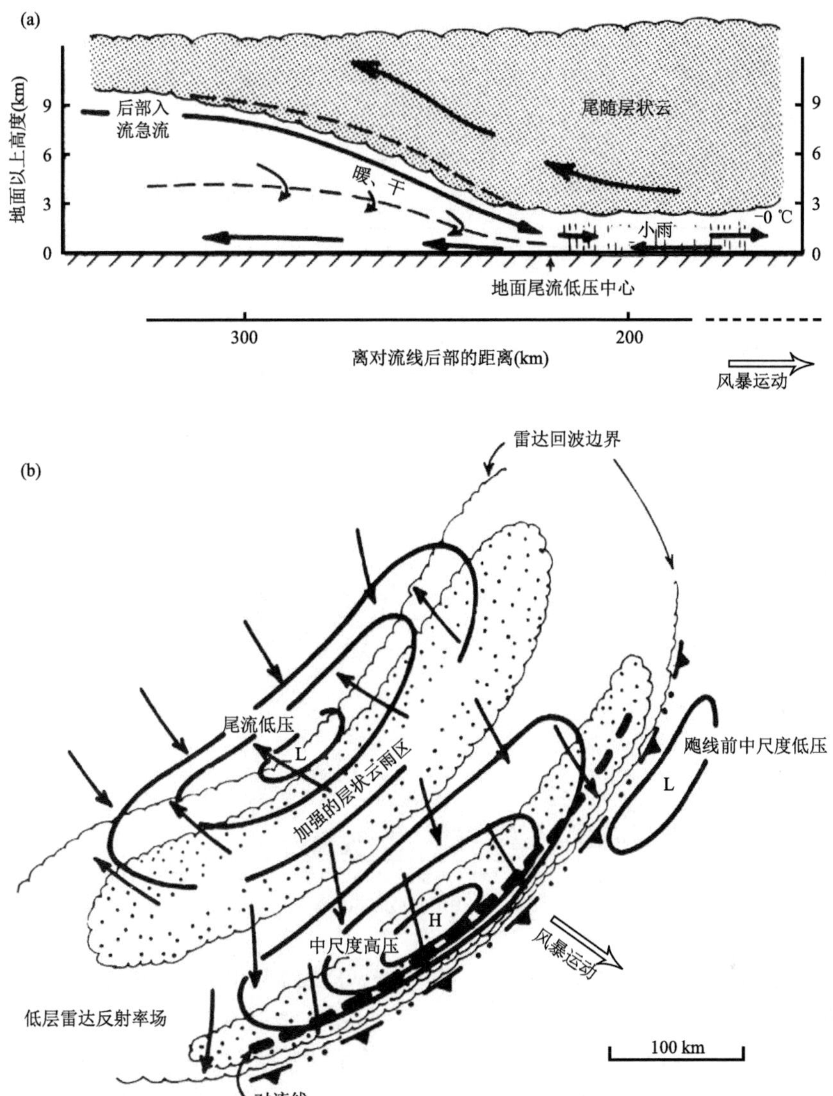

图 9.61　在带有尾随层状云降水飑线系统的尾部，产生尾流低压过程的概念模型图。(a)穿过尾流低压的垂直剖面图；(b)地面风和降水的平面图。图(a)中风场是相对于系统运动的流场，虚线表示风速为零的气流，箭头表示流线，而不是轨迹线。在图(b)中流线代表地面相对于系统运动的风。图 9.17、9.32、9.47、9.50、9.57、9.58、9.60、9.62 以及图 9.65 中描述了该风暴其他方面的特征。注意两个概念模型图中，比例尺是不同的。引自 Johnson 和 Hamilton(1988)，经美国气象学会许可再版

热带飑线系统就是这类风暴的一个例子，我们在之前的图 9.7 和图 9.35 中曾经对这类系统进行了分析。在图 9.64 中我们看到，与对流线正交的相对风分量的垂直廓线，在紧邻对流区尾部的地方明显是向前运动，但在层状云区的后边界变为停滞不动。由此可以清楚地看到，飑线系统在层状云区内自发产生由后向前的气流。然而，这支向前流动的气流，有时候会合并来自环境场的入流而增强。在具有强尾部入流的例子里，这种现象尤为显著。

图 9.65a 显示一个带有尾随层状云区中纬度飑线的模拟结果。这个模拟使用的是嵌套网格，在对流区以外的地方分辨率是 75 km，对流区附近网格间距减小到 25 km。被模拟例子的

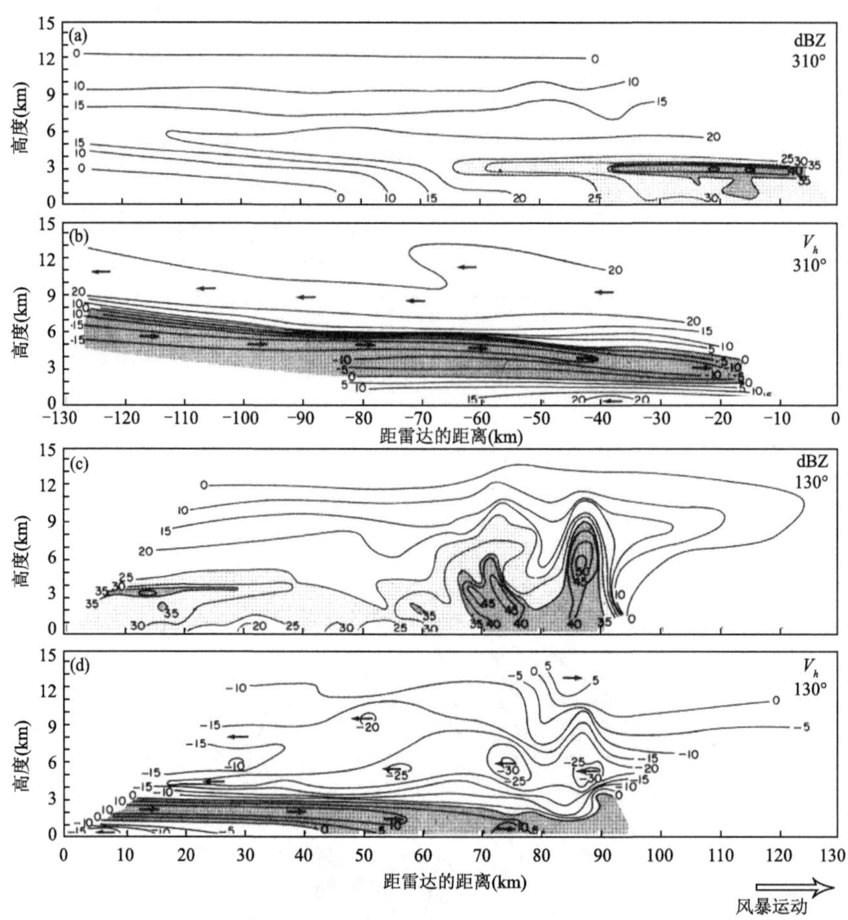

图 9.62 表示入流气流强度的多普勒雷达资料。入流气流从飑线系统中层状云区的后边界进入系统尾部。飑线系统的例子曾经在图 9.17、9.32、9.47、9.50、9.57、9.58、9.60、9.61 和图 9.65 中表示过。这个垂直剖面是由单部雷达在某个特定时间上进行观测获得的。因此,没有如图 9.47 和图 9.60 中的合成分析所做的那样,对它进行平衡处理。因此显示了更多关于流场的细节特征。图(a)和(c)中显示了雷达反射率(dBZ),而图(b)和(d)分别显示了沿着 310°和 130°方位角方向相对于系统的水平速度 V_h ($m \cdot s^{-1}$)。正速度代表气流向远离雷达的方向流出,而负的速度表示气流朝向雷达的方向流进。图中也给出了表示气流方向的箭头,图(b)和(d)中的阴影区表示后部的入流。引自 Smull 和 Houze(1987),经美国气象学会许可再版

尾部入流气流如图 9.62 中所示。这个风暴其他方面的结构特征在其他一些图中已经展示了(参见图 9.65 的注释)。这是一个强尾部入流的个例,对比图 9.62 和图 9.65a 发现,系统的主要结构结果模拟得很好。其中尾部入流气流从环境场中快速进入层状云区的尾部。从图 9.65 的水平尺度可以看到,模式结果覆盖的区域比图 9.62 中给出的降水区要大很多。因此,尾部入流气流的范围延伸到风暴后部很远的环境场内。在不同的假设条件下,做了很多模拟。由这些试验,我们发现对于这个个例,系统后部高层来自环境的入流气流,并不是被风暴内部的物理过程拉入系统的,而与系统所处的大尺度环境场的斜压性有关(飑线位于西风带中一个清晰短波槽的槽前)。假设非绝热加热为零,即把云系对次网格流场的动力作用去除,那么尾部入流气流中只有高层(400 hPa 以上)部分(即降水区以后的区域)得以发展,尾部入流的中

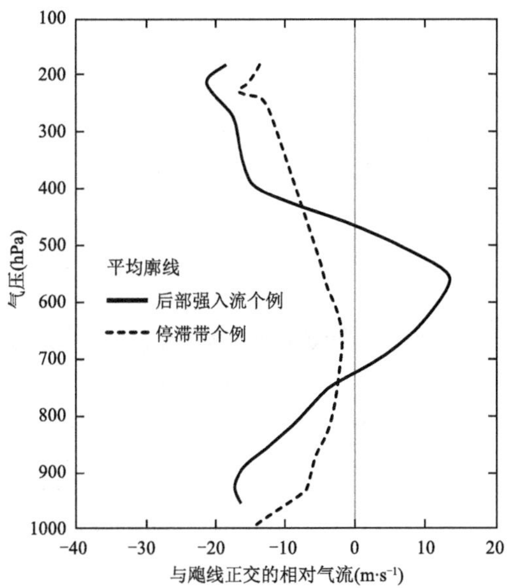

图 9.63　带有尾随层状云降水飑线系统的尾部，由探空获取的相对于风暴气流的垂直廓线。引自 Smull 和 Houze(1987)，经美国气象学会许可再版

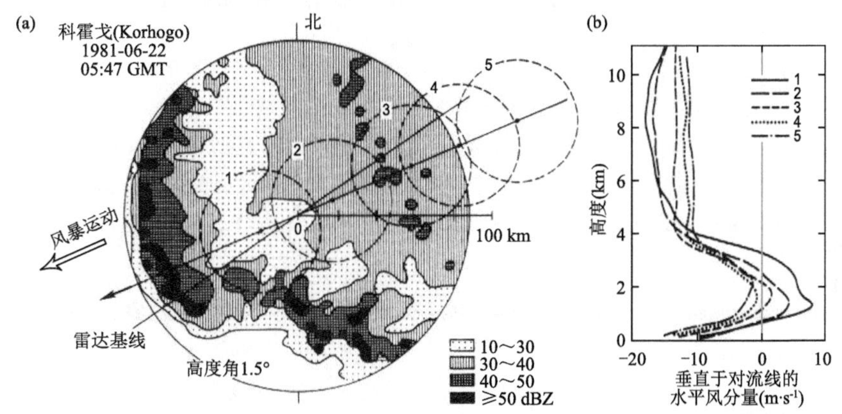

图 9.64　图 9.7、9.35 和图 9.52 中给出的热带飑线的尾部入流。(a)低层雷达反射率分布图。叠加的圆圈代表图(b)中风廓线仪的位置。廓线是垂直于前面对流线[图(a)中强雷达回波区]水平风分量的垂直分布，正值表示相对于风暴从后向前的气流。引自 Chong 等(1987)，经美国气象学会许可再版

低层(即雨区内)部分没有出现。这样的结果可以用图 9.65b 来解释。图 9.65b 给出的是：从总的风场(图 9.65a)中，减去模拟出的没有非绝热加热风场以后，剩余的部分。在系统内部，指向风暴的后部入流，包括向前运动的中层气流和下降到对流区的气流，都存在；风暴后边缘来自环境场的尾部入流在图中则完全看不到。由此可以明显地看出，使本案例中的系统成为具有强尾部入流系统的那部分尾部入流，不是由风暴内部的物理过程驱动的，而是由风暴所处的大尺度环境场决定的。在本例中，大尺度斜压性为系统发展提供了深厚而有利的由后向前的对流层中上部气流。这个结果进一步表明，带有尾随层状云区的飑线系统内由后向前的气流，本质上是风暴内部物理过程作用的结果。而对于具体的个例而言，决定层状云区的后边界

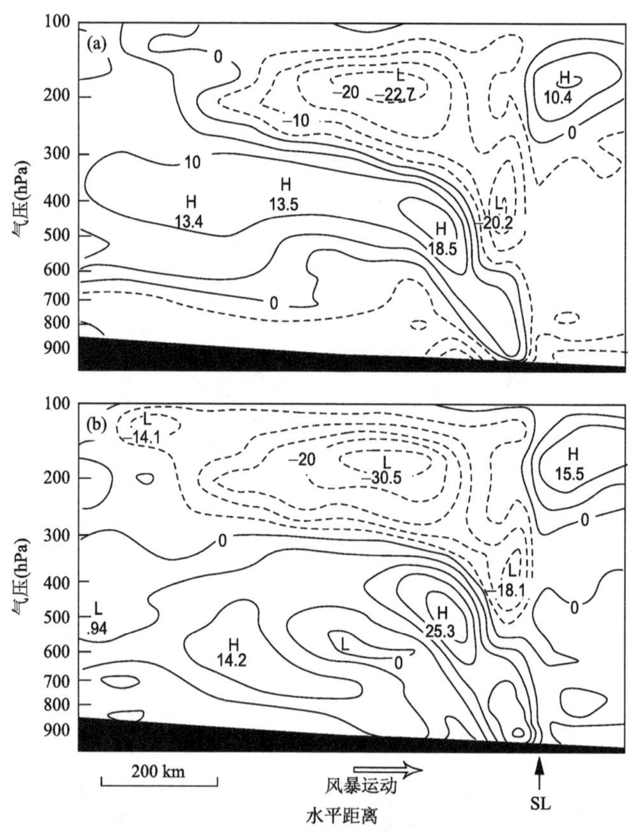

图 9.65　中尺度模式模拟的带有尾随层状云区的飑线。飑线的个例特征在图 9.17、9.32、9.47、9.50、9.57、9.58 和图 9.60—9.62 中解释过。垂直剖面与飑线正交，飑线前沿的地面位置用 SL 表示，与飑线垂直，且相对于飑线系统水平气流的单位为 m·s^{-1}。正值表示由后向前的方向(从左到右)。在图(b)所表示的风场，已经从图(a)所示的总风场中，扣除了绝热加热引起的风场。引自 Zhang 和 Gao(1989)，经美国气象学会许可再版

具有强的尾部入流，亦或者是有弱的尾部入流，还是停滞不动的关键因素，取决于风暴所处的环境场。

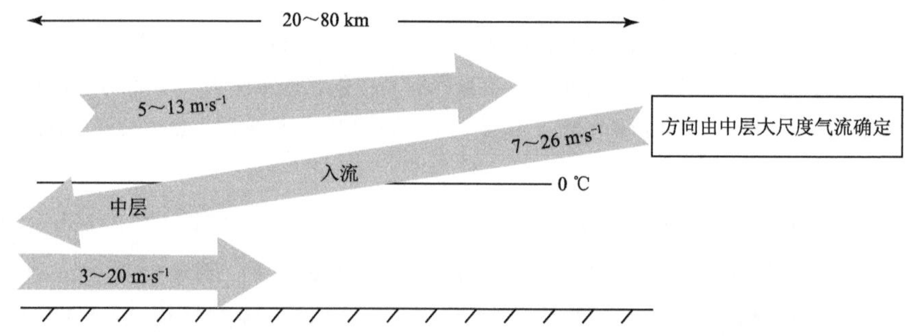

图 9.66　热带西太平洋中尺度对流系统层状云区内气流的概念模型图，在热带海洋与全球大气海-气耦合响应试验(TOGA COARE)中通过机载多普勒雷达观测获得。数字表示相对于系统水平风的大小，以及中层入流区的范围。基于 Kingsmill 和 Houze(1999)的图表绘制，经英国皇家气象学会许可再版

中纬度斜压环境中的飑线，例如之前所描述的个例，并不是相对于风暴的环境气流，对层

状云区里中层入流气流的特征，起决定性作用的唯一情况。在热带西太平洋上空，中尺度对流系统非常普遍(图 9.3)。机载多普勒雷达资料显示，层状云区里的中层入流气流，属于强中层入流类型的情况非常普遍，其平均入流速度约为 7～26 m·s^{-1}(图 9.66)。多普勒速度与环境风速的比较结果表明，强中层入流气流的方向与中层大尺度流场的方向，是相互对应的。

9.6 散度、非绝热加热过程以及涡度

9.6.1 散度廓线

图 9.67 表示一个热带中尺度对流系统中层风场的分析结果。矩形区域是系统中对流区和层状云区的位置。有一个辐合的气旋性环流在层状云区的中心。对流区和层状云区的散度廓线，具有中尺度对流系统的典型特征，见图 9.68。对流区内对流层低层辐合，高层辐散；相反，层状云区的散度廓线为三层结构，中层辐合夹在上下两个辐散层之间。

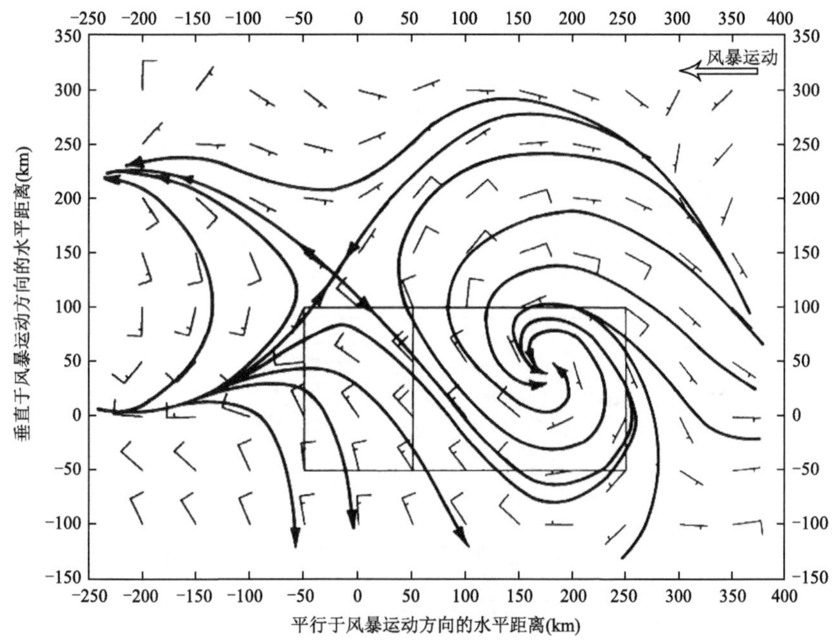

图 9.67　一个热带飑线系统 650 hPa 高度上中尺度风场的合成分析。图中较小的长方形表示在雷达资料上发现有前缘对流线的区域，较大的长方形表示有尾随层状云降水区的区域。对探空和飞机观测得到的风场进行了客观分析。在这里显示的中尺度风场，是对包含较大尺度和较小尺度波动的资料，使用一个中尺度带通滤波器进行过滤，所获得的中尺度部分。一个全风速杆的大小表示 5 m·s^{-1}，在靠近层状云区后部的地方，可以明显地看到一个涡旋。图 9.59 和图 9.68 所示，是这个风暴其他方面的特征。引自 Gamache 和 Houze(1985)，经美国气象学会许可再版

图 9.69 所示的是中纬度对流复合体(MCCs)的 700 hPa 风场合成分析结果。将常规无线电探空仪得到的风场，放在中尺度对流复合体所在卫星图像的相应位置上，得到合成分析结果。如在热带飑线个例中看到的一样，风场呈气旋性辐合。在高层，风场则呈反气旋性辐散(图 9.70)。在这个合成分析工作中，我们没有试图将系统划分为对流和层状云部分。然而，这

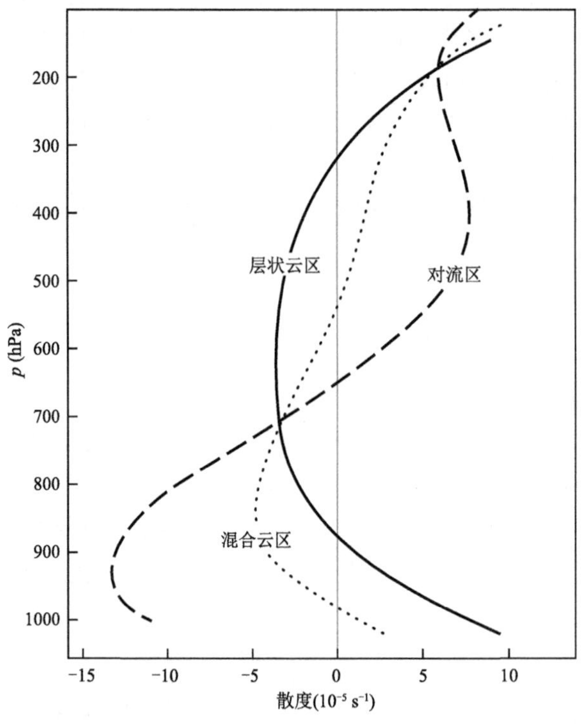

图 9.68 一个热带飑线系统中散度的垂直分布。对流区为虚线,层状云区为实线,混合云区为点线。这个风暴其他方面的特征见图 9.59 和图 9.67。引自 Gamache 和 Houze(1982),经美国气象学会许可再版

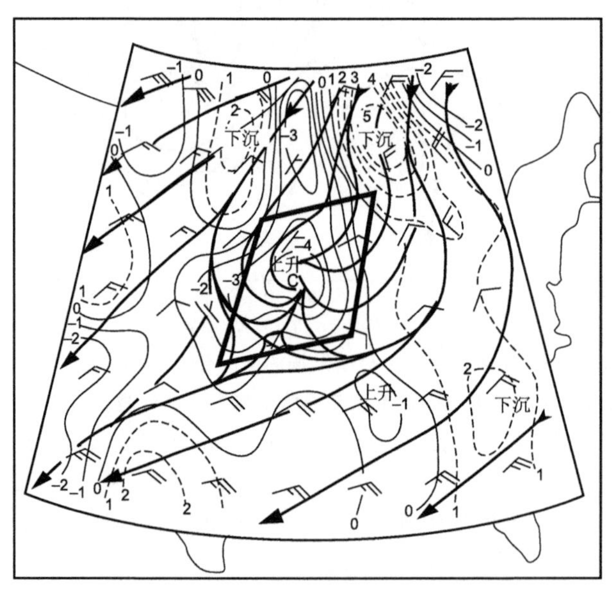

图 9.69 在中尺度对流复合体附近 700 hPa 风场的合成图。平行四边形表示中尺度对流复合体所在的区域,风场是相对于中尺度对流复合体运动的风。一个全风向杆表示 10 kn 或约为 5 m·s^{-1},垂直运动($\omega\equiv Dp/Dt$)的单位为 10^{-3} hPa·s^{-1},正 ω 表示下沉运动,其等值线用虚线表示,上升和下沉运动的最大值分别用文字"上升"和"下沉"表示,C 表示气旋性环流的中心,背景显示的是美国地图,用于帮助表示图的比例尺。平行四边形的边约为 700 km 长。引自 Maddox(1981),经科罗拉多州立大学大气科学系许可再版

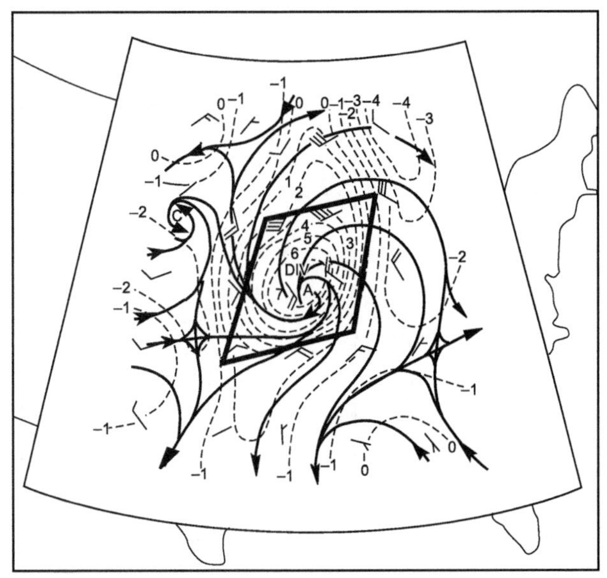

图 9.70　中尺度对流复合体附近 200 hPa 风场的合成分析结果。平行四边形表示中尺度对流复合体的区域。风是与中尺度对流复合体有关的气流。一个全风向杆表示 10 kn 或约为 5 m・s^{-1}，垂直运动（$\omega \equiv Dp/Dt$）的单位为 10^{-3} hPa・s^{-1}（正值 ω 表示下沉运动，其等值线用虚线表示）。DIV 是散度中心，C 和 A 分别代表气旋性和反气旋性环流中心。背景的美国地图用来显示比例关系。平行四边形的边长约为 700 km。引自 Maddox (1981)，经科罗拉多州立大学大气科学系许可再版

里分析出的净散度廓线（图 9.71）与图 9.68 中所示（包含对流和层状云区两个部分）的净廓线是一致的。

9.6.2　加热和冷却的分布

图 9.67 和图 9.69 中所示的中层气旋性涡旋发展，是中尺度对流系统的典型特征。它们很明显与中尺度对流系统中加热过程的典型分布有关，具体可参见图 9.14b 中的概念模型图。由于在降水系统里，对流上升气流中的凝结加热，一定超过对流尺度下曳气流中的蒸发冷却，因此，对流区里在所有层面上都出现净的加热，其最大值位于对流层中部（图 9.72a 中虚线）。但是，在对流层低层，下曳冷却和上升加热几乎可以抵消，因此最大净对流加热出现在对流层中部。层状云区在对流层下部出现冷却，那里有降水粒子融化和蒸发过程发生。辐射加热主要集中在高层，它叠加到层状云区高层的增温上。从而在层状云区里产生一条低层冷却，中高层增温的温度廓线（图 9.72a 中的粗曲线）。整个中尺度对流系统的加热廓线，与层状云区的加热率关系极大（图 9.72b）。

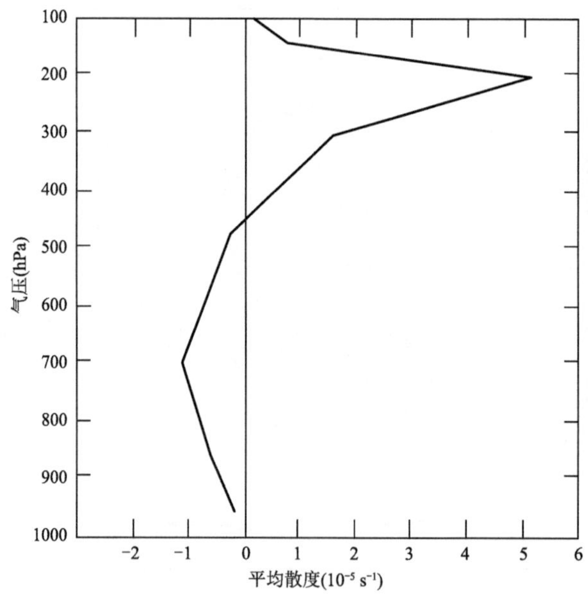

图 9.71　中尺度对流复合体附近的平均散度。引自 Maddox(1981)，经科罗拉多州立大学大气科学系许可再版

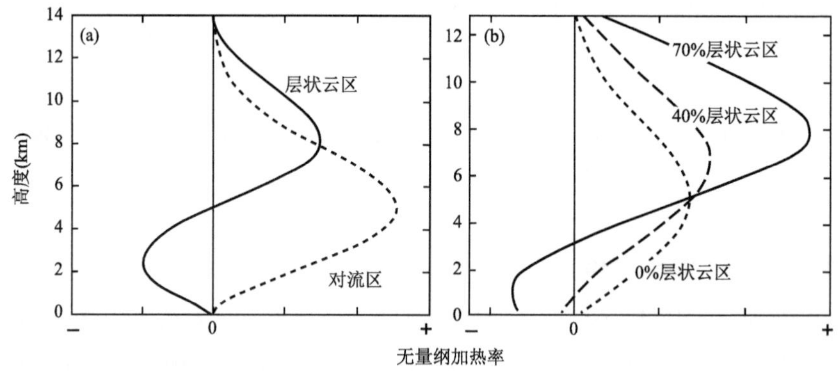

图 9.72　(a)一个中尺度对流系统中层状云降水和对流降水的净加热理想廓线。x 轴是表示非绝热加热率的无量纲数，发生对流和层状云区降水时才使用这个变量；(b) 层状云降水加热所占比例不同的中尺度对流系统净加热廓线。引自 Schumacher 等(2004)，经美国气象学会许可再版

9.6.3　涡旋发展[①]

层状云区的发展节奏、持续时间，以及在对流层低层冷却、高层加热的代表性加热场垂直廓线，使得层状云区特别有利于对流层中部中尺度涡旋形成。为了理解这种涡旋的发展，可以

① 中尺度对流系统中涡旋的发展在卫星观测、数值模拟和理论方面的研究很多。本章中的讨论部分引自 Johnston(1982)、Leary 和 Rappaport(1987)、Zhang 和 Fritsch(1987，1988a，1988b)、Bartels 和 Maddox(1991)、Brandes(1990)、Raymond 和 Jiang(1990)、Johnson 和 Bartels(1992)、Chen 和 Frank(1993)、Davis 和 Weisman(1994)、Fritsch 等(1994)、Fritsch 和 Forbes(2001)以及 Houze(2004)。

考虑位涡 P（第 2.5 节）的作用。当非绝热过程发生，位涡 P 不再守恒，而受到加热场空间分布梯度的影响。如果假定加热的垂直梯度已知，位涡 P 的个别导数表示为

$$\frac{\mathrm{D}P}{\mathrm{D}t}=\frac{\zeta_a}{\rho}\frac{\partial}{\partial z}\dot{\mathscr{H}} \tag{9.27}$$

式中，根据公式(2.9)，$\dot{\mathscr{H}}\equiv \mathrm{D}\theta/\mathrm{D}t$，从公式(9.27)可见，加热的垂直梯度对位涡发展至关重要。中尺度对流系统的层状云区，由于低层冷却高层加热的垂直分布特征，因此，具有特别强的加热垂直梯度(图 9.14b 和图 9.72)。这个加热垂直梯度在层状云区的中层最为显著。

根据公式(9.27)，原来存在的气旋性绝对涡度（$\zeta_a=\zeta+f>0$）结合层状云区内正的向上加热梯度，可以在中尺度对流系统的层状云区内导致中层气旋性涡旋形成。这种气旋性涡旋，在中尺度对流系统层状云区的中层非常常见，且常常被称为中尺度对流涡旋(MCV)①。正的绝对涡度 ζ_a 的源是随着环境条件而变化的。加热的垂直梯度要在它存在的基础上才能发挥作用。在中纬度地区，科氏力参数 f 本身就能为中尺度对流系统层状云区提供气旋性绝对涡度。足以使得层状云区里的中尺度对流涡旋(MCV)旋转起来。图 9.73 是对图 9.69 和图 9.71 所描述那种类型的中纬度中尺度对流复合体模拟结果的说明。由这个概念模型图可见，层状云区在减弱的对流中产生(如第 6.6 节所述)。当加热的垂直梯度在层状云区内建立起来，层状云区的中层就形成了一个涡旋(图 9.73b)。图 9.73 所示的层状云区内中层涡旋的垂直环流分布表明，涡旋至少部分实现了梯度风平衡和静力平衡(第 2.2.4 节)。由于保持静力和梯度风平衡需要非地转的横向次级环流以及垂直运动，因此，这种平衡配置将使得中尺度对流涡旋在伴有次级环流的上升运动中维持较长的时间。这样的上升运动还提供了中尺度对流系统里新对流被触发的机制。图 9.74 显示模拟出来的中尺度对流复合体里，在层状云区内形成的涡旋。

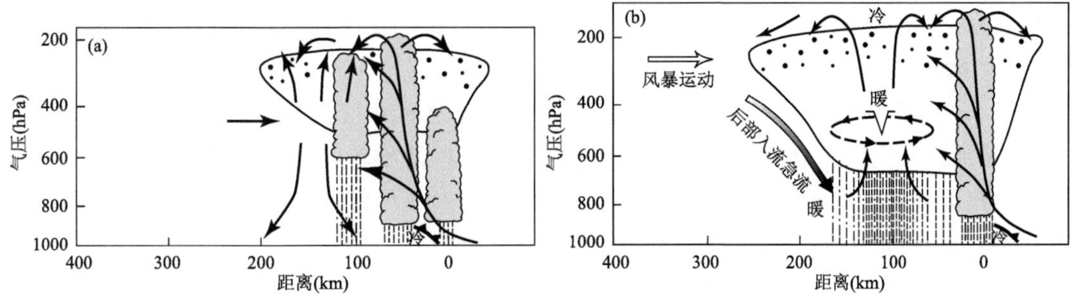

图 9.73　带有前缘对流线(阴影)和尾随层状云降水区(轮廓线)的中尺度对流系统，及其相伴中尺度涡旋结构的概念模型图。(a)初生阶段；(b)中尺度涡旋产生阶段。实心箭头表示中尺度环流，暖和冷分别表示的是正和负温度异常区，V 和虚线箭头表示一个中层的中尺度涡旋。引自 Chen 和 Frank(1993)，经美国气象学会许可再版

在某些个例中，中尺度对流涡旋的触发可能得到中尺度对流系统自身的帮助。一类常见的中尺度对流涡旋的形成和发展与图 9.8 所示的一种非对称的飑线有关。数值模式模拟再现了这类中尺度对流涡旋的形成。模拟结果显示，在没有科氏力的情况下，端部的旋转气流会在

① Bartels 和 Maddox(1991)引入了该术语。

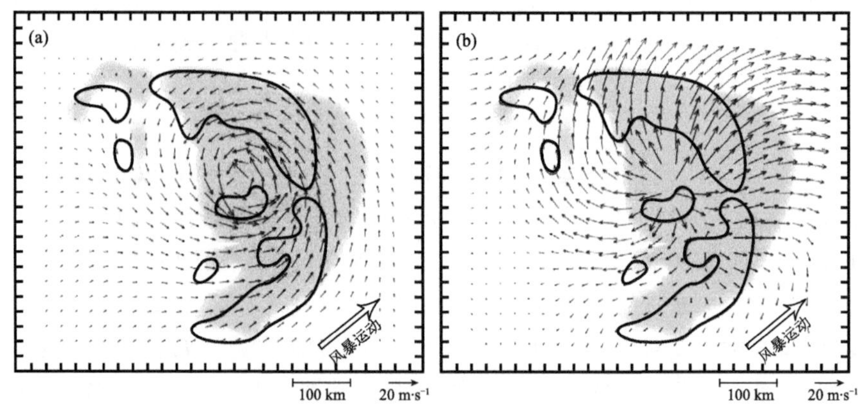

图 9.74　中尺度模式的输出结果表示了中纬度飑线尾随层状云区里形成的涡旋。图中在一个与涡旋同等速度运动的坐标系里,表示相对于系统的风矢量。阴影区表示(模式可分辨的)层状云降水区。等值线包围(模式模拟出的)对流降水区。500 hPa(a)和 200 hPa(b)。引自 Chen 和 Frank(1993),经美国气象学会许可再版

对流层中层飑线的两端形成(图 9.75a),分别具有不同的旋转方向。在中纬度有科氏力的条件下,那个气旋性旋转的端部涡旋会发展成一个强的绝对涡度扰动。这个扰动可以并入飑线后面的层状云区。按照公式(9.27),在这个区域里(低层冷却、高层加热的)加热垂直梯度分布,会拉伸气柱,使得层状云区内产生气旋性位涡扰动。这个位涡扰动然后增长成为中尺度对流涡旋(如图 9.75b)。图 9.76 表示这类层状云区涡旋的研究结果。在风暴的中层有较强的尾部入流和辐合的地方,垂直涡度 ζ 强。因此,在本例中,拉伸显然是涡旋加强的主要机制。观测表明,在大约 1.5 h 以内,一个强涡旋中心就可以由地球自转涡度本身发展出来。通常,入流气流中原来已经存在的相对涡度(例如那种可能与西风带中短波槽活动有关的涡度)会加速这个过程。所以,短时间内发生的旋转拉长作用,可以帮助我们解释为什么非对称飑线在中纬度地区常见。

图 9.67 中的热带中尺度对流系统位于 15°N 附近,所以在层状云区里发展起来的涡旋,不太可能是加热梯度单独对 f 起作用的结果。对流线两端的旋转可能也会起作用,但更加可能的是:这里原先存在的正涡度,是由具有正相对涡度的天气尺度低压提供的。在第 10 章中我们将会看到:嵌在已经存在的天气尺度低压里的中尺度对流系统,在热带气旋发展的初生阶段,使中层正涡度旋转加强的过程。

图 9.67 所示热带中尺度对流涡旋的一个显著特征是:涡旋的延伸范围大大超过降水区的边界。我们在图 9.69 中也看到,中尺度对流涡旋的范围会延伸到中纬度中尺度对流系统周围的环境场里。根据中尺度对流涡旋向大尺度环境场的扩张这个现象,我们可以推演出图 9.77 所示的中尺度对流涡旋发展概念模型。模型中描绘了中尺度对流涡旋位涡最大值,扩展到中尺度对流系统云区边界以外的过程(灰色阴影)。这个概念模型常常被引用。它表明:中尺度对流涡旋以及高层位涡的最小值,是向外面的远处扩展,延伸到大尺度环境场的一种环流。根据公式(9.27),中尺度对流涡旋是由于层状云区内加热垂直梯度作用于环境场涡度而产生的,从它与图 9.73 的联系来看,中尺度对流涡旋产生后会变得准平衡。

用于维持中尺度对流涡旋平衡的横向的和垂直的次级环流,也被认为是维持中尺度对流系统周围上升运动,进而促进新生对流产生,并延长系统生命期的机制。与稳定的中层中尺度

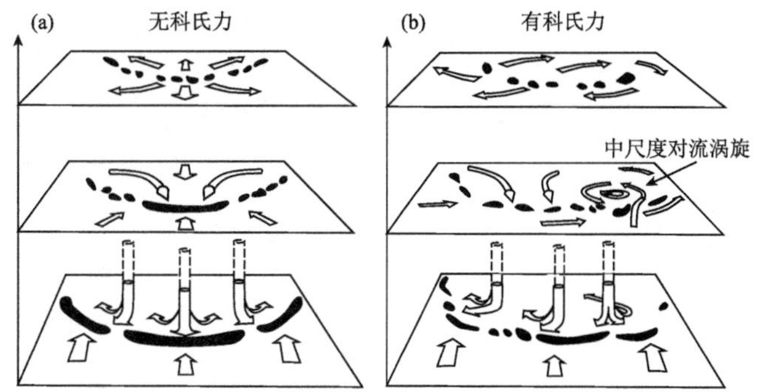

图 9.75 有和无科氏力作用的北半球飑线概念模型。图像观测的视角是从上向下从东向西。水平面分别表示地面、中层和高层。在平面里的箭头表示进入平面的气流，而三维管状结构表示平面以外的气流。点状的管形气流表示下曳气流。黑色区域表示活跃对流发生的地方。引自 Skamarock 等(1994)，经美国气象学会许可再版

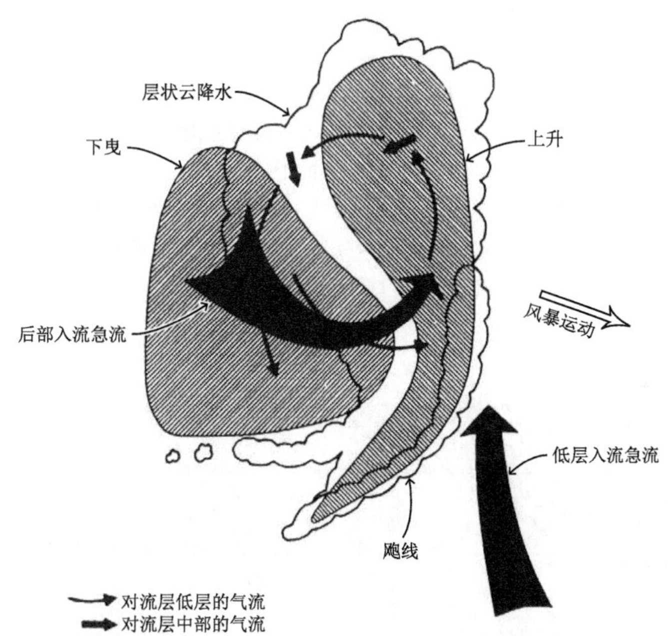

图 9.76 图 9.8b 所示的一种非对称飑线系统里气流的概念模型图。扇形区域表示降水区。引自 Brandes(1990)，经美国气象学会许可再版

对流涡旋有关系的新生对流，在向外散开下曳冷空气的作用下，会形成在中尺度对流系统的周边。低层切变与第 8.12 节中所讨论的冷池相互作用，进而对中尺度对流系统周边的上升运动产生影响。1977 年宾夕法尼亚州的强生镇的大洪水与中尺度对流复合体有关。这个中尺度对流复合体生命史特别长，显然是中尺度对流涡旋动力过程作用[①]的结果。

准平衡中尺度对流涡旋所覆盖的巨大范围，在卫星图像常常可以看到。在一个中尺度对

① 关于 Johnstown 洪涝风暴的详细描述请参见 Bosart 和 Sanders(1981)。

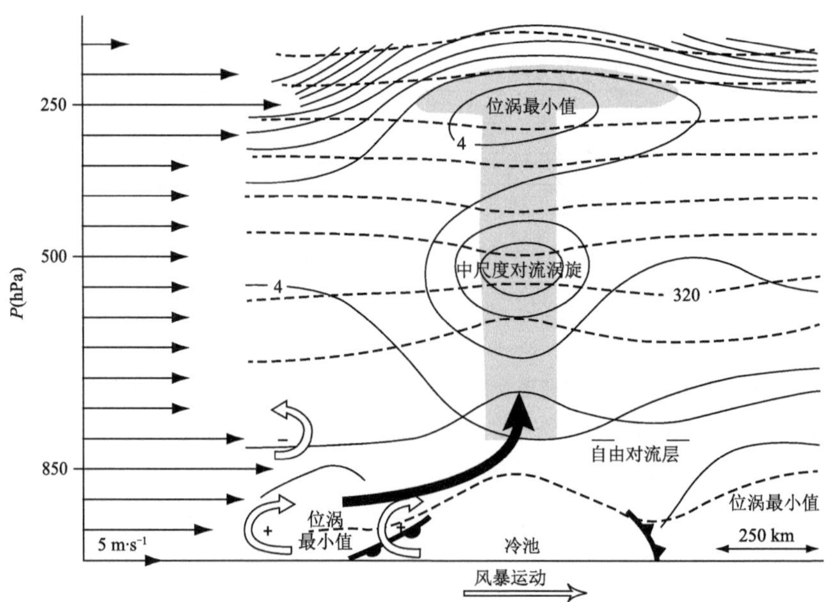

图 9.77　与一个中尺度对流系统相关的中尺度暖心涡旋结构和重建机制的概念模型图。沿纵坐标的细箭头表示环境风场的垂直廓线。带有“+”和“-”的空心箭头表示由冷池和环境垂直风切变引起的与垂直剖面平面相垂直的涡度分量。粗实心箭头表示由涡度分布产生的上升气流轴。锋面符号表示外流边界。虚线是位温（5 K 间隔），实线是位涡（PV，间隔为 $2\times10^{-7}\ m^2\cdot s^{-1}\cdot K\cdot kg^{-1}$）。系统以大约 $5\sim8\ m\cdot s^{-1}$ 的速度从左向右传播，并被低空急流内具有高位温的空气取代。气流赶上涡旋，沿等熵面上升，到达自由对流层（LFC），从而触发深对流。阴影表示云区，引自 Fritsch 等（1994），经美国气象学会许可再版

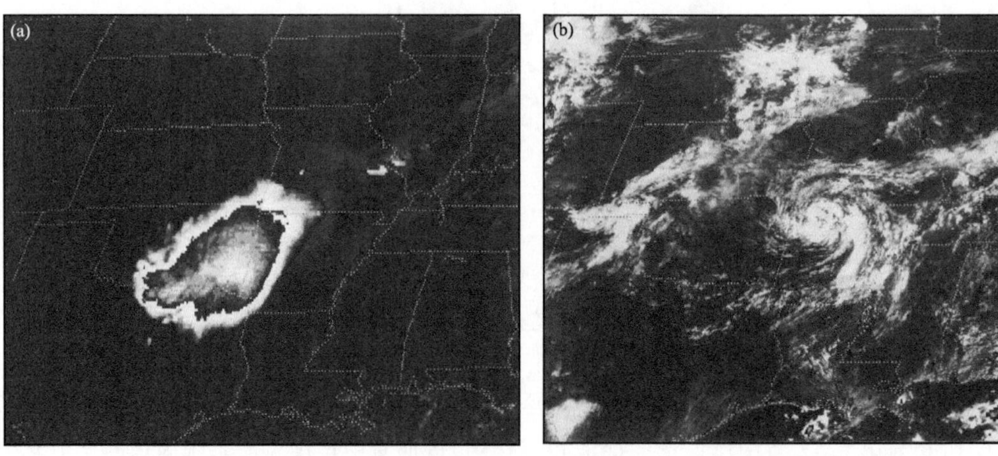

图 9.78　(a)1982 年 7 月 7 日 11:31 GMT（GMT：格林尼治时间），中心位于俄克拉何马一个中尺度对流复合体（MCC）的 NOAA 卫星红外图像。灰色阴影与云顶红外辐射温度成比例，其中云系内浅灰色的地方红外辐射温度最低，大的冷云砧表示中尺度对流复合体；(b)16:31 GMT 同一个中尺度对流复合体残余部分的可见光云图。图中在阿肯色州西北部的云型呈气旋性旋转

流系统的后期，当高层云盖消散后，常常可以清楚地看到残留在对流层中层延伸范围非常广的涡旋状云型(图 9.78)。在下一章中我们将看到，层状云区内由加热垂直梯度引起的强中层位涡异常，是热带气旋发展的一个重要因素。

第10章

热带气旋里的云和降水

……在飓风季节里，没有飓风天气最好……

——Ernest Hemingway，《老人与海》

在前3章讨论积云、积雨云和中尺度对流系统的过程中，我们得知对流云动力学中包含多种尺度的运动，从最小的积云夹卷气流里的湍涡，到中尺度上升、下曳气流、后侧入流，以及常常存在于中尺度系统层状云区里的中尺度对流涡旋。本章我们将随尺度的阶梯继续向上，关注与热带气旋相关的云系(第1.3.2节)。这类云系受到尺度更大的气旋动力学的制约，并对其有反馈作用。为了研究云和气旋之间的相互关系，像考察中尺度对流系统那样，仅依赖于对流的动力学和静力学理论是不够的。在本章中，将基于热带气旋自身的动力学理论，进一步考察热带气旋里云的动力学。

首先，第10.1节介绍热带气旋的定义和基本观测特征，包括全球热带气旋形成和活动的区域、热带风暴中云和降水的分布，以及范围更广的风暴尺度运动学和热力学的内容。在本章的各节中，细致地阐述从生成到成熟阶段热带气旋内部的运作，并且将热带气旋每个阶段、每个组成成分的云，和它的动力学关联起来。

10.1 热带气旋的基本定义、气候特征和天气尺度背景

根据《气象学术语汇编》，[①]热带气旋被定义为源地在热带海洋上具有闭合环流的低压系统。根据它们的最大风速，热带气旋分为不同的等级：最大风速小于17 m·s^{-1}为热带低压，最大风速在18～32 m·s^{-1}之间为热带风暴，最大风速在33 m·s^{-1}以上为强热带风暴。[②] 通常用“热带气旋”代表级别比热带风暴更高的热带气旋。强热带气旋有当地的名称。在大西洋和东北太平洋，热带气旋被称为“飓风”；西北太平洋被称为“台风”；南太平洋和印度洋被称为“气旋”。虽然叫法不同，它们都表示同一种现象。

---

① amsglossary. allenpress. com.

② 美国通常将风速定义为10 m高度层上1 min的平均风速，而其他国家则采用10 min平均。显然，对于强热带气旋来说，用常规方法来测量风场并不现实，接近地球表面的风不得不用卫星观测估计，或通过飞机穿眼观测来确定。

热带气旋生成在海上，[①]它们的主要能量来源是大气边界层里水汽的潜热。潜热释放发生在气块升出边界层进入深厚的云层时。由克劳修斯-克拉珀龙（Clausius-Clapeyron）方程式(3.12)可知，在接近洋面的空气里，饱和水汽压、从而相当位温，随温度升高而快速增大。因此，热带气旋几乎总是生成在海表温度超过 26.5 ℃的区域(图 10.1a)。暖洋面上的自由大气通常是条件不稳定的。自由大气需具备较高的湿度条件，这样云才能克服夹卷的抑制作用而获得持续的发展，最终生成较深厚的云(第 7.3 节)。

热带气旋通常在南北纬 5°～20°海域生成(图 10.1a)，在赤道至±5°范围内几乎没有热带气旋生成。[②] 因为在±5°以内科氏力太弱，低层辐合不足以产生热带气旋生成所需的相对涡度。流场背景中强的正涡度，有助于保留云中释放的能量，从而为气旋的加强作出贡献。在热带气旋发展过程中还有一个特别重要的参数，即环境场垂直风切变，这个变量要求特别小，才能有利于气旋在垂直方向上协同发展。根据气候统计结果，南大西洋海域是强垂直风切变区域，同时又缺少天气尺度的原始扰动，因此，在该海域生成的热带气旋极为罕见(图 10.1)。

根据上述内容可知，热带气旋生成的先兆环境场条件，可能受到各种天气尺度过程的影响。感兴趣的读者还可以进一步阅读相关文献，深入了解这些过程。[③] 热带气旋生成后，它们趋向于被大尺度气流挟带着移动。图 10.1b 显示：在低纬度盛行大尺度东风气流，热带气旋的路径基本上向西运动。还有一点非常明显的是：许多热带气旋会转向。移出热带地区进入中纬度西风带的热带气旋，先转为向极地方向，然后转向东移动。大多数热带气旋在遇到陆地或温度较冷的海面时，由于缺乏暖的下垫面带来的充沛水汽而消亡。还有一些热带气旋与中纬度西风带相互作用而变性成温带气旋[④]。

10.2 热带气旋生成过程中云系的特征

10.2.1 加强热带低压中云系形成的概念模型

热带气旋生过程一部分是降尺度过程，即天气尺度能量集中到小尺度的涡旋里；还有一部分是升尺度过程，即局地对流尺度的动力，为气旋扰动的发展传递能量，并增加涡度。在升尺度正反馈过程致使热带气旋生成的过程中，对流云起关键的作用。在热带气旋生成的初期，对流云通常发展特别剧烈，我们称之为“对流爆发”。在卫星云图上，对流爆发呈现为对流云周围强烈的卷云外流。[⑤] 图 10.2 显示了概念模型图。在对流爆发区域里，存在多种各样的对流单体，其中一部分是独立的积雨云塔，其余的以中尺度对流系统(MCS，见第 9 章)的形式出现。

---

① Gray 在 1968 年发表了论述有利于飓风生成环境条件因素的经典论文。他指出弱环境风切变、高海温、相对不稳定的热力层结和低层正相对涡度的重要性。后来，DeMaria 等在 2001 发表的论文中进一步证明了环境湿度的重要性。

② 热带气旋也会在赤道附近形成，虽然这种情况极其罕见。2001 年台风“画眉(Vamei)”在赤道以北 1.5°附近的新加坡发展起来，2004 年气旋“阿耆尼(Agni)”在距离赤道仅几千米的地方形成。在上述这样的情况下，涡旋的旋转一定起源于某些原先存在的相对涡度。在分析台风“画眉”时，Chang 等(2003)发现：气旋的生成起源于移入该区域的两个相互作用的气旋性扰动。作者估计，类似于这样性情况的热带气旋，能够在赤道发展起来的可能性约为 100～400 年一次。

③ 有关天气尺度过程如何为热带气旋的发展创造有利条件的总结，请参阅 Houze 在 2010 年发表的综述文章，以及其中所列的参考文献。

④ 有关热带气旋变性为温带气旋的综述评论，参阅 Jones 等在 2003 年发表的文章。

⑤ Steranka 等(1986)的研究中注意到：在热带气旋发展以前，卫星图像上看到了“对流爆发”。

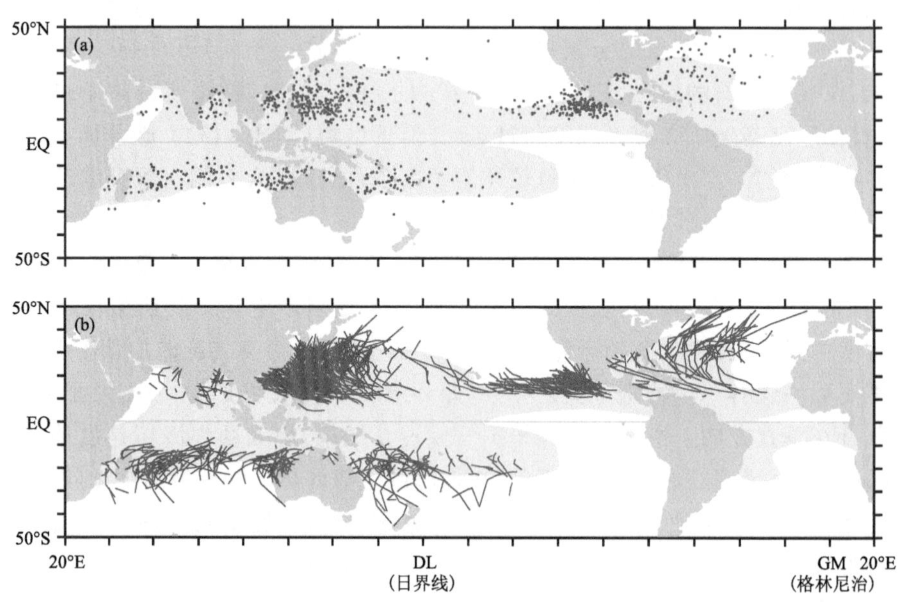

图 10.1　1970—1989 年全球热带气旋位置和路径与海温分布的关系。取自 Legate 和 Willmott (1990)的研究。(a)热带气旋强度首次发展到 32 m·s^{-1}以上时的位置；(b)热带气旋路径。黄色阴影区代表夏季海温高于 26.5 ℃的范围，夏季用北半球 8 月和南半球 2 月代表。引自 Mitchell(2010)，经美国气象学会许可再版

中尺度对流系统里，既包含深对流也包含层状云降水。图 10.2d 所显示的对流，位于原先存在的低层气旋性环流里，在图中这个气旋性环流标示为字母 L，并以虚线表示。图 10.2a — c 的概念模型，表示在大尺度背景低层有正涡度的情况下，中尺度对流系统的生命史。正如图 9.11 和图 9.14 中显示，普通的中尺度对流系统生命过程，对于后来发展出热带气旋是非常重要的。但是更需要强调的是：中尺度对流系统里，涡度如何才能发展出来。中尺度对流系统从一个或多个独立的对流塔(图 10.2a)开始发展。受浮力对流底部的上升运动和向上平流抬举运动的拉伸作用，低层环境流场里辐合，涡度增加。上升气流向上扩展，成为正涡度高值中心，被称为“涡旋热塔”。[①] 当一个热塔消亡后，它减弱成为中尺度对流系统中降水层状云的一部分。新的热塔又在紧邻层状云的区域里生成。因此，当中尺度对流系统达到成熟阶段时，其中既包含对流、又包含层状云(图 10.2b)。在图 10.2 描述的例子中，层状云块的底部在对流层中部。它绝大部分由对流单体上部的残余物质组成(图 9.11 和图 9.14)。如第 9.6.3 节所讨论的那样，层状云区里加热场的垂直分布廓线，使得层状云区里对流层中部发展出中尺度对流涡旋(MCV)。在图 10.2 所示的个例中，中尺度对流系统由对流单体的残留物质组成，它本身就具有相当可观的正涡度。这些涡旋热塔的残留部分，给中尺度对流涡旋增加了更多的涡度。在图 10.2b 中，中尺度对流系统里，既有热塔的加热作用所造成的深厚对流尺度涡度，也有更宽广层状云区里中尺度对流涡旋的涡度。在中尺度对流系统发展的后期，热塔不再生成，但层状云区域里的中尺度对流涡旋仍然会继续维持几小时(图 10.2c)。

---

① “涡旋热塔”是 Hendricks 等(2004)作为“热塔”的一个特例而引入的术语。热塔是 Riehl 和 Malkus(1958)文章中所描述的深厚热带对流，它的上升气流几乎没有被环境气流的夹卷所稀释而到达对流层上部。

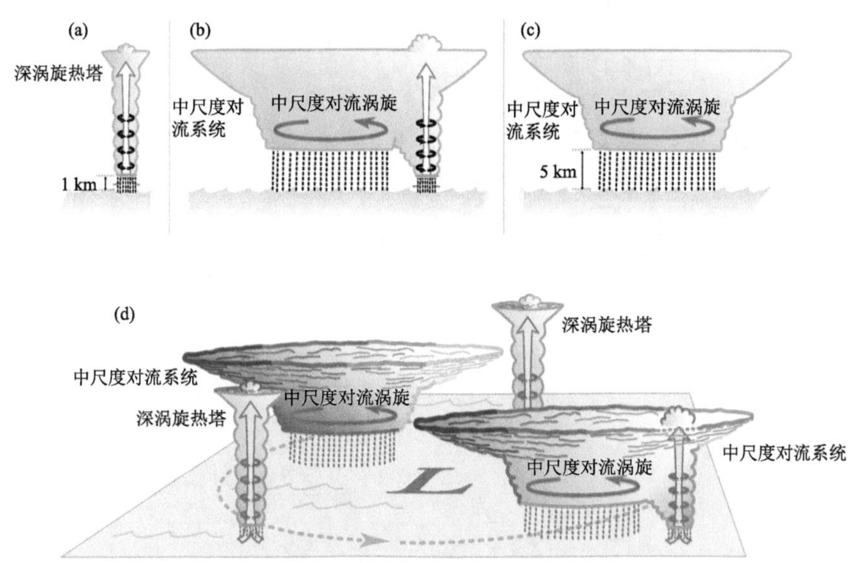

图 10.2 发展中热带气旋内部中尺度对流系统(MCS)的生命史循环过程。(a)中尺度对流系统从一个和多个独立的热塔(VHTs)开始,低层环境场的涡度受上升气流下部低空辐合的拉伸作用而增长,并向上平流。(b)相对于尺度更大、生命期更长的中尺度对流系统来说,对流尺度是瞬变的,当中尺度对流系统的单个涡旋热塔消亡后,在旧深对流单体上部、弱浮力上升区的外面,形成降水层状云。在有新热塔形成时,中尺度对流系统处于发展过程中的成熟阶段,其内部既有对流,也有层状云。层状云区域积累了对流单体残余部分的正涡度,形成中层中尺度对流涡旋(MCV)。(c)在中尺度对流系统生命周期的后期,新对流细胞的发育停止,而中尺度对流涡旋在降水云内仍然会存在数小时。(d)热塔和中尺度对流系统在不同发展阶段的理想分布。引自 houze(1982)、Houze 等(2009)

10.2.2 涡旋热塔举例

图 10.3 显示飞机上搭载的多普勒雷达探测到的,一个热带低压附近的涡旋热塔。这个热带低压后来发展成 2005 年的飓风“奥菲利亚(Ophelia)”。[①] 其中的对流单体发展得特别深厚、宽广和强烈。在整个中高层,上升气流速度达到 10～20 $m \cdot s^{-1}$(图 10.3a、图 10.3b)。对流单体里包含一个气旋性涡度最大值(图 10.3c 的 8 km 高度处)。这个大体量的对流上升气流是由强浮力维持的(在图 10.3a 中 10 km 高度处,虚位温扰动＞5 ℃),可能辅以高层凝结释放的潜热。有一个几千米厚的强流入层,注入到对流性上升气流里(见图 10.3b 中质量通量垂直变化率等值线分布的情况)。图 10.3c 中显示了涡度场的分布,在上升气流的中心部位,可以看见一对正、负涡度最大值中心。这种结构是由于上升气流将环境水平涡度扭转成为垂直涡度,从而在中层产生一对(正、负)涡旋造成的(相关内容参见第 7.4 节和第 8.5 节)。为了图件简洁,扭转产生的涡度对没有在图 10.2a 中显示。在扭转产生的一对涡旋中,具有正涡度的那个涡旋成员强得多。这可能是因为它把拉伸正涡度和向上平流的边界层涡度结合起来了,从而产生了深厚的上升气流,那里就是气旋性旋转的中心。数值实验结果显示:负的涡旋中心有

① 详细内容参见 Houze 等(2009)。

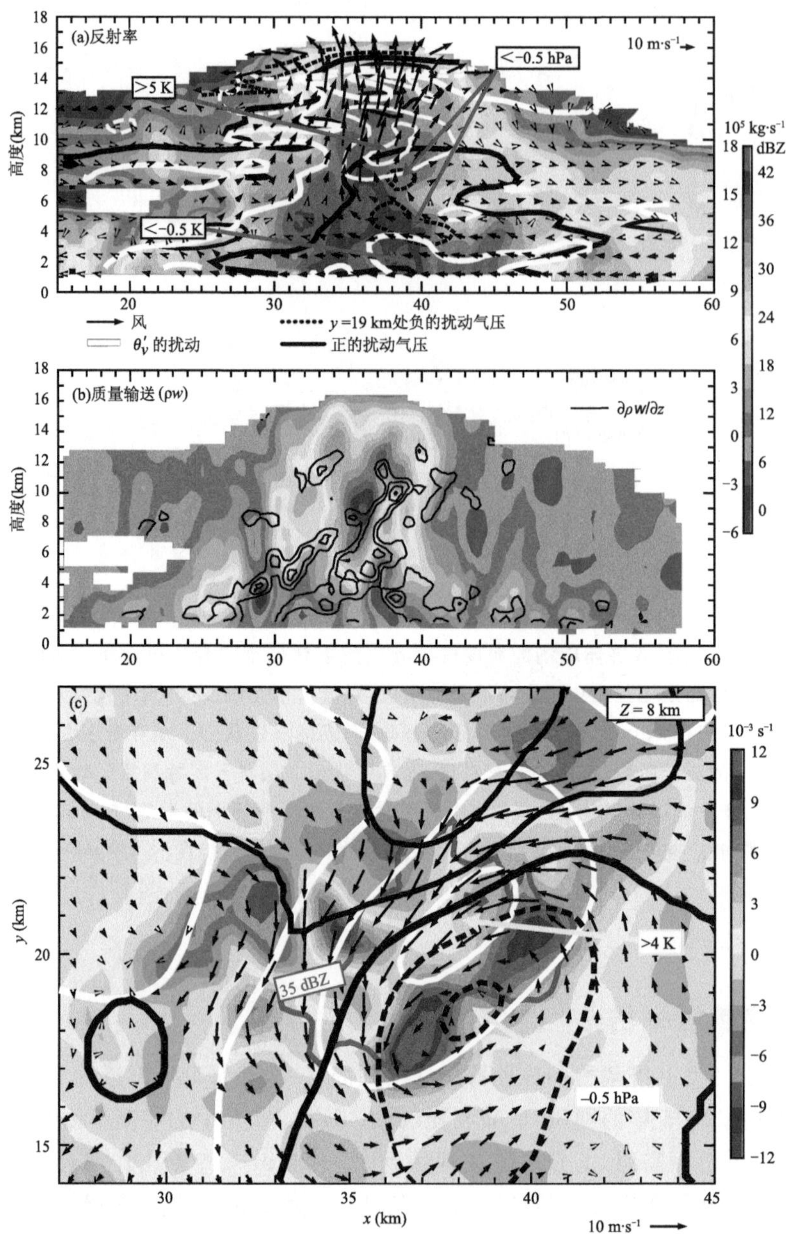

图 10.3 机载双多普勒雷达探测到的热带低压初生阶段数据分析。该热带低压后来发展成 2005 年飓风“奥菲利亚(Ophelia)”。数据于 2005 年 9 月 6 日 21:08 — 21:23(世界时)获取。图的范围根据 2005 年 9 月 7 日国家飓风中心的飓风“奥菲利亚(Ophelia)”的最佳路径确定。垂直剖面图(a)和(b)，沿图(c)中的 $y=19$ km 制作。(a)反射率(彩色，标尺单位：dBZ)和风矢量叠加图。图上还叠加了以虚位温扰动为单位的浮力场(θ_v'，白色线条，2.5 K 间隔的等值线)、气压扰动场(黑色 0.5 hPa 间隔的等值线)。较粗的线条表示零等值线，实线是扰动正值，虚线是扰动负值。速度的矢量在 x-z 平面上。(b)质量传输(彩色，标尺单位：10^5 kg · s^{-1})和具有正垂直质量传输梯度(单位：2×10^5 kg · s^{-1} · m^{-1}，等值线从 1×10^5 kg · s^{-1} · m^{-1}起始)的地区。(c)机载双多普勒雷达观测在 8 km 高度的水平分布情况。相对垂直涡度(填色，标尺单位：10^{-3} s^{-1})与风矢量扰动叠加，且叠加了以虚位温扰动为单位的浮力场(1 K 间隔的白色等值线)，扰动气压(以 0.5 hPa 为间隔的黑色等值线)。浮力是由风场和观测时段内风场变化计算而来，较粗的线表示零等值线，实线是扰动正值，虚线是扰动负值。红色等值线包围反射率＞35 dBZ 的区域。引自 Houze 等 (2009)，经美国气象学会许可再版

被发展中的热带气旋排斥掉的趋势，而正的涡度旋中心被保留下来。[①] 上升气流下部的涡度对气柱有拉伸作用，强烈的上升运动把集中起来的涡度向上平流。由于这两方面的因素，在图10.3中，产生了深厚的、对流尺度的、气旋式旋转的涡度扰动，这就是涡旋热塔。

10.2.3 发展热带风暴中云的集合过程

图10.2d是根据真实个例归纳出来的，热带低压增强过程中云系变化的概念模型。图10.4显示了一个热带低压生成之前，卫星红外通道和沿岸雷达的图像。这个热带低压后来发展成2005年飓风"奥菲利亚"。在这个低压达到热带风暴强度的前一天(图10.4a — d)，强烈的对流活动已经在广大的范围里盛行，但是从云和降水来看，还不具备类似于热带气旋的结构。在图10.4c — d的时段内，在雷达图上显示：云系在水平方向上汇集成三个大小约200 km的中尺度对流系统。其中每一个中尺度对流系统，都由活跃的对流单体和层状云降水区组成。像图10.3中描述的那种旋涡热塔单体，位于墨尔本沿岸雷达东北方向的中尺度对流系统内部。因此，飓风"奥菲利亚"前身的热带低压里，有大量强烈旋转对流单体的聚集，如图10.2d所显示的那样，中尺度对流系统散布在低压区内。到了图10.4e — f的时候，在飓风"奥菲利亚"前身的低压里，被深对流覆盖范围的总面积减少了，但是一个非常强的中尺度对流系统正在形成。在随后的数小时内，中尺度云区从根本上改变了形状，形成热带风暴的结构(图10.4g和图10.4h)。雷达图上表现出眼墙的初期形态，以及位于风暴中心北侧、清晰地由南向东伸展的主雨带。关于主雨带的细节将在第10.7.3节中讨论。

10.2.4 热带气旋生成过程中云的反馈

图10.2d描述了一个理想化的场景：在低层大尺度环境场里，原来有弱的气旋性环流，大量的云在这里生成，其中包括：(ⅰ)独立的深对流单体，它在上升气流中，伴随有气旋性涡度的最大值，如图10.2a所示；(ⅱ)一个或多个成熟的中尺度对流系统，其中含有气旋式旋转的对流单体和中尺度对流涡旋，如图10.2b所示；(ⅲ)含有残余中尺度对流涡旋的衰老中尺度对流系统，如图10.2c所示。上述每一种云里，都包含显著的涡旋扰动，这些涡旋扰动以对流尺度涡旋热塔(和/或)层状云区里中尺度对流涡旋的形式出现。深对流产生位势涡度。这些云内的涡旋扰动，可以对更大尺度的气旋性涡度形成正反馈作用。在这几种云的共同作用下，边界层和低层环境场里的涡度不断积累，并向更高层输送。这样的过程把原来存在的弱天气尺度涡旋组织起来，形成一个热带风暴。背景场的正涡度有助于减小Rossby半径(第2.8节)，从而把云的影响限制在有限的范围里，形成对热带气旋生成有利的条件。

热带气旋的生成不仅仅是原来存在涡旋加强的问题。涡旋必须重新组织，才能形成热带气旋。一个重要的问题是：如在图10.2d的概念模型，以及在图10.4的个例中所显示的如此众多的云，如何把原来存在的弱天气尺度涡旋环流，转化为具有特殊结构的热带气旋呢？热带气旋的显著特征之一，是在距离中心约10～100 km的地方，有一个狭窄的最大风速环带。这个区域被称为最大风速半径(RMW)。它通过强的次级环流，维持近似热成风平衡，进而产生眼墙云系。在眼墙之外，降水发生在中尺度螺旋雨带内。这些成熟热带气旋里，云和降水特征

① 参见Montgomery和Enagonio(1998)。

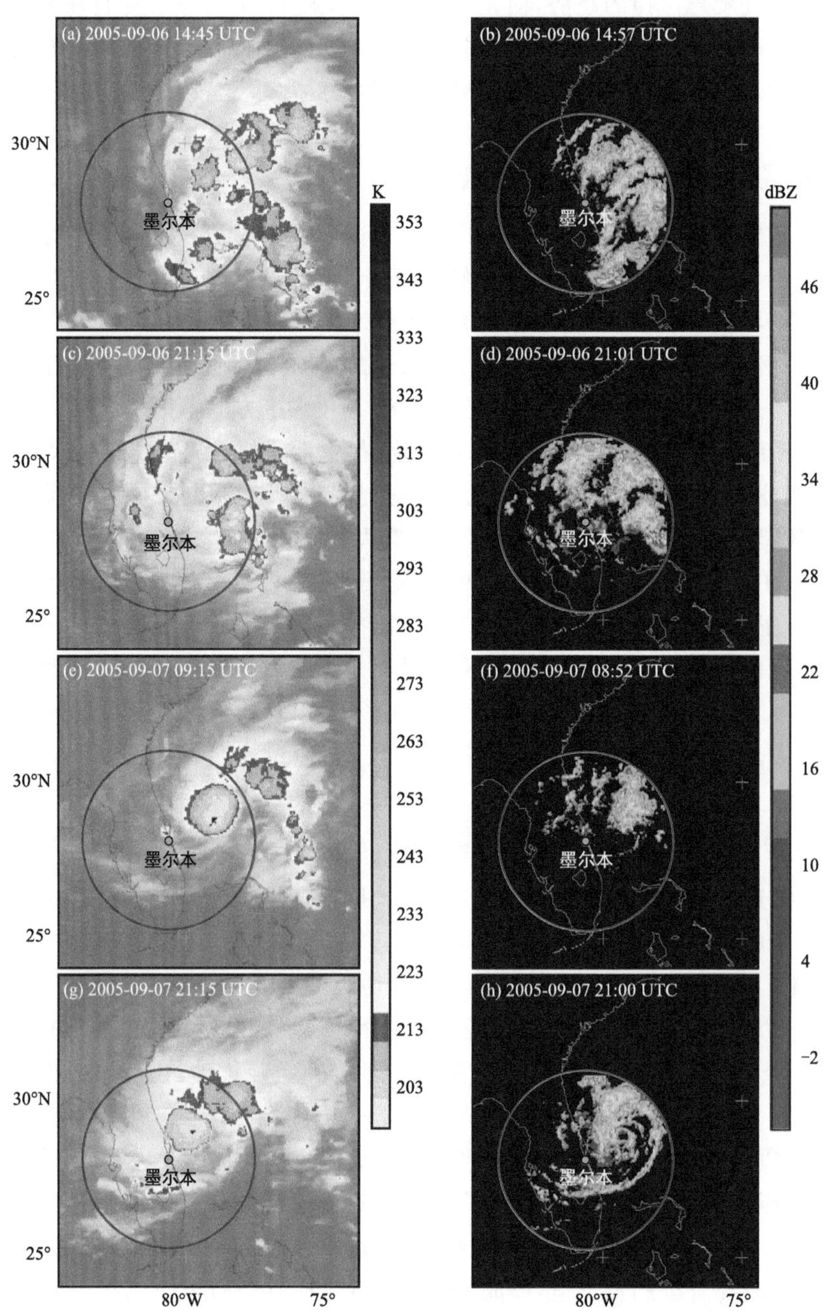

图 10.4 卫星和雷达观测到的“奥菲利亚”的生成。圆圈之内的是雷达最大观测区域。卫星图像是 GOES-12 卫星的红外亮度温度。雷达数据是来自于墨尔本 WSR-88D。引自 Houze 等 (2009),经美国气象学会许可再版

的详细内容,将在本章的其他小节讨论。随着气旋性扰动达到热带风暴强度,它们也调整自己的结构,发展出最大风速半径,并初步形成眼、眼墙和雨带。

那么重要的问题是:这些如图 10.2d 中描述的云,如何促使原来存在的气旋环流转化为气旋扰动,并表现出最大风速半径、眼、眼墙和雨带呢?其中一个观点认为,这样的转化机制主要是由于在众多的云体中所包含的对流尺度和中尺度涡旋扰动。像图 10.2d 中显示的那样,在

轴对称化发展过程中,这些涡旋扰动最终被涡旋风的径向梯度截获,混合到围绕低压的低层平均气流中。[①] 模式计算结果显示:轴对称化能够重新分配次天气尺度涡旋扰动,如涡旋热塔和中尺度对流涡旋里的涡旋扰动,把它们带进入离风暴中心某个距离的环状涡旋带里,加强了低压系统里最大风速半径所在位置的风,从而形成像热带气旋那样的组织结构[②]。

在认识到轴对称化必定起作用的同时,我们还观察到:热带气旋中心会突然出现在某些特定的云系中,而不是在原来存在低压的周围,由所有的云体共同起作用形成的(如图 10.4h)。对热带气旋形成过程中的行为规律,至今仍没有完整的解释,[③]可能有其随机性。在一个较大的低压,从正在发展的强对流中汇集能量,并逐渐在其风场中形成热带气旋风暴结构的过程中,下面的可能性增加了:某个伴有旋转对流单体的中尺度对流系统(和/或)中尺度对流涡旋,在某个理想的地点(这个地点可能恰好是低压中心)发展起来了。在这里,中尺度对流系统的云系与涡旋环流相互作用,蜕变成具有初生眼、眼墙和雨带的结构。

10.3 成熟热带气旋云系概况

10.3.1 可见光图像上的热带气旋

可见光图像上所见到的成熟阶段热带气旋的云,主要是呈反气旋式外流的高层卷云和卷层云。在图 10.5a 所示的 2005 年飓风“卡特里娜(Katrina)”可见光图像上,可以看到粗糙的对流云顶穿透平滑的外流卷云。最显著的特征是:在螺旋云带的中心部位,有一个无云的风暴眼。卫星观测的眼区放大图像如 10.5b 所示,图上眼周围的云顶向内、向下倾斜,一直延伸到洋面。从进入眼区内部的飞机上看到(图 10.5c),围绕眼区的云面,呈现约 45°角的倾斜,使飞机上的观察者,犹如置身于一个巨大圆形体育场的内部,其周围的看台向上、向外倾斜。这个巨大的云堤被称作眼墙,从眼的东侧照射过来的太阳光照亮了它,这在图 10.5 的三幅小图中都清晰地表现出来。在图 10.5b 和图 10.5c 中看不见海面,在图 10.5c 中海面被低处的层云和层积云遮挡了。这种低云盖在强热带气旋的眼中是普遍存在的。眼和眼墙区的云动力学将在第 10.4 — 10.6 节中深入讨论。

10.3.2 热带气旋的三维风场

图 10.5 所见的云型,主要由气旋的风场和热力学结构决定。图 10.6a 和图 10.6b 是 1985 年热带气旋“格洛利亚(Gloria)”的低层风场。风场由无线电探空测风仪、下投式探测仪和机载多普勒雷达观测构成。在图 10.6a 中,在风暴的内核区,滤掉了波长小于 150 km 的流场;在风暴的外围区域,滤掉了波长大于 440 km 的流场。这样做突出显示了风暴所在地方大尺度

---

① “轴对称化”这个术语起源于涡旋动力学的流体动力场。它是指一个受到非对称扰动的平滑涡旋,趋向于通过波动和混合过程的共同作用,而衰退到更圆的形态。Melander 等(1987)首先开展了这方面的研究,随后 Montgomery 和 Kallenbach(1997)的研究将其与涡旋里罗斯贝波形的切向和径向传播联系起来,并认为其中一定存在波动和平均气流之间的相互作用。在有关热带气旋的文献中,这个术语已经使用得相当普遍。

② 参阅 Hendricks 等 (2004)以及 Montgomery 等(2006)的文章。

③ 在 Houze(2010)的文章中有些观点已经提出来了。

图 10.5 (a)NOAA 卫星可见光对于 2005 年 8 月 28 日 22:30 UTC 飓风"卡特里娜"的观测;(b)卫星观测在眼区的放大图像;(c)23:34 UTC 飞进眼区内部的飞机拍摄的图像。在这三张图像中,都可以看到傍晚时分反射到眼墙东侧的太阳光线

环境流场的特征。在图 10.6b 中,在风暴的内核区,分析保留了波长 16 km 的流场;在风暴的外围区域,分析保留了波长 44 km 的流场。在这样更高分辨率的分析中,能够清楚地看到热带气旋自身的涡旋。流线显示边界层空气螺旋状地向内流入风暴中心。等风速线填充的区域(图 10.6b)勾画出一个大致呈环状的区域,环带所在的位置,在风暴中心向外接近最大风速半径,约 20 km(约 0.18°W)的地方。900 hPa 空气螺旋式卷入,使得角动量增加,最大风速半径就出现在径向流入率突然减小的区域。径向辐合使切向风速增大。就是在这个位置,气流突然转而向上,于是就产生了眼墙云。在最大风速半径的内侧是眼区,那里风速骤降至几乎接近零,并且运动是垂直向下的,抑制了云的生成而产生台风眼。在眼区只有低层的层状云覆盖在混合层之上(图 10.5)。眼的动力学将在第 10.5 节进一步讨论。

200 hPa 风场分布(图 10.6c 和图 10.6d 所示)显示虽然热带气旋的外流气流很强,但是它一般是非对称的。在这个个例中,流出集中在风暴中心的东北侧。风暴核的深厚程度也是很明显的,甚至在这个高度,靠近风暴中心还是气旋式旋转的环流,在距离风暴中心约 100 km

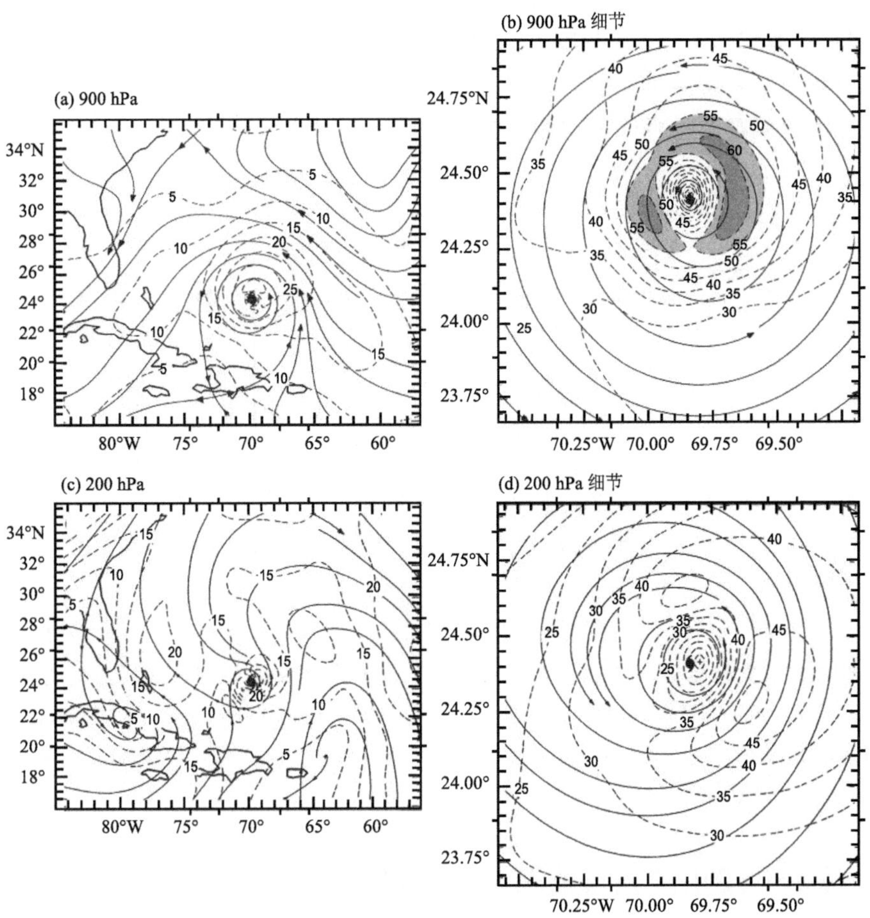

图 10.6 与飓风“格洛利亚(Gloria)”(1985 年)相关的风场。带箭头的实线是流线，虚线是等风速线，以 $m \cdot s^{-1}$ 标记。图边缘的刻度线表示所分析长方形区域的边界在什么地方。(a,c)900 和 200 hPa 的大尺度流场分析。已经在内核区、中间区和外部区分别滤去了波长小于 150 km、275 km 和 440 km 的波动。(b,d)900 和 200 hPa 的高分辨率风场分析。在内核区、中间区和外部区分别滤去了波长小于 16 km、28 km 和 44 km 的波动。虚线是等风速线，以 $m \cdot s^{-1}$ 为标记。在(b)中，风速 $>55\ m \cdot s^{-1}$ 的区域以浅灰色阴影显示，$>60\ m \cdot s^{-1}$ 的区域是深灰色。引自 Franklin 等(1993)，经国家飓风中心 James Franklin 许可再版

处，才转成反气旋式旋转。风暴中心附近气旋式旋转环流的细节特征，由图 10.6d 显示。

图 10.7a、图 10.7b 显示热带气旋大范围平均风场径向和切向分量的垂直剖面图。该图根据从许多风暴中所搜集到的资料合成分析得到。径向风分量(图 10.7a)最显著的特征是：低层风的内流分量朝向靠近气旋中心的方向增强。强的径向外流很明显位于高层，大约在 200 hPa 的高度。这种陈旧的低分辨率合成分析，缺失了一个重要的特征，即边界层顶部所出现的浅薄径向出流。这与涡旋中心附近的强风变成超梯度有关(进一步的讨论见第 10.5 节)。定义最大风速半径的最强切向风场(图 10.7b)，出现在地面之上大约 500 m。① 在眼墙区，低层强辐合和高层强外流，只能通过强的上升运动取得平衡。热带气旋里大尺度垂直运动的结

① Franklin 等(2003)的研究阐述了飞机穿越热带气旋时，由下投式探空仪获得的平均大气垂直廓线情况。

构如图 10.7c 所示。热带气旋中云和降水的总体分布,都是由这样的垂直质量输送决定的。在距离风暴中心半径 400 km 的范围以内,平均都是上升运动。但是这种大尺度平均上升运动的分布,并没有显示出更细节的云结构,也没有解析出眼区里的下沉运动。为了更好地获得这些细节结构,还需要专门的飞机观测来配合。

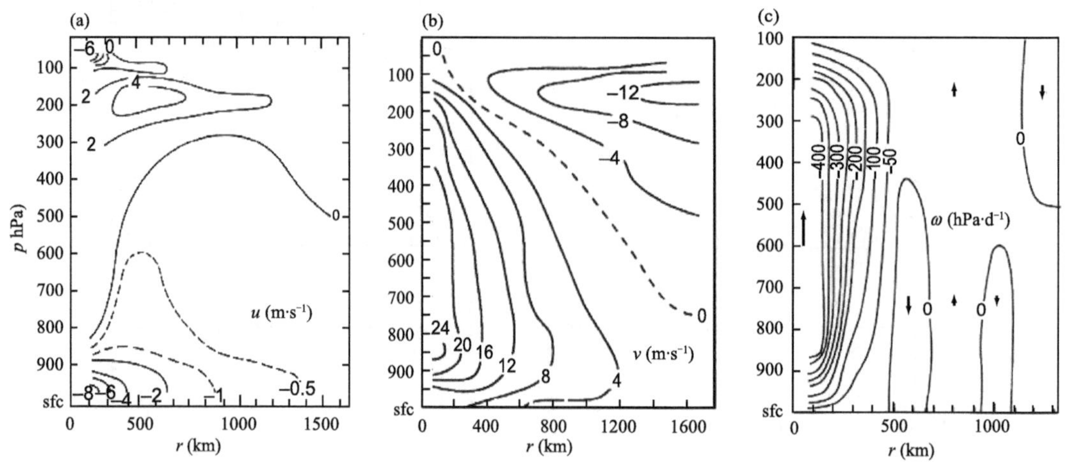

图 10.7 热带气旋垂直剖面图,用许多热带气旋搜集到的资料合成做出。(a)西大西洋飓风平均径向风(u);(b)西太平洋台风平均切向风(v);(c)西太平洋台风平均垂直运动(hPa・d^{-1})。半径 r 从风暴中心的眼开始向外测量。图(a)是 Gray(1979)的工作,(b)和(c)是 Frank(1977)的工作,经英国皇家气象学会许可再版

10.3.3 眼和眼墙中的相当位温和角动量

在大尺度环境场中,距离热带气旋中心较远的区域,典型的无线电探空观测结果[①]表明,对流层下部大气位势不稳定占支配地位,这是由相当位温 θ_e 的垂直层结看出的($\bar{\theta}_e$ 随高度减小,参见第 2.9.1 节),$\bar{\theta}_e$ 在 650 hPa 层达到最小。这里上划线代表平均变量场,平均后波动扰动可以被抹掉。在 650 hPa 高度以上,空气是位势稳定的。若向内靠近热带气旋中心进行观测,$\bar{\theta}_e$ 的分布发生明显的变化。[②] 热带气旋内部 $\bar{\theta}_e$ 的典型分布,由图 10.8a 中的个例显示。在低层,$\bar{\theta}_e$ 的值朝向风暴中心稳定增大,在风暴眼的地方达到最大。在眼墙附近(距离风暴中心 10~40 km 处),$\bar{\theta}_e$ 的水平梯度达到最大,$\bar{\theta}_e$ 的等温线接近垂直地竖立起来穿过对流层下部,然后在它们伸入对流层上部时向外散开。在边界层以上,$\bar{\theta}_e$ 随气块近似守恒。这些等值线反映出在眼墙区气流向上、向外的趋势。在风暴正中心位置,$\bar{\theta}_e$ 随高度迅速减小。500 hPa 上 $\bar{\theta}_e$ 的低值中心,是风暴眼里气流集中下沉的证据。

与 $\bar{\theta}_e$ 有关系的热带气旋垂直环流,在图 10.8b 中定量显示。低层水平径向气流在云层底部以下的边界层汇聚到风暴中心(与图 10.7a 一致)。在径向向内流动的过程中,通过湍流产生了一个高度混合的具有高 $\bar{\theta}_e$ 的边界层。当这些空气在眼墙区进入云中时,它们几乎沿着等 $\bar{\theta}_e$ 线上升到对流层上部。等 $\bar{\theta}_e$ 线的分布还反映出台风眼里空气的集中下沉,这将在第 10.4 节

① Jordan(1958)。

② Bogner 等(2000)。

中进一步讨论。

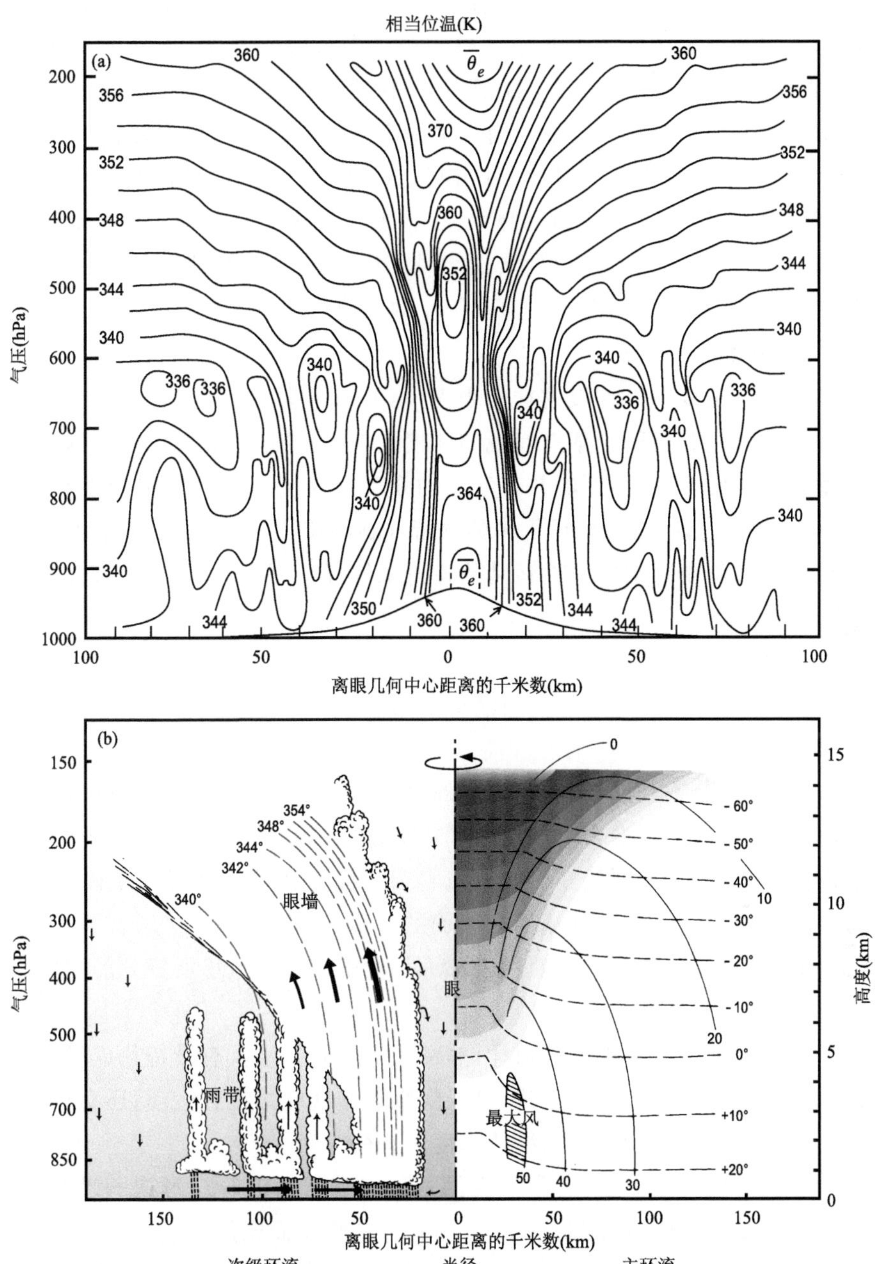

图 10.8　(a)飓风“伊内丝(Inez)”(1966 年)的相当位温 $\bar{\theta}_e$;(b)理想的轴对称热带气旋的径向剖面图,左图中径向和垂直质量通量以箭头显示。相当位温(K)以虚线显示。右图中实线是切向速度，虚线是温度。图(a)引自 Hawkins 和 Imbembo(1976),图(b)引自 Wallace 和 Hobbs(2006)的研究结果,版权归 Elsevier 所有

早期的气象学家仅从流体静力平衡的角度,就已经推导出:眼墙区域里漏斗状向外倾斜的流线,在动力学上的必要性。① 假设气压梯度在某一高度上消失,他们得出结论:热带气旋中的强气压梯度,一定与气旋中心附近暖空气核的边界向外倾斜有关;另外一种观点②认为:在一个径向气压梯度随着高度减小的暖核风暴中,环状的上升空气向外移动,是为了使它的离心力和科氏力(对应于它们的初始角动量),得以平衡高空较弱的气压梯度力。

这些推理预示了当今我们对风暴内部结构的认识③:眼墙区的环流可以用气块的上升过程来解释。气块从边界层里升出,当它们随后在自由大气里上升时,角动量 m 和相当位温都保持守恒。在边界层以上,摩擦效应很小,围绕风暴中心轴旋转的角动量(在第 2.35 节中定义)和相当位温 θ_e 一样,随气块近似守恒。$\overline{m}$ 和 $\bar{\theta}_e$ 的等值线趋于一致,这表明在边界层以上,眼墙云处于近似条件对称中性状态。

虽然 $\overline{m}$ 和 $\bar{\theta}_e$ 的等值线向外伸展这样的表现,与处于平衡状态涡旋的理论一致,同时也是传统典型热带气旋的观测特征,但依然有观测和模拟表明,局地垂直浮力对流通常会嵌在眼墙云中,影响眼墙内部的结构,从而影响热带气旋的强度。为了全面研究眼和眼墙的动力学,第 10.4 节和第 10.5 节将讨论:在热成风平衡的热带气旋涡旋中,基本的或者平均的眼和眼墙云的结构,如何能够用倾斜条件对称中性运动的理论来解释。第 10.6 节将考察叠加在眼墙云上浮力驱动的上升气流。

10.4 眼

如第 10.3.1 节提到,并在图 10.5 中显示的那样,眼里有三种截然不同的云。第一种是在水平方向遍布整个眼区的云顶非常低的层云和(或)层积云。第二种是向上向外倾斜的、与外流辐散卷云相伴的眼墙云。有时候还会把外流卷云下面穿透性的强对流单体考虑为第三种。我们在第 10.6 节中将讨论嵌入在外流卷云下面的对流云塔。图 10.9 显示了其他两种云,即倾斜的眼墙云和眼区里的层积云。这两种云都不是在第 7 — 9 章里所提到的积雨云。它们都与热带气旋的涡旋动力学有关系。

如我们即将在第 10.5 节中看到的那样,热带气旋涡旋一定具有维持热成风平衡所需的三度空间环流。特别是:涡旋有一个主环流,风场围绕眼作气旋式旋转运动;还有一个次级环流,在与主环流垂直的径向截面上翻转,以维持梯度风平衡。

因此,热带气旋的涡旋动力学,在眼区提供了顶部有云的混合层形成的理想条件(第 5.2 节)。在涡旋的中心处,空气下沉运动占主导作用,并在暖海面剧烈的混合层之上,产生一个稳定层。在图 10.5c 中,飞机下面有几个浓积云出现层状云的顶部,它们位于混合层云的顶部、接近由下沉运动导入稳定层的上部。

图 10.5 中在眼的外面,被太阳光照射凸显出来的倾斜眼墙云,是次级环流的表现形式。这个次级环流的特征如示意图 10.9 所示。在平衡的热带气旋中,次级环流由径向风分量 u

① Haurwitz(1935)。

② Durst 和 Sutcliffe(1938)。

③ 由 Emanuel(1986a)首先提出。Smith 等(2008)作出了修正。属于同一时期的工作。这两方面内容都将在本章中讨论。

和垂直风分量 w 组成，它的作用是保持主环流（也就是风的 v 分量）的梯度风平衡。当次级环流的低层径向流入分支在洋面上向眼墙流动时，通过上升湍流感热通量和主环流潜热（水汽焓/水汽热含量）通量两条途径获得潜热能量。眼墙中垂直环流所释放的潜热加强了垂直环流，并为维持热带气旋的结构和强度提供能量。

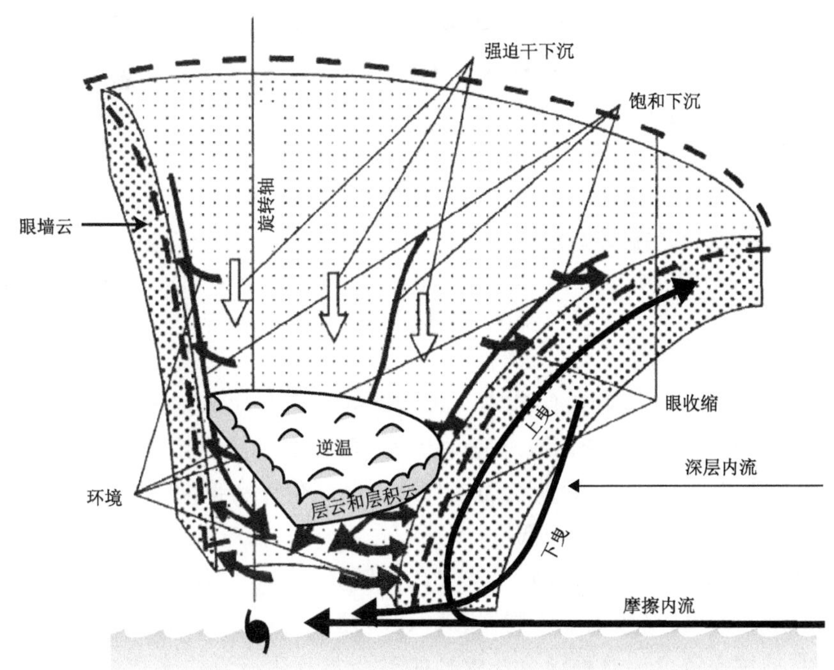

图 10.9 热带气旋眼和眼墙的次级环流示意图。虚线表示早期收缩中眼墙的位置，引自 Willoughby (1998)，经美国气象学会许可再版

眼墙区次级环流的特征是上升和补偿下降运动同时存在，部分集中发生在眼墙区，部分弥散地发生在眼墙以外远处更广的地方。图 10.10 是一个理想化的热带气旋涡旋，通过最大风速半径附近的加热和动量计算出的次级环流。它清楚地显示：眼区里集中的下沉运动是眼墙云被加热造成的。眼区里的下沉运动，在图 10.9 中被概念化地贴上“强迫干下沉”的标记。它致使除了边界层顶部的混合层云或层积云以外，眼区晴空无云。[①] 在眼区，计算出的下沉运动还伴有低层辐散。图 10.9 显示，维持眼墙的气流，除了从眼墙外进来的径向流入气流以外，还有一部分是从眼区低层来的径向外流气流。这种由眼区边界层摄入到眼墙的空气，有重要的动力作用，这将在第 10.6 节中讨论。

图 10.10 中围绕热带气旋眼区的理想化环流是不稳定的。最大风速半径与眼墙近似处在同一位置，并持续收缩，这样的过程被称为眼墙收缩。对眼墙加热和动量源的非线性响应，使得在最大风速半径略向内的那个地方，切向风增长率最大，这意味着处于热成风平衡状态的风

① Pendergrass 和 Willoughby (2009)以及 Willoughby (2009)的研究表明，眼墙区加热模态和环境条件假设的不同，导致了如图 9.10 中所示云分布型式的不同。特别例如：由嵌入在其中的浮力对流塔造成的眼墙内加热的瞬间爆发，可以给风暴的结构带来显著的变化。

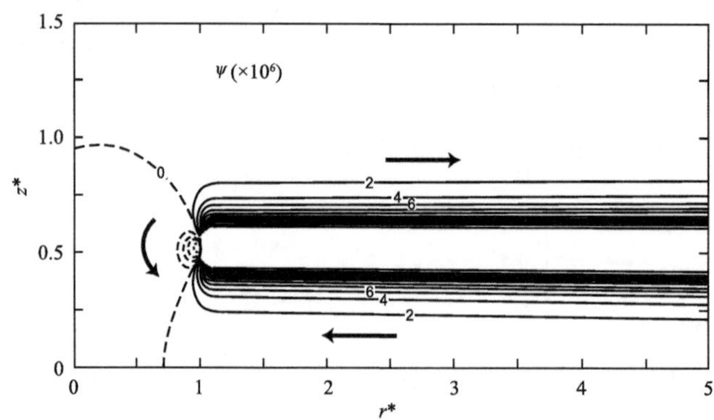

图 10.10 一个理想化的正压涡旋对无量纲半径 $r^*=1$ 和高度 $z^*=1$ 热源响应的质量通量流函数 Ψ。等值线间隔为 2×10^{-6};单位等值线(1×10^{-6})等于 0.825 $kg\cdot s^{-1}m^{-1}$。引自 Shapiro 和 Willoughby(1982),经美国气象学会许可再版

暴最大风速半径(图 10.8b)会随时间缩小。观测和数值模拟实验都证实,很多热带气旋的眼墙收缩。[①] 图 10.9 中的虚线标示出眼墙云内边界的早期位置。当眼墙收缩时,根据角动量守恒原理和其他因素,眼墙区的风速增大,随着与最大风的位置和强度有关联的气压梯度不断向梯度风平衡调整,风暴中心的气压降低。

图 10.9 认为:眼区里的下沉运动,以及气流在低层从眼区向外的质量辐散,部分补偿了眼墙边界随时间逐渐收缩。对眼内下沉同样有贡献的是:在快速旋转的眼墙和相对静止的眼区交界处,角动量的湍流混合。这种混合好像是如第 7.3 节所讨论的夹卷过程,如图 10.9 里眼墙云内边界处的箭头所示。为了维持眼区热成风平衡,眼区里切向风速增大、水平风的垂直切变相对变化,两者都需要更大的水平温度梯度来匹配,这只能来自涡旋中心下沉运动绝热加热所作的贡献[②]。

图 10.9 利用飞机穿越热带气旋抵近观测的结果,发现热带气旋包括两种下沉运动。在眼墙外侧的低层,负的浮力降水带来下曳(详细内容见第 10.6 节)。在云底以下,它们与眼墙之下的摩擦入流合并,成为边界层气流的一部分,向眼区散布流入。在眼墙内壁的高层,一薄层湿空气从眼墙壁跌落下来。与眼内干空气,以及就在这一薄层里出现的眼墙云里的湿空气混合。云粒子的蒸发作用使得空气冷却,并在眼墙云的一侧产生负浮力。这种跌落下沉看起来像雾状的颗粒混入眼壁云附近的干空气中(图 10.11),飞机观测到的垂直速度记录了这种现象(第 10.6.3 节)。

---

① 参阅 Willoughby 等(1982)、Willoughby (1990,1998)、Houze 等(2006,2007b)。

② 这种混合观点在 Emanuel(1997)的文章中讲述得更加清楚。

图 10.11　1993 年 9 月 25 日 21:36(世界时)飓风"奥莉维亚(Olivia)"眼内的照片显示沿眼墙壁向下的潮湿空气流。从图片的左中心到右上角,沿眼墙和天空之间的边界,潮湿的边界层最清晰可见。眼墙向远离摄像机的方向倾斜,因此视线与眼墙的边界相切。这样的几何关系为潮湿空气提供了长的光路,使得跌落中的湿气流更加清晰可见。以天空为背景,看见薄雾在云层和降水粒子以外一、两千米的地方落到眼里。引自 Willoughby (1998),经美国气象学会许可再版,照片由 James Franklin 拍摄

10.5　平均眼墙云的动力学特征

10.5.1　倾斜的角动量面

通常认为在围绕风暴眼的眼墙里,除了眼墙云以外,没有其他的云。虽然眼墙云常常被描述为对流云,但是它不能简单地用传统的原始积云和积雨云的动力学条件进行解释,认为它是由浮力或位势不稳定抬升而形成的。相反,如第 10.3 节所述,眼墙云成为这样的形状,在很大程度上是由于倾斜对流运动形成的,这样的倾斜运动在浮力和惯性力的共同作用下,把垂直和水平加速度结合在一起,维持了这种近似条件对称中性的状态(第 2.9.1 节)。在本节中,我们将概述眼墙环流里倾斜上升那部分的动力学。[①] 在第 10.6 节中将讲述这种结构里的浮力对流扰动。

这种倾斜环流关键的动力学,是一系列相互关联理论的聚合,其中包括洋面上的海-气相互作用、大气边界层结构、平衡涡旋里的次级环流,以及眼墙里的湿条件对称中性上升气流。为了建立它们之间的关联,根据静力学和梯度风平衡条件下,二维非对称涡旋的基本方程组

① 本节中总结的眼墙动力学是 Emanuel (1986a)提出的,Smith 等(2008)做了一些改变。Emanuel (1986a)切入这个问题,是用通常采用参数化的方式,以卡诺循环类似的途径(这篇论文的第 3 节),去解释热带气旋的强度。然而,本书的重点是云动力学,而不是热带气旋的强度。因此,为了理解是空气的运动诱发了眼墙云,本章采用了更直观的 Emanuel 方法,而没有用卡诺参数化方法。

(第 2.2.3 — 2.2.4 节),我们导出在平衡状态的热带气旋眼墙云里,有向外倾斜的等角动量 $\overline{m}$ 面。角动量守恒要求 $\overline{m}$ 面的倾斜度满足以下关系式:

$$\left.\frac{\partial r}{\partial p}\right|_{\overline{m}} = -\frac{\partial \overline{m}/\partial p}{\partial \overline{m}/\partial r} \tag{10.1}$$

式中,r 是由风暴中心向外度量的半径大小,p 是气压,等 $\overline{m}$ 面的倾斜度等于 $\overline{m}$ 的垂直和水平变化率之比。在式(10.1)中,等号的右边是螺旋运动的切变与局地垂直涡度之比。在第 10.5.2 — 10.5.8 节中,把平衡涡旋的热成风方程式(2.36)代入,式(10.1)显示等 $\overline{m}$ 面随高度增加一定向外倾斜,正如图 10.8b 展示的那样。

式(10.1)是眼墙云动力学方程的基本表达式。将 $\overline{m}(r,p)$ 的表示式代入式(10.1),可以确定沿眼墙云流动流线的几何形状。在对称涡旋基本表达式的帮助下,可以获得风分量的大小和含有眼墙云的理想化热带气旋涡旋环流的热力学性质。根据观测资料得到的解表明,热带气旋眼墙区域的环流,倾向于条件对称中性。即在等 $\overline{m}$ 面上,$\partial\overline{\theta}_{es}/\partial z = 0$,其中 z 为高度,$\overline{\theta}_{es}$ 是由式(2.17)定义的饱和相当位温。这里没有特别的条件不稳定,$\partial\overline{\theta}_{es}/\partial z$ 通常等于 0,或只有很小的负值。与这样的观测事实一致,我们认为眼墙云经历了倾斜上升的过程:上升空气是从边界层里出来的,其 $\overline{\theta}_e$ 的值是由从洋面向上输送的感热和潜热通量决定的,在边界层以上,气块近似中性地向上运动。这种研究思路,把眼墙动力学与暖洋面边界层中发生的海气相互作用直接联系起来,在一个理想的圆形对称热带气旋性涡旋里,产生主环流和次级环流。

10.5.2 边界层假设及其物理含义

图 10.12a 将理想化的二维轴对称涡旋边界层,划分为Ⅰ、Ⅱ、Ⅲ三个不同的区域。假设这三个区域都已经被湍流均匀混合且高度是常数 h,回顾第 2.6.4 节所述,湍流动能是通过切变和浮力获得的。边界层里由切变产生的大量湍流动能主要缘于(ⅰ)环绕风暴中心周围有强的低层风环流,(ⅱ)暖洋面增进了浮力。在边界层的下部各处,湍流产生强烈的向上潜热涡旋输送,也产生较少的感热涡旋输送。然而在风暴中假定,边界层顶部的通量从一个区域到另一个区域变化非常大。在区域Ⅲ里的边界层顶,我们期待雨带(将在第 10.7 节中讨论)将成为湍流通量的重要贡献者。对流下曳(上升)运动把低(高) θ_e 空气送进(出)边界层。区域Ⅱ是眼墙云所在的位置,那里边界层顶的通量假设全部为正,并且受与热带气旋涡旋次级环流相关的平均向上通量支配。区域Ⅰ是风暴眼区(如第 10.4 节所述)。

图 10.12a 不言自明的特征是:假定风在边界层的顶部是梯度平衡的。图 10.12b 设计了另外一种画法,用于说明边界层里由摩擦导入的跨越等压线的气流。这种气流在区域 A 和 B 的边界处,加强了径向内流。这样做的一个结果是:在区域 A 里,进入剖面平面的切向风成为超梯度风,这是科氏力作用在径向内流气流上的结果。向外的科氏力和离心力,作用在超梯度的切向风上,进而减缓了边界层里的内流。部分通过这种作用,使得区域 A 里的辐合,以比图 10.12a 的情况下更高的相当位温 θ_e 送进眼墙云。但是为了寻求梯度风平衡,上升中的超梯度风气流,在内流层的顶部立即向外转。这种低层径向逆行气流,使得空气流出眼区,进入眼墙云的底部。

图 10.12a 所描绘的简化眼墙动力学认为:边界层顶部的梯度风平衡不允许眼墙区和区域Ⅰ之间有任何相互作用。但是在实际风暴里,低层从眼区向外辐散的空气(图 10.9),能够并

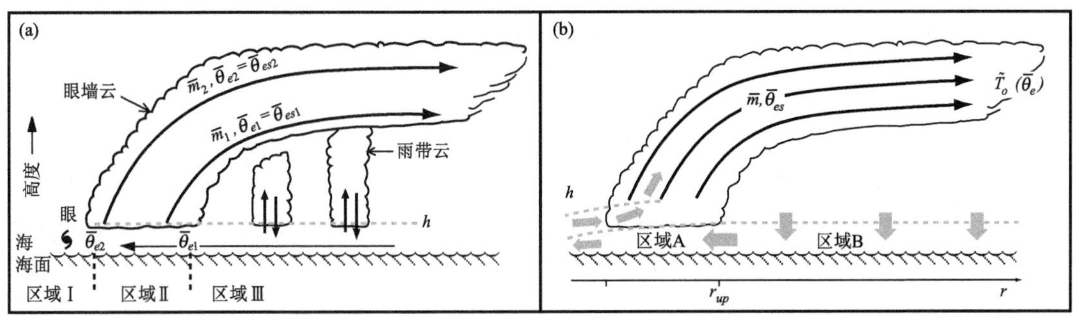

图 10.12 (a)理想的热带气旋海-气相互作用模型(Emanuel,1986a)。虚线代表边界层顶的高度 h;(b)在 Emanuel 的基础上改进的概念模型(Smith et al.,2008)。若 $r > r_{up}$,空气沉降到边界层;若 $r < r_{up}$,空气从边界层上升。在 $r = r_{up}$ 处,外部区域摩擦造成的净向内的力产生径向内流。这支急流随后的演变,取决于边界层顶部的质量分布所维持的整体径向气压梯度。急流最终产生超梯度切向风,径向气流迅速减速,并转为向上和向外流动。当切向气流已经调整到超出由质量场维持的径向气压梯度的大小时,流入眼墙的气流就会转而向上,向外。在左、右两图中,不同样式的箭头表示当地气流的方向。图(a)经美国气象学会许可再版,图(b)经英国皇家气象学会许可再版

且确实把极高 θ_e 的空气送入了眼墙云的底部。受到从眼区边界层里出来的高 θ_e 环境空气的作用,眼墙云里的垂直运动加强了。在眼墙里的某些地方,环境气流特别湿和强,大大提高了浮力,能形成由局地浮升运动造成的对流单体。图 10.12b 改变了边界层的概念,允许从眼区里来的空气进入眼墙云的底部,把来自眼区的高 θ_e 环境空气,计算到入云上升气流之中。用这样的方法,允许对流云与眼墙云叠加,加强了眼墙区里的浮力。这种方法将在第 10.5.9 节,以及第 10.61 — 10.6.3 节中进一步讨论。

10.5.3 用一个简化的边界层连结其上面平衡的涡旋

虽然图 10.12a 中所示的边界层过程模型低估了眼墙低层流入空气中的 $\overline{\theta}_e$,但这对热带气旋的平均结构影响轻微。[①] 正如后面章节即将讨论的那样,从台风眼流入到眼墙里的空气,其浮力的确高于眼墙区的平均浮力,这能够帮助我们理解嵌入眼墙里局部强烈上升气流的产生。但是由于眼墙云的平均结构,在很大程度上没有受到这个因素的影响,因此可以用简化模型分析眼墙云中流线的大致倾斜结构(即 $\overline{m}$ 和 $\overline{\theta}_e$)。这种倾斜的环流是眼墙云倾斜的主要决定因素。通过考虑最基本的因素来处理这个问题,我们可以看出:平衡热带气旋涡旋所需要的空气翻转,如何说明如图 10.5c 和图 10.11 所示那样向外倾斜的眼墙云。

图 10.12a 中Ⅱ及Ⅲ区边界层里的次级环流是这样得到的:用适合于描写静力和梯度风两者都平衡涡旋(第 2.2.3 节)的方程,绘制 r-p 平面上的角动量 $\overline{m}$ 等值线。因为 $\overline{m}$ 守恒,所以角动量 $\overline{m}$ 面就是平均气流运动轨迹所在的面。通过在式(10.1)中用保守量 $\overline{m}$ 置换变量 $m(r,p)$,向上积分,将 $\overline{m}$ 在边界层顶部的值作为边界条件,假定成熟涡旋在边界层之上所有的地方都已经调整到条件对称中性状态,可以得到角动量面 $m(r,p)$ 。

① Bryan 和 Rotunno(2009)研究表明,从台风眼进入的空气团,仅使眼区平均温度上升约 0.3 K,其贡献只佔推动眼墙上升气流所需的约 8%。

由于假定边界层以上的区域已经调整到条件对称中性状态，在高度 $z=h$ 以上，饱和相当位温 $\bar{\theta}_{es}$ (2.16)沿等 $\overline{m}$ 面均匀分布。在边界层顶与等 $\overline{m}$ 面相交的地方，等 $\overline{m}$ 面上 $\bar{\theta}_{es}$ 的值，假定等于边界层上 $\bar{\theta}_{es}$ 的值。即，

$$\ln\bar{\theta}_{es}=\ln\bar{\theta}_{e}(h)\text{，在等 }\overline{m}\text{ 面上} \tag{10.2}$$

这个假设保证：在热带气旋均匀混合的边界层中，在饱和气块沿着延伸到边界层顶的等角动量面移动过程中，没有受到浮力的作用。也就是说，边界层以上的涡旋中，特别是在眼墙云中，维持条件对称中性稳定。垂直位移是维持气旋内热成风平衡的必要条件。假定边界层之上 $\overline{m}$ 和 $\bar{\theta}_{es}$ 两个变量之间的从属关系与边界层里的 $\bar{\theta}_{es}$ 有关，如图 10.12a 所示。

10.5.4 适用于眼墙区的热力学关系式

某些热力学关系式有助于把眼墙动力学与边界层联系起来。它们主要涉及饱和湿熵 $\hat{S}$，它是这样定义的：

$$T\mathrm{d}\hat{S}=c_v\mathrm{d}T+p\mathrm{d}\alpha+L\mathrm{d}q_{vs} \tag{10.3}$$

式中，最后一项中 q_{vs} 是饱和混合比。如果空气是饱和的，$\hat{S}$ 就是实际的熵，式(10.3)就是热力学第一定律式(2.6)的一种表达方式。$\hat{h}$ 定义为：

$$\hat{h}\equiv c_vT+p\alpha+Lq_{vs} \tag{10.4}$$

其微分为：

$$\mathrm{d}\hat{h}\equiv T\mathrm{d}\hat{S}+\alpha\mathrm{d}p \tag{10.5}$$

由此得到

$$\left.\frac{\partial\hat{h}}{\partial p}\right|_{\hat{S}}=\alpha\text{ 和}\left.\frac{\partial\hat{h}}{\partial\hat{S}}\right|_{p}=T \tag{10.6}$$

第一个表达式对 $\hat{S}$ 求偏导数一定等于第二个表达式对 p 求偏导数，因此，我们得到：

$$\left.\frac{\partial\alpha}{\partial\hat{S}}\right|_{p}=\left.\frac{\partial T}{\partial p}\right|_{\hat{S}} \tag{10.7}$$

把饱和相当位温 θ_{es} 的定义式(2.146)代入：

$$c_pT\mathrm{d}\ln\theta_{es}=c_pT\mathrm{d}\ln\theta+L\mathrm{d}q_{vs}-Lq_{vs}T^{-1}\mathrm{d}T \tag{10.8}$$

最后一项是可以忽略的，上式可以近似写为下式：

$$c_pT\mathrm{d}\ln\theta_{es}\approx T\mathrm{d}\hat{S} \tag{10.9}$$

因此，在图 10.12a 中，边界层以上的 $\bar{\theta}_{es}$ 等值线可以被认为是等饱和湿熵线。

由于已经假定在等 $\overline{m}$ 面与边界层顶相交的地方，等 $\overline{m}$ 面上 $\bar{\theta}_{es}$ 的值等于 $\bar{\theta}_{e}$ 的值，我们可以将式(10.2)改写为：

$$\begin{aligned}\overline{S}&=c_p\ln\bar{\theta}_{es}=f(\overline{m})\\&=c_p\ln\bar{\theta}_{e}(h)\text{，}\overline{m}\text{ 面在 }z\geqslant h\text{ 时}\end{aligned} \tag{10.10}$$

平均比容 $\bar{\alpha}$ 可以表示为 $\overline{S}$ 和 p 的函数，我们得到：

$$\left.\frac{\partial\bar{\alpha}}{\partial r}\right|_{p}=\left.\frac{\partial\overline{m}}{\partial r}\right|_{p}\cdot\left.\frac{\partial\bar{\alpha}}{\partial\overline{S}}\right|_{p}\cdot\frac{\mathrm{d}\overline{S}}{\mathrm{d}\overline{m}}=\left.\frac{\partial\overline{m}}{\partial r}\right|_{p}\cdot\left.\frac{\partial\overline{T}}{\partial p}\right|_{\overline{m}}\cdot\frac{\mathrm{d}\overline{S}}{\mathrm{d}\overline{m}} \tag{10.11}$$

等式右侧由式(10.7)转换而来，其条件是：等湿熵面 $\overline{S}$ 就是等 $\overline{m}$ 面。

10.5.5 边界层以上等 $\overline{m}$ 面的特征

由于在条件对称中性条件下，热力学变量 $\overline{\theta}_{es}$ 与角动量 $\overline{m}$ 之间存在一一对应关系，因此，可以利用热力学关系式将 $\overline{m}$ 的径向梯度与热力学变量联系起来。用式(10.11)给出的 $\partial\overline{m}/\partial r$ 和热成风关系方程式(2.42)给出的 $\partial\overline{m}/\partial p$，求出等 $\overline{m}$ 面式(10.1)的斜率为：

$$\left.\frac{\partial r}{\partial p}\right|_{\overline{m}} = \left.\frac{\partial \overline{T}}{\partial p}\right|_{\overline{m}} \cdot \frac{r^3}{2\overline{m}} \frac{\mathrm{d}\overline{S}}{\mathrm{d}\overline{m}} \tag{10.12}$$

将式(10.12)沿着等 $\overline{m}$ 面从任意半径 r 到 $r=\infty$积分，我们得到：

$$\begin{aligned} \frac{1}{r^2} &= [T_o - T_m(p)]\frac{1}{\overline{m}}\frac{\mathrm{d}\overline{S}}{\mathrm{d}\overline{m}} \\ &= [T_o - T_m(p)]\frac{1}{\overline{m}}\frac{\mathrm{d}}{\mathrm{d}\overline{m}}[c_p \ln\overline{\theta}_e(h)] \end{aligned} \tag{10.13}$$

式中，$T_m(p)$ 是等 $\overline{m}$ 面上当压强为 p 处的温度，T_o 是等 $\overline{m}$ 面上的外流温度(即 $r=\infty$处的温度)，右边第二个表达用式(10.10)得到。

由于假设热带气旋已经调整到条件对称中性状态，所以 $T_m(p)$ 是用饱和湿绝热温度表示的，相当于 $\overline{S}[=c_p\ln\overline{\theta}_e(h)]$。若已知边界层顶 $(z=h)$ 所在地方的 T_o 和 p、$\overline{m}$、$\overline{\theta}_e$ 的径向分布，用方程式(10.13)，我们可以构建边界层以上整个区域的 $\overline{m}$ 和 $\overline{\theta}_{es}$ 场。现在回过来求第10.5.6节中的 T_o。按照式(10.10)，p、$\overline{m}$、$\overline{\theta}_e$ 的径向分布确定了 $\mathrm{d}\overline{S}/\mathrm{d}\overline{m}$，在 $\overline{m}$ 面上取一个点，从这个点开始对饱和湿绝热递减率积分，得到 $T_m(p)$。现在来求 $z=h$ 高度处 p、$\overline{m}$、$\overline{\theta}_e$ 的径向分布。式(10.13)用来确定眼墙区边界层以上的 $\overline{m}$ 和 $\overline{\theta}_e$ 面。

10.5.6 在眼墙区里边界层顶部把 $\overline{m}$ 和 $\overline{\theta}_e$ 面联系起来

为了建立边界层以内和之上两个部分之间的联系，首先我们假设边界层顶的温度是常数 T_B。那么式(10.13)在边界层顶的表达即为：

$$(T_o - T_B)\frac{r^2}{\overline{m}}\frac{\mathrm{d}\overline{S}}{\mathrm{d}\overline{m}} = 1, \quad z = h \tag{10.14}$$

因为：

$$\frac{\mathrm{d}\overline{S}}{\mathrm{d}\overline{m}} = \frac{\partial\overline{S}/\partial r}{\partial\overline{m}/\partial r} \tag{10.15}$$

式(10.14)可以写为：

$$(T_o - T_B)r^2\frac{\partial\overline{S}}{\partial r} = \frac{\partial}{\partial r}\left(\frac{\overline{m}^2}{2}\right), \quad z = h \tag{10.16}$$

利用状态方程式(2.3)、梯度风方程式(2.36)以及(10.10)，式(10.16)可以变换成：

$$\frac{T_o - T_B}{T_B}\frac{\partial\ln\overline{\theta}_e}{\partial r} = \frac{R_d}{c_p}\frac{\partial}{\partial r}\left(\ln p + \frac{r}{2}\frac{\partial\ln p}{\partial r}\right) + \frac{f^2 r}{2c_p T_B}, \quad z = h \tag{10.17}$$

把这个公式沿着 r 方向积分，建立起在 $z=h$ 处 $\overline{\theta}_e$ 和 p 之间的关系。积分是在一定的半径以内进行的，这个半径代表风暴的外部边界。在风暴内的任意半径处，在 $z=h$ 的高度上，

$\overline{\theta}_e = \theta_{ea}$ 。因为 T_o 是 $\overline{m}$ 和 r 的函数，积分较为困难。用平均外流温度可以简化这个问题①：

$$\widetilde{T}_o(r) \equiv \frac{\int_{\theta_{ea}}^{\overline{\theta}_e(r)} T_o(\theta_e)\,\mathrm{d}\ln\theta_e}{\int_{\theta_{ea}}^{\overline{\theta}_e(r)} \mathrm{d}\ln\theta_e} \tag{10.18}$$

这个量就转换成一个随 r 变化不灵敏的函数，可以当成一个特定的常数来处理，从而对式(10.17)积分就可以变成：

$$\frac{\widetilde{T}_o - T_B}{T_B}\ln\frac{\overline{\theta}_e(r)}{\theta_{ea}} = \frac{R_d}{c_p}\ln\frac{p(r)}{p_a} + \frac{R_d}{c_p}\frac{r}{2}\frac{\partial\ln p(r)}{\partial r} + \frac{f^2}{4c_pT_B}(r^2 - r_a^2), \quad z = h \tag{10.19}$$

这就是在边界层顶 $\overline{\theta}_e(r)$ 和 $p(r)$ 的关系式。

在风暴中心 $r = 0$ 且 $\partial\ln p/\partial r = 0$ ，式(10.19)可以变为：

$$\ln\frac{p_c}{p_a} = \frac{c_p(\widetilde{T}_o - T_B)}{R_dT_B}\ln\frac{\overline{\theta}_{ec}}{\theta_{ea}} + \frac{f^2r_a^2}{4R_dT_B}, \quad z = h \tag{10.20}$$

式中，下标 c 指风暴中心，$p_a \equiv p(r_a)$ 为风暴外边界处的气压。因为 $\widetilde{T}_o - T_B$ 为负值，这个关系式意味着风暴中心的低气压与眼内的高相当位温之间，呈线性比例关系。②

如果边界层顶的 $\overline{\theta}_e(r)$ 是独立变量，那么 $z = h$ 处的 $p(r)$ 由式(10.19)算出，计算过程中 $\overline{m}(r)$ 遵循式(2.36)表达的梯度风关系。我们就可以通过量化边界层模型的方式，得到在边界层顶 $z = h$ 处的 $\overline{\theta}_e(r)$ ，如图 10.12a 所示。

10.5.7 眼墙区里边界层顶部的特征

在无黏性薄边界层中，某些变量是守恒的（例如 θ_e 和 m ），把这样的变量记为 $\mathscr{A}$ 。在存在湍流的情况下，变量 $\overline{\mathscr{A}}$ 由平均变量方程式 (2.78)、(2.81)和(2.83)控制。在布西内斯克情况下（这是对边界层非常适合的近似），密度 ρ_o 在这些方程中不出现，变量 $\overline{\mathscr{A}}$ 的方程可以用轴对称柱坐标系写成：

$$\overline{\mathscr{A}}_t + \overline{\boldsymbol{u}}\,\overline{\mathscr{A}}_r + \overline{w}\,\overline{\mathscr{A}}_z = -\frac{1}{\bar{\rho}}\frac{\partial\tau_A}{\partial z} \tag{10.21}$$

式中，τ_A 是 $\mathscr{A}$ 的垂直涡旋通量，在式(2.186)—(2.189)中定义。如果我们现在假设风暴处于稳定状态（ $\overline{\mathscr{A}}_t = 0$ ），并且边界层充分混合（ $\overline{\mathscr{A}}_z = 0$ ），那么垂直涡流辐合刚好平衡了径向平流，式(10.21)可以在边界层的厚度范围里积分（从 $z = 0$ 到 h ），以得到：

$$\left.\frac{\partial\overline{\mathscr{A}}}{\partial r}\right|_h \Psi(h) = r[\tau_A(h) - \tau_A(0)] \tag{10.22}$$

式中，利用了二维流函数：

$$(\bar{\rho}\overline{\boldsymbol{u}}r, \bar{\rho}\overline{w}r) \equiv (-\Psi_z, \Psi_r) \tag{10.23}$$

此式满足滞弹性连续性方程式(2.54)在柱坐标系下的平均变量形式，其中 $\bar{\rho}$ 是密度加权系数。Ψ 在 $z = 0$ 时设定为 0。

① 进一步探索出流温度的大小及其意义，参阅 Emanuel 和 Rotunno(2011)以及 Hakim(2011)。

② 由于热带气旋眼区相当位温的高低由海表水温调控，因此，中心气压与相当位温之间的线性关系，就作为评估的基础，用以考察全球热带气旋生成海域海表水温的升高，将带来热带气旋强度如何变化（参阅 Emanuel，1987，1991）。

在式(10.22)中，$\tau_A(0)$ 表示海洋表面通量，可以从体积空气动力学公式[①]中计算出来。

$$\tau_A(0) = -\bar{\rho} C_A |\bar{v}| (\mathscr{A}_{BL} - \mathscr{A}_{SFC}) \tag{10.24}$$

式中，v 是切向风分量，$\mathscr{A}_{BL}$ 是 $\mathscr{A}_{SFC}$ 在充分混合边界层里的值，$\mathscr{A}_{SFC}$ 是 $\overline{\mathscr{A}}$ 在海表面时的值，C_A 是经验系数。[②] 对于 $\mathscr{A} = c_p \ln\theta_e$ 这个函数而言，式(10.24)变为：

$$\tau_S(0) = -\bar{\rho} c_p C_S |\bar{v}| [\ln\bar{\theta}_e(h) - \ln\theta_{es}(SST)] \tag{10.25}$$

式中，$\theta_{es}(SST)$ 用海表水温计算出的饱和等效位温。对于 $\mathscr{A} = m$ 这个函数而言，式(10.24)变为：

$$\tau_m(0) = -\bar{\rho} C_D |\bar{v}| (\overline{m} - m_{SFC}) = -\bar{\rho} C_D |\bar{v}| r\bar{v} \tag{10.26}$$

式中，C_D 代表风拖曳系数，变量 m 用式(2.35)求出。由此得到式(10.26)中右边最后一项。海表水温 SST 作为式(10.25)中一个关键的指定量参与计算，通过海表水温求出地表 θ_e 通量。这是风暴获得能量的重要参数。在边界层Ⅱ区，我们假设边界层的通量在 h 高度上是可忽略的。对于变量 $\overline{\mathscr{A}} = \overline{S}$ 和 $\overline{m}$ 的情况，用式(10.10)、(10.25)和式(10.26)代入，式(10.21)转换为：

$$\begin{aligned} \left.\frac{\partial \overline{S}}{\partial r}\right|_h \Psi(h) &= c_p \left.\frac{\partial \ln\bar{\theta}_e}{\partial r}\right|_h \Psi(h) \\ &= r\bar{\rho} c_p C_S |\bar{v}| [\ln\bar{\theta}_e(h) - \ln\theta_{es}(SST)] \end{aligned} \tag{10.27}$$

和

$$\left.\frac{\partial \overline{m}}{\partial r}\right|_h \Psi(h) = \bar{\rho} r^2 C_D |\bar{v}| \bar{v} \tag{10.28}$$

因为

$$\frac{\left.\frac{\partial \overline{S}}{\partial r}\right|_h}{\left.\frac{\partial \overline{m}}{\partial r}\right|_h} = \left.\frac{\partial \overline{S}}{\partial \overline{m}}\right|_h = \frac{d\overline{S}}{d\overline{m}} \tag{10.29}$$

式(10.27)除以式(10.28)得到：

$$\frac{d\overline{S}}{d\overline{m}} = (C_S c_p / C_D r\bar{v}) \ln[\bar{\theta}_e(h)/\theta_{es}(SST)] \tag{10.30}$$

将式(10.30)和式(2.35)代入到式(10.14)中得到：

$$\ln\bar{\theta}_e = \ln\theta_{es}(SST) - \frac{C_D}{C_S c_p (T_B - T_o)} \left(\bar{v}^2 + \frac{fr\bar{v}}{2}\right), \quad z = h \tag{10.31}$$

将这个表达式代入式(10.19)中，求出 $\ln\bar{\theta}_e$。根据梯度风方程式(2.36)，把 $\bar{v}$ 表达为径向气压梯度，则式(10.19)成为区域Ⅱ内 $p(r)$ 在 $z = h$ 处的微分方程。通过这种变换，式(10.19)和式(10.30)联合形成了Ⅱ区边界层顶部 θ_e 和 p 的近似方程组。

10.5.8 眼墙云内 $\overline{m}$ 和 $\overline{\theta}_{es}$ 面的解

记住：撰写本章的目的，是识别热带气旋云系的特征，这种特征与其他类型的对流云不一样。记住这个工作目标，应该确定眼壁内 θ_e 和 m 面的平均状态，这种状态能够解释眼壁倾斜

---

① 参阅 Roll(1965，第 252 页)或 Stull(1988，第 262 页)。

② 关于动量和湿焓之间交换系数的大小，以及热带气旋强度对这些交换系数的敏感程度，可参阅 Emanuel(1995)的全面讨论。

的特性。眼壁倾斜是强涡旋独一无二的基本特征，同时强涡旋还处于热成风平衡、条件对称中性状态，并从海面吸收能量。尽管可以有许多间歇性的浮力对流运动叠加在眼墙云上，但眼墙云本身的基本属性是倾斜对流中性涡旋。假定海表温度 SST、上层出流温度 T_o、表面相对湿度以及其他一些变量（f、p_a、r_a、C_D/C_S 和 T_B）已知，通过式(10.10)、(10.13)、(10.19)和式(2.36)，得到等 θ_e 和等 m 面的形状。关于相对湿度的假设疑问最多，相对湿度直接与式(10.31)中的 $\theta_e/\theta_{es}(SST)$ 成比例。传统的解决办法是指定一个固定的值，假设在区域Ⅲ里相对湿度为 80%。然而，这样的关于相对湿度的假设，可能仅仅在上面讨论的、有些不切实际的边界层顶梯度风平衡的假定下才对。观测表明Ⅲ区的湿度并非恒定不变。[①] 尽管如此，这种简化方法给我们提供了一个较为简洁的视角，将造成眼墙区垂直运动倾斜最基本的因素呈现出来。

图 10.13 表明上述类型的计算得出的结果。最大风速的位置位于风暴中心附近（图 10.13a），与图 10.7b 是一致的。尽管计算结果中的风力比合成剖面图 10.7 中的强，这是因为合成分析是从许多个例中得出的。平均的结果已经歪曲了本来的基本模态。图 10.12b 是简化模型修正后的计算结果，它反映出，如果考虑与眼区的相互作用，那么最大风速会更强一些（图 10.12b）。图 10.13b 和图 10.13c 中的 m 和 θ_{es}，可视为在风暴中心附近边界层之上径向剖面上的流线，它们描述了眼墙云里的气流。虽然与眼区的相互作用被忽略不计，对称涡旋简

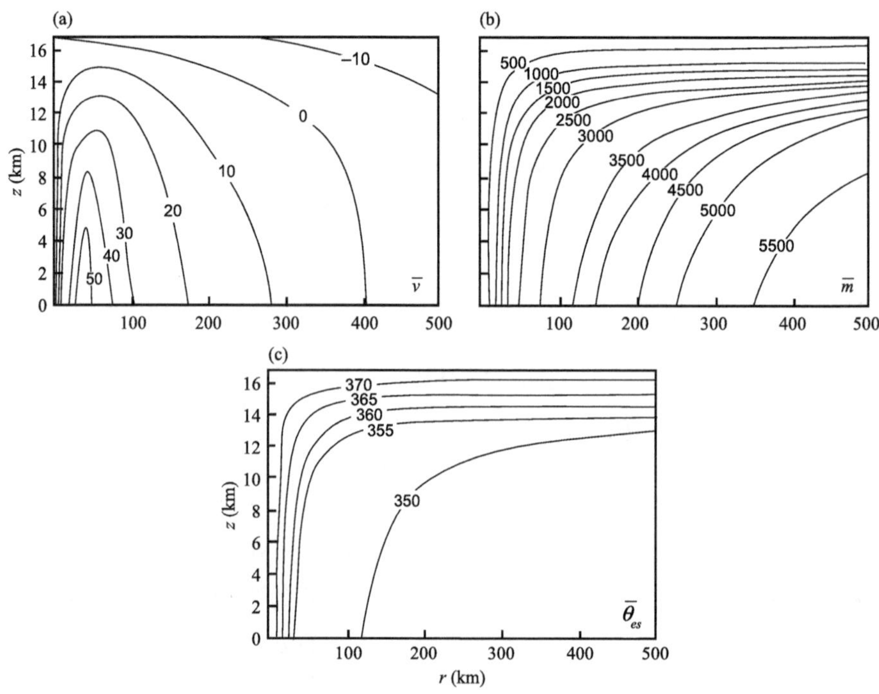

图 10.13　由 Emanuel(1986a)海气相互作用模式计算出来的热带气旋结构。(a)海气相互作用模式中热带气旋的梯度风 $\bar{v}$ (m · s^{-1})；(b)海气相互作用模式中热带气旋的绝对角动量；(c)海气相互作用模式中热带气旋的饱和相当位温。模式中假定的变量值为：SST=300 K，T_B =295 K，T_o =206 K，低层环境相对湿度 80%，纬度 28°，P_a =1015 hPa，r_a =400 km，C_θ = C_D 。引自 Emanuel(1986a)，经美国气象学会许可再版

① Cione 等(2000)研究发现：平均相对湿度和距离热带气旋中心的半径之间关系密切。距热带气旋中心距离从约 200 km 缩短到约 50 km，相对湿度从 85%增大到 95%。

化模型的 m 和 θ_{es} 面，为热带气旋里使得眼墙云产生的本质特征，提供了一个有用的视点，也就是说，在边界层充分混合，且边界层以上的环流处于条件对称中性的情况下，为了维持热成风平衡，必须要翻转。在风暴中心附近，m 和 θ_{es} 面描绘了眼墙云内向上和向外运动的气流，由于边界层中的径向摩擦流入把潮湿的高湿焓空气向内平流，使得 m 和 θ_{es} 面紧密地挤在一起，从而增大了眼墙区 θ_{es} 的梯度①。

10.5.9 平均二维眼墙云的演变和稳定性

上面讨论的二维稳定热带气旋的理论表现，当然是理想化的情况。自然界中，气旋及其眼墙云永远在演变。成熟的风暴有向理想结构调整的趋势。图 10.14 由二维轴对称非静力学模型导出，说明了这种调整过程。与上述理想情况一致，假定模型中环境最初处于条件中性状态，还没有到条件对称不稳定(第 2.9.1 节)的程度。这个假定很好地代表了实际的热带气旋环境，除了在实际情况下，环境通常有一点点条件不稳定。图 10.14 a — c 显示了二维热带气旋里的环流。随着时间的推移，m 和 θ_{es} 面逐渐变得更加平行。图 10.14d 是风暴达到准稳定状态 20 个小时后，m 和 θ_{es} 场的平均值。在达到这个平衡状态之后，眼墙区域的流线通常与 m 和 θ_{es} 面平行。这表明：模式的眼墙区域里，有连接到边界层、与温暖海面相接的条件对称中性环流，与图 10.13 所示的理想模型计算结果一样。

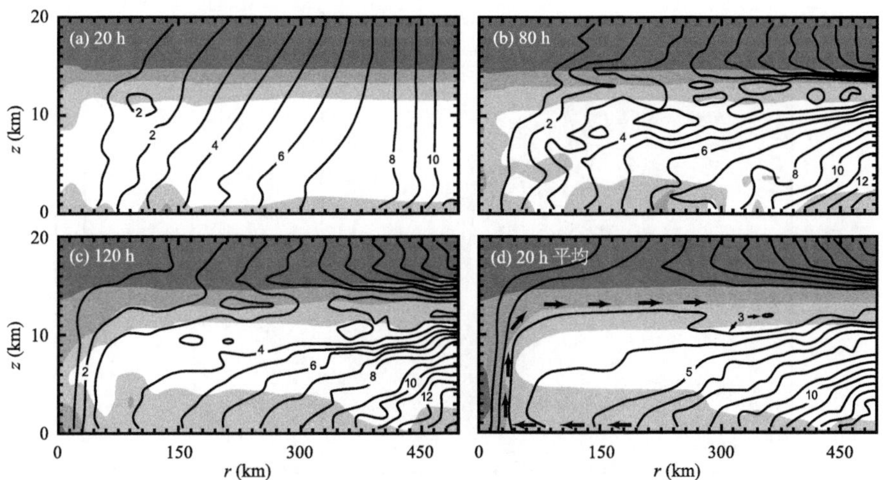

图 10.14 二维非静力数值模式模拟的热带气旋。(a)—(c)是模拟过程中三个不同时次的饱和相当位温(填色)和绝对角动量(无量纲)。闭合角动量等值线的值为 3。阴影显示相当位温的值为 345～350 K(水平线)，350～360 K(中灰)，≥360 K(深灰)。(d)风暴基本稳定的 20 h 期间的平均值，填图代表相当位温，345～350 K(浅灰)，350～360 K(中灰)，≥360 K(深灰)。绝对角动量是无量纲的等值线图。还用箭头指示气流和上升运动。引自 Rotunno 和 Emanuel(1987)，经美国气象学会许可再版

进一步考察图 10.14 a — c 表明，二维热带气旋环流倾向于在原来不存在的情况下建立条件不稳定。随着风暴的发展，边界层里的空气向内流动，增加了 θ_e 的值，在风暴中心附近的

① 参阅 Emanuel(1997)对于眼墙区“锋生”过程的讨论。

对流层低层形成条件不稳定 ($\partial\theta_{es}/\partial z<0$) 。这种不稳定促发了垂直对流运动,在这个过程中,高 m 空气向上输送,也输送了局地惯性不稳定。这样的惯性不稳定在水平加速的过程中被释放。[①] 响应条件不稳定所产生的垂直对流和响应局地惯性不稳定性所产生的水平运动相结合,在眼墙区最终建立起一个混合层,这个混合层把垂直加速度和水平加速度结合一起,它是中性的。因此,在趋向条件对称中性最终状态的过程中,瞬时浮力对流泡叠加在发展中的倾斜环流上。这些浮力对流泡很显然是混合过程的一部分,导致眼墙区中形成倾斜条件对称中性状态。

甚至在成熟的眼墙形成之后,热带气旋也趋向于在眼墙区里建立有条件不稳定存在的区域。边界层摩擦入流仍在继续从外面远处向内输送高 θ_e 的空气,继续在眼墙区域产生不稳定,这个过程如 10.14b — d 示意图所示。二维高分辨率模式模拟进一步表明,逆转的涡流可以在径向垂直平面上发生,使得边界层低层空气从眼区进入眼墙(图 10.15)。这个过程非常强烈。因为热带气旋眼区中的边界层空气,往往具有最高的 θ_e 值(图 10.8a)。这种过程可能是二维模型把高 θ_e 空气从眼区向眼墙输送的办法。这也是在边界层顶超地转风发展的必然产物,正如图 10.12b 所示。高 θ_e 空气由眼区向眼墙夹卷的过程,加强了眼墙区的环流,还产生了浮力。浮力能够在垂直对流中释放出来,改变原本处于湿对称中性状态的眼墙云结构。但是对流是一种典型的三度空间过程,在模式中把二度空间的限制去掉非常重要。下一节讨论没有二度空间限制的对流和其他非对称过程。

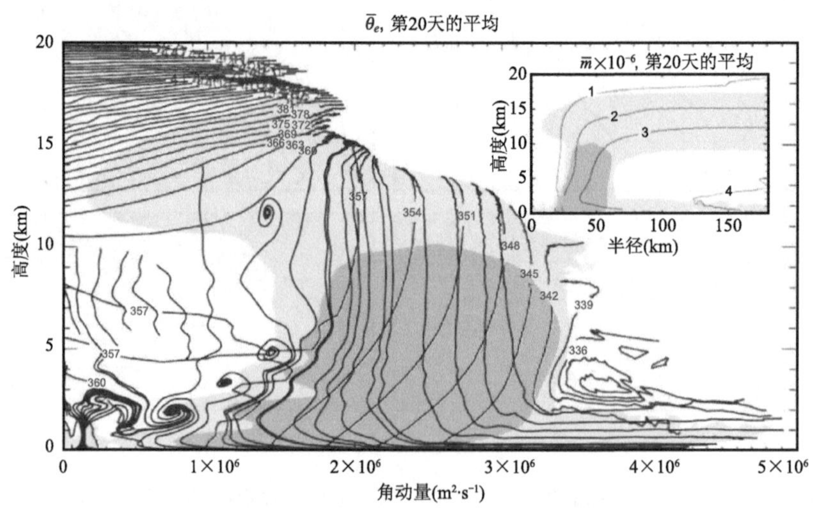

图 10.15 热带气旋二维模式模拟结果。相当位温(红色,日平均)显示为绝对角动量和高度的函数。叠加了日平均的二维二级环流流场(蓝色,日平均)。浅绿色表示液态水的混合比>0.3 g·kg^{-1}。深绿色是液态水混合比>1.0 g·kg^{-1}。图中插图将液态水的混合比在径向垂直剖面图上重复显示,横坐标是物理半径。等值线是绝对角动量(插图中黑色)对主图提供了物理参考。引自 Persing 和 Montgomery(2003),经美国气象学会许可再版

① Willoughby 等(1984a)建议。

10.6 眼墙云的下部结构和非对称性

10.6.1 眼墙云里的条件不稳定

圆形向外倾斜眼墙云里的气流，是纯粹的倾斜条件对称中性运动(第 10.5 节)。这种有用的理想化方式，解释了眼墙云的绝大部分典型结构。但是实际上，发生热带气旋的气团并不是严格倾斜中性的，它还会表现出一定程度的条件不稳定。因此，在现实中，不存在没有对流云叠加在其上面的眼墙云，这些对流来源于条件不稳定性局地释放带来的浮力上升气流。另外，经历过眼墙云过程的条件不稳定空气，不是未受扰动的大尺度环境空气，它的热力学结构已经被热带气旋里的环流调整过了。就是这种调制进入眼墙云空气的过程，造成了理想对称中性眼墙动力学模型不符合实际过程的差别。在第 10.5.9 节中讨论的二维模型表明，热带气旋中的气流在 r-z 面上垂直倒转，趋向于在眼墙区里产生条件不稳定，即使这种不稳定在环境场中并不存在。观测表明(在图 10.9 中概述)：眼墙区的入流气流，是由外向内的摩擦入流和来自眼区的低层外流共同组成。眼墙云的圆形形状经常受到改变。图 10.16 是一个典型个例，其眼墙表现出波数为 3 或 4 的不规则性，分布在眼区里的密蔽层云变形十分严重。我们认为这种非对称性，至少一部分是由于最大风速半径所在的地方，切变产生的正压不稳定造成的。[①] 与非对称眼墙有关的涡旋，构成了另一种机制，边界层里的高 θ_e 空气可以在低层从眼区流入眼墙。

如果由于上述任何一种过程，流入到眼墙底部的空气 θ_e 足够高，眼墙云将发展出条件不稳定的空气团，并在这些地方形成小尺度具有强烈浮力的上升气流。对 1991 年的飓风“鲍勃(Bob)”利用理想化的三维模型模拟结果表明：叠加在眼墙上的浮力对流单体造成的垂直质量通量，占眼墙区总通量的 30%以上。但浮力对流体最常见的表现是沿着向外倾斜的方向，而不是完全垂直的，原因是它叠加在非常强的眼墙环流倾斜分量上。[②] 这些有浮力的上升气流是高度三维空间的，因此，这种过程的模拟，必须在解除了二维建模约束条件以后才能进行。

10.6.2 眼墙最大涡度和强上升运动

对 1998 年飓风“邦尼(Bonnie)”的模拟结果显示，沿着眼墙区里高垂直伸展的强上升气流与水平风场里的小尺度涡旋有关系(图 10.17)。这种类型的次涡旋，称为眼墙最大涡度(eyewall vorticity maxima，EVMs)。在“邦尼”的模拟中，眼墙最大涡度的尺度是 20 km，这个尺度小到足以在眼墙区形成四个这样的次涡旋。“邦尼”的眼区直径很大，约有 100 km。飞机观测显示：[③]眼墙最大涡度的水平尺度只有大约 5～10 km。图 10.18 所示为 1989 年飓风“雨果(Hugo)”眼墙最大涡度的扰动分量。其中，平均涡旋结构已经被剔除。这些数据只是与眼

---

① 参阅 Schubert 等(1999)、Kossin 和 Schubert(2001)以及 Kossin 等(2002)。

② Braun(2002)。

③ 在首次对热带气旋开展的飞机双多普勒雷达观测研究中，Marks 和 Houze(1984)发现，1982 年“黛比(Debby)”飓风在发展中的眼墙里存在眼墙涡度最大值 EVM。Marks 等(2008)研究中获得了一套极其珍贵的数据集。这些数据是在飞机意外地穿越飓风“雨果”(1989 年)眼墙内壁附近时获得的，观测到了强的眼墙涡度最大值。这些结果如图 10.8 所示。

图 10.16　中分辨率成像光谱辐射计(MODIS)卫星图像监测的“埃琳(Erin)”飓风眼[2001 年 9 月 11 日 15:15(世界时)]。眼墙具有波数为 3 的非对称特征,眼区的层积云被扭曲成高度卷曲的模态。引自 Kossin 等(2002),经美国气象学会许可再版

墙最大涡度相关的扰动量。图 10.18a 所示的是切向风扰动。次涡旋在水平方向上横跨 6~7 km,在 2 km 的距离内,风速从 $-18\ \mathrm{m \cdot s^{-1}}$ 变化到 $+25\ \mathrm{m \cdot s^{-1}}$。“雨果”的主涡旋的直径为 25~30 km。图 10.17 的模拟结果表示:眼墙区的最大风速,是响应最大风速半径所在地点围绕环状涡旋气流的不稳定形成的,这与更小尺度的“抽吸式涡旋”形成于龙卷涡旋中最大涡度环里是类似的(第 8.9.4 节)。

图 10.18b 的飞机观测显示:眼墙最大涡度区有强烈的上升运动,其速度峰值可以达到约 $17\ \mathrm{m \cdot s^{-1}}$。这种强烈的上升运动与图 10.17 所示飓风“邦尼”的模拟结果一致,每一个眼墙最大涡度对应深厚竖直的上升运动。① 这些小尺度涡旋把眼区里 θ_e 极高的空气带入眼墙云的底部。把眼区的空气卷进来,是给眼墙云施舍浮力的主要机制,否则眼墙对流就是倾斜的。与眼墙最大涡度相关的强烈上升气流,是响应这种局地浮力增强而形成的。模式模拟进一步表明,伴随小尺度涡旋的对流尺度上升气流保持竖直,甚至在它们围绕眼墙平流时也保持连贯一致。旋转对流上升气流的这种竖直结构在一定程度超乎想象,因为我们原本认为热带气旋性涡旋中水平风的垂直切变,会使上升对流单体在垂直方向上受到扭曲。显然,眼墙最大涡度区里的中小尺度旋转上升气流对周围的气流有极大的阻挡作用,保护热带气旋的中心内核区不受其

① 更深入的讨论参阅 Braun 等(2006)。

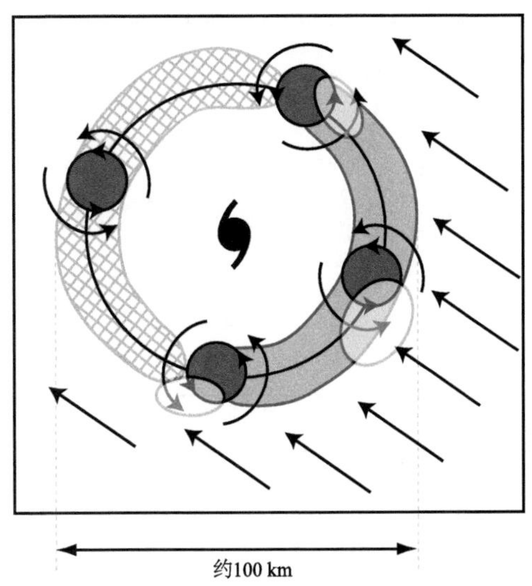

图 10.17 北半球热带气旋里，眼墙区里的中尺度涡旋和与环境风切变有关的低层流入气流相互作用的概念模型。拉长的半圆形区域，表示切变效应有利于上升运动（浅色阴影），还是下沉（十字填充的区域）运动。低层相对气流用直线箭头表示，中尺度环流及其局部气旋环流用深色的圆和曲线箭头表示。半透明的浅色椭圆代表低层辐合和上升运动增强的区域。大尺度切变向量的方向为从西北向东南（图略）。引自 Braun 等（2006），经美国气象学会许可再版

平均切向风切变的影响。在较弱的眼墙最大涡度中，上升气流可能不竖直，而是在切变的方向上有一定的倾斜①。

由于眼墙最大涡度是在成熟热带气旋最大风区内侧的边缘处导得的，这里的旋转上升气流，与第 10.2 节中讨论过的涡旋热塔有差异，不能混淆。热塔垂直运动发生在热带气旋生成之前，热塔里的涡度是由富含涡度的边界层和/或环境切变的扭转获得的。

10.6.3 眼墙云内部上升和下沉运动的统计

我们看到眼墙最大涡度区里有强烈的上升气流，与来自眼区的高 θ_e 空气夹卷密切相关。眼墙最大涡度区里的垂直速度，在热带气旋眼墙云区里的上升速度中，排位在最高端。由于穿越热带气旋测量其垂直运动的研究和侦察飞行已经开展了 50 年以上，②眼墙区垂直运动的一般统计结果已经知道很多。截止到 20 世纪 80 年代中叶，飞机探测垂直运动只能在现场沿飞机的飞行轨迹进行，垂直速度的空间分布，只能通过不同飞行轨迹的数据合成得到（图 10.7c 所示）。从极端强烈的 1980 年飓风"亚兰（Allen）"中，获得了一套最佳的飞行轨迹垂直速度数据集。图 10.19a 显示了飞机观测"亚兰"眼墙中的垂直速度。它根据沿飞行轨道的水平风数据，用质量连续性原理导出。图 10.19b 显示了飞机惯性导航系统测量的垂直速度。这两种测量方法都表明，垂直速度 w 的峰值刚好超过 $6\ \mathrm{m \cdot s^{-1}}$。③ 图 10.20 显示：飓风"亚兰"的垂直速

① 这是 Marks 和 Houze(1984)研究中利用飞机观测获得的眼墙涡度最大值个例。

② Sheets(2003)和 Aberson 等(2006)总结了用飞机飞行研究飓风的历史。

③ 注意图 10.19a 中的下曳气流与图 10.9 和图 10.11 照片中眼墙内侧的下曳气流一致。

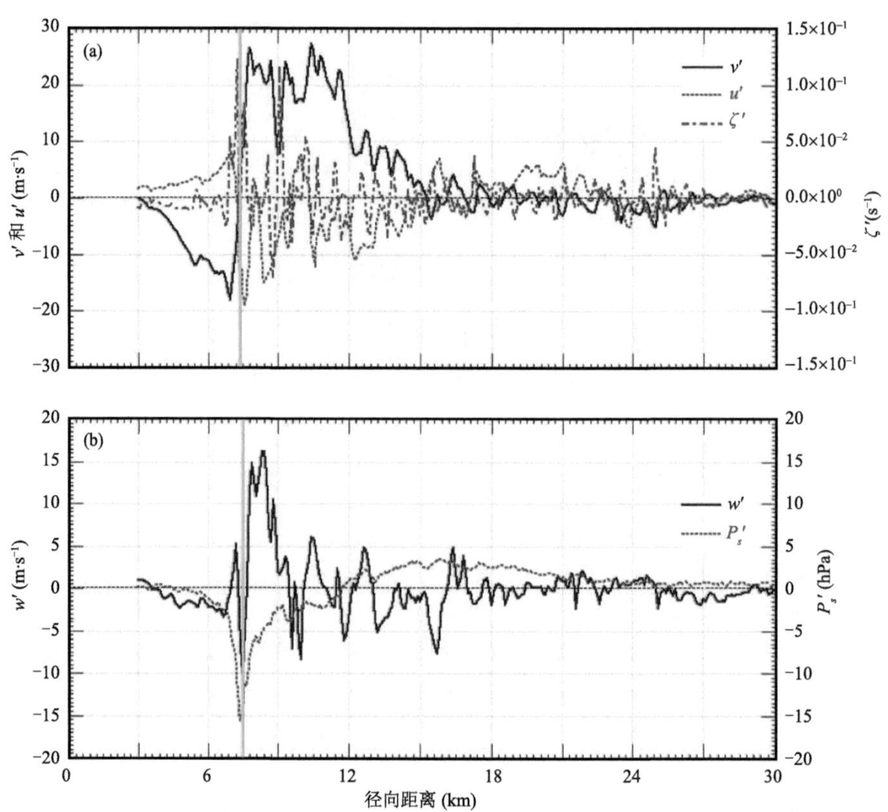

图 10.18　1989 年 9 月 15 日飓风“雨果”眼墙最大涡度(次涡旋)飞行观测数据。1989 年 9 月 15 日,“雨果”飓风中心的切向风(v)、径向风(u)、相对涡度(ζ)(a),离飓风“雨果”中心径向距离处的垂直速度和地面气压(P_s)(b)。扰动分量的 1 s^{-1}时间序列。扰动是把平均涡旋从时间序列中剔除后的剩余量。绿色垂直线表示眼墙最大涡度的中心。引自 Marks 等(2008),经美国气象学会许可再版

度,是其他热带气旋在飞行高度层上观测到速度的典型值。尽管大样本结果显示,峰值上升气流还要稍大一些,近似为 7～10 m・s^{-1}。

与机载仪器实地测量方法对比,机载多普勒雷达测量方法有优点。机载仪器实地测量必须经过后处理综合分析,才确定垂直运动的空间分布;而机载多普勒雷达测量结果能够提供垂直运动的瞬间状态。① 图 10.21 包含 185 次穿眼飞行,在飞机轨迹进/出热带气旋眼区时,用垂直指向的多普勒雷达进行观测,所获得资料的统计结果。结果以眼墙区垂直速度出现热带气旋垂直剖面图上用等值线表示的频率的形式显示(如第 9.1.6 节所示)。与图 10.19 和图 10.20 中的飞机场地观测数据基本一致,上升气流的峰值为 8 m・s^{-1}。垂直速度随高度变宽的分布是由于采样偏差造成的人为影响,因为飞机通常在 1.5～3 km 的高度飞行,较弱的气流在距离飞机较远(即非常高)的地方很难探测到。70% 以上的多普勒雷达测得的垂直速度在±2 m・s^{-1}的范围内。拖曳气流(包含上升和下沉)在这里定义为沿着飞行轨迹垂直速度 w 连续地维持 $|w|>1.5$ m・s^{-1},并且其最大值 $w>3$ m・s^{-1}的区域。以上述方式定义的上升气流,水平范围的大小几乎都小于

① 多普勒雷达测量降水粒子沿雷达波束的速度。用垂直指向多普勒雷达的波束,对收集到的数据进行粒子下落速度的修正,能够估算空气的垂直运动。Marks 和 Houze(1987)的研究中有关于如何进行下落速度修正的内容。

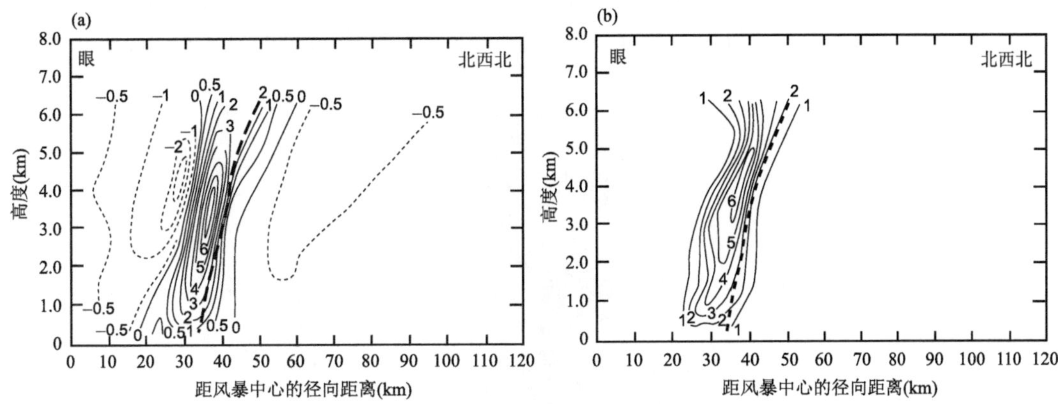

图 10.19　飞机穿眼飞行观测到飓风“亚兰”(1980 年)的空气垂直速度。(a)根据飞机观测的水平风，通过连续性方程诊断出的垂直速度；(b)直接用机载惯性导航设备测量的垂直速度。引自 Jorgensen(1984)，经美国气象学会许可再版

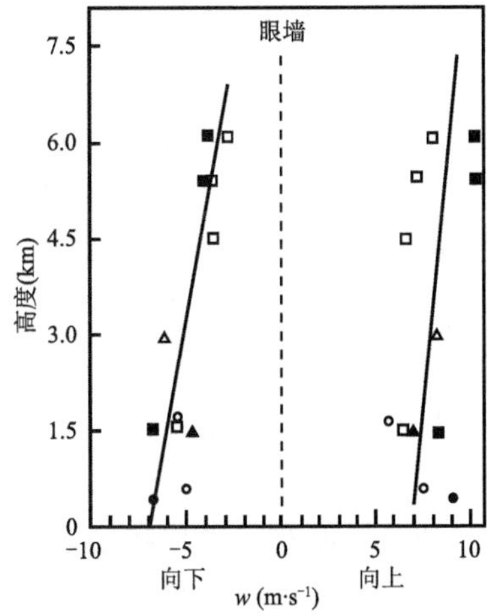

图 10.20　穿越热带气旋眼墙的研究飞机所测量到的下降和上升气流的峰值速度。每一个符号代表一次特定的研究飞行。符号所显示的值是这次飞行在该高度上观测到的最大气流速度。引自 Jorgensen 等 (1985)，经美国气象学会许可再版

3 km，仅有 5% 的上升气流宽度大于 6 km。更极端的上升气流，例如在飞机穿越飓风“雨果”时(图 10.18)，在眼墙最大涡度区内遇到了极其强的上升气流，这样的上升气流观测数据并没有出现在图 10.19 — 10.21 所示多普勒雷达测得的统计数据中。因为这么大的上升气流很罕见，通常不会被穿眼飞行观测到，飞机通常会避开肉眼或雷达上能够识别出来的危险眼墙区飞行。图 10.21 中的统计数据显示，上升速度的大小往往随着高度增加，最大值在 10 km 以上。较强的垂直速度好像发生在较高的层面，冰晶融化的潜热释放使浮力更大。[①] 机载多普勒雷达数据不仅提供了眼墙上升运动区垂直结构的信息，而且还提供了其水平结构的信息。相对

① Lord 等(1984)和 Zipser(2003)的研究中，讨论了潜热在加强高层上升气流强度中的作用。

于 2.5 km 和 7.5 km 飞行高度上眼墙区垂直气流的最大值,进行眼墙区垂直气流的二维自相关分析,图 10.22a 和图 10.22b 中的统计结果显示:存在有条理的径向倾斜外流结构。

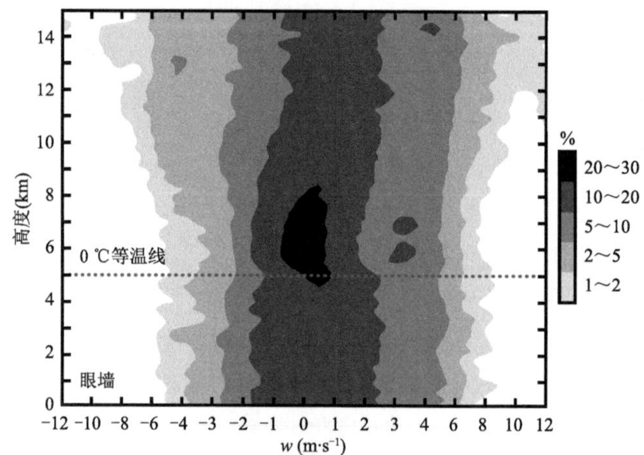

图 10.21 垂直指向机载多普勒雷达测量的热带气旋里垂直气流的统计特征,表示为热带气旋眼墙区里,垂直剖面图上用等值线表示的垂直速度出现频率。引自 Black 等(1996),经美国气象学会许可再版

解释热带气旋中飞机观测上升运动数据的困难在于,无论是通过场地观测还是雷达观测获得,都无法从观测上确定它是属于倾斜中性垂直运动(第 10.5 节),还是属于嵌入的垂直加速浮力上升气流。飓风"雨果"的飞机穿越观测(图 10.18)和飓风"邦尼"的模拟结果(图 10.17)表明,局地强烈的上升气流主要是叠加在眼墙上的浮力现象。对飓风"邦尼"和"鲍勃"进行的数值模拟都指出,与它被嵌入在其中的平均涡旋环流作比较,上升运动所表现出的浮力,超过眼墙区平均环流凝结作用的一半。① 这些结果表明,虽然眼墙的平均结构(包括图 10.5 所拍摄到像体育馆那样倾斜的结构,以及图 10.22 a 和图 10.22b 所证实的结构)是由处于梯度风平衡的平均涡旋运动,向理想倾斜对称中性状态调整所决定的(第 10.5 节),但是如果不考虑叠加在它上面的强烈浮力上升气流,就不能准确地解释眼墙动力学。

10.6.4 眼墙内的下曳气流

如图 10.9 所示,对流尺度的下曳气流发生在眼墙暴雨区里。图 10.21 中的发生垂直剖面图上用等值线表示的频率图给这些下曳气流标注了大小。在各个高度都可以观测到下曳气流,但在低层观测到的频率比在高层更高。总的来说,上升气流的数量是下曳气流的 2 倍。图 10.23 显示,在任意给定高度,眼墙里下曳气流的质量通量大约是上升通量的 20%~30%。尽管眼墙内的下曳气流频繁地发生,但是它们的起因和对热带气旋总环流的动力学意义还没有完全了解。图 10.22c 和图 10.22d 表明,与眼墙区里上升的垂直速度不同,这些下曳气流没有有条理的倾斜结构,在径向垂直剖面图上,下曳气流的分布基本上没有什么关联。可以推断,如同与热带气旋无关的对流活动一样,高层的下曳气流是受上升气流运动的强迫引起的(第 7.2 节),而低层的下曳气

① 由 Braun(2002, 2006)从模型输出中计算出来的这部分份额,很可能被高估了,因为他没有试图消除由背景倾斜运动引起的上升气流凝结。无论如何估计,背景倾斜凝结可能是非常重要的。

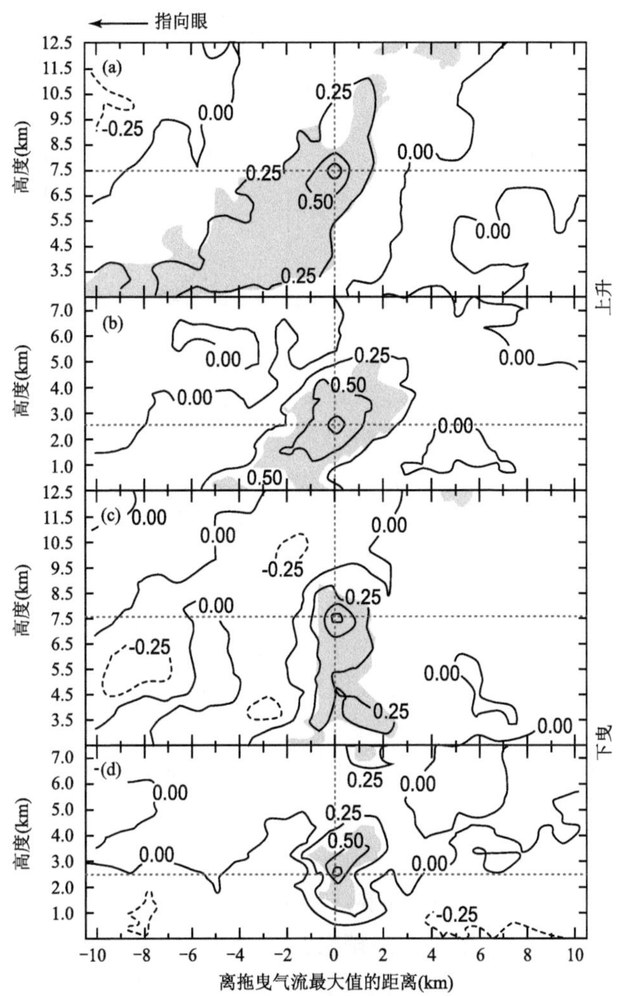

图 10.22 垂直指向机载多普勒雷达测得的气流垂直速度统计分析，表示为眼墙区域里垂直速度的二维自相关统计分析图。自相关统计分析相对于 7.5 km(a)和 2.5 km(b)高度上的眼墙区上升气流最大值，7.5 km(c)和 2.5 km(d)高度上的眼墙区下曳气流最大值作出。图中水平轴的方向设计成风暴中心(眼)位于图的左侧。为了使图的垂直形变尽可能小，垂直和水平尺度设计成大致相等。阴影区表示相关性在 95%的显著水平以上。虚线的交点是最大风所在位置。引自 Black 等 (1996)，经美国气象学会许可再版

流是由降水驱动的[即式(2.50)中的水凝物混合比项]。

10.6.5 风暴移动和切变造成的眼墙不对称

实际上热带气旋眼墙里围绕中心云和降水的分布，一定不是均匀一致的。这种非对称性有两方面的原因：(ⅰ)风暴穿过周围的大气移动；(ⅱ)大尺度环境场的风切变。第一个原因是眼墙与围绕气旋的强环流密切相关，这样的强环流是惯性稳定的，它阻滞了其周围的气流。因此，热带气旋穿越其所在的环境运动时，会在风暴眼墙前进的方向的一侧产生辐合。[①] 因此，

① 参阅 Shapiro(1983)。

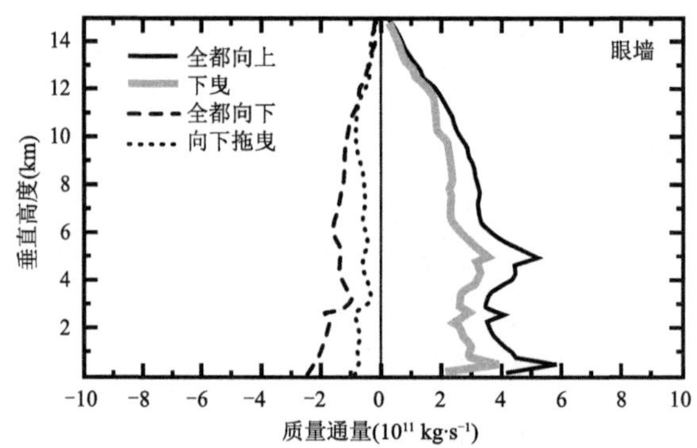

图 10.23 垂直指向机载多普勒雷达测得的热带气旋垂直运动统计数据,表示为眼墙区里向上(实线)和向下(虚线)的总质量通量。已经根据四个区域中数据随海拔高度缺失的多少,在每个区域里对数据进行了归一化处理。结果显示为由所有的垂直运动造成的总质量通量和由下曳气流造成的下曳质量通量(定义见文字中的描述)。引自 Black 等(1996),经美国气象学会许可再版

移动热带气旋眼墙里平均垂直速度的分布,本质上就是非对称的。这种波数为 1 的不对称结构还会对风暴的路径形成反馈;非对称的不稳定与热带气旋的移动路径呈摆线状有关。① 产生波数为 1 不对称结构的第二个原因,是环境中的垂直风切变。虽然切变不利于热带气旋的发展和增强(第 10.1 节),但风暴却通常存在于具有一定程度切变的环境中。相对于环境的风暴气流是高度的函数,它重新分配了热带气旋周围的云和降水。这两个因素共同作用,导致眼墙的结构和强度都存在波数为 1 的非对称性。

把热带降水测量卫星(TRMM)微波成像仪②的资料,与六大洋的大尺度风场数据一起进行分析,可以看出由风切变引起的热带气旋降水非对称,比气旋运动的影响要大。③ 这些数据表明,无论环境切变的强度如何,眼墙区降雨量的最大值,位于风暴顺切变方向的左侧。若切变强,在离风暴中心所有的径向距离处,都具有这种不对称性特征。若切变弱,与切变有关的不对称性仅限于距离风暴中心最近的半径范围里(包括眼墙区),而在距离风暴中心较远的地方,最大的降雨量出现在风暴的顺切变一侧,这和没有切变的情况下一致。

图 10.24 是一幅示意想象图,它表示:嵌在有切变环境场里的热带气旋,由顺切变下风方向辐合(由于风暴移动)产生的强迫上升气流,一定会产生这样的云和降水分布(图 10.24)。假定这样的切变由高层西风气流和低层东风气流组成。形成于风暴顺切变一侧上升气流中的云和降水,受到主涡旋环流的平流。在眼墙顺切变一侧所形成上升气流中产生的降水粒子,气旋性地平流到风暴运动方向的左侧,在那里产生一个强的 45～50 dBZ 雷达回波,这里就是风暴顺切变方向左侧降雨最大的地方。由于平流引起的垂直运动不利于眼墙上逆切变一侧上升气流的形成,因此,眼墙切变方向的右侧,降水回波较弱。图 10.24 还显示了由活跃对流产生的高层云,是如何在非对称分布的环流中被吹散的。冰粒子向外平流,并气旋性地围绕风暴旋

---

① 参阅 Nolan 等(2001)。

② 热带降水测量卫星是美国国家航空与航天局和日本国家太空发展署联合研发的。热带降水测量卫星上搭载仪器的介绍参阅 Kummerow 等在 1998 年发表的文章。

③ Chen 等(2006)用热带降水测量卫星雷达反射率数据,研究分析了切变与不对称性的关系。此外,Rogers 等(2003)的研究揭示,眼墙降雨的不对称性,如何与风暴运动相结合,带来地面降雨分布格局的变化。

转，转到了风暴顺切变方向的右侧，在巨大的卷云羽中流出。

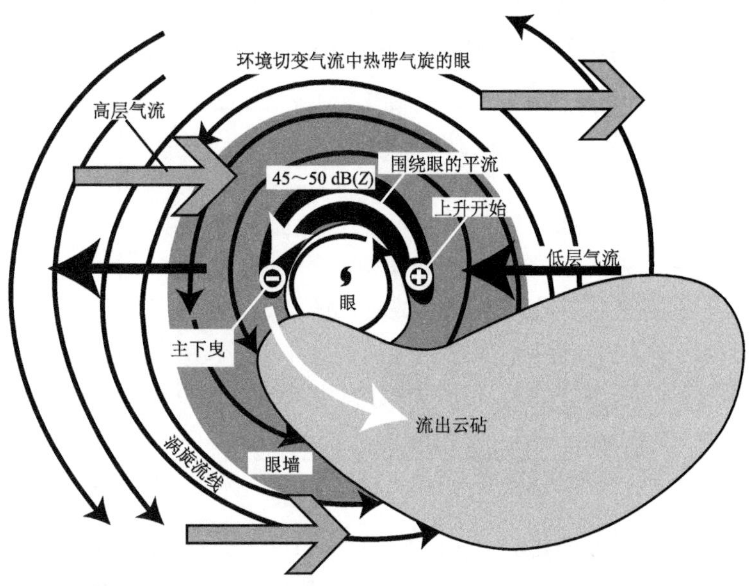

图 10.24 根据飞机观测画出的热带气旋内核区域由切变引起的不对称示意图。低层环境气流由两个实心的黑色箭头表示。上层气流由三个灰色的箭头表示。对流单体在眼墙顺切变方向的迎风面形成，它们围绕眼区平流，进入切变矢量左侧的半环，在这个区域，暖雨过程产生足量的水凝物，足以有效地反射雷达回波。降水驱动的下曳气流开始发生于切变矢量向左 90°的方位。当对流泡到达眼墙切变的上游方向时，它们已经在 0 ℃的等温线的上面了，下曳气流在低于 6 km 的地方盛行。当对流泡移动到切变右侧的半环时，大多数凝结物已经冻结，或从活跃的上升气流中跑掉了。卸除了上升加速度的浮力空气，在通过切变右侧的那个半环时，升到了对流层顶附近。引自 Black 等(1996)，经美国气象学许可再版

10.6.6 眼墙和内核区的云微物理过程

在热带气旋次级环流的上升气流分支中，降水粒子迅速产生，形成了环状的强降水带，也就是眼墙。图 10.25 显示了降水粒子在云区里增长和落出的基本要素。该图是根据 1983 年飓风“艾丽西亚(Alicia)”的多普勒雷达观测资料绘制的。眼墙区里许多降水粒子是由暖雨过程产生的，即在零度层高度的下面，水滴凝结、通过碰并过程快速长大，并在它们有机会成为冰粒之前落出云区。然而，许多产生在眼墙区和热带气旋内核区域的雨中有冰相粒子。刚刚进入到零度层以上，冰粒就出现了，并通过淞附过程形成霰。较重的霰粒子快速沉降(下降速度每秒几米)，融解成为雨滴，从眼墙降水区中落出(见图 10.25 中的 0－1′－2′)。然而，许多在眼墙云中形成的冰粒子是冰粒的聚集体，下降速度较慢(约 1 m · s^{-1}，见第 3.2.7 节)。这些冰粒聚集体与其他下降缓慢的冰相粒子，随径向风分量向外平流(图 10.25)，且被切向风扫向很远的地方(图 10.26 中 0—1—2—3—4)。冰粒子螺旋状地向外扩散，通过这样的方式，眼墙

把云播撒到整个热带气旋内核区里去。[①] 当冰粒聚合体最终通过融化层时，通常会在距离眼墙有一定距离的雨带里，刚好低于零度层的地方，在雷达反射率图上产生一条亮带，这是层状云降水的标志(第 6.1 — 6.2 节)。这样的结构出现在图 10.25 中，半径大于 20 km 的地方。

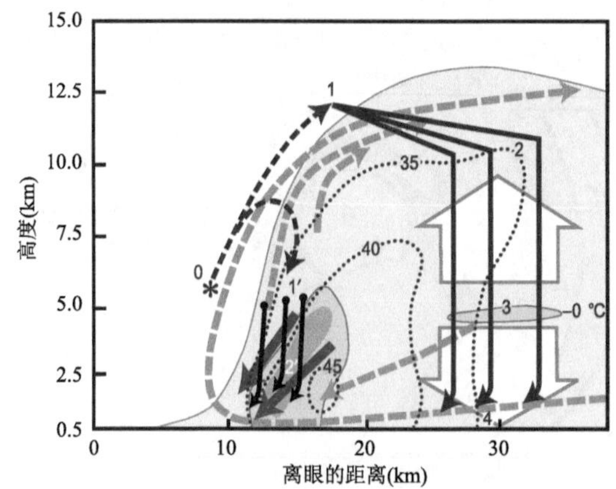

图 10.25　机载双多普勒雷达观测的飓风"艾丽西亚"(1983 年)内核区，径向高度剖面上环流的示意图。填色的区域代表反射率，等值线在 5、30 和 35 dBZ 处。主(切向)环流由虚线表示，次级环流由粗虚线流线表示。对流下曳气流用粗的实箭头表示，中尺度上升和下曳气流用伸展范围极广的粗箭头表示。细虚线和实线轨迹表示水凝物从星号位置出发的轨迹。沿着轨迹的数字标识出与图 10.26 中的水平位置对应的点。引自 Marks 和 Houze(1987)，经美国气象学会许可再版

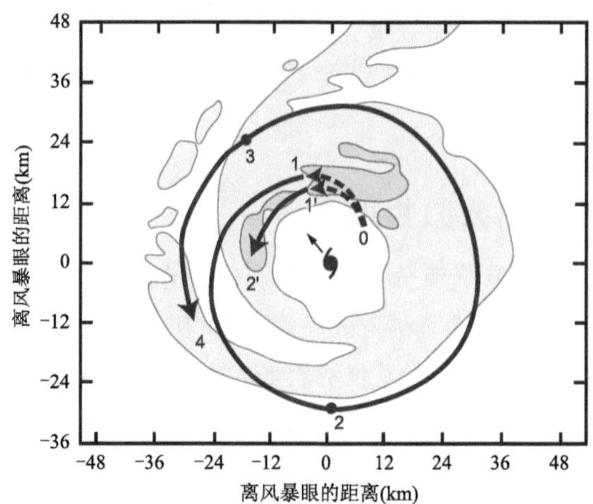

图 10.26　飓风"艾丽西亚"(1983 年)雷达回波分布图。图上叠加了降水粒子路径的水平投影轨迹。回波等值线为 20 和 35 dBZ。这些数字显示这幅图中的水平轨迹，如何与图 10.25 中的垂直截面轨迹相对应。引自 Marks 和 Houze(1987)，经美国气象学会许可再版

① 这种眼墙云里产生的冰粒子在风暴核心区域的自然散播，是早期通过人工采用冰成核剂试图播撒热带气旋云没有效果的原因之一。任何出现在内核区域的过冷水滴，都会被眼墙云中散播出来的粒子迅速清除。参阅 Willoughby 等(1985)和 Sheets(2003)的历史记录，他们曾试图通过云的播撒来降低气旋强度。

图 10.27 是眼墙云中混合相态云区域微物理过程的详细示意图(被虚线圈包围)。[①] 与图 10.25 一致,在比混合相态区域(其温度在−5～0 ℃之间,同时含有水滴和冰粒子的薄层)更低的地方,水滴通过碰并快速生长。大量的雨水在它们被抬升到混合相态区域之前落出云区。在成熟眼墙混合相态区域上方,云被冻结。这显然是由于新凝结出来的过冷水滴,以及已经存在的大量冰粒子之间,极有可能发生的碰撞。在眼墙云的混合相态层中,过冷液态水含量普遍较低($<0.5\ g\cdot m^{-3}$),且主要在强度约为 $5\ m\cdot s^{-1}$ 的上升气流中被观测到,并非所有这种强度的上升气流里,都含有过冷的水滴。[②] 这样的过冷却液态水似乎会在温度刚低于 0 ℃的地方凝结。受到高于该层面上升气流的影响,这样的过冷却液态水只存在很短的一段时间,它马上就与原先存在的冰粒子碰撞了。图 10.27 里的插图放大了眼墙云里发现有过却冷水存在区域。这个区域可以分为三个分区:眼墙云与眼区相邻的内缘、眼墙云的内部和眼墙云的外缘。

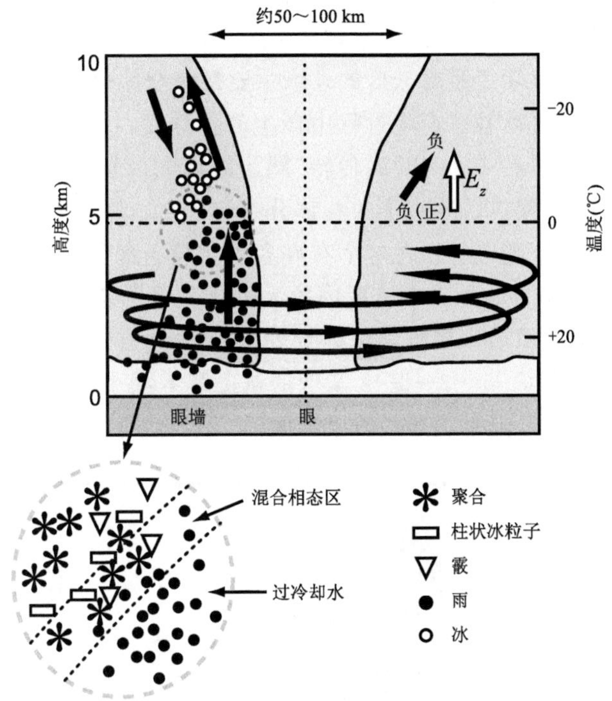

图 10.27　描述热带气旋中降水过程、云的分布和电荷分离的示意图。海表水温接近 28 ℃,云底温度 22 ℃。在成熟的热带气旋中,典型的 0 ℃层垂直速度是 $5\sim8\ m\cdot s^{-1}$,对流垂直伸展的范围,远比均匀冰核温度−40 ℃等温线的地方更高。插图显示了云粒子分离发生的区域。该区域发生在垂直切变有水平梯度的地方。由于在温度高于−5 ℃的地方缺少过冷却水,这个区域的高度受到限制,不会太高。中空的白色点子代表小的冰粒子、冰冻的雨滴和霰。实心的黑色点子代表雨滴。空气运动箭头显示轴向和径向流动导致水凝物的重新分布。眼墙云区的切向(主)环流用圆形流线表示。直箭头表示近似于径向和垂直的空气运动(即次级环流);箭头长度与比例尺无关。观测电场的极性分布如图所示,电场矢量($\boldsymbol{E}_z$)的垂直分量用开放箭头画出。引自 Black 等(1999),经美国气象学会许可再版

① 这张图总结了 20 年来基于 230 架次飞行任务,对热带气旋中所收集云微物理观测资料的分析研究(Black 和 Hallett,1986,1999)。

② 参阅 Black 和 Hallett(1986)。

过冷却水滴主要存在于眼墙云区的内边缘。在这个区域,新产生的水滴不像已经与原来存在的冰粒子碰撞了,因为它们出现在眼壁向外倾斜眼墙云的顶部附近,那里没有冰粒会从上面落进眼墙云里。

图 10.27 中插图的中间部分说明来自高层的冰粒子如何在混合相态区域与过冷水滴碰撞的过程。水滴接触核而冻结,随着连续产生的过冷却云滴不断地结凇而进一步生长。霰粒子就是这种结凇生长过程造成的,并且通过收集过冷却水滴继续凇化。在−5～0 ℃之间的环境温度下,遵循第 3.2.6 节中所讨论的凇化过程,产生了大量的二级冰粒子。这些次级粒子,加上从眼墙上部的外流区落入到这里的雪粒子,使得过冷却水滴被冰粒扫清的可能性极高。由次级冰粒产生机制产生的微小冰粒结晶体,以及水汽沉降过程中冰粒子的进一步生长,通常很难在飞机观测中用仪器来识别。在可以识别的地方,主要的冰粒结晶体是柱状的,与−5～0 ℃的温度范围里产生的冰粒子一致(表 3.1)。如图 10.27 所示,这些柱状体是眼墙云区上升气流里种类繁多降水粒子中的一部分,降水粒子中还有过冷却水滴、霰和的其他冰粒子。

图 10.27 中的插图还显示了眼墙云区的外缘主要是完全冰化的冰云。这些冰粒子的中许多可能是与凇化有关的二级冰粒子产生过程中产生的。然而,在这个区域也出现了大的冰粒子集合体。图 10.28 显示了在 1984 年"诺伯特"飓风眼墙和内核区域,6 km 高度上飞行的飞机,观测采集的冰粒子分布模态。冰粒子的总体分布与图 10.27 一致。由二级冰粒产生过程产生的小尺度冰粒子位于眼壁之外。在这个有许多小冰粒子的带状区域的两侧,是较大冰粒子(大小>1 mm)集中出现的地方。眼墙区内较大的冰粒子为霰粒子,由于其较快的下降速度,在落下时仍留在眼墙区域内。在眼墙以外约 50 km 的地方,存在较大尺度的冰粒子聚合体,它们沿着与图 10.26 中 0—1—2—3—4 类似的轨迹落下:径向向外平流,围着风暴转圈子,在眼墙区以外远处,以层状云降水的形式落出云区。

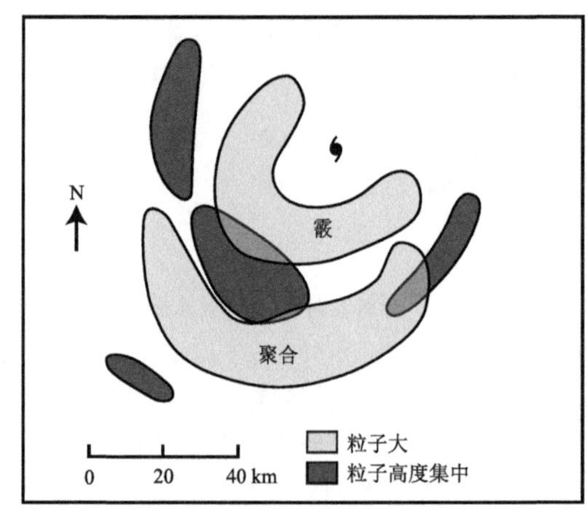

图 10.28　6 km 高度上的飞机观测到的"诺伯特"(1984 年)飓风里冰粒子的中尺度水平分布。冰粒子高度集中的区域包含的粒子数大约为每升体积里有 100 个粒子。霰粒子被认为是眼墙区里主要的大冰粒子,其聚集体被认为是眼墙区以外主要的大粒子。引自 Houze 等 (1992),经美国气象学会许可再版

10.6.7 眼墙云的起电特征

如第 8.1 — 8.3 节所讨论，较小的冰粒子与较大的霰粒子碰撞，导致两种粒子带有相反的电荷。在热带气旋的眼墙云中，霰粒子一般出现在温度为－5～0 ℃的层面上（见图 10.27 中的放大插图）。在这个区域，液态水含量通常较低（$<0.5\ g \cdot m^{-3}$），所以霰粒子带正电荷，与之碰撞的小冰粒子带负电荷。眼墙空气的运动倾向于将小冰粒子向上向外推，远离霰粒子所在的区域，这使得在温度为－15～－10 ℃高度上的云区带负电荷，从冰粒子碰撞发生的区域略向外伸展。如图 10.27 右图所示，这个倾斜的负电荷区域，导致眼墙云中的电场向量（$\boldsymbol{E}_z$）出现向上的分量。$\boldsymbol{E}_z$ 分量从负电荷较少的区域向上指向负电荷较多的区域。这些负电荷是由小冰粒向上、向外平流积累起来的。当 $\boldsymbol{E}_z$ 足够大，闪电放电可以发生，在地面成为负地闪。图 10.27 中标有（正）的地方指出：在眼墙区里有一部分云是浮力不稳定、大垂直运动、大液态水含量（$>0.5\ g \cdot m^{-3}$）的情况下，小的冰粒子在被霰粒子弹出去时，可以带正电荷。在这种情况下，正电荷向上、向外平流，$\boldsymbol{E}_z$ 的标志反了过来，正地闪可以在海洋或地面上发生。然而，由于热带气旋眼墙区里液态水的含量非常低；如上所述，任何新生成的过冷却水滴都会很快被冻结，它们极有可能与冰粒子相遇，因此，正地闪在热带气旋眼墙云的低层中不常见。例外情况可能是图 10.18 中记录的那种极端强的上升气流，但是这种过程还没有在文献中发表。

图 10.29 所示是在九个热带气旋中观测到的负地闪的分布。这些数据表明，在风暴中心 100 km 以内的眼墙区域，是闪电发生频率最高的区域。另外一个闪电发生次多的区域，是在

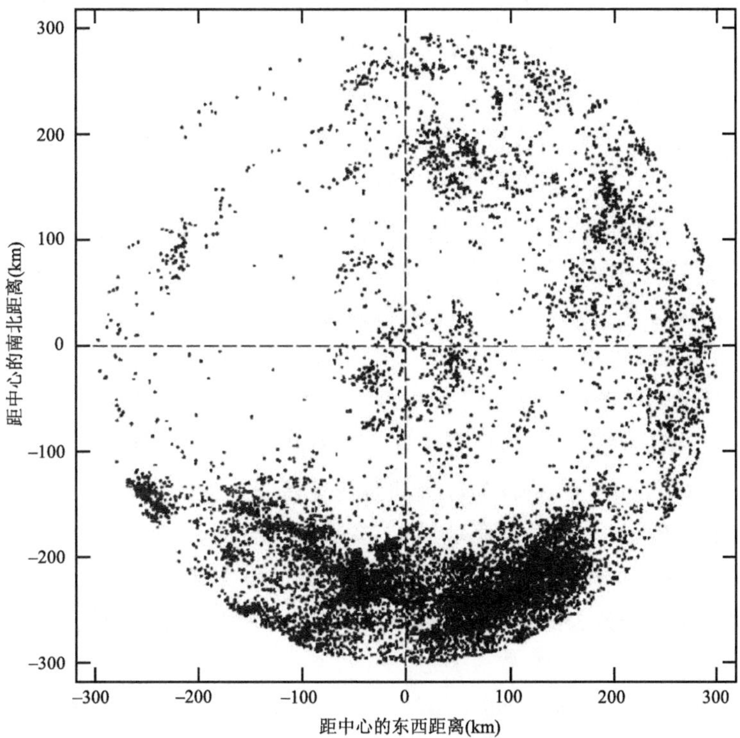

图 10.29 九个热带气旋打在地面或海面上的负闪电位置图。闪电的位置是相对于其所在热带气旋的中心而言的。引自 Molinari 等 (1999)，经美国气象学会许可再版

距离风暴中心比 200 km 更远处。正如我们将在第 10.7.2 节中讨论的那样,热带气旋里这个区域的云,层似乎没有受到热带气旋内核涡旋动力学的强烈影响。这样的闪电可能是由积雨云中观测到的一些过程所产生的(第 8 章和第 9 章),与热带气旋本身无关,并非受图 10.27 所示眼墙区起电机制的作用而产生。

10.7 眼墙以外区域里的特征:螺旋雨带和眼墙的替换

10.7.1 眼墙和雨带复合体概述

眼墙以外的降雨主要与一种复杂的雨带有关,这种雨带具有螺旋状的几何形状,与眼的近似圆形的几何形状完全不同。图 10.30 显示了热带气旋中的一个理想的非典型的雨带和眼墙阵列。虚线圆圈圈出了热带气旋的外部环境和内核之间的大致边界,内核在动力学上是由气旋性涡旋环流控制的。图中显示了两个眼墙。因为原来的眼墙通常会被围绕它的第二个眼墙取代。眼墙的替换将在第 10.7.5 节中进一步讨论。雨带有三种基本类型。外部雨带是距离气旋中心径向距离较远的雨带,由排成行的浮力对流组成,随着大尺度低层气流中的汇合线呈螺旋状进入热带气旋涡旋。外部雨带离风暴中心径向距离足够远,雨带里对流的垂直结构相对而言不受气旋内核涡旋动力学规律的约束。图 10.31 所示的对流有效位能 $CAPE$ 值,由式(8.2)算出,随径向距离的增加而增加。外部雨带主要位于对流有效位能最高的地方,与气旋性大尺度环境流场相匹配。主雨带或多或少趋向于相对于风暴静止。① 在某些情况下,主雨带的上风端位于风暴内核区之外,主雨带上风端对流单体的垂直结构,与外部雨带里的垂直结构类似。外部雨带里对流的垂直结构相对不受热带气旋内核涡旋动力学的制约。然而,主雨带的大部分对流线位于风暴的内核区,沿主雨带对流线的大部分对流单体,其垂直结构是受到内核涡动力学制约的。主雨带独特的结构特征,在第 10.7.3 节中讨论。在主雨带的下风端,它具有更多的层状云,且和眼墙接近相切。次级雨带位于风暴的内核区里,它比主雨带更小、维持时间更短。主雨带和次级雨带沿径向和切向都传播,它们运动的切向分量是气旋性的,但是比气旋性的切向风分量稍微慢一些。次雨带通常与主雨带或眼墙在切向相连接或合并。次级雨带将在第 10.7.4 节中进一步讨论。

图 10.32 统计显示了静止雨带复合体中眼墙、内核雨带和外部雨带不同的结构。其中的三幅图是热带降水测量卫星(TRMM)上搭载的降水雷达②对四个热带气旋观测到的反射率数据,这四个热带气旋是 2005 年加勒比海/墨西哥湾地区强度达到 4 级或 5 级③的热带气旋。在雷达反射率资料获取的三个区域,即眼墙区、非眼墙的内核区、远距离环境区,对反射率出现频率分别进行统计,制成反射率垂直剖面图上用等值线表示的频率图(CFADs),简称反射率剖面。其中远距离环境区是指:在远处的雨带里,或在主雨带上风方向的端点处。反射率剖面图

① 主雨带的直接起因尚未完全确定。Willoughby 等(1984b)和 Willoughby(1988)的研究认为:准静止雨带是涡旋风场与风暴大尺度环境风场之间某种相互作用的结果,但这尚未得到证实。

② 搭载在热带降水测量卫星卫星上的仪器,由 Kummerow 等(1998)的论文描述。

③ 热带气旋强度通常依据萨菲尔-辛普森风力等级进行分级,四级飓风为最大风速在 59～69 m·s^{-1}范围,五级飓风是最大风速>69 m·s^{-1}(参阅 Saffir,2003;或 www.nhc.noaa.gov/aboutsshs.shtml)。

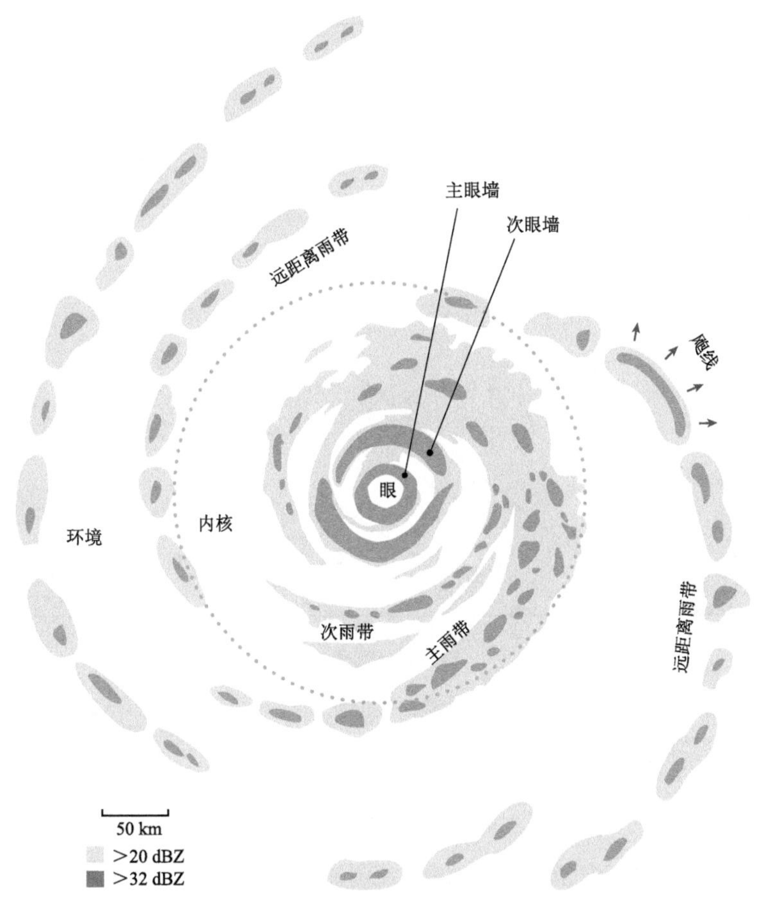

图 10.30　北半球双眼墙热带气旋雷达回波反射率示意图。引自 Houze(2010)，经美国气象学会许可再版

10.32 的结果与图 10.21 的机载雷达对垂直气流进行直接观测数据的统计计算结果高度一致。在图 10.32 的三幅图中，反射率剖面均含有对流混合体的特征（高反射率值频率出现分离，低处反射率大、高处反射率小）和层状云的特征（在 4～5 km 高度上反射率略低），只是在这三张图中，上述特征的显著程度不尽相同。

眼墙区的回波反射率剖面（图 10.32a）显示了反射率值出现频率在其模态值（峰值）附近高度集中的分布。热带气旋的主环流，保证了眼墙区域雷达回波统计特征的一致性。位于眼墙云里最大风速半径处的强风（图 10.8b）和围绕着它的强切向风切变，迅速将所有的切向变化抹除，导致强烈但相对均匀的回波环绕（或部分环绕）台风眼。对回波反射率出现频率剖面图进一步分析表明，在眼墙中心区，一方面强反射率发生频率高度集中，另一方面反射率剖面里往往还伴有许多出现频率相对很低的回波，这说明在眼墙区域里不同的回波强度都可以出现，有些回波延伸到很高的高度，有些回波反射率很高。出现这样的异常值分布，显然是间歇性发生的强浮力对流单体，叠加在热带气旋涡旋倾斜次级环流上的信号（第 10.6.1 — 10.6.3 节）。

根据图 10.30，位于眼墙以外、远距离环境区以内的内核区域，不仅包括次雨带和次眼墙（如果发生了眼墙替换），还包括主雨带的内部。这个中间区域无疑在很大程度上受到主旋涡

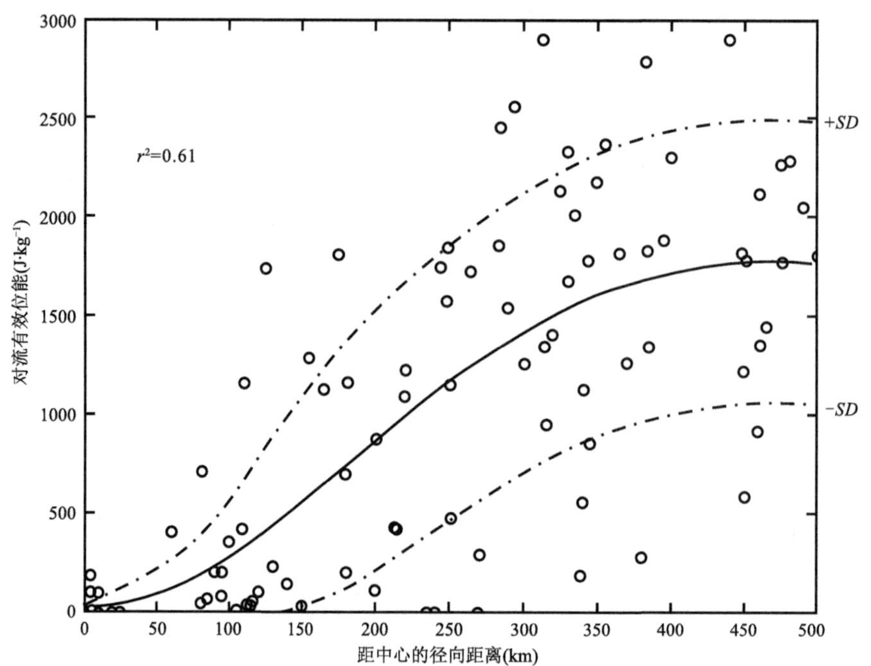

图 10.31 六个热带气旋下投式探空仪观测的对流有效位能 *CAPE* 的径向分布，与距风暴中心径向距离之间的函数关系。实线是与数据拟合多项式的曲线。距离平均值的正负 1 标准差由虚线表示。空心圆圈表示单个下投式探空仪的测值。*SD* 指标准差。引自 Bogner 等(2010)，经美国气象学会许可再版

动力学的控制。从几个方面来说，这个区域的反射率剖面图(图 10.32b)有类似于眼墙区的频率分布特征，表现为高度集中的频率分布。但是它与眼墙区域有两个值得注意的不同。首先，反射率剖面表明，在眼墙以外的内核区域，回波不像眼墙区域扩展得那么高，可能是因为它们直接位于眼墙区域之下，并且受到穿出眼墙云顶强径向外流层的垂直约束(见第 10.7.3 节中进一步的讨论)。第二个差异是内核雨带反射率剖面与眼墙反射率剖面相比缺少强反射率异常值，这表明内核雨带具有较少的极强浮力对流单体和/或较高的层状降水比例。距离风暴中心 100～200 km 处的闪电低值中心(图 10.29)进一步表明，位于眼墙和外围环境之间的内核区域的对流活动相对较弱。内部核心雨带和次眼墙的动力学将在第 10.7.5 节中进一步讨论。

远距离环境区域的反射率剖面，包括外部雨带的回波和主雨带的极端逆风部分，与眼墙或眼墙外的内核区域大不相同。最引人注目的是，它显示出更宽的反射率分布(图 10.32c)。与峰值分布相反，这种宽分布类似于处于活跃发展阶段的非热带气旋浮力对流的反射率剖面(如图 9.12a — h)。此外，与中间区域相比(图 10.32b)，外部雨带反射率剖面延伸到更高的高度。根据反射率剖面的这些特征，我们得出结论：相对而言，外部雨带和主雨带的上风端没有受到热带气旋内核动力学的约束，于是表现为普通的深层浮力对流。

10.7.2 远距离雨带

说些轶闻，飞入热带气旋的飞行员和科学家们都曾经领教过外部雨带的对流性质。在外部雨带里遇到的强烈垂直气流，通常是飞行中最危险的区域。相对而言，内核雨带通常没这么

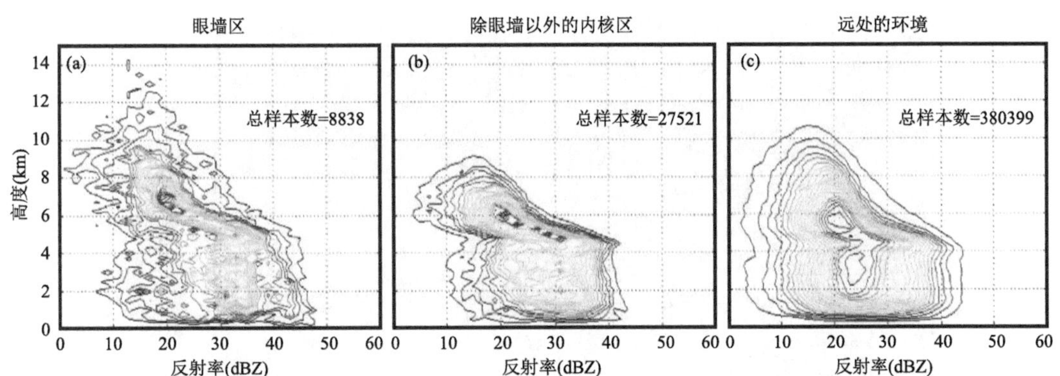

图 10.32　在墨西哥湾["丹尼斯(Dennis)""艾米莉(Emily)""卡特里娜(Katrina)"和"丽塔(Rita)"]上观察到的四个强烈飓风中雷达反射率垂直剖面图上用等值线表示的频率图(CFADs)。等值线代表相对于最大绝对频率的出现频率。相对于地球表面,高度是位势高度。反射率剖面的纵坐标是海拔(250 m 增量),横坐标是 dBZ (1 dBZ)的反射率。资料的分层是根据在眼墙回波中(a)、在眼墙外内核区的雨带中(b),或在风暴环境中(c),即在远处的雨带或主要雨带的上风端中所获得的。由 Deanna Hence 提供

剧烈(除了偶尔出现极强烈的上升气流和/或强烈的旋转眼墙特征,如图 10.18 所示)。飞机观测数据显示:对流有效位能 *CAPE* 会在气旋外围出现最大值(图 10.31)。这些事实告诉我们,外部雨带里的云和内核区里不一样,它比热带气旋内核区的云更接近传统的对流云。

下沉气流和上升气流在外部雨带中均存在。如图 10.30 所示,外部雨带中的对流单体有时会形成弧线状雷达回波,这表明强烈的下沉气流在对流体下面扩散。[①] 图 10.33 中可以看到 2005 年飓风"丽塔"外部雨带中的弧线,这些雨带位于迈阿密西北部、大沼泽城东南部和基拉戈(Key Largo)附近。弧线主要是通过沿海雷达观测到的,若热带气旋遇到陆地表面,环境湿度低到足以支持强烈的下沉气流,就会出现这种弧线。虽然有时气象预报员注意到,从卫星数据中看到源自风暴所产生的弧状云线,这可能风暴中存在干燥空气的指标。但是,尚未确定在广阔海洋上空的外部雨带中是否出现类似的弧线。

图 10.29 是距离风暴中心>200 km 处所看到的最大闪电活动值分布。该图进一步表明外部雨带中的云具有更强的对流性质。如第 10.6.7 节所述,外部雨带里的闪电可能与眼墙云独特的起电过程所形成的闪电不同(图 10.27),它更可能是与普通积雨云相关的过程所形成的闪电(第 8.1 — 8.2 节)。

10.7.3　主雨带

主雨带绝大部分位于热带气旋的内核区(图 10.30),主雨带中的对流与热带气旋外部雨带中的对流不一样。雨带中对流尺度单体的结构如图 10.34 所示。图中所画的是气流三维瞬态特征的总体效应,当气流穿过雨带时,它反复地上下翻转。[②] 雨带呈螺旋式向眼墙靠近,逐渐

---

① 这些对流线具有"弓状回波"的特征(Fujita,1978;Lee et al.,1992;Jorgensen 和 Smull,1993;Weisman,2001;Davis et al.,2004;Wakimoto et al.,2006a,2006b)。

② Barnes 等(1983)对 1981 年飓风"弗洛伊德(Floyd)"的研究结果如图 10.34 所示,Powell(1990a,1990b)延续了该方面的研究,并根据 1984 年飓风"约瑟芬(Josephine)"和 1986 年飓风"厄尔(Earl)"的飞机观测数据,分析出类似的对流结构。

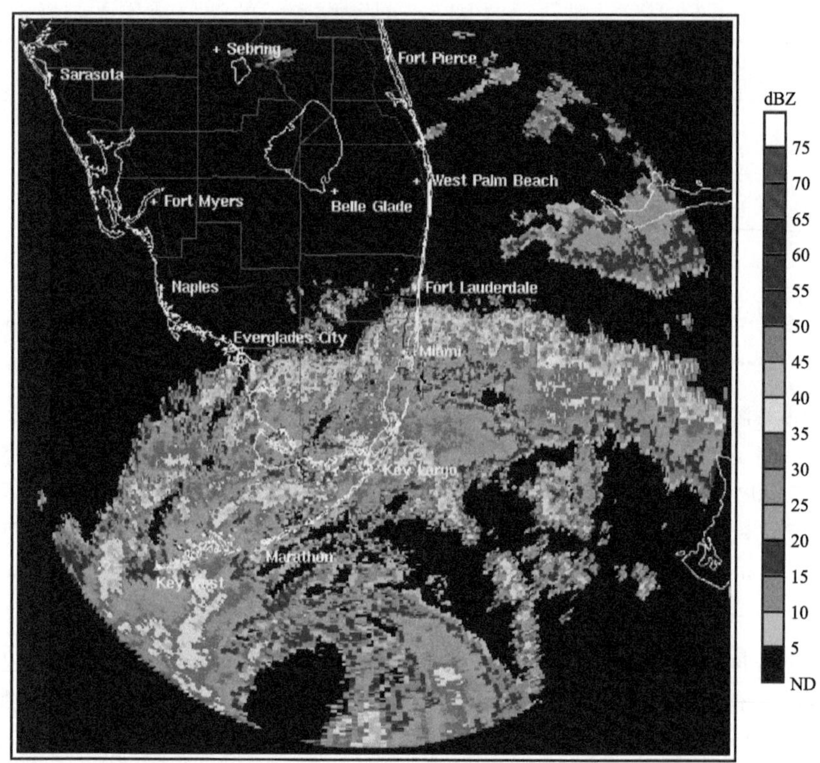

图 10.33 佛罗里达迈阿密 WSR-88D 气象雷达探测到的飓风“丽塔”(2005 年)的雷达反射率分布,2005 年 9 月 20 日 14:13 UTC。外部雨带中的弧形回波线位于基拉戈、迈阿密和埃弗格莱兹城附近。引自 Houze(2010),经美国气象学会许可再版

(注:Sarasota:萨拉索塔;Sebring:赛布林;Fort Pierce:匹尔斯堡;Fort Myers:麦尔兹堡;Belle Glade:贝尔格雷德;West Palm Beach:西棕榈滩;Naples:那不勒斯;Fort Lauderdale:劳德代尔堡;Everglades City:大沼泽地市;Miami:迈阿密;Key Largo:基拉戈;Marathon:马拉松)

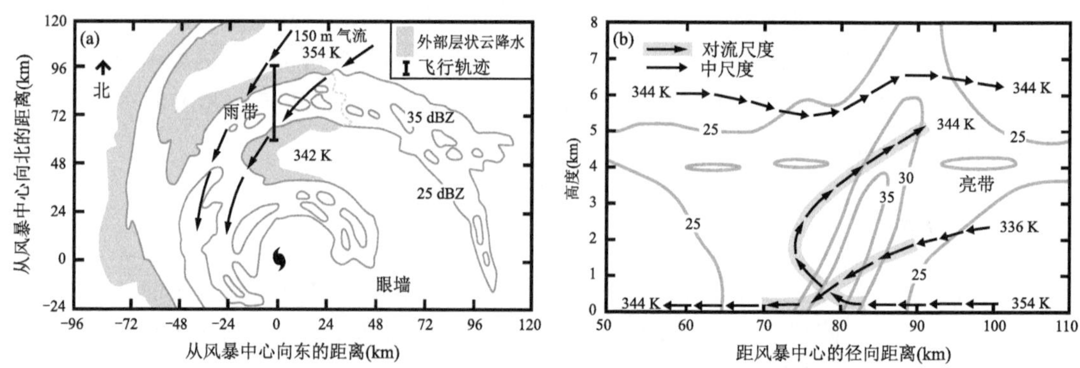

图 10.34 飞机穿入飓风“弗洛伊德(Floyd)”(1981 年)时观测到的雨带。(a)数据的水平投影,图中显示了飞行航迹;(b)沿飞机飞行航迹且穿过雨带轴线的垂直剖面。(a)和(b)中等值线是雷达反射率(dBZ),温度值是指相当位温,箭头表示气流(在对流尺度或中尺度上,如箭头所示)。引自 Barnes 等(1983),经美国气象学会许可再版

转为与眼墙相切(图 10.34a)。在沿着飞行轨道的垂直剖面图上(图 10.34b),雷达反射率数据显示出一个高反射率的倾斜单体,周围是反射率强度较弱的层状云降水,在融化层中显示出一条亮带。对流单体径向向外倾斜,是雨带内对流单体的典型特征,并且其倾斜方向与眼墙云的倾斜方向相同(图 10.5、10.8、10.9、10.12、10.19 和图 10.25)。向内流动的高 θ_e 边界层空气升出边界层,然后改变它的径向流动方向,在继续上升的过程中,沿着倾斜的路径向外流。这种倾斜上升运动与雷达回波最大值的倾斜有关系,类似于眼墙里的倾斜运动(图 10.25)。然而,图 10.34b 中的翻转环流,只发生在相对较低的层面(低于 8 km),而且只发生在对流单体里面。8～10 km 以上的气流,主要是来自眼墙区的径向外流;雨带里的翻转流,往往局限在其下方。这个事实与图 10.32 中的回波反射率出现频率一致。该图表明:紧靠眼墙区外缘的内核区雨带,并不像眼墙云或外部雨带里的对流体那样,伸展得那么高。

下曳气流运动也与倾斜的对流尺度降水核有关(图 10.34b)。眼墙里的下曳气流在动力学中很明显只起次要的作用(第 10.6.4 节),而雨带里的下曳气流可能才是非常重要的。它将低 θ_e 的气流从中层环境里输送到边界层。在图 10.12a 中,理想热带气旋Ⅲ区边界层顶部出现负 θ_e 通量的主要机制,就是这种类型的下曳气流。随着下曳气流在云层下面扩散开来,进入边界层以后,低 θ_e 值的空气流向风暴中心,从而降低了热带气旋的整体发展潜势。

机载多普勒雷达资料证实了图 10.34 中的气流分布模型,并表示嵌入在特定雨带里对流单体的典型结构。图 10.35 显示了 2005 年飓风“卡特里娜”主雨带区域里空气的运动和雷达反射率。图 10.35a 和图 10.35c 中的黑线表示飞机穿过这条雨带中一个对流单元进行观测的两个横截面的位置(图 10.35b 和图 10.35d)。虽然飞机经过这两个横截面的时间,以及这两个横截面的地点只有很小的差别,图 10.35b 里的横截面显示的上升气流结构,类似于图 10.34 中的理想化示意图;图 10.35d 里的横截面虽然也类似于理想化示意图,但是有下曳气流。上升和下曳气流相互之间高度接近,在三度空间里交织在一起。上升气流向上输送高湿高能空气,下曳气流同时向下输送低湿高能空气。

主雨带的飞机观测显示,沿雨带轴线还有一个次大水平风极值。雨带中的对流单体上升,通过图 10.36b 中显示的过程,促使急流加速。在急流的下面,与切变($\partial v/\partial z > 0$)相关联的水平涡度矢量指向风暴内部。在急流下面径向风内流(宽箭头)的地方,水平涡度变大。在径向入流气流转变为向上的地方,水平涡度转化为垂直涡度。在上升气流底部辐合拉升作用下,垂直涡度增强。上升气流将垂直涡度向上输送。由于 7 km 高度上的辐散阻止了上升气流,垂直涡度的通量在垂直方向上辐合($\partial F_\zeta/\partial z < 0$)。正涡度在中层积累,然后加强了急流。急流的方向指向书页内部。

图 10.34b 和图 10.35b 中所示的空气运动是穿过雨带平面的流线。在这些截面上,水平气流跨越雨带的分量比沿雨带的分量小。气流沿雨带的分量大致与热带气旋主涡旋的切向风分量处于同一方向。因此,翻转上升气流环流中气流的运动轨迹,不仅把云和降水粒子,也把具有高湿静力能量的空气,输送到主雨带云下风方向远处的高层。在图 10.26 中可以看到主雨带云相应的特征。通过类似的方式,下曳气流环流,向边界层里方位角下风方向的远处,输入低湿静力能量。图 10.37 显示:在热带气旋雨带的对流单体里产生的冰粒,如何在缓慢下降的过程中沿着长雨带移动。当这些冰粒子向下通过融化层时,会产生一个雷达亮带,这可以部分解释沿雨带、分布在活跃对流单体周围的层状云降水。注意在图 10.34 中,在雨带下风方向区域里,层状云降水更为普遍,这与图 10.36 和图 10.37 是一致的。

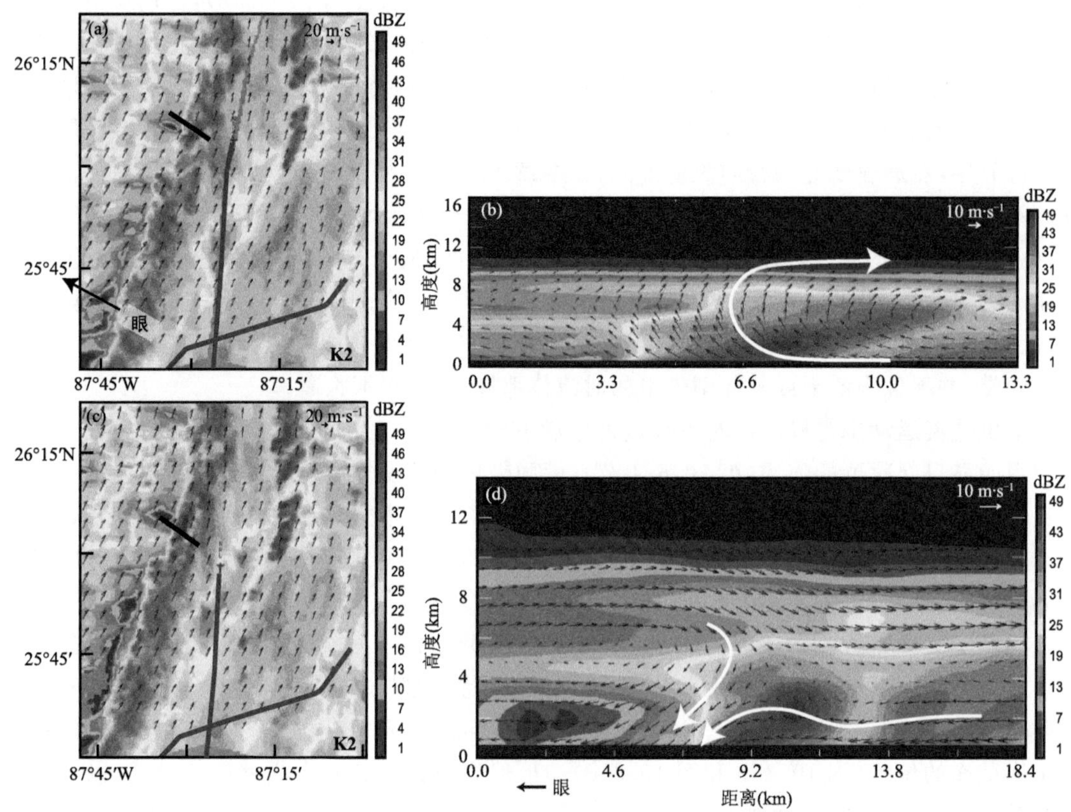

图 10.35　2005 年 8 月 28 日 20:26—20:36,对飓风"卡特里娜"进行飞机观测所搜集到的多普勒雷达数据,所显示的五级强度飓风主雨带结构。(a)用平面图表示的雷达反射率分布(颜色填图)和 3.5 km 高度上多普勒雷达反演的气流(矢量)。蓝色线显示飞机飞行轨迹,黑色线跨越雨带中一个反射率强的对流单体。(b)沿(a)图中黑色线的雷达反射率剖面图和多普勒雷达推导出的剖面里的气流。(c) 用平面图表示的雷达反射率分布(颜色填图)和 2.0 km 高度上多普勒雷达反演的气流(矢量)。蓝色线显示飞机飞行轨迹。(d) 沿(c)图中黑色线的雷达反射率剖面图和多普勒雷达推导出的剖面里的气流。引自 Hence 和 Houze(2008),经美国地球物理学会许可再版

与图 10.36c 中主雨带里对流单体有关的下曳气流有两类。一类是在大约 3 km 高度进入雨核,由于蒸发和降水的拖曳作用而下沉。第二类是内边缘的下曳气流,由三种不同的向下强迫效应组合而成,都是响应上升单体的反馈作用而发生的:(ⅰ)在高层,上升气流邻近的扰动气压梯度力,强迫空气下沉[见式(7.8)、图 7.1 和第 7.2 节]。(ⅱ)在中低层,上升对流单体侧面的空气,受动力作用导致气压梯度力的作用而加速下沉。动力气压扰动用式(8.9),由水平风的垂直切变矢量,与垂直速度的水平梯度矢量点乘算出。[①] (ⅲ)在内缘下曳气流穿入强降水回波前缘的地方,雨水蒸发使下曳气流里空气的浮力变为负值。即在式(8.47)的浮力项 $B(\theta_v^*, p^*, q_H)$ 中,蒸发产生了负的 θ_v^* 扰动。在主雨带的前缘,空气加速下降。由于这些气压梯度力和蒸发冷却作用产生的整体向下运动(图 10.35a 和图 10.35c 的左下部分),使得主雨带的内缘产生了一个极强的回波反射率梯度。涡旋内侧边缘区强烈的下沉气流产生了低空辐

① Powell (1990a)的研究首次讨论了飓风雨带中,由切变和上升气流的相互作用所引起的气压扰动。

散，并在主雨带内部形成低层风速最大值(LLWM)。

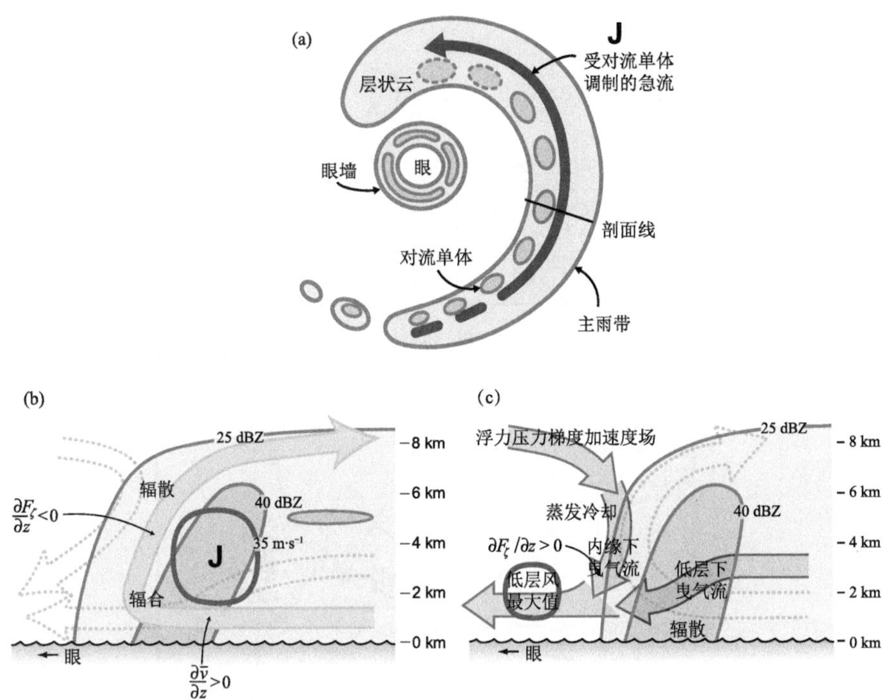

图 10.36 (a)成熟热带气旋主雨带的理想化模型平面图。急流位于雨带(粗箭头)的轴线上。雨带中嵌入的对流单体位于急流的径向内侧。阴影表示降水量的 dBZ 值(浅色表示 25 dBZ，深色表示 40 dBZ)。对流单体的大小表示成熟程度，虚线边界的单体正在消亡中。(b)沿雨带的中间部分做剖面，突出显示了上升气流结构。宽箭头表示对流尺度上升气流的环流向内、向上、向外运动。图中指示了低层辐合、涡度通量的垂直辐合和中层辐散所在的地方。符号 J 表示沿雨带急流轴的位置，以及相关的低空风切变 $\partial v/\partial z$。背景中的虚线箭头表示离剖面不处附近的下曳气流。$\partial F_\zeta/\partial z$ 是涡度垂直通量 F_ζ 的垂直散度，$\partial \overline{v}/\partial z$ 是平均切向风 $\overline{v}$ 的垂直切变。(c)成熟主雨带剖面上可能发生的对流运动示意图。突出显示了下曳气流的结构。起源于上层的一系列实心箭头表示内缘下曳气流(IED)有两个驱动机制——浮力压力梯度加速度场(BPGA)，以及穿过负涡度通量垂直辐合区时的蒸发冷却。起源于低层的实线箭头表示低层下曳气流(LLD)，它在雨带里产生一个辐散区域。背景中的虚线箭头表示经过正涡度通量垂直辐合区域的翻转上升气流。圆圈之内区域，指示受到内缘下曳气流(IED)的作用而产生的低层风最大值(LLWM)。引自 Didlake 和 Houze(2009)，经美国气象学会许可再版，在 Hence 和 Houze(2008)中也得到引用

10.7.4 涡旋罗斯贝波和次雨带

理想的具有热带气旋性质的涡旋理论认为，风暴中心附近的流场，在眼墙区以外的内核区里，应该还有一个正交波扰动，它具有次雨带的普通大小和形状(图 10.30)。① 图 10.38 显示了一个干燥、正压、无黏性、轴对称和无辐散的涡旋，其涡度场演变的两个阶段。假定有一个理想化的基本状态涡旋，其涡度在涡旋中心最大，涡度随半径单调递减。如果这个理想化的涡

① 参阅 Montgomery 和 Kallenbach(1997)。

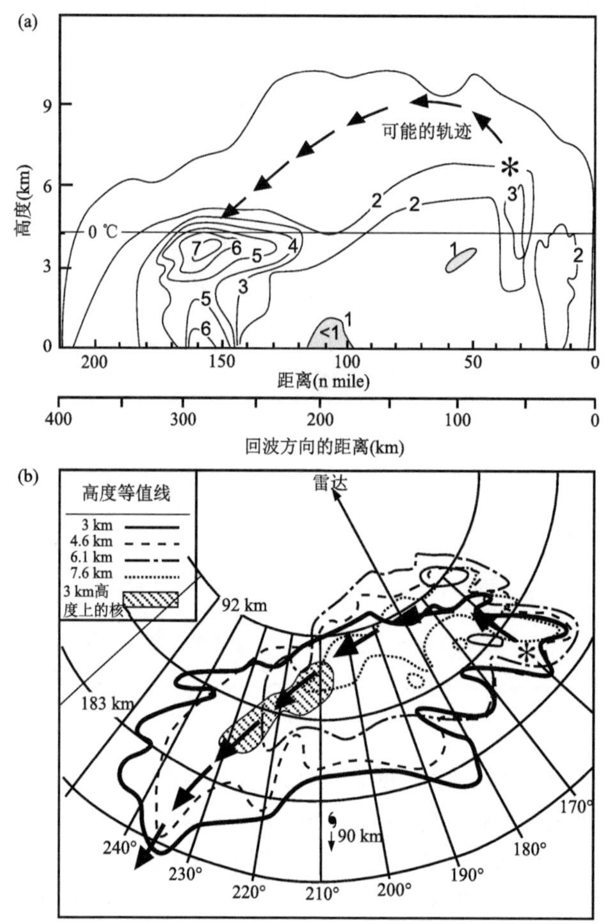

图 10.37 马萨诸塞州北特鲁罗的地面雷达观测到的飓风雨带,当时飓风"埃丝特(Esther)"(1961 年)正向北移动,越过美国海岸附近的大西洋。(a)垂直剖面显示在一系列增益设置下可以看得见的雷达回波(增益设置编号 1—7)。图的水平轴沿雨带的轴线。在增益设置为最高时,只有最强的回波才能看到,但是没有对回波的强度做距离订正。图中画出假设的冰粒子轨迹。(b) 在若干个高度上,雷达回波的平面图,叠加了假设冰粒子轨迹的水平投影。对于 3 km 高度上,除了整体回波轮廓外,还显示了强回波核心的位置。引自 Atlas 等(1963),经世界地球物理学杂志许可再版

旋最初受到一个波数 2 的不对称扰动,那么这种不对称就会逐渐演变成两条螺旋带,如图 10.38 所示。这些螺旋状条带是装配在一起的罗斯贝(Rossby)波,它是使中纬度西风急流发生扭曲的行星尺度 Rossby 波的广义版本[①]。我们可以直观地想象,把热带气旋环流与行星尺度 Rossby 波做对比,认为热带气旋的最大风速半径就是地球上绕极环流中的急流,并认为旋转中心位于热带气旋的眼区而不是极点。在行星波动的情况下,影响 Rossby 波的一个关键参数是科氏参数的经向梯度。在图 10.38 所示理想化热带气旋的情况下,相应的关键参数是基本状态涡旋相对涡度的径向梯度 $\bar{\zeta}_0$。涡旋 Rossby 波的传播关系为[②]

① 行星罗斯贝波的相关讨论参阅 Holton 和 Hakim(2012,第 159—165 页)。

② 本节给出的涡旋罗斯贝波方程组,在 Montgomery 和 Kallenbach(1997)的研究中有推导和全面的讨论。

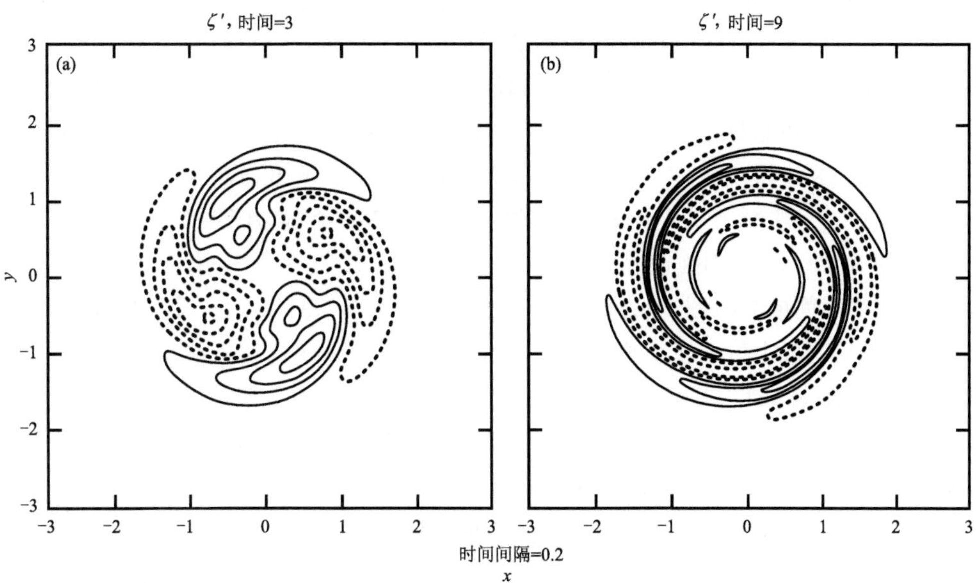

图 10.38　在演变过程的早期(a)和后期(b)，叠加在热带气旋状涡旋上的、波数为 2 的涡旋 Rossby 波扰动场。引自 Montgomery 和 Kallenbach (1997)，经英国皇家气象学会许可再版

$$v = \frac{\overline{v}_o}{r}n + \frac{n}{R}\frac{\partial\overline{\zeta}_o/\partial r}{(k_r^2 + n^2/R^2)} \tag{10.32}$$

式中，v 为频率，k_r 和 n 分别为径向和方位角向的波数，$\overline{v}_o$ 和 $\overline{\zeta}_o$ 为基本状态涡旋的方位角向速度和垂直涡度，r 为风暴中心半径，R 为满足 $k_rR \gg 1$ 条件的参考半径。这意味着公式(10.32)对于径向尺度比 R 小的扰动成立。下标 0 表示半径 R 处的量。式(10.32)中的频率指示了在方位角向和径向方向上的群速度是：

$$C_{g\lambda} = R\overline{\Omega}_0 + \frac{\partial\overline{\zeta}_0/\partial r}{(k_r^2 + n^2/R^2)^2}\left\{k_{ri}^2 - \frac{n^2}{R^2}\left[1 + t^2R^2\ (\partial\overline{\Omega}_0/\partial r)^2\right]\right\} \tag{10.33}$$

和

$$C_{gr} = \frac{-2k_rn\,(\partial\overline{\zeta}_0/\partial r)}{R\ (k_r^2 + n^2/R^2)^2} \tag{10.34}$$

式中，$\Omega \equiv v/r$ 是角动量，k_{ri} 是初始波数。由于假设的旋涡中的基态涡度 $\overline{\zeta}_0$ 随半径减小，因此，径向群速度 C_{gr} 为正值。根据式(10.35)，波的一个重要特性是径向波数随时间增加，

$$k_r = k_{ri} - nt\,(\partial\overline{\Omega}_0/\partial r) \tag{10.35}$$

式中，t 表示时间。因为假设基态涡旋的角动量随半径减小，方程的右边是正的。由于涡旋 Rossby 波沿径向向外传播，基态风场的切变不断地减小它们的径向波长。从图 10.38 中可以看出波列随时间在径向压缩。由于径向群速度趋近于零，波列在停滞半径处堆积起来。图 10.38b 中的波，已经接近达到它的停滞半径了。受到切向风切变和湍流混合的作用，在停滞半径处积累的波最终在围绕风暴的环状区域里均匀化。这个过程是轴对称化的一个典型范例(第 10.2.4 节)。

方程式(10.33)描述了涡旋 Rossby 波群速度的方位角分量。最右边的项是负值，并且随着时间的推移迅速增长。因此，涡旋 Rossby 波列减慢，并以远小于平均涡旋流的速度沿方位

角传播。这样的行为规律与图 10.30 所示的中尺度特征相一致,这些特征可能与涡旋 Rossby 波列有关,而不是简单地受气旋中快速旋转的风平流而造成的。

如图 10.38 和图 10.32 — 10.35 所示,涡旋 Rossby 波的理论表现出理想干燥涡旋有雨带状的特征,马上使人想起更符合实际的辐散气流。[①] 此外,热带气旋的数值模式模拟表明,涡旋 Rossby 波发生在潮湿的条件下。[②] 对飓风的雷达观测也显示出与涡旋 Rossby 波一致的结构和运动学特征。[③] 图 10.39a 是距离 1985 年"艾琳娜(Elena)"飓风眼 80 km 处,雷达回波波数为 2 分量的时间-方位角剖面图。回波以螺旋雨带形式存在,在 80 km 半径附近的地方围绕中心转。在每个时间的分析图上,在和雨带交叉的 80 km 半径圆圈上,反射率随方位角的变化,出现两个明显的极大值和极小值。极值中心以 23 $m \cdot s^{-1}$ 的速度围绕风暴气旋式地移动,这与对理想化涡旋 Rossby 波估计出的 26 $m \cdot s^{-1}$ 方位群速度非常吻合。图 10.39b 是在风暴中心的西南方向沿某个半径的径向波数为 2 的回波分布时间-半径剖面图。虚线位于停滞半径处,实线追踪了波数为 2 回波里的最大反射率值,穿过 80 km 半径圈,径向向外传播的情况。回波最大值的传播速度为 5 $m \cdot s^{-1}$,接近理论估计的 7 $m \cdot s^{-1}$。极值在停滞半径附近

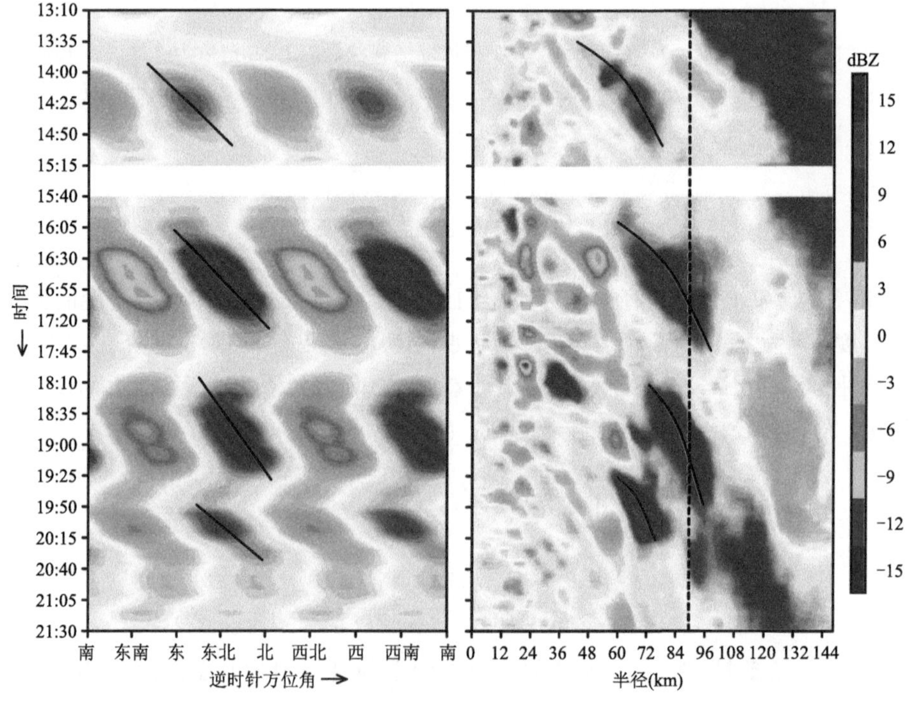

图 10.39 飓风"艾琳娜"(1985 年)中,雷达反射率的波数分解图。(a)距"艾琳娜"飓风中心 80 km 处波数为 2 不对称性的方位角-时间剖面图。实线表示波数 2 不对称性的旋转轨迹;(b)从"艾琳娜"中心向西南方向沿半径绘制的波数 2 不对称性的半径-时间剖面图。实曲线表示波数 2 不对称性的传播路径。垂直虚线为停滞半径。雷达数据是由海岸线附近的地面雷达获得的。引自 Corbosier 等(2006),经美国气象学会许可再版

① Montgomery 和 Kallenbach(1997)。

② Chen 和 Yau(2001)、Chen 等(2003)以及 Braun 等(2006)通过热带气旋的数值模拟发现了涡旋 Rossby 波,包括水汽、逼真的云微物理特征,以及非理想的涡旋初始化方法。

③ Reasor 等(2000)研究了 1994 年飓风"奥莉维亚(Olivia)"的机载雷达观测数据,Corbosiero 等(2006)分析了 1985 年飓风"艾琳娜"登陆时收集的海岸雷达数据,发现雨带呈现出波数为 1 和 2 的涡旋罗斯贝波的结构和运动学特征。

快速减弱,也符合涡旋 Rossby 波理论。这群波列在变慢、变薄,当它们接近停滞半径时变得更弱。由于主雨带相对于热带气旋涡旋基本是静止的(第 10.7.3 节),那么涡旋 Rossby 波理论似乎更适用于我们所说的更小、变化更快的次雨带,如图 10.30 所示。

10.7.5 眼墙的收缩和替换

通常,在强烈的热带气旋中,内核区域的雨带常常聚集成第二个眼墙,它位于原眼墙径向的外围。① 图 10.30 中的示意图显示了这样的双眼墙结构是怎样发展起来的。图 10.40 显示了 2005 年飓风"丽塔"眼墙替换的模拟结果。原来的眼墙对应于图 10.40a 中心处环状的暴雨带,它以东和以西都有螺旋状雨带,呈一定角度向内指,越来越与眼墙相切。一天以后(图 10.40b),眼墙已经开始替换了。雨带已经组织成互相协调的圆圈状。一个降水较弱的环带出现了,称为壕沟,它把新形成的外眼墙与原来的内眼墙隔开。因为一部分低层摩擦入流暖湿空气被新眼墙吸收,内眼墙的强度开始减弱。

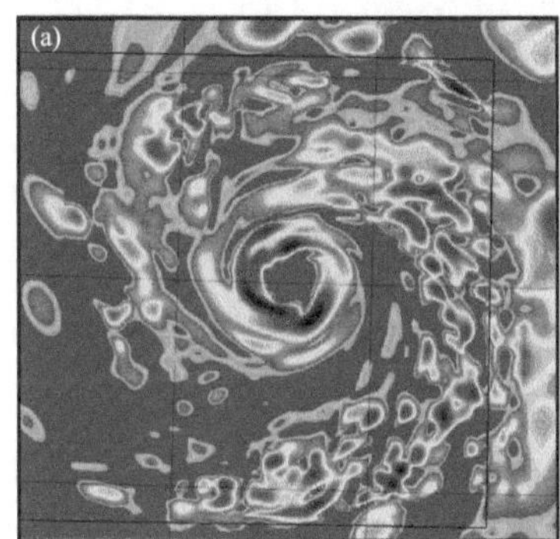

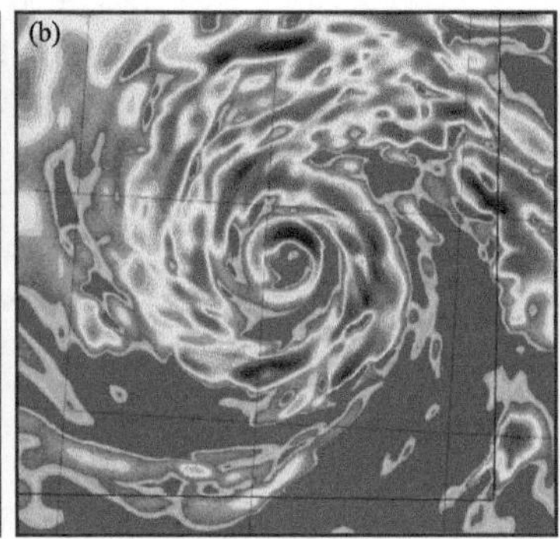

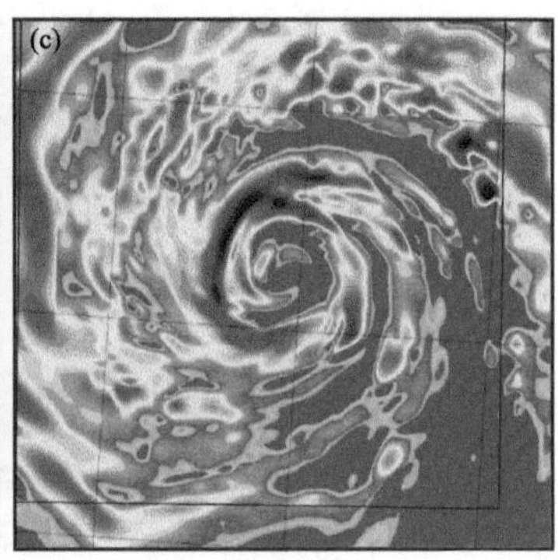

图 10.40 飓风"丽塔"(2005 年)的地面降水强度预报。(a)9 月 21 日 07:15(UTC);(b)9 月 22 日 11:15(UTC);(c)9 月 22 日 17:15(UTC)。颜色所示为高分辨数值模式在海表面的降水率。引自 Houze(2007b),经美国科学进步协会许可再版

虽然第二个眼墙的形成的原因至今尚未确切知道,根据飞机观测有一点却是非常清楚的:新眼墙一旦形成,它是如何取代原先眼墙的。有一种观点认为,集中在风暴中心的强环流产生大量的涡旋 Rossby 波(第 10.7.4 节),它们从原先的眼墙区径向向外传播,并在停滞半径处累积。在热带气旋精密涡旋结构的作用下,这些波可能把角动量集中到停滞半径处,在那个地方,其相速度与平均螺旋气流相匹配,以这种方式聚集而形成一个新的外眼墙(第 10.7.5 节)。② 关于第二个眼墙如何形成,还有另外的观点。在平均切向速度的径向梯度表现出某些特性的半径,对流产生的涡度和动能异常升尺度汇聚,对称地形成一个急流。该急流能够在主眼墙和最大风速半径之外的地方,使得局地表面通量增加,并生成降水(即次眼墙)。③ 另外还有第三个观点认为,围绕风暴的大尺度湿度场,有利于在某个半径的地方,以导致第二个眼墙

① 次眼墙和眼墙替换首先由 Willoughby 等(1982,1984b)和 Willoughby(1988)研究记录并进行解释。

② Montgomery 和 Kallenbach (1997)。

③ Terwey 和 Montgomery(2008)。

生成的方式,形成雨带。[①] 此外还有一种解释是:风暴移动引起的辐合,可以包含在新眼墙的触发机制中[②]。

虽然第二个眼墙的成因,在某些方面至今尚未认识清楚,但是从飞机观测来看,第二个眼墙一旦形成,就会取代原来的眼墙,成为新的主眼墙。对 2005 年飓风"丽塔"的数值模拟真实地捕捉到一次眼墙替换过程,它显示:当正在取代内眼墙的外眼墙在更大的半径上正在成形时,内眼墙已经几乎消失了(图 10.40c)。模拟出的最大风速从 70 降到 52 $m \cdot s^{-1}$,且新眼墙在图 10.40c 中的半径,比图 10.40b 中更小。这表明:眼墙已经开始收缩,模拟出的过程和第 10.4 节的理论预期一致。对飓风"丽塔"观测的机载雷达数据(图 10.41)确认了观测到的双眼墙结构。[③] 飞机数据显示,两个同心眼墙位于圆形弱回波壕沟的两侧,每个眼墙内都有风速最大值。在数据中进一步看到,在"丽塔"眼墙替换的过程中,热带气旋的眼表现出像壕沟那样的特征(第 10.4 节)。剖面图 10.41c 显示了从机载多普勒雷达资料推断出的风场的细节。该

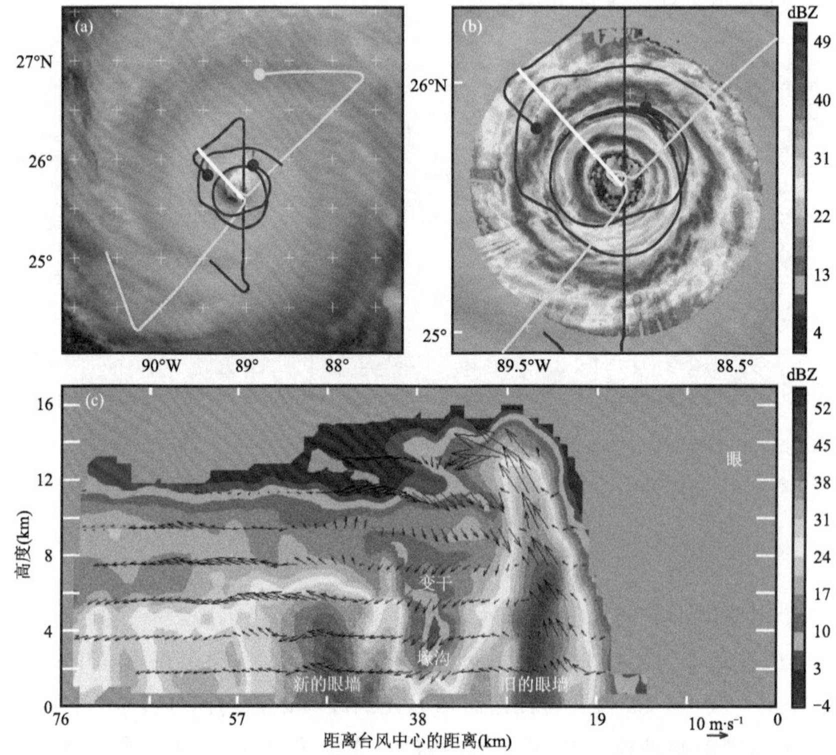

图 10.41 2005 年 9 月 22 日 18:00—18:20(世界时)飓风"丽塔"的飞机观测数据。(a)及(b)是平面图;(c)是平面图中沿白线的垂直剖面图,剖面图沿径向横过风暴的西北面。(a)中的彩色线表示三架飞机的飞行轨迹。彩色的点子显示 18:30(世界时)飞机的位置。黄色轨道段为在此时以前 80 min 内飞行的轨迹,红色和蓝色轨道段为前 45 min 内。黄色的轨迹跨越范围较大,用来确定气旋性涡旋的大尺度结构。红色的轨迹跨越范围中等,其较短的那段轨迹线跨过风暴中心,用以监视两个眼墙。蓝色的轨迹呈闭合圆环,获得了在图(b)和(c)中显示的关键雷达和探空数据。图(b)和(c)中颜色的阴影对应不同的雷达反射率(可以度量降水的强度)值。图(c)中的矢量表示气流在剖面里运动的分量。引自 Houze(2007b),经美国科学进步协会许可再版

① Ortt 和 Chen(2006,2008)和 Ortt(2007)。

② Chen 等(2006)。

③ 参见 Houze 等(2006,2007b)研究中飓风"丽塔"(2005 年)数据收集的详情。

垂直剖面图跨越两个眼墙和它们之间的壕沟。壕沟区域从上到下都被下沉运动的空气所占据，就像暴风眼里一样。图 10.42 是概念模型图。图的中心区域包括眼区和原眼墙，与图 10.9 所示眼的结构相同。新的眼墙和壕沟分别与原来的眼墙和眼极其相似。在替换的过程中，那条壕沟承担了热带气旋眼的工作。在这个过程中，新旧眼墙之间的环境空气被迫下沉、升温和变干，就像原来的眼自己形成的动力过程一样，环境空气被眼墙包围，并对眼墙作出反馈。

一旦壕沟区域的动力学和热力学与眼区相似，内眼墙就会随着时间减弱，但只减弱过程慢，是逐渐进行的。尽管在图 10.41 的时刻，“丽塔”第二个眼墙已经包围了原眼墙，但内眼墙在此后 12 h 里，仍然维持原来的强度(如图 10.41 中高而强的内眼墙雷达回波所示)。内眼墙这样缓慢地消亡，是热带气旋眼墙替换过程中典型的表现。[①] 它从径向内流气流中吸收少量的能量，使新的眼墙欠载运行；它还从眼的里面汲取一些能量。[②] 图 10.9、10.12、10.15 和图 10.17 表示，低层空气是如何从眼区进入眼墙的，它具有非常高的 θ_e 值。通过这样的机制，内眼墙还可以残存几个小时才走向消亡。也许最终使内眼墙减弱的最终原因是新眼墙内侧的补偿下沉运动(图 10.10)。

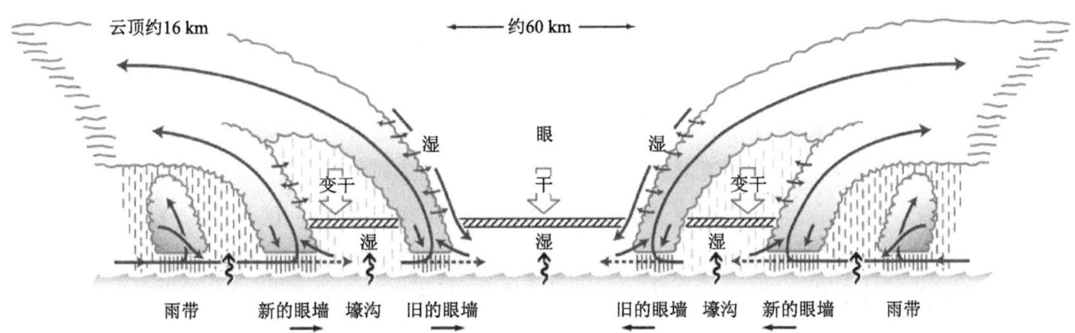

图 10.42　正在经历眼墙替换过程的热带气旋内部区域结构概念模型。底部的箭头表示两个眼墙都正在向内收缩。云下垂直线的密度表示降水的相对强度。细箭头显示空气相对于风暴运动的方向。虚线段表示气流部分受阻滞。在海面上的小波浪箭头表示从海面向上混有水汽的气流。宽箭头表示由于眼墙受热上升而产生的补偿下曳运动，以及跨越眼墙内缘(可能存在) 的动量混合。画阴影线的水平层表示地表附近湿层的顶部，它的上面覆盖有下沉气流，于是变得更干燥和稳定。湿层不是按比例尺画的，它的深度被夸大了，以显示低层湿气流的细节。引自 Houze (2007b)，经美国科学进步协会许可再版

① Willoughby 等(1982，1984b)以及 Willoughby(1988)。

② 参见 Bryan 和 Rotunno(2009)。

第11章

温带气旋里的云和降水

……自从11月以来,没完没了的雨,几乎总是在下……

——Meriwether Lewis,《Lewis 和 Clark 探险队日记》[①]

中纬度地区的云和降水主要源自温带锋面气旋。热带地区大范围水平温度梯度很小,热带以外的纬度则不一样,那里有带状的强水平温度梯度区域,被称为斜压带。斜压带通常与高空急流有关,按热成风关系式(第2.2.5节),在强水平温度梯度区,风速随高度增大。斜压急流往往会引起不稳定,若以某种方式受到扰动,天气尺度的斜压波就能发展起来。这种斜压波的一个重要特征,就是在低层趋向于发展出一个闭合的气旋性扰动。这种气旋形成的过程,被称为斜压气旋生。由温带气旋生发展出来的气旋,还具有锋生的特征。锋生是一种过程,通过锋生过程,气旋里热力性质不同的气流交汇在一起,使得对流层低层的温度梯度,以及使得云形成的垂直环流,集中发生在狭窄的带状区域里。

在水平风的强垂直切变带上容易发生的斜压气旋生,和第10章中讨论过的热带气旋生,有本质的不同。水平流场的垂直切变很弱,或甚至没有垂直切变的流体系统,被称为正压系统。如前一章所述,周围环绕有强切变的环境,不利于热带气旋生,因此,热带气旋生可以看成是一种正压气旋生。在热带气旋生过程中,对流云起关键的作用(第10.2节)。在本章,我们将重点介绍形成在斜压气旋里,伴有锋生过程的云。这种云产生的机制,主要是锋生过程中的空气运动。在实际大气中,各种各样混杂的气旋可以在温带地区生成。在形成温带气旋的斜压气旋生正在进行的过程中,有时候深对流突然增强[②]。若热带气旋进入中纬度地区,卷入斜压的环境里,会经历向温带气旋变性的过程,使热带风暴发展出锋面的结构[③]。某些类型的极地低压(见第1.3.3节)发生在正压,或弱斜压的极地气流区里。这类极地低压中的对流,会发展出性质类似于热带气旋的低压中心。我们将在本章最后讨论极地低压的一些属性。然而本

① 日记开始于1806年3月23日。探险队领队 Lewis 和 William Clark 已经在美国西北部太平洋沿岸,哥伦比亚河口附近的奥勒岗沿岸,度过了艰难的冬雨期。那时候,温带气旋一个接着一个从太平洋上过来。

② Sanders 和 Gyakum(1980)强调了对流产生的显著的、有时甚至是爆炸性的潜热释放,对气旋生加强的重要意义。从那时以来,这个主题已经在许多发表的文章中讨论过。例如,Roebber 和 Schumann (2011)认为,当斜压过程被深对流中的潜热强烈增强时,会产生最强的海洋温带气旋。

③ 关于温带气旋变性的讨论,参见 Jones(2003)的讨论。

章的重点，是讨论锋生过程中产生的云和降水，这种云产生的机制，在本书之前的章节还未涉及。

锋面云系在卫星云图上很容易识别，表现为顶部有卷云向外伸展的云带(如图 1.32)。这些云带围绕气旋风暴的中心卷曲，并伸入其内部。它们主要是锋生过程的产物。然而就对云的形成作出贡献的天气现象尺度而论，在本书所提及的各种云系中，温带气旋里造成降水的云系，尺度最为宽广。本章计划按尺度从大到小的顺序，介绍降水云系。在尺度最大的云系中，天气尺度斜压波动本身的动力过程，对云和降水的产生作出了贡献。云得以形成的广大区域，就位于这种波动的上升气流区里。

按照尺度等级的次序，我们将从第 11.1 节开始，考虑波动中垂直运动产生的动力机制。讨论中还会表示:斜压波中的风场，如何促进低层气旋的发展(也就是斜压气旋生)。第 11.2 节将通过分析锋生过程的动力学，讨论与波动相关的垂直运动，是怎样向锋带邻近聚集的。这样的讨论，有助于了解发生在斜压波动中锋带垂直环流的性质。就是这样的垂直环流，在锋面气旋里云的形成过程中，起着至关重要的作用。第 11.3 节将研究锋生过程产生的锋带，是如何在空间上散布到发展气旋中各个地方去的。在由锋面气流运动所产生云上，叠加有较小的中尺度雨带、对流和湍流空气运动。它们通过云的微物理过程，把降水集中在较小的尺度上。这些小尺度的气流运动和云的微物理机制相互作用，导致如第 6 章所讨论那样的独特降水分布，它们具有对流和层状云微物理过程的特征。第 11.4.1 节和第 11.4.2 节将集中讨论斜压气旋中云和降水分布的模态，它们和锋带的结构有关系。第 11.4.3 — 11.4.6 节详细描述在云和降水分布模态的各个组成成分里所发生的云、雨带和微物理过程。最后第 11.5 节讨论极地低压的云系。

11.1 斜压波的结构和动力学

11.1.1 理想化的水平和垂直结构

当某一等压面上的风与等温线(温度或位温)平行，且气流中存在越过流线的非零温度(或位温)梯度时，大气中会产生斜压波。如果满足某些其他条件，叠加在气流上的初始小波动会放大，这种情况称为“斜压不稳定”状态①。为了对斜压波发展的过程有定性的了解，考虑北半球存在一个南北温梯度较强的区域。假设在某一特定气压层，一个弱波状扰动(图 11.1)出现在地转气流中，该气流原来是均匀的，且只有纬向(东一西)风。假定波扰动的尺度足够大，其风场是地转的。为了简单起见，假定该波状扰动移动速度与纬向风速完全相同。在此假定下，如果我们在随波动运动的坐标系中观察空气的运动，纬向气流就会消失，只剩下和波状扰动有关的水平运动的经向(南北向)分量。如图 11.1 所示，假定初始时刻，等温线在东西方向完全笔直，且冷空气位于其北侧。经向运动使等温线发生弯曲。A 处附近的北风，使得冷空气向南平流，而 B 处附近的南风，把暖空气向北平流。这样的运动往往会在等温线中产生一个温度槽，该温度槽滞后于位势高度槽四分之一波长。在没有其他因素影响的情况下，由扰动气流造

① 参见 Holton 与 Hakim(2012)的关于斜压不稳定的更多论述。

成的水平温度平流，将继续改变等温线，使其偏离其原来的东西向构型，从而导致波动中东西向的温度梯度进一步加大。

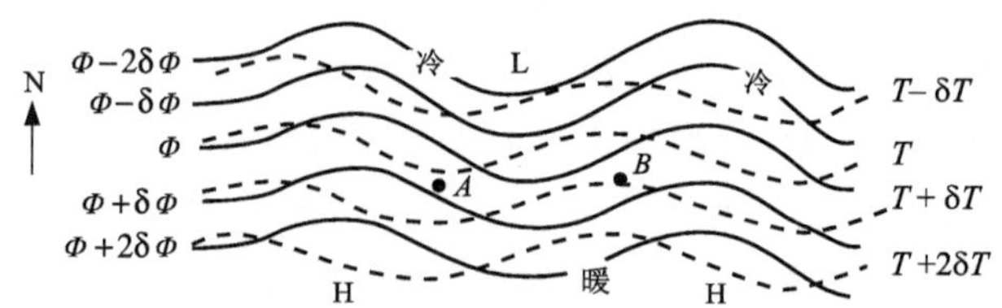

图 11.1　北半球发展斜压波动中位势高度（Φ）和温度（T）在等压面上的分布。等压面位于波速和平均纬向风速相同的高度附近。A 点附近的北风向南平流冷空气，B 点附近的南风向北平流暖空气。引自 Wallace 和 Hobbs(1977)

在温度扰动变得越来越大的发展波动中，与波扰动有关的动能增加。动能增加的机制是一个热力直接环流，其中 B 处的暖空气上升，A 处的冷空气下降，从而降低了流体的重心。因此，B 处的空气在向极地一侧运动的过程中倾斜上升，而 A 处的空气向赤道一侧运动时倾斜下降。这样的运动对云形成的作用就非常清楚了：斜压波槽以东有利于云生成，而槽以西对云有抑制作用。

气块轨迹的坡度范围是有限的。例如，我们假设在 B 处发生的空气上升不能太大。否则，暖平流的作用将完全被由于空气上升而必然伴随的温度下降所抵消。物理过程允许的气流构型可以从理论上确定，还可以算出：在什么样的气流构型情况下，扰动增长得最快①。目前我们的讨论不需要关注这种过程中所有的细节。我们将确认自己理解发展波动的一般特征，这将加深我们对垂直运动的理解。垂直运动决定了在波动中的什么地方，可以促发或者抑制云的生成。

为了定性地了解垂直运动的性质，我们可以考虑理想斜压波的某些垂直结构特征：温度和位势高度的等值线异位相。温度槽位于位势高度槽的西侧，如图 11.1 所示。这表明斜压波随高度向西倾斜，如图 11.2 所示。为了使扰动的结构保持流体静力学平衡，斜压波的波谷要朝向冷空气一侧倾斜②。由于同样的原因，高度场中的脊（或气压场中的高度）要向西倾斜。由于波状扰动处于地转平衡状态，因此脊和槽之间的风，在南风和北风之间相互交替，如图 11.2 所示。由于扰动既是地转平衡，又是和流体静力学平衡的，所以热成风关系（第 2.2.5 节）适用。前面提到，地转北风将较冷的空气向赤道一侧平流，而地转南风则把较暖的空气送向极地一侧。在没有其他影响的情况下，这些温度平流效应将破坏热成风平衡关系。需要暖空气上升和冷空气下沉再恢复平衡。随着暖空气的上升，由于气体膨胀而温度降低；冷空气随着下沉而温度升高。这样的温度变化，减少了扰动中东西向的温度对比，从而减缓了平流的作用。根据大气连续性方程，垂直运动必须由水平非地转运动来补偿。如果我们假设图 11.2 中描述的理想扰动是二维的，没有经向变化，那么垂直运动必须由纬向的非地转运动来补偿，如图 11.2b 所示。这些运动同样可以减缓地转温度平流的作用。非地转环流（u_a，w）的动力作用，实质上是保持扰动处于热成风平衡状态。本章后面的部分，将在三度空间里更加正式地用数

① 参见 Hoskins (1990) 或 Holton 和 Hakim (2012)。

② 参见 Wallace 和 Hobbs (1977，图 2.3c；2006，图 3.3)。

学推导定量证明这种事实。

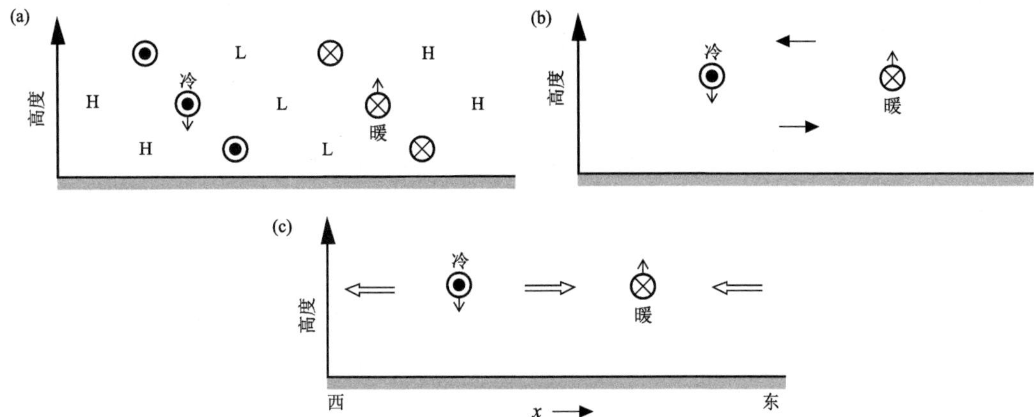

图 11.2 发展中二维斜压扰动的经向-高度横截面。图中的符号特征包括向极地(⊗)和向赤道(圆点)的经向地转大气运动、非地转环流的纬向和垂直分量[($\overline{u_a}$, $\overline{w}$)细箭头]、冷暖空气区域和 $\boldsymbol{Q}$ 矢量(空心箭头)。为了确定 $\boldsymbol{Q}$ 矢量,假设地转风在 y 方向上没有变化,基本地转气流 u_g 的纬向分量在 x 方向上没有变化,并且 b_y(未显示)为负常数。因此,$\boldsymbol{Q}$ 矢量简化为 $\boldsymbol{Q}=-v_{gx}b_y\boldsymbol{i}$,其方向改变取决于 v_{gx} 的符号。引自 Hoskins(1990),经美国气象学会许可再版

11.1.2 制约大尺度垂直运动的动力学

假定气流遵循 Boussinesq 模型,为无黏性、干绝热、地转平衡、静力平衡的,科里奥利参数 f 为常数,则大气运动的控制方程为干绝热热力学方程式(2.11)、无黏性准地转运动方程式(2.23)、静力学方程式(2.38)和 Boussinesq 连续性方程式(2.55)。

在本章中,我们将在参考大气框架中分析这些关系,其中垂直变化表示为虚拟高度 $\mathscr{z}$ 的函数[①]:

$$\mathscr{z}\equiv[1-(p/\hat{p})^{\kappa}](1/\kappa)H_s \tag{11.1}$$

式中,^为恒定参考状态,它代表地表附近的状态,$\kappa=R_d/C_p$,$H_s=\hat{\rho}/\hat{p}g$,这个垂直坐标非常接近物理高度 z 。它使我们在运算时具备气压坐标系的优点,同时保留高度坐标系中洞察物理过程的能力。对式(11.1)作 ρ 的偏微分,即 $\partial(11.1)/\partial p$,由式(2.38)的静力平衡关系可以得到:

$$\partial/\partial p=-\alpha g^{-1}\partial/\partial z \tag{11.2}$$

利用位温的定义[式(2.8)],可以得知虚拟高度与位势高度之间的关系:

$$\theta\Delta\mathscr{z}=\hat{\theta}\Delta z \tag{11.3}$$

定义一个新的热力学变量 b ,即

$$b\equiv g\frac{\theta}{\hat{\theta}} \tag{11.4}$$

这个变量就是如式(2.48)所定义,以位温表示的等效浮力。使用该变量和虚拟高度一起,

① 参见 Hoskins 和 Bretherton(1972)

写出基本方程的简化形式。

准地转气流水平运动方程式(2.23)的形式不受 b 和 $\mathscr{z}$ 的影响。然而,通过将式(11.3)与(2.38)结合,并利用式(11.4),我们发现流体静力学关系可以用 b 和 $\mathscr{z}$ 重新表示为:

$$b = \frac{\partial \Phi}{\partial \mathscr{z}} \tag{11.5}$$

式中,Φ 是位势高度。通过 $\boldsymbol{k} \times \nabla$式(11.5),并利用地转风的定义式(2.68),可以得到热成风方程的简洁形式:

$$f\frac{\partial \boldsymbol{v}_g}{\partial \mathscr{z}} = \boldsymbol{k} \times \nabla b \tag{11.6}$$

上式也可以通过把表达式(2.3)、(11.2)、(11.3)和式(11.6)代入热成风方程式(2.41)而获得。利用关系式(11.3)和(11.4),布西内斯克连续方程式(2.55)在 $\mathscr{z}$ 坐标系下的形式可写为:

$$u_x + v_y + \widetilde{w}_{\mathscr{z}} + \widetilde{w}\frac{\partial \ln b}{\partial \mathscr{z}} = 0 \tag{11.7}$$

式中,$\widetilde{w} \equiv \mathrm{D}\mathscr{z}/\mathrm{D}t$ 。从式(11.4)的定义容易得知,只要位温没有偏离近地面位温太多,布西内斯克连续方程在 $\mathscr{z}$ 坐标系下的形式为:

$$u_x + v_y + \widetilde{w}_{\mathscr{z}} \approx 0 \tag{11.8}$$

在近似绝热和准地转的条件下,热力学第一定律的干绝热形式(2.11)可以通过式(11.3)表达为 b 和 $\mathscr{z}$ 的函数,即:

$$\frac{\mathrm{D}_g b}{\mathrm{D}t} + \widetilde{N}^2\widetilde{w} \approx 0 \tag{11.9}$$

式中,$\widetilde{N}^2$ 如式(2.98)中的定义,只是以 z 代替了 $\mathscr{z}$ 。根据式(2.25),$\frac{\mathrm{D}_g}{\mathrm{D}t}$ 中的下标 g 表示:包含在总导数中的唯一平流项,是水平平流项,它们通过地转风分量 u_g 和 v_g 计算出来。

我们现在可以使用以 b 和 $\mathscr{z}$ 写出的基本方程,了解非地转环流在维持热成风平衡中的作用。首先计算 $\boldsymbol{k} \times \nabla$,得到

$$\frac{\mathrm{D}_g}{\mathrm{D}t}(\boldsymbol{k} \times \nabla b) = \boldsymbol{k} \times \boldsymbol{Q} - \widetilde{N}^2 \boldsymbol{k} \times \nabla \widetilde{w} \tag{11.10}$$

式中,$\boldsymbol{Q}$ 矢量定义为:

$$\boldsymbol{Q} \equiv (-u_{gx}b_x - v_{gx}b_y)\boldsymbol{i} + (-u_{gy}b_x - v_{gy}b_y)\boldsymbol{j} \equiv Q_1\boldsymbol{i} + Q_2\boldsymbol{j} \tag{11.11}$$

对式(2.23)中的水平运动方程在 $\mathscr{z}$ 方向上求导,代入式(11.6),在地转风为无辐散的情况下($u_{gx} = -v_{gy}$),可以得到:

$$\frac{\mathrm{D}_g}{\mathrm{D}t}(f\boldsymbol{v}_{g\mathscr{z}}) = -\boldsymbol{k} \times \boldsymbol{Q} - f^2\boldsymbol{k} \times \boldsymbol{v}_{a\mathscr{z}} \tag{11.12}$$

从式(11.10)和(11.12)右侧的第一项,可以明显地看出:地转风对温度场的作用,正如 $\boldsymbol{Q}$ 矢量定量表示的那样,是趋向于通过大小相等、方向相反的量,改变热成风方程式(11.6)中左、右两侧的项,来破坏热成风平衡。从式(11.10)和(11.12)方程右侧的第二项可以看出:很明显三维非地转运动($\boldsymbol{v}_a,\widetilde{\omega}$)的作用,是维持热成风平衡。这个结论定量地表达了图 11.2b 中所描绘的定性结论,并把根据理想二维扰动得出的定性结论,扩展到三维。把式(11.10)和(11.12)相减,可以非常清楚地看到非地转环流在恢复热成风平衡中的作用。其速度与大尺度风作用在热力场上,破坏热成风平衡的速度相同。可以得到:

$$\widetilde{N}^2\ \nabla_H \widetilde{w} - f^2 \boldsymbol{v}_{a_g} = 2\boldsymbol{Q} \tag{11.13}$$

式中，∇_H 是水平梯度算子。通过对计算 $\nabla_H \cdot$(11.13)，并利用连续性方程式(11.8)，可以得到奥米伽方程[①]：

$$\widetilde{N}^2\ \nabla_H \widetilde{w} + f^2 \widetilde{w}_{zz} = 2\ \nabla_H \cdot \boldsymbol{Q} \tag{11.14}$$

对于给定的 $\boldsymbol{Q}$（即给定的温度和地转风场），该方程的解决定了维持热成风平衡所需要的垂直速度场。奥米伽方程很容易被推广到由其他原因引起的垂直运动，包括摩擦、非绝热加热和 f 随纬度的变化。

由于式(11.14)方程的左侧为 $\widetilde{\omega}$ 的三维拉普拉斯算子，我们得出结论，在特定的等压面上(某个高度 z 处)，$\boldsymbol{Q}$ 的辐合与上升运动有关，$\boldsymbol{Q}$ 的辐散与下沉的运动有关。这种关系马上可用于理解示意图 11.2 里的扰动。与中层南北方向的地转气流和温度场相关的 $\boldsymbol{Q}$ 矢量，表示为箭头。指向极地的箭头在暖平流区辐合，在冷平流区辐散。这样的辐合、辐散，就联系到前面认定的垂直运动。因此，如图 11.1 所示的波扰动，若要维持地转和静力平衡，一定有暖空气上升和冷空气下沉。

11.1.3 奥米伽方程在真实斜压波中的应用

奥米伽方程不包含时间的导数，它是一个诊断方程，很容易用于分析实时天气图，天气图上显示有温度和地转风的分布。图 11.3 显示了一个有发展斜压波的 700 hPa 图。图 11.3a 中的地转风根据位势高度等值线和等温线获得。如图 11.1 中的理想例子所示，温度槽落后于高度槽。如叠加的地面锋面位置所示，低层有一个发展中的锋面气旋，与高空波动有关。根据 700 hPa 温度和地转风计算出的 $\boldsymbol{Q}$ 矢量场如图 11.3b 所示。$\boldsymbol{Q}$ 矢量的散度用虚线表示，它指出高度槽西南侧的冷空气中有大尺度的下沉运动，其中心正好位于地面冷锋的后面。槽的东侧

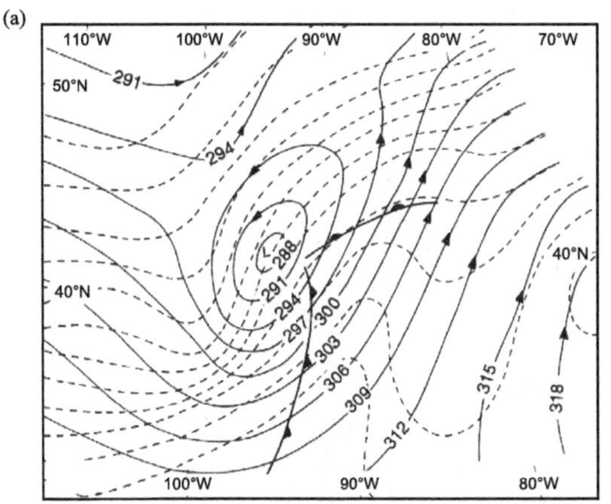

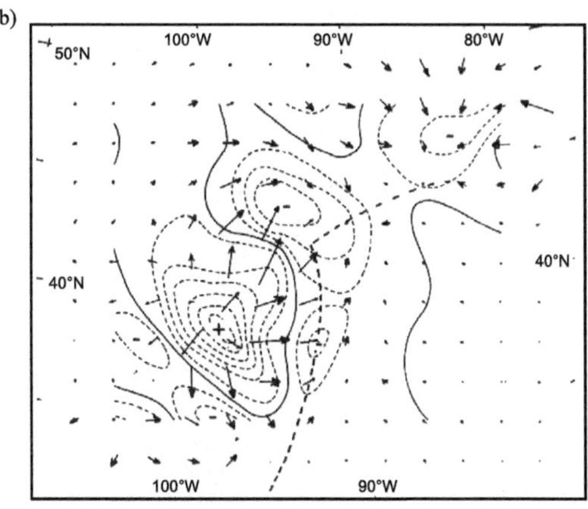

图 11.3 表示发展中斜压波的 700 hPa 图。(a)位势高度(以 dagpm 为单位)和温度(2 ℃间隔)等值线，箭头指示地转风方向；(b)根据温度和地转风场计算的 $\boldsymbol{Q}$ 矢量，等值线为 $(2g/\hat{\theta})\ \nabla \cdot \boldsymbol{Q}$，$1\times10^{-16}\ \mathrm{m^{-1}\cdot s^{-3}}$ 间隔，零等值线为实线。海平面锋面的位置在图(a)中用标准锋面符号表示，图(b)中用粗虚线表示。引自 Hoskins 和 Pedder (1980)，经英国皇家气象学会许可再版

① 奥米伽方程的名称通常用压力坐标中的"垂直运动"来表示，$\mathrm{D}p/\mathrm{D}t$。

和东北侧一般为暖空气上升的区域,上升运动最大和最强烈的区域,在地面暖锋的前面。然而,上升区域也沿地面冷锋向南延伸,因此上升运动的分布(**Q** 辐合的地方)组成一个巨大的逗点。考虑到斜压波中通常存在上升运动,与斜压波相关的云系(不仅逗点云系是这样,较大的锋面气旋和较小的极地低压也是这样的),通常以大逗点形状的形式出现(如图 1.32 和图 1.33 所示)。

11.1.4 低层气旋的发展

图 11.3 中 700 hPa 的上升运动区域,能够看到在低层有一个低压,冷锋和暖锋在低压中心交汇。在低层,由于垂直运动在下边界处消失,该高度的上升运动意味着在低层有水平速度辐合。通过计算 $\boldsymbol{k}\cdot\nabla\times$(2.23),并应用质量连续性关系式(11.8),得到地转涡度方程:

$$\frac{\mathrm{D}_g\zeta_g}{\mathrm{D}t}=f\frac{\partial\widetilde{w}}{\partial z} \tag{11.15}$$

这是式(2.59)在 f 为常数准地转条件下的表达式。在低层气旋的中心,由于辐合,方程右侧项为正。由于涡旋中心没有涡度平流,因此,低压中心的地转涡度必然随时间增加。根据式(2.69),地转涡度与位势高度的拉普拉斯算子成正比,涡度增加意味着位势场中的低层低压加强。由于图 11.3b 中 **Q** 矢量所示的最强上升运动区,实际上位于地面低压中心的西北方向,这表明低层气旋正朝与高空槽前气流一致的方向移动。

11.1.5 温带气旋热力场的发展

图 11.4 说明了叠加在温度梯度上的一个简单的圆形涡旋,如何使等温线随着时间而改变形状的。等温线变形之所以发生,是因为风的切向分量随着离涡旋中心的距离增大而减小。如

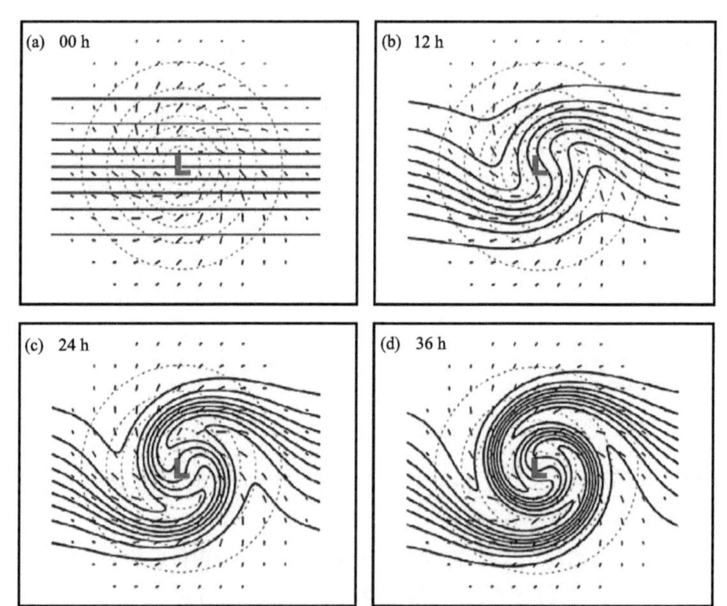

图 11.4 理想旋涡的演化,受 Doswell(1984,1985)和 Schultz 等(1998)论文的启发画出。大写 L 表示流函数最小值的位置。实线显示 2 K 间隔的位温线。虚线为 $1\times10^{16}\,\mathrm{m^2\cdot s^{-1}}$ 间隔的流函数。每五个格点(相距 148 km)显示坐标轴。引自 Schultz 和 Vaughan(2011),经美国气象学会许可再版

果涡旋为旋转中的刚体，则不会发生形变；原本直的等温线，只会围绕着涡中心旋转。变形的模态更接近真实大气的实际情况，随着时间的推移，冷暖舌围绕着低压中心卷在一起。图11.5是一个非理想的模拟结果，它更类似于真实温带气旋的地表温度和气压分布模态。冷暖舌卷在一起的这种特征再次显现。随着时间的推移，暖区逐渐和低压中心分离。在强温度梯度带的边缘，分别用蓝色、红色和紫色，表示冷锋、暖锋和锢囚锋的位置。锢囚锋不是一个单独的实体，而是表示的暖锋延伸到气旋中心时，一种多少有些随意的状态①。随着时间的推移，围绕气旋卷曲的冷暖舌将冷锋和暖锋相互分开，而气旋的暖扇区离低压中心的距离也越来越远。

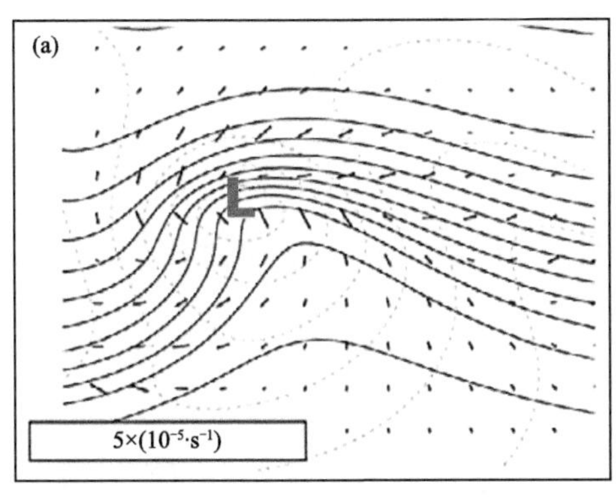

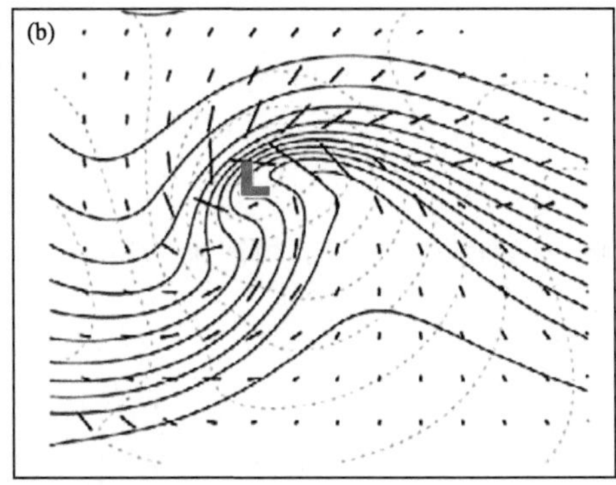

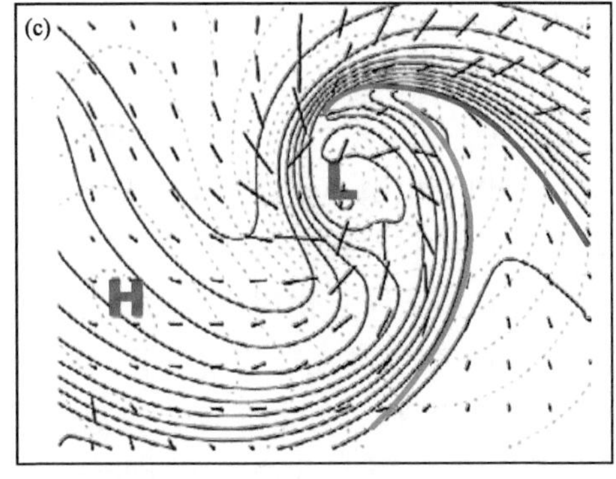

图 11.5　辐合背景气流中正压扰动的演变过程。(a)84 h；(b)96 h；(c)120 h。实黑线为位温，间隔为 4 K。灰虚色线为 850 hPa 位势高度，间隔为 60 m。L 和 H 分别为位势高度最小值和最大值位置。短黑线是水平风的膨胀轴，以 300 km 的间隔显示。引自 Schultz 和 Vaughan(2011)，经美国气象学会许可再版

11.2　锋面中的环流

虽然发展斜压波中垂直运动的模型(图 11.3)，对解释与温带气旋有关的云型有很大的帮助，但它没有详细解释产生云的环流细节。斜压波中的温度和地转风的模态具有锋生的特征，

① 锢囚锋的概念来源于早期的"挪威学派的锋面模式"(Bjerknes，1919；Bjerknes 和 Solberg，1921，1922)，该模式在气象思维中有很大的影响，但没有认识到这里描述的冷暖空气缠绕在一起的舌状结构。Schultz 和 Vaughan(2011)对从挪威模式到今天的温带气旋模式的概念进行了分析。

这意味着大尺度风倾向于加强与冷、暖和锢囚锋相关的温度梯度。维持热成风平衡[①]所需的垂直环流,也在锋面邻近的区域集中和增强。在本节中,我们研究锋生动力学,以便更好地了解与温带气旋锋面相关的形成云的环流。为了建立锋生的一些基本特征,我们将首先回顾干锋生的动力学(第 11.2.1 节和第 11.2.2 节)。然后,作为干锋生的延伸(第 11.2.3 节),我们将研究湿锋生,这是云动力学最关心的情况。最后,我们将讨论锋区中垂直环流计算的例子(第 11.2.4 节)。

11.2.1 准地转锋生

为了使讨论尽可能简单,我们将从二维的角度考虑锋面,研究一个垂直剖面上的环流[②],这个垂直剖面的水平轴走向垂直于锋面、与 y 轴平行。在第 11.1 节中考虑的准地转运动的情况下,环流表示为式(11.13)的 x 分量:

$$\widetilde{N}^2 \widetilde{w}_x - f^2 u_{a_y} = 2Q_1 \tag{11.16}$$

因此,在绝热、无摩擦的情况下,$\boldsymbol{Q}$ 矢量的分量 Q_1 表示锋面上非地转环流 $(u_a, \widetilde{w})$ 的强迫作用。式(11.10)的 y 分量为:

$$\frac{\mathrm{D}_g}{\mathrm{D}t}(b_x) = Q_1 - \widetilde{N}^2 \widetilde{w}_x \tag{11.17}$$

可以看出,Q_1 与 $\widetilde{\omega}$ 的水平梯度一起,影响气团里位温 b 在 x 方向的梯度增加的速度。如果位温 b 的水平梯度增加,则该气团里正在发生锋生;如果梯度减小,则为锋消。如式(11.11)所定义,对 Q_1 有影响的两项是 $-u_{gx}b_x$ 和 $-v_{gx}b_y$,它们分别被称为汇合机制和切变机制。这两种机制如图 11.6 所示,它们之间的重要区别是:当 b 在 y 方向没有梯度时,则汇合机制起作用;当位温 b 在 x 方向没有梯度时,则切变机制起作用。某些锋生理论完全讨论这一种或那一种机制。但实际上,这两种机制都起作用。发展中气旋(如图 11.4 中的低层地转风和厚度线所示)锋面附近的风和等温线是两种机制共同起作用形成的。

关系式(11.16)和(11.17)可用于建立准地转锋生理论,该理论是对真实大气锋生的过度简化,但依然可以为建立更符合实际的理论,奠定有意义的基础。此后,假定在锋面上平行于 y 的方向,地转风分量 u_g 和 v_g 是不变的,并且和锋面平行的气流,没有非地转分量。由于地转运动是水平非辐散的[从式(2.68)可以明显看出],连续性方程式(11.8)变成

$$u_{ax} + \widetilde{w}_y \approx 0 \tag{11.18}$$

流函数 Ψ 满足质量连续性:

$$(u_a, \widetilde{w}) = (-\Psi_z, \Psi_x) \tag{11.19}$$

在此情况下,将式(11.16)改写为:

$$\widetilde{N}^2 \Psi_{xx} + f^2 \Psi_{yy} = 2Q_1 \tag{11.20}$$

若 Q_1 的值已知,求解该关于 Ψ 的椭圆方程,可以得到在锋面上形成的非地转环流。这种非地转环流的特征与 Q_1 密切相关。

---

① 实际上,强锋面的环流可能并不完全处于热成风平衡中,这种不平衡在锋面环流中可能很重要。然而,锋面上的平衡流是一个很好的一级近似,对于我们本章讨论的目的是足够的。

② 本小节的讨论主要摘自 Hoskins(1982)的优秀评论。Bluestein(1986)和 Keyser(1986)给出了进一步的非常有用的评论。

公式(11.16)和(11.20)提供了在流体静力学和地转平衡条件下洞察锋面垂直环流的视角。例如,图11.7代表了锋生受到汇合机制(图11.6a)作用的情况。x方向的汇合地转气流,造成相向而行的暖平流和冷平流,式(11.20)的非地转环流,用流线定性地表示。解的物理意义如下:在所示汇合的情况下,$b_x > 0$,$u_{gx} < 0$,且$b_y = 0$。因此,根据式(11.11)的定义,$Q_1 > 0$。由式(11.17)可知,地转风起作用加强水平温度梯度。同时,式(11.12)中Q_1的y分量为正值,它起作用削弱沿锋面地转风的垂直切变。因此,$\boldsymbol{Q}$矢量中Q_1分量的作用,为破坏沿锋面的热成风平衡[式(11.6)]。因为气流一定要保持准地转,非地转气流的作用,是补偿这种破坏机制,从而保持热成风平衡。式(11.16)方程中左侧两项和总效果,必须完全刚好抵消Q_1破坏热成风平衡的作用。在图11.7所示的解中,非地转环流(u_a,$\tilde{\omega}$)具有以下特征:除上下边界外,

$$u_{az} < 0 \text{ 和 } \tilde{\omega} > 0 \tag{11.21}$$

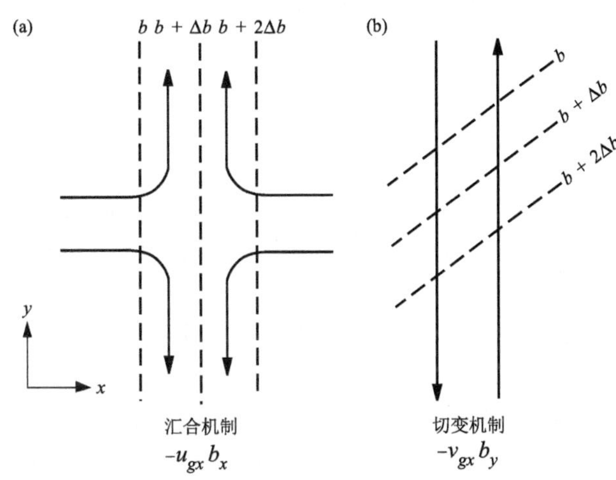

图11.6 锋生的汇合和切变机制。水平地转风($v = u_g\boldsymbol{i} + v_g\boldsymbol{j}$)的流线叠加在浮力场$b$上,引自Hoskins(1982),经年度评论公司许可再版

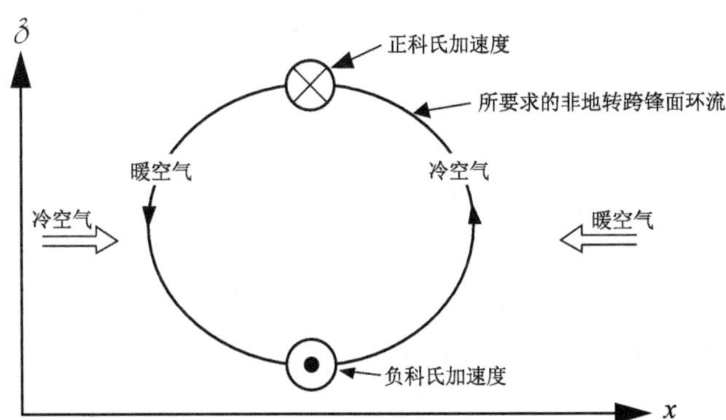

图11.7 变形机制强迫的准地转锋生。空心箭头指示x方向的地转气流。地转气流处于热成风平衡状态。温度场由冷暖空气的位置表示。高层气流流入页面,用符号⊗表示;低层气流流出页面,用符号⊙表示。流线表示维持热成风平衡所需的非地转气流。科里奥利力对非地转环流的作用,使得垂直于页面的气流分量,在高层加速,在低层减速。引自Hoskins(1982),经年度评论公司许可再版

$\tilde{\omega} > 0$ 的作用是通过式(11.17)中不同的绝热温度变化来抵消 Q_1 的作用。与非地转环流上升和下沉分量相关联的绝热冷却和升温作用,减弱了中层的浮力梯度。因此,中层的水平温度梯度,没有高层和低层强。在大气的顶部和底部,$\tilde{\omega}$ 为零,因此,$\tilde{\omega}$ 也为零。因此,热成风平衡在大气的上、下边界处(例如对流层顶和地面)完全是由非地转环流的水平分量维持的。这表明,在图 11.7 例子中所有的地方,都有垂直切变:

$$-f^2 u_{a_{\tilde{z}}} > 0 \tag{11.22}$$

这抵消了式(11.12)中 Q_1 沿锋面分量的作用。因此,非地转环流水平分量的科里奥利加速度,起到了加强沿锋面处地转风垂直切变的作用。

式(11.22)是唯一可以起作用调节热成风平衡,使之免遭破坏的量。但是在上、下边界处,垂直运动趋于零。正因为在上、下边界处没有绝热温度变化,才有可能在那里形成强的位温梯度。如果有足够的时间,边界上的温度梯度可能会汇集到一个接近不连续的地方。图 11.8 表示了在我们所考虑的准地转锋中,低层浮力场 b 的等值线汇集在一起。

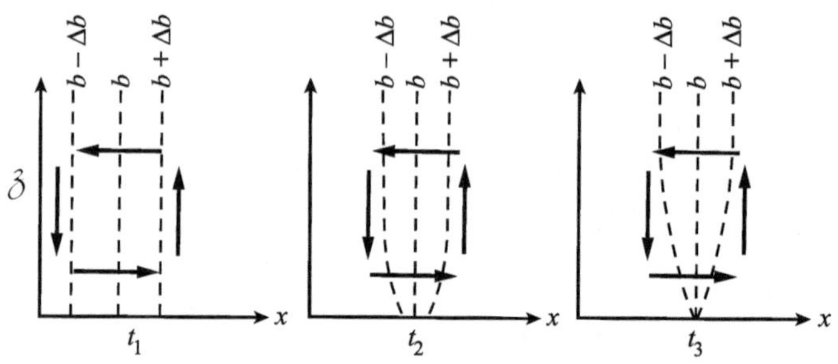

图 11.8 在准地转锋生的情况下,浮力场 b 在 t_1、t_2 和 t_3 时间序列中的理想的演化过程。箭头所示为非地转垂直环流。引自 Bluestein(1986),经美国气象学会许可再版

11.2.2 半地转锋生

如图 11.8 所示,准地转锋生产生一个垂直走向的锋面①。然而,观察到真实的锋区具有倾斜的前缘。图 11.8 所示的另一个真实大气中没有的特征是:在低层形成了静力不稳定的区域($\partial\bar{\theta}/\partial z < 0$)。这使得更多不符合实际的特征出现,其中一个是锋生过程变得极其慢②。

锋生准地转理论的主要缺点是:没有考虑锋面是高度各向异性的。沿锋面方向和跨越锋面方向,特征长度和速度的尺度都不一样。为了考虑这些尺度差异,我们利用第 2.2.2 节总结的半地转理论。运动方程在沿锋面方向的分量为式(2.30)。回想一下,在半地转系统中对气块进行个别导数运算($\mathrm{D_A}/\mathrm{D}t$)时,不仅要求地转运动 (u_g, v_g) 的平流,还要求非地转运动($u_a, \tilde{\omega}$)的平流。因此,半地转系统中的热力学第一定律式(2.11)是

$$\frac{\mathrm{D_A} b}{\mathrm{D}t} = 0 \tag{11.23}$$

半地转动量方程式(2.30)和热力学方程式(11.23)的形式,可以通过坐标转换来简化。定

① 这里有必要警告。准地转锋不是如图 11.8 所示那样完全垂直的。Mudrick(1974)表明,准地转锋确实有一定程度的倾斜。然而,放宽对准地转假定的要求,会使锋面的结构更真实。

② 详细请参考 Bluestein(1986)。

义一个新的跨过锋面的坐标系。

$$X \equiv x + \frac{v_g}{f} \tag{11.24}$$

从式(2.110)式可知，X 与绝对动量 M 有关，具体是：

$$X = f^{-1} M_g \tag{11.25}$$

式中，M_g 是用地转风 v_g 求出的绝对动量 M。通过式(2.30)以及坐标变换公式(11.24)，通过对式(11.24)求全微分 $\mathrm{D}/\mathrm{D}t$［式(2.2)中定义］，就能获得新坐标系下的地转风：

$$\frac{\mathrm{D}X}{\mathrm{D}t} = u_g \tag{11.26}$$

利用从 x 到 X 的坐标转换，我们把基本方程还原成简单的地转风形式。考虑一个任意量

$$\mathscr{A} = \mathscr{A}(X, y, \mathfrak{z}, t) \tag{11.27}$$

对式(11.27)计算个别导数 $\mathrm{D}/\mathrm{D}t$，应用微分链式法则，代入式(11.26)，并记住风的 y 方向分量是地转的，即

$$\frac{\mathrm{D}\mathscr{A}}{\mathrm{D}t} = \frac{\mathfrak{D}\mathscr{A}}{\mathfrak{D}\tau} + \tilde{w}\frac{\partial \mathscr{A}}{\partial Z} \tag{11.28}$$

式中，

$$\frac{\mathfrak{D}}{\mathfrak{D}\tau} \equiv \frac{\partial}{\partial \tau} + u_g \frac{\partial}{\partial X} + v_g \frac{\partial}{\partial y} \tag{11.29}$$

$\partial/\partial\tau$ 和 $\partial/\partial Z$ 是用来表示对 X（不是 x）求偏导数，运算时保持 X 不变，即

$$\frac{\partial}{\partial Z} \equiv \left(\frac{\partial}{\partial \mathfrak{z}}\right)\bigg|_{X,y,t}, \quad \frac{\partial}{\partial \tau} \equiv \left(\frac{\partial}{\partial t}\right)\bigg|_{X,y,z} \tag{11.30}$$

将式(11.28)应用到 $\mathscr{A} = v_g$ 和 b，利用式(2.30)和(11.23)可知，$\mathrm{D}v_g/\mathrm{D}t = \mathrm{D}_A v_g/\mathrm{D}t = -fu_a$ 和 $\mathrm{D}b/\mathrm{D}t = \mathrm{D}_A b/\mathrm{D}t = 0$，可以得到

$$\frac{\mathfrak{D}v_g}{\mathfrak{D}\tau} + fU_a = 0 \tag{11.31}$$

以及

$$\frac{\mathfrak{D}b}{\mathfrak{D}\tau} + \tilde{w}\frac{\partial b}{\partial Z} = 0 \tag{11.32}$$

式中，

$$U_a \equiv \frac{\tilde{w}}{f}\frac{\partial v_g}{\partial Z} + u_a \tag{11.33}$$

把式(11.31)、(11.32)和式(2.23)、(11.9)中的 y 分量做比较，可以发现准地转方程在形式上的相似性。

在开展下一步推导之前，有必要进一步说明地转坐标系转换的属性。依据微分运算步骤的规则，

$$\frac{\partial \mathscr{A}}{\partial x} = \frac{\partial \mathscr{A}}{\partial X}\frac{\partial X}{\partial x} \tag{11.34}$$

和

$$\frac{\partial \mathscr{A}}{\partial \mathfrak{z}} = \frac{\partial \mathscr{A}}{\partial X}\frac{\partial X}{\partial \mathfrak{z}} + \frac{\partial \mathscr{A}}{\partial Z} \tag{11.35}$$

对式(11.24)进行 $\partial/\partial x$ 运算，可以得到

$$\frac{\partial X}{\partial x}=\frac{\zeta_{ag}}{f} \tag{11.36}$$

式中，ζ_{ag} 是地转绝对涡度的垂直分量，由式(2.65)定义。根据我们的假定，地转气流随 y 无变化，

$$\zeta_{ag}=f+\frac{\partial v_g}{\partial x} \tag{11.37}$$

对式(11.24)进行 $\partial/\partial z$ 运算，可以得到：

$$\frac{\partial X}{\partial z}=\frac{1}{f}\frac{\partial v_g}{\partial z} \tag{11.38}$$

把式(11.36)—(11.38)代入式(11.34)和(11.35)，可得：

$$\frac{\partial \mathscr{A}}{\partial x}=\frac{\zeta_{ag}}{f}\frac{\partial \mathscr{A}}{\partial X} \tag{11.39}$$

以及

$$\frac{\partial \mathscr{A}}{\partial z}=\frac{\partial \mathscr{A}}{\partial X}\frac{1}{f}\frac{\partial v_g}{\partial z}+\frac{\partial \mathscr{A}}{\partial Z} \tag{11.40}$$

在特殊情况下，$\mathscr{A}=v_g$，那么式(11.39)成为：

$$\frac{\partial v_g}{\partial x}=\frac{\zeta_{ag}}{f}\frac{\partial v_g}{\partial X} \tag{11.41}$$

在式(11.41)的辅助下，式(11.40)变为：

$$\frac{\partial v_g}{\partial z}=\frac{\zeta_{ag}}{f}\frac{\partial v_g}{\partial Z} \tag{11.42}$$

在将基本方程从 x 坐标系转换到 X 坐标系时，式(11.34)—(11.42)所表示的变量非常有用。首先，热成风关系式在 X 坐标系里保留了原来的型式，如果 $\mathscr{A}=b$，那么由式(11.39)，可以有

$$\frac{\partial b}{\partial x}=\frac{\zeta_{ag}}{f}\frac{\partial b}{\partial X} \tag{11.43}$$

从式(11.42)和(11.43)以及 x 坐标系下的热成风方程，我们可以得到：

$$fv_{gZ}=b_X \tag{11.44}$$

这个式子类似于式(11.6)中沿锋面的那部分(即 y 分量)。

由热成风平衡式(11.44)可知，存在一个函数 $\tilde{\Phi}$ 满足以下形式：

$$fv_g=\tilde{\Phi}_X \tag{11.45}$$

和

$$b=\tilde{\Phi}_Z \tag{11.46}$$

它类似于 x 坐标系中的地转和流体静力学关系[式(2.68)和式(11.5)]。可以进一步看出，函数 $\tilde{\Phi}$ 为：

$$\tilde{\Phi}=\Phi+\frac{v_g^2}{2} \tag{11.47}$$

式中，Φ 为位势高度[①]。因此，如果以 $\tilde{\Phi}$ 代替 Φ，地转和流体静力学关系的形式就能在 X 坐标

① 为了证明式(11.47)满足式(11.45)和(11.46)，我们只要对 $\tilde{\Phi}$ 求微分，并利用式(2.68)、(11.5)、(11.39)和(11.40)。

系中保留。

如果我们定义新的速度分量，式(11.39)—(11.42)可以进一步用来推导出质量连续性方程，它在 X 坐标系中依然保留原来的型式。如果我们使用式(11.33)中定义的非地转分量 U_a，并且定义一个新的垂直速度分量

$$W \equiv \tilde{w}\frac{f}{\zeta_{ag}} \tag{11.48}$$

然后结合式(11.39)和(11.40)，连续性方程式(11.18)可以重新表达为：

$$\frac{\partial U_a}{\partial X}+\frac{\partial W}{\partial Z}\approx 0 \tag{11.49}$$

在 X 坐标系下一个特别有用的量是

$$\mathscr{P}_g \equiv \frac{1}{f}\boldsymbol{\omega}_{ag}\cdot\nabla bw \tag{11.50}$$

式中，$\boldsymbol{\omega}_{ag}$ 为地转绝对涡度，在 x,y,z 坐标系中由式(2.65)定义。在虚拟高度坐标系下表示为：

$$\boldsymbol{\omega}_{ag}\equiv-\frac{\partial v_g}{\partial z}\boldsymbol{i}+\frac{\partial u_g}{\partial z}\boldsymbol{j}+(\zeta_g+f)\boldsymbol{k} \tag{11.51}$$

$\mathscr{P}_g$ 类似于式(2.64)给出的地转 Ertel 位涡，在本章的后面部分，我们将 $\mathscr{P}_g$ 简称为位涡。在二维流场中[①]($\partial/\partial y=0$)，可由式(11.39)和(11.40)代入式(11.50)得到，表示为：

$$\mathscr{P}_g=\frac{\zeta_{ag}}{f}\frac{\partial b}{\partial Z} \tag{11.52}$$

把式(11.32)表达的 $\mathscr{P}_g$ 代入，可以得到：

$$\frac{\mathfrak{D}b}{\mathfrak{D}\tau}+W\mathscr{P}_g=0 \tag{11.53}$$

从式(11.52)和式(2.98)可以清楚地发现，在 X 坐标系中，位涡具有浮力频率的形式。将式(11.53)与准地转热力学方程式(11.9)进行比较，我们发现位涡确实在 X 坐标系的热力学方程中起到浮力频率的作用。另外，位涡 $\mathscr{P}_g$ 有一个重要的性质，它随气团守恒，即

$$\frac{\mathrm{D}\mathscr{P}_g}{\mathrm{D}t}=0 \tag{11.54}$$

二维、半地转、绝热和无黏性状态下，这样的守恒量，是通过对式(11.52)求个别导数 D/Dt，并利用式(11.41)得到的

$$\frac{\mathrm{D}\mathscr{P}_g}{\mathrm{D}t}=\frac{1}{f}b_Z\frac{\mathrm{D}\zeta_{ag}}{\mathrm{D}t}+\frac{\zeta_{ag}}{f}\frac{\mathrm{D}b_Z}{\mathrm{D}t}=\frac{\zeta_{ag}^2}{f^3}b_Z\frac{\mathrm{D}v_{gX}}{\mathrm{D}t}+\frac{\zeta_{ag}}{f}\frac{\mathrm{D}b_Z}{\mathrm{D}t} \tag{11.55}$$

可以看出，通过代入运动方程式(11.31)和热力学方程式(11.53)，并利用质量连续性式(11.49)、v_g［式(11.44)中表达式］和 u_g［式(11.6)中的 x 分量］的热成风平衡关系，假设 y 方向无变化($\partial/\partial y=0$)、地转风无辐散［见式(2.68)］，那么式(11.55)右边的两个项被抵消了。在 X 坐标系中研究非地转环流的性质时，使用式(11.54)的优势，将在下文中体现出来。

通过类比准地转的例子，我们可以对式(11.31)和(11.53)做进一步的运算，得到：

$$\frac{\mathfrak{D}}{\mathfrak{D}\tau}(b_X)=Q_1'-(\mathscr{P}_gW)_X \tag{11.56}$$

---

① 通过进行额外的坐标变换，$Y=y-u_g/f$，我们可以证明式(11.52)也适用于三维流动。

以及

$$\frac{\mathfrak{D}}{\mathfrak{D}\tau}(fv_{gZ}) = -Q'_1 - f^2 U_{aZ} \tag{11.57}$$

式中，Q'_1 与式(11.11)中 Q_1 的定义类似，只是将 x 替换为 X 了。方程式(11.56)和(11.57)分别与式(11.10)和(11.12)中的 y 分量类似，式(11.56)中减去式(11.57)可以得到：

$$(\mathscr{P}_g W)_X - f^2 U_{aZ} = 2Q'_1 \tag{11.58}$$

由于依据式(11.49)，U_a 与 W 遵从质量连续性规律，采用新的流函数 Ψ'，如：

$$(U_a, W) = (-\Psi'_Z, \Psi'_X) \tag{11.59}$$

将这个流函数代入式(11.58)，得到：

$$(P_g \Psi'_X)_X + f^2 \Psi'_{ZZ} = 2Q'_1 \tag{11.60}$$

这个关系式[①]在形式上，和准地转气流里的非地转流函数方程式(11.20)相似，只是用 X 取代了 x，用位涡 $\mathscr{P}_g$ 取代了浮力频率 $\widetilde{N}^2$。只要 $\mathscr{P}_g$ 为正，式(11.60)仍然是椭圆型偏微分方程。这意味着在给定边界的 X-Z 范围内，它都有唯一的解[②]。因为 $\mathscr{P}_g > 0$ 也是气流对称稳定的条件[第 2.9.1 节，方程式(2.150)]，显然，在气流对称稳定的条件下，式(11.60)有唯一解。如果 $\mathscr{P}_g < 0$（即气流对称不稳定），式(11.60)不再是椭圆型方程。

由式(11.20)和(11.60)的相似性可以推断，在 X 空间中由辐合机制强迫诱发的半地转锋生，具有图 11.9a 所示的环流，这与图 11.7 所示的地转锋生情况相似。回顾式(11.30)，在 X 为常量时，$\partial x/\partial Z$ 被定义为 $\partial x/\partial z$，我们从式(11.24)的定义中得到：

$$\frac{\partial x}{\partial Z} = \frac{\partial x}{\partial \mathscr{z}}\bigg|_X = -\frac{1}{f}\frac{\partial v_g}{\partial \mathscr{z}}\bigg|_X \tag{11.61}$$

因此，沿定常 X 面的切变越强，表面的倾斜度越大。图 11.9a 中的环流在转换回有物理意义的坐标系(物理空间)时，将产生如图 11.9b 所示的倾斜。与图 11.7 中地转的情况相比，该倾斜是重大改进，它使锋面环流更接近实际大气特征。如图 11.10 所示，热力场结构也有改进。低层温度梯度更紧密的倾斜锋面，更接近真实的锋面结构。并且半地转计算中也没有出现浮力不稳定区。在半地转情况下，由于非地转环流对温度场的平流作用，造成锋面出现倾斜。而在地转情况下，只存在地转风 b 产生的平流。

通过重新调整位涡 $\mathscr{P}_g$ 的表达式(11.52)，可以看出位涡在计算锋面气流演变中的重要性。代入式(11.41)、(11.45)和(11.46)以后，位势涡度 $\mathscr{P}_g$ 的表达式(11.52)变成：

$$\mathscr{P}_g^{-1}\widetilde{\Phi}_{ZZ} + f^{-2}\widetilde{\Phi}_{XX} = 1 \tag{11.62}$$

现在可以明显地看出，只要位势涡度 $\mathscr{P}_g$ 已知，在适当的边界条件下，可算出每个地方的位势高度 $\widetilde{\Phi}$。而通过位势高度 $\widetilde{\Phi}$，又可由式(11.45)和(11.46)确定 v_g 和 b，再由 v_g 和 b 确定 Q'_1。进而通过式(11.60)，可计算流函数 Ψ'，以及因此产生的横向环流(U_a, w)。锋生随时间的发展过程，完全依赖于位涡方程式(11.54)。计算表明，图 11.10 定性显示的锋面发展时间尺度，比地转风锋生(图 11.8)的情况下更短，而且更接近实际情况。因此，若考虑了非地转运动的平流作用，准地转锋生理论的主要缺陷(缺乏锋面倾斜、静力不稳定和时间尺度长)被克服了。

---

① 有时被称为“索耶-埃利亚森(Sawyer-Eliassen)”方程式，以纪念其开发者 Sawyer(1956)和 Eliassen(1959,1962)。

② 参见 Hildebrand (1976,p417)。

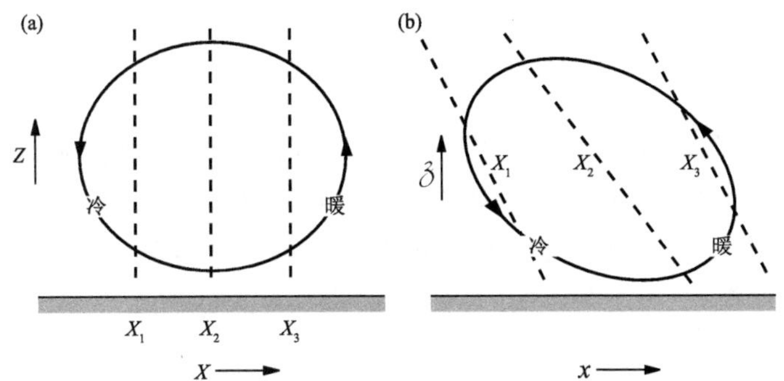

图 11.9 在半地转锋生的情况下，受变形机制强迫作用产生的非地转跨越锋面的垂直环流：(a)在 X 坐标系中；(b)在有物理意义的坐标系(x)中

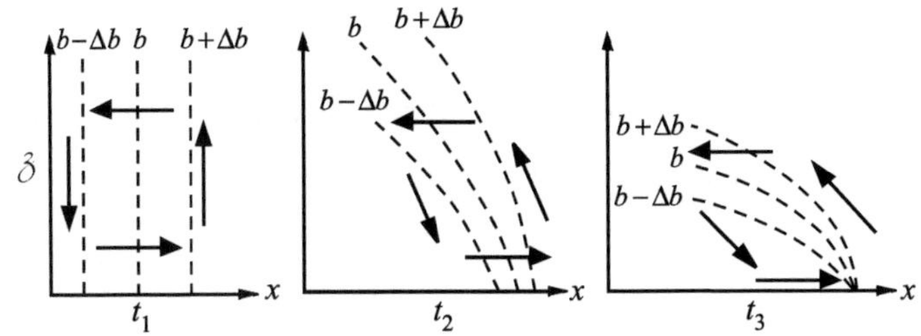

图 11.10 在半地转锋生的情况下，位温场 b 理想演变的时间序列(t_1、t_2 和 t_3)。箭头所示为非地转跨越锋面的垂直环流。引自 Bluestein(1986)，经美国气象学会许可再版

11.2.3 湿锋生

对于云动力学，我们最感兴趣的是锋面里空气运动，这样的空气运动与云的形成和消散密切相关。前面关于干锋生的讨论，为湿锋生的讨论提供了宝贵的背景。干空气中的非地转环流，仍然是空气运动模态的基本框架。但是，潜热释放改变了基本的非地转环流，当锋面附近云和降水活跃时，必须考虑潜热释放对环流的调制改变作用，才能得到更真实的锋面垂直环流。

为了包含与云和降水产生潜热释放，改写式(11.53)，在式中增加非绝热加热率：

$$\frac{\mathfrak{D}b}{\mathfrak{D}\tau}+\mathrm{W}\mathscr{P}_g=\frac{g}{\theta}\dot{\mathscr{H}} \tag{11.63}$$

式中，$\dot{\mathscr{H}}$ 在式(2.10)中定义。我们继续把空气流看作无黏性的二维流体，通过类似于推导式(11.60)的方法，可获得二维流函数方程的新形式：

$$\underbrace{(\mathscr{P}_g\Psi'_X)_X+f^2\Psi'_{ZZ}}_{\mathrm{I}}=2Q_1'+\underbrace{\frac{g}{\theta}\frac{\partial\dot{\mathscr{H}}}{\partial X}}_{\mathrm{II}} \tag{11.64}$$

因此，加热梯度与地转矢量 $\boldsymbol{Q}$ 的分量 Q_1' 共同作用，造成温度梯度的减小或增加，根据式(11.64)的左侧项，这样的温度梯度改变，一定受到非地转环流的补偿。

由于运动为非绝热，因此，位涡 $\mathscr{P}_g$［由式(11.50)定义］不守恒。通过在式(11.55)的右侧

项里代入式(11.63),不是式(11.53),得到位涡 $\mathscr{P}_g$ 的变化率为：

$$\frac{\mathrm{D}\mathscr{P}_g}{\mathrm{D}t} = \frac{\zeta_{ag} g}{f\hat{\theta}} \frac{\partial \dot{\mathscr{H}}}{\partial Z} \tag{11.65}$$

因此,一个气块的位涡变化,和沿定常 X 面[根据式(11.25),或者等效于沿恒定地转绝对动量面 M_g],加热的垂直梯度成正比。如果在式(11.31)中增加摩擦力,则式(11.65)的右侧将出现另一个位涡源,这个位涡源与摩擦力在 X 方向的梯度有关。因此,位涡可以由加热或摩擦产生。若忽略摩擦,只考虑与汽化(只有液相)潜热有关的加热,方程的形式与干燥情况下的形式大致相同。假设凝结(或蒸发)仅在饱和条件下出现,且水汽的垂直平流占主导地位,则式(2.13)可重新表示为：

$$\dot{\mathscr{H}} = -\frac{L}{c_p \Pi} \frac{\mathrm{D}q_v}{\mathrm{D}t} \approx -\frac{L}{c_p \Pi} \tilde{w} \frac{\partial q_{vs}}{\partial Z} \tag{11.66}$$

式中,q_{vs} 是饱和水汽压。如果我们进一步定义一个与式(2.71)类似的地转相当位涡：

$$\mathscr{P}_{eg} \equiv \frac{\zeta_{ag}}{f} \frac{\partial}{\partial Z}\left(g \frac{\theta_e}{\hat{\theta}_e}\right) \tag{11.67}$$

这与第2.5节中定义的量 $\mathscr{P}_{eg}$ 类似,那么可以将流函数方程式(11.64)中的Ⅰ项和Ⅱ项结合在一起,式(11.60)和(11.64)可表示为以下形式：

$$(P_m \Psi'_X)_X + f^2 \Psi'_{ZZ} = 2Q'_1 \tag{11.68}$$

式中,

$$\mathscr{P}_m = \begin{cases} \mathscr{P}_{eg}, \text{饱和} \\ \mathscr{P}_g, \text{非饱和} \end{cases} \tag{11.69}$$

通过将 $\mathscr{P}_g$ 替换为 $\mathscr{P}_m$,得到的式(11.68)为式(11.60)的简化形式,在气流为条件对称稳定的条件下(即 $\mathscr{P}_{eg} > 0$),该方程在饱和区为椭圆型方程。

11.2.4 用几个简单实例解释物理过程

现在我们用二维半地转方程,来计算锋面附近云活跃地区的垂直环流,并分析计算结果。首先考察忽略时间积分计算垂直运动的方法①。为了避免时间积分,位势涡度 $\mathscr{P}_m$ 被设定为常数,但在不同区域具有不同的值,比如

$$\mathscr{P}_m = \begin{cases} \mathscr{P}_1, X \geqslant \hat{L} \\ \mathscr{P}_2, X < \hat{L} \end{cases} \tag{11.70}$$

假设位势涡度的配置如图11.11所示。$\mathscr{P}_2$ 为干锋生的典型值。在某些计算方案中,假设 $\mathscr{P}_1$ 等于 $\mathscr{P}_2$,这样的计算方案降级为代表干锋生的情况。在其他计算方案中,$\mathscr{P}_1$ 被指定为有云条件下的典型值。若假设 $\mathscr{P}_1$ 为一个小的正值,则锋面云区的层结特征,为接近中性的条件对称不稳定(第2.9.1节)。不知道中性条件是如何实现的。但是,从锋区获得的探空和飞机观测数据,支持这种基于经验的假设②。按照锋面云区这样的参数化方案,在式(11.69)中,$\mathscr{P}_1$ 可被视为 $\mathscr{P}_{eg}$,而 $\mathscr{P}_2$ 为 $\mathscr{P}_g$。

在式(11.70)中设定 $\mathscr{P}_m$,对两种辐合强迫的情况[由式(11.11)中的 $-u_{gx}b_x$ 定义,如图

① 由 Emanuel(1985)得出。

② 参见 Emanuel(1985)。

11.6 所示],用方程式(11.68)计算了流函数。在第一种情况,温度梯度这样设定,使得 v_g 的垂直切变为常数,这是热成风平衡的情况。图 11.12 和 11.13 分别为干、湿两种情况下横向环流的函数。计算结果已转换为有物理意义的(x)坐标系。显然,和干的半地转锋生情况相比,受云的影响,湿抬升集中在更窄的带状区域。在第二种湿空气情况,把 v_g 的垂直切变设计为随 X 离 L 的距离减小,计算的结果如图 11.14 所示。水平切变变化的作用,是使锋面具有在垂直方向弯曲的形状,近地面比对流层中部更陡。

下面考察锋面环流可以随时间演变的情况。用式(11.68)计算流函数时,减少限制条件,允许位势涡度 $\mathscr{P}_m$ 受凝结加热的作用而随时间演变[①]。从式(11.65)和(11.66),可获得位涡 $\mathscr{P}_g$ 的演变。为了描述锋面云,再次设置 $\mathscr{P}_{eg}$ 为小的正值,表示大气已调整到接近条件对称中性状态。若大气无论在什么时候都饱和,那么此条件就适用。这个假定相当于认为:无论在什么时候,空气都垂直向上运动。因此有:

$$\mathscr{P}_m = \begin{cases} \mathscr{P}_{eg} = \hat{\varepsilon}\mathscr{P}_{eg}, w > 0 \\ \mathscr{P}_g, w \leqslant 0 \end{cases} \tag{11.71}$$

式中,

$$\begin{aligned} &\hat{\varepsilon} = 0.1 \quad (\text{在湿大气条件下为近似等于 } 0.1 \text{ 的小正值}) \\ &\hat{\varepsilon} = 1 \quad (\text{在干燥大气条件下为近似等于 } 1) \end{aligned} \tag{11.72}$$

对不同的情况,设定了不同的位势涡度 $\mathscr{P}_m$ 值,再利用式(11.68)随时间的变化,就得到非地转环流。

方程式(11.71)—(11.72)可与式(11.68)结合使用,在更真实的情况下估算锋生环流。图 11.11 — 11.14 中所示的计算结果,是以特定的 $\boldsymbol{Q}$ 矢量汇合强迫为特征的,高度理想化环流的锋生。如第 11.1 节所示,大气锋面是斜压波的主要组成部分,锋面和波动是一起发展的。设位涡和其他量的初始场,属于小振幅的干斜压正常模态,研究了发展斜压波中的非地转环流[②]。这样的计算方案与之前的计算除了在此方面不同以外,还有一个不同。以前的计算方案中,基本状态由水平均匀的西风地转气流来表示(即 u_g 仅取决于高度)。而在这个计算方案中,锋生的强迫作用是切变项,而不是 Q_1 中的汇合项[例如,在式(11.11)中,$b_y = -\partial u_g/\partial y$ 及 $\partial u_g/\partial x = 0$]。

图 11.15 描写了 2 天后的波动结构。图 11.15a 中的流函数再次表明,与环流中干燥的下沉部分相比,水汽产生狭窄且强烈的上升运动。上升气流在下边界附近异常狭窄和强烈,形成最强的锋面(图 11.15b)。随潜热加热梯度发展,在锋面附近产生了位涡(图 11.15c)。最强烈的发展区位于低层,绝大部分的水汽是在这里被凝结的。水汽的另一个作用是:在紧邻锋带的前面,低层南风急流集中并加强(图 11.15d);在低层锋区里,绝对垂直涡度集中并加强(图 11.15e)。这种特征把低纬度特别温暖潮湿的空气引向极地方向,起了特别重要的作用:它把湿空气在水平方向注入由锋面抬升作用而形成的云中。第 11.4 节中将进一步讨论进入温带气旋湿气流与云和降水形成之间的关系。

---

① 这个过程是由 Thorpe 和 Emanuel(1985)提出的。

② 参见 Emanuel(1987)。

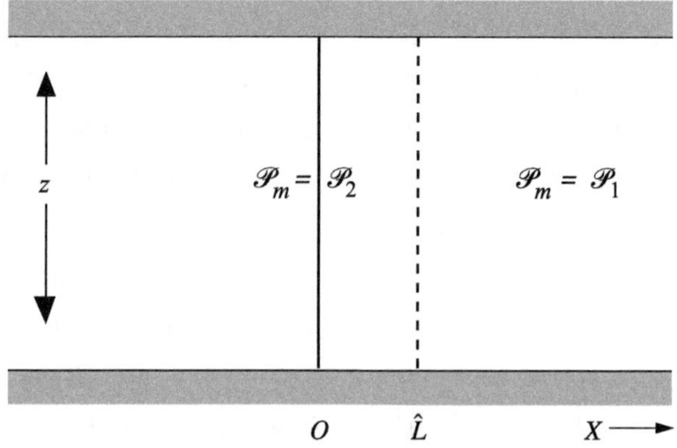

图 11.11　用以计算锋面二维理想环流的位涡 $\mathscr{P}_m$ 分布。引自 Emanuel(1985),经美国气象学会许可再版

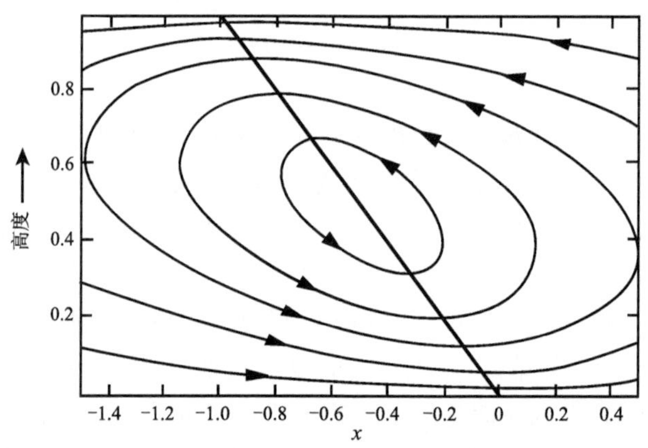

图 11.12　在干燥变形强迫条件下,求解半地转索耶-埃利亚森方程,得到的非地转流函数。假设沿着锋面的风垂直切变,在任何地方都一样。结果已转换为有物理意义的坐标系(x)。高度和水平距离用无量纲单位表示。实线表示地面,$X=0$(图 11.11)。引自 Emanuel(1985),经美国气象学会许可再版

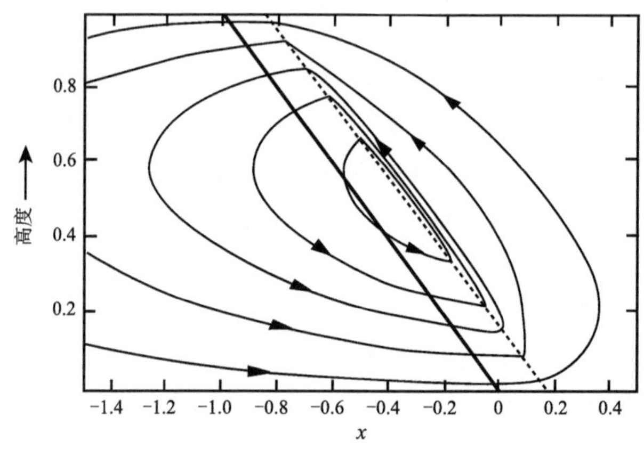

图 11.13　在潮湿变形强迫条件下,求解半地转索耶-埃利亚森方程,得到的非地转流函数。假设沿着锋面的风垂直切变,在任何地方都一样。结果已转换为有物理意义的坐标系(x)。高度和水平距离用无量纲单位表示。实线表示地面,$X=0$,虚线表示 $X=\hat{L}$ 面(图 11.11)。引自 Emanuel(1985),经美国气象学会许可再版

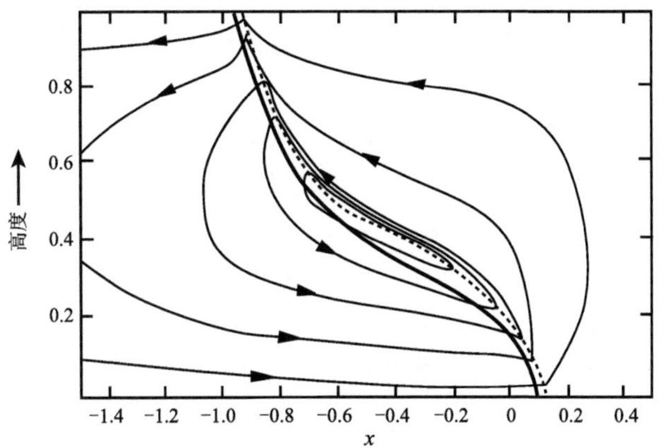

图 11.14 在潮湿变形强迫条件下,求解半地转索耶-埃利亚森方程,得到的非地转流函数。沿锋面风的垂直切变,设定为随 L 离 $\hat{L}$ 的距离增加大而减小(图 11.11)。结果已转换为有物理意义的坐标系(x)。高度和水平距离用无量纲单位表示。实线表示地面,$X=0$,虚线表示 $X=\hat{L}$ 面。引自 Emanuel(1985),经美国气象学会许可再版

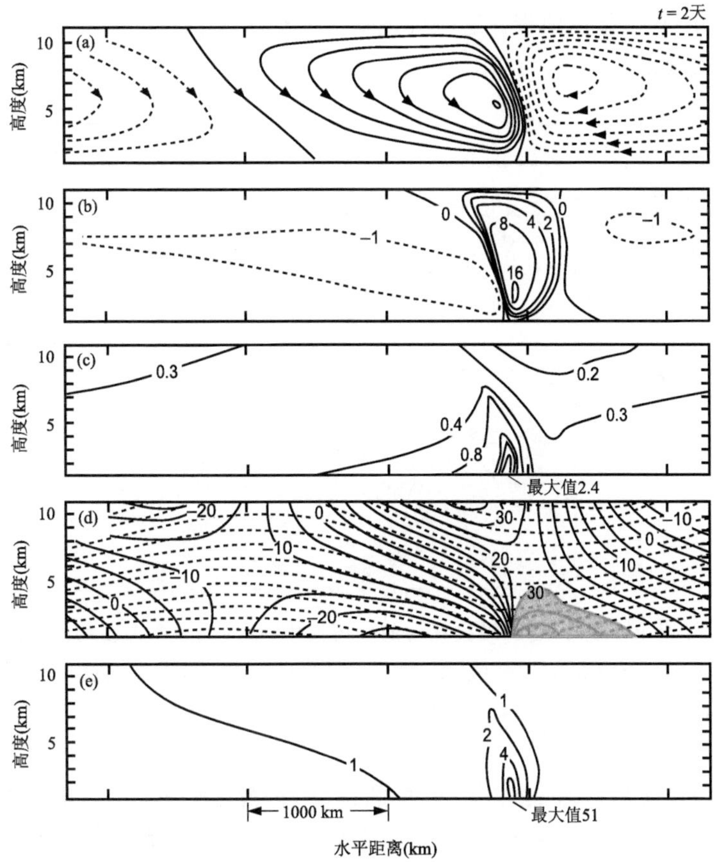

图 11.15 设初始场属于小振幅的干斜压正常模态,进行二维、半地转、存在切变强迫条件下,湿($\hat{\varepsilon}=0.1$)锋生过程的计算,2 天以后的结果。(a)非地转流函数(等值线间隔 4000 $m^2\cdot s^{-1}$);(b)垂直风速 w($cm\cdot s^{-1}$);(c)两天后的位涡($10^6\ m^2\cdot K\cdot s^{-1}\cdot kg^{-1}$);(d)经向风速 V(实线为风速等值线,$m\cdot s^{-1}$)和位势温度(虚线,等值线 4 K 间隔)。彩色阴影区着重标出半地转理论所指示的锋前低层急流。(e)归一化地转绝对垂直涡度(ζ_{ag}/f)。

引自 Emanuel 等(1987),经美国气象学会许可再版

11.3 发展气旋锋带的水平分布模态

由于斜压波动中的垂直环流，集中发生在锋生活跃的区域里，因此，可以合理地预期，围绕锋面气旋云的水平分布，在一定程度上反映了波动中锋带的空间构形。如果利用第 11.2.2—11.2.4 节中所述的半地转方案进行计算，把式(2.32)中的地转动量近似，扩展到完全三维情况，可以得到锋区水平分布的一级近似，进而研究理想斜压波受到小扰动以后的发展过程。计算结果如图 11.16 所示。在图 11.16a 和图 11.16b 所示的时间内，水平温度梯度明显增大。出现两个锋生特别强烈气旋发展区：一个沿着从气旋中心向南伸展的冷锋，另一个沿着气旋北到东北方向发展中的暖锋。在图 11.17b 中，这些锋生区用函数 $\mathfrak{D}(\nabla\theta)^2/\mathfrak{D}\tau$ 的分布定量标示。该函数可敏感地显示温度梯度增加或减少的快慢。随着时间推移，暖锋区被气旋式旋转的风场扫过低压中心向极地方向的一侧。在图 11.16c 的时刻，锢囚锋可以通过狭窄的位温大值区来识别。位温大值区从暖区的头部向地面气旋中心卷曲。如我们在第 11.2 节中所见，锋生区内气流的垂直运动加强，锋面云系主要形成在这些狭窄的锋生区里。另外，在暖锋锋生区向低压中心延伸的地方，有一条锋消带。这条锋消带有时会蒸发在锋生区里产生，并不断呈气旋式向气旋内部平流过来的云。

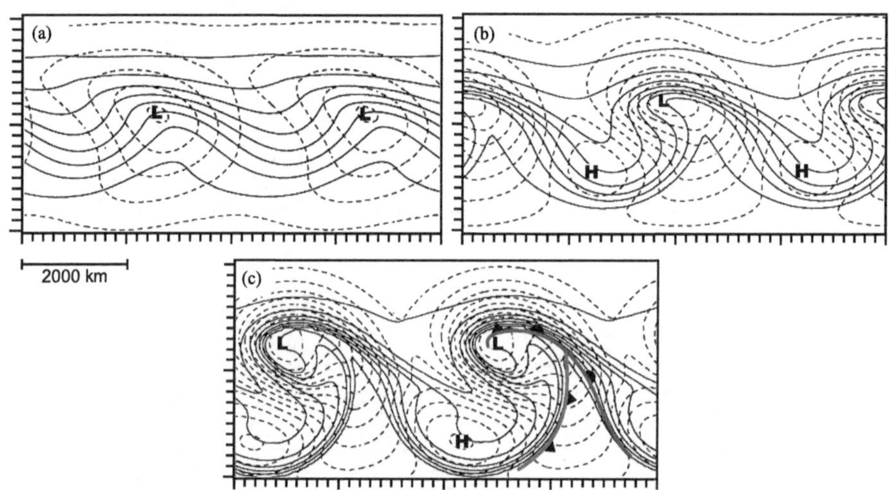

图 11.16　用半地转模型计算出的，受到轻微扰动的斜压波中，地面气旋和温度场的发展过程。等压线(虚线)以 3 hPa 为间隔显示。位温等值线(实线)以 2 K 为间隔显示，图顶部的空气较冷。(a)和(c)之间的时间间隔为 96 h。已添加锋面符号，以便用标准地面天气图的形式表示模式计算的结果。经 Schar(1989)批准改编

图 11.18 为用全初始方程式(2.1)模拟的结果，因此，不受半地转假设条件的限制。图 11.16、11.17 和图 11.18 中所示结构的相似性表明，半地转动力学是温带气旋锋生过程形成云系的主要机制。在实际的风暴中，叠加在半地转动力学机制上，还有其他物理的过程。图 11.18 显示了半地转计算中，沿着地面低压北到东北方向锢囚锋的暖锋一侧，以及沿着低压东南方向的冷锋，更容易发展出强的锋区。在海洋气旋以南的强冷锋和以北的暖锋带之间，有较弱的温度梯度。这可能反映了在最强冷锋锋生区之外，海洋表面对地面温度配置的影响。陆上风暴并不总是出现如这样的温度梯度减弱区。例如，图 11.19 是一个由完全物理

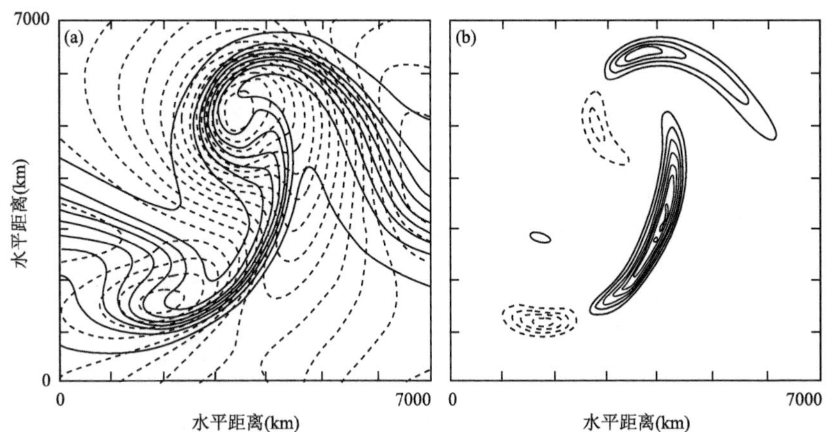

图 11.17 半地转方案计算出的地转风的空间分布，此时地面气旋及其温度场处于发展过程的中间阶段。(a)间隔为 3.2 hPa(虚线)的等压线和间隔为 2.1 K(实线)的位温等值线，顶部空气较冷；(b)锋生函数 $\mathfrak{D}(\nabla\theta)^2/\mathfrak{D}\tau$，单位为 10.6 $(K/1000\ km)^2 h^{-1}$，实线表示正值，虚线表示负值。引自 Schar 和 Wernli(1993)，经英国皇家气象学会许可再版

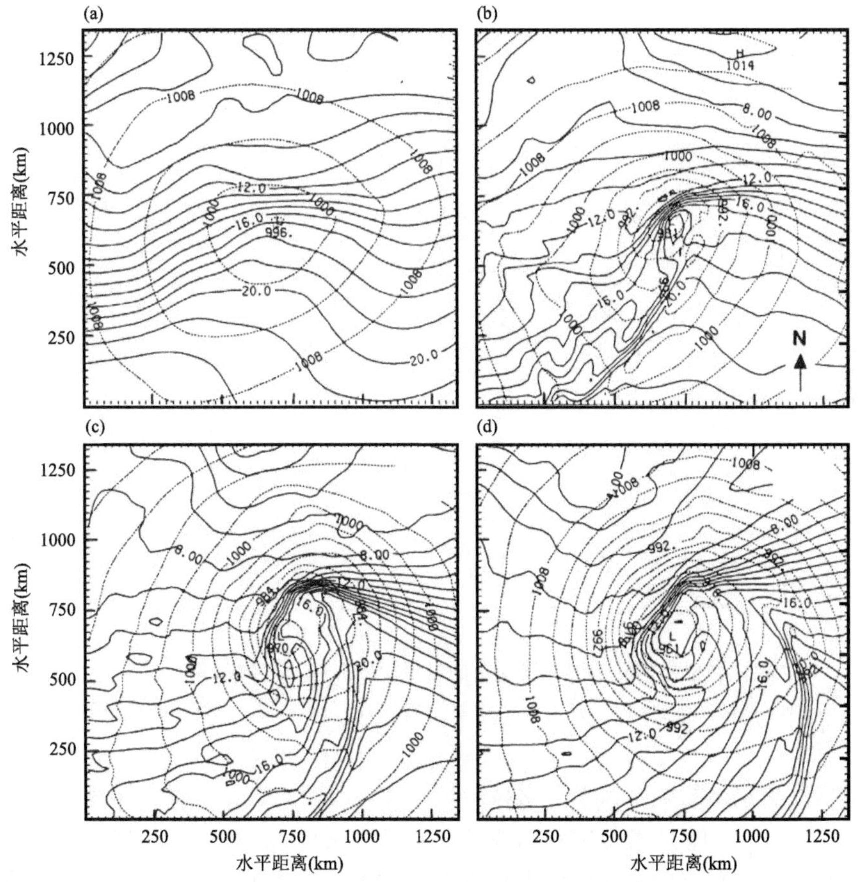

图 11.18 用中尺度原始方程模型计算出的温带气旋发展过程。发展的四个阶段分别是：初始气旋(a)、12 h(b)、18 h(c)和 24 h(d)预报。海平面温度（℃，实线）和气压(hPa，虚线)。刻度线间距为 25 km。引自 Shaprio 和 Keyser(1990)，经美国气象学会许可再版

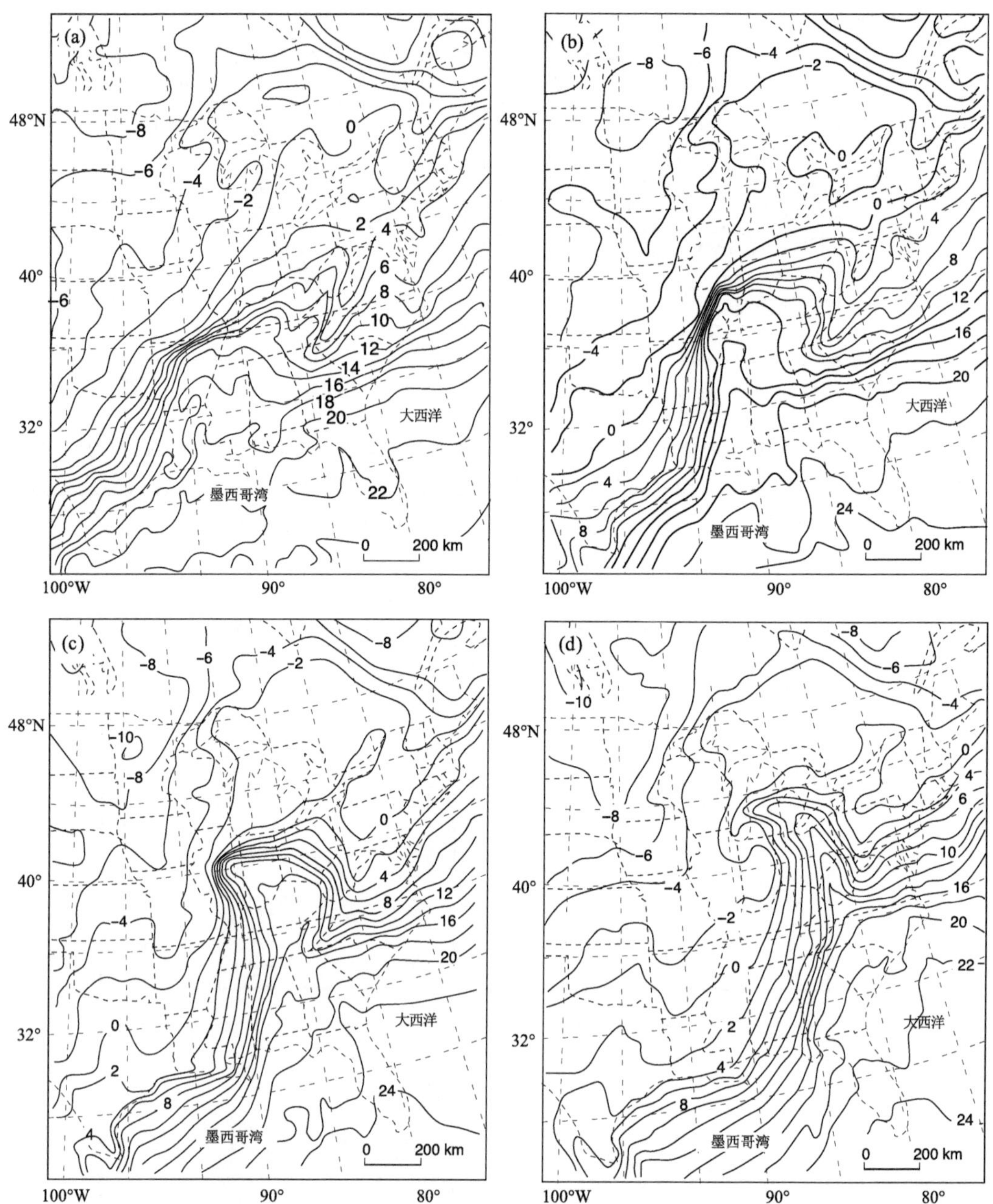

图 11.19 模式模拟出的陆上温带气旋发展过程中等温线(℃)的演变。感谢 David Schults 对本书提供的分析。有关计算模型的细节,请参见 Mass 和 Schultz(1993)

过程的区域模型模拟出的陆上风暴。它显示出一直伸展至气旋中心的强温度梯度。

在图 11.16 — 11.19 的模拟中看到的一个显著特征是:暖锋和冷锋结构之间的明显分离。这种分离是围绕涡旋平流的温度梯度固有的特性,如图 11.4 所示。锋生发生在围绕气旋旋转中冷暖舌的边缘，因此，它们一定是彼此分离的。冷暖锋结构的分离被称为锋面断裂①。由于地面摩擦较大，它在陆地上没有海洋上明显②。由于风和风场的形变在地面低压中心处为零，锋生作用在风暴中心附近必然趋于零，因此，锋面断裂是气旋运动学的必然结果。注意在暖锋带下风方向的末端，由于气旋运动学的作用，暖锋锋生甚至转化为锋消(图 11.17b)。因此，很明显，活跃的暖锋锋生区的云，在被平流到气旋中心附近锋生不活跃的区域。因此，许多气旋逗点头部区域的云，为暖锋区上游平流过来在动力上不活跃的碎片。

11.4 锋面气旋里的云和降水

11.4.1 水汽输入、大气河流以及暖输送带

温带气旋将大气中高纬度的冷空气与热带的暖空气进行交换，是维持全球热量平衡的主要机制。热带暖空气离其赤道附近的海洋源地近，具有较高的温度和含水量。正是作用在这类暖湿空气上的斜压锋面抬升作用，形成了锋面云系。因此，关注形成锋面云系的水汽源，如何组织起来进入气旋系统，是非常重要的。温暖潮湿的热带空气，是在锋生动力学的作用下被气旋吸收的。第 11.2.4 节中可以看到，锋生过程自然的特征，就是在冷锋前面邻近，形成一条平行于冷锋的低空急流(图 11.15d 中的彩色阴影区)。在冷锋带的赤道端，急流的汇合作用将水汽集中到向极地方向移动的水汽羽里，该通道被称为“大气河”③。图 11.20 为和海洋锋面系统相关的“大气河”的理想模型，这些来自热带的水汽羽，起初出现在海洋上空。当“大气河”的水汽进入气旋时，形成一条暖输送带。暖输送带是一种气流特征。它描述了来自低纬度的暖湿空气，如何被锋生垂直运动抬升，以及如何形成气旋中主要的云和降水模态(图 11.21)④。暖输送带在冷输送带的上面上升，并继续升到暖锋的极地一侧。当暖输送带上升到与暖锋锋生有关的上升运动区域时，水汽凝结形成锋面云。在气旋发展的后期，暖锋上面的气流分裂，组成暖锋云的物质一部分向东传播，另一部分向西平流，卷入风暴中心，形成锢囚锋云系。

11.4.2 卫星观测的云型

通过对大尺度斜压波动(第 11.1 节)及其锋区(第 11.2 — 11.3 节)的理论探索，我们获得了波动内部上升气流分布的知识。空气的大尺度上升运动，一般发生在中层槽以东的逗点形区域内(图 11.3b)。在这个宽阔上升运动区的低层，形成狭窄的锋生带(图 11.17)。由此产生

---

① 关于锋面断裂过程请参考 Doswell(1984)和 Schultz(1998)。

② Hines 和 Mechoso(1993)证明了摩擦对锋面断裂过程的影响。

③ Newell 等(1992)在研究大气环流时发现，进入温带的水汽通量，往往集中出现在源自低纬度地区的狭窄细丝中。起初，他们称这些细丝为“对流层河流”。后来，Zhu 和 Newell(1994，1998)创造了“大气河”一词来描述这些细丝，并显示了它们的重要作用：向海洋上空迅速发展的锋面气旋输送水分。Ralph 等(2004)采用“大气河”这个术语，来具体描述在美国西部沿海山区产生降雨和洪水的锋面系统。Barrett(2009)和 Viale 等(2013)描述了穿越安第斯山脉的“大气河”，它影响南美沿海地区的降雨。

④ 输送带概念来自 Carlson(1980)，他提出了一种三股气流的解释，来描述温带气旋中空气团的主要轨迹。Harrold(1973)介绍了输送带术语，随后由 Browning(1985，1986)推广。虽然输送带的概念被大量使用，它是一种有助于直观地理解气旋中气流的一般性质，但是它仍然是一个相当粗略的简化模型。关于温带气旋中空气团轨迹的更全面的分析，要参考数值模拟的研究成果，如 Kuo 等(1992)的研究。

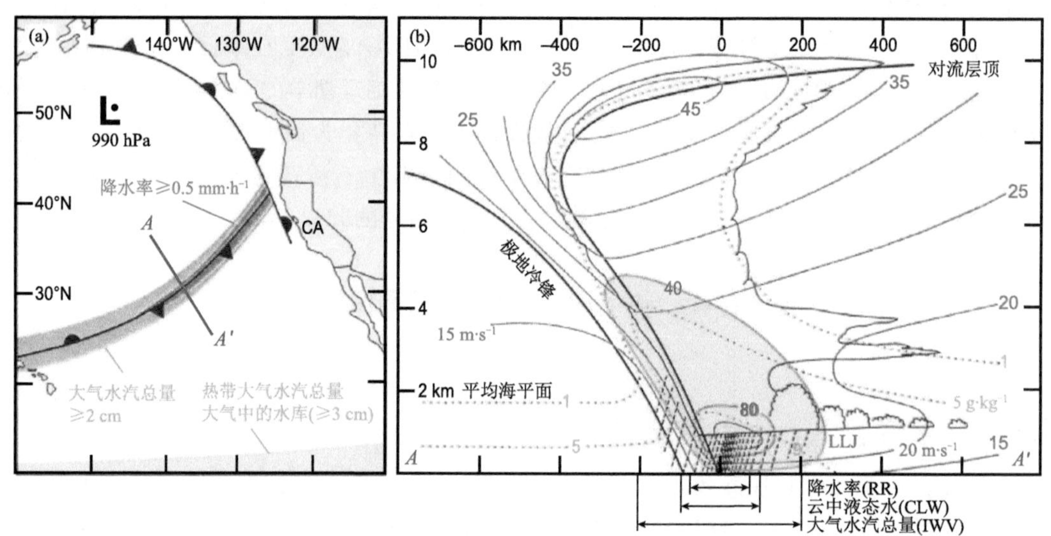

图 11.20　东北太平洋上空“大气河”的概念示意图。(a)大气水汽总量(IWV)沿冷锋汇集的平面图(值≥2 cm 用深绿色阴影表示)。图中还显示了热带地区大气水汽总量的高值区(≥3 cm;浅绿色)。(b)沿 AA' 的横截面图突出显示了沿锋面的等温线(蓝色等值线;m·s^{-1};LLJ 表示低空急流)、水汽比湿(点状绿色等值线;g·kg^{-1})和沿锋面的水汽水平通量(橙色等值线和阴影;3150 kg·s^{-1})的垂直结构。在总宽度为 1500 km 的垂直剖面图的基线上,还显示了关于云和降水带的平均宽度。它们是以下要素达到其极值 75%的带状区域的平均宽度:大气水汽总量 (IWV,最宽处)、云中液态水含量(CLW,最宽处)和降水率(RR,最窄处)。引自 Ralph 等(2004),经美国气象学会许可再版

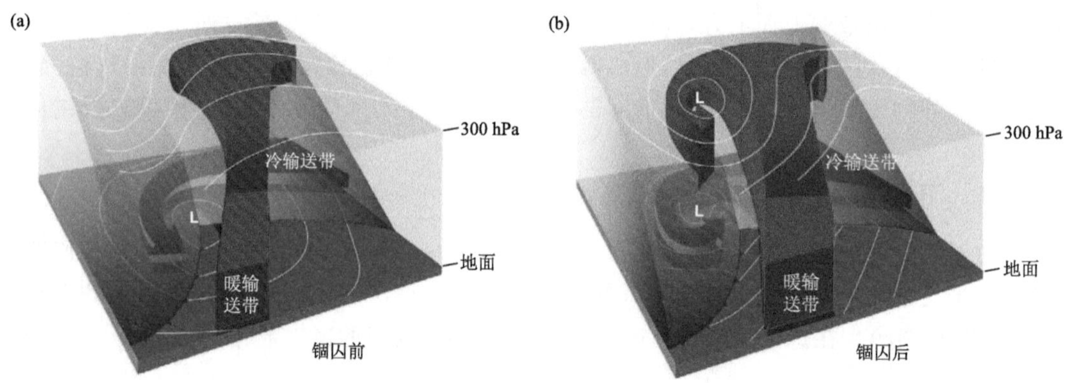

图 11.21　暖输送带(红色)和冷输送带(蓝色):锢囚前(a)、锢囚后(b)。每个区域的水平特征尺度为 1000 km。引自 Schultz 和 Vaughan(2011),经美国气象学会许可再版

的锋面从地面低压中心向外延伸,如图 11.16 — 11.19 示例中等温线图所示。由第 11.2 节可知,波动中的上升运动集中发生在锋生区,特别是锋生区有凝结和云形成时(第 11.2.3 节和第 11.2.4 节)更是如此。

云生成的动力学机制是本书的主题。正如前面的理论讨论所预期的那样,斜压波动中的云和降水,之所以分布成这样的模态,是因为其上升运动主要受波动及其相关锋生动力学(如

图 11.3 和图 11.12 — 11.15)的控制。温带气旋里云和降水的分布,其一级近似主要是由流入气旋的水汽,受到上升运动的作用(图 11.15d、11.20 和图 11.21)所决定的。然而,云和上升运动之间的关系并不是简单的一一对应关系。水平运动对云和降水的分布形式同样重要。如图 11.20 和图 11.21 所示,在达到凝结之前,气块可能已经在上升的过程中走了很长的水平距离,一旦凝结发生,水凝物还可以从其形成和增长的上升运动区被平流到很远的地方。因此,并不奇怪,当 20 世纪 60 年代开始有了气象卫星数据以后①,大家很快就明白了:与气旋发展有关的云型,呈现出多种多样的结构,取决于气流和湿度场的实时配置。有人试图在不同的高层波动、低层气旋和锋面组合下②将卫星云图中所见的各种云进行分类。这些类型实在太多,本文的篇幅不能列举所有的可能性。本节仅给出最明显和最常见的卫星观测云结构特征。

与斜压波有关的基本高层云型为逗点状云型,它反映了波动中槽以东上升运动区的逗点形状(图 11.3b)。图 1.32 给出了很好的示例,图中紧随在极地低压逗点状云系的尾部,有一条大尺度锋面云系,它与一个正在赶上锋面系统的高空短波槽有关。该锋面云系统与另一个波长更长的斜压波有关,从卫星云图上可以看到,它同样表现为一个逗点状云型。在这种情况下,逗点更大,其头部是由宽广的云形成的,其中心在大尺度锋面云区头部的北端附近,地面低压中心所在的地方。冷锋云带组成大逗点云系的尾部。该锋面逗点云系是由一系列因素相结合而产生的:与斜压波动有关联的普通逗点状上升运动区,上升运动集中在狭窄的锋生带里,在斜压波发展过程中(如图 11.4 所示)低空发展起来的锋面低压气旋性环流风对云的平流作用。尽管每一个个例的细节各不相同,但几乎所有斜压波产生的云系,一般都表现为逗点状云型。

用常规的红外和可见光卫星图像观察云型,有一个显著的局限是只能看到云的顶部。正如图 11.22 中的理想化示例所展示的那样,看到的通常是大片卷云区。该示意图为图 11.5 所描述的那种气旋发展过程相关的云系。在图 11.22a 所示的早期,两个不同高度层面上的云带,躺在地面锋面上,走向与锋面平行。冷暖锋产生低层云。在槽以东,高层卷云带挡住了低层的锋面云带。图 11.22a 中的粗箭头表示槽中急流(强风速带)的位置。由于进入斜压槽以东上升运动区的运动轨迹在急流区是汇合的,因此卷云层一般位于急流的南侧,如图 11.23 所示。所有的运动轨迹都进入并通过槽前上升运动区。然而,只有在加粗线以南移动的气团,才有足够的湿度可以达到饱和,加粗线标注为卷云的北部边界。因此,汇合的气流轨迹在该线以南形成一条卷云带。卫星数据并不能分辨:以这种方式形成的高层云,是保持与下面的云相互分开,还是与下面较低处的锋面云连接在一起。

随着图 11.22 所示云型的演变,当加深高空槽以东波动中的气流变得更疏散时,卷云也变得更宽广。图 11.22c 时刻,地面低压已经从急流以东移动到急流的下面。在风暴发展的这一阶段,在急流的极地方向一侧,卷云的下面出现了低层云或中云的云顶。较低层的云开始从纯线状的锋面云带,演变为与低层锋面气旋中心区域相关的,更像逗点形状的云带。随着波动和锋面气旋继续增强,逗点结构变得更加完整,低层气旋(现在位于高层急流以北和以西)和高空槽在垂直方向上也变得更加一致(图 11.22d)。

---

① 第一颗气象卫星,泰诺斯 1 号,发射于 1960 年 4 月 1 日。

② Evans 等(1994)的论文对与几类气旋发生有关的卫星云模式进行了极好的描述,而 Bader 等(1997)的书对与锋面有关的卫星云图进行了详尽的描述。

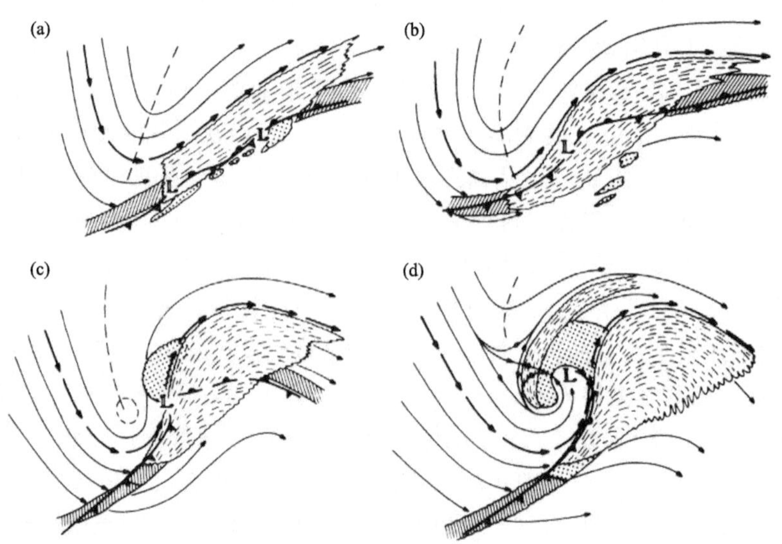

图 11.22 和高空槽移过原先存在的与低空锋面相关的云系,并激发气旋发展的示意图。显示了发展过程的四个阶段。虚线阴影表示盾状卷云的顶部,横线阴影为锋面云带,点状阴影为低云和中云区。实线为对流层高层流线,虚线表示高空槽的位置,粗箭头表示急流位置,锋面符号表示地面锋面的位置。引自 Wallace 和 Hobbs (1977),Elsevier 版权所有

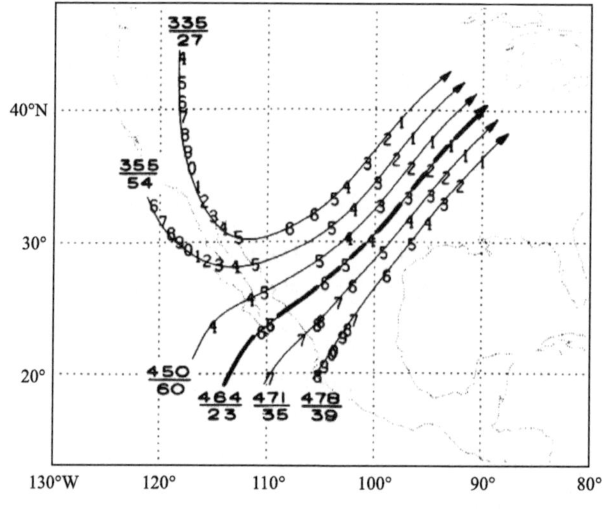

图 11.23 从斜压波槽以西进入上升运动区的气流轨迹线。所有的轨迹线都终止于 400 hPa。在每条轨迹线的起始端,标注了气压层和饱和气压,单位为 hPa。沿着轨迹线标注了气压的十位数,以指示垂直运动。最北边的达到饱和状态的气团轨迹线加粗。引自 Durran 和 Weber(1988),经美国气象学会许可再版

11.4.3 云系内降水的分布特征

由于可见光和红外卫星数据仅限于观测云顶,因此,有必要借助其他手段来研究云系的内部结构。对此,雷达尤其有用,因为它能穿透云,并能确定云系里下落中降水的位置和强度(第

4 章)。装载在研究飞机上的探测仪器,能揭示用雷达或卫星数据无法确定云的微观物理结构。图 11.24 总结了嵌入在锋面气旋云系内部,降水水平分布的典型特征。该示意图是多种观测研究结果的综合。它并不意味着所示的所有特征都存在于每一个风暴中,而是表明在降水的分布模态中,趋向于出现这里所指出的某些属性元素。例如,图中所示的某些特征对于海洋风暴比陆地风暴中更为明显,而另一些特征则在陆地风暴中更明显。图 11.24 中锋面云系的大致轮廓,与大尺度垂直运动的一般分布相似(如图 11.3b 中的 $\boldsymbol{Q}$ 矢量辐合所示),而降水的分布(如图 11.24 中的浅绿色阴影所示)则或多或少更集中和局限在与地面气旋相关的垂直运动区域,以及活跃低层锋生的主要区域(第 11.2 — 11.3 节)。嵌入在锋面降水区中,还有各种尺度特征,其中长条状的特征称为雨带。在雨带里还有更小的中尺度强降水区域,它们通常是对流单体,有时可能是由于某些类型的波动或其他类型的不稳定造成的。这里将集中讨论雨带。

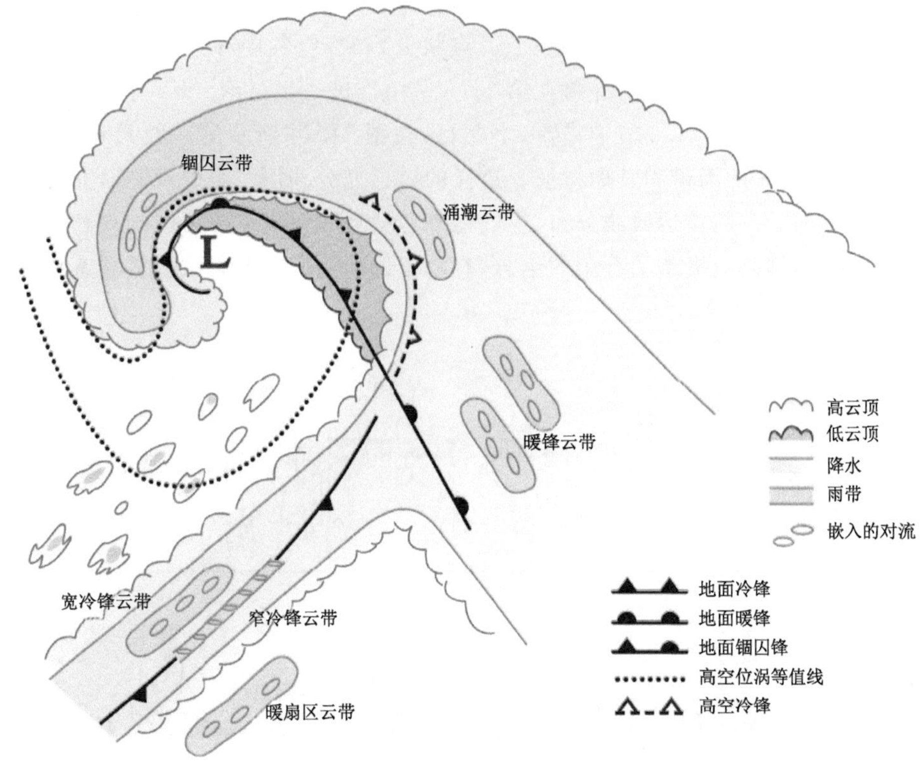

图 11.24　成熟温带气旋中云和降水的理想化分布模态

图 11.24 所示雨带的类别包括暖锋、窄冷锋、宽冷锋和涌雨带,这些雨带一般出现在锋面降水区轮廓的范围以内,以及锋面降水区以外的暖扇区内部。锋面降水区轮廓范围以内的降水,主要以层状云降水为主(即由第 6 章中所描述的降水类型组成)。暖锋、宽冷锋、涌和锢囚锋雨带(在第 11.4.4 — 11.4.8 节中讨论)是层状云降水带中较强的降水区。说明这种降水分布的例子在图 11.25 中给出。这是垂直指向多普勒雷达观测数据的时间剖面,在飞机穿过一个与图 11.24 所示示意图类似的气旋性风暴的过程中获得。虽然降水中嵌入了四条雨带(两条暖锋带和紧随的两条宽冷锋带),基本的层状云结构在整个风暴中保持连续。该层状云结构中有

一个清晰的融化层。融化层在降水粒子下落速度的垂直梯度图上可以得到证实。当飞机经过风暴的暖锋部分时,融化层略微上升;经过冷锋时,融化层略微降低。飞机穿过雨带时,云区基本的垂直分层结构完整无缺。这表明整个锋面系统云系,都具有这种基本的层状云结构。雨带是整个锋面的基本层状云结构中特别强的那个部分。

在图 11.24 中,尽管叠加在锋面降水主区域范围里的大部分雨带,是锋面系统中基本层状云降水过程的增强,但是其中有一类雨带,显然不是层状云的。它就是窄冷锋雨带。如我们将在第 11.4.4 节中看到的,该云带为线状的强对流区(有时是强迫对流,而不是自由对流),与低层冷锋前缘密度流的作用有关。

图 11.24 所示的暖区雨带,不作为下面讨论的主题,因为它们由对流云组成,因此,它们产生的物理机制,与第 8 章和第 9 章中所讨论的其他对流线形成的机制相同。多种过程可导致气压槽和低空辐合,从而触发冷锋前面的暖空气区里出现对流线①。在围绕低压中心呈气旋式旋转的汇合气流中,可能形成冷气流内部的锋后云带。它们是在暖水面上移动的冷空气中云街云型的一部分(第 5.2.7 节),或者是一个逗点状云,和冷空气中移过来的短波槽有关系。逗点云现象在第 1.3.3 节中介绍过,并将在第 11.5 节中作进一步讨论。

下面(在第 11.4.4 — 11.4.8 节中)转一个题目,在图 11.24 所示的一般云和降水分布模态中,更详细地探讨嵌入的雨带和其他特征。这样的讨论充分利用了野外观测研究的成果,野外观测时获得了锋面云系的雷达回波分布、空气运动、热力学、飞机取样云微物理和卫星图像。另外数值模拟研究的结果也提供了有用的信息,有助于诊断我们目前无法直接观察到的现象。

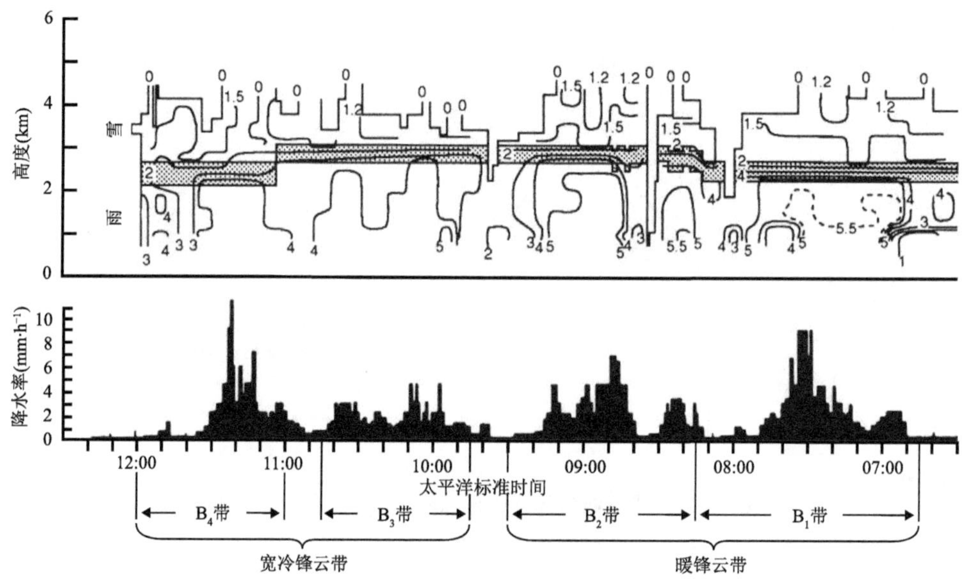

图 11.25 用垂直指向多普勒雷达数据做出的时间-高度剖面和高分辨率雨量计降水,这是一次温带气旋风暴过程经过华盛顿州西雅图上空时获得的。雷达数据显示了 10 min 平均降水下落速度($m \cdot s^{-1}$)。以下落速度梯度大为特征的融化层,用阴影加以突出。用 0 标记的等高线,勾勒出雷达探测到的降水区域。引自 Houze 等(1976),经美国气象学会许可再版

① Schultz(2005)讨论过冷锋前可能形成的 10 种类型的低压槽。

11.4.4 窄冷锋雨带

冷锋云中空气运动的最大水平分量在沿着锋面的方向。上升空气通常是气旋(即暖输送带)中向极地移动暖气流的一部分。当这股空气进入与冷锋强锋生有关的环流时,该气流将上升。图 11.26 显示沿距离风暴中心相当远的一段冷锋锋区,还给出了垂直结构。在沿着 AB 的剖面中,环流穿越锋面的分量和垂直分量与第 11.2 — 11.3 节讨论的锋生理论图一致。暖气流通常湿度大,因此具有高位温 θ_e 的特征。尽管这支气流主要基本上沿锋面流动,但是它发展出向后和向上的分量。这是与锋生作用有关的非地转环流(u_a , w)的上升分支,在冷空气一侧下沉的较冷、较干燥、低 θ_e 的气流,构成了环流的下沉分支。

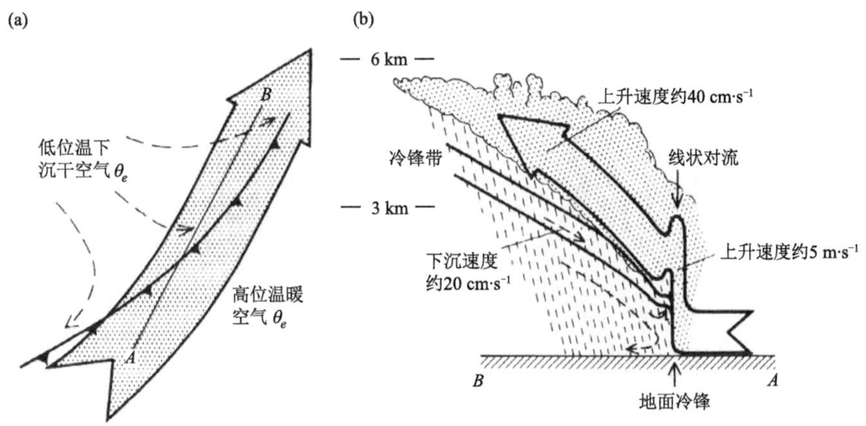

图 11.26 冷锋气流示意图。粗轨迹线表示暖湿空气流入和穿过云区。(a)水平投影。(b)沿 AB 的垂直剖面。虚线表示降雨。虚线轨迹表示干燥的低 θ_e 气流。引自 Browning(1986),经美国气象学会许可再版

沿着图 11.26 中的 AB 线,低层锋面前端鼻状区具有强烈、集中的辐合和突发的上升运动。同时还发现在紧邻该锋面前端鼻状区的后面,地面附近的温度梯度几乎是不连续的。在第 11.2 节(图 11.10)中,我们看到:锋生区的温度梯度在流体的下边界可汇聚成一个接近不连续的区域,该处由水平地转和非地转平流造成的温度变化,不能被垂直运动产生的绝热温度变化抵消。这种汇聚表现为强冷锋。对这一强地面锋的详细观察表明,它还具有类似于雷暴阵风锋的密度流特征(第 8.11 节)。这种密度流结构甚至在非降水锋面中也存在,如图 11.27 中的示例所示。如图 11.28 所示,在某些特定降水个例中,多普勒雷达观测到该区域的运动学结构。冷气团前缘的大头部特征,和扩散中冷空气上边界的波状湍流结构(如图 11.27 和图 11.28 所示),与图 8.39 所示的雷暴阵风锋结构非常相似。在密度流上面被迫抬升的空气,具有不同的热力和风切变层结,可导致不同类型的云线。有时,密度流类型的抬升作用可能根本不会产生云①。在另一些情况下,在密度流上方抬升的空气形成一条狭长连续的浅薄云线,称为绳状云(图 11.29)。如果形成更深厚一些的云,如图 11.24 所示,该狭窄的(约 1~5 km 宽)云带将产生降水,并产生一个狭窄的冷锋雨带。这种类型的雨带与浅薄降水云的个例分析表明,它可以由稳定或弱不稳定的空气强迫上升产生。虽然强迫上升可能很强(大约每秒几米的

① 例如参考 Schultz 和 Roebber(2008)描述的个例。

量级),但降水云在垂直和水平方向上伸展范围有限,仍然局限于密度流强迫上升的区域。在某些情况下,密度流的上升会触发深雷暴中尺度对流系统(第 9 章)(非常类似于飑线,有时伴随层状云降水,有时没有),它可能会产生自身的冷池和密度流,反过来加强锋面密度流,或将其自身从锋面中分离出来。

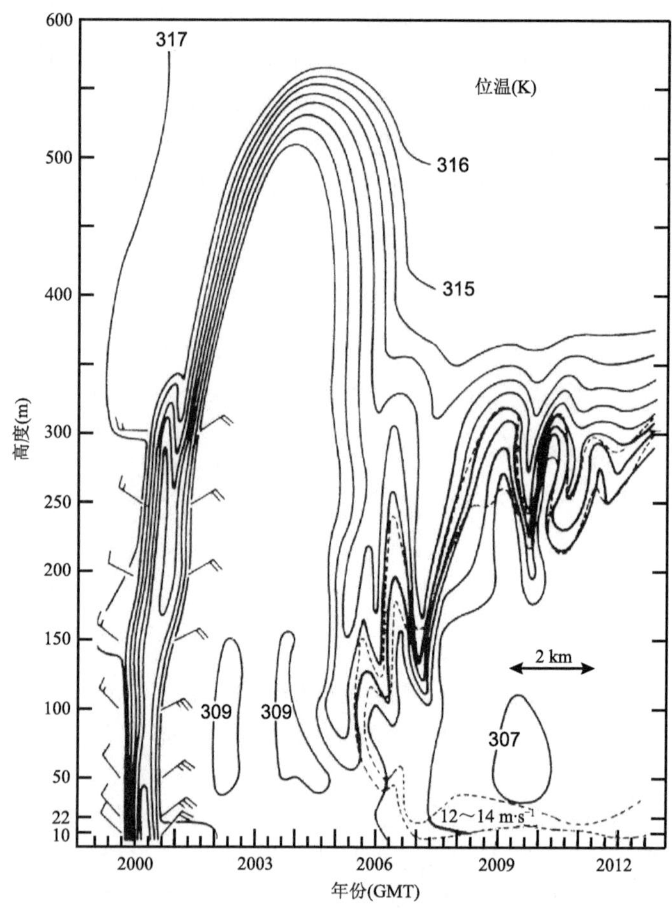

图 11.27　经过美国科罗拉多州博尔德附近一座观测塔上方的无降水冷锋前缘的密度流结构。等位温线(实线)用 K 标记。虚线为风大于 12～14 $m \cdot s^{-1}$区域。旗杆表示的风(全横线为 5 $m \cdot s^{-1}$)显示锋面移近和离开观测塔时观测到的风。引自 Shapiro 等(1985),经美国气象学会许可再版

具有浅薄降水云的窄冷锋雨带,特别适合于观测和表示在这种雨带中可能影响云的过程。这种类型窄冷锋雨带的多普勒雷达观测显示,沿着密度流的风向转变线(图 11.28),窄冷锋雨带变形为间隔约 15 km 的一系列小漩涡。图 11.30 显示了四个不同窄冷锋雨带的雷达回波结构。它们在华盛顿州沿岸被观测到。每个窄冷锋雨带都显示出有歪斜的小尺度雷达回波,其走向沿冷锋的平均位置。多普勒雷达观测表明,这些小、浅和细长的单体,系统性地和风向转变线的变形有关(图 11.31)。机载多普勒雷达观测证实了这种风分布的形式(图 11.32),并表明环流局限在一个浅薄层里。当强的气旋式切变在降水缝隙区域里出现时,风向转变线出现变形,造成低层辐合的大值区,它所占据的那部分线状区域,沿着被拉长的降水核心区。这些狭窄的云和降水区的畸变,使窄冷锋雨带的外观,类似于在实验室水槽实验中,沿密度流前缘

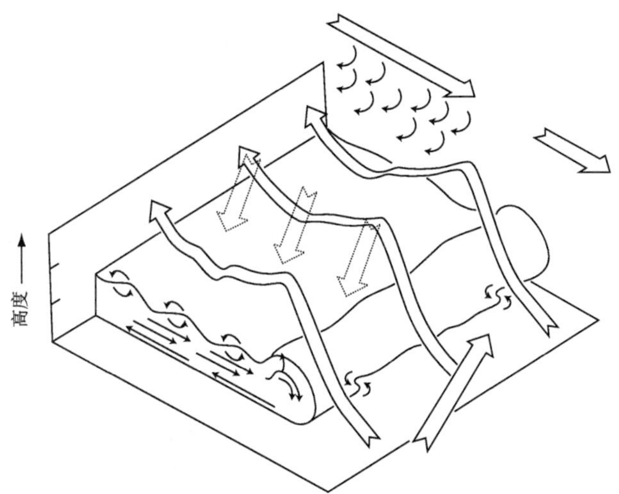

图 11.28　降水型冷锋前缘密度流结构的示意图。各种箭头指示多普勒雷达数据显示的大气运动。引自 Carbone(1982),经美国气象学会许可再版

图 11.29　卫星可见光云图显示位于太平洋上空的冷锋前缘空气,在密度流上方上升形成的绳状云

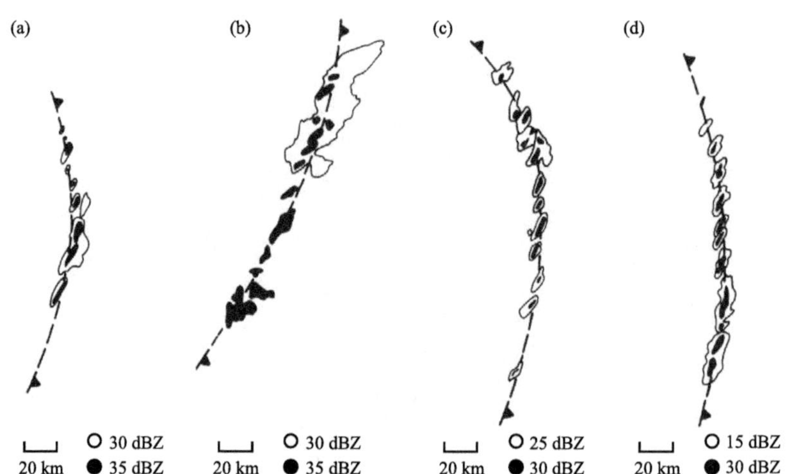

图 11.30 在移近华盛顿州沿岸的窄冷锋雨带中,低层雷达反射率的分布。(a)1976 年 11 月 14 日;(b)1976 年 11 月 17 日;(c)1976 年 11 月 21 日;(d)1976 年 12 月 8 日。虚线锋面符号表示冷锋的位置,在每种情况下,图中冷锋都由左向右(即从西向东)移动。图中没有画与窄冷锋雨带无关的其他降水区的雷达回波。引自 Hobbs 和 Biswas(1979),经英国皇家气象学会许可再版

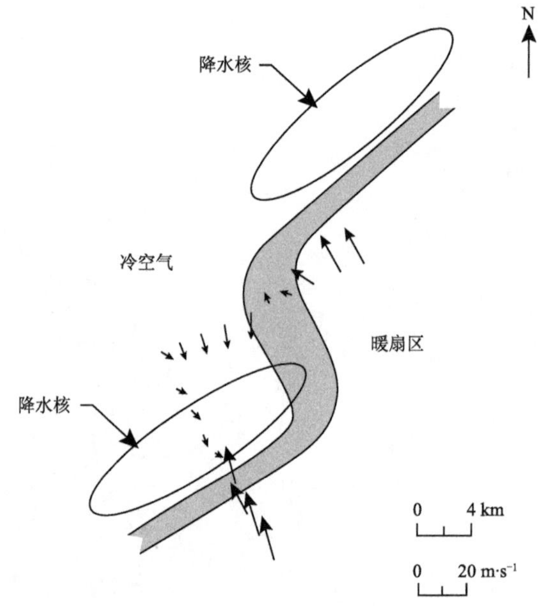

图 11.31 普勒雷达观测的 50 m 高度上穿越两个降水核以及它们之间空隙的狭窄冷锋雨带里相对气流的示意图(如箭头所示)。多普勒雷达观测到的地面风向转变线用阴影区表示。箭头长度与箭头起点处相对风速的大小成比例。引自 Hobbs 和 Persson(1982),经美国气象学会许可再版

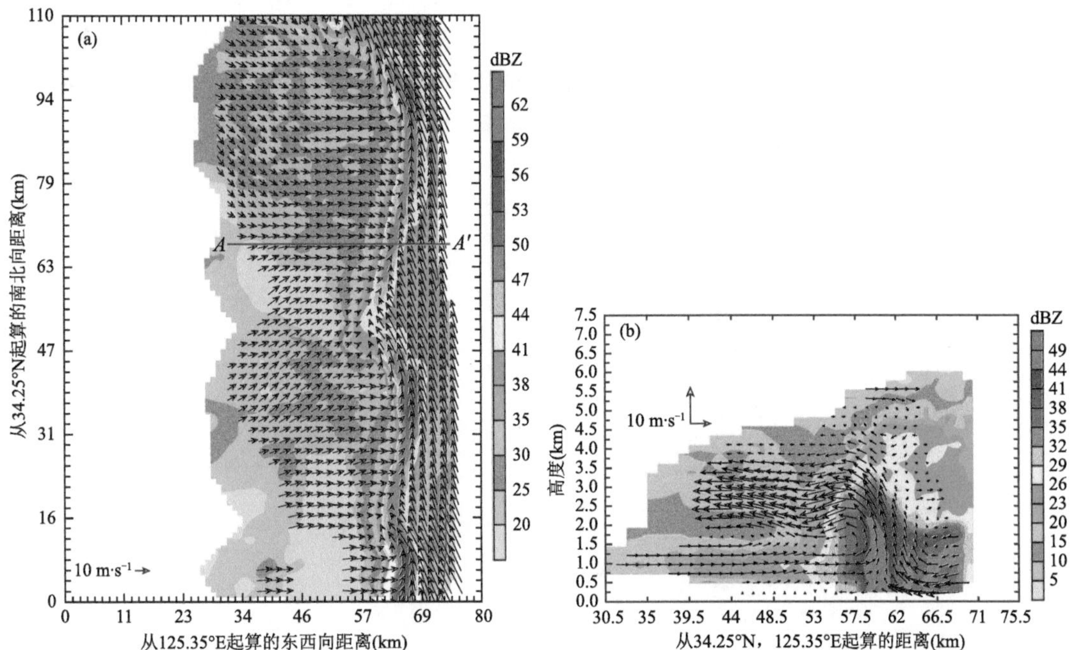

图 11.32 (a)窄冷锋雨带里相对于风暴的水平风场和反射率。由机载多普勒雷达在海拔高度 1.0 km 处观测到。接近南北向靠近右侧的细红线是飞行轨迹。(b)沿着 $A—A'$ 的垂直剖面，垂直风速根据画图需要按比例做了调整。色标为反射率值，单位为 dBZ。引自 Jorgensen 等(2003)，经美国气象学会许可再版

观察到的"叶裂结构"特征①。叶裂结构的形成及其对锋面云和降水的影响，可以从图 11.33 中推断出来。图 11.33a 中的初始时刻，沿未受扰动锋面的风，在沿锋面方向上没有变化。图 11.33b 中沿着锋面出现弱波状扰动。图 11.33c 中，扰动加剧，产生增强的小尺度水平辐合线(虚线)，小尺度辐合线之间辐合受抑制。辐合增强使得气旋性涡度在裂缝附近聚集，类似于沿龙卷涡度环形成的小尺度抽吸涡旋(第 8.9.4 节)、雷暴外流边界(第 8.11.1 节和第 9.4.6 节)中凸起端的中尺度涡度最大值，以及沿热带气旋最大风速半径的眼墙涡度最大值(第 10.6.2 节)。小尺度的强烈上升气流伴随着这些辐合汇聚区。在狭窄冷锋雨带的裂缝中，与局部辐合增强相关的抬升，可以通过与裂缝相关的低层涡度拉伸，而形成龙卷(如第 8.8 节中讨论的非超级单体龙卷)。此外，抬升可能会把锋面浮力梯度形成的水平涡度扭转并拉伸[方程式(2.58)]。在图 11.28 所示的情况下形成了沿窄冷锋雨带的叶裂结构，伴随着其中的一个裂缝涡旋，出现弱龙卷。即使对流非常浅，如图 11.32 所示，漩涡的动力结构也与第 8.8 节中讨论的非超级单体类型的龙卷雷暴大致相似。有趣的是：探空和多普勒雷达反演的热力结构分析显示，在锋面处没有致使气流强迫上升的潜在不稳定②。龙卷云的产生如果不是完全，也主要是由沿着窄冷锋雨带叶裂结构的运动造成的。

---

① Simpson(1997，p149—152)讨论并说明了实验室密度流中的叶裂结构。Hobbs 和 Persson(1982)建议将它们与沿地面冷锋风向转变线中的畸变进行类比。认为它们与横跨风向转变线的水平切变所造成的不稳定有关。通过机载多普勒雷达和数值模拟，Brown 等(1999)和 Jorgensen 等(2003)进一步探讨了密度流动力学、锋面过程和对流作用的相对重要性。

② Carbone(1983)发现了这一微弱但有趣的非超单体龙卷，并对其进行了详细描述。

飞机观测与雷达和其他特殊观测一起，详细揭示了云的结构和窄冷锋雨带的运动学①(图 11.34)。上升气流宽约 1～5 km。在上升气流的后部观察到宽度相似的下曳气流。该位置存在的反复发生的上升—下沉，与图 11.28 中总结的多普勒雷达观测结果一致。上升气流约为 1～5 $m \cdot s^{-1}$，带来足够的液态水，它们冻结成霜和霰，是该地冰粒生长的主要机制。

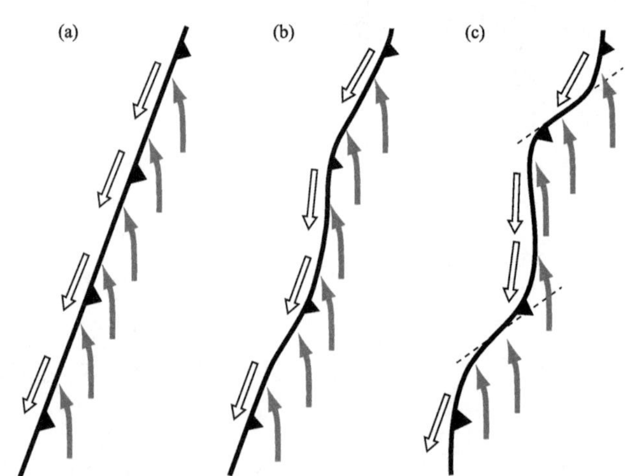

图 11.33 在以移动的冷锋为参照物的参考系中假设的低层气流，它发展成波状的形变。阴影箭头表示冷锋前低空急流区地面附近的水平气流。这股空气在冷锋处辐合，在那里气流在狭窄的区域里上升。空心箭头表示紧邻冷锋后部的水平气流。(a)初始时候均匀的风向转变线；(b)锋面上引入一个扰动；(c)扰动振幅增大，产生水平辐合增强的小尺度短虚线，其中间为辐合抑制区。引自 Hobbs 和 Persson(1982)，经美国气象学会许可再版

11.4.5 宽冷锋雨带

图 11.34 中的示例还显示了叠加在锋面环流上的宽冷锋雨带。从图 11.25 的讨论中注意到，宽冷锋雨带是一个层状云降水强的区域。与窄冷锋雨带不同，它最活跃的上升运动区域位于锋面上方的高空，并且与地面附近的过程仅存在非常间接的联系。宽冷锋雨带相当明显源自某个高层，其特征为强的平均上升运动。

除了平均上升强以外，宽冷锋雨带还包含浅的、生成中的对流单体(第 6.5 节)。由于穿越了低层的锋面云，产生在这些浅对流单体中的降水颗粒，在它们落下来穿过其下面的云层时，通过撒播-受播机制加大了层状云中的降水率(图 6.7)。图 11.34 显示：在宽冷锋雨带云的低层，几乎没有液态水。冰粒在融化层上面的邻近聚合生长，这与普通的层状降水(第 6.1—6.3 节)相同②。宽冷锋雨带在垂直运动已经增强、并正在产生对流单体的空气层中随风移动。宽冷锋雨带这样的运动，与窄冷锋雨带是不同的。窄冷锋雨带是随地面冷锋一起运动的。

总的来说，宽冷锋雨带的时间和空间尺度小于锋面系统。在一个冷锋系统的空间和时间域内，可能出现多条宽冷锋雨带(图 11.24 和图 11.25)。如图 11.34 所示，有些研究者认为，

① 飞机穿透绳状云和狭窄冷锋带区的细节见 Matejka 等(1980)、Hobbs 和 Persson(1982)、Bond 和 Flegle(1985)以及 Shapiro 和 Keyser(1990)。

② 详情参见 Matejka 等(1980)获得的飞机穿透云层观测数据。

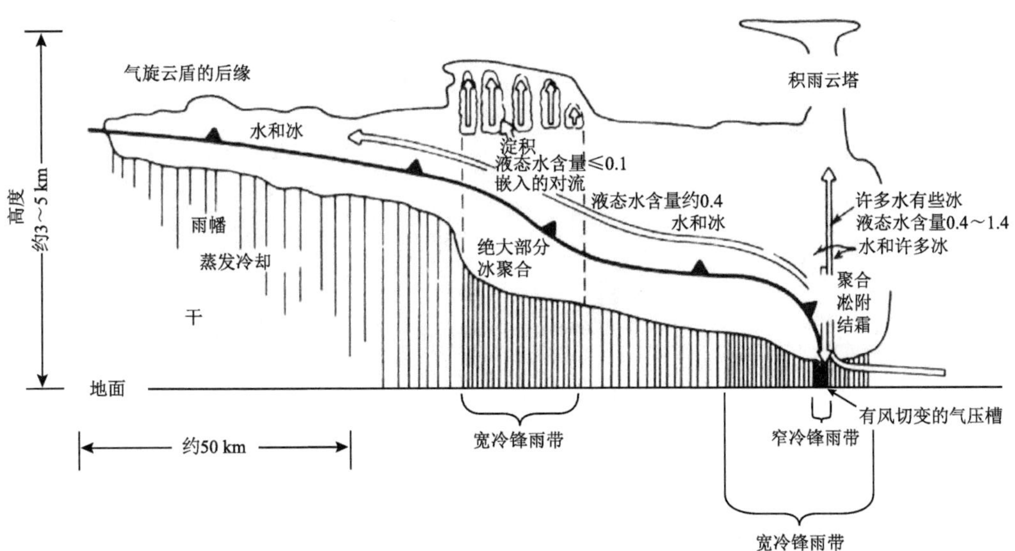

图 11.34　通过飞机、雷达和其他观测手段揭示的，经过华盛顿州上空的锋面气旋冷锋的云结构、空气运动和降水机制。云底下方的垂直阴影区表示降水：阴影线密度与降水率强度相对应。空心箭头为相对于锋面的气流：位于地面锋面和气压槽上方的强对流性上升和下沉气流，以及冷锋上方宽广的上升运动。云液态水含量(IWC)单位为g・m^{-3}。雨带自左向右运动。水平和垂直尺度为近似值，此图为典型个例飞机和雷达观测的结果。引自 Matejka 等(1980)，经英国皇家气象学会许可再版

宽冷锋雨带中平均上升运动的增强，可能与局部短暂的锋面坡度变陡有关系①。这里锋面坡度变陡，是造成雨带增强的原因，还是受雨带增强的影响而造成的，还没有研究清楚。可能是后者，因为事实表明，从已经存在的宽冷锋雨带云里落下的降水颗粒，进入锋面以下的不饱和空气中，会蒸发和融化，这将增加式(11.64)中的水平加热梯度，造成局地锋生环流的增强②。

在有些情况下，宽冷锋雨带可能是由于锋生区上升空气中条件不稳定的释放而产生的。有证据表明，在其他情况下，有些宽冷锋雨带，是条件对称不稳定释放的一种表现(第 2.9.1 节)③。图 11.35 为冷锋系统中尺度数值模式模拟结果的示意图，说明了这种可能性。窄冷锋雨带和多重宽冷锋雨带都模拟出来了。窄冷锋雨带是由锋面前缘边界层里的辐合强迫作用产生的，这与前面讨论的观测结果一致。边界层里存在一个负相当地转位涡 P_{eg} 区域(在第 2.5 节的末尾，有它的定义)。如第 2.9.1 所述，$P_{eg}<0$ 的条件是潜在对称不稳定的标准。在模拟个例中，边界层中为负 P_{eg} 的区域，一部分在初始条件中已经存在，另一部分产生在边界层中，与(参数化的)湍流有关。当锋面环流将负 P_{eg} 区域的空气抬升到饱和状态时，第一条宽冷锋雨带(WCF1)形成。区域一旦饱和，潜在对称不稳定就能释放出来。不稳定释放引起垂直运动增强，从而在降水分布模态中形成雨带。产生第二条宽冷锋雨带(WCF2)的原因与第一条宽冷锋雨带不同，它是受到第一条宽冷锋雨带的辐合强迫作用，在高度较高的地方产生的。第一条宽冷锋雨带向暖空气方向移动的速度比锋面快，第二条宽冷锋雨带移入负 P_{eg} 区域，并在

① Locatelli 等(1992)研究了宽冷锋雨带附近锋面坡度变陡的问题。

② 然而，根据 Locatelli 等(1992)的观点，这是互为因果关系。

③ Hoskins(1974)、Bennetts 和 Hoskins(1979)提出锋面系统中的雨带可能是湿对称不稳定性的表现。

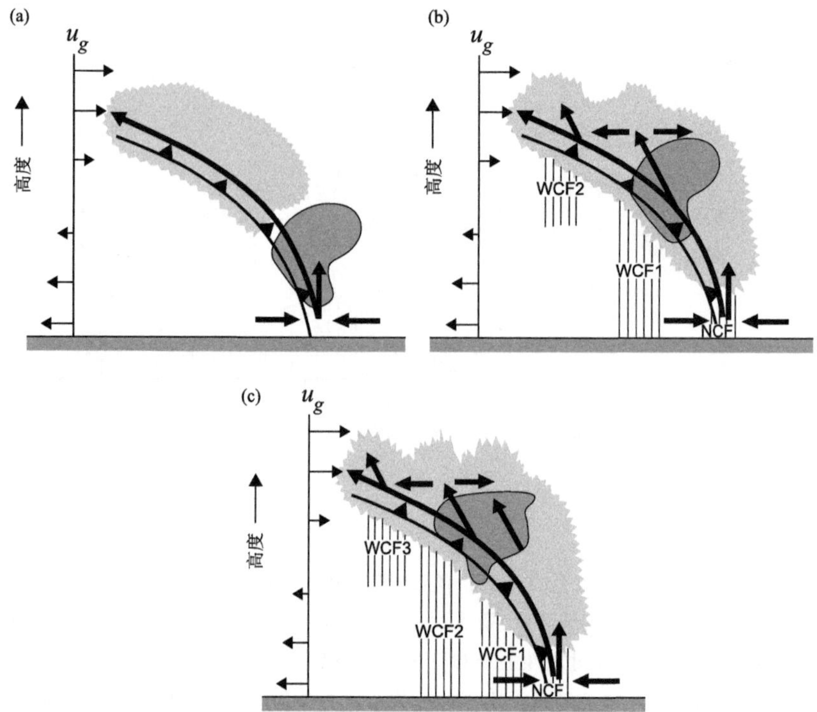

图 11.35 中尺度数值模式模拟的冷锋雨带形成过程示意图。深灰色阴影为负相当位涡区域。浅灰色阴影表示含有云水的区域。云底下方的垂直阴影表示降水。图的左侧标示地转风(u_g)随高度的变化。宽箭头表示非地转气流。图中所有的风都是相对于斜压波动里发展锋面运动的相对风。(a)在暖空气中形成的负相当位涡区,通过非地转运动沿锋面平流。(b)当条件对称不稳定区域饱和时形成不稳定,形成第一条宽冷锋雨带(WCF1),第二条宽冷锋雨带(WCF2)是由第一条宽冷锋雨带(WCF1)后面的辐合强迫造成的。行星边界层辐合造成一条狭窄的冷锋雨带(NCF)。(c)第一条宽冷锋雨带(WCF1)向暖空气移动;第二条宽冷锋雨带(WCF2)移入条件对称不稳定区并加强;第三条宽冷锋雨带(WCF3)是由第二条宽冷锋雨带(WCF2)后面的辐合强迫作用造成的。引自 Knight 和 Hobbs(1988),经美国气象学会许可再版

那里加强,可能是受条件对称不稳定释放的影响。第三条宽冷锋雨带是受后面的对流强迫产生的,并具有和第二条宽冷锋雨带类似的生命周期。

从前面的讨论中可以看出,宽冷锋雨带中层状降水的增强,可以通过以下几种过程产生:(ⅰ)产生于高空对流单体中粒子的撒播-受播微物理机制(图 11.34);(ⅱ)由潜在对称不稳定释放造成的,使平均上升运动增强的动力过程(图 11.35);(ⅲ)如锋面坡度(图 11.34)那样的其他因素。

11.4.6 暖锋雨带

图 11.24 所示的暖锋雨带尺寸与宽冷锋雨带相似。它们的不同之处在于,暖锋雨带出现在发展中气旋云盾的前部,此处盛行暖平流;而在冷锋雨带所在的气旋尾部,则是冷平流占主导地位。暖锋雨带趋向于与风暴中它所在那个部分的等温线平行,和宽冷锋雨带平行于风暴中那个部分的等温线是一样的。在这一小节中,我们举一些实际例子,来说明了暖锋雨带的运动学和微物理学。

图 11.36 为第一个个例的 850 hPa 等温线和位势高度。在地图时间以前的 4 h 内，在伊利诺伊州芝加哥(MDW)地面站附近，观测到了雨带。图 11.37 中的实线，显示了地图时间以前 3 h，三条雨带(A1、A2 和 A3)轴线的位置。虚线 B1 — B5 为在 5～6 km 之间的高度上生成的 5 条对流单体线(第 6.5 节中讨论的那种类型)的位置。产生冰粒子的对流单体在雨带的上面，它们在较低的雨带上面移过，并向雨带里播撒冰粒。播撒方式如图 6.8 中的层状云降雨例子所示。该例子来自暖锋雨带，降水机制如图 6.8 — 6.10 所示。可以看到，低层上升气流增强的中尺度区域，是由上方对流单体中所产生粒子的播撒作用造成的。

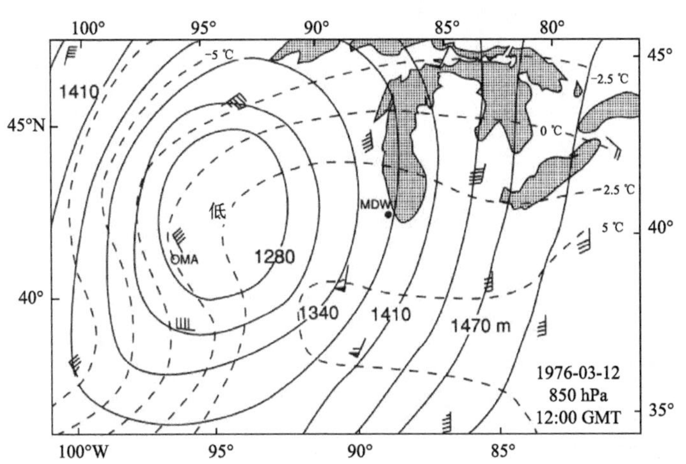

图 11.36 在地图时间之前的 4 h 内，暖锋雨带附近伊利诺伊州芝加哥(MDW)站周围的 850 hPa 图。图上分析有等温线(虚线)和位势高度(实线)。风向杆一条横线代表 5 m·s^{-1}，旗子为 25 m·s^{-1}。引自 Heymsfield(1979)，经美国气象学会许可再版

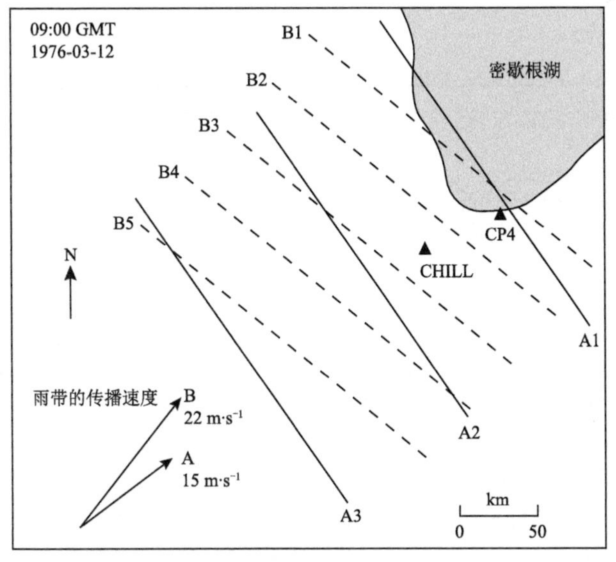

图 11.37 伊利诺伊州芝加哥附近三条雨带(标记为 A1 — A3)和五个产生对流单体的条带(标记为 B1 — B5)轴线位置。CP4 和 CHILL 是多普勒雷达的位置。引自 Heymsfield(1979)，经美国气象学会许可再版

两台多普勒雷达同时观测雨带 A1 — A3;所获得的变量场(第 4.9.6 节)如图 11.38 所示。风向场(图 11.38a)显示出一个倾斜的风向转变层,根据热成风关系[式(11.6)],它意味着暖平流。在斜压扰动中的这个地方,暖平流集中出在这个高度上,以暖锋的方式向上倾斜。双多普勒雷达分析表明,该区域的风场是锋生的①。如大尺度奥米伽方程[式(11.14)]所期待的那样,在暖平流的高度层(图 11.38b)里,出现倾斜的上升运动区。此外,在三个中尺度区域内,垂直速度增强,最大上升速度超过 40 $cm \cdot s^{-1}$,上升运动区的向上延伸范围,穿出暖平流集中的高度层。这三个上升运动区对应着三条雨带 A1 — A3,每条雨带都有表现为反射率的峰值区,位于其对应的上升运动增强区略微朝向下游方向的位置(右侧)(图 11.38b 和图 11.38c)。

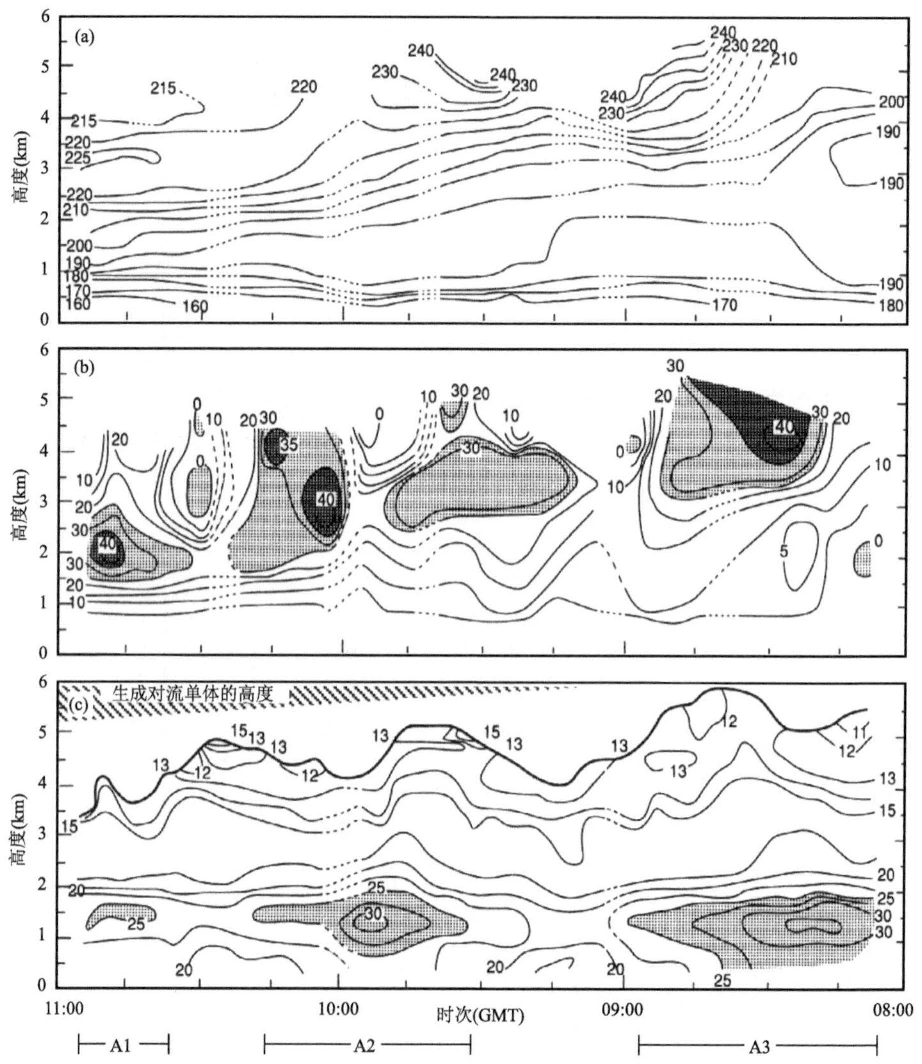

图 11.38 双多普勒雷达观测到的雨带 A1 — A3,雨带位置如图 11.37 所示。MDW 站(见图 11.36)的时间-高度剖面图显示:风向(°)(a)、垂直速度($cm \cdot s^{-1}$)(b)和雷达反射率因子(dBZ)(c)。虚线等值线表示缺测内插。引自 Heymsfield(1979),经美国气象学会许可再版

① 详情参见 Heymsfield(1979)。

图 11.38 中垂直运动与雷达反射率场之间的关系存在一定的不确定性。图 11.38b 中的上升运动，是通过将多普勒分析风场的散度，代入滞弹性连续性方程式(2.54)计算得到的。如第 4.9.6 节所述，在某些情况下，该计算过程尤其容易出错。例如在这个个例中，回波顶部并不位于垂直速度的上边界条件允许成立的高度上。因此，图 11.38b 中垂直速度的大小，应该只能看作是粗略估计。此外，产生在上升运动区中的冰粒沉降物下落的时间尺度、相对于雨带的风速，以及雨带的寿命，必须相互匹配，以便在雨带和三个上升运动增强的区域之间，有一一对应的关系。另一个不确定性的来源，为图 11.38 中垂直于剖面方向的可变性。尽管如此，具有强中尺度垂直运动的区域与雨带大小相似，每条雨带都与上升运动增强的区域有关系。

另一个暖锋雨带的例子，是位于如图 11.39 所示的锋面气旋云盾前部的特征 A。由探空和飞机观测得出的云、降水和温度场示意图，如图 11.40 所示。主云层上方的干空气侵入，造成一个潜在不稳定层($\partial \bar{\theta}_e/\partial z < 0$；见第 2.9.1 节)。由于其下面暖平流层面里垂直运动的作用，可能在这个高度层里触发生成对流单体①。单体层以下的飞机测量表明②，这个高度层里的云是冰云。相比之下，在邻近的云区里含有可以测量到的液态水。同样与宽冷锋带相似，这些颗粒在融化层以上的高度聚集生长。产生雨带中某些地方降雨增强的原因，究竟是由于观测到的对流单体，对下面云层的播撒作用；还是由于中尺度动力机制，增强了下面锋带区域里稳定的上升运动，从而产生局部更强烈的降水云层，这还有待于未来进一步研究确定。

导致暖锋雨带(图 6.9 和图 11.38b)中空气垂直运动增强的动力机制尚未明确。如图 11.40 中所示的浮力潜在不稳定的释放，可能是其中之一(第 2.9.1 节)。当暖扇区中潜在不稳定的整层空气受到冷气团抬升(图 11.21)，从而不稳定在暖锋区中被释放。锋面云带上撒播-受播机制的作用，可能使得由上述不稳定释放过程导致的降水，在局部地方更加增强。但是，这种过程不能解释为什么雨带的走向平行于锋面。对称不稳定性的释放，可以在暖锋云带上产生平行于等温线的中尺度垂直运动增强带，其表现和某些宽冷锋雨带所出现的情况类似(第 11.4.5 节)。然而，这种过程还没有被可以与图 11.35 类比的模式研究证实。另一个能产生暖锋带的机制是在锋区暖平流层中重力波的传导③。

11.4.7 与高空暖空气凹槽有关系的云和降水

锢囚锋区的云和降水比较复杂，这里三维大气环流中具有不同温度特性和水汽含量的气流，交织在一起并流入气旋中心。图 11.24 显示该区域高空卷云顶的特征，是逗点状云型的头部。在充分发展的气旋中，该高云有一个向东开口的凹陷区，在这个凹陷区的下面，暴露出地面锢囚低压里中低云的顶部。这个高云里的凹陷区主要是由于下沉干空气侵入到中层，并且围绕斜压槽底部流动造成的，如图 11.22 和图 11.23 所示。图 11.41 显示了一个气旋的卫星图像，该气旋的云型在地面低压中心的南部有一个清晰的凹陷区。

为了更好地了解锢囚锋的云和降水分布，透视暖空气的三维结构形态是很有帮助的。在地面上，暖空气位于冷锋和暖锋之间的楔形区域。然而，在地面冷锋和暖锋交汇点的极地一侧，可以看到起源于热带的暖空气悬在高空(图 11.42)。图 11.43 说明了这种三维空间透视

① 这种机制是由 Kreizberg 和 Brown(1970)提出的。

② 详情参见 Matejka 等(1980)。

③ 关于这一假说的阐述，参见 Lindzen 和 Tung(1976)。

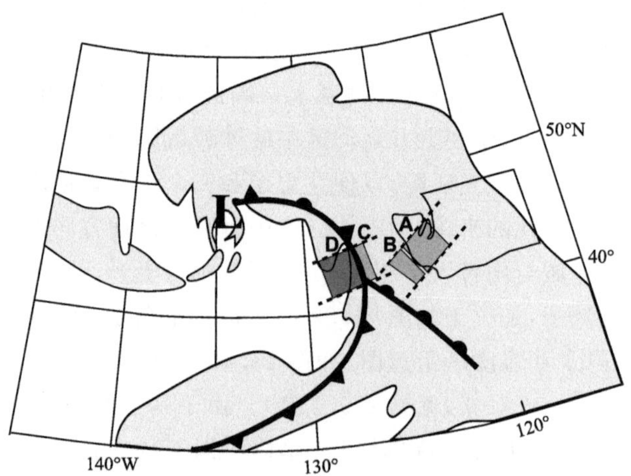

图 11.39 1975 年 1 月 7 日中尺度雨带、锋面、地面低压(L)和卫星观测云盾(浅灰色阴影)的配置。A 和 B 是暖锋雨带。C 是一个强降水雨带,D 是尾随强降水雨带的对流性阵雨区。当上述 A — D 特征通过华盛顿州的一个特殊数据收集网络时,记录到了这些特征相对于锋面结构的位置、宽度和间距。经 Matejka(1980)许可再版

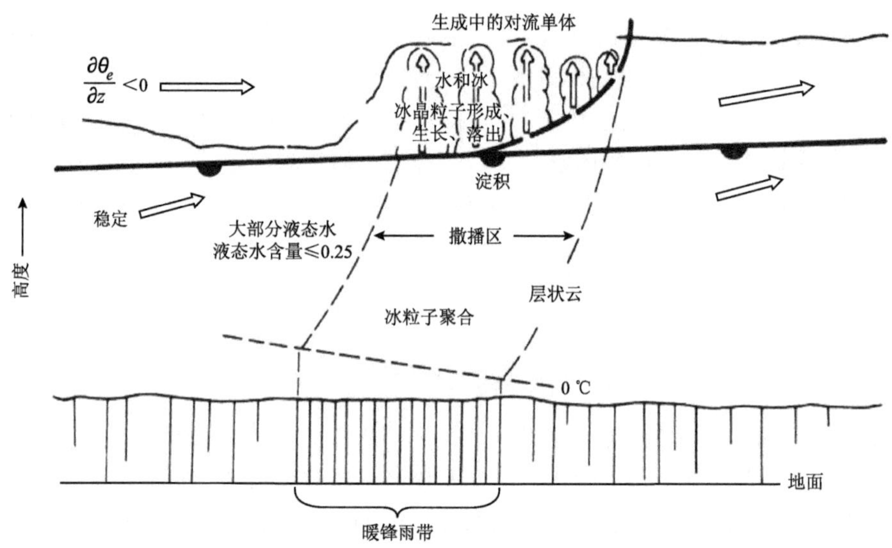

图 11.40 利用探空和飞机数据推断的经过华盛顿州上空的锋面系统暖锋雨带的云、降水和温度场的示意图。示意图指出了云的结构和降水增长的主要机制。云底下方的垂直阴影表示降水;阴影的密度定性表示降水率。从锋面上分出来的粗虚线,是干空气侵入的前缘,干空气区是条件不稳定($\partial\theta_e/\partial z<0$)的,在那里形成逐渐生长的对流单体。云液态水含量(LWC)单位为 $g\cdot m^{-3}$。雨带在图形中由左向右运动。空心箭头表示空气运动。引自 Matejka 等(1980),经英国皇家气象学会许可再版

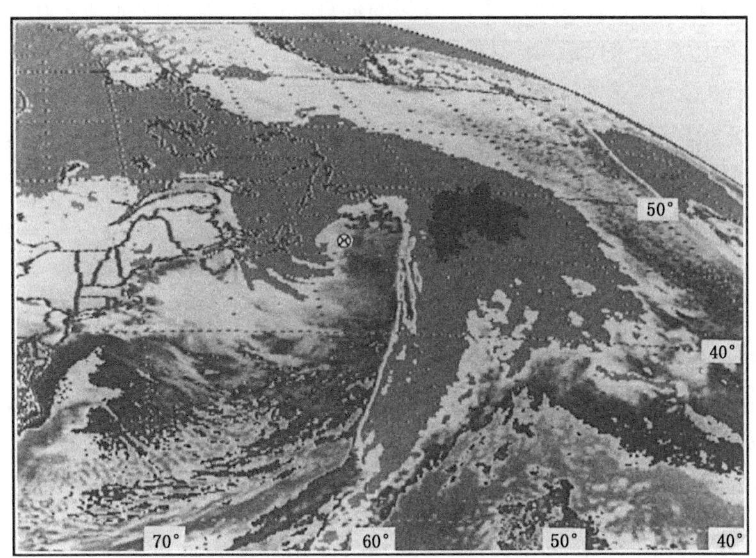

图 11.41 1982 年 2 月 14 日格林尼治时间 11:00，锢囚气旋 NOAA 卫星红外云图。符号 ⊗ 表示地面低压位置。引自 Kuo 等(1992)，经美国气象学会许可再版

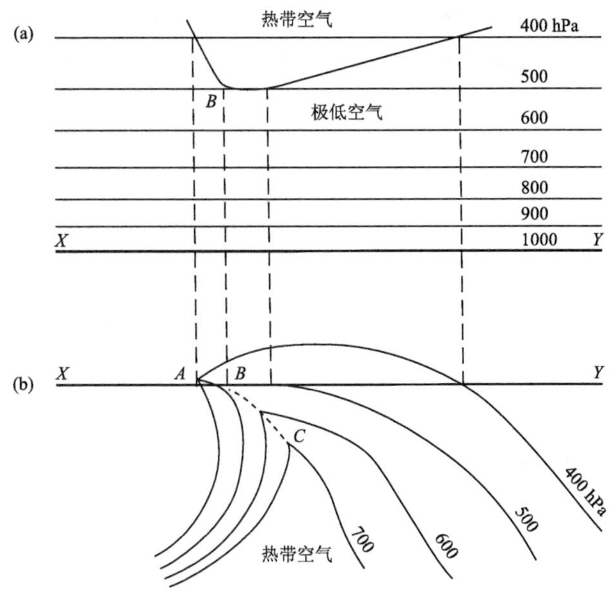

图 11.42 显示温带气旋中热带和极低空气三维配置的垂直(a)和水平(b)剖面。引自 Crocker 等(1947)，经美国气象学会许可再版

结构。暖气团在一个被称为铲刀形状的峡谷形区域里，夹在干空气涌和高空暖锋之间①。铲刀是一个缩写词，意思是(从侧视剖面上看，像一个)“高空暖空气凹槽”。这是一个文字游戏，暗示高空暖空气的倒楔形状，其底边界具有类似于泥瓦匠铲刀的形状。围绕铲刀一个侧面的

① 这个术语源于加拿大气象学家的实践(例如，Crocker et al.，1947；Godson，1951；Penner，1955)。在阻塞气旋的背景下，关于高空暖舌的更详细描述，参见 Martin(1999，2006)。

高空干涌边界,通常被分析为地面冷锋向高层的伸展,在地面冷锋的前面突出。当这种特征向前移动时,在地面上,锋生的抬举作用和降水的增强随之发生,如图 11.43 中下部的投影图所示。这种行为可能解释了有时在锢囚锋云带中的这部分区域出现“涌雨带”,如图 11.24 中所示①。然而,锋面的定义是强温度梯度区,锋生倾向于在大气的上、下边界处最大,因此,锋面很难在高空产生(第 11.2 节)。通常情况下,这种边界可以更准确地描述为干空气的边缘,它围绕高空低压槽扫过来,并侵蚀锋面云系,如图 11.22 和图 11.23 所示。在这种情况下,强降水雨带可能是由对流而产生的,对流与 θ_e 垂直梯度有关的潜在不稳定释放有关,潜在不稳定一定就占据在干涌潮的下部。因此,在气旋的这个扇形区域,可能至少有两种不同类型的涌雨带,或者由高层冷锋产生,或者由干侵入前边界处的对流产生。

图 11.44 和图 11.45 所示为涌雨带的垂直剖面示意图。这些剖面由多个完全不同的研究得出,示意图表示了紧邻在干空气侵入区前面的涌雨带,嵌在涌雨带后面的低云里,还倾向于出现小的对流性阵雨。涌雨带本身的云是深对流云。高层的对流单体产生雪粒,撒播在下面的云里。在这方面,降水的结构与宽冷锋雨带和暖锋雨带相似。降水属于第 6.1 — 6.2 节和第 6.5 节讨论的层状云降水类型,其中的对流单体会产生冰粒子,下落至下面的云层里(图 6.7 — 6.10)。同样与宽冷锋和暖锋雨带相似的是:冰粒在紧邻融化层的上方聚集生长。尽管没有多个多普勒雷达测量来指示:在图 11.45 所示的涌雨带的低层,云的下部是否测量到了中尺度垂直运动的增强,但是云内存在中等大小的冰粒子,与这种上升运动增强是一致的。如果这种现象真实存在,该雨带与暖锋和宽冷锋雨带的相似性将更加明显。

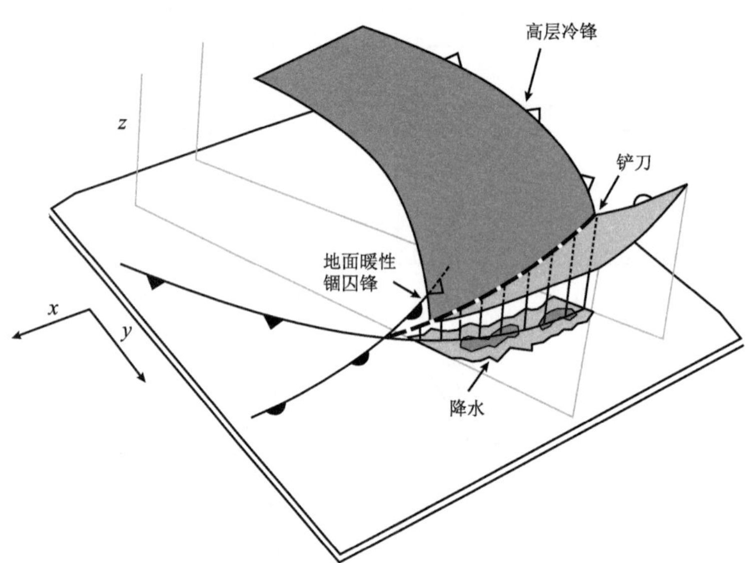

图 11.43 铲刀的概念模型示意图,浅阴影面表示上层冷空气或干空气涌的前缘,深阴影面代表暖锋,粗虚线为铲刀。图中的示意地面雨带,是地面暖锋、冷锋和锢囚锋的位置。引自 Martin(1999),经美国气象学会许可再版

① “涌雨带”这个名字的灵感来源于这样一个事实,即它与在高层云中产生凹痕的干空气浪涌同时发生(Matejka et al.,1980)。

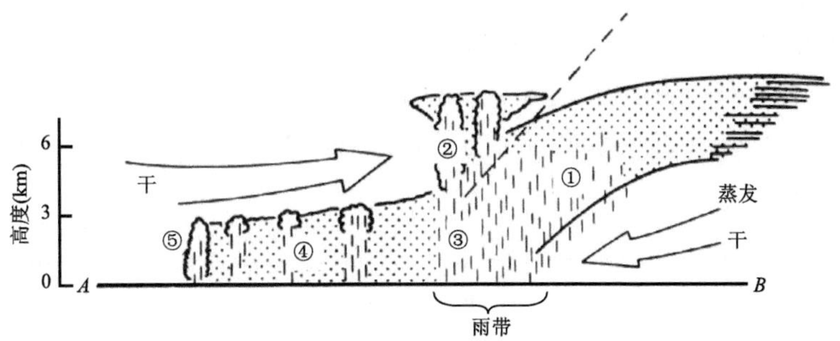

图 11.44　锢囚温带气旋中气流的示意图，图中数字代表的降水类型如下：①暖锋降水；②与高空干空气侵入有关的对流降水生长单体；③从高层冷锋落下的对流性降水穿过暖平流区；④浅薄的湿带，具有暖平流，分散性小雨或零星阵雨到处蔓延；⑤地面冷锋降水，虚线表示干空气前缘。引自 Browning 和 Monk(1982)，经英国皇家气象学会许可再版

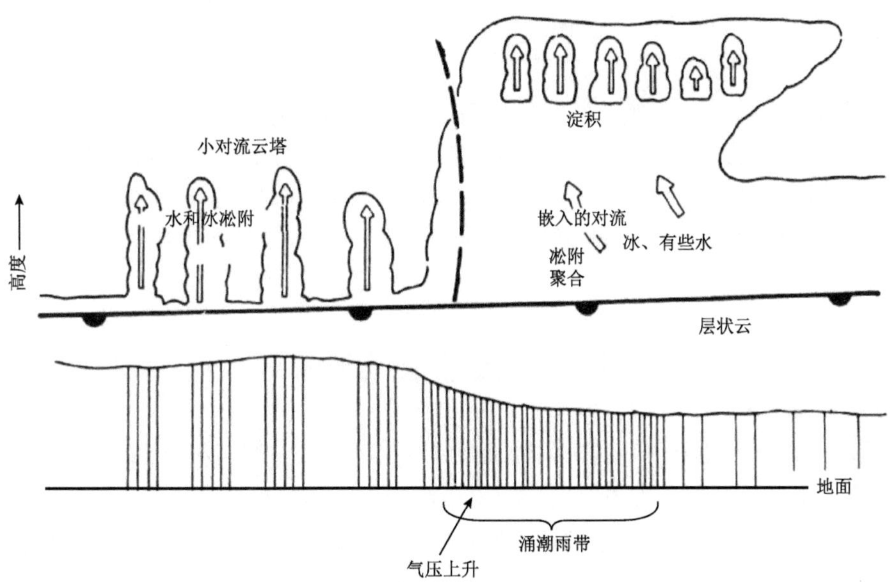

图 11.45　穿越涌潮降水雨带的垂直剖面示意图，从暖锋分出来的粗虚线为高空干空气侵入的前缘，干侵入区的层结为条件不稳定，其中有小的对流塔形成。图中给出了云的结构和降水增长的主要机制。云底下方的垂直阴影表示降水量，阴影的密度与降水率相对应。图中雨带和高层干侵入的运动为从左到右。空心箭头表示空气运动。引自 Matejka 等(1980)，经英国皇家气象学会许可再版

11.4.8　逗点头部的锢囚锋雨带

当一些温带气旋进入锢囚阶段时，雨带出现在地面低压中心的西—西北方向，与锢囚平行，这部分风暴有时被称为后曲锢囚[①]。图 11.24 所示的锢囚雨带是气旋的该部分在对流层

---

① Takayabu(1986)、Schultz 等(1998)和 Rotunno 等(1998)提出了后曲锢囚的动力学。

中部锋生增强的结果[①]。这个发展阶段的风暴,具有轮廓如图 11.24 所示的高层位涡异常特征。锢囚锋雨带在锋生带中平行于此轮廓线(图 11.46a)形成。在这条锋生带中上升运动增强,造成雨带的走向平行于锋面方向,并具有如图 11.46b 所示的倾斜结构。后曲锢囚受地面摩擦的影响[②]。图 11.46 中的概念模型是为陆地风暴画的,还不确定锢囚带是否会以类似的方式,在海洋风暴中出现。

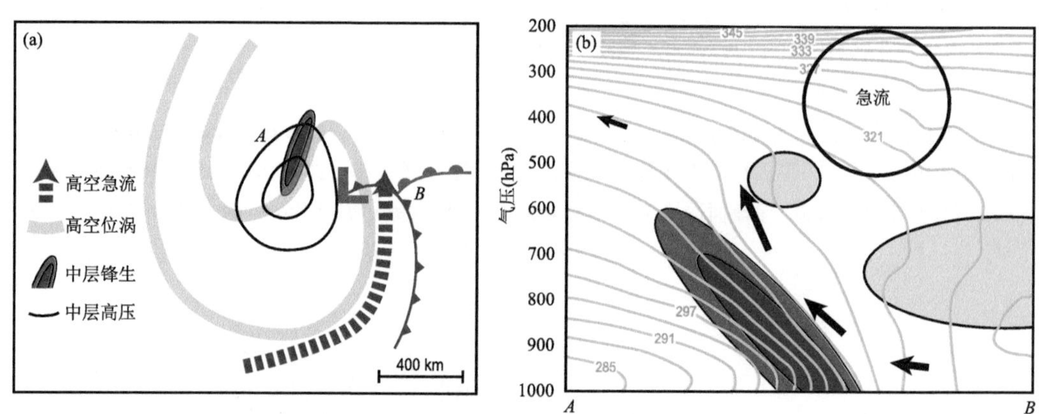

图 11.46　温带气旋西北部锢囚雨带成因示意图,在平面图(a)中显示的特征有:高空急流(粗虚线箭头)、高层位涡异常等值线(浅绿色实线)、中层位势高度等值线(细黑色)、中层锋生带(红色阴影)、地面锋区和气压中心。在垂直剖面图(b)中显示的关键特征有:锋生区(红色阴影)、等位温线(绿色实线)、高空急流位置、条件不稳定区(灰色阴影)和通过最大上升气流区的气流(箭头)。引自 Novak 等(2010),经美国气象学会许可再版

11.5　极地低压云系

极地低压与本章大部分内容讨论的锋面气旋根本不同,它有多种类型。它们主要的共同特征是:极地低压发生在波长为中等到长的斜压波槽以西的极地冷气流中。极地低压主要(但不完全)发生在海洋上空。此外,它们还说明:热带以外的气旋,以及其云系的多样性,如何取决于锋生、深对流和地面能量在气旋动力学中的相对重要性。

11.5.1　逗点云系

在第 1.3.3 节中,显示了两个极地低压的例子,其中一个是逗点云,它与一个紧邻的斜压短波有关,位于主锋面系统后面距离不远处(图 1.32)[③]。主锋面系统是指与波长为中等或长的斜压槽有关系的锋面系统。逗点云扰动的发展涉及几个重要过程。如第 11.1 节所述,根据地转 $\boldsymbol{Q}$ 矢量的分布(图 11.3),斜压波中上升运动的区域,通常位于槽以西的逗点形状区域。无论低压槽的波长如何,上升的区域都有利于云的形成。短波中的云,主要存在于这条轮廓线

① 详情参见 Novak 等(2010)。

② 参见 Rotunno 等(1998)。

③ 虽然在卫星图片中,主要的锋面云系也显示出一个大得多的逗点形状,但"逗点云"这个名字通常用来指与短波相关的较小的逗点,它尾随在较大锋面云系统的后面。

所包围的垂直运动区里。然而，逗点云系统主要在冬半年的海洋上空形成，其他因素也会影响云的发展。在波动中云形成的初始阶段，空气的高潜在不稳定性，有利于对流云而不是层状云的发展。逗点云形成的海洋区域，也具有高表面热通量和水汽通量的特征。这些通量直接通过非绝热加热项影响垂直运动场。在推导时如果使用含有非绝热加热的热力学方程式(2.9)代替方程式(2.11)，非绝热加热项将包含在奥米伽方程式(11.14)中。

逗点云系统的发展如图 11.47 所示。图 11.47a 中初始的逗点云，与主锋面以西，位于西侧的一个垂直涡度最大值有关。该涡度最大值与一个短波槽有关，短波槽在和锋面直接相关的大尺度槽以西。在主锋面系统的后面，海洋上空向东流动的冷气团，具有潜在不稳定，气团中倾向于出现对流云(如图 11.24 所示)。大范围的对流云与较大尺度低槽的有关。而较小范围的对流云则表明：云区已经集中或合并成一个小的逗点形状，与小尺度低压槽东侧的上升气流区域相对应。由于空气为潜在不稳定，与波动相关的上升运动促使对流云的形成，而不是形成一个具有稳定上升运动和连续层状云的区域。最后，积雨云发展变大，形成的云砧向外扩张。某些云可能聚集在一起形成中尺度对流系统(第 9 章)。到了逗点云系的增强阶段(图 11.47b)，成群的积雨云扩展、合并而形成云砧，开始组成一个小而连续的逗点状云。这是由于受到具有正垂直涡度强风场的扭曲，逗点云反映此地存在与短波相关的上升运动区。此外，海洋表面已经开始受到发展中斜压波的影响，在上升运动和潜热释放区域的下面，开始形成低压系统。这样的气旋生过程具有如第 11.1 节(图 11.3)中所述斜压波的行为特征。由于在这样的早期阶段存在对流云，气旋生也可能具有某些与热带气旋(第 10.2 节)生成类似的特征。之后，云系演化为成熟阶段(图 11.47c)，高层云盾演化成更连续的卷云，在某种程度上，这种巨大的逗点形云盾，是早期积雨云和中尺度对流系统的结合。然而，斜压波及其锋生风场无疑促进了云的组织和发展，以响应与波动和锋生相关的垂直环流(第 11.2 节)。实际上逗点云可能存在于多种情况下，在每一个个例中，对流过程和锋生过程组合的情况各不相同。图 11.47c 中使用的符号表示，在其成熟阶段，逗点云系统有时表现出锋面的特征。

由于波速与波长成反比，与逗点云相关的短波，往往会赶上位于其东部的较大尺度锋面云系[①]。当后面波长较短的槽，赶上前面波长较长的槽时，可造成动力相互作用，有利于沿着锋面东面的地面气旋生(图 11.48a 和图 11.48b)。当逗点系统赶上了东部锋面(图 11.48a)，与逗点云系本身相关的气旋生和锋生将继续，两个动力系统连同它们相关的云型，快速合并形成一个云系统，具有成熟锢囚锋面气旋的所有外观形态。逗点云和原先存在的大尺度锋面云系统融合，被称为瞬时锢囚[②]。在这样的系统相互作用发生过程中，会有多种不同的情况出现。有时，原先存在锋面上的气旋长大成为主气旋，它把逗点云吸收了。在另外一些情况下，这两个系统在整个发展过程中保持各自独立。还有的时候，逗点云在发展过程中占据了主导地位。

11.5.2 冷气流中类似热带气旋的动力机制

第 1.3.3 节提到的第二个极地低压例子中，当冷气流在暖水面上流动时，对流盛行，这种过程的发生，与热带气旋类似(第 10.2 节)。它通常比上面讨论的逗点云系的尺度更小，具有

---

① 参见第 5 章 Holton 和 Hakim(2012)。

② 关于瞬时锢囚和其他形式的海洋温带气旋，参见 Evans 等(1994)更详细的讨论。

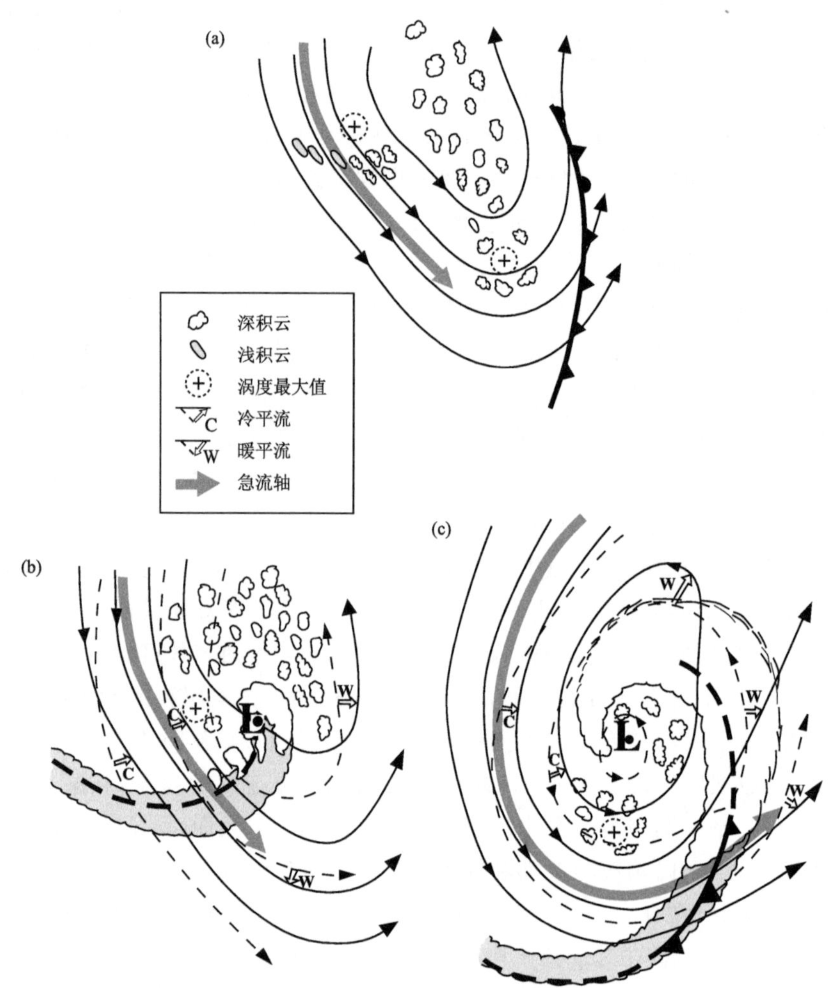

图 11.47 逗点云发展示意图:初始阶段(a)、发展阶段(b)、成熟阶段(c)。实线是 500 hPa 高度等值线,细虚线是地面等压线,流线箭头表示地转风的方向。(a)标出了地面锋位置,(b)和(c)中的粗虚线为地面槽位置,(c)中的锋面符号表示在某些情况下,槽可能具有锋面特征。进一步的注解在图(a)左下角的图例中说明。引自 Reed 和 Blier(1986),经美国气象学会许可再版

螺旋状云带和眼,类似于热带气旋(图 1.33)①。这种类型的风暴有时在高纬度地区的大块浮冰附近出现,由于北极极夜期间持续的向外长波辐射,在气流从这里流出,进入附近的海域之前,空气温度可能会变得非常低(低至−40 ℃)。当从冰面上吹过来的空气和温暖的洋面接触时,迅速发生变性(图 5.21 中的云街)。然而,如图 11.49 所示,这种空气尽管已经在水面上走了很久,仍然比更远处的海洋空气冷得多。来自冰面的空气和海洋上的空气之间急剧的温度梯度,导致了锋生作用,并在最近起源于冰上空气的前缘,形成了北极锋。

在此情形下,有几个因素可能影响极地低压的动力演变,特别是:(ⅰ)北极锋特征受到气旋生的刺激总是敏感的,并且高空槽的通过会加强锋生。(ⅱ)正如第 10 章中所看到的,由于

① 该个例更详细的总结请参见 Businger(1991)。

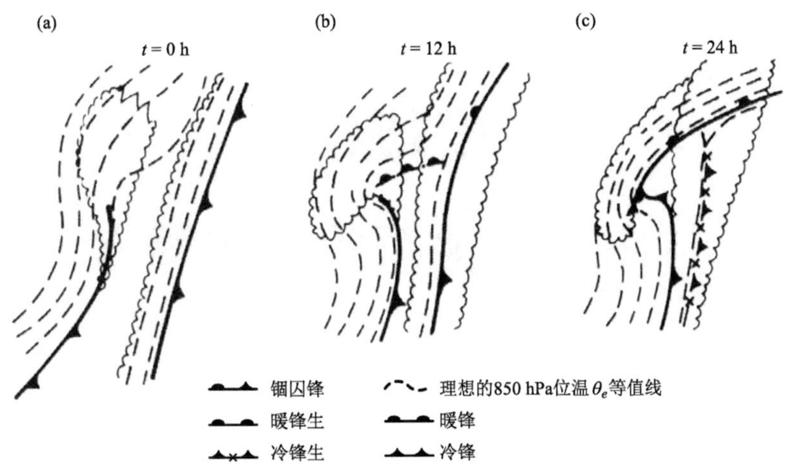

图 11.48　瞬时锢囚过程的经验模型水平图。在瞬时锢囚过程中，具有逗点云型的极地低压与先前存在的低层锋面系统融合。虚线为等温线，左侧虚线为冷空气。引自 McGinnigle 等(1988)，©英国皇家版权所有，1988 年，英国气象局

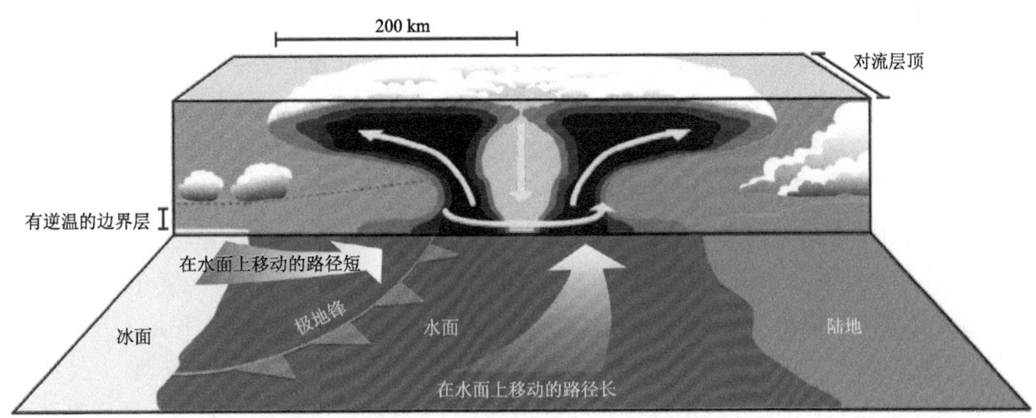

图 11.49　具有热带气旋动力学特征的极地低压概念模型图。吹过北极冰面的冷空气，和长时间经过开阔水域被加热的空气之间，构成一条温度的不连续带，称为北极锋。无云眼区的空气下沉，被对称的对流云墙所包围。地面强气旋性汇合气流注入对流。在对流层顶下方，从风暴中流出的气流和水汽，建立起一个宽阔、砧状的层状云盾。引自 Businger(1991)，经美国科学家许可再版

边界层里的混合是受到暖水域上的强风激发的，热带气旋几乎完全从海洋表面吸收能量。在极地低压的情况下，由于空气和海洋之间的温度对比很大，海面存在相当可观的不平衡。因此，热带气旋的动力机制在极地是可以发生的。(ⅲ)极地低压形成于垂直温度层结有相当大浮力不稳定的环境中(第 2.9.1 节)。因此，风暴的一部分能量可能来自储存于垂直温度梯度中的对流有效位能(CAPE，第 8.4 节)。在特定极地低压发展的情况下，这种能量来源中的任何一部分或全部都可能被利用。由于极地低压获得能量来源的多样性，其观测结构也相应地出现多种多样的表现。那个显出热带气旋云结构的个例，其物理机制在很大程度上取决于(ⅱ)。

第12章

与山脉有关系的云和降水

强风开始从西边吹来，把远处海上的水波向黑暗的山头……

—— J. R. R. Tolkien,《指环王》

在前几章中，我们已经看到了控制云中大气运动的各种动力学特征。这些特征包括层云中的湍流和夹卷；积云和积雨云中的浮力、压力扰动、夹卷和涡度；雷暴复合体中的中尺度环流；以及与热带气旋、斜压波和锋面系统中与风场和温度场的分布有关系的次级环流。云中空气的运动还有一个重要的来源没有讨论过，就是空气越过和围绕山脉的流动。在本章中，我们考察由于存在复杂地形而导致的空气运动，如何能够产生或改变云的特征。在地形高度没有变化起伏的情况下，这样的情况不会存在。

当流体越过不平坦的固体下边界时，流体与固体交界面邻近的流体，有向上或向下的垂直运动，这取决于流体的水平风相对于其底部地形的坡度。由于流体是一种连续介质，流体底部的垂直运动从其下边界向上延伸，有一定的深度。若流体流经复杂的地形，并且上升的空气足够潮湿，就会形成云。如果流经丘陵或山脉的空气层结稳定，则可以激发出波动，上升和下沉运动交替改变的区域，不仅可以出现在丘陵或山脉之上，也可以出现在它们的下游或上游。空气经历这样的垂直运动，可以产生原来不存在的云，也可以使原来存在的云系在越过地形时发生改变。受山脉影响而产生的云，可以降水也可以没有降水。非降水云通常表现为第 1 章中所描述的形式：荚状云（图 1.18 — 1.22）、滚轴状云（图 1.23 — 1.24）以及旗云（图 1.26）。大型降水系统如锋面和热带气旋云系，在经过山脉地形时都会发生相当大的改变。通常会增强迎风坡的降水量、降低背风坡的降水量。降水云中风和热力层结的不同，使得湿空气上升/干空气下沉的大气运动格局发生重要的改变。如果越过或围绕复杂地形流动的空气是浮力不稳定的，那么大气的响应就不是形成波动，或者使原来存在的降水云发生改变了，它会触发积云或积雨云形成，其中的积雨云还可能继续发展成中尺度对流系统。复杂地形上空的气流不会改变对流云的基本性质，这些性质已经在第 7—9 章中充分描述了。然而，越过或者围绕复杂地形的气流，与山脉和丘陵的辐射效应一样，都会对对流云形成的时间、地点以及强度有重要的影响。

在这一章中，我们首先讨论简单的情况：边界层里稳定的空气中形成的云，受地形强迫而向上抬升；随后再讨论更加复杂的问题：气流越过各种不同的地形时激发出波动，受这些波动的影响云如何形成的机制。在第 12.2 节和第 12.3 节中,我们考察在气流越过二维山脊和三维山峰流动时形成的波动和云,讨论它们如何导致无降水荚状云、滚轴状云和旗云的形成。第 12.4 节和第 12.5 节认识并描述气流经过地形时,影响降水云的物理机制——气流越过复杂的地形如何影响降水对流云的形成和结构。第 12.6 节专门揭示:气流越过或围绕地形流动,如何影响深对流降水云、锋面云系和热带气旋。

12.1 稳定上坡气流中的浅薄云

我们认为所有在山区上空越过的气流,都适用一种简单的边界条件。由于地面是固定不变的,在地面上运动的空气不可能垂直于地面流入地下。因此,地面风的垂直分量 w_o 表示为:

$$w_o = (\boldsymbol{v}_H)_o \cdot \nabla\hat{h} \tag{12.1}$$

式中,$(\boldsymbol{v}_H)_o$ 是地面上的水平风,$\hat{h}$ 是地形高度。因此,无论在什么地方,只要浅层空气水平地朝着地势上升的方向流动,就会在地面附近形成云。空气被引导上坡有很多原因,从小丘陵上纯粹的局地效应,到缓坡地形上分布范围广大的天气尺度气流(例如,若美国中部低层盛行东风气流,低云覆盖整个大平原,逐渐向落基山脉爬坡)。上坡气流中形成的云,通常以雾或层云的形式出现,局限于低层(图 12.1),但是云层可以厚到足以产生毛毛雨或其他弱降水。

图 12.1 上坡雾。Steven Businger 在华盛顿卡斯卡德山拍摄

12.2 长的山脊产生的波状云①

在某些风场和热力层结条件下,气流下边界处地形的起伏[式(12.1)],使得某个深度的大气层受到扰动。若空气在起伏地形的上面被迫上下移动,大气的回复力就会起作用,并可能激发出各种各样的波状运动。若受影响的空气层足够潮湿,与波状运动有关系的持续垂直运动就能产生云。为了了解这些云的动力学特性,我们将考察风吹过不规则的地形时所激发出的各种波动的物理性质。为了简化问题,我们将本节中的讨论限制为空气在均匀且无限长的山

① 本节中的许多材料根据 Durran(1986b,1990)的评论文章,以及 Holton 和 Hakim(2012)所著书的第 9 章撰写。

脊上空流动。这种情况在物理上不同于气流在三维丘陵或山峰上流动。在二维山脊的情况下,空气不可能绕着山体流动,它只能越过山脊或者被阻挡。在地形中有孤立山峰的情况下,空气可以绕着障碍物流动,从而可能产生更多的流动方式。第 12.3 节将考虑三维情况,并把它视为二维情况的扩展。

为了简化本节和第 12.3 节中的数学表达,我们认为空气是不饱和的。因此,热力学方程简化为位温守恒[式(2.11)]。由于我们在这里讨论的主要问题是如何描述云的动力学,忽略凝结效应显然是不对的,因此,需要定量考虑凝结的数学表达式。例如,凝结一旦开始,就可以切换到式(2.18),它表示相当位温守恒。但是就我们讨论的目的而言,这种数学上的改变带来了不必要的复杂性。因为事实证明,在山脉波动中所产生的空气运动,通常不会因为气流中有凝结而发生质的改变。气流越过地形时形成云的方式,可以很容易地从忽略凝结作用计算出来的空气垂直运动中推断出来。无论在什么地方,一层足够潮湿的稳定空气,若受到地形诱发的波动推动而向上运动,就会形成云。图 12.2 说明了这种过程,图 12.2 显示了在湿度分布呈层状结构的大气中,x-z 平面上受到重力波扰动的气流,如何导致荚状云的形成[①]。湿度层相互之间不连续,可以造成拱形的云底和堆叠在一起的荚状云。在这张图中,两层空气有不同的抬升凝结高度(LCL),这使得云呈现出如图 1.20 所示的叠加在一起的外观。

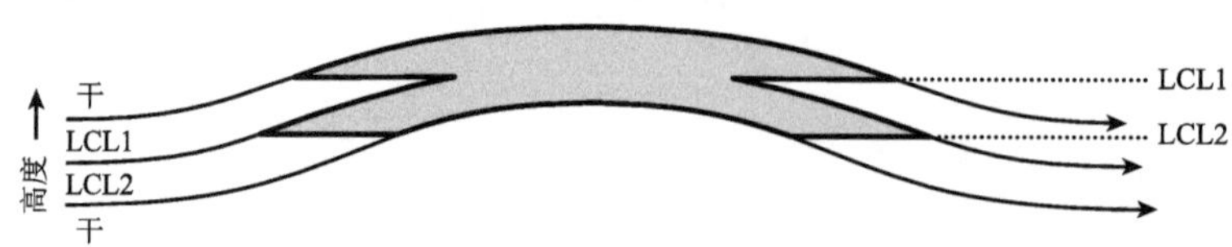

图 12.2 波动云的荚状结构。流线显示气流中有四个不同的湿度层,最上和最下的层是干燥的,两个中间层 LCL1 和 LCL2 抬升凝结高度不同,这样就出现了两个不同的云底,使得云的结构类似于一堆透镜

12.2.1 正弦波形状地形上空的气流

我们首先考察一种干绝热气流在简单地形上空越过的情况。地形是平行于 y 轴的一系列正弦波形状的无限长二维山脊。虽然这是一个理想化的案例,它仍然相当有用。它说明了气流过山问题的基本物理性质,并且很容易扩展到任意形状山脊的情况。任意形状的山脊可以被视为不同波长正弦山脊的相互叠加。

我们在前面的章节中已经看到,云中垂直运动的行为规律,通常是通过考虑水平涡度的产生和重新分布来揭示的。用这种思路,同样可以分析气流越过地形时空气运动的机理。根据式(2.61),对于 x-z 平面内的二维布西内斯克气流,围绕 y 轴的涡度(ξ)由浮力的水平梯度产生。当气块受地形的推动而上下翻滚时,流体中会产生垂直速度的水平梯度。根据式(2.11),交替向上和向下运动的区域,依次造成绝热冷却和绝热加热,由此产生了冷暖交替的区域,构成浮力的水平梯度,根据式(2.61),然后会产生围绕 y 轴的水平涡度 ξ。如果地形上空的气流调整到稳定状态,则式(2.61)简化为:

---

① Scorer(1972)也对许多荚状云堆叠在一起的结构给出了类似的解释。他是一位早期敏锐的观察者,从大气动力学的角度解释云的形态。

$$u\xi_x + w\xi_z = -B_x \tag{12.2}$$

如第 2.6 节所述，该方程中的变量可以写成偏离平均状态的扰动状态，前者加上划线，后者加撇。如果气流受扰动的幅度很小，那么如第 2.6.2 节和第 2.6.3 节所述，扰动项可以表达为平均气流项[$\overline{u}(z)$,$\overline{w}=0$] 的线性关系，其中 $\overline{u}(z)$ 是 x 方向的平均气流，即垂直于地形脊线的气流。首先将式(12.2)的右侧线性化，我们得到：

$$u\xi_x + w\xi_z = \frac{w}{\overline{u}}\overline{B}_z \tag{12.3}$$

式中，我们已经把浮力在垂直于山脊方向的扰动 B'_x 用式(2.106)中的稳定状态项替换了。从式(12.3)可以明显看出，稳定状态下平均速度场的配置，必须使涡度平流与由浮力产生的涡度相互之间平衡。这种由浮力产生的涡度，是由与垂直运动的扰动有关系的绝热冷却和升温所形成的。由于流体不仅有垂直运动，还有水平运动，垂直运动 w 所产生的温度扰动，受风速水平分量 $\overline{u}$ 的作用而向远处传播。这就决定了浮力扰动 B' 水平梯度的影响，只能由平流来平衡。

把式(12.3)左侧的平流项线性化以后，用涡度的定义 $\xi = u_z - w_x$ ，并调用质量连续性方程式(2.55)，我们得到：

$$w_{zz} + w_{xx} + \ell^2 w = 0 \tag{12.4}$$

式中，ℓ^2 是斯科勒(Scorer)参数，定义为：

$$\ell^2 \equiv \frac{\overline{B}_z}{\overline{u}^2} - \frac{\overline{u}_{zz}}{\overline{u}} \tag{12.5}$$

方程式(12.4)就是式(2.107)的稳定状态表达式，其解是重力内波。因此，地形上空的气流所产生的涡度，取重力波的形式。当 ℓ^2 为常数时式(12.4)的通解为：

$$w = Re[\hat{w}_1 e^{i(kx+mz)} + \hat{w}_2 e^{i(kx-mz)}] \tag{12.6}$$

式中，$\hat{w}_1$ 和 $\hat{w}_2$ 是常数，

$$m^2 = \ell^2 - k^2 \tag{12.7}$$

因此，波动的垂直结构取决于 Scorer 参数 ℓ 和水平波数 k 的相对大小。如果 $k > \ell$，则式(12.6) 的解随高度呈指数衰减或放大。如果 $k < \ell$，则波随高度呈正弦变化，具有波数 m 。

平均风 $\overline{u}(z)$ 和静力稳定度随高度的变化 $\overline{B}_z$ 在山脊的上游测得。如果这些值为已知，则根据式(12.5)可以求出 ℓ^2 。若在地面上以及在高度无限大的地方，设定适当的边界约束条件，通过求解式(12.4)，得到垂直速度 w 场。因为二维形式的布西内斯克连续性方程式(2.55)非常简单，表示为：

$$u_x + w_z = 0 \tag{12.8}$$

在上游的水平速度 $\overline{u}(z)$ 是已知量的情况下，水平速度场很容易根据 $w(x,z)$ 通过质量连续方程求出。

求解式(12.4)时所施加的下边界条件就是式(12.1)的线性化表达式。若正弦波型的地面地形用数学公式表示为：

$$\hat{h} = h_a \cos kx \tag{12.9}$$

式中，h_a 是常数，k 是任意波数，那么式(12.1)可写为：

$$w_o = -\overline{u}_o h_a k \sin kx \tag{12.10}$$

这种下边界条件称为自由滑动下边界。适当的上边界条件取决于波动的解是随高度呈指

数变化（$k>l$），还是呈正弦变化（$k<l$）。无论在哪种情况下，下边界的山脉都是扰动的能量来源，这是地形扰动最基本的因素。若 $k>l$，那么振幅随高度 z 增加而呈指数放大，这种情况在物理上被认为是不合理的，因此把上边界设置在高度为零的地方，从而在数学模型中忽略了这种情况。如果 $k<l$，则对于任何向下传输能量的波动，都把上边界设置在高度为零的地方，也忽略了这种情况；而对于向上传输能量的波动，则保留上边界。这种设置边界条件的方法，被称为向上传播能量的边界条件。结果表明，向上传播能量的边界条件所保留的波动，其位相随着高度 z 的增大而向上游倾斜[①]。

用这些上边界和下边界条件，得到下面的解[②]：

$$w(x,z)=\begin{cases}-\overline{u}h_a k\,\mathrm{e}^{-\hat{\mu}}\sin kx, & k\geqslant l\\ -\overline{u}h_a k\sin(kx+mz), & k<l\end{cases} \tag{12.11}$$

式中，$\hat{\mu}^2\equiv-m^2$，因此，$\hat{\mu}$ 一定要是正数。这说明，在 $k>l$ 的情况下，波动随高度呈指数衰减，这样的波动被称为损耗波（即逐渐消失）。在 $k<l$ 的情况下（即对于宽广的山脉），波在垂直方向传播时振幅不随高度减弱。对于 $\overline{\mu}$ 和 $\overline{B}_z$ 为常数的情况，这两种类型波动的结构如图 12.3 所示。从这些例子中可以清楚地看出气流如何与山脉保持同步。在山脊狭窄的情况下（$k>l$，图 12.3a），波幅随高度衰减；而在山脊宽广的情况下（$k<l$，图 12.3b），波幅随高度保持不变，但是脊线和槽线向上游倾斜。

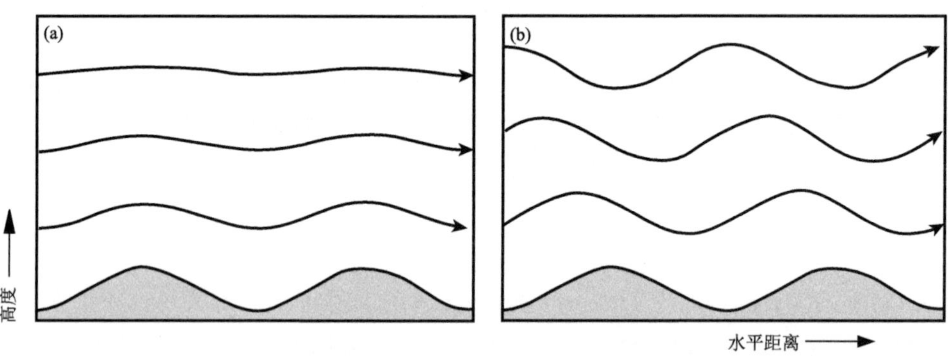

图 12.3　若地形的波数超过斯科勒参数（狭窄的脊）(a)或地形的波数小于斯科勒参数（宽广的脊）(b)，无限长正弦山脊上空稳定气流中的流线示意图。阴影表示底部地形。引自 Durran(1986b)，经美国气象学会许可再版

12.2.2　任意形状山脊上的气流

尽管上一小节中考虑的无限长正弦山脊，有助于说明气流越过地形而产生的两种基本类型波动的结构，但是它们是非常特殊的情况，它们只激发其波数和地形本身的水平波数 k 一样的波动。当地形有任何其他形状时，就会激发出由一系列波数的波动组成的波谱。为了看到这种情况，考虑一个任意形状的山脊 $\hat{h}(x)$，其形状可以用傅里叶级数表示：

① 参见 Durran(1986b)。

② 同①。

$$\hat{h}(x) = \sum_{s=1}^{\infty} Re[h_s e^{ik_s x}] \tag{12.12}$$

式中，地形的剖面廓线是如式(12.9)所示一系列正弦剖面廓线的叠加。对于每一个波数为 k_s 的剖面廓线，式(12.4)的解具有式(12.6)的形式。任意地形剖面廓线 $\hat{h}(x)$ 下的解，是所有个别波动解的总和。在应用自由滑动和向上传播能量的边界条件以后，总垂直速度的解具有以下形式：

$$w(x,z) = \sum_{s=1}^{\infty} Re[\mathrm{i}\,\overline{u}_o k_s h_s e^{\mathrm{i}(k_s x + m_s z)}] \tag{12.13}$$

对这个表达式做出贡献的单个傅里叶级数的模态，和总的解一样，都表现出与周期性正弦地形相一致的特征。因此，各个傅里叶级数是垂直传播，还是垂直衰减，取决于 m_s 是实数还是虚数(即，取决于 $k_s > \ell$ 还是 $k_s < \ell$)。如果山脊狭窄，波数 $k_s > \ell$，由此产生的扰动主要是消逝的。如果山脊宽广，波数 $k_s < \ell$ 占主导地位，那么扰动将垂直传播。

一个钟状的山脊

$$\hat{h}(x) = \frac{h_a a_H^2}{a_H^2 + x^2} \tag{12.14}$$

说明了在这样的下边界条件下，由式(12.13)解出的扰动垂直运动总的特征。由于 $x = 0$ 时，$\hat{h} = h_a$；$x = \pm a_H$ 时，$\hat{h} = h_a/2$，a_H^{-1} 是受山脊强迫主要波数的特征尺度。狭窄山脊($a_H^{-1} \gg \ell$)的解如图 12.4a 所示。这是以指数衰减解为主要特征的扰动，相对于山脊的顶部是对称的，并随高度强烈地衰减。图 12.4c 得到了一个宽广山峰解($a_H^{-1} \ll \ell$)的例子。如果假设这种情况等同于 $k \ll \ell$，那么这个解是满足静力平衡的，并且式(12.13)中主要项的形式为：

$$\mathrm{i}\overline{u}_o k_s h_s e^{\mathrm{i}(k_s x + \ell z)} \tag{12.15}$$

因此，垂直波长与水平波长之间的依赖关系消失了，并且在每一个高度($2\pi/\ell$ 的整数倍)上重现了山脉的轮廓。可以看出，静止二维静水波动群速度的水平分量(第 2.7.2 节)为零，从而能量传播(它在群速度的方向上传播)发生在纯垂直的方向上。因此，对于尺度大到足以激发静力稳定波动，但又不足以使科里奥利力变得重要的山脊，扰动就直接发生在山脊之上，并且在任何高度上，气流中只有一个波峰。

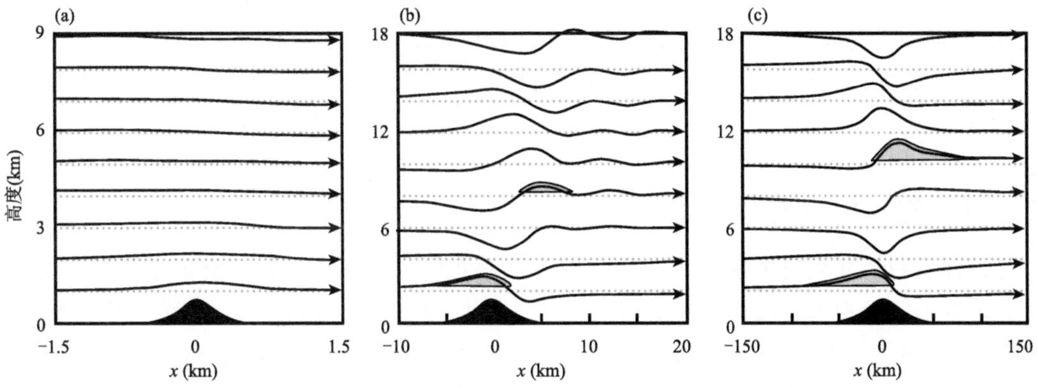

图 12.4 越过孤立钟形山脊的流线。(a)狭窄的脊；(b)宽度与斯科勒参数相当的山脊；(c)宽脊。较浅的阴影表示云可能发生的位置。深色阴影表示底部的地形。引自 Durran(1986b)，经美国气象学会许可再版

图 12.5 从上风方向看与垂直传播的波动有关系的云。在图中间靠后的背景部位，低层的波状云直接位于大陆分水岭之上，大陆分水岭是主要的地形屏障。前景中的山脉在照片中显得很大，实际上它是较小的山麓。高层的卷云是由分水岭引起的与垂直传播的波动有关系的上升气流产生的。这些云类似于图 12.4c 所示的那些云。Dale R. Durran 的照片，摄于 Boulder, Colorado

图 12.4b 说明了山脊的宽度不大不小的中间情况 $a_H^{-1}=\ell$。在这种情况下，式(12.13)的解主要由垂直传播的非流体静力学波动($k<\ell$，但不是 $k\ll\ell$)控制。这些波动的等位相线仍然向上游倾斜，能量向上输送。然而，与流体静力学波动不同，非流体静力学波动在下游方向也有群速度的水平分量(因此能量也可以向下游传播)。结果，另一个波峰出现在山脊下游的高空。

12.2.3 与垂直传播的波动有关系的云

我们现在可以看到某些类型的波状云是如何产生的。若流经山脊的空气层作为垂直传播波动(流体静力学或非流体静力学)的一部分经历强烈的向上位移，就会出现云。为了便于说明，图 12.4b 和图 12.4c 中在与垂直传播的波动有关系的云可能出现的地方，画上了阴影。低层云形成于山脊的上游和山脊的上方。在山脊的下游可以发现高层云(通常是卷云或卷层云)。这些理论案例表明，与垂直传播的波动有关系的云，水平尺度为 10～50 km。图 12.5 展示了与垂直传播的波动有关系云的照片，其结构如图 12.4c 所示。背景中大陆分水岭上空的低层云和前景中的高层卷云与垂直传播波动的上升气流有关，低层云出现在山脊的上游，高层卷云出现在山脊的下游。

12.2.4 与背风波有关系的云

到目前为止，我们只考虑了 ℓ^2 相对于高度是常数的情况。当 ℓ^2 随高度的增加而突然减小时，会出现不同类型的山波。这种类型的扰动通常被称为背风波，但它也被称为共振波、俘获波或背风俘获波。根据式(12.5)，$\overline{B}_z$ 的减小、$\overline{u}$ 的增强，或风廓线曲率的变化 $\overline{u}_{zz}$，都会使得 ℓ^2 减少。若大气中两个不同的高度层里斯科勒参数 ℓ^2 不一样，背风波就可以出现。ℓ_L^2 和 ℓ_U^2 分别代表下层和上层的斯科勒参数。然后，在两个高度层中分别写出形式为式(12.4)的方程，每一个方程使用各自高度层中的 ℓ^2 值。上层方程的解随高度呈指数衰减，下层方程的解是 z 方向的正弦曲线(即垂直传播)。在两个高度层的连接处要进行平滑匹配，那个地方 $z=0$。若应用向上传播能量的边界条件，上层方程的解形式为：

$$w_u = \hat{A}e^{-\mu_u z}f(x) \tag{12.16}$$

式中，$f(x)$ 表示随 x 变化的变量，

$$\mu_u \equiv \sqrt{k^2 - l_U^2} \tag{12.17}$$

这种方程的解在低层的形式为：

$$w_l = (\hat{B}\sin m_l z + \hat{C}\cos m_l z)f(x) \tag{12.18}$$

式中，$\hat{B}$ 和 $\hat{C}$ 为常数，并且

$$m_l \equiv \sqrt{l_L^2 - k^2} \tag{12.19}$$

式(12.16)和(12.18)都是通解式(12.6)的特例。为了使式(12.16)和(12.18)的解在两个高度层的连接处相互匹配，必须在 $z=0$ 处同时满足 $w_u = w_l$ 和$w_{uz} = w_{lz}$ 。适用于式(12.16)和(12.18)的这些条件意味着

$$\hat{A} = \hat{C} \text{ 和 } -\mu_u\hat{A} = m_l\hat{B} \tag{12.20}$$

依照式(12.18)和(12.20)可得：

$$w_l = \hat{A}\left(\frac{-\mu_u}{m_l}\sin m_l z + \cos m_l z\right)f(x) \tag{12.21}$$

如果我们考虑在背风方向离山脊足够远的某一个位置上地面是水平的，那么地面的 $w_l = 0$ 。在讨论这个问题时，我们使用了一个有点怪异的符号，即地面的高度是负的，由 $z = -z_o < 0$ 给出。那么在 w_l 为零的情况下，式(12.21)意味着

$$\cot(m_l z_o) = -\frac{\mu_u}{m_l} \tag{12.22}$$

把这个方程的两侧各自画成 k^2 的函数，我们发现仅当下列条件：

$$l_L^2 - l_U^2 > \frac{\pi^2}{4z_o^2} \tag{12.23}$$

满足时，图上的曲线才会出现一个或多个交点。也就是说，只有当低层的深度超过某个阈值时，水平波长才能满足方程；只有在这种情况下，波动才会在低层被俘获。此外，根据式(12.17)和(12.19)的定义，很明显式(12.22)的右侧仅在

$$l_L > k > l_U \tag{12.24}$$

时才存在。因此，仅当波数在这个范围以内时，式(12.23)的条件才能满足，这与波动在低层可以垂直传播而在上层呈指数衰减这样的事实相一致。

图 12.6 显示了式(12.14)所描述的二维钟形山脊上空的气流。在这个个例的情况下，未扰动气流的分层结构支持俘获波。两层气流之间的界面高度为 500 hPa(约 5 km 高度)。请注意，虽然温度和风的分布随高度 z 是连续的，但斯科勒参数 l^2 的值是不连续的，在界面的上下具有不同的常数值。从图 12.6a 可以明显地看出，俘获波确实只在低层中存在。很明显，它们没有倾斜。后一个结果令人惊讶，因为方程在低层的解具有垂直传播波动的形式，其等相位线是倾斜的。对这个解释基于这样的事实：垂直传播的波动到达上层时不能继续向上传播。相反，它们被反射回来成为向下传播的波，到达地面以后又反射回来向上传播。随着不同波数的波在下游经历多次反射的过程，建立了向上和向下传播波之间的相互叠加。由于向上和向下传播的波倾斜方向相反，它们叠加的结果完全没有倾斜。图中的俘获波可以用如下的关系式描述

$$w(x,z) = \hat{\beta}\sin\hat{\alpha}z\cos kx \tag{12.25}$$

式中,$\hat{\beta}$ 和 $\hat{\alpha}$ 是常数。从三角恒等式可以看出,该表达式是等振幅向上、下游倾斜的波动相互叠加的和。

$$w(x,z) = \frac{\hat{\beta}}{2}\sin(\hat{\alpha}z + kx) + \frac{\hat{\beta}}{2}\sin(\hat{\alpha}z - kx) \tag{12.26}$$

图 12.6a 表明,背风俘获波的水平尺度约为 10 km。在典型的稳定度和风速下,背风俘获波的波长范围为 5~25 km。因此,一般来说,背风波的波长比纯垂直传播波的波长更短。图 12.6a 中阴影显示了云层可能出现的位置。与背风波相关的云层水平尺度为 3~5 km。它们通常在山脊的下游反复出现,并且具有较小的水平尺度。这样的特征把它们与垂直传播的波动有关的云区分开来。在图 12.7 中,一张卫星照片展示了在强西北气流天气形势下,美国西部多山地区上空大量背风波发生的例子。

背风波云和与垂直传播的波动有关的云同时存在的情况并不罕见。图 12.6a 示意地显示了这种可能性,除了山脊下游的背风波云外,在山脊顶部处的低层显示有一个帽状云,在下游高处显示有卷云。后两种类型的云在性质上与图 12.4 中所建议的云相似。由于山脊在波数 $k < \ell_U$ 处产生一定的作用力,因此除了背风波外,还出现了弱的垂直传播波动的结构,从而所产生的波动可以通过较高的上部层传播。与上层垂直传播波动相关的云,其水平尺度越大,上层云的宽度就越大,这把它们与下面的背风波云区别开来。图 12.8 显示了一个实际个例,照片中所示云的行为规律,类似于示意图 12.6a。在背景中以看到主山脊的顶部有帽状云。它的前面是两排低层的背风波云。前景中高空处较宽的卷云片,是由垂直传播的波动产生的。

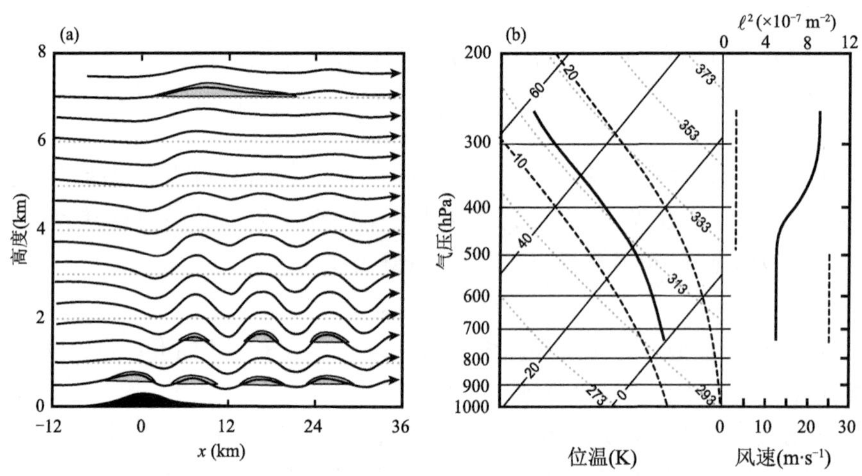

图 12.6 (a)孤立的二维钟形山脊上空稳定气流的流线,在该个例所示的情况下,未受扰动气流的分层结构支持俘获波发生。较浅的阴影表示云可能出现的位置。深色阴影表示底部的地形。(b)未受扰动流中温度和风速(实线)的垂直分布。这种温度和风分层的结构意味着斯科勒参数(右侧图上的虚线)的两层结构不连续。

引自 Durran(1986b),经美国气象学会许可再版

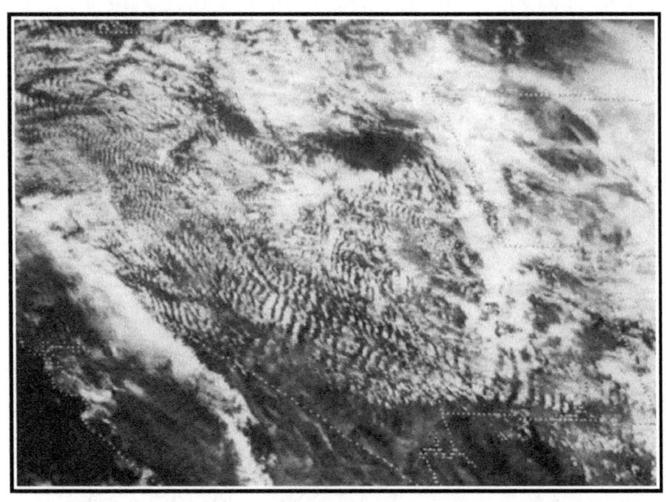

图 12.7 美国国家海洋大气局的可见光卫星图像，显示了美国西南部上空的波浪云，格林尼治标准时间 1984 年 5 月 2 日 17:15

图 12.8 从上风方向看的波浪云。在照片远处的背景中，右下角的大陆分水岭上方有帽子云，分水岭是主要的地形屏障。前景中的山脉在照片中显得很大，实际上是较小的山麓。在照片中间和前面是由分水岭诱发的两行背风波云。更高层的圆形云块是由垂直传播波的上升气流运动产生的。科罗拉多州博尔德市，Dale R. Durran 摄

12.2.5 非线性效应：大振幅波动、阻塞、压力跳跃、滚轴云

前面的分析用线性化方程来描述受波动诱发而产生的云，以及它们的动力学。在越过山脊的气流中，某种大气条件下，非线性过程和大振幅波动起着重要的作用。这些过程可以用基于原始方程（第 2.1.6 节）的非静力模型进行模拟。图 12.9 是一种模式模拟出来的气流。当存在大振幅波动时，这样的气流可以发展起来。阴影表示如果空气层足够潮湿，云可能出现的位置。图中显示了四种类型的云；其中三种云的特征与线性情况下个例中出现的特征相同（图 12.6a）。山脊上空的低层云和山脊下风方向邻近地点的高层云，与垂直传播的波动有关。在这种情况下，低层云通常被称为焚风墙（图 1.23 — 1.25）。大振幅波动的结构以强烈的下坡风（或 Föhn 风）为特征，山脊上空的云正好延伸到山峰上，这使得山脊背风侧的观察者看起来它是一堵墙。背风坡的云则与山脊下游的俘获波有关系。这些背风坡的云在图中显示为阴

影,它们是顺着风向下游方向远处两块最小的云。由于非线性效应而出现的新特征是滚轴云。它出现在非常强下坡风的下游端点处,在那个地方云发生突然的垂直跳跃。滚轴云在山脊的背风面立即形成,并且加速下山。

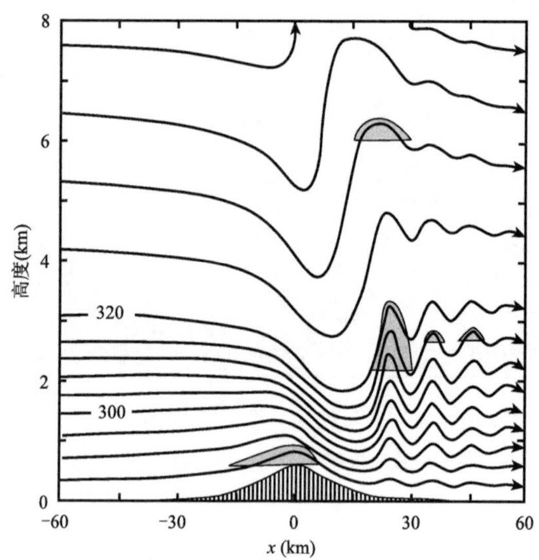

图 12.9　数值模拟结果表明,当存在大振幅波动时,二维绝热流可能发展。大气被指定由一个不太稳定的高层和一个更稳定的低层组成,以便把波动俘获在低层。等位温线(相当于流线)用 K 标记。阴影表示如果空气层足够潮湿,云可能出现的位置。引自 Durran(1986a),经美国气象学会许可再版

图 12.10 显示了模型模拟出的另一个例子,其中有强烈的下坡风,以及可能发生的滚轴云。它们的出现与山脊下游气流的强烈跳跃有关。在这些例子中,强烈的下坡风、强烈的空气向上跳跃运动,以及滚轴云,都是大振幅波动的表现形式。它们可能发生在以下三种形势下①。

(1)波动破裂。这种情况发生在山脊的下游,等湿度 q 面翻转(上湿下干),产生了一层稳定度极低、几乎停滞的气流。这种结构(有时称为"局部临界层")②位于图 12.10 中山脊的下游 3.6 km 处。在山脊下游 4 km 处为中心的附近地区,垂直传播的波动无法穿过这个湿度 q 均匀的高度层向上传播。因此,由山体屏障激发出来的波动被向下反射回来,波动的能量被俘获在该层和山体屏障的背风面之间。如果气流自己引入的临界层与山坡之间的空腔深度合适,临界层的反射会产生一个共振波,该共振波会随时间放大,并产生强烈的地面下坡风和下游气流跳跃。

(2)上面有一个平均状态临界层的天花板。局地临界层不需要由波动的破裂诱发。即使山脊太小而无法产生波动破裂,只要撞击山脊的空气在其平均状态风随高度的分层结构中包含一个临界层,就可能在背风侧发生必要的反射、共振和放大,从而产生下坡风和下游气流跳跃。图 12.10 中的示例就是这样一种情况,图中既在平均状态下出现了临界层,也发生了波动的破裂。

---

① 参见 Durran(1990)。

② 一般来说,临界层是指重力波的水平相速度等于平均流速度的层。

(3)斯科勒参数分层。若山脉太小而不能迫使波动破裂,但又足够大,在具有恒定的 $\overline{u}$ 、并且浮力随高度的变化 $\overline{B}_z$ 分为两层的大气中产生了大振幅的波动,就会出现这种情况。图12.9是这种情况的一个例子,其中垂直传播的波被部分反射。若较不稳定(低 $\overline{B}_z$)的上层和较稳定(高 $\overline{B}_z$)的下层相互配置恰当,反射波的叠合会就产生强烈的下坡风和下游气流跳跃。

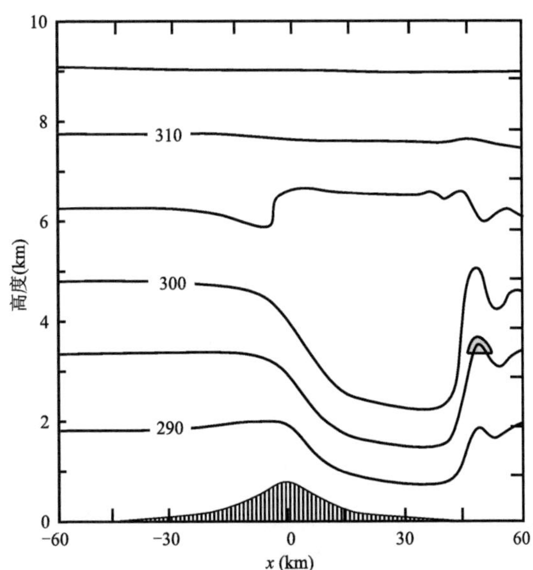

图12.10 数值模型结果表明,当存在大振幅波时,二维绝热流可能发展。在这种情况下,平均状态有一个临界层,并发生波动破裂。等位温线(相当于流线)用K标记。阴影表示如果空气层足够潮湿,云可能出现的位置。引自 Durran 和 Klemp(1987),如 Durran(1990)再版时的图。经美国气象学会许可再版

在滚轴云出现的地方,强烈的下坡风和下游气流跳跃具有一种称为液压的特殊类型的流动特征,这种流动发生在各种地球物理情况中,其特征是一层流体的深度和速度突然发生改变。例如,当潮汐向河流的上游流动时,有时就具有这种跳跃的特征[①]。水流越过障碍物流向下游也可能发生水跃。例如,水流越过河流中的岩石时,通常在岩石下游看到流体的深度有湍流跳跃。后一种情况类似于大气中产生滚轴云的气流。

为了定量地研究这类流动,让我们考虑均匀流体在无限长山脊上空稳定流动。这种流动由二维稳态浅水动量和连续性方程控制,可写成

$$u\frac{\partial u}{\partial x}=-g\frac{\partial(H+\hat{h})}{\partial x} \tag{12.27}$$

以及

$$\frac{\partial uH}{\partial x}=0 \tag{12.28}$$

式中, x 垂直于山脊线, u 是 x 方向的速度, H 是流体的垂直厚度, $\hat{h}$ 是障碍物的高度。若式(2.99)中的 $\delta\rho$ 大约为 ρ_1 (如果上层为空气,下层为水,就是这种情况),式(12.27)和(2.99)两

① 英国的塞文河以其潮汐水跃而闻名,冲浪者们已经知道它可以逆流而上几千米。参见 Lighthill(1978)或 Simpson(1997)。

式右侧的压力梯度加速度相同。

式(12.27)和(12.28)所描述的流体,可根据流速 u 相对于线性浅水重力波相速度 $\sqrt{gH}$ 的大小进行分类,根据式(2.104),$\sqrt{g\bar{H}}$ 近似等于线性浅水重力波的相速度。为了进行分类,定义一个弗劳德(Froude)数(Fr)是很有用的。弗劳德数(Fr)是惯性力和重力之比。这样

$$Fr^2 \equiv \frac{u^2}{gH} \tag{12.29}$$

然后式(12.27)就可以写作:

$$\frac{1}{2}u^2 + g(H+\hat{h}) = \text{常数} > 0 \tag{12.30}$$

或

$$\left(\frac{1}{2}Fr^2 + 1\right)H = \hat{h}_c - \hat{h} \tag{12.31}$$

式中,$\hat{h}_c$ 为正常数。由于左侧必须为正值,因此必须满足

$$\hat{h} < \hat{h}_c \tag{12.32}$$

如果 $\hat{h} > \hat{h}_c$,则式(12.27)的解不存在,由于气流能量不足,无法越过山脊,因此气流受阻。Fr 越小,气流越可能被阻塞。

由于式(12.27)不能在阻塞条件下求解,受阻塞的气流只能是非稳态的或三维的。在第12.3节中,我们将考察孤立山峰周围低弗劳德数处的三维气流,并发现当气流不能越过山峰时,它会向山的侧面转向并围绕山体流动。这里,我们讨论的是二维稳态流,在这种情况下式(12.27)有解[也就是说,满足式(12.32)的情况,因此,气流可以越过一个纯粹的二维障碍]。为了考察这些情况,可以将式(12.27)、(12.28)和(12.29)结合起来得到:

$$(1 - Fr^{-2})\frac{\partial(H+\hat{h})}{\partial x} = \frac{\partial \hat{h}}{\partial x} \tag{12.33}$$

该方程表明,当流体遇到一块隆起的底部地形,流体的自由表面可以上升或下降。图12.11显示了各种可能发生的情况。根据式(12.28),在 $Fr>1$(图12.11a)的情况下,称为超临界流,流体变厚,在接近障碍物时减慢,并在障碍物的顶部达到最低速度;在 $Fr<1$ 的情况下(图12.11b),称为亚临界流,当流体接近障碍物顶部时,它会变薄并加速。

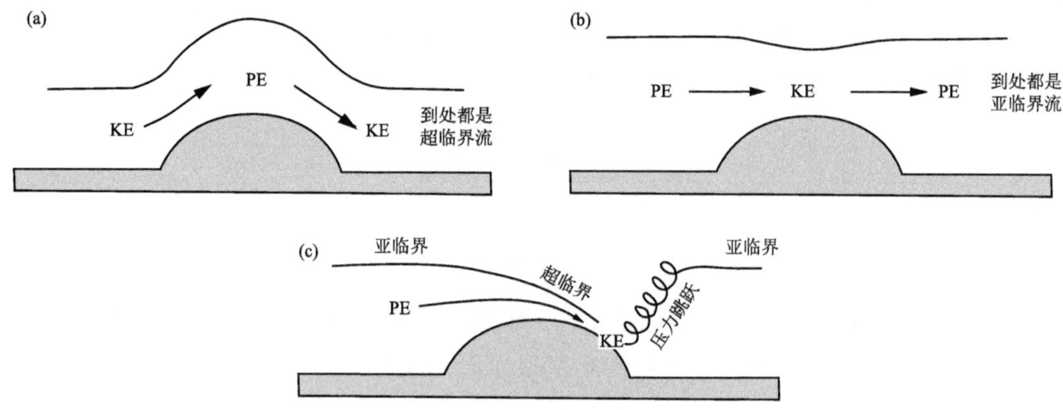

图12.11 浅水流越过障碍物的反应。(a)到处都是超临界流;(b)到处都是亚临界流;(c)压力跳跃。KE和PE分别表示动能和位能。引自Durran(1986a),经美国气象学会许可再版

通过注意式(12.27)中非线性平流 uu_x、与流体深度有关的压力梯度加速度，以及在垂直方向上由山脊线置换流体而引起的压力梯度加速度之间，存在三种平衡，据此可以洞察超临界流和亚临界流的物理本质。非线性平流能量与弗劳德数有关，因为连续性方程式(12.28)指出

$$Fr^2 = -\frac{uu_x}{gH_x} \tag{12.34}$$

上式表明，Fr^2 是非线性平流和与流体深度变化有关系的压力梯度加速度之比。而且，减号表明这两种效应总是相反的。

在超临界情况下($Fr>1$)，非线性平流远大于由流体深度变化而产生的压力梯度加速度[根据式(12.34)]，山脊的高度只能产生与流体深度符号一致的水平压力变化[根据式(12.33)]。因此，当流体经过山脊的迎风面(积聚位能并失去动能)时，会变厚，并在背风面变薄。在次临界情况下($Fr<1$)，非线性平流远小于由流体深度变化而产生的压力梯度加速度。发生这种情况的唯一方法，是山脊高度的变化，要产生一种其符号与山脊高度的变化相反的压力水平变化。也就是说，H_x 和 $\hat{h}_x$ 的符号必须相反。这样，流体经过山脊的迎风面时会变薄(失去位能，获得动能)，并在背风面变厚。

图 12.11c 显示了一种以山脊背风侧气流跳跃为特征的气流模态。这种情况的气流在山脊的迎风侧是次临界的，次临界的程度使得气流刚好在达到山脊时成为超临界。因此，气流继续加速，并在沿着背风坡向下流动时变浅。若大气条件类似于浅水，强烈的下坡风有时会出现，它是由背风面超临界气流的机制维持的。在下游，沿着斜坡向下的强气流突然恢复到周围环境条件的状态。这种突然的转变以气流跳跃的形式出现。

气流跳跃的一个重要特征是能量在气流跳跃处消散。这样的观测事实为什么会发生，可以通过考察一个含有气流跳跃的不可压缩流体体积元 $\mathscr{V}$ 来推断，如图 12.12 所示。体积元 $\mathscr{V}$ 以 x_1 和 x_2 为界，y 和 $y+\Delta y$ 在一个与流体高度的不连续一起移动的坐标系中。在这个移动的坐标系中，假定气流处于均匀(即密度恒定的)和稳定的状态中。

我们首先通过平均运算式(12.28)来考察含有气流跳跃的流体中质量的连续性，这样做我们获得

$$\tilde{Q} \equiv \bar{u}H = 常数 \tag{12.35}$$

接下来，我们考虑体积元 $\mathscr{V}$ 中所包含流体质量的动量守恒。对式(2.1)执行第 2.6 节中所述的平均运算，忽略科里奥利和分子摩擦力，并记得不可压缩流体的密度是恒定的，就得到控制平均流体运动的运动方程。结果为：

$$\frac{\mathrm{D}\bar{\boldsymbol{v}}}{\mathrm{D}t} = -\nabla\frac{\bar{p}}{\rho} - g\boldsymbol{k} + \mathscr{F} \tag{12.36}$$

将体积元 $\mathscr{V}$ 中单位质量流体运动方程式(12.36)的 x 分量在运动坐标系中积分，把式(12.35)代入，并记得在特定高度处流体的压力是它上面流体的重量，就得到

$$\tilde{Q}^2 = \frac{g}{2}H_1H_2(H_1+H_2) + Q_F^2 \tag{12.37}$$

式中，

$$Q_F^2 = \frac{H_1H_2}{\Delta y(H_1-H_2)}\iiint_{\mathscr{V}} \mathscr{F}_u \mathrm{d}\mathscr{V} \tag{12.38}$$

$\mathscr{F}_u$ 是 $\mathscr{F}$ 的 x 分量。可以看出式(12.37)中的 Q_F^2 是由湍流或其他小尺度运动的阻力引起的。式(12.37)中的第一项是水平压力梯度加速度和 u 的水平平流两者之和。

现在我们可以考察包含气流跳跃的体积元 $\mathscr{V}$ 中流体的平均能量。假设流体是稳态二维的，y 方向均匀，用速度 $\overline{\boldsymbol{v}}$ 点乘式(12.36)，得到动能方程为：

$$\widetilde{\mathscr{D}} = \nabla \cdot \left(\frac{\overline{u}^2}{2} + \frac{\overline{w}^2}{2} + gz + \frac{\overline{p}}{\rho}\right)\overline{\boldsymbol{v}} \tag{12.39}$$

式中，

$$\widetilde{\mathscr{D}} \equiv \overline{\boldsymbol{v}} \cdot \mathscr{F} \tag{12.40}$$

$\widetilde{\mathscr{D}}$ 为负值表明能量正在局地耗散。把式(12.39)按体积元 $\mathscr{V}$ 内的流体质量进行积分运算，其边界为 x_1 和 x_2 之间以及 y 和 $y+\Delta y$ 之间，得到

$$\iiint_{\mathscr{V}} \widetilde{\mathscr{D}} \rho \mathrm{d}\mathscr{V} = \iint_S \rho v_n \left(\frac{\overline{u}^2}{2} + \frac{\overline{w}^2}{2} + gz + \frac{\overline{p}}{\rho}\right)\mathrm{d}S \tag{12.41}$$

式中，v_n 是垂直于体积元 $\mathscr{V}$ 的周围表面 S 向外的相对速度分量。如果右边的项为负值，则存在进入流体元的能量净辐合，为了保持稳定状态，并且必须通过体积元中能量的净耗散来抵消这种能量辐合。在式(12.41)的右侧进行整合，把式(12.35)和(12.37)代入，再次使压力等于其上面流体的重量，从而得到

$$\iiint_{\mathscr{V}} \widetilde{\mathscr{D}} \rho \mathrm{d}\mathscr{V} = \frac{\rho\, \Delta y\, \widetilde{Q} g\, (H_1 - H_2)^3}{4 H_1 H_2} - \frac{\rho\, \Delta y\, \widetilde{Q} \widetilde{Q}_F^2 (H_2^2 - H_1^2)}{2 H_1^2 H_2^2} \tag{12.42}$$

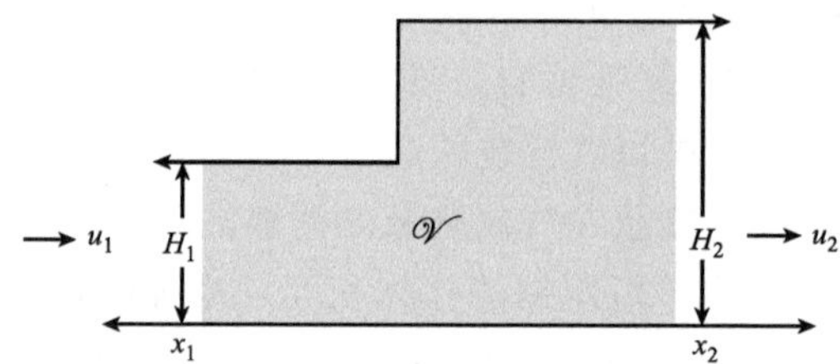

图 12.12　含有气流跳跃的液体体积元

在图 12.12 所示的情况下，$\widetilde{Q} > 0$ 和 $H_1 - H_2 < 0$ 。因此，式(12.42)的右侧为负值，表示包含气流跳跃的体积元中有能量的净损失。此外，即使移动 x_1 和 x_2，让两者无限靠近，使得体积元 $\mathscr{V}$ 里气流高度的跳跃变得任意小，仍然可以获得式(12.42)。因此很明显，所有的能量损失都发生在气流跳跃处。这一结果意味着为了保持住能量，耗散力在气流跳跃处附近一定是活跃的。因此，从式(12.42)可以清楚地看出，在气流跳跃处附近一定发生着某种能量耗散。气流跳跃处的能量损失受湍流和/或向下游传播波动的影响，如果气流跳跃处右侧的流动是次临界的，则这种情况就可能发生。正是因为这个原因，位于气流跳跃处的滚轴云湍流可能非常活跃，飞行员们都知道这里标志着轻型飞机的危险区域。图 1.23 和图 1.24 显示了滚轴云的壮观的例子。

滚轴云的主要动力特性能用上述理论解释。这个理论指出了发生在气流跳跃附近的强烈向上的气流运动，以及在气流跳跃地点为了使能量耗散所需的强烈湍流或重力波运动。滑翔机的驾驶员经常注意到：滚轴云中的空气围绕垂直于平均气流的水平轴翻转。正是根据这个特征，滚轴云得到了这个名称。在没有摩擦的情况下，滚轴云中模拟不出翻转。下坡风与地面之间的切变，产生了一薄层边界层强切变区，这个强切变区被背风波中的运动抬升到高空。在理想的山脉屏障上空对气流进行二维模拟(图 12.13)表明，在背风坡底部地面附近由摩擦产

生的涡片，被山脉屏障下游的气流跳跃提升(图 12.14)。升起的涡片形成一个闭合的滚轴。与强切变相关的里查森数 Ri[式(2.170)]通过开尔文-亥姆霍兹不稳定性(第 2.9.2 节)导致此类滚轴放大。图 12.13 中理想的山脉屏障有一个孤立的山峰从山脉屏障向上突出。三维模拟结果表明，这个叠加在山脉屏障的高峰所起的作用是产生沿山脉屏障方向的风分量 v。在山峰的南侧，受 ξv 项的作用，v 的变化拉长了涡度。这种拉伸导致在孤立山峰的南侧下游形成一个强烈的次生涡旋。这种次生涡旋(如图 12.14 中的 s1、s2 和 s3)不容易被吸收回二维背风波，

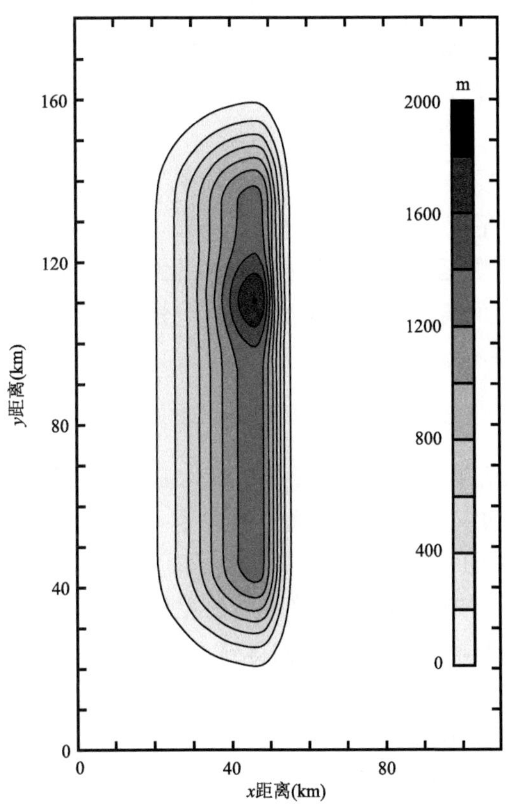

图 12.13　理想化的有孤立山峰的山脊。引自 Doyle 和 Durran(2007)，经美国气象学会许可再版

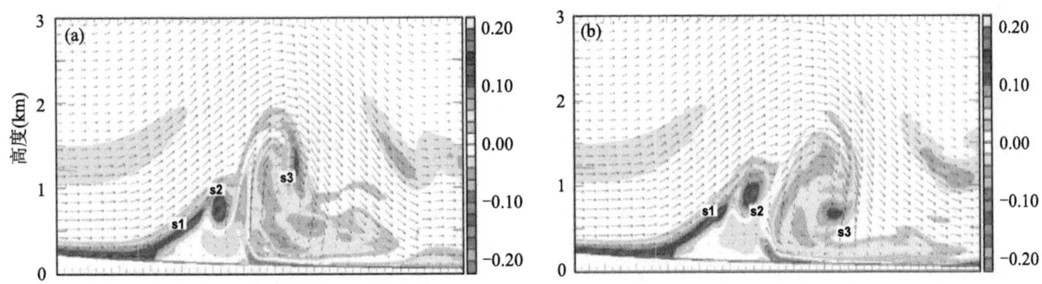

图 12.14　用网格分辨率为 60 m 的二维模式模拟出来的水平涡度的 y 分量(填色区)以及垂直剖面图上的风矢量。模拟时间为 3 h 30 min(a)、3 h 31 min(b)。图中小涡旋的位置标记为 s1、s2 和 s3。引自 Doyle 和 Durran(2007)，经美国气象学会许可再版

被认为是特别危险的航空灾难①。

12.3 与孤立山峰上空的气流有关的云系

我们已经看到,由长脊上空的气流产生的小振幅风扰动能垂直传播并俘获背风波。在孤立的山峰上,气流也有一定程度类似的反应。然而,当空气在三维山峰的周围流动时,气流和波动并不仅仅限制在 x 和 z 方向。y 方向运动的分量也会出现。

为了说明这个观测事实,我们再次考虑当一个基本的单方向水平运动气流遇到和通过山脉时,在 y 轴的方向上产生的涡度。忽略科里奥利效应,采用三维布西内斯克 y 方向涡度方程式(2.58)的稳态形式

$$u\xi_x + v\xi_y + w\xi_z = -B_x + \xi v_y + (\zeta v_z + \eta v_x) \tag{12.43}$$

这表明 x 方向的涡度平流,是由斜压生成项 $-B_x$、拉伸项 ξv_y 和扭转项 $\zeta v_z + \eta v_x$ 维持平衡的。我们首先关注小振幅运动,把这个方程线性化为只存在纯水平运动、单方向平均风 $\overline{u}(z)$、平均垂直递减率 $\overline{B}_z$ 的情况。为了说明问题,线性条件下只保留本质的物理机制,我们首先对式(12.43)的右侧进行线性化。结果是

$$u\xi_x + v\xi_y + w\xi_z = \frac{w}{\overline{u}}\overline{B}_z + \overline{u}_z v_y \tag{12.44}$$

这个关系式与二维假定下的式(12.3)不同。受对基本状态气流侧向扰动 $\overline{u}_z v_y$ 的作用,包含在基本状态切变中的涡度拉伸项出现在式子的右手一侧;右手一侧与它在一起的还有与空气绝热上升、下沉运动有关的 x 方向的涡度斜压生成。由运动的 y 分量造成的 x 方向的涡度平流 $v\xi_y$ 出现在左手一侧。如果我们现在将方程的左侧线性化,并用三维布西内斯克连续方程式(2.55)的扰动形式代入,经过整理后我们得到

$$-\overline{u}v_{yz} - \overline{u}w_{zz} - \overline{u}w_{xx} = w\overline{u}\ell^2 + \overline{u}_z v_y \tag{12.45}$$

这个结果与二维情况[方程式(12.4)]之间仅有的区别是左侧第一项和右侧最后一项,这两项与气流对基本气流的侧向扰动有关。

由于现在涉及变量 v,因此,需要进一步的物理关系来使方程组闭合。为此,我们转过来考虑垂直涡量方程式(2.59),在目前的稳态线性化条件下,没有科里奥利效应的垂直涡度方程简化为

$$\overline{u}\zeta'_x = \overline{u}_z w_y \tag{12.46}$$

这个关系式表明,基本状态气流对垂直涡度的水平平流,恰好被基本状态切变的扭转所抵消,扭转是由垂直速度在 y 方向的变化造成的。这个关系式可改写为

$$v_{xx} = u_{yx} + \frac{\overline{u}_z}{\overline{u}} w_y \tag{12.47}$$

取式(12.45)的水平拉普拉斯 $\nabla_H^2 \equiv \partial^2/\partial x^2 + \partial^2/\partial y^2$,利用质量连续方程式(2.55),把式(12.47)代入可得:

$$(\nabla^2 + \ell^2) w_{xx} + \frac{\overline{B}_z}{\overline{u}^2} w_{yy} = 0 \tag{12.48}$$

---

① 关于滚轴云中环流的更多细节,参见 Doyle 和 Durran(2007)。

式中，∇^2 是三维拉普拉斯函数。与二维情况式(12.4)一样，该涡度方程具有消逝、垂直传播和俘获波形式的解。然而，由于存在垂直于基本气流的扰动运动，使得波动被扭曲成各种各样有趣的结构，这可能影响在波中发展起来的云的形式。

通过进一步简化问题，使 $\bar{u}$ 不随高度变化，可以得到波动垂直传播的模态。在这种情况下，由式(12.5)给出的斯科勒参数表达式简化为

$$\ell^2 = \frac{\overline{B}_z}{\bar{u}^2} \tag{12.49}$$

而式(12.48) 则表示为：

$$\frac{\partial^2}{\partial x^2} \nabla^2 w + \ell^2 \nabla_H^2 w = 0 \tag{12.50}$$

这个偏微分方程的解是

$$w = \hat{w} \mathrm{e}^{\mathrm{i}(kx+jy+mz)} \tag{12.51}$$

式中，k,j,m 满足以下关系：

$$m^2 = \frac{k^2+j^2}{k^2}(\ell^2 - k^2) \tag{12.52}$$

除了系数 $(k^2+j^2)/k^2$ 以外，这种频散关系类似于式(12.7)，这样就建立起 m^2 依赖于 j 和 k 的表达式。

从式(12.52)可以明显看出，与二维情况一样，垂直传播或损耗波的发生取决于 $\ell^2 > k^2$ 或 $\ell^2 < k^2$。采取和二维情况下一样的处理办法，我们可以假设地面的地形取某种特定的形式，并且在边界层顶部处不允许能量向下面传播。图 12.15 显示了在宽广的山脉($\ell > k$)上空，随时间稳定、恒定 $\overline{B}_z$ 和恒定 $\bar{u}$ 的气流中垂直运动的分布。上升和下沉运动呈回旋镖形状交替出现的区域发生在峰顶的下风方向。即使山足够宽，气流的响应是流体静力学的，这种垂直运动的分布模态也会发生。也就是说，在三维流体静力学的情况下，波动扰动不局限于直接在山脉上面的区域。在这种垂直运动分布模态中，可以在山的背风处观察到回旋镖或马蹄形状的云。通过研究图 1.19 中摄影照片所示的个例，绘制了图 12.16 中的摄影测量图①。

图 12.15 所示的垂直运动场并不是山脉波的唯一形式，因此，也不是孤立山峰下风方向的波状云能够发生的唯一形式。到目前为止，我们只考虑了 $\bar{u}$ 和 $\overline{B}_z$ 为常数这种情况的简化，因此，得到了 ℓ^2 为常数的情况。有人研究了若 $\bar{u}$ 随高度变化，而 $\overline{B}_z$ 不变的情况，在这样的情况下，俘获波现象发生了②。设 $\bar{u}$ 随高度呈指数变化，得出：

$$\bar{u} = U_o \mathrm{e}^{z/\tilde{L}} \tag{12.53}$$

式中，U_o 为地面平均风，$\tilde{L}$ 为风的高度尺度。研究发现，即使是轻微的风切变也会产生相当大的俘获波③。俘获波在流经山峰的气流中形成，类似于船产生的波动。若斯科勒参数 ℓ^2 用完全表达式(12.5)表示，$\bar{u}_{zz}$ 由式(12.53)确定，这些船舶波的模态清晰地表现为式(12.48)的解。这些船舶波的模态有两种不同的类型，如图 12.17 所示。在尖峰下风方向楔形区域的内部，存在横波，横波或多或少垂直于基本气流和发散中的波动。而在楔形区域以外，只存在发散中的

① Abe(1932)对日本富士山背风面马蹄形云的详细摄影测量研究，推动了 Wurtele(1957)对孤立三维山峰上气流的三维线性动力学的研究。Wurtele 的式(12.50)的解如图 12.12 所示，是为了解释 Abe 的照片。

② 参见 Sharman 和 Wurtele(1983)。

③ 风的指数表现有一个性质，即：当 $z \to \infty$时，$\ell^2 \to -\tilde{L}$，因此每个波长的波动最终都被捕获。

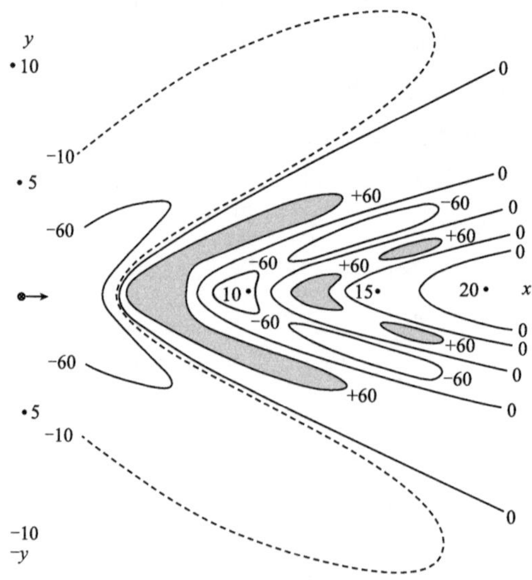

图 12.15　对称障碍物下风方向的垂直速度场。阴影区为上升运动区域。无量纲单位是指 100 个单位为 45.7 cm・s^{-1}。引自 Wurtele(1953),Elsevier 版权所有

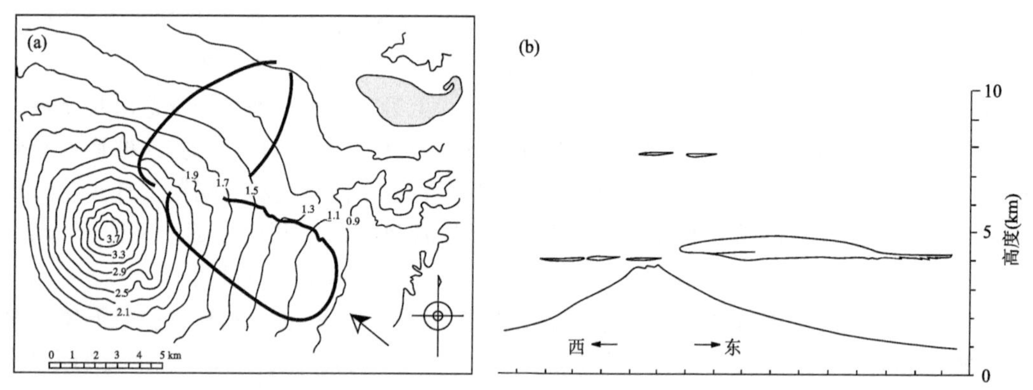

图 12.16　富士山背风坡马蹄形状云的平面图(a)和垂直截面图(b)。云的照片如图 1.19 所示。在山顶(3710 m)高度处,风向为西到西南偏西风。在(a)中,较浅的线是以 km 为单位标记的地形等高线;较深的线是云的轮廓。引自 Abe(1932),经日本气象局许可再版

波动一种模态①。

横波类似于二维气流中的背风波。它们由试图向上游传播但是被平推到背风面的波动叠加组成。发散波没有试图向上游传播,而是在基本气流的平流作用下远离山脉,向背风方向的横向传播。在存在一定程度风切变的条件下,利用全套时间相关方程进行了 300～500 m 高障碍物的数值模型试验,比值 $\widetilde{R} \equiv N\widetilde{L}/U_o$,其中 N 由式(2.98)给出。由于 N 是常数,因此 $\widetilde{R}$ 的取值完全由切变决定,由风的尺度高度 $\widetilde{L}$ 度量。我们将讨论由 $\widetilde{R}$ 的三个取值得到的稳态模拟结果。

① 关于这些类型波动的进一步讨论,参见 Smith(1979)和 Sharman 和 Wurtele(1983)。

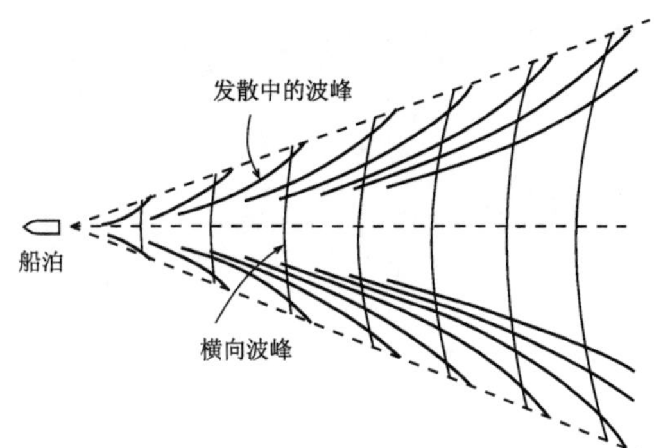

图 12.17　深水"船波"横向和发散相线的水平配置。引自 Sharman 和 Wurtele(1983)，经美国气象学协会许可再版

图 12.18 显示了低 $\tilde{R}$ (高切变)情况下的结果。只有发散波动的模态存在，强烈的扰动运动组织成带状，形成类似于图 12.17 中理想发散波峰的模态。强烈的垂直运动集中在楔形区域的边缘，在楔形区域的中心山的正下游处，相对没有什么扰动气流。图 12.19 显示了与发散波模态有关的云。

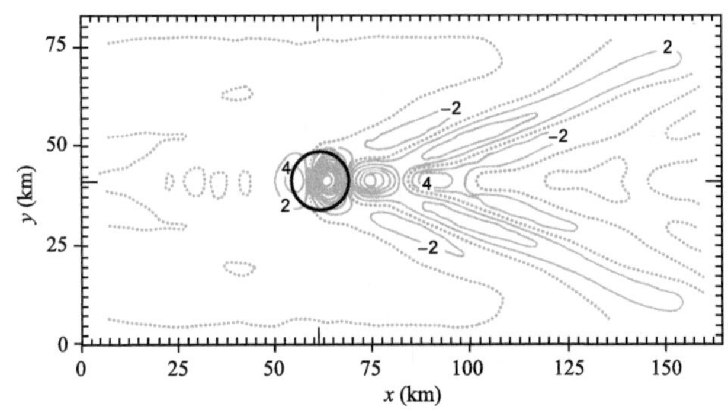

图 12.18　高度为 300～500 m 的障碍物上高切变气流的数值模型模拟结果。在气流达到稳定状态以后，显示了 5 km 高度层处的垂直速度(以 2 $cm \cdot s^{-1}$等值线间隔)。障碍物位于长刻度线的中心。表示障碍物形状的轮廓显示为一个粗圆，对应于障碍物的最大高度为 0.1 km。引自 Sharman 和 Wurtele(1983)，经美国气象学会许可再版

图 12.20 显示了中等 $\tilde{R}$ 情况下模似的结果。在这种情况下，两种类型的波都发生在山下风方向的楔形区域里。楔形区域以外仅存在发散波。在这种特定的 $\tilde{R}$ 情况下的响应包括跨楔形区域的强横向分布模态。这些波动在楔形区域以外转变成发散的结构。在横波的情况下，俘获效应非常清楚，表现为以下的观测事实：下游的一系列波动组成了二维山脊下游的背风波，随高度增加波幅迅速衰减(图 12.20a 和图 12.20b)。图 12.21 显示了主要与横波有关系的云。

在 $\tilde{R}$ 非常大的情况下，切变减少到没有($\bar{u}$ 为常数)。这种情况以前考察过。图 12.22 说明了这种情况，在这种情况下，在风的下游方向没有发生俘获效应，马蹄形垂直速度分布模态再次出现。这种模态与中等 $\tilde{R}$ 情况下的模态不易区分(图 12.20)。在山峰的背风面观测到的

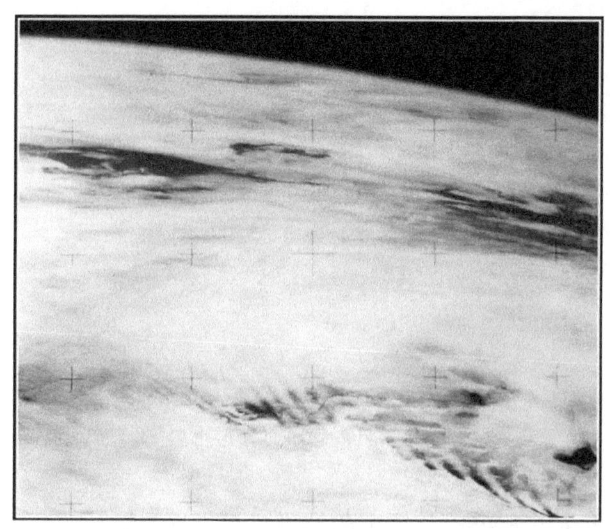

图 12.19　布韦岛背风区与发散波模态有关的云。图片的准确比例尚不清楚。对这类波动结构的数值模拟表明，波峰之间相距 10～40 km。这张照片是由美国国家航空与航天局太空实验室的宇航员拍摄的(照片参考号：SL4-137-3632)

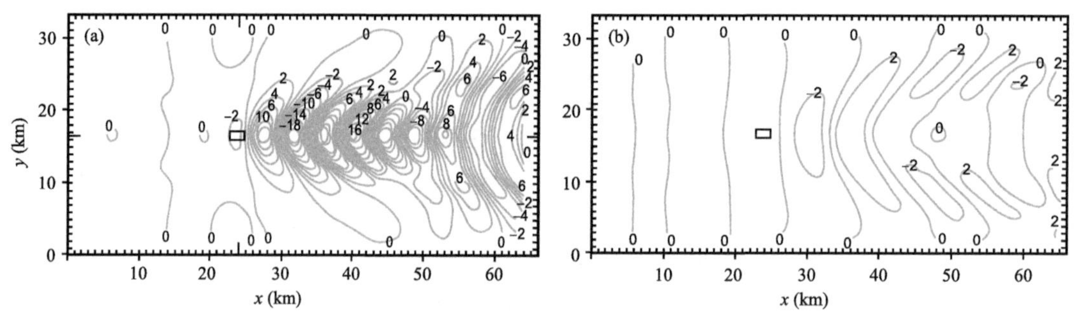

图 12.20　300～500 m 高的障碍物上空中等强度切变气流的数值模拟结果。在气流达到稳定状态以后，显示了 5 km 高度(a)和 10 km 高度(b)的垂直速度(风速等值线间隔 2 cm·s^{-1})。图四周坐标框架上，每一条短线表示水平网格点(1 km)的位置。障碍物在长标记符号的中心，在波浪图案的前缘用矩形表示。引自 Sharman 和 Wurtele(1983)，经美国气象学会许可再版

马蹄形云最有可能与俘获波有关，因为计算表明，即使是较小的切变也会产生显著的俘获。

到目前为止，我们只考虑了三维山峰上空的气流中产生的小振幅(线性)扰动。在二维情况下，我们看到，浅水流在有限高度障碍物上空流动的情况下，只要 Fr^2［由式(12.29)定义］足够小，水流就会受阻塞。在连续分层的流体中，若

$$\frac{\overline{u}^2}{N^2\hat{h}_m^2} \ll 1 \qquad (12.54)$$

就会出现类似的现象。其中，$\hat{h}_m$ 是山的最大高度。若流体移动缓慢、极为稳定，或两者兼而有之，就满足式(12.54)的条件。如果障碍物是一个三维的山峰，而不是一个二维的山脊，那

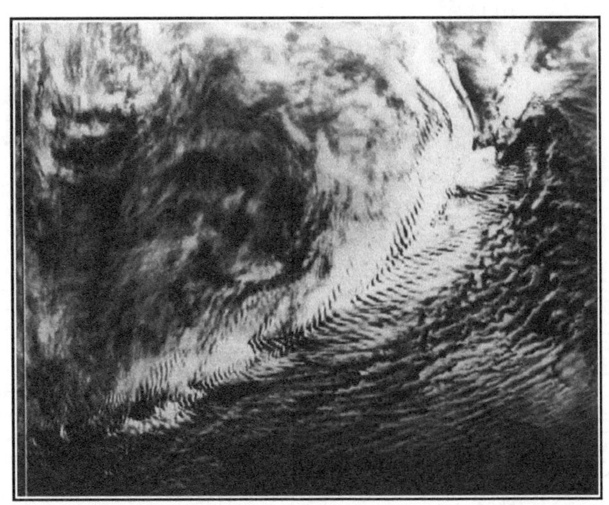

图 12.21 在阿留申群岛链附近，与主要横波有关系的云。NOAA 卫星照片，时间、日期和比例尺不知道

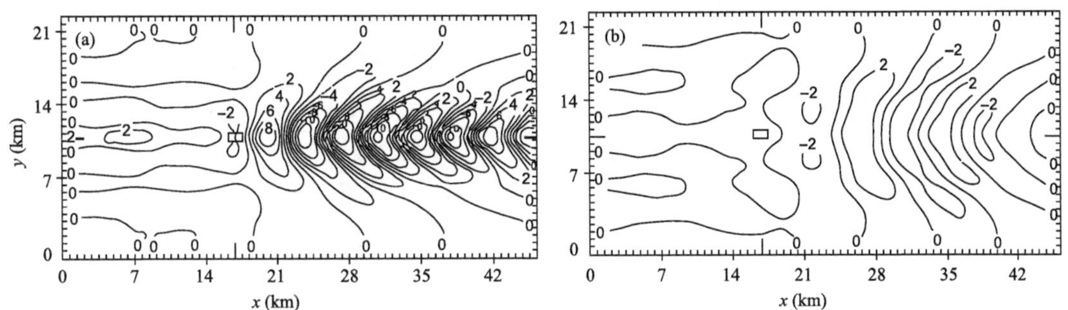

图 12.22 300～500 m 高的障碍物上空无切变气流的数值模拟结果。在气流达到稳定状态以后，显示 4 km 高度(a)和 8 km 高度(b)处的垂直速度(风速等值线间隔 2 cm · s^{-1})。图四周的坐标框架上，每一条短线表示水平网格点(0.7 km)的位置。障碍物在长标记符号的中心，在波浪图案的前缘用矩形表示。引自 Sharman 和 Wurtele(1983)，经美国气象学会许可再版

么气流就不会被阻塞，而是向侧面转向，找一条绕山的路走。可以看出①，在式(12.54)的情况下，气流削减为围绕障碍物的纯水平流动，而在另一个极端情况下

$$\frac{\overline{u}^2}{N^2 \hat{h}_m^2} \gg 1 \tag{12.55}$$

运动方程简化为线性形式，上述解决方案适用。

在式(12.54)和(12.55)两种极端情况之间，可能存在的气流分布配置范围，研究了对全套非流体静力学方程进行数值积分的办法。图 12.23 和图 12.24 显示了这些研究的结果。图 12.23a 和图 12.24a 中垂直和水平剖面所示的气流，是 $\overline{u}/N\hat{h}_m = 2.22$ 情况下的计算结果。在这种情况下，气流与线性理论定性一致。垂直传播的波动结构在山的上空十分明显。如果靠近山顶的空气层足够潮湿，在山顶的正上方就可能会形成如图 1.18 所示的帽状云。图

① 进一步的讨论参见 Durran(1990)。

12.23a 中的阴影显示了可能出现帽状云的位置。

图 12.23b 和图 12.24b 显示了若 $\overline{u}/N\hat{h}_m$ 减少一个数量级至 0.22 时获得的计算结果。气流几乎是水平的。在山的背风面,水平气流中出现了一对反向旋转的涡旋,垂直剖面上形成了一个翻滚的涡旋。在垂直翻滚的涡旋中,气流向上运动的分支在山的一侧升起。在山顶上,它与主气流合并在一起越过山顶。

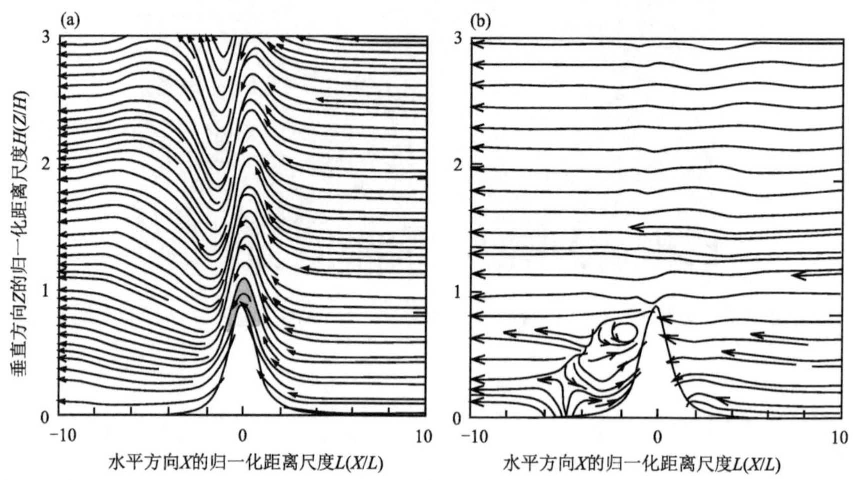

图 12.23　圆形钟状的山峰上空三维气流模式模拟流线的垂直剖面。$\overline{u}/N\hat{h}_m$ 的比值为 2.22(a)和 0.22(b)。阴影区显示了帽子云的可能位置。图的空间尺度已经由指定的垂直(H)尺度和水平(L)尺度进行了标准化处理。

引自 Durran(1990),该图根据 Smolarkiewicz 和 Rotunno(1989)的论文画出。经美国气象学会许可再版

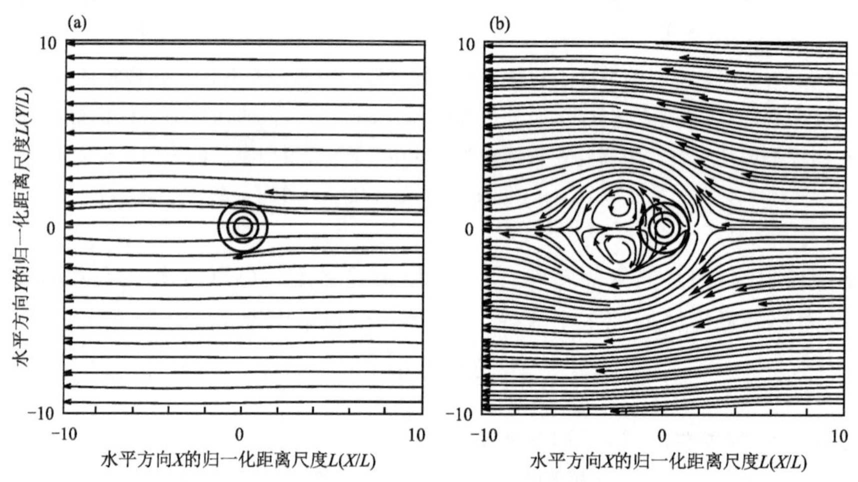

图 12.24　圆形钟状的山峰上空三维气流模式模拟出的流线水平平面图。$\overline{u}/N\hat{h}_m$ 的比值为 2.22(a)和 0.22(b)。这些图与图 12.23 中的剖面是对应的。同心圆表示山的位置。图的空间尺度已经由指定的水平(L)尺度进行了标准化处理。引自 Durran(1990),经美国气象学会许可再版。另请参见 Smolarkiewicz 和 Rotunno(1989)

在旗云出现时,似乎有一种类似的涡旋运动,有时在尖削山峰的背风处也能观察到这种现象(图 1.26)。旗云形成过程中所涉及的因素示意地表示在图 12.25 中。一个非常锋利的山

峰通常参与了一个旗云的形成过程。当气流遇到山峰时，它既被强迫越过山峰，又在侧面分裂成两个分支。气流在垂直和水平方向的分离，导致在山的下风方向边缘处速度增加、相应的压力降低[根据式(8.51)]。因此，在山峰顶部的背风面产生压力扰动的最低值，[根据式(7.1)]在山的背风坡上产生垂直上升运动。如果山的背风坡下游处空气足够潮湿，在低于山顶的地方达到空气的凝结高度，就会形成云。当新形成的云达到山顶高度时，它被并入山顶上空的主气流中，并呈羽毛状迅速地吹向下风方向，其形状类似于风向袋，或从烟囱里吹出来的烟雾[①]。

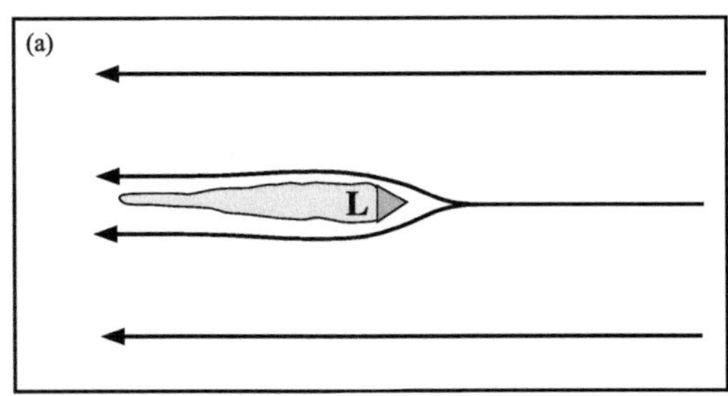

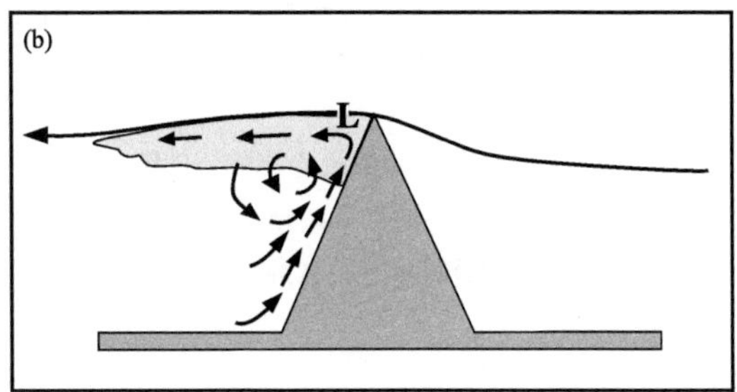

图 12.25　气流在孤立山峰上空越过形成旗云的示意图。(a)平面图；(b)垂直剖面图。阴影区表示云

12.4　山地对降水机制的影响

为了了解地形的存在如何影响降水云，我们必须考虑四个因素如何同时起作用：地形特征的高度和形状、粒子生长的微物机制、流体遇到地形屏障的动力学以及湿空气的热力学。

12.4.1　微物理时间尺度和地形大小

水滴和冰晶生长到可以降水的大小然后落下需要一定的时间。地形的高度和坡度，限制了可能下落到地面降水粒子的位置。因此，在粒子生长的微物理时间尺度和地形的空间尺度之间，存在重要且不可分割的联系。例如，图 12.26 显示了冰粒子淞附生长的程度，如何决定了它们究竟会落在中等尺度二维山脉的迎风坡还是背风坡。在地形更高或更宽的条件下，图中所示的粒子无法被平流至山脉的背风面。如果地形是一个三度空间的孤立山峰，而不是一条很长的山脉屏障，那么这些粒子可能会被气流平流到山脉的周围，而不是落在山上。在小山峰的上空，粒子都会随气流越过山顶。

其他微物理因子对降水粒子的生长速率和是否落出云体有至关重要的影响。气溶胶的浓度、尺寸谱和化学成分是其中较为重要的影响因子。上升气流中的云滴和冰粒子是在气溶胶上形成的。通过这些因子，人类活动对山区降水的影响变得更加重要。

① 对旗云进行这种刻板的解释，广泛地在 19 世纪关注地球系统的文章中出现。参见 Die Erde als Ganzes (地球面面观) ihre Atmosphäaund Hydrosphäe (气象和水文)，Hannah(1869)。Douglas(1928)提出了本质上一样的解释。但是他没有注意到水平气流分叉可能发生的作用。不幸的是，对旗云各种各样的解释非常碎片化，使得从这两个研究者以后，这方面的文章极其分散。

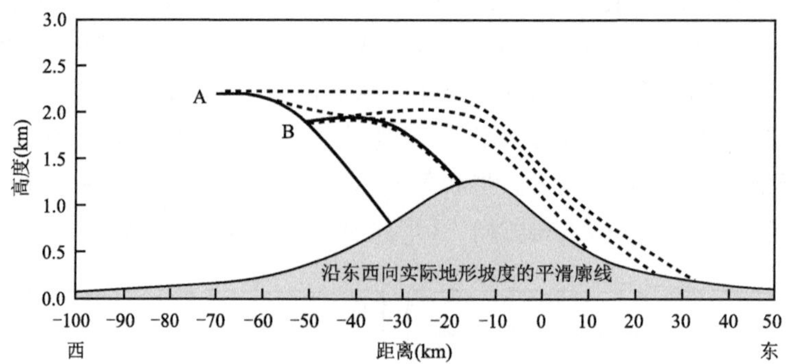

图 12.26　从 A 点和 B 点开始运动冰粒子的轨迹，显示了在越过理想山脉屏障的气流中雪粒子淞附作用的影响。该理想山脉屏障的大小类似于华盛顿州的喀斯喀特山脉。最重的淞附颗粒（实线）在迎风坡上脱落更快。淞附作用最少的颗粒（点线）随越过山脉的气流被携带至最远处。引自 Hobbs 等 (1973)，经美国气象学会许可再版

12.4.2　在复杂地形上空上升大气的水汽压

另一个影响降水从山脉上空的云体中落出的因素是大气的饱和水汽压，它随温度从而也随高度呈指数式的下降。在山脉的迎风面由上升运动和微物理生长过程产生的降水在低层最强。因此，对于一个较高的山，在较低的地形坡面上降水量可能更大。这种湿度因子经常与前述一个或多个微物理和动力学因子相结合，使得高山的高处比低处的山坡更干。例如，图 12.27 给出了欧洲阿尔卑斯山的气候最大降雨量，它发生在山脉斜坡的中部。

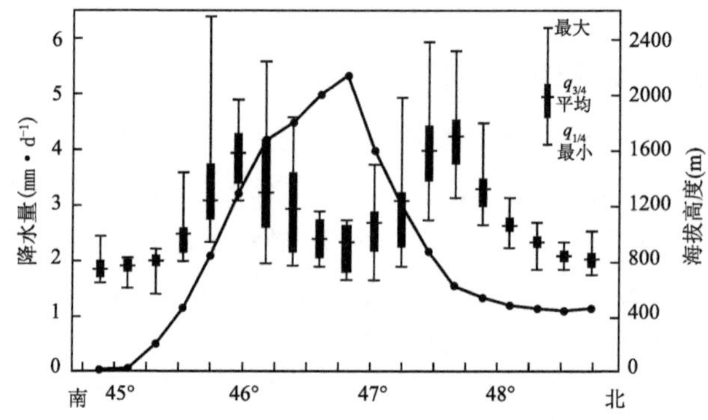

图 12.27　沿欧洲阿尔卑斯山脉东部南北走向的地形，年平均降水量（符号）和地形高度（实线）。图中的符号表示对应各纬度带上站点的年平均降水量、降水量的四分位数，以及降水量的最大和最小值。引自 Frei 和 Schar(1998)，经英国皇家气象学会许可再版

12.4.3　气流遇到山地时的动力学

从动力学的观点来看，我们进一步注意到，气流遇到地形时受到不同的响应，是由几个因素共同决定的。在浮力不稳定的气流中，当大气遇到地形障碍而上升并越过地形时，可能会触发降水性的对流云。在接近地形屏障的稳定气流中，气流受地形影响的响应取决于三个因素：

跨越山脉屏障上游气流爬坡分量的强度、迎风坡入流气流的热力学稳定度和地形障碍的高度。这几个因素可被结合为一个无量纲比率 $\frac{\bar{u}}{N\hat{h}_m}$，其中 $\bar{u}$ 为爬坡气流的强度，N 为布伦特-维赛拉(Brunt-Väisälä)频率，$\hat{h}_m$ 为最大地形高度。由式(12.29)和(12.34)可知，这个比率类似于弗劳德数。当 $\frac{\bar{u}}{N\hat{h}_m}$ 较大时，气流容易越过地形。当 $\frac{\bar{u}}{N\hat{h}_m}$ 较小时，迎风坡的气流被地形阻挡而难以越过地形。在这些情况下，接近地形的大气可能转向为平行于地形的气流或围绕孤立山地的绕流。

12.5 山地影响降水云的基本场景

从前面章节可知，丘陵或山脉附近气流的微物理、动力学和热力学特征，能与地形的几何结构相结合，影响地形上空降水的增长和落出云体。在风、温度、湿度、纬度、接近海洋的程度、地形的形状和大气的非线性所固有的特性等诸多因素之中，隐藏着各种程度的不确定性，很难把复杂地形从某一种情况与另一种情况进行类比。然而，通过比较不同配置情境下的降水云的行为特征规律，可以识别出一些可以复现的场景，在这样的场景下，气流越过和绕过山脉流动影响着降水过程。图 12.28 给出了这些机制的示意图。

12.5.1 爬坡气流：层流和翻转

图 12.28a 和图 12.28b 说明了气流越过地形时发生的场景。这些过程适用于任何尺寸的地形。图 12.28a 表示接近地形屏障时大气是稳定的，通常气流随地形上升。大气运动的垂直分量在迎风面产生云或加强原有的云，而在背风面则云被蒸发。这种情况可能单独地发生，但更常见的是，例如这种云与锋面系统相关，它嵌入在一个更大的云系之中，使得更大的云系发生变化。

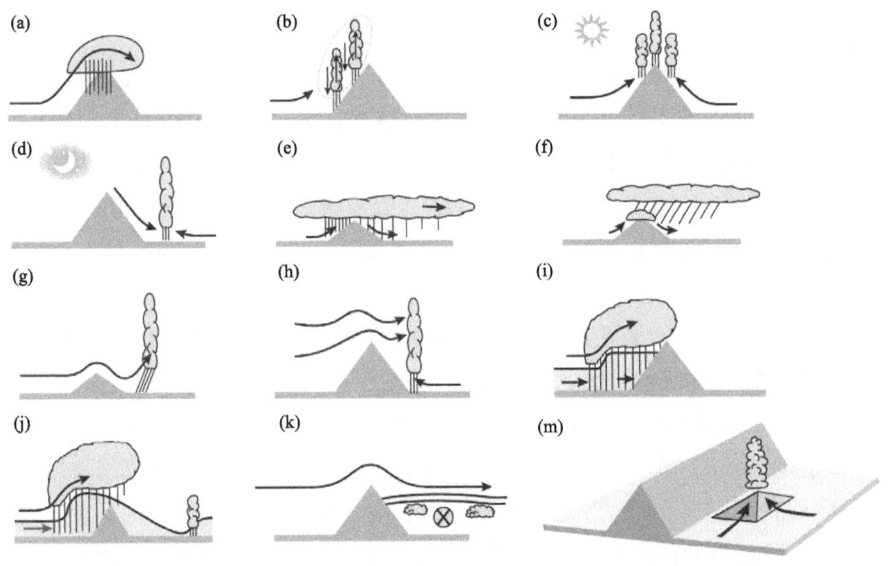

图 12.28 山地影响降水云的机理示意图。引自 Houze(2012)，经美国地球物理协会许可再版

图 12.28a 中所示的稳定气流并非如图中所示那么简单。相反,如图 12.29 中所示,稳定大气跨越地形屏障的气流会触发重力波。有上升运动在两个区域发生。在迎风坡会出现一层相对简单的爬坡气流,在背风坡和山顶上会出现垂直传播的重力波,逆着跨越地形屏障气流的方向倾斜上升,并可能产生高度较高的云。到达地面的降水是重力波的动力学和微物理作用共同影响的结果。图 12.29b 说明这些过程可以导致落出云体的降水分布在迎风坡和背风坡。降水如何分布取决于淞附程度(图 12.26)和山脉的尺寸(图 12.27)。

图 12.28b 说明气流随地形上升时在比地形屏障更小的尺度上发生翻转的情形。这种翻转可能以几种不同的方式出现。

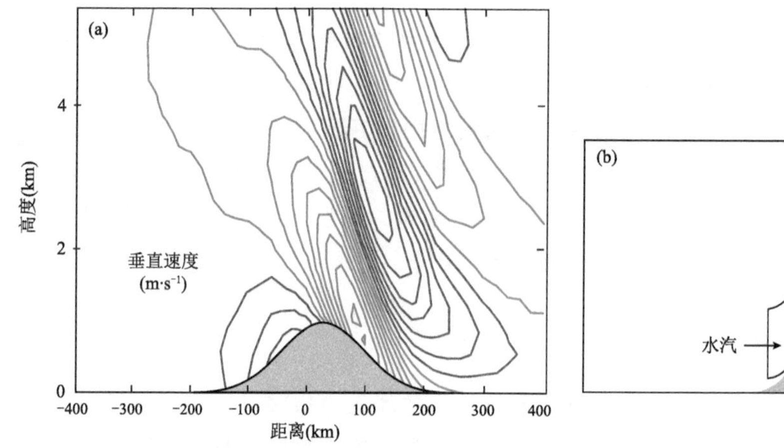

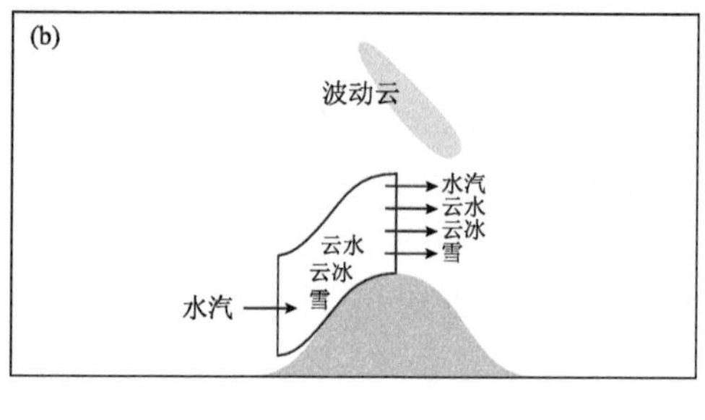

图 12.29 (a)垂直剖面上模式计算的垂直速度(从左至右的稳定气流跨越理想的山脉屏障时垂直速度的等值线)。垂直速度的等值线间隔为 0.086 m · s^{-1}。在背风坡上接近山脉处垂直速度最大值的量级约为 −0.55 m · s^{-1}。在图(b)所示背风坡上波动云形成的地方,高层垂直速度约为 0.55 m · s^{-1}。图(b)表示模式计算出的水物质传播情况。引自 Jiang 和 Smith(2003),经美国气象学会许可再版

(1)深厚的不稳定层。越过地形的爬坡流可以将一层深厚的非常不稳定的气层提升到自由对流高度之上,从而形成对流云和降水。如果不稳定性很强并扩散至一个很深的高度层,则所产生的积雨云可能会很强,并伸及很高的高度。例如,图 12.30 为在欧洲阿尔卑斯山地区,当条件不稳定的大气在山脉地中海一侧的斜坡上抬升时,所形成的强积雨云雷达观测数据。单多普勒速度显示出了在对流单体的顶部存在辐散(图 12.30b)及延伸至 10 km 的冰雹和/或霰(图 12.30c)。

(2)浅薄的不稳定层。如果浮力不稳定只发生在高度很低的浅薄气层里,则地形抬升可能会在山的迎风面触发一系列小云团。图 12.31 显示了一个高分辨率模式模拟的,具有中等不稳定度的潮湿大气接近 1 km 高的山脊时运动的情况。小块潮湿空气或原先存在的小积云,受盛行风携带越过地形时,在山的迎风坡上爆发成一群小积雨云。潮湿的气块或云在饱和以后,随湿绝热冷却获得上升的浮力,而周围的不饱和空气则继续干绝热冷却。由于整体抬升减弱了不饱和补偿下沉气流中的下沉增暖,并增加了上升气流中的潜热释放,因此,云一旦形成,就会在上升的气层中生长得更加旺盛。云中的雨滴在浮力上升气流中通过云水的碰并快速生长。

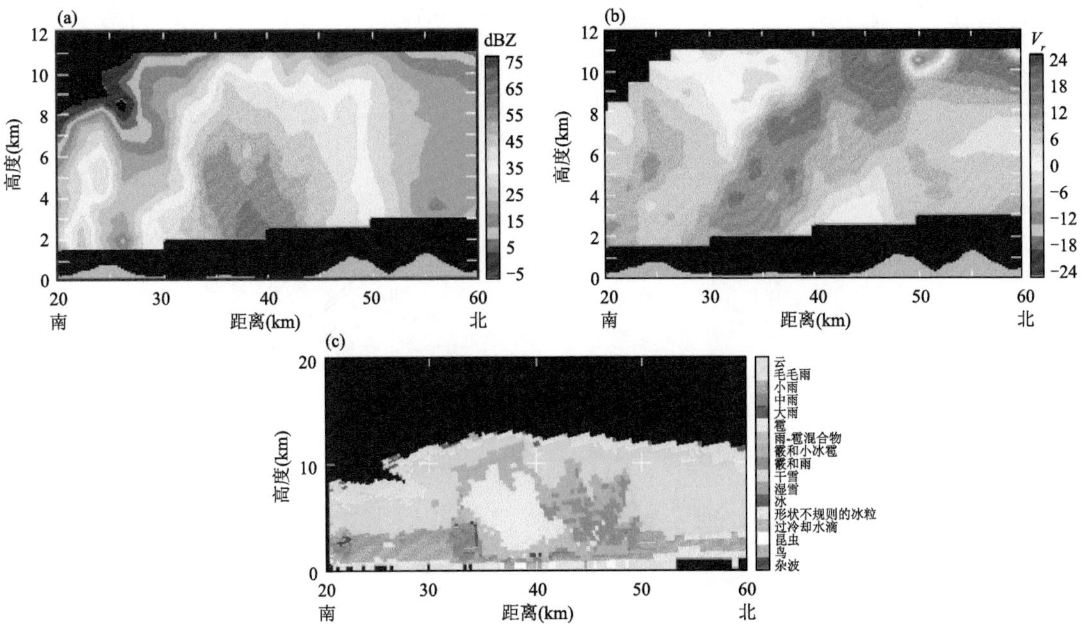

图 12.30　美国国家大气研究中心获取的阿尔卑斯山脉地中海一侧山麓国家大气研究中心 S-POL 雷达数据，时间为 1999 年 9 月 17 日 18:30 UTC(世界时)。(a)等效雷达反射率(单位:dBZ);(b)多普勒径向速度(单位：$m \cdot s^{-1}$),从左到右为正;(c)双极化雷达数据得出的粒子类型。关于本次风暴的进一步信息，请参考 www. atmos. washington. edu/gcg/MG/MAP/iop_summ. html 及文献 Seity 等 (2003)。引自 Houze(2012)，经美国地球物理协会许可引用

(3)嵌入的不稳定层。在一个原来存在的大范围云系中,如锋面(第 11 章)、中尺度对流系统的层云区(第 9 章)或热带气旋的眼墙或雨带(第 10 章)里,如果嵌有一个轻度的潜在不稳定层,那么在云系跨越斜坡地形时,就可能会触发对流单体。山脉侧面的地形经常呈锯齿状,对流单体可能出现在沿山脉屏障每个小山峰的上坡一侧(图 12.32)。在空气最潮湿、海拔高度最低的地方,第一个急剧上升的地形激活了云产生的过程,位于主峰底部的小山峰,往往是非常强壮对流单体的所在地。强度较弱的对流单体可能出现在以后海拔较高的山峰处。这些位于迎风坡断断续续的对流单体嵌在大尺度云系中,有利于强降水粒子在 0 ℃层高度的上面通过淞附作用生长、在 0 ℃层高度的下面通过并合作用生长。局地增强的上升运动产生了小尺度高液态水含量的气块,这些高含水量的液滴,接着被原先存在云层中的降水粒子吸附,从而在局地产生更多的降水。

(4)切变层。若流经地形的气流中有一层风场切变非常强,例如大气在低层受到阻塞而挡住了,在其上面覆盖有强的跨越地形的气流(图 12.32b),则可能会发生与风场切变有关系的湍流翻转。这种湍流翻转发生在中性或稳定层结的条件下。图 12.33 是这种情况的示意图,它告诉我们在这样的情况下发生了什么。如在发生浮力对流翻转的情况下一样,切变层中的上升气流可能会在局地产生液态水含量高的水滴,并被原先存在云层中的降水粒子吸附。

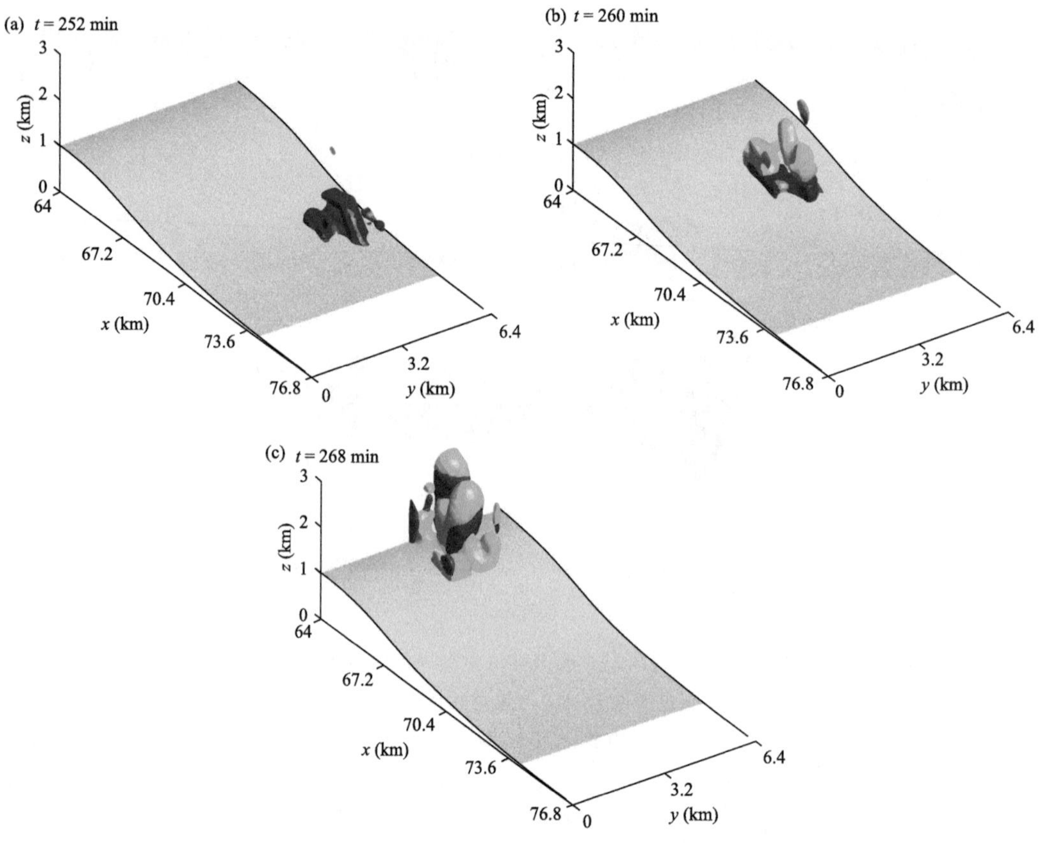

图 12.31　等扰动水汽混合比曲面(蓝色,单位:1 g · kg^{-1})、云中液态水下(青色,单位:0.2 g · kg^{-1})、雨水(红色,单位:0.02 g · kg^{-1})。本图指出云下水汽异常进入降水单体时,水物质的转变过程。引自 Kirshbaum 和 Smith(2009),经美国气象学会许可再版

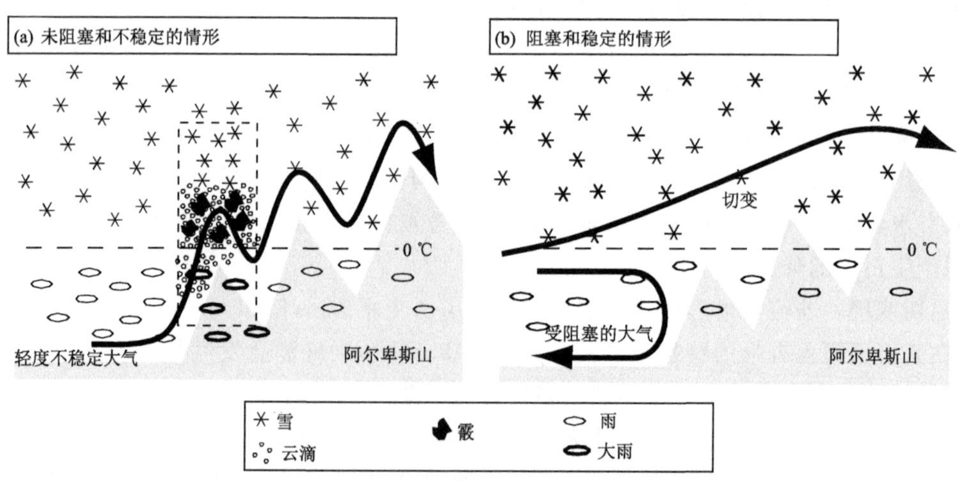

图 12.32　基于在欧洲阿尔卑斯山进行的场地观测试验得到的说明地形降水机制的气流和微物理概念模型。(a)不稳定未阻塞的低层气流;(b)稳定阻塞的低层气流。引自 Medina 和 Houze(2003)、Rotunno 和 Houze(2007),经英国皇家气象学会许可再版

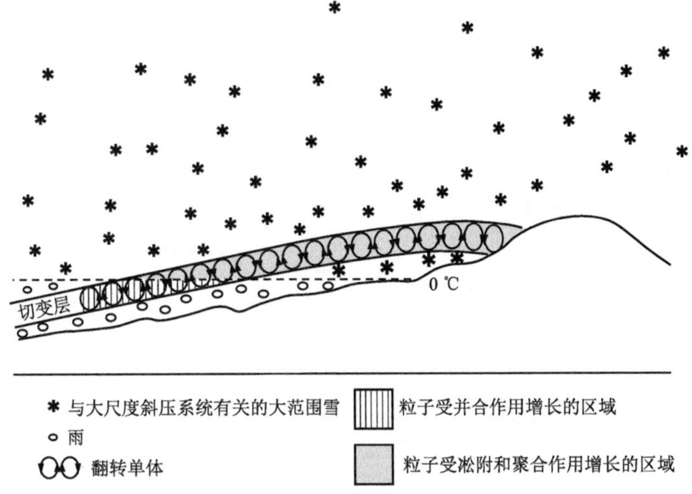

图 12.33 在稳定层状结构的风暴中,地形加强降水机制的动力和微物理概念模型,引自 Houze 和 Medina(2005),经美国气象学会许可再版

12.5.2 日变化强迫

图 12.28c—d 示意图显示了加热的日变化如何影响丘陵和山脉上空不同尺度的对流。图 12.28c 指出了这样的观测事实:高地上的太阳加热作用驱动空气上升,使气块抬升到自由对流高度以上,在山顶辐合(第 8.4 节)。高层地面加热还增加了到达高层上升气块的浮力。这些作用使得在高山地区,对流性降水的极大值出现在一天中的暖时段。白天的高层加热可能触发重力波,这些波动可能从山区传播出去,在一天中更晚一些的时候在远离山脉的地方触发深对流云①。图 12.28d 说明在高山地区夜间的冷却不仅会抑制山顶的对流,如果下坡的气流与高度较低的地方与不稳定湿空气汇合,还会产生夜间对流②。

12.5.3 在小地形上空移动的云层和"撒播-受播"机制

图 12.28e—f 专门说明气流越过小地形时的情况。在图 12.28e 中,原来存在的云在经过一条较低的山脉时会被增强,最大降水量发生在山脉的迎风侧,但是山脉的高度足够低,使得降水云可以平流到山脉的背风侧,背风侧气流下坡,削弱了其降水能力。与图 12.28a 相比较,这条山脉足够小,降水云得以越过山顶平流,而不被背风面的下坡气流蒸发。图 12.34 是这种情况的一个实例,云在经过威尔士一条 300 m 高的山脉时,直接在山脉上方产生强降雨,降水带延伸到山脉的下风方向。图 12.28f 所列举的过程有些类似,但是越过山地的降水发生在垂直高度不同的层面。原先存在的降水云在较高的高度上越过山脉平流,在低层爬坡气流中另

① Mapes 等 (2003) 在分析安第斯山的加热效应在山脈以西的太平洋一侧产生对流时,首先指出高山地区加热的日变化对重力波的作用。他们认为这可以部分解释婆罗洲(Borneo)海岸以外海洋上对流的日变化。Houze (2004) 推测,这种效应可以解释受高塔(Ghats)东部日变化的影响发生在孟加拉湾的对流。

② 这种下坡风效应在喜马拉雅山和安第斯山的山脚下都会产生夜间和清晨的降水最大值。参见 Romatschke 和 Houze(2010)、Romatschke 等 (2010)。

外形成一层浅的地形云。从上面云层中落下来的降水粒子通过撞冻低层云中的水而生长,因此增强了山脉的向风面的降水。这种情况被称为“撒播-受播”过程。在该过程中,上层云向下层云播撒粒子,这些粒子在下层云中通过撞冻液态水而生长①。

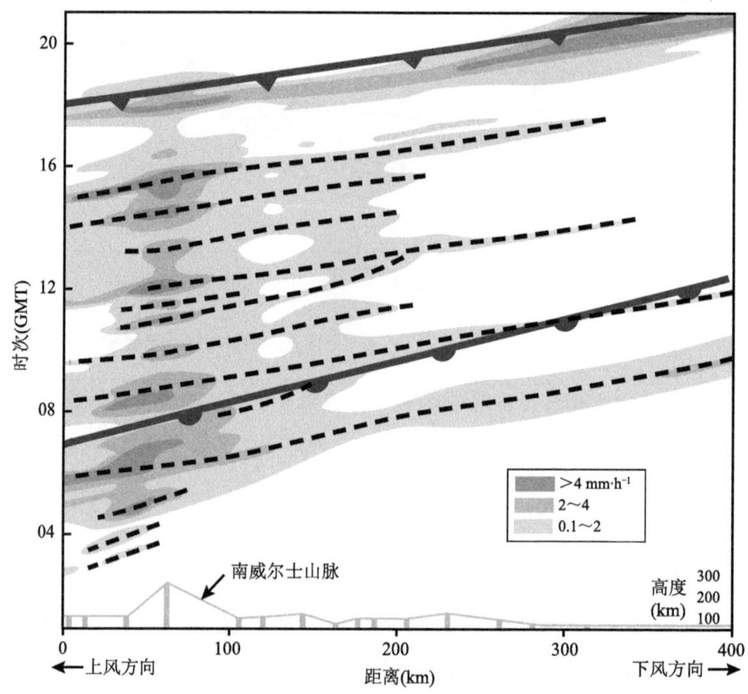

图 12.34　经过南威尔士地区山脉上空的锋面(虚线)和小降水区内降水率(单位:$mm \cdot h^{-1}$)移动的时间-距离剖面图。山上的降水是连续的但是有变化,与高空对流云的经过密切相关。引自 Browning 等(1974),经英国皇家气象学会许可再版,关于本图的详细描述见 Smith(1979)

12.5.4　与山后波动有关的对流

图 12.28g 指出由丘陵或小山脉产生的背风波如何在山的下游产生对流云的示意图。图 12.35 结合观测和高分辨率模式模拟结果进一步说明,如果山背风坡的地形总体上为上坡且满足其他环境条件,则背风波的上升运动可能触发持续降水的对流云并顺风向下游平流,产生与山上气流平行的背风侧雨带。图 12.28h 描述了深对流云出现在大山脉屏障下游的情形。垂直传播的波动始于地形的高处,波动向上和向上游方向倾斜。在山的背风面,传播中的波动向上运动的位相,有利于波动与降水性对流云系的相互作用,这里的降水性对流云系是受低层水汽补给的②。

---

① Bergeron(1965)在研究瑞典小山丘上的降水时,指出了这种成层的过程。

② Tripoli 和 Cotton(1989a,1989b)首先指出这种过程是解释美国落基山下风方向中尺度对流系统发生的机制。Mapes 等(2003)的研究工作得到了安第斯山下风方向重力波产生对流系统的卫星观测及模式模拟证据。

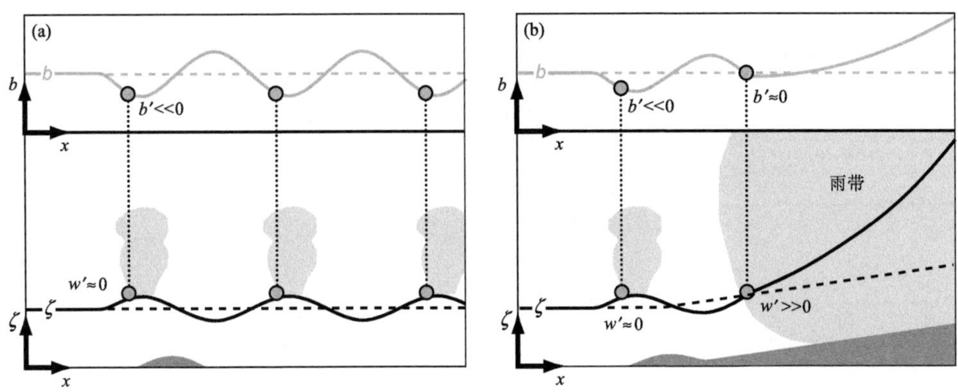

图 12.35 非倾斜地形的情况下(a),以及发展中条件不稳定的气流在小尺度的山地上坡的情况下(b),云形成的差异示意图。引自 Kirshbaum 等 (2007),经美国气象学会许可再版

12.5.5 地形对降水的阻塞效应

若山脉屏障上游的大气极其稳定或跨越山脉的气流分支非常弱,可能发生大气的阻塞(图 12.28i)[①]。若空气指向地形方向的运动速度足够慢,并且/或处于静力稳定状态(例如具有低弗劳德数),空气在地形上空抬升。在二维地形屏障的情况下(在图 12.28i 中,向页面内、外无限延伸),稳定或缓慢运动的大气,倾向于在山的一侧堆积起来,而不是沿地形上升,就像水在大坝的后面堆积一样。低层密度较大的气流在山脉屏障的上游深度突然增加这样的气流跳跃(第 12.2.5 节),满足质量连续原理。一个结果(完全阻塞)是:在山脉屏障上游很远的地方受阻塞气层的上面,指向山脉的气流已经被抬升起来,于是山脉对气流影响的有效范围向上游移动了。图 12.36 显示了这种阻塞效应的模拟结果。模拟出来的向印度洋西岸高海拔地区移动的季风气流,在准二维山脉屏障上游的远处被抬升[②]。

有时候气流只受到部分阻塞。在这种情况下,阻塞区上游的气流虽然会堆积起来,但是仍然有一薄层气流会越过山脉(图 12.28j)。这种情况和在完全阻塞的情况一样,阻塞不仅会在山脉屏障的上游产生云和降水,而且在背风侧也可能形成云,在那个地方背风坡的超临界流(第 12.2.5 节)加速下山,在山脉屏障的下游以气流跳跃的方式回复到平衡状态。图 12.37 说明了与越过高度相对较低山脉飑线系统的冷池有关系的下游效应。背风侧飑线的再生,发生在气流跳跃的地方。

12.5.6 顶盖与触发对强烈深对流的作用

图 12.28k 和图 12.28m 涉及巨型山脉屏障(尤其是落基山、安第斯山和喜马拉雅山)附近强对流的发生。图 12.28k 指出:巨型山脉屏障背风侧的下沉气流带来一个干燥的气层,它盖在下面的低层空气上面,形成一个顶盖逆温层。顶盖下面的低层空气受到感热和潜热的加热

① 图 12.28i 和图 12.28j 是根据 Simpson(1997)的书所描述的实验结果画出的。

② Bhushan 和 Barros (2007) 研究了墨西哥 Sierra Madre 的条件,指出在这些大体量山脉上空流过的天气尺度气流如何与压力跳跃现象有关系,能产生线状的湿对流,并触发山谷中的对流。

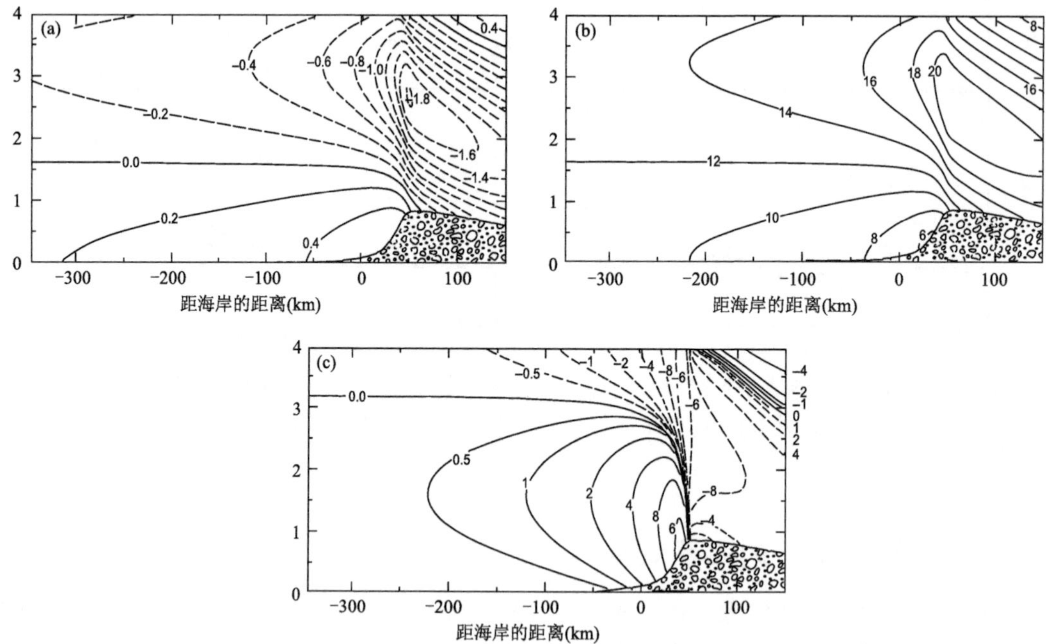

图 12.36　非线性二维模式的模拟结果说明：上游的气流在印度西南部西高止山脉以西的阿拉伯海上部分受阻塞。剖面图的水平走向垂直于山脉。(a)压强扰动，单位：hPa；(b)水平风速，单位：m・s^{-1}；(c)垂直速度，单位：cm・s^{-1}。引自 Grossman 和 Durran(1984)，经美国气象学会许可再版

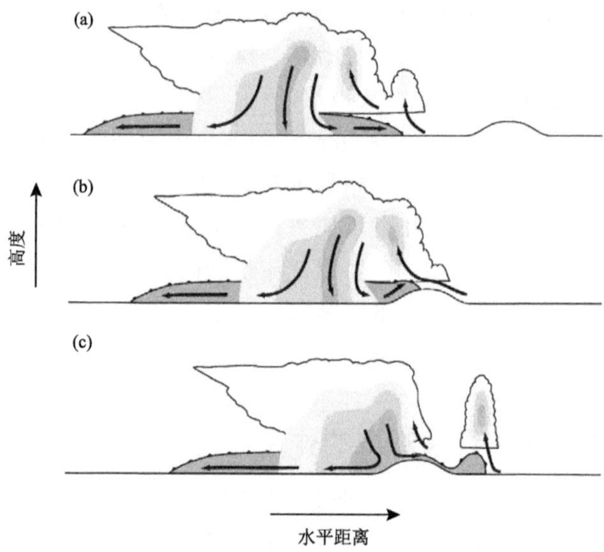

图 12.37　飑线通过地形屏障的示意图。下曳气流的冷池部分受山脊的阻塞。山脊斜坡的底部有气流跳跃，使阵风锋的前面的抬升增强，在原来的飑线减弱时产生了新的线状对流。引自 Frame 和 Markowski(2006)，经美国气象学会许可再版

作用而变得更暖湿，于是一个潜在的不稳定层建立起来。由于这个逆温层的存在，从含水量较高的低层抬升上来的气块，无法达到稳定层上面的自由对流层。这个稳定的逆温层像盖子一样强烈地抑制了对流的发展，称为顶盖层。当顶盖被破坏时，深对流爆发，会形成极其强烈的积雨云。图 12.28m 说明了在边界层中建立起来的不稳定释放的可能方式：低层暖湿空气遇到巨型山脉屏障前面的山麓小丘而上升，这足以使得上升气块越过自由对流高度[①]。在其他情况下，顶盖可能被沿锋面、外流边界或干线的辐合破坏。

12.6 地形对重要降水云系的影响

传统上，用来描述地形影响下的降雨和降雪的术语为“地形降水”。然而，这个术语暗指地形是降水的原因，有一定的误导性。因为对产生降水天气尺度事件的存在时间而言，地形并不运动，因而它并不是大气降水的直接原因。大气中大部分的降水可归结为由三类主要的风暴引起：对流云（第 7—9 章）、热带气旋（第 10 章）或锋面系统（第 11 章）。这些风暴系统的存在都与它们下面的地形无关。除上述三种系统之外，在某些情况下，当风吹过崎岖的地形时，也可能产生降水。例如，潮湿的信风吹过夏威夷的山脉时就易产生降水。但是最常发生的是，若上述三种类型的风暴系统受到地形阻挡时，它们发生改变或重构，这样产生降水的才称为“地形降水”。在本章的其余部分，我们会进一步考虑上述系统在遇到复杂地形的边缘或越过复杂地形时，如何通过第 12.4 — 12.5 节所述的基本因子和机制发生改变或产生降水[②]。

12.6.1 对流降水与地形

由第 6 章和第 9 章我们可知，深对流云系不仅包含从边界层上升到极高高度的对流尺度上升气流，而且它们也可能发展成尺度更大的中尺度对流复合体。其中有中尺度层状云降水区，附属在呈线状或区域分布的对流单体上。在山脉的邻近地区，这些降水云系中的对流云和层状云，都受到正在越过或围绕地形气流的影响。

图 12.28k 和图 12.28m 所示的顶盖和触发过程对深对流单体的发生有着深远影响。图 12.38 深奥地显示了喜马拉雅山西部地区的顶盖过程。来自阿富汗高原的中层干空气，覆盖在来自阿拉伯海的低层湿空气之上。当低层气流首次遇到低矮的山麓时，两层气流交界面附近的顶盖就被破坏了[③]。低层和高层气流之间潜在不稳定的顶盖层被抬升，深对流得以爆发。在南美洲，类似的情形发生在副热带纬度的地区（约 20°—35°S）。中层的西风气流在越过安第斯山脉时受到抬升和下沉。下沉气流位于来自亚马孙地区的低层湿空气之上（图 12.39）。当西风带的斜压槽经过时，这种上干下湿的气流分布程度更大。在这样的情况下，流到阿根廷西部锡耶拉斯·德科尔多瓦（Sierras de Córdoba）山脉地区的低层气流受到地形强迫抬升，能击破顶盖，经常引发剧烈的对流。结果，这两个地区的深对流降水回波被星载雷达看到，形成气

---

① Medina 等(2010)展示了在巴基斯坦和印度西北部喜马拉雅山脚下，由小山丘触发的强烈深对流。Rasmussen 和 Houze (2011)发现，当从亚马孙地区过来的潮湿南美低空急流，遇到安第斯山东侧附近相对较小的 Sierras de Córdoba 山时，阿根廷强对流爆发了。

② 关于这个问题更多的讨论，参见 Houze(2012)的综述文章。

③ 这个地区的冠盖和触发过程是由 Sawer(1947)在只有几个专门进行探空观测的地方研究揭示的。60 年以后，这种现象被热带降雨观测卫星的资料确认，参见 Houze 等(2007a)。随后数值模拟复现了这种冠盖和触发过程。

候平均态的回波强度最大值(图 12.40)。

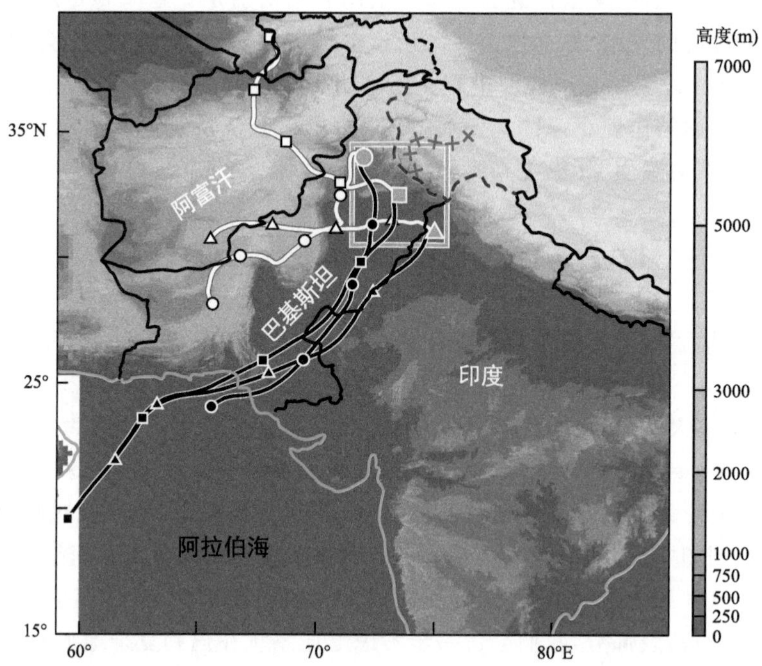

图 12.38 强对流回波云系发生时,各个高度层上气块的后向追踪轨迹。强对流发生的时间为 2003 年 9 月 3 日 18:00 UTC,方框包含的区域为对流初始发生的区域。圆形、正方形和三角形标记用于标识不同高度上气流的轨迹,这些气流在对流初始发生的时间和地点到达那里不同的高度上。地面以上 3.0 km(1.0 km)高度处粒子的位置(灰色符号)的轨迹用白色(黑色)表示。标记之间的时间间隔为 24 h。引自 Medina 等(2010),经英国皇家气象学会许可再版

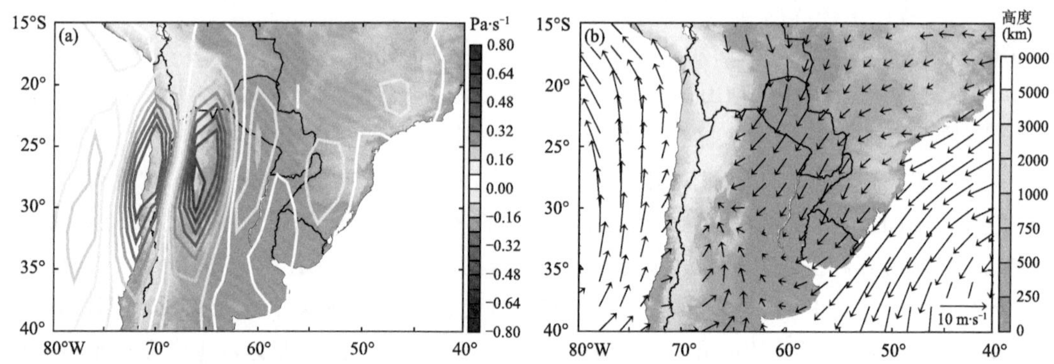

图 12.39 热带降水测量卫星降水雷达观测到的阿根廷安第斯山脉以东具有对流中心风暴特征(雷达反射率回波强度高于 40 dBZ,面积大于 1000 km^2)的气候态合成图。(a)700 hPa 垂直运动(等值线,单位:Pa · s^{-1}),负值(红线)表示上升运动,正值(蓝线)表示下沉运动;(b)1000 hPa 合成风场。引自 Rasmussen 和 Houze(2011),经美国气象学会许可再版

组织在中尺度系统中的深对流包含有层状云降水区,并且在对流层中上部有中尺度上升气流(第 9 章)。当中尺度层状云区在山脉上空经过时,层状云区内的上升气流可能被流经山

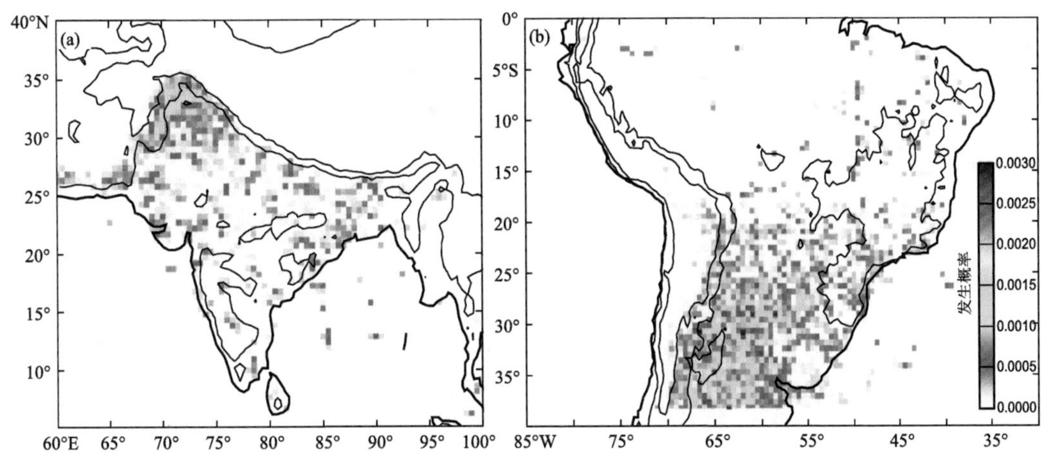

图 12.40 热带降水测量卫星降水雷达观测到深对流中心(雷达反射率回波强度高于 40 dBZ,高度发展至 10 km 以上)发生概率的地理分布。(a)亚洲夏季风;(b)南美夏季。东亚夏季风(南美夏季)的结果来自 6—9 月(12 月—次年 2 月)。0.5 和 2 m 地形高度用黑线表示。引自 Romatschke 等(2010)、Romatschke 和 Houze (2010),利用直到 2012 年获得的观测数据对图进行了更新,经美国气象学会许可再版

脉屏障的上坡气流增强。例如,在南亚夏季风期间,孟加拉湾地区经常出现天气尺度的低压,它们最后会在印度上空向西移动。图 12.41 给出这种低压的一个例子。当这样的低压经过孟加拉湾上空时,这些低压里形成的中尺度系统会随低压周围的气流平流至缅甸、孟加拉国和孟加拉湾以东的印度东北部山区。嵌入在低压里中尺度对流系统中的中尺度层云区,平流至山区,由于西南风气流随地形抬升而增强。所以,这个地区在气候上最容易发生具有特别强层状云降水的中尺度对流系统(图 12.42)。

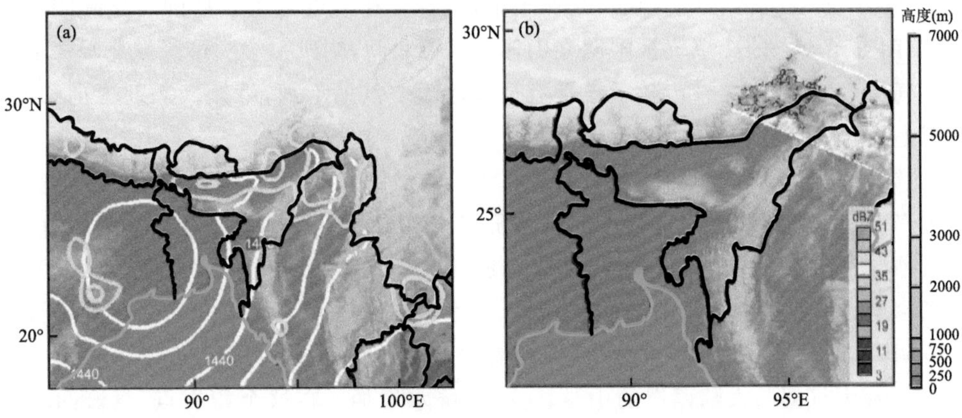

图 12.41 (a)对一个包含大范围层状云回波的对流系统进行数值模拟,得出的时间平均场:850 hPa 位势高度(白色等值线)、500 hPa 垂直速度(黄色等值线,间隔为 0.05 $m \cdot s^{-1}$)。(b)热带降水测量卫星降水雷达观测到的 2002 年 8 月 11 日 02:53 UTC 一个对流系统的反射率。雷达反射率的垂直截面图显示,回波几乎全部都是层状云降水回波。灰色阴影为地形高度。引自 Houze 等(2007a)、Medina 等(2010),经英国皇家气象学会许可再版

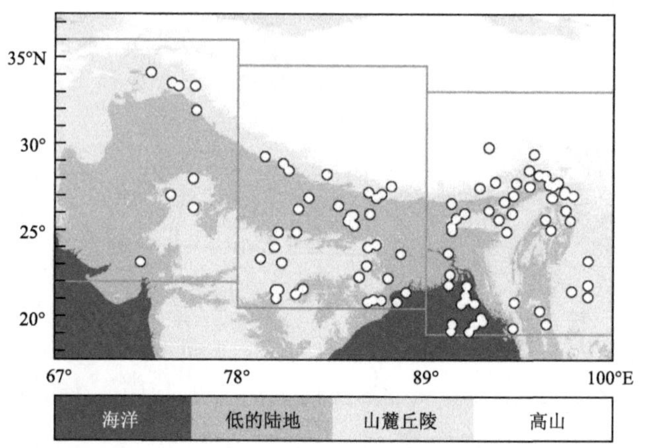

图 12.42　热带降水测量卫星降水雷达在南亚喜马拉雅山三个地区观测到的大范围（面积大于 50000 km²）层状云雷达回波的强度中心区域分布图。地形高度分为三类，低的陆地：0～300 m，山麓丘陵：300～3000 m，高山：＞3000 m。引自 Houze 等（2007a），经英国皇家气象学会许可再版

12.6.2　越过山脉上空的锋面系统

嵌入在锋面系统里的中尺度降水特征如图 11.24 所示。当这些系统经过山脉上空时，云系原来的典型特征几乎被云系受地形的调制而发生的变化掩盖了。我们在此简要地总结受地形影响的气流对暖锋、冷锋和锢囚锋系统中的降水最显著的作用。

（1）暖锋。当暖锋遇到山脉时，地形和锋面的走向之间，可能会出现各种不同的组合，还没有研究过所有可能出现情况。但是，图 12.43 清楚地显示了当暖锋遇到一个二维山脉屏障时，暖锋的云动力学所受到的影响。在这个例子中，暖锋正在接近温哥华岛的一条陡峭山脉。在低层，从东南方向流入的冷空气被限制在山体和暖锋之间，构成一个楔形区域。暖锋上面上升中的暖空气所产生的降水云带，随后被平流至楔形冷空气的上面，继续向东北方向移动，脱离锋面系统。

（2）冷锋和锢囚锋。由于向北美和南美西海岸的山脉移动的冷锋，从热带向中纬度输送来大量的水汽，因此，人们对它们进行了广泛的研究。图 12.44 表示湿舌在锋面系统的前方如何分布。这种湿舌称为“大气河”。图 12.44a 为影响北美的大气河结构合成图。大气河是冷锋前方水汽含量的带状集中区。需要注意的是，这些海洋性锋面系统通常是锢囚的，因此，合成图显示了锢囚结构。然而，大气河主要与锋前的低空急流相关，它们位于锋面的前面[①]。图 12.44b 显示在大气河与大陆西岸的山脉相交处，降水增加。在这个相交点，气流的变化很剧烈。图 12.45 为一个正在靠近南半球安第斯山脉的锋面。在高层气流保持西北风，低层气流被地形阻挡急剧地呈气旋式旋转，形成一条障碍急流带，这使得从西面来的气流分为上下两层，低层气流被阻塞，高层气流在低层气流的上面越过。形成降水的抬升气流，不仅来自地形

① Newell 等（1992）首先把这些从低纬度发出的狭窄水汽条带称为对流层河。后来，Zhu 和 Newell（1994，1998）把它叫作大气河流。美国国家海洋大气局的 Martin Ralph 等（2004）在他们的一系列文章中把这个术语普及了。他的研究组在大气河流方面发表了许多重要的文章。

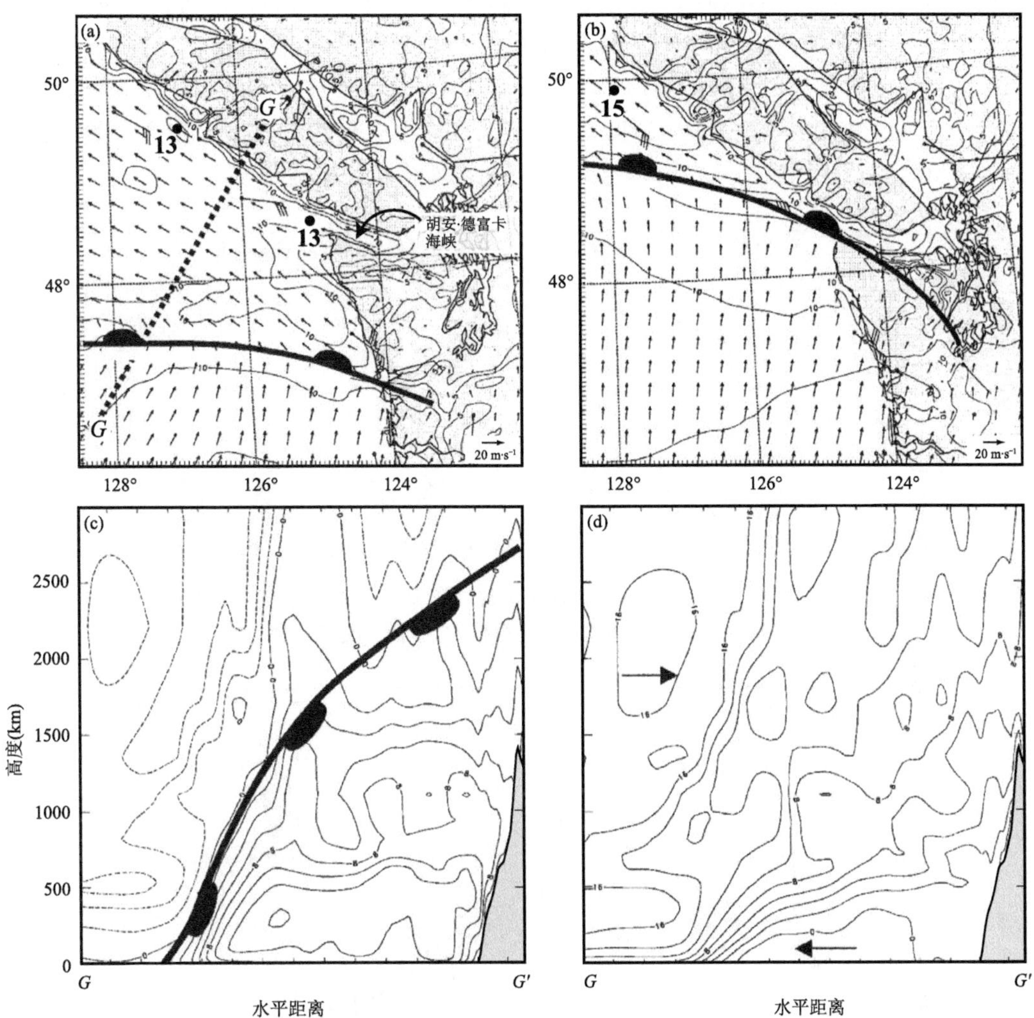

图 12.43　模拟得到的 10 m 高度层上水平风的分布。(a)1995 年 12 月 9 日 21:00 UTC;(b)1995 年 12 月 10 日 03:00 UTC,等风速线间隔为 2.5 m・s^{-1}。图中某些地面风观测用风向杆表示,每个标杆表示 5 m・s^{-1}。垂直剖面图显示了 1995 年 12 月 9 日 21:00 UTC 沿 *GG′*一线模式输出的风;(c)平行于海岸线的风;(d)垂直于海岸线的风的。在(a)—(b)中,模式风场最大值用大的圆点和数字表示,单位为 m・s^{-1}。引自 Doyle 和 Bond (2001),经美国气象学会许可再版

障碍,也来垫在下面的上游气流本身。当下层气流在上层气流的下面平行于山体运动时,一个个山脊和山谷会在与山脉地形屏障的走势正交的方向,强迫出脊、谷尺度的重力波,而上层气流对平均地形尺度屏障的响应,是形成低波数的垂直传播的重力波(图 12.46)。

在冬季,美国西北部和加拿大的太平洋地区会出现多次冷锋和锢囚锋,如图 12.44 的合成图所示。在第 12.6.2 节的开头已经提到,在没有山区地形的情况下,气旋中的雨带呈显著的带状分布(图 11.24)。当一个锋面系统在山脉上空越过时,在不规则地形的上空受到与复杂气流有关系动力学过程的歪曲,这种带状结构的雨带被破坏。当系统经过山脉时,在气旋不同的发展阶段,锋面系统中降水云系垂直结构的变化有所不同。对从太平洋到美国西北太平洋地区山脉上空诸多的温带气旋进行了研究,得到了如 12.47 所示的锋面垂直结构概念模型。

该模型显示:在雷达数据的剖面图上,系统中的降水区是如何表现的。在气旋生命史的早期,高空中出现一个"前缘回波"并逐渐下降至地面,起初是逐渐下降,然后突然下降,直到出现一个深厚的层状云回波从地表延伸到约 6～7 km 高处(图 12.47a)。该回波开始时表现为回波的高度抬升,趋向于由相对均匀的雪组成。对流尺度的上升单体有时嵌入在高层的前缘回波中。当冷空气到达该区域的高空时,前缘回波层中的对流单体可能很多。

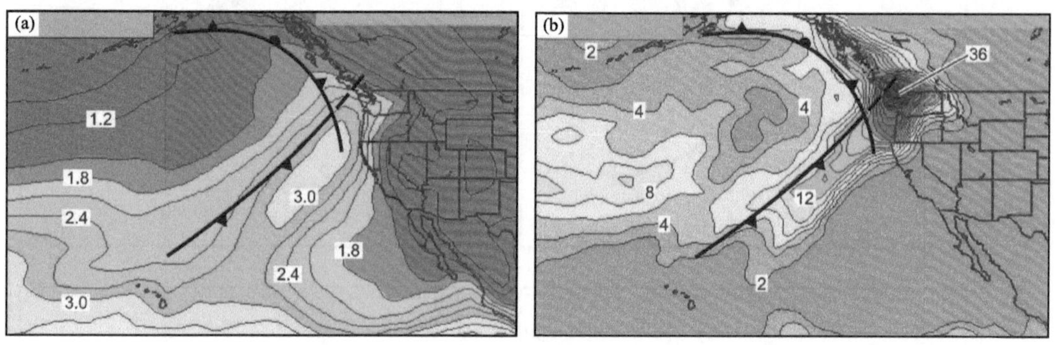

图 12.44 冬季水汽舌("大气河")横穿美国西北海岸的气柱总水汽含量(cm)(a)、日降水量(mm)(b)的合成平均图。引自 Neiman 等 (2008),经美国气象学会许可再版

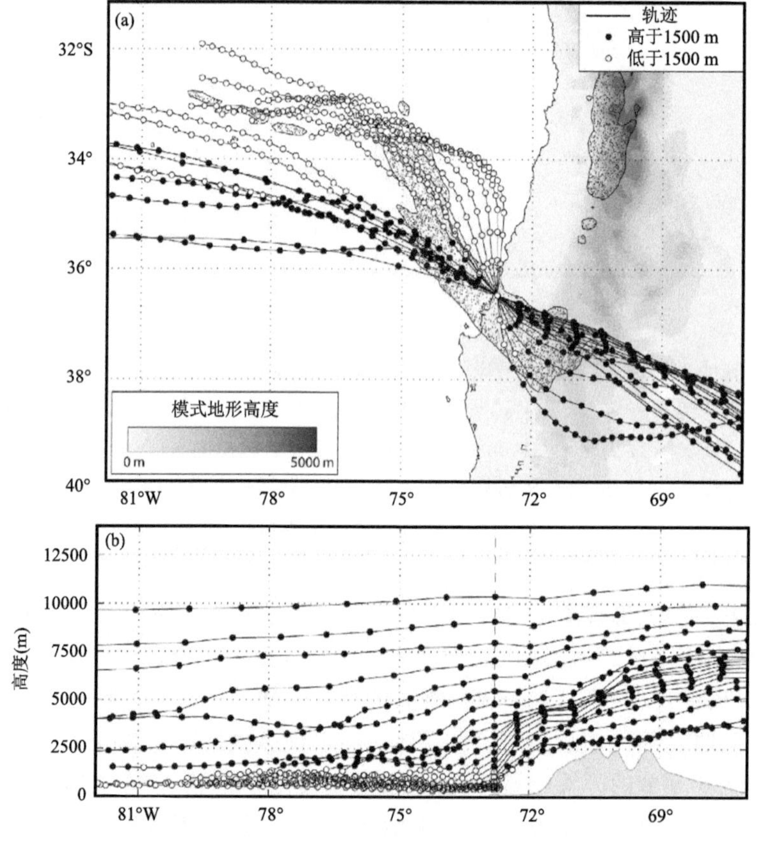

图 12.45 跨越南美西海岸的冷锋以北的某个地点粒子的轨迹。圆圈表示逐小时粒子的位置。实心圆点的高度高于 1500 m,空心圆点的高度低于 1500 m。在(a)中,模式输出的 3 h 降水区用点标出,阴影为地形高度。引自 Barrett 等(2009),经美国气象学会许可再版

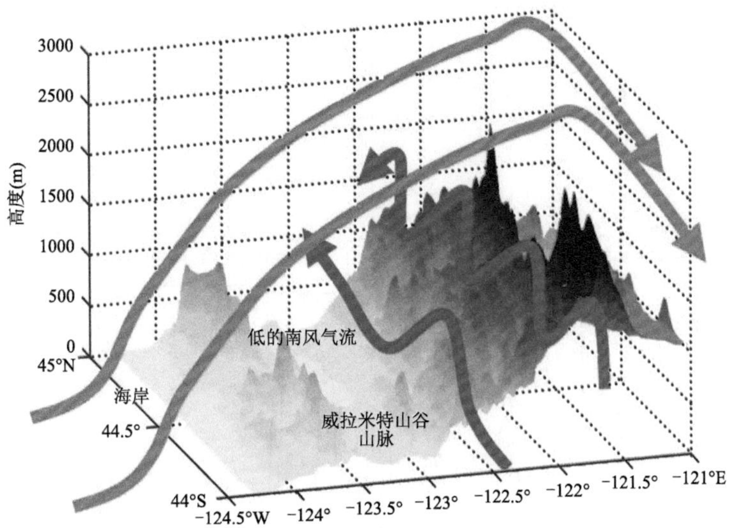

图 12.46 2001 年 12 月 13 日 23:00—14 日 01:00 UTC 观测到的俄勒冈喀斯特山脉的部分地形和气流的三维理想模型示意图。蓝色流线表示沿迎风坡(山脉以西)的低层具有低相当位温的强偏南风。红色流线表示位于低相当位温气流之上的具有高相当位温的气流,高层气流呈现出垂直传播的山地波结构,它锚定在平均的南北走向的喀斯喀特山顶上。引自 Garvert 等(2007),经美国气象学会许可再版

在中间阶段(图 12.47b),雷达回波由一个垂直连续的厚层组成,从山坡上一直延伸到约 5~6 km 的高度。通常在该部分出现“双最大回波”,其中一个最大回波为雷达反射率的亮带,另一个反射率的极大值位于亮带上方 1~2.5 km 处。关于第二个雷达回波的极大值是否与风暴通过山脉时气流发生的改变有关,目前还存在一些怀疑。它可以由气流越过山脉时造成的重力波垂直传播而引起,也可能是由于该温度层上链状晶体的生长和冰粒子的聚集引起(表 3.1 和图 3.13 显示了在约 15 ℃时枝状冰粒子的生长和聚集)。在两个反射率最大值区域之间的中间区域,可经常观测到一个湍流层,它把(速度>0.5 m·s^{-1})的两个相对大的上升单体分开,相互间隔约 1~3 km。这种湍流层通常被认为是加强降水粒子的生长,从而使其在迎风坡加速沉降的关键。

在海洋风暴生命史的后期,它跨越靠近海岸的山脉(图 12.47c),降水一般由孤立的浅对流回波组成(图 11.24)。当与迎风坡地形相互作用时,浅对流回波变得更宽,可能是地形的隆起通过图 12.31 所示的机制作用而加强了对流单体。在浅对流回波期间,在山脉的背风坡,降水量急剧下降。

锋面通过沿海山脉的净作用,是在山脊上产生最大累积降水量,并在山谷处产生降水量的最小值,如图 12.48 中所示的奥林匹克山脉的例子所示。在这个特定的个例中,爬坡气流有时平行于山脊,有时垂直于山脊(图 12.46 所示)。在某些情形下,山脊上的气流是不稳定的,特别是在锋面系统的后期,对流单体产生在山脊上(如图 12.28b 所示)。所有这些过程在一起系统地增强了山脊处的局地降水量,并使背风坡山谷里的降水量相对最小。

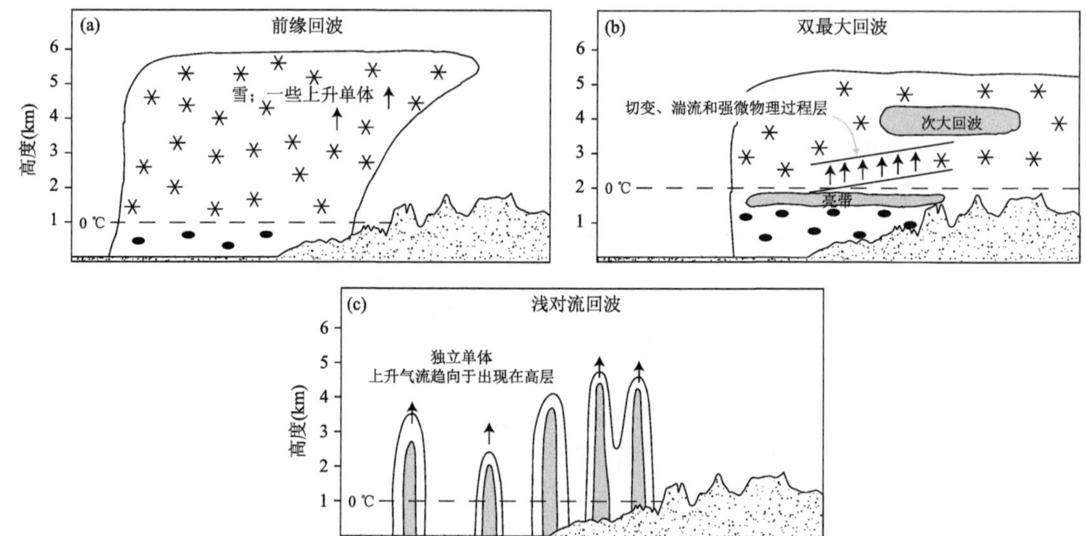

图 12.47　中纬度太平洋气旋通过喀斯喀特山脉时观测到的典型雷达反射率结构示意图。(a)以前缘回波为特征的早期;(b)以双最大回波为特征的中期;(c)随后的浅对流回波期。实线包围的区域为中等反射率回波区,而阴影表示反射率较强的区域。星号表示雪,椭圆表示雨,斑点区表示地形,箭头表示上升气流。引自 Medina 等(2007),经美国气象学会许可再版

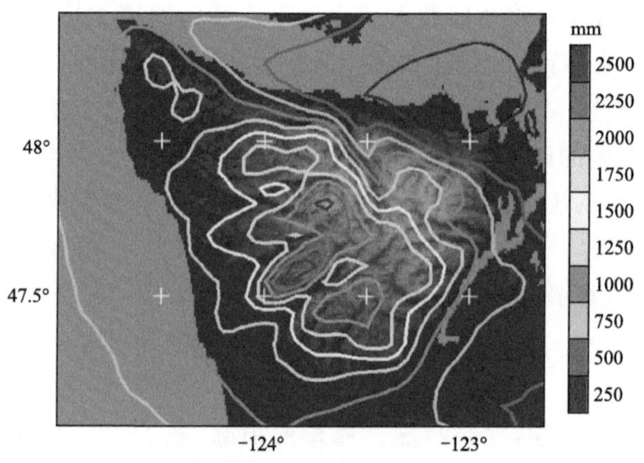

图 12.48　奥林匹克山脉地区一个高分辨率模式模拟的 5 年平均 11 月至次年 2 月降水量(mm),Minder 等(2008),并根据雨量计数据进行了验证。引自 Houze(2012),经美国地球物理协会许可再版

(3)冷空气受阻挡。有些时候,当锋面接近山脉屏障的一侧时,低层冷空气在面向山脉的一侧堆积。冷空气的堆积阻塞发生在美国阿巴拉契亚山脉以东、欧洲阿尔卑斯山脉的地中海一侧、加拿大落基山脉以西的格鲁吉亚海峡,以及世界其他地方。示意图 12.49 说明冷空气堆积时的结构。锋前的暖空气在它靠近山脉西侧时稍受阻,在冷空气层的上面上升。随着锋前的暖空气在堆积阻塞的冷空气上面上升,降水可能发生在山脉的锋前一侧。当降水粒子落在堆积的冷空气中时可能被蒸发或融化。在冷空气堆积阻塞的河谷中,存在强烈地感觉到潜在的冷却,潜在的冷却驱动能显著的下山谷的气流(如在阿尔卑斯山),如图 12.50 所示。

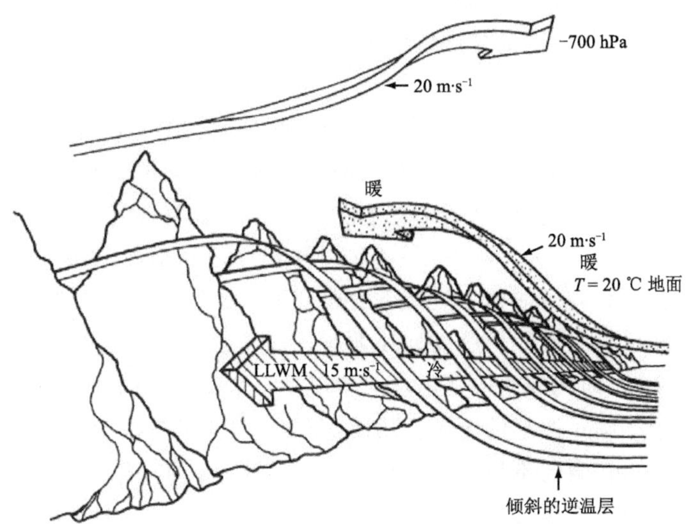

图 12.49 冷空气受阻塞堆积在阿巴拉契亚山脉以东的概念模型。强的低层风速最大值(LLWM)位于冷堆内。冷堆正上方的东风气流使暖空气平流越地形障碍。700 hPa 的西南风与山脉以西向东传播的短波槽有关。引自 Bell 和 Bosart(1988),经美国气象学会许可再版

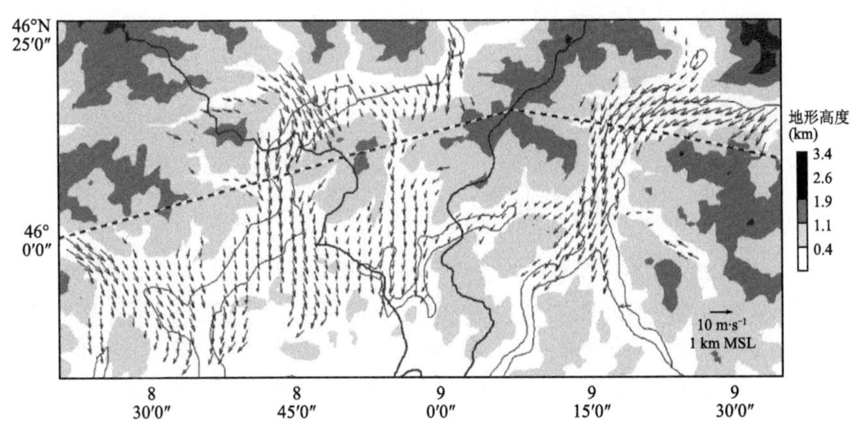

图 12.50 机载双多普勒雷达探测的欧洲阿尔卑斯山脉地中海一侧海拔 1 km 高度上的气流(1999 年 10 月 21 日 12:55—13:10 UTC。虚线表示飞机飞行轨迹。引自 Bousquet 和 Smull(2003),经美国气象学会许可再版

12.6.3 遇到山脉的热带气旋

热带气旋的降水分布有图 10.30 所示的主要特征:主眼墙、次眼墙、主雨带、次雨带、远雨带。尽管从观测事实和模式模拟结果中获得了风暴详细结构的知识,但是热带气旋的这些特征与地形之间相互作用的研究,目前还较少。当气旋经过山脉时,会发生一些严重的热带气旋灾害。例如,当飓风"米奇"(1998 年)遇到中美洲复杂的地形时,造成了 9000 多人死亡。很显然,当热带气旋及其中尺度雨带与山脉相遇时,会出现一些容易导致局地暴雨和洪水的因素:条件或潜在不稳定的气流冲击山脉、高湿的低层气流、陡峭的地形,以及向山脉缓慢移动的天

气系统在危险区域持续地维持对流系统[①]。由于当热带气旋周围的环流与山脉相遇时,上述条件均易于得到满足,因此就很容易导致洪水和相关灾害。我们这里总结一下目前已知的地形对热带气旋云系的影响。

图 12.51 给出多米尼加加勒比海岛多山地形处热带气旋雨带(可能是主雨带)的分布。产生降水的主要因素如图 12.29 所述,为线性波动力学和粒子生长机制。理想的二维线性动力学与不同类型粒子的微物理增长率(图 12.51b)相结合,可以解释岛上迎风坡降水的增加和背海侧下风方向降水的减少(图 12.51a)。图 12.52 给出一个类似的结果。当台风“象神”(2000年)经过台湾中部的山脉时,地形的上坡和下坡改变了台风的雨带。这个例子显示了山脉的高度如何决定了最大降水量出现在山脉的迎风坡还是背风坡上。因为热带气旋基本上是一种条件性对称中性环流系统,即气旋中的强风场通常不是浮力不稳定的,所以线性重力波的动力学能够很好地描述热带气旋对地形的响应。然而,即使气旋中的气流倾向于是湿中性的,温暖的海洋边界层使空气保持轻微的不稳定,如第 10.6.3 节所指出的,浮力对流单体通常叠合在歪旋的平衡涡上。在热带气旋通过山区时,对流触发作用和重力波的动力学都非常活跃[②]。

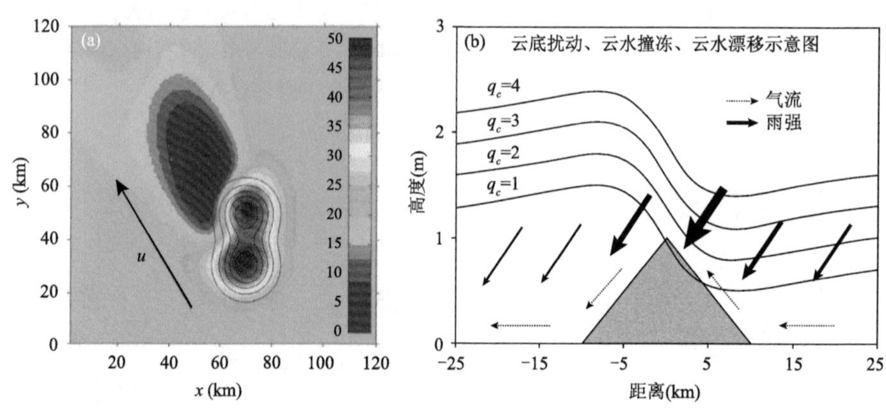

图 12.51 (a)多米尼加岛上空和周围海域降水(单位:mm)的理想线性模型。等值线表示岛上地形的理想分布。填色表示由于气流越过地形而引起的一对干/湿空气。(b)考虑了干湿空气以后,地形影响降水过程的示意图。曲线表示在强迫抬升和下降作用影响下云水的浓度(向上为上升),虚线箭头表示气流,变化的黑色箭头表示降雨。引自 Smith 等(2009),经美国气象学会许可再版

如第 10.4 节所述,热带气旋眼区内的等效位温非常高,使得大气存在潜在不稳定(第 2.9.1 节)。然而,眼区内的下沉运动阻止了这种不稳定的释放,也就是说,边界层存在顶盖现象。如果眼区在陡峭的地形上移动,强迫抬升作用可以破坏这种逆温。这种过程类似于图 12.28 m 所示,地形抬升释放了潜在的不稳定性。图 12.53 显示了 1998 年的飓风“乔治”经过伊斯帕尼奥拉岛的过程。风暴经过岛上时,机载雷达测量结果表明,当飓风经过科迪勒拉山中部的高地时,眼区内爆发了强烈的对流,上升运动速度超过 20 m · s^{-1},雷达回波超过 35 dBZ 的区域可达到 12 km 高度。

当热带气旋脱离与海洋接触后,其残余部分通过山脉时的情况目前尚缺乏充分的研究。

---

① Lin 等(2001)指出这四个因子是在复杂地形地区预报洪水的关键。

② 关于浮力不稳定和重力波在陡峭山地对热带气旋降水作用更多的细节,参见 Witcraft 等(2005)和 Tang(2012)。

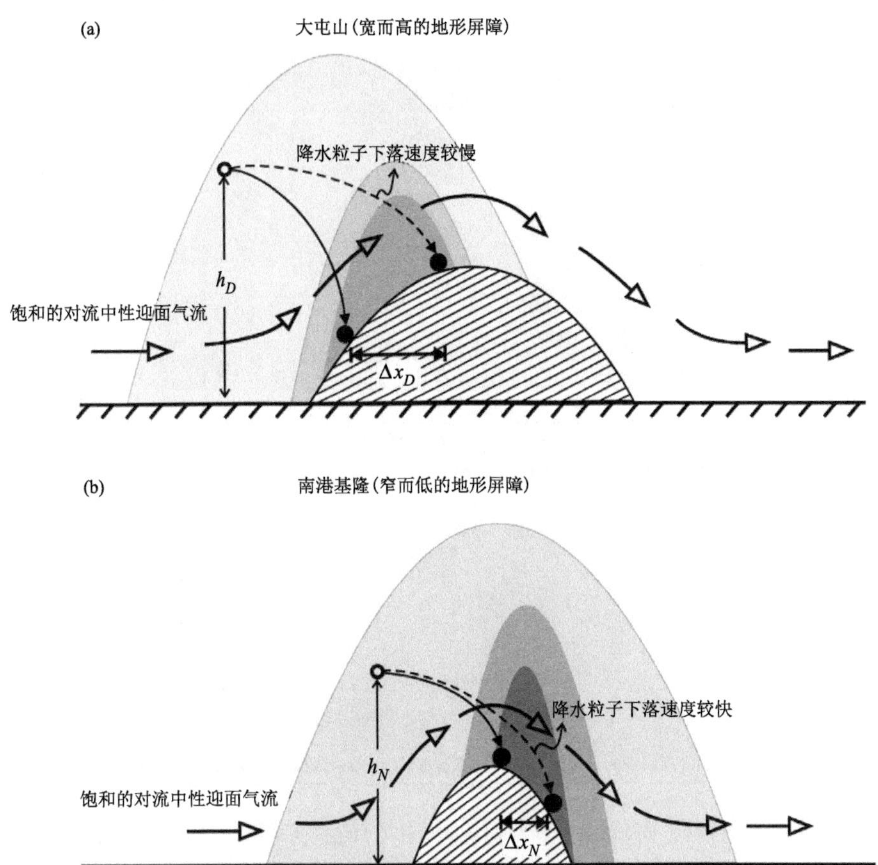

图 12.52　2000 年台风"象神"通过台湾北部山区时雨带的示意图。图中显示降水粒子在不同高度的山脉上空向下游漂移。阴影表示强降水的主要区域,深色阴影表示降水强度更强。实线(虚线)箭头表示弱(强)迎面气流中降水粒子的轨迹。开放箭头表示流经山脉的气流。符号 h_D 和h_N 分别表示降水粒子开始向地面落下的高度,x_D 和x_N 分别表示降水粒子向下游漂移的距离。引自 Yu 和 Cheng(2008),经美国气象学会许可再版

众所周知的是,这些残余系统在气候上是降水的重要来源。这种残余的风暴系统由于含有非常丰富的水汽、近中性的静稳定度和中等强度的风,其产生降水的行为规律,很可能类似于孟加拉湾低压在遇到南亚的山脉时产生暴雨的情形(图 12.41)。然而,对于先前的热带气旋在陆地上移动时产生降水的机制,目前仍需进一步研究。

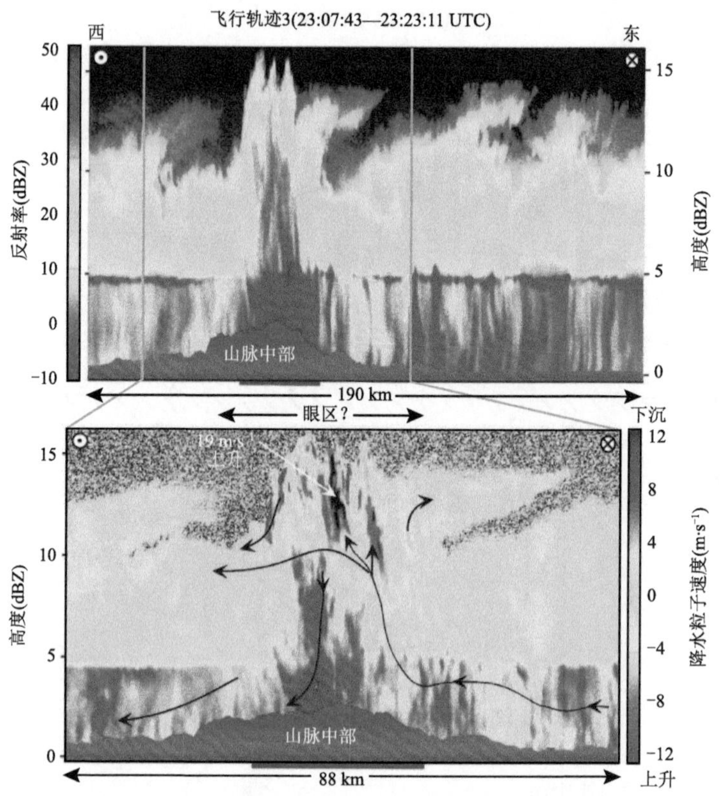

图 12.53　多普勒雷达反射率(上图)和多普勒径向速度(下图)的东西向截面图。数据由加勒比海和伊斯帕尼奥拉上空美国国家航空与航天局 ER-2 飞机搭载的低空指向多普勒雷达获得。带箭头的黑色实线为由径向速度估算的流场。引自 Geerts 等(2000),经美国气象学会许可再版

参考文献*

Abe, M., 1932. The formation of cloud by the obstruction of Mount Fuji. Geophys. Mag. 6, 1–10.

Aberson, S.D., Black, M.L., Black, R.A., Burpee, R.W., Cone, J.J., Landsea, C.W., Marks Jr., F.D., 2006. Thirty years of tropical cyclone research with the NOAA P-3 aircraft. Bull. Am. Meteorol. Soc. 87, 1039–1055.

Acheson, D.J., 1990. Elementary Fluid Dynamics. Clarendon Press, Oxford, p. 397.

Ackerman, T.P., Liou, K.-N., Valero, F.P.J., Pfister, L., 1988. Heating rates in tropical anvils. J. Atmos. Sci. 45, 1606–1623.

Agee, E.M., 1982. An introduction to shallow convective systems. In: Agee, E.M., Asai, T. (Eds.), Cloud Dynamics. D. Reidel Publishing, Dordrecht, p. 423.

Arakawa, A., Schubert, W.H., 1974. Interaction of a cumulus ensemble with the large-scale environment: part I. J. Atmos. Sci. 31, 674–701.

Arakawa, A., Wu, C.-M., 2013. A unified representation of deep moist convection in numerical modeling of the atmosphere: part I. J. Atmos. Sci. 70, 1977–1992.

Árnason, G., Greenfield, R.S., 1972. Micro- and macro-structures of numerically simulated convective clouds. J. Atmos. Sci. 29, 342–367.

Arya, S.P., 1988. Introduction to Micrometeorology. Academic Press, New York, p. 303.

Asai, T., 1964. Cumulus convection in the atmosphere with vertical wind shear: numerical experiment. J. Meteorol. Soc. Jpn. 42, 245–259.

Asai, T., 1970a. Three-dimensional features of thermal convection in a plane couette flow. J. Meteorol. Soc. Jpn. 48, 18–29.

Asai, T., 1970b. Stability of a plane parallel flow with variable vertical shear and unstable stratification. J. Meteorol. Soc. Jpn. 48, 129–139.

Asai, T., 1972. Thermal instability of a shear flow turning direction with height. J. Meteorol. Soc. Jpn. 50, 525–532.

Asai, T., Nakasuji, I., 1973. On the stability of the Ekman boundary-layer flow with thermally unstable stratification. J. Meteorol. Soc. Jpn. 51, 29–42.

Atlas, D. (Ed.), 1990. Radar in Meteorology. University of Chicago Press, Chicago, p. 806.

Atlas, D., Hardy, K.R., Wexler, R., Boucher, R.J., 1963. On the origin of hurricane spiral bands. Geofis. Int. 3, 123–132.

Atlas, D., Rosenfeld, D., Wolff, D., 1990. Climatologically tuned reflectivity rain rate relations and links to area–time integrals. J. Appl. Meteorol. 29, 1120–1135.

Atwater, M.A., 1972. Thermal effects of organization and industrialization in the boundary layer: a numerical study. Bound-Lay. Meteorol. 3, 229–245.

Auer Jr., A.H., 1972. Distribution of graupel and hail with size. Mon. Weather Rev. 100, 325–328.

Austin, P.M., 1987. Relation between measured radar reflectivity and surface rainfall. Mon. Weather Rev. 115, 1053–1070.

Austin, P.H., Baker, M.B., Blyth, A.M., Jensen, J.B., 1985. Small-scale variability in warm continental cumulus clouds. J. Atmos. Sci. 42, 1123–1138.

Awaka, J., Iguchi, T., Kumagai, H., Okamoto, K., 1997. Rain type classification algorithm for TRMM precipitation radar. In: Proceedings of the IEEE 1997 International Geoscience and Remote Sensing Symposium, Singapore. Institute of Electrical and Electronics Engineers, Japan, pp. 1633–1635.

Bader, M.J., Forbes, G.S., Grant, J.R., Lilley, R.B.E., Waters, A.J., 1997. Images in Weather Forecasting: A Practical Guide for Interpreting Satellite and Radar Imagery. Cambridge University Press, Cambridge, UK, ISBN: 978-0521451116, p. 523.

Baker, M.B., Corbin, R.G., Latham, J., 1980. The influence of entrainment on the evolution of cloud droplet spectra. I: a model in inhomogeneous mixing. Q. J. R. Meteorol. Soc. 106, 581–598.

Balsley, B.B., Ecklund, W.L., Carter, D.A., Riddle, A.C., Gage, K.S., 1988. Average vertical motions in the tropical atmosphere observed by a radar wind profiler on Pohnpei (7°N Latitude, 157°E Longitude). J. Atmos. Sci. 45, 396–405.

Banta, R.M., Newsom, R.K., Lundquist, J.K., Pichugina, Y.L., Coulter, R. L., Mahrt, L., 2002. Nocturnal low-level jet characteristics over Kansas during CASES-99. Bound-Lay. Meteorol. 2, 221–252. http://dx.doi.org/10.1023/A:1019992330866.

Barnes, G.M., Zipser, E.J., Jorgensen, D., Marks Jr., F.D., 1983. Mesoscale and convective structure of a hurricane rainband. J. Atmos. Sci. 40, 2125–2137.

Barrett, B.S., Garreaud, R.D., Falvey, M., 2009. Effect of the Andes cordillera on precipitation from a midlatitude cold front. Mon. Weather Rev. 137, 3092–3109.

Bartels, D.L., Maddox, R.A., 1991. Midlevel cyclonic vortices generated by MCSs. Mon. Weather Rev. 119, 104–118.

Barton, I.J., 1983. Upper-level cloud climatology from an orbiting satellite. J. Atmos. Sci. 40, 435–447.

Batchelor, G.K., 1967. An Introduction to Fluid Dynamics. Cambridge University Press, Cambridge, p. 615.

Battan, L.J., 1959. Radar Meteorology. University of Chicago Press, Chicago, p. 161.

Battan, L.J., 1973. Radar Observations of the Atmosphere. University of Chicago Press, Chicago, p. 324.

Baynton, H.W., Serafin, R.J., Frush, C.L., Gray, G.R., Hobbs, P.V., Houze Jr., R.A., Locatelli, J.D., 1977. Real-time wind measurement in extratropical cyclones by means of Doppler radar. J. Appl. Meteorol. 16, 1022–1028.

Beard, K.V., 1976. Terminal velocity and shape of cloud and precipitation drops aloft. J. Atmos. Sci. 33, 851–864.

Beard, K.V., 1985. Simple altitude adjustments to raindrop velocities for Doppler-radar analysis. J. Atmos. Ocean. Technol. 2, 468–471.

* 参考文献沿用原版书中内容，未改动。

Beard, K.V., Ochs, H.T., 1986. Charging mechanisms in clouds and thunderstorms. In: The Earth's Electrical Environment. National Academy Press, Washington, DC, pp. 114–130.

Beard, K.V., Pruppacher, H.R., 1969. A determination of the terminal velocity and drag of small water drops by means of a wind tunnel. J. Atmos. Sci. 26, 1066–1072.

Beheng, K.D., Doms, G., 1990. The time evolution of a drop spectrum due to collision/coalescence: a numerical case study on the effects of self-collection, autoconversion and accretion. Meteorol. Rundsch. 42, 52–61.

Bell, G.D., Bosart, L.F., 1988. Appalachian cold-air damming. Mon. Weather Rev. 116, 137–161.

Bénard, M.H., 1901. Les tourbillons cellulaires dans une nappe liquide transportant de la chaleur par convection en régime permanent. Ann. Chim. Phys. 23, 62–144.

Bennetts, D.A., Hoskins, B.J., 1979. Conditional symmetric instability—a possible explanation for frontal rainbands. Q. J. R. Meteorol. Soc. 105, 945–962.

Bergeron, T., 1935. On the physics of cloud and precipitation. In: Proceedings of the 5th Assembly, U.G.G.I., Lisbon. vol. 2. p. 156.

Bergeron, T., 1950. Über der Mechanismus der ausgiebigan Neiderschläge. Ber. Deutsch. Wetterd. 12, 225–232.

Bergeron, T., 1965. On the low-level redistribution of atmospheric water caused by orography. In: Proceedings of the International Cloud Physics Conference, Toronto, Ontario, Canada.

Bergot, T., 2013. Small-scale structure of radiation fog: a large-eddy simulation study. Q. J. R. Meteorol. Soc. 139, 1099–1112.

Berry, E.X., Reinhardt, R.L., 1974. An analysis of cloud drop growth by collection: part II: single initial distributions. J. Atmos. Sci. 31, 1825–1831.

Bhushan, S., Barros, A.P., 2007. A numerical study to investigate the relationship between moisture convergence patterns and orography in central Mexico. J. Hydrometeorol. 8, 1264–1284.

Biggerstaff, M.I., Houze Jr., R.A., 1991. Kinematic and precipitation structure of the 10–11 June 1985 squall line. Mon. Weather Rev. 119, 3035–3065.

Biggerstaff, M.I., Houze Jr., R.A., 1993. Kinematics and microphysics of the transition zone of the 10–11 June 1985 squall-line. J. Atmos. Sci. 50, 3091–3110.

Bjerknes, J., 1919. On the structure of moving cyclones. Geofys. Publ. 1, 1–8.

Bjerknes, J., Solberg, H., 1921. Meteorological conditions for the formation of rain. Geofys. Publ. 2, 3–61.

Bjerknes, J., Solberg, H., 1922. Life cycle of cyclones and the polar front theory of atmospheric circulation. Geofys. Publ. 3, 3–18.

Black, R.A., Hallett, J., 1986. Observations of the distribution of ice in hurricanes. J. Atmos. Sci. 43, 802–822.

Black, R.A., Hallett, J., 1999. Electrification of the hurricane. J. Atmos. Sci. 56, 2004–2028.

Black, M.L., Burpee, R.W., Marks Jr., F.D., 1996. Vertical motion characteristics of tropical cyclones determined with airborne Doppler radial velocities. J. Atmos. Sci. 53, 1887–1909.

Black, M.L., Gamache, J.F., Marks Jr., F.D., Samsury, C.E., Willoughby, H.E., 2002. Eastern Pacific Hurricanes Jimena of 1991 and Olivia of 1994: the effect of vertical shear on structure and intensity. Mon. Weather Rev. 130, 2291–2312.

Bluestein, H.B., 1986. Fronts and jet streaks: a theoretical perspective. In: Ray, P.S. (Ed.), Mesoscale Meteorology and Forecasting. American Meteorological Society, Boston, pp. 173–215.

Bluestein, H.B., 2013. Severe convective storms and tornadoes. Springer-Praxus, Chichester, UK, p. 456.

Bluestein, H.B., Parks, C.R., 1983. A synoptic and photographic climatology of low-precipitation severe thunderstorms in the southern plains. Mon. Weather Rev. 111, 2034–2046.

Blyth, A.M., Latham, J., 1985. An airborne study of vertical structure and microphysical variability within a small cumulus. Q. J. R. Meteorol. Soc. 111, 773–792.

Boehm, M.T., Verlinde, J., 2000. Stratospheric influence on upper tropospheric tropical cirrus. Geophys. Res. Lett. 27, 3209–3212.

Bogner, P.B., Barnes, G.M., Franklin, J.L., 2000. Conditional instability and shear for six hurricanes over the Atlantic Ocean. Weather Forecast. 15, 192–207.

Bond, N.A., Fleagle, R.G., 1985. Structure of a cold front over the ocean. Q. J. R. Meteorol. Soc. 111, 739–760.

Bonner, W.D., 1968. Climatology for the low level jet. Mon. Weather Rev. 96, 833–850.

Borovikov, A.M., Gaivoronskii, I.I., Zak, E.G., Kostarev, V.V., Mazin, I. P., Minervin, V.E., Khrgian, A.K., Shmeter, S.M., 1963. Cloud Physics (Fizika Oblakov). Israel Program for Scientific Translations, Jerusalem, p. 392, Available from the Office of Technical Services, U. S. Department of Commerce, Washington, DC, USA.

Bosart, L.F., Sanders, F., 1981. The Johnstown flood of July 1977: a long-lived convective system. J. Atmos. Sci. 38, 1616–1642.

Bousquet, O., Smull, B., 2003. Airflow and precipitation fields within deep alpine valleys observed by airborne Doppler radars. J. Appl. Meteorol. 42, 1497–1513.

Brandes, E.A., 1990. Evolution and structure of the 6–7 May 1985 MCS and associated vortex. Mon. Weather Rev. 118, 109–127.

Braun, S.A., 2002. A cloud-resolving simulation of Hurricane Bob (1991): storm structure and eyewall buoyancy. Mon. Weather Rev. 130, 1573–1592.

Braun, S.A., 2006. High-resolution simulation of Hurricane Bonnie (1998). Part II: water budget. J. Atmos. Sci. 63, 43–64.

Braun, S.A., Houze Jr., R.A., 1994. The transition zone and secondary maximum of radar reflectivity behind a midlatitude squall line: results retrieved from Doppler radar data. J. Atmos. Sci. 51, 2733–2755.

Braun, S.A., Montgomery, M.T., Pu, Z., 1998. High-resolution simulation of Hurricane Bonnie (2006). Part I: the organization of eyewall vertical motion. J. Atmos. Sci. 63, 19–42.

Brazier-Smith, P.R., Jennings, S.G., Latham, J., 1972. The interaction of falling water drops: coalescence. Proc. Roy. Soc. London A326, 393–408.

Brazier-Smith, P.R., Jennings, S.G., Latham, J., 1973. Raindrop interactions and rainfall rates within clouds. Q. J. R. Meteorol. Soc. 99, 260–272.

Bretherton, C.S., Blossey, P.N., Uchida, J., 2007. Cloud droplet sedimentation, entrainment efficiency, and subtropical stratocumulus albedo. Geophys. Res. Lett. 34, http://dx.doi.org/10.1029/2006GL027648, L03813, 5 pp.

Bringi, V.N., Chandrasekar, V., 2001. Polarimetric Doppler Weather Radar. Cambridge University Press, Cambridge, p. 636.

Bringi, V.N., Hendry, A., 1990. Technology of polarization diversity radars for meteorology. In: Atlas, D. (Ed.), Radar in Meteorology. American Meteorological Society, Boston, pp. 153–190.

Bringi, V.N., Rasmussen, R.M., Vivekanandan, J., 1986a. Multiparameter radar measurements in Colorado convective storms. Part I: Graupel melting studies. J. Atmos. Sci. 43, 2545–2563.

Bringi, V.N., Vivekanandan, J., Tuttle, J.D., 1986b. Multiparameter radar measurements in Colorado convective storms. Part II: hail detection studies. J. Atmos. Sci. 43, 2564–2577.

Brooks, H.D., Wilhelmson, R.B., 1992. Numerical simulation of a low-precipitation supercell thunderstorm. Meteorol. Atmos. Phys. 49, 3–17.

Brown, R.A., 1980. Longitudinal instabilities and secondary flows in the planetary boundary layer: a review. Rev. Geophys. Space Phys. 18, 683–697.

Brown, R.A., 1983. The flow in the planetary boundary layer. In: Brookfield, M.E., Ahlbrandt, T.S. (Eds.), Eolian Sediments and Processes. Elsevier Publishers, Amsterdam, pp. 291–310.

Brown, R., Roach, W.T., 1976. The physics of radiation fog: II—a numerical study. Q. J. R. Meteorol. Soc. 102, 335–354.

Brown, M.J., Locatelli, J.D., Stoelinga, M.T., Hobbs, P.V., 1999. Numerical modeling of precipitation cores on cold fronts. J. Atmos. Sci. 56, 1175–1196.

Browning, K.A., 1964. Airflow and precipitation trajectories within severe local storms which travel to the right of the winds. J. Atmos. Sci. 21, 634–639.

Browning, K.A., 1985. Conceptual models of precipitation systems. Meteorol. Mag. 114, 293–319.

Browning, K.A., 1986. Conceptual models of precipitating systems. Weather Forecast. 1, 23–41.

Browning, K.A., Foote, G.B., 1976. Airflow and hail growth in supercell storms and some implications for hail suppression. Q. J. R. Meteorol. Soc. 102, 499–534.

Browning, K.A., Monk, G.A., 1982. A simple model for the synoptic analysis of cold fronts. Q. J. R. Meteorol. Soc. 108, 435–452.

Browning, K.A., Wexler, R., 1968. A determination of kinematic properties of a wind field using Doppler radar. J. Appl. Meteorol. 7, 105–113.

Browning, K.A., Hill, F.F., Pardoe, C.W., 1974. Structure and mechanism of precipitation and the effect of orography in a wintertime warm sector. Q. J. R. Meteorol. Soc. 100, 309–330.

Browning, K.A., Fankhauser, J.C., Chalon, J.-P., Eccles, P.J., Strauch, R. G., Merrem, F.H., Musil, D.J., May, E.L., Sand, W.R., 1976. Structure of an evolving hailstorm Part V: synthesis and implications for hail growth and hail suppression. Mon. Weather Rev. 104, 603–610.

Bruning, E.C., Rust, W.D., MacGorman, D.R., Biggerstaff, M.I., Schuur, T.J., 2010. Formation of charge structures in a supercell. Mon. Weather Rev. 138, 3740–3761.

Bryan, G.H., Fritsch, J.M., 2000. Moist absolute instability: the sixth static stability state. Bull. Am. Meteorol. Soc. 81, 1207–1230.

Bryan, G.H., Fritsch, J.M., 2003. On the existence of convective rolls in the convective region of squall lines. In: Preprints, 10th Conference on Mesoscale Processes, Portland, Oregon, 23–27 June. American Meteorological Society, Boston.

Bryan, G.H., Rotunno, R., 2008. Gravity currents in a deep anelastic atmosphere. J. Atmos. Sci. 65, 536–556.

Bryan, G.H., Rotunno, R., 2009. The influence of near-surface, high-entropy air in hurricane eyes on maximum hurricane intensity. J. Atmos. Sci. 66, 148–158.

Bryan, G.H., Rotunno, R., 2014a. Gravity currents in confined channels with environmental shear. J. Atmos. Sci, 71, 1121–1142. http://dx.doi.org/10.1175/JAS-D-13-0157.1.

Bryan, G.H., Rotunno, R., 2014b. The optimal state for gravity currents in shear. J. Atmos. Sci. 71, 448–468.

Burgers, J.M., 1948. A mathematical model illustrating the theory of turbulence. Adv. Appl. Mech. 1, 197–199.

Burgess, D., Ray, P.S., 1986. Principles of radar. In: Ray, S. (Ed.), Mesoscale Meteorology and Forecasting. American Meteorological Society, Boston, pp. 85–117.

Burgess, D.W., Wood, V.T., Brown, R.A., 1982. Mesocyclone evolution statistics. In: Preprints, 12th Conference on Severe Local Storms, San Antonio, Texas. American Meteorological Society, Boston, pp. 422–424.

Businger, S., 1991. Arctic hurricanes. Am. Sci. 79, 18–33.

Businger, S., Hobbs, P.V., 1987. Mesoscale structures of two comma cloud systems over the Pacific Ocean. Mon. Weather Rev. 115, 1908–1928.

Businger, S., Reed, R.J., 1989. Cyclogenesis in cold air masses. Weather. Forecast. 4, 133–156.

Byers, H.R., 1959. General Meteorology. McGraw-Hill Book Company, New York, p. 540.

Byers, H.R., Braham Jr., R.R., 1949. The Thunderstorm. U. S. Government Printing Office, Washington, DC, p. 287.

Calheiros, R.V., Zawadzki, I., 1987. Reflectivity rain-rate relationships for radar hydrology in Brazil. J. Clim. Appl. Meteorol. 26, 118–132.

Carbone, R.E., 1982. A severe frontal rainband. Part I: stormwide hydrodynamic structure. J. Atmos. Sci. 39, 258–279.

Carbone, R.E., 1983. A severe frontal rainband. Part II: Tornado parent vortex circulation. J. Atmos. Sci. 40, 2639–2654.

Carbone, R.E., Conway, J.W., Crook, N.A., Moncrieff, M.W., 1990a. The generation and propagation of a nocturnal squall line. Part I: observations and implications for mesoscale predictability. Mon. Weather Rev. 118, 26–49.

Carbone, R.E., Crook, N.A., Moncrieff, M.W., Conway, J.W., 1990b. The generation and propagation of a nocturnal squall line. Part II: numerical simulations. Mon. Weather Rev. 118, 50–65.

Carlson, T.N., 1980. Airflow through midlatitude cyclones and the comma cloud pattern. Mon. Weather Rev. 108, 1498–1509.

Carlson, T.N., Benjamin, S.G., Forbes, G.S., Li, Y., 1983. Elevated mixed layers in the regional severe storm environment: conceptual model and case studies. Mon. Weather Rev. 111, 1453–1474.

Cetrone, J., Houze Jr., R.A., 2011. Leading and trailing anvil clouds of West African squall lines. J. Atmos. Sci. 68, 1114–1123.

Chang, C.-P., Liu, C.-H., Kuo, H.-C., 2003. Typhoon Vamei: an equatorial tropical cyclone formation. Geophys. Res. Lett. 30, 1150–1153. http://dx.doi.org/10.1029/2002GL016365.

Charba, J., 1974. Application of gravity-current model to analysis of squall-line gust front. Mon. Weather Rev. 102, 140–156.

Charney, J.G., Eliassen, A., 1964. On the growth of the hurricane depression. J. Atmos. Sci. 21, 68–75.

Chauzy, S., Raizonville, P., Hauser, D., Roux, F., 1980. Electrical and dynamical description of a frontal storm deduced from the LANDES 79 experiment. J. Rech. Atmos. 14, 457–467.

Chauzy, S., Chong, M., Delannoy, A., Despiau, S., 1985. The June 22 tropical squall line observed during the COPT 81 experiment: electrical signature associated with dynamical structure and precipitation. J. Geophys. Res. 90, 6091–6098.

Chen, S.S., Frank, W.M., 1993. A numerical study of the genesis of extratropical convective mesovortices. Part I: evolution and dynamics. J. Atmos. Sci. 50, 2401–2426.

Chen, Y., Yau, M.K., 2001. Spiral bands in a simulated hurricane. Part I: Vortex Rossby wave verification. J. Atmos. Sci. 58, 2128–2145.

Chen, Y., Brunet, G., Yau, M.K., 2003. Spiral bands in a simulated hurricane. Part II: wave activity diagnostics. J. Atmos. Sci. 60, 1239–1256.

Chen, S.S., Knaff, J.A., Marks Jr., F.D., 2006. Effects of vertical wind shear and storm motion on tropical cyclone rainfall asymmetries deduced from TRMM. Mon. Weather Rev. 134, 3190–3208.

Cheng, C.-P., Houze Jr., R.A., 1979. Sensitivity of diagnosed convective fluxes to model assumptions. J. Atmos. Sci. 37, 774–783.

Chisholm, A.J., Renick, J.H., 1972. The kinematics of multicell and supercell Alberta hailstorms. Alberta Hail Studies, pp. 24–31, Research Council of Alberta, Rep. 72–2, Edmonton, Alberta, Canada.

Chong, M., Amayenc, P., Scialom, G., Testud, J., 1987. A tropical squall line observed during the COPT 81 experiment in West Africa. Part I: kinematic structure inferred from dual-Doppler radar data. Mon. Weather Rev. 115, 670–694.

Churchill, D.D., Houze Jr., R.A., 1984. Development and structure of winter monsoon cloud clusters on 10 December 1978. J. Atmos. Sci. 41, 933–960.

Churchill, D.D., Houze Jr., R.A., 1991. Effects of radiation and turbulence on the diabatic heating and water budget of the stratiform region of a tropical cloud cluster. J. Atmos. Sci. 48, 903–922.

Cifelli, R., Chandrasekar, V., Lim, S., Kennedy, P.C., Wang, Y., Rutledge, S.A., 2011. A new dual-polarization radar rainfall algorithm: application in Colorado precipitation events. J. Atmos. Ocean. Technol. 28, 352–364.

Cione, J.J., Black, P.G., Houston, S.H., 2000. Surface observations in the hurricane environment. Mon. Weather Rev. 128, 1550–1561.

Clark, T.L., 1973. Numerical modeling of the dynamics and microphysics of warm cumulus convection. J. Atmos. Sci. 30, 857–878.

Clark, T.L., 1979. Numerical simulations with a three-dimensional cloud model: lateral boundary condition experiments and multicellular severe storm simulations. J. Atmos. Sci. 36, 2191–2215.

Colman, B., 1992. The operational consideration of non-supercell tornadoes, particularly those where local terrain is of foremost importance to tornadogenesis. In: Proceedings for the Forest Workshop on Operational Meteor. Canadian AES/CMOS, Whistler, B.C., Canada, September.

Comstock, K.K., Yuter, S.E., Wood, R., Bretherton, C.S., 2007. The three-dimensional structure and kinematics of drizzling stratocumulus. Mon. Weather Rev. 135, 3767–3784.

Corbosiero, K.L., Molinari, J., Aiyyer, A.R., Black, M.L., 2006. The structure and evolution of Hurricane Elena (1985). Part II: convective asymmetries and evidence for vortex Rossby waves. Mon. Weather Rev. 134, 3073–3091.

Cram, J.M., Pielke, R.A., Cotton, W.R., 1992. Numerical simulation and analysis of a prefrontal squall line. Part II: propagation of the squall line as an internal gravity wave. J. Atmos. Sci. 49, 209–225.

Crocker, A.M., Godson, W.L., Penner, C.M., 1947. Frontal contour charts. J. Meteorol. 4, 95–99.

Curry, J.A., 1986. Interactions among turbulence, radiation and microphysics in arctic stratus clouds. J. Atmos. Sci. 43, 90–106.

Davies, H.C., 1979. Phase-lagged wave-CISK. Q. J. R. Meteorol. Soc. 105, 325–353.

Davies-Jones, R.P., 1979. Dual-Doppler radar coverage area as a function of measurement accuracy and spatial resolution. J. Appl. Meteorol. 18, 1229–1233.

Davies-Jones, R.P., 1986. Tornado dynamics. In: Kessler, E. (Ed.), Thunderstorm Morphology and Dynamics. University of Oklahoma Press, Norman, pp. 197–236.

Davies-Jones, R.P., Kessler, E., 1974. Tornadoes. In: Hess, N. (Ed.), Weather and Climate Modification. John Wiley and Sons, New York, pp. 552–595.

Davis, C.A., Weisman, M.L., 1994. Balanced dynamics of mesoscale vortices produced in simulated convective systems. J. Atmos. Sci. 51, 2005–2030.

Davis, C., Atkins, N., Bartels, D., Bosart, L., Coniglio, M., Bryan, G., Cotton, W., Dowell, D., Jewett, B., Johns, R., Jorgensen, D., Knievel, J., Knupp, K., Lee, W.-C., McFarquhar, G., Moore, J., Przybylinski, R., Rauber, R., Smull, B., Trapp, R., Trier, S., Wakimoto, R., Weisman, M., Ziegler, C., 2004. The bow echo and MCV experiment. Bull. Am. Meteorol. Soc. 85, 1075–1093.

DeMaria, M., Knaff, J.A., Connell, B.H., 2001. A tropical cyclone genesis parameter for the Atlantic. Weather Forecast. 16, 219–233.

DeMott, P.J., Cziczo, D.J., Prenni, A.J., Murphy, D.M., Kreidenweis, S.M., Thomson, D.S., Borys, R., Rogers, D.C., 2003. Measurements of the concentration and composition of nuclei for cirrus formation. Proc. Natl. Acad. Sci. U. S. A. 100, 14,655–14,660.

DeMott, P.J., Prenni, A.J., Liu, X., Kreidenweis, S.M., Petters, M.D., Twohy, C.H., Richardson, M.S., Eidhammer, T., Rogers, D.C., 2010. Predicting global atmospheric ice nuclei distributions and their impacts on climate. Proc. Natl. Acad. Sci. U. S. A. 107 (25), 11,217–11,222.

DeMott, P.J., Möhler, O., Stetzer, O., Vali, G., Levin, Z., Petters, M.D., Murakami, M., Leisner, T., Bundke, U., Klein, H., Kanji, Z.A., Cotton, R., Jones, H., Benz, S., Brinkmann, M., Rzesanke, D., Saathoff, H., Nicolet, M., Saito, A., Nillius, B., Bingemer, H., Abbatt, J., Ardon, K., Ganor, E., Georgakopoulos, D.G., Saunders, C., 2011. Resurgence in ice nuclei measurement research. Bull. Am. Meteorol. Soc. 92, 1623–1635.

Deng, M., Mace, G.G., 2006. Cirrus microphysical properties and air motion statistics using cloud radar doppler moments. Part I: algorithm description. J. Appl. Meteorol. Climatol. 45, 1690–1709.

de Rooy, W.C., Bechtold, P., Fröhlich, K., Hohenegger, C., Jonker, H., Mironov, D., Siebesma, A.P., Teixeira, J., Yano, J.-I., 2013. Entrainment and detrainment in cumulus convection: an overview. Q. J. R. Meteorol. Soc. 139, 1–19.

de Rudder, B., 1929. Luftkörperwechsel und atmosphärische Unstetigkeitsschichten als Krankheitsfaktoren. Ergeb. Inn. Med. 36, 273.

Didlake Jr., A.C., Houze Jr., R.A., 2009. Convective-scale downdrafts in the principal rainband of Hurricane Katrina (2005). Mon. Weather Rev. 137, 3269–3293.

Dinh, T., Durran, D.R., Ackerman, T., 2012. Cirrus and water vapor transport in the tropical tropopause layer—Part 1: a specific case modeling study. Atmos. Chem. Phys. 12, 9799–9815.

Doneaud, A.A., Smith, P.L., Dennis, A.S., Sengupta, S., 1981. A simple method for estimating convective rain volume over an area. Water Resour. Res. 17, 1676–1682.

Doneaud, A.A., Niscov, S.I., Priegnitz, D.L., Smith, P.L., 1984. The area–time integral as an indicator for convective rain volumes. J. Clim. Appl. Meteorol. 23, 555–561.

Doswell, C.A., 1984. A kinematic analysis of frontogenesis associated with a nondivergent vortex. J. Atmos. Sci. 41, 1242–1248.

Doswell, C.A., 1985. Reply. J. Atmos. Sci. 42, 2076–2079.

Doswell III, C.A., Burgess, D.W., 1993. Tornadoes and tornadic storms: a review of conceptual models. Geophys. Monogr. 79, 161–172, American Geophysical Union.

Douglas, C.K.M., 1928. Some alpine cloud forms. Q. J. R. Meteorol. Soc. 54, 175–178.

Doviak, R.J., Zrnić, D.S., 1993. Doppler Radar and Weather Observations, second ed. Academic Press, San Diego, p. 562.

Doyle, J.D., Bond, N.A., 2001. Research aircraft observations and numerical simulations of a warm front approaching Vancouver Island. Mon. Weather Rev. 129, 978–998.

Doyle, J.D., Durran, D.R., 2007. Rotor and subrotor dynamics in the lee of three-dimensional terrain. J. Atmos. Sci. 64, 4202–4221.

Drake, R.L., 1972. The scalar transport equation of coalescence theory: moments and kernels. J. Atmos. Sci. 29, 537–547.

Droegemeier, K.K., Wilhelmson, R.B., 1987. Numerical simulation of thunderstorm outflow dynamics. Part I: outflow sensitivity experiments and turbulence dynamics. J. Atmos. Sci. 44, 1180–1210.

Durran, D.R., 1986a. Another look at downslope windstorms. Part I: the development of analogs to supercritical flow in an infinitely deep, continuously stratified fluid. J. Atmos. Sci. 43, 2527–2543.

Durran, D.R., 1986b. Mountain waves. In: Ray, P.S. (Ed.), Mesoscale Meteorology and Forecasting. American Meteorological Society, Boston, pp. 472–492.

Durran, D.R., 1989. Improving the anelastic approximation. J. Atmos. Sci. 46, 1453–1461.

Durran, D.R., 1990. Mountain waves and downslope winds. In: Blumen, W. (Ed.), Atmospheric Processes Over Complex Terrain. American Meteorological Society, Boston, pp. 59–81.

Durran, D.R., Klemp, J.B., 1987. Another look at downslope winds. Part II: nonlinear amplification beneath wave-overturning layers. J. Atmos. Sci. 44, 3402–3412.

Durran, D.R., Weber, D.B., 1988. An investigation of the poleward edges of cirrus clouds associated with midlatitude jet streams. Mon. Weather Rev. 116, 702–714.

Durran, D.R., Dinh, T., Ammerman, M., Ackerman, T., 2009. The mesoscale dynamics of thin tropical tropopause cirrus. J. Atmos. Sci. 66, 2859–2873.

Durst, C.S., Sutcliffe, R.C., 1938. The importance of vertical motion in the development of tropical revolving storms. Q. J. R. Meteorol. Soc. 64, 75–84.

Ekman, V.W., 1902. Om jordrotationens inverkan pa vindströmmar i hafvet. Nyt. Mag. f. Naturvid. 40, 37–63.

Eliassen, A., 1948. The quasi-static equations of motion with pressure as an independent variable. Geophys. Publ. 17, 44.

Eliassen, A., 1959. On the formation of fronts in the atmosphere. In: Bolin, B. (Ed.), The Atmosphere and the Sea in Motion. Rockefeller Institute Press, New York, pp. 277–287.

Eliassen, A., 1962. On the vertical circulation in frontal zones. Geophys. Publ. 24, 147–160.

Elmore, K.L., McCarthy, D., Frost, W., Chang, H.P., 1986. A high-resolution spatial and temporal multiple Doppler analysis of a microburst and its application to aircraft flight simulation. J. Clim. Appl. Meteorol. 25, 1398–1425.

Emanuel, K.A., 1982. Inertial instability and MCSs. Part II: symmetric CISK in a baroclinic flow. J. Atmos. Sci. 39, 1080–1097.

Emanuel, K.A., 1985. Frontal circulations in the presence of small, moist symmetric stability. J. Atmos. Sci. 42, 1062–1071.

Emanuel, K.A., 1986a. An air-sea interaction theory for tropical cyclones. Part I: steady-state maintenance. J. Atmos. Sci. 43, 585–604.

Emanuel, K.A., 1986b. Overview and definition of mesoscale meteorology. In: Ray, P.S. (Ed.), Mesoscale Meteorology and Forecasting. American Meteorological Society, Boston, pp. 1–17.

Emanuel, K.A., 1987. The dependence of hurricane intensity on climate. Nature 326, 483–485.

Emanuel, K.A., 1991. The theory of hurricanes. Annu. Rev. Fluid Mech. 23, 179–196.

Emanuel, K.A., 1994. Atmospheric Convection. Oxford University Press, New York, p. 580.

Emanuel, K.A., 1995. Sensitivity of tropical cyclones to surface exchange coefficients and a revised steady-state model incorporating eye dynamics. J. Atmos. Sci. 52, 3969–3976.

Emanuel, K.A., 1997. Some aspects of hurricane inner-core dynamics and energetics. J. Atmos. Sci. 54, 1014–1126.

Emanuel, K., Rotunno, R., 2011. Self-stratification of tropical cyclone outflow. Part I: implications for storm structure. J. Atmos. Sci. 68, 2236–2249.

Emanuel, K.A., Fantini, M., Thorpe, A.J., 1987. Baroclinic instability in an environment of small stability to slantwise moist convection. Part I: two-dimensional models. J. Atmos. Sci. 44, 1559–1573.

Evans, M.S., Keyser, D., Bosart, L.F., Lackmann, G.M., 1994. A satellite-derived classification scheme for rapid maritime cyclogenesis. Mon. Weather Rev. 122, 1381–1416.

Fawbush, E.J., Miller, R.C., 1952. A mean sounding representative of the tornadic airnass environment. Bull. Am. Meteorol. Soc. 33, 303–307.

Fawbush, E.J., Miller, R.C., 1953. A method for forecasting hailstone size at the Earth's surface. Bull. Am. Meteorol. Soc. 34, 235–244.

Fawbush, E.J., Miller, R.C., 1954. The types of airmasses in which North American tornadoes form. Bull. Am. Meteorol. Soc. 35, 154–165.

Fawbush, E.J., Miller, R.C., Starrett, L.G., 1951. An empirical method of forecasting tornado development. Bull. Am. Meteorol. Soc. 32, 1–9.

Ferrier, B.S., Houze Jr., R.A., 1989. One-dimensional time-dependent modeling of GATE cumulonimbus convection. J. Atmos. Sci. 46, 330–352.

Field, P.R., Heymsfield, A.J., Bansemer, A., 2006. A test of ice self-collection kernels using aircraft data. J. Atmos. Sci. 63, 651–666.

Findeisen, W., 1939. Zur Frage der Regentropfenbildung in reinen Wasserwolken. Meteorol. Z. 56, 365.

Fletcher, N.H., 1966. The Physics of Rainclouds. Cambridge University Press, Cambridge, p. 390.

Foote, G.B., du Toit, P.S., 1969. Terminal velocity of raindrops aloft. J. Appl. Meteorol. 8, 249–253.

Forkel, R., Panhaus, W.G., Welch, R., Zdunkowski, W., 1984. A one-dimensional numerical study to simulate the influence of soil moisture, pollution and vertical exchange on the evolution of radiation fog. Contrib. Atmos. Phys. 57, 72–91.

Fovell, R.G., 1990. Influence of the Coriolis force on a two-dimensional model storm. In: Preprints, 4th Conference on Mesoscale Processes, Boulder, Colorado. American Meteorological Society, Boston, pp. 190–191.

Fovell, R.G., 2002. Upstream influence of numerically simulated squall-line storms. Q. J. R. Meteorol. Soc. 128, 893–912.

Fovell, R.G., Ogura, Y., 1988. Numerical simulation of a midlatitude squall line in two dimensions. J. Atmos. Sci. 45, 3846–3879.

Fovell, R.G., Ogura, Y., 1989. Effect of vertical wind shear on numerically simulated multicell storm structure. J. Atmos. Sci. 46, 3144–3176.

Fovell, R.G., Tan, P.-H., 1998. The temporal behavior of numerically simulated multicell-type storms. Part II: the convective cell life cycle and cell regeneration. Mon. Weather Rev. 126, 551–577.

Fovell, R.G., Durran, D.R., Holton, J.R., 1992. Numerical simulations of convectively generated gravity waves in the atmosphere. J. Atmos. Sci. 49, 1427–1442.

Frame, J., Markowski, P., 2006. The interaction of simulated squall lines with idealized mountain ridges. Mon. Weather Rev. 134, 1919–1941.

Frank, W.M., 1977. The structure and energetics of the tropical cyclone. Part I: storm structure. Mon. Weather Rev. 105, 1119–1135.

Franklin, J.L., Lord, S.J., Feuer, S.E., Marks Jr., F.D., 1993. The kinematic structure of hurricane Gloria (1985) determined from nested analyses of dropwindsonde and Doppler radar data. Mon. Weather Rev. 121, 2433–2451.

Franklin, J.L., Black, M.L., Valde, K., 2003. GPS dropwindsonde profiles in hurricanes and their operational implications. Weather Forecast. 18, 32–44.

Frei, C., Schär, C., 1998. A precipitation climatology of the Alps from high-resolution rain-gauge observations. Int. J. Climatol. 18, 873–900.

Fritsch, J.M., Forbes, G.S., 2001. Mesoscale convective systems. Meteorol. Monogr. 28, 323–358.

Fritsch, J.M., Murphy, J.D., Kain, J.S., 1994. Warm core vortex amplification over land. J. Atmos. Sci. 51, 1781–1806.

Fueglistaler, S., Dessler, A.E., Dunkerton, T.J., Folkins, I., Fu, Q., Mote, P.W., 2009. Tropical tropopause layer. Rev. Geophys. 47. http://dx.doi.org/10.1029/2008RG000267, RG1004.

Fujita, T.T., 1978. Manual of Downburst Identification for Project NIMROD. Satellite and Mesometeorology Res. Pap. No. 156, Department of Geophysical Sciences, University of Chicago, Chicago, p. 104.

Fujita, T.T., 1981. Tornadoes and downbursts in the context of generalized planetary scales. J. Atmos. Sci. 38, 1511–1534.

Fujita, T.T., 1985. The downburst—microburst and macroburst: Report of projects NIMROD and JAWS. SMRP, University of Chicago, Chicago, p. 122.

Fujita, T.T., 1986. DFW Microburst on August 2, 1985. University of Chicago Press, Chicago, p. 154.

Fujita, T.T., Wakimoto, R.M., 1983. Microbursts in JAWS depicted by Doppler radars, PAM, and aerial photographs. In: Preprints, 21st Conference on Radar Meteorology, Edmonton, Alberta, Canada. American Meteorological Society, Boston, pp. 638–645.

Gal-Chen, T., 1978. A method for the initialization of the anelastic equations: implications for matching models with observations. Mon. Weather Rev. 106, 587–606.

Gallagher, M.W., Connolly, P.J., Whiteway, J., Figueras-Nieto, D., Flynn, M., Choularton, T.W., Bower, K.N., Cook, C., Busen, R., Hacker, J., 2005. An overview of the microphysical structure of cirrus clouds observed during EMERALD-1. Q. J. R. Meteorol. Soc. 131, 1143–1169.

Gamache, J.F., Houze Jr., R.A., 1982. Mesoscale air motions associated with a tropical squall line. Mon. Weather Rev. 110, 118–135.

Gamache, J.F., Houze Jr., R.A., 1985. Further analysis of the composite wind and thermodynamic structure of the 12 September GATE squall line. Mon. Weather Rev. 113, 1241–1259.

Garvert, M.F., Smull, B., Mass, C., 2007. Multiscale mountain waves influencing a major orographic precipitation event. J. Atmos. Sci. 64, 711–737.

Geerts, B., Heymsfield, G.M., Tian, L., Halverson, J.B., Guillory, A., Mejia, M.I., 2000. Hurricane Georges's landfall in the Dominican Republic: detailed airborne doppler radar imagery. Bull. Am. Meteorol. Soc. 81, 999–1018.

Gierens, K., Schumann, U., Helten, M., Smit, H., Wang, P.-H., 2000. Ice-supersaturated regions and subvisible cirrus in the northern midlatitude upper troposphere. J. Geophys. Res. 105, 22,743–22,753.

Gill, A.E., 1982. Atmosphere–Ocean Dynamics. Academic Press, New York, p. 662.

Godson, W.L., 1951. Synoptic properties of frontal surfaces. Q. J. R. Meteorol. Soc. 77, 633–653.

Goff, R.C., 1975. Thunderstorm Outflow Kinetics and Dynamics: NOAA Tech. Memo, ERL NSSL-75. National Severe Storms Laboratory, Norman, Oklahoma, p. 63.

Golden, J.H., 1974a. The life cycle of Florida Keys' waterspouts. I. J. Appl. Meteorol. 13, 676–692.

Golden, J.H., 1974b. Scale-interaction implications for the waterspout life cycle. II. J. Appl. Meteorol. 13, 693–709.

Golden, J.H., Purcell, D., 1978a. Life cycle of the Union City, Oklahoma tornado and comparison with waterspouts. Mon. Weather Rev. 106, 3–11.

Golden, J.H., Purcell, D., 1978b. Airflow characteristics around the Union City tornado. Mon. Weather Rev. 106, 22–28.

Gossard, E.E., 1990. Radar research on the atmospheric boundary layer. In: Atlas, D. (Ed.), Radar in Meteorology. American Meteorological Society, Boston, pp. 477–527.

Gray, W.M., 1968. Global view of the origin of tropical disturbances and storms. Mon. Weather Rev. 96, 669–700.

Gray, W.M., 1979. Hurricanes: their formation, structure, and likely role in the tropical circulation. In: Shaw, D.B. (Ed.), Meteorology Over the Tropical Oceans. Royal Meteorological Society, pp. 155–218.

Grossman, R.L., Durran, D.R., 1984. Interaction of low-level flow with the western Ghat Mountains and offshore convection in the summer monsoon. Mon. Weather Rev. 112, 652–672.

Gultepe, I., Heymsfield, A., 1988. Vertical velocities within a cirrus cloud from Doppler lidar and aircraft measurements during FIRE: implications for particle growth. In: Preprints, 10th International Cloud Physics Conference. Federal Republic of Germany, Bad Homburg, pp. 476–478.

Gunn, K.L.S., Marshall, J.S., 1955. The effect of wind shear on falling precipitation. J. Meteorol. 12, 339–349.

Hahn, C.J., Warren, S.G., 2007. A Gridded Climatology of Clouds Over Land (1971–96) and Ocean (1954–97) from Surface Observations Worldwide: Numeric Data Package NDP-026E ORNL/CDIAC-153, CDIAC. Department of Energy, Oak Ridge, Tennessee.

Hakim, G.J., 2011. The mean state of axisymmetric hurricanes in statistical equilibrium. J. Atmos. Sci. 68, 1364–1376.

Hallett, J., Mossop, S.C., 1974. Production of secondary ice particles during the riming process. Nature 249, 26–28.

Haltiner, G.J., Martin, F.L., 1957. Dynamical and Physical Meteorology. McGraw-Hill Book Company, New York, p. 470.

Hamilton, R.A., Archbold, J.W., 1945. Meteorology of Nigeria and adjacent territory. Q. J. R. Meteorol. Soc. 71, 231–262.

Hane, C.E., Wilhelmson, R.B., Gal-Chen, T., 1981. Retrieval of thermodynamic variables within deep convective clouds: experiments in three dimensions. Mon. Weather Rev. 109, 564–576.

Hanesch, M., 1999. Fall velocity and shape of snowflakes. Ph.D. dissertation, Swiss Federal Institute of Technology, p. 117.

Hann, J.V., 1896. Die Erde als Ganzes: Ihre Atmosphäre und Hydrosphäre. F. Tempsky, Wien, p. 368.

Harimaya, T., 1968. On the shape of cirrus uncinus clouds: a numerical computation—studies of cirrus clouds: part III. J. Meteorol. Soc. Jpn. 46, 272–279.

Harrington, J.Y., Reisen, T., Cotton, W.R., Kreidenweis, S.M., 1999. Cloud resolving simulations of arctic stratus. Part II: transition-season clouds. Atmos. Res. 51, 45–75. http://dx.doi.org/10.1016/S0169-8095(98)00098-2.

Harrold, T.W., 1973. Mechanisms influencing the distribution of precipitation within baroclinic disturbances. Q. J. R. Meteorol. Soc. 99, 232–251.

Hartmann, D.L., 1994. Global Physical Climatology. Academic Press, San Diego, p. 411.

Haurwitz, B., 1935. The height of tropical cyclones and the eye of the storm. Mon. Weather Rev. 63, 45–49.

Hauser, D., Roux, F., Amayenc, P., 1988. Comparison of two methods for the retrieval of thermodynamic and microphysical variables from Doppler-radar measurements: application to the case of a tropical squall line. J. Atmos. Sci. 45, 1285–1303.

Hawkins, H.F., Imbembo, S.M., 1976. The structure of a small, intense hurricane—Inez 1966. Mon. Weather Rev. 104, 418–442.

Hayashi, Y., 1970. A theory of large-scale equatorial waves generated by condensation heat and accelerating the zonal wind. J. Meteorol. Soc. Jpn. 48, 140–160.

Hence, D.A., Houze Jr., R.A., 2008. Kinematic structure of convective-scale elements in the rainbands of Hurricanes Katrina and Rita (2005). J. Geophys. Res. 113. http://dx.doi.org/10.1029/2007JD009429, D15108.

Hendricks, E.A., Montgomery, M.T., Davis, C.A., 2004. On the role of "vortical" hot towers in formation of tropical cyclone Diana (1984). J. Atmos. Sci. 61, 1209–1232.

Herman, G.F., Goody, R., 1976. Formation and persistence of summertime arctic stratus clouds. J. Atmos. Sci. 33, 1537–1553.

Herzegh, P.H., Jameson, A.R., 1992. Observing precipitation through dual-polarization radar measurements. Bull. Am. Meteorol. Soc. 73, 1365–1374.

Heus, T., Jonker, H.J.J., 2008. Subsiding shells around shallow cumulus clouds. J. Atmos. Sci. 65, 1003–1018.

Heus, T., van Dijk, G., Jonker, H.J.J., Van den Akker, H.E.A., 2008. Mixing in shallow cumulus clouds studied by Lagrangian particle tracking. J. Atmos. Sci. 65, 2581–2597.

Heymsfield, A., 1975a. Cirrus uncinus generating cells and the evolution of cirriform clouds. Part I: aircraft observations and the growth of the ice phase. J. Atmos. Sci. 32, 799–808.

Heymsfield, A., 1975b. Cirrus uncinus generating cells and the evolution of cirriform clouds. Part II: the structure and circulations of the cirrus uncinus generating head. J. Atmos. Sci. 32, 809–819.

Heymsfield, A., 1975c. Cirrus uncinus generating cells and the evolution of cirriform clouds. Part III: numerical computations of the growth of the ice phase. J. Atmos. Sci. 32, 820–830.

Heymsfield, A.J., 1977. Precipitation development in stratiform ice clouds: a microphysical and dynamical study. J. Atmos. Sci. 34, 367–381.

Heymsfield, G.M., 1979. Doppler-radar study of a warm frontal region. J. Atmos. Sci. 36, 2093–2107.

Heymsfield, A.J., 1982. A comparative study of the rates of development of potential graupel and hail embryos in high plains storms. J. Atmos. Sci. 39, 2867–2897.

Heymsfield, A.J., Kajikawa, M., 1987. An improved approach to calculating terminal velocities of plate-like crystals and graupel. J. Atmos. Sci. 44, 1088–1099.

Heymsfield, A.J., Knight, N.C., 1988. Hydrometeor development in cold clouds in FIRE. In: Preprints, 10th International Cloud Physics Conference. Federal Republic of Germany, Bad Homburg, pp. 479–481.

Heymsfield, A.J., Sabin, R.M., 1989. Cirrus crystal nucleation by homogeneous freezing of solution droplets. J. Atmos. Sci. 46, 2252–2264.

Heymsfield, A.J., Jameson, A.R., Frank, H.W., 1980. Hail growth mechanisms in a Colorado storm. Part II: hail formation processes. J. Atmos. Sci. 37, 1779–1813.

Hildebrand, F.B., 1976. Advanced Calculus for Applications. Prentice-Hall, Englewood Cliffs, New Jersey, p. 733.

Hines, K.M., Mechoso, C.R., 1993. Influence of surface drag on the evolution of fronts. Mon. Weather Rev. 121, 1152–1176.

Hinrichs, G., 1888a. Tornadoes and derechos. Am. Meteorol. J. 5, 306–317.

Hinrichs, G., 1888b. Tornadoes and derechos (continued). Am. Meteorol. J. 5, 341–349.

Hobbs, P.V., 1974. Ice Physics. Oxford Press, Bristol, p. 837.

Hobbs, P.V., 1981. The Seattle workshop on extratropical cyclones: a call for a national cyclone project. Bull. Am. Meteorol. Soc. 62, 244–254.

Hobbs, P.V., 1985. Holes in clouds: a case of scientific amnesia. Weatherwise 38, 254–258.

Hobbs, P.V., Biswas, K.R., 1979. The cellular structure of narrow cold-frontal rainbands. Q. J. R. Meteorol. Soc. 105, 723–727.

Hobbs, P.V., Persson, O.G., 1982. The mesoscale and microscale structure and organization of clouds and precipitation in midlatitude cyclones. Part V: the substructure of narrow cold-frontal rainbands. J. Atmos. Sci. 39, 280–295.

Hobbs, P.V., Rangno, A.L., 1985. Ice particle concentrations in clouds. J. Atmos. Sci. 42, 2523–2549.

Hobbs, P.V., Easter, R.C., Fraser, A.B., 1973. A theoretical study of the flow of air and fallout of solid precipitation over mountainous terrain. Part II: microphysics. J. Atmos. Sci. 30, 813–823.

Hobbs, P.V., Chang, S., Locatelli, J.D., 1974. Dimensions and aggregation of ice crystals in natural clouds. J. Geophys. Res. 79, 2199–2206.

Hobbs, P.V., Matejka, T.J., Herzegh, P.H., Locatelli, J.D., Houze Jr., R.A., 1980. The mesoscale and microscale structure and organization of clouds and precipitation in midlatitude cyclones. I: a case study of a cold front. J. Atmos. Sci. 37, 568–596.

Hogan, R.J., Illingworth, A.J., 2003. Parameterizing ice cloud inhomogeneity and the overlap of inhomogeneities using cloud radar data. J. Atmos. Sci. 60, 756–767.

Holton, J.R., 1973. A one-dimensional cumulus model including pressure perturbations. Mon. Weather Rev. 101, 201–205.

Holton, J.R., Hakim, G.J., 2012. An Introduction to Dynamic Meteorology, fifth ed. Elsevier, Amsterdam, p. 532.

Hoskins, B.J., 1974. The role of potential vorticity in symmetric stability and instability. Q. J. R. Meteorol. Soc. 100, 480–482.

Hoskins, B.J., 1975. The geostrophic momentum approximation and the semi-geostrophic equations. J. Atmos. Sci. 32, 233–242.

Hoskins, B.J., 1982. The mathematical theory of frontogenesis. Annu. Rev. Fluid Mech. 14, 131–151.

Hoskins, B.J., 1990. Theory of extratropical cyclones. In: Newton, C.W., Holopainen, E.O. (Eds.), Extratropical Cyclones: The Erik Palmén Memorial Volume. American Meteorological Society, Boston, pp. 64–80.

Hoskins, B.J., Bretherton, F.P., 1972. Atmospheric frontogenesis models: mathematical formulation and solution. J. Atmos. Sci. 29, 11–37.

Hoskins, B.J., Pedder, M.A., 1980. The diagnosis of middle latitude synoptic development. Q. J. R. Meteorol. Soc. 106, 707–719.

Houghton, H.G., 1950. A preliminary quantitative analysis of precipitation mechanisms. J. Meteorol. 7, 363–369.

Houghton, H.G., 1968. On precipitation mechanisms and their artificial modification. J. Appl. Meteorol. 7, 851–859.

Houze Jr., R.A., 1977. Structure and dynamics of a tropical squall-line system. Mon. Weather Rev. 105, 1540–1567.

Houze Jr., R.A., 1981. Structure of atmospheric precipitation systems—a global survey. Radio Sci. 16, 671–689.

Houze Jr., R.A., 1982. Cloud clusters and large-scale vertical motions in the tropics. J. Meteorol. Soc. Jpn. 60, 396–410.

Houze Jr., R.A., 1989. Observed structure of mesoscale convective systems and implications for large-scale heating. Q. J. R. Meteorol. Soc. 115, 425–461.

Houze Jr., R.A., 1997. Stratiform precipitation in regions of convection: a meteorological paradox? Bull. Am. Meteorol. Soc. 78, 2179–2196.

Houze Jr., R.A., 2004. Mesoscale convective systems. Rev. Geophys. 42. http://dx.doi.org/10.1029/2004RG000150, RG4003.

Houze Jr., R.A., 2010. Clouds in tropical cyclones. Mon. Weather Rev. 138, 293–344.

Houze Jr., R.A., 2012. Orographic effects on precipitating clouds. Rev. Geophys. 50. http://dx.doi.org/10.1029/2011RG000365, RG1001.

Houze Jr., R.A., Churchill, D.D., 1987. Mesoscale organization and cloud microphysics in a Bay of Bengal depression. J. Atmos. Sci. 44, 1845–1867.

Houze Jr., R.A., Medina, S., 2005. Turbulence as a mechanism for orographic precipitation enhancement. J. Atmos. Sci. 62, 3599–3623.

Houze Jr., R.A., Hobbs, P.V., Biswas, K.R., Davis, W.M., 1976. Mesoscale rainbands in extratropical cyclones. Mon. Weather Rev. 105, 868–878.

Houze Jr., R.A., Hobbs, P.V., Herzegh, P.H., Parsons, D.B., 1979. Size distributions of precipitation particles in frontal clouds. J. Atmos. Sci. 36, 156–162.

Houze Jr., R.A., Cheng, C.-P., Leary, C.A., Gamache, J.F., 1980. Diagnosis of cloud mass and heat fluxes from radar and synoptic data. J. Atmos. Sci. 37, 754–773.

Houze Jr., R.A., Rutledge, S.A., Matejka, T.J., Hobbs, P.V., 1981. The mesoscale and microscale structure and organization of clouds and precipitation in midlatitude cyclones. III: air motions and precipitation growth in a warm-frontal rainband. J. Atmos. Sci. 38, 639–649.

Houze Jr., R.A., Rutledge, S.A., Biggerstaff, M.I., Smull, B.F., 1989. Interpretation of Doppler weather-radar displays in midlatitude mesoscale convective systems. Bull. Am. Meteorol. Soc. 70, 608–619.

Houze Jr., R.A., Smull, B.F., Dodge, P., 1990. Mesoscale organization of springtime rainstorms in Oklahoma. Mon. Weather Rev. 118, 613–654.

Houze Jr., R.A., Marks, F.D., Black, R.A., 1992. Dual-aircraft investigation of the inner core of Hurricane Norbert. Part II: mesoscale distribution of ice particles. J. Atmos. Sci. 49, 943–962.

Houze Jr., R.A., Chen, S.S., Kingsmill, D.E., Serra, Y., Yuter, S.E., 2000. Convection over the Pacific warm pool in relation to the atmospheric Kelvin-Rossby wave. J. Atmos. Sci. 57, 3058–3089.

Houze Jr., R.A., Chen, S.S., Lee, W.-C., Rogers, R., Moore, J., Stossmeister, G., Bell, M., Cetrone, J., Zhao, W., Brodzik, S., 2006. The Hurricane Rainband and intensity change experiment: observations and modeling of Hurricanes Katrina, Ophelia, and Rita. Bull. Am. Meteorol. Soc. 87, 1503–1521.

Houze Jr., R.A., Wilton, D.C., Smull, B.F., 2007a. Monsoon convection in the Himalayan region as seen by the TRMM Precipitation Radar. Q. J. R. Meteorol. Soc. 133, 1389–1411.

Houze Jr., R.A., Chen, S.S., Smull, B.F., Lee, W.-C., Bell, M.M., 2007b. Hurricane intensity and eyewall replacement. Science 315, 1235–1239.

Houze Jr., R.A., Lee, W.-C., Bell, M.M., 2009. Convective contribution to the genesis of Hurricane Ophelia, 2005. Mon. Weather Rev. 137, 2778–2800.

Huschke, R., 1969. Arctic Cloud Statistics from "Air-Calibrated" Surface Weather Observations. RAND Corp, Santa Monica, CA, RM-6173-PR.

Iguchi, T., Meneghini, R., 1994. Intercomparison of single-frequency methods for retrieving a vertical rain profile from airborne or spaceborne radar data. J. Atmos. Ocean. Technol. 11, 1507–1516.

Iguchi, T., Kozu, T., Meneghini, R., Awaka, J., Okamoto, K., 2000. Rain-profiling algorithm for the TRMM precipitation radar. J. Appl. Meteorol. 39, 2038–2052.

Immler, F., Krüger, K., Fujiwara, M., Verver, G., Rex, M., Schrems, O., 2008. Correlation between equatorial Kelvin waves and the occurrence of extremely thin ice clouds at the tropical tropopause. Atmos. Chem. Phys. 8, 4019–4026.

International Commission for the Study of Clouds, 1932a. International Atlas of Clouds and Study of the Sky, vol. I, p. 106 General Atlas. Paris.

International Commission for the Study of Clouds, 1932b. International Atlas of Clouds and Study of the Sky, vol. II, p. 27 Atlas of Tropical Clouds. Paris.

IPCC, 2007. In: Solomon, S., Qin, D., Manning, M., Chen, Z., Marquis, M., Averyt, K.B., Tignor, M., Miller, H.L. (Eds.), Climate Change 2007: The Physical Science Basis. Contribution of Working Group I to the Fourth Assessment Report of the Intergovernmental Panel on Climate Change. Cambridge University Press, Cambridge, United Kingdom and New York, NY, USA.

Itoh, Y., Ohta, S., 1967. Cloud Atlas: An Artist's View of Living Cloud. Chijin Shokan Co. Ltd., Tokyo, p. 71.

Jameson, A.R., Johnson, D.B., 1990. Cloud microphysics and radar. In: Atlas, D. (Ed.), Radar in Meteorology. American Meteorological Society, Boston, pp. 323–340.

Jensen, E.J., Toon, O.B., Selkirk, H.B., Spinhirne, J.D., Schoeberl, M. R., 1996. On the formation and persistence of clouds near the tropical tropopause subvisible cirrus. J. Geophys. Res. 101, 21361–21375.

Jiang, Q., Smith, R.B., 2003. Cloud timescale and orographic precipitation. J. Atmos. Sci. 60, 1534–1559.

Johns, R.H., Hirt, W.D., 1987. Derechos: widespread convectively induced windstorms. Weather Forecast. 2, 32–49.

Johnson, R.H., Bartels, D.L., 1992. Circulations associated with a mature-to-decaying midlatitude mesoscale convective system. Part II: upper-level features. Mon. Weather Rev. 120, 1301–1320.

Johnson, R.H., Hamilton, P.J., 1988. The relationship of surface pressure features to the precipitation and airflow structure of an intense midlatitude squall line. Mon. Weather Rev. 116, 1444–1472.

Johnson, R.H., Gallus Jr., W.A., Vescio, M.D., 1990. Near-tropopause vertical motion within the trailing-stratiform region of a midlatitude squall line. J. Atmos. Sci. 47, 2200–2210.

Johnston, E.C., 1982. Mesoscale vorticity centers induced by mesoscale convective complexes. In: Preprints, 9th Conference on Weather Forecasting and Analysis. American Meteorological Society, Seattle, Washington/Boston, pp. 196–200.

Jones, S.C., Harr, P.A., Abraham, J., Bosart, L.F., Bowyer, P.J., Evans, J.L., Hanley, D.E., Hanstrum, B.N., Hart, R.E., Lalaurette, F., Sinclair, M.R., Smith, R.K., Thorncroft, C., 2003. The extratropical transition of tropical cyclones: forecast challenges, current understanding, and future directions. Weather Forecast. 18, 1052–1092.

Jonker, H.J.J., Heus, T., Sullivan, P.P., 2008. A refined view of vertical mass transport by cumulus convection. Geophys. Res. Lett. 35. http://dx.doi.org/10.1029/2007GL032606, L07810.

Jordan, C.L., 1958. Mean soundings for the West Indies area. J. Meteorol. 15, 91–97.

Jorgensen, D.P., 1984. Mesoscale and convective-scale characteristics of mature hurricanes. Part II: inner-core structure of Hurricane Allen (1980). J. Atmos. Sci. 41, 1287–1311.

Jorgensen, D.P., Smull, B.F., 1993. Mesovortex circulations seen by airborne Doppler radar within a bow-echo mesoscale convective system. Bull. Am. Meteorol. Soc. 74, 2146–2157.

Jorgensen, D.P., Zipser, E.J., LeMone, M., 1985. Vertical motions in intense hurricanes. J. Atmos. Sci. 42, 839–856.

Jorgensen, D.P., Pu, Z., Persson, O.G., Tao, W.-K., 2003. Variations associated with cores and gaps of a Pacific narrow cold frontal rainband. Mon. Weather Rev. 131, 2705–2729.

Jorgensen, D.P., Murphey, H.V., Wakimoto, R.M., 2004. Rear-inflow evolution in a non-severe bow-echo observed by airborne Doppler radar during BAMEX. In: Preprints, 22nd Conference on Severe Local Storms, October 4–8, Hyannis, Massachusetts. American Meteorological Society, Boston.

Joss, J., Collier, C.G., 1991. An electronically scanned antenna for weather radar. In: Preprints, 25th Conference on Radar Meteorology, Paris, France. American Meteorological Society, Boston, pp. 748–751.

Joss, J., Waldvogel, A., 1990. Precipitation measurement and hydrology. In: Atlas, D. (Ed.), Radar in Meteorology. American Meteorological Society, Boston, pp. 577–597.

Kajikawa, M., 1971. A model experimental study of the falling velocity of ice crystals. J. Meteorol. Soc. Jpn. 49, 367–375.

Kajikawa, M., 1982. Observation of the falling motion of early snow flakes part I. Relationship between the free-fall pattern and the number of component snow crystals. J. Meteorol. Soc. Jpn. 60, 797–803.

Kanak, K.M., Straka, J.M., Schultz, D.M., 2008. Numerical simulation of mammatus. J. Atmos. Sci. 65, 1606–1621.

Kay, J.E., Gettelman, A., 2009. Cloud influence on and response to seasonal Arctic sea ice loss. J. Geophys. Res. 114. http://dx.doi.org/10.1029/2009JD011773, D18204.

Kessinger, C.J., Ray, P.S., Hane, C.E., 1987. The Oklahoma squall line of 19 May 1977. Part I: a multiple-Doppler analysis of convective and stratiform structure. J. Atmos. Sci. 44, 2840–2864.

Kessinger, C.J., Parsons, D.B., Wilson, J.W., 1988. Observations of a storm containing misocyclones, downbursts, and horizontal vortex circulations. Mon. Weather Rev. 116, 1959–1982.

Kessler, E., 1969. On the distribution and continuity of water substance in atmospheric circulations. Meteorol. Monogr. 10, 84.

Keyser, D., 1986. Atmospheric fronts: an observational perspective. In: Ray, P.S. (Ed.), Mesoscale Meteorology and Forecasting. American Meteorological Society, Boston, pp. 216–258.

Khain, A., Ovtchinnikov, M., Pinsky, M., Pokrovsky, A., Krugliak, H., 2000. Notes on the state-of-the-art numerical modeling of cloud microphysics. Atmos. Res. 55, 159–224.

Khain, A., Pokrovsky, A., Pinsky, M., Seifert, A., Phillips, V., 2004. Simulation of effects of atmospheric aerosols on deep turbulent convective clouds using a spectral microphysics mixed-phase cumulus cloud model. Part I: model description and possible applications. J. Atmos. Sci. 61, 2963–2982.

Khvorostyanov, V.I., Curry, J.A., 2002. Terminal velocities of droplets and crystals: power laws with continuous parameters over the size spectrum. J. Atmos. Sci. 59, 1872–1884.

Khvorostyanov, V.I., Curry, J.A., 2005. Fall velocities of hydrometeors in the atmosphere: refinements to a continuous analytical power law. J. Atmos. Sci. 62, 4343–4357.

Kidder, S.Q., Vonder Haar, T.H., 1995. Satellite Meteorology: An Introduction. Academic press, San Diego, p. 466.

Kiladis, G.N., Wheeler, M.C., Haertel, P.T., Straub, K.H., Roundy, P.E., 2009. Convectively coupled equatorial waves. Rev. Geophys. 47. http://dx.doi.org/10.1029/2008RG000266, RG2003.

Kingsmill, D.E., Houze Jr., R.A., 1999. Kinematic characteristics of air flowing into and out of precipitating convection over the west Pacific warm pool: an airborne Doppler radar survey. Q. J. R. Meteorol. Soc. 125, 1165–1207.

Kirshbaum, D.J., Smith, R.B., 2009. Orographic precipitation in the tropics: large-eddy simulations and theory. J. Atmos. Sci. 66, 2559–2578.

Kirshbaum, D.J., Bryan, G.H., Rotunno, R., Durran, D.R., 2007. The triggering of orographic rainbands by small-scale topography. J. Atmos. Sci. 64, 1530–1549.

Klein, S.A., McCoy, R.B., Morrison, H., Ackerman, A.S., Avramov, A., de Boer, G., Chen, M., Cole, J.N.S., Del Genio, A.D., Falk, M., Foster, M.J., Fridlind, A., Golaz, J.-C., Hashino, T., Harrington, J.Y., Hoose, C., Khairoutdinov, M.F., Larson, V.E., Liu, X., Luo, Y., McFarquhar, G.M., Menon, S., Neggers, R.A.J., Park, S., Poellot, M. R., Schmidt, J.M., Sednev, I., Shipway, B.J., Shupe, M.D., Spangenberg, D.A., Sud, Y.C., Turner, D.D., Veron, D.E., von Salzen, K., Walker, G.K., Wang, Z., Wolf, A.B., Xie, S., Xu, K.-M., Yang, F., Zhang, G., 2009. Intercomparison of model simulations of mixed-phase clouds observed during the ARM Mixed-Phase Arctic Cloud Experiment. I: single-layer cloud. Q. J. R. Meteorol. Soc. 135, 979–1002.

Klemp, J.B., 1987. Dynamics of tornadic thunderstorms. Annu. Rev. Fluid Mech. 19, 369–402.

Klemp, J.B., Rotunno, R., 1983. A study of the tornadic region within a supercell thunderstorm. J. Atmos. Sci. 40, 359–377.

Klemp, J.B., Wilhelmson, R.B., 1978a. The simulation of three-dimensional convective storm dynamics. J. Atmos. Sci. 35, 1070–1096.

Klemp, J.B., Wilhelmson, R.B., 1978b. Simulations of right- and left-moving thunderstorms produced through storm splitting. J. Atmos. Sci. 35, 1097–1110.

Knight, N.C., Heymsfield, A.J., 1983. Measurement and interpretation of hailstone density and terminal velocity. J. Atmos. Sci. 40, 1510–1516.

Knight, D.J., Hobbs, P.V., 1988. The mesoscale and microscale structure and organization of clouds and precipitation in midlatitude cyclones. Part XV: a numerical modeling study of frontogenesis and cold-frontal rainbands. J. Atmos. Sci. 45, 915–930.

Knight, C.A., Miller, L.J., 1993. First radar echoes from cumulus clouds. Bull. Am. Meteorol. Soc. 74, 179–188.

Knight, C.A., Miller, L.J., 1998. Early radar echoes from small, warm cumulus: bragg and hydrometeor scattering. J. Atmos. Sci. 55, 2974–2992.

Koch, S.E., 1984. The role of an apparent mesoscale frontogenetical circulation in squall line initiation. Mon. Weather Rev. 112, 2090–2111.

Kollias, P., Clothiaux, E.E., Miller, M.A., Albrecht, B.A., Stephens, G.L., Ackerman, T.P., 2007. Millimeter-wavelength radars: new frontier in atmospheric cloud and precipitation research. Bull. Am. Meteorol. Soc. 88, 1608–1624.

Koop, T., Luo, B., Tsias, A., Peter, T., 2000. Water activity as the determinant for homogeneous ice nucleation in aqueous solutions. Nature 406, 611–614.

Korolev, A.V., Emery, E.F., Strapp, J.W., Cober, S.G., Isaac, G.A., Wasey, M., Marcotte, D., 2011. Small ice particles in tropospheric clouds: fact or artifact? Airborne icing instrumentation evaluation experiment. Bull. Am. Meteorol. Soc. 92, 967–973.

Kossin, J.P., Schubert, W.H., 2001. Mesovortices, polygonal flow patterns, and rapid pressure falls in hurricane-like vortices. J. Atmos. Sci. 58, 2196–2209.

Kossin, J.P., McNoldy, B.D., Schubert, W.H., 2002. Vortical swirls in hurricane eye clouds. Mon. Weather Rev. 30, 3144–3149.

Krehbiel, P.R., 1986. The electrical structure of thunderstorms. In: The Earth's Electrical Environment. National Research Council, Washington, DC, p. 263.

Kreitzberg, C.W., Brown, H.A., 1970. Mesoscale weather systems within an occlusion. J. Appl. Meteorol. 9, 417–432.

Kübbeler, M., Mildebrand, M., Meyer, J., Schiller, C., Hamburger, T., Jurkat, T., Minikin, A., Petzold, A., Rautenhaus, M., Schlager, H., Schumann, U., Voigt, C., Spichtinger, P., Gayet, J.-F., Gourbeyre, C., Krämer, M., 2011. Thin and subvisible cirrus and contrails in a subsaturated environment. Atmos. Chem. Phys. 11, 5853–5865.

Kuettner, J.P., 1947. Der Segelflug in Aufwindstrassen. Schweizer Aero Revue 24, 480.

Kuettner, J.P., 1959. The band structure of the atmosphere. Tellus 11, 267–294.

Kuettner, J.P., 1971. Cloud bands in the earth's atmosphere: observations and theory. Tellus 23, 404–425.

Kummerow, C., Barnes, W., Kozu, T., Shiue, J., Simpson, J., 1998. The Tropical Rainfall Measuring Mission (TRMM) sensor package. J. Atmos. Ocean. Technol. 15, 808–816.

Kuo, Y.-H., Reed, R.J., Low-Nam, S., 1992. Thermal structure and airflow of a model simulation of an occluded marine cyclone. Mon. Weather Rev. 120, 2280–2297.

Lafore, J.-P., Moncrieff, M.W., 1989. A numerical investigation of the organization and interaction of the convective and stratiform regions of tropical squall lines. J. Atmos. Sci. 46, 521–544.

Laing, A.G., Fritsch, J.M., 1997. The global population of mesoscale convective complexes. Q. J. R. Meteorol. Soc. 123, 389–405.

Lamb Sir, H., 1932. Hydrodynamics. Dover Publications, New York, p. 738.

Lang, T.J., Miller, J., Weisman, M., Rutledge, S.A., Barker III, L.J., Bringi, V.N., Chandrasekar, V., Detwiler, A., Doesken, N., Helsdon, J., Knight, C., Krehbiel, P., Lyons, W.A., MacGorman, D., Rasmussen, E., Rison, W., Rust, W.D., Thomas, R.J., 2004. The severe thunderstorm electrification and precipitation study. Bull. Am. Meteorol. Soc. 85, 1107–1125.

Lawson, R.P., Baker, B., Pilson, B., Mo, Q., 2006. In situ observations of the microphysical properties of wave, cirrus, and anvil clouds. Part II: cirrus clouds. J. Atmos. Sci. 63, 3186–3203.

Lawson, R.P., Jensen, E., Mitchell, D.L., Baker, B., Mo, Q., Pilson, B., 2010. Microphysical and radiative properties of tropical clouds investigated in TC4 and NAMMA. J. Geophys. Res. 115. http://dx.doi.org/10.1029/2009JD013017, D00J08.

Leary, C.A., Houze Jr., R.A., 1979a. The structure and evolution of convection in a tropical cloud cluster. J. Atmos. Sci. 36, 437–457.

Leary, C.A., Houze Jr., R.A., 1979b. Melting and evaporation of hydrometeors in precipitation from the anvil clouds of deep tropical convection. J. Atmos. Sci. 36, 669–679.

Leary, C.A., Rappaport, E.N., 1987. The life cycle and internal structure of a mesoscale convective complex. Mon. Weather Rev. 115, 1503–1527.

Lee, W.-C., Wakimoto, R.M., Carbone, R.E., 1992. The evolution and structure of a "bow-echo-microburst" event. Part II: the bow echo. Mon. Weather Rev. 120, 2211–2225.

Legates, D.R., Willmott, C.J., 1990. Mean seasonal and spatial variability in global surface air temperature. Theor. Appl. Climatol. 41, 11–21.

LeMone, M.A., 1973. The structure and dynamics of horizontal roll vortices in the planetary boundary layer. J. Atmos. Sci. 30, 1077–1091.

LeMone, M.A., Barnes, G.M., Zipser, E.J., 1984. Momentum flux by lines of cumulonimbus over the tropical oceans. J. Atmos. Sci. 41, 1914–1932.

Levine, J., 1959. Spherical vortex theory of bubble-like motion in cumulus clouds. J. Meteorol. 16, 653–662.

Lewellen, D.C., Lewellen, W.S., Xia, J., 2000. The influence of a local swirl ratio on tornado intensification near the surface. J. Atmos. Sci. 57, 527–544.

Lhermitte, R.M., 1970. Dual-Doppler radar observation of convective storm circulation. In: Preprints, 14th Radar Meteorology Conference, Tucson, Arizona. American Meteorological Society, Boston, pp. 139–144.

Ligda, M.G.H., 1956. The radar observations of mature prefrontal squall lines in the midwestern United States. In: VI Congress of Organisation Scientifique et Technique Internationale du Vol a Voile (OSTIV). Aeronautical International Federation, St-Yan, France, pp. 1–3, 6–14 July, Publication IV.

Lighthill Sir, M.J., 1978. Waves in Fluids. Cambridge University Press, Cambridge, p. 504.

Lilly, D.K., 1968. Models of cloud-topped mixed layers under strong conversion. Q. J. R. Meteorol. Soc. 94, 292–309.

Lilly, D.K., 1979. The dynamical structure and evolution of thunderstorms and squall lines. Annu. Rev. Earth Planet. Sci. 7, 117–171.

Lilly, D.K., 1986. Instabilities. In: Ray, P.S. (Ed.), Mesoscale Meteorology and Forecasting. American Meteorological Society, Boston, pp. 259–271.

Lilly, D.K., 1988. Cirrus outflow dynamics. J. Atmos. Sci. 45, 1594–1605.

Lin, Y.L., Farley, R.D., Orville, H.D., 1983. Bulk parameterization of the snow field in a cloud model. J. Clim. Appl. Meteorol. 22, 1066–1092.

Lin, Y.-L., Chiao, S., Wang, T.-A., Kaplan, M.L., Weglarz, R.P., 2001. Some common ingredients for heavy orographic rainfall. Weather Forecast. 16, 633–660.

Lindzen, R.S., 1974. Wave-CISK in the tropics. J. Atmos. Sci. 31, 156–179.

Lindzen, R.S., Tung, K.K., 1976. Banded convective activity and ducted gravity waves. Mon. Weather Rev. 104, 1602–1607.

Liou, K.-N., 1980. An Introduction to Atmospheric Radiation. Academic Press, New York, p. 404.

Liou, K.-N., 1986. Influence of cirrus clouds on weather and climate processes. Mon. Weather Rev. 114, 1167–1199.

Locatelli, J.D., Hobbs, P.V., 1974. Fall speeds and masses of solid precipitation particles. J. Geophys. Res. 79, 2185–2197.

Locatelli, J.D., Hobbs, P.V., Biswas, K.R., 1983. Precipitation from stratocumulus clouds affected by fallstreaks and artificial seeding. J. Clim. Appl. Meteorol. 22, 1393–1403.

Locatelli, J.D., Martin, J.E., Hobbs, P.V., 1992. The structure and propagation of a wide cold-frontal rainband and their relationship to frontal topography. In: Preprints 5th Conference on Mesoscale Processes, Atlanta, Georgia. American Meteorological Society, Boston, pp. 192–196.

Long, A.B., 1974. Solutions to the droplet collection equation for polynomial kernels. J. Atmos. Sci. 31, 1040–1052.

Lord, S.J., Willoughby, H.E., Piotrowicz, J.M., 1984. Role of parameterized ice-phase microphysics in an axisymmetric nonhydrostatic tropical cyclone model. J. Atmos. Sci. 41, 2836–2848.

Ludlam, F.H., 1980. Clouds and Storms: The Behavior and Effect of Water in the Atmosphere. Pennsylvania University Press, University Park, ISBN: 0271005157, p. 405.

Ludlam, F.H., Scorer, R.S., 1953. Convection in the atmosphere. Q. J. R. Meteorol. Soc. 79, 94–103.

Luo, Z., Rossow, W.B., 2004. Characterizing tropical cirrus life cycle, evolution, and interaction with upper-tropospheric water vapor using Lagrangian trajectory analysis of satellite observations. J. Clim. 17, 4541–4563.

Mace, G.G., Zhang, Q., Vaughan, M., Marchand, R., Stephens, G., Trepte, C., Winker, D., 2009. A description of hydrometeor layer occurrence statistics derived from the first year of merged CloudSat and CALIPSO data. J. Geophys. Res. 114. http://dx.doi.org/10.1029/2007JD009755, D00A26.

MacGorman, D.R., Rust, W.D., 1998. The Electrical Nature of Storms. Oxford University Press, New York, p. 422.

Maddox, R.A., 1976. An evaluation of tornado proximity wind and stability data. Mon. Weather Rev. 104, 133–142.

Maddox, R.A., 1980. Mesoscale convective complexes. Bull. Am. Meteorol. Soc. 61, 1374–1387.

Maddox, R.A., 1981. The structure and life cycle of midlatitude mesoscale convective complexes. Atmospheric Science Paper No. 36, Colorado State University, Fort Collins, CO.

Maddox, R.A., Rodgers, D.M., Howard, K.M., 1982. Mesoscale convective complexes over the United States in 1981: annual summary. Mon. Weather Rev. 110, 1501–1514.

Malkus, J.S., Scorer, R.S., 1955. The erosion of cumulus towers. J. Meteorol. 12, 43–57.

Mapes, B.E., Houze Jr., R.A., 1995. Diabatic divergence profiles in western Pacific mesoscale convective systems. J. Atmos. Sci. 52, 1807–1828.

Mapes, B.E., Warner, T.T., Xu, M., 2003. Diurnal patterns of rainfall in northwestern South America. Part III: diurnal gravity waves and nocturnal convection offshore. Mon. Weather Rev. 131, 830–844.

Markowski, P.M., 2002. Hook echoes and rear-flank downdrafts: a review. Mon. Weather Rev. 130, 852–876.

Markowski, P.M., Richardson, Y., 2010. Mesoscale Meteorology in Midlatitudes. Wiley-Blackwell, Chichester, UK, p. 407.

Markowski, P.M., Richardson, Y., 2013. How to make a tornado. Weatherwise 12–18, July-August edition.

Markowski, P.M., Straka, J.M., Rasmussen, E.N., 2002. Direct surface thermodynamic observations within the rear-flank downdrafts of nontornadic and tornadic supercells. Mon. Weather Rev. 130, 1692–1721.

Marks Jr., F.D., Houze Jr., R.A., 1984. Airborne Doppler radar observations in Hurricane Debby. Bull. Am. Meteorol. Soc. 65, 569–582.

Marks Jr., F.D., Houze Jr., R.A., 1987. Inner-core structure of Hurricane Alicia from airborne Doppler-radar observations. J. Atmos. Sci. 44, 1296–1317.

Marks, F.D., Black, P.G., Montgomery, M.T., Burpee, R.W., 2008. Structure of the eye and eyewall of Hurricane Hugo (1989). Mon. Weather Rev. 136, 1237–1259.

Marshall, J.S., 1953. Frontal precipitation and lightning observed by radar. Can. J. Phys. 31, 194–203.

Marshall, J.S., Palmer, W.M., 1948. The distribution of raindrops with size. J. Meteorol. 5, 165–166.

Marsham, J.H., Dobbie, S., 2005. The effects of wind shear on cirrus: a large-eddy model and radar case-study. Q. J. R. Meteorol. Soc. 131, 2937–2955.

Martin, J.E., 1999. Quasigeostrophic forcing of ascent in the occluded sector of cyclones and the trowal airstream. Mon. Weather Rev. 127, 70–88.

Martin, J.E., 2006. Midlatitude Atmospheric Dynamics. John Wiley and Sons, Ltd, Hoboken, NJ, p. 324.

Martin, W.J., Shapiro, A., 2007. Discrimination of bird and insect radar echoes in clear air using high-resolution radars. J. Atmos. Ocean. Technol. 24, 1215–1230.

Mason, B.J., 1971. The Physics of Clouds, second ed. Clarendon Press, Oxford, p. 671.

Mass, C.F., Schultz, D.M., 1993. The structure and evolution of a simulated midlatitude cyclone over land. Mon. Weather Rev. 121, 889–917.

Matejka, T.J., 1980. Mesoscale organization of cloud processes in extratropical cyclones. Ph.D. dissertation, Department of Atmospheric Sciences, University of Washington, Seattle, p. 361.

Matejka, T.J., Srivastava, R.C., 1991. An improved version of the extended velocity–azimuth display analysis of single Doppler-radar data. J. Ocean. Atmos. Technol. 8, 453–466.

Matejka, T.J., Houze Jr., R.A., Hobbs, P.V., 1980. Microphysics and dynamics of clouds associated with mesoscale rainbands in tropical cyclones. Q. J. R. Meteorol. Soc. 106, 29–56.

McGinnigle, J.B., Young, M.V., Bader, M.J., 1988. The development of instant occlusions in the North Atlantic. Meteorol. Mag. 117, 325–341.

Mechem, D.B., Houze Jr., R.A., Chen, S.S., 2002. Layer inflow into precipitating convection over the western tropical Pacific. Q. J. R. Meteorol. Soc. 128, 1997–2030.

Medina, S., Houze Jr., R.A., 2003. Air motions and precipitation growth in alpine storms. Q. J. R. Meteorol. Soc. 129, 345–371.

Medina, S., Sukovich, E., Houze Jr., R.A., 2007. Vertical structures of precipitation in cyclones crossing the Oregon Cascades. Mon. Weather Rev. 135, 3565–3586.

Medina, S., Houze Jr., R.A., Kumar, A., Niyogi, D., 2010. Summer monsoon convection in the Himalayan region: terrain and land cover effects. Q. J. R. Meteorol. Soc. 136, 593–616.

Melander, M.V., McWilliams, J.D., Zabusky, N.J., 1987. Axisymmetrization and vorticity-gradient intensification of an isolated two-dimensional vortex through filamentation. J. Fluid Mech. 178, 137–159.

Menzel, W.P., Wylie, D.P., Strabala, K.I., 1992. Seasonal and diurnal changes in cirrus clouds as seen in four years of observations with the VAS. J. Appl. Meteorol. 31, 370–385.

Milbrandt, J.A., Yau, M.K., 2005. A multimoment bulk microphysics parameterization. Part II: a proposed three-moment closure and scheme description. J. Atmos. Sci. 62, 3065–3081.

Miller, M.J., Moncrieff, M.W., 1983. Dynamics and simulation of organized deep convection. In: Mesoscale Meteorology—Theory, Observations and Models. NATO Advanced Study Institute Series C: Mathematical and Physical Sciences, vol. 114. D. Reidel Publishing Co, Dordrecht, ISBN: 90-277-1656-0, pp. 451–496.

Minder, J.R., Durran, D.R., Roe, G.H., Anders, A.M., 2008. The climatology of small-scale orographic precipitation over the Olympic Mountains: patterns and processes. Q. J. R. Meteorol. Soc. 134, 817–839.

Mitchell, D.L., 1988. Evolution of snow-size spectra in cyclonic storms. Part I: snow growth by vapor deposition and aggregation. J. Atmos. Sci. 45, 3431–3451.

Mitchell, D.L., 1996. Use of mass- and area-dimensional power laws for determining precipitation particle terminal velocities. J. Atmos. Sci. 53, 1710–1723.

Mitchell, D.L., Heymsfield, A.J., 2005. Refinements in the treatment of ice particle terminal velocities, highlighting aggregates. J. Atmos. Sci. 62, 1637–1644.

Miura, H., Satoh, M., Nasuno, T., Noda, A.T., Oouchi, K., 2007. A Madden-Julian Oscillation event realistically simulated by a global cloud-resolving model. Science 318, 1763–1765. http://dx.doi.org/10.1126/science.1148443.

Möhler, O., Field, P.R., Connolly, P., Benz, S., Saathoff, H., Schnaiter, M., Wagner, R., Cotton, R., Krämer, M., Mangold, A., Heymsfield, A.J., 2006. Efficiency of the deposition mode ice nucleation on mineral dust particles. Atmos. Chem. Phys. 6, 3007–3021.

Molinari, J., Moore, P., Idone, V., 1999. Convective structure of hurricanes as revealed by lightning locations. Mon. Weather Rev. 127, 520–534.

Moncrieff, M.W., 1978. The dynamical structure of two-dimensional steady convection in constant vertical shear. Q. J. R. Meteorol. Soc. 104, 543–568.

Moncrieff, M.W., 1981. A theory of organized steady convection and its transport properties. Q. J. R. Meteorol. Soc. 107, 29–50.

Moncrieff, M.W., 1985. Steady convection in pressure coordinates. Q. J. R. Meteorol. Soc. 111, 857–866.

Moncrieff, M.W., 1992. Organized convective systems: archetypical dynamical models, mass and momentum flux theory, and parametrization. Q. J. R. Meteorol. Soc. 118, 819–850.

Moncrieff, M.W., Green, J.S.A., 1972. The propagation and transfer properties of steady convective overturning in shear. Q. J. R. Meteorol. Soc. 98, 336–352.

Moncrieff, M.W., Klinker, E., 1997. Organized convective systems in the tropical western Pacific as a process in general circulation models: a TOGA COARE case study. Q. J. R. Meteorol. Soc. 123, 805–827.

Moncrieff, M.W., Miller, M.J., 1976. The dynamics and simulation of tropical squall lines. Q. J. R. Meteorol. Soc. 102, 373–394.

Montgomery, M.T., Enagonio, J., 1998. Tropical cyclogenesis via convectively forced vortex Rossby waves in a three-dimensional quasigeostrophic model. J. Atmos. Sci. 55, 3176–3207.

Montgomery, M.T., Kallenbach, R.J., 1997. A theory for vortex Rossby-waves and its application to spiral bands and intensity changes in hurricanes. Q. J. R. Meteorol. Soc. 123, 435–465.

Montgomery, M.T., Nicholls, M.E., Cram, T.A., Saunders, A.B., 2006. A vortical hot tower route to tropical cyclogenesis. J. Atmos. Sci. 63, 355–386.

Morrison, H., Grabowski, W.W., 2007. Comparison of bulk and bin warm-rain microphysics models using a kinematic framework. J. Atmos. Sci. 64, 2839–2861.

Morrison, H., Grabowski, W.W., 2008a. A novel approach for representing ice microphysics in models: description and tests using a kinematic framework. J. Atmos. Sci. 65, 1528–1548.

Morrison, H., Grabowski, W.W., 2008b. Modeling supersaturation and subgrid-scale mixing with two-moment bulk warm microphysics. J. Atmos. Sci. 65, 1528–1548.

Morrison, H., Zuidema, P., Ackerman, A.S., Avramov, A., de Boer, G., Fan, J., Fridlind, A.M., Hashino, T., Harrington, J.Y., Luo, Y., Ovchinnikov, M., Shipway, B., 2011. Intercomparison of cloud model simulations of Arctic mixed-phase boundary layer clouds observed during SHEBA/FIRE-ACE. J. Adv. Model. Earth Syst. 3, 23, M06003.

Morton, B.R., Taylor, G., Turner, J.S., 1956. Turbulent gravitational convection from maintained and instantaneous sources. Proc. R. Soc. Lond. A 235, 1–23.

Mudrick, S.E., 1974. A numerical study of frontogenesis. J. Atmos. Sci. 31, 869–892.

Murray, B.J., O'Sullivan, D., Atkinson, J.D., Webb, M.E., 2012. Ice nucleation by particles immersed in supercooled cloud droplets. Chem. Soc. Rev. 41, 6519–6554.

Nakaya, U., Terada, T., 1935. Simultaneous observations of the mass, falling velocity and form of individual snow crystals. J. Fac. Sci. Hokkaido Univ. Ser. II 1, 191–201.

National Meteorological Service of China, 1984. The Cloud Atlas of China. Gordon and Breach Scientific Publishers, New York, p. 336.

Nazaryan, H., McCormick, M.P., Menzel, W.P., 2008. Global characterization of cirrus clouds using CALIPSO data. J. Geophys. Res. 113. http://dx.doi.org/10.1029/2007JD009481, D16211.

Nehrkorn, T., 1986. Wave-CISK in a baroclinic base state. J. Atmos. Sci. 43, 2773–2791.

Neiman, P.J., Ralph, F.M., Wick, G.A., Lundquist, J.D., Dettinger, M.D., 2008. Meteorological characteristics and overland precipitation impacts of atmospheric rivers affecting the west coast of North America based on eight years of SSM/I satellite observations. J. Hydrometeorol. 9, 22–47.

Newell, R.E., Newell, N.E., Zhu, Y., Scott, C., 1992. Tropospheric rivers?—a pilot study. Geophys. Res. Lett. 19, 2401–2404.

Nicholls, S., 1984. The dynamics of stratocumulus: aircraft observations and comparisons with a mixed-layer model. Q. J. R. Meteorol. Soc. 110, 783–820.

Nicholls, S., Turton, J.D., 1986. An observational study of the structure of stratiform cloud sheets. Part II: entrainment. Q. J. R. Meteorol. Soc. 112, 461–480.

Noilhan, J., Mahfouf, J.-F., 1996. The ISBA land surface parameterization scheme. Glob. Planet. Change 13, 145–159.

Noilhan, J., Planton, S., 1989. A simple parameterization of land surface processes for meteorological models. Mon. Weather Rev. 117, 536–549.

Nolan, D.S., Montgomery, M.T., Grasso, L.D., 2001. The wavenumber-one instability and trochoidal motion of hurricane-like vortices. J. Atmos. Sci. 58, 3243–3270.

Novak, D.R., Colle, B.A., Aiyyer, A.R., 2010. Evolution of mesoscale precipitation band environments within the comma head of northeast U.S. cyclones. Mon. Weather Rev. 138, 2354–2374.

Ogura, Y., Phillips, N.A., 1962. Scale analysis of deep and shallow convection in the atmosphere. J. Atmos. Sci. 19, 173–179.

Oraltay, R.G., Hallett, J., 1989. Evaporation and melting of ice crystals: a laboratory study. Atmos. Res. 24, 169–189.

Orlanski, I., 1975. A rational subdivision of scales for atmospheric processes. Bull. Am. Meteorol. Soc. 56, 527–530.

Ortt, D., 2007. Effects of environmental water vapor on tropical cyclone structure and intensity. M.S. thesis, University of Miami, p. 91.

Ortt, D., Chen, S.S., 2006. Rainbands and secondary eye wall formation as observed in RAINEX. Presentation 12A.5. In: 27th Conference on Hurricanes and Tropical Meteorology, 24–28 April, Monterey, California. American Meteorological Society, Boston.

Ortt, D., Chen, S.S., 2008. Effect of environmental moisture on rainbands in Hurricanes Katrina and Rita. Presentation 5C.5. In: 28th Conference on Hurricanes and Tropical Meteorology, 27 April-2 May, Orlando, Florida. American Meteorological Society, Boston.

Page, R.M., 1962. The Origins of Radar. Doubleday and Company, New York, p. 196.

Pandya, R., Durran, D., 1996. The influence of convectively generated thermal forcing on the mesoscale circulation around squall lines. J. Atmos. Sci. 53, 2924–2951.

Panofsky, H.A., Dutton, J.A., 1984. Atmospheric Turbulence: Models and Methods for Engineering Applications. John Wiley and Sons, New York, p. 397.

Parker, M.D., Johnson, R.H., 2000. Organizational modes of midlatitude MCSs. Mon. Weather Rev. 128, 3413–3436.

Pendergrass, A.G., Willoughby, H.E., 2009. Diabatically induced secondary flows in tropical cyclones. Part I: quasi-steady forcing. J. Atmos. Sci. 137, 805–821.

Penner, C.M., 1955. A three-front model for synoptic analyses. Q. J. R. Meteorol. Soc. 81, 89–91.

Persing, J., Montgomery, M.T., 2003. Hurricane superintensity. J. Atmos. Sci. 60, 2349–2371.

Phillips, V.T.J., DeMott, P.J., Andronache, C., 2008. An empirical parameterization of heterogeneous ice nucleation for multiple chemical species of aerosol. J. Atmos. Sci. 65, 2757–2783.

Powell, M.D., 1990a. Boundary layer structure and dynamics in outer hurricane rainbands. Part I: mesoscale rainfall and kinematic structure. Mon. Weather Rev. 118, 891–917.

Powell, M.D., 1990b. Boundary layer structure and dynamics in outer hurricane rainbands. Part II: downdraft modification and mixed layer recovery. Mon. Weather Rev. 118, 918–938.

Proctor, F.H., 1988. Numerical simulations of an isolated microburst. Part I: dynamics and structure. J. Atmos. Sci. 45, 3137–3160.

Pruppacher, H.R., Klett, J.D., 1978. Microphysics of Clouds and Precipitation. D. Reidel Publishers, Dordrecht, p. 714.

Pruppacher, H.R., Klett, J.D., 1997. Microphysics of Clouds and Precipitation, second ed. Kluwer Academic, Dordrecht, p. 954.

Purdom, J.F.W., 1973. Meso-highs and satellite imagery. Mon. Weather Rev. 101, 180–181.

Purdom, J.F.W., 1979. The development and evolution of deep convection. In: Preprints, 11th Conference on Severe Local Storms, Kansas City, Kansas. American Meteorological Society, Boston, pp. 143–150.

Purdom, J.F.W., Marcus, K., 1982. Thunderstorm trigger mechanisms over the southeast United States. In: Preprints,12th Conference on Severe Local Storms, San Antonio, Texas. American Meteorological Society, Boston, pp. 487–488.

Raga, G., 1989. Characteristics of cumulus band clouds off the east coast of Hawaii. Ph.D. dissertation, Department of Atmospheric Sciences, University of Washington, Seattle, p. 151.

Ralph, F.M., Neiman, P.J., Wick, G.A., 2004. Satellite and CALJET aircraft observations of atmospheric rivers over the eastern North Pacific Ocean during the winter of 1997/98. Mon. Weather Rev. 132, 1721–1745.

Randall, D.A., Coakley Jr., J.A., Fairall, C.W., Kropfli, R.A., Lenschow, D. H., 1984. Outlook for research on subtropical marine stratiform clouds. Bull. Am. Meteorol. Soc. 65, 1290–1301.

Randall, D.A., Khairoutdinov, M., Arakawa, A., Grabowski, W., 2003. Breaking the cloud-parameterization deadlock. Bull. Am. Meteorol. Soc. 84, 1547–1564.

Rasmussen, K.L., Houze Jr., R.A., 2011. Orogenic convection in South America as seen by the TRMM satellite. Mon. Weather Rev. 8, 2399–2420.

Rasmussen, E.N., Straka, J.M., Davies-Jones, R.P., Doswell, C.A., Carr, F. H., Eilts, M.D., MacGorman, D.R., 1994. Verification of the origins of Rotation in tornadoes experiment: VORTEX. Bull. Am. Meteorol. Soc. 75, 995–1006.

Ray, P.S., 1990. Convective dynamics. In: Atlas, D. (Ed.), Radar in Meteorology. American Meteorological Society, Boston, pp. 348–390.

Ray, P.S., Sangren, K.L., 1983. Multiple-Doppler radar network design. J. Clim. Appl. Meteorol. 22, 1444–1454.

Ray, P.S., Stephens, J.J., Johnson, K.W., 1979. Multiple-Doppler radar network design. J. Appl. Meteorol. 18, 706–710.

Rayleigh, Lord, 1916. Convection currents in a horizontal layer of fluid. Phil. Mag. 32, 531–546.

Raymond, D.J., 1976. Wave-CISK and convective mesosystems. J. Atmos. Sci. 33, 2392–2398.

Raymond, D.J., 1983. Wave-CISK in mass flux form. J. Atmos. Sci. 40, 2561–2572.

Raymond, D.J., 1984. A wave-CISK model of squall lines. J. Atmos. Sci. 41, 1946–1958.

Raymond, D.J., Blyth, A.M., 1986. A stochastic mixing model for nonprecipitating cumulus clouds. J. Atmos. Sci. 43, 2708–2718.

Raymond, D.J., Jiang, H., 1990. A theory for long-lived convective systems. J. Atmos. Sci. 47, 3067–3077.

Reasor, P.D., Montgomery, M.T., Marks Jr., F.D., Gamache, J.F., 2000. Low-wavenumber structure and evolution of the hurricane inner core observed by airborne dual-Doppler radar. Mon. Weather Rev. 128, 1653–1680.

Redelsperger, J.-L., Lafore, J.-P., 1988. A three-dimensional simulation of a tropical squall line: convective organization and thermodynamic vertical transport. J. Atmos. Sci. 45, 1334–1356.

Reed, R.J., Blier, W., 1986. A case study of comma cloud development in the eastern Pacific. Mon. Weather Rev. 114, 1681–1695.

Reisner, J., Rasmussen, R.M., Bruintjes, R.T., 1998. Explicit forecasting of supercooled liquid water in winter storms using the MM5 mesoscale model. Q. J. R. Meteorol. Soc. 124, 1071–1107.

Reverdy, M., Noel, V., Chepfer, H., Legras, B., 2012. On the origin of subvisible cirrus clouds in the tropical upper troposphere. Atmos. Chem. Phys. 12, 12081–12101.

Riehl, H., Malkus, J.S., 1958. On the heat balance in the equatorial trough zone. Geophysica 6, 503–538.

Rinehart, R.E., 1997. Radar for Meteorologists, third ed. Rinehart Publications, Grand Forks, North Dakota, p. 428.

Rodgers, D.M., Howard, K.W., Johnston, E.C., 1983. Mesoscale convective complexes over the United States in 1982: annual summary. Mon. Weather Rev. 111, 2363–2369.

Rodgers, D.M., Magnano, M.J., Arns, J.H., 1985. Mesoscale convective complexes over the United States in 1983: annual summary. Mon. Weather Rev. 113, 888–901.

Rodi, A.R., 1978. Small-scale variability of the cloud-droplet spectrum in cumulus clouds. In: Proceedings of the Conference on Cloud Physics and Atmospheric Electricity, Issaquah, Washington. American Meteorological Society, Boston, pp. 88–91.

Rodi, A.R., 1981. The study of the fine-scale structure of cumulus clouds. Ph.D. thesis, University of Wyoming, Laramie, p. 328.

Roebber, P.J., Schumann, M.R., 2011. Physical processes governing the rapid deepening tail of maritime cyclogenesis. Mon. Weather Rev. 139, 2776–2789.

Rogers, R.R., Yau, M.K., 1989. A Short Course in Cloud Physics, third ed. Pergamon Press, Oxford, p. 293.

Rogers, R.F., Chen, S.S., Tenerelli, J.E., Willoughby, H.E., 2003. A numerical study of the impact of vertical shear on the distribution of rainfall in Hurricane Bonnie (1998). Mon. Weather Rev. 131, 1577–1599.

Roll, H.U., 1965. Physics of the Marine Atmosphere. Academic Press, New York, p. 426.

Romatschke, U., Houze Jr., R.A., 2010. Extreme summer convection in South America. J. Clim. 23, 3761–3791.

Romatschke, U., Medina, S., Houze Jr., R.A., 2010. Regional, seasonal, and diurnal variations of extreme convection in the South Asian region. J. Clim. 23, 419–439.

Rosenfeld, D., Atlas, D., Short, D.A., 1990. The estimation of rainfall by area integrals. Part 2: the height–area rain threshold (HART) method. J. Geophys. Res. 95, 2161–2176.

Rosenhead, L., 1931. The formation of vortices from a surface of discontinuity. Proc. R. Soc. Lond. A 134, 170–192.

Rossow, W.B., Schiffer, R.A., 1999. Advances in understanding clouds from ISCCP. Bull. Am. Meteorol. Soc. 80, 2261–2287.

Rott, N., 1958. On the viscous core of a line vortex. Z. Angew. Math. Physik 96, 543–553.

Röttger, J., Larsen, M.F., 1990. UHF/VHF radar techniques for atmospheric research and wind profiler applications. In: Atlas, D. (Ed.), Radar in Meteorology. American Meteorological Society, Boston, pp. 235–281.

Rotunno, R., 1977. Numerical simulation of a laboratory vortex. J. Atmos. Sci. 34, 1942–1956.

Rotunno, R., 1979. A study in tornado-like vortex dynamics. J. Atmos. Sci. 36, 140–155.

Rotunno, R., 1981. On the evolution of thunderstorm rotation. Mon. Weather Rev. 109, 171–180.

Rotunno, R., 1986. Tornadoes and tornadogenesis. In: Ray, P.S. (Ed.), Mesoscale Meteorology and Forecasting. American Meteorological Society, Boston, pp. 414–436.

Rotunno, R., Emanuel, K.A., 1987. An air-sea interaction theory for tropical cyclones. Part II: an evolutionary study using a hydrostatic axisymmetric numerical model. J. Atmos. Sci. 44, 543–561.

Rotunno, R., Houze Jr., R.A., 2007. Lessons on orographic precipitation from the Mesoscale Alpine Programme. Q. J. R. Meteorol. Soc. 133, 811–830.

Rotunno, R., Klemp, J.B., 1982. The influence of the shear-induced pressure gradient on thunderstorm motion. Mon. Weather Rev. 110, 136–151.

Rotunno, R., Klemp, J.B., 1985. On the rotation and propagation of simulated supercell thunderstorms. J. Atmos. Sci. 42, 271–292.

Rotunno, R., Klemp, J.B., Weisman, M.L., 1988. A theory for strong, long-lived squall lines. J. Atmos. Sci. 45, 463–485.

Rotunno, R., Skamarock, W.C., Snyder, C., 1998. Effects of surface drag on fronts within numerically simulated baroclinic waves. J. Atmos. Sci. 55, 2119–2129.

Roux, F., 1985. Retrieval of thermodynamic fields from multiple Doppler-radar data using the equations of motion and the thermodynamic equation. Mon. Weather Rev. 113, 2142–2157.

Roux, F., 1988. The West African squall line observed on 23 June 1981 during COPT 81: kinematics and thermodynamics of the convective region. J. Atmos. Sci. 45, 406–426.

Rust, W.D., Taylor, W.L., MacGorman, D.R., 1981. Research on electrical properties of severe thunderstorms in the Great Plains. Bull. Am. Meteorol. Soc. 62, 1286–1293.

Rutledge, S.A., Hobbs, P.V., 1983. The mesoscale and microscale structure and organization of clouds and precipitation in midlatitude cyclones. VIII: a model for the feeder–seeder process in warm frontal rainbands. J. Atmos. Sci. 40, 1185–1206.

Rutledge, S.A., Hobbs, P.V., 1984. The mesoscale and microscale structure and organization of clouds and precipitation in midlatitude cyclones. XII: a diagnostic modeling study of precipitation development in narrow, cold-frontal rainbands. J. Atmos. Sci. 41, 2949–2972.

Rutledge, S.A., Houze Jr., R.A., 1987. A diagnostic modeling study of the trailing stratiform region of a midlatitude squall line. J. Atmos. Sci. 44, 2640–2656.

Rutledge, S.A., MacGorman, D.R., 1988. Cloud-to-ground lightning activity in the 10–11 June 1985 convective system observed during the Oklahoma-Kansas PRE-STORM project. Mon. Weather Rev. 116, 1393–1408.

Rutledge, S.A., Lu, C., MacGorman, D.R., 1990. Positive cloud-to-ground lightning in Mesoscale Convective Systems. J. Atmos. Sci. 47, 2085–2100.

Saffir, H.S., 2003. Communicating damage potentials and minimizing hurricane damage. In: Simpson, R. (Ed.), Hurricane! Coping with Disaster. American Geophysical Union, Washington, DC, pp. 155–164 (Chapter 7).

Sanders, F., Gyakum, J.R., 1980. Synoptic-dynamic climatology of the "bomb" Mon. Weather Rev. 108, 1589–1606.

Satoh, M., Matsuno, T., Tomita, H., Miura, H., Nasuno, T., Iga, S., 2008. Nonhydrostatic icosahedral atmospheric model (NICAM) for global cloud resolving simulations. J. Comput. Phys. 227, 3486–3514.

Saucier, W.J., 1955. Principles of Meteorological Analysis. University of Chicago Press, Chicago, p. 438.

Saunders, C., Keith, W., Mitzeva, R., 1991. The effect of liquid water on thunderstorm charging. J. Geophys. Res. 96, 11,007–11,017.

Sawyer, J.S., 1947. The structure of the intertropical front over N.W. India during the S.W. Monsoon. Q. J. R. Meteorol. Soc. 73, 346–369.

Sawyer, J.S., 1956. The vertical circulation at meteorological fronts and its relation to frontogenesis. Proc. Roy. Soc. London A234, 346–362.

Schaefer, V.J., Day, J.A., 1981. A Field Guide to the Atmosphere. Houghton Mifflin, Boston, p. 359.

Schär, C.J., 1989. Dynamische Aspekte der aussertropischen Zyklogenese. Theorie und numerische Simulation in Limit der balancierten Strömungssysteme. Ph.D. dissertation, nr. 8845, Eidgenössische Technische Hochschule, Zürich, p. 241.

Schär, C.J., Wernli, H., 1993. Structure and evolution of an isolated semi-geostrophic cyclone. Q. J. R. Meteorol. Soc. 119, 57–90.

Schiesser, H.H., Houze Jr., R.A., Huntrieser, H., 1995. The mesoscale structure of severe precipitation systems in Switzerland. Mon. Weather Rev. 123, 2070–2097.

Schlesinger, R.E., 1975. A three-dimensional numerical model of an isolated deep convective cloud: preliminary results. J. Atmos. Sci. 32, 934–957.

Schubert, W.H., Montgomery, M.T., Taft, R.K., Guinn, T.A., Fulton, S.R., Kossin, J.P., Edwards, J.P., 1999. Polygonal eyewalls, asymmetric eye contraction, and potential vorticity mixing in hurricanes. J. Atmos. Sci. 56, 1197–1223.

Schultz, D.M., 2005. A review of cold fronts with prefrontal troughs and wind shifts. Mon. Weather Rev. 133, 2449–2472.

Schultz, D.M., Roebber, P.J., 2008. The fiftieth anniversary of Sanders (1955): a mesoscale-model simulation of the cold front of 17–18 April 1953. Meteorol. Monogr. 55, 126–143.

Schultz, D.M., Vaughan, G., 2011. Occluded fronts and the occlusion process: a fresh look at conventional wisdom. Bull. Am. Meteorol. Soc. 92, 443–466.

Schultz, D.M., Keyser, D., Bosart, L.F., 1998. The effect of large-scale flow on low-level frontal structure and evolution in midlatitude cyclones. Mon. Weather Rev. 126, 1767–1791.

Schultz, D.M., Kanak, K.M., Straka, J.M., Trapp, R.J., Gordon, B.A., Zrnić, D.S., Bryan, G.H., Durant, A.J., Garrett, T.J., Klein, P.M., Lilly, D.K., 2006. The mysteries of mammatus clouds: observations and formation mechanisms. J. Atmos. Sci. 63, 2409–2435.

Schultz, D.M., Durant, A.J., Straka, J.M., Garrett, T.J., 2008. Reply. J. Atmos. Sci. 65, 1095–1097.

Schumacher, C., Houze Jr., R.A., 2003. Stratiform rain in the tropics as seen by the TRMM precipitation radar. J. Clim. 16, 1739–1756.

Schumacher, C., Houze Jr., R.A., Kraucunas, I., 2004. The tropical dynamical response to latent heating estimates derived from the TRMM precipitation radar. J. Atmos. Sci. 61, 1341–1358.

Schuur, T.J., Smull, B.F., Rust, W.D., Marshall, T.C., 1991. Electrical and kinematic structure of the stratiform precipitation region trailing an Oklahoma squall line. J. Atmos. Sci. 48, 825–842.

Scorer, R.S., 1957. Experiments on convection of isolated masses of buoyant fluid. J. Fluid Mech. 2, 583–594.

Scorer, R.S., 1958. Natural Aerodynamics. Pergamon Press, New York, p. 312.

Scorer, R.S., 1972. Clouds of the World: A Complete Colour Encyclopedia. David and Charles Publishers, Newton Abbot, p. 176.

Scorer, R.S., Verkaik, A., 1989. Spacious Skies. David and Charles Publishers, London, p. 192.

Scott, D.F.S. (Ed.), 1976. Luke Howard (1772–1864): His Correspondence with Goethe and His Continental Journey of 1816. William Sessions Limited, York, p. 99.

Sednev, I., Menon, S., McFarquhar, G., 2009. Simulating mixed-phase Arctic stratus clouds: sensitivity to ice initiation mechanisms. Atmos. Chem. Phys. 9, 4747–4773.

Seifert, A., Beheng, K.D., 2001. A double-moment parameterization for simulating autoconversion, accretion and self-collection. Atmos. Res. 59–60, 265–281.

Seity, Y., Soula, S., Tabary, P., Scialom, G., 2003. The convective storm system during IOP 2a of MAP: cloud-to-ground lightning flash production in relation to dynamics and microphysics. Q. J. R. Meteorol. Soc. 129, 523–542.

Shapiro, L.J., 1983. The asymmetric boundary layer flow under a translating hurricane. J. Atmos. Sci. 40, 1984–1998.

Shapiro, M.A., Keyser, D.A., 1990. Fronts, jet streams, and the tropopause. In: Newton, C.W., Holopainen, E.O. (Eds.), Extratropical Cyclones: The Erik Palmén Memorial Volume. American Meteorological Society, Boston, pp. 167–191.

Shapiro, L.J., Willoughby, H.E., 1982. The response of balanced hurricanes to local sources of heat and momentum. J. Atmos. Sci. 39, 378–394.

Shapiro, M.A., Hampel, T., Rotzoll, D., Mosher, F., 1985. The frontal hydraulic head: a micro-alpha scale (1 km) triggering mechanism for mesoconvective weather systems. Mon. Weather Rev. 113, 1150–1165.

Sharman, R.D., Wurtele, M.G., 1983. Ship waves and lee waves. J. Atmos. Sci. 40, 396–427.

Sheets, R.C., 2003. Hurricane surveillance by specially instrumented aircraft. In: Simpson, R. (Ed.), Hurricane! Coping with Disaster. American Geophysical Union, Washington, DC, pp. 63–101 (Chapter 3).

Shepherd, T.R., Rust, W.D., Marshall, T.C., 1996. Electric fields and charges near 0°C in stratiform clouds. Mon. Weather Rev. 124, 919–938.

Showalter, A.K., 1943. The tornado—an analysis of antecedent meteorological conditions. In: Showalter, A.K., Fulks, J.R. (Eds.), Preliminary Report on Tornadoes. Weather Bureau, USA.

Shupe, M.D., Kollias, P., Persson, P.O.G., McFarquhar, G.M., 2008. Vertical motions in arctic mixed-phase stratiform clouds. J. Atmos. Sci. 65, 1304–1322.

Sievers, U., Forkel, R., Zdunkowski, W., 1983. Transport equations for heat and moisture in the soil and their application to boundary-layer problems. Beitr. Phys. Atmos. 56, 58–83.

Silva Dias, M.F., Betts, A.K., Stevens, D.E., 1984. A linear spectral model of tropical mesoscale systems: sensitivity studies. J. Atmos. Sci. 41, 1704–1716.

Silverman, B.A., 1970. An Eulerian model of warm for modification. In: Proceedings of the 2nd National Conference on Weather Modification, Santa Barbara, California. American Meteorological Society, Boston, pp. 91–95.

Silverman, B.A., Glass, M., 1973. A numerical simulation of warm cumulus clouds: part I. Parameterized vs. non-parameterized microphysics. J. Atmos. Sci. 30, 1620–1637.

Simpson, J.E., 1969. A comparison between laboratory and atmospheric density currents. Q. J. R. Meteorol. Soc. 95, 758–765.

Simpson, J.E., 1997. Gravity Currents in the Environment and the Laboratory, second ed. Cambridge University Press, Cambridge, United Kingdom, p. 262.

Simpson, J.S., van Helvoirt, G., 1980. GATE cloud—subcloud interactions examined using a three-dimensional cumulus model. Contrib. Atmos. Phys. 53, 106–134.

Simpson, J.S., Wiggert, V., 1971. 1968 Florida cumulus seeding experiment: numerical model results. Mon. Weather Rev. 99, 87–118.

Simpson, J.S., Westcott, N.E., Clerman, R.J., Pielke, R.A., 1980. On cumulus mergers. Arch. Meteorol. Geophys. Bioklimatol. Ser. A 29, 1–40.

Simpson, J.S., Morton, B.R., McCumber, M.C., Penc, R.S., 1986. Observations and mechanisms of GATE waterspouts. J. Atmos. Sci. 43, 753–782.

Sinclair, P.C., Purdom, J.F.W., 1982. Integration of research aircraft data and three-minute interval GOES data to study the genesis and development of deep convective storms. In: Preprints, 12th Conference on Severe Local Storms, San Antonio, Texas. American Meteorological Society, Boston, pp. 269–271.

Sirmans, D., Bumgarner, B., 1975. Numerical comparison of five mean frequency estimators. J. Appl. Meteorol. 14, 991–1003.

Skamarock, W.C., Weisman, M.L., Klemp, J.B., 1994. Three-dimensional evolution of simulated long-lived squall lines. J. Atmos. Sci. 51, 2563–2584.

Skolnik, M.I., 1980. Introduction to Radar Systems. McGraw-Hill Book Company, New York, p. 581.

Smith, R.B., 1979. The influence of mountains on the atmosphere. Adv. Geophys. 21, 87–230.

Smith, R.K., Montgomery, M.T., Vogl, S., 2008. A critique of Emanuel's hurricane model and potential intensity theory. Q. J. R. Meteorol. Soc. 134, 551–561.

Smith, R.B., Schafer, P., Kirshbaum, D., Regina, E., 2009. Orographic enhancement of precipitation inside Hurricane Dean. J. Hydrometeorol. 10, 820–831.

Smolarkiewicz, P.K., Rotunno, R., 1989. Low Froude number flow past three-dimensional obstacles. Part I: baroclinically generated lee vortices. J. Atmos. Sci. 46, 1154–1164.

Smull, B.F., Houze Jr., R.A., 1987. Dual-Doppler radar analysis of a mid-latitude squall line with a trailing region of stratiform rain. J. Atmos. Sci. 44, 2128–2148.

Sorbjan, Z., 1989. Structure of the Atmospheric Boundary Layer. Prentice-Hall, Englewood Cliffs, New Jersey, p. 317.

Spichtinger, P., Gierens, K.M., 2009. Modelling of cirrus clouds—part 2: competition of different nucleation mechanisms. Atmos. Chem. Phys. 9, 2319–2334.

Srivastava, R.C., 1971. Size distribution of raindrops generated by their breakup and coalescence. J. Atmos. Sci. 28, 410–415.

Srivastava, R.C., 1985. A simple model of evaporatively driven downdraft application to microburst downdraft. J. Atmos. Sci. 42, 1004–1023.

Srivastava, R.C., 1987. A model of intense downdrafts driven by the melting and evaporation of precipitation. J. Atmos. Sci. 44, 1752–1773.

Srivastava, R.C., Matejka, T.J., Lorello, T.J., 1986. Doppler-radar study of the trailing anvil region associated with a squall line. J. Atmos. Sci. 43, 356–377.

Stage, S.A., Businger, J.A., 1981a. A model for entrainment into the cloud-topped marine boundary layer. Part I: model description and application to a cold-air outbreak episode. J. Atmos. Sci. 38, 2213–2229.

Stage, S.A., Businger, J.A., 1981b. A model for entrainment into the cloud-topped marine boundary layer. Part II: discussion of model behavior and comparison with other models. J. Atmos. Sci. 38, 2230–2242.

Starr, D'O.C., Cox, S.K., 1985a. Cirrus clouds. Part I: a cirrus cloud model. J. Atmos. Sci. 42, 2663–2681.

Starr, D'O.C., Cox, S.K., 1985b. Cirrus clouds. Part II: numerical experiments on the formation and maintenance of cirrus. J. Atmos. Sci. 42, 2682–2694.

Steiner, M., Houze Jr., R.A., Yuter, S.E., 1995. Climatological characterization of three-dimensional storm structure from operational radar and rain gauge data. J. Appl. Meteorol. 34, 1978–2007.

Stephens, G.L., 1978. Radiation profiles in extended water clouds: 1. Theory. J. Atmos. Sci. 35, 2111–2122.

Stephens, G.L., 1984. The parameterization of radiation for numerical prediction and climate models. Mon. Weather Rev. 112, 826–867.

Stephens, G.L., 1994. Remote Sensing of the Lower Atmosphere: An Introduction. Oxford University Press, New York, p. 523. ISBN 0-19-508188-9.

Stephens, G.L., 2002. Cirrus, climate, and global change. In: Lynch, D.K., Sassen, K., Starr, D'O.C, Stephens, G. (Eds.), Cirrus. Oxford University Press, New York, pp. 433–448.

Stephens, G.L., Vane, D.G., Boain, R.J., Mace, G.G., Sassen, K., Wang, Z., Illingworth, A.J., O'Connor, E.J., Rossow, W.B., Durden, S.L., Miller, S.D., Austin, R.T., Benedetti, A., Mitrescu, C., the CloudSat Science Team, 2002. The CloudSat mission and the A-TRAIN: a new dimension to space-based observations of clouds and precipitation. Bull. Am. Meteorol. Soc. 83, 1771–1790.

Stephens, G.L., Vane, D.G., Tanelli, S., Im, E., Durden, S., Rokey, M., Reinke, D., Partain, P., Mace, G., Austin, R., L'Ecuyer, T., Haynes, J., Lebsock, M., Suzuki, K., Waliser, D., Wu, D., Kay, J., Gettelman, A., Wang, Z., Marchand, R., 2008. CloudSat mission: performance and early science after the first year of operation. J. Geophys. Res. 113. http://dx.doi.org/10.1029/2008JD009982, D00A18.

Steranka, J., Rodgers, E.B., Gentry, R.C., 1986. The relationship between satellite measured convective bursts and tropical cyclone intensification. Mon. Weather Rev. 114, 1539–1546.

Stolzenburg, M., Marshall, T.C., 1994. Horizontal distribution of electrical and meteorological conditions across the stratiform region of a mesoscale convective system. Mon. Weather Rev. 122, 1777–1797.

Stolzenburg, M., Rust, W.D., Smull, B.F., Marshall, T.C., 1998. Electrical structure in thunderstorm convective regions: 1. Mesoscale convective systems. J. Geophys. Res. 113, 14,059–14,078.

Stommel, H., 1947. Entrainment of air into a cumulus cloud. Part I. J. Appl. Meteorol. 4, 91–94.

Stull, R.B., 1988. An Introduction to Boundary-Layer Meteorology. Kluwer Academic Publishers, Dordrecht, p. 666.

Sullivan, R.D., 1959. A two-cell vortex solution of the Navier–Stokes equations. J. Aerosp. Sci. 26, 767–768.

Sun, J., Houze Jr., R.A., 1992. Validation of a thermodynamic retrieval technique by application to a simulated squall line with trailing-stratiform precipitation. Mon. Weather Rev. 120, 1003–1018.

Sun, J., Roux, F., 1988. Thermodynamic structure of the trailing-stratiform regions of two West African squall lines. Ann. Geophys. 6, 659–670.

Sun, J., Roux, F., 1989. Thermodynamics of a COPT 81 squall line retrieved from single-Doppler data. In: Preprints, 24th Conference on Radar Meteorology, Tallahassee, Florida. American Meteorological Society, Boston, pp. 50–53.

Süring, R., 1941. Die Wolken. Akademische verlagsgesellschaft Becker and Erler, Leipzig, p. 139.

Sverdrup, H.U., Johnson, M.W., Fleming, R.H., 1942. The Oceans. Prentice-Hall, Englewood Cliffs, New Jersey, p. 1087.

Tag, P.M., Johnson, D.B., Hindman II, E.E., 1970. Engineering fog-modification experiments by computer modeling. In: Proceedings of the 2nd National Conference on Weather Modification, Santa Barbara, California. American Meteorological Society, Boston, pp. 97–102.

Takahashi, T., 1978. Riming electrification as a charge generation mechanism in thunderstorms. J. Atmos. Sci. 35, 1536–1548.

Takayabu, I., 1986. Roles of the horizontal advection on the formation of surface fronts and on the occlusion of a cyclone developing in the baroclinic westerly jet. J. Meteorol. Soc. Jpn. 64, 329–345.

Tang, X.-D., Yang, M.-J., Tan, Z.-M., 2012. A modeling study of orographic convection and mountain waves in the landfalling typhoon Nari (2001). Q. J. R. Meteorol. Soc. 138, 419–438.

Tao, W.-K., Simpson, J., 1989. Modeling study of a tropical squall-type convective line. J. Atmos. Sci. 46, 177–202.

Terai, C.R., Wood, R., 2013. Aircraft observations of cold pools under marine stratocumulus. Atmos. Chem. Phys. Disc. 13, 11,023–11,069.

Terwey, W.D., Montgomery, M.T., 2008. Secondary eyewall formation in two idealized, full-physics modeled hurricanes. J. Geophys. Res. 113. http://dx.doi.org/10.1029/2007JD008897, D12112.

Thomson, J., 1881. On a changing tessellated structure in certain liquids. Proc. Phil. Soc. Glasgow XIII, 464–468.

Thorpe, S.A., 1971. Experiments on the instability of stratified shear flows: miscible fluids. J. Fluid Mech. 46, 299–319.

Thorpe, A.J., Emanuel, K.A., 1985. Frontogenesis in the presence of small stability to slantwise convection. J. Atmos. Sci. 42, 1809–1824.

Thorpe, A.J., Miller, M.J., 1978. Numerical simulations showing the role of the downdraught in cumulonimbus motion and splitting. Q. J. R. Meteorol. Soc. 104, 873–893.

Thorpe, A.J., Miller, M.J., Moncrieff, M.W., 1982. Two-dimensional convection in non-constant shear: a model of mid-latitude squall lines. Q. J. R. Meteorol. Soc. 108, 739–762.

Trapp, R.J., 2013. Mesoscale-Convective Processes in the Atmosphere. Cambridge University Press, New York, p. 346.

Tripoli, G.J., Cotton, W.R., 1989a. Numerical study of an observed orogenic mesoscale convective system. Part 1: simulated genesis and comparison with observations. Mon. Weather Rev. 117, 273–304.

Tripoli, G.J., Cotton, W.R., 1989b. Numerical study of an observed orogenic mesoscale convective system. Part II: analysis of governing dynamics. Mon. Weather Rev. 117, 305–328.

Turner, J.S., 1962. The starting plume in neutral surroundings. J. Fluid Mech. 13, 356–368.

Turner, J.S., 1973. Buoyancy Effects in Fluids. Cambridge University Press, Cambridge, p. 368.

Tzivion, S., Feingold, G., Levin, Z., 1987. An efficient numerical solution to the stochastic collection equation. J. Atmos. Sci. 44, 3139–3149.

Untersteiner, N., 1961. On the mass and heat budget of Arctic sea ice. Arch. Meteorol. Bioklim. Ser. A 12, 151–182.

Vardiman, L., 1978. The generation of secondary ice particles in clouds by crystal–crystal collision. J. Atmos. Sci. 35, 2168–2180.

Viale, M., Rasmussen, K.L., Houze Jr., R.A., 2013. Upstream orographic enhancement of a narrow cold-frontal rainband approaching the Andes. Mon. Weather Rev. 141, 1708–1730.

Virts, K.S., Wallace, J.M., 2010. Annual, interannual, and intraseasonal variability of tropical tropopause transition layer cirrus. J. Atmos. Sci. 67, 3097–3112.

Virts, K.S., Wallace, J.M., Ackerman, T., 2010. Tropical tropopause transition layer cirrus as represented by CALIPSO lidar observations. J. Atmos. Sci. 67, 3097–3112.

Vivekanandan, J., Zrnić, D.S., Ellis, S.M., Oye, R., Ryzhkov, A.V., Straka, J., 1999. Cloud microphysics retrieval using S-band polarization radar measurements. Bull. Am. Meteorol. Soc. 80, 381–388.

Wakimoto, R.M., 1982. The life cycle of the thunderstorm gust fronts as viewed with Doppler radar and rawinsonde data. Mon. Weather Rev. 110, 1060–1082.

Wakimoto, R.M., Bringi, V.N., 1988. Dual-polarization observations of microbursts associated with intense convection: the 20 July storm during the MIST Project. Mon. Weather Rev. 116, 1521–1539.

Wakimoto, R.M., Liu, C., 1998. The Garden City, Kansas, storm during VORTEX 95. Part II: the wall cloud and tornado. Mon. Weather Rev. 126, 393–408.

Wakimoto, R.M., Wilson, J.W., 1989. Non-supercell tornadoes. Mon. Weather Rev. 117, 1113–1140.

Wakimoto, R.M., Liu, C., Cai, H., 1998. The Garden City, Kansas, storm during VORTEX 95. Part I: overview of the storm's life cycle and mesocyclogenesis. Mon. Weather Rev. 126, 372–392.

Wakimoto, R.M., Murphey, H.V., Dowell, D.C., Bluestein, H.B., 2003. The Kellerville tornado during VORTEX: damage survey and Doppler radar analyses. Mon. Weather Rev. 131, 2197–2221.

Wakimoto, R.M., Murphey, H.V., Nester, A., Jorgensen, D.P., Atkins, N. T., 2006a. High winds generated by bow echoes. Part I: overview of the Omaha bow echo 5 July 2003 storm during BAMEX. Mon. Weather Rev. 134, 2793–2812.

Wakimoto, R.M., Murphey, H.V., Davis, C.A., Atkins, N.T., 2006b. High winds generated by bow echoes. Part II: the relationship between the mesovortices and damaging straight-line winds. Mon. Weather Rev. 134, 2813–2829.

Wakimoto, R.M., Atkins, N.T., Wurman, J., 2011. The LaGrange tornado during VORTEX2. Part I: photogrammetric analysis of the tornado combined with single-Doppler radar data. Mon. Weather Rev. 139, 2233–2258.

Wakimoto, R.M., Stauffer, P., Lee, W.-C., Atkins, N.T., Wurman, J., 2012. Finescale structure of the LaGrange, Wyoming, tornado during VORTEX2: GBVTD and photogrammetric analyses. Mon. Weather Rev. 140, 3397–3418.

Wallace, J.M., Hobbs, P.V., 1977. Atmospheric Science: An Introductory Survey. Academic Press, New York, p. 467.

Wallace, J.M., Hobbs, P.V., 2006. Atmospheric Science: An Introductory Survey, second ed. Academic Press, New York, p. 483.

Wang, P.K., 2013. Physics and Dynamics of Clouds and Precipitation. Cambridge University Press, Cambridge, United Kingdom, p. 452.

Wang, P.K., Ji, W., 2000. Collision efficiencies of ice crystals at low-intermediate Reynolds numbers colliding with supercooled cloud droplets: a numerical study. J. Atmos. Sci. 57, 1001–1009.

Wang, P.-H., Minnis, P., McCormick, M.P., Kent, G.S., Skeens, K.M., 1996. A 6-year climatology of cloud occurrence frequency from stratospheric aAerosol and gas experiment II observations (1985–1990). J. Geophys. Res. 101, 29,407–29,429.

Warner, J., 1969a. The microstructure of cumulus cloud. Part I: general features of the droplet spectrum. J. Atmos. Sci. 26, 1049–1059.

Warner, J., 1969b. The microstructure of cumulus cloud. Part II: the effect on droplet size distribution of the cloud nucleus spectrum and updraft velocity. J. Atmos. Sci. 26, 1272–1282.

Warner, J., 1970. On steady-state one-dimensional models of cumulus convection. J. Atmos. Sci. 27, 1035–1040.

Warner, C., Simpson, J., Van Helvoirt, G., Martin, D.W., Suchman, D., 1980. Deep convection on Day 261 of GATE. Mon. Weather Rev. 108, 169–194.

Wegener, A., 1911. Thermodynamik der Atmosphäre. J. A. Barth, Leipzig, p. 331.

Weinstein, A.I., MacCready Jr., P.B., 1969. An isolated cumulus cloud modification project. J. Appl. Meteorol. 8, 936–947.

Weisman, M.L., 2001. Bow echoes: a tribute to T. T. Fujita. Bull. Am. Meteorol. Soc. 82, 97–116.

Weisman, M.L., Klemp, J.B., 1982. The dependence of numerically simulated convective storms on vertical wind shear and buoyancy. Mon. Weather Rev. 110, 504–520.

Weisman, M.L., Klemp, J.B., Rotunno, R., 1988. The structure and evolution of numerically simulated squall lines. J. Atmos. Sci. 45, 1990–2013.

Welch, R.M., Ravichandran, M.G., Cox, S.K., 1986. Prediction of quasi-periodic oscillations in radiation fogs. Part I: comparison of simple similarity approaches. J. Atmos. Sci. 43, 633–651.

Wilheit, T.T., Chang, A.T.C., Rao, M.S.V., Rodgers, E.B., Theon, J.S., 1977. A satellite technique for quantitatively mapping rainfall rates over the oceans. J. Appl. Meteorol. 16, 551–560.

Wilhelmson, R., 1974. The life cycle of the thunderstorm in three dimensions. J. Atmos. Sci. 31, 1629–1651.

Wilhelmson, R., Ogura, Y., 1972. The pressure perturbation and the numerical modeling of a cloud. J. Atmos. Sci. 29, 1295–1307.

Williams, E.R., 1988. The electrification of thunderstorms. Sci. Am. 269, 88–99.

Williams, E.R., 1989. The tripole structure of thunderstorms. J. Geophys. Res. 94, 13,151–13,168.

Williams, E.R., Weber, M.E., Orville, R.E., 1989. The relationship between lightning type and convective state of thunderclouds. J. Geophys. Res. 94, 13,213–13,220.

Willoughby, H.E., 1988. The dynamics of the tropical hurricane core. Aust. Meteorol. Mag. 36, 183–191.

Willoughby, H.E., 1990. Temporal changes of the primary circulation in tropical cyclones. J. Atmos. Sci. 47, 242–264.

Willoughby, H.E., 1998. Tropical cyclone eye thermodynamics. Mon. Weather Rev. 126, 3053–3067.

Willoughby, H.E., 2009. Diabatically induced secondary flows in tropical cyclones. Part II: periodic forcing. J. Atmos. Sci. 137, 822–835.

Willoughby, H.E., Clos, J.A., Shoreibah, M.G., 1982. Concentric eyes, secondary wind maxima, and the evolution of the hurricane vortex. J. Atmos. Sci. 39, 395–411.

Willoughby, H.E., Lin, H.-L., Lord, S.J., Piotrowicz, J.M., 1984a. Hurricane structure and evolution as simulated by an axisymmetric nonhydrostatic numerical model. J. Atmos. Sci. 41, 1169–1186.

Willoughby, H.E., Marks Jr., F.D., Feinberg, R.J., 1984b. Stationary and propagating convective bands in asymmetric hurricanes. J. Atmos. Sci. 41, 3189–3211.

Willoughby, H.E., Jorgensen, D.P., Black, R.A., Rosenthal, S.L., 1985. Project STORMFURY: a scientific chronicle 1962–1983. Bull. Am. Meteorol. Soc. 66, 505–514.

Wilson, J.W., Roberts, R.D., Kessinger, C., McCarthy, J., 1984. Microburst wind structure and evaluation of Doppler radar for airport wind shear detection. J. Clim. Appl. Meteorol. 23, 898–915.

Wilson, J.W., Weckwerth, T.M., Vivekanandan, J., Wakimoto, R.M., Russell, R.W., 1994. Boundary layer clear-air radar echoes: origin of echoes and accuracy of derived winds. J. Atmos. Ocean. Technol. 11, 1184–1206.

Winker, D.M., Pelon, J., McCormick, M.P., 2002. The CALIPSO mission: spaceborne lidar for observation of aerosols and clouds. Proc. Int. Soc. Opt. Photonics 4893, 1–11.

Winker, D.M., Hunt, W.H., McGill, M.J., 2007. Initial performance assessment of CALIOP. Geophys. Res. Lett. 34. http://dx.doi.org/10.1029/2007GL030135, L19803.

Witcraft, N.C., Lin, Y.-L., Kuo, Y.-H., 2005. Dynamics of orographic rain associated with the passage of a tropical cyclone over a mesoscale mountain. Terr. Atmos. Ocean. Sci. 16, 1133–1161.

Wood, R., 2005. Drizzle in stratiform boundary layer clouds. Part II: microphysical aspects. J. Atmos. Sci. 62, 3034–3050.

Wood, R., 2012. Stratocumulus clouds. Mon. Weather Rev. 140, 2373–2423.

Wood, R., Hartmann, D.L., 2006. Spatial variability of liquid water path in marine boundary layer clouds: the importance of mesoscale cellular convection. J. Clim. 19, 1748–1764.

Wood, R., Bretherton, C., Leon, D., Clarke, A., Zuidema, P., Allen, G., Coe, H., 2011. An aircraft case study of the spatial transition from closed to open mesoscale cellular convection over the southeast Pacific. Atmos. Chem. Phys. 11, 2341–2370.

Woodcock, A., 1942. Soaring over the open sea. Sci. Mon. 55, 226.

Woodward, B., 1959. The motion in and around thermals. Q. J. R. Meteorol. Soc. 85, 144–151.

World Meteorological Organization, 1956a. International Cloud Atlas, vol. I. 155, Geneva, Switzerland.

World Meteorological Organization, 1956b. International Cloud Atlas, vol. II. 224, Geneva, Switzerland.

World Meteorological Organization, 1969a. International Cloud Atlas, Abridged Atlas. 72, Geneva, Switzerland.

World Meteorological Organization, 1969b. Manual on the Observation of Clouds and Other Meteors. 155, Geneva, Switzerland.

World Meteorological Organization, 1987. International Cloud Atlas, vol. II. 196, Geneva, Switzerland.

Wurman, J., Dowell, D., Richardson, Y., Markowski, P., Rasmussen, E., Burgess, D., Wicker, L., Bluestein, H.B., 2012. The second verification of the origins of rotation in Tornadoes experiment: VORTEX2. Bull. Am. Meteorol. Soc. 93, 1147–1170.

Wurtele, M.G., 1953. The initial-value lee-wave problem for the isothermal atmosphere: Scientific Report No. 3, Sierra Wave Project, Contract No. AF 19 (122)-263. Air Force Cambridge Research Center, Cambridge, Massachusetts.

Wurtele, M.G., 1957. The three-dimensional lee wave. Beitr. Phys. Atmos. 29, 242–252.

Xu, Q., Clark, J.H.E., 1984. Wave-CISK and MCSs. J. Atmos. Sci. 41, 2089–2107.

Xue, L., Teller, A., Rasmussen, R., Geresdi, I., Pan, Z., 2010. Effects of aerosol solubility and regeneration on warm-phase orographic clouds and precipitation simulated by a detailed bin microphysical scheme. J. Atmos. Sci. 67, 3336–3354.

Yagi, T., 1969. On the relation between the shape of cirrus clouds and the static stability of the cloud level. Studies of cirrus clouds: part IV. J. Meteorol. Soc. Jpn. 47, 59–64.

Yagi, T., Hariyama, T., Magono, C., 1968. On the shape and movement of cirrus uncinus clouds by the trigonometric method utilizing stereo photographs—studies of cirrus clouds. Part I. J. Meteorol. Soc. Jpn. 46, 266–271.

Yamada, H., Yoneyama, K., Katsumata, M., Shirooka, R., 2010. Observations of a super cloud cluster accompanied by synoptic-scale eastward-propagating precipitating systems over the Indian Ocean. J. Atmos. Sci. 67, 1456–1473.

Yang, M.-J., Houze Jr., R.A., 1995. Multicell squall-line structure as a manifestation of vertically trapped gravity waves. Mon. Weather Rev. 123, 641–661.

Young, K.C., 1975. The evolution of drop spectra due to condensation, coalescence, and breakup. J. Atmos. Sci. 32, 965–1973.

Yu, C.-K., Cheng, L.-W., 2008. Radar observations of intense orographic precipitation associated with Typhoon Xangsane (2000). Mon. Weather Rev. 136, 497–521.

Yuan, J., Houze Jr., R.A., 2010. Global variability of mesoscale convective system anvil structure from A-train satellite data. J. Clim. 23, 5864–5888.

Yuter, S.E., 2014. Precipitation radar. In: North, G., Pyle, J., Zhang, F. (Eds.), Encyclopedia of Atmospheric Sciences, second ed. Elsevier, London, in press.

Yuter, S.E., Houze Jr., R.A., 1995a. Three-dimensional kinematic and microphysical evolution of Florida cumulonimbus. Part II: frequency distribution of vertical velocity, reflectivity, and differential reflectivity. Mon. Weather Rev. 123, 1941–1963.

Yuter, S.E., Houze Jr., R.A., 1995b. Three-dimensional kinematic and microphysical evolution of Florida cumulonimbus. Part III: vertical mass transport, mass divergence, and synthesis. Mon. Weather Rev. 123, 1964–1983.

Yuter, S.E., Houze Jr., R.A., 1997. Measurements of raindrop size distributions over the Pacific warm pool and implications for Z-R relations. J. Appl. Meteorol. 36, 847–867.

Yuter, S.E., Houze Jr., R.A., 1998. The natural variability of precipitating clouds over the western Pacific warm pool. Q. J. R. Meteorol. Soc. 124, 53–99.

Zhang, D.-L., Fritsch, J.M., 1987. Numerical simulation of the meso-scale structure and evolution of the 1977 Johnstown flood. Part II: inertially stable warm core vortex and the mesoscale convective complex. J. Atmos. Sci. 44, 2593–2612.

Zhang, D.-L., Fritsch, J.M., 1988a. Numerical sensitivity experiments of varying model physics on the structure, evolution, and dynamics of two MCSs. J. Atmos. Sci. 45, 261–293.

Zhang, D.-L., Fritsch, J.M., 1988b. A numerical investigation of a convectively generated, inertially stable, extratropical warm-core mesovortex over land. Part I: structure and evolution. Mon. Weather Rev. 116, 2660–2687.

Zhang, D.-L., Gao, K., 1989. Numerical simulation of an intense squall line during the 10–11 June 1985 PRE-STORM. Part II: rear inflow, surface pressure perturbations, and stratiform precipitation. Mon. Weather Rev. 117, 2067–2094.

Zhu, Y., Newell, R.E., 1994. Atmospheric rivers and bombs. Geophys. Res. Lett. 21, 1999–2002.

Zhu, Y., Newell, R.E., 1998. A proposed algorithm for moisture fluxes from atmospheric rivers. Mon. Weather Rev. 126, 725–735.

Zipser, E.J., 1977. Mesoscale and convective-scale downdrafts as distinct components of squall-line circulation. Mon. Weather Rev. 105, 1568–1589.

Zipser, E.J., 2003. Some views on "hot towers" after 50 years of tropical field programs and two years of TRMM data. Meteorol. Monogr. 51, 49–58.

Zipser, E.J., LeMone, M.A., 1980. Cumulonimbus vertical velocity events in GATE. Part II: synthesis and model core structure. J. Atmos. Sci. 37, 2458–2469.

附录　云的动力学术语解释

以下术语解释，译自 Glossary of Meteorology Glossary，第二版（2000），Glickman 等编，美国气象学会；中文译名根据《英汉汉英大气科学词汇》，第二版（2012），周诗健等编，气象出版社。

堡状云；castellanus——云类中的一种，它的上部至少有一部分有垂直隆起的积状云，其中一些隆起的积状云比它的水平伸展还要高，使这种云的外观呈锯齿状或塔状。

贝吉龙-芬德森过程；Bergeron-Findeisen process——通称为降水的冰相过程，或更正式地称为降水形成的冰晶理论。这个理论解释了降水粒子在冰水混合相态的云中形成的过程。这个理论的基础是：在温度比冻结温度低的情况下，水汽相对于冰面的平衡水汽压，比相对于液面的平衡水汽压低。因此冰水粒子混合体提供了一个总含水量足够高的环境。在这样的环境中，冰晶粒子以水粒子不断蒸发损失质量为代价而长大。在捕获了足够多的水汽以后，冰粒子作为雪落下。在它落到地面的过程中，还要经历撞冻、融解、蒸发等过程。这样的物理过程需要温度为－20～0 ℃时，云中有足够多的小水滴，这在实际上通常是存在的。冰粒子通过这样的水汽沉降过程长大成雪粒子大约需要 10～20 min。

崩溃、破裂；collapse。

并合；coalescence——相互碰撞后，两个水滴融合为一个较大的水滴。碰撞粒子相互之间的并合，受到撞击能量的作用。较大的粒子具有较快的下落速度，因而撞击能量较大。与球形粒子的表面能量相比较，粒子的撞击能量小到可以忽略不计。下落球形粒子的理论预期存在一个碰撞效率。碰撞效率指：在碰撞几何剖面内，与大粒子碰撞小粒子的占比。增加碰撞能量的结果，是使碰撞粒子在碰撞点上变得更平坦了。这妨碍空气排出，从而延迟了两个粒子的相互接触。随着粒子的形变趋于缓和，粒子重新成为球形。在云滴和毛毛雨滴并合比它们更小水滴的情况下，降低了并合效率。在撞击能量较大的情况下，如果旋转能量大于碰撞液滴的表面能量，粒子会分裂。这种现象称为暂时并合，能产生比两个粒子都小的卫星液滴。这种现象也称为部分并合，因为小液滴中有较高的内部压力，较大的液滴会获得较多的质量。在撞击能量更加大的情况下，较小液滴的分裂发生了。在两个大粒子高能碰撞的情况下，若两个粒子的大小相差甚大，如一个是直径大于 3 mm 的雨滴，另一个是直径大于 0.2 mm 的毛毛雨滴，有 20％的可能性是两个粒子都解体。其他影响并合过程的因素是电荷和电场。这两种过程都使并合增效，在相互作用中导致并合过程的早期建立。通过暂时并合并抑制粒子回弹，增加并合效率。在液态云中，无论温度高于、还是低于 0 ℃，所有这些早期过程对于降水的早期建立都是重要的。

并合效率；coalescence efficiency——在两个水滴融合成一个较大水滴的实际过程中，会造成各种不同大小的水滴碎片。并合效率用所有撞击碎片的占比进行度量。

并入；incorporation。

沉降；sedimentation——由水、风或冰川沉积物质的过程。

淀积、沉降、凝华;deposition——气体或粒子从大气输送到地面的过程。大气中的淀积作用可以分为两类:湿淀积和干淀积,取决于淀积过程中物质的相态。在湿淀积的情况下,气体或粒子首先合并成液滴,然后再通过降水输送到地面。在干淀积的情况下,气体或粒子被输送到地面,在地面上被吸收。这里所说的地面,包括海洋、土壤、植被、建筑物等。注意,在干淀积的情况下所说的地面可以是湿的。干淀积的情况所说的干,仅指物质在淀积当时的相态。

对流层顶过渡层;TTL,tropopause transition layer。

对流有效位能;CAPE, Convective Available Potential Energy——按气块理论,上升气块具有的最大能量。在热力学图上,它是从气块的自由对流高度到中性浮力层之间,抬升气块上升曲线和探空曲线所包围区域的面积。定义为:

$$CAPE = \int_{p_n}^{p_f} (\alpha_p - \alpha_e)\mathrm{d}p$$

式中,α_e 为环境比容,α_p 为从自由对流高度湿绝热上升气块的比容,p_f 为自由对流高度的压力,p_n 为中性浮力层的压力。$CAPE$ 的值取决于湿绝热过程是可逆,还是不可逆;冻结潜热有没有考虑在内。

多核;multicellular。

多相的、异质的;heterogeneous——其化学组分由两种相态构成的物质。通常有一种或多种气体成分,在相互作用发生的地方,有一种凝结相态的物质,它既可以是液态,也可以是固态。一般来说,发生相互作用的基底物质是有利于多相态之间相互作用的;在气相状态下,多相态之间的相互作用不能进行。相互作用的基底物质不仅包括壳体闭合的分子,也包括自由基。以水为例,通常相互作用会水化为多相态的水。在这种情况下,物质的主要组分是一种反应物。反应物不仅包括气溶胶粒子,也包括云滴和雾滴。

浮力;buoyancy——①物体能浮在液体表面上的性质。或在可压缩流体如大气的情况下,物体能自由悬浮或穿越流体上升的性质。浮力可以定量地表达为流体的比重与物体的比重之比,或被物体排开的流体的重量减去物体的重量。②由于流体块和周围流体密度不同,在重力场中外部流体作用在流体块上的上升力。

干淀积、干沉降;dry deposition——气体或粒子首先输送到地面,在地面被吸收。

弓状回波两端的涡旋对;bookend vortices——弓状回波两端的旋转方向相反的涡旋对。它把发展中的冷池和后部的入流气流聚集在一起,使系统的外观在整体上表现为弓状。

钩卷云;uncinus。

核化;nucleation——在过冷却或过饱和环境中一种新的相态初生的过程。物质的相态向热力学能量低的状态变化的过程开始。由水汽变为液态水为凝结,由水汽变为固态水为升华,由液态水变为固态水为冻结。

后曲锢囚;back-bent occlusion——向后弯的锢囚锋。通常由锢囚点附近有新气旋发展造成。偶尔也可以由原来的气旋沿锋面移动造成。

后伸云砧;back-sheared anvil——积雨云砧的一种通俗表达。云砧在进入相对强的高空风区时在逆气流的方向展开。后切云砧的出现,说明在对流风暴中高速上升运动的顶部有强烈的辐散气流。这样的云砧往往有干净利落的外观,锐利清晰的边缘。

吉布斯自由能;Gibbs free energy——一种数学定义的热力学状态函数。它在可逆等压、等温过程中是常数。这种过程对气象的重要性在水物质的相变过程中。用符号表达,吉布斯函

数 $g=h-T_s$，h 是比焓，T 是开尔文温度，s 是比熵。

夹卷；entrainment——环境空气通过混合进入原来存在的有组织气流，成为其组成成分。相反的过程为卷出 detrainment。

结霜；hoarfrost——一种把冰粒子(霜粒子)联结起来的淀积过程。它由直接在物体上淀积冰粒子形成。通常淀积在直径非常小、向外伸入空气中的地方。如：树枝、植物的茎、叶子的边缘、电线、电杆等。当一架冷的飞机驶入暖湿空气，或者穿过过饱和的空气时，霜也可以在飞机的表皮上形成。结霜的淀积过程类似于露水形成的过程，除了有一点不同：结霜的物体温度一定要低于 0 ℃。结霜形成于露点温度低于冻结温度的空气由于冷却而饱和时。除了形成在自由暴露的物体上以外，结霜也可以形成于未受到加热的建筑物或交通运输工具的内部、洞穴中、裂缝中、雪面上、雪壳下面雪的缝隙中。结霜比凇附更加疏松、轻薄，呈羽毛状。而雨凇比凇附更加瓷实。就观测而言，判别结霜轻还是重，取决于淀积的量和一致性。

浸润；immersion。

聚合；aggregation——把邻近异相区不同的表面特征组合在一起，使之成为区域平均值的过程。在雪晶下落的过程中，通过碰撞把一簇雪晶堆积在一起组成雪花的过程。

均一的、各向同性的流体；homogeneous fluid——指在所有的方向，性质都均匀一致的流体。但是在气象领域，这个概念没有涉及流体密度随高度的一致性。

开口细胞云囊；pockets of open cells——闭合细胞状云突然转变为开口细胞状云的区域。

扩散；diffusion——由个别分子的随机运动造成的物质转移。不是在一起成群地转移。

粒子喷泉；particle fountain。

密卷云；spissatus。

膜片；chaff——轻质反射材料，通常由铝箔条或金属涂层纤维组成，释放到大气中用以产生雷达回波。

凝聚、聚并；coagulation——在云物理中一个过时的术语，把许多小的云粒子转变为数目较少的大降水粒子的过程。该术语暗指有关的液滴有黏性。在过冷却水凝聚的情况下，无论温度高于还是低于 0 ℃，这种过程都可以发生。

碰撞；collision——水滴在下落过程中和与它大小不同的水滴接触而合并。

碰撞、凝聚；agglomeration——云中的水凝物通过与其他水凝物合并而生长的过程。这个术语已经过时了。这种过程其余过时的术语包括：coagulation 凝聚、accretion 撞冻、coalescence 并合、aggregation 聚合。

碰撞-并合过程；collision-coalescence process——由液滴(云滴、毛毛雨滴、雨滴)之间相互碰撞和并合而产生降水的过程。液滴分裂是通过这种过程生长出大水滴的限制性因素。

频散；dispersion——具有频率(或波长)的复折射指数变量，它有时候归类为正常的(若波数 n 随频率增加而增加)，有时候归类为异常的(若波数 n 随频率增加而减少)。但是实际上，异常的传播没有什么异常。每一种物质在某些频率上都会表现出异常传播。传播是个别原子和分子受时间谐波的激发，响应其固有频率振荡的结果。通过传播，一束由许多频率组成的光，可以在空间上分散(在角度上传播)为它最初情况附近许多许多的组成成分。例如：雨虹和日晕的出现就是因为它们的频率在不同的角度上传播而引起的。

气泡；bubble。

前缘外伸；forward overhang。

倾斜对流;slantwise convection——一种由重力和向心力联合驱动的对流。倾斜对流发生在斜压气流里,气块在移动时倾斜上升,在热成风的方向受到拉伸。这使得浮力、科氏力或向心力、气压梯度力,这三种力的加速度矢量形成合力。这样的合力驱动气块在相同的方向发生位移。倾斜对流也称为对称不稳定。

倾斜涡度发展;slantwise vorticity development (SVD)——倾斜涡度发展,是指这样一种现象:若大气中原来存在较强的水平风垂直切变。在空气质点沿着向上凸起的陡峭等熵面上滑,或沿着向下凹陷的陡峭等熵面下滑的过程中,由水平风的垂直切变造成的水平方向的涡度,被分布不均匀的垂直运动扭转,成为垂直涡度,从而使垂直涡度得以迅速发展,同时气柱被拉伸,形成剧烈的灾害性天气。

融解;fusion——物质从固态到液态的相变,也称为 melting。

撒播;cloud seeding——把其余的媒介物注入云中,暂时改变云粒子的相态和大小分布,以影响降水。

撒播-受播;seeder-feeder——一种地形降水增强机制。来自高层降水云的降水(撒播)穿过低层丘陵或小山顶上的地形层状云(受播)落下。从高层撒播云中落下的降水雨滴或冰粒,在穿过低层受播云时,通过碰撞-并合,或撞冻过程收集云水。从而在山顶云的下面产生比附近平地上更大的降水。这种过程有效的程度,取决于低层指向山地有足够强的水汽流维持地形受播云中有足够多的水汽含量,从高层撒播云中连续不断地有降水粒子落下。

生成中的单体;generating cell——雷达回波图上的局地高反射率区,从那里起源,伸出一个水物质的尾巴。假设雪晶在生成中单体里形成和生长,与雪晶生长相伴的潜热释放引入的对流维持了生成中的单体。在生成中单体的下面雪幡的形状取决于雪粒子的大小和风的垂直切变。

湿淀积、湿沉降;wet deposition——气体或粒子首先组成液滴,然后再通过降水落到地面。

收集,碰并;collection——云和降水粒子之间相互作用的空气动力学过程。对于水滴之间的相互作用,指碰撞-并合过程(collision-coalescence process);对于冰粒子之间,或水粒子和冰粒子之间的相互作用,指粘附(adhesion)。

斯科勒参数;score parameter——描写气流越过山脉屏障时大气重力波波动方程中的一个变量 $\ell(z)$。

$$\ell^2(z) = N^2/U^2 - (\partial^2 U/\partial z^2)/U$$

式中,$N = N(z)$ 为布伦特-维赛拉(Brunt-Vaisala)频率,$U=U(z)$为水平风的垂直廓线。两个变量都由山脉屏障上游大气的廓线决定。通常右侧第一项更大,但是有时候第二项垂直风廓线的弯曲可以同样大。若 ℓ^2 随高度接近不变,大气条件有利于山脉波的垂直发展。这个参数最常用于指示:在什么样的条件下可以期待山脉的背风面可以发生俘获波。若随高度急剧减小,俘获波就能发生。若 $\ell^2(z)$ 这样的急剧减小发生在对流层中部,把对流层分为两个区域,下面 $\ell^2(z)$ 大,有高的稳定度,上面 $\ell^2(z)$ 小,有低的稳定度,那么俘获波就特别容易发生。ℓ^2 的平方根 ℓ 单位为波数。背风波的共振频率在上层和下层的 ℓ 之间。其波长在大气中约为 5～25 km 之间。山脉宽,足以迫使比 $\ell_{高层}$ 更长的波产生波长短于 $\ell_{高层}$ 的垂直发展波。而强迫波数大于 $\ell_{低层}$ 的小障碍物,则产生随高度减弱或消失的波。

凇附;rime——一种白色的、牛奶色的或不透明的霰粒子由过冷却水迅速在其上面冻结而形成的过程。它比结霜形成的过程更浓更强。结霜通常是连续的,其中有一些气囊,其密度高得多。有利于凇附形成的因子是:粒子小、撞冻慢、过冷却程度高、融解潜热消散快。如果这些因素相反,则有利于结霜。凇附和结霜都由过冷却水滴撞击在低于冻结温度的物体上而发生。凇附和结霜都不会在大气中的雪晶和其他冰粒子上形成。若这样的沉降过程完全或主要是凇附,就会形成雪丸子。若这样的沉降过程完全或主要是结霜,就会形成冰粒子或冰雹的原始胚胎。某些冰雹上清朗和不透明的层状,代表在冰雹的生长过程中有凇附和结霜过程。

下曳气流;downdrafts——积雨云中小尺度的向下运动气流。

线状风暴;derecho——大范围对流引起的直线型风暴。具体而言,该词语被定义为由中尺度对流系统产生的,具有强破坏性的下击暴流团族。这类系统具有持续的弓形回波,在其两端伴有涡旋对,在其后侧可以伴有入流急流。它所造成的直线大风持续影响或间歇影响的范围,至少长约 650 km(400 mile)、宽约 100 km(60 mile),具有很强的破坏性。derecho 一词来源于一个西班牙语单词,可以解释为“直行”,它被用来区分具有旋转气流的龙卷造成的风灾,与直线风造成的风灾。

絮状云;floccus——云类中的一种。它的每个单体小而呈团状,有积状云或圆形的外观。它的下面或多或少是粗糙的,常常伴有雨幡。这种云类常常在卷云、卷积云、高积云中看到,有时候也在层积云中看到。絮状卷(高)积云有时候是堡状卷(高)积云消散以后的残余。絮状卷云与絮状卷积云之间的差别是:在地面上的观察者看,若云的高度角大于 30°,云单体的张角小于还是大于 1°。

亚可视卷云;subvisible cirrus。

羽状卷流;starting plume——羽状卷流前缘的上部呈羽毛状外流。

雨幡;vigra——也称为 fallstreaks 雨幡或 precipitation tails 降水尾迹。一小卷或一小条水或冰粒子从云中落出,但是在它作为降水落到地面以前已经被蒸发掉了。

雨幡就是降水落入干的云下层中。它常常在高积云和高层云下面拖下来,也可以在高空积状云的下面看到。它的典型表现就是钩状云,雨幡几乎垂直地从降水源落下,在它们的末端,走向几乎变为水平。这样弯曲的雨幡是由垂直风切变造成的。但是从根源上探究还是由于液滴或冰晶蒸发以后变小,使得它们的末速度小了。

雨幡、雪幡;fallstreaks——见雨幡 vigra。

雨凇、冻雨;glaze——冰包,一般是清朗光滑的。它由片状的过冷却水冻结在外部物体上形成。过冷却水是由雨、毛毛雨、雾沉降而来,或者也可能由过冷却水汽凝结而来。冻雨比凇附和霜更密、更硬、更透明。它的密度可以高到 $0.8\sim0.9\ g\cdot cm^{-3}$。有利于冻雨形成的因素是液滴大、堆积快、过冷却程度低、融解发散得慢。如果上面的条件相反,就有利于凇附形成。冻雨堆积在地面物体上会形成冰害,如一种类型的飞机积冰,叫作晴空积冰。原始的冰雹完全或几乎完全由冻雨组成。某些冰雹不同的清爽程度代表它在生长的过程中经历了不同的沉降条件,是冻雨还是凇附。

云的变种;varieties——云分类的第三级,云的排列和透明度的不同。共有九个云的变种:intortus 内卷的、vertebratus 脊状、undulatus 波状、radiatus 辐辏状、lacunosus 网状、duplicatus 复云、translucidus 透光、perlucidus 漏隙、opacus 蔽光的。

云分类;cloud classification——云分类共有五个等级。

genera:云属,云主要的特征。

species：云类，云形状的不同和内部结构的差别。

varieties：云种，云的排列和透明度的不同。

supplementary features and accessory cloud：附着在云体上面的与之有关联的小云。

mother-clouds：若云源自其他云，则它的母体。

在中国气象局的云图里，把第二级云状和第三级云种统称云类。

云类，在中国云图上，称为“云状”；species——云分类的第二级，云形状的不同和内部结构的差别。共有十四种云类：fibratus 羽毛状、uncinus 钩状、spissatus 密状、castellanus 堡状、floccus 絮状、stratiform 层状、nebulosus 薄幕状、lenticularis 荚状、fractus 碎状、humilis 淡状、mediocris 中状、congestus 浓状、calvus 秃状、capillatus 鬃状。

云凝结核；CCN，cloud condensation nuclei——大气中的吸湿性气溶胶粒子，它可以成为云滴的核。若大气湿度过饱和，水在它上面凝结成云。

云属；genera——云分类的第一级，云主要的特征。一共有十个云属：cirrus 卷云、cirrocumulus 卷积云、cirrostratus 卷层云、altocumulus 高积云、altostratus 高层云、nimbostratus 雨层云、stratocumulus 层积云、stratus 层云、cumulus 积云、cumulonimbus 积雨云。

云种，云的变种；varieties——云分类的第三级，云的排列和透明度的不同。共有九个云种：intortus 内卷的、vertebratus 脊状、undulatus 波状、radiatus 辐辏状、lacunosus 网状、duplicatus 复云、translucidus 透光、perlucidus 漏隙、opacus 蔽光的。

云族；etage。

粘附；adhesion——冰粒子的碎片附着到冲撞、收集、聚合它的更大冰粒子上面去的过程。其中包括液滴粘附到冰粒子上面去的凇附(rimming)过程。

障碍急流；barrier jet——山脉迎风面平行于山脉走向吹的急流。若低层稳定的天气尺度气流在一天或更长的时段里接近山脉，受到山脉的阻挡平行于山脉的走向吹，就会产生这样的急流。例如当冷锋靠近山脉时，经常会发生这种现象。

枝状晶体；dendrites——一种晶体，特别是一种较平的冰晶，它的总体形状是一种复杂的像树那样的枝状结构。枝状晶体有六角形对称的形状，当空气的温度在－15 ℃上下几摄氏度的范围内、湿度接近过冷却水饱和的条件时，水汽沉积在它的上面，使冰晶长大。若温度为－10 ℃左右，那么冰会长到过冷却液滴里面去，从中间冻结的液滴上长出三度空间的枝状晶体。

撞冻、积冰；accretion——冰粒子通过部分或全部碰并过冷却液滴而生长的过程。也可以指较小冰粒子的碰并。这种过程类似于液态水滴搜集其他液态水滴的并合过程，并合过程被称为是撞冻的一种形式。

索　引

(1)主题词有子项时,表示在该子项方面的具体应用,子项中省略了主项中的英文词。例如,主项"平流(Advecthon)"、子项"冷平流(cold)"、页码431:表示在第431页出现了"冷平流"一词;冷平流英文为cold advection,子项中省略了主项中的英文词Advection。(2)主题词或其子项在原文中不一定出现原词,若没有则为对原词的注释。(3)参见条中有冒号的,冒号前为主项,后为子项。

C

D

F

G

H

J

K

L

M

N

P

Q

R

S

T

W

X

Y

Z